Nr. 33 — 1956
S. 9073—9340 — 15. August

Chemisches Zentralblatt

Vollständiges Repertorium für alle Zweige der reinen und angewandten Chemie

1830 gegründet. 1897—1945 von der Deutschen Chemischen Gesellschaft fortgeführt.
Im Auftrage der Deutschen Akademie der Wissenschaften zu Berlin, der Chemischen Gesellschaft in der Deutschen Demokratischen Republik, der Akademie der Wissenschaften zu Göttingen und der Gesellschaft Deutscher Chemiker

herausgegeben von Prof. Dr. **Maximilian Pflücke**

127. Jahrgang

1956

Chefredakteure: Dr. Eugen Klever und Prof. Dr. Maximilian Pflücke

Akademie-Verlag GmbH., Berlin — Verlag Chemie, GmbH., Weinheim/Bergstr.

Inhalt

CHEMISCHES ZENTRALBLATT

VOLLSTÄNDIGES REPERTORIUM
FÜR ALLE ZWEIGE DER REINEN UND ANGEWANDTEN CHEMIE

GEGRÜNDET 1830

Im Auftrage der Deutschen Akademie der Wissenschaften zu Berlin,
der Chemischen Gesellschaft in der Deutschen Demokratischen Republik,
der Akademie der Wissenschaften zu Göttingen
und der Gesellschaft Deutscher Chemiker

herausgegeben von

Prof. Dr. **Maximilian Pflücke**

127. JAHRGANG

1956

SEITE 7425 – 8520

Chefredakteure Dr. Eugen Klever und Prof. Dr. Maximilian Pflücke

1956

AKADEMIE-VERLAG GMBH · BERLIN
VERLAG CHEMIE, GMBH, WEINHEIM / BERGSTR.

Heft Nr.	Seitenzahl	Ausgabedatum
27	7425—7696	4. Juli 1956
28	7697—7976	11. Juli 1956
29	7977—8248	18. Juli 1956
30	8249—8520	25. Juli 1956

Herausgeber und verantwortlich für den Inhalt: Prof. Dr. Maximilian Pflücke, Berlin N 4, Schiffbauerdamm 19, Fernsprecher: 42 55 71. Redaktion: Chefredakteure Dr. Eugen Klever u. Prof. Dr. Maximilian Pflücke. Verlag: Akademie-Verlag GmbH, Berlin W 8, Mohrenstraße 39 (Fernsprecher 20 03 86, Postscheckkonto Berlin 350 21), u. Verlag Chemie GmbH., Weinheim/Bergstraße (Postscheckkonto Frankfurt/M. 1453 14 u. Berlin [West] 74 30. Fernsprecher Weinheim 20 17).
Bestell- und Verlags-Nr. 1007/127.
Satz und Druck: VEB Leipziger Druckhaus, Leipzig III/18/203. 856.
Veröffentlicht unter der Lizenznummer 1212 des Amtes für Literatur u. Verlagswesen der Deutschen Demokratischen Republik.
Printed in Germany.

Namenregister

Chemisches Zentralblatt

1956 Nr. 33 15. August

Geschichte. Unterricht.

A. F. Ioffe, *Zum Gedächtnis von Albert Einstein.* (Успехи Физических Наук [Fortschr. physik. Wiss.] **57.** 187—92. Okt. 1955.) E. KLEVER. 1

E. W. Schpolski, *Albert Einstein (1879-1955).* Nachruf u. Würdigung. (Успехи Физических Наук [Fortschr. physik. Wiss.] **57.** 177—86. Okt. 1955.) E. KLEVER. 1

M. von Laue, *Einstein und die Relativitätstheorie.* Würdigung des Menschen u. Forschers ALBERT EINSTEIN (geb. 14/3. 1879 in Ulm) anläßlich seines Todes am 18/4. 1955 in Princeton, N. J. (Naturwissenschaften **43.** 1—8. Jan. 1956. Berlin-Dahlem, Fritz-Haber-Inst. der Max-Planck-Gesellschaft.) GERHARD SCHMIDT. 1

Otto Oldenberg, *Theodore Lyman.* Die Verdienste LYMANs († 11/10. 1954) um die Spektroskopie im Gebiet zwischen Licht- u. Röntgenstrahlen durch die Einführung von Gitterspektrographen werden gewürdigt. (J. opt. Soc. America **45.** 586—87. Juli 1955. Cambridge, Mass., Harvard Univ.) B. MÜLLER. 1

Lawrence Bragg, *Die Entdeckung der Röntgenstrahlenbeugung durch Kristalle.* Geschichtlicher Überblick anläßlich der 40jährigen Wiederkehr der Entdeckung der Röntgenbeugung durch v. LAUE. (Proc. Roy. Instn. Great Britain **35.** 552—59. 1953. Cambridge, Cavendish Labor.) C. GOTTFRIED. 2

A. Allgemeine, physikalische und anorganische Chemie.

J. Otto, *Die deutsche gesetzliche und die internationale Temperaturskala.* Die internationale Temperaturskala von 1948 u. die deutsche gesetzliche Temperaturskala von 1950 stimmen im wesentlichen überein, sie beruhen einerseits auf einer Anzahl fester u. stets wiederherstellbarer Fixpunkte, denen bestimmte Zahlenwerte zugeteilt werden, andererseits auf festgelegten Interpolationsformeln. Die 6 Fixpunkte werden in ihrer Abhängigkeit vom Luftdruck, die 4 Interpolationsformeln mit Potenzreihen angegeben u. Empfehlungen zur Verwirklichung der Fixpunkte gegeben; die Interpolationsbereiche sind $-183^0/0^0/630^0/1063^0/3380^0$. Außerdem sind 22 sogenannte sek. Fixpunkte verfügbar, die mit ihrer Abhängigkeit vom Druck mitgeteilt werden. (Arch. techn. Messen **1953.** 245—48. Nov. Braunschweig.) H. PAULI. 10

Pál Selényi, *Elementare Theorie der Eötvös'schen Drehwaage.* Wiedergabe der wenig bekannten einfachen Ableitung von EÖTVÖS als klass. Beispiel dafür, wie durch Änderung der Reihenfolge der Differenzierungen aus einem physikal. Prinzip ein mathemat. Satz abgeleitet werden kann. (Magyar tudományos Akad., mat. fiz. Osztályának Közleményei [Ung. Akad. Wiss., Ber. math. physik. Abt.] **2.** 189—99. 1952.) J. PLANK. 10

A_1. Kernphysik und Kernchemie.

Leverett Davis jr., *Interplanetarische Magnetfelder und Höhenstrahlen.* (Vgl. C. **1956.** 5177.) Theoret. Diskussion über die solare Teilchenemission. (Physic. Rev. [2] **100.** 1440—44. 1/12. 1955. Pasadena, Calif., California Inst. of Technol.) GERHARD SCHMIDT. 85

W. F. G. Swann, *Beschleunigung bis zu Höhenstrahlenergien durch Betatronwirkung.* (Vgl. C. **1955.** 5232.) Überblick über die vom Vf. entwickelte Theorie der Beschleunigung geladener Teilchen durch die Betatronwrkg. in den Sternen. Der Mechanismus kann auf veränderliche Magnetfelder in Milchstraßensystemen ausgedehnt werden. Die Stromdichte ist bei einer gegebenen Ionendichte im interstellaren Raum begrenzt. (J. Franklin Inst. **257.** 505. Juni 1954. Bartol Res. Found.) M. WIEDEMANN. 85

W. F. G. Swann, *Anomalitäten in den Absorptionskurven in Blei.* Bericht über die Absorptionskurven in Pb u. die Schlüsse, die hieraus auf die spektrale Verteilung der Impulse gezogen werden können, bes. auf Seehöhe u. 6,7 km Höhe. (J. Franklin Inst. **257.** 505—06. Juni 1954.) M. WIEDEMANN. 85

R. R. Daniel, A. Krishnan, S. Mitra und **Yash Pal,** *Untersuchung der grauen Bahnen von Teilchen, die bei energiereichen Kernexplosionen ausgesandt wurden.* In Emulsionsstapeln wurden sämtliche grauen Bahnen, die von Sternen mit einem oder mehreren

Schauerteilchen ausgingen, verfolgt, falls ihre Bahnlänge je Emulsion 1 mm übertraf u. ihre Reichweite größer war als die eines K-Mesons. Unter 362 Bahnen waren 31 $\pi^{\pm}$-Mesonen, ein geladenes Hyperon, ein K-Meson u. 4 Fälle von Ablenkung über große Winkel ohne Rückstoß, die als Kernstreuung von Protonen oder als Zerfall eines Hyperons gedeutet werden. Über die M. der Hyperonen ergeben sich keine eindeutigen Aufschlüsse, ihre Lebensdauer liegt bei 10^{-10} sec. (Suppl. del Nuovo Cimento Nr. 2 (zu [9] **12**). 231—35. 1954. Bombay, Tata Inst. of Fundamental Res.) M. Wiedemann. 85

P. H. Fowler und **D. H. Perkins**, *Massenbestimmungen durch die Ionisation: Streuungs-Methode bei schnellen Teilchen, die bei Kernzertrümmerungen auftreten.* Aus $\sim$1000 Schauern wurden 130 Bahnen schneller geladener Teilchen, die von Kernzertrümmerungen ausgingen, ausgewählt u. Messungen der multiplen Streuung u. der Ionisation durchgeführt. Es wurden gefunden: 5 Deuteronen, 2 Hyperonen mit Massen von 2330 u. 2200 m_e, 112 Protonen, 9 Teilchen mit einer mittleren M. von 1450 m_e, einer gesamten Bahn von 70 cm, einer Flugdauer von $3 \cdot 10^{-9}$ sec u. einer Kernwechselwrkg. sowie 2 K-Teilchen mit 970 u. 1030 m_e. (Suppl. del Nuovo Cimento Nr. 2 (zu [9] **12**). 236—39. 1954. Bristol, Univ., H. H. Wills Physic. Labor.) M. Wiedemann. 85

M. M. Lévy und **R. E. Marshak**, *Bemerkungen über schwere Mesonen.* Ausgehend von der Beobachtung, daß die Θ- u. τ-Mesonen, die in 2 bzw. 3 Pionen zerfallen, vergleichbare Massen haben, aber nicht als verschied. Formen des gleichen Elementarteilchens aufgefaßt werden können, stellen Vff. Voraussagen über Erzeugung u. Absorption dieser Mesonen auf der Grundlage der ω-Parität nach Pais an. Beide Mesonen werden als $^1S_0$- u. $^3P_0$-Zustände gebundener Systeme aus Nucleonen im Grund- u. im angeregten Zustand aufgefaßt. τ u. Θ müßten danach skalar bzw. pseudoskalar sein u. ungerade ω-Parität besitzen, angeregte Pionen sollten über 2 γ-Emissionen in diese Mesonen zerfallen. (Suppl. del Nuovo Cimento Nr. 2 (zu [9] **12**). 253—56. 1954. Paris, École Normale Supér., Fac. des Sci.) M. Wiedemann. 85

E. Amaldi, G. Cortini und **A. Manfredini**, *Beitrag zur Untersuchung der K-Mesonen.* In einem Stapel von Emulsionen, der 8 Std. auf 25 km Höhe exponiert worden war, wurden 4 K-Mesonen u. 2 Hyperonen gefunden. Es wurden Messungen der Korndichte u. der Streuung nach der Sagitta- (konstanter Pfeil-) Meth. durchgeführt, die Massen der K ergaben sich zu 1020$\pm$65, 935$\pm$40, 900$\pm$30 u. 940$\pm$40 m_e, das Mittel beträgt 930$\pm$20 m_e. Ein K-Meson erleidet einen $K^- \rightarrow \pi^-$-Zerfall oder eine Kernwechselwrkg., bei der ein π^- u. neutrale Teilchen emittiert werden, bei einem zweiten wird ein μ-Meson als Sekundärteilchen gefunden u. bei den beiden übrigen sind die Sekundärteilchen L-Mesonen, die nicht näher identifiziert werden können. Die Massen der Hyperonen betragen 1840 (+530, —430) u. 2100$\pm$150 m_e. (Suppl. del Nuovo Cimento Nr. 2 (zu [9] **12**). 210—19. 1954. Roma, Univ., Ist. di Fis., Ist. Naz. di Fis. Nucl.) M. Wiedemann. 85

U. Haber-Schaim, *Einige Spekulationen über die Natur des K_μ-Teilchens.* Kürzlich wurde ein K-Meson der M. 914 m_e aufgefunden, das nach $K_\mu \rightarrow \mu + \nu$ mit $4 \cdot 10^{-9}$ sec zerfiel. Vf. vergleicht dies mit dem π-Zerfall u. kommt zu dem Schluß, daß K_μ-Mesonen u. Pionen mit etwa gleicher Stärke an das Nucleon gekoppelt sind. Die Frage des Zerfalls in 2 oder 3 Pionen wird ebenfalls diskutiert. (Suppl. del Nuovo Cimento Nr. 2 (zu [9] **12**). 240—41. 1954. Bern, Univ., Physikal. Inst.) M. Wiedemann. 85

J. K. Bøggild, J. E. Hooper und **M. Scharff**, *Messungen an K-Mesonen.* Es werden einige vorläufige Ergebnisse an 8 schweren Mesonen mitgeteilt: Angabe der Sterne, aus denen sie stammen, Massenbestimmungen, $p\beta c$-Messungen an den Sekundärteilchen. Dabei wird eine neue Meth. der Lückenmessung beschrieben. 5 der K-Mesonen haben Massen um 1100 m_e, eines der K-Mesonen ist mit Sicherheit schwerer. (Suppl. del Nuovo Cimento Nr. 2 (zu [9] **12**). 223—26. 1954. København, Univ., Inst. for Theoret. Phys.) M. Wiedemann. 85

S. Rosendorf, R. Stahl und **G. Yekutieli**, *Über die Masse schneller K-Teilchen.* Ein Stapel Ilford G 5-Platten (400 μ) wurde auf 90000 ft 6 Std. exponiert. Unter den sek. Schauerteilchen wurden 55 Bahnen ausgewählt, von denen 20 als π-Mesonen identifiziert wurden. Bei den restlichen 35 ergaben Massenbestimmungen durch multiple Streuung u. Korndichte entweder 2 Massengruppen von 22 Protonen mit 1780$\pm$62 m_e u. 13 K-Teilchen mit 1220$\pm$50 m_e oder 3 Gruppen von 18 Protonen mit 1820$\pm$65 m_e, 12 K-Teilchen mit 1310$\pm$55 m_e u. 5 K-Teilchen mit 1600$\pm$77 m_e. (Suppl. del Nuovo Cimento Nr. 2 (zu [9] **12**). 247—49. 1954. Rehovoth, Israel, Weizmann Inst. of Sci.) M. Wiedemann. 85

A. Bonetti, R. Levi Setti, B. Locatelli und **G. Tomasini**, *Masse und Zerfall von K-Teilchen.* (Vgl. C. **1955**. 1194.) 7 K-Mesonen, die in Ruhe in ein einfach geladenes Sekundärteilchen zerfielen, u. 6 bereits früher beobachtete werden diskutiert. Massenbestimmungen nach der Sagittameth., Herkunft bzgl. Sterntyp u. Energie sowie Eigg. der Sekuntärteilchen sind tabelliert. Bei einer Gesamtlänge der Sekundärbahnen von 20 cm wurde keine Kernwechselwrkg. gefunden. Ferner wurde die Massenverteilung für K- u. Y-Teilchen untersucht, sie ergab ein Maximum bei 950 m_e, ein zweites bei 2300 m_e u. zwischen 1000 u. 1500 m_e eine beträchtliche Intensität. (Suppl. del Nuovo Cimento Nr. 2 (zu [9] **12**). 227—30. 1954. Milano, Univ., Ist. di Sci. Fis., Ist. Naz. di Fis. Nucl.; Genova, Univ., Ist. di Fis.) M. Wiedemann. 85

M. Di Corato, B. Locatelli, G. Mignone und **G. Tomasini,** *Zwei Beispiele der Kernwechselwirkung von K-Teilchen in Ruhe.* Bei Durchmusterung eines Emulsionsstapels wurden 2 Fälle vom Typ σK gefunden. Die Massen der Primärteilchen ergaben sich zu 1170 ± 230 u. 970 ± 90 m_e. Auch Reichweite, Identität u. Energie der Sekundärteilchen wurden bestimmt. Im ersten Fall wurde ein Y_L emittiert, dessen Reichweite 0,6 mm u. Energie ~60 MeV betrug. Es zerfiel nach $Y_L \rightarrow \pi + n + 95 \pm 21$ MeV, seine M. ergab sich zu ~2300 m_e. (Suppl. del Nuovo Cimento Nr. 2 (zu [9] **12**). 270—72. 1954. Milano, Univ., Ist. di Sci. Fis., Ist. Naz. di Fis. Nucl.; Genova, Univ., Ist. di Fis.) M. Wiedemann. 85

M. Di Corato, C. C. Dilworth und **L. Scarsi,** *Ein mögliches Beispiel des Zerfalls eines Θ^0 im Fluge.* Bei der Durchmusterung von Emulsionen wurde ein zweizackiger Stern gefunden, dessen eine Bahn als π-Meson mit 1,825 ± 0,07 mm Reichweite identifiziert werden konnte. Die andere Bahn zeigte minimale Korndichte. Streumessungen ergaben im Mittel $p\beta = 960\ (+180,\ -140)$ MeV/c. Wird der Zerfall eines neutralen Teilchens im Fluge nach $X^0 \rightarrow \pi^+ + \pi^- + Q$ angenommen, so ergibt sich $Q = 220$ (+35, −30) MeV. (Suppl. del Nuovo Cimento Nr. 2 (zu [9] **12**). 285—87. 1954. Milano, Univ., Ist. di Sci. Fis., Ist. Naz. di Fis. Nucl.) M. Wiedemann. 85

M. Baldo, G. Belliboni, B. Sechi und **G. T. Zorn,** *Beobachtungen über Zerfälle von K-Mesonen.* Bei der Durchsuchung von Emulsionsstapeln wurden 8 schwere Mesonen gefunden, die in der Ruhe zu einem Teilchen minimaler Ionisation zerfielen. Messungen der multiplen Streuung u. der Reichweite oder dieser u. der Korndichte ergaben für die Primärteilchen Massen von ~1000 m_e. Die $p\beta$-Werte der Sekundärteilchen sind tabelliert, in 2 Fällen mit $p\beta$ von ~160 MeV/c konnte die M. bestimmt werden, danach dürfte es sich um einen Zerfall nach $\chi \rightarrow \pi + \pi^0 + Q$ handeln. Die Sterntypen, aus denen die K stammten, ferner die Energien, die <2 GeV betragen, u. die Emissionswinkel sind zusammengestellt. (Suppl. del Nuovo Cimento Nr. 2 (zu [9] **12**). 220—22. 1954. Padova, Univ., Ist. di Fis., Ist. Naz. di Fis. Nucl.) M. Wiedemann. 85

L. Mezzetti und **J. W. Keuffel,** *Eine Zerfallskurve der K-Teilchen.* (Vgl. C. **1956.** 2070.) Die mittlere Lebensdauer wird zu 8,7 ± 1,0 mμsec angegeben. (Suppl. del Nuovo Cimento Nr. 2 (zu [9] **12**). 245—46. 1954. Princeton, N. J., Univ., Physic. Labor.) M. Wiedemann. 85

B. Touschek, *Eine Spekulation über den Einfangmechanismus von K-Mesonen.* 6 bzw. 7 Fälle des Einfangs von K-Mesonen sind tabelliert mit Angabe der Massen, der Zerfallsprodd. u. ihrer Energien. Die Energien der Pionen liegen zwischen 28 u. 54 MeV. Vf. diskutiert verschied. Mechanismen, darunter auch einen, der über ein hypothet. Hyperon mit 1240 m_e verläuft, das starke Wechselwrkg. mit Kernmaterie zeigen muß. (Suppl. del Nuovo Cimento Nr. 2 (zu [9] **12**). 281—84. 1954. Roma, Univ., Ist. di Fis., Ist. Naz. di Fis. Nucl.) M. Wiedemann. 85

T. F. Hoang, L. Jauneau, G. Kayas, A. Orkin-Lecourtois, L. Leprince Ringuet, D. Morellet, G. Tariel und **J. Trembley,** *Ergebnisse über die K^+-Mesonen.* Bei der Durchsuchung von 24 cm^3 Emulsionen wurden 1020 $\pi^\pm$, 17 K^+, 2 τ^+ u. 1 K_π (zuvor τ') gefunden. Die Daten der 17 K^+ sind tabelliert. Die 4 gemessenen $p\beta c$-Werte der Sekundärteilchen liegen um 195 MeV. Die Sterne, aus denen die 17 K stammten, sind ebenfalls angegeben. Massenbestimmungen aus Messungen der Lücken, der Streuung, der Korndichte u. nach photometr. Meth. ergaben im Mittel für die K die M. 1165 ± 65 m_e. (Suppl. del Nuovo Cimento Nr. 2 (zu [9] **12**). 242—44. 1954. Paris, École Polytechn., Labor. de Phys.) M. Wiedemann. 85

M. Baldo, M. Ceccarelli, M. Grilli und **G. T. Zorn,** *Negative K-Mesonen.* Bei der Durchsuchung von 51,3 cm^3 Emulsion, die auf großen Höhen exponiert war, wurden 1053 σ-Sterne gefunden, von denen 3 als K^--Ereignisse u. einer als Einfang eines negativen Hyperons identifiziert werden konnte. Es wurden hauptsächlich Messungen der Korndichte durchgeführt. Die Daten für die 3 K-Teilchen u. ihre Sekundärteilchen sind tabelliert. (Suppl. del Nuovo Cimento Nr. 2 (zu [9] **12**). 257—59. 1954. Padova, Univ., Ist. di Fis., Ist. Naz. di Fis. Nucl.) M. Wiedemann. 85

S. von Friesen, *Photoelektrische Identifizierung negativer K-Mesonen.* An Teilchen, die in auf 26, 27 oder 34 km Höhe exponierten Emulsionen gebremst wurden, führte Vf. photoelektr. Messungen durch, um die Massenverteilung zu finden. Es wurden

3 K-Mesonen mit einer mittleren M. von 920 m_e festgestellt, die am Ende ihrer Bahn weder einen Zerfall noch eine sichtbare Wechselwrkg. zeigten. Weiterhin wurde ein K-Meson gefunden, das einen 3zackigen Stern lieferte, bei dem ein Proton u. wahrscheinlich ein π-Meson identifiziert werden konnten. (Suppl. del Nuovo Cimento Nr. 2 (zu [9] **12**). 273—74. 1954. Lund, Univ., Dep. of Phys.) M. Wiedemann. 85

I. Macpherson, J. V. Major, Om Parkash, G. D. Rochester und **A. M. Short,** *Zwei K^--Wechselwirkungen.* In 11 cm^3 Emulsion, die auf 30 km Höhe unter einem Fe-Absorber von 14,5 cm exponiert waren, wurden 2 τ-Mesonen u. 3 K-Teilchen gefunden. Von diesen zerfällt eines in ein leichtes Meson mit $\beta p = 124$ MeV/c, die beiden anderen bilden bei der Absorption durch Kerne der Emulsion K-Sterne, Massenbestimmungen wurden nach Streuung–Reichweite, Lücken–Reichweite sowie photometr. durchgeführt. (Suppl. del Nuovo Cimento Nr. 2 (zu [9] **12**). 275—79. 1954. Manchester, Univ., Physic. Labor.) M. Wiedemann. 85

M. Morand und **Tsai-Chü,** *Beim Einfang eines K^--Mesons erzeugter Stern.* In einem Emulsionsstapel wurde ein schweres Meson beobachtet, das nach einer Bahn von 16,150 mm in den Emulsionen einen Einfangstern ergab, von dessen Sekundärteilchen ein Elektron von 2 MeV u. ein π^+-Meson von 27 MeV identifiziert wurden. Die dritte Bahn hatte minimale Ionisation. Das Primärteilchen hatte nach Korndichtemessungen eine M. von 1745 ± 100 m_e. (Suppl. del Nuovo Cimento Nr. 2 (zu [9] **12**). 280. 1954. Paris, École Norm. Super., Labor. de Phys.) M. Wiedemann. 85

N. Dallaporta und **G. Lanza,** *Diskussion der durch negative K-Mesonen erzeugten Sterne.* (Vgl. C. **1955.** 1896.) Es wird untersucht, mit welcher der folgenden Annahmen: a) $\varkappa$-Teilchen zeigen schwache Wechselwrkg. mit Kernen, b) τ-Teilchen zeigen schwache Wechselwrkg. mit Kernen u. c) $\varkappa$ oder τ zeigen starke Wechselwrkg, die wesentlichen Eigg. der Sterne durch Einfang u. Kernabsorption von K-Teilchen am besten zu deuten sind, nämlich die Emission eines π-Mesons in einigen Fällen, der niedrige Wert der zwischen den geladenen Sekundärteilchen aufgeteilten Gesamtenergie im Verhältnis zur verfügbaren von $\sim$500 MeV u. die geringe Häufigkeit der K-Sterne im Vgl. zum Zerfall in Ruhe. Unter c) wird Einfang durch ein Nucleonenpaar (pn, pp oder nn) angenommen. (Suppl. del Nuovo Cimento Nr. 2 (zu [9] **12**). 260—69. 1954. Padova, Univ., Ist. di Fis., Ist. Naz. di Fis. Nucl.) M. Wiedemann. 85

W. F. Fry, J. Schneps, G. A. Snow und **M. S. Swami,** *Beobachtungen negativer K-Mesonen und geladener Hyperonen.* (Vgl. C. **1956.** 8424.) Vff. geben eine Übersicht über 207 durch abgebremste K^--Mesonen des 6,2 GeV-Bevatrons erzeugte Sterne. Die Zackenverteilung der Sterne ist angegeben. Häufig wurden geladene Pionen, geladene Hyperonen u. Hyperfragmente emittiert. Es wurden 15 Fälle der Emission eines positiven u. 12 eines negativen Hyperons beobachtet, die Energieverteilung der geladenen Hyperonen ist angegeben. Der Einfangprozeß verläuft wahrscheinlich nach $K^- + N \rightarrow Y + \pi$, aus dem Zerfall im Fluge ergibt sich für die Σ^+ u. Σ^- eine mittlere Lebensdauer von 0,34 (+0,14—0,08)$\cdot 10^{-10}$ sec, aus der Bremsung von 1,41 (+0,19—0,27)$\cdot 10^{-10}$ sec. (Physic. Rev. [2] **100.** 950—52. 1/11. 1955. Madison, Wis., Univ. of Wisconsin, Dep. of Phys.) M. Wiedemann. 90

G. E. Masek und **W. K. H. Panofsky,** *Beweis für die elektromagnetische Erzeugung von μ-Mesonen.* Vff. untersuchten die direkte elektromagnet. Erzeugung von μ-Mesonenpaaren. Ein Al-Target wurde mit der Bremsstrahlung von 575 MeV-Elektronen beschossen. Aus dem im Winkelbereich von 10—30° ausgehenden Teilchenbündel wurden die negativen μ-Mesonen der Paare nachgewiesen. Das Verhältnis des experimentellen Querschnitts zum theoret. unter Berücksichtigung endlicher Kerngröße wurde zu $1{,}93 \pm 0{,}68$ bestimmt. Der Fehler ist als ein Maß für die Wahrscheinlichkeit des Prozesses anzusehen. (Physic. Rev. [2] **101.** 1094—1109. 1/2. 1956. Stanford, Calif., Stanford Univ., High-Energy Phys. Labor. u. Dep. of Phys.) H. Liepack. 90

D. A. Eyeions, B. G. Owen, B. T. Price und **J. G. Wilson,** *Der Ionisationsverlust relativistischer μ-Mesonen in Neon.* (Vgl. Gosh u. Mitarbeiter, C. **1955.** 6903.) Für μ-Mesonen mit Impulsen $> 10^9$ eV/c wurde die Beziehung zwischen dem Impuls u. dem wahrscheinlichsten Ionisationsverlust untersucht. Mit einem magnet. Massenspektrographen wurden die Impulse der Teilchen registriert, während die Ionisationsverluste mit 2 rechteckigen Proportionalzählern gemessen wurden, die mit Ne u. CH_4 (40,0 u. 4,4 cm Hg bei 15°) gefüllt waren. Der Ionisationsverlust steigt mit dem Impuls logarithm. an in Übereinstimmung mit Theorien, die die Wechselwrkg. zwischen den Targetmoll. vernachlässigen. Im Bereich unterhalb des Auftretens von Polarisationseffekten liegt die experimentelle Kurve $\sim$2% unterhalb der berechneten gegenüber 8% für O_2. (Proc. physic. Soc., Sect. A **68.** 793—99. 1/9. 1955. Manchester, Univ.; Harwell, AERE.) H. Liepack. 90

W. A. Wallenmeyer, *Mesonenerzeugung bei n–p-Stößen durch Cosmotron erzeugte Neutronen mit Energien bis zu 1,5 GeV.* (Sitzungsbericht.) (Physic. Rev. [2] **100.** 1255. 15/11. 1955. Purdue Univ.) GERHARD SCHMIDT. 90

E. L. Goldwasser und **L. J. Koester jr.,** *Photoerzeugung von π^0-Mesonen in Helium.* (Sitzungsbericht.) (Physic. Rev. [2] **100.** 1255. 15/11. 1955. Univ. of Illinois. — Vgl. C. **1955.** 6443.) GERHARD SCHMIDT. 90

A. M. Sachs, H. Winick und **B. A. Wooten,** *Streuung von 38 MeV-π^+-Mesonen in Wasserstoff.* (Sitzungsbericht.) (Physic. Rev. [2] **100.** 1255. 15/11. 1955. Columbia Univ.) GERHARD SCHMIDT. 90

R. S. Margulies, *π^+-Streuung an Wasserstoff bei 260, 300 und 400 MeV.* (Sitzungsbericht.) (Physic. Rev. [2] **100.** 1255. 15/11. 1955. Brookhaven Nat. Labor.) GERHARD SCHMIDT. 90

Shigeo Minami, *Ein Invarianztheorem für Wirkungsquerschnitte der Meson–Nucleon-Streuung.* Vf. beweist, daß auch bei genauer Kenntnis des differentiellen Wirkungsquerschnitts für die Streuung von skalaren oder pseudoskalaren Mesonen an Nucleonen u. Berücksichtigung hoher Bahndrehimpulse der Mesonen stets zwei verschied. Lösungen einer Phasenverschiebungsanalyse existieren u. daß dies in gewissen Eigg. der Kugel- u. Spinfunktionen begründet ist. (Progr. theoret. Physics [Kyoto] **11.** 213—18. Febr. 1954. Osaka, Univ., Dep. of Phys. [Orig.: engl.]) D. GEISSLER. 90

Ziro Maki, Masatomo Sato und **Sin-itiro Tomonaga,** *Streuproblem in der Theorie mittlerer Kopplung.* 1. Mitt. Die bisher nur für stat. Probleme verwendete Theorie mittelstarker Kopplung wird in einer Art von dispersionstheoret. Formalismus in nichtrelativist. Näherung auf dynam. Probleme erweitert. (Progr. theoret. Physics [Kyoto] **9.** 607—32. Juni 1953. Tokyo, Univ. of Educat., Phys. Dep. [Orig.: engl.]) D. GEISSLER. 90

L. P. Gorkow und **I. M. Chalatnikow,** *Störungstheorie und asymptotisches Verhalten der Greenschen Funktionen in der Elektrodynamik von Teilchen mit dem Spin Null.* In Analogie zur pseudoskalaren Mesonentheorie untersuchten Vff. das asymptot. Verh. der GREENschen Funktionen in der Elektrodynamik von Teilchen mit dem Spin Null. (Доклады Академии Наук СССР [Ber. Akad. Wiss. UdSSR] **103.** 799—802. 11/8. 1955. Wawilow-Inst. für physikal. Probleme der Akad. der Wiss. der UdSSR.) M. WIEDEMANN. 90

D. J. Hughes und **V. E. Pilcher,** *Messung des $\bar{\Gamma}_n^0/D$-Verhältnisses durch gemittelte Querschnitte.* (Sitzungsbericht.) (Physic. Rev. [2] **100.** 1249. 15/11. 1955. Brookhaven Nat. Labor.) GERHARD SCHMIDT. 90

Suraj N. Gupta, *Mehrfache Bremsstrahlung.* Der Querschnitt für die Mehrfacherzeugung von Photonen in Ggw. eines Kerns bei hohen Energien wird berechnet. Selbst im Bereich der großen Energien von Höhenstrahlen ist die Wahrscheinlichkeit dieses Prozesses im Vgl. zur gewöhnlichen Bremsstrahlung gering. Eine merkbare Mehrfacherzeugung liegt vor, wenn ein energiereiches, geladenes Teilchen unter einem Winkel abgelenkt wird, der groß ist im Vgl. zum Verhältnis aus seiner Ruhenergie u. seiner Gesamtenergie, oder wenn ein energiereiches, geladenes Teilchen vernichtet, eingefangen oder in ein neutrales Teilchen umgewandelt wird. (Physic. Rev. [2] **99.** 1015—19. 1/8. 1955. Lafayette, Ind., Purdue Univ., Dep. of Phys.) H. LIEPACK. 90

J. F. Marshall, R. A. Shatas und **M. A. Pomerantz,** *Abhängigkeit der durch 1,3 MeV-Elektronen erzeugten δ-Emission von der Targetdicke.* Die Ausbeute an energiereichen Sekundärteilchen (δ-Strahlen) beim Beschuß von Al- u. Ni-Folien von 2—70 mg/cm² Dicke mit 1,3 MeV-Elektronen wurde bestimmt. Sie nahm bei Al von 0,5 auf 2% mit der Targetdicke zu. Die Ergebnisse stimmen mit der Theorie überein. (J. Franklin Inst. **257.** 509. Juni 1954. Bartol Res. Found.) M. WIEDEMANN. 90

B. H. Bransden und **J. S. C. McKee,** *Die elastische Streuung von Neutronen an α-Teilchen.* Die Theorie der Streuung von Neutronen an α-Teilchen wird mit Hilfe der Variationsmeth. formuliert. Es wird angenommen, daß die Fünfkörperwellenfunktion sich in der WHEELERschen Resonanzgruppenform schreiben läßt, u. daß eine Zweikörper-Spin–Bahn-Kopplung möglich ist. Die abgeleiteten Formeln werden numer. berechnet u. mit experimentellen Daten verglichen, wobei gezeigt wird, daß Austauschvorgängen vom MAJORANA-HEISENBERG-Typ der Vorzug zu geben ist. (Philos. Mag. [7] **45.** 869—80. Aug. 1954. Belfast, Queens Univ., Dep. of Phys.) F. WEIGEL. 90

S. D. Bloom, G. N. Glasoe, C. O. Muehlhause und **H. E. Wegner,** *Unelastische und elastische Streuung von 1,7 MeV-Neutronen.* (Sitzungsbericht.) (Physic. Rev. [2] **100.** 1248. 15/11. 1955. Brookhaven Nat. Labor.) GERHARD SCHMIDT. 90

J. M. LeBlanc, L. M. Bollinger und **R. E. Coté,** *Neutronendurchlässigkeitsmessungen an Br und Se.* (Sitzungsbericht.) (Physic. Rev. [2] **100.** 1248. 15/11. 1955. Argonne Nat. Labor.) GERHARD SCHMIDT. 90

F. T. Gould, T. I. Taylor und **W. W. Havens jr.**, *Der Absorptionsquerschnitt von Gold für langsame Neutronen, gemessen mit einem Einkristallspektrometer.* (Sitzungsbericht.) (Physic. Rev. [2] **100.** 1248. 15/11. 1955. Columbia Univ. u. Brookhaven Nat. Labor.) GERHARD SCHMIDT. 90

V. E. Pilcher, J. A. Harvey und **K. K. Seth**, *Totaler Neutronenquerschnitt von ^{235}U im eV-Bereich.* (Sitzungsbericht.) (Physic. Rev. [2] **100.** 1248—49. 15/11. 1955. Brookhaven Nat. Labor.) GERHARD SCHMIDT. 90

V. L. Sailor, *Neutronenresonanzen in ^{233}U und ^{235}U.* (Sitzungsbericht.) (Physic. Rev. [2] **100.** 1249. 15/11. 1955. Brookhaven Nat. Labor.) GERHARD SCHMIDT. 90

O. D. Simpson, R. G. Fluharty, F. B. Simpson und **R. M. Brugger**, *Neutronenresonanzparameter und totale Querschnitte in ^{235}U.* (Sitzungsbericht.) (Physic. Rev. 2] **100.** 1249. 15/11. 1955. Phillips Petroleum Comp.) GERHARD SCHMIDT. 90

Je. L. Feinberg und **D. Ss. Tschernawski**, *Beständigkeit des Deuterons in der Mesonentheorie.* Durch Variation der Funktion der Nucleonen u. der des pseudoskalaren Mesonenfeldes wurde das Deuteron untersucht. Wird die Bindungsenergie $e_D = 2{,}2$ MeV gesetzt, so ergeben sich folgende Werte (in Klammern die experimentellen): $f^2/4\pi = 0{,}13$, Quadrupolmoment $Q = 3{,}3 \cdot 10^{-24}$ ($2{,}7 \cdot 10^{-24}$ cm^2), Beimischung am D-Zustand $\alpha^2/(1+\alpha^2) \approx 10\%$ ($\approx 7\%$), Radius der Wrkg. der Kernkräfte im Triplettzustand $r_t = 3{,}7 \cdot 10^{-13}$ cm ($1{,}8 \cdot 10^{-13}$ cm). Mit der Variationsmethode wurde auch die Singulettstreuung des Neutrons am Proton bei kleinen Energien untersucht. Es ergaben sich für den Radius der Wrkg. der Kernkräfte u. für die Streulänge $r_s = 4{,}5 \cdot 10^{-13}$ (2,7) bzw. $a_s = 8 \cdot 10^{-13}$ (23)cm. (Доклады Академии Наук СССР [Ber. Akad. Wiss. UdSSR] **103.** 589—92. 1/8. 1955. Physikal. Lebedew-Inst. der Akad. der Wiss. der UdSSR.) M. WIEDEMANN. 90

N. Austern, *Die Rolle der Isobaren bei Zweinucleonprozessen: Deuteron-Photoeffekt.* Bei Verwendung eines elementaren Modells der Nucleonisobare als Zwischenzustand bei Zweinucleonenprozessen wird gefunden, daß der Mechanismus der Photozertrümmerung des Deuterons am stärksten zu dem beobachteten Querschnitt bei hoher Energie beiträgt. (Physic. Rev. [2] **100.** 1522—29. 1/12. 1955. New York, N. Y., New York Univ., Inst. of Mathemat. Sci., AEC-Comput. Fac.) GERHARD SCHMIDT. 90

Sigeru Machida, *Über die D-Zustandswahrscheinlichkeit des Deuterons.* Aus dem experimentellen Verhältnis der Hyperfeinstrukturaufspaltungen der Grundzustände von D u. H u. den magnet. Momenten von Proton, Neutron u. Deuteron berechnet Vf. eine Wahrscheinlichkeit von 5—10% für den D-Zustand. (Progr. theoret. Physics [Kyoto] **9.** 683—84. Juni 1953. Kyoto, Univ., Yukawa Hall. [Orig.: engl.]) D. GEISSLER. 90

Ely M. Gelbard, *Dreikörperbeiträge zur Bindungsenergie des Tritons.* Unter Verwendung vorgegebener Wellenfunktionen berechnet Vf. die Bindungsenergie des Tritons aus dem Beitrag von 5 Dreikörpertermen, die aus der ps–ps-Theorie abgeleitet worden sind. (Physic. Rev. [2] **100.** 1530—38. 1/12. 1955. Chicago, Ill., Univ. of Chicago, Dep. of Phys.) GERHARD SCHMIDT. 95

Albert Kónya, *Theoretische Bestimmung des Profils der Comptonbande.* Die Berechnungen der annähernden Dichteverteilung des Ne-Atoms geben mit dem von GOMBÁS korrigiertem THOMAS-FERMI-DIRAC-Atommodell bessere Werte als mit dem unkorrigierten. Die erhaltenen Werte betragen etwa die Hälfte der Literaturangaben. Die von der Ordnungszahl abhängige halbierte Bandenbreite erreicht bei den Edelgasen ein Maximum u. fällt bei den folgenden Alkalimetallen auf einen kleinen Wert zurück. Die mit der statist. Meth. des Vf. bestimmte halbierte Bandenbreite wurde auch durch annähernde wellenmechan. Methoden berechnet. Der genaueste Wert ist scheinbar der vor DUNCANSON u. COULSON bestimmte ($2l_0 = 30{,}6$ XE), welcher mit dem experimentell bestimmten ($2l_0 = 32{,}0$ XE) u. dem aus wellenmechan. Rechnungen erhaltenem ($2l_0 = 34{,}9$ XE) genügend übereinstimmt. (Magyar tudományos Akad., mat. fiz. Osztályának Közleményei [Ung. Akad. Wiss., Ber. math. physik. Abt.] **1.** 89—93. 1951.) J. PLANK. 95

Je. P. Oshigow, *Über einige Gesetzmäßigkeiten der Atomverteilung der Hauptisotope und Isobare.* Die Häufigkeitsverteilung der Isotope u. Isobare in Abhängigkeit von Kerneigg. wird diskutiert. Dabei wird auf die Häufigkeit gerader u. ungerader Kerne, auf die Differenz 6 oder 12 zwischen den Ordnungszahlen der Elemente O, Si, Ca, Fe, Sr, Sn u. Ba sowie auf die Skala der Massenzahlen 4, 16, 16, 45, 48 u. 88 eingegangen. (Журнал Общей Химии [J. allg. Chem.] **25** (**87**). 1637—40. Sept. 1955. Chem. Abt. der Fernöstl. Zweigstelle der Akad. der Wiss. der UdSSR.)
M. WIEDEMANN. 95

Ren Chiba, R. A. Douglas, J. W. Broer, D. F. Herring und **E. A. Silverstein**, *Elektrostatische Analyse von Kernreaktionsenergien.* 4. Mitt. (Sitzungsbericht.) (Physic. Rev. [2] **100.** 1253. 15/11. 1955. Univ. of Wisconsin.) GERHARD SCHMIDT. 103

C. H. Johnson und **A. Galonsky,** *Die Reaktion T(d, n)⁴He, 1-5 MeV.* (Sitzungsbericht.) (Physic. Rev. [2] **100.** 1252. 15/11. 1955. Oak Ridge Nat. Labor.) GERHARD SCHMIDT. 103

W. E. Kunz, J. W. Butler und **H. D. Holmgren,** *γ-Strahlen aus dem ³He-Beschuß von Deuterium.* (Sitzungsbericht.) (Physic. Rev. [2] **100.** 1252. 15/11. 1955.) GERHARD SCHMIDT. 103

E. C. LaVier, S. S. Hanna und **R. W. Gelinas,** *α-Spektrum von ⁷Li(p, γ)⁸Be(α)⁴He.* (Sitzungsbericht.) (Physic. Rev. [2] **100.** 1252—53. 15/11. 1955. Johns Hopkins Univ.) GERHARD SCHMIDT. 103

R. W. Gelinas und **S. S. Hanna,** *Suche nach Zuständen in ⁷Li und ⁸Be.* (Vgl. vorst. Ref.) (Sitzungsbericht.) (Physic. Rev. [2] **100.** 1253. 15/11. 1955.) GERHARD SCHMIDT. 103

D. W. Miller, V. K. Rasmussen, M. B. Sampson und **U. C. Gupta,** *Die Reaktionen ⁹Be(d, d′) und ⁹Be(α, α′).* (Sitzungsbericht.) (Physic. Rev. [2] **100.** 1253. 15/11. 1955. Indiana Univ.) GERHARD SCHMIDT. 103

H. D. Holmgren, W. E. Kunz und **L. Bullock,** *Winkelverteilung der Protonen aus der Reaktion ⁹Be(³He, p)¹¹B.* (Sitzungsbericht.) (Physic. Rev. [2] **100.** 1253. 15/11. 1955. Naval Res. Labor.) GERHARD SCHMIDT. 103

A. G. Stanley, *Winkelkorrelationen bei Deuteronenreaktionen.* Die Winkelkorrelationen zwischen den geladenen Teilchen u. den γ-Strahlen in den Rkk. *¹⁴N*(d, αγ)*¹²C*, ¹⁴N(d, pγ)¹⁵N u. *⁹Be*(d, pγ)¹⁰Be werden gemessen. Im Falle der beiden ersten Rkk. werden die Winkelverteilungen der zum Grundzustand u. 1. Anregungszustand des Endkerns führenden geladenen Teilchen beobachtet. Die Ergebnisse stimmen mit den folgenden Niveauzuordnungen überein: 2^+ (1. Anregungszustände von ¹²C u. ¹⁰Be) sowie Spins 1/2 oder 3/2 für das enge Dublett von ¹⁵N bei 5,3 MeV. (Philos. Mag. [7] **45.** 807—10. Aug. 1954. Cambridge, Cavendish Labor.) F. WEIGEL. 103

R. R. Carlson und **S. Bashkin,** *Angeregte Zustände von ¹⁶O aus dem Protonenbeschuß von ¹⁵N.* (Sitzungsbericht.) (Physic. Rev. [2] **100.** 1254. 15/11. 1955. State Univ. of Iowa.) GERHARD SCHMIDT. 103

C. P. Browne, *Isotopische Spinauswahlregelstörung bei ¹⁶O(d,α)¹⁴N*.* (Sitzungsbericht.) (Physic. Rev. [2] **100.** 1253—54. 15/11. 1955. Massachusetts Inst. of Technol.) GERHARD SCHMIDT. 103

B. P. Fabricand, B. Allison und **J. Halpern,** *Photoneutronen-Winkelverteilung von Kohlenstoff.* (Sitzungsbericht.) (Physic. Rev. [2] **100.** 1249. 15/11. 1955. Univ. of Pennsylvania.) GERHARD SCHMIDT. 103

M. T. McEllistrem, *Analyse von ¹²C+d-Reaktionen.* (Sitzungsbericht.) (Physic. Rev. [2] **100.** 1253. 15/11. 1955. Univ. of Wisconsin.) GERHARD SCHMIDT. 103

R. A. Douglas, J. W. Broer und **Ren Chiba,** *¹⁴C+d-Reaktionen.* (Sitzungsbericht.) (Physic. Rev. [2] **100.** 1253. 15/11. 1955. Univ. of Wisconsin.) GERHARD SCHMIDT. 103

F. L. Ribe, *Die pickup-Reaktionen ¹⁹F(n, d)¹⁸O.* (Sitzungsbericht.) (Physic. Rev. [2] **100.** 1254. 15/11. 1955. Los Alamos Scient. Labor.) GERHARD SCHMIDT. 103

B. J. Toppel, D. H. Wilkinson und **D. E. Alburger,** *Die unelastische Streuung von Protonen aus ¹⁹F.* (Sitzungsbericht.) (Physic. Rev. [2] **100.** 1254. 15/11. 1955. Brookhaven Nat. Labor.) GERHARD SCHMIDT. 103

F. M. Tomnovec und **C. S. Cook,** *Ein 5,3 MeV-Energieniveau in ²⁴Mg, das dem Zerfall von ²⁴Na folgt.* (Sitzungsbericht.) (Physic. Rev. [2] **100.** 1254. 15/11. 1955. U. S. Naval Radiolog. Defense Labor.) GERHARD SCHMIDT. 103

Paul F. Yergin und **Burton P. Fabricand,** *Mg(γ, n)-Querschnitte.* (Sitzungsbericht.) (Physic. Rev. [2] **100.** 1249. 15/11. 1955. Univ. of Pennsylvania.) GERHARD SCHMIDT. 103

J. C. Severiens und **S. S. Hanna,** *Lebensdauern der ersten angeregten Zustände von ²⁸Al und ¹⁰B.* (Sitzungsbericht.) (Physic. Rev. [2] **100.** 1254. 15/11. 1955. Johns Hopkins Univ.) GERHARD SCHMIDT. 103

W. S. Lyon und **T. H. Handley,** *Radioaktives ⁴⁷Ca.* Vff. untersuchen die Aktivität von ⁴⁷Ca (4,5 Tage) mit β-γ-Koinzidenzmessungen u. mit NaJ-γ-Spektrometrie. Drei γ-Strahlen mit 1,29, 0,812 u. 0,500 MeV treten mit absol. Intensitäten von (71 ± 6), $(5 \pm 0,5)$ bzw. $(5 \pm 0,5)$% auf. Diese γ sind mit einer $0,70 \pm 0,02$ MeV-β-Gruppe in Koinzidenz. (24 ± 6)% des Zerfalls geht über eine $1,9 \pm 0,2$ MeV-β-Gruppe direkt zum Grundzustand. (Physic. Rev. [2] **100.** 1280—83. 1/12. 1955. Oak Ridge, Tenn., ORNL.) GERHARD SCHMIDT. 103

John D. Fox und **Peter Axel,** *Der Photoneutroneneffekt in ⁹⁰Zr sehr nahe der Schwelle.* (Sitzungsbericht.) (Physic. Rev. [2] **100.** 1249. 15/11. 1955. Univ. of Illinois.) GERHARD SCHMIDT. 103

Jagdish Varma, *Strahlungen aus ^{115}Cd (43 Tage).* (Vgl. C. **1955.** 3303.) Bericht über das Zerfallsschema von ^{115}Cd. Angeregte Niveaus von ^{115}In bestehen bei 0,95, 1,28 u. 1,43 MeV. Ausgestrahlt werden die γ-Strahlen mit 1,28, 0,95 u. 0,485 MeV, die beiden letzten in Kaskade. (J. Franklin Inst. **257.** 507. Juni 1954. Bartol Res. Foundat.) M. WIEDEMANN. 103

L. W. Fagg, E. A. Wolicki, R. O. Bondelid, K. L. Dunning und **S. Snyder,** *Coulomb-Anregung von Tellur und Silber.* Die COULOMB-Anregung von ^{123}Te, ^{125}Te, ^{107}Ag u. ^{109}Ag durch Beschuß von im 5 MeV-VAN DE GRAAFF beschleunigten Protonen u. α-Teilchen zeigt γ-Strahlen bei 159, 274, 342, 436 u. 504 keV in ^{123}Te, 435 u. 633 keV in ^{125}Te, 319 u. 419 keV in ^{107}Ag u. bei 309 u. 412 keV in ^{109}Ag. Die γ-Strahlen werden mit einem Scintillationszähler gemessen, der aus einem 2 in.-NaJ(Tl)-Kristall u. einem RCA 6342-Photomultiplier besteht. Die Darst. der Ergebnisse in Verbindung mit Anregungskurven u. Koinzidenzmessungen wird in Termen der vorgeschlagenen Energieniveauschemata diskutiert. Im Falle von ^{123}Te wird geschlossen, daß 3 Niveaus unabhängig voneinander angeregt werden. Werte werden für die Quadrupolmomente Q_0, die sich auf das BOHR-MOTTELSON-Modell gründen, u. für die red. Übergangswahrscheinlichkeiten für Anregung aufgestellt. (Physic. Rev. [2] **100.** 1299—1302. 1/12. 1955. Washington, D. C., Naval Res. Labor.) GERHARD SCHMIDT. 103

R. M. Eisberg, G. Igo und **H. E. Wegner,** *Protonen aus dem Beschuß mehrerer Elemente mit 40 MeV-α-Teilchen.* (Vff. beschießen dünne Targets von *Au*, *Ag* u. *Cu* mit 40 MeV-α-Teilchen u. messen die Energieverteilungen der Protonen, die unter 150° zum einfallenden Strahl emittiert werden. Die aus dem Target kommenden Protonen laufen durch dünne Austrittsfenster der evakuierten Streukammer u. werden mit einem NaJ-Scintillationszähler nachgewiesen. Bezeichnen N eine Größe, die proportional der Wahrscheinlichkeit ist, daß der Compoundkern ein Proton der Energie E emittiert u. σ_c den Querschnitt für die umgekehrte Rk., so läßt sich für jedes Element $\log(N/E\,\sigma_c)$ als eine Funktion der Anregungsenergie des Restkerns auftragen. Die Werte stimmen qualitativ mit der Niveaudichteformel eines FERMI-Gases überein. Im Bereich von 150° ist der Querschnitt für die Emission von Protonen niedriger Energie isotrop, der Querschnitt für energiereiche Protonen nimmt jedoch langsam mit zunehmendem Winkel ab. (Physic. Rev. [2] **100.** 1309—14. 1/12. 1955. Upton, N. Y., BNL.) GERHARD SCHMIDT. 103

C. P. Swann und **F. R. Metzger,** *Unelastische Streuung von Neutronen an ^{137}Ba und ^{199}Hg.* (Vgl. C. **1955.** 2353.) Die unelast. Streuung von Neutronen durch die Erzeugung des isomeren 527 keV-Niveaus (13/2+) von ^{199}Hg u. des isomeren 661 keV-Niveaus (11/2—) von ^{137}Ba wurde untersucht. Die Anregungskurven werden diskutiert. Die absol. Wirkungsquerschnitte für 3 MeV-Neutronen betragen 200 mbarn bei Hg u. 600 mbarn bei Ba. (J. Franklin Inst. **257.** 510. Juni 1954. Bartol Res. Found.) M. WIEDEMANN. 103

W. P. Schamow, *Spaltmechanismus schwerer Kerne bei hohen Anregungsenergien.* Kernemulsionen, die für Protonen von 30—35 MeV empfindlich sind, wurden mit U-, Bi- u. W-Salzen getränkt u. mit Protonen von 460 oder 660 MeV bestrahlt. Die Zahl der bei einer Kernspaltung emittierten geladenen Teilchen betrug bei 660 MeV für U 1,16, Bi 1,77 u. für W 4, bei 460 MeV für U 0,76, Bi 1,15 u. für W 2. Das Verhältnis α/p war bei U 0,36, bei Bi 0,38 u. bei W 0,5 unabhängig von E_p. Die Winkelverteilung der α-Teilchen hatte isotropen Charakter, die Protonen wurden bevorzugt nach vorn emittiert. Die α-Teilchen scheinen sämtlich Verdampfungsprozessen zu entstammen, die Protonen nur teilweise. Die Anregungsenergie der fliegenden Kerne betrug bei E_p 660 MeV für U 150, Bi 230 u. für W 440 MeV, bei E_p 460 MeV für U 130, Bi 190 u. für W 335 MeV. Die Wirkungsquerschnitte für die Spaltung sind bei E_p 460 MeV für U 0,9, Bi 0,088 u. für W $0{,}004 \cdot 10^{-24}$ cm², bei E_p 660 MeV für U 1,1, Bi 0,12 u. für W $0{,}01 \cdot 10^{-24}$ cm². Vf. diskutiert den Spaltmechanismus, danach wird die Anregungsenergie zur Verdampfung von Protonen u. Neutronen verwendet, bis Z^2/A so stark angewachsen ist, daß die Schwelle für die Spaltung bis zur Energie der Bindung des Neutrons im Restkern gesunken ist. (Доклады Академии Наук СССР [Ber. Akad. Wiss. UdSSR] **103.** 593—95. 1/8. 1955. Strahleninst. der Akad. der Wiss. der UdSSR.) M. WIEDEMANN. 103

An. N. Nessmejanow, L. I. Gussewa, L. I. Tichonowa und **A. K. Saborski,** *Zur Frage über den chemischen Zustand von bei Kernumwandlungen erhaltenen Atomen.* Vff. bestrahlten Brombenzol mit Neutronen u. bestimmten unter Verwendung von inakt. Trägern die Anteile an akt. p-Dibrombenzol zu 23,3%, an o-Dibrombenzol zu 31,2% u. an m-Dibrombenzol zu 45,4%. Gegenüber den bei der radioakt. Umsetzung gebildeten Br-Atomen wirkt also der dirigierende Einfl. des ersten Substituenten nicht. Vff. vergleichen ihre Ergebnisse mit denen anderer Autoren bei der Bestrahlung von Br_2, gelöst in Toluol, Nitrobenzol, Benzoesäureäthyl- u. -methylester, bei denen stets die ortho-

Isomeren mit der größten Ausbeute entstehen. (Доклады Академии Наук СССР [Ber. Akad. Wiss. UdSSR] **103.** 1041—43. 21/8. 1955. Moskau, Lomonossow-Univ.) M. WIEDEMANN. 108

O. Bastiansen, O. Hassel und **Eilif Risberg,** *Die Elektronenbeugungsanlagen von Oslo zur Untersuchung von gasförmigen Verbindungen.* Beschreibung der Apparatur. (Acta chem. scand. **9.** 232—38. 1955. Blindern-Oslo, Univ., Kjemiske Inst.) C. GOTTFRIED. 112

A. Bonetti, C. Dilworth, M. Ladu und **G. Occhialini,** *Messungen in Kernplatten.* Beschreibung einer Meth. zur Ausmessung des Durchmessers isolierter Kerne, der Abstände zwischen den Kernen sowie der Breite u. Länge der Bahnen von π- u. μ-Mesonen. (Atti Accad. naz. Lincei, Rend., Cl. Sci. fisiche, mat. natur. [8] **17.** 311—14. Dez. 1954.) C. GOTTFRIED. 112

L. van Rossum, *Bestimmung der Masse von schweren Mesonen und Hyperonen durch Photometrie von Bahnspuren in Kernemulsionen.* Ausführliche Darst. der C. **1954.** 941, **1955.** 5716 u. **1956.** 2072 referierten Arbeiten. (Ann. Physique [12] **10.** 643—92. Juli/Aug. 1955. Paris, École norm. supér., Labor. de Phys.; Bristol, H. H. Wills Phys. Labor.) H.-J. EICHHOFF. 112

Jean-Pierre Lonchamp, *Beitrag zur methodologischen Untersuchung von in der Kernphysik gebrauchten photographischen Emulsionen.* Unters. der Meßtechnik u. statist. Genauigkeit von Bahnspurauswertungen u. der physikal.-chem. Faktoren, welche die Länge der Bahnspur beeinflussen (Entwicklungsbedingungen, chem. Zus. der Emulsion, relative Feuchtigkeit der Emulsion bei der Exposition). Aus den Rkk. ^{6}Li(n, α)^{3}H, ^{10}B(n, α)^{7}Li*, ^{10}B(n, α)^{7}Li werden ein Punkt der Reichweiteenergiekurve (REK) für Protonen bei 0,9 MeV, 2 Punkte für α-Teilchen bei 1,5 u. 1,78 MeV u. ein sicherer Punkt der REK für Li bei 1 MeV gewonnen. Es wird gezeigt, daß sich mit der photograph. Meth. Verhältnisse von Reaktionsquerschnitten bestimmen lassen, die mit den nach anderen Methoden gewonnenen Werten übereinstimmen, u. daß das Bremsvermögen von Kernemulsionen nach kleinen Teilchenenergien hin sehr stark abnimmt. Angabe einer REK für α-Teilchen im Bereich von 1—10 MeV unter Berücksichtigung der Werte anderer Autoren u. theoret. Berechnung der Reichweite-Energie-Beziehungen für Ionen einer Ladung (Z) $>$ 2. Für Teilchen mit Z von 3—8 u. kleine Energien werden REKK aufgestellt, für große Energien wird eine Formel angegeben mit Berechnungen bis zu $Z = 14$ u. M. = 28. Der Wirkungsquerschnitt der Rk. ^{14}N(n, p)^{14}C wird zu 1,80 barn bestimmt. (Ann. Physique [12] **10.** 201—58. März/April 1955. Strasbourg, Univ., Labor. de Phys. corpuscul.) H.-J. EICHHOFF. 112

J. A. Prins und **S. A. Hempenius,** *Scheinbare Geschwindigkeit von α-Teilchen in Nebelkammern.* Bei der Demonstration von α-Bahnen in der Nebelkammer (bes. beim Diffusionstyp) hat man den Eindruck, als ob die Bahnen im Bruchteil einer Sek. aus dem Präp. herausschössen. Dieses Phänomen beruht auf der endlichen Diffusionsgeschwindigkeit der Dampfmoll. zu den Tröpfchen der Nebelbahn, die zu einer Verzögerung der Tröpfchenbldg. an Stellen höherer Ionisierungsdichte, also am Reichweitenende, führt. (Nature [London] **177.** 487. 10/3. 1956. Delft, TU, Techn. Phys. Labor.) M. POLLERMANN. 112

A₂. Optisches Verhalten der Materie.

Volker Weidemann, *Metallhäufigkeiten, Druckschichtung und Stoßdämpfung in der Sonnenatmosphäre.* Unter Zugrundelegung der BÖHMschen Werte der Temperaturschichtung in der Photosphäre werden zunächst die Metallhäufigkeiten in der Sonnenatmosphäre erneut ermittelt, die bei einem Verhältnis H : Metalle wie 20000 : 1 für Fe um den Faktor 4, für die anderen Metalle um den Faktor 2 kleiner als die früheren Werte von CLAAS sind. Auf Grund der erhaltenen Ergebnisse wird die Druckschichtung unter Anwendung eines speziellen Verf., das Gas- u. Elektronendruck gleichzeitig liefert, neu ermittelt. Auf Grund der Theorie der Dämpfung nach dem heutigen Stand u. mit Hilfe des verbesserten Sonnenmodells werden die Flügel starker FRAUNHOFER-Linien berechnet u. mit der Beobachtung verglichen. Bei Elementen mit Einelektronensystemen lassen sich die beobachteten Flügelstärken mit Hilfe der Stoßverbreiterung durch VAN DER WAALSsche Kräfte bei Stößen neutraler H-Atome als maßgeblicher Dämpfungsmechanismus vollständig wiedergeben. Für die Elemente mit Zwei- u. Mehrelektronensystemen treten systemat. Abweichungen auf (um den Faktor 5 zu kleine theoret. Dämpfungskonstanten z. B. bei Fe u. Cr). (Z. Astrophysik **36.** 101—44. 1955. Kiel, Neue Univ., Inst. für theoret. Phys., u. Sternwarte.) J. RUDOLPH. 113

Erika Böhm-Vitense, *Die Sonnenchromosphäre.* Unter Benutzung der beobachteten Absolutintensitäten der chromosphär. Emissionslinien als Funktion der Höhe bes. von

CILLIÉ u. MENZEL (Harward Circular **410.** 1935) werden die Druck- u. Temperaturschichtungen der Sonnenchromosphäre durch Best. der Mittelwerte der Teilchendichten u. der verschied. Strahlungs-, Anregungs- u. Ionisationstempp. als Funktion der Höhe bis 4000 km unter der Annahme ermittelt, daß die Häufigkeitsverteilung der Elemente in der Chromosphäre der Häufigkeit in der Photosphäre entspricht. Die D. nimmt in mittleren u. höheren Chromosphärenschichten mit einer Äquivalenthöhe von ca. 1000 km ab. Die Strahlungstempp. der Metalle (Fe) sind ca. 4000°, die Ionisationstempp. ca. 5000°, während die entsprechenden Tempp. der BALMER-Linien sich — bei relativ hohen Werten — mit der Höhe ändern. Das neue Chromosphärenmodell wird mit den Beobachtungen verglichen u. im einzelnen diskutiert. (Z. Astrophysik **36.** 145—80. 1955. Kiel, Neue Univ., Inst. für theoret. Phys.) J. RUDOLPH. 113

M. Nicolet und **P. Mange,** *Die Dissoziation von Sauerstoff in der hohen Atmosphäre.* (Vgl. auch C. **1956.** 8801.) Durch Unters. der Abweichung vom photochem. Gleichgewicht diskutieren die Vff. die O_2-Verteilung in der hohen Atmosphäre. Unter Verwendung neuerer Raketendaten über die atmosphär. Durchlässigkeit in dem SCHUMANN-RUNGE-Kontinuum des mol. O_2 wurde das Übergangsgebiet untersucht. Es wurde geschlossen, daß die O_2-Verteilung oberhalb des Dissoziationsgebietes der Verteilung der Hauptatmosphäre folgt u. von Mischungseinfll. abhängig ist. Berücksichtigt man Dissoziationszeiten, Rekombination u. Diffusion, dann kann man eine Grenze für die Mischungszeit festlegen. Es wird weiter gezeigt, daß das Niveau der Mesopause mit der Dissoziation des O_2-Mol. in Verbindung steht. (J. geophys. Res. **59.** 15—45. März 1954. State College, Pa., Pennsylvania State Univ., Ionosphere Res. Labor.) C. GOTTFRIED. 113

H. K. Paetzold, *Über neue Untersuchungen der Ozonschicht und ihrer Veränderungen.* Zusammenfassende krit. Übersicht über die vom Vf. sowie von anderen Forschern in den letzten Jahren durchgeführten Messungen über die O_3-Verteilung in verschied. Breiten u. Höhen. — 19 Literaturzitate. (J. geophys. Res. **59.** 365—68. Sept. 1954. Weissenau, Max-Planck-Inst. für Physik der Stratosphäre.) C. GOTTFRIED. 113

R. Gáspár, *Eine analytische Methode zur angenäherten Bestimmung der Eigenfunktionen und Energien von Elektronen in Atomen.* (J. chem. Physics **20.** 1863—65. Dez. 1952. Budapest, Univ. for Techn. Sci., Phys. Inst. — C. **1954.** 3856.) H. LIEPACK. 114

Vincent-Geisse, *Theoretische Untersuchung zu den Begriffen Intensität und Breite von Absorptionslinien.* Unters. d. Beziehungen zwischen Intensität u. Linienbreite (hierbei Definition einer effektiven Halbwertsbreite) u. zwischen gemessener Absorption u. Intensität. Anwendung dieser Ergebnisse auf die Anlage von Messungen der absol. Intensitäten von Rotationsschwingungslinien bei Gasen unter den verschied. Bedingungen des Druckes u. des Auflösungsvermögens der Apparatur. (Ann. Physique [12] **10.** 185—200. März/April 1955. Paris, Sorbonne, Labor. des Rech. phys.) H.-J. EICHHOFF. 114

Raymond Castaing und **Jacques Descamps,** *Über die physikalischen Grundlagen der Punktanalyse durch Röntgenspektrographie.* Das Prinzip der Punktanalyse durch Röntgenspektrographie besteht nach CASTAING darin, daß man ein enges Elektronenbündel mit einem Durchmesser von ca. 1 μ auf einen bestimmten Punkt der Oberfläche der zu untersuchenden Probe fallen läßt. Die spektrograph. Analyse der durch die beschossene Fläche emittierten Röntgenstrahlung gestattet, die chem. Konst. dieser Fläche zu bestimmen. Vff. diskutieren die verschied. Faktoren, die die Genauigkeit der chem. Analyse beeinflussen können. Am stärksten störend wirkt auf die Genauigkeit der Best. durch die Röntgenspektrographie die sek. Emission der Fluorescenz. Vff. zeigen experimentell, daß man in den meisten Fällen diese Sekundäremission mit genügender Genauigkeit abschätzen kann. (J. Physique Radium **16.** 304—17. April 1955. Toulouse, Fac. des Sci. et O. N. E. R. A.) C. GOTTFRIED. 116

R. W. Hendrick jr., *Übereinstimmung zwischen theoretischen und experimentellen Intensitäten im kontinuierlichen Spektrum weicher Röntgenstrahlen.* (Sitzungsbericht.) Es wurde das kontinuierliche Spektr. weicher Röntgenstrahlen (8—15 Å) bei Erregung durch Elektronen von 1,25—3,5 keV an massivem *W* unter Zugrundelegung der SOMMERFELDschen Strahlungstheorie berechnet. Übereinstimmung mit bekannten experimentellen Ergebnissen ist innerhalb einiger % vorhanden. (Physic. Rev. [2] **92.** 541. 15/10. 1953. Stanford Univ.) H. NIEHRS. 116

D. J. Candlin, *Über die Identifizierung von Röntgenstrahlensatelliten.* Mit analyt. Wellenfunktionen wurden die Wellenzahlen der $K\alpha$-Satelliten von $Z = 19—42$ berechnet. Ferner wurden die spektroskop. Terme, von denen die beobachteten Linien abgeleitet waren, identifiziert. (Proc. physic. Soc., Sect. A **68.** 322—28. April 1955. Birmingham, Univ., Dep. of Math. Phys.) C. GOTTFRIED. 116

G. H. Dieke, *Neue Ergebnisse für das Spektrum der Moleküle des Wasserstoffs und seiner Isotopen.* Vf. untersuchte die Spektren von H_2, DH, TH, D_2, TD u. T_2 zwischen 3000 u. 120000 Å. Die Spektren der einzelnen Isotopen sind zu Vergleichszwecken z. T. graph. wiedergegeben. Es wird noch kurz über den ZEEMAN-Effekt der verschied. Isotopen berichtet. (J. Physique Radium **15**. 393—97. Mai 1954. Baltimore, Md., Johns Hopkins Univ.) C. GOTTFRIED. 118

Y. P. Varshni und **K. Majumdar**, *Spektroskopische Konstanten von Molekülen. 3. Mitt. Regelmäßigkeiten in den Schwingungsfrequenzen in einer Molekülgruppe.* (2. vgl. Indian J. Physics Proc. Indian Assoc. Cultivat. Sci. **28** (**37**). [1954.] 209.) An Hand der in der Literatur vorliegenden Daten untersuchten Vff. die regelmäßige Änderung der Schwingungsfrequenz ω_e u. der Kraftkonstanten K_e in einer Molekülgruppe. Es wurde die folgende Gesetzmäßigkeit festgestellt: Trägt man die ω_e-Werte einer Reihe von zweiatomigen Moll. eines metall. Elementes z. B. *SiO, SiS, SiSe, SiTe* gegen die ω_e-Werte der entsprechenden Moll. eines anderen metall. Elementes, z. B. *PbO, PbS, PbSe, PbTe* oder *SnO, SnS, SnSe, SnTe* oder *GeO, GeS, GeSe, GeTe* oder *CO, CS, CSe, CTe*, graph. auf, dann liegen die Punkte für die entsprechenden metall. Elemente auf einer geraden Linie. Nicht bekannte ω_e-Werte können aus dem Diagramm abgelesen werden. Die folgenden Systeme sind in Diagrammen wiedergegeben: *KF, KCl, KBr, KJ* gegen *Cs, Na, Rb* (F, Cl, Br, J); *Cu* (F, Cl, Br, J) — *Ag* (F, Cl, Br, J); *Cd* (F, Cl, Br, J) — *Ba, Sr, Mg, Be* (F, Cl, Br, J); *Mg* (F, Cl, Br, J) — *Cd, Zn* (F, Cl, Br, J); *Ga* (F, Cl, Br, J) — *Tl, In, Al, B* (F, Cl, Br, J); *Pb* (F, Cl, Br, J) — *Sn, Ge, Si, C* (F, Cl, Br, J); *Bi* (*O, S, Se, Te*) — *Sb, As, N* (O, S, Se, Te) u. *Bi* (F, Cl, Br, J) — *Sb* (F, Cl, Br, J). (Indian J. Physics Proc. Indian Assoc. Cultivat. Sci. **29** (**38**). 38—47. Jan. 1955. Allahabad, Univ., Dep. of Phys.) C. GOTTFRIED. 118

Yuzuru Ooshika, *Absorptionsspektren von Farbstoffen in Lösung.* Vf. entwickelt eine Theorie der Absorptionsspektren von Farbstoffen in Lsgg., bei der die Verschiebung der Wellenzahl des Absorptionsmaximums unter Benutzung der Störungstheorie berechnet wird. Die Verteilung der Lösungsmittelmoll. wird als gleichförmig angenommen, u. die Verschiebung ist aus bequem meßbaren Größen, wie DK., Brechungsindex u. Wellenlänge der Absorption des Lösungsm. darstellbar. Berechnung erfolgt nach folgender Formel: $hc\,\Delta\sigma = [2\,(D-1)/(2D+1)]\,\alpha + [2\,(n^2-1)/(2n^2+1)]\,(\beta - \gamma/\sigma_s) + [2(D-1)/(2D+1)]^2\,\delta + [(2D+1)(D-n^2)/(2D+n^2)\,D]\,\varepsilon$. Hierin sind h = PLANCKsche Konstante, c = Lichtgeschwindigkeit, u. α, β, γ, δ u. ε werden abgeschätzt aus Wellenlänge u. Intensität der eigentlichen Absorption des Farbstoffes (Formeln angegeben). Die Lösungsmitteleffekte werden in verschied. Gruppen geteilt. Die Theorie erklärt befriedigend die verschied. experimentellen Tatsachen. Vf. kritisiert frühere Theorien. (J. physic. Soc. Japan **9**. 594—602. Juli/Aug. 1954. Tokio, Kokubunji Inst. of Phys. Res. [Orig.: engl.]) M.-L. KLAAR. 118

Alvin J. Cohen, *Durch Verunreinigungen bedingte Farbzentren in Quarzglas.* (Vgl. C. **1956**. 5190.) Durch Erhitzen der Quarzglassorten *Ultrasil* (I), *Amersil* (II) u. CORNING-Quarzglas (III) unter reduzierenden Bedingungen (Zuckerkohle) auf 1000—1400° wird die Farbbande bei 242 mμ, bei gleichzeitiger Verstärkung der Banden bei 214, 300 u. 540 mμ nur bei den ersten beiden Sorten erzeugt. Als Ursache für die 242 mμ-Bande werden daher red. Verunreinigungen angenommen. In III werden auch durch Röntgenbestrahlung im Gegensatz zu den anderen Sorten die drei langwelligsten Banden nicht hervorgerufen. Spektralanalyt. Unterss. des in HF unlösl. Rückstandes ergeben neben einer Reihe gemeinsamer Verunreinigungen in II u. III Spuren von Be u. Ge in II u. größere Mengen von Ni u. Cu in II gegenüber III. (J. chem. Physics **23**. 765—66. April 1955. Pittsburgh, Pa., Mellon Inst., Multiple Fellowship on Glass Sci.) J. RUDOLPH. 118

C. D. West, *Anomale Rotationsdispersion von Quarz oberhalb 3,7 μ?* Vf. nimmt Bezug auf eine Unters. von GUTOWSKY (vgl. C. **1951**. II. 3271), welcher eine wahre anomale Rotationsdispersion bei Quarz gefunden hatte, die bei 3,68 μ begann u. sich bis 9,71 μ erstreckte, u. teilt mit, daß Werte der Rotation von Quarz nur zuverlässig sind bis 3,676 μ. (J. chem. Physics **22**. 749—50. April 1954. Cambridge, Mass., Polaroid Corp.) C. GOTTFRIED. 119

Paul Bousquet, *Experimentelle Bestimmung der Reflexions- und Transmissionsfaktoren dünner Schichten von Calciumfluorid.* Vf. maß die Reflexions- u. Transmissionsfaktoren von dünnen CaF_2-Schichten, die in Dicken zwischen 1000 u. 20000 Å im Vakuum auf Glas oder Quarz aufgedampft worden waren: Der untersuchte Wellenlängenbereich lag zwischen 6580 u. 3987 Å. Bezeichnet man mit R_0 den Reflexionsfaktor der Unterlage ohne CaF_2-Schicht, dann liegen die Maxima der Reflexionsfaktoren der Schicht zwischen 0,8 u. 0,5 R_0. Der Wert R_M dieser Maxima ändert sich in dem gleichen Sinne wie die Wellenlänge. Ist die Schicht genügend dick, um mehrere Maxima von R in dem untersuchten Spektralbereich zu geben, dann fällt der Wert dieser Maxima regelmäßig von 0,8 R_0 für das äußerste Rot des sichtbaren Spektralbereiches auf 0,5 R_0 im Violett. An den gleichen Filmen wurden die Transmissionsfaktoren bestimmt. Innerhalb der Meßgenauigkeit ist der Transmissionsfaktor genau das Komplement des Reflexionsfaktors, d. h. in den Schichten findet keine merkliche Absorption statt. Messungen an *ZnS*-Schichten lieferten dieselben Ergebnisse, wie sie Hammer (Z. techn. Physik **24.** [1943.] 169) gefunden hatte. (C. R. hebd. Séances Acad. Sci. **238.** 1485—87. 5/4. 1954.) C. Gottfried. 119

E. Billeter und **Hs. H. Günthard**, *Symmetriecharaktere, Auswahlregeln und Abzählung der Normalschwingungen von Molekeln mit der Symmetrie D_{5d}.* Im Zusammenhang mit Arbeiten über Schwingungsspektren von Cyclanen, bes. Cyclodecan, erarbeiteten Vff. die gruppentheoret. Grundlagen der Vibrationsspektren von Moll. der Symmetrie D_{5d}. Sie leiteten für diesen Fall Gleichungen ab, die es gestatten, 1. die Anzahl der Normalschwingungen jeder Species zu berechnen, wenn Anzahl u. Lage der ein Mol. aufbauenden Punktsätze bekannt sind; 2. die Infrarot- u. Raman-Aktivität der Normalschwingungen u. Kombinationstöne von D_{5d}-Moll. zu bestimmen; 3. die Symmetrieeigg. mehrfach angeregter Normalschwingungen abzuleiten; 4. den Zusammenhang mit den Symmetrietypen von Normalschwingungen von Moll. niedrigerer Symmetrie, wie sie durch isotope Substitution von D_{5d}-Moll. entstehen können, festzulegen. (Helv. chim. Acta **39.** 644—50. 15/3. 1956. Zürich, ETH, organ.-chem. Labor.) G. Ruban. 120

Annette Weil-Marchand, *Ramanspektrum von Natriumbromiddihydrat, $NaBr \cdot 2H_2O$.* $NaBr \cdot 2H_2O$ krist. in der Raumgruppe C_{2h}^5 — $P\,2_1/a$ mit $a = 6{,}59$ Å; $b = 10{,}20$ Å; $c = 6{,}51$ Å; $\beta = 112{,}5^0$. Jedes Ion oder Mol. liegt in allg. Lage, u. zwar eine Gruppe von Na-Ionen, eine Gruppe von Br-Ionen u. 2 Gruppen von Wassermoll., deren strukturelle Anordnung jedoch nicht bekannt ist. An einem Einkristall, der in Form eines rechtwinkligen Parallelepipeds 0 X Y Z mit 0 Y als bin. Achse geschnitten war, wurde das Raman-Spektr. in natürlichem u. polarisiertem Licht untersucht. Die beobachteten Frequenzen der Linien sowie der Symmetrietyp sind tabellar. zusammengestellt. Nach einer von Chapelle u. Galy (vgl. C. **1954.** 6422) für $BaCl_2 \cdot 2\,H_2O$ entwickelten Meth. wurde versucht, die Orientierung der Wassermoll. im Gitter festzulegen. (C. R. hebd. Séances Acad. Sci. **240.** 2504—06. 27/6. 1955.) C. Gottfried. 120

G. Paillard, *Beitrag zu der Untersuchung von Gaslösungen durch Infrarotspektrographie.* Es wurden die infraroten Absorptionsspektren von gasförmigem CH_4 u. C_2H_4 sowie von Lsgg. beider Gase in CCl_4 u. CS_2 in dem Bereich der Schwingungs-Rotations-Frequenzen 800—6500 cm^{-1} untersucht. Bei dem Vgl. der bereits bekannten Spektren der beiden Gase mit den Spektren der Lsgg. wurden 2 Einfll. unterschieden, u. zwar der Einfl. des Lösungsm. auf die Rotation u. auf die Schwingung der betreffenden Moleküle. Bei den C_2H_4-Lsgg. sind die Rotationslinien sowie die Zweige P, Q u. R vollständig verschwunden, u. zwar für alle Fundamental- u. Kombinationsbanden. Betreffs des Einfl. auf die Schwingungen wurde festgestellt, daß die relative Intensität der Banden erhalten geblieben ist, daß ihre Lagen nach tieferen Frequenzen zu verschoben sind. Diese Verschiebungen variieren in sehr großen Grenzen: für die Fundamentalschwingungen sind die Verschiebungen der 3 Deformationsschwingungen positiv oder negativ von der Größenordnung 100 cm^{-1}; für die 2 Valenzschwingungen sind die Verschiebungen sehr klein, ca. 10 cm^{-1} für die Kombinationsschwingungen. Auch bei den CH_4-Lsgg. verschwinden die Rotationslinien vollständig; ein Zweifel besteht für die ν_3-Schwingung. Betreffs des Einfl. auf die Schwingung wurde beobachtet, daß die Intensität der Banden erhalten geblieben ist mit Ausnahme der Harmonischen, welche in der Lsg. viel schwächer sind. Auch in diesem Fall wurden in den Spektren der Lsgg. große Verschiebungen in der Lage der einzelnen Linien bzw. Banden gegenüber dem Spektr. des gasförmigen CH_4 festgestellt. (J. Physique Radium **16.** 281—85. April 1955. Paris, Sorbonne, Labor. de Rech. Phys.) C. Gottfried. 120

L. S. Bartell, *Die Auswirkung der Schwingungsanharmonizität auf die Beugung von Elektronen an freien Molekülen.* Wenn bei der Deutung der Elektronenbeugung an Gasmoll. hohe Ansprüche an die Genauigkeit der Auswertung gestellt werden, genügt es nicht mehr, die Molekülschwingungen als harmon. Oscillatorschwingungen anzusetzen. Für 2atomige Moll. werden unter Zugrundelegung des Potentialansatzes von Morse die sich durch Berücksichtigung der Anharmonizität ergebenden Korrekturen an den Gleichgewichtskernabständen berechnet, welche von der Größenordnung einiger Promille sind. Die verschied. Maße für den Kernabstand, d. h. der durch das Potentialminimum gek. Gleichgewichtsabstand u. die aus der Verteilungsfunktion P(r) abgeleiteten Maximalwerte u. Schwerpunkte von $P(r)/r^n$ müssen im Fall der anharmon. Schwingung sorgfältig voneinander unterschieden werden. Die Übereinstimmung zwischen den aus der Elektronenbeugung u. den aus der Mikrowellenspektroskopie stammenden Daten wird durch die berechneten Korrekturen bedeutend verbessert. (J. chem. Physics **23.** 1219—22. Juli 1955. Ames, Io., Iowa State Coll., Dep. of Chem.) F. LENZ. 121

Walter Gordy, *Ultra-Hertzsche Spektren des Wasserdampfes.* Zusammenstellung der bekannten Absorptionsfrequenzen von H_2O (2 Frequenzen), D_2O (3 Frequenzen) u. HDO (7 Frequenzen) im mm- u. cm-Wellenlängengebiet. Es wird gezeigt, daß diese Meßdaten keine Verbesserung der bisher besten Werte für den Bindungsabstand OH (0,956 Å) u. den Bindungswinkel HOH (105° 3′) im H_2O-Grundzustand erlauben. Einige Bemerkungen über die Abhängigkeit der H-Brückenbindung von der Hybridisierung der Atombahnfunktionen. (J. Chim. physique Physico-Chim. biol. **53.** C 114—16. Sept. 1953. Durham, N.C., Duke Univ., Dep. of Phys.) H. C. WOLF. 121

Adnan Zmerli und **Paul Pesteil,** *Luminescenz von Kristallen bei tiefen Temperaturen.* 8. Mitt. *Übergang $T \rightarrow S$ von Hexachlorbenzol bei 90° K.* (7. vgl. PESTEIL, C. **1956.** 6337; vgl. auch C. **1956.** 3801.) In Fortsetzung der l. c. beschriebenen Unterss. wurde das Spektr. des krist. C_6Cl_6 bei 90° K untersucht. Es läßt sich in 2 Teile A u. B unterteilen, Teil A auf der Seite der kürzeren Wellenlängen u. Teil B zum Rot zu gelegen. Der Teil B ist vollkommen ident. mit dem bei 20° K erhaltenen Spektr., mit Ausnahme einer hypsochromen Verschiebung von ca. 210 cm^{-1} u. einer Verbreiterung der Banden infolge der Temperaturerhöhung. Die erste Bande von A nach dem Violett zu bei 24350 cm^{-1} ist von der ersten Bande von B 1565 cm^{-1} entfernt. Tabellar. sind die Lagen der Banden des ganzen Spektr. angegeben sowie ihre Abstände von der ersten Bande des Teils A, der als reiner Elektronenübergang $O' \rightarrow O''$ gewählt wurde. (C. R. hebd. Séances Acad. Sci. **240.** 2217—19. 6/6. 1955.) C. GOTTFRIED. 125

Shigeo Shionoya, *Sensibilisierte Luminescenz von mit Kupfer und Mangan aktivierten Zinksulfidphosphoren.* ZnS-Phosphore mit konstantem Cu-Geh. von $3 \cdot 10^{-5}$ g/g ZnS zeigen bei zusätzlichem Einbau steigender Mengen Mn bis zu einer Konz. C von ca. $2 \cdot 10^{-4}$ Mn fast nur Cu-Emission, bei C $\sim$ $4-8 \cdot 10^{-4}$ Mn die Cu- u. Mn-Emission u. bei C $>$ $1{,}5 \cdot 10^{-3}$ Mn überwiegend nur die Mn-Bande. Die Herst. erfolgte durch einstd. Glühen bei 1200° mit 2% NaCl. Die Erregungsspektren der Cu u. Mn enthaltenden Phosphore entsprechen dem des ZnS·Cu; ZnS·Mn besitzt keine für Mn spezif. Erregung. Messungen der Photoleitfähigkeit ergeben eine geringere Leitfähigkeit für die Phosphore mit hohem als für die mit niedrigem Mn-Geh. u. kaum beobachtbarer Mn-Emission. (J. chem. Physics **23.** 1173—74. Juni 1955. Yokohama Nat. Univ., Fac. of Engng.) J. RUDOLPH. 125

Theodore Miller, *Elektrolöschung von mit Ultraviolett erregten Phosphoren bei Radiofrequenzen.* Die von DESTRIAU u. MATTLER (J. Physique Radium **9.** [1948.] 238) entdeckte Luminescenzlöschung im elektr. Feld wird bei Frequenzen von 10^3 bis $4 \cdot 10^7$ Hz untersucht. Die Frequenzabhängigkeit des Effektes zeigt diskrete Maxima bei einigen 10^7 Hz, die mit der Relaxationszeit von Haftstellenelektronen in Verbindung gebracht werden. Der Effekt nimmt monoton mit der Feldstärke zu. Bei *Zn–Cd-Sulfiden,* die mit Cu oder Ag aktiviert sind, ist er größer als bei *ZnS·Cu.* Die Abhängigkeit von der UV-Erregungsintensität ist unterschiedlich: (Zn, Cd)S·Cu zeigt monotone Abnahme, (Zn, Cd)S·Ag dagegen erst Konstanz u. Abnahme bei höherer UV-Intensität. Der Effekt zeigt Ermüdung u. Erholung. (ZnCd)S-Phosphore scheinen die einzigen Phosphore zu sein, die den Effekt zeigen. (J. appl. Physics **23.** 373. März. 1289—93. Dez. 1952. East Pittsburgh, Pa., Westinghouse Res. Labor.) P. BRAUER. 125

A₃. Elektrizität. Magnetismus. Elektrochemie.

W. Frey, *Die Ionisation der Luft in geschlossenen Räumen.* Der atmosphär. stat. Potentialgradient kommt in geschlossenen Räumen nicht zur Geltung, was aber gerade zu gesundheitlichen Rkk. führen kann. Mittels eines EBERTschen Elektrometers mit Luftaspiration bestimmte Vf. die Luftionisation in geschlossenen Räumen. Beim Schließen der Fenster geht die Gesamtionisation zurück ohne Veränderung des Verhältnisses von positiven zu negativen Ionen. Es können jedoch auch Steigerungen der Ionisation über den Geh. der freien Atmosphäre hinaus vorkommen, wahrscheinlich infolge der Wrkg. radioakt. Stoffe. Hohe Feuchtigkeit bedingt eine Abnahme der Leitfähigkeit. Beim Absinken des Luftdrucks fällt in geschlossenen Räumen die Ionisation. Die gesundheitlichen Auswirkungen dieser Tatsachen werden diskutiert. (Schweiz. med. Wschr. **82.** 994—96. 27/9. 1952. Bern, Med. Univ.-Klinik.) M. WIEDEMANN. 131

W. S. Boyle und **F. E. Haworth,** *Übergang von der Glimm- zur Bogenentladung.* Der Übergang von der Glimm- zur Bogenentladung wurde in Luft im Druckbereich von 50—1300 mm Hg untersucht. Der Elektrodenabstand war so groß, daß die Anode im FARADAYschen Dunkelraum lag (0,01—0,05 cm). Dem stationären Strom der Glimmentladung wurden rechteckige Impulse von 10 μsec Dauer überlagert, die den Übergang verursachten. Im gesamten untersuchten Druckbereich findet ein Übergang statt, wenn die Feldstärke an der Kathode einen krit. Wert überschreitet. Dieser wird hauptsächlich durch die Feldemissionskonstante bestimmt, so daß kleine Unterschiede in der Austrittsarbeit oder der Oberflächenrauhigkeit einen großen Einfl. auf die Stabilität der Glimmentladung bei hohen Drucken oder Kathodenfeldstärken $> 10^6$ V/cm haben. (Physic. Rev. [2] **101.** 935—38. 1/2. 1956. Murray Hill, N. J., Bell Telephone Labors.) H. LIEPACK. 131

Tom D. Brotherton und **Robbin C. Anderson,** *Funkenzündungsenergien von Wasserstoff–Brom-Gemischen.* Vff. beschreiben eine Versuchsanordnung zur Best. der Funkenzündungsenergien für verschieden zusammengesetzte H_2–Br_2-Mischungen durch Messung von Kapazität u. Potential vor der Entladung. Von einem Wert von 34 mJoule bei 42 Mol-% Br nehmen die Zündenergien mit steigendem Br-Geh. der Gasmischung fast parabol. ab, um bei 68—69 Mol-% Br ein Minimum zu erreichen. Bei dieser Gaszus. kann auch eine deutliche Änderung der Art der Flammenausbreitung beobachtet werden. Für den Zündprozeß vermuten Vff. einen therm., durch Diffusion bestimmten Mechanismus. Als entscheidende Größe wird das Verhältnis der Geschwindigkeiten von Bldg. u. Diffusion von Atomen angenommen. (J. physic. Chem. **58.** 1052—54. Nov. 1954. Austin, Tex., Univ., Defense Res. Labor. u. Dep. of Chem.) H.-U. WOELK. 131

George Birnbaum, S. J. Kryder und **Harold Lyons,** *Mikrowellenmessungen der dielektrischen Eigenschaften von Gasen.* Vff. beschreiben eine genaue u. empfindliche Meth. zur Messung der komplexen DK. von Gasen im Mikrowellenlängenbereich. Es handelt sich hierbei um eine Resonanzhohlraummeth., in der die Hohlraumresonanzkurve auf einer Kathodenstrahlröhre erscheint. Die Änderung der Resonanzfrequenz u. des Q des mit Gas gefüllten Hohlraumes wurde aus Messungen mit 2 Frequenzmarkierungen bestimmt. Bei der Best. von $\varepsilon' - 1$ beträgt die Genauigkeit 0,4% u. die Empfindlichkeit $4 \cdot 10^{-7}$. Bei der Best. des Verlustfaktors ε'' ist die Genauigkeit 2% u. die Empfindlichkeit $5 \cdot 10^{-7}$. Nach dieser Meth. wurden die DKK. von O_2, N_2, CO_2, *He* u. *Luft* bei einer Frequenz von 9280 MHz bestimmt. In der obigen Reihenfolge betragen sie (alle $\cdot 10^{-4}$): 5,300 ± 0,019; 5,869 ± 0,029; 9,855 ± 0,030; 0,705 ± 0,011 u. 5,754 ± 0,014. Für NH_3 wurde der Verlustfaktor bei der gleichen Frequenz in Abhängigkeit vom Druck bis 20 cm Hg gemessen. Das Versuchsergebnis ist graph. u. tabellar. zusammengestellt. (J. appl. Physics **22.** 95—102. Jan. 1951. Washington, D. C., Nat. Bur. of Stand.) C. GOTTFRIED. 132

H. Fröhlich und **R. L. Platzman,** *Energieverlust bewegter Elektronen und dipolare Relaxation.* Die Beziehung zwischen dem Energieverlust eines sich bewegenden geladenen Teilchens u. den dielektr. Verlusten in Isolatoren wird untersucht u. eine quantitative Beziehung aufgestellt. Für ein Elektron, dessen kinet. Energie kleiner ist als das tiefste elektron. Anregungspotential, resultiert aus der Wechselwrkg. zwischen dem bewegten Elektron u. dem von ihm durchlaufenen dipolhaften Medium ein merklicher Beitrag zu dem Gesamtverlust, der oft mit dem Verlust infolge Molekül- oder Gitterschwingungen vergleichbar ist. (Physic. Rev. [2] **92.** 1152—54. 1/12. 1953. Lafayette, Ind., Purdue Univ., Dep. of Phys.) H. JACOB. 132

Gen Shirane und **Ray Pepinsky,** *Dielektrische Eigenschaften und Phasenumwandlungen von $Cd_2Nb_2O_7$ und $Pb_2Nb_2O_7$.* Vff. bestimmten die Temperaturabhängigkeit der DK. von $Cd_2Nb_2O_7$ (I) u. $Pb_2Nb_2O_7$ (II) zwischen Zimmertemp. u. 4° K bei 10 kHz u. 5 V/cm. Während der Verlauf der DK. von I einwandfrei auf ferroelektr. Verh. schließen läßt, ist dies für II zweifelhaft. Zur weiteren Klärung wurde $(Cd, Pb)_2Nb_2O_7$ mit verschied. Cd- bzw. Pb-Geh. untersucht. Es zeigte sich eine Abnahme der CURIE-Temp. mit steigendem Pb-Gehalt. Rhomboedr. Gitter, die für das Auftreten der Ferroelektrizität bei Niobaten wesentlich sind, existieren nur bei Zuss., in denen das Cd gegenüber dem Pb stark überwiegt. (Physic. Rev. [2] **92.** 504. 15/10. 1953. State College, Pa., Pennsylvania State Coll., Dep. of Phys.) H. JACOB. 132

J. K. Hulm, *Dielektrische Eigenschaften von Cadmium- und Blei-Niobat bei tiefen Temperaturen.* Unabhängig von SHIRANE u. PEPINSKY (vgl. vorst. Ref.) führte Vf. ähnliche Unterss. aus u. erhielt im wesentlichen gleiche Ergebnisse. (Physic. Rev. [2] **92.** 504—05. 15/10. 1953. Chicago, Ill., Univ., Inst. for Study of Metals.) H. JACOB. 132

I. Ss. Sheludew, M. A. Prosskurnin, W. A. Jurin und **A. Ss. Boberkin,** *Einige Besonderheiten der Polarisation von radioaktiver Bestrahlung ausgesetztem Seignettesalz.* Bei einer Frequenz von 51 Hz u. einer Temp. von 16,5° wurde die Hysteresekurve von Seignettesalz aufgenommen. Die maximale Feldstärke betrug 1340 V/cm, die maximale Polarisation $12{,}0 \cdot 10^{-8}$ Coulomb/cm². Unter dem Einfl. der γ-Strahlung von ^{60}Co mit einer Intensität von $1{,}0 \cdot 10^{19}$ eV/Std./g, der die Präpp. 10 Min., 30 Min., 1 Std., 2 Std. u. 13 Std. ausgesetzt wurden, veränderte sich die Hysteresekurve stark, es erfolgte eine

Einschnürung, dann trat in der Mitte ein Stück linearer Polarisation auf, ähnlich wie bei Antiseignetteelektrika, u. schließlich verlief sie ganz linear wie bei einem linearen Dielektrikum. Unter dem Einfl. der Strahlung verfärbte sich das Salz gelblich, ferner wurden H_2, CO, CO_2 u. CH_4 entwickelt in Mengen von ca. 5 Moll. je 100 eV. (Доклады Академии Наук СССР [Ber. Akad. Wiss. UdSSR] **103.** 207—08. 11/7. 1955.)
M. WIEDEMANN. 132

A. de Bretteville jr. und **E. D. Harris,** *Anstieg der Temperaturabhängigkeit der Grenzfeldstärke für den paraelektrischen–ferroelektrischen Übergang in $BaTiO_3$.* (Sitzungsbericht.) Zur Berechnung des Anstiegs der Temperaturabhängigkeit der Grenzfeldstärke für den para–ferroelektr. Phasenübergang in $BaTiO_3$ benutzen Vff. die Gleichung $(\partial E/\partial T)_{E=0} = \Delta H/T_c N_v \Delta P$, worin ΔH die Übergangswärme, T_c die CURIE-Temp., N_v das Atomvol. u. ΔP der Sprung bei spontaner Polarisation sind. Unter Benutzung der aus der Temperaturabhängigkeit der freien Energie erhaltenen Werte für $\Delta H/T_c$ erhalten Vff. 1,06 kV/cm·Grad gegenüber dem experimentellen Wert von 1,26 kV/cm·Grad. Mit den Daten von MERZ (C. **1956.** 6872) ergibt obige Gleichung mit $\Delta H = 46{,}6$ cal/Mol 0,75 kV/cm · Grad, während die Theorie von DEVONSHIRE zu dem Wert 0,53 kV/cm·Grad führt. (Physic. Rev. [2] **93.** 934. 15/2. 1954. Signal Corps Engng. Labor.)
H.-U. WOELK. 133

P. W. Kornouchow, *Nichtlineare Verzerrungen durch lineare Photowiderstände.* Nichtlineale Verzerrungen bei der Umwandlung von Lichtsignalen in elektr. mittels eines Photowiderstandes mit linearer V–A- u. stat. Lux–A-Charakteristik entstehen durch den mit dem Photowiderstand in Reihe geschalteten Belastungswiderstand, da sich bei Helligkeitsschwankungen der Strom im Kreis ändert u. damit infolge des Widerstandes auch die Spannung am Photowiderstand (dynam. Lux–A-Charakteristik). Vf. berechnet diese Verzerrung u. zeigt, daß bei gegebener Arbeitsspannung u. vorgegebener Verzerrung die Signalspannung am Widerstand von der photoelektr. Aktivität unabhängig u. bei gegebener Arbeitsspannung u. Signalspannung bei beliebigem Belastungswiderstand u. beliebiger Beleuchtung die nichtlineare Verzerrung, wenn man sich auf das 2. Glied der Reihenentw. beschränkt, konstant ist. (Журнал Технической Физики [J. techn. Physik] **24.** 993—96. Juni 1954.) J. GEIGER. 134

D. A. Jenny, J. J. Loferski und **P. Rappaport,** *Lichtelektrischer Effekt in GaAs p—n-Übergängen und Umwandlung von Sonnenenergie.* Die p—n-Übergänge wurden durch Diffusion von *Cd* in n-Typ-Einkristallgitter erhalten. Die Parameter in der Gleichung $i = I_s - I_0[(\exp \lambda V_j) - 1]$, $V_j + V = ir_s$, wurden aus der i—V-Kennlinie bestimmt zu $I_0 = 2{,}9 \cdot 10^{-8}$ A, $\lambda = 17$, $r_s = 200\ \Omega$. Der Einsatz erfolgte nach der spektralen Ansprechkurve der Zelle bei 1,35 eV. Die maximale Ausbeute betrug $\eta = 6{,}5\%$. (Physic. Rev. [2] **101.** 1208—09. 1/2. 1956. Princeton, N. J., RCA Labors.) H. LIEPACK. 134

A. E. Barrington, *Heizen von Magnetronkathoden durch Ionenbeschuß.* Vf. beschreibt eine neue Meth. zur Erhitzung von Glühkathoden in transversalen elektr. u. magnet. Feldern. Danach wird H_2 bei einem genau kontrollierten Druck von einem Hydridanfüller (replenisher), welcher aus einem indirekt erhitzten, mit einer Suspension von Zirkoniumhydrid überzogenen Ni-Kügelchen besteht, in das Vakuumsyst. eingelassen. Nach Einleitung einer Niederdruckgasentladung wird die Kathode durch Beschießung mit positiven Ionen erhitzt, bis sie die für Glühelektronenemission notwendige Temp. erreicht. Der H_2 wird dann durch den Anfüller wieder resorbiert u. damit die Hochvakuumbedingungen wiederhergestellt, während die Kathode durch Elektronenrückbeschießung allein heiß bleibt. Einige prakt. Anwendungen der Meth. werden besprochen. (Brit. J. appl. Physics **6.** 96—98. März 1955. Harlow, Admiralty, Serv. Electronics Res. Labor.)
C. GOTTFRIED. 134

D. A. Wright, *Einige Effekte des Beschusses mit langsamen Elektronen in Glühkathodenröhren.* Beim Auftreffen auf Festkörper können langsame (bis ca. 15 eV) Elektronen elast. oder unelast. reflektiert, sie können angelagert werden oder auch eindringen. Nach einer Diskussion der möglichen Auswirkungen werden genaue Messungen mitgeteilt, wobei eine *Ni*-Elektrode mit einem 10^{-5} cm dicken *BaO*-Film überzogen ist. Bis zu Energien von 4 eV finden Anlagerungs- u. elast. Reflexionsprozesse statt u. erniedrigen den Strom; oberhalb 4 eV setzen plötzlich unelast. Stöße ein, die einen erheblichen u. scharfen Stromanstieg zur Folge haben; bei 5 eV u. stärker noch bei 7 u. 10 eV erfolgt Sekundärelektronenemission; bei noch höheren Energien macht sich dann immer stärker die chem. Zers. des Festkörpers durch die eindringenden Elektronen bemerkbar. Mitt. der gemessenen Anfangswerte von Sekundäremission u. Zers. für eine größere Anzahl von Stoffen u. Vgl. der gemessenen Schwellenenergien mit dem opt. Absorptionsspektr., wobei sich gute Übereinstimmung ergibt. (Brit. J. appl. Physics **5.** 108—11. März 1954. Wembley, Middlesex, Gen. Electr. Comp., Res. Labors.) H. PIEPLOW. 134

J. E. Thomas jr. und **R. H. Rediker,** *Einfluß des elektrischen Feldes auf die Oberflächenrekombinationsgeschwindigkeit in Germanium.* Vff. untersuchten den Einfl. eines elektr. Wechselfeldes senkrecht zur Oberfläche auf die Oberflächenrekombinationsgeschwindigkeit von n-Ge in trockenem u. feuchtem O_2 u. N_2 bis zu 100% relativer Feuchtigkeit. Die Aussagen über die Beziehungen zwischen der Rekombinationsgeschwindigkeit u. dem Oberflächenpotential nach der Haftstellentheorie werden qualitativ bestätigt. Die Ergebnisse bringen einen weiteren Beweis für die Erklärung des Oberflächenrauschens durch Haftstellen. (Physic. Rev. [2] **101.** 984—87. 1/2. 1956. Lexington, Mass., MIT, Lincoln Labor.) H. LIEPACK. 135

Ernst Billig, *Der Einfluß von Minderheitsträgern auf den Durchschlag von Spitzengleichrichtern.* Da aus oscillograph. Strommessungen hervorgeht, daß der rückwärtige Durchschlag eines Spitzengleichrichters durch eine therm. Instabilität der Sperrschicht eingeleitet wird, wird die Hypothese aufgestellt, daß als Folge der örtlichen Temperaturerhöhung Eigenleitung in der Sperrschicht eintritt u. infolgedessen Löcher in der Sperrschicht oder in sehr großer Nähe von ihr entstehen. (Physic. Rev. [2] **87.** 1060—61. 15/9. 1952. Aldermaston, Berks., Aldermaston Court, Assoc. Electr. Ind. Ltd., Res. Labor.) H. PIEPLOW. 135

K. G. Ramanathan und **J. S. Dhillon,** *Eine neue Methode zur Messung von elektrischen Widerständen.* Die von Vff. entwickelte Meth. besteht darin, in einem ebenen, einheitlichen Ring des Leiters, der in einem homogenen magnet. Feld aufgehängt ist, eine momentane EMK. zu induzieren u. die resultierende ballist. Abweichung zu beobachten. Bei den Verss. war das Feld horizontal, der Ring hing an einem Torsionsfaden vertikal mit seiner Achse unter einem Winkel von 45° zu der Richtung des Feldes. Die ballist. Abweichung ist $\vartheta = A^2TH^2a/8\pi I\varrho L$, wo I das Trägheitsmoment, T die Schwingungsperiode der Suspension, A den Flächeninhalt des Rings, a den Flächeninhalt des Querschnitts, L den Umfang, H das magnet. Feld u. ϱ den Widerstand bedeuten. Unter Benutzung dieser Formel wurde der Widerstand von *Cu* bei 25° zu $1{,}83 \cdot 10^{-6}\ \Omega \cdot$cm bestimmt. (Nature [London] **175.** 948. 28/5. 1955. New Delhi, Nat. Phys. Labor.) C. GOTTFRIED. 136

G. C. Curtis, *Die Korrektur eines Fehlers bei der Bestimmung hoher Widerstände durch Kondensatorentladung.* Die Entladung von Kondensatoren über sehr große Widerstände folgt oft nicht dem einfachen Exponentialgesetz, weil die verteilten Streukapazitäten des Widerstandes berücksichtigt werden müssen. Ableitung einer entsprechenden Formel auf Grund der üblichen Leitungstheorie. (Brit. J. appl. Physics **5.** 106—08. März 1954. London, Univ. Coll.) H. PIEPLOW. 136

Nicolas Nifontoff und **Marcel Perrot,** *Widerstand eines unvollständigen Kontaktes zwischen zwei Metallen. Vergleich mit den experimentellen Ergebnissen von granulathaltigen dünnen Schichten.* Anwendung der von NIFONTOFF früher (vgl. C. **1954.** 8513) angestellten Betrachtungen (Einfl. des Tunneleffektes u. des thermoelektron. Effektes auf die elektr. Leitfähigkeit eines unvollständigen Kontaktes zwischen 2 Metallen) auf die Abhängigkeit des Widerstandes von der Stromstärke von dünnen, granulathaltigen Schichten. Aus dem Vgl. mit experimentellen Daten (Literaturdaten) folgt, daß eine granulathaltige dünne Schicht als eine Gruppe von sehr vielen unvollständigen Kontakten angesehen werden kann. (C. R. hebd. Séances Acad. Sci. **237.** 228—31. 20/7. 1953.) O. FUCHS. 136

H. G. van Bueren und **P. Jongenburger,** *Widerstand in Metallen. Widerstandsänderungen durch plastische Deformation von polykristallinen Metallen.* Es wurden Drähte von sehr reinem *Cu* u. sehr reinem *Ag* bei 20 u. 77° K durch Zug u. Torsion plast. deformiert u. ihr elektr. Widerstand gemessen. Zu den Verss. wurden die Drähte zuerst in fl. H_2 oder fl. N_2 um ca. 10% gedehnt, hierauf verdreht (entsprechend einer Oberflächenspannung von $\varepsilon_t \approx 0{,}1$) u. nochmals gedehnt; in einigen Fällen wurde eine nochmalige Torsion u. Dehnung durchgeführt. Eine Analyse der experimentell erhaltenen Kurven ($\Delta l/l$ gegen $\Delta\varrho/\varrho$; l = Länge, ϱ = Widerstand) zeigte, daß die beobachtete Widerstandszunahme $\Delta\varrho_e$ von $\Delta l/l$ abhängt u. dem Gesetz $\Delta\varrho_e = a(\Delta l/l)^p$ gehorcht, wo p sich von Probe zu Probe ändert u. in den meisten Fällen zwischen 1,2 u. 1,4 liegt. Die Konstante a beträgt ca. 0,06 $\mu\Omega$ cm. Die Widerstandszunahme durch Torsion ist roh proportional der angewandten Verdrehung u. ist ca. 0,04 $\mu\Omega$ cm bei $\varepsilon_t = 0{,}1$ u. anscheinend unabhängig vom Material oder der Temperatur. Bei nochmaliger Dehnung erhält man ein ähnliches Exponentialgesetz wie oben, wobei p bemerkenswerterweise konstant bleibt, während a durch einen Multiplikationsfaktor m größer wird u. mit der Verdrehung zunimmt. Die beobachtete Widerstandszunahme der plast. deformierten Metalle muß entweder Versetzungen oder Leerstellen u. Zwischengitterplätzen oder beiden zugeschrieben werden. Eine ausführliche Diskussion dieser Frage führte zu dem Ergebnis, daß Leerstellen u. Zwischengitterplätze für die durch die plast. Deformation von polykristallinen

Metallen verursachte Widerstandszunahme verantwortlich zu machen sind u. daß der direkte Einfl. von Versetzungen nur eine untergeordnete Rolle spielt. (Nature [London] **175.** 544—45. 26/3. 1955. Eindhoven, N. V. Philips' Gloeilampenfabrieken, Res. Labor.) C. GOTTFRIED. 136

Frank W. Glaser, *Eine Bemerkung über das metallische Verhalten von $MoSi_2$.* $MoSi_2$ wurde durch direkte Synth. erhalten. Nach Kaltpressen des erhaltenen Pulvers wurde 24 Std. auf 1300° in H_2 erhitzt, pulverisiert u. erneut zu Stäben heißgepreßt, deren D. 5,95 betrug. Potentiometr. wurde an diesen Stäben der elektr. Widerstand bei —80, +22 u. +65° gemessen. Es wurde lineare Abhängigkeit des elektr. Widerstandes von der Temp. beobachtet; der Temperaturkoeff. ist positiv. Der Widerstandswert von 21,5 $\mu\Omega$ cm bei Zimmertemp. ist dem Wert eines 1%ig. Si-Stahls mit niedrigem C-Geh. vergleichbar. Aus den Ergebnissen muß geschlossen werden, daß nicht nur Einlagerungsverbb. zwischen Übergangsmetallen u. Nichtmetallen metall. Eigg. besitzen. (J. appl. Physics **22.** 103. Jan. 1951. Yonkers, N. Y., Amer. Electro Metal Corp.) C. GOTTFRIED. 136

S. Iwase, *Was ist der Hall-Effekt?* Übersicht über den HALL-Effekt, Meßverff. u. Möglichkeiten zur Best. der Reinheit gewisser Metalle, z. B. Ge. (Kinzoku [Metals] **23.** 500—02. Juli 1953. Forsch.-Inst. für elektr. Nachrichtenwesen. [Orig.: japan.]) L. SCHULER. 137

D. Iwanenko und **W. N. Zytowitsch,** *Zur Theorie der Energieverluste geladener Teilchen beim Durchgang durch Ferromagnetika.* (Vgl. IWANENKO u. GURGENIDSE (Доклады Академии Наук СССР [Ber. Akad. Wiss. UdSSR] **67.** [1949.] 997.) Vff. untersuchen den Sättigungseffekt der Energieverluste beim Durchgang geladener Teilchen durch Ferromagnetika u. die Aufteilung dieser Verluste auf Ionisations- u. ČERENKOV-Verluste. (Журнал Экспериментальной и Теоретической Физики [J. exp. theoret. Physik] **28.** 291—96. März 1955. Moskau, Staatl. Univ.) R. AMBERGER. 137

V. Narasimhan, *Magnetoelastizität von polykristallinem Eisen und Nickel.* Nach einer statist. Meth. wurden die Änderungen des Festigkeitsmoduls u. des YOUNGschen Moduls von polykristallinem weichen *Fe* (**I**) u. *Ni* (**II**) unter dem Einfl. eines magnet. Feldes untersucht. Aus den Messungen ergab sich eine prozentuale Änderung des Festigkeitsmoduls von 0,90 für **I** u. 4,64 für **II**, des YOUNGschen Moduls von 0,64 bzw. 3,70. Die Werte stehen in guter Übereinstimmung mit den auf Grund der Theorie des Ferromagnetismus berechneten Werten. (Indian J. Physics Proc. Indian Assoc. Cultivat. Sci. **29 (38).** 27—37. Jan. 1955. Madras, Univ., Presidency Coll.) C. GOTTFRIED. 137

J.-B. Guillaumin, *Das Nickel und die Magnetostriktion.* Übersicht über Begriff, Wirkungen u. Geräte der stat. u. dynam. Magnetostriktion u. die Wahl von Ni für ihre Anwendung. — Zahlentafeln, Abbildungen u. Diagramme. (Rev. du Nickel **19.** 1—17. Jan./März 1953.) W. WESLY. 137

W. Dobrowolski, R. V. Jones und **C. D. Jeffries,** *Paramagnetische Resonanzhyperfeinstruktur von ^{60}Co.* Die paramagnet. Resonanzen von ^{60}Co u. ^{59}Co in $Co(NH_4)_2(SO_4)_2 \cdot 6\,D_2O$ wurden bei 20° K beobachtet. Aus der relativen Zahl der Komponenten u. ihrer Abstände folgen für den Spin $I(^{60}Co) = 5$ u. das magnet. Moment $|\mu(^{70}Co)| = 3{,}800 \pm 0{,}007$ nm. (Physic. Rev. [2] **101.** 1001—05. 1/2. 1956. Berkeley, Calif., Univ. of California, Dep. of Phys.) H. LIEPACK. 137

H. Falkenhagen und **M. Leist,** *Zur Leitfähigkeitstheorie starker Elektrolyte im höheren Konzentrationsgebiet.* Kürzlich wurde von Vff. eine Theorie der Leitfähigkeit starker Elektrolyte entwickelt (C. **1953.** 5778), wobei in erster Linie die Ionen nicht mehr als Punktladungen, sondern als Teilchen mit endlichem Durchmesser betrachtet werden; in zweiter Linie wurde eine neue Ionenverteilungsfunktion im Sinne von EIGEN u. WICKE eingeführt, die ebenfalls das endliche Eigenvol. berücksichtigt. Durch Einführung einer Viscositätskorrektur für vollständig dissoziierte Elektrolyte konnte die Theorie bis zur Sättigungskonz. erweitert werden. Für *LiCl* ergibt sich, daß die errechnete Kurve bis 10 Mol/Liter sehr gut mit den Meßwerten übereinstimmt. Generell ist es möglich, die angegebene Formel auch für höherwertige Elektrolyte zu benutzen. Hier stellen sich jedoch Abweichungen heraus, deren Ursache teilweise in merklicher werdenden Dispersionskräften u. teilweise in der Bldg. von assoziierten Ionenkomplexen zu suchen ist. Es ist gelungen, die Ionenassoziation für einige 1,1-wertige Elektrolyte nachzuweisen u. die Leitfähigkeit für einfach assoziierte Elektrolyte zu berechnen. Man erkennt an einem angegebenen Beispiel von HJO_3 in H_2O bei 25° die gute Übereinstimmung zwischen Theorie u. Messung, wobei sich eine aus dem verallgemeinerten Massenwirkungsgesetz folgende Dissoziationskonstante von $K = 0{,}156$ ergibt. Diese Theorie ist allg. gültig bis zu Konzz. von 0,3 Mol/Liter u. läßt sich auch in anderen Lösungsmitteln anwenden, wie eine Berechnung der Leitfähigkeit von $AgNO_3$ in W., Methyl- u.

Äthylalkohol gezeigt hat. (Naturwissenschaften **41.** 570. Dez. 1954. Rostock, Univ., Inst. für Theoret. Phys.) G. MAIER. 138

Marcel Perrot und **Abdelhak Sator,** *Über eine Methode zur Untersuchung der Ionenleitfähigkeit bestimmter Salze bei gewöhnlicher Temperatur.* Es wird die elektr. Leitfähigkeit eines durchsichtigen, auf einer Glasplatte aufgedampften $PbCl_2$-Films, der sich zwischen zwei parallelen durch Verdampfung abgeschiedenen schmalen Metallstreifen befindet, im Vakuum bei Zimmertemp. untersucht. Das durch doppelte Kristallisation gereinigte $PbCl_2$ wird unter N_2 getrocknet oder geschmolzen. Es zeigt sich, daß der Gleichstromwiderstand der $PbCl_2$-Schicht im Laufe der ersten Std. nach Beendigung des Verdampfungsprozesses konstant zunimmt u. schließlich einen Sättigungswert erreicht. Die entsprechende Strom–Spannungs-Gerade, die ursprünglich durch den Nullpunkt ging, verschiebt sich mit der Zeit u. beweist damit die Existenz einer EMK. von 0,5 Volt. Eine mkr. Prüfung der Schichten zeigt, daß sich an der Kathode *Pb*- u. an der Anode *Cl*-Schichten bilden. Unter bestimmten Annahmen ergibt sich für den spezif. Widerstand von Bleichlorid ein Wert zwischen 0,5 u. $5 \cdot 10^6$ Ω/cm. (C. R. hebd. Séances Acad. Sci. **234.** 1883—85. 5/5. 1952.) H. SURAWSKI. 138

P. M. Aziz und **F. E. W. Wetmore,** *Geschmolzene Salze. Elektrische Überführung im System Silbernitrat–Natriumnitrat.* Vff. bestimmen die Änderung der Konzz. im Anodenraum nach der Elektrolyse von geschmolzenen $AgNO_3$–$NaNO_3$-Gemischen mit 5—25 Mol-% $AgNO_3$ bei 330° mit Ag-Elektroden u. ermitteln daraus näherungsweise den Anteil der einzelnen Ionen an der elektr. Überführung. Der Anteil des Ag^+ an der Überführung ist größer als der von Na^+ bei den entsprechenden Konzz., obwohl der Radius des Ag^+-Ions größer ist. Bei 25 Mol-% $AgNO_3$ ist n_{Ag^+} bereits ca. 0,8. Daß das NO_3^--Ion an der elektr. Überführung prakt. nicht beteiligt ist, ist nach den Ergebnissen zwar möglich, aber nicht beweisbar. (Canad. J. Chem. **30.** 779—82. Okt. 1952. Toronto, Can., Univ. of Toronto, Electrochem. Labor.) R. LACMANN. 138

Albert Weller, *Der Reaktionsmechanismus der Säuredissoziation am Beispiel der protolytischen Reaktion des angeregten β-Naphthols.* (Vgl. C. **1955.** 6711.) Am Beispiel des β-Naphthols (ROH*) wird über Größe u. Temperaturabhängigkeit der thermodynam. Gleichgewichtskonstante K_α u. der Geschwindigkeitskonstanten $\overrightarrow{k}$ u. $\overleftarrow{k}$ der Rk. $ROH^* + H_2O \underset{\overleftarrow{k}}{\overset{\overrightarrow{k}}{\rightleftharpoons}} RO^{-*} + H_3O^+$ berichtet. Die Konstanten der protolyt. Rk. in H_2O $\overrightarrow{k}$ u. $\overleftarrow{k}$ werden durch Messung der relativen Quantenausbeute der Fluorescenz in wss. Lsg. in Abhängigkeit von der H_3O^+-Ionenkonz. (UV-Fluorescenz des ROH*, blaue Fluorescenz des RO^{-*}) ermittelt. Aus der Temperaturabhängigkeit des pK-Wertes (3,093 bei 25°, Minimum bei 44°) werden ΔH_{298} zu 600 cal, ΔS_{298} zu 12 cal/Grad u. ΔC_p zu —32 cal/Grad bestimmt. Auch die Konstanten ($\overrightarrow{k} = 4{,}10 \cdot 10^{-7}$ sec^{-1} u. $\overleftarrow{k} = 5{,}08 \cdot 10^{-10}$ sec^{-1} bei 25°) hängen nicht linear von 1/T ab. Die Rück-Rk. ist langsamer als es einer allein durch Diffusion bestimmten Rk. entspricht. Ein zur Deutung des Verh. u. des Mechanismus der Hin- u. Rück-Rk. angenommenes Reaktionsschema wird diskutiert. (Z. physik. Chem., Frankf. Ausg. [N. F.] **3.** 238—54. März 1955. Stuttgart, TH, Labor. für physikal. Chem. u. Elektrochem.) J. RUDOLPH. 139

T. R. E. Kressman, *Die Messung von Ionenaktivitäten in Lösung mit Hilfe von Elektroden, die Ionenaustauschharz-Membranen enthalten.* Als Elektroden wurden kleine Stäbchen (2×8 mm) aus einem Austauschharz auf Basis der sulfonierten Phenol–Formaldehyd-Kondensate benutzt. Die Austauscherstäbchen wurden in der H^+-, Na^+-, K^+- u. NH_4^+-Form eingesetzt. Sowohl die Meßlsgg. als auch die Bezugslsgg. wurden hinsichtlich des Geh. u. der Art an Kationen u. Anionen variiert. In vielen Fällen ließen sich die gemessenen EMK.-Werte in Abhängigkeit von den Aktivitäten durch die NERNSTsche Gleichung wiedergeben. Die Übereinstimmung mit der NERNSTschen Gleichung ist im Konzentrationsgebiet von ca. 10^{-1} bis 10^{-3} molar gegeben. Unter gewissen Voraussetzungen kann die Meßanordnung benutzt werden, um unbekannte Ionenaktivitäten in Lsg. zu ermitteln. (J. appl. Chem. **4.** 123—31. März 1954. London, Permutit Co. Ltd., Res. Labor.) FRIEDRICH WOLF/Leipzig. 139

H. J. Oel, *Das elektrochemische Verhalten schwerlöslicher Salze.* Untersucht wird als Beispiel AgJ mit Hilfe der Halbzelle Ag/AgJ, Lösung. Es werden folgende ausgezeichnete Zustände unterschieden u. gemessen: 1. Äquivalenzpunkt, $c_{J^-,Lsg} = c_{Ag^+,Lsg}$. 2. Adsorptionsnullpunkt. Weder Ag^+- noch J^--Ionen sind an der festen Phase adsorbiert. 3. Ladungsnullpunkt. Keinerlei Ionen sind an der festen Phase adsorbiert. 4. Elektrokinet. Nullpunkt. Elektrokinet. Beweglichkeit L = 0. 5. Flockungspunkt. Bedingung geringster Stabilität eines Kolloids. 6. Wahrer Titrationsendpunkt. Ionenmolzahlen in beiden Phasen sind gleich: $Z_{J^-,Lsg} + Z_{J^-,fest} = Z_{Ag^+,Lsg} + Z_{Ag^+,fest}$. 7. Endpunkte verschied. elektrochem. Titrationsmethoden. Sie sind unterschiedlich (bis über 1%), da sie von der Oberfläche des Nd. u. der ionalen Konz. abhängen. — Bei Acetonzugabe von 1% zur Lsg. werden die Werte bei 4 u. 5 verschoben durch Assoziatbldg. an der Grenzfläche. (Z. Elektrochem., Ber. Bunsenges. physik. Chem. **59.** 1044—48. Mai 1955. Göttingen, Univ., Physikal.-chem. Inst.) W. PENK. 140

H. J. V. Tyrrell und **R. Colledge,** *Thermische Diffusionspotentiale in nichtisothermen Elektrolytsystemen.* 3. Mitt. *Die Beziehung zwischen den Soret-Koeffizienten der Elektrolyte und den anfänglichen thermoelektrischen Kräften nichtisothermer Elemente.* (2. vgl. C. **1953.** 6620.) Vff. diskutieren die bei idealen Systemen existierende Beziehung zwischen den Resultaten von EMK.-Messungen an nichtisothermen elektrolyt. Elementen in denen kein Konzentrationsgradient besteht, u. dem SORET-Koeff. des Elektrolyten u. zeigen, daß eine annehmbare Übereinstimmung mit den verfügbaren experimentellen Daten besteht. Eine quantitative Übereinstimmung kann nicht erwartet werden, da die zur Verfügung stehenden Werte des SORET-Koeff. sich auf konz. Lsgg. beschränken, jedoch stimmen die vorhandenen thermoelektr. Messungen in Vorzeichen u. Größenordnung überein. Weitere, von Vff. ausgeführte Messungen an *$AgNO_3$*-Lsgg. allein u. in Mischung mit *NH_4-, K-, Na-* u. *Ba-Nitrat* sowie an *HCl* u. *NH_4Cl* bestätigen die Auffassung der Verfasser. (Trans. Faraday Soc. **50.** 1056—66. Okt. 1954. Sheffield, Univ., Dep. of Chem.) W. NIEMITZ. 140

Takao Yanagimoto, *Elektrolyse von festem Kaliumferrocyanid unter Druck.* Im Gegensatz zu den bisherigen elektrolyt. Methoden zur industriellen Gewinnung von *$K_3Fe(CN)_6$* durch Oxydation in wss. Lsg., wurden durch den Vf. bei $K_4Fe(CN)_6$ an kristallinem Pulver unter Druck bei Raumtemp. elektrolyt. Experimente durchgeführt. Die Verhältnisse der Mengen der elektrolyt. Anodenprodd. zu den Drucken (bis 10152 kg/cm²) wurden bestimmt. Entsprechend der Bildungsgleichung in wss. Lsg.: $2K_4Fe(CN)_6 + 2H_2O = 2K_3Fe(CN)_6 + 2KOH + H_2$ nimmt Vf. für die Bldg. aus dem festen Trihydrat unter Druck an, daß der Wasseranteil in der Gleichung aus dem Kristallwasser stammt. Die Stromdichte hielt sich innerhalb des Bereiches von 0,0016—0,0032 A/cm². Die Elektroden bestanden aus 13 Cr-Stahl. (Rev. physic. Chem. Japan **23.** 54—56. 1953. Kyoto, Univ., Labor. of Phys. Chem. [Orig.: engl.]) A.-F. BOGENSCHÜTZ. 141

Jacques Danon und **Christiane Ferradini,** *Kritisches Potential für die Abscheidung von Protactinium auf verschiedenen Metallen.* Unter Verwendung von ^{233}Pa (Halbwertszeit 27,4 Tage u. β-Strahler), das zur Reinigung aus 3n HCl-Lsg. durch in Bzl. gelöstes Thenoyltrifluoraceton extrahiert wurde, bestimmen Vff. die nach 30 Min. Elektrolysierzeit in HF–NaF-Lsg. bei einem p_H von 5,9 auf der Kathode bei verschied. Potentialen abgeschiedene Pa-Menge. Es wird in einer JOLIOTschen Zelle (vgl. J. Chim. physique **27.** [1930.] 119) gearbeitet u. als Anode ein Pt-Draht verwendet. Die aus den Kurven (die mittels eines GEIGER-MÜLLER-Zählers gemessene Pa-Abscheidung in Abhängigkeit vom Kathodenpotential) erhaltenen krit. Potentiale haben folgende Werte: auf *Pt* —1,45 V; *Au* —1,43 V; *Ag* —1,45 V; *Cu* —1,46 V u. *Ni* —1,14 Volt. (C. R. hebd. Séances Acad. Sci. **234.** 1361—63. 24/3. 1952.) H. SURAWSKI. 141

Philippe Brouillet und **Israël Epelboin,** *Wasserabsorption von elektrolytischen Polierbädern.* Die optimale Zus. von *Essigsäureanhydrid–Perchlorsäure*-Bädern verändert sich beim elektrolyt. Polieren, so daß es erforderlich wird, entsprechend der Menge gelösten Metalls, Essigsäureanhydrid zuzusetzen. Vff. nehmen an, daß die Lsg. atmosphär. W. absorbiert. Sie führen zur Bestätigung dieser Hypothese Taupunktmessungen u. konduktometr. Unterss. aus u. verfolgen den Vorgang des Polierens sowohl in trockner als auch in feuchter Luft. Vff. finden ihre Hypothese von der Verdünnung des Elektrolyten beim Polieren infolge Aufnahme atmosphär. W. bestätigt. Da in der Praxis Arbeiten im abgeschlossenen Raum schwierig sind, schlagen Vff. vor, für die Bäder weniger stark hygroskop. Elektrolyte zu wählen, z. B. wss. Lsgg. von A. u. Perchloraten. (C. R. hebd. Séances Acad. Sci. **237.** 562—64. 14/9. 1953.) S. LANZ. 141

J. A. Lewis, *Die Praxis der Polarographie.* Vf. gibt einen Überblick über die Grenzen u. die wichtigsten prinzipiellen Schwierigkeiten beim polarograph. Arbeiten. Es werden u. a. behandelt: Elektroden, Capillare, Kontakte, Temperatureinfl., Grundlsgg., Halbstufenpotentiale, p_H-Einfll., Reinigung der Elektrodengefäße, Adsorption sowie die Differenzpolarographie, Komplexbldg. u. das Konzentrationsverhältnis der zu bestimmenden Ionen. Weiterhin werden einige prakt. Hinweise für die Behebung der häufigsten Schwierigkeiten gegeben. (Ind. Chemist **29.** 125—27. März 1953.) H. RÖPKE. 142

Makoto Suzuki und **Mitsugi Senda,** *Grundlegende Untersuchungen über Derivativpolarographie.* 2. Mitt. *Derivative, mit dem Leveque-Roth-Stromkreis erhaltene Kurve.* (1. vgl. C. **1956.** 1226; 3. vgl. C. **1956.** 5095.) Für den LEVEQUE-ROTH-Stromkreis wurde für konstante Geschwindigkeit der Anlegung der EMK. ein mathemat. Ausdruck abgeleitet, dessen Beziehungen z. T. experimentell mit guter Übereinstimmung nachgeprüft wurden. Das Nachhinken der Aufladung u. der Galvanometerausschläge verschieben den Maximumpunkt des Potentials über das Halbwellenpotential hinaus, so daß die derivative Kurve asymm. wird. (J. electrochem. Soc. Japan **21.** 212—15. Mai 1953. Kyoto, Univ., [Orig.: japan., Auszug: engl.]) L. SCHULER. 142

F. Gatto und **A. Prati,** *Elektrische Methode zur Kontrolle der anodischen Oxydschicht auf Aluminium und seinen Legierungen.* Es wird eine App. zur Best. der anod. Oxydschicht auf Al u. seinen Legierungen beschrieben. Die Best. erfolgte mit Wechsel- u. Gleichstrom. Gemessen wurde die Durchschlagsspannung V, Dicke d u. D. der anod. in verschied. Zeiten erzielten Oxydschichten auf Al. V u. d sind größer bei gleicher Oxydationszeit, wenn die anod. Oxydation in stärkerer H_2SO_4 vorgenommen wird. (25- u. 20%ig). Je länger die Oxydationszeit ist, desto kleiner werden die Dichten (Abnahme von 2,3 auf 2,0 g/cm^3), d. h. desto größer wurde die Porosität der Oxydschicht. Im Vgl. zur Wechselstrommeth. ist die Messung mit Gleichstrom empfindlicher. (Ist. Sperim. Metalli leggeri, Mem. Rapp. [5] **1954.** Nr. 136. 1—12. Novara, Ist. Sperim. dei Metalli Leggeri, Div. Ricerche.) H. NÖTH. 143

Yoshihiro Hisamatsu und **Masayoshi Kanno,** *Eine Untersuchung über den Mechanismus organischer Inhibitoren für Stahl in Säure durch Messungen der lokalen Zellenpolarisationskurven.* Die lokalen Zellenpolarisationskurven wurden von Flußstahl in 10% H_2SO_4 mit u. ohne Inhibitoren bei einer Temp. von 40^0 nach zwei indirekten Methoden gemessen, einmal durch Messung der Korrosionsgeschwindigkeit, wenn eine äußere Stromquelle benutzt wird, die andere Meth. beruht auf der Messung von Mischpotentialen u. dem Abbrechen der Polarisationskurven bei Anlegen eines äußeren Stromes. Als Inhibitor wurde in der Hauptsache 0,5% Diäthylanilin verwendet. Vff. zeigen, daß die Korrosion des Stahls unter diesen Bedingungen durch die anod. u. kathod. Polarisation gegeben ist u. daß der Inhibitor beide, die anod. Polarisation stärker, beeinflußt. Es wird angenommen, daß sich viele andere organ. Inhibitoren gleichermaßen verhalten, da die meisten das Mischpotential veredeln. (Nippon Kinzoku Gakkai-Si [J. Japan Inst. Metals] **17.** 149—52. März 1953. [Orig.: japan., Auszug: engl.]) V. BURBACH. 143

A$_4$. Thermodynamik. Thermochemie.

Melville S. Green, *Markoff-Zufallsprozesse und die statistische Mechanik zeitabhängiger Erscheinungen.* 2. Mitt. *Irreversible Prozesse in Flüssigkeiten.* (1. vgl. C. **1956.** 7997.) Die l. c. gebrachten Ableitungen wendet Vf. auf den speziellen Fall der irreversiblen Prozesse in Fll. an u. gibt explizite Ausdrücke für die Koeffizienten der irreversiblen Prozesse, wie Viscosität, Diffusion u. Wärmeleitfähigkeit. Diese Ausdrücke sind für Fll. sowie Gase gültig u. fallen mit den CHAPMAN-ENSKOG-Ausdrücken für verd. Gase zusammen. (J. chem. Physics **22.** 398—413. März 1954. College Park, Md., Univ. of Maryland.) V. BURBACH. 146

Joseph Himpan, *Die definitive Form der neuen thermischen Zustandsgleichung: praktische Anwendungen.* Die Prüfung der vom Vf. aufgestellten allg. therm. Zustandsgleichung (vgl. C. **1955.** 11513) an Hand von p-V-T-Daten von *W.* u. von *Propan* ergibt befriedigende quantitative u. qualitative Übereinstimmung zwischen Vers. u. Theorie. Aus der Zustandsgleichung werden Beziehungen für die BOYLE-MARIOTTE-Zustandsgrößen, für die Entropie, Enthalpie, die spezif. Wärmen C_p u. C_v sowie deren Differenz u. für den JOULE-THOMSON-Koeff. abgeleitet. Der Vgl. mit der Erfahrung (CO_2, W., N_2, NH_3, Luft) ergibt auch hier befriedigende Übereinstimmung. (Mh. Chem. **86.** 491—501. 1955. Savihny-sur-Orge, Seine-et-Oise.) O. FUCHS. 146

László Egyed, *Über die Kompressibilität der Elemente.* Die Kompressibilität der Elemente ist ebenso eine period. Funktion der Ordnungszahlen wie das Atomvol., ersichtlich aus dem Diagramm, wenn man die Kompressibilität als Funktion der Ordnungszahlen in doppelt logarithm.Koordinaten aufträgt. Zur größeren Kompressibilität gehört ein größeres Atomvolumen. Zwischen Kompressibilität der Elemente gleicher Hauptquantenzahl u. dem Logarithmus des Atomvol. besteht ein linearer Zusammenhang. Der parallele Verlauf der die Linearität ausdrückenden Geraden beweist, daß der Zusammenhang bei sämtlichen Elementen mit derselben Potenz ausdrückbar ist. Trägt man den Logarithmus der Kompressibilität als Funktion des Logarithmus der Atomradien für jede Hauptquantenzahl auf, so ergibt sich, daß auf dem rechten beinahe linearen Zweig die litophilen, auf dem linken die kalkophilen u. beim Zusammentreffen der beiden Zweige die siderophilen Elemente liegen. (Földtani Közlöny **84.** 47—52. Jan./Juni 1954.) J. PLANK. 148

Pelle Isberg und **Lennart Lundberg,** *Die Dichte des schweren Wassers und die elektrolytische Anreicherung der Sauerstoffisotope.* Die Dichtebestimmungen verschied. Autoren werden denen der Vff. gegenübergestellt u. die Vergleichswerte tabellar. angegeben. (Z. Naturforsch. **9a.** 472—73. Mai 1954. Stockholm, AB Atomenergie.) A.-F. BOGENSCHÜTZ. 148

J. C. Macrae und **C. Ryder,** *Thermische Ausdehnung von Kohle.* An verschied. engl. Kohlen wurde der Wärmeausdehnungskoeff. in einer Richtung parallel zur Lagerungsebene für Tempp. zwischen 77 u. 293° K mittels einer Kapazitätsmeth. gemessen. Die Versuchsergebnisse sind tabellar. zusammengestellt. (Nature [London] **176.** 265. 6/8. 1955. Leeds, Univ., Dep. of Coal Gas and Fuel Ind. with Metallurgy.) C. GOTTFRIED. 148

T. C. Lin, *Einfluß der variablen Viscosität und Wärmeleitfähigkeit auf das ebene Couettesche Fließen bei hoher Geschwindigkeit eines halbverdünnten Gases.* (Sitzungsbericht.) Die theoret. Betrachtungen ergeben, daß für hohe MACHsche Zahlen u. für geringe Gasdichten der Reibungskoeff. u. der Wärmeübergang bei variabler Viscosität u. Wärmeleitfähigkeit größer sind als unter konstanten Bedingungen. (Physic. Rev. [2] **79.** 547. 1/8. 1950. Washington, Univ.) O. FUCHS. 149

J. S. Aronofsky und **O. D. Ferris,** *Vorübergehende Strömung von nichtidealen Gasen in porösen festen Körpern. — Eindimensionaler Fall.* Vf. berechnet die Druckverteilung in Abhängigkeit von der Zeit für eindimensionale Strömung eines nichtidealen Gases durch poröse feste Medien. Als nichtideale Eigg. des Gases werden die Viscosität u. der Kompressibilitätsfaktor angenommen, die eine einfache Funktion des Druckes sind. Viscosität u. Kompressibilität werden in Abhängigkeit vom Druck bei verschied. Tempp. sowohl unabhängig voneinander als auch in Kombination gemessen u. graph. dargestellt. Die Ergebnisse zeigen, daß bei linearer Gasströmung ein erheblicher Einfl. auf den Druck durch Veränderung der beiden Größen hervorgerufen wird. Numer. Lsgg. der Strömungsgleichungen wurden durch Lsg. der entsprechenden Differentialgleichungen mit einer Elektronenrechenmaschine erhalten. (J. appl. Physics **25.** 1289—93. Okt. 1954. Dallas, Tex., Magnolia Petrol. Comp., Field Res. Labor.) V. BURBACH. 149

E. Thomas, *Berechnung der Diffusionsgeschwindigkeit von Wasserstoff durch eine Palladiummembran.* Nach der Beziehung $\log q = C - B/T$ wird die Diffusionsgeschwindigkeit q von Wasserstoff durch eine 1 mm starke Pd-Schicht berechnet, die zwei Kammern trennt, von denen die eine unter Vakuum, die andere unter 1 at Druck steht. Für die Konstanten C u. B werden Werte eingesetzt, die von verschied. Autoren angegeben sind. Für verschied. Drucke im Bereich 1—5 at wird die Temperaturabhängigkeit zwischen 300 u. 1000° K für *4 C–B-Wertepaare* berechnet u. tabellar. u. graph. wiedergegeben. (Mém. Soc. roy. belge Ing. Industriels **1953.** 19—32.) H. SCHÖTTLER. 149

K. Mendelssohn, *Ein neuer Aggregatzustand.* Zusammenfassender Vortrag über Supraleitfähigkeit u. Suprafluidität u. die mit diesen Zuständen sich ergebenden physikal. Probleme. (Proc. Roy. Instn. Great Britain **35.** 619—40. 1953. Oxford, Univ.) C. GOTTFRIED. 150

C. H. L. Goodman, *Fraktioniertes Schmelzen.* Es wird ein allgemeiner Überblick über neuere Methoden zur Reinigung u. Homogenisierung von Stoffen mit Hilfe fraktionierten Schmelzens gegeben u. an Hand von Zustandsdiagrammen u. Abb. ihre Anwendungsmöglichkeit diskutiert. (Research **7.** 168—77. Mai 1954.) M. CLASING. 150

O. J. Kleppa, *Die thermodynamischen Eigenschaften von binären Metallmischungen.* Übersicht über die thermodynam. Eigg. von bin. Metallmischungen (calorimetr. u. Gleichgewichtsmessungen, bes. Best. von Dampfdruck, EMK., E., Verteilungsverhältnis u. heterogenen Gleichgewichten). — 24 Literaturhinweise. (Tidsskr. Kjemi, Bergves. Metallurgi **11.** 140—46. Nov. 1951. Forsvarets Forskningsinst. [Orig.: engl.]) W. WESLY. 150

F. E. Simon, *Das Schmelzen von Eisen bei hohen Drucken.* Ausgehend von der Gleichung $P/\alpha = (T/T_0)^c - 1$ (T_0 n. F., c eine numer., α eine zum inneren Druck in Beziehung stehende Konstante) erhält Vf. $p_{atm.} = 150000\,[(T/1805)^4 - 1]$, indem für c u. α die als am wahrscheinlichsten angesehenen Werte von 4 u. 150000 eingesetzt werden. Die Gültigkeit dieser Gleichung wird durch die Annahme beschränkt, daß keine Modifikationsänderungen auftreten u. keine Änderungen der Elektronenkonfiguration erfolgen. Die Gleichgewichtstemp. in einer Erdtiefe von 5000 km ergibt sich aus dieser Gleichung zu 3900° K, wenn der Erdkern aus reinem Fe besteht. Im Erdzentrum muß eine Temp. von 4000° K herrschen, um das Eisen im fl. Zustand zu erhalten. Vf. weist darauf hin, daß eine Verbesserung dieser Gleichung nur durch eine Aufklärung des Zusammenhanges zwischen den Konstanten u. den Eigg. der beiden Phasen erfolgen kann. (Nature [London] **172.** 746—47. 24/10. 1953. Oxford, Univ., Clarendon Labor.) H.-U. WOELK. 150

E. H. McLaren, *Reproduzierbarkeit der Gefriertemperatur von sehr reinem Zink.* Die Gefriertemp. von reinstem Zn wurde mittels therm. Analyse untersucht. Vf. fand für den bei 419,5° liegenden Erstarrungspunkt verschied. Proben bei wiederholten Messungen innerhalb von 6 Wochen u. bei unterschiedlichen Erwärmungs- u. Abkühlungsgeschwindigkeiten eine durchschnittliche Abweichung von $2 \cdot 10^{-4}$ Grad. Die Druckabhängigkeit betrug weniger als 10^{-4} Grad/cm Hg. Da der 1927 als Fixpunkt der Internationalen Temperaturskala festgelegte Kp. des S bei 444,600° durch langsame Gleichgewichtseinstellung, Reproduzierbarkeit auf nur 10^{-3} Grad u. Druckabhängigkeit mit ca. 10^{-4} Grad/μ Hg gegenüber dem Zn-Erstarrunspunkt nachteilig erscheint, schlägt Vf. Verwendung des letzteren als Temperaturfixpunkt vor. (J. appl. Physics **25.** 808. Juni 1954. Ottawa, Can., Nat. Res. Council, Div. of Phys.) I. KARUTZ. 150

A. Krupkowski und **K. Rzyman,** *Vorgang der Kondensation von Zink- und Cadmiumdämpfen.* Die Kondensation von Dämpfen eines Metalles M in einer Mischung M + CO + CO_2 bei gegebener Temp., wobei M durch CO_2 oxydiert wird u. MO nicht flüchtig ist, wird für Zn u. Cd bei verschied. Gasdrucken rechner. verfolgt. (Bull. Acad. polon. Sci. Cl. IV **1.** 53—56. 1953. [Orig.: engl.]) W. WESLY. 150

Ernst Justus Kohlmeyer, *Beitrag zum Verdampfungsvorgang von Metallverbindungen.* Es wird auf die im Jahre 1894 von I. B. HANNAY veröffentlichte Arbeit über „Verdampfungserscheinungen an *PbS*" u. ihre damalige Diskussion hingewiesen u. auf die Notwendigkeit, die Unterss. über PbS wieder aufzunehmen. (Z. Erzbergbau Metallhüttenwes. **6.** 52—53. Febr. 1953. Berlin-Grunewald.) A.-F. BOGENSCHÜTZ. 150

Shunsuke Takagi, *Theorie der Bildung von Blasen.* Vf. entwickelt eine abgeschlossene Theorie für den Fall, bei dem die Dampfblasen spontan (durch Keimbldg.) in der reinen Fl. gebildet werden. Die Theorie wird durch Systematisierung der klass. Theorie von VOLMER (Kinetik der Phasenbldg., [1939]) u. der Theorie von TURNBULL u. FISHER (C. **1950.** I. 21) abgeleitet; sie steht in befriedigender Übereinstimmung mit dem Experiment von WISMER (J. physic. Chem. **26.** [1922.] 301). Vf. zeigt dann weiter, daß die Theorie noch weiter entwickelt werden muß, um die physikal. Bedeutung der Prozesse des Kochens, der Kavitation u. der krit. Phänomene der Bewegung der Bodenfeuchtigkeit besser zu verstehen. Als einen ersten Schritt zu diesem Ziel berechnete Vf. die Geschwindigkeit der Blasenbldg. an einer Oberfläche. Der theoret. Wert des negativen Druckes, bei dem die Fl. aufreißt, stimmt jedoch in keiner Weise mit dem atmosphär. Druck beim Kochprozeß überein; das gleiche gilt auch für die Kavitation u. die krit. Phänomene der Bewegung der Bodenfeuchtigkeit. Vf. zeigt abschließend, daß zur Vervollkommnung der Theorie noch andere Faktoren in die Überlegungen einbezogen werden müssen. (J. appl. Physics **24.** 1453—61. Dez. 1953. Fuchu-machi, Tokyo, Tokyo Univ. of Agric. and Technol.) G. WILLE. 150

P. K. Katti und **S. M. Bhagat,** *Bemerkung zur Temperaturabhängigkeit der Konfigurationsenergie regulärer Lösungen.* Es wird gezeigt, daß der von SCATCHARD (J. Amer. chem. Soc. **62.** [1940.] 712) beobachtete u. durch eine entsprechende Theorie erläuterte Zusammenhang zwischen den Partialdampfdrucken bin. fl. Systeme u. der Temperaturabhängigkeit der Konfigurationsenergie sich auch aus den allg. neueren Theorien der Lsgg. ergibt u. hauptsächlich für annähernd reguläre Lsgg. gilt. Die für die Mischungen *Bzl.*-CCl_4 bzw. CCl_4-*Cyclohexan* aus den Dampfdruckmessungen von SCATCHARD ermittelten Werte für die Temperaturabhängigkeit der Konfigurationsenergie stimmen gut mit den vom Vff. auf Grund der dargestellten Überlegungen abgeleiteten Werten überein. (J. chem. Physics **22.** 1951—52. Nov. 1954. India, Delhi, Univ., Dep. of Phys. and Delhi Polytechnic., Dep. of Appl. Sci.) W. NIEMITZ. 150

D. H. Parkinson und **J. E. Quarrington,** *Die Atomwärme von Natrium.* Es wurde die Atomwärme von Na zwischen 1,4 u. 20° K untersucht. Der von PICKARD u. SIMON (vgl. C. **1949.** II. 1168) bei ca. 7° K beobachtete anomale Knick auf der Kurve der spezif. Wärme konnte nicht reproduziert werden. Aus dem Diagramm C_p/T gegen T^2 wurde für die elektron. spezif. Wärme ein Wert von 0,00043 T cal·(Grammatom)$^{-1}$·Grad^{-1} erhalten. (Proc. physic. Soc., Sect. A **68.** 762—63. 1/8. 1955. Great Malvern, Worcs., Radar Res. Establ.) C. GOTTFRIED. 151

Väinö Hovi, *Über Wasastjernas Theorie der Bildungswärme von festen Lösungen.* Auf der Grundlage der WASASTJERNAschen Theorie leitet Vf. Formeln für die Bildungswärme bin. Mischkristalle von Alkalihalogeniden ab. Ebenso wie WASASTJERNA berücksichtigt Vf. die geometr. Verschiebungen der Ionen in einem kub.-flächenzentrierten Gitter u. setzt voraus, daß das Gitter durch einen gewissen lokalen Ordnungsgrad charakterisiert ist. Für die Kombination *KCl–KBr* wird die einer Temp. von 20° entsprechende Bildungswärme als Funktion der Kristallzus. neu berechnet. Als weiteres Beispiel berechnet Vf. für den Fall von KCl–*RbCl*-Mischkristallen die einer Temp. von 25° entsprechende Bildungswärme als Funktion der Kristallzusammensetzung. Es wird gezeigt, daß die gestellten Voraussetzungen im Fall der KCl–KBr- u. KCl–RbCl-Mischkristalle zu sehr guter Übereinstimmung zwischen Theorie u. Experiment führen. (Soc. Sci. fenn., Comment. physico-math. **15.** Nr. 12. 1—14. 1950. Helsinki, Univ., Phys. Inst.) E. WASSERROTH. 151

Väinö Hovi, *Über die freie Konfigurationsenergie von binären festen Lösungen von Alkalihalogeniden.* (Vgl. vorst. Ref.) Auf der Grundlage der Unterss. von WASASTJERNA, BRAGG u. WILLIAMS u. von Vf. u. entsprechend den Prinzipien der modernen statist. Thermodynamik leitet Vf. einen neuen Ausdruck $F(T, \sigma)$ (σ = Ordnungsgrad) für die freie Konfigurationsenergie im Fall bin. fester Lsgg. von Alkalihalogeniden ab, in dem nur die lokale Ordnung erscheint. Die für die numer. Auswertung des Ausdrucks benötigten Formeln werden aufgestellt. Vf. zeigt, daß die neue Gleichung für $F(T, \sigma)$ für statist. Unterss. über die gegenseitige feste Löslichkeit von Alkalihalogeniden von Bedeutung ist. (Soc. Sci. fenn., Comment. physico-math. **15.** Nr. 15. 1—8. 1950.) E. WASSERROTH. 151

Väinö Hovi, *Die freie Konfigurationsenergie von KCl-KBr-Mischkristallen bei verschiedenen Temperaturen.* Mittels der zuvor abgeleiteten Gleichung (vgl. vorst. Ref.) berechnet Vf. die konfigurationelle freie Energie von KCl–KBr-Mischkristallen in Abhängigkeit von der Kristallzus. bei 173,2, 198,2, 223,2, 248,2 u. 273,2° K. Die ermittelten Kurven haben einen sehr gleichmäßigen Verlauf mit je einem Extremwert. Danach muß die krit. Temp., unter der das KCl–KBr-Syst. keine lückenlose Reihe von Mischkristallen zu bilden scheint, niedriger als —100° sein. Dieses Ergebnis steht in Übereinstimmung mit den verfügbaren experimentellen Daten. (Soc. Sci. fenn., Comment. physico-math. **15.** Nr. 16. 1—12. 1950.) E. WASSERROTH. 151

Väinö Hovi, *Über den Konfigurationsbeitrag zu der Wärmekapazität von binären festen Lösungen.* (Vgl. vorst. Reff.) Vf. untersucht die Beiträge zur totalen Änderung der Wärmekapazität von bin. Legierungen u. festen Lsgg. der Alkalihalogenide u. zeigt die Faktoren auf, die Unterschiede zwischen Theorie u. Experiment bedingen. Auf der Grundlage von Unterss. von WASASTJERNA u. Vf. werden einige Werte für den Konfigurationsanteil zur Wärmekapazität eines 50 Mol-% *KCl–KBr*-Mischkristalles bei Tempp. zwischen 173,2 u. 373,2° K berechnet. Vf. zeigt, daß in diesem Fall die nullte Näherung von BRAGG u. WILLIAMS für den Konfigurationsanteil bei Tempp., bei denen lokale Ordnung vorherrscht, einen ähnlich geneigten Verlauf mit wachsender Temp. zeigt wie die genaueren Näherungen von BETHE u. KIRKWOOD im Fall einer Legierung vom Typ AB. Weiterhin wird gezeigt, daß die vom Vf. berechneten Werte des Konfigurationsbeitrages im Fall KCl–KBr nicht zu den z. Zt. verfügbaren experimentellen Ergebnissen im Widerspruch stehen. (Suomalaisen Tiedeakatemian Toimituksia [Ann. Acad. Sci. fennicae] Sarja A. I. **88.** 1—15. 1951.) E. WASSERROTH. 151

Väinö Hovi, *Entropie als eine Funktion der lokalen Ordnung für binäre feste Lösungen von Alkalihalogeniden.* (Vgl. vorst. Reff.) Vf. leitet auf der Basis früherer Unterss. einen Ausdruck ab, der die bei dem Übergang von einem Ordnungszustand in einen anderen auftretende Entropieänderung für den Fall bin. Mischkristalle beschreibt. Es werden speziell numer. Berechnungen für einen äquimol. KCl–KBr-Mischkristall beim Übergang von —100 auf 0° ausgeführt. (Soc. Sci. fenn., Comment. physico-math. **15.** Nr. 17. 1—5. 1950.) E. WASSERROTH. 154

E. F. Emley, *Bemerkung zu den freien Bildungsenergien der Fluoride, Chloride und Oxyde der Alkali- und Erdalkalimetalle sowie der Seltenen Erden und über das Auftreten doppelter Zersetzungen dieser Stoffe in geschmolzenen Salzmischungen.* Vf. errechnet in einer krit. Übersicht aus den Angaben in der Literatur die freien Bildungsenergien (ΔG) u. deren Temperaturabhängigkeit der Fluoride, Chloride u. Oxyde der Alkali- u. Erdalkalimetalle sowie von *Ce, La, Th* u. *Zr.* Aus diesen Werten bestimmt er die relative Neigung der verschied. Chloride Fluoride u. Oxyde in die entsprechenden Chloride umzuwandeln. — 78 Literaturangaben. (Chem. Engng. Sci. **1.** 131—44. April 1952.) G. HARTMANN. 156

A. Lagerqvist und **L. Huldt,** *Die Dissoziationsenergien von CaO, SrO und BaO.* Nach einem verbesserten Verf. (spektroskop. Intensitätsmessungen von Atomlinien in Flammen) bestimmen Vff. die Dissoziationsenergien von CaO zu 108 kcal/Mol, SrO zu 106 kcal/Mol u. BaO zu 128 kcal/Mol. Sie werden in einer Tabelle mit früheren Werten u. denen anderer Autoren verglichen u. gute Übereinstimmung festgestellt. (Z. Naturforsch. **9a.** 991—92. Nov. 1954. Stockholm, Univ., Inst. für Phys.) E. HAHN. 156

L. Eyring, H. R. Lohr und **B. B. Cunningham,** *Reaktionswärmen einiger Oxyde von Americium und Praseodym mit Salpetersäure und eine Abschätzung der Ionenpaare Am(III)–Am(IV) und Pr(III)–Pr(IV).* Es wurden die Reaktionswärmen von Pr_2O_3 mit 6,02mol. u. 1,00mol. HNO_3, von PrO_2 mit 6,02mol. HNO_3 u. 6,02mol. HNO_3–0,1mol. Fluoroborsäure u. von AmO_2 mit 6,02mol. HNO_3–0,1mol. Fluoroborsäure bei 25° gemessen. Aus diesen Messungen u. anderen thermodynam. Daten konnten die Bildungswärmen von $Pr^{3+}_{(aq)}$, $Pr(NO_3)_{3(aq)}$ in den verschied. Lsgg., PrO_2, $Am^{4+}_{(aq)}$ u. AmO_2 berechnet werden. Man schätzte aus diesen Daten u. den abgeschätzten Entropiewerten die Potentiale der Paare $Am^{3+}_{(aq)} + H^+_{(aq)} = Am^{4+}_{(aq)} + \frac{1}{2}H_{2(g)}$ u. $Pr^{3+}_{(aq)} + H^+_{(aq)} = Pr^{4+}_{(aq)} + \frac{1}{2}H_{2(g)}$ zu $-2{,}4$ V u. $-2{,}9$ V mit einer Fehlergrenze von ca. $\pm 0{,}2$ V in jedem Fall. (J. Amer. chem. Soc. **74.** 1186–90. 5/3. 1952. Iowa City, Io., Univ. of California, Dep. of Chem. and Radiat. Labor.) A.-F. BOGENSCHÜTZ. 156

L. Benjamin und **V. Gold,** *Eine Aufstellung der thermodynamischen Funktionen der Ionenhydratation.* Aus neuen thermodynam. Daten wurde eine Tabelle von Enthalpien, Entropien u. GIBBSschen freien Hydratationsenergien für einfache Ionen bei 25°, bezogen auf Wasserstoff, zusammengestellt. (Trans. Faraday Soc. **50.** 797–99. Aug. 1954. London, Univ., King's Coll., Dep. of Chem.) A.-F. BOGENSCHÜTZ. 156

Joseph Grumer und **Margaret E. Harris,** *Temperaturabhängigkeit der Stabilitätsgrenzen von Brennerflammen.* Vff. behandeln mathemat. u. experimentell die Bedingungen für das Eintreten des Ausblasens u. des Rückschlagens der Flamme in Brennern verschied. Formen unter Berücksichtigung der Eintrittsgeschwindigkeiten u. -tempp. der Gase, D., spezif. Wärme, Druck, Diffusionskoeff., Brennerradius, Mischungsverhältnis, REYNOLDscher Zahl, Flammendicke, Wärmeleitfähigkeit usw. Die an *Methan*/Luft- u. *Propan*/Luft-Gemischen festgestellten Beziehungen sind in Form von Kurven aufgezeichnet. (Ind. Engng. Chem. **46.** 2424–28. Nov. 1954. Pittsburgh, Pa., U. S. Bur. of Mines, Explosives and Phys. Sci. Div.) E. ROEDER. 157

M. Pommellet, *Die Wärmeleitfähigkeit. Ihre Bedeutung für das Verhalten von hitzebeständigen Materialien.* Zusammenfassender Überblick. (Métaux **27.** 318–24. Juli/Aug. 1952.) C. GOTTFRIED. 158

Hans Klein, *Der Wärmeübergang durch freie Konvektion in Metallschmelzen.* Nach einem Hinweis auf die allg. Grenzschichttheorie wird der Wärmeübergang an Hand einer von ECKERT auf Grund der PRANDTLschen Grenzschichttheorie abgeleiteten Näherungsformel für die freie Konvektion in einer Metallschmelze an einer senkrechten Platte berechnet. Folgerungen aus der Theorie werden gezogen u. Vgll. mit der Erfahrung angestellt. Sodann werden Angaben über die Messung des Wärmeinhalts nach dem Verf. von SCHAABER, dem Wärmetransport u. die Stoffwerte in F.-Nähe gemacht u. Formen der Differentialgleichung der Wärmeleitung wiedergegeben. (Z. Metallkunde **44.** 450–56. Okt. 1953. Schorndorf/Württ.) G. APEL. 158

G. K. White und **S. B. Woods,** *Die Gitterwärmeleitfähigkeit von verdünnten Kupferlegierungen bei tiefen Temperaturen.* (Vgl. C. **1955.** 4528.) Von zwei Cu-Proben, die 0,0043% Fe (**Ia**) bzw. 0,056% Fe (**Ib**) enthielten, wurde zwischen 2 u. 150°K die Wärmeleitfähigkeit **K** u. die elektr. Leitfähigkeit gemessen. **K** setzt sich additiv aus der Gitterkomponente K_g u. der Elektronenkomponente K_e zusammen. K_0 von **Ia** u. K_g von **Ib** gehen bei ca. 25°K je durch ein Maximum. Aus den Messungen u. aus Literaturdaten ergibt sich für K_e zwischen 20 u. 50°K die Beziehung $K_e = 1/(1/K_0 + 7{,}1 \cdot 10^{-6}T^{2,3})$ mit $1/K_0 = 1{,}52/T$ für **Ia** u. $1/K_0 = 21{,}7/T$ für **Ib** (K je in Einheiten von Watt/cm·Grad). Für K_g von **Ib** gilt unterhalb 15°K die Beziehung $K_g = 1{,}8 \cdot 10^{-3}T^2$; hieraus folgt für die mittlere freie Weglänge des Phonons der Ausdruck 0,002/T cm. (Philos Mag. [7] **45.** 1343–45. Dez. 1954. Ottawa, Canada, Nat. Res. Council, Div. of Phys.) O. FUCHS. 158

Russell W. Mebs, John H. Darr und **John D. Grimsley,** *Metallische Ultraschallverzögerungsstrecken.* Die bekannten Verzögerungsstrecken aus Hg oder geschmolzenem Quarz sind nicht mehr geeignet, wenn starke Beschleunigungen u. Temperaturänderungen auftreten. Vff. untersuchen daher die *Mg*-Legierungen FS–1 u. J–1, reinstes *Ni* (99,7%) u. handelsübliches Ni (99,49%), 32%ig. *Nickeleisen,* 18 : 8 *Cr–Ni-Stahl, Werkzeugstahl* (mit 1,2% C), *Al*-Einkristalle u. die Ni–Fe-Legierungen „Isoelastic A, B, C, D u. E„ bzgl. ihrer Eignung zur Herst. von Ultraschallverzögerungsstrecken. Die Unterss. wurden mit Impulsschall von 10 MHz im Temperaturintervall von −50 bis +200° durchgeführt. „Isoelastic B u. C" zeigten bei geringer Absorption die geringste Temperaturabhängigkeit der Schallgeschwindigkeit. Die Dämpfung war am kleinsten bei der Mg-Legierung FS 1 u. am größten bei reinem Ni u. beim Al-Einkristall. (J. Res. nat. Bur. Standards **51.** 209–20. Nov. 1953.) H. JACOB. 159

Daisaku Tabuchi, *Dispersion der Geschwindigkeit und Absorption des Schalls in Gasen.* 1. Mitt. *Gase im chemischen Gleichgewicht.* Die Geschwindigkeitsdispersion u. Absorption von Schallwellen in Gasen wird theoret. physikal. bearbeitet. EINSTEINs Ableitungen über Gase im Dissoziationsgleichgewicht (S.-B. dtsch. Akad. Wiss. Berlin, math.-naturwiss. Kl. **1920.** 380) wurden auf chemische Gleichgewichte des Typs $A + B \rightleftharpoons C + D$ ausgedehnt. Für die Berechnung der Beziehungen zwischen den bestimmten Größen wurde EINSTEINs Kollisionstheorie benutzt. (J. chem. Soc. Japan, pure Chem. Sect. [Nippon Kagaku Zassi] **71.** 163—66. Febr. 1950. Osaka, Univ. [Orig.: japan.]) L. SCHULER. 159

Daisaku Tabuchi, *Dispersion der Geschwindigkeit und Absorption des Schalls in Gasen.* 3. Mitt. *Fall des Einzelgases.* (2. vgl. J. chem. Soc. Japan, pure Chem. Sect. [Nippon Kagaku Zassi] **71.** [1950.] 329; 1. vgl. vorst. Ref.) Die in den vorausgegangenen Veröffentlichungen abgeleiteten Beziehungen zwischen Schallgeschwindigkeit, Absorptionskoeff. u. Molwärme werden auf den Fall eines einheitlichen Gases angewandt u. im wesentlichen übereinstimmend gefunden mit den von LANDAU u. TELLER (C. **1936.** II. 4186) geforderten. (J. chem. Soc. Japan, pure Chem. Sect. [Nippon Kagaku Zassi] **73.** 5—8. Jan. 1952. Osaka, Univ. [Orig.: japan.]) L. SCHULER. 159

Daisaku Tabuchi, *Dispersion der Geschwindigkeit und Absorption des Schalls in Gasen.* 4. Mitt. *Gasmischungen.* (3. vgl. vorst. Ref.) Mathemat.-physikal. Ableitung der Zusammenhänge von Schallabsorptionskoeffizienten u. Fortpflanzungsgeschwindigkeiten bei Mischungen beliebig vieler Gase verschiedener Mol.-Arten bei verschied. Frequenzen, wobei sich deren Dispersion begründen läßt. Der Einfl. der Viscositäten u. Wärmeleitfähigkeiten usw. ist außer Betracht gelassen. (J. chem. Soc. Japan, pure Chem. Sect. [Nippon Kagaku Zassi] **73.** 382—86. Juni 1952. Osaka, Univ. [Orig.: japan.]) L. SCHULER. 159

Roger Kling, Esther Nicolini und **Jean Tissot,** *Über die Schallgeschwindigkeit in Pentan und Isopentan im kritischen Gebiet.* Von *n-Pentan* (I) u. *Isopentan* (II) wurde für die Frequenz 3000 kHz zwischen den Drucken p = 0 u. 100 at u. für 20, 160, 180,3 u. 187,8° bei I bzw. für 20, 180, 190,7, 197,2 u. 210,8° bei II die Ultraschallgeschwindigkeit v bestimmt. Während v von I u. II bei 20° linear mit p ansteigt, tritt bei den anderen Tempp. ein Minimum in den (v, p)-Kurven auf. (C. R. hebd. Séances Acad. Sci. **234.** 708—10. 11/2. 1952.) O. FUCHS. 159

A₅. Kolloidchemie. Grenzschichtforschung.

Edward B. Dismukes und **Robert A. Alberty,** *Bewegliche Grenzschichtensysteme schwacher Elektrolyte analog zur Elektrophorese eines einzigen Proteins.* Bewegliche Grenzschichtensysteme, die man bei der Elektrophorese von Proteinen erhält, werden mit denen verglichen, die verschied. Typen schwacher Elektrolyte ergeben. Letztere sind brauchbar, um gewisse Phänomene, die bei Proteinen auftreten, zu interpretieren. Es wird eine Theorie für schwache Elektrolyte abgeleitet in Analogie zu der für Proteine. Die mit dem Na-Salz der Asparaginsäure in Na-Acetatpuffern erzielten Ergebnisse werden mit den theoret. Voraussagen verglichen. (J. Amer. chem. Soc. **76.** 191—97. 5/1. 1954. Madison, Wis., Univ. of Wisconsin, Chem. Dep.) K. HEYNS. 168

R. E. Pattle, *Die Erzeugung von elektrischer Energie durch Mischen von Frisch- und Salzwasser in einer hydroelektrischen Batterie.* In einer Batterie sind 47 saure u. 47 bas. Membranen von je 8 cm^2 durch 93 Zwischenräume von je 1 mm voneinander getrennt. Durch diese Batterie wird Leitungs- u. Salzwasser (n/2 NaCl) geschickt, um unter Ausnutzung des osmot. Druckes Strom zu gewinnen. Die Membranen der Zelle bestehen aus Polythen mit Harzen auf Polystyrolbasis. Der innere Widerstand der Zelle beträgt bei 10° 250 Ohm. Die maximal erhaltene Energie beträgt 15 mW bei 39°. Am besten arbeitet die Zelle in warmem u. gleichbleibendem Klima. (Nature [London] **174.** 660. 2/10. 1954. Guildford, Surrey, Rydes Hill Crescent, „Rushmere".) J. FISCHER. 170

R. Schlögl, *Zur Theorie des Diffusionspotentials und Ionentransportes in freier Lösung und geladenen Membranen.* Es wird gezeigt, daß die stationären NERNST-PLANCKschen Ionenbeweglichkeitsgleichungen für Gemische beliebigwertiger Elektrolyte in analyt.-geschlossener Form integriert werden können. Damit ist im Rahmen der Theorie idealer Lsgg. die allg. mathemat. Grundlage zur Berechnung des Diffusionspotentials, des Ionentransportes u. der Strom-Spannungsbeziehung in konvektionsfreien Schichten sowie in geladenen Membranen gegeben. Für Gemische 1,1-wertiger Salze erhält man die entsprechenden Gleichungen der TEORELLschen Theorie (C. **1952.** 4265). (Z. Elektrochem., Ber. Bunsenges. physik. Chem. **58.** 672—73. 1954. Göttingen, Max-Planck-Inst. für Physikal. Chem.) W. NIEMITZ. 171

Geoffrey Taylor, *Dispersion von löslichen Stoffen in einem durch eine Röhre langsam fließenden Lösungsmittel.* Vf. untersuchte analyt. die Konzentrationsverteilung einer lösl. Substanz, welche sich in einer Fl. befindet, die langsam durch ein enges Rohr fließt. Es wurde gefunden, daß sie sich auf einen Punkt zentralisiert, welcher sich mit der mittleren Fließgeschwindigkeit bewegt u. symm. um diesen Punkt angeordnet ist trotz der Asymmetrie des Fließens. Die Dispersion entlang der Röhre wird durch einen virtuellen Koeff. der Diffusionsfähigkeit bestimmt, der sich aus den Konzentrationsverteilungen errechnen läßt. Da die Analyse die longitudinale Diffusionsfähigkeit mit dem Koeff. der mol. Diffusion in Beziehung setzt, ist damit eine neue Meth. gegeben, aus den Konzentrationsbeobachtungen entlang der Röhre die Diffusionskoeffizienten zu berechnen. Der auf diese Weise für $KMnO_4$ bei 18° berechnete Diffusionskoeff. stimmte mit den auf andere Weise gemessenen Werten überein. (Proc. Roy. Soc. [London], Ser. A **219.** 186—203. 25/8. 1953.) C. GOTTFRIED. 171

T. J. Gray und **P. W. Darby,** *Die Beziehung zwischen Adsorptionskinetik und dem defekten festen Zustand.* Auf Grund theoret. Betrachtungen sowie eingehender experimenteller Unterss. über die Adsorption u. Desorption von O_2 an der Oberfläche von Metalloxyden (*NiO*, Cu_2O) wird eine quantitative Deutung des Zusammenhanges zwischen Gitterstörungen u. katalyt. Eigg. solcher Oxyde versucht. Die Kinetik der Rkk. wird abgeleitet. Auftretende Unklarheiten u. ihre Ursachen werden diskutiert u. die Einfll. auf Reaktionskinetik u. Mechanismus abgeschätzt. Eine Meth. zur Ableitung detaillierter kinet. Daten auf Grund von Unterss. der Änderungen der Halbleitereigg. solcher Oxyde im Verlaufe von Adsorptions- bzw. Desorptionsvorgängen wird beschrieben. (J. physic. Chem. **60.** 201—09. Febr. 1956. Alfred, N. Y., Alfred Univ., New York State Coll. of Ceramics.) H. HOFMANN. 176

H. Forestier, J. Maurer, J. P. Kiehl und **P. Stahl,** *Einfluß adsorbierter Gase auf die Stabilität der Bindungen des festen Körpers in der Nähe der Oberfläche.* Zusammenfassender Vortrag über die experimentellen Ergebnisse von Unterss. von FORESTIER allein oder mit Mitarbeitern über das obige Problem. — 24 Literaturzitate. (1. Plansee Seminar „De Re Metallica", Pulvermetallurgie **1952.** 8—20, ausg. 1953. Strasbourg, Univ). C. GOTTFRIED. 176

André Boyer und **Guy Foucault,** *Änderungen der spezifischen Oberfläche von Kohlen im Verlauf ihrer Carbonisierung.* Vff. untersuchten die Änderungen der spezif. Oberflächen von 4 verschied. Kohlen während der Carbonisierung in einem Temperaturbereich zwischen 400 u. 1000°. Diese Unterss. sind wichtig, um Aufschlüsse über die Porosität u. Feinstruktur dieser Stoffe zu erhalten. Die spezif. Oberflächen wurden durch Messung der N_2-Adsorption bestimmt. Folgende Ergebnisse wurden gewonnen: die spezif. Oberflächen von Kohlen (erhitzt bis 400°) u. von Koks (erhitzt bei 1000°) liegen in der Größenordnung von Quadratmetern pro Gramm. Bei Prodd., die bei 700—800° carbonisiert wurden, erhöht sich die Oberfläche um mehr als das Zehnfache. Die von Vff. erhaltenen Werte u. die Änderungen der spezif. Oberfläche stimmen mit den aus den Benetzungswärmen bestimmten nicht überein. (C. R. hebd. Séances Acad. Sci. **237.** 893—95. 19/10. 1953.) G. WILLE. 176

P. L. Walker jr. und **C. C. Wright,** *Adsorptions-Desorptions-Untersuchungen von Stickstoff, Argon und Kohlendioxyd an Kohlestäben.* Vff. untersuchten die Ad- u. Desorption von N_2, Ar u. CO_2 an Kohlestäben, die vorher für Vergasungsverss. benutzt wurden, um die Natur der Tieftemperatursorption von Gasen an Kohle u. die Porenstruktur der Kohlen eingehender zu studieren. Es wurde ein gesinterter (gas-baked) u. ein graphitisierter Kohlestab untersucht, die beide vorher mit CO_2 bei 1300° bis zu einem Gewichtsverlust von ca. 10% behandelt waren. Bei der Sorption von N_2 erhielten Vff. die gewöhnliche Isotherme (Typ II) mit einer Hystereseschleife oberhalb eines relativen Drucks von 0,4. Die Adsorption von Ar an gesinterter Kohle ähnelt derjenigen von N_2; an graphitisierter Kohle besteht jedoch eine Hysterese bis herunter zu einem relativen Druck von 0,02. Bei der Sorption von CO_2 zeigt sich an beiden Kohlen eine Hysterese über einen Druckbereich von 0,02—0,45. Nach Aufgabe eines bestimmten Adsorptionsvol. auf die Kohlen wurden die Proben verschieden lange ausgegast u. das Readsorptionsvol. bestimmt. Dabei zeigte sich, daß die Sorption von Ar u. N_2 bei —196 u. —192,5° selbst bei Entgasungszeiten bis zu 24 Std. irreversibel ist; die Adsorption von CO_2 bei —78° ist jedoch vollkommen reversibel. Diese Untersuchungsergebnisse werden von Vff. dadurch erklärt, daß bei der Adsorption von N_2 u. Ar anfänglich ein Teil der Gase in die intermol. Capillaren der Kohlen eindringt, die aber sehr schnell von weiteren adsorbierten Moll. blockiert werden. Die eingeschlossenen Gase dringen dann weiter in das poröse Netzwerk der Kohlen ein, u. bei tiefen Tempp. besitzen sie nicht die notwendige Energie, um wieder an die Oberfläche zurückzudiffundieren, oder es erfordert eine viel längere

Zeit, bis die Moll. an die Oberfläche gelangen können. (Ind. Engng. Chem. **45.** 1715—21. Aug. 1953. State College, Pa., Pennsylvania State Coll.) G. WILLE. 176

G. W. Benson und **F. C. Tompkins,** *Sorption von Ammoniak durch entwässerten Kaliumalaun.* Es werden Unterss. der Sorptionskinetik von NH_3, SO_2 u. CO an entwässerten $KAl(SO_4)_2$-Kristallen im Temperaturbereich von 35,6—57,7° u. im Druckbereich von 1—30 cm beschrieben u. diskutiert. Die bei konstantem Druck u. konstanter Temp. sorbierte NH_3-Menge ist eine lineare Funktion der Quadratwurzel aus der Zeit. Die Annahme einer Diffusion von NH_3 in diskrete Kanäle oder einer Diffusion aus netzartig verzweigten Kanälen in sphär. Zonen ist jedoch unzureichend. Im Einklang mit den experimentellen Ergebnissen wird eine Theorie entwickelt, die auf der Existenz von 2 verschied. Arten von Sorptionszentren sowie auf dem Austausch von Restwasser gegen NH_3 basiert. (J. physic. Chem. **60.** 220—24. Febr. 1956. London, Imp. Coll. of Sci. and Technol., Chem. Dep.) H. HOFMANN. 176

Günther Briegleb und **Horst Scholze,** *Untersuchungen über die Adsorption von Gasgemischen. Mischadsorption von Aceton–Chloroform-Dämpfen an Mikroglaskügelchen einheitlicher Oberfläche.* Mit einer unter Luftabschluß arbeitenden stationären Gleichgewichtsmeth. haben Vff. das Phasendiagramm Aceton–Chlf. bei 10 u. 20° bestimmt. An nach einem modifizierten Verf. von BLOOMQUIST u. CLARK hergestellten Mikroglaskügelchen (2—12 μ) wurde die Adsorption der reinen Komponenten sowie die aus der Gasmischung bei relativen Drucken von 0,1—0,9 untersucht. Eine Anwendung der Gleichungen von BRUNAUER, EMMET u. TELLER sowie von HÜTTIG bestätigt ihre beschränkte Gültigkeit für x-Werte $> 0{,}3$. Die von THEIMER (C. **1953.** 1930) angegebene Beziehung vermag dagegen die Meßergebnisse für die Adsorption der reinen Komponenten u. die Gesamtmischadsorption bis zu hohen relativen Drucken wiederzugeben. Ausgehend von einem Ansatz von HILL, entwickeln Vff. für die partielle Adsorption die Gleichung $n_A/n_1 = [cx/(1 + cx)]\,[1 + x/(1 - x^s)]\,[\gamma_1 + x^1(\gamma_{f1} - \bar{\gamma}_1)]$, die die Beziehung von THEIMER als Faktor enthält u. bis zum Molenbruch 0,8 in guter Übereinstimmung mit den experimentellen Werten steht. $\bar{\gamma}_1$ ist ein mittlerer Wert der Zus. der ersten 5 adsorbierten Schichten, die der darüber liegenden Schichten wird gleich dem Molenbruch der fl. Phase, γ_{f1}, gesetzt. Die aus der Gleichung $W = [(\ln p_1 - \ln p_2)/(T_2 - T_1)]RT_1T_2$ für verschied. Molenbrüche der Gasphase berechneten Adsorptionswärmen zeigen einen deutlichen Abfall mit der Belegungsdichte. (Mh. Chem. **85.** 731—57. 1954. Würzburg, Univ., Chem. Inst., phys.-chem. Abt.) H.-U. WOELK. 176

Robert Kunin und **F. McGarvey,** *Ionenaustausch.* (Vgl. C. **1953.** 3286; **1954.** 258, 4444; **1955.** 647.) Zusammenstellung der neuesten Forschungsergebnisse auf dem Gebiete des Ionenaustausches. Im einzelnen werden behandelt: Übersichtsref., theoret. Arbeiten (Kinetik, Thermodynamik, Strukturlehre), Austauschermembranen, Wasseraufbereitung, Entsalzung, biochem. Trennungen, ferner Anwendungen auf dem Lebensmittelgebiet, in der Pharmazie, Analyse, Metallurgie, Katalyse u. Medizin, außerdem die Herst. von Harzaustauschern sowie Beschreibungen über App., Betriebskontrolle u. Verfahrenstechnik. — 549 Literaturzitate. (Ind. Engng. Chem. **46.** 118—25. Jan. 1954. Philadelphia, Pa., Rohm & Haas Co.) G. NAUMANN. 177

A. Klinkenberg, *Eine molekular-dynamische Theorie der Chromatographie.* Es wird gezeigt, daß die von GIDDINGS (C. **1955.** 8561) für die Chromatographie entwickelten Gleichungen ident. sind mit Gleichungen, die die Kühlung oder Erhitzung poröser Stoffe durch einen Gasstrom beschreiben. (J. physic. Chem. **59.** 1184. Nov. 1955. The Hague, N. V. de Bataafsche Petroleum Maatschappij.) GÜNTER LANGE. 177

David Richman und **Henry C. Thomas,** *Selbstdiffusion von Natriumionen in einem Kationenaustauscherharz.* Es werden Unterss. über die Best. des Selbstdiffusionskoeff. von $^{22}Na^+$ in dem Kationenaustauscherharz *Nepton CR-51* (Phenolsulfonsäure–CH_2O-Mischpolymerisat) bei chem. Gleichgewicht in Abhängigkeit von der Na^+-Konz., der Zeit u. der Temp. beschrieben u. diskutiert. Das angewandte Verf. basiert auf der Diffusion des $^{22}Na^+$ aus einem begrenzten Vol. einer wss., gleichmäßig gerührten NaCl-Lsg. in einen theoret. unendlich (prakt. 20 cm) langen zylindr. Stab des Harzes. Aus den Ergebnissen geht hervor, daß kein Effekt eines Flüssigkeitsfilmes auftritt. Die Ergebnisse bei 2 verschied. Tempp. deuten darauf hin, daß mindestens die beiden nachst. Transportmechanismen in dem Harz anzunehmen sind: 1. Bei Abwesenheit eines DONNAN-Elektrolyten Austausch zwischen Plätzen mit einer Aktivierungsenergie von 10 kcal/Mol; 2. eine Diffusion unter Einschluß des freien Anions mit einer Aktivierungsenergie von ca. 2 kcal/Mol. (J. physic. Chem. **60.** 237—39. Febr. 1956. New Haven, Conn., Yale Univ., Sterling Chem. Labor.) H. HOFMANN. 177

R. M. Barrer, W. Buser und **W. F. Grütter,** *Synthetischer „Faujasit". 1. Mitt. Eigenschaften und Ionenaustauschcharakter.* Nach einem kurzen Überblick über Vork. u.

Eigg. von natürlichem Faujasit, dessen Zus. nach DAMOUR [1844] $(Na_2, Ca)_{0,14}Al_{0,29}Si_{0,71} \cdot O_2 \cdot aq$ (I) ist, berichten Vff. über künstlichen (II) Faujasit, bes. die Darst. seines Na-Salzes, sowie über Röntgenaufnahmen der synthet. Na-, Ca- u. Tl-Formen, deren d-Werte, Indices u. relative Intensitäten mit denen von I tabellar. verglichen werden. Geringe Unterschiede der Gitterkonstanten von I u. II werden als direkte Auswrkg. des isomorphen Ersatzes NaAl ⇌ Si auf die Dimensionen des anion. alumosilicat. Netzwerkes erklärt. Mittels Differentialthermoanalyse u. Thermogravimetrie werden die therm. Stabilität von Na-II u. die Abgabe von W. unter verschied. Bedingungen von Temp. u. Druck untersucht. Ferner bestimmten Vff. in ausführlichen Verss. das Ionenaustauschverh. von II gegenüber den Kationen (Na^+), K^+, Tl^+, Ag^+, Mg^{2+}, Ca^{2+}, Sr^{2+}, Ba^{2+}, Co^{2+}, Ni^{2+}, Cu^{2+} (Zers.), $Cu(NH_3)_4{}^{2+}$, $NH_4{}^+$, $(CH_3)NH_3{}^+$, $(CH_3)_2NH_2{}^+$, $(CH_3)_3NH^+$, $(CH_3)_4N^+$, $(C_2H_5)NH_3{}^+$ u. $(C_2H_5)_4N^+$ (letzteres ergab keinen Austausch); die jeweilige Konz. der Austauschlsg., Zus. der Austauschform u. (kub.) Gitterkonstante werden tabellar. angegeben. Im Falle der Alkylammoniumionen nimmt die Austauschausbeute mit steigendem Alkaligeh. in der angegebenen Reihenfolge ab. Auf Grund von Sorptionsmessungen wurde die Reihenfolge abnehmender Porengröße einiger *Zeolithe* wie folgt festgelegt: Faujasit > Chabasit > Mordenit > Levynit > Harmotom > Analcit. (Helv. chim. Acta **39**. 518—30. 15/3. 1956. London, Imp. Coll., Phys. Chem. Labors.; Bern, Univ., Inst. für anorg., analyt. u. phys. Chem.) G. RUBAN. 177

Mária Vogl, *Chemische und physikalische Untersuchung von Tonmineralien.* Die chem. Analyse gibt die durchschnittliche Zus. des Minerals, aber keinen Aufschluß über die Art u. Menge der vorhandenen Tonmineralien. Um diese zu bestimmen, sind auch physikal., koll.-chem. u. -physikal. Unterss. nötig. In der Folge beschreibt Vf. die Best. der Quellung, der Thixotropie, Plastizität, Ionenaustausch- u. Adsorptionsfähigkeit u. der therm. Analyse. (Földtani Közlöny **84**. 121—29. Jan./Juni 1954.) J. PLANK. 177

Werner Jutzi, *Beitrag zur Kenntnis der elektrischen Eigenschaften grobkolloider Aerosole.* Vf. gibt zunächst einen Überblick über die Ursachen der elektr. Aufladung disperser Systeme in Gasen u. die Methoden zu ihrer Untersuchung. Mit einer vom Vf. entwickelten Versuchsanordnung wurden die Eigg. folgender Systeme untersucht: *Quarz–Luft* (I), *Titandioxyd–Luft* (II), *Hexadecan*–Luft (III) u. *Ammoniumchlorid*–Luft (IV). Es werden die Zusammenhänge zwischen Ladungssinn u. Teilchengröße, Ladungsgröße u. Teilchengröße sowie Aufladung u. Teilchenoberfläche studiert. In I besteht eine nahezu symm., bipolare Aufladung u. eine lineare Beziehung zwischen Aufladung u. Teilchenoberfläche. Letztere ist unabhängig vom Ladungssinn, pro cm^2 Teilchenoberfläche befinden sich im Mittel $1 \cdot 10^8$ elektr. Elementarquanten. In II liegt ein Syst. vor, das vorherrschend positiv geladene Teilchen enthält, unabhängig von ihrer Größe. Die Höhe der Aufladung ist von gleicher Größenordnung wie in I. In III (Tröpfchenradius 0,2—2 μ) beträgt dagegen der Anteil der ungeladenen Partikel 93%. Die Aufladung der restlichen Tröpfchen ist symm. bipolar u. beträgt im Mittel 1 elektr. Elementarquantum. Diese geringe Aufladung führt Vf. auf sek. Vorgänge, wie Verunreinigungen in der zerstäubten Fl. u. Adsorption von Luftionen, zurück. In IV sind nach Darst. des Syst. prakt. alle Teilchen ungeladen, jedoch wächst die Ladung mit dem Alter des Syst. u. nähert sich einem Grenzwert von 78% geladener Teilchen. Auch hier ist die Aufladung sehr klein u. läßt sich durch Wechselwirkungen zwischen Teilchen u. Dispersionsmittel deuten. (Staub Heft **36**. 165. 15/6. 1954. Zürich, Eidg. Materialprüfungs- u. Versuchsanstalt für Ind., Bauwesen u. Gewerbe.) H.-U. WOELK. 180

A_6. Strukturforschung.

F. Eckart, *Die Technik des OSW-Elektronenmikroskops.* Eine konstruktive Besonderheit des beschriebenen elektromagnet. 100-kV-Mikroskops ist die Anordnung seiner Aufnahmekamera. Die Mikroskopröhre ruht mit dem Beobachtungstubus auf der Tischplatte des Statives, die Kamera läßt sich gänzlich entfernen u. gegebenenfalls durch andere Geräte ersetzen. Die so entstehenden Besonderheiten der Konstruktion u. außerdem die elektr. Einrichtung des voll aus dem Netz gespeisten Mikroskops werden behandelt. Die Stromversorgung ist mehrfach motor., magnet. u. elektron. stabilisiert, die Linsenströme auf $5 \cdot 10^{-5}$. (Elektrotechnik **5**. 32—35. Jan. 1951. Berlin, Oberspreewerk, Werk für Fernmeldewesen „HF".) C. REUBER. 181

H. Bethge, *Verfahren und Anordnung zur Herstellung von Abdruckaufnahmen lichtmikroskopisch bestimmter Objektbereiche.* Beschreibung einer Anordnung zur Zielpräparation, d. h. zur Präparation eines im Lichtmikroskop ausgesuchten Objektbereichs für das Elektronenmikroskop. Am Objektiv des Lichtmikroskops ist eine Zusatzeinrichtung angebracht, in welcher die elektronenmkr. Objektträgerblende unmittelbar über dem Objekt derart koaxial mit dem Objektiv angeordnet ist, daß sie das lichtmkr. Bild nicht

wesentlich behindert. Nach Aussuchen des interessierenden Objektbereichs wird die mit etwas Klebstoff (z. B. alkohol. Schellacklsg.) versehene elektronenmkr. Objektträgerblende unter reproduzierbarem Federdruck auf das Objekt aufgeleimt. (Z. wiss. Mikroskop. mikroskop. Techn. **62.** 122—28. Dez. 1954. Halle, Univ., Inst. für exp. Phys.)
F. LENZ. 181

Hermann Pfisterer, *Ein Abdruckverfahren zur Abbildung rauher Oberflächen im Elektronenmikroskop.* Zur elektronenmkr. Abb. rauher Oberflächen wird ein Abdruckverf. mit *Triafol* beschrieben. Die 0,1 mm dicke Folie aus Triafol-BN wird einige Min. auf die abzubildende Oberfläche gedrückt u. dann zusammenhängend abgezogen. Der Abdruck wird mit SiO bedampft. Diese Aufdampfschicht wird bei der Auflsg. des Triafols mit einer 1 mm starken Paraffinschicht verstärkt, welche anschließend wieder weggelöst wird. (Naturwissenschaften **40.** 106. Febr. 1953. Karlsruhe, Siemens & Halske A.G., Werkstoff-Hauptlabor.) W. SCHEFFELS. 181

Friedrich Leonhard, *Ein Verfahren zur thermoplastischen Zielpräparation.* Beschreibung einer App. zur Herst. von *Polystyrol*-Prägeabdrucken für die elektronenmkr. Unters. fester Oberflächen. Hierbei ist an der Frontfläche eines Prägestempels eine tablettenförmige Polystyrolmatrize angebracht, die durch ein Gewicht auf das Objekt gedrückt werden kann. Eine Zielpräparation wird dadurch möglich, daß man zunächst den interessierenden Objektbereich in einem Präparier-Lichtmikroskop einstellt, dann die Linsen aus diesem Mikroskop entfernt u. ohne Verstellung der übrigen Anordnung dafür den Prägemechanismus in den mit einer geeigneten Führung versehenen Mikroskoptubus einsetzt. Es hat sich dabei bewährt, an Stelle der üblichen nachträglichen SiO-Bedampfung des Prägeabdrucks vor dem Prägen eine Lackhaut auf die Objektseite der Prägetablette zu bringen, die in einer dem Tiefziehen von Blechen ähnlichen Weise beim Prägen entsprechend der Oberflächengestalt des Objektes verformt wird u. weniger brüchig ist als die übliche SiO-Haut. Zur Beobachtung im Elektronenmikroskop muß die Lackhaut, die selbst kaum Kontrast liefern würde, mit Kontrastsubstanzen bedampft werden. (Z. wiss. Mikroskop. mikroskop. Techn. **62.** 129—37. Dez. 1954. Hanau, Degussa, Metallforschungslabor.) F. LENZ. 181

H. Kimmel, *Quantitative Untersuchungen über Lackabdrucke.* Die Formtreue von Lackabdrucken zur indirekten elektronenmkr. Beobachtung fester Oberflächen wird dadurch untersucht, daß die Dickenänderungen der Lackschicht interferenzopt. gemessen u. mit den in gleicher Weise gemessenen Unebenheiten der abzubildenden Oberfläche verglichen werden. Für das benutzte Testobjekt, eine scharfkantige schmale Rinne in ebener Umgebung, stimmt das Oberflächenrelief der Lackschicht um so besser mit dem Relief der ursprünglichen Objektoberfläche überein, je schmaler die Rinne ist. (Z. wiss. Mikroskop. mikroskop. Techn. **62.** 119—21. Dez. 1954. Erlangen.) F. LENZ. 181

E. Kinder und **A. Puff,** *Kunstgriffe und Kunstprodukte beim Quarzabdruckverfahren.* Um bei dem bekannten Quarzabdruckverf. zur elektronenmkr. Unters. fester Oberflächen die Quarzfilme von der Polystyrol- bzw. Triafolmatrize leicht ablösen u. auf den Objektträger bringen zu können, wird vorgeschlagen, vor der Ablösung die Quarzschicht zunächst mit einer Gelatineschicht zu überziehen. Dadurch gelingt es, die Quarzfolien auf einer Wasseroberfläche schwimmend zu erhalten u. dort aufzufischen. Auf Fehlerquellen bei der Präparation, die das elektronenmkr. Bild verfälschen können, u. auf geeignete Maßnahmen zu ihrer Vermeidung wird hingewiesen. (Z. wiss. Mikroskop. mikroskop. Techn. **62.** 116—18. Dez. 1954. München, Univ., II. Phys. Inst.) F. LENZ. 181

E. Matuyama, *Eine Hochtemperatur-Röntgenpulverkamera.* Es wird eine DEBYE-SCHERRER-Kamera beschrieben, mit der Pulveraufnahmen bis 1800° gemacht werden können. Mit der Kamera wurden die Wärmeausdehnungskoeffizienten von *Ceylon-Graphit* gemessen. Für den Temperaturbereich von 1000—1800° beträgt der Koeff. für die c-Richtung $28{,}09 \cdot 10^{-6}$, für die a-Richtung $0{,}95 \cdot 10^{-6}$. (J. sci. Instruments **32.** 229—31. Juni 1955. Ube, Yamaguchi Univ., Fac. of Engng.) C. GOTTFRIED. 181

William Parrish und **E. A. Hamacher,** *Geigerzähler-Röntgenbeugungsspektrometer: instrumentelle Anordnung und Technik.* Beschreibung des Präzisionsinstruments zur quantitativen Messung von Röntgenpulverdiagrammen. (Instruments and Measurements Conf. Stockholm, Trans. **1952.** 95—105. Irvington-on-Hudson, N. Y., Philips Labor.)
C. GOTTFRIED. 181

Murray Vernon King, *Zwei Tabellen zum Einstellen der Präzessionskamera von Buerger.* Kurze Ergänzung zu der C. **1956.** 6884 referierten Arbeit. (Acta crystallogr. [Copenhagen] **8.** 360. 10/6. 1955. Brooklyn, N. Y., Polytechnic Inst., Protein Structure Project.) C. GOTTFRIED. 181

Shizuo Miyake und **Ryozi Uyeda,** *Friedels Gesetz in der dynamischen Beugungstheorie.* An Hand von theoret. Beispielen wird gezeigt, daß entsprechend der dynam. Theorie der

Elektronenbeugung das FRIEDELsche Gesetz in gewissen Fällen Gültigkeit besitzt, im allg. jedoch keine Gültigkeit hat, selbst wenn man den Einfl. der Absorption in der Theorie nicht berücksichtigt. Es muß betont werden, daß der Grund für die Nichtgültigkeit nicht der Einfl. der Absorption ist; der Grund liegt in der dynam. Beziehung der Reflexionen, die gleichzeitig angeregt werden. (Acta crystallogr. [Copenhagen] **8.** 335—42. 10/6. 1955. Tokyo, Inst. of Technol.; Nagoya, Univ., Phys. Inst.) C. GOTTFRIED. 181

E. Stanley, *Die Verteilung der mittleren Intensität einer endlichen Gruppe von Reflexionen.* Theoret. Untersuchung. (Acta crystallogr. [Copenhagen] **8.** 351—52. 10/6. 1955. Ottawa, Nat. Res. Council, Div. of Phys.) C. GOTTFRIED. 181

E. Stanley, *Die Mittelung von Intensitäten für statistische Überblicke.* Theoret. Untersuchung. (Acta crystallogr. [Copenhagen] **8.** 356—57. 10/6. 1955. Ottawa, Nat. Res. Council, Div. of Phys.) C. GOTTFRIED. 181

Masao Atoji und **William N. Lipscomb,** *Lorentz-Polarisationsfaktoren für Präzessionswinkel von 10, 15 und 21°. Berichtigung.* Berichtigung zu der C. **1955.** 6228 referierten Arbeit. (Acta crystallogr. [Copenhagen] **8.** 364. 10/6. 1955. Minneapolis, Minn., Univ., School of Chem.) C. GOTTFRIED. 181

E. Harnik, *Eine vereinfachte Rechentechnik zur Strukturverfeinerung mittels der zweidimensionalen F_0–F_c-Synthese.* Kurze Beschreibung der Methode. (Acta crystallogr. [Copenhagen] **8.** 362—63. 10/6. 1955. Jerusalem, Hebrew Univ., Phys. Dep.) C. GOTTFRIED. 181

Jerry Donohue und **John H. Bryden,** *Die Deutung von Patterson-Funktionen: Eine Anwendung der Superpositionsmethode.* Die von SHOEMAKER, BARIEAU, DONOHUE u. LU (vgl. C. **1953.** 8042) vorgeschlagene Superpositionsmeth. zur Lösung von PATTERSON-Funktionen wurde ohne vorherige Identifizierung der Natur irgendeiner der PATTERSON-Maxima auf die (hk0)-Projektion des *Nitroguanidins* angewandt, dessen Struktur von BRYDEN, DONOHUE u. BURKHARDT (noch nicht veröffentlicht) mittels FOURIER-Analysen aufgeklärt worden war. Nach vorläufigen Betrachtungen über die Molekülorientierung wurde die richtige Struktur ohne zusätzliche Annahmen schnell gefunden. Die nach der Meth. erhaltenen Parameter stimmen gut mit den Parametern der FOURIER-Analyse (vgl. l. c.) überein. Die Meth. läßt sich allg. für Kristalle anwenden, für die die Orientierung, nicht die Lage einer Gruppe von Atomen bekannter Struktur, wie z. B. ein Benzolring oder eine Carboxylgruppe, hergeleitet werden kann. (Acta crystallogr. [Copenhagen] **8.** 314—16. 10/6. 1955. Los Angeles, Calif., Univ. of Southern California, Chem. Dep., und China Lake, Calif., U. S. Naval Ordnance Test Stat., Chem. Div.) C. GOTTFRIED. 181

D. W. J. Cruickshank und **J. S. Rollett,** *Elektronendichtefehler in speziellen Punktlagen.* Theoret. Untersuchung. (Acta crystallogr. [Copenhagen] **6.** 705—07. 10/9. 1953. Leeds, Univ., Chem. Dep.) C. GOTTFRIED. 181

K. W. Andrews und **W. Johnson,** *Formeln für die Umwandlung von Indices in Zwillingskristallen.* Vff. leiteten einen allg. Matrixausdruck ab, um bei gegebenen Indices einer Zwillingsebene oder der Zwillingsachse die Indices einer Ebene in dem verzwillingten Teil eines Kristalls durch die der entsprechenden Ebene in dem Musterkristall zu bestimmen oder die entsprechende Transformation für Zonenachsen zu formulieren. Einige Anwendungsbeispiele werden gebracht. (Brit. J. appl. Physics **6.** 92—96. März 1955. Rotherham, United Steel Co. Ltd., Swinden Labor.) C. GOTTFRIED. 181

William Parrish und **E. A. Hamacher,** *Genaue Orientierung von Quarzoscillatoren mit Röntgenstrahlen.* Kurze Beschreibung des Prinzips der Messung sowie der gesamten Apparatur. (Instruments and Measurements Conf. Stockholm, Trans. **1952.** 106—12. Irvington-on-Hudson, N. Y., Philips Labor., Inc.) C. GOTTFRIED. 181

Josef Intrater und **Doris Evans,** *Die Anwendung einer Röntgenmethode zur Untersuchung von Gitterbiegungen.* Vff. beschreiben eine Meth. zur Best. der Gittertopographie, die auf dem hohen Auflösungsvermögen eines Doppelkristallspektrometers in Kombination mit der BERG-BARRETTschen Technik der Röntgenstrahlenmikroskopie beruht. An *Calcit* u. einem *Zn*-Einkristall wird die Meth. erläutert. (Acta crystallogr. [Copenhagen] **8.** 357—59. 10/6. 1955. New Brunswick, N. J., Rutgers Univ., Materials Res. Labor.) C. GOTTFRIED. 181

Tamás Mándy, *Die Korngrößenbestimmung von Kristallen mittels röntgenanalytischer Methode.* Da bei der röntgenograph. Pulveraufnahme mit zunehmender Korngröße an Stelle der kontinuierlichen punktierte Linien erscheinen, kann dieses Verf. zur Best. der Korngröße verwendet werden. In der abgeleiteten Gleichung zur Berechnung der Korngröße ist nur die Zahl der Körner im Präp. unbekannt. Um das Problem lösen zu können, machte Vf. Aufnahmen von homogenen Präpp. bekannter Konz. u. Korngröße. Hierzu verwendete er feingepulvertes, in absol. A. geschlämmtes KCl bekannter Korngröße. Aus diesen Verss. wurde die Zahl der Kristallkörner im Präp. berechnet, u. mittels einer Formel kann in Kenntnis der Körnerzahl die Korngröße beliebiger Präpp. berechnet werden. (Földtani Közlöny **84.** 209—16. Juli/Sept. 1954.) J. PLANK. 181

Inga Fischer-Hjalmars, *Theoretische Untersuchung des Ozonmoleküls.* Theoret. Unters. der Elektronenkonfiguration im O_3-Mol. nach der Molekülbahnmethode. (J. chem. Physics **23.** 411. Febr. 1955. Stockholm, Univ., Inst. of Theoret. Phys.) C. GOTTFRIED. 182

D. W. J. Cruickshank und **A. P. Robertson,** *Der Vergleich theoretischer und experimenteller Bestimmungen von Molekularstrukturen mit Anwendungen auf Naphthalin und Anthracen.* Vff. diskutieren ausführlich die Genauigkeit der Best. der Atomkoordinaten mit Hilfe der FOURIER-Synth. oder der Meth. der kleinsten Quadrate, u. zwar ohne Rücksicht darauf, ob sich die Maxima überlappen oder nicht. Es werden Formeln angegeben für die Fehler der Molekülparameter auf Grund der Fehler der Atomparameter der Kristallstruktur. Die Methoden wurden für eine Diskussion der neuesten Ergebnisse über die Strukturen von Naphthalin u. Anthracen verwendet. (Acta crystallogr. [Copenhagen] **6.** 698—705. 10/9. 1953. Leeds, Univ., Chem. Dep.; Glasgow, Univ., Math. Dep.) C. GOTTFRIED. 182

Eizō Kanai und **Takesi Satoh,** *Über das Umwandlungsphänomen im Glas.* Die Vff. betrachten den Glaszustand als Resultierende aus zwei Bewegungsarten: 1. der Gitterdeformation, 2. der Eigenschwingung im Gitter. Die abgeleitete Bewegungsgleichung bedarf eines neuen Parameters: „der Gittertemperatur". An der Wärmedehnung u. am Brechungsindex wird die Gültigkeit der Theorie nachgeprüft. (J. physic. Soc. Japan **9.** 417—24. Mai/Juni 1954. Yokohama, Asahi Glass Comp. Ltd., Res. Labor.; Tokyo, Inst. of Techn., Glass Labor. [Orig.: engl.]) W. SCHÜTZ. 186

Jean-Claude Monier und **Raymond Kern,** *Morphologische Theorie von nichtzentrierten Meriedrien angehörenden Kristallen.* Kristalltheoret. Untersuchung. (C. R. hebd. Séances Acad. Sci. **240.** 2338—40. 13/6. 1955.) C. GOTTFRIED. 190

A. Smekal, *Idealkristalle und Realkristalle.* Zusammenfassender Vortrag. Vf. führt aus, daß die Mikrostrukturen der Realkristalle aus Idealgitterbereichen u. dazwischenbefindlichen Fehlbaugebieten bestehen. Die Beschaffenheit der Mikrostrukturen sind von den Kristallisationsbedingungen u. von der Art u. Stärke der Gitterkräfte beeinflußt. Kub. Kristalle mit schwachen, ungerichteten Bindungskräften besitzen sehr feinteilige Blockstrukturen, die Schichtengitter der Glimmer dagegen können zentimetergroße Idealgitterschichten aufweisen. Die Abmessungen der Idealgittergebiete von Realkristallen können durch Ritzvorgänge mit geringen Lasten über winzigen Kontaktflächen bestimmt werden. Sie liegen bei Kalkspat, Quarz, Korund u. Wolframcarbid beträchtlich über der lichtopt. Auflösungsgrenze. Spaltbarkeit u. Zwillingsbldg. der Kalkspatkristalle sind keine Gittereigg., sondern Eigg. ihrer Mikrostrukturen. Wirkungen der in Realkristallen vorhandenen Fremdbausteine sind als Ursache der ihnen eigentümlichen Mikrostrukturen anzusehen. (1. Plansee Seminar „De Re Metallica", Pulvermetallurgie **1952.** 89—99, ausg. 1953. Graz, Univ.) C. GOTTFRIED. 190

P. Feltham und **C. F. Goodeve,** *Ein einfaches Modell zur Demonstration des Einflusses von Versetzungen auf die Härte von Kristallen.* Vff. beschreiben ein einfaches Modell, mit welchem die Hauptmerkmale einer Kantenversetzung u. die hiermit in Zusammenhang stehende Herabsetzung der Härte eines Kristalls demonstriert werden kann. Außerdem kann man zeigen, wie 2 Kristallflächen ohne Bruch übereinander gleiten können, d. h. wie plast. Fließen eintreten kann. (Res. Corresp. Suppl. zu: Res. **6.** Nr. 8. 46 S—47 S. Aug. 1953. London, British Iron and Steel Res. Assoc.) C. GOTTFRIED. 190

B. Schiff, *Die Zellularmethode für ein dichtest gepacktes hexagonales Gitter mit Anwendungen auf Titan.* Die Zellularmeth. zur Festlegung der elektron. Eigenwerte in Kristallen wurde formal auf das dichtest gepackte hexagonale Gitter ausgedehnt. Es wurden die Grenzbedingungen für eine Wellenfunktion mit einem willkürlichen Wellenvektor erhalten. Skizziert wurden die Symmetrieeigenschaften von Wellenfunktionen im Zonenzentrum. Die Meth. wurde auf die Best. der Eigenwerte für die Leitungselektronen in dichtest gepacktem hexagonalem u. raumzentriert kub. Ti angewandt. In beiden Modifikationen liegt die Energie des niedrigsten d-Zustandes ca. 0,25—0,3 RYDBERG über dem niedrigsten s-Zustand, während in dem freien Atom das $3d^2\,4s^1$ Ti^+-Ion eine Energie besitzt, welche 0,23 RYDBERG tiefer ist als die $3d^1\,4s^2$-Konfiguration. Dies ist eine Stütze für die Annahme, daß die 3d-Elektronen ziemlich frei durch das Metall wandern können. (Proc. physic. Soc., Sect. A **68.** 686—95. 1/8. 1955. London, Imp. Coll., Dep. of Math.) C. GOTTFRIED. 190

S. C. Mossop, *Das Gefrieren von unterkühltem Wasser.* Zur Unters. des Gefrierens von unterkühltem W. großer Reinheit wurden die EE. von W. in Glascapillaren mit u. ohne hydrophoben Wandüberzug gemessen. Die hydrophoben Überzüge bestanden aus Dimethyldichlorsilan, „experimental Silicone D 3032" oder „Drisil 29". Aus diesen ersten Verss. ergab sich, daß es sehr schwierig ist, vollkommen keimfrei zu arbeiten. Es wurde daher eine Meth. entwickelt, W. direkt aus dem Dampfzustand in frisch gezogene Capillaren zu kondensieren. Diese vollkommen keimfreien Proben zeigten EE., welche tiefer lagen als alle bisher an gleichen Voll. gemessenen Werte. Der tiefste für W. in einer Glascapillare erhaltene Wert lag für ein Vol. von $6 \cdot 10^{-4}$ cm³ bei $-34,5^0$. Einige von den von anderen Seiten erhaltenen Werte des E. von unterkühltem W. sind offensichtlich durch die Gegenwart fremder Keime gefälscht. Auf Grund der erhaltenen Ergebnisse diskutiert der Vf. die Beziehung zwischen Vol. u. E. für spontane Keimbildung. (Proc. physic. Soc., Sect. B **68.** 193—208. April 1955. Oxford, Univ., Clarendon Labor.) C. GOTTFRIED. 190

E. J. Workman, *Die zellenhafte Natur der Eiskristalle.* Unterss. der abgeätzten Oberfläche zahlreicher Eiskristalle mit Hilfe des Elektronenmikroskopes zeigen eine Feinstruktur, die auf hohe Bindungsenergie um kleine hexagonale Kristallzellen schließen läßt. Die Größe der Eiskristalle, 0,5—5 μ Breite u. 1—10 μ Tiefe, ist unabhängig von der Wachstumsgeschwindigkeit. Vf. sieht hierin einen Beweis dafür, daß die großen Eiskristalle koordinierte Mosaike von kleinen hexagonalen Zellen sind. (Physic. Rev. [2] **92.** 544. 15/10. 1953. Socorro, N. Mex., Inst. of Mining and Technol.) H. JACOB. 190

J. W. Glen, *Das Kriechen von polykristallinem Eis.* Es wurden polykristalline Blöcke von Eis, dessen Kristallite keine bevorzugte Orientierung zeigten — die Herst. dieses Eises wird genau beschrieben — unter Druckbelastungen von 1—10 Bar (b) bei Tempp. von -13^0 bis zum F. untersucht. Ganz allg. ergab sich aus den Verss., daß das Eis in ähnlicher Weise kriecht wie Metalle bei hohen Temperaturen. Die erhaltenen Kriechkurven lassen bei nicht zu hohen Druckbelastungen 2 Komponenten erkennen, eine vorübergehende Komponente u. eine quasiviscose Komponente. Zwischen der beobachteten niedrigsten Fließgeschwindigkeit $\dot{\varepsilon}$, der angewandten Druckbelastung δ u. der absol. Temp. T wurde die folgende Beziehung gefunden: $\dot{\varepsilon} = B \exp(-Q/RT)\sigma^n$, wo R die Gaskonstante, B, n u. Q Konstante bedeuten. Die Werte für die Konstanten sind $n \approx 3,17$, $Q = 32$ kcal /Mol oder 1,4 eV/Mol. u. $B = 7 \cdot 10^{24}$, wenn die Belastung in b u. die Spannungsgeschwindigkeit in Jahren^{-1} gemessen wird. Bei höheren Druckbelastungen wurde noch eine dritte Komponente, eine beschleunigende Kriechstufe, beobachtet. Aus mkr. Unterss. an Schnitten ergab sich, daß diese Beschleunigung auf einen Rekristallisationseffekt zurückzuführen ist. Die erhaltenen Ergebnisse wurden in Verbindung mit Messungen über das Fließen von Gletschereis diskutiert. (Proc. Roy. Soc. [London], Ser. A **228.** 519—38. 22/3. 1955. Cambridge, Univ., Cavendish Labor.) C. GOTTFRIED. 190

Frank K. Truby, *Einige elektrische Hysteresis-Eigenschaften von Eis.* (Sitzungsbericht.) Die elektr. Leitfähigkeit von Eiskristallen in Richtung der c-Achse wird durch Elektronen hervorgerufen, die von Verunreinigungszentren herrühren, welche beim Erstarren eingeschlossen werden. Die Leitfähigkeit zeigt eine sehr ausgeprägte Feldstärkeabhängigkeit, woraus ein Gleichrichtereffekt längs der c-Achse resultiert. Es wird eine Hysterese beobachtet, aus deren Art auf einen hohen Koordinationsgrad in der Struktur geschlossen wird. (Physic. Rev. [2] **92.** 543—44. 15/10. 1953. Socorro, N. Mex., Inst. of Mining and Technol.) H. JACOB. 190

G. Pfefferkorn, *Elektronenmikroskopische Untersuchungen zum Kristallwachstum von Oxyden.* Bei der elektronenmkr. Unters. von Oxydschichten auf Metalloberflächen (*Phosphorbronze, Cu, Mo, Fe, Zn, Ni*) zeigen sich häufig nadel- u. blättchenförmige Gebilde. Die Metalloxydschichten besitzen also eine aufgelockerte Randschicht mit stark vergrößerter Oberfläche. Bei Fortsetzung der Oxydation wachsen die Nadeln an ihrer Spitze weiter. Die Verss. bestätigen die Theorie des Kristallwachstums durch Oberflächendiffusion. (Z. wiss. Mikroskop. mikroskop. Techn. **62.** 109—15. Dez. 1954. Münster, Staatsinst. für Staublungenforsch. u. Gewerbehyg.) F. LENZ. 190

B. Težak und **S. Kratohvil-Babić,** *Die Wirkung von Gelatine auf Kristallisations- und Koagulationsvorgänge bei der Fällung.* Die Wrkg. von Gelatine (**I**) auf die Kristallisations- u. Koagulationsvorgänge der Ag-Halogenide u. $Ag_2Cr_2O_7$ (**II**) wurde durch Vgl. der Fällungskurven (Trübungsmessungen) in W. u. **I**-Lsg. untersucht. Bei *AgCl* (**III**) tritt in **I**-Lsg. nur ein Maximum im untersuchten Konzentrationsbereich auf (Isoelektr. oder Äquivalenzmaximum), ähnliche Ergebnisse wurden mit *AgBr* (**IV**) erhalten, gegenüber der wss. Lsg. ist das Maximum klarer; dagegen ließ sich beim AgJ kein Maximum erhalten. Da **I** die Kristallisation wenig, dagegen die Koagulation sehr stark hemmt, ergibt sich, daß bei Bldg. der isoelektr. Maxima von **III** u. **IV** die Kristallisation eine gewisse Rolle spielt. Die koagulierende Wrkg. von K^+, Mg^{2+} u. La^{3+} auf ein stabiles **IV**-Sol wird in **I**-Lsg. vollständig unterdrückt. Bei Fällung von **II** tritt ebenfalls nur ein Maximum auf, dessen Lage stark p_H-abhängig ist. Die Ergebnisse zeigen, daß **I** zur Unterscheidung zwischen Kristallisations- u. Koagulationswrkg. benutzt werden kann. (Arhiv Kemiju [Arch. Chim.] **24.** 67—71. 1952. Zagreb, Kroatien, Fac. of Sci., Labor. of Phys. Chem.) W. KÖNIGSDORF. 190

W. S. Snyder und **Jacob Neufeld,** *Übergang in den regellosen Zustand bei festen Körpern durch Neutronenbestrahlung.* Ausführliche Wiedergabe der C. **1955.** 5492 referierten Arbeit. (Physic. Rev. [2] **97.** 1636—46. 15/3. 1955. Oak Ridge, Tenn., ORNL; Knoxville, Tenn., Univ.) C. GOTTFRIED. 190

Seppo Wilska, *Eine röntgenographische Untersuchung zur Ermittlung des Einflusses der Darstellungsmethode auf die Kristallstruktur von* TiO_2. Vf. benutzte verschied. Verff. zur hydrolyt. Darst. von TiO_2 aus $TiCl_4$ oder $Ti(SO_4)_2$. Das Fällen, Trocknen u. Calcinieren wurde unter verschied. Bedingungen ausgeführt. Eine quantitative röntgenograph. Meth. zur Unterscheidung der verschied. polymorphen Formen (auch in Mischungen) mit Hilfe eines registrierenden GEIGER-Zählers wird beschrieben. In allen Fällen resultierte zuerst amorphes TiO_2, oberhalb 110° erfolgte je nach Art der Darst. mehr oder minder rasch die Bldg. von *Anatas* oder *Rutil* (allein oder in Mischung). Zwischen 700 u. 920° unterlag Anatas der Umwandlung in Rutil. In keinem Falle konnte *Brookit* nachgewiesen werden. (Acta chem. scand. **8.** 1796—1801. 1954. Urbana, Ill., Univ. of Illinois, Dep. of Chem. and Chem. Engng.) G. RUBAN. 190

J. F. H. Custers, *Große Diamanten vom Typ II.* Vf. nimmt Bezug auf eine Arbeit von SUTHERLAND, BLACKWELL u. SIMERAL (vgl. C. **1956.** 1235), in der behauptet worden war, daß alle großen Diamanten von Edelsteinqualität dem Typ I angehören. Vf. weist dagegen darauf hin, daß die von ihm seit 1951 untersuchten großen Diamanten von Edelsteinqualität alle dem Typ II angehören. (Nature [London] **176.** 360. 20/8. 1955. Johannesburg, Diamond Res. Labor.) C. GOTTFRIED. 195

E. Weiss und **E. O. Fischer,** *Zur Kristallstruktur und Molekülgestalt des Di-cyclopentadienylmangans.* Es wurde röntgenograph. die braune, bei Zimmertemp. vorliegende Modifikation des $Mn(C_5H_5)_2$ (**I**) untersucht. Im Gegensatz zu den anderen bisher untersuchten Metalldicyclopentadienylen (vgl. C. **1954.** 5953 u. C. **1955.** 10211), die alle monoklin kristallisieren, krist. **I** rhomb. in der Raumgruppe C m m a — D_{2h}^{21} mit Z = 16. Die Elementarzelle hat die Dimensionen a = $28{,}1_0$ Å; b = $11{,}7_0$ Å; c = $9{,}9_5$ Å. Weiter wurden Mischkristalle von $Mn(C_5H_5)_2$ u. $Mg(C_5H_5)_2$ untersucht. Diese krist. trotz ihres Geh. bis ca. 50% **I** in der für die reine monokline Mg-Verb. charakterist. Form. Hieraus läßt sich folgern, daß in dem monoklinen Mischkristall die **I**-Moll. die auch für die anderen bisher untersuchten Metalldicyclopentadienyle bereits feststehende charakterist. „Doppelkegel"-Struktur haben. Eine magnet. Unters. ergab, daß darin die **I**-Moll. zwischen 20 u. 470° K einheitlich mit 5 ungepaarten Elektronen vorliegen, während im reinen **I** deren Zahl mit steigender Temp. stetig zunimmt u. erst nach dem Umwandlungspunkt von 158—159° in der hellorangebraunen Hochtemperaturmodifikation diesen Wert erreicht. Demnach liegt **I** im Mischkristall ebenso wie $Mg(C_5H_5)_2$ als Ionenkomplex vor. (Z. Naturforsch. **10b.** 58—59. Jan. 1955. München, TH, anorgan.-chem. Labor.) C. GOTTFRIED. 195

Heinrich Haardick, *Das Verhalten lichtempfindlicher Aufdampfschichten im Elektronenmikroskop.* An Hand von elektronenmkr. Aufnahmen wird gezeigt, wie sich eine ca. 300 Å dicke, auf Kollodium aufgedampfte u. im Dunkeln bromierte Ag-Schicht durch die Elektronenbestrahlung verändert. Elektronenbeugung ergibt, daß die Gitterkonstante nicht mit der von krist. AgBr übereinstimmt, sondern zwischen den Standardwerten für Ag u. Br liegt. (Naturwissenschaften **40.** 386. Juli 1953. Bonn, Univ., Zool. Inst.) W. SCHEFFELS. 196

Karl Hauffe, *Über den Mechanismus von Oxydations- und Korrosionsvorgängen an Metallen und Legierungen.* Wenn sich bei der Oxydation oder Korrosion von Metallen dichte Deckschichten bilden, ist weitere Oxydation bzw. Korrosion nur möglich entweder bei Wanderung von Metallionen + Elektronen durch die Deckschicht oder in entgegengesetzter Richtung Wanderung von Ionen des angreifenden Mediums. Als langsamster Teilschritt geschwindigkeitsbestimmend ist häufig die Diffusion. Bei der Bldg. von TiO_2 geht die Diffusion auf Grund des Vorhandenseins von quasi-freien Elektronen im Gitter vor sich, bei NiO befinden sich Elektronendefektstellen im Gitter, die die Diffusion ermöglichen. Die Bldg. von FeO wird als Beispiel einer Oxydation, bei der eine Phasengrenz-Rk. geschwindigkeitsbestimmend ist, besprochen. Hier kann eine Abnahme der Oxydationsgeschwindigkeit nur dann erreicht werden, wenn Fremdmetalle in solchen

Mengen zugesetzt werden, daß als Zunderschicht ein Spinell mit sehr kleinen Ionenplatzwechselgeschwindigkeiten entsteht. Die Herabsetzung der Oxydationsgeschwindigkeit von Ni in Ggw. von Li_2O-Dampf u. von Ti in Ggw. von WO_3 oder MoO_3 wird erörtert. Die Bromierung von Ag u. Ag-Legierungen in Br-haltigen KBr-Lsgg. wird beschrieben. Es entstehen dabei porenhaltige Deckschichten. Ein wirksamer Korrosionsschutz kann daher durch Legierungszusätze nicht erzielt werden, während bei der therm. Bromierung bei 200—400° sich ein Zusatz von Cd als wirksam erwies. Vielmehr hat sich als Korrosionsschutz für Ag oder Ag-Legierungen bei Raumtempp. das Aufbringen von kompakten Fremdoxyd- oder Fremdsalzschichten bisher am besten bewährt. Der Mechanismus der Passivität von Fe in konz. HNO_3 wird besprochen u. eine Deutung auf Grund der Randschichttheorie von SCHOTTKY u. SPENKE u. der Theorie der Oxydfilmbldg. nach CABRERA u. MOTT versucht. (Z. Metallkunde **44.** 576—83. Dez. 1953. Düsseldorf; Berlin, Humboldt-Univ., Inst. für physikal. Chemie.) F. VIER. 196

J. L. Snoek, *Die natürliche Breite einer Korngrenzfläche in einem Metall.* Die natürliche Breite einer Korngrenzfläche in einem Metall ist definiert als die Breite, welche man bei vollkommener Abwesenheit von inneren Spannungen oder Verunreinigungen beobachtet. Es ist zu erwarten, daß diese Breite allein eine Funktion der relativen Orientierung benachbarter Kristalle ist. In dem analogen Problem, der Best. der Breite einer Grenzflächenzone zwischen magnet. Bereichen, ist die Breite das Ergebnis zweier entgegengesetzter Tendenzen. Vf. versucht an Hand der vorliegenden Literatur diese entgegengesetzten Tendenzen auch in der Struktur der Korngrenzfläche zu finden. Die Breite, die man in dem allg. Fall beobachtet, bei dem Kanten- u. Schraubenversetzungen vorhanden sind, wird wahrscheinlich durch diese beiden angedeuteten entgegengesetzten Tendenzen bestimmt. (J. appl. Physics **22.** 109. Jan. 1951. Cleveland, O., Horizons Inc., Dep. of Phys.) C. GOTTFRIED. 197

P. J. Black, *Brillouinzonen einiger intermetallischer Verbindungen.* Auf Grund röntgenograph. Unterss. wurden die BRILLOUIN-Zonen der Phasen α_1, α_2, α_3, β u. δ des Syst. *Al–Fe–Si*, der beiden intermetall. Verbb. $(FeCu)(CuAl)_6$ u. $FeCu_2Al_7$ des Syst. *Al–Cu–Fe* sowie der beiden Verbb. Fe_2Al_5 u. Fe_3NiAl_{10} erhalten. Für die Phasen α_1, α_2, α_3 u. δ wurden die röntgenograph. Unterlagen der Literatur entnommen. Die β-Phase des Syst. Al–Fe–Si ist tetragonal mit $a = 6{,}18 \pm 0{,}06$ Å; $c = 42{,}5 \pm 0{,}5$ Å. Mit einer experimentellen D. von 3,50 erhält man $Z = 8{,}3$ Einheiten von $Fe_2Si_2Al_9$ pro Zelle. Die δ-Phase hat die Zus. Al_3Si_2Fe. Die Verb. $FeCuAl_7$ ist tetragonal mit $a = 6{,}32$ Å; $c = 14{,}78$ Å; für die andere Verb. des Syst. Al–Cu–Fe wurden die röntgenograph. Daten der Literatur übernommen. Die Verb. Fe_2Al_5 ist rhomb. mit $a = 7{,}68$ Å; $b = 6{,}40$ Å; $c = 4{,}20$ Å; Raumgruppe ist $D_{2h}^{17} - C\,m\,c\,m$. Die intermetall. Verb. Fe_3NiAl_{10} ist nach Unterss. von anderer Seite isomorph mit Co_2Al_5. Bei der Festlegung der BRILLOUIN-Zonen wurde die Annahme gemacht, daß die Zelldimensionen von Fe_3NiAl_{10} die gleichen sind wie von Co_2Al_5. Die Daten über die Zonen der verschied. Verbb. sind tabellar. zusammengestellt; zu Vergleichszwecken sind die Daten für $FeAl_3$ u. $CuAl_2$ mit aufgenommen. (Philos. Mag. [7] **46.** 401—09. April 1955. Cambridge, Cavendish Labor.) C. GOTTFRIED. 197

C. Dean Starr, E. C. Vicars, A. Goldberg und **J. E. Dorn,** *Einfluß von Legierungselementen auf die Korngrenzenrelaxation in α-Mischkristallen von Aluminium.* Geringe Zusätze von *Zn, Ag, Cu* u. *Ge*, die mit Al α-Mischkristalle bilden, haben keinen wesentlichen Einfl. auf eine Beständigkeit gegen Korngrenzenrelaxation. Entsprechend ist auch die Aktivierungsenergie Q für diese Legierungen die gleiche wie die für reines Al. Sie wurde zu 38000 cal/Mol bestimmt. Die Aktivierungsenergie für *Al–Mg*-Legierungen jedoch steigt linear von 38000 cal/Mol bei 0% Mg auf 54000 cal/Mol für eine Legierung mit 1,617 At.-% Mg an. Mitgeteilt wird eine Gleichung zur Berechnung der Korngrenzenrelaxation aus dem von der Legierung abhängigen Parameter, dem Korndurchmesser, der Schwingungsfrequenz, der Aktivierungsenergie, der Gaskonstanten u. der absol. Temperatur. (Trans. Amer. Soc. Metals **45.** 275—85. 1953. Berkeley, Calif., Univ. of California.) H. HOCHSTEIN. 197

Charles Crussard, *Anwendung der Theorie der Explosionswellen auf das Wachstum des Martensits.* Ausgehend von der bekannten Beobachtung, daß in grobkörnigen Stählen die Bldg. des Martensits von leicht hörbaren klingenden Geräuschen begleitet ist, vermutet Vf. nach neueren Messungen, daß jedes Martensitblättchen mit einer Geschwindigkeit wächst, die der des Schalles nahekommt. Es wird gezeigt, daß man dieses Wachstum mit der Fortpflanzung einer Explosionswelle vergleichen kann. In einem Nachtrag weist **Albert Portevin** darauf hin, daß man dieses „Schreien" des Martensits dem vergleichen kann, welches die Deformation nichtkub. Kristalle (wie Sn u. Cd) begleitet u. daß man die Betrachtungen des Vf. auch auf diese Erscheinungen ausdehnen kann. (C. R. hebd. Séances Acad. Sci. **240.** 2313—15. 13/6. 1955.) C. GOTTFRIED. 197

Raymond Sifferlen, *Einfluß der Reinheit und der Struktur des Metalls auf die Löslichkeit von Sauerstoff in Eisen.* Zur Unters. der Löslichkeit von O_2 in α-Fe wurden kleine Platten von sehr großer Reinheit zunächst längere Zeit in trocknem H_2 auf 880 u. 1200° erhitzt u. hierauf der Geh. an O_2 bestimmt; er lag je nach der Erhitzungszeit u. Höhe der Erhitzungstemp. zwischen $0{,}004_3$ u. $0{,}001_9$%. Hierauf wurden die Platten kalt auf 50—60% ausgewalzt u. erneut verschieden lange auf 880 u. 1200° in H_2 erhitzt. Diese Proben wurden hierauf in einem Gemisch von H_2 u. W.-Dampf bei 850° so lange oxydiert, bis sich eine vollkommen fest anhaftende Eisenoxydschicht gebildet hatte. Nach Einstellung des Gleichgewichtes u. Abschrecken wurde die Oxydschicht entfernt, die Proben elektrolyt. poliert u. mkr. auf das eventuelle Auftreten von Oxydeinschlüssen untersucht. Außerdem wurde der Geh. an O_2 bestimmt. Aus diesen Unterss. ergab sich, daß im thermodynam. Sinne keine Löslichkeit von O_2 in Fe vorliegt. (C. R. hebd. Séances Acad. Sci. **240.** 2526—28. 27/6. 1955.) C. GOTTFRIED. 197

Gérard Fournet, *Untersuchung der Ordnungs–Unordnungs-Umwandlungen in binären Legierungen.* (Vgl. C. **1955.** 9271.) Von den Reihenentwicklungen der Theorie von YVON werden die Terme mit zwei u. drei Gitterpunkten beibehalten u. die potentielle Energie zu den übernächsten Nachbarn berücksichtigt. Es lassen sich dann gewisse Experimentalergebnisse an der Legierung *CuZn* (β → β′) gut wiedergeben. (J. Physique Radium **13.** Nr. 2. Suppl. 14 A—24 A. Febr. 1952. Paris, Conservatoire des Arts et Métiers, O.N.E.R.A., Div. des Rayons X.) K. SCHUBERT. 197

Gérard Fournet, *Untersuchung von Ordnungs–Unordnungs-Umwandlungen.* 3. Mitt. *Nahordnung in den Legierungen Cu_3Au.* (Vgl. vorst. Ref.) Oberhalb der krit. Temp. existiert eine Nahordnung. Der Effekt wird für Cu_3Au berechnet u. in Übereinstimmung mit dem Experiment gefunden. Ferner besteht gute Übereinstimmung zwischen den aus Nahordnungsexperimenten hergeleiteten Atomwechselwirkungen u. den Ergebnissen der Unters. der Fernordnung unterhalb der krit. Temperatur. (J. Physique Radium **14.** 226—34. April 1953. O.N.E.R.A., Div. des Rayons X.) K. SCHUBERT. 197

G. Fournet, *Untersuchung der Ordnungs–Unordnungs-Umwandlungen in binären Legierungen.* 4. Mitt. *Untersuchung der Legierung Cu–Pt.* (3. vgl. vorst. Ref.) Vf. untersuchte theoret. die Legierung Cu–Pt; die Umwandlungen geordnet–regellos dieser Legierung sind aus dem Grunde eigentümlich, daß die Verteilung der nächsten Nachbarn im geordneten Zustand einerseits u. im regellosen Zustand anderseits vollkommen ident. ist. Es sind demnach keine nennenswerten Veränderungen in der Anzahl nächster Nachbarn eingetreten; diese Tatsachen lassen sich durch die klass. Theorien nicht erklären. Vf. gelang es jedoch, eine gute Übereinstimmung zwischen den theoret. u. den experimentellen Ergebnissen zu erhalten, wenn er, fußend auf der Theorie von YVON (vgl. Cahiers de Physique **28.** [1945.] 1), auch die Austauschenergien zwischen zweitnächsten Nachbarn mit berücksichtigte. Gute Übereinstimmung zwischen Theorie u. experimenteller Beobachtung bestand auch für die Erscheinungen des Ordnungszustandes auf große u. auf kleine Entfernungen. (Bull. Soc. franç. Minéralog. Cristallogr. **77.** 711—24. April/Juni 1954. Paris, École Sup. de Phys. et Chim. Ind.) C. GOTTFRIED. 197

Fred P. Burns und **S. L. Quimby,** *Ordnungsprozesse in Cu_3Au.* Ausführliche Wiedergabe der C. **1955.** 4775 referierten Arbeit von BURNS. (Physic. Rev. [2] **97.** 1567—75. 15/3. 1955. New York, N. Y., Columbia Univ.) C. GOTTFRIED. 197

J. F. W. Bishop, *Über den Beitrag kristallographischer Faserausbildung auf die Härtung unter einachsigen Spannungsbedingungen.* Für die Deformation polykristalliner Proben ist mehrfaches Gleiten der n. Mechanismus. Hier beeinflussen jedoch noch 2 weitere Faktoren die mechan. Härte, nämlich die kristallograph. u. die mechan. Faserausbildung. Der erste dieser Effekte ist das Ergebnis der Entw. einer bevorzugten Orientierung u. ist bes. in Blechen von Wichtigkeit. Vf. untersuchte die Härtung von kub. flächenzentrierten Metallen infolge kristallograph. Faserausbldg. bei einachsiger Deformation, u. zwar unter dem Einfl. von Zug- u. Druckspannungen. Es wurde gefunden, daß isotope Stoffe angenähert gleich unter Zug u. Druck härten, u. zwar für logarithmische Beanspruchungen bis zu 0,3. Das theoret. Verhältnis von Zug bzw. Druck zu den entstehenden Spannungen bei unendlicher Beanspruchung ist 1,13:1. (J. Mechan. Physics Solids **3.** 259—66. Juli 1955. East Kilbride, Mechan. Engng. Res. Labor.) C. GOTTFRIED. 200

John M. Walsh und **Russell H. Christian,** *Zustandsgleichung von Metallen aus Stoßwellenmessungen.* Vff. beschreiben Verss., bei welchen bei Verwendung von hochexplosiven Stoffen für Metalle Stoßwellendrucke von 150—500 kbar erreicht wurden. Ausführlich wird eine photograph. Technik zur gleichzeitigen Best. von Stoß- u. freien Oberflächengeschwindigkeiten beschrieben. Messungen wurden durchgeführt an *24 STAl, 2 SAl, Zn* u. *Cu.* Die experimentellen Ergebnisse sind tabellar. zusammengestellt. Vff.

leiteten hierauf Gleichungen ab, welche aus den beiden obigen Geschwindigkeiten die Druckkompressionspunkte zu berechnen gestatten. Ferner wurden aus den experimentellen Daten die HUGONIOTschen Kurven bestimmt; für einen gegebenen Druck betragen in Kompression die wahrscheinlichen Fehler 1—2%. Die HUGONIOTschen Kurven schließlich wurden bei der Berechnung der Tempp. u. isothermen Kompressionen für die untersuchten Metalle benutzt. Die Ergebnisse sind graph. u. tabellar. wiedergegeben. (Physic. Rev. [2] **97.** 1544—56. 15/3. 1955. Los Alamos, N. Mex., Los Alamos Sci. Labor.) C. GOTTFRIED. 200

Max Schreckenbach, *Gleitwiderstand und Verfestigung von Metallen.* Die neue Theorie des Vf. über die Energieumwandlung in krist. Stoffen wird auf die Gleitflächenbldg. u. Schubverfestigung angewandt, wobei angenommen wird, daß die elast. Energie der kohärenten Bereiche (Wachstumslamellen oder Mosaikblöcke) bzw. ein bestimmter Teil dieser Energie in Gleitflächenenergie umgewandelt wird. Erfahrungstatsachen bei der Einkristallverformung u. die entsprechenden Theorien werden erörtert, u. auf Grund von Vereinfachungen komplizierter Verhältnisse werden grundlegende Formeln für das reine Gleiten von Einkristallen entwickelt, die im Vgl. mit der Praxis eine größenordnungsmäßige Übereinstimmung ergaben. Hiernach ist die anfängliche Größe der kohärenten Bereiche wesentlich für die niedrige Anfangsschubspannung u. die Volumenunterteilung der kohärenten Bereiche durch innere Grenzflächen wesentlich für die Verfestigung, u. zwar gleichermaßen für die Gleit- wie für die Reißverfestigung. Als innere Grenzflächen, die das energieliefernde Vol. unterteilen, wirken bei der Verfestigung durch plast. Verformung die Gleitflächen, deren Abstand sich im Verlaufe der Verformung verringert. Hinsichtlich der techn. Metalle u. Legierungen ergaben sich aus diesen Erkenntnissen Deutungen der Festigkeitserhöhung durch Verringerung der Korngröße bzw. Mosaikblockgröße sowie bes. der Aushärtungserscheinungen. (Technik **9.** 213—21. April; 333—40. Juni 1954. Dresden.) H. HOCHSTEIN. 200

Ju. I. Jagn und **I. A. Tschaplinski,** *Über den plastischen Verformungswiderstand von Metallen.* Techn. reines *Eisen, Stahl 25* mit 75% Ferrit u. 25% Perlit, *Stahl 30 ChGSsA* mit Anlaßsorbit u. eine durch Abschrecken in W. wärmebehandelte *Al-Bronze* werden auf linearen Zug u. Druck, auf Druck unter Vermeidung einer Querverformung in einer Richtung, auf einen zweiachsig gleichem Druck sowie auf einen dreiachsigen Druck mit zwei gleichen Spannungen u. einer dritten Spannung von halber Größe untersucht u. aus den Untersuchungsergebnissen für den Stahl 30 ChGSsA die Kurven für die Intensität der wahren Verformung ermittelt. Es wird an Hand einer Gleichung gezeigt, daß der plast. Verformungswiderstand von Metallen eine Funktion von der Intensität der wahren Verformung ist. (Доклады Академии Наук СССР [Ber. Akad. Wiss. UdSSR] [N. S.] **90.** 1023—26. 21/6. 1953.) H. HOCHSTEIN. 200

D. S. Dugdale, *Versuche mit pyramidalen Druckkörpern.* 1. Mitt. An kalt gezogenem *Stahl,* kalt gewalztem *Cu* u. *Si-Al* wurden Eindruckverss. mit gut geschmierten pyramidalen Druckkörpern aus hochkohlenstoffhaltigem, gehärtetem Stahl durchgeführt. Nach jedem Eindruckvers. wurde die Form des erhaltenen Eindrucks ausgemessen. Trägt man das Prod. der Diagonalen des Eindrucks gegen den angewandten Druck graph. auf, dann erhält man bis zu einer bestimmten Grenzgröße des Eindrucks eine Gerade. Bei diesem Zustand hatten die seitlichen Dimensionen, gemessen in der Ebene der oberen Oberfläche der Probe, um 0,1—0,4% zugenommen. Die erhaltenen Eindruckdrücke wurden mit Scherstreckgrenzen verglichen, die aus Torsionsverss. an den 3 Stoffen erhalten worden waren. Für alle 3 Stoffe ergeben sich hierbei die gleichen Verhältnisse. (J. Mechan. Physics Solids. **3.** 197—205. April 1955. Bristol, Univ., Dep. of Mechan. Engng.) C. GOTTFRIED. 200

D. S. Dugdale, *Versuche mit pyramidalen Druckkörpern.* 2. Mitt. (1. vgl. vorst. Ref.). Mit quadrat. pyramidalen Druckkörpern u. Spitzenhalbwinkeln von 20—80° wurden Eindruckverss. an angelassenem *Cu* u. *Manganstahl* durchgeführt. Es wurde gefunden, daß der Eindruckdruck mit zunehmendem Winkel des Druckkörpers für Halbwinkel größer als 50° abnimmt. Aus Druckverss. an dem gleichen Material wurden die Streckgrenzen erhalten. Es wird auf den Unterschied zwischen dem plast.-starren u. dem plast.-elast. Fließtyp hingewiesen. Außerdem wird eine Meth. angegeben, welche eine Beziehung zwischen Härte u. der Druck–Spannungs-Kurve herzustellen gestattet. (J. Mechan. Physics Solids. **3.** 206—11. April 1955.) C. GOTTFRIED. 200

K. R. Eldredge und **D. Tabor,** *Der Mechanismus der Walzreibung.* 1. Mitt. *Der plastische Bereich.* Vff. untersuchten die Reibung u. die Oberflächenschäden, welche durch eine harte Stahlkugel erzeugt werden, wenn sie zwischen flachen u. parallelen Oberflächen eines weicheren Metalls rollt. Untersucht wurden *Pb, Sn,* in Luft angelassenes O_2-freies *Cu,* kalt gewalztes u. durch Bearbeitung gehärtetes Cu, durch Bearbeitung gehärteter weicher *Stahl*, *Ni*, abgeschrecktes *Hiduminium*, *Phosphorbronze* u. *Duralumin*. Der zuerst auftretende Walzwiderstand wird durch die Arbeit bestimmt, die geleistet wird bei der plast. Verschiebung des Metalls aus dem Walzweg des Metalls. Bei weiterem Walzen in derselben Spur tritt weitere plast. Deformation ein, bis schließlich ein Gleichgewichtszustand erreicht wird, bei welchem die Spurbreite prakt. konstant bleibt u. die Deformationen nun prim. elast. Natur sind. (Proc. Roy. Soc. [London], Ser. A **229**. 181—98. 21/4. 1955. Cambridge, Univ., Dep. of Phys. Chem., Res. Labor. for the Phys. and Chem. of Surfaces.) C. Gottfried. 200

D. Tabor, *Der Mechanismus der Walzreibung*. 2. Mitt. *Der elastische Bereich*. (1. vgl. vorst. Ref.; vgl. auch C. **1956**. 8834.) Vf. diskutiert den Mechanismus der Walzreibung unter Bedingungen, bei denen die auftretenden Deformationen vorwiegend elast. Natur sind. Experimentell untersucht wurde das Rollen eines Metallzylinders auf einer *Kautschuk*-Oberfläche, das Rollen von harten Kugeln an Kautschukoberflächen, u. zwar mit u. ohne vorher angebrachte Auskehlungen, sowie das Rollen einer *Cu*-Kugel auf einer ident. Cu-Kugel. (Proc. Roy. Soc. [London], Ser. A **229**. 198—220. 21/4. 1955.) C. Gottfried. 200

William D. Jenkins, Thomas G. Digges und **Carl R. Johnson**, *Kriechen von hochreinem Nickel*. Der Einfl. von Spannung, Temp. u. vorangegangener Beanspruchung auf das Verh. von vorher angelassenem hochreinem Ni bei der Dehnung wurde durch ausführliche Verss. geprüft. Bei Tempp. von 300, 700, 900 u. 1200° F wurde ein diskontinuierliches Fließen bei allen 3 Kriechstadien beobachtet, wobei Versuchstempp., Dehnungsalterung, Dehnungshärtung, Verh. beim Curie-Punkt, Rekristallisation, Erholung u. Kornwachstum von Einfl. waren. Die experimentellen Ergebnisse stimmen weitgehend mit den nach der Theorie von Mott, Nabarro u. a. erhaltenen überein. Der Widerstand des Ni stieg bei der plast. Deformation mit fallender Temp. an u. war bei 300° F besonders hoch, was auf eine Kombination von Dehnungsalterung, Alterungshärtung u. relativ kleiner Erholungsgeschwindigkeit zurückzuführen ist. Bei dieser Temp. ergab sich eine besonders auffallende Dehnungsalterung. Im allgemeinen wurden keine linearen Beziehungen bei der logarithm. bzw. halblogarithm. Auftragung der Belastung gegen die sek. Dehnungsgeschwindigkeit erhalten. Eine Ausnahme bildet die halblogarithm. Darst. bei 1200° F. Die Dehnbarkeit vor dem Bruch war für alle Bedingungen relativ hoch. Metallograph. Unterss. der bei der Dehnung gebrochenen Proben zeigten, daß die innere Desaggregation auf das Bruchgebiet beschränkt war. Mikroskop. erkennbare Risse waren keine Voraussetzung für den Beginn des 3. Dehnungsstadiums. Rekristallisation, z. T. durch Kornwachstum begleitet, wurde bei 1200° F, aber nicht bei den niedrigeren Tempp., an den bei der Dehnung gebrochenen Proben beobachtet. Die Dehnungsvorgeschichte hatte merkliche Auswirkungen auf die Dehnungsgeschwindigkeiten des 2. Stadiums. Die Rockwell-Härten der während der Dehnung bei 300°, 700° u. 900° F gebrochenen Proben — bei Zimmertemp. gemessen — nahmen mit zunehmender Deformation in der Umgebung des Bruches zu, bei 1200° F war die gleiche Tendenz nur bei hohen sek. Dehnungsgeschwindigkeiten zu beobachten. (J. Res. nat. Bur. Standards. **53**. 329—52. Dez. 1954. Washington.) S. Hüttig. 200

Rolland Sydney French, *Plastizität und Leitfähigkeit, analoge Fließphänomene in Kupferlegierungen*. Vf. nimmt Bezug auf eine Arbeit von French u. Hibbard (vgl. C. **1955**. 3327), in der über den Einfl. verschied. legierender Elemente — *Al*, *Be*, *Cd*, *Ni*, *Si*, *Sn*, *Zn* — auf die Deformation von *Cu* berichtet worden war. Danach nimmt die Plastizität des Cu durch die Zugabe des gelösten Atoms ab; in ähnlicher Form sinkt die elektr. Leitfähigkeit. Die reziproke Plastizität $^1/m$ wird als Widerstand gegen atomares Fließen angesehen. Trägt man die Änderung im Widerstand gegen das Fließen Δ ($^1/m$) graph. gegen die entsprechende Änderung in dem elektr. Widerstand, $\Delta\varrho$, im Vgl. zu den Werten des Cu auf, dann genügt die erhaltene Gerade der Beziehung $(\Delta(^1/m))^3 = K(\Delta\varrho)^2$. Hieraus kann man schließen, daß die Dispersion der im Cu gelösten Atome das atomare Fließen gleichmäßiger Deformation in einer analogen Weise kontrolliert wie die mittlere freie Weglänge der Elektronen. Mit steigender Konz. nehmen Plastizität u. Leitfähigkeit übereinstimmend ab. (J. appl. Physics. **22**. 105—06. Jan. 1951. Bridgeport, Conn., Bridgeport Brass Co., Res. Dep.) C. Gottfried. 200

F. Garofalo und **J. R. Low jr.**, *Der Einfluß von Vorspannung beim einfachen und zweiachsigen Zug auf Fließ- und Bruchverhalten eines tiefgezogenen Stahlbleches mit niedrigem Kohlenstoffgehalt*. Für ein tiefgezogenes Stahlblech wurde der Einfl. der Vorspannung auf das plast. Fließen u. auf den Bruch beim Ziehen unter Winkeln von 0; 22,5; 45; 67,5 u. 90° gegen die Richtung der Zugvorspannung untersucht. Außerdem wurde der Einfl. von Vorspannungen unter zweiachsigem Zug auf das Fließ- u. Bruchverh. bei nachfolgendem Ziehen unter 0 oder 45° gegen die anfängliche Walzrichtung untersucht. Es wurde gefunden, daß die anfängliche Anisotropie des Materials in irgendeiner Orientierung zu der Walzrichtung durch Zugspannungen bis zu dem Punkt maximaler Belastung nicht beeinflußt wird. Geringe Ausmaße an Vorspannung beeinflussen die anfängliche Anisotropie nicht, wenn die Richtung der Beanspruchung oder der Zustand der Spannung geändert wird. Der Typ der beobachteten Anisotropie befriedigt orthotrope Symmetrie. Nach Zugvorspannung in der Walzrichtung u. Ändern der Beanspruchung unter Zug ist im allg. die anfänglich bestimmte Fließspannung größer, als durch das Zug-Spannungsverh. vorauszusehen ist. Der Winkel zwischen Probenachse u. Bruchoberfläche wird durch die Vorspannung nicht beeinflußt u. beträgt etwa 50°. (J. Mechanics Physics Solids. **3.** 275—94. Juli 1955. Pennsylvania State Univ., Pa., Div. of Metallurgy.) C. GOTTFRIED. 200

Lo-ching Chang, *Mikroröntgenstrahluntersuchungen von spröden Brüchen von Metallen.* Mit Hilfe einer Rückstrahlmikroröntgenstrahlkammer wurden die Bruchoberflächen von polykristallinem *Fe* u. *Zn* untersucht. Der Röntgenstrahl hatte eine Divergenz von 1—1$^1/_2$°, der Durchmesser der Blende betrug etwa 150 μ. Das Zn wurde bei 77, 195 u. 225° K durch langsamen Zug gebrochen, u. zwar nach vorheriger Bearbeitung u. Rekristallisation, so daß Korngrößen von 40—80 μ Durchmesser erhalten wurden. Elektrolyteisen mit einer mittleren Korngröße von 30 μ wurde durch langsamen Zug bei 35° K gebrochen, Stahl mit 0,30% C (Korngröße ca. 15 μ) wurde durch Zug bei 38° K gebrochen. Aufnahmen wurden an der frischen Bruchfläche hergestellt sowie an allmählich immer mehr mit 1:1 HCl abgeätzten Oberflächen. Aus den Aufnahmen konnte geschlossen werden, daß man die plast. Spannung, die mit dem spröden Bruch beider Metalle in Zusammenhang steht, in 2 Teile auflösen kann, u. zwar in eine Vordruckspannung u. eine Bruchspannung; d. h., daß dem spröden Bruch eine plast. Deformation vorangeht. Ferner ergab sich, daß die Bruchspannungskomponente u. nicht die Oberflächenenergie eines Metalls der bestimmende Faktor für die Fortpflanzung eines Sprunges ist. Für Zn u. Fe sind die Werte der Bruchspannungskomponente etwa um 2 Größenordnungen größer als ihre Oberflächenenergien. Die erhaltenen Ergebnisse sind eine Bestätigung des von mehreren Seiten vorgeschlagenen Versetzungsmechanismus der Sprungbldg. in festen kristallinen Körpern. (J. Mechan. Physics Solids. **3.** 212—17. April 1955. New York, N. Y., Columbia Univ.) C. GOTTFRIED. 200

A. D. Whapham und **H. Wilman,** *Biegerotationsgleitung als Hauptdeformationsprozeß bei der Torsion von Zinkkristallen.* In Fortsetzung der Unterss. von WILMAN (vgl. C. **1952.** 7150) untersuchten Vff. das Torsionsverh. von Zn-Einkristallen. Bei Torsion um [0 0 0 1], wenn diese Richtung nahezu parallel der Achse des zylindrischen Kristalls lag, wurde prakt. reines Rotationsgleiten auf (0 0 0 1) beobachtet. Dies ergab sich aus der Spiralform von Linien, die vor dem Vers. auf der Oberfläche parallel [0 0 0 1] eingeritzt waren, aus der Form der Gleitlinien auf der Oberfläche des verdrehten Kristalls u. aus der prakt. vollkommenen Spaltbarkeit der verdrehten Kristalle, selbst nach einer Verdrehung von 90°/cm. Elektronenbeugungsaufnahmen von den Spaltflächen waren prakt. ident. mit denen von gespaltenen, nicht gestörten Kristallen. Lag die Richtung [0 0 0 1] unter 38° gegen die Stabachse des Kristalls geneigt, dann erhielt man bei der Torsion glatte Spaltoberflächen, deren Elektronenbeugungsaufnahmen ähnlich denen von nicht gestörten Kristallen waren, nur mit der Ausnahme, daß sie Sattelform besaßen. Während Berechnungen zeigten, daß eine solche Form von geneigten (0 0 0 1)-Lamellen dann zu erwarten wäre, wenn der Stab isotrop ist, wurde beobachtet, daß die tatsächliche Form der Spaltung beträchtlich von der berechneten abwich. Dieser Unterschied ist auf Gleiten auf (0 0 0 1) in Verbindung mit der sehr begrenzten möglichen Änderung in den Dimensionen der Lamellen zurückzuführen. Die gleichen Beobachtungen, nur deutlicher, wurden bei Torsion eines Kristalls gemacht, dessen [0 0 0 1] mit der Stabachse einen Winkel von 62° bildete. (Nature [London] **176.** 460—61. 3/9. 1955. London, Imp. Coll., Chem. Eng. Dep.) C. GOTTFRIED. 200

Toranosuke Komata, *Innere Reibung von weißen Zinneinkristallen.* An 99,93% reinen Einkristallen von weißem Sn wurde die Beziehung zwischen Q^{-1} u. der Spannungsamplitude bei verschied. Tempp. zwischen —104° u. +20° gemessen. Die krit. Punkte in den Kurven von Q^{-1} u. des YOUNGschen Moduls entsprechen den Punkten in der Kriechgeschwindigkeitskurve von CHALMERS [1936]. In dem α-Bereich hängt bei höheren Tempp. Q^{-1} von der Spannungsamplitude ab; die Abhängigkeit ist gering bei niedrigen Temperaturen. Bei tiefen Tempp. ist die Beziehung zwischen Q^{-1} u. 1/T° K linear, nicht jedoch oberhalb der Rekristallisiationstemperatur. (Nature [London] **175.** 948. 28/5. 1955. Osaka City, Univ., Polytechnic Inst., Dep. of Phys.) C. GOTTFRIED. 200

B. Thomson, *Zerbrechlichkeit von Wolframdraht.* Vf. weist darauf hin, daß der Hauptgrund für die Zerbrechlichkeit von W-Draht eine Oberflächenverunreinigung des

W mit *Ni* ist; schon ein Film von 10 Å Dicke ist ausreichend, um den W-Draht zerbrechlich zu machen. Solche Spuren von Ni werden leicht während des n. Herstellungsprozesses der Drähte aufgenommen. Beim Erhitzen eines verunreinigten Drahtes diffundiert das Ni in das W, wodurch die Brüchigkeit entsteht. Kann man die verunreinigte Oberfläche des W vor dem Erhitzen entfernen, dann bleibt der Draht unbeschädigt. (Nature [London] **176.** 360. 20/8. 1955. Ilminster, Dowlish Ford Mills, Standard Telephones and Cables Ltd., Valve and Transistor Div., Materials Labor.)
C. GOTTFRIED. 200

C. Susse, *Änderung der elastischen Konstanten von Quarz in Abhängigkeit vom Druck bis zu 1000 Atmosphären.* Es wurde bei 30° die Resonanzfrequenz von 3 verschiedenen orientierten Quarzschnitten bei hydrostat. Drücken bis zu 1000 kg/cm² bestimmt. Bei allen 3 Schnitten ergab sich eine lineare Änderung mit dem Druck. Aus den Verss. ergaben sich die folgenden Ergebnisse: $(1/c_{66})\cdot(dc_{66}/dp) = -6{,}8\cdot10^{-6}\,cm^2\cdot kg^{-1}$; $(1/c_{44})\cdot(dc_{44}/dp) = 4{,}9\cdot10^{-6}\,cm^2\cdot kg^{-1}$ u. $(1/c_{14})\cdot(dc_{14}/dp) = -9{,}0\cdot10^{-6}\,cm^2\cdot kg^{-1}$. (J. Physique Radium **16.** 348—49. April 1955. Bellevue, Labor. des Hautes Pressions.)
C. GOTTFRIED. 200

Richard K. Cook und **Robert G. Breckenridge,** *Unelastizität von Quarz.* Mittels des piezoelektr. Effektes wurde die Temperaturabhängigkeit des Dämpfungsfaktors von Torsionsschwingern u. des Ersatzwiderstandes von Längs-Dehnungsschwingern ermittelt. Es ergab sich ein Maximum der inneren Verluste zwischen Zimmertemp. u. dem bei 573° liegenden Inversionspunkt des Quarzes. Eine Unters. einer 36 kHz-Längsschwingers bei verschied. Harmon. ergab keine Abhängigkeit des Dämpfungsfaktors von der Ordnungszahl der Harmonischen. Die Verss. weisen auf einen Relaxationsvorgang mit einer Zeitkonstanten von $2\cdot10^{-14}$ Sek. hin, die Aktivierungsenergie betrug 22 kcal/Mol. In einem Fall werden die Verluste darauf zurückgeführt, daß Goldatome aus den Belägen in das Quarzgitter eingewandert sind. (Physic. Rev. [2] **92.** 1419—23. 15/12. 1953. Washington, D. C., Nat. Bur. of Standards.) H. JACOB. 200

A₇. Gleichgewichte. Kinetik.

J. C. Sullivan und **J. C. Hindman,** *Eine Analyse der allgemeinen mathematischen Formulierungen zur Berechnung von Assoziationskonstanten von Komplexionen-Systemen.* Es wurden drei allg. mathemat. Methoden zur Berechnung von Assoziationskonstanten eines Komplexionen-Syst. erprobt. Die Umformungen in den allg. Fall wurden entwickelt. Die Berechnung der Konstanten eines Syst. sowohl durch graph. Methoden als auch durch Lsg. von simultanen, linearen Gleichungen wurden diskutiert. Es wurde die Grenze der Anwendbarkeit der Methoden untersucht. Zur Berechnung der Konstanten des *Uran(IV)-sulfat*-Komplexionen-Syst., das von BETTS erforscht wurde, wandte man die Methoden an. Innerhalb der üblichen Fehlergrenzen konnte bei allen drei Methoden eine Übereinstimmung der Werte für die Konstanten des Syst. gefunden werden. (J. Amer. chem. Soc. **74.** 6091—96. 5/12. 1952. Lemont, Ill., Argonne Nat. Labor.) A.-F. BOGENSCHÜTZ. 223

Tamás Mándy, *Lösungsversuche an Kalkstein und Dolomitarten.* Kaltes, bzw. bei 40° mit CO_2 gesätt. W. wurde auf die schräg stehenden ungeschliffenen Spaltflächen von Kalksteinen u. Dolomiten verschied. Herkunft langsam getropft. Die stärkste Löslichkeit zeigten die jüngeren levant. Kalksteine lockerer Struktur. Dolomite sind weniger löslich. Aus den Dolomiten löst kaltes mit CO_2 gesätt. W. mehr Ca als Mg, mit CO_2 gesätt. W. von 40° löst dagegen mehr Mg als Ca. (Hidrol. Közlöny [Z. Hydrol.] **34.** 508—10. Nov./Dez. 1954.) J. PLANK. 224

T. G. Owe Berg, *Über die Anwendung der Reaktionskinetik auf die Untersuchung der Korrosion.* Am Beispiel der Auflösung des Cu in HNO_3 verschied. Konz. wird gezeigt, daß auf Grund der Proportionalität zwischen Auflösungsgeschwindigkeit v u. der Konz. der nicht dissoziierten HNO_3-Molekeln die Adsorption der letzteren den geschwindigkeitsbestimmenden Vorgang darstellt. Die Temperaturabhängigkeit von v liefert eine Aktivierungsenergie von 8,86 kcal/Mol. Folgende Teil-Rkk. werden angenommen: $HNO_{3\,ads.} \rightarrow O_{ads.} + HNO_2$, $Cu + O_{ads.} \rightarrow CuO$. Für die Korrosion des Mo in HNO_3 ist die Kinetik des Auflösungsvorganges dieselbe. Bei beiden Metallen ist in Lsgg. mit HNO_3-Gehh. $c < 7{,}16\,n$ $v = 0$, wenn der Elektrolyt gerührt wird. Die Anfangsgeschwindigkeit der Auflsg. des Fe ist im Bereich $3 \leq c \leq 10\,n$ proportional dem Gesamtgeh. c. Die Aktivierungsenergie beträgt ebenfalls 8,86 kcal/Mol. Auch hier steuert die Adsorption der HNO_3-Moll. die Reaktionsgeschwindigkeit. Die in Lsg. gegangene Fe-Menge x läßt sich in der Form $x = x_0\,(1 - e^{-kt})$ darstellen. (k = Konstante, t = Zeit.) Der Sättigungswert x_0 ist zwischen $0{,}1 < c < 3{,}335\,n$ unabhängig von der Konzentration. Der an der Metalloberfläche adsorbierte atomare H, der infolge Zers. adsorbierter H_2O-Moll.

gebildet wird, soll keinen Einfl. auf die Korrosionsgeschwindigkeit ausüben, da er durch die Salpetersäure oxydiert wird. Für diese Rk. müssen die H-Atome auf der Oberfläche frei beweglich sein. Bei Ni erreichen die Werte für v u. x_0 nur 8% derjenigen beimFe. Daraus wird geschlossen, daß die Ni-Oberfläche zu 92% mit unbeweglichen H-Atomen belegt ist. (J. Chim. physique Physico-Chim. biol. **50.** 617—23. Nov./Dez. 1953. Avesta, Schweden, Labor d. Avesta Jernverks AB.) TH. HEUMANN. 225

Robert C. Peterson, W. Martin Fassell jr. und **Milton E. Wadsworth,** *Hochdruck-Oxydation von Metallen: Tantal in Sauerstoff.* Untersucht wird das Oxydationsverh. von Ta in O_2 bei Tempp. von 500—1000° u. bei Drucken zwischen 10 mm Hg bis 40,6 at Gesamt-O_2-Druck. Hierbei wird festgestellt, daß Ta linear bei allen Untersuchungstempp. u. Drücken oxydiert. Es wurde eine unübliche Druckabhängigkeit der Oxydationsgeschwindigkeit von Ta entdeckt. Theoret. Betrachtungen zeigen an, daß ein Gleichgewichts-Adsorptionsprozeß vor der die Geschwindigkeit bestimmenden Stufe der linearen Oxydation für Ta auftritt. Als Endoxydationsprod. wurde röntgenograph. Ta_2O_5 bestimmt. Es werden zwei Gleichungen zur Berechnung der gesamten Reaktionsgeschwindigkeit bei Tempp. von 500—800° mitgeteilt. Es zeigt sich, daß drei deutliche Gebiete der Temperaturabhängigkeit mit verschied. Aktivierungsenergien vorhanden sind. Von 500—600° ist die Oxydationsgeschwindigkeit von Ta im wesentlichen unabhängig vom O_2-Druck. Sie nimmt schnell mit der Zunahme im Druck von 600 bis 800° zu. (J. Metals **6.** Sect. 2. 1038—44. Sept. 1954. Salt Lake City, Ut., Univ. of Utah.) H. HOCHSTEIN. 225

Jack Belle und **M. W. Mallett,** *Kinetik der Zirkoniumoxydation bei hoher Temperatur.* Über einen Temperaturbereich von 575°—950° u. bei 1 at Druck wurde die Oxydationsgeschwindigkeit von hochreinem Zr bestimmt. Das Reinigungsverf. ist beschrieben. Die Bildungsgeschwindigkeit des Oxydfilms kann durch ein kub. Gesetz ausgedrückt werden. Die Geschwindigkeitskonstante in $(ml/cm^2)^3/sec$ wurde zu $k = 3{,}9 \cdot 10^6\ e^{-47200/RT}$ berechnet, wobei 47200 ± 1 cal/Mol die Aktivierungsenergie der Rk. darstellt. (J. electrochem. Soc. **101.** 339—42. Juli 1954. Columbus, O., Battelle Memorial Inst.) A.-F. BOGENSCHÜTZ. 225

E. A. Gulbransen und **K. F. Andrew,** *Mechanismus der Reaktion von Wasserstoff mit Zirkonium.* 1. Mitt. *Rolle von Oxyd-Filmen, Vorbehandlungsmethoden und eingeschlossenen Gasen.* Es wurde der Effekt des Ausheizens im Vakuum auf die Reaktionsgeschwindigkeit (R. G.) von hochreinem Zr mit H_2 bei 150° durch Variierung der Ausheiztemp. von 150—700° untersucht. Nicht ausgeheizte Proben zeigten nur eine geringe R. G., während sich für bei 700° ausgeheizte eine 7700 mal so große R. G. ergibt. Aus Verss. war zu ersehen, daß bei 1std. Erhitzen im Vakuum bei 500° der Oxydfilm vollständig verschwand. Es wurde die Dicke u. Beschaffenheit des Oxydfilms untersucht. Dicke Oxydschichten, die sich bei höheren Tempp. gebildet haben, sind nicht so widerstandsfähig gegen H_2 wie dünne Filme, die bei Zimmertemp. entstanden. Die Ergebnisse zeigen, daß erhebliche Korrekturen in der Auffassung über den Mechanismus der H_2-Rk. an Metallen nötig sind. Die Experimente wurden mit einer empfindlichen Mikro-Waage-Meth. in einem Glas u. Keramik-Vakuum-Syst. durchgeführt. (J. electrochem. Soc. **101.** 348—53. Juli 1954. East Pittsburgh, Pa., Westinghouse Res. Labor.) A.-F. BOGENSCHÜTZ. 225

F. A. Lewis und **A. R. Ubbelohde,** *Mechanismus der Entfernung von Wasserstoff aus Palladiumwasserstoff durch Oxydation.* Vff. untersuchten die Abgabe von H_2 aus kathod. mit H_2 beladenem Pd bei Einw. verschied. oxydierender Einflüsse durch therm. Abgasen des Rest-H_2. Stark oxydierende Elektrolyte wirken unterschiedlich: KJ–J_2 ergibt variable, nicht reproduzierbare Ergebnisse, $KMnO_4$ oxydiert sofort, Cer-(IV)-ammonsulfat (**I**) ermöglichte kinet. Messungen: die Rk. verläuft nach der 1. Ordnung in bezug auf **I**, die Aktivierungsenergien betragen bei 0—25° 2,9, bei 25—50° 8 kcal/Mol. — Im Vakuum u. O_2-freiem N_2 ist Pd in Konzz. von $\leq$ 0,6 H/Pd unbegrenzt haltbar (in Form von Draht u. Blech), an freier Luft findet bis zu einem Jahr kein H_2-Verlust durch Oxydation statt. Bei Einschluß von Pd mit Luft im Pyrexrohr dagegen erfolgt Oxydation des H nach einer charakterist. Induktionsperiode, deren Dauer u. a. von folgenden Faktoren abhängt: Rohrdurchmesser, Größe u. Art der Oberfläche der Pd-Proben, Alter des Pd, Anfangskonz. des H in Pd. Antioxydantien verlängern, H_2O_2 verkürzt die Induktionszeit. Bes. bei Ausschluß von W. konnte diese verlängert werden. Beim Aufbewahren unter W. bei Ggw. von Luft fand allmähliche, vollständige, von der O_2-Konz. abhängige Oxydation statt. — Die Mechanismen für die elektrochem. u. oxydative H-Entfernung unter W. u. an Luft werden diskutiert u. für letztere ein ion. Mechanismus vorgeschlagen. (J. chem. Soc. [London] **1954.** 1710—16. Juni. Belfast, Queen's Univ.) W. JANICKE. 225

A. Van Tiggelen, L. Vanreusel und **P. Neven,** *Beitrag zur Untersuchung der Reaktionen zwischen Gas und Festkörpern.* 1. Mitt. *Reaktionen zwischen Silbersalzen und Wasserstoff.* Einige heterogene Reduktions-Rkk. von Ag-Salzen durch H_2 sind genau untersucht worden. Zur Verwendung kamen folgende Ag-Salze: *AgCl, AgCN,* Ag_2S, Ag_2O, Ag_3PO_4, $AgBO_2$, Ag_2SO_4. Bei der Unters. des Chlorids fand man, daß die Rk. durch die gebildete HCl inhibiert wird. Ein empir. Ausdruck für die Reaktionsgeschwindigkeit wurde vorgeschlagen; er kann durch einen Reaktionsmechanismus bewiesen werden, der hauptsächlich auf der Adsorptionsaktivität von H_2 beruht. Da die gebildeten Gase während der Rk. weggeschafft wurden, bleibt die Reaktionsordnung durch Einbringen in den Sauerstoff streng gleich Eins. Aus diesen Rkk. wurde die Aktivierungsenergie bestimmt. Einige therm. Zersetzungs-Rkk. von Ag-Salzen sind gleichfalls untersucht worden; es handelte sich um die Zers. von Ag_2O in Sauerstoff u. Ag, von AgCN unter Bldg. von $(CN)_2$ von Ag_2SO_3 unter Freiwerden von SO_2 u. von $AgMnO_4$ unter O_2-Entwicklung. Diese Rkk. sind autokatalysiert, aber nur ziemlich schwach; doch ergab sich die Möglichkeit, die Aktivierungsenergie einer dieser Zers. zu messen. (Bull. Soc. chim. belges **61.** 651—82. Dez. 1952. Leuvn, Univ.) A.-F. BOGENSCHÜTZ. 225

Moïse Haissinsky und **Anne-Marie Pujo,** *Heterogene Katalyse in der Chemie der Strahlungen.* 10^{-2}-mol. Lsgg. von Ag_2SO_4 wurden bei einem p_H der Lsg. von 5,7 mit γ-Strahlen bestrahlt. Bei genügend hohen Bestrahlungsdosen wurde die Bldg. von metall. Ag beobachtet, u. zwar durch Abnahme der Ag^+-Konz. der Lösung. Da die Ergebnisse jedoch (bes. bei geringeren Strahlungsdosen) nicht reproduzierbar waren, wurde der Lsg. vor der Bestrahlung metall. Ag zugesetzt. Hier wurde beobachtet, daß bei Ag_2SO_4-Lsgg., denen 8 mg/50 cm^3 metall. Ag zugesetzt war, die Ausbeuten sehr viel größer waren. So wurde für G = 1, 3 gefunden, wo G die Angabe der umgewandelten Ionen pro 100 eV bedeutet, während in ident. Lsgg. ohne Ag-Zusatz G nur 0,5 betrug. Analoge Ergebnisse wurden nach Zusatz von metall. *Au* sowie von $BaSO_4$ erhalten. Es wird darauf hingewiesen, daß die Ausbeuten der strahlungschem. homogenen Rkk. (wie Bldg. u. Zers. von H_2O_2, Oxydation von $FeSO_4$) durch die Ggw. von $BaSO_4$ nicht verändert werden. (C. R. hebd. Séances Acad. Sci. **240.** 2530—32. 27/6. 1955.) C. GOTTFRIED. 226

Günther Rienäcker und **Norbert Hansen,** *Katalyse an aufgedampften Metallfilmen.* 1. Mitt. *Widerstandsänderungen von Nickelfilmen während katalytischer Reaktionen.* Ausführliche Darst. der C. **1956.** 5220 referierten Arbeit. (Z. anorg. allg. Chem. **284.** 162 bis 176. März 1956. Berlin, Humboldt-Univ., Chem. Inst., u. Rostock, Inst. für Katalyseforschung.) H.-U. WOELK. 227

R. Suhrmann und **G. Wedler,** *Zur Mitteilung von G. Rienäcker und N. Hansen: „Widerstandsmessungen an aufgedampften Nickel-Filmen während katalytischer Reaktionen."* Vff. erörtern früher veröffentlichte eigene Ergebnisse über die Widerstandsänderung nicht vorbelegter Ni-Filme durch Adsorption im Zusammenhang mit den von RIENÄCKER u. HANSEN (vgl. C. **1956.** 5220 u. vorst. Ref.) erhaltenen Ergebnissen. Zwischen beiden besteht kein Widerspruch. (Angew. Chem. **68.** 308. 21/4. 1956. Hannover, TH, Inst. für Physikal. Chem. u. Elektrochem.) H.-U. WOELK. 227

A_8. Präparative anorgan. Chemie. Komplexchemie. Metallorganische Verbindungen.

U. Jessel, *Kontinuierliche Erzeugung kleinster Ozonmengen durch Bestrahlung strömenden Sauerstoffs mit einer Hg-UV-Lampe.* Vf. bestrahlt strömenden Flaschensauerstoff mit einem Hg-UV-Brenner u. erhält dabei O_3-Konzz. in beliebig niedriger („atmosphär.") Höhe. Zum Nachw. etwa entstandener Stickoxyde werden diese mit 0,1n KOH absorbiert u. die Lauge auf NO_2^- untersucht. Vf. kommt zu dem Ergebnis, daß unter den gegebenen Versuchsbedingungen weniger als 0,4 γ NO_2^-/m^3 entstehen. (Strahlentherapie **95.** 102—06. Sept. 1954. Westerland/Sylt, Inst. für Bioklimatologie u. Meeresheilkunde d. Univ. Kiel.) R. LACMANN. 239

Henry Wise und **Dwight I. Baker,** *Die Kinetik der Fixierung von atmosphärischem Stickstoff bei hohen Temperaturen.* (Vgl. C. **1954.** 30.) Um einen möglichst hohen Geh. von NO aus dem Prozeß zu erhalten, ist notwenig, Gasflußgeschwindigkeit, Reaktionstemp. u. Abkühlungsgeschwindigkeit der Gasprodd. aufeinander abzustimmen. Die Untersuchungen der Kinetik der therm. Zers. von NO wurden in einem Temperaturbereich von 2000—3000° K durchgeführt. Sie haben ergeben, daß die Gleichgewichtskonz. von NO sich durch ein Steigern der Betriebstemp. von 2400° auf 2800° K verdoppeln läßt, wenn für eine entsprechende Zunahme der Abkühlungsgeschwindigkeit gesorgt wird. Bei 2800° K muß die Abkühlungsgeschwindigkeit, die nötig ist, um die Zus. des Gasgemisches zu 90% des Gleichgewichtswertes von NO auszufrieren, von der Größenordnung 10^5-10^6 °K/sec sein. In Ggw. von überschüssigem O_2 ist eine Erhöhung um einen Faktor von mehr als 3 notwendig. Eine Zunahme des Geh. an NO erfordert demnach hohe Temp. in der Verbrennungszone u. hohe Abkühlungsgeschwindigkeiten. (J. chem. Physics **21.** 1904–05. Okt. 1953. Pasadena, Calif., California Inst. of Technol., Jet Propulsion Labor.) E. L. GÜNTHER-JAHN. 243

Jean Papailhau, *Über die Bildung von Phospho-Tridymit und von Phospho-Cristobalit aus gefälltem neutralem Aluminiumphosphat auf thermischem Wege.* Ausgehend von der bekannten Tatsache, daß $AlPO_4$ eine Struktur besitzt, die isotyp mit der der SiO_2 ist, untersucht Vf. die Bldg. von *Phospho-Tridymit* (I) u. *Phospho-Cristobalit* (II) aus gefälltem wasserhaltigem Aluminiumphosphat (III). Die Reaktionsprodd. wurden röntgenograph. u. mittels therm. Differentialanalyse untersucht. Das reine III krist. nur sehr schwer. Röntgenaufnahmen eines auf 1000° erhitzten III zeigten Spuren einer Kristallisation von I u. II. Dagegen tritt in Ggw. von Mineralisatoren leicht Kristallisation ein. Bei der Erhitzung von III mit einem Zusatz von 6% KF wird auf der Kurve der therm. Differentialanalyse eine Rk. bei 750° (Bldg. von II) u. eine Rk. bei 1000° (Bldg. von I) erkennbar. Röntgenograph. wurden diese Beobachtungen bestätigt. Ganz allg. begünstigen Alkalisalze (Fluoride u. Carbonate des Na u. K) die Kristallisation. Bei Zusatz von 6% NaF bildet sich bei 1000° nur II, oberhalb dieser Temp. erscheint I. Bei Zusatz von 8% Na_2CO_3 bildet sich nur II. KF u. K_2CO_3 wirken anders als NaF u. Na_2CO_3. Bei Zusatz von 6% KF bzw. 8% K_2CO_3 erhält man prakt. nur I. Bei Verss. mit Na-Borat u. -Wolframat erfolgte Kristallisation zu II bei Tempp., die den FF. der beiden Salze entsprechen. (C. R. hebd. Séances Acad. Sci. **240.** 2336–38. 13/6. 1955.) C. GOTTFRIED. 264

M. Bobtelsky und **S. Kertes,** *Die Polyphosphate von Calcium, Strontium, Barium und Magnesium: ihr komplexer Charakter, Zusammensetzung und Verhalten.* Vff. untersuchten das komplexe Verh. von Di- u. Triphosphat gegenüber Erdalkalimetallionen auf heterometr. (Heterometrie = Photometrie von Suspensionen), potentiometr. u. konduktometr. Wege: Sie schließen auf die Existenz folgender unlösl. Verbb.: $Na_2Mg_3(P_2O_7)_2 = Na_2Mg[MgP_2O_7]_2$, $Ca_2P_2O_7$, $Sr_2P_2O_7$, $Ba_2P_2O_7$, $Ca_5(P_3O_{10})_2$, $Sr_5(P_3O_{10})_2$, $BaP_5(_3O_{10})_2$, des lösl. Salzes $Mg_5(P_3O_{10})_2$ (?) u. der lösl. Komplexe $[MgP_2O_7]^{2-}$ u. $[CaP_2O_7]^{2-}$ (?) sowie $[Mg_2(P_3O_{10})_3]^{11-}$, $[MgP_3O_{10}]^{3-}$, $[CaP_3O_{10}]^{3-}$ u. $[SrP_3O_{10}]^{3-}$; mit Ba konnten in keinem Fall Komplexe nachgewiesen werden. (J. appl. Chem. **4.** 419–29. Aug. 1954. Jerusalem, Hebr. Univ., Dep. of Inorgan. and Analyt. Chem.) W. DEWALD. 264

M. Bobtelsky und **S. Kertes,** *Die Polyphosphate von Cadmium, Zink und Blei: Charakter, Zusammensetzung und Verhalten ihrer Komplexe.* 2. Mitt. *über Polyphosphate.* (Vgl. vorst. Ref.) Die Zus. von Salzen u. Komplexverbb. der Di- u. Triorthophosphate wurde mit Hilfe von heterometr. (Photometrie von Suspensionen), p_H- u. konduktometr. Methoden untersucht. Auf Zusatz von $P_2O_7^{4-}$ zu Me^{2+} (Me = Cd, Zn, Pb) fällt $Me_2P_2O_7$, das sich im Überschuß von $P_2O_7^{4-}$ (ab Me^{2+}: $2P_2O_7^{4-}$) wieder auflöst. Die rückläufige Titration dieser Lsgg. mit Me^{2+} führt vom Verhältnis $Me^{2+}:P_2O_7^{4-} = 1:2$ ab zu Niederschlägen. Die Lsgg. müssen daher $[Me(P_2O_7)_2]^{6-}$ enthalten, die Ndd. die Zus. $Me_3(Me(P_2O_7)_2]$ besitzen. Aus konduktometr. Messungen ergibt sich ferner die Anwesenheit von $[Me(P_2O_7)]^{2-}$. Im Triorthophosphatsyst. wurden die entsprechenden Ionen u. Ndd. $[Me(P_3O_{10})]^{3-}$ bzw. $Me_3[Me(P_3O_{10})]_2$ aufgefunden. (J. appl. Chem. **5.** 125–33. März 1955. Jerusalem, Hebrew Univ., Dep. of Inorg. and Analyt. Chem.) U. WANNAGAT. 264

F. G. A. Stone und **Anton B. Burg,** *Chemie der Arsen–Bor-Bindung: Arsinborine und Arsinoborinpolymere.* Das Auftreten einiger sehr stabiler Borhydridderiv. von Verbb. des 3wertigen P (BURG u. WAGNER, C. **1956.** 7506) führte zur Unters. des Verh. entsprechender As-Verbindungen. Es wurde gefunden, daß die Methylarsine ebenfalls Borinkomplexe bilden, die erwartungsgemäß eine geringere Stabilität u. größere Reaktionsfähigkeit zeigen als die analogen P–B-Verbindungen u. daß sich beide Verbindungsklassen einander ähnlich sind. Alle Bindungen, die As enthalten, sind jedoch schwächer als diejenigen mit P, wodurch einige Rkk. auftreten, die beim P nicht bekannt sind oder diesen analog, aber leichter verlaufen. H_3AsBH_3 konnte nicht dargestellt werden.

V e r s u c h e: *Arsin,* aus $AsCl_3$ u. $LiAlH_4$ in Ae., 70% (Ausbeute). — *Methylarsin* (I), Ca in fl. NH_3 gelöst u. Einleiten von AsH_3 [$\rightarrow Ca(AsH_2)_2$] mit CH_3Cl behandeln; 80%. — *Dimethylarsin* (II), F. −136,1°; Kp. berechnet 37,1°; wie vorst. aus I u. Ca; TROUTON-Konstante 21,3 cal/Grad·Mol; Dampfdruck bei verschied. Tempp. (vgl. Orig.); 44%. — *Methylarsin–Borin,* aus 35,6 ml I u. 35,25 ml B_2H_6 bei −78,5° im Tensiometer. Es trat Druckabnahme u. Bldg. weißer Substanz ein. B_2H_6 u. I wurden im Verhältnis 1:1,99 verbraucht, was auf Bldg. des Adduktes $CH_3AsH_2 \cdot BH_3$ schließen läßt. Dissoziationsdruck 10,5 mm bei −78,5°. Bei Erwärmen auf Zimmertemp. sofort Dissoziation in I u. B_2H_6, die beide zu einem polymeren Prod. der Zus. $CH_3AsB_{1,01}H_{2,90}$ reagierten, welches farblos, viscos, wasserabweisend u. unlösl. in Aceton oder Bzl. war. Bei weiterem Erhitzen Verlust von H_2 u. über 100° Verfärbung. — *Dimethylarsin–Borin* (**III**), F. −22,4° bis −21,5°; $Kp._{berechnet}$ 85,5°; aus 55,1 ml **II** u. 42 ml B_2H_6 bei −78,5°. Trouton-Konstante 28,9 cal/Grad·Mol (durchschnittliches Mol.-Gew. des Dampfes also beträchtlich geringer ist als das der Fl.); Dampfdruckmessungen ergaben 94—96%ig. Dissoziation von **III** in **II** u. B_2H_6. Da dieser Dissoziationsgrad höher liegt, als die Trouton-Konstante angibt, dürfte im fl. Zustand bereits Dissoziation vorliegen. Daher ist **III** weit weniger stabil als $(CH_3)_2PH \cdot BH_3$. Dampfdruck bei verschied. Tempp. (vgl. Orig.). — *Trimethylarsin–Borin*, F. 73,5—74,5°; $Kp._{berechnet}$ 154°; weiße Substanz; aus 34,7 ml $(CH_3)_3As$ u. 35,65 ml B_2H_6 bei −78,5°. Erst bei 120° H_2 feststellbar. Dampfdruck der festen u. fl. Substanz (vgl. Orig.). Trouton-Konstante 26,0 cal/Grad·Mol; molare Schmelzwärme 2,29 kcal. — *Dimethylarsinoborinpolymere*, 1. $[(CH_3)_2AsBH_2]_3$ (**V**); F. 49,7—50,6°; $Kp._{berechnet}$ 250°; 26,7 cal/Grad·Mol; Dampfdruck der fl. Substanz (vgl. Orig.). 2. $[(CH_3)_2AsBH_2]_4$ (**IV**); F. 149,5—150,5°; $Kp._{berechnet}$ 352°; 23,3 cal/Grad·Mol; Dampfdruck der festen u. fl. Substanz (vgl. Orig.); molare Schmelzwärme 20,65 kcal. Durch Erhitzen von 162 ml **III** 24 Std. auf 75° u. 48 Std. auf 100°. Ergab H_2 (= 99,1% der Theorie) u. weiße Substanz, bestehend aus 80% **V**, 6% **IV** u. einem nichtflüchtigen Rückstand (14%) eines höherpolymeren Produktes. Erhitzen im Vakuum lieferte **V**, etwas **IV** u. einen nichtflüchtigen braunen Rückstand. **V** u. **IV** sind leicht lösl. in Methanol, Aceton u. CCl_4, unlösl. in W. u. konnten durch Umkristallisieren an der Luft gereinigt werden. Hydrolyse von **V** mit HCl lieferte neben H_2 noch nahezu 2 Mol Methan pro $(CH_3)_2As$-Einheit. **IV** beginnt bei 180°, einer Temp., bei der die entsprechende P-Verb. noch stabil ist, in **V** überzugehen. Überführung von **V** in **IV** konnte nicht durchgeführt werden. (J. Amer. chem. Soc. **76**. 386—389. 20/1. 1954. Los Angeles, Calif., Univ. of Southern California.) K. Schnurrbusch. 265

Leslie R. Bacon und **John H. Wills**, *Beziehungen p_H–Zusammensetzung in dem System Na_2O–SiO_2–H_2O bei 20°*. Es werden neue Apparate u. Methoden zur genauen Best. der EMK. u. p_H-Werte von Lsgg. beschrieben. Sie wurden bei 20° zur Unters. der Beziehung p_H–Zus. von NaOH- u. Na-Silicat-Lsgg. der fünf Na_2O:SiO_2-Verhältnisse 1:0,487, 1:1,009, 1:1,492, 1:1,996 u. 1:3,015 (von Orthosilicat bis Trisilicat) angewandt. Die Ergebnisse sind von Interesse für das Verständnis der Silicatstruktur in Lsgg. u. geben Aufschluß über den in der Praxis bei Silicaten zu Kontrollunterss. anzuwendenden p_H-Wert. Beim Trisilicat ist der p_H zeitabhängig. Vergleichende, mit Taylor-Indicatoren ermittelte colorimetr. Werte werden angeführt. Die Anwendung dieser Indicatoren ist bei Konzz. unter 0,01% Na_2O ungünstig. Die D. oder das spezif. Gewicht von Na-Hydroxyd- u. Na-Silicat-Lsgg. ändern sich mit den Konzz. (A = % Na_2O) nach der Gleichung: $d = 1 + aA + bA^2 + cA^3$. (J. Franklin Inst. **258**. 347—69. Nov. 1954. Philadelphia, Pa., Ph. Quartz Comp.; Wyandotte, Mich., Wyandotte Chem. Corp.) A.-F. Bogenschütz. 274

K. Ziegler und **H. G. Gellert** (zusammen mit **H. Kühlhorn, H. Martin, K. Meyer, K. Nagel, H. Sauer** und **K. Zosel**), *Aluminium-organische Synthese im Bereich olefinischer Kohlenwasserstoffe*. Es wird eine neuartige Additions-Rk. von α-Olefinen an *$LiAlH_4$* (**I**) bzw. *AlH_3* (**II**) gefunden u. deren Mechanismus aufgeklärt. Bei der Rk. von Äthylen mit **I** bei wenig über 100° entstehen zunächst stufenweise äthylierte Li-Al-Hydride, bis sich als Endprod. *Li-Al-Tetraäthyl* bildet; ebenso bildet sich aus **I** u. Propylen (**IV**) *Li-Al-Tetrapropyl* u. aus α-Hexen (**V**) *Li-Al-Tetrahexyl* in quantitativer Ausbeute; bei Isobutylen (**VI**) u. Cyclopenten, die keine monosubstituierten Äthylene sind, bleibt die Rk. bei Addition von 3 Moll. Olefin stehen. Diese Rkk. treten zwischen den Olefinen u. **II** noch leichter ein, wobei Al-organ. Verbb. *$CH_3CH_2CH_2al$* (al–H = $^1/_3$ AlH_3) entstehen, daneben deren *Ätherate*, weil **II** nicht völlig von Ae. zu befreien ist; im Falle des *Al-Triisobutyls* konnten beide Substanzen durch Dest. voneinander getrennt werden, das ätherfreie Prod. krist. wenig unter 0°. Vollständig ätherfreie Al-Trialkyle lassen sich aus den Li-Al-Tetraalkylen mit $AlCl_3$ gewinnen; Vff. haben so aus **IV** bzw. **V** *Al-Tripropyl* bzw. *-Trihexyl* erhalten. Die Addition von **II** verläuft nach der Regel von Markownikoff, d. h., eine Anlagerung nach $CH_3 \cdot CH\ al \cdot CH_3$ findet im Fall von **IV** nicht statt, auch läßt sich **II** nicht an Olefine mit mittelständiger Doppelbindung addieren; bevor diese Addition eintritt, zers. sich **II** in Al u. $1^1/_2$ H_2. Die mit **I** u. **II** gebildeten Addukte geben mit W. die entsprechenden *Paraffine*, d. h., man kann mit **I** oder **II** Olefine glatt reduzieren. Auch partielle Redd. lassen sich ausführen, z. B. 4-Vinylcyclohexen zu *4-Äthylcyclohexen*, Dimethylfulven zu

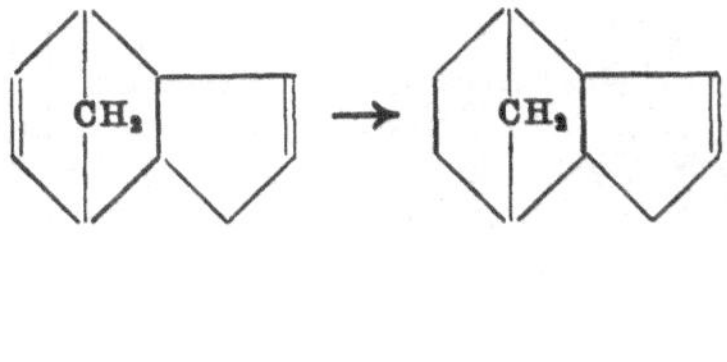

Isopropylcyclopentadien u. vorst. Reaktion. Die Addition von C_2H_4 an **II** verläuft ebenso wie an **I** stufenweise, wobei *Äthylaluminiumdihydrid* u. *Diäthylaluminiumhydrid* (**III**) entstehen, die in reiner Form besser nach $C_2H_5AlCl_2 + 2\ LiH \rightarrow C_2H_5AlH_2 + 2\ LiCl$ bzw. $(C_2H_5)_2AlCl + LiH \rightarrow (C_2H_5)_2AlH + LiCl$ hergestellt werden. **III**, $D.^{20}_4$ 0,808, n_D^{20} 1,47396 (vgl. dagegen BROKAW u. PEASE, C. **1951**. I. 2560, die ein anderes Prod. in Händen gehabt haben werden) bildet kein Ätherat u. ist eine destillierbare Fl., die sicher assoziiert ist; mit W. liefert **III** H_2 u. *Äthan* im Verhältnis 1:2. Mit **III** konnten wie mit **II** Olefine red. werden; wegen der größeren therm. Beständigkeit von **III** ließ sich die Geschwindigkeit der Addition exakt messen, wobei festgestellt wurde, daß endständige Olefine **III** ca. 100mal schneller als mittelständige addieren. Nachst. Verbb. wurden mit **III** gewonnen: $(C_2H_5)_2AlCH_2CH(CH_3)C_3H_7$; $(C_2H_5)_2Al\cdot CH(CH_3)C_3H_7$; *Cyclopentyl-Al-diäthyl*; [*β-Cyclohexen-(1)-yl-(4)-äthyl*]-*Al-diäthyl*. — Bedeutungsvoll ist, daß bei ca. 100 bis 140° an Al-Trialkyle (die aus **II** bei 60—80° gebildet werden) C_2H_4 ebenfalls addiert wird, die al–C-Bindung sich also wie die al–H-Bindung verhält, allerdings träger reagiert, so daß die Rk. zwischen C_2H_4 u. **II** leicht auf der Stufe des $Al(C_2H_5)_3$ gehalten werden kann: $Al(C_2H_5)_3 + C_2H_4 \rightarrow (C_2H_5)_2AlCH_2CH_2C_2H_5$; $+ C_2H_4 \rightarrow C_2H_5Al(CH_2CH_2C_2H_5)_2$; $+ C_2H_4 \rightarrow Al(CH_2CH_2C_2H_5)_3$ usw. Die Rk. verläuft nach rein statist. Gesetzen; noch ehe alle Äthyle zu Butylen aufgebaut sind, beginnt bereits der Aufbau von Hexylen aus den Butylen, u. ehe alle Hexyle fertig sind, werden schon einige Octyle aufgebaut. Als Endprod. erhält man also Mischungen der allg. Formel $C_2H_5(C_2H_4)_m\cdot Al[(C_2H_4)_n\cdot C_2H_5)][(C_2H_4)_o\cdot C_2H_5]$, wobei m + n + o gleich der Zahl der im Verhältnis zum $Al(C_2H_5)_3$ angewandten Mole C_2H_4 ist u. m, n u. o statist. um den Mittelwert (m + n + o)/3 herum schwanken. Zers. mit W. liefert die Seitenketten in Form der gesätt. KW-stoffe $H\text{-}(C_2H_4)_m\text{-}C_2H_5 + H\text{-}(C_2H_4)_n\text{-}C_2H_5 + H\text{-}(C_2H_4)_o\text{-}C_2H_5$, die Rk. ist also ein bequemes Mittel zur Synth. von Mischungen der geradzahligen Paraffine. Diese braucht man zur Gewinnung der reinen Prodd. nur zu dest.; ungeradzahlige Paraffine kann man aus Al-Trimethyl oder Al-Tripropyl gewinnen. Vff. haben bisher „*Polyäthylen*" mit einem Mol.-Gew. bis 5000 gewinnen können. *Al-Isobutyl* reagiert nicht nach diesem Schema, es tritt vielmehr eine Verdrängung von **VI** durch das C_2H_4 ein: $(CH_3)_2CHCH_2al + CH_2 = CH_2 \rightarrow (CH_3)_2C = CH_2 + CH_3\cdot CH_2al$; C_2H_4 hat also zu al-H eine größere Affinität als **VI**. — Vff. bemerken, daß im Gegensatz zu bisherigen Befunden auch *Be-Alkyle* u. *Mg-Alkylverbb.* sich an C_2H_4 addieren, so daß die stufenweise metallorgan. Synth. mit C_2H_4 in den ersten 3 Gruppen des Period. Syst. nachgewiesen ist. — Wird bei ca. 200° gearbeitet, geht die Rk. in eine echte homogene Katalyse über; die gebildeten Al-Alkyle zerfallen sofort in Olefin u. Verbb. vom Typ $(C_2H_5)_2AlH$, die mit C_2H_4 sofort wieder al-C_2H_5 geben, das einen neuen Turnus einleitet. Vielleicht handelt es sich auch um eine Verdrängung der α-Olefine durch C_2H_4. Al-Triäthyl wirkt also als Katalysator bei dem Übergang von C_2H_4 in höhere *α-Olefine*. — **IV** gibt mit einem Al-Alkyl bei 200° u. ca. 100 at fast ausschließlich $CH_3CH_2CH_2C(CH_3)=CH_2$, während das Al — unabhängig von der Art der ursprünglich eingesetzten Verb. — immer zu *Al-Tripropyl* umgewandelt wird: **IV** + R·al → $CH_3CH(R)CH_2al$; + **IV** → $CH_3\cdot C(R)=CH_2 + C_3H_7al$; C_3H_7al + **IV** → $C_3H_7\cdot CH(CH_3)CH_2al$; + **IV** → $C_3H_7\cdot C(CH_3)=CH_2$; es handelt sich um eine homogene Zwischenreaktionskatalyse. Ähnlich verläuft die Dimerisation von *Buten-(1)* u. höheren α-Olefinen; hierbei treten allerdings durch sek. Rkk. nicht nur die entsprechenden *dimeren α-Olefine*, sondern auch Mischungen von Olefinen mit mittelständiger Doppelbindung auf. Olefine mit mittelständiger Doppelbindung, z. B. *Buten-(2)*, *Penten-(2)*, *Hepten-(3)*, reagieren wesentlich langsamer u. nur bis etwa C_{12}. — Ein halbtechn. Verf. der neuen Olefinsynth. ist beschrieben. — Bei einem stöchiometr. Verhältnis der Komponenten verläuft die Synth. etwa wie eine GRIGNARD-Rk.; aus *Dodecen-(1)* u. Al-Propyl wurde nach der Zers. mit W. ziemlich viel *2-Propyldodecan* bzw. *2-Methyltetradecan* erhalten; da man aber die Dimerisation nicht völlig verhindern kann, entstanden außerdem *2-Propyldodecen*, *2-Dodecyldodecan* u. *2-Dodecyldodecen*. Zum Reaktionsmechanismus wird noch ausgeführt, daß dieser verschieden ist von dem der FRIEDEL-CRAFTS-Reaktion. — In Abhängigkeit von der Verweilzeit im Ofen u. von geringen Zusätzen an Äthern können statt der endgültig entstehenden verzweigten α-Olefine $[H(C_2\cdot H_4)_n][H(C_2H_4)_m]C=CH_2$ auch lineare α-Olefine entstehen. Durchleiten von C_2H_4 durch $Al(C_2H_5)_3$ bei 180—200° gibt leicht *Buten*. — Abschließend wird die techn. Verwendbarkeit der neuen Synth. diskutiert. Als wesentliche Voraussetzung hierfür sind von Vff. einige einfache Synthesen des *Al-Triäthyl* ausgearbeitet worden: 1. $Al_2Mg_3 + 6\ ClC_2H_5 \rightarrow 2\ Al(C_2H_5)_3 + 3\ MgCl_2$; 2. $AlCl_3 + 3\ NaH + 3\ C_2H_4 \rightarrow 3\ NaCl + Al(C_2H_5)_3$; 3. $2\ Al + 3\ ClC_2H_5 + 3\ NaH + 3\ C_2H_4 \rightarrow 3\ NaCl + 2\ Al(C_2H_5)_3$. Die neue Al-organ. Synth. eröffnet in einfacher Weise den Weg vom C_2H_4 zum *Butadien* u. die Herst. von Aromaten, z. B. von *Toluol* aus den Mischdimeren von **IV** + Buten (an Cr_2O_3-Kontakt), oder von *p-Xylol*. (Angew. Chem. **64**. 323—29. 21/6. Chim. e Ind. [Milano] **34**. 520—27. Sept. 1952. Mülheim-Ruhr, MPI für Kohlenforsch.) H. W. ZIMMER. 294

S. Ramamurthy, *Bildung von Titanhydrid in Aluminium-Titan-Legierungen.* Beim Erhitzen einer Al-Legierung mit 10% Ti auf 1000° in trockenem H_2 entsteht ein graues Pulver, das aus Ti-Hydrid (I) besteht, wie aus der Menge des absorbierten H_2 hervorgeht. I entsteht auch durch Red. von TiO_2 mit CaH_2; es ist durch O_2 u. N_2 verunreinigt. (J. sci. ind. Res. [New Delhi] Sect. B **13.** 306—07. April 1954. Benares, Hindu Univ., Coll. of Mining and Metall., Phys. Chem. Labor.) W. WESLY. 321

Madeleine Gasperin, *Synthese und Identifizierung von zwei Doppeloxyden des Tantals und Zinns.* Erhitzen eines Gemisches von SnO_2 u. 10% Ta_2O_5 im Sonnenofen ergab weiße Kristalle von reinem Kassiterit, bläuliche Kristalle von Ta-haltigem Kassiterit u. ein mikrokristallines, nahezu isotropes gelbes Pulver, dessen Röntgendiagramm vollkommen verschieden war von denen des Kassiterits u. des Ta_2O_5. Das Diagramm ließ sich mit Ausnahme zweier Interferenzen kub. indizieren, a = 3,880 ± 0,004 Å. Die Verb. besitzt Perowskittyp u. hat infolgedessen die Formel *$SnTaO_3$*. Unter Annahme der Raumgruppe Pm3m liegen 1 Sn in 000; 1 Ta in $^1/_2{}^1/_2{}^1/_2$ u. 3 O in $0^1/_2{}^1/_2$; $^1/_2 0^1/_2$; $^1/_2{}^1/_2 0$. Die berechneten Intensitäten stimmen mit den beobachteten überein. Die Entfernungen sind Ta—O = 1,940 Å u. Sn—O = 2,743 Å. — Erhitzen eines Würfels, der aus einem Pulvergemisch gleicher Gewichtsmengen SnO_2 u. Ta_2O_5 bestand u. im Innern ein Kügelchen metall. Sn enthielt, im Hochfrequenzofen ergab reinen Kassiterit sowie Teile von grünlichem Glas, das nach den Röntgenunterss. aus einem Gemisch von Kassiterit, Ta_2O_5 u. einem neuen Prod. bestand. Dieses erschien nach Isolierung als gelbes, durchsichtiges, isotropes Pulver. Die Diagramme ergaben ein flächenzentriert kub. Gitter mit a = 10,48 Å. Die Struktur ist vom Koppittyp, die chem. Formel daher *$Sn_2Ta_2O_7$*. Unter Zugrundelegung der Raumgruppe Fd3m liegen 16 Ta in $^1/_8{}^1/_8{}^1/_8$; 16 Sn in $^5/_8{}^5/_8{}^5/_8$; 8 O in $^1/_2{}^1/_2{}^1/_2$ u. 48 O in x00, wobei x = 0,20. (C. R. hebd. Séances Acad. Sci. **240.** 2340—42. 13/6. 1955.) C. GOTTFRIED. 327

Françoise Chauveau, Robert Schaal und **Pierre Souchay,** *Über von Mo^{VI} abgeleitete Kationen.* Vff. untersuchten spektrophotometr. das Verh. der Molybdänsäure, welche sich in Lsg. wie eine Tetramolybdänsäure $H_2Mo_4O_{13}$ verhält, bes. im Gebiet starker Aciditäten. Graph. sind die beobachteten Kurven der opt. Dichte in Abhängigkeit von der Wellenlänge u. für eine Konz. von c = 0,01 in Mo wiedergegeben; angegeben sind gleichzeitig die Werte der freien Säure, welche durch Zusatz von $HClO_4$ erhalten worden waren. Aus den Messungen ergibt sich, daß das gebildete Kation ein bas. Kation u. außerdem zweifach kondensiert ist. (C. R. hebd. Séances Acad. Sci. **240.** 194—96. 10/1. 1955.) C. GOTTFRIED. 336

M. Bobtelsky und **I. Bar-Gadda,** *Die Nickelkomplexe mit Succinat-, Phthalat-, Malat-, Malonat-, Salicylat- u. Lactationen. Eine spektrophotometrische und heterometrische Untersuchung.* Es wurden die Spektren der verschied. lösl. Komplexe von Ni, ihre charakterist. Eigg. u. ihre Stabilität durch spektrophotometr. Messungen u. nach der Meth. von JOL untersucht. Bldg. u. Eigg. der in 90%ig. A. unlösl. Verbb. wurden mittels der „heterometr." Meth. verfolgt. (Bull. Soc. chim. France, Mém. [5] **20.** 819—21. Sept. 1953. Jerusalem, Univ. Hebraique, Dép. de Chim. anorg. et analyt.) A.-F. BOGENSCHÜTZ. 356

Ragnar Vestin, Arne Somersalo und **Bo Mueller,** *Kupfer(I)-verbindungen von Acetylen.* 3. Mitt. *Identifizierung von gelösten Additionsverbindungen in Chloridlösungen.* (2. vgl. C. **1954.** 4125; vgl. auch C. **1955.** 10 463.) Es wurden die Löslichkeiten von C_2H_2 u. CuCl in Gemischen von HCl u. $HClO_4$ konstanter Ionenstärken untersucht. Zunächst wurde die Löslichkeit von CuCl in 4 molaren Gemischen von HCl u. $HClO_4$ bei 25° mit einer Genauigkeit von ± 1% analyt. bestimmt. Bezeichnet man mit S die Löslichkeit von CuCl u. mit HCl_t die formale Konz. von HCl in den Gemischen mit $HClO_4$ u. trägt S/HCl_t graph. gegen HCl_t auf, dann erhält man bei niedrigen HCl-Konzz. eine Gerade, innerhalb des Konzentrationsbereichs $0,1 < HCl_t < 1,5$ gilt die Beziehung $S = a_1 \cdot HCl_t + a_2 HCl_t^2$, wo a_1 u. a_2 graph. zu 0,0435 u. 0,0294 bestimmt wurden. Nimmt man die Aktivitätskoeffizienten innerhalb des obigen Konzentrationsbereichs als konstant an, dann können die Löslichkeiten auf die 2 folgenden Gleichgewichte bezogen werden: CuCl (gel.) + $Cl^- \rightleftharpoons CuCl_2^-$, $\beta_{11} = 0,0447$ u. CuCl (gel.) + $2 Cl^- \rightleftharpoons CuCl_3^{2-}$, $\beta_{12} = 0,0405$. Die Löslichkeitsbestimmungen sind eine Bestätigung der Annahme, daß in wss. Lsgg. von CuCl u. einem dissoziierenden Chlorid $CuCl_2^-$ u. $CuCl_3^{2-}$ vorherrschen. Hierauf wurde die Löslichkeit von C_2H_2 in 4 molaren Gemischen von HCl u. $HClO_4$ bei Abwesenheit von CuCl bestimmt. Für den Konzentrationsbereich $0 < HCl_t < 1$ läßt sich der Absorptionskoeff. durch die empir. Formel $\alpha = 0,0509 - 3,5 \cdot 10^{-3} \cdot HCl_t$ wiedergeben. Schließlich wurde die Absorption von C_2H_2 in dem gleichen Säuregemisch, welches mit CuCl gesätt. war, bei 25° gemessen; außerdem wurden noch Verss. angestellt bei Ggw. von festem CuCl. Aus den Gleichgewichtsunterss. ergab sich, daß das CuCl in Lsg. mit C_2H_2 drei Komplexverbb. bildet, u. zwar *$C_2H_2 \cdot Cu^+$*;

$C_2H_2 \cdot CuCl$ u. $C_2H_2 \cdot CuCl_2^-$. Die Kupfer(I)-Additionsverbb. des C_2H_2 sind wahrscheinlich nahe mit den entsprechenden Olefinverbb. verwandt. Es muß angenommen werden, daß die Cu-Komplexverbb. des C_2H_2 als ein Resonanzhybrid der folgenden 4 Formen formuliert werden kann:

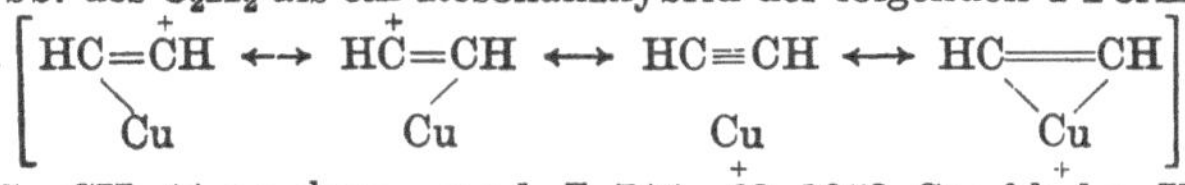

oder als ein π-Komplex: $HC{\equiv}CH$ ($\downarrow$ $\overset{+}{Cu}$). (Acta chem. scand. **7.** 745—63. 1953. Stockholm, Univ., Inst. for Inorg. and Phys. Chem. and Swedish Rubber Res. Council and LKB Res. Labor.) C. GOTTFRIED. 358

A_9. Mineralogische und geologische Chemie.

György Bárdossy, *Methodische Fragen der Vorratsberechnungen.* Beschreibung der verschied. Methoden (Block-, Profil-, Schichtlinienmeth.) zur Berechnung der verwertbaren mineral. Vorräte. (Földtani Közlöny **84.** 111—20. Jan./Juni 1954.) J. PLANK. 370

Miklós Vendel, *Stand und Aufgabe der Erzforschung in Ungarn.* Die wichtigste Aufgabe der zeitgemäßen Erzforschung ist das Klären der möglichen Erzbldg. u. deren genet. Verhältnisse, Best. der Stelle des Erzlagers u. dessen Abhängigkeit von der geolog. Umgebung. Dies bezieht sich nicht nur auf magmat. Erzlager, sondern auch auf die Sediment- u. metamorphen Gesteine. Nach Festlegung der geochem. Anreicherungsmöglichkeit müssen die tekton. Verhältnisse ermittelt werden, ebenso das Intrusionsniveau des Gesteins mit vorausgesetztem Erzgehalt. Von den Sedimenterzlagerstätten in Ungarn sind die Bauxitlager von größter Bedeutung, wichtig sind auch die aus der Liaszeit stammenden Manganerzlager u. der Schwefelkies im oberen Pannon-Sediment. Metamorphe Gesteine sind in Ungarn nur nahe der österreich. Grenze vorhanden; hier waren die Forschungen erfolglos. (Földtani Közlöny **84.** 248—59. Juli/Sept. 1954.) J. PLANK. 370

E. Tröger, *Zur Kritik der Härteskala nach Mohs.* Nach einem Überblick über die Einführung der MOHSschen Härteskala u. einem Vgl. dieser Skala mit anderen Härtebestimmungsmethoden zeigt Vf., daß die Härteskala nach MOHS zwischen den Gliedern 1—9 von jedem Mineral zum nächsthöheren ziemlich genau eine Verdoppelung der Härte aufweist. Diese genauen Abstände treten aber nur dann direkt in Erscheinung, wenn man sie nach dem MOHSschen Vorbild durch Schaben mit dem Messer als eine Art von Integral über die in verschied. Richtungen des Minerals auftretenden Spezialhärten bestimmt. (Neues Jb. Mineralog., Mh. **1954.** 233—42. Nov. Darmstadt.) J.-E. HILLER. 370

László Egyed, *Zur Frage des radioaktiven Zerfalls.* Einige sowjet. Forscher sprachen die Ansicht aus, daß die geolog. Altersbest. von Gesteinen auf Grund des radioakt. Zerfalls einer Revision zu unterwerfen ist, da in prägeolog. Zeiten der jetzt gemessene Zerfall wahrscheinlich bedeutend größer war u. unter den damaligen Verhältnissen auch Kern-Rkk. anzunehmen seien. Demgegenüber beruht die Altersbest. auf realer physikal. Erkenntnis, u. ein schnellerer Zerfall ist nicht wahrscheinlich. Aus dem Grundgesetz der Dialektik darf man nicht schließen, daß auch die Naturgesetze im ständigen Wechsel sind; es würden ja so keine Grundgesetze existieren. (Földtani Közlöny **84.** 265—67. Juli/Sept. 1954.) J. PLANK. 378

L. H. Ahrens, *Die lognormale Verteilung der Elemente.* 2. Mitt. In Ergänzung einer früheren Arbeit (C. **1955.** 46) bringt Vf. noch eine Reihe von Beispielen, die die lognormale Verteilung der Elemente zeigen, wobei auch zwei Beispiele angeführt werden, die die abweichenden Ergebnisse bei n. Verteilung zeigen. Die Bedeutung der Größe der Dispersion für die Konz. wird an den Elementen *Ga*, *Zr* u. *Cr* in *Granit* erörtert. Eine Prüfung der Beziehungen zwischen dem Verhältnis des arithmet. Mittels zum geometr. u. der Größe der Konzentrationsdispersion zeigt eine befriedigende Übereinstimmung mit der Theorie. (Geochim. cosmochim. Acta [London] **6.** 121—31. Sept. 1954. Oxford, Dep. of Geol. and Mineralogy.) J.-E. HILLER. 378

F. Chayes, *Die lognormale Verteilung der Elemente: Eine Diskussion.* Vf. macht einige krit. Anmerkungen zu dem Gesetz der lognormalen Verteilung der Elemente von AHRENS (C. **1955.** 46; vgl. auch vorst. Ref.) (Geochim. cosmochim. Acta [London] **6.** 119—20. Sept. 1954. Washington, D. C., Carnegie Inst., Geophysic. Labor.) J.-E. HILLER. 378

Henrich Neumann, Judson Mead und **C. J. Vitaliano,** *Die Veränderung der Spurenelemente bei fraktionierter Kristallisation, berechnet nach dem Verteilungsgesetz.* Unter der Annahme, daß das Verteilungsgesetz unter gegebenen p-T-X-Bedingungen gültig ist, untersucht Vf. die Möglichkeiten der Verteilung der Spurenelemente in den verschied. bei der Kristallisation eines Magmas gebildeten Phasen. Dabei wird die Variation der Verteilungskoeffizienten bei Änderung der Temp. u. chem. Zus. diskutiert. Sehr schwierig ist die Best. der Verteilungskoeffizienten in natürlichen Gesteinen u. hier manchmal unmöglich. (Geochim. cosmochim. Acta [London] **6.** 90—99. Sept. 1954. Indiana Univ., Dep. of Geol.) J.-E. Hiller. 378

Denis M. Shaw, *Spurenelemente in pelitischen Gesteinen.* 1. Mitt. *Veränderung während der Metamorphose.* Aus der devon. Littleton-Formation von New Hampshire wurden 36 pelit. Gesteine spektrograph. auf ihren Spurenelementgeh. untersucht. Sie stellen alle Grade der Metamorphose von Tonschiefer zu Sillimanitschiefer u. Gneis dar. Es zeigt sich, daß erhebliche Unterschiede in der Zus. der Muttergesteine das Herausarbeiten einer klaren Veränderungslinie schwierig gestalten. *Ni* u. *Cu* zeigen eine geringe Abnahme mit der Metamorphose, während *Li* u. *Pb* bis zu 100% anwachsen. Letzteres wird mit der *K*-Metasomatose in Zusammenhang gebracht. Es ergibt sich weiter, daß ein Teil der gebänderten Gneise eher Migmatite als magmat. Injektionen darstellen. (Bull. geol. Soc. America **65.** 1151—66. Dez. 1954. Hamilton, Ont., McMaster Univ.) J.-E. Hiller. 378

Denis M. Shaw, *Spurenelemente in pelitischen Gesteinen.* 2. Mitt. *Geochemische Beziehungen.* (1. vgl. vorst. Ref.) Die Variationsbreite des Auftretens von Spurenelementen in pelit. Tonschiefern, Schiefern u. Gneisen wird untersucht u. mit den Ergebnissen der 1. Mitt. verglichen. Bei fast allen Elementen zeigt sich, daß die Zus. zwischen dem 0- u. 2 fachen des Mittelwertes liegt. Deutliche Beziehungen wurden zwischen *Cr*, *V* u. *Ni* u. z. T. *Co* gefunden. Diese Elemente sind gemeinsam stark oder schwach vertreten, wobei der engste Zusammenhang zwischen Ni u. Cr besteht. Bei der Metamorphose erleidet *Cu* deutlichen Verlust, während *Li* u. *Sr* ansteigen. Vgll. zwischen sauren u. bas. Magmatiten u. den pelit. Gesteinen zeigen Unterschiede, wenn sich auch z. T. die Zusammensetzungsbereiche überdecken. (Bull. geol. Soc. America **65.** 1167—82. Dez. 1954. Hamilton, Ont., McMaster Univ., Hamilton Coll.) J.-E. Hiller. 378

F. Frölich und **O. Lucke,** *Zur Frage der Verteilung der Elemente in den Tiefenzonen der Erde nach der Darstellung von A. F. Kapustinsky.* Es wird zu der Theorie über die Verhältnisse im Erdinnern von Kapustinsky Stellung genommen. Im einzelnen werden die D. im Erdinnern, die Theorie eines Körpers unter hohem Druck u. die Gesetzmäßigkeiten der Atomvoll. behandelt. (Geologie **3.** 1100—05. Dez. 1954. Potsdam-Niemegk, Geomagnet. Inst. u. Observatorium.) J.-E. Hiller. 378

W. F. Barabanow, *Über die Genesis der Phlogopitlagerstätten von Sljudjanka.* Vf. kommt zu der Schlußfolgerung, daß bei der Zirkulation der an SiO_2 u. anderen Bestandteilen reichen postmagmat. Lsgg. in den den archaischen Komplex der Einschlußgesteine von Sljudjanka schneidenden Spalten die Gesteine folgenden hydrothermal-metasomat. Umwandlungen unterworfen wurden: hydrothermal-metasomat. Substitution einiger chem. unbeständiger Mineralien durch beständigere, wie *Diopsid* durch *Aktinolith*, *Skapolith* (**I**) durch *Phlogopit* (**II**); Auswaschung u. Umlagerung des Calcites aus den Dolomiten unter Freisetzung von Mg, das für die Bldg. von Amphibol (**III**) u. **II** verwendet wird; Umlagerung des Apatits in den **II**-Adern; Umkristallisation u. Vergrößerung der Diopsidkristalle in den Salbanden der Adern, des **I** u. des **II**; Bldg. von Diopsidgestein auf Kosten der Dolomite; Bldg. von **III** in den einschließenden Pyroxen-**III**-Gneisen auf Kosten von Diopsid u. Bldg. von **II** auf Kosten von **III** sowie von **I** auf Kosten von Plagioklas. (Записки Всесоюзного Минералогического Общества [Schr. Allunionsmineralog. Ges.] [2] **83.** 123—33. 1954. Leningrad, Shdanow-Univ., Lehrstuhl für Mineralog.) O. Lebtag. 378

F. Leutwein und **A. G. Herrmann,** *Kristallchemische und geochemische Untersuchungen über Vorkommen und Verteilung des Wismuts im Bleiglanz der kiesig-blendigen Formation des Freiberger Gangreviers.* Das in neuerer Zeit stärkere Auftreten von Bi in Erzen des Freiberger Reviers, in denen kein selbständiges Bi-Mineral zu entdecken ist, wird untersucht. Es zeigt sich, daß das Bi als α-$AgBiS_2$, *Matildit*, im Bleiglanz als anomaler Mischkristall enthalten ist, daß aber erzmkr. kein Bi-Mineral festzustellen war. Eine erkennbare Abhängigkeit des Bi-Geh. von der Korngröße des Bleiglanzes besteht nicht, doch nimmt der Bi-Geh. mit der Teufe zu. (Geologie **3.** 1039—56. Dez. 1954. Freiberg, Bergakad., Mineralog. Inst.) J.-E. Hiller. 378

Alfred J. Frueh jr., *Die Anwendung der Zonentheorie auf Probleme der Mineralogie der Sulfide.* Auf Grund des metall. bzw. halbmetall. Verh. der Sulfidminerale wendet Vf. die Elektronentheorien des metall. Zustandes, bes. die Theorie der Brillouin-Zonen an. Von den Mineralien *Chalkopyrit*, *Bornit*, *Digenit*, *Chalkocit* u. *Covellin* werden die Indices der Zonen u. das Elektronen–Atomverhältnis berechnet. Ein Anhang zeigt die Best. der Brillouin-Zonen. (Geochim. cosmochim. Acta [London] **6.** 79—89. Sept. 1954. Chicago, Ill., Univ., Dep. of Geol.) J.-E. Hiller. 378

Géza Kisvarsányi, *Erzbildung in der Umgebung von Parádfürdö.* Unweit von Parádfürdö (Ungarn) bei der Ortschaft Recsk, wo vor 150 Jahren eine Erzgrube angelegt, dann aber aufgelassen wurde, liegen in nord-südlicher Richtung vier Bergkuppen schichtvulkan. Aufbaus. Die Oberfläche ist infolge hydrothermaler Einw. verschwommen. Die Gesteinsmasse ist wegen kieseliger Infiltration u. Kaolinisierung wesentlich verändert. Die mkr. Unters. ergab, daß in den Erznestern u. Gängen allg. *Sphalerit* u. *Galenit*, stellenweise *Fahlerz*, dominierten. Außer diesen wurde *Pyrit*, *Tennantit*, *Chalkopyrit*, *Covellin* u. Sulfosalze nachgewiesen. Die Erzbldg. ist von gleichem Alter wie die von Lahóca. Auch hier ist eine hydrothermale Erzbldg. bei niedriger Temp. anzunehmen. Auffallend ist das vollständige Fehlen der Enargitgruppe, sowie der Bi-, Se-, Te-Erze u. des Goldes. (Földtani Közlöny **84.** 191—200. Juli/Sept. 1954.) J. PLANK. 378

J. R. Hillebrand, *Eine Theorie des Ursprungs der thiophilen Elemente der tertiären Erzlagerstätten im Südwesten der USA.* Die komplexe therm. Geschichte der tert. Erzlagerstätten im Südwesten der USA führt Vf. auf ihre Herkunft aus tieferen Erdschichten zurück. Die Erzmetalle sollen ursprünglich in Anreicherungen im Sima verteilt gewesen u. durch Vermischung von Sima u. Sial in höhere Zonen gelangt sein. Die Theorie bietet neue Erklärungsmöglichkeiten für Metallprovinzen, die Beziehung zwischen Strukturprovinzen u. Erzlagerstätten u. für die Vergesellschaftung von Erzlagerstätten mit Intrusivgesteinen. (Econ. Geol. **49.** 863—76. Dez. 1954. Edgewater, Col.) W. BAUR. 378

Harrison Schmitt, *Der Ursprung des SiO_2 in hypogenen Erzlagerstätten.* Die Verteilung des SiO_2 in u. um Erzlagerstätten zeigt, daß dieses nur zum geringsten Teil aus größerer Entfernung herangeschafft ist, während der größere Teil durch Desilicierung des Nachbargesteins in die Erzkörper hineingelangt ist. Der SiO_2-Geh. von Erzen braucht danach nicht auf ein Magma zurückgeführt zu werden, sondern auf die Einw. von hochakt. „vulkan. Emanationen“. (Econ. Geol. **49.** 877—90. Dez. 1954. Silver City, N. Mex.) W. BAUR. 378

N. H. Fisher und **C. J. Sullivan,** *Uranschürfungen des „Bureau of Mineral Resources, Geology and Geophysics“ in der Rum-Jungle-Provinz, North Territory, Australien.* In der Rum-Jungle-Uranprovinz tritt U zusammen mit Cu u. Pb in Verdrängungslagerstätten in praekambr. Sedimenten auf. Kleinere Vorkk. treten in oder in der Nähe von Graniten auf. Die regionale Prospektierung erfolgt vor allem durch Scintillometerunterss. vom Flugzeug aus. (Econ. Geol. **49.** 826—36. Dez. 1954. Canberra City, Bur. Min. Resources, Geol. and Geophys.) W. BAUR. 378

Franz Elter, *Bemerkung über die Lokalisierung und die Genese der Zinnobervorkommen des Monte Amiata.* Beschreibung der Tektonik u. der mit ihr in Zusammenhang stehenden Mineralbldg. des obigen Gebietes. Betreffs des Alters der Bldg. der Zinnobervorkk. muß angenommen werden, daß es posttrachyt. ist. (Ind. mineraria **6.** 65—70. Febr. 1955.) C. GOTTFRIED. 378

Ja. N. Belewzew, L. G. Bernadskaja und **I. Ss. Ussenko,** *Über Amphibolasbest aus Kriwoi Rog.* Aus der chem. Analyse ergibt sich für den untersuchten *Amphibolasbest* (**I**) nach SSOBOLEW die Formel: $(Na_{0,1}Ca_{0,28})_{0,38}Mg_{1,56}Fe^{2+}_{4,44}Fe^{3+}_{0,19})_{6,19}(OH_{0,18}O_{1,82})_2[Al_{0,10}\cdot Fe^{3+}_{0,11}Si_{7,79}O_{22}]$; $N_g > 1{,}698 < 1{,}702$; $N_p > 1{,}674 < 1{,}678$; Pleochroismus von Blaßgelb nach N_g bis fast farblos nach N_p; D. 3,34; unlösl. in starker HCl. Nach der Spektral-, Röntgen-, therm. u. chem. Analyse ist **I** als ein Fe-reicher Cummingtonit anzusehen. Spektralanalyt. lassen sich neben den chem. nachweisbaren Oxyden geringe Mengen von Cu, Zn, Ni, Sn u. Ga feststellen. Auf dem Differentialthermogramm zeigt sich bei 500° ein exothermer Effekt, verursacht durch die Oxydation von FeO. Bei 620° beginnt eine intensive H_2O-Freisetzung u. eine gegenseitige Kompensierung des exothermen u. endothermen Effektes (Absinken der Kurve). Bis 880° verlaufen beide Prozesse mit der gleichen Intensität nebeneinander. Bei 880° steigt die Kurve wieder an, damit erklärbar, daß bei 800° die H_2O-Abscheidung aufhört u. die intensive FeO-Oxydation bis 910° weitergeht. Vff. besprechen eingehend die röntgenograph. Unterschiede u. Gemeinsamkeiten mit den *Cummingtoniten* anderer Fundorte. (Доклады Академии Наук СССР Ber. Akad. Wiss. UdSSR] **104.** 470—73. 21/9. 1955.) O. LEBTAG. 386

János Kiss, *Der Andesit von Szabadbattyán und dessen erzgenetische Bedeutung.* Bei Szabadbattyán (Ungarn) befindet sich zwischen kristallinem Kalkstein u. schiefrigem Ton ein 7—8 m dickes erzgangartiges Gestein. Das weißlich-grüne, stellenweise gelbbraune von Limonitadern durchdrungene, massive Gestein enthält dicht verstreut verwitterte Feldspatkörner, Pyrit, schwach violette Manganocalcitadern u. in verstreuten Knollen Galenithexaeder u. Molybdänitschuppen. Aus der mkr. Unters. ergab sich, daß die Textur des Gesteins porphyr. ist, in welchem die Mengenverteilung kristalliner u. nichtkristalliner Gemengeteile die subvulkan. Erstarrung der Magma zeigt. Die Grundmasse ist entglast. Prim. Quarz wurde nicht beobachtet, nur sek. aus zers. Feldspat. Als farbige Gemengeteile sind Amphibol, Biotit, Rutil u. Granat vorhanden. Dieses Gestein ist dem Amphibolandesit des Velencegebirges ähnlich, der Unterschied ist hydrothermalem Einfl. zuzuschreiben. (Földtani Közlöny **84.** 183—89. Juli/Sept. 1954.) J. PLANK. 380

Tihamér Gedeon, *Die mineralische Struktur von Bauxiten im Zusammenhang mit ihrer industriellen Verwendbarkeit.* Die chem. Analyse von Bauxit genügt nicht zur Beurteilung der Verwendbarkeit, da Hydrargillit, Böhmit, Diaspor oder Kaolin enthaltende Bauxite verschied. Eigg. besitzen. Es müssen daher physikal. Verff. (D., Härte, Porosität, Röntgenographie, therm. Analyse) herangezogen werden. Unrichtig ist daher der in der sowjet. Normvorschrift angegebene Quotient $\% Al_2O_3 : \% SiO_2$ zur Beurteilung der Bauxitart, weil mit demselben Quotienten bezeichnete Hydrargyllit u. Böhmit enthaltende Bauxite nach BAYER leicht aufschließbar sind, dagegen Diaspor enthaltender unvollständig. Nicht erwünscht ist der Eisengeh. in Form von Limonit oder Goethit, da der Rotschlamm solcher Bauxite schwer sedimentiert. Wieder andere Eigg. sind bei der Verwendung von Bauxit zur Herst. von Kunstkorund, Roheisen oder Bauxitzement nötig. (Földtani Közlöny **84.** 201—08. Juli/Sept. 1954.) J. PLANK. 380

István Vörös und **Imre Megyesi,** *Die Spurenelemente der ungarischen Bauxite und ihre praktische Anwendung.* Die spektrograph. Unters. der ungar. Bauxite verglichen mit den Bauxiten von Arkansas zeigt, daß im ersteren Nb, Ba, Y, B, Mo, Sc u. Pb noch nicht nachgewiesen wurden, dagegen Zn, As, F, U u. C vorhanden sind, aber im Bauxit von Arkansas nicht gefunden wurden. In Ungarn werden aus dem Bauxit Ti u. V schon betriebsmäßig gewonnen, Verss. zur Ausscheidung von Be, Ga, Zr (0,0025, 0,0022, 0,0051 %) wurden begonnen. Vf. bespricht auch die verschied. Anschauungen bzgl. der Bauxitbildung. (Bányászati Lapok **9** (**87**). 658—64. Dez. 1954.) J. PLANK. 380

György Bárdossy, *Melanterit im Bauxit von Szöc.* Unweit von Szöc (Ungarn) wurde unter der cremefarbigen, darunter gelben Bauxitdecke grauer, Pyrit enthaltender Bauxit gefunden, welcher auf einer 2—4 cm dicken Ferrilitschicht liegt. Auf dieser Schicht liegend kommt Melanterit in 1 cm dicken 5—15 cm großen Tafeln, von mattgrüner Farbe vor. Die obere Bauxitschicht bildet die Degradationszone, darunter befindet sich die 50—60% Fe_2O_3 enthaltende, feste, metall. klingende Schicht u. unter dieser die Hauptmasse des braunen Bauxits. Wahrscheinlich löste Grundwasser aus den oberen lichtgefärbten Bauxitschichten das Eisen, dieses sickerte in den tiefer liegenden pyrit. Bauxit, wo infolge Oxydation $FeSO_4$ gebildet wurde. Dieses blieb teilweise als Melanterit zurück, aus der weitersickernden Lsg. schied die ferrilit. Schicht aus. (Földtani Közlöny **84.** 217—19. Juli/Sept. 1954.) J. PLANK. 380

Horst Riedel, *Untersuchungen im Flußspatlagerstättenbereich westlich der Naab in der Oberpfalz.* Es wird eine ausführliche Lagerstättenbeschreibung der Flußspatvorkk. in der Oberpfalz westlich der Naab gegeben. Im wesentlichen werden die Mineralabscheidungen auf den Gängen, die physikal.-chem. Bildungsbedingungen, die Tektonik u. die Altersbeziehungen besprochen. (Neues Jb. Mineralog., Abh. **87.** 240—320. Dez. 1954. München.) J.-E. HILLER. 380

Julian R. Goldsmith und **Fritz Laves,** *Strukturell in der Mitte zwischen Mikroklin und Sanidin stehende Kalifeldspäte.* Es werden Feldspäte beschrieben mit allen strukturellen Stellungen zwischen monoklinem Sanidin u. triklinem Mikroklin. Die Bestimmungen werden mittels Röntgenanalyse an ausgewählten Feldspäten verschied. geolog. Vorkk. ausgeführt u. die Entstehung dieser triklinen Kalifeldspäte diskutiert. Ferner wird auf die Beziehungen des *Orthoklas* zu Sanidin u. Mikroklin eingegangen. Außerdem werden die Schwierigkeiten der Benutzung der Polymorphiebeziehungen bei Kalifeldspäten als geolog. Thermometer erörtert. (Geochim. cosmochim. Acta [London] **6.** 100—18. Sept. 1954. Chicago, Ill., Univ.) J.-E. HILLER. 380

Christel Tennyson, *Phosphoferrit und Reddingit von Hagendorf.* Phosphoferrit u. Reddingit, die Fe-reichen bzw. Mn-reichen Glieder der isomorphen Mischungsreihe $(Fe, Mn)_3[PO_4]_2 \cdot 3\,H_2O$, werden morpholog. u. röntgenograph. untersucht u. ihre Bldg. u. Paragenese diskutiert. Beide Mineralien sind im Anklingen der pegmatit. Bildungsphase unter Mitwirkung von hydrothermalen Lsgg. aus prim. Phosphatmineralien hervorgegangen. Die kristallograph. Konstanten sind: Phosphoferrit, Reddingit: Raumgruppe in beiden Fällen D_{2h}^{7}—P c n m; Z = 4; a = 8,66, 8,70; b = 10,02, 10,07; c = 9,41, 9,49 Å; D. 3,29, 3,23; Härte 4—4$^1/_2$, 3$^1/_2$—4; Spaltbarkeit (0 1 0) mäßig, (0 1 0) undeutlich; n_α = a = 1,663, 1,658; n_β = b = 1,674, 1,664; n_γ = c = 1,699, 1,685; $2V_{berechnet}$ 68°, 56° 30′. (Neues Jb. Mineralog. Abh. **87.** 185—217. Dez. 1954. Regensburg, Hochschule, Mineralog. Geolog. Inst.; Berlin-Charlottenburg, TU, Inst. für Mineral.) J.-E. HILLER. 380

Harley Barnes, *Alter und stratigraphische Beziehungen des Ignacio-Quarzits im südwestlichen Colorado.* Der Quarzit ist nicht wie bis jetzt angenommen spätcambr., sondern im Devon gebildet worden. (Bull. Amer. Assoc. Petroleum Geologists **38.** 1780—91. Aug. 1954. Washington, D. C.) F. ENSSLIN. 380

—, *Rhodonit.* Kurze Zusammenstellung der kristallograph., physikal. u. opt. Eigg. des Rhodonits sowie dessen Nachw., Vork. u. Verwendung. (Mine Quarry Engng. **21.** 188—89. Mai 1955.) C. GOTTFRIED. 380

László Tokody, *Über das Vorkommen des gediegenen α- und β-Schwefels von Recsk im Mátragebirge.* In der Erzgrube von Recsk fand Vf. in Sprüngen stark verwitterten Gesteins winzige Kristalle von α- u. β-Schwefel. Kristallograph. Messungen beweisen zweifelsohne die Richtigkeit der Beobachtung. Die sehr zerbrechlichen, durch Berührung zersplitternden, weißen Kristalle entstanden durch Solfatarawrkg., wie solche im Mátragebirge auch heute noch vorkommt. Neben dem S ist Pyrit in winzigen Hexaedern u. Halotrichit zugegen. (Földtani Közlöny **84.** 221—24. Juli/Sept. 1954.) J. PLANK. 380

Wm. C. Keeley, *Uran im Gebiet des Coloradoplateaus.* Kurzer Überblick über die Geschichte des Abbaues der U-Mineralien in obigem Gebiet. Abgebaut werden z. Z. hauptsächlich *Carnotit u. Autunit.* Besprochen wird das Prospektieren auf U u. der chem. u. physikal. Nachw. von Uran. (Vancoram Rev. **6.** Nr. 4. 3—6. 21. 1950.) C. GOTTFRIED. 380

F. F. Franklin, *Die Vanadinmineralien.* 1. und 2. Mitt. *Die Mineralquellen des Vanadins.* Zusammenfassender Überblick über die hauptsächlichen V-Mineralien u. ihre Zusammensetzung. Tabellar. sind die physikal. u. opt. Eigg. der folgenden Mineralien zusammengestellt: *Patronit, Sulvanit, Alait, Vanoxit, Corvusit, Minasragrit, Steigerit, Brackebuschit, Cuprodescloizit, Descloizit, Pyrobelonit, Dechenit, Vanadinit, Endlichit, Hügelit, Turanit, Uzbekit, Volborthit, Calciovolborthit, Tangeit, Gamagarit, Hewettit, Metahewettit, Pascoit, Pintadoit, Rossit, Metarossit, Fernandinit, Melanovanadit, Sincosit, Fervanit, Pucherit, Uvanit, Ferghanit, Carnotit, Tyuyamunit, Rauvit, Sengierit, Roscoelith* u. *Ardennit.* (Vancoram Rev. **6.** Nr. 2. 11—15. Nr. 4. 10—17. 1950.) C. GOTTFRIED. 380

László Völgyi, *Geologische Bewertung von verkrümmten Tiefbohrungen.* Prakt. Erfahrungen beweisen, daß das Bohrloch bei Tiefbohrungen nie senkrecht ist, sondern eine schwankende Raumkurve bildet. Es gibt zwar techn. Verff. zur Verminderung der Verkrümmung, doch geolog. Faktoren, wie die verschied. Härte von Gesteinen u. die von waagerechter Richtung abweichenden Schichten, verschieben unvermeidlich die Bohrrichtung. Vf. gibt in der Folge die Beschreibung der Methoden, welche in solchen Fällen zur Auswertung der wahren Tiefe dienen. (Földtani Közlöny **84.** 41—46. Jan./Juni 1954.) J. PLANK. 382

István Miháltz und **Tibor Ungár,** *Unterscheidung von Fluß- und Triebsand.* Vf. beobachtete, daß die Körner des Triebsandes poliert, abgewetzt, die des Flußsandes dagegen scharfkantig sind. Da diese Eig. nur bei kleineren Körnern charakterist. ist, wurden die Proben gesiebt u. der Anteil von 0,1—0,2 mm unter dem Mikroskop gezählt. Es wurden so drei Gruppen unterschieden: Die erste Gruppe bilden die scharfkantigen Körner, die dritte die abgewetzten u. die zweite die Übergangsformen aufweisenden. Zur Best. der Verteilung genügt das Abzählen von 150 Körnern. Trägt man die Prozente der drei Gruppen der Sande in Dreieckskoordinaten auf, so erhält man zwei abgesonderte Gebiete für die Fluß- u. Triebsande. Ist aus der Zus. eines Sandes dessen Herkunft nicht zu entscheiden, klärt die Frage die Stellung im Dreieck. Die Verläßlichkeit der Meth. beweisen der im Flußsand in Genüge vorhandene Blumenstaub, im Triebsand die Schneckengehäusereste. Uferdünensand kann nach dieser Meth. nicht bestimmt werden. (Földtani Közlöny **84.** 17—28. Jan./Juni 1954.) J. PLANK. 385

László Strausz, *Die grobtrümmigen Gesteine von Flüssen.* Bei der Entscheidung verschied. geolog. Fragen, bes. Bereitung paläograph. Karten, ist das Studium des Flußkieses unerläßlich. Vf. beschreibt die diesem Zweck dienenden Untersuchungsmethoden u. bemerkt, daß die Meth. von SZÁDECZKY-KARDOSS (Zbl. Mineralog. **8.** 1933) die besten Ergebnisse liefert. (Földtani Közlöny **84.** 131—37. Jan./Juni 1954.) J. PLANK. 385

Imre Szilvágyi, *Neuere Methoden zur Untersuchung von lockeren Sedimentgesteinen.* Vf. beschreibt die im Schrifttum neuerdings angegebenen Untersuchungsmethoden, wie Best. der Verb. der Körner u. Porenvol., Best. der Starrheit, der Thixotropie u. Durchlässigkeit. (Földtani Közlöny **84.** 261—64. Juli/Sept. 1954.) J. PLANK. 385

F. A. Paneth, G. R. Martin und **S. J. Thomson,** *Ursprung und Alter von Meteoriten.* Vff. nehmen kurz Bezug auf einen Artikel von UREY (vgl. C. **1956.** 2119), in dem auf Unterss. der Vff. über die Bldg. von Meteoriten krit. hingewiesen wurde. Vff. weisen bes. darauf hin, daß die dort enthaltenen Altersschätzungen ungenau sind. (Nature [London] **175.** 1003—04. 4/6. 1955. Mainz, Max-Planck-Inst. für Chem.; Durham, Univ., Londonderry Labor. for Radiochem.) C. GOTTFRIED. 388

Warren J. Thomsen, *Der jährliche Beitrag von meteoritischem Staub zur Erdmasse.* Der Best. wurden nur kugelförmige, magnet. Teilchen zugrunde gelegt, deren mittlere Zus. auf Grund chem. Analysen 28% SiO_2 u. 72% Fe_2O_3 betrug. Aus den Messungen — die Sammelmethoden werden ausführlich beschrieben — ergab sich für die gesamte Erdoberfläche ein jährlicher Nd. von im Mittel $2{,}0 \cdot 10^9$ kg. (Proc. Iowa Acad. Sci. **59.** 302—06. 1952. Iowa City, Io., Univ., Dep. of Mathem. and Astronomy.)
C. Gottfried. 388

John M. Hunt, Francis Stewart und **Parke A. Dickey,** *Der Ursprung der Kohlenwasserstoffe des Uinta-Beckens, Utah.* Die KW-stoffe kommen in den Ölschiefern in Gängen, sowie in durchtränkten Sanden in Berührung mit den Ölschiefern vor. Außerdem bilden sie Spaltenfüllungen in u. um die Ölschiefer. Es treten 4 verschied. Arten auf, welche an charakterist. Schichten gebunden sind, so daß das Muttergestein bestimmt werden kann. Ihre Bldg. erfolgte zu verschied. Zeiten in der Reihenfolge: *Ozokerit, Albertit, Gilsonit* u. *Wurtzilit.* Es liegen keine Anzeichen vor, daß die verschied. Ausbldg. der KW-stoffe auf Metamorphose, katalyt. Crackvorgänge oder unterird. Bldg. zurückzuführen ist. (Bull. Amer. Assoc. Petroleum Geologists **38.** 1671—98. Aug. 1954. Tulsa, Okla., and Denver, Colo.)
F. Ensslin. 390

W. S. Olson, *Das Problem der ursprünglichen Lager im Velasquez-Feld, Columbien.* Das Ölfeld dürfte seine Bldg. kretazeischen Schichten verdanken, aus denen das Öl teilweise zusammen mit Salzlsgg. seitlich in seine heutigen Schichten ausgequetscht wurde. (Bull. Amer. Assoc. Petroleum Geologists **38.** 1645—52. Aug. 1954. New York, N. Y.)
F. Ensslin. 390

F. M. Swain und **N. Prokopovich,** *Stratigraphische Verteilung von Lipoidsubstanzen in Cedar Creek Bog, Minnesota.* Die See- u. Sumpflagerstätten von Cedar Creek Forest, Isanti u. Anoka bestehen aus Anhäufungen von Mergel, Torf, Copropel u. Sapropel. Die chromatograph. Analysen der Lipoidextrakte aus den Sedimenten zeigen neben gesätt., aromat. KW-stoffen Asphalt u. polare Lipoidverbindungen. Die „Ölfraktionen" erinnern an venezuel. Asphalt. Das Lipoidverhältnis in Torf, Mergel u. Sand entspricht 12:3:1. Der höchste Geh. findet sich genau über dem Mergel. Im allg. scheint die Verteilung der Lipoide prim. zu sein, wenn auch einige Veränderungen durch Grundwasserbewegungen eingetreten sein können. Es wird angenommen, daß die Bldg. gleichzeitig mit der Sedimentation stattgefunden hat. (Bull. geol. Soc. America **65.** 1183—98. Dez. 1954. Minneapolis, Minn., Univ.)
J.-E. Hiller. 390

Marcel Le Peintre und **Henri-René Olivier,** *Polarographische Bestimmung der Wertigkeit von Arsen in den Thermalwässern von La Bourboule.* Vff. untersuchen polarograph. die Wertigkeit von *As* in den Thermalwässern der Gegend von La Bourboule. Da Vorverss. gezeigt haben, daß zwischen der 1. u. 2. Welle des Polarogramms ein Maximum existiert, das sich mit *Methylenblau* (**I**) leicht eliminieren läßt, wird zu der zu untersuchenden HCl-haltigen Lsg. ein Tropfen von **I** (0,5% ig) zugegeben. Es ergibt sich ein As^{3+}-Geh. von 3,8 mg/Liter. Zur Best. der As-Gesamtmenge wird As^{5+} mit SO_2 red. u. in analoger Weise polarograph. ein Wert von 6 mg/Liter an As^{5+} gefunden. Aus der Differenz beider As-Konzz. ergibt sich dann für das As^{5+} ein Geh. von 2,2 mg/Liter. (C. R. hebd. Séances Acad. Sci. **234.** 353—55. 14/1. 1952.)
H. Surawski. 393

B. J. Mason, *Planung und Auswertung von regenauslösenden Versuchen im großen Maßstab.* Vf. bespricht die physikal. u. meteorolog. Bedingungen zur Auslösung von Regen unter Verwendung von auf der Erde aufgestellten AgJ-Generatoren. (Nature [London] **175.** 448—51. 12/3. 1955. London, Imp. Coll. of Sci. and Technol.)
C. Gottfried. 396

Leo Alpert, *Verwendung von Silberjodid als Keime für Wolken in Puerto Rico.* Bericht über Verss. zur Regenauslösung mit Hilfe am Boden stehender AgJ-Generatoren. (Trans. Amer. geophysic. Union **36.** 227—34. April 1955. Arlington, Va., Capitol Res. and Developm. Corp.)
C. Gottfried. 396

B. Allgemeine und theoretische organische Chemie.

John D. Roberts und **Dorothy A. Semenow,** *Quantenmechanische Berechnungen elektrischer Effekte der Substituenten in p-substituierten Anilinen.* Vff. berechnen nach der einfachen MO-Meth. die Ladungsverteilung in p-substituierten Anilinen mit den Substituenten $-X^{\oplus}$ [analog zu $-N(CH_3)_3^{\oplus}$], $-Y$ (mit freiem p-Zustand, analog zu $-BR_2$) u. $>C{=}Z$ (wobei Z, analog zu O, stärker elektronegativ als C ist u. die Polarisation der $>C{=}Z$-π-Bindung einen unvollständig besetzten p-Zustand am C-Atom zur Folge hat), um, zumindest theoret., zu bestimmen, ob der Betrag der Delokalisierung des freien

Elektronenpaares am N-Atom vom Charakter des Substituenten abhängt. Unter der Voraussetzung, daß das C-Atom, welches die NH_2-Gruppe trägt, vor der Einführung der Aminogruppe in allen drei Fällen annähernd die gleiche Ladung besitzt, ergibt die Berechnung für alle drei Modelle gleiche Ladungsbeträge für das N-Atom, d. h. prakt. gleiche Basenstärken. Es wird daraus geschlossen, daß die relativen Basenstärken von (in bezug auf elektronenanziehende Gruppen) p-ständigen Aminogruppen ein Maß für die Ladungsverteilung am C-Atom, welches die Aminogruppe trägt, darstellen. (J. Amer. chem. Soc. **77.** 3152—53. 5/6. 1955. Pasadena, Calif., Inst. of Technol., Gates and Crellin Labor.) G. WINKLER. B 10

Odile Bloch-Chaudé und **Jean-Léon Masse,** *Anwendung der Molekülzustandsmethode auf die Untersuchung einiger Eigenschaften von thermochromen Pyranospiranen.* Vff. berechnen mittels der LCAO–MO-Meth. (Überlappungsintegrale werden vernachlässigt; es werden die von ORGEL u. Mitarbeitern, C. **1954.** 5717 angegebenen Parameter benutzt) für das *Pyranobenzopyranospiran* (**I**) u. *N-Methylpyridinobenzopyranospiran* (**II**) in der offenen Form die Elektronenniveaus, die Atomladungen u. Bindungsindices sowohl für den Grundzustand als auch für den ersten angeregten Elektronenzustand. Die Ergebnisse der Berechnung gestatten eine Deutung der photochem. Isomerisation dieser Spirane sowie des hypsochromen Einfl. polarer Lösungsmittel auf diese, die in Übereinstimmung mit den experimentellen Befunden (vgl. CHAUDÉ, Cahiers de Physique **50.** [1954.] 17, u. BLOCH-CHAUDÉ u. Mitarbeiter, C. **1955.** 9529) steht. Die Verschiebung des Gleichgewichts zwischen der offenen u. der geschlossenen Form, die Assoziationserscheinungen der offenen Form mit dem Lösungsm., die Änderung des pK_H sowie des Absorptionsspektr. der offenen Form in Abhängigkeit vom Heteroatom X werden an Hand der Ergebnisse diskutiert. (Bull. Soc. chim. France, Mém. [5] **1955.** 625—28. Mai. Bellevue, CNRS, Centre d'Études et de Rech. de Chim. Organ. Appl.; Paris, Centre de Chim. Théor. de France.) K. FRENKLER. B 114

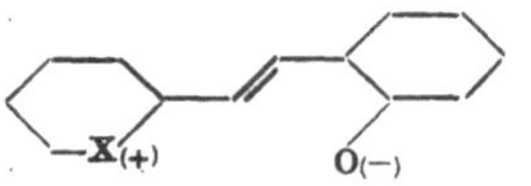

I X = O II X = N—CH_3

Noel S. Bayliss und **Colin J. Brackenridge,** *Die Störung des Ultraviolettspektrums von Nitromethan in Lösungsmittelgemischen. Bemerkung zur Komplexbildung.* Die 2800 Å-Bande von *Nitromethan* (**VII**) in bin. Lösungsmittelgemischen von *Bzl.* (**I**)/*Dioxan* (**II**), **I**/*n-Heptan* (**III**), **I**/CCl_4 (**IV**), **II**/H_2O, **II**/**III**, **II**/*Methanol* (**V**), *Toluol* (**VI**)/**IV**, **VI**/*Isooctan* u. **VI**/**V** wurde spektrophotometr. untersucht. **I**, **II**, **VI** bewirken als „akt." Komponenten sowohl für sich allein als auch im Gemisch eine Erhöhung der Intensität der Bande, während die anderen Lösungsmittel (außer CCl_4) „inakt." sind. Diese Ergebnisse können erklärt werden durch a) eine 1:1-Komplexbldg. zwischen **VII** u. dem „akt." Lösungsm. oder b) eine physikal. Störung durch das Lösungsmittel. Beide Möglichkeiten werden theoret. diskutiert; es zeigt sich, daß beide, obwohl im Prinzip verschieden, hier mit dem Experiment zu vereinbaren sind. Daraus folgt, daß die angenommene 1:1-Komplexbldg. in anderen Fällen ebenso gut das Ergebnis einer physikal. Störung durch das Lösungsm. sein kann. (J. Amer. chem. Soc. **77.** 3959—63. 5/8. 1955. Nedlands, West-Australien, Univ., Dep. of Chem.) G. PÖTZSCHER. B 118

K. Narahari Rao, *Das nahe Ultraviolettabsorptionsspektrum von 1.2.4-Trifluorbenzol.* (Sitzungsbericht.) (Physic. Rev. [2] **95.** 299—300. 1/7. 1954. Duke Univ.) E. KLEVER. B 118

J. T. Edward und **S. C. R. Meacock,** *Die Struktur der Amide.* An Hand der UV-Absorptionsspektren des *Benzamids* (**I**), *Benziminomethylesters* (**II**), *N.N-Dimethylbenzamids* (**III**), *Cinnamamids* (**IV**) u. *N.N-Dimethylcinnamamids* (**V**) diskutieren Vff. die Struktur der Amide. Für die Verbb. **I** u. **II** kann eine völlig ebene Struktur u. damit eine maximale Konjugation zwischen der Amidgruppe u. dem Benzolring angenommen werden (dadurch wird ihr ziemlich ähnliches Spektr. erklärbar), während **III** wegen der Wechselwrkg. der einen Methylgruppe mit einem o-ständigen H-Atom des Ringes keine ebene Struktur annehmen kann u. deshalb ein abweichendes Spektr. zeigt. Bei den Verbb. **IV** u. **V** befindet sich die Amidgruppe weiter entfernt vom Ring; damit fällt diese Störung fort u. es wird für beide ein ähnliches Spektr. erhalten. Die von HANTZSCH [1931] benützte Vorstellung zweier tautomerer Formen für die Amide ist zur Deutung nicht nötig. (Chem. and Ind. **1955.** 536. 7/5. Dublin, Trinity Coll., Chem. Labor.) K. FRENKLER. B 118

N. A. Domnin und **T. D. Malyschewa,** *Untersuchungen auf dem Gebiet ungesättigter cyclischer Kohlenwasserstoffe und ihrer Halogenderivate.* 17. Mitt. *Zur Frage des Cyclooctins.* (16. vgl. C. **1956.** 9157.) Die Auswertung des RAMAN-Spektr. des früher (Журнал Общей Химии [J. Chim. gén.] **8.** [1938.] 851) aus 1-Chlor-2-bromcycloocten-(1) durch Behandeln mit Na erhaltenen u. als *Cyclooctin* (**I**) angesprochenen Prod. zeigt, daß kein reines I, sondern ein Gemisch aus I u. *cis-* u. *trans-Cycloocten* vorliegt. Die Oxydation des Gemisches mit $KMnO_4$ gibt *Korksäure.* (Журнал Общей Химии [J. allg. Chem.] **25** (**87**). 329—30. Febr. 1955. Leningrad, Univ.) CH. WEISKE. B 118

Panos Grammaticakis, *Bemerkungen zur Absorption von Diphenylylderivaten im mittleren Ultraviolett und im Sichtbaren.* Die Absorptionsspektren einiger Diphenylylverbb. im mittleren UV u. im Sichtbaren werden mitgeteilt u. mit denen entsprechender Benzolderivv. verglichen. Einführung eines Substituenten in o-, m- oder p-Stellung des Diphenyls wirkt sich im allg. ähnlich aus wie die Substitution anderer monosubstituierter Benzolderivate. Kernsubstitution monosubstituierter Benzolderivv. beeinflußt die Lage der Hauptbande im allg. in der Reihenfolge: Methylierung < Phenylierung < Vinylierung < Divinylierung (bzw. α-Furylierung) u. die Intensität der Hauptbanden in der Reihenfolge Methylierung < Vinylierung < Phenylierung < Divinylierung (bzw. α-Furylierung). — Folgende Verbb. wurden untersucht (in 95% A.): *Diphenyl; o-, m-* u. *p-Nitrodiphenyl; o-, m-* u. *p-Aminodiphenyl; o-, m-* u. *p-N-Acetylaminodiphenyl; o-, m-* u. *p-N-Benzoylaminodiphenyl; o-, m-* u. *p-Triphenyl; Stilben.* (C. R. hebd. Séances Acad. Sci. **241.** 59—61. 4/7. 1955.) N. ULLMANN. B 118

Jerome A. Berson, William M. Jones und **Sister Leo Francis O'Callaghan,** *Spektren als Hinweis auf die Struktur in der Oxypyron- und Oxypyridonreihe.* Vff. bestimmten die Absorptionsspektren von 9 Oxypyronen u. Oxypyridonen in neutraler u. alkal. alkoh. Lösung. Die Spektren der 4-Oxy-2-pyrone u. -2-pyridone (oder ihrer Enoltautomeren) zeigen eine hypsochrome Verschiebung in alkal. Lsg.; die Spektren der 3-Oxy-4-pyrone oder -4-pyridone u. des 2-Oxy-3-pyridons dagegen eine bathochrome Verschiebung. Die beiden Gruppen können durch dieses Kriterium unterschieden werden. Folgende Verbb. wurden untersucht: *1-Methyl-3-oxypyridon-(2),* F. 130—131°; *4-Oxy-6-methyl-; 3-Äthyl-* (I); *3-Acetyl-4-oxy-6-methylpyron-(2); 1.6-Dimethyl-3-äthyl-4-oxypyridon-(2),* $C_9H_{13}O_2N$, F. 238—240,5° (Zers.); aus I u. Methylamin, 4 Std. auf dem Dampfbad. *1.6-Dimethyl-4-oxypyridon-(2); 2-Oxymethyl-5-oxypyron-(4)* (*Kojisäure*; II), F. 152—154°; *1-Methyl-3-oxypyridon-(4),* F. 224—227°; *1-Methyl-2-oxymethyl-5-oxypyridon-(4),* $C_7H_9O_3N$, F. 225—227° (Zers.; A.), aus II u. Methylamin. (J. Amer. chem. Soc. **78.** 622—23. 5/2. 1956. Los Angeles, Calif., Univ., Dep. of Chem.) M.-L. KLAAR. B 118

Panos Grammaticakis, *Bemerkungen zur Absorption einiger substituierter 1.2.4.5-Tetrazine, 1.2-Dihydro-1.2.4.5-tetrazine und 1.3.4-Triazole im mittleren Ultraviolett und im Sichtbaren.* Die Absorptionsspektren einiger substituierter Tetrazine, Dihydrotetrazine u. Triazole im mittleren UV u. im Sichtbaren werden mitgeteilt u. mit denen verwandter Verbb. verglichen. Die Spektren des *Diphenyltetrazins,* des *Diphenyldihydrotetrazins* u. des *Diphenylaminotriazols* (I) sind untereinander sehr verschieden, entsprechen aber jeweils den Spektren der Verbb. Ar—C=(NH)·N=N·(NH)=C·Ar, Ar—C(NH_2)=N—N=(NH_2)C—Ar bzw. des *Diphenyltriazols* (II) sowie verwandter Verbb. (Azoverbb., Azoaldoxime, Azoaldimine, Azine, Tetrazane, Oxydiazole usw.). N-Acetylierung u. -diacetylierung von I hat keinen nennenswerten Einfl. auf das Spektrum. N-Aminierung von II bedingt eine geringe Verschiebung der Maxima nach längeren Wellen. Die Frequenzen der Maxima der II-Isologen nehmen zu in der Reihenfolge Diphenylthiadiazol < Diphenyloxadiazol < II. Methylierung des Benzolkerns hat keinen Einfl. auf die Spektren. — Folgende Verbb. wurden untersucht (die Spektren instabiler Verbb. sind mit ? gek.): *2.5-Diphenyl-1.3.4-oxadiazol. 2.5-Diphenyl-1.3.4-thiadiazol; 3.6-Diphenyl-; 3.6-Di-[m-tolyl]-; 3.6-Di-[p-tolyl]-; 3.6-Diphenyl-1.2-dihydro-* (?); *3.6-Di-[m-tolyl]-1.2-dihydro-* (?); *3.6-Di-[p-tolyl]-1.2-dihydro-1.2.4.5-tetrazin* (?). *2.5-Diphenyl-* (II); *2.5-Diphenyl-1-amino-* (I); *2.5-Diphenyl-1-acetamido-; 2.5-Diphenyl-1.1-diacetamido-; 2.5-Di-[m-tolyl]-1-amino-; 2.5-Di-[p-tolyl]-1-amino-1.3.4-triazol.* (C. R. hebd. Séances Acad. Sci. **241.** 1049—51. 17/10. 1955.) N. ULLMANN. B 118

John Cox, W. J. Orville Thomas und **Walter Gordy,** *Zentrifugalverzerrung in Methylhalogeniden.* (Sitzungsbericht.) (Physic. Rev. [2] **95.** 299. 1/7. 1954. Duke Univ.) E. KLEVER. B 121

Geo. R. Slayton, J. W. Simmons und **J. H. Goldstein,** *Das Mikrowellenspektrum und das Dipolmoment von Vinylencarbonat.* (Sitzungsbericht.) Vgl. C. **1955.** 9284.) (Physic. Rev. [2] **95.** 299. 1/7. 1954. Emory Univ.) E. KLEVER. B 121

E. A. Braude, *Die Konformationen von konjugierten Cycloalkadienen.* Vf. diskutiert unter Verwendung der aus der Literatur entnommenen UV-Spektren u. an Hand der Molekülmodelle die Struktur der Cycloalkadiene-(1.3) von C_5—C_{11}. Aus den Modellen ergibt sich untenst. Konfiguration der verschied. Ringe; die nach der Gleichung $\cos^2 \Theta = \varepsilon_{beob.}/\varepsilon_0$ aus den Extinktionskoeffizienten ε berechneten durchschnittlichen interplanaren

Winkel Θ zwischen den Äthylenbindungen (unter Verwendung von $\varepsilon_0 = 10000$ für s-cis-Anordnungen = Wert für 1.2-Dimethylencyclohexan; $\varepsilon_0 = 20000$ für s-trans-Anordnungen = angenäherter Wert für heteroannulare bicycl. Diene) sind in guter Übereinstimmung mit den aus den Modellen entnommenen Werten. Die geringen, aber eindeutigen Differenzen für λ_{max} bei den mittelgroßen Ringen deuten darauf hin, daß — obwohl die angeregten Zustände nahezu planar sind — ster. Effekte groß genug sind, um die Trennung von Energieniveaus bis zu ca. 5 kcal/Mol zu bewirken. Wie zu erwarten, laufen die Änderungen für λ u. ε parallel; beide haben ein Minimum für den C_9-Ring, in dem die Behinderung der Planarität des Diensyst. am größten ist. Nichtplanarität ist vermutlich auch die Ursache für die Unterschiede zwischen den Infrarotspektren von C_9—C_{11}-cycl. Dienen u. acycl. disubstituierten cis–trans-Dienen. — Für größere Ringe als C_{11} werden die möglichen Konformationen so zahlreich, daß aus Molekülmodellen keine eindeutigen Schlüsse mehr gezogen werden können. Für genügend große Cycloalkadiene-(1.3) können nach Vf. ein sehr kleiner Wert für Θ u. größere ε-Werte, als bisher beobachtet worden sind, vorausgesagt werden. — Einzelergebnisse: UV-Absorptionsmaxima u. Bau von Cycloalkadienen-(1.3). — C_5, λ_{max} 2385 Å, $\varepsilon = 3400$, nahezu eben cis.s–cis.cis, $\Theta_{Modell} \sim 0^0$, $\Theta_{ber.}$. — (nachst. in gleicher Anordnung); C_6, 2560, 8000, nahezu eben cis.s–cis.cis, $\sim 0^0$, —; C_7, 2480, 7400, nahezu eben cis.s–cis.cis, $\sim 0^0$, —; C_8, 2280, 5600, nicht eben cis.s–cis.cis, $\sim 45^0$, 41^0; C_9, 2195, 2500, nicht eben cis.s-cis–trans, $\sim 60^0$, 60^0; C_{10}, 2230, 5000, nicht eben cis.s–trans.trans. $\sim 60^0$, 60^0; C_{11}, 2250, 6200, nicht eben cis.s–trans.trans, ~ 60, 56^0. (Chem. and Ind. **1954**. 1557—58. 18/12. London, Imp. Coll. of Sci. and Technol., Dep. of Chem.) G. Winkler. B 123

Wesley Cocker, J. T. Edward und **T. F. Holley,** *Die Stereochemie von Marrubiin.* Vff. zeigen, daß *Marrubiin* (**I**), welches die gleiche 7.8-Secopimaranstruktur wie Agathendicarbonsäure, Manool u. Sclareol (vgl. Klyne, C. **1955**. 775) besitzt, die Konfiguration **A** hat (Lactonring durch 1e10e Bindungen mit dem Dekalinsyst. verknüpft; $C_{(12)}$-Methylgruppe hat die bei Steroiden u. Terpenen übliche Anordnung). Auf dem Wege **I** → **II** → **III** → **IV** wird **I** unter Reaktionsbedingungen, welche die Stereochemie der A/B-Ringverb. nicht beeinflussen können, in das Tetrol **IV** übergeführt. Die Oxysäure **III** kann zur Ketosäure **V** oxydiert werden, die durch Alkali nicht isomerisiert wird u. deshalb trans-A/B-Verknüpfung haben muß (mit $LiAlH_4$ wird **V** zu **IV** red.). Die Änderung der Molekularrotation bei Schließen des Lactonringes bei **I** u. verschied. seiner Derivv. ist positiv. Eine mit allen vorst. Ergebnissen in Einklang befindliche Alternativstruktur **B** für **I** scheidet bei Betrachtung des Molekülmodells wegen der sehr starken Abstoßung infolge der axialen Methylgruppe an $C_{(12)}$ aus. Die $C_{(14)}$-Methylgruppe des Ketolactons **VI** muß in der stabilen äquatorialen Konfiguration angeordnet sein, weil beim Kochen in Alkali keine Epimerisierung erfolgt. Da **VI** aus **I** unter Bedingungen erhältlich ist, die eine Epimerisierung ausschließen, hat die $C_{(14)}$-Methylgruppe die in **A** angegebene Konfiguration u. das $Cl_{(14)}$-H-Atom ist axial angeordnet. — Es ist nach den Unterss. von Brown u. Mitarbeitern (C. **1954**. 6910) zu erwarten, daß **I** bei der Dehydratisierung ein Prod. mit einer endocycl. Doppelbindung liefert. Die exocycl. Stellung der Doppelbindung in Anhydromarrubiin (Cocker u. Mitarbeiter, C. **1955**. 5325) kann nach Vff. erklärt werden durch die äquatoriale Anordnung der $C_{(13)}$-Hydroxylgruppe, in der sie

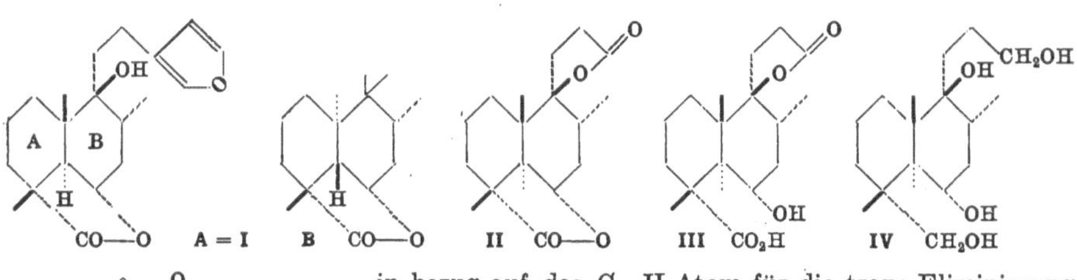

A = I B II III IV

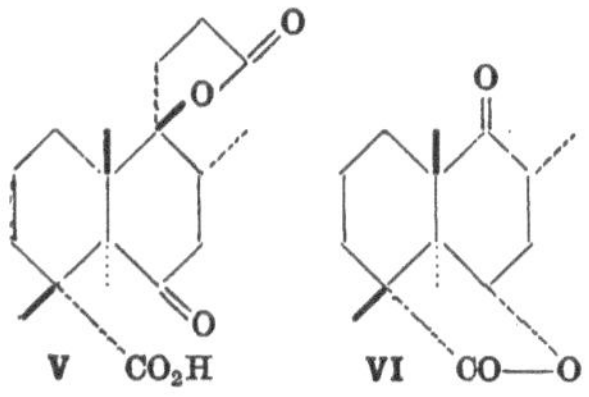

V VI

in bezug auf das $C_{(5)}$-H-Atom für die trans-Eliminierung von W. unter dem Einfl. von PCl_3 geeignet ist, während dies für das $C_{(14)}$-H-Atom unmöglich ist. Das erfordert eine a-Orientierung für die $C_{(13)}$-Seitenkette in **I**, im Gegensatz zu der üblichen Orientierung in den 7.8-Secopimaranen. — Einzelergebnisse: Molekularrotationen ($[M_D]$, falls nicht anders vermerkt in $CHCl_3$) für **I** u. verschied. **I**-Derivv. für a) Oxysäure u. b) Lacton; **I**, $+31^0$ (CH_3OH), $+119^0$; *Tetrahydromarrubiin*, 0^0, $+97^0$; **II**, -45^0, $+75^0$; **VI**, -78^0 (CH_3OH), $+280^0$. (Chem. and Ind. **1954**. 1561. 18/12. Dublin, Univ., Trinity Coll., Chem. Labor.) G. Winkler. B 123

J. L. Beton und **T. G. Halsall,** *Die Stereochemie von α-Amyrin.* (Vgl. JEGER, Angew. Chem. **63.** [1951.] 196.) Vff. weisen darauf hin, daß trotz der eingehenden Kenntnis über die Struktur von α-Amyrin (**I**) bisher keine zufriedenstellende Erklärung für die geringere Reaktionsfähigkeit an der Doppelbindung u. am C_{18}-H-Atom, verglichen mit β-Amyrin (**II**), gegeben werden konnte. Gleichfalls ungeklärt blieb, weshalb **I** mit P_2O_5 in Bzl. zu einem konjugierten Dien (—)-α-Amyradien (**III**) dehydratisiert werden kann, dagegen **II** nicht. — Das Spektr. von **III** zeigt maximale Absorption bei 2395 Å ($\varepsilon = 15000$) mit Inflexionen bei 2320 u. 2480 Å, was nach Vff. sehr charakterist. ist für den allg. Typ eines heteroannularen Dienchromophors, wie er durch $\Delta^{7,9,11}$-Euphadien-3β-ol (**IV**) verkörpert wird. Ferner zeigt **III** einen ähnlich stark negativen Drehwert ($[M]_D$ −420°) wie **IV** ($[M]_D$ −479°), u. das Infrarotspektr. von **III** in CS_2 hat zwei für die trisubstituierte Doppelbindung charakterist. Banden bei 801 (s) u. 789 (ms) cm^{-1}. — Vff. vermuten deshalb für **III** die Struktur **A**, seine Entstehung erfolgt aus **I** durch eine doppelte Methylgruppenwanderung über **B** u. **C** (der umgekehrte Mechanismus findet bei der Bldg. von Isoeuphen statt). Die treibende Kraft für diese Umlagerung muß nach Vff. in gewissen stereochem. Eigg. gesucht werden, die zwar in **I**, nicht aber in **II** vorhanden sind. Als einzige Konfiguration, die diese Bedingungen erfüllt u. die eine stabilere Anordnung am $C_{(18)}$ besitzt (vgl. BARTON u. HOLNESS, C. **1955.** 5785), kommt diejenige in Betracht, welche die D/E-Ringverb. trans u. die $C_{(17)}$-Methylgruppe in α-Stellung hat. Struktur **A** hat dann die Ringe C/D/E in der stabilsten Anordnung (trans–anti–trans). Die geringere Reaktionsfähigkeit an $C_{(12)}$ u. $C_{(18)}$ von **I** wird mit vorst. Ringverknüpfung am besten erklärt unter der Annahme, daß die Methylgruppe an $C_{(20)}$ in β-Stellung u. äquatorial angeordnet ist (Struktur **D**). Ein Modell

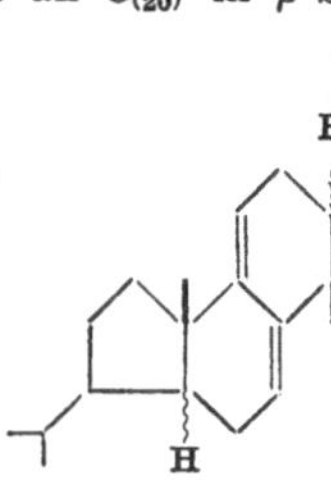

A

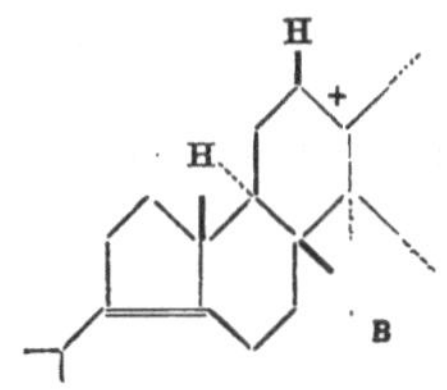

B

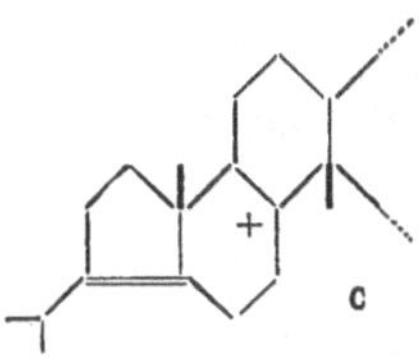

C

von Struktur **D**, welche von Vff. als vollständige Formulierung von **I** vorgeschlagen wird, zeigt, daß das $C_{(18)}$-H-Atom von den axialen Methylgruppen an $C_{(8)}$ u. $C_{(20)}$ u. von der $C_{(16)}$-CH_2-Gruppe „eingesperrt" ist. Außerdem liegt eine starke Wechselwrkg. nichtgebundener Atome vor zwischen $C_{(12)}$ u. der äquatorialen $C_{(19)}$-Methylgruppe. Struktur **D** ist vereinbar mit der

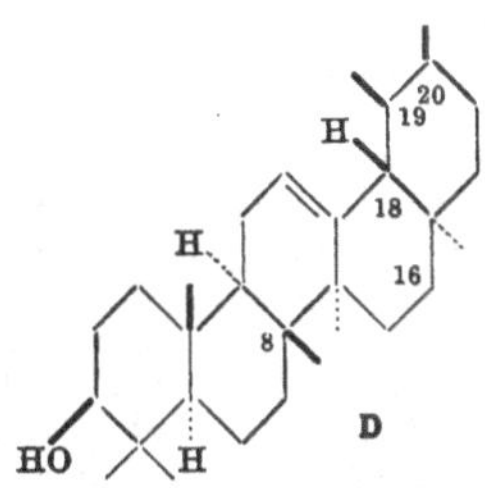

D

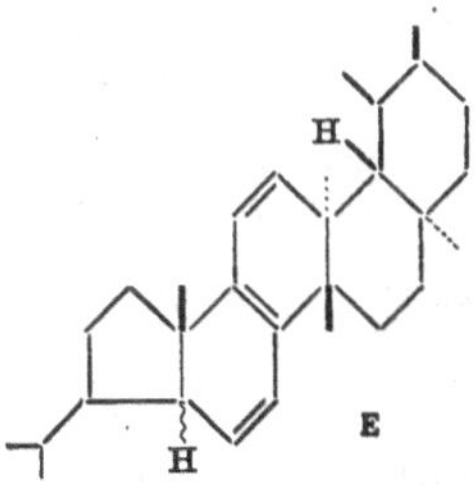

E

Bldg. von Ursolsäurelacton (l. c.), die den Substituenten am $C_{(17)}$ in Ursolsäure u. damit in **I** axial zum Ring D erfordert. Für (—)-α-Amyratrien (EWEN u. Mitarbeiter, J. chem. Soc. [London] **1944.** 28) wird von Vff. die Struktur **E** vorgeschlagen. (Chem. and Ind. **1954.** 1560—61. 18/12. Manchester, Univ., Dep. of Chem.) G. WINKLER. B 123

C. A. McDowell und **D. C. Frost,** *Spinbahnwechselwirkungen in Molekülionen.* Vff. ionisierten CH_3J, CH_3Br u. J_2 mit monoenerget. Elektronen (vgl. FOX u. Mitarbeiter, C. **1952.** 4888); sie konnten die Bldg. der verschied. Molekülionen in allen angeregten Elektronenzuständen beobachten, die nach der MO-Theorie zu erwarten sind. Die zwei Spinbahnkomponenten des ^2E-Grundzustandes konnten bei den Ionen CH_3J^+, CH_3Br^+ u. J_2^+ aufgelöst werden. Es wurde die Größenordnung der Spaltung der ^2E-Grundzustände dieser Molekülionen bestimmt; die Übereinstimmung mit den spektroskop. Daten ist sehr gut. (J. chem. Physics **24.** 173—74. Jan. 1956. Liverpool, Univ., Dep. of Inorgan. and Phys. Chem.) MAX SCHMIDT. B 131

N. Pilpel, *Der Einfluß des Lösungsmittels bei Dipolmomentmessungen.* Vf. berechnet die scheinbaren Dipolmomente von *Acetophenon, Phenetol, Chlorbenzol, Nitrobenzol* u. *Benzonitril* (ε gemessen in Lsgg. von Bzl., Chlorbenzol, Nitrobenzol u. CCl_4) nach der Meth. von LE FEVRE u. nach den Gleichungen von SUGDEN [1934], SMITH (C. **1953.** 6817) u. GOSS [1937]. Die erhaltenen Werte weichen je nach der verwendeten Meth. mehr oder weniger von den wahren, im Gaszustand erhaltenen Werten ab (die

Le Fevre-Meth. liefert zu niedrige, die anderen Methoden zu hohe Werte für die Orientierungspolarisation). Durch Mittelwertbldg. aus den nach den vier verschied. Methoden erhaltenen Werten können die vorst. Differenzen ausgeschaltet werden, für die Dipolmomente in Lsg. u. im gasförmigen Zustand wird dann sehr gute Übereinstimmung gefunden (maximale Abweichung 2%, durchschnittliche Abweichung 1%). — Einzelergebnisse: Dipolmomente μ (in D) für *Phenetol*, in Lsg. 1,43, im gasförmigen Zustand 1,40; *Chlorbenzol* 1,67, 1,68; *Acetophenon* 3,02, 3,01; *Nitrobenzol* 4,32, 4,23; *Benzonitril* 4,44, 4,39. (J. Amer. chem. Soc. **77.** 2949—53. 5/6. 1955. London, Univ., King's Coll., Chem. Dep.) G. Winkler. B 132

Yukio Kurita, Tetsuo Nozoe und **Masaji Kubo,** *Dipolmomente von Halogenderivaten des Hinokitiols.* Es werden in verd. Benzollsg. die Dipolmomente gemessen von *β-Monobromhinokitiol* (F. 42°), *α-Monochlorhinokitiol* (F. 117,5—118,5°), *β-Monochlorhinokitiol* (F. 47,6—48,5°), *γ-Monochlorhinokitiol* (F. 44—46°) u. *α-Dichlorhinokitiol* (F. 126—127°). Die Werte der Dipolmomente u. die aus ihnen gezogenen Strukturfolgerungen (jeweils in Klammer) sind in der genannten Reihenfolge die folgenden: 4,40 D (3-Brom-), 2,70 (5-Chlor-), 4,38 (7-Chlor-), 4,74 (3-Chlor-), 4,46 (3,7-Dichlor-). (Bull. chem. Soc. Japan **24.** 99—100. Juni 1951. Nagoya, Univ., Chem. Inst; Senday, Univ., Chem. Inst.) K. L. Wolf. B 132

S. I. Weissman und **John C. Sowden,** *Die Elektronenverteilung im Triphenylmethyl: Hyperfeinstruktur der paramagnetischen Resonanzabsorption des* $(C_6H_5)_3{}^{13}C^*$. Vff. untersuchen die paramagnet. Resonanzabsorption des *Triphenylmethyl* (I) mit ^{13}C (53 At.-%) in der Methylgruppe. In verd. Lsg. zeigt das Spektr. drei Linien, die gleichen Abstand voneinander haben, während I mit n. Isotopenverteilung nur eine Linie zeigt. Die beobachtete Aufspaltung entsteht durch ein Durchschnittsfeld am ^{13}C-Kern von ca. $3 \cdot 10^4$ Oe, entsprechend einer Aufspaltung von 0,7 Å zwischen dem ungepaarten Elektron u. dem Kern des Methyl-C-Atoms. (J. Amer. chem. Soc. **75.** 503. 20/1. 1953. St. Louis, Miss., Washington Univ., Dep. of Chem.) K. Frnkler. B 137

K. H. Hausser, *Temperaturabhängigkeit der magnetischen und optischen Eigenschaften organischer Stickstoffradikale.* Vom *N-Äthylphenazyl* (I), *Wursters-Blau-Perchlorat* (II) u. von einigen Tetrazoliumradikalen wird die Temperaturabhängigkeit der paramagnet. Susceptibilität χ_p untersucht u. die Absorptionsspektren von 10 bis $45 \cdot 10^3$ cm^{-1} bei Zimmertemp., von I u. II auch bei 90° K, aufgenommen. Die Temperaturabhängigkeit von χ_p folgt nicht dem Curieschen Gesetz: Bei tiefen Tempp. ist χ_p kleiner als erwartet, in einigen Fällen fast Null. Bei I u. II treten bei tiefer Temp. neue, sehr langwellige Absorptionsbanden auf. Die Möglichkeiten zur Deutung dieser Anomalie bei I werden diskutiert, es wird angenommen, daß sich ein temperaturabhängiges Gleichgewicht zwischen zwei paramagnet. Radikalen u. einem bei tiefen Tempp. bevorzugten, diamagnet. Dimeren einstellt, bei dem zwischen zwei scheibenförmig aufeinanderliegenden Moll. durch Überlappen der ungepaarten π-Elektronen eine schwache Bindung zustande kommt. Aus der Konzentrations- u. Temperaturabhängigkeit der langwelligen Bande ergibt sich eine Dissoziationswärme zu ca. 2 kcal/Mol. — Untersuchte Tetrazoliumradikale (Darst. vgl. Jerchel u. Fischer, C. **1955.** 3373) in [] χ_p u. Farbe: *2.3-Diphenylen-*, [1060; tiefblau]; *2.3-Diphenylen-5-methyl-*, [1000; tiefblau]; *2.3-Diphenylen-5-phenyl-*, [1400; olivgrün]; *2.3-[4-Chlordiphenylen]-5-phenyl-*, [1090; olivgrün]; *2.3-[4.4'-Dichlordiphenylen]-5-phenyl-*, [1090; olivgrün]; *2.3-[5-Chlordiphenylen]-5-phenyl-*, [1460; olivgrün]; *2.3-[4.5-Dichlordiphenylen]-5-phenyl-*, [950; olivgrün]; *2.3-[5-Methoxydiphenylen]-5-phenyl-*, [ca. 1000; braun]; *2.3-[5-Carbäthoxydiphenylen]-5-phenyltetrazoliumradikal*, [1200; tiefblau]. (Z. Naturforsch. **11a.** 20—32. Jan. 1956. Heidelberg, Max-Planck-Inst. für Med. Forsch., Inst. für Chem.) G. Pötzscher. B 137

Philip J. Elving und **Julian Lakritz,** *Geschwindigkeit der Neutralisation bei* C_1- *bis* C_4-*Nitroparaffinen.* Es wurden die Neutralisationsgeschwindigkeitskonstanten (k_2) der folgenden Nitroparaffine in verd. Lsg., die NaOH enthielt, bei 25,0 ± 0,2° mittels Leitfähigkeitsmessungen bestimmt: *Nitromethan*, $k_2 = 1026 \pm 8{,}5$ [Liter/Mol·Min.]; *Nitroäthan* 236 ± 7,6; *1-* 195 ± 2,1 u. *2-Nitropropan* 16,4 ± 0,92; *1-* 192 ± 6,2 u. *2-Nitrobutan* 8,78 ± 0,162. Die Rkk. sind 2. Ordnung. Die Rück-Rk. konnte vernachlässigt werden, da nur Meßwerte aus den ersten Min. der Rkk. verwertet wurden. Die Ergebnisse werden mit denen von Maron u. La Mer [1938] verglichen. (J. Amer. chem. Soc. **77.** 3217—19. 20/6. 1955. Ann Arbor, Mich., Univ. of Michigan, Dep. of Chem.) G. Cleve. B 139

E. Anne Yerger und **Gordon M. Barrow,** *Säure—Basen-Reaktionen in nicht dissoziierenden Lösungsmitteln. Essigsäure und Diäthylamin in Tetrachlorkohlenstoff und Chloroform.* (Vgl. C. **1956.** 6909.) Die Rkk. von *Essigsäure* (I) u. *Diäthylamin* (II) in CCl_4 u. Chlf. werden infrarotspektroskop. verfolgt u. aus Intensitätsänderungen verschied. Banden die Gleichgewichtskonstanten K berechnet. In sehr verd. Lsgg. von CCl_4 u. Chlf. wird nach: $CH_3COOH + HN(C_2H_5)_2 \rightleftarrows CH_3COOH_2N(C_2H_5)_2$ [CCl_4: K = 2800; Chlf.: K = 3000 (Mol·Liter^{-1})] das monomere 1:1-Salz gebildet, beim Chlf. mit Wasserstoffbrückenbindung vom Lösungsm. zu einem Acetatsauerstoff. Bei Zugabe von **II** zu konz. Lsgg. von **I** in CCl_4 entsteht zunächst eine Additionsverb. $(CH_3COOH)_2HN(C_2H_5)_2$ [K sehr groß] u. dann ein dimeres Salz: $(CH_3COOH)_2HN(C_2H_5)_2 + HN(C_2H_5)_2 \rightleftarrows [CH_3COOH_2N(C_2H_5)_2]_2$ [K = 16 (Mol·Liter^{-1})]. In konz. Lsgg. in Chlf. wird dagegen über die gleiche Additionsverb. als Endzustand das monomere 1:1-Salz erreicht: $(CH_3CO\cdot OH)_2HN(C_2H_5)_2 + HN(C_2H_5)_2 + 2\ HCCl_3 \rightleftarrows 2\ (C_2H_5)_2NH_2CH_3COOHCCl_3$ [K = 10 (Mol·Liter^{-1})]. Bei den Verbb. besteht Wasserstoffbrückenbindung zwischen dem O-Atom eines oder zweier Acetationen u. einem Alkylammoniumion, womit die Stabilität des Dimeren in CCl_4 erklärt wird. In Chlf. kann sich wegen Wasserstoffbrückenbindung mit dem Lösungsm. kein Dimeres ausbilden. Dieser Effekt wird auch bestätigt durch die größere Dimerisationskonstante der **I** in CCl_4 gegenüber der in $CHCl_3$. Die größere Basenstärke von **II** im Vgl. zu Triäthylamin (**III**; vgl. BAROW u. YERGER, C. **1955**. 3105) im Syst. **I**/CCl_4 wird auf bessere Solvatation vom **II**-Kation mit Acetationen zurückgeführt; im Syst. **I**/Chlf. besitzen **II** u. **III** gleiche Basenstärke, da die Wasserstoffbrückenbindung zwischen Acetat u. Chlf. eine bessere Solvatation von **II** verhindert. (J. Amer. chem. Soc. **77**. 4474—81. 5/9. 1955. Evanstone, Ill., Northwestern Univ., Dep. of Chem.) G. PÖTZSCHER. B 139

H. K. Hall jr., *Potentiometrische Bestimmung der Basenstärke von Aminen in nichtprotonenspendenden Lösungsmitteln.* Zahlreiche Mono- u. Diamine wurden in verschied. organ. Lösungsmitteln (Äthylacetat, Acetonitril, Nitrobenzol, Nitromethan, Äthylendichlorid) potentiometr. titriert. Die Titrationen wurden mit Lsgg. von Perchlorsäure, p-Toluolsulfonsäure u. Perfluorbuttersäure in Dioxan durchgeführt. Die relative Basenstärke der Amine ist unabhängig von der Säure u. vom Lösungsmittel. Zwischen der Basenstärke in organ. Lösungsmitteln u. der Basenstärke in W. besteht eine lineare Beziehung. Eine Ausnahme bilden Amine mit stark polaren Gruppen nahe dem N-Atom, diese sind in organ. Lösungsmitteln stärkere Basen, als ihrem pK_a-Wert in W. entspricht. Untersucht wurden folgende Verbb. mit pK_a (H_2O): *Methyl-*, 10,64; *Dimethyl-*, 10,61; *Trimethyl-*, 10,72; *Äthyl-*, 10,75; *Diäthyl-*, 11,00; *Triäthyl-*, 10,74 bzw. 10,72; *n-Propyl-*, 10,59; *Di-n-propyl-*, 10,91; *Tri-n-propyl-*, 10,70; *Isopropyl-*, 10,63; *Diisopropyl-*, 11,05; *n-Butyl-*, 10,61; *Di-n-butyl-*, 11,31; *Tri-n-butyl-*, 10,89; *Isobutyl-*, 10,42; *Diisobutyl-*, 10,59; *sek.-Butyl-*, 10,56; *Di-sek.-butyl-*; *tert.-Butyl-*, 10,45; *Di-n-amyl-*, 11,18; *Tri-n-amyl-*; *Neopentyl-*, 10,40; *Hexamethylendi-*, 11,11; *Äthylendi-*, 10,08; *Äthanol-*, 9,45; *Monoacetyläthylendi-*, 9,28; *Monobenzoyläthylendiamin*, 9,13; *Ammoniak*, 9,26; *Cyclohexylamin*, 10,79; *Bis-[p-aminocyclohexyl]-methan*; *Pyrrolidin*, 11,32; *Piperidin*, 11,20; *Hexamethylenimin*, 11,10; *2.2.6.6-Tetramethylpiperidin*, 11,10; *Morpholin*, 8,36; *N-Äthylpiperidin*, 10,40; *N-Methylmorpholin*, 7,41; *N-Äthylmorpholin*, 7,70; *1-Carbäthoxypiperazin*, 8,28; *1-Benzoylpiperazin*, 7,78; *1-Tosylpiperazin*, 7,44; *wasserfreies Piperazin*, 9,81; *trans-2.5-Dimethylpiperazin*, 9,69; *-Monoion*, 5,25. *N-Allylpiperidin*, 9,68; *N-Allylmorpholin*, 7,05; *Allylamin*, 9,53; *Benzylamin*, 9,30; *Dibenzylamin*; *Tribenzylamin*; *1.3-Diphenylguanidin*, 10,00; *1.3-Di-o-tolylguanidin*, 9,67; *1.2.3-Triphenylguanidin*, 9,1. *m-Nitro-*, 4,60; *m-Cyan-*; *m-Brom-*, 3,51; *p-Brom-*, 3,91; *m-Chlor-*, 3,52; *p-Methyl-*, 5,30; *p-Methoxy-*, 5,29; *Dimethyl-*, 5,06; *Diäthylanilin*, 6,56; *Anilin*, 4,60. *Pyridin*, 5,22; *2-Methylpyridin* 5,96; *3-Methyl-*, 5,63; *2.6-Dimethylpyridin*, 6,72; *m-Toluidin*. (J. physic. Chem. **60**. 63—70. Jan. 1956. Wilmington, Del., E. I. du Pont de Nemours Co., Inc., Pioneering Res. Div., Textile Fibers Dep.) H. MILSTER. B 139

R. Bruce Martin und **Jo Ann Lissfelt**, *Das 2.2'.2''-Tripyridinsystem.* Auf spektrophotometr. Wege bestimmen Vff. die Dissoziationskonstanten des *2.2'.2''-Tripyridins* (**I**; F. 80—82°, aus PAe.) zu $pK_1 = 2{,}64 \pm 0{,}07$ u. $pK_2 = 4{,}33 \pm 0{,}03$; für $pK_{1,2}$ wird der Wert $7{,}0 \pm 0{,}1$ gefunden. **I** scheint somit eine stärkere Base als die anderen Verbb. mit —N=C—C=N-Bindung zu sein. In 95% H_2SO_4 tritt ein neues Maximum im Spektr. des **I** auf (309 mμ; ε $2{,}75\cdot10^4$), die der Anlagerung eines 3. Protons zugeschrieben werden könnte. Der Fe-Komplex des **I** zeigt 3 Maxima im UV-Gebiet von 220—320 mμ neben dem bei 552 mμ, dessen Absorption dem BEERschen Gesetz gehorcht. Vff. stellen für den Komplex die Formel $Fe\cdot I_2\cdot 2H^+$ sicher u. bestimmen die Gleichgewichtskonstante pK_D $20{,}4 \pm 2$. Reproduzierbare Ergebnisse werden nur im p_H-Bereich 0,98—4,61 erhalten. Die Geschwindigkeitskonstanten für die Komplexbldg. u. -dissoziation werden zu $6{,}5 \pm 1{,}3\cdot10^{15}$ (Mol/Liter)$^{-4}$ sec^{-1} bzw. $5{,}0 \pm 0{,}8\cdot10^{-5}$ sec^{-1} bestimmt. (J. Amer. chem. Soc. **78**. 938—40. 5/3. 1956. Beirut, Libanon, Amer. Univ. of Beirut, Dep. of Chem.) K. FRENKLER. B 139

L. Holleck, H. Marsen und **H. J. Exner**, *Wasserstoffbrücken und elektrochemisches Verhalten aromatischer Verbindungen.* Während der Nachw. zwischenmol. H-Brücken durch starke Assoziationsbanden im Infrarotspektr. unschwer möglich ist, sind innermol. -NH····O Brücken schwierig zu erkennen. So bleibt die NH-Absorption des *o-Acetamidobenzaldehyds* bei 3279 cm^{-1} auch in verd. Lsg. frequenzkonstant. In diesen Fällen erbringt die polarograph. Unters. der Substituentenabhängigkeit des Halbstufenpotentials (HSP), wie Vff. an *Nitrobenzolen* u. *Benzaldehyden* mit o-ständigen -OH, $-NH_2$, $-NHCOCH_3$ zeigen konnten, den Nachweis. Dieser liegt darin, daß bei den Benzaldehyden eine Schwächung des Doppelbindungscharakters der C=O-Gruppe u. damit eine Negativierung des HSP erfolgt. Bei Nitrobenzolen hingegen werden die einsamen Elektronenpaare der Nitrogruppe zum Aufbau des Chelatringes herangezogen, wodurch der Doppelbindungscharakter zum freien O-Atom verstärkt wird u. die mesomere Grenzform dadurch festgelegt ist. An diesem freien O herrscht dadurch ein Elektronenmangel, weswegen die Red. erleichtert wird. (Z. Naturforsch. **9b.** 90—94. Febr. 1954. Freiburg/Br., Univ., Inst. für Phys. Chem.) H. BERG. B 142

Giacomo Costa, Pia Rozzo und **Pietro Batti,** *Elektrochemische Reduktion, polarographisches und spektrophotometrisches Verhalten des p-Aminoazobenzols und der Isomeren α- und β-p-Aminoazoxybenzol. p-Aminoazobenzol* (I) u. α- (II) bzw. *β-p-Aminoazoxybenzol* (III) werden polarograph. irreversibel red., die Reduktionspotentiale betragen für I —0,5 V, II —0,73 V u. III —0,76 V. Sie entsprechen damit etwa denen der analogen p-Oxyverbb., jedoch liegen die Potentiale von II u. III um ca. 0,3 V negativer. Zur Red. von I werden 2, für II u. III je 4 Elektronen verbraucht, was der Red. zur Hydrazostufe entspricht. Die Elektrolyse bei konstantem Potential weist jedoch einen Verbrauch von 6 Elektronen auf, Reduktionsprodd. sind Anilin u. p-Phenylendiamin. p-Chinondiimin wird als Zwischenstufe angenommen, der Reduktionsmechanismus schließt Tautomeriegleichgewichte ein. — Die UV-Spektren, die bei verschied. p_H in 30% alkoh. Lsg. aufgenommen wurden, zeigen Absorptionsmaxima für die nichtionisierten Moll. für I bei 380 mμ, für II u. III bei 390 bzw. 370 mμ. Eine hypsochrome Verschiebung dieser Maxima tritt im sauren Gebiet ein u. ist bes. stark bei I ausgeprägt. Die Basizitätskonstante ergibt sich spektrophotometr. für I u. II zu ~2,5, sie ist für III kleiner. (Ann. Chimica **45.** 387—99. April/Mai 1955. Trieste, Univ., Ist. di Chim. gen.) H. NÖTH. B 142

James C. M. Li und **Kenneth S. Pitzer,** *Die thermodynamischen Eigenschaften des 1.1-Dichloräthans. Wärmekapazitäten von 14—294° K, Schmelz- und Verdampfungswärmen, Dampfdruck und Entropie des idealen Gases. Die Potentialschwelle gegen die innere Rotation.* Vff. bestimmen die thermodynam. Eigg. des *1.1-Dichloräthans* (I; F. 176,18±0,05° K). Die Wärmekapazitäten von 15—300° K werden tabelliert. Für den Dampfdruck zwischen 234° u. 290° K wird die empir. Beziehung $\log p_{cm\,Hg} = 6{,}1560 - 1258{,}1/(T-36)$ gefunden. Weiter werden bestimmt die Schmelzwärme zu 1881±2 cal/Mol, die Verdampfungswärme zu 7409±7 cal/Mol sowie die Entropie der Fl. u. des Gases (bei idealem Verh.) zu 50,61±0,10 bzw. 72,89±0,15 cal/Mol Grad. Die Potentialschwelle gegen eine innere Rotation wird zu 3550±450 cal/Mol berechnet. Auf diesen Wert würde auch eine schwache Bande im Infrarotspektr. der Fl. bei 240 cm^{-1} hinweisen, die im Gaszustand nicht beobachtet werden konnte. In der Reihe Äthan, Äthylchlorid (II), I u. 1.1.1-Trichloräthan zeigen die Werte der Potentialschwelle bei II u. I ein Maximum, das abgeschwächt auch in der entsprechenden Reihe der Fluorverbb. beobachtet wurde. Vff. tabellieren schließlich für die Tempp. von 200—1000° K für das I-Gas die Werte Cp^0, $H^0 - H_0^0$, $-(F^0 - H_0^0)/T$, S^0. (J. Amer. chem. Soc. **78.** 1077—80. 20/3. 1956. Berkeley, Calif., Univ., Dep. of Chem. and Engng. Chem.) K. FRENKLER. B 146

Mansel Davies und **D. K. Thomas,** *Isopiestische Untersuchungen wässeriger Lösungen von Dicarbonsäuren.* Vff. beschreiben eine App. zur präzisen Messung der Dampfdruckerniedrigung von wss. Lsgg. einiger Dicarbonsäuren bei verschied. Tempp. nach der isopiest. Meth., Standard wss. H_2SO_4. Tabellar. Aufführung der Dampfdruckerniedrigungen u. Aktivitäten von Lösungsm. u. Lsg. für wss. *Malonsäure, Methylbernsteinsäure* u. *Glutarsäure* (I). Die Aktivitäten von *Maleinsäure, Bernsteinsäure* u. *Äpfelsäure* werden berechnet. Über den gemessenen Konzentrationsbereich von 0,5 bis 3 mol. verhalten sich mit Ausnahme von I alle Lsgg. normal. I zeigt einen regelmäßigen Anstieg der mol. Komplexität mit Zunahme der Konz. bei jeder Temperatur. Vff. erklären diesen Effekt mit dem größeren hydrophoben Charakter der Kette zwischen den Carboxylgruppen der I. (J. physic. Chem. **60.** 41—44. Jan. 1956. Aberystwyth, Wales, Univ. of Wales, Edward Davies Chem. Labor.) V. BURBACH. B 150

Toshio Tanaka, Ukiko Takahashi, Rokuro Ōkawara und **Takeo Watase,** *Verbrennungs- und Bildungswärme einiger Organosiliciumverbindungen.* In BERTHELOTschen

Bomben bestimmten Vff. die Verbrennungswärmen von Organosiliciumverbb., um daraus die Bindungsenergien zwischen Si u. anderen Elementen abzuleiten. Verbrannt wurden *Dimethyldiäthoxysilan* (I), *Di-n-propyldiäthoxysilan* (II), *Diäthylsilandiol* (III), *Hexamethylcyclotrisiloxan* (IV) u. *Hexaphenylcyclotrisiloxan* (V). Verbrennungs- (in cal/g) u. Bildungs- (in kcal/Mol) wärme von **I** 7536, 200; **II** 8552, 217; **III** 6495, 193; **IV** 6314, 396; **V** 8086, 225. Die Werte für die Bildungswärmen stimmen nicht immer gut mit den Werten überein, die sich aus den Bindungsenergien der Moll. des Si_2, O_2, H_2, C_2 u. der Radikale C—H, Si—C, Si—O, C—C, C=C, OH, ferner aus der Resonanzenergie des Benzolkerns u. aus den Verdampfungswärmen errechnen. Die Gründe für diese Abweichungen werden diskutiert. (Bull. chem. Soc. Japan **28.** 15—19. Jan. 1955. Osaka, Higashinoda, Univ., Fac. of Engng., Dep. of Appl. Chem. [Orig.: engl.]) E. ROEDER. B 156

C. L. Chernick, H. A. Skinner und **C. T. Mortimer,** *Thermochemie phosphororganischer Verbindungen.* 1. Mitt. *Trimethyl- und Triäthylphosphit.* Die Wärmen für die Veresterung von PCl_3 mit CH_3OH u. C_2H_5OH in Cyclohexan wurden bestimmt zu ΔH^0 [$P(OCH_3)_3$ fl.] = —175,0 u. ΔH^0 [$P(OC_2H_5)_3$ fl.] = —204,1 kcal/Mol. Der Wert für die mittlere Dissoziationsenergie der Bindung (P—OR) liegt zwischen 79—82 kcal/Mol. (J. chem. Soc. [London] **1955.** 3936—38. Nov. Manchester, Univ.) B. MÜLLER. B 156

R. M. A. Noordtzij, *Der Einfluß der Temperatur auf die Bildungswärmen von binären Mischungen, die als Bestandteile Benzol, Cyclohexan und Tetrachlorkohlenstoff enthalten.* Für verschied. Tempp. zwischen 15° u. 20° bestimmt Vf. die Mischungswärmen ΔH der bin. Systeme *Cyclohexan* (I)-*Tetrachlorkohlenstoff* (II), *Bzl.*-I u. Bzl.-II durch Messung der Verdünnungswärmen δH_1 u. δH_2 unter Benutzung der Beziehung von BOISSONAS u. NOORDTZIJ, C. **1954.** 9462. Die Ergebnisse stehen in Übereinstimmung mit den Ergebnissen anderer Autoren: Bzl.-**II** bei 30°, δH_1^0 121,8 ± 0,7; δH_2^0 123 ± 2,5. **I-II** bei 15°, 172,3 ± 0,5; 153,3 ± 1,8; bei 30°, 174,2 ± 1,2; 156,1 ± 1,4; bei 50°, 191,1 ± 0,6; 190,4 ± 1,3. Bzl.-**I** bei 15°, 757 ± 4; 847 ± 6; bei 30°, 708 ± 5; 795 ± 5; bei 50°, 678 ± 5; 771 ± 5 cal/Mol [korr. auf unendliche Verdünnung]. — Bildungswärmen ΔH für Bzl.-**II** bei 30° 31; **I-II**, zwischen 15° u. 30° 41, bei 50° 48; Bzl.-**I** bei 15°, 30° u. 50° 200, 190 u. 183 cal/Mol. (Helv. chim. Acta **39.** 637—43. 15/3. 1956. Neuchâtel, Univ., Inst. de Chim.) K. FRENKLER. B 156

Virginia Griffing, Martha Ann Cargyle, Louis Corvese und **Denise Eby,** *Temperaturkoeffizienten der Viscosität einiger halogensubstituierter organischer Verbindungen.* In einem weiten Temperaturbereich haben Vff. die Viscositäten von *Dibrom-*, *Dichlor-* u. *Dijodmethan,* von *o-*, *m-* u. *p-Dichlorbenzol, 1.2.3-*, *1.3.5-* u. *1.2.4-Trichlorbenzol, p-Chlorphenol* u. *o-Chlorphenol* gemessen. Die trihalogenierten Benzolverbb. u. Chlorphenol zeigen im Gegensatz zu den anderen untersuchten Verbb. Abweichungen von der Linearität von log η gegen (1/T, die Vff. auf Assoziationen zurückführen. (J. physic. Chem. **58.** 1054—56. Nov. 1954. Washington, D. C., Catholic Univ. of America, Dep. of Chem.) H.-U. WOELK. B 172

J. J. Chessick, A. C. Zettlemoyer, F. H. Healey und **G. J. Young,** *Wechselwirkungsenergien zwischen organischen Molekülen mit Rutil- und Graphitoberflächen aus Benetzungswärmen.* Die Benetzungswärme von Rutil (I) in einer Reihe von kurzkettigen organ. Lösungsmitteln ist nahezu eine lineare Funktion des Dipolmomentes (μ) der benetzenden Flüssigkeit. Diese Beziehung wird auf die Wrkg. polarer VAN DER WAALS-Kräfte zurückgeführt, die hauptsächlich von μ abhängen. Der durchschnittliche Abstand eines Dipolmol. von der **I**-Oberfläche u. die wirksamen Oberflächenkräfte werden berechnet. Die Adsorptionsenergie (A.E.) wird direkt aus Daten der Benetzungswärme bestimmt. Sie hängt von den Beiträgen der polaren u. unpolaren VAN DER WAALS-Kräfte ab, die beim Adsorptionsprozeß wirksam sind. Die A.E. wird berechnet für die Wechselwrkg. zwischen Alkoholen bzw. KW-stoffen mit einer heteropolaren (TiO_2) bzw. homöopolaren (Graphit) Oberfläche. Die Wrkg. der Kettenlänge u. funktioneller Gruppen in den Moll. auf die Benetzungswärme wird diskutiert. Ergebnisse: Benetzungswärmen von **I** (W_R) u. Graphit (W_G) bei 25° [erg/cm²] für H_2O: [W_R =] —550; [W_G =] —32,2; CH_3OH: —426; —102; C_2H_5OH: —397; —110; *n-Butanol*: —410; —114; *n-Pentanol*: —413; —120; *Hexan*: —135; —103; *Octan*: —140; —127. (Canad. J. Chem. **33.** 251—58. Febr. 1955. Bethlehem, Pa., Lehigh Univ., Chem. Dep.) H. BÜTTNER. B 176

John L. Morrison und **David M. Miller,** *Die Adsorption aliphatischer Säuren aus wässerigen Lösungen durch poröse Kohlen.* (Vgl. auch C. **1955.** 4555.) Es wird die maximale Adsorption der niederen ein- u. zweibas. Säuren an poröser Holzkohle aus wss. Lsg. bestimmt. Zur Verwendung kommen 7 verschied. Kohlepräpp. (Cocosnuß). Die Porenweite wird aus der Wasserdampfadsorption bestimmt. An den aktiveren Kohlen wurde eine Alternation der Maximaladsorption beobachtet: geradzahlige Kohlenstoffzahl ist für die Adsorption günstiger. Die zweibas. Säuren zeigen noch stärkere Alternation, in Analogie zur Alternation der Schmelzpunkte. Das gibt Anlaß, die übliche Erklärung der Alternation durch die schiefe Lage zu den Netzebenen zu ersetzen durch eine Erklärung, die auf der Rotation der Moll. im festen Zustand beruht. Es wurden folgende Säuren untersucht: *Essig-, Propion-, Butter-, Valerian-, Capron-, Oxal-, Malon-, Bernstein-, Glutar-, Adipinsäure.* (Canad. J. Chem. **33.** 330—43. Febr. 1955. Edmonton, Univ. of Alberta, Dep. of Chem.) K. L. WOLF. B 176

Gaetano di Modica und **Sergio Tira,** *Adsorptionsisothermen ungesättigter Fettsäuren.* 1. Mitt. Die Isothermen der Adsorption von *Ölsäure, Linolsäure* u. *Linolensäure* (I) aus aceton. Lsg. an alkalifreiem Al_2O_3 werden bei $+20^0$, 0^0 u. -40^0 aufgenommen. In allen Fällen nimmt die Adsorption mit fallender Temp. ab. Bei I ist die Kurve bei -40^0 deutlich anomal, vermutlich infolge Abscheidung der Säure bei Konzz. >2 mMol/Liter. Bei 20^0 liegen die Kurven der 3 Säuren nahe beieinander, bei 0^0 sind ihre Abstände größer, so daß eine Trennung durch fraktionierte Adsorption möglich erscheint. (Ann. Chimica **45.** 343—53. April/Mai 1955. Torino, Univ., Ist. di Chim.) R. K. MÜLLER. B 176

A. Blackburn und **J. J. Kipling,** *Adsorption aus binären flüssigen Mischungen: Einige Effekte von Asche in handelsüblicher Holzkohle.* Handelsübliche Holzkohle enthält Aschebestandteile, die mit Dämpfen oder Fll. reagieren können. Vff. untersuchten Holzkohle aus Cocosnußschalen in der ursprünglichen Form a), nach Soxhletextraktion mit dest. W. b), nach Extraktion mit *Eisessig* (I) c) u. HF d). a) verändert den Brechungsindex von I stark, b) u. c) wenig. Im fl. Syst. *Bzl.*–I tritt neben der üblichen selektiven Adsorption bei a) u. b) ein zusätzlicher Effekt auf. Die Adsorptionsisothermen von *Bzl.*- u. *Toluol*-Dämpfen sind bei a), b) u. c) vom LANGMUIRschen Typ. Bei der Adsorption von I-Dämpfen ist dies ebenfalls bei c) u. d) der Fall, nicht aber bei a). Es wird der Schluß gezogen, daß die vorliegende Holzkohleasche bei der Adsorption aus wss. oder anderen Lsgg., die anorgan. Salze u. Säuren enthalten, reagieren kann, nicht aber aus solchen mit Basen u. Substanzen, in welchen die Asche unlösl. ist. (J. chem. Soc. [London] **1955.** 4103—06. Dez. Hull, Univ.) H. SACKMANN. B 176

H. O. Jenkins, *Beziehungen zwischen Bindungsordnung und -länge.* Vf. stellt fest, daß zwischen dem reziproken Quadrat der Bindungslänge (r_e) u. der Bindungsordnung (n) ein linearer Zusammenhang besteht. Für die C–C-Bindung ergibt sich die Gleichung $1/r_e^2 = 0{,}2868 + 0{,}1334n$ (aus r_e für Äthan $= 1{,}543$ Å, $n = 1$; Äthylen $= 1{,}353$ Å, $n = 2$; Acetylen $= 1{,}207$ Å, $n = 3$; Bzl. $= 1{,}397$ Å, $n = 1{,}67$), für die C–N-Bindung $1/r_e^2 = 0{,}316 + 0{,}144n$ (aus r_e für C–N $= 1{,}475$ Å; C≡N $= 1{,}156$ Å; Melamin $= 1{,}346$ Å, $n = 1{,}66$; Pyridin $= 1{,}37$ Å, $n = 1{,}53$) u. für die N–N-Bindungen $1/r_e^2 = 0{,}263 + 0{,}193n$ (aus r_e für N–N $= 1{,}48$ Å; N=N $= 1{,}24$ Å; N≡N $= 1{,}094$ Å). (J. Amer. chem. Soc. **77.** 3168—69. 5/6. 1955. Manchester, England, Univ.) G. WINKLER. B 182

George J. Janz und **Warren E. Fitzgerald,** *Infrarotspektrum und Molekularstruktur von Bernsteinsäuredinitril.* Es werden die Infrarotspektren von *Bernsteinsäuredinitril* bei 60^0 (fl.), -40^0 u. -45^0 (fest) aufgenommen. Die Daten bestätigen die Existenz von Rotationsisomeren der Verbindung. Unterhalb von $-43{,}7^0$ existiert von den drei möglichen Formen — cis, trans u. gauche — nur noch die gauche-Konfiguration, während bei höheren Tempp. ein Gemisch der Isomeren mit vorherrschender gauche-Form vorliegt. Im Gegensatz zu n-Butan u. den Dihalogenäthanen, die gleichfalls Rotationsisomerie aufweisen, ist also bei Bernsteinsäuredinitril die stabilste Form die gauche- u. nicht die trans-Konfiguration. (J. chem. Physics **23.** 1973—74. Okt. 1955. Troy, N. Y., Rensselaer Polytechn. Inst., Dep. of Chem.) W. KRÖNERT. B 182

Hideo Murakami, *Mitteilung über die Wechselwirkung und Konfiguration in einem Chlor–Benzol-Komplex.* Vf. gibt eine Deutung der Wechselwrkg. zwischen Cl_2- u. Benzolmoll. in Lösung. Grundlage der Diskussion bildet die von COLLIN u. D'OR (C. **1955.** 9283) beobachtete breite Absorptionsbande bei 526 cm^{-1}. Es wird angenommen, daß die Ladungsübergangswechselwrkg. als Anteil an der gesamten Bindungsenergie zwischen den Komponenten gegenüber der VAN DER WAALSschen Wechselwrkg. eine untergeordnete Rolle spielt. Ein mit den experimentellen Daten im Einklang stehendes Modell, das die VAN DER WAALSschen Wechselwrkg., den Packungszustand sowie die statist. Verteilung in der Lsg. berücksichtigt, wird angegeben. (J. chem. Physics **23.** 1957—58. Okt. 1955. Osaka, Japan, Osaka Univ., Faculty of Sci., Dep. of Chem.) W. KRÖNERT. B 182

Theodor Wieland und **Helga Schwahn,** *Zur Struktur und Reaktionsweise organischer Disulfide.* Mit Hilfe von ^{35}S wurde an gemischten Disulfiden (D), RS*SR′, nachgewiesen, daß deren Struktur gestreckt ist u. daß verzweigte Strukturen, R(R′)S → S, nicht vorkommen. ^{35}*S-[3-Phenylindolyl-(2)]-[β-amino-β-carbomethoxyäthyl]-disulfid,* aus ^{35}S-α-Mercapto-β-phenylindol (I) u. S-Chlor-N-carbobenzoxycysteinylmethylester, erwies sich als unbrauchbar für diese Unters., da es schon beim Aufbewahren in Lsg. rasch in das symm. **D** übergeht. **I** liefert bei gleichzeitiger Oxydation mit aliphat. Mercaptanen als Hauptprod. *3.3'-Diphenyldiindolyldisulfid.* Oxydation eines Gemisches zweier aliphat. Mercaptane in wss. Lsg. mit Luft bei p_H 8 oder mit J_2 im schwach sauren Gebiet gab stets etwa gleiche Mengen an symm. u. gemischten **D**. Dargestellt wurden gemischte **D** aus folgenden Mercaptanen: Glutathion (**II**) + Thioglykolsäure (**III**), Cystein (**IV**) + **III**, Cysteamin (**V**) + **III**, **V** + **IV** u. **II** + **IV** (Nachw. u. mikropräparative Gewinnung mittels Hochspannungspapierelektrophorese). Das **D** aus **II** u. **IV** ist sehr beständig, es bildet sich auch aus **II** (bzw. **IV**) u. dem symm. **D** von **IV** (bzw. von **II**) in einer Gleichgewichtsreaktion. So lassen sich auch andere asymm. **D** aus dem symm. **D** mit einem überschüssigen Mercaptan bei p_H 8 darstellen. Diese asymm. **D** sind in neutraler u. schwach saurer Lsg. beständig, gehen aber in schwach alkal. Lsg. rasch teilweise in die symm. **D** über, bes. leicht in Ggw. kleiner Mengen eines Mercaptans. Unter diesen Bedingungen stehen auch 2 symm. **D** im Gleichgewicht mit den asymmetrischen. Vff. nehmen an, daß diesen Rkk. eine Hydrolyse der S–S-Bindung vorangeht (vgl. auch RYLE u. SANGER, Biochem. J. **60.** [1955.] 535). Zur Prüfung, ob die **D** ihren S austauschen, wurden gemischte **D** aus markierten symm. **D** u. einem inakt. Mercaptan dargestellt (^{35}S-Cystin + **II** bzw. **III**; ^{35}S-Dithiodiglykolsäure + β-Mercaptoäthylamin), durch Hochspannungselektrophorese abgetrennt, eluiert u. dann durch reduktive Spaltung mit überschüssigem $NaBH_4$ in wss. Lsg. in die Mercaptane übergeführt. Diese wurden mit Jodacetat u. Alkali in die S-substituierten Thioglykolsäurederivv. übergeführt, die durch Papierelektrophorese bei p_H 6,5 voneinander getrennt wurden. Bei keinem der 3 gemischten **D** konnte Radioaktivität in der vorher inakt. Komponente festgestellt werden. — *^{35}S-Thioessigsäure,* Kp. 92—95°, durch Destillieren eines Gemisches von $^{35}S-P_2S_5$ [aus 1,5 g rotem P u. 4 g ^{35}S] u. 10 cm³ Eisessig (Ölbad, 130—160°); 3,5 cm³ (Ausbeute). — *^{35}S-Cystin,* aus vorst. Verb. nach SCHÖBERL u. WAGNER (C. **1948.** II. 43); 40%. (Chem. Ber. **89.** 421—28. 1956. Frankfurt/M., Univ., Inst. für organ. Chem.) G. CLEVE. B 182

Bruce R. Penfold, *Die Kristallstruktur von α-Thiopyridon.* Kleine gelbe Nädelchen oder dünne Blättchen von *α-Thiopyridon* wurden durch Umkristallisieren aus Bzl. erhalten. Die Verb. ist monoklin mit a = 14,35 Å; b = 6,31 Å; c = 6,10 Å (alle ±0,3%); β = 103°01° ± 5'. Raumgruppe ist $P2_1/a$; Z = 4. Die Struktur wurde mit Hilfe von PATTERSON- u. Elektronendichteprojektionen aufgeklärt. Die gefundenen Koordinaten x; y; z (in Å) sind (Bezifferung s. nebenst. Figur): S: 1,327; 2,756; 2,026; N: 1,00; 1,51; —0,36; C_1: 1,64; 1,50; 1,03; C_2: 2,53; 0,37; 1,46; C_3: 2,69; —0,58; 0,63; C_4: 1,98; —0,57; —0,88; C_5: 1,16; 0,53; —1,20. Aus der Entfernung C_1—S = 1,68 Å ergibt sich ein Doppelbindungscharakter von 65 ± 5%. In dem Gitter treten Paare von Moll. auf, die durch Symmetriezentren verbunden sind; die Struktur besteht daher aus einer Wiederholung von Dimeren. Diskutiert wird die Möglichkeit von H-Bindung zwischen den N- u. S-Atomen. (Acta crystallogr. [Copenhagen] **6.** 707—13. 10/9. 1953. Cambridge, Cavendish Labor., Crystallographic Labor.) C. GOTTFRIED. B 195

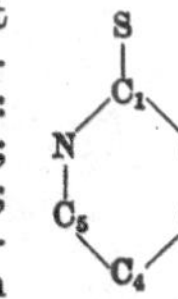

Inger Nøring, Arne Jensen und **Carl Faurholt,** *Untersuchungen über Monoalkylcarbonate.* 12. Mitt. *Die Monoalkylcarbonate von Äthylenglykol und Äthylenchlorhydrin.* (11. vgl. Dansk Tidsskr. Farmaci **25.** [1951.] 89.) Vff. untersuchen die Bldg. von Monoalkylcarbonaten aus Äthylenglykol (**I**) u. Äthylenchlorhydrin (**II**) mit CO_2 in wss. alkal. Lsg. bei 0°, wobei angenommen wird, daß CO_2 nur mit dem Alkoholation, nicht mit undissoziiertem Alkohol reagiert. Geschwindigkeitskonstanten k für die Bldg. des Alkylcarbonations Alkylat$^-$ + CO_2 $\rightleftharpoons$ Alkyl·CO_3^- bei **I** log k = 4,64; bei **II** log k = 4,74; Gleichgewichtskonstanten K für Alkyl·CO_3^- + H_2O $\rightleftharpoons$ Alkohol + HCO_3^- bei **I** $10^{1,44}$; bei **II** $10^{2,05}$. Für die Zers., eine Rk. 1. Ordnung, Alkyl·CO_3^- $\rightleftharpoons$ Alkylat$^-$ + CO_2 u. CO_2 + OH^- $\rightleftharpoons$ HCO_3^- werden Geschwindigkeitskonstanten ermittelt, die gut mit den berechneten Werten übereinstimmen. (Acta chem. scand. **6.** 404—10. 1952. Copenhagen, Royal Dan. School of Pharm.) G. WINKLER. B 221

Arne Jensen, Erik Jørgensen und **Carl Faurholt,** *Untersuchungen über Monoalkylcarbonate.* 13. Mitt. *Das Monoalkylcarbonat von Allylalkohol.* (12. vgl. vorst. Ref.) Vff. untersuchen die Kinetik der Bldg. von *Monoallylcarbonat* (**I**). **I** wird erhalten durch Schütteln einer alkal. Lsg. von *Allylalkohol* (**II**) mit Luft/CO_2 bei 0° neben gewöhnlichem Carbonat. Die Geschwindigkeitskonstante k' der Rk. CH_2=CH—CH_2OH + OH^- + CO_2 → CH_2=CH—$CH_2CO_3^-$ + H_2O wird zu $10^{4,44}$ ermittelt. Es werden ferner das Gleichgewicht **I** + H_2O $\rightleftharpoons$ **II** + HCO_3^- (K = $10^{1,61}$) u. die Zers. von **I** in stark alkal. Medium untersucht (k_{Mono} = 0,0031 bzw. 0,0042 für 1 mol. bzw. 0,5 mol. Lsgg. von **II**, p_H > 10), wobei für letztere Rk. der Mechanismus **I** → CH_2=CH—CH_2O^- + CO_2, CO_2 + OH^- = HCO_3^- angenommen wird. (Acta chem. scand. **6.** 1036—40. 1952.) G. WINKLER. B 221

G. B. Kistiakowsky und **R. Williams,** *Die Kinetik der Bildung einer koordinativen Bindung.* 2. Mitt. (1. vgl. GARVIN u. KISTIAKOWSKY, C. **1953.** 6633.) Die Kinetik der schnell verlaufenden Gas-Rkk. zwischen BF_3 u. NH_3, *Dimethyl-* (**I**, Reinigung über das p-Toluolsulfonamid, F. 81,8—82,6°), *n-* (Kp. 76—77°) u. *tert.-Butylamin* (Kp. 44—44,5°) sowie *Pyridin* (Kp. 114—116°) wurde — mit N_2 als Trägergas — durch Best. des Temperaturverlaufes untersucht. Die Rkk. wurden zwischen ca. 20 u. 55° untersucht. Nur die bimol. Geschwindigkeitskonstanten der Rkk. mit NH_3 u. **I** zeigten eine Druckabhängigkeit. Ein Vgl. mit den früheren Ergebnissen (l. c.) an Methyl- u. Trimethylamin zeigt, daß die Lebensdauer der „heißen" quasi-Moll., die durch Zusammentritt eines Mol. BF_3 mit einem Mol. Amin entstehen, mit der Zahl der Schwingungsfreiheitsgrade des quasi-Mol. ansteigt. Die Additionsgeschwindigkeiten sind beträchtlich kleiner als die Rekombinationsgeschwindigkeit von CH_3-Radikalen. Sie vergrößern sich von NH_3 bis zu den höheren Aminen um das 30fache u. entsprechen dann ca. 1/30 der Stoßzahl. Dieser Befund widerspricht der Annahme, daß die Reaktionsgeschwindigkeit nur durch ster. Wirkungen bestimmt wird; die Vermutung einer kleinen (<2 kcal/Mol), experimentell jedoch nicht beobachteten Aktivierungsenergie scheint zutreffend zu sein, diese müßte von NH_3 zu den höheren Aminen abnehmen, was mit den gegenwärtigen Ansichten über die Elektronenstruktur der B–N-Bindung (Wrkg. induktiver Effekte u. der LONDON-Dispersionskräfte) in Einklang ist. (J. chem. Physics **23.** 334—38. Febr. 1955. Cambridge, Mass., Harvard Univ., Gibbs Chem. Labor.) B. GNAUCK. B 223

Kurt E. Shuler, *Eine Näherungsberechnung der Benzol-Selbstkomplexwechselwirkungsenergie bei hohem Druck.* Für die Hauptabsorptionsbanden im Spektr. von sehr verd. *Benzol*-Lsgg. in Isooctan (Benzolmolenbruch 0,001) findet MALL (unveröffentlicht) bei 1000 at eine Verschiebung von 5 Å ins langwellige Gebiet gegenüber der Lage bei n. Druck (2545 → 2550 u. 2606 → 2610 Å). Unter der Annahme, daß bei n. Druck keine Selbstkomplexbldg. des Bzl. stattfindet, läßt sich die Komplexwechselwirkungsenergie eines bei 1000 at gebildeten 1:1-Komplexes mittels der Beziehung $2\varepsilon = hc\,\Delta\lambda/(\lambda_A)^2$ zu ca. 200 cal/Mol berechnen, wie Vf. zeigt. (J. chem. Physics **21.** 765—66. April 1953. Silver Spring, Md., Johns Hopkins Univ., Appl. Phys. Labor.) K. FRENKLER. B 223

Giuseppe Tagliavini, Guido Arich und **Manfredo Biancani,** *Mischungsdiagramm und Verteilungsgleichgewicht im System Wasser–Benzol–Essigsäure.* Das ternäre Syst. *W.–Bzl.–Essigsäure* (**I**) wurde bei 60, 70, 80, 90, 100, 110 u. 120° untersucht. Die Mischungsisothermen wurden durch das Auftreten von Trübungen im Syst., die Kojugationslinien durch Best. des Verteilungsgleichgewichtes ermittelt, desgleichen die krit. Punkte. Die Verteilung der **I** zwischen wss. u. benzol. Phase gehorcht dem NERNSTschen Gesetz, wenn die **I**-Konz. kleiner als 0,5—0,7 Mol/Liter ist. Die relativen Konstanten des Verteilungsgleichgewichtes der monomeren **I**-Form sowie das Gleichgewicht der monomeren u. dimeren **I** in der benzol. Phase wurden ermittelt u. die Temperaturabhängigkeit der Löslichkeiten angegeben. (Ann. Chimica **45.** 292—305. April/Mai 1955. Modena, Univ., Ist. di Chim. fis. e di Chim. gen.) H. NÖTH. B 224

Robert E. Varnerin und **John S. Dooling,** *Der Mechanismus der homogenen thermischen Reaktion zwischen Äthylen und Deuterium.* Vff. untersuchen die Rk. $C_2H_4 + D_2$ bei Tempp. zwischen 570 u. 660° u. bestimmen die Anfangsbildungsgeschwindigkeiten der entstehenden Produkte. Als prim. Reaktionsprodd. werden massenspektrograph. neben unverbrauchtem C_2H_4, C_2H_3D, HD, C_2H_5D, H_2, $C_2H_4D_2$ u. C_2H_6, als sek. Reaktionsprodd. $C_2H_2D_2$, C_2D_3H, $C_2H_3D_3$, $C_2D_4H_2$, CH_4 u. CD_3H gefunden. Die Rk. $C_2H_4 + D_2 \rightarrow C_2H_4D_2$ scheint auf Grund der Ergebnisse als prim. Rk. unwahrscheinlich; vielmehr muß das Entstehen dieser Verb. durch einen freie-Radikale-Mechanismus angenommen werden. Die Einleitungs-Rkk. zur Bldg. freier Radikale sowie die Folge-Rkk. derselben mit C_2H_4 u. D_2 werden diskutiert. (J. Amer. chem. Soc. **78.** 1119—22. 20/3. 1956. Washington, D. C., Catholic Univ. of America.) K. FRENKLER. B 225

R. A. W. Johnstone und **T. S. Stevens,** *Der Abbau quaternärer Ammoniumsalze.* 9. Mitt. *Beweis für den streng intramolekularen Charakter einer Umlagerung.* (8. vgl. C. **1934.** II. 765.) Mit einem Gemisch von Benzyl-p-bromphenacyldimethylammoniumbromid, das in der Benzylgruppe mit ^{14}C markiert war, u. Benzyldimethylphenacylammoniumbromid (deren Umlagerungsgeschwindigkeiten sich wie 0,8:1 verhalten) wurde durch Einw. von Na-Äthylat eine STEVENS-Umlagerung durchgeführt (48 Std. bei 50°). Erhalten wurden *α-Dimethylamino-α-benzyl-p-bromacetophenon* (**I**, F. 104° A.) u. α-Dimethylamino-α-benzylacetophenon (F. 77—78° A.). Da die gesamte Radioaktivität in **I** wiedergefunden wurde, muß die Umlagerung intramol. verlaufen.

V e r s u c h e: *^{14}C-(α)-Benzylchlorid,* $Kp._{20}$ 115°, durch Erwärmen von Bzl., Paraformaldehyd (mit 3,7 Gew.-% $H^{14}CHO$), wasserfreiem $ZnCl_2$ u. W. auf 65°, 20 Min.

HCl-Gas einleiten; 47% (Ausbeute); daneben *ω.ω'-Dichlor-p-xylol*, Kp.$_{20}$ 170°. — *^{14}C-Benzyldimethylamin*, Kp.$_{20}$ 115°, durch Zugabe vorst. Verb. zu einer gesätt. Lsg. von Dimethylamin in A., 24 Std. am Rückfluß; 70%. — *^{14}C-$_{(\alpha)}$-Benzyl-p-bromphenacyldimethylammoniumbromid*, F. 186—187° (A.-Ae.), aus vorst. Verb. u. p-Bromphenacylbromid in absol. Bzl. (18 Std. stehen). (J. chem. Soc. [London] **1955.** 4487—89. Dez. Sheffield, Univ.) B. GNAUCK. B 225

Gerald Oster und **Albert H. Adelman,** *Langlebige Zustände bei photochemischen Reaktionen.* 1. Mitt. *Photoreduktion von Eosin.* Die Photored. von *Eosin* (I, Di-Na-Salz) in W. bei p_H 7 mit Allylthioharnstoff (II) als Wasserstoffdonator bei Bestrahlung mit Licht der Wellenlänge λ = 518 mμ lieferte die Leukoform von **I**. Die Geschwindigkeit (R), mit der **I**–**II**-Gemische bei Bestrahlung verblaßten, ließ sich durch R = J·[II]/(α + β·[II]) wiedergeben; α u. β sind Konstanten, J die Intensität des eingestrahlten Lichtes. **II** löscht die Fluorescenz von **I**; die Löschkonstante, nach STERN-VOLMER berechnet, betrug 12,6 Liter/Mol. Vff. postulieren folgende Einzel-Rkk.: I + hν → I* (1), I* → I (2) (strahlungsloser Übergang oder begleitet von Fluorescenzemission), I* + II → I + II (3) (Fluorescenzlänge, spielt nur bei größeren Konzz. von II eine Rolle), I* → I' (4), I' + II → Prodd. (5), I' → I (6) (strahlungsloser Übergang oder begleitet von verzögerter Fluorescenz oder Phosphorescenz) u. I' + I → 2I (7) (Konzentrationslöschung). Darin bedeutet: I* den ersten angeregten Singulettzustand u. I' einen metastabilen Zustand von I. Die kinet. Behandlung ergab für k_2/k_4 9,80, d. h. nur ein Mol. von 11 Moll. I* geht in I' über. Von den verbleibenden 10 Moll. im ersten angeregten Zustand gehen ca. 1,5 in den Grundzustand über unter Fluorescenzleuchten u. der Rest ohne Strahlung. Die Lebensdauer des ersten angeregten Singulettzustandes wurde zu $1{,}9 \cdot 10^{-9}$ Sek. berechnet. Aus Verss. in Ggw. von p-Phenylendiaminhydrochlorid (III), das die Photored. von I erheblich verzögerte, folgte, daß I' durch III' erheblich stärker gelöscht wird als durch I selbst. Quantitativ wurde eine Lebensdauer für I' von $9{,}2 \cdot 10^{-5}$ Sek. berechnet. Ferner ergab sich, daß in Rk. (7) nur einer von zehn Zusammenstößen wirksam ist. Die Löschkonstante für die Fluorescenzlöschung von I durch **III** betrug 49,1 Liter/Mol. Die Geschwindigkeit der Photored. von I wurde in Ggw. von KJ ebenfalls, wenn auch nicht so stark wie durch **III**, herabgesetzt, u. die Fluorescenz von I durch KJ gelöscht. Die Löschkonstante betrug 4,0 Liter/Mol. KJ wirkt als Löschsubstanz überwiegend auf I* u. nur in geringem Maße auf I'. (J. Amer. chem. Soc. **78.** 913—16. 5/3. 1956. Brooklyn, N. Y., Polytechnic Inst., Dep. of Chem.) L. FISCHER. B 225

Jacques Nicolle und **Feiga Weisbuch,** *Der Einfluß von NaCl auf die Geschwindigkeit der Mutarotation von Zuckern in leichtem und schwerem Wasser.* Die Geschwindigkeit der Mutarotation einiger Zucker ist in D_2O 3,0 bis 4,3mal kleiner als in H_2O. Ggw. von 4 Mol NaCl verlangsamt die Mutarotation in H_2O um das 2,0 bis 2,8-, in D_2O um das 5,6 bis 10,8fache gegenüber der in reinem Lösungsmittel. — Folgende Zucker wurden untersucht: *α-d-Glucose*; *α-d-Galaktose*; *α-d-Xylose*; *β-l-Arabinose*; *α-Lactose*; *β-Maltose.* (C. R. hebd. Séances Acad. Sci. **240.** 1340—41. 21/3. 1955.) N. ULLMANN. B 225

N. J. H. Small und **A. R. Ubbelohde,** *Der Einfluß der Molekülstruktur auf die Oxydation aliphatischer Kohlenwasserstoffe.* Vff. geben einen Überblick über die Literatur, betreffend die Beziehungen zwischen Konst. u. der Leichtigkeit, mit der aliphat. KW-stoffe bei niedrigen Tempp. (unter 300°) oxydiert werden. Ausführlich diskutiert werden die Einleitungs-Rk. des Oxydationsprozesses sowie die Folge-Rkk., die das zunächst gebildete $RO_2^{\bullet}$-Radikal durchläuft. — 26 Literaturangaben. (J. appl. Chem. **3.** 193—98. Mai 1953. Belfast, Queen's Univ., Dep. of Chem.) K. FRENKLER. B 225

Ludwig Holleck und **Hermann Schmidt,** *Die Hydroxylaminbildung im Zuge der Reduktion der Dinitrobenzole und die Sonderstellung des p-Dinitrobenzols.* Vff. kommen auf Grund kombinierter elektrochem., polarograph., kinet. u. spektroskop. Unterss. zu unterschiedlichen Mechanismen, bes. im alkal. Medium, für die Red. von *o*-(I), *m*-(II) u. *p-Dinitrobenzol* (III). Nur **II** folgt dem HABERschen Schema [1900] der Nitrobenzolred. unter Bldg. von Azoverbindungen. Die Red. von I verläuft über ein 1-elektroniges, radikalartiges u. ein 2-elektroniges, chinoides Prod. (mit Eigenabsorption im Sichtbaren) im 4-Elektronenschritt unmittelbar zum *o-Nitrophenylhydroxylamin* (IV). Die chem. Red. von I ist eine Rk. 1. Ordnung. Bei **III** läßt sich polarograph. wie spektroskop. ein relativ beständiges durch 2-elektronige Red. entstehendes chinoides Ion der Form: [O_2N= 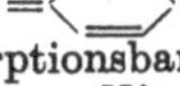 =NO_2]$^{2-}$ nachweisen u. Aussagen über seine Konz. u. die Lage der Absorptionsbanden machen. Erstes faßbares Prod. der n. elektrochem. Red. ist auch hier das *p-Nitrophenylhydroxylamin* (V), Nebenprod. *p.p'-Dinitroazoxybenzol*, F. 193°. Der Unterschied in den Ergebnissen der polarograph. u. n. elektrochem. Red.

beruht auf den chem. Folge-Rkk., die sich während der kurzen polarograph. Tropfzeiten nicht auswirken. — Die Stabilität von **IV** u. **V** verhindert eine Weiter-Rk. von **IV** u. **V** mit sek. entstandenen Nitrosoverbb. zu Azoxyverbindungen. (Vgl. auch C. **1956.** 8856.) (Z. Elektrochem., Ber. Bunsenges. physik. Chem. **59.** 56—63. Febr. 1955. Hamburg, Univ., Inst. für Phys. Chem.) G. PÖTZSCHER. B 225

H. N. Stein und **H. J. C. Tendeloo,** *Über die Kinetik der Phloroglucinoxydation.* Die Oxydation von *Phloroglucin* (**I**) durch *$Fe(CN)_6^{3-}$* wird durch Messung der zeitlichen Änderung des Redoxpotentials verfolgt. Mit fortschreitender Oxydation nimmt das Potential in den ersten Min. steil u. geradlinig, später immer langsamer ab. Mit zunehmender Anfangskonz. an $Fe(CN)_6^{4-}$ wird die Reaktionsgeschwindigkeit verlangsamt, mit zunehmender **I**- (solange der **I**-Überschuß nicht zu groß ist) oder $Fe(CN)_6^{3-}$-Anfangskonz. erhöht. Gleichzeitige Bestimmungen des $Fe(CN)_6^{3-}$- u. **I**-Verbrauchs (Rk. mit $TiCl_3$ abgebrochen u. **I** spektrophotometr. bei 500 mμ mit Hilfe der Vanillin–HCl-Farb-Rk. bestimmt) zeigen, daß die Rk. anfangs 1. Ordnung in bezug auf beide Komponenten ist u. pro Mol **I** 1 Äquivalent $Fe(CN)_6^{3-}$ verbraucht wird. Später erreicht die Rk. einen stationären Zustand, in dem pro Mol **I** 3—4 Äquivalente $Fe(CN)_6^{3-}$ verbraucht werden. Auf Grund der Ergebnisse diskutieren Vff. die Rk.: $C_6H_3(OH)_3 + Fe(CN)_6^{3-} \underset{1}{\overset{2}{\rightleftarrows}} C_6H_3(OH)_2O\cdot$ (**II**) $+ Fe(CN)_6^{4-} + H^+ \xrightarrow{k_3}$ Prodd. mit den Werten $k_1 = 68$ (Liter·Mol^{-1}·min^{-1}) u. $k_2/k_3 = 0{,}75\cdot10^4$ (Liter·Mol^{-1}). Der erste Oxydationsschritt ist reversibel, jedoch ist dieses Gleichgewicht nicht stabil, da ein Partner (vermutlich das Radikal **II**) ca. 40 mal schneller irreversibel weiterreagiert (Rk. 3) als er wieder red. wird. (Recueil Trav. chim. Pays-Bas **74.** 905—18. Juli 1955. Wageningen, Agricult. Univ., Labor. of Physic. and Colloid Chem.) K. PRCHAL. B 225

A. A. Miller und **F. R. Mayo,** *Die Oxydation ungesättigter Verbindungen.* 1. Mitt. *Die Oxydation von Styrol.* Die Geschwindigkeiten u. Prodd. der Oxydation von *Styrol* (**I**) bei Ggw. u. Abwesenheit von *α.α'-Azodiisobutyronitril* (**II**) mit O_2 (0,1—4 at Druck) u. bei Tempp. von 35—85° werden untersucht. Die Gesamtgeschwindigkeit der O_2-Absorption ist bei Ggw. von **II**: $-d[I]/dt = K_1[I][II]^{1/2}$, bei Abwesenheit von **II**: $-d[I]/dt = K_2[I]^{1,4}[O_2]^{0,4}$ (vgl. 4. Mitt.). Sauerstoff nimmt also an der Initiierung der Rk. teil, u. die Geschwindigkeit der Initiierung bei 50° ist 38 mal so groß wie die der therm. Polymerisation bei Abwesenheit von O_2. Prim. Oxydationsprodd. sind *Polystyrolperoxyd* (**III**), *Benzaldehyd* (**IV**) u. *Formaldehyd* (**V**), sek. *ω-Oxyacetophenon* in geringen Mengen. **IV** u. **V** werden in äquimol. Mengen gebildet, ihre Ausbeute nimmt gegenüber **III** bei kleineren Drucken u. höheren Tempp. zu. Bei 50° gebildetes **III** hat die druckabhängige Zus. $(C_8H_8)_{1-1,5}O_2$, ein mittleres Mol.-Gew. von 3000—4000, besitzt (im Infrarotspektr. nachweisbare) endständige Hydroxyl- u. Carbonylgruppen u. wirkt schwach initiierend bei Oxydation u. Polymerisation. — Folgender Radikalmechanismus wird diskutiert: $II \rightarrow 2C_8H_8\cdot$ indirekt oder direkt $C_8H_8 + O_2 \rightarrow C_8H_8O_2\cdot$; $C_8H_8\cdot + O_2 \rightarrow C_8H_8O_2\cdot$; $C_8H_8O_2\cdot + C_8H_8 \rightarrow C_8H_8\cdot + C_8H_8O_2$; $2C_8H_8O_2\cdot \rightarrow$ nichtradikal. Produkte. (J. Amer. chem. Soc. **78.** 1017—23. 5/3. 1956. Schenectady, N. Y., Gen. Electr. Res. Labor.) G. PÖTZSCHER. B 225

F. R. Mayo und **A. A. Miller,** *Die Oxydation ungesättigter Verbindungen.* 2. Mitt. *Reaktionen von Styrolperoxyd.* (1. vgl. vorst. Ref.) Die therm. u. von Basen, Säuren u. anderen Stoffen katalysierte Zers. sowie Photozers. u. Red. in verschied. Lösungsmitteln von *Polystyrolperoxyd* (**I**), mittlere Zus. $[(C_8H_8)_{1,00-1,01}O_2]$, werden untersucht. Eindeutig verläuft die therm. Zers. mit hohen Ausbeuten an *Benz-* (**II**) u. *Formaldehyd* (**III**), daneben (durch Sekundär-Rkk.) *ω-Oxyacetophenon* (**IV**), sowie die Red. zu *Phenylglykol* (**V**). Die anderen Rkk. sind komplex u. führen in Abhängigkeit vom verwendeten Katalysator zu folgenden, infrarotspektrograph. nachgewiesenen Prodd.: *Ameisensäure, Methanol,* **IV**, **V**, *Mandel-* u. *Benzoesäure* sowie deren *Methylester, Benzylalkohol, Phenylglyoxylsäure, α-Phenylglycerin, Phenylglyoxal* (nur durch Kp. u. Farbe nachgewiesen) u. anderen unidentifizierten Verbindungen. — Die Ergebnisse werden durch zwei Mechanismen erklärt: 1. einen Radikalmechanismus: Einleitung der Rk. durch eine Spaltung der Peroxybindung zu Peroxyradikalen, gefolgt durch abwechselnde Abgabe von **II** u. **III** u. 2. einer Reihe von Disproportionierungen, in denen H-Atome vom C- zum zweiten O-Atom der benachbarten Peroxygruppe wandern. — **I** kann quantitativ durch Red. mit Mercaptanen bestimmt werden. (J. Amer. chem. Soc. **78.** 1023—34. 5/3. 1956.) G. PÖTZSCHER. B 225

Glen A. Russell, *Die Oxydation ungesättigter Verbindungen.* 3. Mitt. *Produkte der Reaktion von Inden mit Sauerstoff; Stereochemie der Addition eines Peroxyradikals und des Sauerstoffs an eine Doppelbindung.* (2. vgl. vorst. Ref.) *Inden* (**I**, Kp.$_{100}$ 114°; n_D^{20}

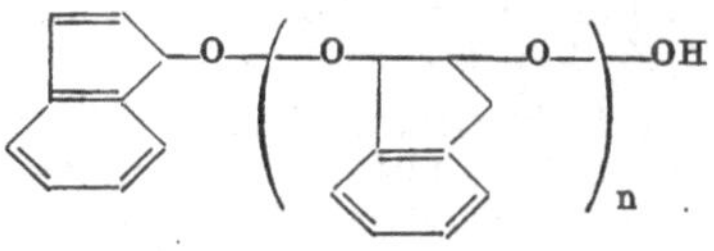

1,5764) u. O_2 reagieren bei Ggw. oder in Abwesenheit von Radikalbildnern unter Bldg. höher- u. niedermol. *Polyindenperoxyde* (**II**) der wahrscheinlichen nebenst. Formel. In den Infrarotspektren von **II** werden außer Hydroperoxyd- auch Oxy- u. Carbonylgruppen festgestellt. Red. von **II** mit $LiAlH_4$ führt in nichtstereospezif. Rk. zu ungefähr gleichen Mengen *cis-* (**III**) u. *trans-Indenglykol* (**IV**), Einw. von starken Basen unter Umlagerung zu *Isochromanon-*(*3*) (**V**). — Der Mechanismus der Kettenwachstums-Rk. u. die Natur der gebildeten Kettenenden werden diskutiert. Ca. 40 Kettenwachstums-Rkk. kommen auf eine Kettenabbruchsreaktion. Eine Reaktionsfolge für die Bldg. von **V** wird aufgestellt.

Versuche: *trans-Indenglykol* (**IV**), $C_9H_{10}O_2$, F. 157—158° (korr.), aus 10 g **II** durch Red. mit $LiAlH_4$ in Ae.-Bzl. unter H_2-Entw., Extraktion mit Ae.; 3,2 g. — *cis-Indenglykol* (**III**), $C_9H_{10}O_2$, F. 105—106° (korr., Ae.), $Kp._{0,6}$ 133—137°, aus dem Ae.-Filtrat von **V**; 2,9 g. — *Isochromanon-*(*3*) (**V**), $C_9H_8O_2$, F. 81—83° (Bzl.-PAe.), aus 0,9 g **II** mit 20%ig. KOH 18 Std. bei 25°, Ansäuern mit konz. HCl u. 18 std. Stehen bei 0°. (J. Amer. chem. Soc. **78.** 1035—40. 5/3. 1956.) G. PÖTZSCHER. B 225

Glen A. Russell, *Die Oxydation ungesättigter Verbindungen.* 4. Mitt. *Kinetik der Reaktion von Inden mit Sauerstoff; Beweis für Gleichheit der aktiven Zwischenprodukte bei der thermischen und katalysierten Oxydation.* (3. vgl. vorst. Ref.) Die Rk. zwischen *Inden* (**I**) u. O_2, bei der ein niedermol. Polyindenperoxyd gebildet wird, wurde bei Ggw. u. in Abwesenheit von $\alpha.\alpha'$-Azodiisobutyronitril (**II**) bei 50° u. unter vermindertem u. Atmosphärendruck in inerten Verdünnungsmitteln untersucht. Die beobachtete Kinetik zeigt, daß die Rk. ohne Radikalbildner über die gleichen akt. Zwischenprodd., Alkyl- u. Peroxyradikale, verläuft wie bei Ggw. von **II**. Die Gleichung für die Reaktionsgeschwindigkeit ohne **II** ist: $-d[I]/dt = K_1[I]^{1,6}[O_2]^{0,46}$, bei Ggw. von **II** wird folgender allg. Kettenmechanismus angenommen (R' = Radikale des Katalysators; $R\cdot$ = Radikale der Alkyl- oder Alkenylgruppen enthaltenden Verb.; $ROO\cdot$ = Peroxyradikale): **II** → $2R'\cdot(k_i)$, $R'\cdot + RH$ [oder $+RH + O_2$] → $2eR\cdot$; $O_2 + -CH_2CH{=}CH_2 \rightarrow -CH_2\dot{C}HCH_2O_2$ [oder $HOO\cdot + R\cdot$] (k_i); $R\cdot + O_2 \rightarrow RO_2\cdot$ [sehr schnell]; $RO_2\cdot + -CH_2CH{=}CH_2- \rightarrow -CH_2\dot{C}HCH_2O_2R$ (k_3) oder $\rightarrow RO_2H + -\dot{C}HCH{=}CH_2-$ (k_3'); $2ROO\cdot \rightarrow$ nichtradikal. Prodd. (k_6). Die daraus abgeleitete Gesamtgeschwindigkeit der Oxydation von **I**: $-d[I]/dt = (k_3 + k_3')k_6^{-1/2}[I]\{ek_i[II] + k_i'[O_2][I]\}^{1/2}$ ergibt (e = 1 angenommen), für $(k_3 + k_3')\,k_6^{1/2} = 8{,}90$ [$Liter^{1/2}\cdot Mol^{-1/2}\cdot Std.^{-1/2}$], $k_i' = 3{,}60\cdot10^{-11}$ [$mm^{-1}\cdot Std.^{-1}$] u. $k_i = 0{,}95\cdot10^{-4}$ [$Std.^{-1}$]. (J. Amer. chem. Soc. **78.** 1041—44. 5/3. 1956.)

G. PÖTZSCHER. B 225

A. K. Plissow und **A. I. Bykowetz,** *Konfiguration und Eigenschaften ungesättigter Säuren und ihrer Derivate.* 2. Mitt. *Eigenschaften der Zimtsäuren und ihrer Ester.* (1. vgl. C. **1955.** 11551.) Bei *trans-Zimtsäure* (**I**), *cis-Zimtsäure* vom *F. 58°* (**II**), *cis-Zimtsäure* vom *F. 42°* (**III**), **I**- u. **II**-*Propylester* werden vergleichende Unterss. über die Reaktionsgeschwindigkeit durchgeführt. Die Hydrierung der Na-Salze in wss. Lsg. an $Pd/BaSO_4$ verläuft bei **I** langsamer als bei **III**, bei **III** langsamer als bei **II**. Durch Oxydation mit $K_2Cr_2O_7$ in Eisessig bei 15 u. 23° entsteht aus den Säuren u. ihren Estern Benzaldehyd; in bezug auf die Geschwindigkeiten läßt sich die Reihe **II** > **III** > **I** aufstellen, bei den Estern reagiert **II** schneller als **I**. Beim Behandeln mit 0,1 n absol.-alkoh. Alkalihydroxydlsg. bei 20° wird der **I**-Ester schneller verseift. Die schnellere Hydrierung u. Oxydation bei den cis-Säuren wird durch ungehinderten Zutritt von H bzw. O zur Doppelbindung erklärt, die schnellere Verseifung des trans-Esters durch ungehinderten Zutritt von Alkalihydroxyd zur Estergruppe. Da **II** u. **III** mit verschied. Geschwindigkeit reagieren, kann ihre Verschiedenheit nicht auf Unterschiede im Kristallbau zurückgeführt werden, muß vielmehr auf ster. Unterschieden im Molekülbau beruhen. Erklärungsmöglichkeiten, die auch die cis-Säure vom F. 36° betreffen, werden besprochen. — Zur Gewinnung von **II** u. **III** wird **I** in Bzl. 100 Std. mit UV-Licht bestrahlt u. das entstehende Säuregemenge mittels der Anilinsalze getrennt; manchmal wird **II**, manchmal **III** vorherrschend erhalten. **I**-*Propylester*, Kp. 283°, aus **I**, $n-C_3H_7OH$ u. konz. H_2SO_4; n_D^{25} 1,409. — **II**-*Propylester*, $Kp._{15}$ 122—124°; aus **II**-Ag-Salz u. $n-C_3H_7Br$; n_D^{20} 1,4244. (Журнал Общей Химии [J. allg. Chem.] **24** (86). 852—56. Mai 1954. Odessa, Inst. für Lebensmittelind.)

R. KNOBLOCH. B 225

C. F. Wells, *Wasserstoffübertragung von Alkoholen auf Chinone.* Vf. bestimmte kinet. die relativen Reaktivitäten der Wasserstoffübertragung auf Na-Anthrachinon-2-sulfonat für folgende Alkohole: *Methanol, Äthanol, n-Propanol, n-Butanol, Isopropanol* (**I**), *tert.-Butanol* (**II**), *Äthylenglykol, 1.2-Propylenglykol, 2.3-Butylenglykol* u. *Glycerin.*

Die in neutraler Lsg. bestimmten Werte betragen in obiger Reihenfolge: ~0,12; 1,00; 1,53; 2,07; 2,14; ~0,01; 0,289; 0,625; 1,49; 0,280. Die bei I festgestellte p_H-Abhängigkeit der Reaktivität wird durch Bldg. des unreaktiven Oxoniumions $R_2CH\overset{+}{O}H_2$ (III) interpretiert. Die Konstante des Gleichgewichts $I + H^+ \rightarrow III$ beträgt 2,5 Liter·Mol^{-1} bei 0°. Aus der Zunahme der Reaktivität mit zunehmender Alkylierung am α-C-Atom der Alkohole wird auf eine H-Atomübertragung entsprechend $A^* + RCH_2OH \rightarrow \dot{A}H + R\dot{C}HOH$ geschlossen; die sehr geringe relative Reaktivität von II schließt einen Elektronenübergangsmechanismus aus. (Nature [London] **177.** 483—84. 10/3. 1956. Wythenshawe, Manchester, Brit. Rayon Res. Assoc., Heald Green Labors.) J. KNAUL. B 225

R. P. Bell und **F. J. Lindars,** *Kinetik der sauren und alkalischen Hydrolyse von Äthoxycarbonylmethyltriäthylammoniumchlorid.* Vff. untersuchen die saure u. alkal. Hydrolyse von *Äthoxycarbonylmethyltriäthylammoniumchlorid,* bei 40 bzw. 25°. Die Einführung einer quaternären Ammoniumgruppe in ein Estermol. ist der Extremfall der Einführung eines elektronenanziehenden Substituenten, was sich in einer Verzögerung der sauren Hydrolyse u. einer Beschleunigung der alkal. Hydrolyse auswirken müßte. Dies wird durch die experimentellen Ergebnisse bestätigt. Für die alkal. Hydrolyse werden Halbwertszeiten von 7 Sek. (Rk. 2. Ordnung mit Konzz. von 0,004 mol.) bis 0,2 Sek. (bei Überschuß an 0,2 mol. NaOH) gemessen. Die für die saure Hydrolyse gemessenen Geschwindigkeitskonstanten k_1 1. Ordnung liegen bei ca. 10^{-7} bis 10^{-8} Liter/Mol·sec. Die Messung der sauren Hydrolyse wurde dilatometr. u. durch Titration der gebildeten Säure durchgeführt, die Messungen der alkal. Hydrolyse nach der „thermal maximum method" von BELL u. CLUNIE (Proc. Roy. Soc. [London], Ser. A. **212.** [1952.] 16). Die gefundenen Reaktionsgeschwindigkeiten werden mit denen der Hydrolyse von Essigsäureäthylester verglichen. (J. chem. Soc. [London] **1954.** 4601—04. Dez. Oxford, Physic. Chem. Labor.) R. MATTNER. B 225

Jean Tirouflet und **Emile Le Trouit,** *Kinetik der Hydrolyse von Phthalimiden in gepufferter Lösung (polarographische Bestimmung).* Vff. untersuchen polarograph. die Kinetik der alkal. Hydrolyse kernsubstituierter Phthalimide. Sie ermitteln experimentell eine „Pseudokonstante" k_x 1. Ordnung, mit deren Hilfe die Geschwindigkeitskonstante k_{1x}, bezogen auf die undissoziierte Verb., berechnet werden kann. — k_x ist im p_H-Bereich 9—12 der OH^--Konz. des Puffers nicht proportional u. vom Substituenten prakt. unabhängig. Diese Anomalie wird damit erklärt, daß bei $p_H > 10$ die H^+-Konz. gegenüber der Dissoziationskonstanten K_x des Phthalimides vernachlässigt werden kann. Dadurch wird k_x unabhängig von der OH^--Konz. u. unter der Voraussetzung, daß $\varrho = \varrho'$, auch unabhängig vom Substituenten. Umgekehrt kann bei $p_H < 9$ K_x gegenüber der H^+-Konz. vernachlässigt werden. Dann ist $k_x \sim [OH^-]$ u. gehorcht der HAMMETTschen Gleichung. (C. R. hebd. Séances Acad. Sci. **241.** 1053—55. 17/10. 1955.) N. ULLMANN. B 225

W. I. Bengough, *Einige Einschränkungen der Verwendung von α.α'-Diphenyl-β-pikrylhydrazyl zur Messung von Bildungsgeschwindigkeiten freier Radikale.* Die Geschwindigkeit der Radikalbldg., bzw. der Start-Rk., bei der photosensibilisierten *Vinylacetat* (I)-Polymerisation (bei 25° u. in Ggw. von 1.1'-Azo-bis-cyclohexylcyanid als Sensibilisator) mißt Vf. gleichzeitig nach den beiden bekannten Methoden: 1. durch spektrophotometr. Verfolgung der Rk. von *α.α-Diphenyl-β-pikrylhydrazyl* (II; *DPPH*) mit den Radikalen an der Abnahme der II-Absorption bei 5150 Å u. 2. durch dilatometr. Best. der Induktionsperiode in Ggw. einer bekannten Menge II. Die nach Meth. 1 erhaltene Geschwindigkeit des II-Verbrauchs ist beträchtlich höher als die nach Meth. 2 erhaltene. Der Grund hierfür kann sein, daß die durch die Rk. zwischen den I-Radikalen u. II gebildeten, vermutlich Pikrylgruppen enthaltenden Prodd. ihrerseits mit Radikalen weiterreagieren. Außerdem könnte eine Pikrylgruppe auch mit mehreren Radikalen reagieren. Die Induktionsperiode ist erst dann zu Ende, wenn nicht nur II, sondern auch die hemmenden Reaktionsprodd. aus dem Syst. entfernt sind. Bei der *Methylmethacrylat*-Polymerisation sind die nach beiden Methoden erhaltenen Werte identisch. Die in diesem Fall gebildeten Radikale sind gegenüber NO_2-Gruppen wesentlich weniger reaktionsfähig als I-Radikale. Es ist daher jeweils bei Anwendung von II zu prüfen, ob nicht Prodd. der Rk. mit II ihrerseits die Rk. beeinflussen. (Chem. and Ind. **1955.** 599—600. 21/5. Birmingham, Univ., Chem. Dep.) K. PRCHAL. B 225

B. A. Kasanski und **I. W. Gosstunskaja,** *Anlagerung von Wasserstoff an die isolierte Doppelbindung unter der Einwirkung von Calciumhexaammoniakat.* Vff. diskutieren den Reaktionsmechanismus der Red. von Olefinen mit $Ca(NH_3)_6$ (I) u. beschreiben die partielle Red. folgender Olefine durch 2- bis 3 malige Behandlung mit I während 2—4 Std. (in Klammern Ausbeute an Paraffinen in %): *2-Methylbuten-(1)* (12,2); *2-Methylbuten-(2)* (0); *3-Methylbuten-(1)* (20,0), Mischung von *Hexen-(2)* u. *Hexen-(3)* (11,6); *2.5-Dimethylhexen-(3)* (10,9) u. *Cyclohexen* (17,2). Zur Klärung der Frage, ob metall. Ca oder CaH_2

(Bldg. durch Zers. von I unter dem Einfl. höherer Temp. bei der Dest. der Reaktionsprodd.) die Red. katalysieren, werden *2.5-Dimethylhexadien-(1.5)* u. *2.5-Dimethylhexen-(2)* im H_2-Strom bei 200°, der maximalen Kolbentemp. bei der Dest. der Reaktionsprodd., über Ca bzw. CaH_2 geleitet; hierbei wird keinerlei katalyt. Wrkg. beobachtet. (Журнал Общей Химии [J. allg. Chem.] **25** (**87**). 1704—11. Sept. 1955. Moskau, Univ.)

H.-E. MESSERKNECHT. B 225

N. A. Domnin und **W. A. Tscherkassowa,** *Untersuchungen auf dem Gebiet ungesättigter cyclischer Kohlenwasserstoffe und ihrer Halogenderivate.* 13. Mitt. *Über den Reaktionsmechanismus der konjugierten Halogenierung und Dehalogenierung.* (12. vgl. C. **1955.** 10715.) Es wurde früher gezeigt, daß die unter Bldg. von Bzl. verlaufende Rk. von 1.2-Dibromcyclohexan mit Chinolin (**I**) über Cyclohexadien-(1.3) (**II**) u. Chinolinperbromide (Anlagerungsprodd. von HBr u. Br_2 an Chinolin) als Zwischenprodd. verläuft (vgl. C. **1955.** 10714. 10715). In Fortsetzung dieser Unters. wird die Rk. von **II** mit Chinolinhydrobromiddibromid (**III**), Chinolintetrabromid (**IV**) u. Chinolindibromid (**V**) untersucht. **II** reagiert mit **III** beim Erhitzen unter Bldg. von *1.2.3.4-Tetrabromcyclohexan* (**VI**), in der Kälte entsteht ein Gemisch aus einem *Dibromcyclohexen* [**VII**; vermutlich *1.4-Dibromcyclohexen-(2)*] u. wenig **VI**. Mit **IV** reagiert **II** unter Bldg. eines Gemisches etwa gleicher Mengen **VI** u. **VII**. Bei der Rk. von **II** mit **V** wird nur **VII** erhalten, bei der Rk. von **VII** mit **I** *Benzol.* Diese Rkk. bestätigen den früher (C. **1946.** I. **2376**) gegebenen Reaktionsmechanismus für die Umwandlung von Halogenderivv. des Cyclohexans in aromat. Verbb. beim Behandeln mit **I.**

V e r s u c h e: *Chinolinhydrobromiddibromid* (**III**); man gibt zu 5 g **I** unter Kühlung 3,2 ml konz. HCl u. 42 ml Eiswasser u. dann 2,9 g Br_2; granatrote Kristalle. — Bei 1 bis 2 std. Erhitzen von 6,2 g **II** mit der äquimol. Menge **III** auf 120—145° entsteht *1.2.3.4-Tetrabromcyclohexan* (**VI**; eines der möglichen Stereoisomeren), $C_6H_8Br_4$, F. 70—71,5° (A.); 7,5 g (Ausbeute). **VI** gibt beim Erhitzen mit **I** ein Öl (Kp. 153—155°), das nach dem UV-Spektr. 90—95% *Brombenzol* enthält. Werden äquimol. Mengen **II** u. **III** 50 Min. auf 100—110° erhitzt, so wird **VI** vom F. 84,3—86,9° (A.), rosa-gelbliche Kristalle, erhalten. — Bei der Rk. von **III** mit **II** unter Kühlung entsteht ein krist. Prod. (**VI** + **VII**), das beim Erwärmen mit **I** ein Öl liefert, welches (nach UV-Spektr.) 90% Bzl. enthält. — *Chinolintetrabromid* (**IV**), aus 15,2 g Chinolin, 45 ml W. u. 12 ml Br_2. Bei der Rk. von 2,3 g **II** mit 13 g **IV** werden 8,9 g eines Gemisches aus **VI** u. **VII** erhalten, das mit **I** zu einem Gemisch aus *Bzl.* u. *Brombenzol* reagiert. — *Chinolindibromid* (**V**), aus 12,5 g Chinolin in 40 ml W. u. 5,1 ml Br_2. 25 g **V** reagieren mit 7 g **II** unter Bldg. von **VII**, $C_6H_8Br_2$, F. 85—95°; 9,4 g. **VII** reagiert mit **I** unter Bldg. von *Benzol.* (Журнал Общей Химии [J. allg. Chem.] **23** (**85**). 1731—35. Okt. 1953. Leningrad, Univ., Faworski-Labor.)

H. SCHMEISS. B 225

N. A. Domnin und **A. Ss. Beletzkaja,** *Untersuchungen auf dem Gebiet ungesättigter cyclischer Kohlenwasserstoffe und ihrer Halogenderivate.* 14. Mitt. *Über die Bildung von Brombenzol bei der Reaktion von molekularem Brom mit 1.2-Dibromcyclohexen-(1).* (13. vgl. vorst. Ref.) Es wird die Bldg. von *Brombenzol* neben *1.1.2.2-Tetrabromcyclohexan* u. *o-Dibrombenzol* bei der Rk. von 1.2-Dibromcyclohexen-(1) (**I**) mit Br_2 durch Unters. des UV-Absorptionsspektr. des Reaktionsprod. bewiesen. Es werden 2 mögliche Reaktionsmechanismen diskutiert.

V e r s u c h e: *1.2-Dibromcyclohexen-(1)* (**I**), F. 39—40° (A.), durch Rk. von Cyclohexanon mit PCl_5 entsteht ein Gemisch von 1-Chlorcyclohexen-(1) (**II**) u. 1.1-Dichlorcyclohexan, das man zu sd. Chinolin zutropfen läßt. Hierbei wird **II** (Kp. 140—145°; 70%) abgetrieben. Durch Bromierung u. Behandeln des entstehenden 1-Chlor-1.2-dibromcyclohexans mit alkoh. KOH wird **I** erhalten. Bei der Rk. von 20 g **I** in Chlf. mit 13,4 g Br_2 unter Kühlung (Stehen über Nacht, dann 2 Std. bei 30—40°) u. Dest. des Reaktionsgemisches werden erhalten: *Brombenzol*, Kp. 155—157°; $D.^{20}{}_4$ 1,4980; n_D^{20} 1,5600; λ_{max} 2560, 2650, 2700, 2720 Å; 8% (Ausbeute), ferner *1.1.2.2-Tetrabromcyclohexan* u. *o-Dibrombenzol* in der Fraktion $Kp._3$ 74—100°. (Журнал Общей Химии [J. allg. Chem.] **24** (**86**). 1017—19. Juni 1954.) H. SCHMEISS. B 225

George S. Hammond, Jyotirindra N. Sen und **Charles E. Boozer,** *Die Wirksamkeit der Radikalbildung aus Azo-bis-isobutyronitril.* Es wurde die therm. Zers. von *Azo-bis-isobutyronitril* (**I**, F. 102° [Zers.]) in Ggw. wirksamer Radikalabfänger [Butylmercaptan (**II**), α.α-Diphenyl-β-pikrylhydrazyl (**V**, F. 140°), J_2 u. O_2] untersucht. Das Ausmaß der therm. Zers. von **I** wurde durch Vgl. der Geschwindigkeit des Verbrauchs an Abfänger mit der Geschwindigkeit der Zers. von **I** oder durch Best. der Prodd. von **I** festgestellt. Durch 20 std. Erwärmen von **I** in Toluol bzw. CCl_4 auf 80 ± 0,1° wurden 87 bzw. 96% *Tetramethylsuccinodinitril* (**IV**, F. 167—168°) erhalten. Ggw. von **II** erniedrigt die Ausbeute an **IV**, vermutlich durch die Rk.: $(CH_3)_2CCN + RSH \rightarrow (CH_3)_2CHCN + RS\cdot$ (1). Bei sehr hohen **II**-Konzz. wird die **IV**-Bldg. jedoch nicht ganz unterdrückt, sondern wird unabhängig von der **II**-Konzentration. Hier müssen also alle Radikale, die abgefangen werden, nach (1) reagieren. Es können dann nur noch Radikalpaare, die noch nicht durch Diffusion getrennt sind, unter Bldg. von **IV** reagieren. — Weitere Verss. zeigten, daß **V** zur Best. der Radikalbldg. aus **I** nicht geeignet ist. Vermutlich gibt **V** mit Radikalen nicht nur stabile, sondern auch instabile Prodd. (Disproportionierungsprodd.?), aus denen **V** regeneriert werden kann. — Gute Ergebnisse wurden dagegen mit J_2 erzielt, es wurden die „Wirksamkeitsfaktoren" bei 62,5° in CCl_4, Bzl., Chlor- u. Nitrobenzol u. Nitromethan bestimmt. In Lsgg. von J_2 mit überschüssigem **I** wurde das J_2 nach einer Rk. 0. Ordnung verbraucht. Das Reaktionsprod., vermutlich das α-Jodnitril, ist unter den Versuchsbedingungen stabil, zers. sich aber beim Aufarbeiten. — Die Wirksamkeitsfaktoren, die sich aus Verss. mit O_2 (in Ggw. von Inhibitoren) ergaben, stimmen mit denen aus den Verss. mit J_2 überein. Vff. rechnen mit der Möglichkeit, daß die Zers. von **I** zu **IV** u. N_2 auch ohne intermediäre Radikalbldg. vor sich gehen kann. (J. Amer. chem. Soc. **77.** 3244—48. 20/6. 1955. Ames, Io., Iowa State Coll., Chem. Labor.) G. CLEVE. B 225

George S. Hammond und **George B. Lucas**, *Die Reaktion von Chloranil mit den Zersetzungsprodukten von Azonitrilen.* (Vgl. BICKEL u. WATERS, C. **1954.** 3213.) *Azo-bis-isobutyronitril* (**I**) bzw. *Azo-bis-diäthylacetonitril* (**II**) wurden in Ggw. von Chloranil (**III**) der therm. Zers. unterworfen. Bei Verwendung von Chlorbenzol als Lösungsm. wurden hierbei Tetrachlorhydrochinonmono- u. -bis-α-cyanisopropyl- [bzw. -3-cyanpentyl-(3)-] äther erhalten. In Toluol in Ggw. von **III** geben **I** u. **II** Tetrachlorhydrochinonmonobenzyläther (**IV**); symm. oder asymm. Diäther wurden nicht gefunden. Die Reaktionsmechanismen werden diskutiert.

Versuche: *Azo-bis-diäthylacetonitril* (**II**), F. 74—75° (A.) u. *Azo-bis-isobutyronitril* (**I**), F. 101—102°, nach Dox [1925]; 60 bzw. 70% (Ausbeute). — Zers. von 0,015 Mol **II** in 50 ml Toluol durch 15std. Kochen ergab 2,09 g *Tetraäthylsuccinodinitril* (**V**), F. 47 bis 48° (A.-W.). In Ggw. von **III** entstanden: *Tetrachlorhydrochinonmonobenzyläther* (**IV**), $C_{13}H_8O_2Cl_4$; 16%; **V**; 31% u. *Tetrachlorhydrochinon-bis-[3-cyanpentyl-(3)-äther]* (**VI**) $C_{18}H_{20}O_2N_2Cl_4$, F. 166—167° (A.); 45%. — Zers. von **II** mit **III** (je 0,013 Mol) in Chlorbenzol gab 0,0067 Mol *Tetrachlorhydrochinonmono-3-cyanpentyl-(3)-äther*, $C_{12}H_{11}O_2NCl_4$, F. 165°, 0,006 Mol **VI** u. 0,0047 Mol **V**. — Zers. von **I** in Toluol gab 86% *Tetramethylsuccinodinitril* (**VII**). Aus 0,0094 Mol **I** in Ggw. von **III** 0,0027 Mol *Tetrachlorhydrochinon-2-cyanpropyl-(2)-äther*, 0,00036 Mol- *bis-2-cyanpropyl-(2)-äther*, F. 166—167°, 0,00032 Mol **IV** u. 0,0036 Mol **VII**. 0,011 Mol **I** in Chlorbenzol mit 0,0053 Mol **III**: 0,0029 *Mono-* u. 0,00037 Mol *Diäther* u. 0,0046 Mol **VII**. — Verss., **IV** durch Alkylierung des Hydrochinons mit Benzylchlorid darzustellen, schlugen fehl. — *Tetrachlorhydrochinondibenzyläther*, $C_{20}H_{14}O_2Cl_4$, F. 173,5—173,8° (95%ig. A.), durch Zugeben von Benzylchlorid zu einer sd. alkal. Lsg. von Tetrachlorhydrochinon. — *1-[Benzyloxy]-tetrachlorphenyl-4-[3-cyanpentyl-(3)]-äther*, F. 230—250°. (J. Amer. chem. Soc. **77.** 3249—51. 20/6. 1955. Ames, Io., Iowa State Coll., Chem. Labor.) G. CLEVE. B 225

P. Ausloos und **E. W. R. Steacie**, *Die Photolyse von Methyläthylketon.* Untersucht wird die Photolyse von *Methyläthylketon* (**I**) allein (26—234°; Druck 1,6—6,2 cm Hg; volles Licht eines HANOVIA S-500 Hg-Mitteldruckbogens) oder in Ggw. von *Azomethan* (**II**) als CH_3-Quelle (26—175°; **I**-Druck 2,5—3,8 cm Hg, **II**-Druck 1,6—4,6 cm; mit CORNING-Filter 7380, $\lambda < 3400$ Å absorbiert). Die Aktivierungsenergie für die H-Abspaltung vom **I** durch CH_3- bzw. C_2H_5-Radikale beträgt 7,4 ± 0,1 bzw. 8,0 ± 0,1 kcal/Mol. Diese Werte werden sowohl bei der Photolyse von **I** allein als auch in Ggw. von **II** oder Azoäthan (für diese Verb. im Original keine Meßwerte angegeben) gefunden. Bes. untersuchen u. diskutieren die Vff. das Verhältnis der Disproportionierungs- zur Kombinationsgeschwindigkeit zwischen CH_3- u. C_2H_5-Radikalen ($CH_3 + C_2H_5 = CH_4 + C_2H_4$ bzw. $CH_3 + C_2H_5 = C_3H_8$), das im Mittel ~ 0,04 ± 0,02 (bei 78—130°) beträgt u. damit wesentlich kleiner ist als das Verhältnis bei der Rk. zweier C_2H_5-Radikale miteinander (0,125 ± 0,01). Die Gründe für diese Differenz können nicht bei der Wärmetönung der Rkk. liegen, zumal da — wie Vff. auch an weiteren ähnlichen Literaturbeispielen ausführen — der kleinere Wert des Verhältnisses für die exotherme der beiden Disproportionierungs-Rkk. gilt. Vermutlich sind die Gründe ster. Art u. beeinflussen hauptsächlich die Disproportionierung. (Canad. J. Chem. **33.** 1062—68. Juni 1955. Ottawa, Can., Nat. Res. Council, Div. of Pure Chem.) K. PRCHAL. B 226

Eiji Fujimori, *Chlorophyll-photosensibilisierte Reduktion von Triphenyltetrazoliumchlorid durch Hydrazinhydrat.* Die Fluorescenz von *Chlorophyll* (**I**) *a* u. *b* in Methanol wird durch die Ggw. von Hydrazinhydrat (**II**) aktiviert, das Reaktionsprod. von **I** u. **II** absorbiert bei kürzeren Wellen als **I**. Die Fluorescenz von **I** u. **I**–**II** wird durch *Triphenyl-*

tetrazoliumchlorid (**III**) stark gelöscht. Auf Grund dieser Ergebnisse kann **I** die Red. von **III** durch **II** photosensibilisieren. Vf. gibt folgenden Reaktionsmechanismus an:

$$F^*\genfrac{}{}{0pt}{}{\diagup N_2H_4}{\diagdown T} \rightarrow \left(\cdot F^\cdot\genfrac{}{}{0pt}{}{\diagup N_2H_4}{\diagdown T}\right) \rightarrow \cdot T^- \cdots \cdot F^+ - {}^-N_2H_4 \rightarrow HT^\cdot \cdots F - {}^\cdot N_2H_3 \cdots\rightarrow HT$$

$\cdots {}^+F^\cdot - {}^\cdot N_2H_3 \rightarrow H_2T \cdots F - N_2H_2$. Darin sind: F^* ein angeregtes **I** mit einem aktivierten Elektron, $\cdot F^\cdot$ ein Diradikal, ${}^+F^\cdot$ ein Semichinonradikal mit einem fehlenden Elektron, $\cdot T^-$ ein Semichinonradikal von **III** mit einem überschüssigen Elektron, $F - N_2H_4$ der **I**–**II**-Komplex. Der gesamte Prozeß zwischen dem angeregten **I**–**II**-Komplex u. **III** kann als Elektronenzufluß, aktiviert durch Licht, oder als lichtelektr. Strom von **II** durch **I** nach **III** betrachtet werden. Das angeregte **I** scheint die Rolle eines Oxydations–Red.-Enzyms zu spielen. (J. Amer. chem. Soc. **77.** 6495—98. 20/12. 1955. Tokyo, Univ., Inst. of Ind. Sci.) M.-L. KLAAR. B 226

Ernest J. Henley und **Jane P. Schwartz,** *Einfluß von ionisierender Strahlung auf wässerige Äthylen–Sauerstoff-Lösungen.* Vff. erhalten bei der Bestrahlung von wss., im Gleichgewicht befindlichen Lsgg. von Äthylen u. O_2 (1 : 1) bei 120 lbs./sq.in. mit γ-Strahlen von ^{60}Co ($2 \cdot 10^5$ r/Std.) Acetaldehyd mit G-Werten bis zu 60; A. u. Essigsäure werden im weiteren Verlauf der Rk. ebenfalls gebildet, jedoch mit wesentlich geringeren G-Werten (1—3). Bei 1 at wird H_2O_2 mit einer Anfangsgeschwindigkeit entsprechend einem G-Wert von 20 gebildet, die G-Werte nehmen mit zunehmendem Gasdruck zu u. erreichen bei 120 lbs./sq.in. eine mit den Acetaldehydwerten vergleichbare Größenordnung. — Die erhaltenen G-Werte sind um eine Größenordnung höher als die mit den meisten organ. Verbb. in wss. Lsg. erhaltenen Werte. (J. Amer. chem. Soc. **77.** 3167. 5/6. 1955. New York, N. Y., Columbia Univ., Dep. of Chem. Engng.) G. WINKLER. B 226

Robert D. Souffie, Russell R. Williams jr. und **William H. Hamill,** *Reaktionen heißer Radikale bei der Photolyse von Methyljodiddampf.* Die Photolyse von *Methyljodid* (**I**)-Dampf [150—200 mm, 50°, $\lambda = 2537$ Å, Dauer bis zur ca. 5%ig. Zers. von **I**, Analyse massenspektrometr.] lieferte CH_4 mit konstanter Geschwindigkeit unabhängig von der Temp. u. von zugesetztem J_2. Die Quantenausbeute Φ_{CH_4} betrug $0{,}0048 \pm 0{,}0005$. Vermutlich spielen sich dabei folgende Rkk. ab: $I + h\nu \rightarrow CH_3^* + J^\cdot$, $CH_3\cdot + I \rightarrow CH_4 + CH_2J$ u. $^*CH_3\cdot + RH \rightarrow CH_4 + R$, wobei $^*CH_3$ ein „heißes" Methylradikal darstellt u. RH eine zugesetzte, H-Atome enthaltende Verb. darstellt. Neben CH_4 entstanden noch C_2H_6 u. J_2 in gleichen Mengen, jedoch mit abnehmender Geschwindigkeit. Der Grenzwert der Ausbeute an C_2H_6, der sich sofort bei Zusatz von J_2 einstellte, betrug 0,075mal der Ausbeute an CH_4. Die Bldg. dieses C_2H_6 wird der Rk. $^*CH_3 + I \rightarrow C_2H_6 + J$ zugeschrieben. Für diesen Prozeß ergab sich $\Phi_{C_2H_6} = 3{,}6 \cdot 10^{-4}$. In Abwesenheit von J_2 wird C_2H_6 auch noch durch Kombination zweier n. CH_3-Radikale gebildet. In Ggw. von Ne, N_2, Ar oder He wurde die Ausbeute an CH_4 u. C_2H_6 verringert. Diese Stoffe wirkten als Moderatoren gemäß $^*CH_3 + M \rightarrow CH_3 + M$. Auch Zusätze von H_2, D_2 oder CD_4 wirkten in gleicher Weise. Daneben reagierten sie aber auch mit $^*CH_3$ zu CH_4 bzw. CH_3D. (J. Amer. chem. Soc. **78.** 917—20. 5/3. 1956. Notre Dame, Ind., Univ., Dep. of Chem.) L. FISCHER. B 226

Ju. K. Jurjew und **L. Ss. German,** *Katalytische Umwandlungen von Äthylensulfid und Äthandithiol.* Äthylensulfid (**I**) dimerisiert sich beim Überleiten über Al_2O_3 bei 220° mit 41%ig. Ausbeute zu *1.4-Dithian* (**II**); daneben findet Zers. unter Abspaltung von H_2S statt. In Ggw. von H_2S bilden sich 94% **II**; bei 300 bzw. 350° sinkt die Ausbeute auf 39% bzw. 2,4% ab. Bzgl. des Reaktionsverlaufs ist anzunehmen, daß aus **I** u. H_2S $\beta.\beta'$-Dimercaptodiäthylsulfid entsteht, das sich unter Abspaltung von H_2S in **II** umwandelt. Aus dem Fehlen von Thioparaldehyd (**III**) u. Thiophen (**IV**) in den bei 350—400° erhaltenen Prodd. wird gefolgert, daß zum Unterschied von Äthylenoxyd (das Acetaldehyd bildet), bei **I** keine Isomerisation zu Thioacetaldehyd erfolgt. Äthandithiol-(1.2) (**V**) zeigt beim Überleiten über Al_2O_3 bei 220° im N_2-Strom keine Veränderung, bei 300° entstehen 51% **II**; bei 380° erfolgt weitgehende Zers. von **V**. In den Katalysaten werden weder **III** noch **IV** gefunden. (Журнал Общей Химии [J. allg. Chem.] **25** (**87**). 2527—29. Dez. 1955. Moskau, Univ.) H.-E. MESSERKNECHT. B 227

C. Präparative organische Chemie. Naturstoffe.

H. T. J. Chilton, B. G. Gowenlock und **J. Trotman,** *Eine neue Form des dimeren Nitrosomethans.* Im Gegensatz zu YOFFE (Research **7.** [1954.] 44) finden Vff. als Zersetzungsprodd. von *tert.-Butylnitrit* (**I**) bei etwas abweichenden Bedingungen (N_2-Druck 4 mm, **I**-Druck 0,1 mm, Reaktionszeit $\sim$ 0,5 Sek. u. Reaktionstemp. 330—390°), *Aceton, dimeres Nitrosomethan* (**II**; F. 97,5°) u. geringe Mengen *Formaldoxim.* **II** wird die cis-

Konfiguration zugeschrieben, während die nach COE u. DOUMANI (C. **1948.** E. 196) dargestellte Verb. vom F. 122° trans-Konfiguration besitzen sollte. (Chem. and Ind. **1955.** 538—39. 7/5. Swansea, Univ. Coll., Dep. of Chem.) K. FRENKLER. 510

Walter J. Gensler und **A. P. Mahadevan,** *Darstellung und Struktur von Tridecadiin-(5.8).* Vff. beschreiben die Synth. des „skipped" (Bezeichnung für ungesätt. Bindungen, die durch ein einzelnes gesätt. Atom getrennt sind) acetylen. KW-stoffes *Tridecadiin-(5.8)* (**IV**) aus Hexinyl-MgBr (I) mit 1-Bromheptin-(2) (**III**) unter dem katalyt. Einfl. von Cu(I)-Verbindungen. Gegen Ende der Rk. scheidet sich, bes. bei geringer Konz. an **I**, *Hexinyl-Cu* (**II**), C_6H_9Cu, als gelber Nd. ab. Es ist nach Vff. anzunehmen, daß **II** in äther. **I**-Lsg. in der Form des ätherlösl. Komplexes $C_4H_9{\equiv}C{-}Cu^{(-)}Br^{(+)}MgC{\equiv}C_4H_9$ vorliegt, der mit **III** in einem cycl Reaktionskomplex reagiert. — Auf ihre katalyt. Wrkg. wurden ferner untersucht: $CdCl_2$, $AgNO_3$, $MnCl_2$ u. Hexinyl-Hg (alle in kleinen Mengen) u. $MgBr_2$ (in Mengen bis zu 40—50 Mol-%); sämtliche Verbb. zeigen keine katalyt. Eigenschaften. $CoCl_2$ u. $FeCl_2$ wirken zwar katalyt., liefern jedoch nicht das gewünschte Reaktionsprod. (von Vff. wird hier ein Radikalmechanismus angenommen). — Die Konst. von **IV** wird durch Hydrierung zu *n-Tridecan,* Ozonolyse zu *Valeriansäure* u. durch das Infrarotspektr. sichergestellt.

Versuche: *Tridecadiin-(5.8)* (**IV**), $C_{13}H_{20}$, Kp.$_{1}$ 95°, Kp.$_{0,06}$ 63°, durch Zugabe einer äther. Hexin-(1)-Lsg. zu äther. C_2H_5MgBr unter Rühren u. Sieden (45 Min.), 1std. Kochen, Zugabe von CuCl u. 15 Min. Kochen, Zugabe von äther. **III** u. 20std. Kochen unter Rühren; $D.^{25}_{4}$ 0,82285, n_D^{25} 1,4615; 88% (Ausbeute); 7 g geben bei der Ozonolyse in CCl_4 *Valeriansäure* (Kp. 185—186°, n_D^{22} 1,4098; *Anilid,* F. 62—63°); 8,03 g geben bei der Hydrierung über PtO_2 in Äthylacetat *Tridecan,* Kp. 232—233°, n_D^{23} 1,4234; 7 g. (J. Amer. chem. Soc. **77.** 3076—79. 5/6. 1955. Boston, Mass., Univ., Chem. Dep.) G. WINKLER. 530

Clarence T. Mason und **Charles C. Allain,** *Darstellung und Eigenschaften einiger α-Fluoräther.* Bei dem Austausch des α-Cl-Atoms in Äthern vom Typ $CCl_3{-}CHCl{-}OR$ gegen F nimmt die Wirksamkeit der untersuchten Fluorierungsmittel in der Reihenfolge $HgF_2 > TlF > AgF > KF$ ab. Mit Al_2F_6, $CrF_3 \cdot 3{,}5\,H_2O$ u. HSO_3F tritt keine Rk. ein. Mittels HgF_2 wurden verschied. *α-Fluoräther* $CCl_3{-}CHF{-}OR$ u. $CH_2F{-}OR$ aus den entsprechenden α-Cl-Verbb. dargestellt. Eine störende Neben-Rk. ist die bei höheren Tempp. in den Vordergrund tretende Polymerisation der α-Halogenäther. Am besten tropft man die Cl-Verb. zu dem gerührten HgF_2 zu u. rührt noch ½ Std. nach. Da der bei der Selbstzers. der α-Cl-Äther entstehende HCl die F-Ätherausbeute erniedrigt, soll der Cl-Äther unmittelbar vor der Verwendung mit akt. Silicagel gerührt werden. Die α-Bromäther zers. sich bei noch tieferen Tempp. als die Cl-Verbb. u. sind deshalb als Ausgangsmaterialien weniger geeignet. $CH_3{-}CHCl{-}OCH_3$, $CH_2Cl{-}CHCl{-}OC_2H_5$ u. $CH_2Cl{-}O{-}CH_2{-}CH{=}CH_2$ lassen sich mit HgF_2 nicht fluorieren, wohl aber die Verbb. $CHCl_2{-}CHCl{-}OR$. Demnach sind zur Stabilisierung des α-F-Atoms mindestens 2 oder 3 Cl-Atome in β-Stellung erforderlich. Bei nur einem oder keinem Cl-Atom in der β-Stellung tritt vermutlich HF- oder HCl-Abspaltung u. Polymerisation der ungesätt. Verb. ein.

Versuche: Nach dem Verf. von MCELVAIN u. CURRY wurden gewonnen: $CCl_3{-}CHCl{-}OCH_3$, Kp.$_{22}$ 72—75°, $D.^{20}_{4}$ 1,5154, n_D^{20} 1,4840; 66% (Ausbeute). — $CCl_3{-}CHCl{-}OC_2H_5$, Kp.$_{740}$ 188°, Kp.$_{10}$ 57°, $D.^{20}_{4}$ 1,4168, n_D^{20} 1,4755; 42%. — $CCl_3{-}CHCl{-}OC_3H_7$, Kp.$_{6}$ 85°, $D.^{20}_{4}$ 1,3250, n_D^{20} 1,4687; 46%. — $CCl_3{-}CHCl{-}OC_4H_9$, Kp.$_{8}$ 106—107°, $D.^{20}_{4}$ 1,2626, n_D^{20} 1,4655; 42%. — $CCl_3{-}CHCl{-}OCH_2CH{=}CH_2$, Kp.$_{17}$ 98—99°, $D.^{20}_{4}$ 1,4001, n_D^{20} 1,4892; 42%. — Bei der Chlorierung von Äthylvinyläther entstehen 2% *1.2.2-Trichlor-1-äthoxyäthan* (I), $C_4H_7OCl_3$, Kp.$_{6}$ 56—58°, $D.^{20}_{4}$ 1,3195, u. 64% *1.2-Dichlor-1-äthoxyäthan,* Kp.$_{16}$ 46—50°, $D.^{20}_{4}$ 1,1342. — Durch langsames Zutropfen von 2 Mol der Cl-Verb. zu 1 Mol HgF_2 unter kräftigem Rühren bei ca. 10°, Anwärmenlassen des Gemisches auf Zimmertemp., Filtrieren u. Fraktionieren des Filtrats wurden dargestellt: $CCl_3{-}CHF{-}OCH_3$, Kp.$_{100}$ 48—50°, $D.^{20}_{4}$ 1,4880; 42%. — $CCl_3{-}CHF{-}OC_2H_5$, Kp.$_{35}$ 61—63°, $D.^{20}_{4}$ 1,4012; 37%. — $CCl_3{-}CHF{-}OC_3H_7$, Kp.$_{30}$ 95—97°, $D.^{20}_{4}$ 1,2987; 31%. — $CCl_3{-}CHF{-}OC_4H_9$, Kp.$_{41}$ 112—113°, $D.^{20}_{4}$ 1,2579; 39%. — $CCl_3{-}CHF{-}OCH_2CH{=}CH_2$, Kp.$_{3,6}$ 52—54°, $D.^{20}_{4}$ 1,3542; 38%. — $CH_2F{-}OC_2H_5$, Kp.$_{749}$ 40—44°, $D.^{20}_{4}$ 0,9044; 33%. — $CH_2F{-}OC_3H_7$, Kp.$_{326}$ 43°, $D.^{20}_{4}$ 0,8983; 20%. — $CH_2F{-}OC_4H_9$, Kp.$_{188}$ 62—63°, $D.^{20}_{4}$ 0,8967; 12%. — $CH_2F{-}O{-}(iso){-}C_3H_7$, Kp.$_{752}$ 58 bis 60°, $D.^{20}_{4}$ 0,8948; 18%. — *1-Methoxy-1-fluormethan,* $CH_2F{-}OCH_3$, Kp.$_{757}$ ca. 19°; durch Einrühren von 0,5 Mol HgF_2 in 1 Mol $CH_2Cl{-}OCH_3$; 22%. — *2.2-Dichlor-1-fluor-1-äthoxyäthan,* $C_4H_7OCl_2F$, Kp.$_{80}$ 52°, $D.^{20}_{4}$ 1,248; durch Zugabe von 3,6 g HgF_2 zu 1 g I u. ½std. Nachrühren; 44,5%. (J. Amer. chem. Soc. **78.** 1682—84. 20/4. 1956. Tuskegee, Ala., Tuskegee Inst., Carver Foundat. u. Dep. of Chem.) E. FORCHE. 560

J. D. Park, W. M. Sweeney, S. L. Hopwood jr. und **J. R. Lacher,** *Die Darstellung und Eigenschaften einiger Fluorchlorpropylalkyläther.* Vff. untersuchten die alkalikatalysierte Anlagerung von Alkoholen an fluorhaltige Propylene des Typs $CF_3-CX=CX_2$ (X = F oder Cl), u. zwar an $CF_3-CCl=CFCl$ (**I**), $CF_3-CCl=CF_2$ (**II**), $CF_3-CF=CCl_2$ (**III**), $CF_3-CF=CF_2$ (**IV**) u. $CF_2Cl-CF=CCl_2$ (**V**). Aus **I** u. A. bildet sich infolge von HCl-Abspaltung hauptsächlich der ungesätt. Äther $CF_3-CCl=CF-OC_2H_5$ (**VI**) u. eine geringe Menge des durch HF-Abspaltung entstehenden $CF_3-CCl=CCl-OC_2H_5$. Das fester gebundene F-Atom widersteht dem Alkalieinfl. mehr als das Cl-Atom. — Aus **II, III, IV** u. **V** entstehen als Hauptprodd. beständige gesätt. Äther vom Typ $CF_3-CHX-CX_2-OR$. Allg. läßt sich sagen, daß sich ein gesätt. Äther dann bildet, wenn ein F-Atom an dem nichtendständigen C-Atom der Doppelbindung steht oder wenn durch die Alkoholanlagerung eine CF_2-Gruppe in α-Stellung zu der Ätherbindung zu stehen kommt. Andernfalls bildet sich ein ungesätt. Äther. Die gesätt. Äther lassen sich mit H_2SO_4 zu den entsprechenden Estern hydrolysieren.

V e r s u c h e: Die Umsetzungen wurden nach dem Verf. von PARK, HALPERN u. LACHER (C. **1953.** 360) durchgeführt. $CF_3-CCl=CF-OC_2H_5$ (**VI**), $C_5H_5OClF_4$, Kp.$_{628}$ 105,5°, D.$^{20}{}_4$ 1,3391, n_D^{20} 1,3630; aus **I** u. alkoh. Alkali; 33,9% (Ausbeute) neben einer geringen Menge $CF_3-CCl=CCl-OC_2H_5$, Kp.$_{612}$ 130°, D.$^{20}{}_4$ 1,3945, n_D^{20} 1,4058. — $CF_3-CHCl-CF_2-OC_2H_5$ (**VII**), $C_5H_6OClF_5$, Kp.$_{630}$ 88°, D.$^{20}{}_4$ 1,3348, n_D^{20} 1,3333; aus **II** u. alkoh. Alkali; daneben entstehen **IX** u. $CHCl(COOC_2H_5)_2$ (Kp.$_{41}$ 132,5°, D.$^{20}{}_4$ 1,1951, n_D^{20} 1,4305). — $CF_3-CHF-CCl_2-OCH_3$, $C_4H_4OCl_2F_4$, Kp.$_{94}$ 50°, D.$^{20}{}_4$ 1,5096, n_D^{20} 1,3717; aus **III** u. methanol. Alkali. — $CF_3-CHF-CF_2-OC_2H_5$ (**VIII**), $C_5H_6OF_6$, Kp.$_{628}$ 65,5°, D.$^{20}{}_4$ 1,3016, n_D^{20} 1,2950; aus **IV** u. alkoh. KOH neben **X**. — $CF_2Cl-CHF-CCl_2-OCH_3$, $C_4H_4OCl_3F_3$, Kp.$_{91}$ 78—80°, D.$^{20}{}_4$ 1,5510, n_D^{20} 1,4120; aus **V** u. methanol. Alkali. — $CF_3-CHCl-COOC_2H_5$ (**IX**), $C_5H_6O_2ClF_3$, Kp.$_{630}$ 118°, D.$^{20}{}_4$ 1,3215, n_D^{20} 1,3636; als Nebenprod. bei der Herst. von **VII** oder durch Zugabe von 5 g **VII** zu dem doppelten Vol. 90%ig. H_2SO_4 nach dem Verf. von YOUNG u. TARRANT (C. **1950.** II. 1680), Abkühlen auf Zimmertemp. u. Gießen auf Eis, oder ebenso aus **VI**. — $CF_3-CHF-COOC_2H_5$ (**X**), $C_5H_6O_2F_4$, Kp.$_{629}$ 103—104°, D.$^{20}{}_4$ 1,2884, n_D^{20} 1,3288; als Nebenprod. bei der Herst. von **VIII** oder aus **VIII** u. 90%ig. H_2SO_4; 57,4%, oder durch 12std. Erhitzen von 20 g **VIII** im Pyrexbombenrohr auf 150°; 46%. — $CF_3-CHF-CONH_2$, $C_3H_3ONF_4$, F. 57,0°; aus **X** u. NH_4OH. (J. Amer. chem. Soc. **78.** 1685—86. 20/4. 1956. Boulder, Colo., Univ. of Colorado, Dep. of Chem.) E. FORCHE. 560

James M. Sugihara und **Thomas F. McCullough,** *Ketone im Gilsonit-Destillat.* Bei der Rektifikation des Gilsonit-Destillats (Kp. 27—125°) wurden *Butanon-(2)*, *3-Methylbutanon (2)* u. *Pentanon-(2)* festgestellt. Sie wurden als 2.4-Dinitrophenylhydrazone bzw. als p-Nitrophenylhydrazon identifiziert. Verss., die 3 2.4-Dinitrophenylhydrazone chromatograph. an SiO_2 zu trennen, blieben erfolglos.

V e r s u c h e: *Butanon-(2)-2.4-dinitrophenylhydrazon*, F. 111—112°, aus 300 cm³ Gilsonit-Destillat durch Rektifikation; aus der Fraktion vom Kp. 29—52° (24 cm³) u. 2.4-Dinitrophenylhydrazin; 0,08 g (Ausbeute). *p-Nitrophenylhydrazon*, F. 125—126,5°. — *3-Methylbutanon-(2)-2.4-dinitrophenylhydrazon*, F. 123—124°, aus der Fraktion vom Kp. 59—64° (26 cm³); 30 mg. — *Pentanon-(2)-2.4-dinitrophenylhydrazon*, F. 140—141°, aus der Fraktion vom Kp. 67—81° (14 cm³); 40 mg. (J. Amer. chem. Soc. **77.** 6684—85. 20/12. 1955. Salt Lake City, Ut., Univ., Dep. of Chem.) H. GEBHARD. 710

R. B. Davis und **P. Hurd,** *Die Reaktion einiger Diketone mit Natriumacetylid.* Acetonylaceton (**I**), Diacetyl (**II**), Benzil (**III**), Acetylaceton (**IV**), 3-Allylacetylaceton (**V**) u. 3.3-Diallylacetylaceton (**VI**) wurden in fl. NH_3 mit Na-Acetylid (**VII**) umgesetzt. **I** bzw. **II** gaben dabei *3.6-Dimethyl-3.6-dioxyoctadiin-(1.7)* bzw. *3.4-Dimethyl-3.4-dioxyhexadiin-(1.5)-semihydrat* (Strukturbestätigung durch Infrarotspektren). Aus den Reaktionsprodd. von **III** konnte nur *Benzamid* (F. 130—131°; Ausbeute 79%) isoliert werden. **IV** gab *Acetylacetonmonoimin* [bzw. *2-Aminopenten-(2)-on-(4)*, F. 43°, Kp. $_{15}$ 25—55°; 44%] u. das *Na-Salz* von **IV** [F. 295° (A.-W.); 5%]. **V** erlitt teilweise Spaltung zu *Allylaceton*, ferner entstand ein *Amin* (**VIII**), das auf Grund seines Infrarotspektr. als ein Tautomerengemisch von *3-Allyl-2-aminopenten-(2)-on-(4)* u. *3-Allyl-2-iminopenten-(3)-ol-(4)* angesehen wird u. durch verd. Säuren u. Basen leicht unter Bldg. von **V** hydrolysiert wird. **VI** wurde ebenfalls gespalten, es entstand *α.α-Diallylaceton*. Diacetonalkohol gab mit **VII** *3-Methoxy-3-oxybutin-(1)* (Kp. 103,5—104°, n_D^{25} 1,4187; 32%).

V e r s u c h e: *3.6-Dimethyl-3.6-dioxyoctadiin-(1.7)*, F. 91—92° (CCl_4), aus 7 Mol **VII** u. 3 Mol **I** nach CAMPBELL u. Mitarbeitern (J. Amer. chem. Soc. **60.** [1938.] 2882); 34% (Ausbeute). — *3.4-Dimethyl-3.4-dioxyhexadiin-(1.5)-semihydrat*, $C_8H_{10}O_2 \cdot {}^1/_2\,H_2O$, F. 48—49° ($CCl_4$), Kp.$_6$ 76—78°, aus 4,5 Mol **VII** u. 1,04 Mol **II** in Ae.; 23%. — *3-Allylacetylaceton* (**V**), $C_8H_{12}O_2$, durch langsames Zugeben von Allylbromid zu einer Mischung von **IV** u. NaOH in CH_3OH u. 2std. Kochen; Dest. gab 5 Fraktionen vom Kp.$_{16}$ zwischen 81 u. 87° (vermutlich Keton–Enol-Gemische verschied. Zus.), nach 4 Tagen hatten alle Fraktionen n_D^{25} 1,4757 (ihre *2.4-Dinitrophenylhydrazone* waren ident., F. 186–187°); 55%. Daneben *3.3-Diallylacetylaceton* (**VI**), $C_{11}H_{16}O_2$, Kp.$_{16}$ 113–114°, n_D^{25} 1,4691, D.^{25} 0,9671; 17%. *2.4-Dinitrophenylhydrazon,* Zers. bei 235°. **V** u. **VI** konnten durch 1std. Kochen mit HCl in A. nicht gespalten werden. – Rk. von **V** mit **VII** gab *Allylaceton,* Kp.$_{100}$ 69°, n_D^{25} 1,4178; 20%; *2.4-Dinitrophenylhydrazon,* F. 103–104°; unverändertes **V**, Kp.$_{16}$ 82–84°; 36%; u. **VIII**, $C_8H_{13}ON$, F. 65–67° (Skellysolve); 56%; *2.4-Dinitrophenylhydrazon,* F. 185–186°. – Rk. von **VI** mit **VII** gab *α.α-Diallylaceton,* Kp.$_{15}$ 66–67°, n_D^{25} 1,4448; 34%; *Semicarbazon,* F. 109–110° (aus A.-W. als *Semihydrat,* F. 95–96°); u. unverändertes **VI**, Kp.$_5$ 85–86°; 22%. (J. Amer. chem. Soc. **77**. 3284–87. 20/6. 1955. Notre Dame, Ind., Univ., Chem. Dep.) G. CLEVE. 720

J. K. Heyes und **F. B. Shorland,** *Die Konstitution der Hexadecatriensäure aus den Glyceriden des Rapsblattes* (*Brassica napus L.*). Bei der Überprüfung der Meth. von ARMSTRONG u. HILDITCH (J. Soc. chem. Ind. [London] **44**. [1925.] 43 T) zur Festlegung der Doppelbindungen in Polyensäuren durch oxydativen Abbau mit $KMnO_4$ in sd. Aceton konnte von der aus Linolensäureäthylester außer *Propionsäure* u. *Oxalsäure* (aus der nicht faßbaren Malonsäure) erhaltenen rohen *Azelainsäure* durch Gegenstromverteilung etwas *Korksäure,* F. 131–137°, abgetrennt werden. – Zur Isolierung u. zur Konstitutionsbest. der *Hexadecatriensäure* (**I**) aus den Glyceriden der Blätter von Raps (Brassica napus L.) wurde das Gemisch der freien Säuren aus Aceton bei –30° krist., in die Methylester übergeführt, dest., aus CH_3OH bei –15° krist. u. fraktioniert. **I**, VZ. 250,0, JZ. 277,1, enthält auf Grund der UV-Absorption vor u. nach der Isomerisierung mit Alkali 85,9% (0,2% konjugierte) Triensäuren u. 3,3% (1,8% konjugierte) Diensäuren. **I**-*Methylester,* Kp.$_{0,1}$ 102–121°, VZ. 261–267, JZ. 219–243, gibt bei der Hydrierung *Palmitinsäuremethylester,* F. 28,5–29,5°; aus den Prodd. der Oxydation mit $KMnO_4$ in sd. Aceton konnte als flüchtige Säure *Propionsäure* (*Anilid,* F. 104 bis 104,5° [W.]) u. aus den nichtflüchtigen Säuren durch Chromatographie aus Aceton an Na_2CO_3 *Pimelinsäure,* F. 96–98°, sowie *Oxalsäure* isoliert werden. Danach ist **I** die *Hexadecatrien-(7.10.13)-säure* u. ist sicher verschieden von der aus Sardinenöl isolierten Hiragonsäure [Hexadecatrien-(6.10.14)-säure; vgl. TOYAMA u. TSUCHYA, Bull. chem. Soc. Japan **10**. [1935.] 192. (Biochem. J. **49**. 503–06. Sept. 1951. Wellington, New Zealand, Fats Res. Labor., Dep. of Sci. and Ind. Res.) K. TÄUFEL. 810

B. Fischer und **C. A. Grob,** *Iminoäther substituierter Propiolsäuren.* Durch Rk. der Ag-Derivv. entsprechender Säureamide mit Methyljodid in Ae. nach TAFEL [1890] werden *Phenyl-* (**I**), *tert.-Butyl-*, *Pentyl-* u. *Hexylpropiolsäureiminomethyläther* in 30–50% ig. Ausbeute als sehr unbeständige Verbb. dargestellt. Einw. von Methanol u. HCl auf Phenylpropiolsäurenitril in Ae., Bzl. oder Dioxan führt zum *Hydrochlorid* des *β-Chlorzimtsäure* (**IV**)-*Iminomethyläthers,* während bei Einw. methanol. HCl auf tert.-Butylpropiolsäure (**III**)-Nitril Verharzung eintritt. Phenylpropiolsäureamid (**II**) gibt mit Dimethylsulfat nach längerem Erhitzen in Bzl. in geringer Ausbeute verunreinigtes *Methylsulfat* von **I**. Einw. von Chlorameisensäureäthylester auf **II** u. auf Hexylpropiolsäureamid verändert diese nicht. Dimethylamide substituierter Propiolsäuren lassen sich vorteilhaft über die gemischten Anhydride mit Kohlensäureäthylester darstellen.

Versuche (FF. korr.): *tert.-Butylpropiolsäure* (**III**)-*Äthylester,* $C_9H_{14}O_2$, Kp.$_{14}$ 73–74,5°, durch Eintropfen von C_2H_5MgBr in absol. Ae. in tert.-Butylacetylen unter Erwärmen u. Rühren, 1std. Rühren, 45 Min. Kochen, Versetzen mit Ae., Zugabe von Kohlensäurediäthylester bei –20° unter Rühren u. 2std. Kochen nach langsamer Erwärmung, Zers. mit gesätt. NH_4Cl-Lsg. u. Eis, Zugabe von wenig 2n HCl u. Einengen; n_D^{22} 1,4355; 28% (Ausbeute). Daneben *Kohlensäurediäthylester* (Kp.$_{17}$ 31–32°) u. *Tris-[tert.-butyläthinyl]-carbinol,* $C_{19}H_{28}O$, F. 102–103° (PAe. oder Sublimation bei 0,02 mm Hg); 45%; Hydrierung über Pd-Kohle in A. → *Tris-[tert.-butyläthyl]-carbinol,* F. 43 bis 45°. – **III**-*Amid,* $C_7H_{11}ON$, F. 92,5–93° (W.), durch 8std. Schütteln von **III**-Äthylester in konz. NH_4OH u. Einengen; Nadeln; ~100%. – **III**-*Dimethylamid,* $C_9H_{15}ON$, F. 65 bis 65,5° (Ae./PAe.), durch 2tägiges Stehen von **III**-Äthylester mit 20% ig. alkoh. Dimethylamin u. Methanol bei ~20°, Einengen, Verteilen zwischen Ae. u. W., Dest. bei 12 mm Hg u. längeres Stehen der Fraktion vom Kp.$_{12}$ 65–91°; Nadeln; 21%. – **III**-*Nitril,* C_7H_9N, Kp.$_{23}$ 46–47°, durch Erwärmen von **III**-Amid mit P_2O_5; n_D^{22} 1,431; 66%. Hydrolyse mit konz. H_2SO_4 in 6 Wochen liefert neben viel verharzten Anteilen **III**-Amid zurück; 16%. – *Phenylpropiolsäuredimethylamid,* $C_{11}H_{11}ON$, F. 99,5–100° (W.), durch Zutropfen von Phenylpropiolsäurechlorid in absol. Ae. zu $(CH_3)_2NH$ in Ae. unter Kühlung, Ausziehen mit W. u. Eindampfen der Ae.-Lsg.; Nadeln; 67%. – *β-Chlorzimtsäure* (**IV**)-*Iminomethyläther,* $C_{10}N_{10}ONCl$, Kp.$_{0,02}$ 75–77°, Kp.$_{12}$ 132° (Zers.), durch Einleiten von HCl in Phenylpropiolsäurenitril in absol. Methanol u. absol. Bzl. bei 0°, 8std. Stehen bei 20°, Isolieren des gebildeten *Hydrochlorids,* HCl-Abspaltung mit konz. wss.

K_2CO_3 u. Eis bis zur klaren Lsg. in Ae. u. Einengen; n_D^{21} 1,5758; UV-Maximum in Methanol angegeben; 30%. *Pikrat*, $C_{16}H_{13}O_8N_4Cl$, F. 164—165° (Dioxan–PAe.). Der Äther verfärbt sich in wenigen Std.; Hydrolyse mit W. gibt **IV**-*Methylester*, F. 21,4°. — **IV**-*Amid*, F. 118—119° (PAe.), durch Erhitzen von **IV**-Iminomethylätherhydrochlorid auf 150° in 5 Min.; Nadeln. — *Nonin-(2)-säuredimethylamid*, $C_{11}H_{19}ON$, Kp.$_{11}$ 152,2 bis 154°, durch Versetzen von Noninsäure in Chlf. mit Triäthylamin, Zugabe von Chlorameisensäureäthylester bei 2°, 15 Min. Stehen, Zusatz von $(CH_3)_2NH$ in absol. Ae., 3std. Stehen bei Raumtemp., Einengen, Verteilung zwischen Ae. u. verd. Na_2CO_3-Lsg. u. Einengen der Ae.-Lsg.; n_D^{26} 1,4674; 80%. — *Octin-(2)-säuredimethylamid*, Kp.$_{11}$ 144°, aus Octinsäure analog vorst. Verb.; n_D^{21} 1,477. — *Phenylpropiolsäureiminomethyläther* (**I**), $C_{10}H_9ON$, Kp.$_{0,02}$ 59—60°, durch Versetzen von **II** in A. mit wss. $AgNO_3$ u. Eis, schnelles Zutropfen von n-NaOH unter Rühren, Isolieren der gebildeten *Ag-Verb.* (orangefarbenes bis braunes Pulver; 95%), Lösen in absol. Ae., Schütteln mit CH_3J über Nacht unter Lichtausschluß, Filtration, Einengen u. sofortige Dest.; n_D^{24} 1,5779—1,5781; 30—50%. Verharzung tritt schon während der Dest. ein. *Pikrat*, F. 204—207°. — **III**-*Iminomethyläther*, $C_8H_{13}ON$, Kp.$_{0,02}$ 50—51°, aus **III**-Amid analog **I** (6std. Schütteln der Ag-Verb. mit CH_3J); n_D^{22} 1,4465. *Pikrat*, F. 222—223° (Dioxan–PAe.). — *Pentylpropiolsäureiminomethyläther*, $C_9H_{15}ON$, Kp.$_{0,02}$ 40—40,5°, aus Pentylpropiolsäureamid; n_D^{20} 1,4625. *Pikrat*, F. 214—215°. — *Hexylpropiolsäureiminomethyläther*, $C_{10}H_{17}ON$, Kp.$_{0,02}$ 53—53,5°, aus Hexylpropiolsäureamid; n_D^{21} 1,4622. *Pikrat*, F. 204—205°. (Helv. chim. Acta **39**. 417—22. 15/3. 1956. Basel, Univ., Organ.-chem. Anstalt.) B. WIEMER. 810

Klaus Serck-Hanssen und **Einar Stenhagen**, *Eine allgemeine Methode zur Synthese von optisch-aktiven β-Oxysäuren.* Vff. beschreiben eine allg. Meth. zur Synth. opt.-akt. Oxyverbb. des Typs R—CH_2—CH(OH)—CH_2—R' aus opt.-akt. *Methylhydrogen-β-acetoxyglutarat* (akt. **I**). Die Darst. der *rac.* Form von **I** (Kp.$_{0,5}$ 150°, D.$^{22}_4$ 1,234, n_D^{22} 1,4470) erfolgt aus dem Anhydrid der β-Acetoxyglutarsäure u. Methanol. Durch fraktionierte Kristallisation der Cinchonidin- u. Strychninsalze erhält man aus Äthylacetat bzw. Chlf.–Ae. die reinen opt. Antipoden (30% Ausbeute). Die Elektrolyse von rechtsdrehendem **I** mit Propionsäure gibt über (+)-*Methyl-3D-acetoxy-4-carboxybutanoat β-Oxyhexansäure* [F. 42°, $[\alpha]_D^{22}$ —28° (c = 2; Chlf.)]. Elektrolyse des linksdrehenden **I** mit n-Heptansäure gibt analog *3L-Oxydecansäure* [F. 48,4°, $[\alpha]_D^{22}$ +20° (c = 2,5; Chlf.) bzw. —3° (c = 2,5; A.)]. Eine äquimol. Mischung dieser Säure mit dem natürlich vorkommenden Antipoden gibt die *rac. Form* (F. 56,6°). — Durch Abbau der Ricinolsäure erhält man *β-Oxynonansäure* ($[\alpha]_D$ +2° 26' (A.)], die wahrscheinlich D-Konfiguration hat. Ricinolsäure sollte demnach *12D-Oxy-cis-octadecen-(9)-säure* sein. (Acta chem. scand. **9**. 866. 1955. Uppsala, Univ., Inst. of Med. Chem., Dep. of Med. Biochem.) O. WOLF. 850

R. H. Sahasrabudhey und **Ranbir Singh**, *Die Chemie aliphatischer Thiocarbamide.* 1. Mitt. *Methylthiocarbamid.* Gegenüber den aromat. Thiocarbamiden verhält sich Methylthiocarbamid (**I**) in vieler Hinsicht unterschiedlich. Die in Ggw. von $Hg(NO_3)_2$ bei 130° erfolgende Isomerisierung von Methylaminhydrogenthiocyanat in **I** u. umgekehrt ist nicht als reversibel anzusprechen. In Alkali wird **I** leichter zers. als in H_2SO_4, als Spaltprodd. werden *Methylamin* u. *H_2S* festgestellt. Mit $AgNO_3$ tritt Komplexbldg. ein, u. zwar bei n. Temp. u. mäßigem Überschuß von $AgNO_3$ oder bei Siedetemp. u. starkem Überschuß von $AgNO_3$ vorwiegend der Komplex **I**·*2 $AgNO_3$*, bei n. oder Siedetemp. mit überschüssigem **I** vorwiegend **I**·*$AgNO_3$*, unter anderen Bedingungen auch *2*·**I**·*$AgNO_3$*. Ähnliche Komplexe bilden sich auch mit Cu-Salzen, die aber nicht untersucht wurden. Die Komplexe sind in Ggw. von HNO_3 stabil, werden aber beim Erwärmen zersetzt. **I** wird durch Pb-Tetraacetat, HgO usw. zu *Methylcyanamid* entschwefelt, das als *CH_3·N(CN)Ag* nachgewiesen wurde. In Ggw. starker Säuren reagiert **I** mit HNO_2 zum entsprechenden Salz des „*Formamidindisulfids*" (WERNER [1912]), in Ggw. schwacher Säuren wie Essigsäure tritt N_2-Entw. ein. Die Oxydation von **I** mit J_2 in Chlf. erfolgt nach 2 **I** + J_2 ⟷ 2 $[CH_3NHC(=S)NH_2]J$ u. kann zur titrimetr. Best. von **I** verwendet werden; in Ggw. von Br_2 bildet sich eine *Verb. vom F. 203°* (Zers.; verd. HBr) mit dem *Pikrat* vom F. 130°. **I** bildet mit Acetanhydrid (15 Min. Kochen) ein *N-Acetylderiv.* der wahrscheinlichen Zus. *$CH_3N(COCH_3)C(=S)NH_2$* ($C_4H_8ON_2S$, F. 173° [W.]) u. mit Benzylchlorid in A. in der Wärme ein *S-Benzylderiv.* der wahrscheinlichen Zus. *$CH_3NHC(=NH)\cdot SCH_2C_6H_5$* (*Pikrat*, $C_{15}H_{15}O_7N_5S$, F. 185°, aus A. gelbe Kristalle). (J. Indian chem. Soc. **30**. 499—504. Juli 1953. Benares, Hindu Univ., Coll. of Sci., Chem. Dep.)
H. LEHWALD. 880

Gérard Desseigne, *Darstellung des Guanidincarbonats.* Vf. beschreibt die Darst. von *neutralem Guanidincarbonat* (**I**) aus Guanidinnitrat (**II**).

V e r s u c h e: 126 g **II** werden mit 41,5 g NaOH in 500 cm³ absol. A. 1 Std. gekocht u. nach Abkühlung auf 10° unter Nachwaschen mit 100 cm³ absol. A. filtriert.

Das Filtrat wird bei 5° mit CO_2 (ca. 25 Liter) gesätt., noch einmal filtriert u. zur Zers. des gebildeten Guanidincarbonats 30 Min. zum Sieden erhitzt; hierbei krist. 80,3 g 96%ig. *neutrales Guanidincarbonat* (I) aus; 85,5% (Ausbeute). Wird 95%ig. A. verwendet, dann sinkt die Ausbeute auf 72%, die Reinheit von I beträgt jedoch 98%. — Wird das CO_2 bei 60—65° eingeleitet, dann werden nur 11 Liter CO_2 verbraucht u. 84 g I (93% ig.) erhalten. (Bull. Soc. chim. France, Mém. [5] **1955.** 1193—94. Okt. Labor. Central des Poudres.) E. ROTTER. 880

Anders Kjaer und **Kurt Rubinstein,** *Isothiocyanate.* 10. Mitt. *Synthese und Charakterisierung von cis-Crotylisothiocyanat.* (9. vgl. C. **1956.** 6719.) Bei Verss., cis-Crotononitril durch $LiAlH_4$-Red. in cis-Crotylamin (I) zu verwandeln, wurde *n-Butylamin* erhalten. Die Darst. von I gelingt aber über *cis-Crotylchlorid,* das aus 3-Chlorbuten-(2)-ol-(1) über *cis-Crotylalkohol* erhalten wird, durch Rk. mit K-Phthalimid zu *N-cis-Crotylphthalimid* u. Spaltung nach ING u. MANSKE (J. chem. Soc. [London] **1926.** 2348). Die anschließende Rk. mit $CSCl_2$ in Alkali gibt das instabile cis-Crotylisothiocyanat (**II**), das mit einer Anzahl von Aminen in *N-Alkyl-N'-crotylthioharnstoffe* übergeführt wird. Die cis-Konfiguration wird durch Unters. u. Vgl. einiger cis- u. trans-Crotylthioharnstoffe bestätigt. Bei 2wöchigem Stehen bei 0° wird **II** in die *trans-Verb.* verwandelt. Aus den bisher bei den Unterss. über Isothiocyanate erhaltenen Daten kann geschlossen werden, daß der von LUCHMANN [1896] erhaltene Thioharnstoff *N-trans-Crotyl-N'-phenylthioharnstoff* ist u. der von GALAND (Bull. Soc. chim. belges **39.** [1930.] 529) hergestellte Thioharnstoff auf keinen Fall, wie angegeben, N-[Butenyl-(3)]-N'-phenylthioharnstoff sein kann, während die von STEIN [1907] u. von SCHIMMEL [1910] erhaltenen C_5-Isothiocyanate keine reinen Prodd. gewesen sein können.

V e r s u c h e: *cis-Crotylphthalimid,* $C_{12}H_{11}O_2N$, F. 65° (A.), durch Zutropfen von cis-Crotylchlorid zu K-Phthalimid in Dimethylformamid unter Rühren, 3 std. Stehen bei 80°, dann 3 Std. bei Raumtemp. u. Ausziehen mit Chlf.; 80% (Ausbeute). — *cis-Crotylamin* (**I**), *Hydrochlorid,* $C_4H_{10}NCl$, F. 138°, aus vorst. Verb. nach ING u. MANSKE (l. c.); Prismen; 95%. — *cis-Crotylisothiocyanat* (**II**), Kp.$_{11}$ 71—73°, aus 5,82 g **I**-Hydrochlorid + $CSCl_2$ in Chlf. mit NaOH, 1 std. Schütteln u. Dest. der filtrierten u. abgetrennten organ. Phase; 2,47 g. — *cis-Crotylthioharnstoff,* $C_5H_{10}N_2S$, F. 88,5° (W.), aus **II** + NH_3. — N'-A l k y l-N-c i s-c r o t y l t h i o h a r n s t o f f e: *N'-Phenyl-,* $C_{11}H_{14}N_2S$, F 87° (wss. A.). — *N'-[p-Tolyl]-,* $C_{12}H_{16}N_2S$, F. 61° (wss. A.). — *N'-[α-Naphthyl]-,* $C_{15}H_{16}N_2S$, F. 120,5° (wss. A.). (Acta chem. scand. **8.** 1335—40. 1954. Copenhagen, Univ., Chem. Labor.) H. LEHWALD. 890

Anders Kjaer und **Rolf Gmelin,** *Isothiocyanate.* 11. Mitt. *4-Methylmercaptobutylisothiocyanat, ein neues natürlich vorkommendes Senföl.* (10. vgl. vorst. Ref.) Das in einer früheren Mitt. (vgl. Acta chem. scand. **7.** [1953.] 1276) aus *Eruca sativa Mill* isolierte Senföl konnte jetzt als *4-Methylmercaptobutylisothiocyanat* (**I**) identifiziert werden, aus dem das *Thioharnstoffderiv.* hergestellt wurde. **I**, das einen charakterist. rettichartigen Geruch u. Geschmack besitzt, kommt in der Natur als bisher nicht charakterisiertes Glykosid, *Glucoerocin,* vor u. gibt mit Benzylamin *N-[4-Methylmercaptobutyl]-N'-benzylthioharnstoff.* Es kommt außerdem in *Iberis sempervirenz L., Vesicaria utriculata L., V. sinuata Poir, Matthiola annua R. Br.,* in *Cheiranthus* u. *Brassica oleracea L.* sowie in den Wurzeln von *Hesperis matronalis L.* u. *Farsetia clypeata R. Br.* vor.

V e r s u c h e: *4-Methylmercaptobutylthioharnstoff,* $C_6H_{14}N_2S_2$, F. 53° (FISCHER-JOHNS-Block), aus 25 g des Samens von *Eruca sativa* durch 3 std. Erwärmen mit W. bei 35°, Wasserdampfdest. u. 24 std. Stehen mit konz. NH_4OH; Blättchen aus PAe.-Äthylacetat; 0,25 g (Ausbeute); R_{Ph} 0,97; R_F 0,82 (Pyridin–Amylalkohol–W. 35 : 35 :30), 0,13 (Heptan: 90% ig. HCOOH–n-Butanol 20 : 20 : 15), 0,76 (Heptan–90% ig. HCOOH–n-Butanol 20 : 10 : 22). — *4-Methylmercaptobutylisothiocyanat* (**I**), Kp.$_{12}$ 136°, aus 4-Methylmercaptobutylamin in W. + $CSCl_2$, 1,4n NaOH u. Chlf. durch $^1/_2$ std. Schütteln u. Vakuumdest.; 60%. — *N-[4-Methylmercaptobutyl]-N'-benzylthioharnstoff,* $C_{13}H_{20}N_2S_2$, F. 77—78° (PAe.-Äthylacetat), aus 615 mg **I** + Benzylamin in A. (18 std. Erwärmen bei 40°), Vakuumabdampfen u. Aufnehmen in Ae.; 900 mg. (Acta chem. scand. **9.** 542—44. 1955.) H. LEHWALD. 890

Jay A. Gervasi, Morton Brown und **Lucius A. Bigelow,** *Die Einwirkung von elementarem Fluor auf organische Verbindungen.* 20. Mitt. *Die Fluorierung von Mono-, Di- und Trimethylamin, Äthylendiamin und Äthylenimin.* (19. vgl. TYCZKOWSKI u. BIGELOW, C. **1956.** 204.) Bei der Umsetzung von Mono-, Di- u. Trimethylamin mit elementarem F_2 in N_2-Verdünnung über Cu-Kontakten erfolgen gleichzeitig Perfluorierung, Entalkylierung, Alkylierung u. Dimerisierung, u. man erhält CF_4, untrennbare Gemische aus CF_3–NF_2 + C_2F_6 (Kp. —79°) u. CF_3–CF_2–NF_2 + $(CF_3)_2NF$ (Kp. —40°), $(CF_3)_3N$ (Kp. —10,5°, F. —116 bis —115°) u. *Dimere,* darunter $(CF_3)_2N$–$N(CF_3)_2$ (Kp.$_{200}$ —2 bis

-1^0, F. -61^0). $(CF_3)_3N$ u. die Dimeren treten bei der Fluorierung von Methylamin nicht auf. — Die Fluorierung von Äthylendiamin im ungefüllten Ringbrenner führt zu *CF_4, CF_3-NF_2, $(CNF_3)_2$-Isomerengemisch* (Kp. -40^0, F. -128^0), *CF_3-CF_2-NF_2, Hexafluorazomethan* (I), *CF_3-N=N-CF_3* (Kp. -32^0, F. -133^0) u. *Dimeren* (Kp. -23 bis -2^0). — Aus Äthylenimin entstehen *CF_4, CF_3-NF_2 + C_2F_6, $(CF_3)_2NF$* (Kp. -38^0, F. -171^0), I u. *Dimere.* — I ist bei 500^0 beständig; von F_2 wird es bei 400^0 nicht, bei 500^0 unter Bldg. von CF_4 u. N_2 angegriffen. — Für die beobachteten Rkk. werden verschied. Radikalmechanismen diskutiert. (J. Amer. chem. Soc. **78.** 1679—82. 20/4. 1956. Durham, N. C., Duke Univ., Dep. of Chem.) E. FORCHE. 910

Jacques-Emile Dubois, Michael Ashworth und **Albert Westermann,** *Darstellung aliphatischer Aminoalkohole aus β-Ketolen. β*-Ketole lassen sich durch reduktive Aminierung in Ggw. von RANEY-Ni in *β-Aminoalkohole* überführen. RANEY-Ni katalysiert erst oberhalb von 40^0, auch bei Aktivierung mit Ammoniumhexachloroplatinat u. KOH. Die Rk. führt zu prim. Aminoalkoholen, die Bldg. sek. Prod. ist unbedeutend. Durch das alkal. Medium erfolgt gleichzeitig Spaltung des Ketols in Keton u. Aldehyd, so daß als Nebenprodd. hauptsächlich die diesen Verbb. entsprechenden Amine auftreten. Oberhalb 90^0 ist die Spalt-Rk. bedeutend. CH_3OH ist wegen des größeren Lösungsvermögens für NH_3 dem A. vorzuziehen. Die Rk. verläuft, wenn auch langsamer u. mit schlechterer Ausbeute, auch ohne Lösungsmittel. *2-Amino-3-methylhexanol-(4)* u. *2-Amino-3-methylpentanol-(4)* wurden auf diesem Weg dargestellt.

Versuche: *2-Amino-3-methylhexanol-(4)*, $Kp._{14}$ 94—97^0, aus 3-Methylhexanol-(4)-on-(2) a) u. NH_3 in CH_3OH in Ggw. von RANEY-Ni durch Schütteln mit 90 bis 150 at H_2 bei 60—70^0 bis zur Druckkonstanz; 15,5% (Ausbeute); b) durch katalyt. Hydrierung des Oxims in Ggw. von RANEY-Ni; n_D^{25} 1,4504; $D.^{25}_4$ 0,901; 43%. — *2-Amino-3-methylpentanol-(4)*, $Kp._{13}$ 83,5—85^0, $Kp._{15}$ 86—87^0, aus 3-Methylpentanol-(4)-on-(2) a) analog vorst. Verf. nach a); 38%; b) analog vorst. Verb. nach b); n_D^{25} 1,4480; $D.^{25}_4$ 0,902—0,911; 30%. (Ann. Univ. Saraviensis **2.** 359—62. 1953. Saarbrücken, Univ. des Saarlandes, Chem. Inst., Physikal.-chem. Inst.) H. BERTSCH. 920

T. Wagner-Jauregg, J. J. O'Neill und **W. H. Summerson,** *Die Reaktion phosphorhaltiger Enzyminhibitoren mit Aminen und Aminosäurederivaten.* Um einen Einblick in die Inhibitorwrkg. von *Diisopropylfluophosphat* (*DFP*) (I) u. *Tetraäthylpyrophosphat* (*TEPP*) (II) auf gewisse Enzyme, wie Chymotrypsin, Trypsin u. Cholinesterase, zu erhalten, unternehmen Vff. Modellverss. mit dem in vitro reaktionsfähigeren *Diisopropylchlorphosphat* (*DClP*) (III), indem die Phosphorylierungsfähigkeit von III gegenüber einigen Aminosäuren u. Aminen geprüft wird. Es zeigt sich, daß III mit Glycinäthylester, Glycinamid u. *dl*-Threoninmethylester krist. Derivv. mit einer P—N-Bindung gibt; das analoge Serinmethylesterderiv. ist fl.; die erhaltenen Stoffe sind lösl. in W., reagieren nicht alkal. u. geben mit HNO_2 keine Rk. auf freie Aminogruppen. III reagiert analog mit prim. u. sek. Aminen, die erhaltenen Verbb. sind wasserunlöslich. Wurden dieselben Rkk. mit I bei Zimmertemp. ausgeführt, so trat nur mit den prim. Aminen eine Umsetzung ein. II reagiert mit prim. Aminen ähnlich; Cyclohexylamin (VII) reagiert mit II nach 2 VII + II = $C_6H_{11}NH \cdot PO \cdot (OC_2H_5)_2$ + $C_6H_{11}NH_2 \cdot HOPO(OC_2H_5)_2$, wobei beide Prodd. isoliert werden konnten. Die Rk. mit Glycinäthylester führt nach $H_2NCH_2CO_2C_2H_5$ + II = $(C_2H_5O)_2PO-N(CH_2CO_2C_2H_5) \cdot PO(OC_2H_5)_2$ bzw. $(C_2H_5O)_2OPOP(OC_2H_5)_2 : NCH_2 \cdot COOC_2H_5$ + H_2O zu einem Reaktionsprod. noch nicht geklärter Konstitution. Verss., eine zweite Diäthylphosphorylgruppe in N-Diäthylphosphorylcyclohexylamin einzuführen, hatten keinen Erfolg. Zur Identifizierung der bei der Hydrolyse vorst. Reaktionsprodd. entstandenen Phosphorsäureester wurden die Salze von Aminen herangezogen.

Versuche: III wurde mit den freien Aminosäureestern in wenig Chlf. gelöst, die abgeschiedenen *Esterhydrochloride* wurden abfiltriert u. mit Ae. gewaschen, das Filtrat wurde im Vakuum eingedampft u. der zurückbleibende Sirup mit PAe. extrahiert; diese Lsg. wurde bei -20^0 zum Kristallisieren gebracht: *Diisopropylphosphorylglycinäthylester,* $C_{10}H_{22}O_5NP$, $Kp._{0,5}$ ~115—128^0, F. 28—29^0, aus 1,94 g Glycinäthylester u. 1,6 ml III; 0,5 g (Ausbeute). — *N-Diisopropylphosphorylglycinamid,* $C_8H_{19}O_4N_2P$, F. 81 bis 84^0, Nadeln, aus 360 mg Glycinamid u. 0,42 ml III in Äthylacetat innerhalb ca. 24 Std.; 350 mg. — *Diisopropylphosphoryl-dl-threoninmethylester,* $C_{11}H_{24}O_6NP$, F. 54—56^0, wachsartiges Prod., aus dl-Threoninmethylester (aus 1 g Hydrochlorid) u. 1,25 ml III; 0,5 g. — *N-Diisopropylphosphorylbenzylamin,* $C_{13}H_{22}O_3NP$, F. 48,5—50^0, Kp. 238^0, aus Benzylamin (IV) u. III in Bzl., wobei IV-*Hydrochlorid* (F. 246^0) ausfiel. — *N-Diisopropylphosphorylcyclohexylamin,* $C_{12}H_{26}O_3NP$, F. 53,5—55^0 (Aceton + W.), wie vorst. aus III u. VII in CCl_4. — *N-Diisopropylphosphoryläthylenimin,* $C_8H_{18}O_3NP$, $Kp._{1-2}$ 76—78^0, $n_D^{23,5}$ 1,430, a) wie vorst. aus Äthylenimin (VI) u. III; b) analog aus VI u. I. — VII-*Salz der Diäthylphosphorsäure,* $C_6H_{11}NH_2 \cdot HOPO(OC_2H_5)_2 \cdot H_2O$, F. 78^0 (Bzl.), aus VII u. II in Bzl. in 2 Std.; schm. nach Trocknen bei 100^0 im Hochvakuum ebenfalls bei 78^0. —

N-Diäthylphosphorylcyclohexylamin, $C_6H_{11}NH \cdot PO(OC_2H_5)_2$, F. 71—72° (PAe.), aus dem Filtrat vorst. Verb. beim Einengen; ist gegenüber Ratten ungiftig. — *Verb.* $C_{12}H_{27} \cdot O_8NP_2$ bzw. (nach Stehen) $C_{12}H_{27}O_8NP_2 \cdot H_2O$, aus **II** u. Glycinäthylester in Ggw. von Triäthylamin; nach mehrmaliger Vakuumfraktionierung wurden Fraktionen vom $Kp._{1-2}$ 135—140°, n_D^{28} 1,4275, u. $Kp._{1-2}$ 140—142°, n_D^{28} 1,4290, erhalten, bei einer Rk. zwischen **II** u. Glycinäthylester in Bzl. bildete sich eine *Substanz vom F. 14°*, $Kp._{1-2}$ 145—150°, $n_D^{25,5}$ 1,4306; Toxizität gegen Ratten LD_{50} 1 mg/kg, die Toxizität verschwand bei der Wasseraufnahme des sehr hygroskop. Stoffes. — **VII**-*Salz der Diisopropylphosphorsäure*, $C_6H_{11}NH_2 \cdot HOPO(OC_3H_7)_2$, F. 193° (Nadeln aus Aceton), aus **VII** u. **I** in wss. $Ca(OH)_2$-Suspension in 2½ Std. bei $p_H \sim 10$. — **IV**-*Salz der Diisopropylphosphorsäure*, $C_6H_5CH_2NH_2 \cdot HOPO(OC_3H_7)_2$, Sirup, der bei —30° fest wird. — **IV**-*Hydrofluorid*, $C_6H_5CH_2NH_2 \cdot HF \cdot H_2O$, F. 149—150°, aus **IV** u. **I** in W., enthält noch etwas überschüssiges **IV**. — *Guanidinsalz der Diisopropylphosphorsäure*, $C_7H_{20}O_4N_3P$, F. 155—157° (lange Nadeln durch Fällen aus W. mit Aceton), durch Filtrieren einer wss. Lsg. des Ba-Salzes der Diisopropylphosphorsäure durch einen Dowex 50-Ionenaustauscher u. Zusatz von Guanidincarbonat (**V**) oder durch Fällen einer wss. Lsg. des Ba-Salzes mit H_2SO_4 u. Zugabe von **V** oder aus **V** u. **I**. (J. Amer. chem. Soc. **73**. 5202—06. Nov. 1951. Army Chem. Center, Md., Biochem. Branch., Chem. Corps Med. Labors.) H. W. ZIMMER. 950

Paul Cristol, Christian Benezech und **André Crastes de Paulet**, *Die Einwirkung von Chloramin T und Ninhydrin auf einige synthetische Oligopeptide.* Vff. verfolgen quantitativ die Desaminierung verschiedener Peptide durch Chloramin T (**C**) u. Ninhydrin (**N**). Sie zeigen, daß im wesentlichen nur Glycylpeptide desaminiert werden, während andere Peptide kaum oder gar nicht reagieren. Mit **N** im sauren Medium (p_H 2,5) erfolgt die Desaminierung der Glycylpeptide u. des Glutathions schnell u. quantitativ. Mit **C** im sodaalkal. Medium können dagegen nur ca. 50—60% des Aminstickstoffes als NH_3 nachgewiesen werden. Es ist wahrscheinlich, daß in diesem Falle der ebenfalls gebildete Formaldehyd freie Aminogruppen blockiert bzw. bereits abgespaltenes NH_3 als Hexamethylentetramin abfängt. Vff. zeigen papierchromatograph., daß bei der Rk. mit **N** keine Hydrolyse der Peptide erfolgt u. somit nur die freien Aminogruppen der Peptide abgespalten werden. — Die Ausnahmestellung der Glycylpeptide wird von Vff. damit erklärt, daß die Zwischenprodd. der Desaminierung mit zunehmender Substitution des die NH_2-Gruppe tragenden C-Atoms durch Hyperkonjugation stabilisiert werden. — Folgende Verbb. wurden untersucht: *Glycylglycin, Glycylleucin, Glycyltyrosin, Glycyltryptophan, Alanylglycin, Leucylglycin, Leucyltyrosin, Glycylglycylglycin, Leucylglycylglycin, Diketopiperazin, Chloracetylleucin, Chloracetyltyrosin, Chloracetyltryptophan, Glutathion, Hippursäure.* (Bull. Soc. chim. France, Mém. [5] **1955**. 183—89. Febr. Montpellier, Fac. de Méd., Labor. de Chim. Biol.) H. GNICHTEL. 950

Gaston Amiard, René Heymès und **Léon Velluz**, *Über die N-Trityl-α-aminosäuren und ihre Verwendung in der Peptidsynthese.* Vff. beschreiben eine verbesserte Darst. von *N-tritylierten α-Aminosäuren* u. von *Dipeptiden.* Durch Umsetzung der Hydrochloride von α-Aminosäureestern mit Tritylchlorid u. Triäthylamin in Chlf. bei 0° erhält man in guter Ausbeute *N-Tritylaminosäureester*, die sich mit alkoh. KOH glatt zu den *N-tritylierten Säuren* verseifen lassen. Setzt man die Triäthylammoniumsalze dieser Säuren in Chlf. mit Chlorkohlensäureester um, so erhält man gemischte Anhydride, die sich mit dem Ester einer weiteren Aminosäure zu einem *N-Tritylpeptidester* kondensieren lassen. Die Verseifung der N-tritylierten DL-Aminosäure- u. Dipeptidester sowie die anschließende Abspaltung des Tritylrestes mit wss. Essigsäure erfolgen glatt u. beim N.N'-Ditrityl-L-histidinmethylester ohne Racemisierung. — Im Falle des N-tritylierten Methionins, Tryptophans u. Histidins gelingt die Peptidsynth. nicht, wahrscheinlich aus ster. Gründen.

Versuche: *N-Tritylglycinäthylester*, F. 112—113° (Bzl./PAe.), aus Glycinäthylesterhydrochlorid, Triäthylamin u. Tritylchlorid in Chlf. bei 0°. — *N-Tritylglycin* (**I**), $C_{21}H_{19}O_2N$, F. 179—180° (A.), aus vorst. Verb. durch Verseifen mit 20%ig. K-Methylat (2 Min.; 100°) u. Ansäuern mit Essigsäure; 95% (Ausbeute). — Analog werden dargestellt: *N-Trityl-DL-α-alaninäthylester*, F. 101—102° (Bzl./PAe.); 97%. — *N-Trityl-DL-α-alanin*, $C_{22}H_{21}O_2N$, F. ~170° (Toluol), aus vorst. Verb. mit 20%ig. K-Propylenglykolat (5 Min.; 100%); 90—95%. — *N-Trityl-DL-serinäthylester*, F. 111—112° (Bzl./Ae.); 90%. — *N-Trityl-DL-serin*, $C_{22}H_{21}O_3N$, F. ~180° (Methyläthylketon), aus vorst. Verb.; 65%. — *N-Trityl-DL-methioninmethylester*, F. 124—125° (PAe.); 90%. — *N-Trityl-DL-methionin*, $C_{24}H_{25}O_2NS$, F. ~170° (Toluol), aus vorst. Verb. durch Verseifen in Propylenglykol; 80%. — *N-Trityl-DL-tryptophanmethylester*, F. 171—172° (Methanol); 93%. — *N-Trityl-DL-tryptophan*, $C_{30}H_{26}O_2N_2$, F. 254° (Zers.; aus Toluol), aus vorst. Verb. durch Verseifen in Propylenglykol; 90%. — *N.N'-Ditrityl-L-histidin*, $C_{44}H_{37}O_2N_3$, F. 184° (Toluol), aus L-Histidinmethylesterdihydrochlorid, Triäthylamin u. Tritylchlorid in Chlf. u. Verseifen des öligen Esters in Propylenglykol; $[\alpha]_D^{20}$ $+9{,}6\pm1^0$ (c = 1; Chlf.); 80%; saure Hydrolyse → *L-Histidin*, $[\alpha]_D^{20}$ -39 ± 1^0 (c = 2; W.). — *N-Tritylglycylglycinäthylester* (II), $C_{25}H_{26}O_3N_2$, F. 163—164° (Bzl.), durch Versetzen von I u. Triäthylamin in Chlf. bei —10° mit Chlorkohlensäureäthylester u. nach $1^1/_2$ Std. mit Glycinäthylesterhydrochlorid u. Triäthylamin; 83%. — *N-Tritylglycyl-DL-tryptophanmethylester* (III), $C_{33}H_{31}O_3N_3$, F. 164—165° (A.); 90%. — *N-Trityl-DL-α-alanylglycinäthylester* (IV), $C_{26}H_{28}O_3N_2$, F. 147—148°; 88%. — *N-Trityl-DL-α-alanyl-DL-serinäthylester* (V), $C_{27}H_{30}O_4N_2$, F. 172—173°; 68%. — *N-Trityl-DL-α-alanyl-DL-tryptophanmethylester* (VI), $C_{34}H_{33}O_3N_3$, F. 211—212°; 90%. — *Glycylglycin*, $C_4H_8O_3N_2$, F. 210—215° (Zers.; Blättchen aus wss. A.), durch Verseifen von II mit 20%ig. K-Methylat u. anschließendes Kochen mit 50%ig. Essigsäure (2 Min.); 85%. — *Glycyl-DL-tryptophan*, $C_{13}H_{15}$· O_3N_3, F. ~280° (Zers.; aus W.), analog vorst. Verb. aus III; 68%. — *DL-α-Alanylglycin*, $C_5H_{10}O_3N_2$, F. ~255° (Zers.), aus IV; 80%. — *DL-α-Alanyl-DL-serinhydrochlorid*, C_6H_{13}· O_4N_2Cl, F. 190—195° (Nadeln aus verd. HCl/Aceton), aus V; 60%. — *DL-α-Alanyl-DL-tryptophan*, $C_{14}H_{17}O_3N_3$, F. 210°, dann 250° (W. oder wss. A.), aus VI; 85%. (Bull. Soc. chim. France, Mém. [5] **1955.** 191—93. Febr. Serv. de Rech. Roussel-Uclaf.)

H. GNICHTEL. 950

Gaston Amiard, René Heymès und **Léon Velluz,** *Über die N-Trityl-α-aminosäuren und ihre Verwendung in der Peptidsynthese.* 2. Mitt. *Verwendung des Dicyclohexylcarbodiimids als Kondensationsmittel.* (1. vgl. vorst. Ref.) Für die Darst. von *Peptiden* aus N-Trityl-DL-methionin (I), N-Trityl-DL-tryptophan (II) bzw. N.N'-Ditrityl-L-histidin (III) u. Aminosäureestern erwies sich *Dicyclohexylcarbodiimid* (IV) als geeignetes Kondensationsmittel. Man erhielt so, über die entsprechenden *N-Tritylpeptidester*, auf anderem Wege kaum zugängliche *Dipeptide* in guter Ausbeute u. ohne Racemisierung.

Versuche: *DL-Methionylglycin*, $C_7H_{14}O_3N_2S$, F. 240—245° (Zers.), aus Glycinäthylester (V), IV u. I in Methylenchlorid bei 0°; der erhaltene Ester wird in der Siedehitze 5 Min. mit 20%ig. K-Methylatlsg. u. W. verseift, die Tritylgruppe mit 50%ig. Essigsäure (100°; 15 Min.) abgespalten u. das Dipeptid durch Zugabe von A. zur Kristallisation gebracht; 71% (Ausbeute). — Analog werden dargestellt: *N-Trityl-DL-tryptophylglycinäthylester*, $C_{34}H_{33}O_3N_3$, F. 203° (Toluol), aus IV u. II; 80%. — *DL-Tryptophylglycin*, aus vorst. Verb.; 80%. — *N.N'-Ditrityl-L-histidylglycin*, $C_{46}H_{40}O_3N_4$, F. 155—160° (Toluol), aus V u. III; $[\alpha]_D$ $+17\pm1^0$ (c = 2; Chlf.); 80%. — *L-Histidylglycinhydrat*, $C_8H_{12}O_3N_4$; 0,62 H_2O, F. ~190° (wss. A.), aus vorst. Verb.; $[\alpha]_D$ $+25^0\pm1^0$ (c = 2; W., berechnet für wasserfreies Prod.); 92%; zers. sich bei längerem Trocknen im Vakuum. — *L-Histidyl-L-leucin*, $C_{12}H_{20}O_3N_4$, F. 245° (Zers.; aus wss. A.), aus L-Leucinmethylester, III u. IV; $[\alpha]_D$ $+13\pm1^0$ (c = 2; n-HCl), $-41{,}5\pm2^0$ (c = 1; 0,1 n Na_2CO_3); 93%. (Bull. Soc. chim. France, Mém. [5] **1955.** 1464—65. Nov./Dez.) H. GNICHTEL. 950

Léon Velluz, Gaston Amiard und **René Heymès,** *Über die Darstellung von O-Peptiden mit Hilfe von N-benzylierten und N-tritylierten Zwischenprodukten.* Zur Darst. von *O-Peptiden* kondensieren Vff. die N.N-Dibenzyl- bzw. N-Tritylverbb. des Serins u. Threonins mit entsprechenden, am N blockierten Derivv. (Säurechlorid oder gemischtes Anhydrid) des Glycins in Chlf. mit Triäthylamin (III). Aus den so erhaltenen O-Peptidderivv. können die N-Tritylgruppen durch verd. Säure in der Kälte, die N.N-Dibenzylgruppen durch katalyt. Hydrierung mit Pd-Schwarz bei 45—50° leicht abgespalten werden; bei n. Temp. wird nur ein Benzylrest abgespalten. Durch geeignete Kombination der N-geschützten Komponenten gelingt es, in den Peptiden jeweils nur eine Aminogruppe für weitere Umsetzungen frei zu machen. Am Beispiel des *O-[D(—)-α-Aminobutyryl]-L(—)-threonins* wird gezeigt, daß bei diesen Rkk. keine Racemisierung eintritt.

Versuche: *O-Glycyl-DL-serinhydrochlorid* (I), $C_5H_{11}O_4N_2Cl$, F. 170—175° (Nadeln aus wss. A.), a) aus 2,85 g N.N-Dibenzyl-DL-serin (II) u. 1,6 g N.N-Dibenzylglycylchloridhydrochlorid in Chlf. unter Zusatz von 2,5 ml III bei 0° u. Hydrieren des *O-[N.N-Dibenzylglycyl]-N.N-dibenzyl-DL-serins* (IV) mit Pd-Schwarz in 75%ig. A. bei 50°; 70% (Ausbeute); b) durch Rk. des gemischten Anhydrids aus 2,55 g N.N-Dibenzylglycin (V) u. Chlorkohlensäureäthylester (VI) mit 2,85 g II u. 1,5 ml III in Chlf. u. Hydrieren; 70%; c) aus 3,5 g *N-Trityl-DL-serin*, 1,5 ml III u. dem gemischten Anhydrid aus VI u. 3,17 g N-Tritylglycin (VII) in Chlf.-III u. Verseifen des so erhaltenen *O-[N-Tritylglycyl]-N-trityl-DL-serins* mit 5 n HCl in Aceton; 60%. — *O-[N-Benzylglycyl]-N-benzyl-DL-serinhydrochlorid*, $C_{19}H_{23}O_4N_2Cl$, F. 195—205° (Zers.), aus IV-Hydrochlorid durch Hydrieren bei n. Temp.; 100%. — *O-[N.N-Dibenzylglycyl]-DL-serin*, $C_{19}H_{22}O_4N_2$, F. 170—172° (Nadeln aus W.), aus 5,1 g V, 4 ml III u. dem Anhydrid aus 7 g N-Trityl-DL-serin u. VI in Chlf.-III u. Verseifung des so erhaltenen *O-[N.N-Dibenzylglycyl]-N-trityl-DL-serins* mit 5 n HCl in Aceton; 80%. Hydrieren → I. — *O-Glycyl-N.N-dibenzyl-DL-serin*, $C_{19}H_{22}$· O_4N_2, F. 90—95°. Aus 2,85 g II u. dem Anhydrid aus 3,17 g VII u. VI in Chlf.-III entsteht quantitativ *O-[N-Tritylglycyl]-N.N-dibenzyl-DL-serin*, das mit 5nHCl in Aceton verseift wird; 40%; Hydrieren → I. — *O-Glycyl-DL-threoninhydrochlorid*, $C_6H_{13}O_4N_2Cl$, F. 170 bis 175° (Nadeln aus wss. A.). a) Aus 3 g N.N-Dibenzyl-DL-threonin in Chlf.-**III** u. dem Säurechloridhydrochlorid von **V** entsteht quantitativ *O-[N.N-Dibenzylglycyl]-N.N-dibenzyl-DL-threoninhydrochlorid*, das bei 45° hydriert wird; 70%; b) aus dem Triäthylammoniumsalz von 6 g N.N-Dibenzyl-DL-threonin u. dem Anhydrid aus 5,1 g **V** u. **VI** in Chlf.-**III** u. Hydrieren bei 45°. — *O-[N-Benzylglycyl]-N-benzyl-DL-threoninhydrochlorid*, $C_{20}H_{25}O_4 \cdot N_2Cl$, F. 195—200° (Nadeln aus wss. A.), analog vorst. Verb., aber Hydrieren bei n. Temp., 80%. — *O-[D(—)-α-Aminobutyryl]-L(—)-threoninhydrochloridhydrat*, $C_8H_{17}O_4N_2Cl \cdot H_2O$, F. 200° (Zers.), $[\alpha]_D^{20}$ $+3° \pm 0,5°$ (c = 10; 10nHCl). Aus dem gemischten Anhydrid aus 2,83 g D(+)-N.N-Dibenzyl-α-aminobuttersäure u. **VI** u. dem Triäthylammoniumsalz aus 3 g L(—)-N.N-Dibenzylthreonin in Chlf.-**III** wird quantitativ *O-[D(+)-N.N-Dibenzyl-α-aminobutyryl]-L(—)-N.N-dibenzylthreonin* erhalten, das in 80%ig. A. unter Zusatz von HCl hydriert wird; 72%. (Bull. Soc. chim. France, Mém. [5] **1955.** 1283—85. Okt. Serv. de Rech. Roussel-Uclaf.) J. GNICHTEL. 950

Gaston Amiard, René Heymès und **Léon Velluz,** *Neue Synthese von Glutathion.* Die Kondensation von Tritylchlorid (**II**) mit L-Cysteinhydrochlorid (**VIII**) in Ggw. von $(C_2H_5)_2NH$ führt zum *S.N-Ditrityl-L-cysteindiäthylaminsalz* (**I**) u. wenig *S-Trityl-L-cystein.* **I** wird mit Glycinäthylesterhydrochlorid (**IX**) in Ggw. von Dicyclohexylcarbodiimid (**V**) in *S.N-Ditrityl-L-cysteinglycinäthylester* übergeführt, der mit HCl das *S-Tritylhydrochloridhydrat* (**III**) liefert. *N-Trityl-L-glutaminsäuretriäthylaminsalz* (**IV**) wird entweder durch Hydrogenolyse von N-Trityl-L-glutaminsäure (**VI**)-Dibenzylester, durch Verseifung von **VI**-γ-Monomethylester oder durch Tritylierung von L-Glutaminsäure (**VII**) gewonnen. Aus **III** u. **IV** wird über *N-Trityl-γ-L-glutaminyl-S-trityl-L-cysteinglycinäthylester* u. *S.N-Ditritylglutathion Glutathion* erhalten.

V e r s u c h e: *S.N-Ditrityl-L-cysteindiäthylaminsalz* (**I**), $C_{45}H_{46}O_2N_2S$, durch Zugeben von äther. $(C_2H_5)_2NH$ zu **VIII** in W. bei 0° unter N_2, 3std. Rühren mit **II** bei —5° u. Extraktion mit Chlf.; Nadeln, $[\alpha]_D^{20}$ $+71 \pm 1°$ (c = 2; Chlf.); 70% (Ausbeute). *Freie Base*, mit verd. HCl. — *S-Trityl-L-cystein*, $C_{22}H_{21}O_2NS$, F. 202—205° (A.), neben **I** durch 10 Min. Kochen der äther. Lsg. mit 50%ig. Essigsäure; Nadeln, $[a]_D^{20}$ $+19 \pm 1°$ (c = 2 in 0,1nNaOH). — *S.N-Ditrityl-L-cysteinylglycinäthylester*, durch Zugeben von **V** zu 13,6 g **I** in CH_2Cl_2 u. **IX** bei 0° u. Stehen über Nacht bei Raumtemp.; 16 g (roh). — *S-Trityl-L-cysteinylglycinäthylesterhydrochloridhydrat* (**III**), $C_{26}H_{28}O_3N_2S \cdot 1,16\,HCl \cdot 1,74\,H_2O$, F. ~100°, durch 5 Min. Stehen vorst. Verb. in Aceton mit 5nHCl u. Einengen; Nadeln; 85%. — *S-Trityl-L-cysteinylglycin*, $C_{24}H_{24}O_3N_2S$, F. ~120°, durch einige Min. Kochen von **III** mit alkoh. n-KOH u. Ansäuern; Blättchen, $[\alpha]_D^{20}$ $+17,5 \pm 1°$ (c = 2; 40%ig. methanol. 0,1nNaOH). — *N-Trityl-L-glutaminsäuretriäthylaminsalz* (**IV**), $C_{30}H_{38} \cdot O_4N_2$, F. ~100° (Äthylacetat–Ae.), a) durch Hydrieren von **VI**-Dibenzylester in Äthylacetat in Ggw. von Pd-Kohle u. $(C_2H_5)_3N$; Nadeln, $[\alpha]_D^{20}$ $-32 \pm 2°$ (c = 2; Chlf.); 90%; b) aus **VI**-γ-Monomethylester mit wss. NaOH; c) aus **VII** mit **II** in Ggw. von $(C_2H_5)_2NH$ u. Zugeben von $(C_2H_5)_3N$. *Freie Säure*, $[\alpha]_D^{20}$ $+27,5 \pm 2°$ (c = 2; CH_3OH). — *N-Trityl-γ-L-glutaminyl-S-trityl-L-cysteinylglycinäthylester*, durch Behandeln von **III** mit n-NH_4OH, Einengen, Lösen in CH_2Cl_2 u. Stehen mit **V** u. **IV** über Nacht. — *Glutathion*, $C_{10}H_{17}O_6N_3S$, F. 190° (Zers.), durch Verseifen vorst. Verb. mit alkoh. NaOH auf dem Wasserbad zu *S.N-Ditritylglutathion* (75%), dessen Lsg. in Chlf. mit HCl behandelt wird; $[\alpha]_D$ $-20 \pm 2°$ (c = 1; W.); 15%. (Bull. Soc. chim. France [5] **1956.** 698—700. April. Serv. de Rech. Roussel-Uclaf.) R. PASEDAG. 950

M. G. Woronkow, *Organosiliciumester der Phosphorsäure — Tris-[trialkylsilyl]-phosphate.* Aus Hexachlordisiloxanen u. Alkylmagnesiumchloriden werden *Hexaalkyldisiloxane* erhalten, die bei der Einw. von P_2O_5 *Tris-[trialkylsilyl]-phosphate* liefern: $3\,R_3SiOSiR_3 + P_2O_5 = 2\,(R_3SiO)_3PO$. Aus Hexa-n-propyl- u. Hexa-n-butyldisiloxan entstehen viscose Fll., die infolge Zers. bei der Dest. nicht rein erhalten werden.

V e r s u c h e: D i s i l o x a n e: *Hexamethyl-*, Kp.$_{760}$ 100,4°; D.$^{20}_4$ 0,7636; n_D^{20} 1,3774. *Hexaäthyl-*, Kp.$_{760}$ 236,3°; D.$^{20}_4$ 0,8443; n_D^{20} 1,4340. *Hexa-n-propyl-*, Kp.$_{760}$ 285,5°; D.$^{20}_4$ 0,8419; n_D^{20} 1,4418. *Hexa-n-butyl-*, Kp.$_4$ 171,5°; D.$^{20}_4$ 0,8396; n_D^{20} 1,4460. — *Tris-[trimethylsilyl]-phosphat*, Kp.$_{749,5}$ 231,8°; Kp.$_6$ 97°; man erhitzt ein Gemisch aus 16,2 g Hexamethyldisiloxan u. 7,1 g P_2O_5 2 Std. zum Sd.; D.$^{20}_4$ 0,9591; n_D^{20} 1,4089; 16 g (Ausbeute). — *Tris-[triäthylsilyl]-phosphat*, Kp.$_{11}$ 200,5°; Kp.$_1$ 166,5°; D.$^{20}_4$ 0,9670; n_D^{20} 1,4457; 80%. — *Tris-[tri-n-propylsilyl]-phosphat*, Kp.$_5$ 215—225°; 55%. — *Tris-[tri-n-butylsilyl]-phosphat*, Kp.$_5$ 260—270°; 55%. (Журнал Общей Химии [J. allg. Chem.] **25** (**87**). 469—70. März 1955. Leningrad, Univ.) O. POLLAK v. EMHOFEN. 980

W. J. Hickinbottom, N. W. Rogers und **N. G. Rule,** *Alkylierung von aromatischen Ringen.* Vff. finden, daß beim Erwärmen des *p-Toluolsulfonsäure* (**I**)*-cyclohexylesters* in einem entsprechenden aromat. Lösungsm. auf 115—120° Substitution des aromat. Kerns erfolgt. Toluol gibt in 60—65%ig. Ausbeute eine Mischung von *Cyclohexyltoluolen.* m- u. p-Xylol, Anisol u. Phenol verhalten sich ähnlich. I-Ester des Isopropyl- u. sek.-Butylalkohols, ebenso wie die entsprechenden Ester der Benzol-, p-Chlor-, p-Brom- u 2.4.6-Trimethylbenzolsulfonsäuren reagieren in der gleichen Weise. Bei den Halogenbenzolen erfolgt Substitution nur langsam u. mit kleinen Ausbeuten. Nitrobenzol, Acetophenon u. Benzoesäuremethylester reagieren anscheinend nicht; statt dessen wird die Bldg. von freier Sulfonsäure u. polymeren Prodd. beobachtet. (Chem. and Ind. **1955.** 539. 7/5. London, Univ., Queen Mary Coll.) K. Frenkler. 1010

A. Siegel und **F. Antony,** *Über die Oxydation von Phenolen mit Jodosoacetaten.* Einwertige Phenole geben mit dem Jodosodiacetat der p-Jodbenzoesäure (p-Carboxyphenyljodosodiacetat; I) verschied. Oxydationsprodukte. Die Anzahl der verbrauchten Oxydationsäquivalente ist dabei von der Substitution des Phenols in p-Stellung abhängig. Wenn die p-Stellung frei oder durch Br substituiert ist, werden nach 1 Std. 4 Oxydationsäquivalente verbraucht u. *Chinone* gebildet; als Zwischenstufe kann eine *4-Acetoxyverb.* entstehen, die zum Chinon weiter oxydiert werden kann. o-Kresol bildet so zunächst *4-Acetoxy-2-methylphenol* u. dann *Toluchinon.* Wenn die p-Stellung durch Alkylgruppen substituiert ist, werden nur etwas mehr als 2 Oxydationsäquivalente aufgenommen u. *Chinolacetate* bzw. *Methylolacetate* gebildet. I zeigte sich dem Bleitetraacetat bei der Darst. von Chinolacetaten in keinem Falle präparativ überlegen, bes. die Abtrennung der Reaktionsprodd. von der gleichzeitig durch Red. von I gebildeten aromat. Jodverb. ist schwierig. Die Ausbeuten an Oxydationsprodd. schwanken zwischen 30 u. 80%. Aus Mesitol wurde mit Bleidiacetat das Methylolacetat (*4¹-Acetoxymesitol*) erhalten.

Versuche: Darst. von I in krist. Form mit 60—80%ig. Geh. an Jodosoacetat durch 1 std. Rk. von p-Jodbenzoesäure in Eisessig mit 30%ig. Peressigsäure bei 70—80%. — Allg. Durchführung präparativer Phenoloxydationen: 5—8 g des Phenols werden in Eisessig unter Kühlung mit der berechneten Menge I in Eisessig 1 Std. bei Zimmertemp. stehengelassen; das Filtrat wird nach Absaugen der Jodbenzoesäure im Vakuum auf ca. $^1/_{10}$ eingeengt, in Ae. wird aufgenommen, mit W., $NaHCO_3$- u. Sodalsg. entsäuert, mit Na_2SO_4 getrocknet u. nach Abdampfen des Ae. im Kugelrohr bei ca. 0,01 Torr destilliert. — Folgende Oxydationsprodd. wurden erhalten: *Phenochinon,* rote Nadeln, F. 68°, sublimiert bei 60—100°/10 mm, aus Phenol mit 4 (Äquivalenten) I; 30—40% (Ausbeute). — *Toluchinon,* F. 66°, gelbe Kristalle, aus o-Kresol mit 4 I; 30—40%; daraus *Toluhydrochinon* (III), F. 125°, durch Red. mit $Na_2S_2O_4$. — *4-Acetoxy-2-methylphenol* (II), $C_9H_{10}O_3$, F. 98° (Ae./PAe.), aus o-Kresol mit 2 I u. Kugelrohrdest. bei 0,01 Torr u. 80—150°; gibt mit Essigsäureanhydrid–Pyridin *2-Methyl-1.4-diacetoxybenzol* (*Toluhydrochinondiacetat*) u. durch Verseifung mit methylalkoh. H_2SO_4 III; mit weiteren 2 I entsteht *Toluchinon.* — *4-Methyl-p-chinolacetat,* F. 42°, aus p-Kresol mit 2 I u. Dest. bei 0,05 Torr u. 60—100°; 20%. — *2.4.6-Trimethyl-p-chinolacetat,* F. 57°, aus der bei 80—100° u. 0,005 Torr sd. Fraktion, u. *4¹-Acetoxymesitol,* F. 76—77°, aus der bei 100—120° u. 0,005 Torr sd. Fraktion, beide aus Mesitol mit 2 I. — *4¹-Acetoxy-2.4-dimethylphenol,* $C_{10}H_{12}O_3$, F. 92—94° (Ae.–PAe.), aus 2.4-Dimethylphenol u. 2 I; λ_{max} 278 mμ (log ε — 3,1). — *2.6-Dibromchinon,* F. 131° (Ae.–PAe.), aus 2.4.6-Tribromphenol mit 4 I u. Kugelrohrdest. bei 0,04 Torr u. 70—130°; gelbe Blättchen. — Synth. von II durch Acetylierung von 3-Oxy-6-nitrotoluol zum *3-Acetoxy-6-nitrotoluol,* F. 30—32°, dessen Red. mit Raney-Ni in Methanol zu *3-Acetoxy-6-aminotoluol,* F. 99°, dessen Überführung in festes Diazoniumsulfat nach Hodgson u. Mahadevan (C. **1948.** I. 1105) u. UV-Bestrahlung der wss. Lösung. (Mh. Chem. **86.** 292—300. 15/4. 1955. Wien, Univ., II. Chem. Labor.)
S. Preiss. 1060

Hans-Joachim Bielig, Gerhard Lützel und **Arno Reidies,** *Spaltung von Disulfiden zu Arsen(III)-mercaptiden.* Aliphat. u. aromat. Disulfide werden in wss.- oder alkoh.-alkal. Lsg. durch kurzes Kochen mit Alkaliarsenit reduzierend zu *Thiolen* gespalten. Diese setzen sich beim Ansäuern mit überschüssigem Na_3AsO_3 zu gut kristallisierenden *As-Trimercaptiden* um. Vff. nehmen an, daß nach der alkal. Hydrolyse der Disulfide zu Alkalimercaptid u. Alkalisulfenat die rasch verlaufende Red. durch Arsenit die Disproportionierung der Sulfensäure verhindert. As^V führt unter obigen Bedingungen nicht zu As-Mercaptiden. Arbeitet man bei Vermeidung eines As^{III}-Überschusses unter Luftabschluß, so erhält man beim Ansäuern die freien Thiole. *L(+)-Arsen-tris-[β-amino-β-carboxyäthylmercaptid]* (I) konnte aus L(—)-Cystin (II) oder L(—)-Cysteinhydrochlorid u. As_2O_3 in NaOH mit guter Ausbeute dargestellt werden. Diphenyldisulfid (III) ergab bei längerem Erhitzen mit Antimonit kein *Antimon-tris-phenylmercaptid* (IV). Vff. verallgemeinern auf Grund der Reduktionspotentiale u. nehmen an, daß Disulfide durch Antimonit nicht in Antimontrimercaptide übergeführt werden können. IV ließ sich jedoch durch einfaches Zusammengießen der Lsgg. von $SbCl_3$ u. Na-Thiophenolat in absol. CH_3OH als leicht hydrolysierbare Verb. darstellen. Die Zusammenhänge zwischen den physikal. Eigg. der Disulfide, Thiole u. Arsen(III)-mercaptide werden besprochen; die Infrarotspektren von **I** u. Cystein sowie die UV-Spektren von *Arsen-tris-phenylmercaptid* (**XIV**), **III**, Thiophenol, *Arsen-tris-[3-nitrophenylmercaptid]* u. *3.3'-Dinitrodiphenyldisulfid* sind angegeben. Das Hydrolysegleichgewicht der Arsen(III)-mercaptide wird durch Basen nach der Spaltungsseite verschoben. Diese Mercaptide verhalten sich chem. wie die freien Thiole; ihre Luftunempfindlichkeit, Kristallisationsfreudigkeit u. die relativ hohen FF. machen ihre Handhabung bequem; durch verd. Säuren werden sie nicht angegriffen, starke Mineralsäuren u. organ. Säuren spalten anaerob zu *Thiophenolen*, aerob unter Bldg. von *Disulfiden*. Zur Isolierung der Thiophenole aus der Eisessig–HCl-Lsg., muß das As als Sulfid ausgefällt werden, da beim Verdünnen As-Mercaptid zurückentsteht. *2.6-Dinitro-4-mercaptophenol* (**V**) wurde aus dem K-Salz der S-[4-Oxy-3.5-Dinitrophenyl]-äthylxanthogensäure (**XI**) durch kurzes Erhitzen mit wss. Lauge erhalten u. mit Diazomethan in Aceton in *2.6-Dinitro-4-methylmercaptoanisol* (**VI**) übergeführt. **VI** wird durch sd. 66%ig. wss. HBr nur am O zum *2.6-Dinitro-4-methylmercaptophenol* (**VII**) entmethyliert. *2.6-Dinitro-4-mercaptoanisol* (**VIII**) wurde aus *Arsen-tris-[3.5-dinitro-4-methoxyphenylmercaptid]* (**IX**) durch Behandlung mit starker Säure unter Einleiten von H_2S dargestellt. **V** löst sich in Lauge, $NaHCO_3$-Lsg. u. NH_4OH mit violetter Farbe unter Bldg. des zweifach negativen Ions; das aus **VIII** entstehende Ion ist orangegelb, das aus **VII** entstehende orangerot. **VIII** wird beim Erwärmen in 2n KOH entmethyliert. Die O-Methyläthergruppe wird wahrscheinlich auch in **VI** beim Erwärmen mit Lauge gespalten, da der entsprechende Farbumschlag beobachtet werden kann. Vff. nehmen einen Übergangszustand mit negativ geladenem Nitrogruppen-O an. In wss. $NaHCO_3$-Lsg. wird **V** bereits bei Raumtemp. durch Luftsauerstoff zu *3.5.3'.5'-Tetranitro-4.4'-dioxydiphenyldisulfid* (**X**) oxydiert, das als Dinatriumsalz anfällt. Durch Hydrolyse von **XI** mit sd. 66%ig. wss. HBr in Eisessig unter Lufteinw. erhält man das freie **X**, das durch Rk. mit Diazomethan in *3.5.3'.5'-Tetranitro-4.4'-dimethoxydiphenyldisulfid* (**XII**) übergeführt wurde. **X** geht durch Arsenitspaltung in *Arsen-tris-[3.5-dinitro-4-oxyphenylmercaptid]* (**XIII**), **XII** in **IX** über. **XIII** u. **IX** verhalten sich gegen Alkalien ähnlich den freien Thiophenolen. Aus dem Spaltungsgemisch von **XIII** mit Lauge unter Luftabschluß erhält man beim Ansäuern **XIII** zurück, während sd. Pyridin die Bldg. des *Tripyridiniumsalzes* bewirkt, das durch Säure zerlegt wird u. sich zur Reindarst. von **XIII** eignet. Kurzes Erwärmen von **XIII** in Eisessig gibt durch Luftoxydation des Thiols sofort **X**. **XIV**, *Arsen-tris-[4-oxyphenylmercaptid]* u. **III** wirken stark hemmend auf das Wachstum von Bakterien u. Hefen; die Wirkungsweise wird diskutiert.

Versuche: *Arsen-tris-phenylmercaptid* (**XIV**), $C_{18}H_{15}S_3As$, F. 94—95° (dicke Stäbchen aus CH_3OH), a) aus **III** durch 3 Min. Kochen mit As_2O_3 in methanol. n-KOH, Gießen auf Eis u. Ansäuern auf p_H 5; 78% (Ausbeute); b) aus Thiophenol u. As_2O_3 in wss. n-KOH bei 80—90°; 74%. — *Arsen-tris-[4-oxyphenylmercaptid]*, $C_{18}H_{15}O_3S_3As$, F. 157—159° (Stäbchen aus Bzl.), aus 4.4'-Dioxydiphenyldisulfid u. As_2O_3 durch 3 Min. Erwärmen in n-KOH auf 90°; 83%. — *Arsen-tris-[3-nitrophenylmercaptid]*, $C_{18}H_{12}O_6 \cdot N_3S_3As$, F. 119° (schwach gelbe Nadeln aus A.), aus 3.3'-Dinitrodiphenyldisulfid [F. 82° (gelbe Rhomben), aus m-Nitranilin über m-Nitrophenylxanthogensäureäthylester durch Oxydation von m-Nitrothiophenol in NH_4OH mit K-Hexacyanoferrat] u. As_2O_3 in methanol. KOH; 58%. — *Arsen-tris-[3.5-dinitro-4-oxyphenylmercaptid]* (**XIII**), $C_{18}H_9 \cdot O_{15}N_6S_3As$, F. 143—144° (orangegelbe Nadeln aus Bzl.–Bzn.), aus **X** durch 3 Min. Erwärmen mit As_2O_3 in n-NaOH auf 90° u. Reinigung über das Tripyridiniumsalz; 60—70%. *Tripyridiniumsalz*, $C_{33}H_{24}O_{15}N_9S_3As$, F. 150—153° (Zers.; orangegelbe Nadeln aus Acetonitril), aus **XIII** durch langsames Lösen in sd. Pyridin; 67—74%. — *Arsen-tris-[3.5-dinitro-4-methoxyphenylmercaptid]* (**IX**), $C_{21}H_{15}O_{15}N_6S_3As$, F. 108—109° (Nadeln aus Bzl.–Bzn.), aus **XII** durch 3 Min. kochen mit As_2O_3 in wss.-methanol. KOH; 63%. — *L(+)-Arsen-tris-[β-amino-β-carboxyäthylmercaptid]* (**I**), $C_9H_{18}O_6N_3S_3As$, F. 245° (Zers.; Nadelbüschel aus W.), a) aus **II** ($[\alpha]_D^{19}$ —220° [n/10 HCl]) durch 3 Min. Erwärmen mit As_2O_3 in n-KOH auf 80—90°; $[\alpha]_D^{21}$ +38°; 66%; b) aus **II**·HCl ($[\alpha]_D^{25}$ —3° [in W.]; +2° [in n/2 HCl]) durch Zugabe zu einer 80—90° warmen Lsg. von As_2O_3 in 2n NaOH u. 3 Min. Erwärmen auf 80—90°; $[\alpha]_D^{23}$ +36,5° (in n/2 HCl); 80,5%. — *Antimon-tris-phenylmercaptid* (**IV**), $C_{18}H_{15}S_3Sb$, F. 70° (gelbe Spieße aus Bzl.), aus Thiophenolnatrium in CH_3OH durch Zutropfen von $SbCl_3$ in CH_3OH unter N_2 u. Schütteln; 52%. — *2.6-Dinitro-4-mercaptophenol* (**V**), $C_6H_4O_5N_2S$, F. 89—90° (tiefgelbe Nadeln aus Cyclohexan), durch 3 Min. Erwärmen einer Suspension von **XI** in n-NaOH unter N_2 auf 90—100°, Kühlen u. Ansäuern nach Überschichten mit Benzol. — *2.6-Dinitro-4-methylmercaptoanisol* (**VI**), $C_8H_8O_5N_2S$, F. 104° (gelbe Nadeln aus Bzl.–Bzn.), aus **V**, **XIII** oder **IX** in Aceton oder Ae. durch Rk. mit äther. Diazomethan unter Eiskühlung; ~100%. — *2.6-Dinitro-4-methylmercaptophenol* (**VII**), $C_7H_6O_5N_2S$, F. 97—98° (rote Nadeln aus wss.

A.), aus **VI** durch 30 Min. kochen mit 66% ig. HBr. — *2.6-Dinitro-4-mercaptoanisol* (**VIII**), $C_7H_6O_5N_2S$, F. 95—97° (fast farblose Nadeln aus Cyclohexan), durch Einleiten von H_2S in eine Suspension von **IX** in konz. HCl, Zugabe von Eisessig u. Erhitzen zum Sieden unter Einleiten von H_2S; 50%. — *3.5.3'.5'-Tetranitro-4.4'-dioxydiphenyldisulfid* (**X**), $C_{12}H_6O_{10}N_4S_2$, F. 142—143° (gelbe Prismen aus Dioxan-W.), aus **XI** durch Kochen mit Eisessig u. 66% ig. HBr in 3—4 Std.; 849%. *Dinatriumsalz*, $C_{12}H_4O_{10}N_4S_2Na_2 \cdot 1\frac{1}{2} H_2O$, explosiv, aus **X** durch Lösen in heißer $NaHCO_3$-Lsg. u. umkristallisieren aus Wasser. — *3.5.3'.5'-Tetranitro-4.4'-dimethoxydiphenyldisulfid* (**XII**), $C_{14}H_{10}O_{10}N_4S_2$, F. 166—167° (gelbliche Prismen aus Eisessig), aus **X** durch Suspendieren in Aceton u. 15 Min. Rk. mit äther. Diazomethan; 93%. (Chem. Ber. **89.** 775—92. 8/3. 1956. Heidelberg, Max-Planck-Inst. für Med. Forsch., Inst. für Chem.) H. BERTSCH. 1090

Dorothy V. Nightingale und **James M. Shackelford,** *Acetylierung einiger Dialkylbenzole.* 2. Mitt. (1. vgl. C. **1956.** 7781.) Die Acetylierung von m- u. p-Cymol in Ggw. von $AlCl_3$ bei Tempp. unterhalb von 5° gibt ein Gemisch aus vorwiegend *2-Methylisopropylacetophenon* (I) u. *2-Methyl-5-isopropylacetophenon* (**II**). Bei der Acetylierung von p-Cymol entsteht ferner in geringen Mengen *p-Methylacetophenon.* Das aus den Cymolen erhaltene Gemisch ergibt bei der Einw. von Semicarbazid u. Hydroxylamin jeweils nur das *Semicarbazon* u. *Oxim* von **I**, mit 2.4-Dinitrophenylhydrazin entstehen jedoch beide *2.4-Dinitrophenylhydrazone.* Wird p-Cymol in Ggw. von $FeCl_3$ acetyliert, so tritt keine Wanderung der Isopropylgruppe ein, u. es entsteht nur **II**, das bei der Oxydation mit verd. HNO_3 in *4-Methylisophthalsäure* (**III**) übergeht. Entsprechend ergibt die analoge Acetylierung von m-Cymol in Ggw. von $FeCl_3$ nur **I**. Die Acetylierung von p- u. m-sek.-Butyltoluol in Ggw. von $AlCl_3$ gibt Gemische aus *2-Methyl-5-* u. *-4-sek.-butylacetophenon*, aus denen bei der Oxydation **III** u. *Methylterephthalsäure* (**IV**) erhalten werden. Aus p-Di-sek.-butylbenzol entsteht in Ggw. von $AlCl_3$ unterhalb 5° oder in Ggw von $FeCl_3$ bei 20—30° *2.5-Di-sek.-butylacetophenon.* Alle 2.5-Dialkylacetophenone besitzen im Infrarotspektr. Banden bei 6,4, 6,7, 8,4 u. 13,8 μ, alle 2.4-Dialkylacetophenone Banden bei 6,2 u. 13,5 μ.

Versuche: *2-Methyl-4-isopropylacetophenon* (**I**), $Kp._{35}$ 140—143°, a) aus p-Cymol in Ggw. von $AlCl_3$ (nach Org. Syntheses, Coll. Vol. II [1943.] 3); n_D^{25} 1,5198. *Semicarbazon*, F. 168°. *Oxim*, F. 94°. *2.4-Dinitrophenylhydrazon*, $C_{18}H_{20}O_4N_4$, F. 130—131°, gelb; b) aus m-Cymol in Ggw. von $AlCl_3$ wie vorst.; c) aus m-Cymol in Ggw. von $FeCl_3$; 54%; gibt bei der Oxydation mit verd. HNO_3 *Methylterephthalsäure* (**IV**), F. 323—327°. — *2-Methyl-5-isopropylacetophenon* (**II**), $C_{12}H_{16}O$, $Kp._{17}$ 125—128°, a) bei **I** a) u. b); b) aus p-Cymol + Acetylchlorid in CS_2 in Ggw. von $FeCl_3$ unterhalb 5°, 12std. Stehen, Gießen auf Eis-HCl u. Ausäthern; n_D^{25} 1,5255; 41%; bildet kein Oxim; gibt bei der Oxydation wie vorst. *4-Methylisophthalsäure* (**III**), F. 330°. *Semicarbazon*, F. 147°. *2.5-Dinitrophenylhydrazon*, $C_{18}H_{20}O_4N_4$, F. 143,5—144°. — *2-Methyl-5-sek.-butylacetophenon*, $C_{13}H_{18}O$, $Kp._{15}$ 135—137°, aus p-sek.-Butyltoluol + Acetylchlorid in Ggw. von $FeCl_3$; n_D^{24} 1,5209; 29%; entsteht ferner bei der analogen Rk. mit $AlCl_3$ oder aus m-sek.-Butyltoluol mit $AlCl_3$; gibt bei der Oxydation **III**. *2.4-Dinitrophenylhydrazon*, $C_{19}H_{22}O_4N_4$, F. 126°; gelb. — *2-Methyl-4-sek.-butylacetophenon*, $C_{13}H_{18}O$, $Kp._{16}$ 141—142°, aus m-sek.-Butyltoluol in Ggw. von $FeCl_3$; n_D^{24} 1,5201; 54%; entsteht ferner bei beiden vorst. Rkk. mit $AlCl_3$; gibt bei der Oxydation **IV**. *2.4-Dinitrophenylhydrazon*, $C_{19}H_{22}O_4N_4$, F. 140,5 bis 141°, rot. — *2.5-Di-sek.-butylacetophenon*, $C_{16}H_{24}O$, $Kp._1$ 100—105°, aus 81 g p-Di-sek.-butylbenzol in Ggw. von $FeCl_3$; n_D^{20} 1,5050; 2 g. *Semicarbazon*, $C_{17}H_{27}ON_3$, F. 161°. (J. Amer. chem. Soc. **78.** 133—35. 5/1. 1956. Columbia, Miss., Univ., Dep. of Chem.)
H. LEHWALD. 1160

J. F. Miquel, P. Müller und **N. P. Buu-Hoï,** *Über die von m- und p-Kresol abgeleiteten o- und p-Oxyketone.* Bei der FRIESschen Verschiebung von O-Acyl-m-kresolen (**A**) mittels $AlCl_3$ entstehen aus der Phenylacetyl- (**V**), Propionyl- (**II**) u. Butyryl-(**III**) u. Acetylverb. (**I**) die entsprechenden *3-Methyl-6-acylphenole*, im letzteren Falle daneben auch *p-Isomeres*, während die Benzoylverb. (**IV**) hauptsächlich *2-Methyl-5-oxybenzophenon* liefert. Dieses Verh. wird auf eine inverse FRIESsche Umlagerung der 3-Methyl-4-acylphenole mit HCl oder HBr zu den **A** zurückgeführt. Aus O-Acyl-p-kresolen werden nur *5-Methyl-2-acylphenole* erhalten, die aber besser durch Entmethylierung der entsprechenden Methyläther mit Pyridinhydrochlorid (**VIII**) zugänglich sind. Sowohl 4-Methoxy- (**VI**) u. 4-Oxy-2-methylpropiophenon als auch die entsprechenden Phenacetylbenzole geben mit Isatin (**VII**) die n. PFITZINGER-Rk., während 3-Methyl-6-oxyaceto- bzw. -propiophenon viel langsamer reagieren. Die erhaltenen *Cinchoninsäuren* können zu den *Chinolinen* decarboxyliert werden. 5-Methyl-2-oxyvalero- u. -caprophenon reagieren nicht mit **VII**. Die UV-Absorptionsspektren der Acyl-m-kresole werden diskutiert.

Versuche: Durch Zugeben von $AlCl_3$ zu den O-Acyl-m-kresolen (**A**; aus den Kresolen u. Säurechloriden in Bzl. mit 95%ig. Ausbeute) in CS_2 u. vorsichtiges Erwärmen, Abdest., 1std. Erhitzen auf 60—70° unter Rühren, 24std. Stehen bei Raumtemp., Zers. mit Eis, Ausäthern, fraktionierte Dest. u. Reinigen über die Na-Verbb. nachst. Phenone: *2-Methyl-4-oxyaceto-*, F. 128° (Ligroin), $Kp._{17}$ 158—160°, aus 14,5 g **I**; 4 g (Ausbeute). — *4-Methyl-2-oxyaceto-*, $Kp._{17}$ 123—125°; 7,2 g. — *4-Methyl-2-oxypropio-*, F. 45 bis 46° (Ligroin), aus 24,1 g **II**; 18,2 g. — *4-Methyl-2-oxybutyro-*, $Kp._{17}$ 144—146°, aus 33 g **III**; n_D^{21} 1,6255; 23,5 g. — *4-Methyl-2-oxybenzo-*, F. 61° (CH_3OH), $Kp._{15}$ 233 bis 234°, aus 42,5 g **IV** (F. 55°); 17 g. — *2-Methyl-5-oxybenzo-*, F. 129° (CH_3OH), $Kp._{15}$ 235—240°; 26,5 g. — *4-Methyl-2-oxyphenacetylbenzol*, F. 49° (verd. CH_3OH), $Kp._{17}$ 218°, aus 45 g **V** (F. 48—49°); 34,8 g. — *2-Methyl-4-oxyphenacetylbenzol*, F. 138° (CH_3OH). — *3-Methyl-2-[4-methoxy-2-methylphenyl]-cinchoninsäure*, F. 343—345° (Zers. >330°), durch 24std. Kochen von **VI**, **VII** u. KOH in A.; 76%. — *3-Methyl-2-[4-methoxy-2-methylphenyl]-chinolin*, $C_{18}H_{17}ON$, F. 76° (CH_3OH), durch Erhitzen vorst. Verb. über den F.; seidige Nadeln. — *3-Methyl-2-[4-oxy-2-methylphenyl]-cinchoninsäure*, $C_{18}H_{15}O_3N$, F. >350° (Essigsäure), hellgelbe Nadeln; 76%. — *3-Methyl-2-[4-oxy-2-methylphenyl]-chinolin*, $C_{17}H_{15}ON$, F. 203° (CH_3OH), Prismen. — *3-Phenyl-2-[4-methoxy-2-methylphenyl]-cinchoninsäure*, F. 312—314°, aus 2-Methyl-4-methoxyphenacetylbenzol; 85%. — *3-Phenyl-2-[4-methoxy-2-methylphenyl]-chinolin*, $C_{23}H_{19}ON$, F. 106° (CH_3OH), seidige Nadeln. — *3-Phenyl-2-[4-oxy-2-methylphenyl]-cinchoninsäure*, $C_{23}H_{17}O_3N$, F. >350° (Essigsäure), hellgelbe Prismen; 85%. — *3-Phenyl-2-[4-oxy-2-methylphenyl]-chinolin*, $C_{22}H_{17}ON$, F. 241° (CH_3OH), Prismen. — *5-Methyl-2-oxyacetophenon*,, $Kp._{15}$ 118—121°, durch 4std. Kochen des entsprechenden Methyläthers mit **VIII**; 56%. — *5-Methyl-2-oxypropiophenon*, $Kp._{15}$ 130—132°, aus 5-Methyl-2-methoxypropiophenon (aus Propionylchlorid u. p-Kresolmethyläther in Ggw. von $AlCl_3$ in CS_2 in 17 Std. bei Raumtemp. u. 45 Min. bei 50°; 87%); 77%. — *5-Methyl-2-methoxyisovalerophenon*, $C_{13}H_{18}O_2$, $Kp._{17}$ 157—158°, hellgelbes Öl, n_D^{20} 1,5200; 50%. — *5-Methyl-2-oxyisovalerophenon*. — *5-Methyl-2-methoxycaprophenon*, $C_{14}H_{20}O_2$, $Kp._{12}$ 176—179°, hellgelbes Öl; 72,5%. — *5-Methyl-2-methoxyvalerophenon*, $C_{13}H_{18}O_2$, $Kp._{13}$ 161—162°, angenehm riechend, n_D^{21} 1,5240; 52%. — *2-[2-Oxy-5-methylphenyl]-cinchoninsäure*, $C_{17}H_{13}O_3N$, F. 264° (n-Butylalkohol), aus 5-Methyl-2-oxyacetophenon; hellgelbe Nadeln; 60%. — *2-[2-Methoxy-5-methylphenyl]-cinchoninsäure*, aus 5-Methyl-2-methoxyacetophenon; 80%. — *2-[2-Oxy-5-methylphenyl]-chinolin*, F. 148° (CH_3OH), hellgelbe Kristalle. — *3-Methyl-2-[3-oxy-5-methylphenyl]-cinchoninsäure*, $C_{18}H_{15}O_3N$, F. 280° (n-Butylalkohol), gelbe Kristalle; 25%. — *3-Methyl-2-[2-oxy-5-methylphenyl]-chinolin*, $C_{17}H_{15}ON$, F. 188° (A.), hellgelbe glänzende Nadeln. (Bull. Soc. chim. France [5] **1956**. 633—36. April. Paris, Univ., Inst. du Radium, Dep. de Chim. organ.) R. PASEDAG. 1180

Magnus Matell, *Die optischen Antipoden der β-Oxy-β-phenylpivalinsäure und ihre Methylester. β-Oxy-β-phenylpivalinsäure* (**I**) wurde in die opt. Antipoden gespalten. (+)-**I** wurde als Morphinsalz, (—)-**I** als Salz des (+)-Phenäthylamins isoliert. Chinin, Brucin, Chinidin u. Cinchonidin ergeben Salze aus etwa gleichen Teilen der Antipoden, Strychnin u. Cinchonin geben keine krist. Produkte. Durch das Phasendiagramm des Syst. (+)- u. (—)-**I** u. das Röntgenpulverdiagramm konnte gezeigt werden, daß die inakt. **I** beim F. u. bei Raumtemp. ein *dl*-Konglomerat darstellt. Analog wurde festgestellt, daß die Methylester von (+)- u. (—)-**I** beim F. u. bei Raumtemp. eine echte rac. Verb. bilden. Diese Ergebnisse stehen im Widerspruch zur Theorie von LANDRIEU (Bull. Soc. chim. France, Mém. [4] **31**. [1922.] 1217 u. ROSS u. SOMMERVILLE (J. chem. Soc. [London] **1926**. 2770). Es wird angenommen, daß rein ster. Einfll. für die Bldg. von rac. Verbb. u. Konglomeraten mit maßgeblich sind.

Versuche: *β-Oxy-β-phenylpivalinsäure* (**I**), F. 133,5—134°, aus α-Bromisobuttersäureäthylester u. Benzaldehyd. *Methylester*, $C_{12}H_{16}O_3$, F. 68,5—69,5° (Nadeln), mit Diazomethan. — (+)-**I**, F. 157—158° (Prismen aus W.), aus 29,1 g **I** u. 45,5 g Morphin in 1500 cm³ 25%ig. A. durch 4std. Stehen u. 6maliges Umkristallisieren des Salzes ($C_{11}H_{14}O_3 \cdot C_{17}H_{19}O_3N \cdot H_2O$; W. wird über P_2O_5 abgegeben) u. Isolieren der Säure; $[\alpha]_D^{25}$ +9,8° (Eisessig); 3,6 g (Ausbeute). *Methylester*, $C_{12}H_{16}O_3$, F. 69—71°, mit Diazomethan; $[\alpha]_D^{25}$ +30,8° (Chlf.). — (—)-**I**, F. 157—158° (Prismen aus W.), aus 15 g Säure aus der Mutterlauge der (+)-Verb., 8,8 g **I** u. 15 g (+)-Phenäthylamin in 1300 cm³ W. durch 6std. Stehen, 5maliges Umkristallisieren des Salzes ($C_{11}H_{14}O_3 \cdot C_8H_{11}N \cdot H_2O$, W. wird über P_2O_5 abgegeben) u. Isolieren der Säure; $[\alpha]_D^{25}$ —9,0° (Eisessig), —2,8° (A.); —5,2° (CH_3OH), —4,1° (W. nach Neutralisieren mit NaOH), —3,9° (Aceton; 4,1 g *Methylester*, $C_{12}H_{16}O_3$, F. 69—70,5°, $[\alpha]_D^{25}$ —31,0° (Chlf.), —3,3° (CH_3OH), +0,2° (Äthylacetat), +0,5° (A.), +2,5° (Aceton). (Ark. Kemi **1**. 455—61. 1950. Uppsala, Univ., Chem. Inst., Organ. Dep.) H. BERTSCH. 1250

J. A. Carbon und **L. S. Fosdick,** *Einige neue halogensubstituierte pressorische Amine vom Synephrintyp.* Die FRIESsche Verschiebung des aus m-Chlorphenol (II) u. Chloracetylchlorid (III) erhaltenen *m-Chlorphenylchloracetats* in CS_2 liefert *2-Chlor-4-oxy-* (I) u. *4-Chlor-2-oxy-ω-chloracetophenon,* von denen letzteres *6-Chlor-3-(2H)-benzofuranon* cyclisiert werden kann. In Nitrobenzol erfolgt keine FRIESsche Umlagerung. **I,** dessen Konst. durch Methylierung u. Oxydation zu *2-Chlor-4-methoxybenzoesäure* bewiesen wurde, wird durch Kondensation mit N-Alkylbenzylaminen u. nachfolgende katalyt. Debenzylierung in *2-Chlor-4-oxy-α-[alkylaminomethyl]-benzylalkoholhydrochloride* übergeführt, die nur sehr geringe blutdrucksteigende Wrkg. besitzen.

Versuche: *m-Chlorphenylchloracetat,* $C_8H_6O_2Cl_2$, Kp.$_{11}$ 145—148°, durch 5std. Kochen von **II** u. **III**; 56% (Ausbeute). — *4-Chlor-2-oxy-ω-chloracetophenon,* $C_8H_6O_2Cl_2$, F. 74—75° (PAe.), durch 2std. Kochen vorst. Verb. mit $AlCl_3$ in CS_2, Einengen, 2std. Erhitzen auf 135—140°, Zers. mit verd. HCl u. Dampfdest.; hellgelbe Nadeln; 11%. — *2-Chlor-4-oxy-ω-chloracetophenon* (I), $C_8H_6O_2Cl_2$, F. 117—118° (Bzl.-PAe.), neben vorst. Verb. aus der wss. Schicht des Rückstandes der Dampfdest.; hellgelbe Nadeln; 21%. — *6-Chlor-3(2H)-benzofuranon,* $C_8H_5O_2Cl$, F. 120—121° (Cyclohexan), durch 15 Min. Kochen vorvorst. Verb. in A. mit Na-Acetat u. Gießen in Eiswasser; hellgelbe Prismen; 88%. *Semicarbazon,* F. 217—220° (A.), gelbe Kristalle. — *2-Chlor-4-methoxybenzoesäure,* $C_8H_7O_3Cl$, F. 204—205° unter Sublimation (verd. A.), durch 2std. Kochen von **I** in wss. NaOH mit Dimethylsulfat u. 1std. Kochen mit $KMnO_4$; kurze Nadeln; 42%. — *2-Chlor-4-oxy-ω-[benzylmethylamino]-acetophenonhydrochlorid,* $C_{16}H_{17}O_2NCl_2$, F. 145—150° (Zers.; absol. CH_3OH–Ae.), durch 5std. Schütteln von **I** u. N-Benzylmethylamin in Ae.-Dioxan, 3tägiges Stehen, Filtrieren u. Zutropfen von mit HCl gesätt. Ae.; Blättchen; 78%. — *2-Chlor-4-oxy-ω-[benzyläthylamino]-acetophenonhydrochlorid,* $C_{17}H_{19}O_2NCl_2$, F. 177 bis 180° (Zers.), aus N-Benzyläthylamin; Blättchen; 52%. — *2-Chlor-4-oxy-α-[methylaminomethyl]-benzylalkoholhydrochlorid,* $C_9H_{13}O_2NCl_2$, F. 160—161° (Aceton), durch 5std. Hydrieren vorvorst. Verb. in absol. CH_3OH bei 47 lbs./sq.in. u. Raumtemp. in Ggw. von ADAMS-Katalysator; Prismen; 69%. — *2-Chlor-4-oxy-α-[äthylaminomethyl]-benzylalkoholhydrochlorid,* $C_{10}H_{15}O_2NCl_2$, Zers. bei 160—170° (CH_3OH–Ae.); Prismen; 65%. (J. Amer. chem. Soc. **78**. 1504—06. 5/4. 1956. Chicago, Ill., Northwest. Univ., Dental School, Chem. Dep.) R. PASEDAG. 1320

A. W. Kirssanow und **Ju. M. Solotow,** *Arylsulfonamidophosphorsäurebromide.* Bei der Einw. von Ameisensäure auf „Tribromphosphazosulfonaryle" $RSO_2N{=}PBr_3$ in Bzl. erhält man je nach Reaktionsdauer *Arylsulfonamidophosphorsäure,* deren *Mono-* oder *Dibromide.* Die Bromide werden durch sd. W. hydrolysiert.

Versuche: *Allg. Meth.*: Man löst 0,01 Mol $RSO_2N{=}PBr_3$ in 10—25 ml Bzl. u. erhitzt mit 0,01, 0,02 oder 0,03 Mol Ameisensäure zur Darst. der Dibromide 1 Std., der Monobromide 2 Std. u. der Säuren 4 Std. auf 80°; nach Stehen über Nacht wird aus Bzl. umkristallisiert. Alle Bromide schm. unter Zersetzung. *Arylsulfonamidophosphorsäuredibromide,* $RSO_2NHP(:O)Br_2$: $R = C_6H_5$, $C_6H_6O_3NBr_2SP$, F. 122—124°; Prismen; 90,9% (Ausbeute). *R = o-Tolyl,* $C_7H_8O_3NBr_2SP$, F. 123—126°; Prismen; 74,2%. *R = p-Tolyl,* $C_7H_8O_3NBr_2SP$, F. 123—126°; 90,7%. *R = α-Naphthyl,* $C_{10}H_8O_3NBr_2SP$, F. 131—134°; Prismen; 84,7%. — *R = β-Naphthyl,* $C_{10}H_8O_3NBr_2SP$, F. 161—163°; Prismen; 80,4%. — *Arylsulfonamidophosphorsäurebromide,* $RSO_2NHP(:O)(OH)Br$: $R = C_6H_5$, $C_6H_7O_4NBrSP$, F. 147—150°; Nadeln; 82,3%. *R = o-Tolyl,* $C_7H_9O_4NBrSP$, F. 126 bis 129°; Nadeln; 71%. *R = p-Tolyl,* $C_7H_9O_4NBrSP$, F. 137—140°; 85,7%. *R = α-Naphthyl,* $C_{10}H_9O_4NBrSP$, F. 127—130°; Prismen; 77,1%. *R = β-Naphthyl,* $C_{10}H_9O_4NBrSP$, F. 163—165°; Prismen; 89,7%. — *Arylsulfonamidophosphorsäuren,* $RSO_2NHP(:O)(OH)_2$: $R = C_6H_5$, $C_6H_8O_5NSP$, F. 147—148°; Prismen; 76%. *R = o-Tolyl,* $C_7H_{10}O_5SP$, F. 139 bis 141°; 86,4%. *R = p-Tolyl,* $C_7H_{10}O_5NSP$, F. 151—153°; Würfel; 89%. *R = α-Naphthyl,* $C_{10}H_{10}O_5NSP$, F. 159—161°; Prismen; 74,5%. *R = β-Naphthyl,* $C_{10}H_{10}O_5NSP$, F. 174—175°; Prismen; 84%. (Журнал Общей Химии [J. allg. Chem.] **25** (**87**). 571—74. März 1955. Dnjepropetrowsk, Metallurg. Stalin-Inst.) O. POLLAK V. EMHOFEN. 1380

Alfred Burger und **Norman D. Dawson,** *Die Reaktion von Dialkylchlorphosphaten mit Arylmagnesiumhalogeniden.* Die Rk. zwischen unsubstituierten u. orthosubstituierten Arylmagnesiumverbb. mit Dialkylchlorphosphaten verläuft unterschiedlich. Mit den unsubstituierten GRIGNARD-Verbb. werden *Triarylphosphinoxyde* gebildet, während mit den ster. gehinderten o-substituierten Verbb. bei der Rk. *Ester aromat. Phosphonsäuren* entstehen. Aryllithiumverbb. reagieren mit den Dialkylchlorphosphaten wie die entsprechenden GRIGNARD-Verbindungen.

Versuche (FF. korr.): *Tris-[p-chlorphenyl]phosphinoxyd,* $C_{18}H_{12}OCl_3P$, F. 178° (wss. A.), durch Zutropfen von Diäthylchlorphosphat (I) zur GRIGNARD-Verb. aus p-Chlorbrombenzol in Ae., 2std. Kochen u. Zers. mit Eis u. verd. HCl; 54% (Ausbeute). —

o-Toluolphosphonsäure, $C_7H_9O_3P$, F. 139—141° (Bzl.) wie vorst. aus der GRIGNARD-Verb. von o-Bromtoluol u. I über *Diäthyl-o-toluolphosphonat* (Kp.$_{14}$ 148—150°; 50%), das mit konz. HCl verseift wurde. — Analog: *Naphthalin-1-phosphonsäure*, $C_{10}H_9O_3P$, F. 199—200°; 45%. — *o-Biphenylphosphonsäure*, $C_{12}H_{11}O_3P$, F. 203—205°; 31,4%. — *2-Chlorbenzolphosphonsäure*, $C_6H_6O_3ClP$, F. 181—183°; 26,1%. — *Triphenylphosphinoxyd*, $C_{18}H_{15}OP$, F. 156,5—158°; 73%. — *Tris-[p-tolyl]-phosphinoxyd*, $C_{21}H_{21}OP$, F. 143 bis 144°; 75,5%. — *Tris-[β-naphthyl]-phosphinoxyd*, $C_{30}H_{21}OP$, F. 248—249°; 66%. — *Tris-[thienyl-(2)]-phosphinoxyd*, $C_{12}H_9OS_3P$, F. 129—130°; 75%. — *Tris-[p-biphenylyl]-phosphinoxyd*, $C_{36}H_{27}OP$, F. 233—234°; 33%. — Nach der umgekehrten GRIGNARD-Synth. (Zutropfen der GRIGNARD-Verb. bzw. von p-Toluol-Li in Ae. zu I in sd. Ae.) wurden hergestellt: *Benzolphosphonsäure*, $C_6H_7O_3P$, F. 161—163° (Äthylacetat). — *p-Toluolphosphonsäure*, F. 188,5—190°, über den *Diäthylester*, Kp.$_1$ 122°; 55%. *Dianilid*, F. 207—208,5°. — *4-Chlorbenzolphosphonsäure*, F. 186—187°; 48%. (J. org. Chemistry **16**. 1250—54. Aug. 1951. Charlottesville, Va., Univ., Cobb Chem. Labor.) H. W. ZIMMER. 1380

D. C. Morrison, *Die Reaktion von Anilidophosphorchloriden mit Arylgrignardreagentien.* Die Rk. von Dianilidophosphorsäurechlorid mit Phenyl-MgBr gibt in brauchbarer Ausbeute *Benzolphosphonsäuredianilid*, während die analoge Rk. mit Monoanilidophosphorsäuredichlorid das *Diarylphosphinsäureanilid* nur in schlechter Ausbeute liefert; *Phosphorsäuretrianilid* reagiert unter den Reaktionsbedingungen überhaupt nicht. Beide so erhaltenen Anilide können zu der entsprechenden *Phosphon-* bzw. *Phosphinsäure* hydrolysiert werden, so daß dadurch eine Möglichkeit besteht, diese aus $POCl_3$ herzustellen.

Versuche: *Benzolphosphonsäuredianilid*, F. 211,5°, durch Zutropfen des Reaktionsprod. aus Anilin u. $POCl_3$ in Ae. (14 Std. in der Kälte) u. Phenyl-MgBr-Lsg., 1½std. Kochen u. Zers. mit Eis u. HCl; 40,3% (Ausbeute). — Analog: *o-Toluolphosphonsäuredianilid*, F. 239,5°; 36,7%. — *p-Toluolphosphonsäuredianilid*, F. 207,5—208,5°; 21,7%. Hydrolyse mit konz. HCl → *p-Toluolphosphonsäure*, F. 187,5—188,5° (Bzl.); 89,5%. — *p-Anisolphosphonsäuredianilid*, $C_{19}H_{19}O_2N_2P$, F. 210° (Aceton); 18,1%. — *Diphenylphosphinsäureanilid* (I), $C_{18}H_{16}ONP$, F. 231—233° (Bzl.), durch Zugabe von 2,5 g Monoanilidophosphorsäurechlorid zu Phenyl-MgBr, 1¼std. Kochen u. Hydrolyse; 0,32 g (roh). — *Diphenylphosphinsäure*, F. 191—192° (W.), durch Hydrolyse von I mit konz. HCl. (J. Amer. chem. Soc. **73**. 5896—97. Dez. 1951. Berkeley, Calif., Univ., Crocker Labor.; San Francisco, Med. School, Div. of Radiol.) H. W. ZIMMER. 1380

W. L. Waisser, W. D. Rjabow und **Ss. Sch. Ssokolina**, *Gewinnung von p-Methylstyrol aus unsymmetrischem p.p-Ditolyläthan. 1.1-Di-p-tolyläthan* (I) wird durch Alkylieren von Toluol mit Acetylen in Ggw. von $H_3PO_4 \cdot BF_3$ + HgO erhalten. Bei der Oxydation des Reaktionsprod. mit Chromsäuremischung wird Terephthalsäure als einziges Prod. isoliert, so daß Strukturisomere von I, wenn überhaupt, nur untergeordnet gebildet werden. Für I wird Kp.$_8$ 139—140°; $D.^{20}_4$ 0,9809; n_D^{20} 1,5670, angegeben. Beim Cracken in Ggw. von Aluminiumsilicaten verschied. Zus. u. Wasserdampf liefert I *p-Methylstyrol* (II), *Toluol* u. *p.p'-Dimethylstilben* (III). Als bester Katalysator für II erweist sich synthet. Aluminiumsilicat (Al_2O_3:SiO_2 = 1:1), mit dem bei 500° 59% niedrigsd. Prodd. (Kp. 110—200°), die 48% II enthalten, gebildet werden. Im Diagramm wird die Ausbeute an II in Abhängigkeit von Temp. (400—600°) u. Strömungsgeschwindigkeit angegeben. Erhöhung der Temp. auf 600—650° führt zur Bldg. von viel III u. Verminderung der Ausbeute an II; die gleiche Wrkg. hat eine kleine Strömungsgeschwindigkeit. Die von Toluol durch Dest. befreite Fraktion des Reaktionsprod. vom Kp. 110—200° wird 3 Tage im geschlossenen Gefäß auf 120° erhitzt, das dickfl. Polymerisationsprod. zur Entfernung von flüchtigen Prodd. mit Wasserdampf behandelt u. durch Erhitzen im Vakuum depolymerisiert; hierbei wird reines II, Kp.$_8$ 50°; n_D^{20} 1,5396, erhalten. III hat F. 179°; Kp.$_8$ 175—180°. (Доклады Академии Наук СССР [Ber. Akad. Wiss. UdSSR] **106**. 271—74. 11/1. 1956. Moskau, Gubkin-Erdölinst.) R. KNOBLOCH. 1410

N. A. Domnin und **A. Ss. Beletzkaja**, *Untersuchungen auf dem Gebiet ungesättigter cyclischer Kohlenwasserstoffe und ihrer Halogenderivate.* 15. Mitt. *Einwirkung von metallischem Na auf 1.4-Dibromcyclohexen-(2).* (14. vgl. C. **1956**. 9139.) Bei der Einw. von Na auf 1.4-Dibromcyclohexen-(2) (I) in sd. Xylol entsteht *Cyclohexadien-(1.3)* (II). Cyclohexadien-(1.4) wurde nicht festgestellt. Es wird angenommen, daß als Zwischenprod. Bicyclo-[2.2.0]-hexen-(2) entsteht. Mit Zn reagiert I nicht. Beim Behandeln von 1.2-Dibromcyclohexan mit Chinolin entsteht ein schwer trennbares Gemisch von *Bzl.*, *Cyclohexan* u. II.

Versuche: *Äthoxycyclohexen*, Kp. 154—156°, durch 4std. Kochen von 1.2-Dibromcyclohexan mit alkoh. KOH; $D.^{13}_4$ 0,9180; n_D^{13} 1,4590; 52%. Daraus durch Erhitzen mit $KHSO_4$ II; 82%. — *1.4-Dibromcyclohexen-(2)* (I), F. 99—100°, aus II in Chlf. mit Br_2 u. Abdestillieren des Lösungsm. unter n. Druck. Wird das Lösungsm. im Vakuum entfernt, so wird *1.2-Dibromcyclohexen-(3)*, F. 64—66°, erhalten. Dieses gibt in Dioxan beim Behandeln mit Zn II. — *Cyclohexadien-(1.3)* (II), Kp. 79—70°, aus I durch Behandeln mit der 3fachen Menge Na in sd. Xylol; $D.^{20}_4$ 0,8380; n_D^{20} 1,4758. (Журнал Общей Химии [J. allg. Chem.] **24** (86). 1636—38. Sept. 1954. Leningrad, Univ.) H. SCHMEISS. 1810

N. A. Domnin, G. K. Krassilnikowa und **W. A. Tscherkassowa,** *Untersuchungen auf dem Gebiet ungesättigter cyclischer Kohlenwasserstoffe und ihrer Halogenderivate.* 16. Mitt. *Einwirkung von metallischem Na auf 2.3-Dibromcyclohexadien-(1.3).* (15. vgl. vorst. Ref.) Es wird die Einw. von Na auf 2.3-Dibromcyclohexadien-(1.3) (I) untersucht, um festzustellen, mit welcher Geschwindigkeit das hierbei entstehende Cyclohexatrien (mit kumulierten Doppelbindungen) zu Bzl. isomerisiert wird. Als Reaktionsprod. wurde jedoch nur ein bromfreies Polymerisat erhalten. Mit Zn reagiert I nicht. I wurde aus 1.2-Dibromcyclohexen-(1) durch Bromierung zu *1.1.2.2-Tetrabromcyclohexan* u. Behandeln mit alkoh. KOH erhalten.

Versuche: *1.1.2.2-Tetrabromcyclohexan,* $C_6H_8Br_4$, F. 208° (A.), durch Bromieren von 20 g 1.2-Dibromcyclohexen-(1) in Chlf. (48 Std. bei Zimmertemp., dann 30—40°); 8,2 g (Ausbeute). Daraus durch Behandeln mit alkoh. KOH (4 Std. Kochen) *2.3-Dibromcyclohexadien-(1.3)* (I), $Kp._{25}$ 116—117°; $D.^{20}_4$ 1,8490; n_D^{20} 1,5701; gibt bei der $KMnO_4$-Oxydation *Bernsteinsäure.* — Aus 20 g I werden beim Behandeln mit 7 g Na in 20 ml Dioxan (2 Tage im Rohr bei Zimmertemp.) 2 g eines Polymerisats erhalten. (Журнал Общей Химии [J. allg. Chem.] **24** (86). 1842—45. Okt. 1954.)
E. GULINSKY. 1810

R. Riemschneider und **I. Gesuhke,** *Eine Methode zur Aufstellung von Konfigurationstabellen für Cyclohexan-Substitutionsprodukte. Der Sessel-Konfigurationskatalog für $C_6H_{11}X$ bis C_6X_{12}. (Auszug aus der unveröffentlichten 21. Mitt. zur Chemie von Polyhalocyclohexanen.)* (20. vgl. C. **1956.** 8885.) Zusammenfassung der 91 Konfigurationstabellen aller Stellungsisomeren der Cyclohexansubstitutionsprodd. $C_6H_{11}X$ bis C_6H_{12}. Die zu ihrer Aufstellung führende Meth. wird am Beispiel des 1.2-Dibrom-4.5-dichlorcyclohexans erläutert. (Botyu-Kagaku [Sci. Insect Control] **20.** 27—46. Mai 1955. Berlin-Dahlem, Freie Univ., Chem. Inst. [Orig.: japan., deutsch: 31—46.]) H. LEHWALD. 1810

Randolph Riemschneider und **Siegfried Bäker,** *Zur Chemie von Polyhalocyclohexanen.* 22. Mitt. *über Hexaheterohalocyclohexane.* 1. Mitt. (21. vgl. vorst. Ref.) Bzl. reagiert mit Gemischen aus $Cl_2 + Br_2$ schneller als mit Cl_2, letzteres wiederum schneller als mit Br_2. Mit $Cl_2 + Br_2$ entstehen *Hexaheterohalocyclohexane* der *1.2.3.4.5.6-Reihe* in geradzahligem Halogenverhältnis, u. zwar $C_6H_6Cl_4Br_2$ (I) vom F. 122°, F. 178° u. F. 285°, wenn Cl_2 unter Belichtung in 1—4% Br_2 enthaltendes Bzl. geleitet wird u. $C_6H_6Cl_2Br_4$ (II) vom F. 203°, wenn die Konz. an Br_2 in Bzl. 25% u. mehr beträgt. Pentabrommonochlorcyclohexan wurde nicht erhalten (vgl. dagegen EMSCHWILLER u. SACONNEY, C. **1950.** I. 700). Die 1.2.3.4.5.6-Struktur von I u. II wird durch Zn-Staubbehandlung in wss. A. zu *Bzl.*, nachgewiesen mit MARQUISschem Reagens (vgl. C. **1954.** 1466), ferner durch Einw. von 0,1n alkoh. KOH zu vorwiegend *1.2.4-Trihalogenbenzolen* nachgewiesen. I (F. 178°) u. II (F. 203°) ergeben mit *l*-Brucin in Aceton opt.-akt. Reaktionsprodukte. Nur I (F. 122°) besitzt insekticide Wirksamkeit. — *Dibromtetrachlorcyclohexanisomere* (I), durch Zufügen von 20 g Br_2 zu 1000 cm^3 Bzl. unter Rühren, ½std. Einleiten von Cl_2 im Sonnenlicht bei 10—15°, Entfernen des überschüssigen Halogens u. Zerlegen des auskrist. Nd. durch Verreiben von 170 g mit 80 cm^3 A., Ausziehen des Rückstands (165 g) zweimal mit 50 cm^3 Äthylacetat: aus dem Rückstand (105 g) I *vom F. 178°* (A.-Chlf.); aus den Äthylacetatextrakten durch Eindampfen, Lösen in sd. CH_3OH u. Rekristallisation des hierin unlösl. Anteils aus sd. Chlf.-A.: I *vom F. 285°* (2 g); aus dem in Chlf.-A. lösl. Anteil I *vom F. 122°* (Aceton). — *Tetrabromdichlorcyclohexan* (II), F. 203°, durch Einleiten von 44 g Cl_2 in 400 cm^3 Bzl. + 200 g Br_2 unter Rühren, Eiskühlen u. Sonnenlicht, Dampfdest. des Rohprod. (199 g), Rekristallisation des Rückstands aus sd. A. u. Chlf.; 12 bzw. 3 g aus 20 g Rohprodukt. (Z. Naturforsch. **8b.** 617—18. Nov. 1953.)
H. LEHWALD. 1810

Randolph Riemschneider, *Zur Chemie von Polyhalocyclohexanen.* 23. Mitt. *1.2.3.4.5.6-Hexa(hetero)halocyclohexane der Konfiguration e.e.e.e.p.p.* 2. Mitt. *über Hexaheterohalocyclohexane.* (22. bzw. 1. vgl. vorst. Ref.) Bei der Addition von Cl_2 bzw. Br_2 an Bzl. entstehen Gemische von *1.2.3.4.5.6-Hexa(hetero)halocyclohexanen,* u. zwar sind es von den *Hexachlor-, Dibromtetrachlor-, Tetrabromdichlor-* u. *Hexabromcyclohexanen* die Isomeren $C_6H_6Cl_6$ vom F. 158° (I), $C_6H_6Cl_4Br_2$ (II) vom F. 178°, $C_6H_6Cl_2Br_4$ (III) vom F. 203° u. $C_6H_6Br_6$ (IV) vom F. 222°. Von diesen ist I mit der Sesselkonfiguration e.e.e.e.p.p be-

kannt (vgl. JENNEN, C. **1956.** 5787). **IV** besitzt ebenfalls die e.e.e.e.p.p-Konfiguration, es gibt wie **I** mit *l*-Brucin in Aceton ein linksdrehendes Reaktionsprod. u. wird als *dl-α-1.2.3.4.5.6-Hexabromcyclohexan* bezeichnet. Bei der Trennung von α- u. β-**IV** wurde ein neues Isomeres, *γ-1.2.3.4.5.6-Hexabromcyclohexan*, F. 160°, mit e.e.e.e.e.p-Konfiguration u. ähnlichem Dipol wie δ-**I** isoliert. **II** u. **III** ergeben bei der Einw. von *l*-Brucin in Aceton linksdrehende Verbb. ($[\alpha]_D^{20}$ −14,7° bzw. −10,4° in Aceton) u. zeigen Dipolmomente von 1,84 bzw. 1,93 Dichte. Zusammen mit den Ergebnissen von infrarotspektroskop. Unterss. werden auch diesen Verbb. e.e.e.e.p.p-Konfigurationen zugeschrieben, sie werden als *α-1.2.3.4.5.6-Dibromtetrachlor-* bzw. *α-1.2.3.4.5.6-Tetrabromdichlorcyclohexan* bezeichnet. Die Konfigurationsmöglichkeiten von 1.2-Dibrom-4.5-dichlor-, 1.4-Dibrom-2.5-dichlor-, 1.2-Dibrom-3.4.5.6-tetrachlor- u. 1.4-Dibrom-2.3.5.6-tetrachlorcyclohexan werden tabellar. angeführt. (Z. Naturforsch. **8b.** 701—05. Dez. 1953.)
H. LEHWALD. 1810

Randolph Riemschneider, *Eine Methode zur Ermittlung und Aufschreibung aller theoretisch möglichen Sesselkonfigurationen für ein gegebenes Stellungsisomeres von Cyclohexan-Substitutionsprodukten. (Fortsetzung der 23. Mitt. zur Chemie von Polyhalocyclohexanen und verwandten Verbindungen.)* (23. [1. Teil] vgl. vorst. Ref.) Die Meth. ist aus räumlichen Modellen, die in eine Ebene projiziert wurden, entwickelt worden u. wird am Beispiel des 1.2.4.5-Tetrabrom-1.4-dichlorcyclohexans erläutert. (Z. Naturforsch. **10b.** 183—91. April 1955.) H. LEHWALD. 1810

R. Riemschneider, M. Spät, W. Rausch und **E. Böttger,** *Zur Chemie von Polyhalocyclohexanen.* 24. Mitt. *1.2.3.4.5.6-Hexachlorcyclohexan vom Schmp. 88—89°. (ζ-Isomeres der Konfiguration e.e.p.e.p.p).* (23. vgl. vorst. Reff.) Die chromatograph. Aufarbeitung der bei der Isolierung von δ-1.2.3.4.5.6-Hexachlorcyclohexanen aus Benzolchlorierungsprodd. anfallenden Öle u. Mutterlaugen (vgl. C. **1950.** I. 1651 u. früher) nach RAMSAY u. PATTERSON (J. Assoc. off. agric. Chemists **29.** [1946.] 337; vgl. auch 20. Mitt., C. **1956.** 8885) ergab aus 1050 g Rückständen 1,2 g eines neuen Isomeren, *ζ-1.2.3.4.5.6-Hexachlorcyclohexan,* $C_6H_6Cl_6$, F. 88—89°, das bei Einw. von fl. Cl_2 im Einschlußrohr *1.1.2.2.3.4.4.5.6-Ennachlorcyclohexan* (F. 95°; ep.ep.e.ep.e.e), bei Chlorierung im offenen Gefäß *δ-1.1.2.3.4.5.6-Heptachlor-* (F. 138—140°; ep.e.e.p.p.e) u. *α-1.1.2.3.4.4.5.6-Oktachlorcyclohexan* (F. 93°; ep.e.e.ep.e.p) ergibt u. demnach e.e.p.e.p.p-Konfiguration besitzt. Beim Erwärmen mit Zn in W. entsteht unter Abspaltung von 6 Cl *Bzl.*, bei der Behandlung mit Alkali bilden sich *Trichlorbenzole.* Gegenüber *Drosophila melanogaster M.* u. *Musca domestica L.* besitzt es keine insekticide Wirksamkeit. (Mh. Chem. **84.** 1068—70. 15/10. 1953. S.-B. österr. Akad. Wiss., math.-naturwiss. Kl., Abt. IIb. **162.** 1068—70. 1953.) H. LEHWALD. 1810

Randolph Riemschneider und **Horst Rübner,** *Zur Chemie von Polyhalocyclohexanen und verwandten Verbindungen.* 25. Mitt. *2.2.6.6-Tetrachlorcyclohexanon.* (24. vgl. vorst. Ref.) Bei langsamer Chlorierung von Cyclohexanol bei 5—10° fällt in mehr als 50%ig. Ausbeute *2.2.6.6-Tetrachlorcyclohexanon* [**I**; F. 84°] an. HASSEL u. LUNDE (C. **1950.** II. 1683) bezeichneten diese Verb. als 2.3.5.6-Tetrachlorcyclohexanon. Das 2.3.5.6-Tetrachlorcyclohexanol jener Autoren ist ein 2.2.6.6-Tetracyclohexanolisomeres (**III**; F. 62 bis 63°). Die CO-Gruppe in **I** wurde durch Trockenerhitzen bei 230° (Bad) unter Abspaltung von 2 HCl u. Bldg. von *2.6-Dichlorphenol* (**II**) bewiesen. **III** spaltet unter gleichen Bedingungen 3 HCl unter Bldg. von *2-Chlorphenol* (**IV**) ab. Die Identifizierung von **II** u. **IV** erfolgte durch Nitrierung zu *2.6-Dichlor-4-nitrophenol* (F. 125°) bzw. *2-Chlor-4-nitrophenol* (F. 110°). Der exakte Beweis der o-ständigen CCl_2-Gruppen in **I** wurde durch Erhitzen in Alkali geführt, wobei unter Ringverengung als Ergebnis einer Benzilsäureumlagerung *2-Chlorcyclopenten-(2)-ol-(1)-carbonsäure-(1)* entstand. Die Behandlung von **I** mit verd. Alkali bei 15° lieferte eine *Verb. $C_6H_5O_2Cl$* (**V**; F. 123—124°), dabei wurden 4 OH^- verbraucht u. 3 Cl abgespalten. **V** ließ sich in Pyridin in ein *Monoacetylderiv.* vom F. 75° verwandeln u. ergab durch Br_2-Behandlung im mol. Verhältnis in Eisessig unter HBr-Entw. eine *Verb. C_6H_4ClBr* (**VI**; F. 114—115°). Die Weiterbromierung führte über ein *Dibromid $C_6H_3O_2ClBr_2$* (F. 129—130°) zu einem gelbgefärbten *o-Diketon* (F. 139—140°; spaltet aus KJ-Lsg. in der Kälte J_2 ab u. gibt keine $FeCl_3$-Färbung). **V** wurde daher als *4-Chlorcyclohexadien-(1.4)-ol-(2)-on-(3)* (**Vb**) angesprochen. Für die tautomere Form **Va** spricht die Oxydation mit HNO_3 in Eisessig zu *Bernstein-* u. *Oxalsäure.* Die analoge Oxydation von **V**-Acetat u. **VI** (beide entsprechen der Form **Vb**) lieferte nur *Oxalsäure.* — Das Vorliegen einer 2. o-ständigen CCl_2-Gruppe wurde durch Zn-Staubbehandlung von **I** in A. bei 70—80° bewiesen, bei der nur **V** u. kein Cl-freies Prod. entstand, wie bei der Identität von **I** mit dem 2.2.5.6-Tetrachlorderiv. zu erwarten gewesen wäre. (Z. Naturforsch. **8b.** 161—62. März 1953.)

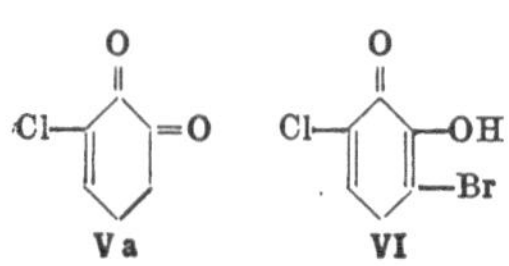

Va **VI**

H. LEHWALD. 1960

T. Henshall, W. E. Silbermann und **J. G. Webster,** *Die Cyclisierung von 3.3-Dimethyl-5-ketohexansäure zu Dimedon mit Schwefelsäure.* Bei der Hydrolyse von *6-Oxy-3-cyan-2-keto-4.4.6-trimethylpiperidin* (I) mit wss. CH_3COOH u. H_2SO_4 entsteht zunächst *3.3-Dimethyl-5-ketohexansäure* (II), die durch H_2O-Abspaltung in *3.3-Dimethylcyclohexandion-(1.5)* (*Dimedon*; III) übergeht (in 50 bis 72%ig. H_2SO_4, Rk. 1. Ordnung, Aktivierungsenergie zwischen 100 u. 131° 23,4 kcal). Die starke Säureabhängigkeit der Rk. II → III wurde durch Beobachtung der Änderung der Geschwindigkeitskonstanten k in wss. H_2SO_4 (50—75 Gew.-%) festgestellt. Zwischen 64 u. 75% gibt logk, aufgetragen gegen H_0 (Hammetts Aciditätsfunktion) bzw. gegen $\log C_{H_2SO_4}$ (stöchiometr. Säurekonz.) 2 Geraden mit der Neigung 0,35 bzw. 4,6 (die Rk. verläuft also nicht wie die Cyclisierung von o-Benzoylbenzoesäure nach einem einfachen Mechanismus). Die lineare Abhängigkeit von logk — log $C_{H_2SO_4}$ gilt für einen ausgedehnten Säurebereich im Gegensatz zur Abhängigkeit von log k — H_0.

V e r s u c h e: *6-Oxy-2-keto-3-cyan-4.4.6-trimethylpiperidin* (I), aus gleichen Teilen Mesityloxyd u. Cyanacetamid in absol. A. mit 0,1 Mol $NaOC_2H_5$ (Quadrat-i-Khunda, J. Chem. Soc. [London] **1929.** 202). — *3.3-Dimethyl-5-ketohexansäure* (II), $C_8H_{14}O_3$, F. 28,2°, Kp.$_{24}$ 155°, durch 12std. Kochen von 182 g I mit konz. HCl, Einengen, Aussalzen mit $(NH_4)_2SO_4$, Extraktion mit Ae., 2std. Kochen des sich aus der Fraktion vom Kp.$_{22,5}$ 152—154,5° absetzenden *4.4-Dioxy-2.2-dimethylpentan-1.1-dicarbonsäuredilactons* mit NaOH, Ansäuern der eisgekühlten Lsg. mit HCl gegen Kongorot; Öl, Prismen aus PAe. bei —10°; 84 g. *Semicarbazon,* F. 170—172° (Zers.). — *3.3-Dimethylcyclohexandion-(1.5)* (III) durch 1½std. Erhitzen von II in 72%ig. H_2SO_4 auf 130°, Gießen in W. u. Extrahieren mit $CHCl_3$; 92%. (J. Amer. chem. Soc. **77.** 6656—68. 20/12. 1955. Aldgate, London, Sir John Cass Coll., Dep. of Chem.) G. Gebhard. 1970

J. K. Roy, *Eine neue Synthese der dl-Camphononsäure. dl-Camphononsäure* (I) wurde erhalten durch Methylierung von *1.2-Dimethylcyclopentanon-(3)-carbonsäureäthylester* (II) unter Schutz der akt. Methylengruppe durch Rk. mit Methylanilin, das durch alkal. Hydrolyse wieder abgespalten wird.

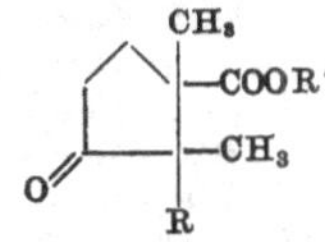

I R = CH_3, R′ = H
II R = H, R′ = C_2H_5

V e r s u c h e: *γ-Methylpentan-α.γ.δ-tricarbonsäure* (III), $C_9H_{14}O_6$, F. 175°, aus *α.β-Dicyan-β-methylbutan-α.δ-dicarbonsäurediäthylester* u. Dimethylsulfat in alkal. Lsg. bei 45—47°, Zers. mit Eis + HCl, Hydrolysieren des öligen Prod. mit sd. konz. HCl u. Überführen der getrockneten rohen Säure mit A. + H_2SO_4 in den *Triäthylester* (Öl, Kp.$_2$ 146—148°; 58% Ausbeute); daraus durch Hydrolyse u. Kristallisation mit konz. HCl **III**; 75%. — *dl-Camphononsäure* (I), $C_9H_{14}O_3$, Öl, nach Dest. bei Kp.$_2$ 143—145° erstarrend, F. 229 bis 230° (W. + wenig A.), durch Eintragen der Benzollsg. von **II** (aus vorst. Verb. nach Chakravarti, J. Indian chem. Soc. **20.** [1943.] 247) in CH_3ONa in $HCOOC_2H_5$ + Bzl.; nach 8 Std. Zusatz von W., Abtrennen u. Auswaschen der Benzolschicht mit 2%ig. KOH, Ansäuern der wss. Schichten u. Eindampfen des Bzl./Ae.-Extrakts daraus; Rückstand rohe *Oxymethylenverb.,* deren Lsg. in Bzl. mit Methylanilin (**IV**) eine trübe Fl. gab, aus der nach Abdest. von Bzl. u. **IV** das rohe *Methylanilinomethylenderiv.* (**V**) isoliert wurde; Zutropfen von KJ zu **V** u. K-tert.-Butylat in tert.-Butanol, Vakuumdest., Versetzen des Rückstandes mit verd. HCl, Extrahieren mit Ae.; aus dessen gereinigtem Rückstand **IV** mit 20% KOH abspalten, das mit Ae. extrahierte Gemisch nach Zusatz verd. HCl erneut mit Ae. ausziehen u. Rückstand vakuumdest.; 17—20% Gesamtausbeute I. *Oxim,* F. 187° (A. + W.). (J. Indian chem. Soc. **32.** 173—75. März 1955. Calcutta, Univ. Coll. of Sci. and Technol., Dep. of Chem.) W. Schulenburg. 2070

G. A. Rasuwajew und **W. Ss. Etliss,** *Kondensation von Benzol mit einigen symmetrischen Chloräthern.* Bei der Kondensation von α.α′- bzw. β.β′-Dichlordiäthyläther sowie α.α′-Dichlordimethyläther mit Bzl. in Ggw. von $AlCl_3$ werden als Hauptprodd. *1.1-Diphenyläthan, Dibenzyl-* bzw. *Diphenylmethan* erhalten. Die Rk. verläuft vermutlich über die entsprechenden Äther, da Dibenzyläther mit Bzl. in Ggw. von $AlCl_3$ in guter Ausbeute *Diphenylmethan* liefert.

V e r s u c h e: *α.α′-Dichlordiäthyläther,* Kp. 114—115°; aus Acetaldehyd u. HCl; D^{20}_4 1,1157; n_D^{20} 1,4275. — *β.β′-Dichlordiäthyläther,* Kp.$_{15}$ 70—71°; D^{20}_{20} 1,221; n_D^{20} 1,458. — *α.α′-Dichlordimethyläther,* Kp. 106—108°; n_D^{20} 1,4445. — Allg. Meth.: Man suspendiert $AlCl_3$ in Bzl., fügt tropfenweise den in einem großen Überschuß an Bzl. gelösten Chloräther hinzu u. erhitzt: *1.1-Diphenyläthan,* Kp.$_8$ 129°; aus 6 g *α.α′-Dichlordiäthyläther* u. 150 ml Bzl. in Ggw. von 10 g $AlCl_3$ (80 Min. bei 78°); 7 g (Ausbeute). *Dibenzyl,* F. 49,5°, Kp.$_{10}$ 137°; 60%. *Diphenylmethan,* F. 24,6°; Kp.$_{12}$ 130°; aus α.α′-Dichlordimethyläther u. Bzl. in Ggw. von $AlCl_3$ (100 Min. bei 18—20°); 81,5%. (Журнал Общей Химии [J. allg. Chem.] **25** (**87**). 1711—13. Sept. 1955. Gorki, Univ.)

O. Pollak v. Emhofen. 2210

David Libermann und **Maurice Moyeux,** *Untersuchungen auf dem Gebiete der Desoxybenzoine.* 2. Mitt. *Über γ-Desoxybenzoine.* (1. vgl. C. **1953.** 5655.) 4-Cyclohexylresorcin kondensiert sich mit Benzylcyanid zu den *Hydrochloriden* zweier verschied. *Ketimine,* aus denen bei der Hydrolyse *2.4-Dioxy-5-cyclohexyldesoxybenzoin* (**I**; β-Isomeres) u. *2.6-Dioxy-3-cyclohexyldesoxybenzoin* (**II**; γ-Isomeres) entstehen. **I** gibt mit Acetanhydrid/Na-Acetat *7-Acetoxy-6-cyclohexyl-2-methylisoflavon,* **II** dagegen das Triacetat (**III**) der Enolform von **II**. **III** wird beim Kochen mit 10%ig. NaOH nicht zu einem Isoflavon cyclisiert, sondern bildet *α-Acetyl-2.6-dioxy-3-cyclohexyldesoxybenzoin* {*2-Phenyl-1-[2.6-dioxy-3-cyclohexylphenyl]-butandion-(1.3)*}. Das bei der Kondensation von Resorcin mit Phenylacetylchlorid entstehende *2.4-Dioxydesoxybenzoin* (**VIII**; F. 115°) enthält auch *2.6-Dioxydesoxybenzoin* (**VII**), da bei der Einw. von N-[β-Chloräthyl]-diäthylamin (**IV**) 4 verschied. Verb., **A** bis **D**, isoliert werden. **D** ist *2.4-Bis-[β-diäthylaminoäthoxy]-desoxybenzoin.* **A** wird auf Grund nachst. Rkk. als *2-Vinyloxy-6-oxydesoxybenzoin* angesprochen: wird 4′-Chlor-, 4′-Brom- oder 4′-Jod-2.4-dioxydesoxybenzoin mit **IV** zur Rk. gebracht, so bilden sich die dem **A** entsprechenden *4′-halogensubstituierten Verbindungen.* **A** löst sich nicht in NaOH, bildet ein *Phenylurethan,* ein *Oxim* u. gibt eine $FeCl_3$-Reaktion. Es kann nicht mit Alkyljodiden alkyliert werden, bildet aber mit $(CH_3)_2SO_4$ *2-Vinyloxy-6-methoxydesoxybenzoin* (**VI**), das keine $FeCl_3$-Rk. mehr gibt u. von dem ein *Oxim* hergestellt werden kann. Der ungesätt. Charakter von **A** folgt aus der Entfärbung von Br_2 u. $KMnO_4$ u. aus der Rotfärbung mit Tetranitromethan. Durch katalyt. Hydrierung über Adams-Pt entsteht aus **A** *2-Äthoxy-6-oxydesoxybenzoin* (**V**). Mit Acetanhydrid-Na-Acetat reagiert **A** zu *5-Vinyloxy-2-methylisoflavon,* analog reagiert **V** zu *5-Äthoxy-2-methylisoflavon,* das von dem aus 4-Äthoxy-2-oxydesoxybenzoin erhaltenen *7-Äthoxy-2-methylisoflavon* verschieden ist. Die Oxydation von **A** mit $KMnO_4$ in Pyridin liefert *2.5-Dioxyisoflavanon-2-carbonsäure* u. *2.5-Dioxy-2-oxymethylisoflavanon* (die beiden OH-Gruppen am $C_{(2)}$ stehen in trans-Stellung zueinander). Durch $AlCl_3$ wird **A** zu **VII** entalkyliert, u. beim Jod–Pyridin-Abbau entsteht *2-Äthoxy-6-methoxybenzoesäure.* — **C** konnte aus den physikal. Daten als *Tetraäthyläthylendiamin* erkannt werden, **B** als *N-[β-(6-Oxydesyl-(2)-oxy)-äthyl]-N-[β-diäthylaminoäthyl]-diäthylammoniumhydroxyd,* da beim Erhitzen in A., schneller unter der Einw. von $NaOC_2H_5$, Spaltung in **A** u. **C** eintritt. Verss., das Dioxydesoxybenzoingemisch (F. 115°) durch fraktionierte Kristallisation, durch fraktionierte Extraktion mit sehr verd. Alkali oder durch Chromatographie an Al_2O_3 zu trennen, blieben erfolglos; daß es sich aber um keine homogene Substanz handelt, zeigt die Extraktion mit sd. Cyclohexan, bei der 15% ungelöst bleiben, u. die 96stufige Gegenstromverteilung zwischen Bzl. u. 5%ig. NaOH, bei der aus der alkal. Phase 15% einer dunkelgefärbten Verb. vom F. $>220°$ (oxydiertes **VII**) isoliert werden. **VII** konnte aber aus den Benzolmutterlaugen bei der Rekristallisation des Rohgemisches isoliert werden; es oxydiert sich beim Stehen in alkal. Lsg. u. kann dann durch Red. mit Zn–HCl wieder regeneriert werden. **VIII** ($Kp._{0,9}$ 205—210°, $Kp._{0,2}$ 192—194°, F. 118°) kann aus dem Gemisch durch Dest. abgetrennt werden, bildet ein *Dimethylderiv.* (F. 53°) u. ein *Oxim* (F. 240°). Bei der Acetanhydrid-Na-Acetatbehandlung des Gemisches entstehen *α.2.6-Triacetoxydesoxybenzoin* u. *7-Acetoxy-2-methylisoflavon.*

Versuche: *4-Cyclohexylresorcin,* F. 124—125°, aus Resorcin + Cyclohexanol in Ggw. von H_3PO_4; 20% (Ausbeute). — *2.4-Dioxy-5-cyclohexyldesoxybenzoin* (**I**), $C_{20}H_{22}O_3$, F. 133° (Bzl.-Ae.), durch 5std. Einleiten von HCl in ein Gemisch aus vorst. Verb. + Benzylcyanid u. $ZnCl_2$ in Ae. bei 0°, 48std. Stehen u. Kochen des festen Nd. mit NH_4OH. — *2.6-Dioxy-3-cyclohexyldesoxybenzoin* (**II**), $C_{20}H_{22}O_3$, F. 221°, bei vorst. Rk. aus den fl. Bestandteilen; aus A. grüne Kristalle. — *2-Methyl-7-acetoxy-6-cyclohexylisoflavon,* $C_{24}H_{24}O_4$, F. 131—132° (A.), durch 8std. Kochen von **I** mit Acetanhydrid-Na-Acetat bei 170—180°, Vakuumabdampfen u. Kochen mit H_2O. — *α.2.6-Triacetoxy-3-cyclohexyldesoxybenzoin* (**III**; *Triacetat der Enolform* von **II**), $C_{26}H_{28}O_6 \cdot H_2O$, F. 165°, wie vorst. aus **II**. — *α-Acetyl-2.6-dioxy-3-cyclohexyldesoxybenzoin,* $C_{22}H_{24}O_4$, F. 142°, aus **III** durch 3std. Kochen mit 10%ig. NaOH u. Ansäuern des gekühlten Filtrats. — *4′-Chlor-2.4-dioxydesoxybenzoin,* F. 156° (Bzl.), durch Zufügen von 30 g $AlCl_3$ zu 30 g p-Chlorphenylacetylchlorid + 17 g Resorcin in Nitrobenzol unter Rühren u. Kühlen, mehrstd. Erwärmen auf 40—50°, Gießen in Eis, Zufügen von HCl u. Abblasen des Nitrobenzols mit Wasserdampf; 26 g. — *4′-Brom-2.4-dioxydesoxybenzoin,* $C_{14}H_{11}O_3Br$, F. 176° (Bzl.), durch 8std. Kochen von 70 g p-Bromacetophenon + 18 g Schwefelblume in Morpholin, 8std. Kochen des abdekantierten Rückstandes mit 70%ig. alkoh. 8%ig. NaOH, Verdünnen mit W., Einengen des Filtrats u. Ansäuern mit HCl; aus der gebildeten *p-Bromphenylessigsäure* (F. 114°, gelbe Nadeln aus sd. W.; 35 g) durch Rk. mit $SOCl_2$ zum *Säurechlorid* ($Kp._3$ 124°), Kondensieren von 22 g hiervon mit 10,5 g Resorcin in Nitrobenzol mit 10 g $AlCl_3$, Erwärmen, Gießen auf Eis-HCl u. Wasserdampfdest.; 15,5 g. — *4'-Jod-2.4-dioxydesoxybenzoin*, F. 186° (Bzl.), aus p-Jodphenylessigsäure → Säurechlorid u. Rk. von 42 g hiervon mit Resorcin u. $AlCl_3$ wie vorst.; 14,5 g. — *2-Vinyloxy-6-oxydesoxybenzoin* (**A**), $C_{16}H_{14}O_3$, F. 85° (A.), durch Auflösen von 74,8 g **VIII** (aus Resorcin u. Phenylacetychlorid) vom F. 115° in A. + $NaOC_2H_5$ (aus 15,1 g Na), Zufügen von 89 g **IV**, 4std. Kochen, 12std. Stehen, Abdampfen des Filtrats, Gießen in W., Einstellen mit HCl auf p_H 2—3 u. Ausäthern; Nadeln; 5 g. *Phenylurethan*, $C_{23}H_{19}O_4N$, F. 130° (Bzl.-PAe.). *Oxim*, $C_{16}H_{15}O_3N$, F. 173° (A.). Daneben durch Alkalisieren der HCl-Lsg., Ausäthern u. Isolieren der hierbei gebildeten, in Ae. unlösl. Schicht *N-[β-(6-Oxydesyl-(2)-oxy)-äthyl]-N-[β-diäthylaminoäthyl]-diäthylammoniumhydroxyd* (**B**; $C_{26}H_{40}O_4N_2$; 10 g); aus der äther. Lsg. durch Abdampfen u. Dest. im Vakuum auf sd. Wasserbad *Tetraäthyläthylendiamin* (**C**; $C_{10}H_{24}N_2$, Kp. 173—177°; 3 g. *Dihydrochlorid*, F. 190°) u. aus dem Destillierrückstand *2.4-Bis-[β-diäthylaminoäthoxy]-desoxybenzoin* (**D**), $C_{26}H_{38}O_3N_2$, Kp.$_{0,2}$ 192—193°; 81 g; hygroskopisch. *Dioxalat*, F. 151°. — Analog entstanden mit **IV**: *4'-Brom-* ($C_{16}H_{13}O_3Br$, F. 103°) u. *4'-Jod-2-vinyloxy-6-oxydesoxybenzoin* ($C_{16}H_{13}O_3J$, F. 131°). — *2-Vinyloxy-6-methoxydesoxybenzoin* (**VI**), F. 73° (Bzl.), aus **A** + $(CH_3)_2SO_4$ u. K_2CO_3 in Aceton (mehrstd. Kochen u. Gießen in W.). *Oxim*, $C_{17}H_{17}O_3N$, F. 143°. — *2-Äthoxy-6-oxydesoxybenzoin* (**V**), $C_{16}H_{16}O_3$, F. 82° (Bzl.), aus **A** durch Hydrieren über ADAMS-Pt in Essigsäure. *Oxim*, $C_{16}H_{17}O_3N$, F. 178°. — *2-[α.β-Dibromäthoxy]-6-oxydesoxybenzoin*, $C_{16}H_{14}O_3Br_2$, F. 147° (A.), aus **A** + Br_2 in Essigsäure. — *2.6-Dioxydesoxybenzoin* (**VII**), F. 175—176° (Bzl.-Cyclohexan), durch 1std. Erhitzen von **A** + $AlCl_3$ im Ölbad, Gießen auf Eis-HCl, Sättigen des in A. aufgenommenen Nd. mit HCl, mehrstd. Erwärmen u. Ausziehen mit sd. C_6H_6. — *5-Vinyloxy-2-methylisoflavon*, $C_{18}H_{14}O_3$, F. 173° (A.), durch 8std. Kochen von **A** mit Acetanhydrid/Na-Acetat bei 170—180°, Vakuumabdampfen u. Auskochen mit H_2O. — *7-Äthoxy-2-methylisoflavon*, $C_{18}H_{16}O_3$, F. 136° (A.), wie vorst. aus 4-Äthoxy-2-oxydesoxybenzoin. — *5-Äthoxy-2-methylisoflavon*, $C_{18}H_{16}O_3$, F. 179—180° (A.), wie vorst. aus **V**. — *2.5-Dioxyisoflavanon-2-carbonsäure*, $C_{16}H_{12}O_6$, F. 203° (Zers.), durch Oxydation von 10 g **A** in Pyridin mit $KMnO_4$ u. Ansäuern des Filtrats; 3 g. Daneben aus der Mutterlauge durch Ausäthern *2.5-Dioxy-2-oxymethylisoflavanon*, $C_{16}H_{14}O_5$, F. 111°. — *Dimethyl-β-resorcylsäure*, F. 107°, aus 2.4-Dimethoxydesoxybenzoin mit J_2 in Pyridin. — *2-Äthoxy-6-methoxybenzoesäure*, $C_{10}H_{12}O_4$, F. 140° (A.), durch 1std. Kochen von **VI** mit J_2 in Pyridin, Vakuumabdampfen, Zufügen von 10%ig. NaOH, Erwärmen auf dem Wasserbad bei 30 mm, Abdekantieren von Benzylpyridiniumjodid u. Ansäuern mit HCl; 40%. — *α.2.6-Triacetoxydesoxybenzoin* (*Triacetat* der **VII**-*Enolform*), $C_{20}H_{18}O_6$, F. 210° (A.), aus **VIII** (F. 115°) u. Acetanhydrid/Na-Acetat durch 8std. Erhitzen bei 170—180°. Daneben *7-Acetoxy-2-methylisoflavon*, F. 165°. (Bull. Soc. chim. France [5] **1956**. 166—73. Jan. Montrouge/Seine, Labor. de Rech. des Ets. Théraplix.) H. LEHWALD. 2380

Pierre Reynaud und **Jean Matti**, *Beitrag zur Untersuchung der Reduktion von β-Ketonitrilen.* Vff. untersuchen die Red. von α-mono- u. -disubstituierten β-Ketonitrilen zu den entsprechenden *β-Oxynitrilen* mit Al-Isopropylat u. $LiAlH_4$. Sie zeigen, daß sich *Benzoylphenylacetonitril* (**I**) mit Al-Isopropylat nur dann zum gewünschten Alkohol reduzieren läßt, wenn man kleine Mengen umsetzt. Bei größeren Ansätzen erfolgt ausschließlich Hydrogenolyse zu *Benzylcyanid* (**III**) u. *Benzylalkohol*. $LiAlH_4$ wird durch **I** unter H_2-Entw. zers., ohne daß **I** selbst angegriffen wird. Bei *2-Benzoyl-2-phenyl-4-diäthylaminobutyronitril* (**II**) gelingt die Red. zum Oxynitril in keinem Fall; mit Al-Isopropylat erfolgt Spaltung zu *Benzoesäureisopropylester* u. *2-Phenyl-4-diäthylaminobutyronitril*. Letzteres entsteht auch neben Benzaldehyd bei der Rk. von **II** mit $LiAlH_4$.

V e r s u c h e: *Benzoylphenylacetonitril* (**I**), F. 92° (CCl_4), Kp.$_{0,5}$ 172°, Kp.$_{12}$ 224° durch $1^1/_4$std. Kochen von **III** u. $NaNH_2$ in Ae., nach Erkalten Zufügen von Benzoesäureäthylester, Abdampfen des Äthers Versetzen mit W. u. Zers. des Na-Salzes mit 2n HCl; 40% (Ausbeute). *Oxim*, $C_{15}H_{12}ON_2$, F. 150° (A.). *Phenylhydrazon*, $C_{21}H_{17}N_3$, F. 165° (A.). — *2-Benzoyl-2-phenyl-4-diäthylaminobutyronitril* (**II**), $C_{21}H_{24}ON_2$, Kp.$_{0,2}$ 200—204°, durch Einw. von 7,2 g $NaNH_2$ auf 37 g **I** u. 24 g Diäthylaminochloräthan in absol. Bzl. <40°, anschließend 2std. Erhitzen auf 95° u. nach 24 Std. Eingießen in W., Ausäthern der mit $NaHCO_3$ versetzten wss. Phase u. Dest. unter N_2; 32%. — Daneben: *Benzamid*, C_7H_7ON, F. 126°, *2-Phenyl-4-diäthylaminobutyronitril* [*Pikrat*, $C_{20}H_{23}O_7N_5$, F. 116° (A. oder W.)] u. eine unbekannte Base (*Pikrat*, F. 133°). — Aus der benzol. Phase werden neben 7 g **I** 4 g **III**, Kp.$_{12}$ 107—108°, Kp.$_{19}$ 116°, n_D^{20} 1,5236, isoliert u. als *Phenylacetamid* (**IV**), C_8H_9ON, F. 155°, identifiziert. — *1.2-Diphenyl-2-cyanäthanol*, $C_{15}H_{13}ON$, F. 103° (Isopropanol), aus 6 g **I** durch 4std. Erhitzen mit 5,4 g Al-Isopropylat in Isopropanol auf 100—105° unter Abdest. des Acetons; 25—30%. *Acetylderiv.*, $C_{17}H_{15}O_2N$, F. 123° (A.). Bei der entsprechenden Rk. mit 60 g **I** werden **III** (identifiziert als **IV**) u. *Benzylalkohol* [C_7H_8O, Kp.$_{12}$ 97—97,5°; *Phenylurethan*, $C_{14}H_{13}O_2N$, F. 71°] erhalten. — Analog entstehen aus 9 g **II** 2 g *Benzoesäureisopropylester*, $C_{10}H_{12}O_2$, Kp.$_{0,2}$ 78°, n_D^{20} 1,4990, u.

2-Phenyl-4-diäthylaminobutyronitril, $C_{14}H_{20}N_2$, Kp.$_{0,2}$ 130°, Kp.$_9$ 155—158°, n_D^{20} 1,5068. Letzteres auch durch Einw. von $^1/_4$ Mol $LiAlH_4$ auf 1 Mol **II**; daneben *Benzaldehyd* [Kp.$_9$ 600; *Phenylhydrazon*, $C_{13}H_{12}N_2$, F. 156°]. (Bull. Soc. chim. France, Mém. [5] **18.** 612—15. Sept./Okt. 1951. Paris, C. N. R. S. u. Inst. Pasteur, Labor. de Chim. thérapeut.) H. MACHOLDT. 2470

Tsch. P. Iwanow und **B. W. Alexejew**, *Über die Reduktion der Nitroderivate von 2.3-Diaryl- und 2-Aryl-3-alkylindonen.* Durch Red. von 2-[p-Nitrophenyl]-3-phenylindon (**I**) mit $FeSO_4$ in mit NH_3 gesätt. A. wird *2-[p-Aminophenyl]-3-phenylindon* mit guter Ausbeute gewonnen. Nebenprodd. sind je nach den Reaktionsbedingungen *p.p'-Bis-[3-phenylindonyl-(2)]-azobenzol* (**II**) u. *p.p'-Bis-[3-phenylindonyl-(2)]-azoxybenzol* (**III**). Wesentlich analoge Resultate gibt die Red. von 2-[p-Nitrophenyl]-3-[p-tolyl]-indon (**IV**) u. 2-[p-Nitrophenyl]-3-äthylindon (**V**). Aus den Aminoverbb. werden *Acylderivv.* hergestellt.

Versuche: *2-[p-Aminophenyl]-3-phenylindon*, F. 186—187°; eine Lsg. von 1 g **I** in 350 ml A. wird heiß mit NH_3 gesätt., darauf eine mit NH_3 heiß gesätt. Lsg. von 9 g krist. $FeSO_4$ in 50 ml W. zugesetzt u. das Gemisch unter Rühren 1 Std. gekocht; aus Ae. dunkelkirschrote Kristalle (λ_{max} 500 mμ); 0,866 g (Ausbeute) neben 0,04 g neutraler Prodd., die **II** enthalten. *Acetylderiv.*, F. 185,5—186,5°; aus A. orangerote Nadeln. *Benzoylderiv.*, F. 221—222°; aus A. orangerote Kristalle. *p-Aminobenzolsulfonylderiv.*, F. 220,5—221,5°; aus A. ziegelrote Kristalle. *p-Acetylaminobenzolsulfonylderiv.*, F. 269—270°; aus A. dunkelrote Kristalle. — *p.p'-Bis-[3-phenylindonyl-(2)]-azoxybenzol* (**III**), F. 225—226°; 0,5 g **I** werden wie vorst. red., aber nur mit 2,7 g krist. $FeSO_4$ bei 10 Min. Kochdauer; hierauf Chromatographie der neutralen Prodd. in PAe. + Bzl. (1:1) an Al_2O_3 u. Elution mit Bzl.; ziegelrote Kristalle; 0,179 g. — *p.p'-Bis-[3-phenylindonyl-(2)]-azobenzol* (**II**), F. 254—255°; durch Red. von **III** mit $FeSO_4$ + NH_3 in A.; aus Bzl. oder Aceton dunkelrote Kristalle; 94,6%. — *2-[p-Aminophenyl]-3-[p-tolyl]-indon*, F. 193—194°; aus **IV**; dunkelkirschrote Schuppen (λ_{max} 495 mμ); 0,813 g aus 1 g **IV**. *Acetylderiv.*, F. 164—165°. *Benzoylderiv.*, F. 216—217°. — *p.p'-Bis-[3-p-tolylindonyl-(2)]-azobenzol*, F. 278—279°; dunkelrot. — *2-[p-Aminophenyl]-3-äthylindon*, F. 110—111° (PAe.); aus **V**; dunkelrot. *Acetylderiv.*, F. 140—141°. *Benzoylderiv.*, F. 185—186°. *p-Aminobenzolsulfonylderiv.*, F. 268—269°. *p-Acetylaminobenzolsulfonylderiv.*, F. 253 bis 254°. — *p.p'-Bis-[3-äthylindonyl-(2)]-azobenzol*, F. 226—227°; dunkelrot. (Доклады Академии Наук СССР [Ber. Akad. Wiss. UdSSR] **106.** 275—78. 11/1. 1956. Sofia, Bulgarien, Chem.-Technol. Inst.) R. KNOBLOCH. 2650

R. G. Cooke, H. Dowd und **W. Segal**, *Die Chemie der Chinone.* 1. Mitt. *Dirigierende Wirkungen bei der Substitution von Naphthochinonen.* 5-Methoxynaphthochinon-(1.4) (**I**) reagiert mit Dimethylamin (**II**) unter Bldg. eines Gemisches aus ca. gleichen Teilen *2-* u. *3-Dimethylamino-5-methoxynaphthochinon-(1.4)*. Eine am Naphthochinonkern 5ständige CH_3-Gruppe dirigiert eine neu eintretende Dimethylaminogruppe vorwiegend in die 3-Stellung, eine 6ständige CH_3-Gruppe dagegen vorwiegend in die 2-Stellung. Aus beiden Methylchinonen entstehen daneben geringe Mengen nicht identifizierter Prodd., in denen die isomeren 2- bzw. 3-Dimethylaminoverbb. vermutet werden. Die bei vorst. Rkk. erhaltenen *2-* bzw. *3-Dimethylamino-6-* bzw. *-5-methylnaphthochinone* wurden zwecks Charakterisierung zu den entsprechenden *Oxynaphthochinonen* hydrolysiert, von denen die *6-Oxy-2-methylverb.* bekannt ist. Die Struktur des *3-Oxy-5-methylnaphthachinons-(1.4)* (**III**) ging daraus hervor, daß es nicht mit dem auf durchsichtigem Wege synthetisierten *2-Oxy-5-methylnaphthochinon-(1.4)* ident. ist. Aus dem Gemisch von *2-* u. *3-Oxy-5-methoxynaphthochinon-(1.4)* konnte nach der Entmethylierung das *2.5-Dioxynaphthochinon-(1.4)*, nach einer Kernmethylierung mit Diacetylperoxyd dagegen das *2-Methyl-3-oxy-5-methoxynaphthochinon* isoliert werden. Das Prod. der THIELE-WINTERschen Rk. von 5-Acetoxynaphthochinon-(1.4) [Juglon (**IV**)-acetat] mit Acetanhydrid, das FIESER u. DUNN (J. Amer. chem. Soc. **59.** [1937.] 1016) sowie THOMSON (C. **1952.** 7968) für einheitlich gehalten hatten, wurde als Isomerengemisch aus etwa gleichen Teilen *1.2.4.5-* u. *1.3.4.5-Tetraacetoxynaphthalin* erkannt. Durch Hydrolyse u. Oxydation ließ sich daraus *2.5-Dioxynaphthochinon-(1.4)* gewinnen. Auch 2-Methyl-5-oxynaphthochinon-(1.4) [Plumbagin (**V**)] gibt bei längerer Einw. von Acetanhydrid zwei Substanzen, von denen die eine durch Hydrolyse u. Oxydation zu *Droseron* als *1.3.4.5-Tetraacetoxy-2-methylnaphthalin* identifiziert wurde. Kurze Rk. von **V** mit Acetanhydrid gibt dagegen vorwiegend **V**-*Acetat.* — *3-Chlor-* u. *3.6-Dichlorplumbagin* wurden nebeneinander durch Chlorierung von **V** u. nachfolgende Dehydrochlorierung mit Na-Acetat erhalten. Ähnlich entstand mit Br_2 *3-Bromplumbagin.* Die Bromierung von **IV** in Eisessig in Ggw. von Na-Acetat lieferte *6-Bromjuglon* (**VI**), das weiter zum *2.3.6-Tribromjuglon* bromiert werden konnte. Analog gab **V** wahrscheinlich *6-Bromplumbagin.* — Durch Kondensation von p-Chlorphenol mit Maleinsäureanhydrid erhielten Vff. ein anderes Prod. als früher GOMEZ (Bol. Acad. Ciencia Madrid **1.** 5) unter gleichen Bedingungen.

Versuche (FF. korr., in Pyrexglascapillaren): *2-* u. *3-Oxy-5-methoxynaphthochinon-(1.4)* (Isomerengemisch), durch Rk. von **I** mit **II** nach den Angaben von ANSLOW u. RAISTRICK (J. chem. Soc. [London] **1939.** 1446), aber ohne A., u. nachfolgendes ½std. Erhitzen mit konz. HCl; 42% (Ausbeute), roh; daraus durch Entmethylierung mit $NaAlCl_4$, Vakuumsublimation u. Acetylierung *2.5-Diacetoxynaphthochinon-(1.4)*, F. 152°; andererseits durch Einw. von Diacetylperoxyd *2-Methyl-3-oxy-5-methoxynaphthochinon-(1.4)*, F. 171—172°. — *1.4-Dioxy-5.8-dihydro-5-methylnaphthalin*, $C_{11}H_{12}O_2$, F. 147° (wss. A.), nach FIESER durch Umlagerung des Dienadduktes aus Piperylen u. Benzochinon mit angesäuertem $SnCl_2$. — *5-Methylnaphthochinon-(1.4)*, $C_{11}H_8O_2$, F. 122,5 bis 123° (wss. Aceton), aus vorst. Verb. durch 2stufige Oxydation; 95%. — *3-Oxy-5-methylnaphthochinon-(1.4)* (**III**), $C_{11}H_8O_3$, F. 175—176°, (wss. A.), durch Rk. von vorst. Verb. mit **II** nach der Meth. von PLIMPTON [1880] u. 45 Min. Erhitzen mit konz. HCl/A.; gelb; daneben eine kleine leichter lösl. Fraktion vom F. ca. 134° (nachst. Verb.?). — *2-Oxy-5-methylnaphthochinon-(1.4)*, $C_{11}H_8O_3$, F. 145—146° (wss. CH_3OH), aus 5-Methyltetralon-(1) nach der allg. Meth. von BUU-HOI u. CAGNIANT [1942]; gelb. — *6-Methylnaphthochinon-(1.4)*, $C_{11}H_8O_2$, F. 91—92° (wss. Aceton), aus Benzochinon u. Isopren nach FIESER. — *2-Oxy-6-methylnaphthochinon-(1.4)* $C_{11}H_8O_3$, F. 198° (Bzl.), aus vorst. Verb. analog **III**; goldgelb; 55% (roh). *Methyläther*, F. 166,5—167,5°. — *2.5-Diacetoxynaphthochinon-(1.4)*, F. 152—153° (Bzl./PAe.), aus dem rohen Reaktionsprod. von **IV** mit Acetanhydrid (F. 154°, sintert bei 145°; vgl. FIESER u. DUNN, l. c.) durch alkal. Hydrolyse, Acetylierung u. fraktionierte Kristallisation. — *1.2.4.5-Tetraacetoxynaphthalin*, F. 173—174° (aus der Schmelze erstarrtes Prod.), aus vorst. Verb. durch reduktive Acetylierung. — *1.3.4.5-Tetraacetoxynaphthalin*, F. 167—168° (A.), durch reduktive Acetylierung von 3.5-Dioxynaphthochinon-(1.4); zeigt im 1:1-Gemisch mit vorst. Verb. den am THIELE-WINTER-Addukt des **IV** von FIESER u. DUNN beobachteten F. (145—154°). — *1.3.4.5-Tetraacetoxy-2-methylnaphthalin*, $C_{19}H_{18}O_8$, F. 175,5—176,5° (A.), durch 24tägige Rk. von **IV** mit Acetanhydrid in Ggw. von konz. H_2SO_4 u. Vakuumsublimation des Rohprod.; Hydrolyse mit kaltem methanol. KOH ergab *Droseron*, F. 180—181°. — *Plumbagin* (**V**)*-Acetat*, F. 117—118° (A.) durch Rk. von **IV** mit Acetanhydrid u. einer Spur H_2SO_4 bei 0° bis zum Farbumschlag nach gelb; daneben unter ähnlichen Bedingungen eine farblose, schwerer flüchtige *Verbb.* vom F. 281—283° (unkorr., aus Methylcellosolve), die sich beim Stehen grün färbte. — *5-Oxy-6-bromnaphthochinon-(1.4)* (**VI**), $C_{10}H_5O_3Br$, F. 153—154° (PAe.), durch 8tägiges Stehenlassen von **IV** mit Na-Acetat u. Br_2 in Eisessig u. Vakuumsublimation; tief orange. *Acetylderiv.*, $C_{12}H_7O_4Br$, F. 184—185° (Bzl./PAe.); gelb. — *2.3.6-Tribromjuglon*, F. 173—175° (Chlf./PAe.), durch 3std. Erhitzen von **VI** mit Br_2 u. Eisessig auf 100°; rot. *Acetylderiv.*, F. 188—189° (A.). — *5-Oxy-8-chlornaphthochinon-(1.4)*, $C_{10}H_5O_3Cl$, F. 201—202° (Chlf./PAe.), aus dem rohen Kondensationsprod. von p-Chlor- (oder p-Brom-) phenol mit Maleinsäureanhydrid (vgl. GOMEZ, l. c.) durch Extraktion mit PAe. u. Vakuumsublimation, rot. *Acetylderiv.*, $C_{12}H_7O_4Cl$, F. 147—148° (A. oder Bzl./PAe.), blaßgelb. — *2-Methyl-5-oxy-6-bromnaphthochinon-(1.4)*, $C_{11}H_7O_3Br$, F. 183—185° (A.), aus **V** analog **VI**; tief orange. *Acetylderiv.*, $C_{13}H_9O_4Br$, F. 135—136° (Bzl./PAe.), gelb. — *2-Methyl-3-brom-5-oxynaphthochinon-(1.4)*, F. 117—118°, durch 4std. Einw. von Br_2 auf **V** u. Kochen des Br_2-Adduktes mit A.; Ausbeute gering. — *2-Methyl-3-chlor-5-oxynaphthochinon-(1.4)*, F. 123—124° (wss. CH_3COOH), durch 3std. Einw. von überschüssigem Cl_2 in Eisessig auf **V**, nachfolgendes Kochen mit Na-Acetat u. fraktionierte Kristallisation aus PAe. als leichter lösl. Fraktion; orangegelb. — *2-Methyl-3.6-dichlor-5-oxynaphthochinon-(1.4)*, $C_{11}H_6O_3Cl_2$, F. 150—151° (PAe.) neben vorst. Verb. als schwerer lösl. Anteil; orangerot. (Austral. J. Chem. **6.** 38—43. Febr. 1953. Melbourne, Univ., Chem. Dep.) H. PRACEJUS. 2700

Heinz Dannenberg und **Dorothee Dannenberg-von Dresler**, *Versuche zur Synthese des „Steranthrens". 6. Mitt. lin.-1.2.-Benzaceperinaphthan und ang.-1.2-Benzaceperinaphthan.* (5. vgl. C. **1955.** 1039.) Der in der 5. Mitt. (l. c.) beschriebene Weg zur Synth. der Benzaceperinaphthane konnte durch Isolierung von Zwischenstufen u. durch Änderung der Dehydrierungsbedingungen in der letzten Stufe zur Darst. von *1.2-Benz-3.4-aceperinaphthan* (**I**) verwendet werden. Bei der FRIEDEL-CRAFTS-Kondensation von *3.4-Aceperinaphthan* (**II**) mit Bernsteinsäureanhydrid entsteht in der Hauptmenge *γ-Oxo-γ-[3.4-aceperinaphthyl-(2)]-buttersäure* (**III**), die von der isomeren *1-Ketosäure* (**IV**) als *Methylester* (**XI**) abgetrennt werden konnte. Die HUANG-MINLON-Red. von **III** führte zu *γ-[3.4-Aceperinaphthyl-(2)]-buttersäure*, deren Ringschluß

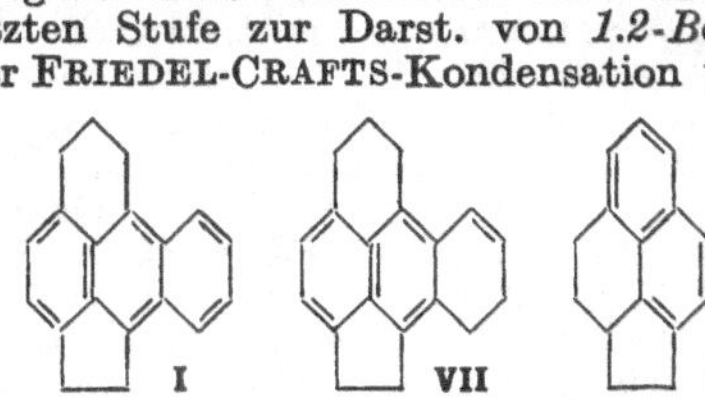

I VII IX

über das Säurechlorid mit $SnCl_4$ schließlich *1'-Oxo-1'.2'.3'.4'-tetrahydro-1.2-benz-3.4-aceperinaphthan* (V) liefert. In Abänderung des Dehydrierungsverf. der 5. Mitt. (l. c.) wurde **V** mit $LiAlH_4$ red., wobei außer dem erwarteten Alkohol (**VI**) direkt *3'.4'-Dihydro-1.2-benz-3.4-aceperinaphthan* (**VII**) gebildet wurde; **VII** entstand auch in schlechter Ausbeute aus **VI** mit $POCl_3$ in Pyridin. Während die Dehydrierung von **VII** mit Pd-Kohle im Lösungsm. neben *1'.2'.3'.4'-Tetrahydro-1.2-benz-3.4-aceperinaphthan* (**VIII**) **I** als Hauptreaktionsprod. liefert, wird ohne Lösungsm. neben **I** die Bldg. von *4.5-Benz-6.7-aceperinaphthan* (**IX**) bevorzugt, dessen Ausbeute mit steigender Temp. zunimmt. **I** entsteht auch bei der Oxydation von **VII** mit SeO_2. — Da sich sowohl **I** als auch **IX** vom gleichen Grundskelett ableiten u. sich nur durch die Anthracen- bzw. Phenanthrenanordnung ihrer aromat. Kerne unterscheiden, wird als Zusatz für **I** die Abkürzung „*lin*" u. für **IX** die Abkürzung „*ang.*" vorgeschlagen. — Die in der 3. Mitt. (C. **1955.** 1037) mitgeteilte Darst. von **II** wurde für größere Ansätze modifiziert. *3.4-Aceperinaphthanon-(7)* (**X**) wurde mit $LiAlH_4$ zum *3.4-Aceperinaphthanol-(7)* red. u. dieses der Hydrogenolyse unterworfen; als Nebenprod. wurde *1.2.3.9a-Tetrahydro-3.4-aceperinaphhan* isoliert. Dieses Verf. eignet sich auch zur Darst. von Methyl- u. Dimethylaceperinaphthanen. — UV- u. Infrarotabsorptionsspektren vgl. Original.

Versuche: *γ-Oxo-γ-[3.4-aceperinaphthyl-(2)]-buttersäure* (**III**), $C_{19}H_{18}O_3$, F. 212—214° (Xylol u. Essigsäure), a) aus 3,68 g **II** u. Bernsteinsäureanhydrid mit $AlCl_3$ in Nitrobenzol (48 Std.), Ausziehen des Rohprod. mit Eisessig u. Fällen mit W.; Nadeln; 2,21 g (Ausbeute), b) durch alkal. Verseifung des Methylesters (**XI**) in Diäthylenglykol auf dem Wasserbad; λ_{max} 367,5 mμ (log ε = 3,70). *Methylester* (**XI**), $C_{20}H_{20}O_3$, F. 160—162° (Bzl.), aus dem rohen Gemisch der FRIEDEL-CRAFTS-Rk. in methanol. H_2SO_4, Verdünnen mit W., Extrahieren mit Bzl. u. Anschlämmen des Verdampfungsrückstandes der benzol. Lsg. mit Bzl. + Bzn. (1:1); Nadeln; 72,5%. — *γ-Oxo-γ-[3.4-aceperinaphthyl-(1)]-buttersäure* (**IV**), $C_{19}H_{18}O_3$, F. 152 bis 154° (Xylol + Bzn. u. Bzl.), a) neben **III** aus dem essigsauren Filtrat; 0,32 g, b) F. 156 bis 158°, durch alkal. Verseifen des Esters; λ_{max} 377 mμ (log ε = 3,63). *Methylester*, $C_{20}H_{20}O_3$, F. 85—86° (Bzl. + Bzn.), aus dem Verdampfungsrückstand der Mutterlauge von **XI** durch Adsorbieren aus Bzn. + Bzl. (3:1) an Al_2O_3 u. Eluieren mit Bzn. + Bzl. (3:1 u. 1:1) als leichter lösl. Ester; 3,7%. — *γ-[3.4-Aceperinaphthyl-(2)]-buttersäure*, $C_{19}H_{20}O_2$, F. 136—139° (Cyclohexan), durch Red. von **III** oder **XI** nach HUANG-MINLON; Nadeln; 68% bzw. 77,5%. — *1'-Oxo-1'.2'.3'.4'-tetrahydro-1.2-benz-3.4-aceperinaphthen* (**V**), $C_{19}H_{18}O$, F. 128—130° (Bzl. + Bzn.), aus vorst. Säure durch Überführen in das Säurechlorid mittels PCl_5 in Bzl. u. Zugabe von $SnCl_4$ bei 0° u. 20°; nach Chromatographieren aus Bzl. + Bzn. an Al_2O_3 Nadeln; 60%; λ_{max} 377 mμ (log ε = 3,63). — *3'.4'-Dihydro-1.2-benz-3.4-aceperinaphthan* (**VII**), $C_{19}H_{18}$, F. 120—122° (Bzl. + Bzn.), durch Red. von **V** mit $LiAlH_4$ in Ae. u. Chromatographieren in Bzn. an Al_2O_3; Nadeln; 95%. — *1.2-Benz-3.4-aceperinaphthan, lin.-1.2-Benzaceperinaphthan* (**I**), $C_{19}H_{16}$, F. 126—128° (A.), a) aus **VII** mit 20%ig. Pd-Kohle in sd. 1-Methylnaphthalin (40 Min.), Adsorbieren des Rückstandes der Wasserdampfest. in Bzn. an Al_2O_3 u. fraktioniertes Eluieren mit Bzn.; die Fraktionen enthalten 47, 23, 11 u. 10% **VIII**, b) aus **VII** mit SeO_2 in sd. Eisessig u. analoge Aufarbeitung; mit 56% bzw. 45% **VII**; dunkelgelbe Nadeln. *Trinitrobenzolat*, $C_{19}H_{16} \cdot C_6H_3O_6N_3$, F. 163° (Bzl. + Bzn.), schwarzrote Kristalle. — *1'.2'.3'.4'-Tetrahydro-1.2-benz-3.4-aceperinaphthan* (**VIII**), $C_{19}H_{20}$, F. 134—135° (A.), durch Dehydrieren von **VII** mit Pd-Kohle bei 220° (3 Min.) u. Aufarbeiten wie **I** als erste Fraktionsanteile; Nadeln. Neben **I** + **IX** (3:1) als weitere Eluate. — *4.5-Benz-6.7-aceperinaphthan, ang.-1.2-Benzaceperinaphthan* (**IX**), F. 101—102° (A.), analog durch Dehydrieren bei 265—280° (30 Min.). — *7-Oxy-3.4-aceperinaphthan*, $C_{15}H_{14}O$, F. 165—166°, aus **X** mit $LiAlH_4$ in sd. Ae.; Nadeln; 90,5%. — *3.4-Aceperinaphthan* (**II**), $C_{15}H_{14}$, F. 115—117° (Bzn.), aus vorst. Verb. mit Na in sd. Isoamylalkohol, Verdünnen mit W., Extrahieren mit Bzl. u. Chromatographieren in Bzn. an Al_2O_3; 86%. — *1.2.3.9a-Tetrahydro-3.4-aceperinaphthan*, $C_{15}H_{18}$, Kp.$_{1}$ 128—134°, neben **II** aus den gesamten Mutterlaugen. (Liebigs Ann. Chem. **593.** 219—31. 24/6. 1955. Tübingen, Max-Planck-Inst. für Biochemie.)

H. GOLD. 2900

Heinz Dannenberg und **Dorothee Dannenberg-von Dresler**, *Versuche zur Synthese des „Steranthrens". 7. Mitt. ang.-Steranthren.* (6. vgl. vorst. Ref.) Aus den in den vorangegangenen Mitteilungen (l. c.) beschriebenen Zwischenprodd. wird nun *ang.-Steranthren* (**I**), das eine der beiden möglichen „Steranthrene" (vgl. 2. Mitt., C. **1955.** 1037) in der 3.4-Benzphenanthrenform (entsprechend ang.-1.2-Benzaceperinaphthan, vgl. 6. Mitt., l. c.) dargestellt. Die Oxymethylenverb. **II** des *1'-Oxo-1'.2'.3'.4'-tetrahydro-1.2-benz-3.4-aceperinaphthan* (**III**) liefert bei der MICHAEL-Kondensation mit Methylvinylketon *1'-Oxo-2'-[γ-oxobutyl]-1'.2'.3'.4'-tetrahydro-1.2-benz-3.4-aceperinaphthan* (**IV**), das bei der Cyclisierung mit KOH zu *9-Oxo-9.10.11.11a.12.13-hexahydro-lin.-steranthren* (**V**) u. durch anschließende HUANG-MINLON-Red. zu *9.10.11.11a.12.13-Hexahydro-*

lin.-steranthren (**VI**) führt. Die Dehydrierung von **VI** mit Pt-Kohle liefert **I**, das namentlich bei kurzer Dehydrierungszeit ein Gemisch von *7c.8.9.10.11.11a.12.13-Octahydro-lin.-steranthren* (**VII**) u. *8.9.10.11-Tetrahydro-ang.-steranthren* (**VIII**) enthält. Wie in der 5. Mitt. (C. **1955.** 1039) bereits erwähnt, ist auch hier die ang.-Form bei der Dehydrierung bevorzugt; lin.-Steranthren wurde nicht gefunden. Die Konst. von **I** ergab sich aus vergleichenden Absorptionsmessungen mit 3.4-Benzphenanthren u. seinen Methylhomologen, womit gleichzeitig die Konst. von **III** (Darst. vgl. vorst. Ref.) als bewiesen angesehen werden kann. Die Bildungsmöglichkeit eines *ang.-Isosteranthrens* (**IX**), das auf einem analogen Wege aus dem **III** isomeren Keton *4'-Oxo-1'.2'.3'.4'-tetrahydro-1.2-benz-3.4-aceperinaphthan* (vgl. 5. Mitt., l. c.) hätte entstehen können, ergab sich aus vergleichenden Absorptionsmessungen eines KW-stoffes mit Chrysen u. seinen Methylhomologen, der auf folgendem Wege erhalten worden war: Das Gemisch aus *1'-Oxo-* (**X**) u. *4'-Oxo-1'.2'.3'.4'.4.5.6.6a-oktahydro-1.2-benz-3.4-aceperinaphthan* (**XI**) (vgl. 5. Mitt., l. c.) liefert bei der Michael-Kondensation mit Methylvinylketon ein teilweise trennbares Gemisch von *1'-Oxo-2'-[γ-oxobutyl]-* (**XII**) u. *4'-Oxo-3'-[γ-oxobutyl]-1'.2'.3'.4'.4.5.6.6a-oktahydro-1.2-benz-3.4-aceperinaphthan* (**XIII**), das ohne Isolierung der Zwischenstufen durch Cyclisieren, Wolff-Kishner-Red. u. Dehydrieren zu einem Prod. führt, aus dem durch Chromatographieren **IX** (?) in geringer Menge abgetrennt werden konnte. Als Hauptbestandteil des Dehydrierungsprod. wird *2'-Butyl-ang.-1.2-benzaceperinaphthan* angenommen, das seine Bldg. der ster. Hinderung beim Ringschluß von **XII** in Diäthylenglykol mit KOH verdankt. — Die $LiAlH_4$-Red. von **V** liefert statt des erwarteten KW-stoffes **XIV** *8.9.10.11-Tetrahydro-lin.-steranthren* (**XV**); seine Dehydrierung zum lin.-Steranthren konnte nicht erreicht werden. — Die UV- u. Infrarotspektren von **II** bis **VIII** u. **XV** werden diskutiert. 7 UV- u. 6 Infrarotspektren u. 4 Tabb. vgl. Original.

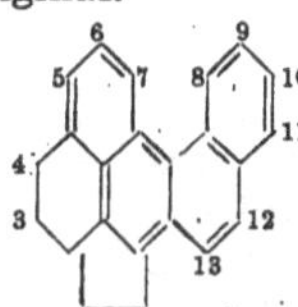
I

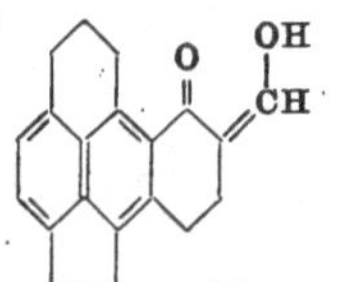
II

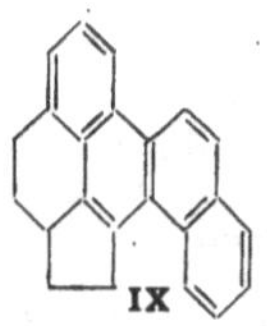
IX

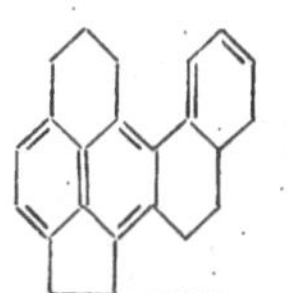
XIV

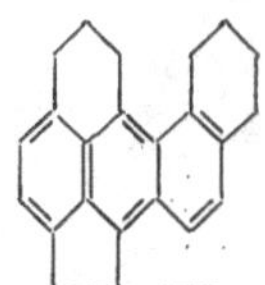
XV

V e r s u c h e: *1'-Oxo-2'-oxymethylen-1'.2'.3'.4'-tetrahydro-1.2-benz-3.4-aceperinaphthan* (II), $C_{20}H_{18}O_2$, F. 144—146° (Bzl.), aus III, Ameisensäureäthylester u. Na-Methylat in Bzl. unter N_2 (5 Std.); dunkelgelbe bis rötliche Prismen; 72%. — *1'-Oxo-2'-[γ-oxobutyl]-1'.2'.3'.4'-tetrahydro-1.2-benz-3.4-aceperinaphthan* (IV), $C_{23}H_{24}O_2$, F. 159 bis 160° (Bzl.), aus II in Bzl., methanol. Na-Methylat u. Methylvinylketon unter N_2 bei 5—10°, später bei 20° (20 Std.); gelbliche Nadeln; 70,7%. — *9-Oxo-9.10.11.11a.12.13-hexahydro-lin.-steranthren* (V), $C_{23}H_{22}O$, F. 177—178° (Aceton), aus IV mit wss. KOH in sd. Dioxan, Chromatographieren in Bzn. + Bzl. (3:1) an Al_2O_3 u. Eluieren mit dem gleichen Gemisch; gelbliche Prismen; 80%. — *9.10.11.11a.12.13-Hexahydro-lin.-steranthren* (VI), F. 92—94° (Aceton), durch Huang-Minlon-Red. von V bei 210 bis 220° u. Chromatographieren in Bzn. an Al_2O_3; Prismen; 87%. — *7c.8.9.10.11.11a.12.13-Oktahydro-lin.-steranthren* (VII), $C_{23}H_{26}$, F. 141—142° (Aceton), aus 0,556 g VI mit 22%ig. Pt-Kohle bei 265° (15 Min.) unter N_2 u. Chromatographieren des Dismutationsprodd. in Bzn. an Al_2O_3 als 1. Fraktion; 0,01 g (Ausbeute); λ_{max} 240, 292, 304, 317,5 u. 332,5 mμ (log ε = 4,87, 3,81, 3,90, 3,73 u. 3,36). — *8.9.10.11-Tetrahydro-ang.-steranthren* (VIII), $C_{23}H_{22}$, F. 127—128° (Bzn.), als 2. Fraktion; Prismen; 0,01 g. — *ang.-Steranthren* (I), $C_{23}H_{18}$, F. 93° (Bzn.), aus dem Rückstand der vereinigten Mutterlaugen vorst. Fraktionen (0,468 g), erneute Dehydrierung mit Pt-Kohle bei 265° (30 Min.) u. Chromatographieren; 0,143 g. *Trinitrobenzolat*, $C_{23}H_{18} \cdot C_6H_3O_6N_3$, F. 188—189° (Bzl. + Bzn.), orangerote Nadeln. — *8.9.10.11-Tetrahydro-lin.-steranthren* (XV), $C_{23}H_{22}$, F. 138—140° (Bzl. + Bzn.), aus V durch $LiAlH_4$-Red. nach dem Extraktionsverf.; grünlichgelbe Nadeln; 26,4%. — *7c.8.9.10.11.13b-Hexahydro-lin.-steranthren-7a.13b-endo-bernsteinsäureanhydrid*, $C_{27}H_{26}O_2$, F. 259—260° (Chlf. + Aceton, sintert bei 245°), aus XV u. Maleinsäureanhydrid in sd. Bzl.; λ_{max} 271 mμ (log ε = 3,17). — *1'-Oxo-2'-[γ-oxobutyl]-* oder *4'-Oxo-3'-[γ-oxobutyl]-1.2.3.4.4.5.6.6a-oktahydro-1.2-benz-3.4-aceperinaphthan* (XII oder XIII), $C_{23}H_{24}O_3$, F. 111—112° (Cyclohexan), aus den Oxymethylenverbb. von X + XI mit Methylvinylketon in tert.-Butanol in Ggw. von K-tert.-Butylat; λ_{max} 224, 268,5 u. 317 mμ (log ε = 4,41, 4,15 u. 3,48). — *4'-Oxo-1'.2'.3'.4'-tetrahydro-1.2-benz-3.4-aceperinaphthan*, $C_{19}H_{18}O$, F. 204°, aus *γ-Oxo-γ-[3.4-aceperinaphthyl-(1)]-buttersäure*; λ_{max} 383 mμ (log ε = 3,78). — *ang.-Isosteranthren* (IX), F. 143°, aus XII + XIII durch alkal. Cyclisierung, Wolff-Kishner-Red., Dehydrieren, Chromatographieren an Al_2O_3 u. Eluieren mit Bzn. + Bzl. (3:1) in geringer Menge. (Liebigs Ann. Chem. **593.** 232—52. 24/6. 1955.) H. GOLD. 2900

A. L. Wilds und **Reid E. Sutton,** *Cyclische Hexöstrolanaloge in der Chrysenreihe.* Die Darst. der *cis-* u. *trans*-Isomeren von *2.8-Dioxyhexahydrochrysen* (**I**) wird beschrieben. Bei Verss. zur Darst. von *β.γ-Dioxy-β.γ-bis-[p-methoxyphenyl]-adipinsäurediäthylester* (**II**) aus Anisil u. Bromessigsäureäthylester nach REFORMATSKI wurden 47% (Ausbeute) *meso*-**II** u., nach Hydrolyse, 20% der entsprechenden ungesätt. Säure, *β.γ-Bis-[p-methoxyphenyl]-muconsäure* ($C_{20}H_{18}O_6$, F. 204—205° [Essigsäureäthylacetat]) erhalten, deren *Dimethylester* ($C_{22}H_{22}O_6$, F. 156—157° [CH_3OH-Bzl.]) bei der Hydrierung 20—25% des *meso-Isomeren* von *β.γ-Di-[p-methoxyphenyl]-adipinsäure* (**III**)-*Dimethylester* (**IIIa**) u. 30% des entsprechenden *DL-Isomeren* gab. Die selektive Hydrierung von meso-**II** über Cu-Chromit bei 210° lieferte nur ca. 4% *meso*-**III**-*Diäthylester.* Bessere Ergebnisse lieferte die bimol. Red. von p-Methoxyzimtsäuremethylester zu **IIIa**, wobei 24% *meso*-**IIIa** u. 18% *DL*-**IIIa** sowie 30% *p-Methoxyhydrozimtsäuremethylester* erhalten wurden. Die freie *DL*-**III** ließ sich in die opt. Antipoden spalten. Die Cyclisierung von **III** über das *Säurechlorid* nach FRIEDEL-CRAFTS lieferte aus meso-**III** *trans-6.12-Diketo-2.8-dimethoxy-4b.5.6.10b.11.12-hexahydrochrysen* (*trans*-**IV**) u. aus *DL*-**III** *cis*-**IV**. **IV** wurde durch Hydrierung über Pd in Essigsäure-$HClO_4$ in die entsprechenden Isomeren des *Dimethyläthers* (**Ia**) von **I** übergeführt, die sich zu *cis-* bzw. *trans*-**I** entmethylieren ließen. trans-**I** u. trans-**Ia** wurden zu *2.8-Dimethoxychrysen* bzw. *2.8-Dioxychrysen* dehydriert. Analoge Rkk. mit *β.γ*-Diphenyladipinsäure führten zu *cis-* u. *trans-Hexahydrochrysen* bzw. *Chrysen.* Bei der Best. der östrogenen Aktivität wurden für eine Ratteneinheit folgende Werte gefunden: trans-**I** 350—500 γ, cis-**I** $>$500 γ, *trans*-**I**-*Diacetat* $<$500 γ, *cis*-**I**-*Diacetat* $>$400 γ.

V e r s u c h e (FF. $<$275° korr., $>$275° unkorr., im Al-Block): *meso-β.γ.Di-[p-methoxyphenyl]-adipinsäure* (*meso*-**III**), $C_{20}H_{22}O_6$, F. 258,5—259,5° (Essigsäure), aus meso-**IIIa** mit 10%ig. NaOH in CH_3OH-W.; prakt. 100% (Ausbeute). *DL*-**III**, $C_{20}H_{22}O_6$, Doppel-F. 185,5—186,5° u. 193—193,5° (CH_3OH), bzw. hochschm. Form vom F. 192—193° (Äthylacetat). *d*-**III**, F. 124—126,5 [nach Trocknen im Vakuum; mit Kristallbenzol, F. 108—110° (Bzl.-Ae.)], $[\alpha]_D^{25}$ +47° (50 mg in 5 ml 95%ig. A.); über das *Brucinsalz,* $[\alpha]_D^{25}$ —19° (50 mg in 5 ml A.). *l*-**III**, $C_{20}H_{22}O_6$, F. 127—129°, $C_{20}H_{22}O_6 \cdot C_6H_6$, F. 106—110° (Bzl.), $[\alpha]_D^{25}$ —42° (50 mg in 5 ml A.; Rohprod.); über das *Brucinsalz,* $[\alpha]_D^{25}$ —41°. *meso*-**III**-*Dimethylester* (*meso*-**IIIa**), F. 154,5—155,5 (CH_3OH), aus p-Methoxyzimtsäuremethylester in sd. feuchtem Ae. mit W. u. amalgamiertem Al; 24%, neben 30% *p-Methoxyhydrozimtsäuremethylester,* F. 31—33°, $Kp._{0,3}$ 75—78°, u. 18% DL-**III**-*Dimethylester* (*DL*-**IIIa**), $Kp._{0,8-1,0}$ 62—64°, F. 63,5—64,5°, aus CH_3OH Nadeln. — *trans-6.12-Diketo-2.8-dimethoxy-4b.5.6.10b.11.12-hexahydrochrysen* (*trans*-**IV**), $C_{20}H_{18}O_4$, F. 310—311° (Vakuum), aus meso-**III** über das *Säurechlorid* mit $AlCl_3$ (4 Std. in Bzl. bei 20°); aus Dioxan schwach gelbliches Pulver; 88%. *cis*-**IV**, $C_{20}H_{18}O_4$, F. 232—233°, analog aus DL-**III**; aus Aceton Prismen; 99%. — *trans-2.8-Dioxy-4b.5.6.10b.11.12-hexahydrochrysen* (*trans*-**I**), $C_{18}H_{18}O_2$, F. 269—271° (nach Sublimation bei 185—200°/0,001 mm aus CH_3OH), aus trans-**Ia** mit 48%ig. HBr in sd. Essigsäure unter N_2; 94% [*Diacetat,* $C_{22}H_{22}O_4$, F. 201—202° (Äthylacetat)]. *cis*-**I**, $C_{18}H_{18}O_2$, F. 223,8—224,6° (Vakuum; nach Sublimation bei 180—200°/0,001 mm aus CH_3OH), analog aus cis-**Ia**; 91% (*Diacetat,* $C_{22}H_{22}O_4$, F. 213—214° [Äthylacetat]). *trans-Dimethyläther* (*trans*-**Ia**), $C_{20}H_{22}O_2$, F. 187—188° (CH_3OH), aus trans-**IV** mit H_2 in Essigsäure in Ggw. von $HClO_4$ über Pd-Kohle; 90%. *cis*-**Ia**, $C_{20}H_{22}O_2$, F. 147 bis 148°, analog aus cis-**IV**; aus Aceton Nadeln; 95%. — *2.8-Dioxychrysen,* $C_{18}H_{12}O_2$, F. 362—365° (Vakuum; Aceton), aus trans-**I** mit 30%ig. Pd-Kohle unter N_2 (30 Min. bei 320°); 92%. *Diacetat,* $C_{22}H_{16}O_4$, F. 279—280° (Vakuum; Bzl.-Aceton u. Aceton). *Dimethyläther,* $C_{20}H_{16}O_2$, F. 282—283° (Bzl.), analog der Dioxyverb. aus trans-**Ia**; 87%. — *meso-β.γ-Diphenyladipinsäure* (*meso*-**V**), F. 274—275° (n-Butanol), aus meso-**Va** analog **III**; 99%. DL-**V**, F. 185—186° (CH_3OH; beim Eintauchen in ein auf 180° vorgeheiztes Bad Doppel-F. 180° u. 185—186°), analog aus DL-**Va**. *meso*-**V**-*Dimethylester* (*meso*-**Va**), F. 177—177,5°, aus Zimtsäuremethylester analog **IIIa**; aus CH_3OH Nadeln; 23—24%, neben 31% *Hydrozimtsäuremethylester,* $Kp._{0,3}$ 82—86°, u. 20—25% *DL*-**V**-*Dimethylester* (*DL*-**Va**), F. 73—74° (CH_3OH), $Kp._{0,5}$ 165—185°. — *trans-6.12-Diketo-4b.5.6.10b.11.12-hexahydrochrysen* (*trans*-**VI**), $C_{18}H_{14}O_2$, F. 303—304° (Vakuum; Dioxan), aus meso-**V** analog **IV**; 87%. *cis*-**VI**, F. 185—186° (CH_3OH), analog aus DL-**V**; 89%. — *trans-4b.5.6.10b.11.12-Hexahydrochrysen,* F. 115—116° (CH_3OH), aus trans-**VI** analog **Va**; 98%. *cis-Isomeres,* F. 77—78° (CH_3OH), analog aus cis-**VI**; 70%. — *Chrysen,* F. 252—253°, aus vorst. cis- bzw. trans-Verb. mit Pd-Kohle bei 300°; 82 bzw. 75%. (J. org. Chemistry **16.** 1371—79. Sept. 1951. Madison, Wis., Univ., Labor. of Organ. Chem.)

W. WUNDERLICH. 2950

Ch. Glacet, *Additivität von Dihydrofuranen: Tetrahydrofuryläther.* Bei der Darst. von α-Oxytetrahydrofuranen durch „kondensierende Red." von α, β-ungesätt. Ketonen mit Metall + Essigsäure entstehen immer auch *Tetrahydrofuryläther.* Vff. nehmen an, daß das prim. entstehende α-Oxytetrahydrofuranderiv. in saurem Medium teilweise zum entsprechenden Dihydrofuranderiv. dehydratisiert wird u. letzteres dann 1 Mol des Alkohols addiert. So bildet sich aus α-Oxy-α'-propenyl-β'-methyltetrahydrofuran (I) u. α'-Propenyl-β'-methyl-α'.β'-dihydrofuran (II) glatt *Bis-[5-propenyl-4-methyltetrahydrofuryl-(2)]-äther* (**III**), während sich reines **I** im Einschlußrohr nicht verändert. Die Addition wird durch Säuren stark katalysiert. Hydrierung von **III** in der Kälte in Ggw. von RANEY-Ni ergibt *Bis-[5-propyl-4-methyltetrahydrofuryl-(2)]-äther* (**IV**), Hydrierung unter Druck bei 60° u. in Ggw. von absol. A. dagegen infolge Äthanolyse *α-Äthoxy-α'-propyl-β'-methyltetrahydrofuran* (**V**), *3-Methylheptandiol-(1.4)* (**VI**) u. als Nebenprod. einen *Alkohol* (**VII**), wahrscheinlich *3-Methylheptanol-(4)*. Bei längerer Einw. von A. in Ggw. von RANEY-Ni wird **IV** zersetzt. Es bildet sich wahrscheinlich eine Verb. der Konst. **VIII**. Demnach katalysiert RANEY-Ni auch die Solvolyse. **V** konnte auch durch Anlagerung von A. an **II** u. nachfolgende Hydrierung des entstandenen *α-Äthoxy-α'-propenyl-β'-methyltetrahydrofurans* sowie durch Äthylierung von *trans-α'-Propyl-β'-methyl-α-oxytetrahydrofuran* (**IX**) dargestellt werden. Verss., **III** aus den ersten Fraktionen bei der Dest. von **I** zu isolieren, gelangen nicht, jedoch konnten nach Druckhydierung der Fraktion von $Kp._{0,5}$ 115 bis 120° **V** u. **VI** in 50%ig. Ausbeute isoliert werden, womit die Existenz von **III** bewiesen ist. Addition einer stereoisomeren Form von **I** an **II** führt nur zu einer einzigen Stereoisomeren von **III**, die Addition von A. an **II** nur zu einem einzigen Racemat von **V**. Aus trans-**I** ($Kp._{10}$ 101—102°) entsteht **III A**, aus cis-**I** ($Kp._{10}$ 108—109°) **III B**.

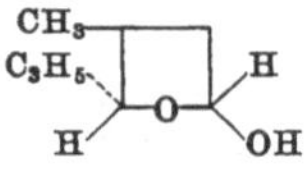

trans-I

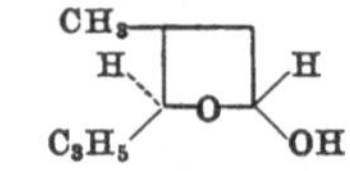

cis-I

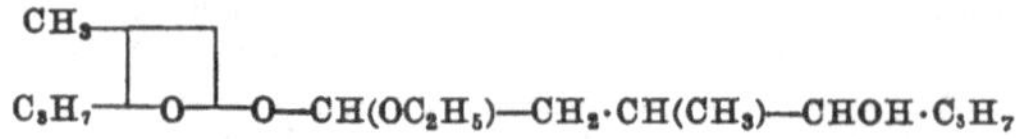

VIII

V e r s u c h e: *Bis-[5-propenyl-4-methyltetrahydrofuryl-(2)]-äther* (**III**), $C_{16}H_{26}O_3$, Form **A**, $Kp._{0,4}$ 118°, aus **II** u. trans-**I** in Ggw. von 94%ig. H_3PO_4 bei 0°; $n_D^{17,1}$ 1,4726, $D.^{17,1}_4$ 0,9767, RAMAN-Spektr.; 100% (Ausbeute); Form **B**, $Kp._{0,4}$ 114,5—115°, analog aus **II** u. cis-**I**; $n_D^{17,1}$ 0,978. — *Bis-[5-propyl-4-methyltetrahydrofuryl-(2)]-äther* (**IV**), $Kp._{0,5}$ 111,5°, $Kp._{12,5}$ 156—157°, aus **III A** durch Hydrierung in Ggw. von RANEY-Ni bei n. Temp.; n_D^{16} 1,4500, $D.^{16}_4$ 0,948, RAMAN-Spektr.; wird durch 145std. Einw. (davon 41 Std. bei 65°) von A. u. RANEY-Ni in *Substanz* **VIII**, $Kp._{0,7}$ 130—135°, übergeführt. — Durch 30std. Druckhydrierung von **III A** in A. bei 60° in Ggw. von RANEY-Ni wurden erhalten: 1. *α-Äthoxy-α'-propyl-β'-methyltetrahydrofuran* (**V**), $Kp._{12}$ 71—71,5°, n_D^{17} 1,4251, $D.^{17}_4$ 0,8867; **V** wurde auch dargestellt aus **IX** ($Kp._{10}$ 95—96°) u. A. durch 30std. Einw. von trockenem HCl u. durch Hydrierung von *α-Äthoxy-α'-propenyl-β'-methyltetrahydrofuran* ($Kp._{13}$ 77,5—78°, aus A. u. **II** in Ggw. von H_3PO_4; n_D^{18} 1,4415, $D.^{18}_4$ 0,908); 2. *3-Methylheptandiol-(1.4)* (**VI**), $Kp._{0,4}$ 101—103°; *Diphenylurethan*, F. 106,5°; 3. *Methylheptanol-(4)(?)* (**VII**), $Kp._{12}$ 67,5—68°, n_D^{17} 1,4302, $D.^{17}_4$ 0,8314 [*Phenylurethan* fl.]; **VII** wurde auch nach GRIGNARD aus 2-Brombutan u. Butyraldehyd dargestellt. (Bull. Soc. chim. France, Mém. [5] **18.** 187—90. März/April 1951. Lille, Fac. des Sci., Labor. de Chim. Gén. et Organ.)

J. QUECK. 3061

Tadashi Sasaki, *Untersuchungen über die Nitrierung von Furanderivaten.* 1. Mitt. *Über die Nitrierung von Furancarbonsäure.* Bei der Sulfonierung von Furancarbonsäure mit rauchender H_2SO_4 entsteht *Sulfofurancarbonsäure* (**II**). Diese kann mit rauchender HNO_3 zu *Nitrofurancarbonsäure* (**I**) u. *Nitrofuransulfonsäure* nitriert werden, während sie bei der Nitrierung mit rauchender HNO_3 u. Essigsäureanhydrid **I** u. *Dinitrofuran,* aber keine *Nitrofuransulfonsäure* liefert. Die jeweils günstigsten Reaktionsbedingungen werden durch Reihenverss. ermittelt.

V e r s u c h e: *Nitrofurancarbonsäure* (**I**), F. 184°, aus Furancarbonsäure durch Sulfierung mit rauchender H_2SO_4 (D. 1,951) unterhalb 20°, 1 Tag bei Zimmertemp., u. Nitrierung der dabei entstehenden *Sulfofurancarbonsäure* (**II**) mit rauchender HNO_3 (D. 1,46) bei 0°; 32% (Ausbeute). Daneben entsteht *Dinitrofuran,* F. 101°; 3%. — *Nitrofuransulfonsäure,* durch portionsweise Zugabe von **II** zu rauchender HNO_3 (D. 1,46) bei 10°, darauf 5 Std. bei 30°; 22%. Daneben 31% **I**. (Bull chem. Soc. Japan **27.** 395—97. Okt. 1954. Kyoto, Univ., Inst. of Sci. Res. for pract. Life, Med. Faculty. [Orig.: engl.])

M. MEDENWALD 3061

Tadashi Sasaki, *Untersuchungen über die Nitrierung von Furanderivaten.* 2. Mitt. *Über die Nitrierung von Furfurylidenverbindungen.* (1. vgl. vorst. Ref.) 13 Furfurylidenverbb. der allg. Formel **I**, in der R_1 u. R_2 elektrophile Radikale sind, u. die durch Kon-

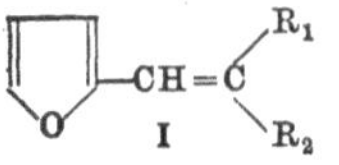
I

densation von Furfurol mit den entsprechenden reaktionsfähigen Methylenverbb. erhalten werden, wurden mit rauchender HNO_3 oder einer Mischung aus Essigsäureanhydrid u. rauchenden HNO_3 nitriert. Während ein Teil der Verbb. sich nicht nitrieren ließ wurden aus den anderen die jeweiligen Nitroverbb. erhalten.

Versuche: Meth. 1: Verwendung von Ausgangsmaterial, Essigsäureanhydrid u. rauchender HNO_3 (D. 1,46) im Verhältnis 1:5,6:5,6 Mol bei −5 bis −10°. Meth. 2: durch Zugabe des Ausgangsmaterials zur dreifachen Gewichtsmenge rauchender HNO_3 (D. 1,46) bei −5°. *Nitrofurylacrylsäureäthylester*, F. 123°, Meth. 1: 49,5% (Ausbeute). — *Nitrofurfurylidenaceton*, Meth. 1; 0,1%. *Semicarbazon*, F. 224° (Zers.). — *Bis-[nitrofurfuryliden]-aceton*, $C_{13}H_8O_7N_2$, F. 200° (Zers.), Meth. 1; 5%. — *Nitrofurylacrolein*, F. 114° (Zers.), Meth. 1; 0,4%. — *Nitrofurylacrylsäure*, F. 223° (Zers.), Meth. 1; 48,5%. — *Dinitrovinylfuran*, F. 134—139°, Meth. 1, 23%; Meth. 2, 35,8%. — *Nitrofurfurylidenmalonsäurediäthylester*, F. 84—89°, Meth. 1, 96,5%; Meth. 2, 92,5%. — *Nitro-3-[furyl-(2)]-2-acetylacrylsäureäthylester*, $C_{11}H_{11}O_6N$, F. 128—129°, Meth. 1, 10,3%; Meth. 2, 11,8%. — *Nitro-3-[furyl-(2)]-2-cyanacrylsäureäthylester*, F. 145—150° (Zers.), Meth. 1, 26,8%; Meth. 2, 61%. — *Nitrodiacetylvinylfuran*, $C_{10}H_9O_5N$, F. 28°, Meth. 1, 60%; Meth. 2, 20%. — *Nitrofurfurylidenmalonsäuredinitril*, F. 173—174°, Meth. 1, 30%; Meth. 2 52,5%. — *Nitro-2-cyan-3-[furyl-(2)]-acrylsäure*, F. 246—249° (Zers.), Meth. 1, 35,3%; Meth. 2, 54,9%. — *Diacetylvinylfuran*, $C_{10}H_{10}O_3$, Kp.$_3$ 138—140°, aus Furfurol u. Acetylaceton in Ggw. von Piperidin u. Pyridin (4 Std. bei 70°); 65%. (Bull. chem. Soc. Japan **27.** 398—402. Okt. 1954 [Orig.: engl.]) M. MEDENWALD. 3061

H. Baganz, *Synthese von Benzimidazol-2-aldehyd. Benzimidazol-2-aldehyd* (**I**, F. 232°) entsteht in geringer Ausbeute durch Hydrolyse von 2-Diäthoxymethylbenzimidazol, das aus o-Phenylendiamin (**II**) u. 1.1.Dichlor-2.2-diäthoxyäthan (im Orig. irrtümlich 1.2... 1.2-... d. Referent) erhältlich ist. **I** läßt sich besser durch Hydrolyse von *2-Dichlormethylbenzimidazol* (F. 159°, aus **II** u. Dichloressigsäure (**III**); 65% (Ausbeute) Nadeln) an feuchter Luft oder besser durch Erhitzen mit gepulverter Oxalsäure (85% Ausbeute) darstellen. — Aus **III** u. der doppelten Menge **II** entsteht *Bis-benzimidazolyl-(2.2')* F. 295°, Nadeln) u. Benzimidazol. Daneben entsteht etwas *Benzimidazol-2-carbonsäure*, die durch Decarboxylierung in Benzimidazol übergeht. (Angew. Chem. **68.** 151. 21/2. 1956. Berlin-Charlottenburg, TU, Organ.-chem. Inst.) F. SCHAUDER. 3122

M. W. Deitschmeister, I. I. Lewkojew und **E. B. Lifschitz,** *Über Merocyaninfarbstoffe, die sich von Rhodanin ableiten.* 5. Mitt. *Über einige Tetra- und Hexamethinmerocyanine des 3-Äthylrhodanins.* (4. vgl. Журнал Общей Химии [J. allg. Chem.] **22** (**84**). [1952.] 1228.) Tetra- u. Hexamethinmerocyanine werden durch Kondensation von 3-Äthyl-5-[γ-acetanilinoallyliden]-rhodanin (**I**) oder 3-Äthyl-5-[ε-acetanilinopentadienyliden]-rhodanin (**II**) mit den quartären Salzen des in 2-Stellung methylsubstituierten 3.3-Dimethylindolenins (**III**), Benzothiazols (**IV**) u. Chinolins (**V**) erhalten. Beispielsweise entsteht aus **I** bzw. **II** u. 2-Methylbenzothiazoljodäthylat *3-Äthyl-5-{δ-[3'-äthylbenzothiazolinyliden-(2')]-butenyliden}-thiazolidinthion-(2)-on-(4)* (**VI**) bzw. *3-Äthyl-5-{ζ-[3'-äthylbenzothiazolinyliden-(2')]-hexadienyliden}-thiazolidinthion-(2)-on-(4)* (**VII**). Außerdem bilden sich Nebenprodd., z. B. die *Verbb.* **VIII** u. **IX** bei Anwendung von 2-Methylbenzothiazoljodäthylat (vgl. HAMER u. WINTON, J. chem. Soc. [London] **1949.** 1126); die die Benzothiazolringsysteme verbindende Polymethinkette stammt offenbar aus **I** bzw. **II**, bei denen C—C-Bindungen der Seitenkette gelöst werden; diese Nebenprodd. sind in Bzl. schwer lösl. u. aus ihren Adsorbaten an Al_2O_3 schwer zu eluieren. **I** lieferte bei der Rk. mit 3-Äthylrhodanin das Trimethinoxanin *3-Äthyl-5-[3'-äthyl-4'-oxythiazolinthion-(2')-yl-(5')-allyliden]-thiazolidinthion-(2)-on-(4)* (**X**); **II** liefert das Pentamethinoxanin *3-Äthyl-5-[3'-äthyl-4'-oxythiazolidinthion-(2)-on-(4)* (**XI**). An Hand der bei allen synthetisierten

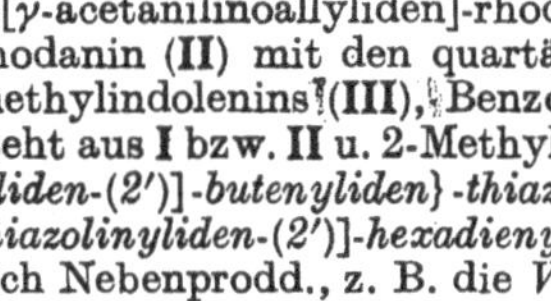
VI n = 2 VII n = 3

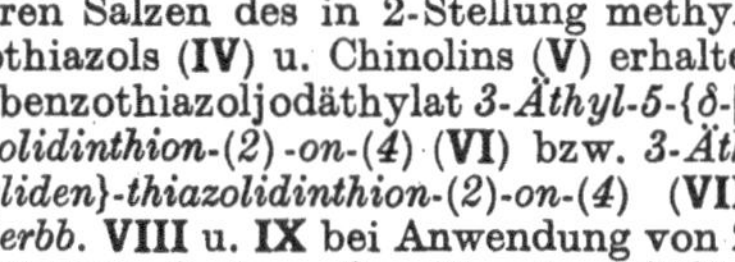
VIII n = 1 IX n = 2

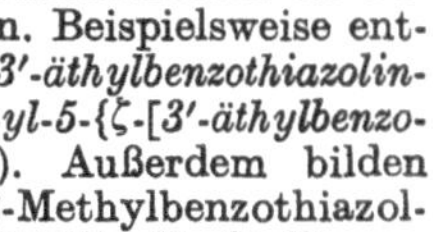
XII

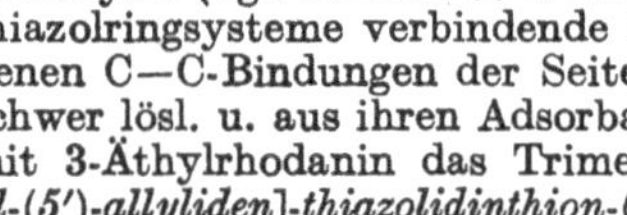
X n = 1 XI n = 2

Farbstoffen aufgenommenen Absorptionsspektren werden der Einfl. der Länge der Polymethinkette u. der Basizität von **III, IV** u. **V** auf die Lage des Absorptionsmaximums (Max.) festgestellt. Für die früher (Журнал Общей Химии [J. allg. Chem.] **22** (**84**). [1952.] 166) synthetisierten, sich von 3-Äthylrhodanin ableitenden

Dimethinmerocyanine der allg. Formel **XII** mit R = Ringsyst. des *N-Äthyl-3.3-dimethylindolenins-(2)*, *N-Äthylbenzothiazols-(2)*, *N-Äthylbenzooxazols-(2)*, *N-Äthylthiazolins-(2)*, *N-Äthylthiazols-(2)*, *N-Äthylpyridins-(2)*, *N-Äthylchinolins-(2)* u. *3-Äthyl-1-methylbenzimidazols-(2)* wird die Lage des Max. u. der Extinktionskoeff. in Abhängigkeit von der Polarität des Lösungsm. (Alkohole, Chlf., CCl_4, Bzl., Hexan) ermittelt. Aus den Spektralunterss. folgt, daß sich die Elektronendichten längs u. an den Enden der Polymethinkette bei den verschied. Farbstoffen von Fall zu Fall stark ändern.

V e r s u c h e: *3-Äthyl-5-[γ-acetanilinoallyliden]-rhodanin* (I), $C_{16}H_{16}O_2N_2S_2$, F. 224 bis 225° (Zers.); aus 3-Äthylrhodanin u. Malondialdehyddianil-Hydrochlorid in $(CH_3 \cdot CO)_2O$ bei 1std. Erhitzen; aus A. dunkelrote Prismen; 67,7% (Ausbeute). — *3-Äthyl-5-[ε-anilinopentadienyliden]-rhodanin*, $C_{16}H_{16}ON_2S_2$, F. 193° (Zers.); 0,16 g 3-Äthylrhodanin u. 0,28 g Glutacondialdehyddianil-Hydrochlorid werden in Ggw. von 0,1 g $(C_2H_5)_3N$ in 2 ml absol. A. 5 Min. auf dem sd. Wasserbad erhitzt; aus A. blauviolette Täfelchen; 63,2%. *N-Acetylderiv.* (**II**), $C_{18}H_{18}O_2N_2S_2$, F. 190—191° (Zers.); aus A. braune Täfelchen — *3-Äthyl-5-{δ-[3'-äthylbenzothiazolinyliden-(2')]-butenyliden}-thiazolidinthion-(2)-on-(4)* (**VI**), $C_{18}H_{18}ON_2S_3$, F. 238—239° (Zers.); durch ½std. Kochen eines Gemischs von 0,32 g **I**, 0,44 g 2-Methylbenzothiazoljodäthylat u. 0,31 g $(C_2H_5)_3N$ in 20 ml absol. A.; **VI** fällt als Nd. aus u. wird durch Auskochen mit A. u. Filtrieren der benzol. Lsg. über Al_2O_3 gereinigt; aus Bzl. dunkelblaue Nadeln, Max. bei 607 mμ (A.); 37,4%. Die alkoh. Mutterlauge enthält die *Verb.* **VIII**, F. 249—250°; grüne Nadeln; Max. bei 654 mμ (A.). — *3-Äthyl-5-{ζ-[3'-äthylbenzothiazolinyliden-(2')]-hexadienyliden}-thiazolidinthion-(2)-on-(4)* (**VII**), $C_{20}H_{20} \cdot ON_2S_3$, F. 223—224° (Zers.); aus **II** u. 2-Methylbenzothiazoljodäthylat; grüne Nadeln; Max. bei 636 mμ; 35% neben der *Verb.* **IX**, F. 210—212°; grüne, goldglänzende Nadeln. — *3-Äthyl-5-{δ-[1'-äthyl-3'.3'-dimethylindolinyliden-(2')]-butenyliden}-thiazolidinthion-(2)-on-(4)*, $C_{21}H_{24}ON_2S_2$, F. 166—167° (Zers.); durch 2½std. Erhitzen von **I** mit 2.3.3-Trimethylindoleninjodäthylat in Butanol + Pyridin + $(C_2H_5)_3N$ auf 120°; aus Bzl. graue Prismen; Max. bei 574 mμ; 38,8 %. — *3-Äthyl-5-{ζ-[1'-äthyl-3'.3'-dimethylindolinyliden-(2')]-hexadienyliden}-thiazolidinthion-(2)-on-(4)*, $C_{23}H_{26}ON_2S_2$, F. 182° (Zers.); aus **II** u. dem Äthyl-p-toluolsulfonat von 2.3.3-Trimethylindolenin in Butanol + Pyridin + $(C_2H_5)_3N$ bei 130°; aus Propanol grüne Prismen; Max. bei 606 mμ; 17%. — *3-Äthyl-5-{δ-[1'-äthyldihydrochinolyliden-(2')]-butenyliden}-thiazolidinthion-(2)-on-(4)*, $C_{20}H_{20} \cdot ON_2S_2$, F. 253—255° (Zers.); aus **I** u. Chinaldinjodäthylat in A. + $(C_2H_5)_3N$ bei ½std. Kochen; aus Bzl. blaue Prismen; Max. bei 660 mμ; 21,7%. — *3-Äthyl-5-{ζ-[1'-äthyldihydrochinolyliden-(2')]-hexadienyliden}-thiazolidinthion-(2)-on-(4)*, $C_{22}H_{22}ON_2S_2$, F. 226 bis 227° (Zers.); aus **II** u. Chinaldinjodäthylat; grüne Prismen; Max. bei 687 mμ; 40,5%. — *3-Äthyl-5-[3'-äthyl-4'-oxythiazolinthion-(2')-yl-(5')-allyliden]-thiazolidinthion-(2)-on-(4)* (**X**) $C_{13}H_{14}O_2N_2S_4$, F. 128—130° (Zers.); aus **I** u. 3-Äthylrhodanin in Pyridin + $(C_2H_5)_3N$, 2 Std. bei 130°; Isolierung als Triäthylaminsalz (21,9%); **X** krist. aus Eisessig in gelben Nadeln; Max. der Salze bei 613 mμ (A.). *Triäthylaminsalz*, $C_{19}H_{29}O_2N_3S_4$, F. 170—171° (Zers.); aus wss. A. goldglänzende Täfelchen. — *3-Äthyl-5-[3'-äthyl-4'-oxythiazolinthion-(2')-yl-(5')-pentadienyliden]-thiazolidinthion-(2)-on-(4)* (**XI**), $C_{15}H_{16}O_2N_2S_4$, F. 168 bis 170° (Zers.); aus **II** u. 3-Äthylrhodanin in absol. A. + KCO_3 bei ¼std. Kochen; Isolierung als K-Salz; **XI** krist. aus Eisessig in rotbraunen Nadeln; Max. der Salze bei 714 mμ; 36,4%. *Kaliumsalz*, F. 176° (Zers.); aus A. + Ae. grüne Prismen. (Журнал Общей Химии [J. allg. Chem.] **23** (**85**). Nr. 9. 1529—35. Sept. 1953. Allunions Wiss. Kinophoto-Forschungsinst.) R. KNOBLOCH. 3142

A C. Jain und **T. R. Seshadri**, *Darstellung von 3.5-Dimethoxyflavon.* Vff. erhalten *3.5-Dimethoxyflavon* durch Methylierung von 3-Methoxy-5-oxyflavon (I) sowie durch Kern-Red. von 3.5-Dimethoxy-7-tosyloxyflavon.

V e r s u c h e: *3.5-Dimethoxy-7-tosyloxyflavon*, $C_{24}H_{20}O_7S \cdot {}^1/_2 H_2O$, F. 138—139°, aus 4,2 g 3-Methyl-7-tosylgalangin, Dimethylsulfat u. K_2CO_3 in sd. Aceton (20 Std.); aus Methylacetat–PAe. dicke rechteckige Täfelchen; 4 g (Ausbeute). — *3.5-Dimethoxyflavon*, F. 131—132°, a) aus **I**, Dimethylsulfat u. K_2CO_3 in sd. Aceton (40 Std.); b) aus 2 g der vorst. Verb. in A. beim 1std. Durchleiten von H_2 in Ggw. von RANEY-Ni bei 30°; aus Bzl.–PAe. winzige Nadeln u. Prismen. (J. sci. ind. Res. [New Delhi] **13 B**. 310. April 1954. Delhi, Univ., Dep. of Chem.) E. HANSCHKE. 3211

E. Profft, F. Schneider und **H. Beyer**, *Über Picoline.* 1. Mitt. *Über einige Derivate des Pyridin-2-aldehyds und der Pyridin-2-carbonsäure.* (2. vgl. C. **1956**. 6954.) Aus dem durch Gasphasenoxydation des α-Picolins leicht erhältlichen Pyridin-2-aldehyd (I) wurden einige neue Pyridinverbb. mit möglicherweise pharmakol. Wrkg. dargestellt; ebenso wird über neue Derivv. der Pyridin-2-carbonsäure u. der Pyridin-2.6-dicarbonsäure (**III**) berichtet. **I** ist im Vgl. zu Benzaldehyd reaktionsfähiger; bei der Rk. mit akt. Methyl- bzw. Methylengruppen bleibt die Rk. auf der Aldolstufe stehen; die bei manchen Aldehyden auftretende Neigung zur Kondensation mit der doppelten stöchiometr. Menge des Reaktionspartners ist auch bei I vorhanden, so daß die Darst. von Kondensationsprodd. im mol. Verhältnis 1:1 des öfteren Schwierigkeiten bereitet. Mit Aceton bildet I nicht unter Wasserabspaltung das erwartete Picolalaceton (II), sondern *1-Oxy-1-[α-pyridyl]-butanon-(3)*; die Darst. von II gelang nicht. Mit 2 Mol I entsteht aus Aceton *Dipicolalaceton*, das sich sehr leicht polymerisiert. Aus I u. Acetophenon wurden *1-[α-Pyridyl]-3-phenylpropenon-(3)* (*Picolalacetophenon*) sowie *1.5-Dioxo-3-[α-pyridyl]-(1.5-diphenyl-pentan* (IV; *Picolaldiacetophenon*) erhalten (die Bldg. von IV ist begünstigt); mit 4-Propoxyacetophenon entstand lediglich *1.5-Dioxo-3-[α-pyridyl]-1.5-bis-[4-propoxyphenyl]-pentan*, das im Gegensatz zu „Falicain" kein anästhet. Wrkg. besitzt. Mit Benzylcyanid entstand ebenfalls nur das Dikondensationsprod., *α.α'-Diphenyl-β-[α-pyridyl]-glutarsäure-dinitril* (*Picolaldibenzylcyanid*). Aus I u. Benzoylessigester wurde *α-Benzoyl-β-[pyridyl-(2)]-acrylsäureäthylester* (*Picolalbenzoylessigester*), mit Acetessigester *α-Acetyl-β-[pyridyl-(2)]-acrylsäureäthylester* (*Picolalacetessigester*) u. mit Cyanessigester *α-Cyan-β-[pyridyl-(2)]-acrylsäureester* gebildet. Aus I entstand mit Barbitursäure *Picolalbarbitursäure*. Nitromethan liefert mit I nicht unter Wasserabspaltung 1-[α-Pyridyl]-2-nitroäthylen (V), sondern *1-Oxy-1-[α-pyridyl]-2-nitroäthan*, das nicht zu V dehydratisiert werden konnte. Mit 4-Oxycumarin entstand aus I *Picolal-3.3'-bis-[4-oxycumarin]*, dessen Hydrochlorid rodenticide Eigg. aufweist. Mit Hydantoin entstand nicht Picolalhydantoin, sondern *5.5-Bis-[oxy-α-pyridylmethyl]-hydantoin*. Die vorst. Kondensationen wurden in Ggw. von Alkali bzw. organ. Basen durchgeführt; eine Kondensation von I mit Phenol gelang nur mit HCl-Gas unter O_2-Ausschluß, dabei entstand *4.4'-Dioxydiphenylpyridyl-(2)-methan*. Aus Aminoäthanol u. I entstand entweder *Picolalaminoäthanol* oder *2-[α-Pyridyl]-oxazolidin* (Struktur nicht bewiesen). Mit Piperidin in Ggw. von HCOOH wurde wenig *N-α-Picolyl-piperidin*, mit 2-Aminopyridin das unbeständige *1.2.3-Tris-[α-pyridyl]-methylendiamin* gebildet; mit Phenylthiosemicarbazid entstand das *Phenylthiosemicarbazon*, mit Picolinsäurehydrazid (VI) *N-Picolalpicolinsäurehydrazid*, mit Dipicolinsäuredihydrazid (VII) *N.N'-Dipicolaldipicolinsäuredihydrazid*, mit Acetylhydrazin *N-Picolal-N'-acetylhydrazin* u. mit Salicylsäurehydrazid *N-Picolal-N'-salicyloylhydrazin*, die auf ihre tuberkulostat. Wrkg. untersucht werden. I-*Thiosemicarbazon* u. VI zeigen in vitro fast dieselbe tuberkulostat. Wirksamkeit wie PAS u. Streptomycin; VII ist ohne Wirkung. Durch Umsetzung von I bzw. Picolinsäureester (XI) mit GRIGNARD-Verbb. wurden dargestellt: *Pyridyl-(2)-p-propoxyphenyl-, Pyridyl-(2)-isopropyl-, Pyridyl-(2)-sek.-butyl-, Pyridyl-(2)-diäthyl-* (VIII), *Pyridyl-(2)-dipropyl-* (IX) u. *Pyridyl-(2)-dibenzylcarbinol*; VIII u. IX wirken hyperämisierend auf der Haut. Analept. Wrkg. besitzt *Dipicolinsäure-bis-diäthyl-amid* (X), das aus III, $(C_2H_5)_2NH$ u. $POCl_3$ erhalten wurde. Aus den entsprechenden O-Verbb. wurden mit P_2S_5 *Picolinsäurethiohydrazid, Picolinsäurethiodiäthylamid* u. *Dipicolinsäure-bis-[thiodiäthylamid]* dargestellt; die analept. Wrkg. der S-Verbb. liegt unter der der O-Verbindungen.

Versuche: *1-Oxy-1-[α-pyridyl]-butanon-(3)*, $C_9H_{11}O_2N$, F. 70—71° (Bzl./PAe.), Kp.$_{0,4}$ 98—100° (unter Verharzung), aus I in Aceton + W. (2:1) durch Zutropfen von 10%ig, KOH bei 0—10°, 2std. Rühren, mehrtägiges Stehen im Kühlschrank u. Fällen mit W.; 70% (Ausbeute). — *1,5-Bis-[α-pyridyl]-pentadien-(1,4)-on-(3)* (*Dipicolalaceton*), $C_{15}H_{12}ON_2$, sintert bei 134°, F. 155—158° (unscharf), aus I u. Aceton in A. mit 10%ig. NaOH bei 20—25° u. Fällen nach Stehen bei 0° mit W. durch Lösen in verd. HCl u. Eingießen in W. hellgelbes mikrokristallines Pulver; verharzt beim Umlösen; 68%. — *1-[α-Pyridyl]-3-phenylpropenon-(3)*, $C_{14}H_{11}ON$, F. 53—54,5°, aus 11 g I u 12 g Acetophenon bei 25—30° mit 10%ig KOH; aus PAe, gelbliche Kristalle; 52 6%. — *1,5-Dioxo-3-[α-pyridyl]-1,5-diphenylpentan* (IV), $C_{22}H_{19}O_2N$, F. 118—120°, aus 11 g I u. 24 g Acetophenon bei 0° mit 20%ig. $NaOCH_3$; aus 70%ig A dünne Blättchen; 66%. *Pikrat*, F. 176—177°, gelbe Nädelchen. — *1,5-Dioxo-3-[α-pyridyl]-1,5-bis-[p-propoxyphenyl]-pentan* (*Picolaldi-p-propoxyacetophenon*), $C_{28}H_{31}O_4N$, F. 105—106°, aus mol. Mengen I u. p-Propoxyacetophenon bei 0° mit $NaOCH_3$; aus PAe. gelbstichige derbe Nadeln; 38%; bildet kein Pikrat oder Pikrolonat. — *α,α'-Diphenyl-β-(α-pyridyl)-glutarsäuredinitril*, $C_{22}H_{17}N_3$, F. 171—173°, aus mol. Mengen I u. Benzylcyanid in A. mit 10%ig. NaOH; aus PAe /Bzl feine Nadeln; 75% — *α-Benzoyl-β-[pyridyl-(2)]-acrylsäureäthylester*, $C_{17}H_{15}O_3N$, F. 98—99°, aus I u. Benzoylessigester mit etwas Piperidin (12std. Stehen); aus Aceton/W. (1:1) schwachgelbliche Nadeln; 58%; bildet kein Pikrat oder Pikrolonat. — *Picolalbarbitursäure*, $C_{10}H_7O_3N_3$, ab 265° Dunkelfärbung, aus I u. Barbitursäure in heißem W.; gelbstichiges mikrokristallines Pulver; 90%. — *α-Acetyl-β-[pyridyl-(2)]-acrylsäureäthylester*, $C_{12}H_{13}O_3N$, F. 85—87° (unter Braunfärbung), aus I u. Acetessigester unter Kühlen mit $(C_2H_5)_2NH$; aus PAe. rhomb. Nädelchen; 80%. — *α-Cyan-β-[pyridyl-(2)]-acrylsäureäthylester* (*Picolalcyanessigester*), $C_{11}H_{10}O_2N_2$, F. 97°, aus I u. Cyanessigester in A. bei 10—20° mit $(C_2H_5)_2NH$; lange Prismen aus A.; 87,6% (roh). — *1-Oxy-1-[α-pyridyl]-2-nitroäthan*, $C_7H_8O_3N_2$, F. 68°, aus in Nitromethan u. K_2CO_3 unter N_2 (10—15 Min.

zum Sieden erhitzen); aus PAe. Nadeln; 55% (roh). — *Picolal-3.3'-bis-[4-oxycumarin]*, $C_{24}H_{17}O_6N$ F. 252—254° (ab 225° Braunfärbung), aus 4-Oxycumarin u. I in sd. CH_3OH; gelblicher pulveriger Nd.; 85%. — *5.5-Bis-[oxy-α-pyridylmethyl]-hydantoin*, $C_{15}H_{14}O_4N_4$, F. 203°, durch 1std. Erhitzen von Hydantoin u. I auf 86—100° unter Zugabe von $(C_2H_5)_2NH$; aus W. Nädelchen; 55%. — *4.4'-Dioxydiphenylpyridyl-(2)-methan*, $C_{18}H_{15}O_2N$, F. 239° (Dunkelfärbung), durch schwaches Erwärmen von I u. Phenol, dann Sättigen unter Rühren u. Kühlen mit HCl-Gas u. 7std. Erhitzen auf 70—80° unter N_2, Lösen in verd. HCl, Filtration, Alkalisieren, Filtration u. Sättigen des Filtrats mit CO_2; aus Aceton/W. seidenartig glänzende Kristalle; 81%. —*N-Picolalaminoäthanol* oder *2-[α-Pyridyl]-oxazolidin*, $C_8H_{10}ON_2$, Kp.$_{18}$ 162—164°, durch Kochen von I u. Aminoäthanol in Bzl. mit Wasserabscheider; gelbliches Öl; 70%. — *N-α-Picolylpiperidin*, $C_{11}H_{16}N_2$, Kp.$_{0,6}$ 81—85°, durch 7std. Kochen von I, Piperidin u. wasserfreier HCOOH, Alkalisieren mit K_2CO_3 u. Ausäthern; gelbstichiges Öl. — *1.2.3-Tris-[α-pyridyl]-methylendiamin*, $C_{16}H_{15}N_5$, F. 112—113,5°, aus α-Aminopyridin (geschmolzen) u. I (2 Std. auf dem Dampfbad); gelbliche, rechteckige Plättchen aus CCl_4/PAe.; 90%. *Pikrat*, F. 213—214° (Zers.). — *I-Phenylthiosemicarbazon*, $C_{13}H_{12}N_4S$, F. 191—192° (unter Rotfärbung u. geringer Zers.), durch Erwärmen der wss. Lsgg.; aus 80%ig. A. lange watteartig verfilzte Nädelchen; 81%. *Pikrat*, F. 192° (Zers.). — *N-Picolal-N'-picolinoylhydrazin*, $C_{12}H_{10}ON_4$, F. 160 bis 161°, aus I u. VI in W. mit etwas KOH unter Kühlung; aus A. rhomboedr. Plättchen, die sich an der Luft grünlich färben; 65%. *Pikrat*, F. 210° (Zers.). — *N.N'-Dipicolal, dipicolinsäuredihydrazid, Hydrat*, $C_{19}H_{15}O_2N_7 \cdot H_2O$, sintert bei 240°, F. 243—244°, aus I u. VII in heißem 50%ig. A.; aus A./W. derbe Nadeln; 60%. *Pikrat*, F. 202—204° (Zers.), gelbe Nadeln. — *N-Picolal-N'-acetylhydrazin*, $C_8H_9ON_3$, F. 123—125° (PAe.), aus I u. Essigsäurehydrazid in CH_3OH; 59%. *Pikrat*, F. 215—216° (Zers.). — *N-Picolal-N'-salicyloylhydrazin*, $C_{13}H_{11}O_2N_3$, F. 219°, aus I u. Salicylsäurehydrazid in 50%ig. A.; aus A./W. langfaserige Kristalle; 71%. — *Pyridyl-(2)-p-propoxyphenylcarbinol*, $C_{15}H_{17}O_2N$, F. 65°, aus I u. p-Propoxyphenyl-MgBr; aus PAe. hellgelbe derbe Kristalle; 56%. — Analog mit Isopropyl-MgBr: *Pyridyl-(2)-isopropylcarbinol*, $C_9H_{13}ON$, Kp.$_{15}$ 116—117°: gelbstichiges Öl; 34%. — Mit sek.-Butyl-MgBr: *Pyridyl-(2)-sek.-butylcarbinol*, $C_{10}H_{15}ON$, Kp.$_{15}$ 124—126°, gelbstichiges Öl mit kümmelähnlichem Geruch; 43%. — *Pyridyl-(2)-diäthylcarbinol* (**VIII**), $C_{10}H_{15}ON$, Kp.$_{15}$ 110—111°, aus C_2H_5MgBr u. **XI**; schwachgelbliches Öl; 87%. — Analog wurden erhalten: *Pyridyl-(2)-dipropylcarbinol* (**IX**), $C_{12}H_{19}ON$, Kp.$_{20}$ 136—139°, mit n-C_3H_7MgBr; Öl; 58%. — Mit $C_6H_5CH_2MgBr$: *Pyridyl-(2)-dibenzylcarbinol*, $C_{20}H_{19}ON$, F. 115—117°, aus PAe. Nadeln; 41%. — *Dipicolinsäure-bis-diäthylamid* (**X**), $C_{15}H_{23}O_2N_3$, F. 82,2°, Kp.$_{0,8}$ 196°, aus einem Gemisch von III (ca. 45%), Nicotinsäure u. Isonicotinsäure mit $(C_2H_5)_2NH$ (unter Erwärmen u. Rühren lösen), dann Zutropfen von $POCl_3$ (Temp. nicht $>140°$); erstarrte M. in W. lösen, mit 40%ig. KOH übersätt., obere Schicht abtrennen u. zusammen mit dem Ätherextrakt der wss. Phase fraktionieren; aus PAe. glänzende Plättchen; 70%; daneben *Nicotinsäure-* u. *Isonicotinsäurediäthylamid*, Kp.$_{0,8}$ 125—128°. — *Picolinsäurethiohydrazid*, $C_6H_7N_3S$, sintert bei 142°, F. 148—150°, aus **VI**, K_2S u. P_2S_5 in Toluol (8std. Erhitzen); aus A./W. hellbraunes kristallines Pulver; 14%. — *Picolinsäurethiodiäthylamid*, $C_{10}H_{14}N_2S$, F. 50—51°, Kp.$_{2,5}$ 171—172°, aus Picolinsäurediäthylamid wie vorst.; aus PAe. gelbliche, beiderseits zugespitzte Plättchen; 37%. *Pikrolonat*, F. 157° (Zers.). — *Dipicolinsäure-bis-[thiodiäthylamid]*, $C_{15}H_{23}N_3S_2$, F. 129—130°, aus **X** wie vorst., aber in Xylol; aus A. gelbe rechteckige Plättchen; 22%. (J. prakt. Chem. [4] **2**. Nr. 3. 147—67. Juli 1955. Greifswald, Univ., Inst. für Organ. Chem., u. Magdeburg, VEB Fahlberg-List, Wissenschaftl. Abt.) H. GOEBEL. 3231

O. Isler, H. Gutmann, O. Straub, B. Fust, E. Böhni und **A. Studer**, *Chemotherapie der experimentellen Tuberkulose.* 2. Mitt. *Kernsubstituierte Isonicotinsäurehydrazide.* (1. vgl. FUST, STUDER u. BÖHNI, Schweiz. Z. Tuberkulose **12**. [1955.] 468.) Zur Prüfung auf ihre tuberkulostat. Wrkg. gegen Tuberkelbazillen an der Maus wurde eine größere Anzahl Isonicotinsäurehydrazide synthetisiert, die im Kern Alkylsubstituenten oder andere funktionelle Gruppen tragen. Die Synth. von in 2- oder in 2- u. 3-Stellung substituierten Hydraziden führte durch Cyclisierung von Cyanacetamid u. geeignet substituierten α-Äthoxalylketonen (**I**) zunächst zu *5-Cyanpyridonen-(6)* (**II**), die durch Verseifung u. Decarboxylierung *6-Oxyisonicotinsäuren* (**III**) u. weiterhin mit PCl_5 u. einem Alkohol *6-Chlorisonicotinsäureester* (**IV**) ergaben. Nach Entfernung des Halogens durch Hydrierung wurden die entstandenen *Isonicotinsäureester* (**V**) in die *Hydrazide* (**VI**) übergeführt. *3-Methyl-* u. *2-Methyl-5-äthylisonicotinsäurehydrazid* ließen sich aus 3-Methyl- bzw. 2-Methyl-5-äthylpyridin durch Umsetzung mit Chlorameisensäureester in Ggw. von Zinkstaub aufbauen. Die Kondensationsprodd. wurden der Pyrolyse u. Dehydrierung unterworfen u. in die *Hydrazide* übergeführt. *2.6-Dimethylisonicotinsäurehydrazid* wurde aus *2.6-Dimethyl-3-aminoisonicotinsäure* durch Diazotierung usw. erhalten. Für die Einführung bes. funktioneller Gruppen wurde 2.6-Dichlorisonicotinsäure bzw. deren Ester benutzt; die Halogenatome erwiesen sich ausreichend reaktionsfähig.

V e r s u c h e: **II**, durch Erhitzen äquimol. Mengen **I** u. Cyanacetamid in Aceton unter Zusatz von 1 Mol trockenem K_2CO_3 u. 8–14std. Rühren, Abscheidung der K-Salze der *5-Cyan-6-oxoisonicotinsäuren* u. Ansäuern. Kondensation auch mit 0,3 Mol Piperidin in A. bei 60° oder mit 1,05 Mol Na-Äthylat in absol. A. u. anfänglicher Kühlung mit Eis (18 Std.). — **III**, aus **II** u. 2–3 Teilen 50% ig. H_2SO_4 am Rückfluß (5 Std.) u. Verdünnen mit eiskaltem Wasser. — **IV**, durch Erwärmen von **III** u. 2,5 Mol $POCl_3$ auf 110°, Zugabe von PCl_5, nach Erhöhung der Temp. auf 140° Abdest. des $POCl_3$, Behandlung des Rückstandes mit dem entsprechenden Alkohol unter schwach erhöhter Temp. (1 Std.), Gießen auf Eis u. Vakuumdestillation. — **V**, durch Hydrierung der **IV** an Pd-Kohle in A. unter Zusatz von 1 Mol K-Acetat, Einengen, Aufnehmen in Ae. u. Fraktionierung. — **VI**, aus **V** u. $1^1/_4$ Mol Hydrazinhydrat in A. am Rückfluß (3 Std.) u. Abdest. des überschüssigen Hydrazinhydrats im Vakuum. — *2-Methylisonicotinsäurehydrazid* (**VII**), $C_7H_9ON_3$, F. 113–114° (Essigester oder A.), aus 2-Methyl-6-oxyisonicotinsäure über *2-Methyl-6-chlorisonicotinsäuremethylester* (F. 60–61°; Kp.$_{17}$ 134–136°; 80% Ausbeute) u. *2-Methylisonicotinsäuremethylester* ($C_8H_9O_2N$, F. 4–5°; Kp.$_{19}$ 108–110°; n_D^{25} 1,5069; 75%). — *2-Äthylisonicotinsäurehydrazid*, $C_8H_{11}ON_3$, F. 76–78° (Bzl. oder A.), aus 2-Äthyl-6-oxyisonicotinsäure über *2-Äthyl-6-chlorisonicotinsäureäthylester* (Kp.$_{0,2}$ 82 bis 90°; n_D^{25} 1,5096; 86%) u. *2-Äthylisonicotinsäureäthylester* ($C_{10}H_{13}O_2N$, Kp.$_{23}$ 130 bis 131°; n_D^{25} 1,4946; 80%). — *2-Propylisonicotinsäurehydrazid*, $C_9H_{13}ON_3$, F. 74–76° (Bzl.), aus 2-Propyl-5-cyan-5.6-dihydropyridon-(6)-carbonsäure-(4)-äthylester über *2-Propyl-6-oxyisonicotinsäure* (F. 277–279° [Zers.]), *2-Propyl-6-chlorisonicotinsäuremethylester* (Kp.$_{16}$ 150–153°; 89%) u. *2-Propylisonicotinsäuremethylester* (Kp.$_{20}$ 130–131°; n_D^{25} 1,4997; 87%). — *2-Isopropylisonicotinsäurehydrazid*, $C_9H_{13}ON_3$, gelbliches, zähes Öl, das nicht krist.; n_D^{25} 1,5624, aus *2-Isopropyl-5-cyan-5.6-dihydropyridon-(6)-carbonsäure-(4) äthylester* (F. 189–191°, verd. A., aus Isobutyrylbrenztraubensäureäthylester + Cyanacetamid; 70%) über *2-Isopropyl-6-oxyisonicotinsäure* (F. 343–345° [Zers.; A.]), *2-Isopropyl-6-chlorisonicotinsäuremethylester* (Kp.$_{0,04}$ 80–83°; n_D^{25} 1,5125; 80%) u. *2-Isopropylisonicotinsäuremethylester* ($C_{10}H_{13}O_2N$, Kp.$_{25}$ 127–128°; n_D^{25} 1,4975; 70%). — *2-Isobutylisonicotinsäurehydrazid*, $C_{10}H_{15}ON_3$, F. 74–76° (Essigester/PAe.), aus *2-Isobutyl-5-cyan-5.6-dihydropyridon-(6)-carbonsäure-(4)-äthylester* (F. 152–154° [A.], aus Isovalerylbrenztraubensäureäthylester + Cyanacetamid; 65%) über *2-Isobutyl-6-oxyisonicotinsäure* ($C_{10}H_{13}O_3N$, F. 277–278° [verd. A.]), *2-Isobutyl-6-chlorisonicotinsäureäthylester* (Kp.$_{0,6}$ 105–110°; n_D^{25} 1,5017; 70%) u. *2-Isobutylisonicotinsäureäthylester* ($C_{12}H_{17}$·O_2N, Kp.$_{23}$ 146–147°; n_D^{25} 1,4875). *1-[2-Isobutylisonicotinyl]-2-vanillylidenhydrazin*, $C_{18}H_{21}O_3N_3$, F. 191–193° (A.). *1-[2-Isobutylisonicotinyl]-2-palmitoylhydrazin*, $C_{26}H_{45}O_2N_3$, F. 91–93° (A.) (vgl. nachst. Ref.). — *2-tert.-Butylisonicotinsäurehydrazid*, $C_{10}H_{15}ON_3$, F. 92–93° (Bzl./PAe.), aus *2-tert.-Butyl-5-cyan-5.6-dihydropyridon-(6)-carbonsäure-(4)-äthylester* (F. 191–193° [A.], aus Pivaloylbrenztraubensäureäthylester + Cyanacetamid; 70%) über *2-tert.-Butyl-6-oxyisonicotinsäure* (F. 331–332° [A.]), *2-tert.-Butyl-6-chlorisonicotinsäuremethylester* (Kp.$_{0,5}$ 100–110°, F. 60–61°) u. *2-tert.-Butylisonicotinsäuremethylester* (Kp.$_{23}$ 129–130°; n_D^{25} 1,4950; 60%). *1-[2-tert.-Butylisonicotinyl]-2-palimitoylhydrazin*, $C_{26}H_{45}O_2N_3$, F. 87–91°. — *2-Phenylisonicotinsäurehydrazid*, $C_{12}H_{11}ON_3$, F. 127 bis 128° (Essigester), aus *2-Phenyl-5-cyan-5.6-dihydropyridon-(6)-carbonsäure-(4)-äthylester* ($C_{15}H_{12}O_3N_2$, F. 228–230° [Eisessig], aus Benzoylbrenztraubensäureäthylester + Cyanacetamid; 60%) über *2-Phenyl-6-oxyisonicotinsäure* (F. 300° [Zers.; Eisessig]), *2-Phenyl-6-chlorisonicotinsäureäthylester* (F. 89° [80% ig. A.]; 75%) u. *2-Phenylisonicotinsäureäthylester* (Kp.$_{0,1}$ 134–138°, F. 42–43° [PAe.]; 95%). — *2.3-Tetramethylenisonicotinsäurehydrazid*, $C_{10}H_{13}ON_3$, F. 135–136° (Bzl./PAe. u. Methanol/Ae.), aus *2.3-Tetramethylen-5-cyan-5.6-dihydropyridon-(6)-carbonsäure-(4)-äthylester* ($C_{13}H_{14}O_3N_2$, F. 204–207° [Methanol], aus 2-Äthoxalylcyclohexanon + Cyanacetamid; 50%) über *2.3-Tetramethylen-6-oxyisonicotinsäure* ($C_{10}H_{11}O_3N$, F. 239–296° [A.]), *2.3-Tetramethylen-6-chlorisonicotinsäuremethylester* ($C_{11}H_{12}O_2NCl$, Kp.$_{20}$ 180–185°, F. 63–64° [Ligroin]; 57%) u. *2.3-Tetramethylenisonicotinsäuremethylester* (Kp.$_{0,01}$ 93–94°). — *3-Methylisonicotinsäurehydrazid*, $C_7H_9ON_3$, F. 127–128° (Essigester oder A./Bzl.), aus β-Picolin über *3-Methylisonicotinsäureäthylester* (Kp.$_{20}$ 120–122°; n_D^{25} 1,5000; 10–20%). *1-[3-Methylisonicotinyl]-2-vanillylidenhydrazin*, $C_{15}H_{15}O_3N_3$, F. 242–244° (A.). *1-[3-Methylisonicotinyl]-2-isopropylhydrazin*, $C_{10}H_{15}ON_3$, F. 104–108° (Bzl./PAe.). *1-[3-Methylisonicotinyl]-2-palmitoylhydrazin*, $C_{23}H_{39}O_2N_3$, F. 129–132° (A.). — *2-Methyl-5-äthylisonicotinsäurehydrazid*, C_9H_{13}·ON_3, F. 150–152° (A.), aus Aldehydkollidin nach VAN DORP u. ARENS (vgl. Rec. Trav. chim. Pays-Bas **66**. [1947.] 189) über *2-Methyl-5-äthylisonicotinsäureäthylester* (Kp.$_{20}$ 130 bis 140°; n_D^{25} 1,4975; 2–3%). *1-[2-Methyl-5-äthylisonicotinyl]-2-vanillylidenhydrazin*, $C_{17}H_{19}O_3N_3$, F. 234–238° (A.). *1-[2-Methyl-5-äthylisonicotinyl]-2-isopropylhydrazin*, C_{12}·

$H_{19}ON_3$, F. 132—134° (Bzl./PAe.). *1-[2-Methyl-5-äthylisonicotinyl]-2-palmitoylhydrazin*, $C_{25}H_{43}O_2N_3$, F. 132—136° (A.). — *2.6-Dimethylisonicotinsäurehydrazid*, $C_8H_{11}ON_3$, F. 151 bis 152° (Essigester oder Methanol/Bzl.), aus 2.6-Dimethyl-3-aminoisonicotinsäure durch Diazotieren, Verkochen mit Zn-Staub in A., Verestern mit A. + H_2SO_4 über *2.6-Dimethylisonicotinsäureäthylester* (Kp.$_{0,05}$ 68—73°; 29%). — *2-Methoxyisonicotinsäurehydrazid*, $C_7H_9O_2N_3$, F. 135—138° (A.), aus 2.6-Dichlorisonicotinsäuremethylester wird durch Erhitzen mit der äquimol. Menge Na-Methylat in absol. Methanol am Rückfluß (10 Std.) *2-Methoxy-6-chlorisonicotinsäuremethylester* (F. 102—104° [verd. Methanol]; 84%) gewonnen, 60,5 g davon an Pd-Kohle in Methanol in Ggw. von K-Acetat zu *2-Methoxyisonicotinsäuremethylester* (F. 33—35°; 45,7 g) hydriert u. mit Hydrazin behandelt. — *2-Äthoxyisonicotinsäurehydrazid*, $C_8H_{11}O_2N_3$, F. 146—149° (Bzl./A.), aus 2.6-Dichlorisonicotinsäure wird durch Erhitzen mit der äquimol. Menge Na-Äthylat in absol. A. am Rückfluß (5$^1/_2$ Std.) *2-Äthoxy-6-chlorisonicotinsäure* ($C_8H_8O_3NCl$, F. 163—165° [A.]; 74% roh) gewonnen, davon 20 g durch Kochen mit $SOCl_2$ über das *Säurechlorid* (Kp $_{0,1}$ 85—100°; 20,8 g) in *2-Äthoxy-6-chlorisonicotinsäuremethylester* (18,5 g), anschließend 32,3 g durch Hydrierung in *2-Äthoxyisonicotinsäuremethylester* (Kp.$_{13}$ 107—110,7°; 23,1 g) übergeführt u. mit Hydrazin behandelt. — *2-Hydrazino-6-chlorisonicotinsäurehydrazid*, C_6H_8·ON_5Cl, F. 211—213° (verd. A.), aus 2.6-Dichlorisonicotinsäuremethylester nach MEYER u. v. BECK (vgl. C. **1916.** I. 66). — *2-Äthoxy-6-chlorisonicotinsäurehydrazid*, $C_8H_{10}O_2N_3Cl$, F. 188—190° (A.), aus 2-Äthoxy-6-chlorisonicotinsäuremethylester. — *2-Allyloxy-6-chlorisonicotinsäurehydrazid*, $C_9H_{10}O_2N_3Cl$, F. 126—130° (Bzl.), aus 2.6-Dichlorisonicotinsäure u. der berechneten Menge Na + Allylalkohol in absol. Xylol über *2-Allyloxy-6-chlorisonicotinsäure*, Behandeln mit $SOCl_2$ in Bzl. (*Säurechlorid*, Kp.$_{0,08}$ 93°), Veresterung mit Na-Methylat u. Einw. von *Hydrazin*. — *2.6-Dioxyisonicotinsäurehydrazid*, *2.6-Dichlorisonicotinsäurehydrazid* nach MEYER u. v. BECK (l. c.) u. *2.6-Diaminoisonicotinsäurehydrazid* nach BEYERMANN u. BONTEKOE (Rec. Trav. chim. Pays-Bas **72.** [1953.] 262). — *2.6-Dimethoxyisonicotinsäurehydrazid*, $C_8H_{11}O_3N_3$, F. 163,5—165,5° (Methanol), aus 2.6-Dimethoxyisonicotinsäure über den *Methylester*; 67%. — *2.6-Diäthoxyisonicotinsäurehydrazid*, $C_{10}H_{15}O_3N_3$, F. 128,5—132° (verd. Methanol), aus 2.6-Diäthoxyisonicotinsäurechlorid nach BÜCHI, LABHART u. RAGAZ (C. **1948.** II. 394) über den *Äthylester*. — *2.6-Dibutoxyisonicotinsäurehydrazid*, $C_{14}H_{23}O_3N_3$, F. 96—98° (verd. Methanol oder verd. A.), aus 2.6-Dibutoxyisonicotinsäurechlorid nach BÜCHI (l. c.) über den *Äthylester*. — *2.Methyl-6-oxyisonicotinsäurehydrazid*, $C_7H_9O_2N_3$, F. 275—280° (Zers.; W.), aus 2-Methyl-6-oxyisonicotinsäuremethylester nach BARDHAN (J. chem. Soc. [London] **1929.** 2223). — *2-Methyl-6-chlorisonicotinsäurehydrazid*, $C_7H_8ON_3Cl$, F. 147—148° (W.), aus 123 g 2-Methyl-6-chlorisonicotinsäuremethylester; 65 g. — *2.6-Dimethyl-3-aminoisonicotinsäurehydrazid*, $C_8H_{12}ON_4$, F. 132° (A.), aus 2.6-Dimethyl-3-aminoisonicotinsäure über den *Methylester* (F. 61° [PAe.]). — *2-Methyl-3-oxy-5-oxymethylisonicotinsäurehydrazid*, $C_8H_{11}O_3N_3$, F. 179° (A.), aus 24 g des 2-Methyl-3-oxy-5-oxymethylisonicotinsäurelactons; 4,5 g. — Die biol. Auswertung erfolgte durch Best. der Toxizität an der Maus auf oralem u. subcutanem Wege unter Verwendung von wss. Lsgg. u. Suspensionen in Gummi arabicum u. Best. der Wirksamkeit mit dem intravenös verabreichten Tuberkelbazillenstamm H 37 Rv unter Verwendung von $^1/_5$—$^1/_4$ der DL_{10}. Unter den kernalkylierten Isonicotinsäurehydraziden weisen lediglich die in 2-Stellung substituierten Verbb. deutliche antituberkulöse Wrkg. auf. **VII** übertrifft Isonicotinsäurehydrazid in seiner Wirksamkeit bei subcutaner Verabreichung, alle anderen Mittel fallen dagegen ab. Bei verlängerter Seitenkette geht die Wrkg. verloren. Die Derivv. mit substituierten funktionellen Gruppen sind in verträglichen Gaben unwirksam. (Helv. chim. Acta **38.** 1033—46. 15/6. 1955. Basel, F. Hoffmann-La Roche & Co., Wissenschaftl. Labor.)

K. ZOPFF. 3231

O. Isler, H. Gutmann, O. Straub, B. Fust, E. Böhni und **A. Studer**, *Chemotherapie der experimentellen Tuberkulose.* 3. Mitt. *Derivate des 2-Methylisonicotinsäurehydrazids.* (2. vgl. vorst. Ref.) Abwandlungsprodd. von Isonicotinsäurehydrazid, die in der Hydrazidgruppe substituiert sind, zeigen meist unverminderte antituberkulöse Wirkung. In dieser Arbeit werden Derivv. des als voll wirksam erkannten *2-Methylisonicotinsäurehydrazids* (**I**) untersucht. Zur Darst. der Verbb. diente die Umsetzung von **I** mit Aldehyden u. Ketonen zu den entsprechenden *Hydrazonen*; anomal reagierten lediglich Formaldehyd u. Mesityloxyd. N-Alkylsubstituierte Derivv. entstanden durch Alkylierung mit Alkylhalogenid, N-Acylhydrazide durch Umsetzung mit Säurechloriden.

Versuche: *Kondensationsprod. von Formaldehyd mit* **I** $(C_8H_9ON_3)_x$, F. 160 bis 161° (A.), aus **I** in wss. Lsg. u. 38%ig. Formalin bei 35°; Abscheidung einer polymeren Verb.; 88% (Ausbeute). — 2-Alkyliden(Aryliden)-1-[2-methylisonicotinyl]-hydrazine: *2-n-Propyliden-*, $C_{10}H_{13}ON_3$, F. 116—118° (Bzl.), aus **I** u. Propionaldehyd in Methanol am Rückfluß u. Einengen; 80% (roh). — *2-Isobutyliden-*,

$C_{11}H_{15}ON_3$, F. 126—128° (Bzl.), aus I u. Isobutyraldehyd; 70%. — *2-Crotyliden-*, $C_{11}H_{13}$·ON_3, F. 135—138° (Bzl./Methanol; 50 : 1), aus I u. Crotonaldehyd; 90%. — *2-[3-Oxy-2.2-dimethylpropyliden]-*, $C_{12}H_{17}O_2N_3$, F. 147—150° (Bzl./A.), aus I u. *β-Oxy-α.α-dimethylpropionaldehyd* in A.; 70%. — *2-{8-[2.6.6-Trimethylcyclohexen-(1)-yl]-2.6-dimethylocta-trien-(2.4.6)-yliden}-*, $C_{26}H_{35}ON_3$, F. 164—167° (A.), aus I u. dem entsprechenden Aldehyd in A. unter N_2 am Rückfluß; gelbe Kristalle; 79%. — *2-Benzyliden-*, $C_{14}H_{13}ON_3$, F. 151 bis 153° (Methanol/W.), aus I u. Benzaldehyd in Methanol; 89%. — *2-Cinnamyliden-*, $C_{16}H_{15}ON_3$, F. 183—185° (Methanol), analog aus I u. Zimtaldehyd; 83%. — *2-[p-Oxybenzyliden]-*, $C_{14}H_{13}O_2N_3$, F. 262—264° (A.), aus p-Oxybenzaldehyd u. I durch Erhitzen in W.; 85%. — *2-Anisyliden-*, $C_{15}H_{15}O_2N_3$, F. 156—159° (A.), aus I u. Anisaldehyd; 65%. — *2-Vanillyliden-*, $C_{15}H_{15}O_3N_3$, F. 229—231° (Auskochen mit A.), aus I u. Vanillin durch Erhitzen in W.; 92%. — *2-[2-Oxy-3-methoxybenzyliden]-*, $C_{15}H_{15}O_3N_3$, F. 185 bis 187° (A.), aus I u. o-Vanillin in C_2H_5OH; 84%. — *2-Piperonyliden-*, $C_{15}H_{13}O_3N_3$, F. 162 bis 165° (verd.A.), aus Piperonal u. I; 88%. — *2-[p-Nitrobenzyliden]-*, $C_{14}H_{12}O_3N_4$, F. 229 bis 230° (A.), aus I u. p-Nitrobenzaldehyd in A. durch kurzes Aufkochen; 100%. — *2-[p-Acetamidobenzyliden]-*, $C_{16}H_{16}O_2N_4$, F. 240—243° (durch Auskochen mit A.), aus I u. p-Acetamidobenzaldehyd in 50% ig. C_2H_5OH; 85%. — *2-[p-Dimethylaminobenzyliden]-*, $C_{16}H_{18}ON_4$, F. 188—190° (Methanol), aus I u. p-Dimethylaminobenzaldehyd in Methanol; 100%. — *Furfuryliden-(2)-*, $C_{12}H_{11}O_2N_3$, F. 154—156° (verd. Methanol), aus I u. Furfurol in Methanol; 75%. — *2-[5-Nitrofurfuryliden]-*, $C_{12}H_{10}O_4N_4$, F. 228—229° (Zers.; A.) aus I u. 5-Nitrofurfurol in 50% ig. Methanol; 77%. — *2-[Picolyliden-(3)]-*, $C_{13}H_{12}ON_4$, F. 158—159° (A./Essigester), aus I u. Nicotinaldehyd in warmem W.; 80%. — *Glyoxal-bis-[2-methylisonicotinylhydrazon]*, $C_{16}H_{16}O_2N_6$, F. 323—324° (Zers.; Auskochen mit A.), aus I u. wss. Glyoxallsg.; 85%. — *Succindialdehyd-*, $C_{18}H_{20}O_2N_6$, F. 180—181° (A./PAe.), aus durch vorübergehendes Ansäuern lösl. gemachtem 2.5-Diäthoxytetrahydrofuran u. I in W. (3 Tage); 40%. — *4-Oxy-5-methoxyisophthalaldehyd-*, $C_{23}H_{22}O_4N_6$, F. 187—190° (Auskochen mit A.), aus 4-Oxy-5-methoxyisophthalaldehyd u. I in 50% ig. C_2H_5OH; 100%. — *1-[2-Methylisonicotinyl]-2-isopropylidenhydrazin* (II), $C_{10}H_{13}ON_3$, F. 160° (Aceton), aus I u. Aceton; 100%. — *2-[Butyliden-(2)]-*, $C_{11}H_{15}ON_3$, F. 100—105° (Bzl.), aus I u. Methyläthylketon in C_2H_5OH; 81%. — *2-{4-Methyl-4-[2-(2-methylisonicotinyl)-hydrazino]-pentyliden-(2)}-*, $C_{20}H_{26}O_2N_6$, F. 132—133,5° (krist. schwer; Bzl.), aus I u. Mesityloxyd in C_2H_5OH; 70%. — *2-[1-Carboxyäthyliden]-*, $C_{10}H_{11}O_3N_3$, F. 196—197° (Zers.; W.), aus I u. Brenztraubensäure in Methanol durch Aufkochen; 63%. — *2-[4-Carboxybutyliden-(2)]-*, $C_{12}H_{15}O_3N_3$, F. 194—196° (W.), aus I u. Lävulinsäure in Methanol; 54%. — *2-[1.3-Dicarboxypropyliden]-*, $C_{12}H_{13}O_5N_3$, F. 176—177° (W.), aus I u. α-Ketoglutarsäure in warmem W.; 54%. — *2-Cyclohexyliden-*, $C_{13}H_{17}ON_3$, F. 159—162° (W.), aus I u. Cyclohexanon durch Schütteln in W.; 83%. — *2-[1-Phenyläthyliden]-*, $C_{15}H_{15}ON_3$, F. 174 bis 178° (Methanol/W.), aus I u. Acetophenon in Methanol; 78%. — *2-[1-Phenylpropyliden]-*, $C_{16}H_{17}ON_3$, F. 153—155° (Methanol/W.), aus I u. Propiophenon in Methanol; 15%. — *2-[1-(p-Oxyphenyl)-äthyliden]-*, $C_{15}H_{15}O_2N_3$, F. 231—233° (A.), aus I u. p-Oxyacetophenon in C_2H_5OH; 100%. — *2-[1-Furyl-(2)-äthyliden]-*, $C_{13}H_{13}O_2N_3$, F. 157—158° (W./Methanol; 25 : 1), aus I u. 2-Acetylfuran in 50% ig. C_2H_5OH; 71%. — *2-[1-Thienyl-(2)-äthyliden]-*, $C_{13}H_{13}ON_3S$, F. 183—184° (Bzl./A.; 20 : 1), aus I u. 2-Acetylthiophen in C_2H_5OH; 62%. — *Diacetyl-bis-[2-methylisonicotinylhydrazon]*, $C_{18}H_{20}O_2N_6$, F. 261—263° (Auskochen mit A.), aus I u. Diacetyl in Methanol; 57%. — *1-[2-Methylisonicotinyl]-2-isopropylhydrazin* (III), $C_{10}H_{15}ON_3$, F. 124° (CCl_4 oder Ae.), durch Hydrierung von II an PtO_2 in C_2H_5OH; 70%. — *2-Pentyl-(3)-*, $C_{12}H_{19}ON_3$, Öl, Kp.$_{0,2}$ 148—149°, n_D^{21} 1,5345, aus I u. Diäthylketon über *1-[2-Methylisonicotinyl]-2-pentyliden-(3)-hydrazin* (F. 94—97° [PAe.]; 64%) u. dessen Hydrierung an PtO_2; 73%. — *2.2-Dimethyl-*, $C_9H_{13}ON_3$, F. 118—121,5° (Bzl.), aus 2-Methylisonicotinsäure u. $SOCl_2$ über das *Hydrochlorid* (IV) des *2-Methylisonicotinsäurechlorids* u. Einw. von 1.1-Dimethylhydrazinhydrochlorid in Ggw. von trockenem Pyridin; 61%. — *2.2-Diäthyl-*, $C_{11}H_{17}ON_3$, F. 92—95° (Bzl./PAe.), aus IV u. 1.1-Diäthylhydrazinhydrochlorid in Pyridin; 22%. — *2.2-Diisopropyl-*, $C_{13}H_{21}ON_3$, F. 126—128,5° (Bzl./PAe.) aus III u. Isopropylbromid unter Zusatz von Na-Äthylat in absol. A.; 54%. — *2.2-Diallyl-*, $C_{13}H_{17}ON_3$, F. 72—75° (Bzl./PAe.), aus IV u. 1.1-Diallylhydrazin in Pyridin; 58%. — *2-Isopropyl-2-D-glucosyl-*, $C_{16}H_{25}O_6N_3$, F. 160,5° (Zers.; A.), aus III u. Glucose in absol. A. unter Zusatz von Ammoniumchlorid am Rückfluß; 49%. — *K-Salz der 2-[2-Methylisonicotinyl]-dithiocarbazinsäure*, $C_8H_8ON_3S_2K \cdot H_2O$, aus I u. CS_2 + KOH in A. unter Kühlung; gelbe Kristalle ohne definierten F.; 85%. — *2-Palmitoyl-*, $C_{23}H_{39}O_2N_3$, F. 112 bis 115° (A.), aus I u. Palmitinsäurechlorid in Pyridin unter Eiskühlung; 54%. — *2-[Undecen-(10)-oyl]-*, $C_{18}H_{27}O_2N_3$, F. 105—108° (Essigester/PAe.), aus I u. Undecen-(10)-säurechlorid; 60%. — *2-[1-Methylcyclohexancarbonyl]-*, $C_{15}H_{21}O_2N_3$, F. 135—136° (Essigester), aus I u. 1-Methylcyclohexancarbonsäurechlorid; 79%. — *2-Furoyl-(2)-*, $C_{12}H_{11}O_3N_3$ F. 217—219° (A.), aus I u. Furan-2-carbonsäurechlorid; 46%. — *2-Isonicotinyl-*, $C_{13}H_{12}$·

O_2N_4, F. 209—211° (W.), aus I u. Isonicotinsäurechloridhydrochlorid in Pyridin unter Erhitzen; 71%. — *1.2-Bis-[2-methylisonicotinyl]-hydrazin*, $C_{14}H_{14}O_2N_4$, F. 204—205° (Essigester), aus I u. IV in Pyridin; 55%. — *2-[2-Methoxyisonicotinyl]-*, $C_{14}H_{14}O_3N_4$, F. 198—199° (Methanol/Essigester), aus 2-Methoxyisonicotinsäuremethylester durch Verseifung mit methanol. KOH zur *freien Säure* (F. 198—203° [A.]), Einw. von $SOCl_2$ in Bzl. (*2-Methoxyisonicotinsäurechlorid*, Kp.$_{12}$ 100—105°) u. daraus mit I in Pyridin; 70% (bezogen auf das Säurechlorid). — *2-[2-Äthoxyisonicotinyl]-*, $C_{15}H_{16}O_3N_4$, F. 184 bis 185° (A. Essigester), aus 2-Äthoxyisonicotinsäuremethylester analog über die *freie Säure* das *Säurechlorid* (Kp.$_8$ 100—104°) u. dessen Umsetzung mit I in Pyridin; 50%. — *2-[2.6-Diäthoxyisonicotinyl]-*, $C_{17}H_{20}O_4N_4$, F. 174—175° (Essigester), aus I u. 2.6-Diäthoxyisonicotinsäurechlorid in Pyridin; 67%. — *1-[2-Äthylisonicotinyl]-2-vanillylidenhydrazin*, $C_{16}H_{17}O_3N_3$, F. 214—216° (Auskochen mit A.), aus 2-Äthylisonicotinsäurehydrazid (V) u. Vanillin in heißem W.; 91%. — *1-[2-Propylisonicotinyl]-2-vanillylidenhydrazin*, $C_{17}H_{19}O_3N_3$, F. 177—180° (A.), aus 2-Propylisonicotinsäurehydrazid (VI) u. Vanillin durch Erhitzen in W.; 91%. — *1-[2-Isopropylisonicotinyl]-2-vanillylidenhydrazin*, $C_{17}H_{19}\cdot O_3N_3$, F. 204—206° (A.), aus 2-Isopropylisonicotinsäurehydrazid (VII) u. Vanillin in W.; 92%. — *1-[2-Äthylisonicotinyl]-2-isopropylhydrazin*, $C_{11}H_{17}ON_3$, F. 77° (Bzl./PAe.), aus V u. Aceton am Rückfluß, Bldg. von *1-[2-Äthylisonicotinyl]-2-isopropylidenhydrazin* ($C_{11}H_{15}ON_3$, F. 123° [Aceton]; 70%) u. dessen Hydrierung an PtO_2 in A.; 85%. — 2-Palmitoylhydrazine: *1-[2-Äthylisonicotinyl]-*, $C_{24}H_{41}O_2N_3$, F. 97—100° (A.), durch Zugabe von Palmitoylchlorid zu V in wasserfreiem Pyridin unter Kühlung, 1std. Erwärmen (Wasserbad), Abdest. des restlichen Pyridins im Vakuum, Lösen des Rückstandes in A. u. Fällen mit W.; 42%. — *1-[2-Propylisonicotinyl]-*, $C_{25}H_{43}O_2N_3$, F. 95 bis 97° (A.), analog aus VI; 60%. — *1-[2-Isopropylnicotinyl]-*, $C_{25}H_{43}O_2N_3$, F. 89—92° (A.) aus VII; 64%. (Helv. chim. Acta 38. 1046—60. 15/6. 1955.) K. ZOPFF. 3231

A. Winterstein, B. Hegedüs, B. Fust, E. Böhni und A. Studer, *Chemotherapie der experimentellen Tuberkulose. 4. Mitt. Aminosäure-Derivate des Isonicotinsäurehydrazids und des 2-Methylisonicotinsäurehydrazids.* (3. vgl. vorst. Ref.) Zur Chemotherapie der experimentellen Tuberkulose wurden Derivv. des *Isonicotinsäurehydrazids* (I) bzw. des *2-Methylisonicotinsäurehydrazids* (II) hergestellt, die in der Hydrazidgruppe einen einfachen oder acylierten Aminosäurerest als Substituenten enthalten. Zur Synth. der Verbb. mit acylierten Aminosäureresten dienten drei verschied. Methoden: A) Kupplung acylierter Aminosäurehydrazide mit Isonicotinsäurechloridhydrochlorid (III) bzw. 2-Methylisonicotinsäurechloridhydrochlorid (IV) in Pyridin, die acylierten Aminosäurehydrazide wurden durch Acylierung entsprechender Esterhydrochloride u. nachfolgende Umsetzung mit Hydrazinhydrat in A. dargestellt (bei Verwendung von Acetur- u. Hippursäurehydrazid als Kupplungskomponenten entstand nebenbei *1.2-Diaceturylhydrazin* bzw. *1.2-Dihippurylhydrazin*). B) Kupplung eines acylierten Aminosäurechlorids mit I bzw. II. C) Kupplung eines acylierten Thioaminosäure-S-esters mit I; unter Abspaltung des entsprechenden Thiols entstand dabei das gesuchte *1-Isonicotinyl-2-[acylaminoacyl]-hydrazin*. Die erforderlichen Thiosäure-S-ester entstanden durch Umsetzung der gemischten Anhydride aus acetylierten Aminosäuren u. Kohlensäuremonoäthylester mit einem Thiol (Thiophenol oder Thioglykolsäure). Acylierte Aminosäureazide ließen sich nicht mit I in der gewünschten Weise kuppeln; es entstanden *Semicarbazidderivate*. — Zur Synth. der Verbb. mit freier Aminogruppe wurde das gemischte Anhydrid aus der carbobenzoxylierten Aminosäure u. Chlorameisensäureäthylester (vgl. BOISSONNAS, C. **1952**. 836) mit I zu *1-Isonicotinyl-2-[carbobenzoxyaminoacyl]-hydrazid* umgesetzt. Hydrogenolyse ergab das gesuchte *1-Isonicotinyl-2-aminoacylhydrazin*. Die Herst. der Isonicotinylderivv. von Methionin u. Cystein über die Carbobenzoxyverbb. scheiterte daran, daß sich der Carbobenzoxyrest nicht ohne Zers. abspalten ließ.

Versuche: *Acetursäureäthylester*, Kp.$_{12}$ 140—145°, aus Glykokolläthylesterhydrochlorid u. Acetanhydrid in Ggw. von wasserfreiem Na-Acetat bei 60—70°; 85% (Ausbeute). — *Hippursäureäthylester*, F. 66—67°, durch azeotrope Veresterung von Hippursäure mit A. in Bzl. in Ggw. von p-Toluolsulfonsäure (2 Tage); 88%. — *Acetyl-DL-alaninäthylester*, Kp.$_{10}$ 120—125°. — *Acetyl-L-alaninäthylester*, Kp.$_{0,1}$ 80°, $[\alpha]_D$ −80° (c = 3 in W.) bzw. −54° (unverd.). — *Acetyl-D-alaninäthylester*, Kp.$_{0,1}$ 80°, $[\alpha]_D$ +82° (c = 3 in W.) bzw. +53° (unverd.). — *Acetyl-DL-leucinäthylester*, $C_{10}H_{19}O_3N$, Kp.$_{0,1}$ 110—115°, F. 58°. — *Acetyl-L-leucinäthylester*, Kp.$_{0,04}$ 95—100°, $[\alpha]_D$ −43,9° (c = 1 in A.). — *Acetyl-D-leucinäthylester*, Kp.$_{0,05}$ 100°, $[\alpha]_D$ +42,5° (c = 1 in A.). — *Acetyl-DL-phenylalaninäthylester*, F. 64—68°; durch azeotrope Veresterung von Acetyl-DL-phenylalanin mit A. in Bzl. in Ggw. von p-Toluolsulfonsäure (2 Tage); ~ 90%. — *Acetyl-DL-methioninäthylester*, $C_9H_{17}O_3NS$, Kp.$_{0,2}$ 132°, F. 59°. — *Acetyl-L-methioninäthylester*, Kp.$_{0,5}$ 126°, $[\alpha]_D$ −35° (c = 1 in W.). — *Acetyl-D-methioninäthylester*, Kp.$_{0,2}$ 122°, $[\alpha]_D$ +39,1° (c = 1 in W.). — *Acetyl-DL-äthioninäthylester*, $C_{10}H_{19}O_3NS$, Kp.$_{0,03}$ 128°. —

Acetyl-O-methyl-DL-homoserinäthylester, $C_9H_{17}O_4N$, Kp.$_{0,4}$ 126—128°. — *Acetyl-β-alaninäthylester*, $C_7H_{13}O_3N$, Kp.$_{0,02}$ 115°. — Aus Acylaminosäureestern u. Hydrazinhydrat in A. bei n. Temp. oder durch Kochen: *Acetursäurehydrazid*, $C_4H_9O_2N_3$, F. 103—106° (Dioxan). — *Hippursäurehydrazid*, F. 162—164° (A.). — *Acetyl-DL-α-alaninhydrazid*, $C_5H_{11}O_2N_3$, F. 135—136° (Dioxan); 79%. — *Acetyl-L-α-alaninhydrazid*, F. 137—139° (Dioxan), $[\alpha]_D$ —61° (c = 1 in W.). — *Acetyl-D-α-alaninhydrazid*, F. 145—146° (Dioxan), $[\alpha]_D$ +63,2° (c = 1 in W.). — *Acetyl-DL-leucinhydrazid*, $C_8H_{17}O_2N_3$, Öl. — *Acetyl-L-leucinhydrazid*, F. 135—137° (Toluol), $[\alpha]_D$ —37,5° (c = 1 in W.). — *Acetyl-D-leucinhydrazid*, F. 138—140° (Toluol), $[\alpha]_D$ +35,7° (c = 1 in W.). — *Acetyl-DL-α-phenylalaninhydrazid*, $C_{11}H_{15}O_2N_3$, F. 167—169° (A.). — *Acetyl-DL-methioninhydrazid*, $C_7H_{15}O_2N_3S$, F. 100—102° (Toluol). — *Acetyl-L-methioninhydrazid*, F. 123—126° (Toluol), $[\alpha]_D$ —19° (c = 1 in W.). — *Acetyl-D-methioninhydrazid*, F. 113—116° (Dioxan), $[\alpha]_D$ +23,6° (c = 1 in W.). — *Acetyl-DL-äthioninhydrazid*, $C_8H_{17}O_2N_3S$ F. 85—90° (Toluol). — *Acetyl-O-methyl-DL-homoserinhydrazid*, $C_7H_{15}O_3N_3$, F. 115—118° (Toluol). — *Acetyl-β-alaninhydrazid*, $C_5H_{11}O_2N_3$, F. 110—112° (Dioxan); 85%. — *1-Isonicotinyl-2-acetyrylhydrazin* (**V**), $C_{10}H_{12}O_3N_4$, F. 226—227° (A.). Nach Meth. **C** wird aus Acetursäure in Triäthylamin u. Dimethylformamid bei 0—5° mit Chlorameisensäureäthylester das *gemischte Anhydrid* u. aus diesem mit Thiophenol *S-Acetyrylthiophenol* [$C_{10}H_{11}O_2NS$, F. 95—97° (Bzl./PAe.)] gewonnen; letzteres gibt mit **I** in Essigester **V**; 73%. — *1-Isonicotinyl-2-hippurylhydrazin* (**VI**), $C_{15}H_{14}O_3N_4$, F. 240—242° (W.), nach **A**. — *1-Isonicotinyl-2-[acetyl-DL-α-alanyl]-hydrazin*, $C_{11}H_{14}O_3N_4$, F. 191—193° (Aceton), nach **A** aus Acetyl-DL-α-alaninhydrazid u. **III** bei 60—70° (2 Std.). — *1-Isonicotinyl-2-[acetyl-L-α-alanyl]-hydrazin*, F. 205—208° (A./Ae.), $[\alpha]_D$ —82,9° (A.), nach **A**. — *1-Isonicotinyl-2-[acetyl-D-α-alanyl]-hydrazin* (**VII**), F. 204—205° (A./Ae.), $[\alpha]_D$ +83,8° (A.) nach **A**. — *1-Isonicotinyl-2-[acetyl-DL-leucyl]-hydrazin*, $C_{14}H_{20}O_3N_4$, F. 208—210° (W.), nach **A**. — *1-Isonicotinyl-2-[acetyl-L-leucyl]-hydrazin* (**VIII**), F. 222—225° (W.), $[\alpha]_D$ —58,6° (c = 1 in W.), nach **A**. — *1-Isonicotinyl-2-[acetyl-D-leucyl]-hydrazin* (**IX**), F. 222—227° (W.), $[\alpha]_D$ +60,8° (c = 1 in W.); nach **A**. — *1-Isonicotinyl-2-[acetyl-DL-phenylalanyl]-hydrazin*, $C_{17}H_{18}O_3N_4$, F. 210—213° (W.), nach **C** durch Umsetzung von **I** mit dem aus Acetyl-DL-phenylalanin erhältlichen *S-[Acetyl-DL-phenylalanyl]-thiophenol*, $C_{17}H_{17}O_2NS$, F. 133 bis 135° (Toluol). — *1-Isonicotinyl-2-[acetyl-DL-methionyl]-hydrazin*, $C_{13}H_{18}O_3N_4S$, F. 203—204° (W.), nach **C** durch Umsetzung von **I** mit dem aus Acetyl-DL-methionin erhältlichen *S-[Acetyl-DL-methionyl]-thiophenol*, $C_{13}H_{17}O_2NS_2$, F. 90—91°, bzw. der *S-[Acetyl-DL-methionyl]-thioglykolsäure*, $C_9H_{15}O_4NS_2$, F. 125—128° (Essigester). — *1-Isonicotinyl-2-[acetyl-L-methionyl]-hydrazin*, F. 184—186° (W.), $[\alpha]_D$ —33° (c = 1 in W.), nach **A**. — *1-Isonicotinyl-2-[acetyl-D-methionyl]-hydrazin* (**X**), F. 186—189° (W.), $[\alpha]_D$ + 39° (c = 1 in W.), nach **A**. — *1-Isonicotinyl-2-[acetyl-DL-äthionyl]-hydrazin* (**XI**), $C_{14}H_{20}O_3N_4S$, F. 189—192° (W.), nach **A**. — *1-Isonicotinyl-2-[acetyl-O-methyl-DL-homoseryl]-hydrazin*, $C_{13}H_{18}O_4N_4$, F. 178—181° (A.), nach **A**. — *1-Isonicotinyl-2-[acetyl-β-alanyl]-hydrazin* (**XII**), $C_{11}H_{14}O_3N_4$, F. 210—211° (Dioxan), nach **A**. — *1-[2-Methylisonicotinyl]-2-acetyrylhydrazin*, $C_{11}H_{14}O_3N_4$, F. 193—194° (A.), nach **A** mit **IV**; daneben *1.2-Diacetyrylhydrazin*, $C_8H_{14}O_4N_4$, F. 270—273° (W.). — *1-[2-Methylisonicotinyl]-2-hippurylhydrazin*, $C_{16}H_{16}O_3N_4$, F. 224—226° (W.), nach **A**. — *1-[2-Methylisonicotinyl]-2-[acetyl-DL-methionyl]-hydrazin*, $C_{14}H_{20}O_3N_4S$, F. 163—166° (W.); nach **B** aus dem aus Acetyl-DL-methionin mit PCl_5 u. Acetylchlorid dargestellten *Acetyl-DL-methioninchlorid* (F. 93—95°) mit **II** in Pyridin (12 Std.). — *1-Isonicotinyl-4-[1-acetamido-3-methylmercaptopropyl]-semicarbazid*, $C_{13}H_{19}O_3N_5S \cdot 2H_2O$, F. 196—197° (W.), aus Acetyl-DL-methioninazid u. **I** bei n. Temperatur. — *1-Isonicotinyl-4-[1-acetamido-2-indolyl-(3)-äthyl]-semicarbazid*, $C_{19}H_{20}O_3N_6$, F. 204—206° aus *Acetyl-DL-tryptophanhydrazid*, [$C_{13}H_{16}O_2N_4$, F. 218—220°] u. **I**. — *N-Carbobenzoxyglykokoll*, F. 120° (CCl_4). — *N-Carbobenzoxy-DL-α-alanin*, F. 112—114° (CCl_4). — *N-Carbobenzoxy-L-α-alanin*, F. 84—86° (Essigester), $[\alpha]_D$ —14,8° (c = 1 in Eisessig). — *N-Carbobenzoxy-D-α-alanin*, F. 84—86° (Essigester), $[\alpha]_D$ + 15,4° (c = 1 in Eisessig). — *N-Carbobenzoxy-DL-leucin*, Öl. — *N-Carbobenzoxy-DL-α-phenylalanin*, F. 103° (CCl_4). — *N.N'-Dicarbobenzoxy-L-lysin*, Öl. — *N-Carbobenzoxy-DL-methionin*, F. 110—112° (CCl_4). — *N-Carbobenzoxy-S-benzyl-L-cystein*, F. 92 bis 94° (CCl_4), $[\alpha]_D$ —40,5° (c = 2 in A.). — *$N_{(\alpha)}$-Carbobenzoxy-$N_{(1 \text{ oder } 3)}$-benzyl-L-histidin*, $C_{21}H_{21}O_4N_3$, F. 212—213° (Dimethylformamid), $[\alpha]_D$ —16,3° (c = 2 in n-HCl), aus Benzyl-L-histidin in eisgekühlter verd. NaOH u. 80%ig. Carbobenzoxychlorid. — *N-Carbobenzoxy-β-alanin*, F. 66—67° (CCl_4). — *N-Carbobenzoxy-γ-aminobuttersäure*, $C_{12}H_{15}O_4N$, F. 66—67° (CCl_4). — *1-Isonicotinyl-2-[N-carbobenzoxyglycyl]-hydrazin*. $C_{16}H_{16}O_4N_4$, F. 159—160° (W.). — *1-Isonicotinyl-2-[N-carbobenzoxy-DL-α-alanyl]-hydrazin*, $C_{17}H_{18}O_4N_4$, F. 192—194° (W.), aus dem aus N-Carbobenzoxy-DL-α-alanin u. Chlorameisensäureäthylester in Chlf. + Triäthylamin bei 0° entstehenden gemischten Anhydrid u. **I**. — *1-Isonicotinyl-2-[N-carbobenzoxy-L-α-alanyl]-hydrazin*, F. 197—198° (A.), $[\alpha]_D$

—43,3° (c = 1 in n-HCl). — *1-Isonicotinyl-2-[N-carbobenzoxy-D-α-alanyl]-hydrazin*, F. 200—201° (A.), $[\alpha]_D$ + 44° (c = 1 in n-HCl). — *1-Isonicotinyl-2-[N-carbobenzoxy-DL-leucyl]-hydrazin*, $C_{20}H_{24}O_4N_4$, F. 161—163° (Aceton). — *1-Isonicotinyl-2-[N-carbobenzoxy-DL-phenyl-α-alanyl]-hydrazin*, $C_{23}H_{22}O_4N_4$, F. 183—185° (Aceton). — *1-Isonicotinyl-2-[N.N'-dicarbobenzoxy-L-lysyl]-hydrazin*, $C_{28}H_{31}O_6N_5$, F. 166—168° (A.), $[\alpha]_D$ —10,8° (c = 1 in Dimethylformamid). — *1-Isonicotinyl-2-[N-carbobenzoxy-DL-methionyl]-hydrazin*, $C_{19}H_{22}O_4N_4S$, F. 124—127° (Methanol). — *1-Isonicotinyl-2-[N-carbobenzoxy-S-benzyl-L-cysteinyl]-hydrazin*, $C_{24}H_{24}O_4N_4S$, F. 168—170° (A.), $[\alpha]_D$ —16,8° (c = 1 in Dimethylformamid). — *1-Isonicotinyl-2-[N-carbobenzoxy-β-alanyl]-hydrazin*, $C_{17}H_{18}O_4N_4$, F. 162—163° (W.). — *1-Isonicotinyl-2-[N-carbobenzoxy-γ-aminobutyryl]-hydrazin*, $C_{18}H_{20}O_4N_4$, F. 150—151° (A.). — *1-Isonicotinyl-2-glycylhydrazin* (**XIII**), $C_8H_{10}O_2N_4$, F. 122—214° (W.), aus 1-Isonicotinyl-2-[N-carbobenzoxyglycyl]-hydrazin durch Hydrogenolyse über Pd-Mohr in Dioxan–A.–W. (12—14 Std.). — *1-Isonicotinyl-2-[DL-α-alanyl]-hydrazin* (**XIV**), $C_9H_{12}O_2N_4$, F. 199—200° (W.). — *1-Isonicotinyl-2-[L-α-alanyl]-hydrazindihydrochlorid*, $C_9H_{12}O_2N_4 \cdot 2HCl \cdot H_2O$, F. 230—234° (A.); $[\alpha]_D$ + 24,8° (c = 1 in W.). — *1-Isonicotinyl-2-[D-α-alanyl]-hydrazindihydrochlorid* (**XV**), $C_9H_{12}O_2N_4 \cdot 2HCl \cdot H_2O$, F. 244—246° (A.), $[\alpha]_D$ —25° (c = 1 in W.). — *1-Isonicotinyl-2-[DL-leucyl]-hydrazindihydrochlorid*, $C_{12}H_{18}O_2N_4$. 2 HCl, F. 210—215° (A.). — *1-Isonicotinyl-2-[DL-α-phenylalanyl]-hydrazindihydrochlorid*, $C_{15}H_{16}O_2N_4 \cdot 2HCl \cdot 2H_2O$, F. 235—237° (A.). — *1-Isonicotinyl-2-[L-lysyl]-hydrazintrihydrochlorid*, $C_{12}H_{19}O_2N_5 \cdot 3HCl$, F. 260—265° (A.) $[\alpha]_D$ + 37,4° (c = 1 in W). — *1-Isonicotinyl-2-[β-alanyl]-hydrazindihydrochlorid*, $C_9H_{12}O_2N_4 \cdot 2HCl$, F. 240—241° (A.). — *1-Isonicotinyl-2-[γ-aminobutyryl]-hydrazindihydrochlorid* (**XVI**), $C_{10}H_{14}O_2N_4 \cdot 2HCl$, F. 214—217° (A.). — Ermittlung der Wirksamkeit u. Toxizität nach FUST, BÖHNI u. STUDER (Schweiz. Z. Tuberkul. **12.** [1955.] 468. Die Verbb. **V**, **VIII**, **XIII** u. **XIV** erreichen in ihrer Wirksamkeit **I**. Alle anderen Verbb. sind wesentlich weniger wirksam, bes. einige Derivv. von β- u. γ-Aminosäuren (**XII**; **XVI**) u. von unnatürlichen D-Formen der α-Aminosäuren (**IX**; **XV**). Der Aktivitätsunterschied zwischen Verbb. mit freier u. acylierter Aminogruppe ist gering, ausgenommen **VII**, das 5—10mal wirksamer ist als **XV**. Von geringem Einfl. ist die Einführung der 2-Methylgruppe in den Isonicotinsäurerest. Alle Verbb. sind weniger tox. als **I** u. **II**. Die Verbb. **VI**, **IX**, **X**, **XI** u. **XII** sind prakt. ungiftig. (Helv. chim. Acta. **39.** 229—48. 1/2. 1956.) K. ZOPFF. 3231

M. W. Rubzow und **L. N. Jachontow**, *Synthese von 2-Formylchinuclidin*. Aus Chinuclidincarbonsäure-(2) (**I**) wird über das Chlorid durch Rk. mit N-Methylanilin **I**-*N-Methylanilid* erhalten, aus dem durch Red. mit $LiAlH_4$ nach WEYGAND u. TIETJEN (C. **1952.** 1152.) *2-Formylchinuclidin* (**II**) gewonnen wird. Verss., **II** durch Oxydation von Chinuclidyl-(2)-carbinol mit SeO_2 oder Bleitetraacetat bzw. durch Zers. von **I**-Benzolsulfohydrazid darzustellen, mißlangen.

Versuche: *Chinuclidincarbonsäure-(2)-N-methylanilid*, $C_{15}H_{20}ON_2$, F. 95—96°; durch Chlorieren von 4,44 g **I**-Hydrochlorid mit $SOCl_2$ (14 Std. bei 60—65°) u. Zugabe des erhaltenen Chlorids zu 8,1 g N-Methylanilin in 20 ml Ae. bei —2°; man rührt 2 Std. u. behandelt mit 30 ml 50%ig. K_2CO_3; 4,8 g (Ausbeute). — *2-Formylchinuclidin* (**II**), $C_8H_{13}ON$, $Kp._{0,4}$ 80—82°; man gibt zu 2,7 g vorst. Verb. in Ae. bei —5° 0,21 g $LiAlH_4$, rührt 8 Std. bei —5°, behandelt mit W. u. reinigt **II** über das Bisulfit; 0,6 g. *Hydrochlorid*, F. 228° (Zers.). *Pikrat*, F. 218—219° (Zers.). *Phenylhydrazon*, $C_{14}H_{19}N_3$, F. 147 bis 148°; *Semicarbazon*, F. 244° (Zers.) (Журнал Общей Химии [J. allg. Chem.] **25** **(87).** 2143—45. Okt. 1955. Wiss. Chem.-Pharmazeut. Ordshonikidse-Forschungsinst.) O. POLLAK V. EMHOFEN. 3231

Konomu Matsumura und **Motoko Ito**, *Kondensation von Chloralhydrat mit Chinolinol-(8)*. Das bei der Rk. von Chinolinol-(8) mit Chloralhydrat entstehende *5-[α-Oxy-β.β.β-trichloräthyl]-chinolinol-(8)* (**I**) liefert bei der alkal. Hydrolyse mit methanol. KOH *5-Carboxy-* u. *5-Formylchinolinol-(8)* (**II**) neben einer in $NaHSO_3$ lösl. Verbindung. Die Hydrolyse von **I** mit $NaOCH_3$ in CH_3OH gibt **II** u. eine in $NaHSO_3$ unlösl. *Substanz* (**III**) mit einer Carboxy- u. Methoxygruppe. Das in konz. $NaHSO_3$ u. $NaHCO_3$ lösl. **II** ist gegen Oxydation mit HNO_3, Ag_2O, Halogen u. CrO_3 beständig. Die Bromierung von **II** mit 1 Mol Br_2 führt zu *7-Brom-5-formylchinolinol-(8)*, mit 2 Mol Br_2 zu *5.7-Dibromchinolinol-(8)*, 7-Jod-5-formylchinolinol-(8) (**IV**) liefert analog *5-Brom-7-jodchinolinol-(8)*. Das Oxim von **II** geht mit Acetanhydrid in das *Diacetylderiv.* über, das bei 140° *5-Cyan-8-acetoxychinolin* ergibt (Beweis für *syn-Form*). Durch alkal. Schmelze läßt sich **II** in *5-Carboxychinolinol-(8)* überführen. Betreffs der tuberculostat. Wrkg. in vitro vgl. Original.

Versuche: *5-[α-Oxy-β.β.β-trichloräthyl]-chinolinol-(8)* (**I**) $C_{11}H_8O_2NCl_3 \cdot 1{,}5H_2O$ schm. zwischen 170 u. 280° unter Verfärben, aus 14,5 g Chinolinol-(8) u. 18,2 g Chloralhydrat in 95% ig. H_2SO_4 unterhalb 10°, 3std. Schütteln unter Verschluß, 7std. Erwärmen auf 70°, Gießen auf Eis, 2std. Kochen des Nd. mit Na-Acetat, dann 2std. Kochen des Nd. (Filtrat **A**) mit 5% ig. HCl u. Zers. des Hydrochlorids (Filtrat **B**); orangefarbene Prismen aus 25% ig. CH_3COOH; 15,4 g (Ausbeute); $FeCl_3$-Rk. grün. *Hydrochlorid*, $C_{11}H_8O_2NCl_3 \cdot HCl$, F. > 310°, durch Einengen von **B**; Prismen aus verd. HCl. *Pikrat*, $C_{11}H_8O_2NCl_3 \cdot C_6H_3O_7N_3$, F. 204° (Zers.), aus A. gelbe Prismen. *Diacetylderiv.* $C_{15}H_{12} \cdot O_4NCl_3 \cdot 0,5H_2O$, F. 158—159°, Platten aus 50% ig. CH_3COOH. — *5-Sulfochinolinol-(8)*, F. 316—317° (W.), aus **A** durch Ansäuern; 3 g. — **I** oder *Stellungsisomeres* von **I**, $C_{11}H_8O_2 \cdot NCl_3 \cdot 0,5H_2O$, Zers. zwischen 135—320°, aus **B** durch Einengen als Hydrochlorid u. Hydrolyse; kub. rote Säulen aus 25% ig. CH_3COOH; 0,7 g. — *α.α.α-Trichlor-β.β-bis-[8-oxychinolyl-(5)]-äthan* (?), $C_{20}H_{13}O_2N_2Cl_3$, F. 246° (Zers.), durch Neutralisation der Mutterlauge vorst. Verb.; aus A. Platten; 2,1 g — *5-Formylchinolinol-(8)* (**II**), $C_{10}H_7O_2N$, F. 178°, a) durch Hydrolyse von **I** mit methanol KOH (3std. Kochen), Ansäuern des Filtrats mit CH_3COOH, 12std. Stehen des Nd. mit 5% ig. HCl u. Zers. des Hydrochlorids (Filtrat **C**) mit Na-Acetat: Nadeln; 38%; b) aus **I** durch 8std. Erhitzen mit Na in $CH_3 \cdot OH$; 50%; $FeCl_3$-Rk. grün. *Na-Salz*, $C_{10}H_6O_2NNa \cdot 0,5\ H_2O$, aus A. Nadeln. *Hydrochlorid*, $C_{10}H_7O_2N \cdot HCl \cdot 0,5H_2O$, F. 274° (Zers.), Säulen aus verd. HCl. *Pikrat*, $C_{10}H_7O_2N \cdot C_6H_3O_7N_3$, F. 243,5° (Zers.), aus A. gelbe Prismen. *Dinitrophenylhydrazon*, $C_{16}H_{11}O_5N_5 \cdot 2H_2O$, F. 286° (Zers.), violette Nadeln aus CH_3COOH. *Oxim*, $C_{10}H_8O_2N_2$. $0,5H_2O$, F. 202°, aus A. Platten. *Thiosemicarbazon*, $C_{11}H_{10}ON_4S \cdot 0,5H_2O$, F. 265° (Zers.), gelbe Nadeln aus 20% ig. CH_3COOH. *Diacetylderiv.* des *Oxims*, $C_{14}H_{12}O_4N_2$, F. 140—143°, aus 200 mg Oxim u. Acetanhydrid; kurze Säulen aus Ae.; 0,2 g. Daneben aus **C** eine *Base vom F. 232 bis 235°* (gelbe Nadeln aus A.; 0,5 g) u. als in Bzl. unlösl. Verb. *5-Carboxychinolinol-(8)* [$C_{10}H_7O_3N$, F. 263° (Zers.), gelbe Nadeln aus A.; *Hydrochlorid*, F. 239° (Zers.)]; entsteht auch durch Schmelzen von 100 mg **II** mit 1 g KOH auf einer Silberplatte u. Reinigung über das Hydrochlorid; 50 mg. — *Verb. vom F. 103—104°* bei der Extraktion des nach b) erhaltenen Reaktionsprod. mit $NaHSO_3$; prismat Nadeln aus A.; 0,32 g. *Pikrat*, F. 192°, aus A. gelbe Nadeln. — *7-Brom-5-formylchinolinol-(8)*, $C_{10}H_6O_2NBr$, F. 232° (Zers.), durch tropfenweise Zugabe von Br_2 in Eisessig zu **II** in Eisessig innerhalb 20 Min. in der Kälte; aus A. orangefarbene Platten. — *7-Jod-5-formylchinolinol-(8)* (**IV**), $C_{10}H_6O_2NJ$, F. 240° (Zers.), analog aus J_2 + KJ u. **II** in wss.-alkoh. NaOH; aus A. orangefarbene Platten. — *7-Nitro-5-formylchinolinol-(8)*, $C_{10}H_6O_4N_2$, Zers. bei 301 bis 311°, durch Erwärmen (2 Min.) eines Gemisches aus **II** u. 20% ig. HNO_3 oder besser durch 1std. Erhitzen von **II** + 9% ig. HNO_3 bei 90°; gelbe Nadeln aus Eisessig. — *5.7-Dibromchinolinol-(8)*, F. 196°, durch Bromieren von 87 mg **II** in Eisessig; Nadeln aus Eisessig; 120 mg. — *5-Brom-7-jodchinolinol-(8)*, C_9H_5ONBrJ, F. 193°, a) aus **IV** mit Br_2 in Eisessig; 170 mg; b) aus 5-Bromchinolinol-(8) mit Jod u. KJ in A.; prismat. Nadeln aus A.; 170 mg.— *5-Cyan-8-acetoxychinolin*, $C_{12}H_8O_2N_2$, F. 153°, durch 2std. Erhitzen des **II**-Oxims in Essigsäureanhydrid auf 140°; prismat. Nadeln aus Bzl.; 100%. *5-Cyanchinolinol-(8)*, $C_{10}H_6ON_2$, F. 176,5—177°, durch 2std. Kochen vorst. Verb. in 10% ig. alkoh. wss. Na_2CO_3; Prismen aus A.; 100%; $FeCl_3$-Rk. grün. *Pikrat*, $C_{10}H_6ON_2 \cdot C_6H_3O_7N_3$, F. 251°, aus A. Prismen. *Hydrochlorid*, F. 277° (Zers.), gelbe prismat. Nadeln aus verd. HCl. (J. Amer. chem. Soc. **77**. 6671—74. 20/12. 1955. Tokyo, Kitasato Inst., Chem. Labor.) G. GEBHARD. 3231

N. P. Buu-Hoï, Michel Sy und **N. D. Xuong**, *Über die Pfitzinger-Reaktion mit Phenolketonen.* Während p-Oxyacetophenon bei der PFITZINGER-Rk. mit 5-Bromisatin (**IV**) *6-Brom-2-[4-oxyphenyl]-cinchoninsäure* liefert, setzt sich Resacetophenon (2.4-Dioxyacetophenon) mit **IV** nicht um. 4.4'-Dioxydesoxybenzoin reagiert weder mit Isatin (**V**) noch mit **IV**. Desoxyanisoin (**I**) dagegen gibt *2.3-Bis-*(**II**) u. *6-Brom-2.3-bis-[p-methoxyphenyl]-cinchoninsäure.* Die Entmethylierung von **II** mit Pyridinhydrochlorid (**III**) führt zu *2.3-Bis-[p-oxyphenyl]-cinchoninsäure.* Analog wird *2.3-Bis-[p-oxyphenyl]-chinolin* aus dem durch therm. Decarboxylierung von **II** gewonnenen *Dimethyläther* erhalten. Eine Vergrößerung der Reaktionsgeschwindigkeit tritt beim 3-Fluor-4-oxypropiophenon auf. Die entstandene *3-Methyl-2-[3-fluor-4-oxyphenyl]-cinchoninsäure* kann zu dem entsprechenden *Chinolin* decarboxyliert werden. 3-Chlor-4-oxypropiophenon läßt sich in guten Ausbeuten mit **V** umsetzen, u. aus der Methoxyverb. wird mit **V**, **IV** bzw. 5-Methylisatin *3-Methyl-*, *6-Brom-3-methyl-* bzw. *3.6-Dimethyl-2-[3-chlor-4-methoxyphenyl]-cinchonsäure* erhalten. 3.5-Dibrom-, 3-Brom-5-chlor-, 3.5-Dijod-4-oxyacetophenon u. Respropiophenon (2.4-Dioxypropiophenon) reagieren nicht mit **V**, aber 3-Fluor-4-oxyphenacetophenon u. sein Methyläther führen zu *3-Phenyl-* u. *6-Brom-3-phenyl-2-[3-fluor-4-oxyphenyl]-* bzw. *3-Phenyl-2-[3-fluor-4-methoxyphenyl]-2-cinchoninsäure.* 3.5-Dibrom-2-oxypropiophenon ist der Rk. nicht zugänglich, während der Methyläther in guten Ausbeuten *3-Methyl-2-[3.5-dibrom-2-methoxyphenyl]-cinchoninsäure* liefert. Mit 5-Fluor-2-oxyphenacetophenon entsteht in 50% ig., mit der 2-Methoxyverb. in fast quantitativer Ausbeute *3-Phenyl-2-[5-fluor-2-oxy- bzw. -methoxyphenyl]-cinchoninsäure.* Das durch Kondensation von Propionsäure (VII) u. p-tert.-Amylphenol (VI) in Ggw. von BF_3 gewonnene *5-tert.-Amyl-2-oxypropiophenon* setzt sich mit V zu *3-Methyl-2-[5-tert.-amyl-2-oxyphenyl]-cinchoninsäure* um, während sich das als Nebenprod. erhaltene *5-tert.-Amyl-4-oxypropiophenon* indifferent verhält.

Versuche: *2-[3-Oxyphenyl]-cinchoninsäure,* $C_{16}H_{11}O_3N$, F. 339—341° (Zers.; A. oder Essigsäure), durch 6tägiges Erhitzen von V, 3-Oxyacetophenon u. KOH in A. auf 70°, Verdünnen mit W. u. Ansäuern mit Essigsäure; gelbliche Kristalle; 90% (Ausbeute). — *2-[3-Oxyphenyl]-chinolin,* $C_{15}H_{11}ON$, F. 158—159° (Bzl.), durch Erhitzen vorst. Verb. über den F.; feine gelbe Nadeln. — *6-Brom-2-[3-oxyphenyl]-cinchoninsäure,* $C_{16}H_{10}O_3NBr$, F. > 325°, feine gelbe Nadeln; 92%. — *6-Brom-2-[4-oxyphenyl]-cinchoninsäure,* $C_{16}H_{10}O_3NBr$, F. > 320° (Essigsäure), in 48 Std. hellgelbe Prismen; 25%. — *4.4'-Dioxydesoxybenzoin,* F. 215° (verd. Essigsäure), durch 1std. Kochen von I u. III; 80—85%. — *2.3-Bis-[p-methoxyphenyl]-cinchoninsäure* (II), $C_{24}H_{19}O_4N$, F. 335—336° (Essigsäure), aus 26 g I in 48 Std.; schwachgelbliche Nadeln; 26 g. — *2.3-Bis-[p-methoxyphenyl]-chinolin,* $C_{23}H_{19}O_2N$, F. 110° (A.), feine Nadeln. — *6-Brom-2.3-bis-[p-methoxyphenyl]-cinchoninsäure,* $C_{24}H_{18}O_4NBr$, Zers. bei 316—317° (Essigsäure), gelbe Nadeln; 75%. — *2.3-Bis-[p-oxyphenyl]-cinchoninsäure,* $C_{22}H_{15}O_4N$, F. > 350° (Essigsäure), aus II u. III; gelbe Nadeln; 95%. — *2.3-Bis-[p-oxyphenyl]-chinolin,* $C_{21}H_{15}O_2N$, F. 265—266° (Zers.; A.), wie vorst.; gelbe Prismen; ~ 100%. — *3-Methyl-2-[3-fluor-4-oxyphenyl]-cinchoninsäure,* $C_{17}H_{12}O_3NF$, F. > 320° (Essigsäure), gelbe Prismen; 70%, — *3-Methyl-2-[3-fluor-4-oxyphenyl]-chinolin,* $C_{16}H_{12}ONF$. F. 199° (A.), Nadeln. — *3-Methyl-2-[3-chlor-4-methoxyphenyl]-cinchoninsäure,* $C_{18}H_{14}O_3NCl$, F. 310° (Essigsäure), Prismen; 92%. — *3-Methyl-2-[3-chlor-4-methoxyphenyl]-chinolin,* $C_{17}H_{14}ONCl$, F. 106° (A.), feine Nadeln. — *6-Brom-3-methyl-2-[3-chlor-4-methoxyphenyl]-cinchoninsäure,* $C_{18}H_{13}O_3NClBr$, F. > 320° (Essigsäure), gelbe Prismen. — *3.6-Dimethyl-2-[3-chlor-4-methoxyphenyl]-cinchoninsäure,* $C_{19}H_{16}O_3NCl$, F. > 320° (Essigsäure), gelbe Prismen. — *3-Phenyl-2-[3-fluor-4-oxyphenyl]-cinchoninsäure,* $C_{22}H_{14}O_3NF$, F. > 330° (Essigsäure), in 7 Tagen; feine, hellgelbe Nadeln; 60%. — *3-Phenyl-2-[3-fluor-4-oxyphenyl]-chinolin,* $C_{21}H_{14}ONF$, F. 200° (A.), Nadeln. — *6-Brom-3-phenyl-2-[3-fluor-4-oxyphenyl]-cinchoninsäure,* $C_{22}H_{13}O_3NBrF$, F. > 330° (Essigsäure), in 7 Tagen; feine gelbe Nadeln; 64%. — *3-Phenyl-2-[3-fluor-4-methoxyphenyl]-cinchoninsäure,* $C_{23}H_{16}O_3NF$, F. 300° (Essigsäure), in 3 Tagen; lange, schwach gelbliche Nadeln; 80%. — *3-Phenyl-2-[3-fluor-4-methoxyphenyl]-chinolin,* $C_{22}H_{16}ONF$, F. 104° (A.), Nadeln. — *3.5-Dibrom-2-methoxypropiophenon,* $C_{10}H_{10}O_2Br_2$, F. 66° (PAe.), aus dem entsprechenden Phenol mit CH_3J/alkoh. KOH; feine Nadeln. — *Cinchoninsäuren: 3-Methyl-2-[3.5-dibrom-2-methoxyphenyl]-*, in 3 Tagen; ~ 100%. — *3-Phenyl-2-[5-fluor-2-methoxyphenyl]-*, $C_{23}H_{16}O_3NF$, F. 298° (Essigsäure), in 4 Tagen; gelbe Nadeln; 90%. — *3-Phenyl-2-[5-fluor-2-oxyphenyl]-*, $C_{22}H_{14}O_3NF$, F. > 320° (Essigsäure), in 7 Tagen; gelbe Nadeln; 50%. — *6-Brom-3-phenyl-2-[5-fluor-2-oxyphenyl]-*, in 7 Tagen; 70%. — *6-Methyl-3-phenyl-2-[5-fluor-2-oxyphenyl]-*. — *2-[3-Brom-2-oxy-5-methylphenyl]-*, $C_{17}H_{12}O_3NBr$, F. 319—320° (Essigsäure), in 7 Tagen aus 3-Brom-2-oxy-5-methylacetophenon; hellgelbe Prismen; 45%. — *5-tert.-Amyl-2-oxypropiophenon,* $C_{14}H_{20}O_2$, Kp.$_{24}$ 206—209°, durch 2std. Erhitzen von VI u. VII in Ggw. von BF_3 auf 70—80°, Zugeben von W., Aufnehmen in Chlf. u. Abtrennen von *p-Oxypropiophenon* (F. 149°); n_D^{24} 1,5320. *Semicarbazon,* $C_{15}H_{23}O_2N_3$, F. 226° (A.), feine, glänzende Nadeln. — *3-Methyl-2-[5-tert.-amyl-2-oxyphenyl]-cinchoninsäure,* $C_{22}H_{23}O_3N$, F. > 320° (Essigsäure), schwachgelbliche Nadeln; 67%. (Bull. Soc. chim. France [5] **1956**. 629—32. April. Paris, Univ., Inst. du Radium, Dép. de Chim. organ.)

R. PASEDAG. 3231

Roger Adams und **Irwin J. Pachter,** *Struktur und Derivate des Addukts aus Pyridon-(2) und α-Bromacrylsäure.* Es wird über weitere Unterss. über das Reaktionsprod. aus Pyridon-(2) (I) u. α-Bromacrylsäure (II) berichtet (vgl. J. Amer. chem. Soc. **71** [1949]. 3826); früher beschriebene Ergebnisse werden berichtigt. Bei vorst. Rk. entsteht nicht das erwartete Prod., N-[2-Carboxy-2-bromäthyl]-pyridon-(2), sondern es tritt Cyclisierung zu *2-Carboxy-2.3-dihydrooxazolo-[3.2:a]-pyridiniumbromid* (III) ein; daraus entsteht bei katalyt. Red. *β-Piperidinomilchsäurehydrobromid,* dessen Struktur durch die Synth. aus Piperidinoacetaldehydcyanhydrin bewiesen wurde. Wird III mit verd. NaOH erhitzt, so entsteht unter Spaltung des Oxazolinrings *β-[1.2-Dihydro-2-oxopyridino]-milchsäure* (IV), die auch aus I u. Glycidsäure zugänglich ist. Mit wss. NH_4OH entsteht aus III *β-[1.2-Dihydro-2-iminopyridino]-milchsäure* (V), die mit wss. Alkali zu IV u. NH_3 verseift wird. Beim Behandeln von V mit alkoh. oder wss. HBr tritt leicht Ringschluß zu *3.4-Dihydro-3-oxy-2H-pyrido-[1.2:a]-pyrimidon-(2)-hydrobromid* (VI) ein, das beim Eindampfen mit wss. NH_4OH im Vakuum V zurückbildet. Beim Erhitzen von VI mit P_2O_5 u. anschließender Neutralisation wird *2H-Pyrido-[1.2:a]-pyrimidon-(2)*

(**VII**) gebildet, das auch aus 2-Aminopyridin (**VIII**) u. **II** hergestellt werden kann. **VII** liefert mit H_2/PtO_2 *Oktahydropyrido-[1.2:a]-pyrimidon-(2)*, das ident. ist mit dem Reduktionsprod. von *3.4-Dihydro-2H-pyrido-[1.2:a]-pyrimidon-(2)* (**IX**). **IX**·HCl wurde dargestellt aus β-Chlorpropionsäure oder deren Äthylester u. **VIII**. **VI** entsteht auch aus **VIII** u. β-Brommilchsäure. Aus **IX**·HCl entsteht mit der äquivalenten Menge NaOH beim Eindampfen ein Gemisch von freiem **IX** u. *β-[1.2-Dihydro-2-iminopyridino]-propionsäure* (**X**), das sich auch aus reinem **IX** beim Kochen mit W. bildet. **X** gibt beim Erhitzen mit HCl wieder **IX**·HCl. Mit Alkali wird **X** in **VIII** u. Acrylsäure gespalten.

V e r s u c h e (FF. korr.): *2H-Pyrido-[1.2:a]-pyrimidon-(2)* (**VII**), $C_8H_6ON_2$, F. 248—250° (Chlf.-CCl_4) a) aus 0,4 g **VI** mit 0,8 g P_2O_5 (2 Std. bei 200—210°); 12 mg (Ausbeute); b) aus **II** u. **VIII**. — *3.4-Dihydro-2H-pyrido-[1.2:a]-pyrimidon-(2)* (**IX**), $C_8H_8ON_2$, F. 191—192,5°, aus 5 g Hydrochlorid durch Neutralisieren mit NaOH (Phenolphthalein) u. Eindampfen; aus A./Aceton, Nadeln u. Prismen; 1,2 g, daneben *β-[1.2-Dihydro-2-iminopyridino]-propionsäure* (**X**), $C_8H_{10}O_2N_2$, F. 177,5—178,5° (Zers.), hygroskop. Prismen aus absol. A.; 1,65 g (*Hydrat*, F. 161—163°). **IX**-*Hydrochlorid*, $C_8H_8ON_2$·HCl, F. 295—296° (Zers.), a) aus β-Chlorpropionsäureäthylester u. **VIII** (1 Std. bei 100°); 62%; b) aus **X** beim Kochen mit konz. HCl; c) nach KIRPAL u. WOJNAR (Ber. dtsch. chem. Ges. **71**. [1938]. 1261) bei 75—80°; aus A. Prismen; 78%; *Hydrobromid*, F. 303 bis 305° (Zers.; A.), a) aus **IX** mit HBr in Ae.; b) aus β-Brompropionsäure u. **VIII** in sd. Chlf. (24 Std.); 75%. *Pikrat* F. 224—226°. — *3-Acetoxy-3.4-dihydro-2H-pyrido-[1.2:a]-pyrimidon-(2)-hydrobromid*, $C_{10}H_{11}O_3N_2Br$, F. 233—235° (Zers.; A.), aus **VI** durch Kochen (30 Min.) mit Eisessig/Acetanhydrid. — *Oktahydropyrido-[1.2:a]-pyrimidon-(2)*, $C_8H_{14}ON_2$, F. 140—142°, a) aus 0,20 g **IX** in absol. A. mit H_2/PtO_2; Nadeln aus Ligroin, sublimiert bei 100°/1 mm; 0,174 g; b) aus 0,20 g **VII** mit H_2/PtO_2 in A.; 0,177 g. *Pikrat*, F. 149—150° (absol. A.). — *3.4-Dihydro-3-oxy-2H-pyrido-[1.2:a]-pyrimidon-(2)-Hydrobromid* (**VI**), $C_8H_8O_2N_2$·HBr, F. 301—303° (Zers.) a) aus **V** in W. mit HBr; 100%; b) aus β-Brommilchsäure u. **VIII** in Chlf. (48 Std. kochen); 12,5%. (J. Amer. chem. Soc. **74**. 4906—09. 5/10. 1952. Urbana, Ill., Univ., Noyes Chem. Labor.)
H. GOEBEL. 3272

H. R. Snyder und **Michael M. Robison**, *Struktur und Reaktionen von Malonyl-α-aminopyridin.* 1. Mitt. Die für Malonyl-α-aminopyridin (**I**; vgl. TSCHITSCHIBABIN, Ber. dtsch. chem. Ges. **57**. [1924.] 1168) möglichen Strukturen **Ia**—**Ie** konnten durch Unters. der Infrarotabsorptionsspektren u. chem. Eigg. unwahrscheinlich gemacht werden; wahrscheinlich liegt **I** in der dimeren Form **II** vor. Mit $POCl_3$ entsteht aus **I** *2-Chlor-4H-*

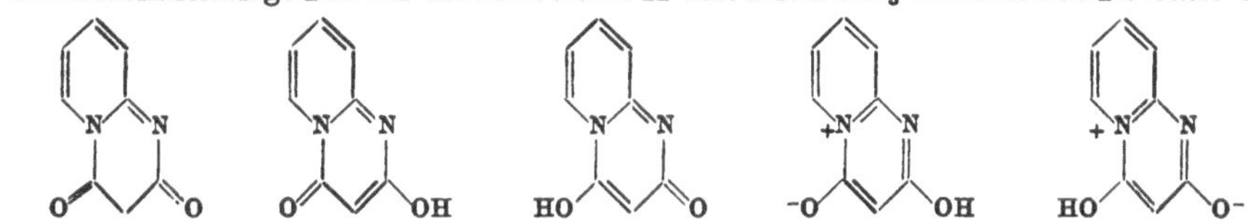

Ia Ib Ic Id Ie

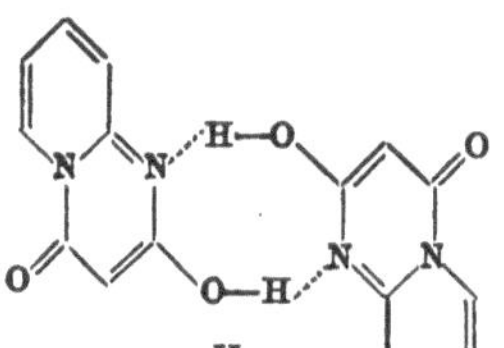

II

pyrido-[1.2:a]-pyrimidon-(4), dessen Struktur durch die katalyt. Red. zu *Oktahydropyrido-[1.2:a]-pyrimidon-(4)* belegt wurde. Bei der Rk. von **I** mit $POCl_3$ + PCl_5 wurden *2.3-Dichlor-4H-pyrido-[1.2:a]-pyrimidon-(4)* (**III**) u. *2-Oxy-3-chlor-4H-pyrido-[1.2:a]-pyrimidon-(4)* (**IV**) gebildet. **IV** scheint ein Zwischenprod. bei der **III**-Bldg. zu sein. **I** läßt sich mit Diazoniumsalzen zu Prodd. kuppeln, die hauptsächlich in der Form der substituierten *Benzolazoderivv.* der Enolform **Ib** vorliegen. Beim Umlösen der Kupplungsprodd. aus A. oder CH_3OH tritt Ringöffnung unter Bldg. von *Mesoxalamidsäurederivv.* ein, deren Struktur durch Synth. u. an Hand der Spektren bewiesen wird. Eine analoge Ringspaltung tritt auch mit niederen Aminen sowie mit wss. Alkalien (vgl. nachst. Ref.) ein. Bei der Spaltung eines Kupplungsprod. von Methylmalonyl-α-aminopyridin wurde unter Decarboxylierung nur ein *Brenztraubensäureamidderiv.* erhalten.

V e r s u c h e: *2-Chlor-4H-pyrido-[1.2:a]-pyrimidon-(4)*, $C_8H_5ON_2Cl$, F. 155,2 bis 156,2°, aus **I** mit $POCl_3$ (45 Min. kochen); aus W. Nadeln; 36% (Ausbeute). — *Oktahydropyrido-[1.2:a]-pyrimidon-(4)*, $C_8H_{14}ON_2$, F. 61—61,8°, aus vorst. Verb. mit H_2/PtO_2 in absol. A. bei 20° u. 3at; aus absol. Ae. hygroskop. Kristalle. *Phenylthioharnstoffderiv.*, $C_{15}H_{19}ON_3S$, F. 174,5—176° (Isopropanol). — *2.3-Dichlor-4H-pyrido-[1.2:a]-pyrimidon-(4)* (**III**), $C_8H_4ON_2Cl_2$, F. 225,8—226,5° (Isopropanol), aus **I** mit PCl_5 u. $POCl_3$ bei 110—120° (3 Std.); daneben *2-Oxy-3-chlor-4H-pyrido-[1.2:a]-pyrimidon-(4)* (**IV**), $C_8H_5O_2N_2Cl$, langsame Zers. bei 290° (W.). Bei 4std. Erhitzen entsteht kein **IV**. **III** gibt

beim 18std. Kochen mit 6n HCl *2-Aminopyridin*, F. 58,5—60°. — 3-Arylazo-2-oxy-4H-pyrido-[1.2:a]-pyrimidone-(4), aus dem entsprechenden Amin durch Diazotierung in HCl u. Rk. mit I in wss. KOH in Ggw. von Na-Acetat: *3-Benzolazo-*(V), $C_{14}H_{10}O_2N_4$, F. 246—246,4° (Zers.), mit Anilin; aus Isopropanol goldorangefarbene Platten; 85% (roh). Gibt mit sd. $POCl_3$ (4 Std., dann 7 Std. stehen). *Verb.* $C_{14}H_9ON_4Cl$, F. 177—178,2°; aus Cyclohexan rote Nadeln. — *3-[p-Carboxybenzolazo]-*, F. 261,2—262°, mit p-Aminobenzoesäure; orangerotes Pulver; 96% (roh). *Methylester*, $C_{16}H_{12}O_4N_4$, F. 252° (Zers.); mit p-Aminobenzoesäuremethylester; aus Bzl. gelbbraune Blättchen; 70% (roh). *Äthylester*, $C_{17}H_{14}O_4N_4$, F. 249° (Zers.), aus Bzl. rotorangefarbene Blättchen. — *3-[p-Sulfophenylazo]-*, $C_{14}H_{10}O_5N_4S \cdot {}^1/_2 H_2O$, F. 248° (Zers.), mit Sulfanilsäure; 93% (roh). — N-[α-Pyridyl]-mesoxalamidsäure-Derivv. durch Umlösen des entsprechenden vorst. Kupplungsprod. aus CH_3OH bzw. A.: *Methylesterphenylhydrazon*, $C_{15}H_{14}O_3N_4$, F. 166—167°, hellgelbe, haarähnliche Kristalle aus Methanol; wird zum Vgl. aus dem K-Salz von Malonsäuremonomethylester durch Überführung in *Malonsäuremonomethylestermonochlorid* (Kp.$_5$ 47—50°; 55,4%), Umsetzung mit α-Aminopyridin zu *N-[α-Pyridyl]-malonamidsäuremethylester* (hellrotes Öl; 56,4%) u. Rk. mit Benzoldiazoniumchlorid dargestellt. *Methylester-p-carbomethoxyphenylhydrazon*, F. 189,5—190°; gibt bei der Hydrierung in absol. A. über RANEY-Ni bei 100° u. 1600 lbs./sq.in. *p-Aminobenzoesäuremethylester*, F. 93—104° (*symm.-Trinitrobenzoladdukt*, F. 113,5—114,2°, aus A. dunkelorangefarbene Nadeln). *Äthylester-p-carbäthoxyphenylhydrazon*, $C_{19}H_{20}O_5N_4$, F. 165—165,5°, zum Vgl. aus vorst. Deriv. durch Umesterung; hellgelbe faserige Kristalle. *Methylester-p-carbäthoxyphenylhydrazon*, $C_{18}H_{18}O_5N_4$, F. 175,2—176° aus CH_3OH gelbe faserige Kristalle. — *N-[α-Pyridyl]-N'-n-butylmesoxalamidphenylhydrazon*, $C_{18}H_{21}O_2N_5$, F. 110,5—111,5° aus V durch Kochen mit n-Butylamin; aus PAe. gelbe faserige Kristalle; 50%. — *N-[α-Pyridyl]-brenztraubensäureamid-p-carbäthoxyphenylhydrazon*, $C_{17}H_{18}O_3N_4$, F. 204,5—205° bzw. 185° (dimorph), aus Methylmalonyl-α-aminopyridin mit diazotiertem p-Aminobenzoesäureäthylester; rotbraune Nadeln aus Bzl./Cyclohexan; 89%. — *Mesoxalanilidsäureäthylesterphenylhydrazon*, $C_{17}H_{17}O_3N_3$, F. 103,2—103,8°, durch Kupplung von Malonanilidsäureäthylester mit diazotiertem Anilin. — *N-[α-Pyridyl]-isonitrosomalonamidsäureäthylester*, $C_{10}H_{11}O_4N_3$, F. 165,8—166° (Zers.), aus K-Malonsäurediäthylester mit $SOCl_2$, Rk. des gebildeten *Malonsäuremonäthylestermonochlorids* (Kp.$_{10}$ 63—64°; 40%) mit α-Aminopyridin u. Nitrosierung des rohen *N-[α-Pyridyl]-malonamidsäureäthylesters* mit n-Propylnitrit; aus Bzl./Cyclohexan faserige Rosetten. — *Glyoxylsäureäthylesterphenylhydrazon*, F. 128,5—130°, aus Glyoxylsäureäthylesterhalbacetal mit Phenylhydrazin in Eisessig/W.; aus A./W. gelbe faserige Kristalle; 67%. — *Malonanilidsäuremethylester*, F. 47—48,5°, nach CHATTAWAY [1916]; aus PAe./Ae. Platten. (J. Amer. chem. Soc. **74.** 4910—16. 5/10. 1952., Urbana, Ill., Univ., Noyes Chem. Labor.)
H. GOEBEL. 3272

H. R. Snyder und **Michael M. Robison**, *Malonyl-α-aminopyridin.* 2. Mitt. *Hydrolyse seiner Diazoniumkupplungsprodukte und verwandter Verbindungen.* (1. vgl. vorst. Ref.) Das Prod. der Kupplung von Malonyl-α-aminopyridin mit Benzoldiazoniumchlorid, 3-Benzolazo-2-oxy-4H-pyrido-[1.2:a]-pyrimidon-(4) (I), zers. sich beim Stehen mit verd. wss. Alkali prim. zu CO_2, *HCN*, *α-Pyridylisocyanat* (II) u. *Anilin* (III). II reagiert weiter mit III zu *N-Phenyl-N'-[α-pyridyl]-harnstoff*, dem Hauptprod. der Rk., sowie mit dem aus II durch Hydrolyse entstandenen *α-Aminopyridin* zu *Di-α-pyridylharnstoff.* Eine entsprechende Zers. erfahren die 3-[p-Carboxy-, 3-[p-Carbomethoxy-, 3-[p-Carbäthoxy- u. 3-[p-Sulfobenzolazo]-analogen von I (vgl. l.c.), wobei als Kriterium die Entw. von HCN beim Stehen mit wss. Alkalien dient. Für die Zers. von I, die offenbar über die unter Addition von OH^- entstehende tautomere Hydrazonform verläuft, werden 2 Mechanismen diskutiert. Analog zerfallen die aus I mit A. oder CH_3OH gebildeten Phenylhydrazone der N-[α-Pyridyl]-mesoxalamidsäureäthyl- u. -methylester (vgl. l.c.) u. der freien Säure sowie die analogen unsubstituierten bzw. die Alkyl- u. Carbamylhydrazone u. die Oxime (z. B. N-[α-Pyridyl]-isonitrosomalonamidsäureäthylester), wobei Voraussetzung für den Zerfall ist, daß die entsprechenden Verbb. zu den als Zwischenprod. auftretenden Hydrazonen (bzw. Oximen) von 1.2.3.4-Tetrahydropyrido-[1.2:a]-pyrimidintrion-(2.3.4) (tautomer mit I) cyclisierbar sind. Dementsprechend tritt keine Zers. ein mit der nicht cyclisierbaren N-[γ-Pyridyl]- u. N-Arylmesoxalamidsäure u. ihren Estern, mit N-[α-Pyridyl]-N'-n-butylmesoxalamid (vgl. l.c.) sowie mit den Phenylhydrazonen u. Oximen (z. B. o-Nitroglyoxylanilid) von Glyoxylsäure bzw. ihren Estern, ihrem Amid u. ihrem Anilid.

Versuche: *N-Phenyl-N'-[α-pyridyl]-harnstoff* (IV), $C_{12}H_{11}ON_3$, F. 187,5—188,5°, durch Hydrolyse von I mit sd. W. oder sd. wss. Alkali oder aus α-Aminopyridin u. Phenylisocyanat ($1^1/_2$ Std. bei 100°); aus 50%ig. Methanol/W. Nadelrosetten. — *Di-α-*

pyridylharnstoff, F. 177—179°, durch Kochen von **I** in W. mit α-Aminopyridin oder nach CAMPS [1902]. — *Malonsäuremonoäthylesterchlorid*, Kp.$_7$ 60°, aus dem K-Salz von Malonsäuremonoäthylester mit $SOCl_2$; 40% (Ausbeute). — *N-[γ-Pyridyl]-malonamidsäureäthylesterhydrochlorid*, aus vorst. Verb. u. γ-Aminopyridin in absol. Ae.; 75%. — *N-[γ-Pyridyl]-mesoxalamidsäureäthylesterphenylhydrazon*, $C_{16}H_{16}O_3N_4$, F. 144,5—145°, aus vorst. Verb. in absol. A., Na-Acetat u. Na_2CO_3 mit Benzoldiazoniumchlorid; gelbe Kristalle aus Cyclohexan. — *N-[α-Pyridyl]-mesoxalamidsäurephenylhydrazon*, $C_{14}H_{12}O_3N_4$, F. 145—145,2° (Zers.), aus **I** mit $NaOCH_3$ in Methanol (9½ Std. kochen); feine gelbe Fäserchen aus Cyclohexan; 24,4%. Gibt beim Stehen mit 2,5%ig. NaOH oder beim Erhitzen mit $Ba(OH)_2$ **IV**; in saurer Lsg. entstehen **IV** u. *N-[α-Pyridyl]-carbaminsäuremethylester*, $C_7H_8O_2N_2$, F. 128,5—129,5°, der auch aus α-Aminopyridin u. Chlorkohlensäuremethylester dargestellt wurde; haarähnliche Fäserchen aus Cyclohexan; 32%. (J. Amer. chem. Soc. **74**. 5945—49. 5/12. 1952.) H. GOEBEL. 3272

Michel Polonovski, Marcel Pesson und Raymond Zelnik, *Alkylierung des Theophyllins mittels Mannich-Basen.* Vff. erhalten *β-[Theophyllyl-(7)]-ketone* durch Kondensation von Theophyllin (**I**) mit β-Dialkylaminoketonen in sd. alkoh. bzw. wss.-alkoh. Lösung. In den Fällen, in denen die Base schwierig zu reinigen ist, gelingt die Rk. auch bei Einsatz von Na-Theophyllinat (**II**) u. dem Hydrochlorid des Aminoketons.

Versuche: *ω-[Theophyllyl-(7)]-propiophenon*, F. 191°, a) aus **I** u. β-Dimethylaminopropiophenon; 51% (Ausbeute); b) aus **II** u. β-Brompropiophenon, 10%; c) durch Kochen von **I** u. Phenylvinylketon in Xylol in Ggw. eines alkal. Katalysators; 53%. *Oxim*, F. 220°. *Phenylhydrazon*, F. 198°. — *1-[Theophyllyl-(7)]-butanon-(3)*, F. 140°, aus **I** u. *1-Dimethylaminobutanon-(3)*, 69%. *Oxim*, F. 208°. — *2-[Theophyllyl-(7)-methyl]-cyclohexanon*, F. 159°, aus **I** u. *2-Dimethylaminomethylcyclohexanon*; 47%. *Oxim*, F. 226°. — Durch katalyt. Red. vorst. Oxime in Ggw. von RANEY-Ni (80°, 50—70 atü) u. Isolierung als Hydrochloride: *1-Phenyl-3-[theophyllyl-(7)]-propylamin-*, F. 235° (Zers.); 85%. — *1-[Theophyllyl-(7)]-3-aminobutan-*, F. 260° (Zers.); 62%. — *2-[Theophyllyl-(7)-methyl]-cyclohexylamin-*, F. 212° (Zers.); 61,7%. (C. R. hebd. Séances Acad. Sci. **240**. 2079—80. 23/5. 1955.) K. FRENKLER. 3272

Burton Marks und Harry P. Schultz, *Untersuchungen über Chinoxaline. 2. Mitt. Die Darstellung von 2-Oxy-3.6-dimethylchinoxalin und 2-Oxy-3.7-dimethylchinoxalin.* (1. vgl. YOLLES u. SCHULTZ, C. **1950**. I. 2106.) Zur Strukturaufklärung der Chinoxalinverbb., die HINSBERG [1887 u. 1888] durch Kondensation von 3.4-Diaminotoluol mit Brenztraubensäure bzw. mit α-Brompropionsäureäthylester (**I**) erhalten hatte, stellten Vff. zunächst *2-Oxy-3.6-* (**II**) u. *-3.7-dimethylchinoxalin* (**III**) dar. **II** konnte durch Kondensation von 3-Amino-4-acetamidotoluol (**IV**) mit **I**, Hydrolyse u. Cyclisierung des erhaltenen *N-[2-Acetamido-5-methylphenyl]-dl-α-alaninäthylesters* (**VII**) u. Oxydation der intermediär gebildeten *Dihydrochinoxalinverb.* mit H_2O_2 erhalten werden. Die Synth. von **III** erfolgte analog aus 3-Nitro-4-aminotoluol (**V**) u. α-Brompropionsäure (**VI**) über *N-[2-Nitro-4-methylphenyl]-dl-α-alanin*, Red. u. Luftoxydation. Auf Grund der Nachprüfung der Verff. von HINSBERG stellen die von ihm erhaltenen Verbb. vom F. 220 bzw. 238° (vermutlich eutekt.) Gemische von **II** u. etwas mehr **III** dar, aus denen auch durch wiederholte Kristallisation aus A. das weniger lösl. **III** in geringer Menge isoliert werden konnte. UV-Spektren vgl. Original.

Versuche: *N-[2-Acetamido-5-methylphenyl]-dl-α-alaninäthylester* (**VII**), $C_{14}H_{20}O_3N_2$, F. 126,8—127,1° (A./W.), durch Red. von 0,1 Mol 3-Nitro-4-acetamidotoluol mit H_2 in Ggw. von 5% $PdCl_2$-Kohle bei 30°/4 at in 1 Std., Kondensation des *3-Amino-4-acetamidotoluols* (**IV**; 0,051 Mol) in W. mit **I** unter 5std. Erhitzen (Wasserbad) u. Gießen in W.; 63% (Ausbeute). Bei Isolierung von **IV** werden nur 10% neben viel *2.6-Dimethylbenzimidazol* erhalten; die Kondensation des isolierten **IV** mit **I** ergibt 74% **VII**. — *2-Oxy-3.6-dimethylchinoxalin* (**II**), $C_{10}H_{10}ON_2$, F. 254—255° (A./W.), durch 4std. Erhitzen von **VII** u. 50%ig. H_2SO_4 unter Rühren auf dem Wasserbad, Neutralisieren der Lsg., 2std. Erhitzen der gefällten Verb. mit 8%ig. NaOH u. 3%ig. H_2O_2 u. Einstellen der Lsg. auf p_H 4; Sublimation bei 150°/1 mm; 9%. — *N-[2-Nitro-4-methylphenyl]-dl-α-alanin*, F. 149,5—150°, durch 8std. Erhitzen von **V** u. **VI**, Extraktion mit 15%ig. NH_4OH u. Ansäuern mit 10%ig. HCl; 38%. — *2-Oxy-3.7-dimethylchinoxalin* (**III**), $C_{10}H_{10}ON_2$, F. 243—244° (A./W.), durch Red. des vorst. Alanins in A. an Pd-Kohle mit H_2 bei 30°/2 at, Oxydation des Rückstandes in 10%ig. NaOH mit Luft-O_2 bei 70 bis 80° (18 Std.) u. Fällung mit Essigsäure (p_H 4); Sublimation bei 150°/1 mm; 43%. (J. Amer. chem. Soc. **73**. 1368—70. März 1951. Coral Gables, Fla., Univ. of Miami, Dep. of Chem.) E. HERR. 3272

Robert Patton und Harry P. Schultz, *Untersuchungen über Chinoxaline. 3. Mitt. Die Darstellung und physikalischen Eigenschaften einiger 2.3-Dialkoxychinoxaline.* (2. vgl.

vorst. Ref.) Vff. stellten einige 2.3-Dialkoxychinoxaline durch Erhitzen von 2.3-Dichlorchinoxalin mit K in dem entsprechenden Alkohol dar, wobei die Reaktionsdauer mit steigendem Mol.-Gew. von 1—11 Std. variierte. Die zuerst aufgeführten 4 Verbb. wurden aus dem Reaktionsgemisch mit W. gefällt, bei den übrigen wurde der überschüssige Alkohol durch Wasserdampfdest. entfernt u. der Rückstand in Ae. aufgenommen. *2.3-Dimethoxychinoxalin*, F. 92—93° (wss. A.); 82% (Ausbeute). — *2.3-Diäthoxy-*, F. 77—78° (wss. A.) 70%. — *2.3-Di-n-propoxy-*, F. 53—54° (wss. A.); 71%. — *2.3-Diisopropoxy-*, F. 93—94° (wss. A.); 55%. — *2.3-Di-n-butoxy-*, F. 50—51° (wss. A.); 45%. — *2.3-Diisobutoxy-*, viscoses Öl; D^{25}_{4} 1,040; n_D^{25} 1,5370; 76%. — *2.3-Di-n-amyloxy-*, viscoses Öl; D^{25}_{4} 1,022; n_D^{25} 1,5304; 68%. — *2.3-Diisoamyloxy-*, viscoses Öl; D^{25}_{4} 1,014; n_D^{25} 1,5290; 79%. — *2.3-Di-n-hexyloxy-*, F. 60—65°; krist. als wachsartige M. in ca. 10 Tagen; 60%. — Die UV-Absorptionsmaxima sämtlicher Verbb. wurden in A. bestimmt. (J. Amer. chem. Soc. **73.** 5899—5900. Dez. 1951.) W. HOFFMANN. 3272

Richard B. Barlow und **Arnold D. Welch**, *Eine Synthese des „6-Azauracils" [1.2.4-Triazin-3.5-(2H.4H)-dion], eines Analogons des Uracils.* Durch Einw. von Thiosemicarbazid (**II**) auf Di-Na-Mesoxalat entsteht *2.3.4.5-Tetrahydro-1.2.4-triazinthion-(3)-on-(5)-carbonsäure-(6)* (**I**). Die Darst. von **I** über Oxomalonsäurediäthylester gibt schlechtere Ausbeuten. Die Rk. von **I** mit CH_3J in Alkali liefert *4.5-Dihydro-3-methylmercapto-1.2.4-triazinon-(5)-carbonsäure-(6)*. Thioätherspaltung mit konz. HCl/Eisessig führt zu *2.3.4.5-Tetrahydro-1.2.4-triazindion-(3.5)-carbonsäure-(6)*, die beim Erhitzen im Vakuum zu *2.3.4.5-Tetrahydro-1.2.4-triazindion-(3.5)* decarboxyliert wird.

V e r s u c h e: *2.3.4.5-Tetrahydro-1.2.4-triazinthion-(3)-on-(5)-carbonsäure-(6)* (**I**), $C_4H_3O_3N_3S$, F. 247° (Zers.; W. u. Eisessig), durch 6std. Kochen von Di-Na-Mesoxalat mit **II** in W., Einstellen mit konz. HCl auf p_H 1 u. 15std. Stehen bei 4°; gelbgrüne Kristalle; UV-Spektr. in W. angegeben; 82% (Ausbeute). *Äthylester*, $C_6H_7O_3N_3S$, F. 206 bis 207° (W.), durch 5std. Kochen von Oxomalonsäurediäthylester mit **II** in W. u. 15std. Stehen bei 4°; grüngelbe Nadeln; 26%; Hydrolyse mit konz. HCl oder n-NaOH gibt **I**. — *4.5-Dihydro-3-methylmercapto-1.2.4-triazinon-(5)-carbonsäure-(6)*, $C_5H_5O_3N_3S$, F. 212 bis 214° (nach Aufschlämmen bei 176° u. Wiederverfestigung; Eisessig); durch Einw. von CH_3J auf **I** in n-NaOH unter Rühren, Einstellen mit konz. HCl auf p_H 1, Einengen u. 15std. Stehen bei 4°; 77%. — *2.3.4.5-Tetrahydro-1.2.4-triazindion-(3.5)-carbonsäure-(6)*, $C_4H_3O_4N_3$, F. 241° (Zers.; Eisessig), durch 5std. Kochen vorst. Verb. in konz. HCl/Eisessig (30:55), Filtration u. Kühlung auf 4°; 65%. — *2.3.4.5-Tetrahydro-1.2.4-triazindion-(3.5)*, $C_3H_3O_2N_3$, F. 272° (W.), durch Erhitzen vorst. Verb. auf 230—250°/10 mm u. Sublimation; ~100%. (J. Amer. chem. Soc. **78.** 1258—59. 20/3. 1956. New Haven, Conn., Yale Univ., School of Med.) B. WIEMER. 3313

J. H. Boyer und **F. C. Canter**, *Die säurekatalysierte Reaktion von Stickstoffwasserstoffsäure mit gewissen alicyclischen Alkoholen.* Es wurde die Rk. von HN_3 mit 2-Methylcyclohexanol (**I**), Menthol (**II**), Cyclopentanol (**III**), -hexanol (**IV**) u. -heptanol (**V**) in konz. H_2SO_4 untersucht. **III**, **IV** u. **V** wurden offenbar ohne Umlagerung in die entsprechenden Carbeniumionen übergeführt. Ob sich die Azide gebildet hatten, wurde nicht festgestellt. Isoliert wurden *Cyclopentanon* (Spuren), *-hexanon* (**VI**; 7,9%) u. *-heptanon* (7,3%). Aus **III** entstand ferner Piperidein (60%), während **IV** u. **V** unlösl. polymere Prodd. gaben. Bei der Rk. von **I** mit HN_3 wurde **VI** gebildet, intermediär war also wahrscheinlich das stabilere 1-Methylcyclohexylcarbeniumion entstanden. Es ist daher anzunehmen, daß als Hauptprod. *Δ^1-2-Methyl-1-azacyclohepten* entsteht u. nicht das 7-Methylisomere (vgl. D. R. P. 583 565; C. **1934.** I. 947). **II** gab mit HN_3 *Aceton*, *Methyl-4-methylcyclohexylketon* (**VII**), *4-Methylcyclohexylamin* u. *Δ^1-2-Isopropyl-5-methyl-1-azacyclohepten* (vgl. dagegen l. c.)

V e r s u c h e (FF. korr.): Es wurden äquimol. Mengen HN_3 u. Alkohol in Chlf. bei 15—20° unter Rühren langsam mit konz. H_2SO_4 versetzt. Aus den sauren Lsgg. nach mehrstd. Rühren: Aus **III** *Cyclopentanon* (Spuren; *Dinitrophenylhydrazon* [**D**], F. 144,5—145,6°). Aus **IV** **VI**, Kp. 150—154°, n_D^{20} 1,4520 (**D**, F. 162—163°); 7,9% (Ausbeute). Aus **V** *Cycloheptanon*, $Kp._{16}$ 68—69°, n_D^{28} 1,4585 (**D**, F. 146,5—148°); 7,3% Aus **I** **VI** (Spuren). Aus **II** *Methyl-4-methylcyclohexylketon* (**VII**), $C_9H_{16}O$, $Kp._{22}$ 87,5°, n_D^{21} 1,4445 [*Semicarbazon*, $C_{10}H_{19}ON_3$, F. 150—150,8° (A.)]; 23%. — Die sauren Reaktionslsgg. wurden dann alkal. gemacht; isoliert wurden hieraus: Aus **III** *Isotripiperidein*, F. 96,2 bis 97,0° [aus Aceton; Red. über Pt gab *α.β-Dipiperidyl* (*Pikrat*, F. 225—228°) u. *Piperidin* (*Hydrochlorid*, F. 245—247°)]; 60%. Aus **IV** eine gummiartige Masse. Aus **V** ein teilweise in Aceton lösl. Polymerisat, der lösl. Anteil hatte die Zus. $(C_{18}H_{32}O_3N_2)_n$. Aus **I** *Δ^1-2-Methyl-1-azacyclohepten*, $C_7H_{13}N$, Kp. 140—159°, $Kp._{34}$ 66°, polymerisiert sich leicht; 30%. Aus **II** ein Gemisch von *cis-* u. *trans-4-Methylcyclohexylamin*, $C_7H_{15}N$, $Kp._{765}$ 149,5—150,5°, n_D^{28} 1,4466 [*Hydrochlorid*, F. 260—263°]; 14,3%; u. *Δ^1-2-Iso-*

propyl-5-methyl-1-azacyclohepten, $C_{10}H_{19}N$, Kp.$_{766}$ 198—201°, n_D^{29} 1,4564, polymerisiert sich; 6,7%; aus **II** ferner *Aceton*; 7,2%. — Oxydation von 5 g **VII** mit HOBr gab ein Gemisch von *cis-* u. *trans-4-Methylcyclohexancarbonsäure*, $C_8H_{14}O_2$, Kp.$_{0,05-0,2}$ 77—80°, n_D^{32} 1,4493; 4,1 g. — Durch 18std. Dehydrierung von **VII** mit gepulvertem S bei 200 bis 210° *p-Methylacetophenon* [**D**, F. 254—256° (Bzl. u. A.)]. — Zweistd. Red. von Δ^1-2-Methyl-1-azacyclohepten in verd. HCl über Pt bei 3 at H_2-Druck gab *2-Methylhexamethylenimin*, Kp.$_{22}$ 59—61°, n_D^{27} 1,4569; 40%. *Hydrochlorid*, F. 199—201° (Ae. u. Isopropanol). *Benzolsulfonamid*, F. 75—77° (A. u. W.). — *4-Methylcyclohexanon*, durch Diazotieren von 1,13 g 4-Methylcyclohexylamin u. Oxydation des Prod. mit $K_2Cr_2O_7$ in H_2SO_4; 0,30 g. *Semicarbazon*, F. 185—190°. **D**, F. 128—131° (A. u. W.) (J. Amer. chem. Soc. **77.** 3287—90. 20/6. 1955. New Orleans, La., Tulane Univ., Chem. Dep.)
G. CLEVE. 3370

F. Smith und **J. W. Van Cleve**, *Reduktion der Perjodat-Oxydationsprodukte von Kohlenhydraten.* 1. Mitt. *Hydrierung der Dialdehyde aus Methylglykopyranosiden mit Raney-Nickel.* Ausführliche Wiedergabe der C. **1954.** 6732 referierten Arbeit. (J. Amer chem. Soc. **77.** 3091—96. 5/6. 1955.) G. REMBARZ. 3400

G. V. Marinetti und **G. Rouser**, *Die Perjodatoxydation von Ribose-5-phosphat in saurer und alkalischer Lösung.* In saurer Lsg. nimmt *Ribose-5-phosphat* (**I**) schnell 2 Mol Perjodat (**II**) u. dann langsamer ein 3. Mol **II** pro Mol **I** auf. In alkal. Lsg. nimmt **I** sofort 3 Mol **II** u. langsam ein 4.Mol **II** auf. Vff. vermuten, daß dies auf Existenz eines Ameisensäureesters von *3-Phosphoglyceraldehyd* hindeutet, der in saurer Lsg. ziemlich beständig, in alkal. Lsg. aber instabil ist. Der **II**-Verbrauch wird bei 310 mμ spektrophotometr. verfolgt, der Einfl. von Temp., verschied. p_H u. **II**-Konz. auf die **II**-Aufnahme durch **I** untersucht. Bei *D-Glucose* wird der erwartete Verbrauch von 5 Mol **II** nach 23 Std. bei n. Temp. erreicht. (J. Amer. chem. Soc. **77.** 5345—49. 20/10. 1955. Rochester, N. Y., Univ., Biochem. Abt.) J. MILLER. 3400

John C. Sowden und **Robert R. Thompson**, *Die Kondensation von D-Arabinose mit Nitromethan in wässeriger Lösung.* Die Kondensation von D-Arabinose mit Nitromethan in wss.-alkal. Lsg. geht sehr schnell vonstatten u. führt zu ähnlichen Ausbeuten wie die Kondensation in alkoh. Lösung. Nach Zers. mit wss. H_2SO_4 wurde *D-Mannose* als *Phenylhydrazon* isoliert. (J. Amer. chem. Soc. **77.** 3160. 5/6. 1955. St. Louis, Mo., Washington Univ., Dep. of Chem.) G. REMBARZ. 3400

A. Thompson, M. L. Wolfrom und **M. Inatome**, *Tetraacetate der D-Glucose und D-Galaktose.* Eine Synth. für *1.2.3.4-Tetra-O-acetyl-β-D-glucopyranose* wird beschrieben. Beim Vers., das entsprechende Galaktosederiv. herzustellen, zeigte es sich, daß wahrscheinlich Acylwanderung von $C_{(4)}$ nach $C_{(6)}$ eingetreten ist, da das Galaktosetetraacetat nicht mit Tritylchlorid reagiert.

Versuche (FF. korr.): *1.2.3.4-Tetra-O-acetyl-β-D-glucopyranose*, F. 125—126° (Chlf.-Ae.-PAe.), aus 40 g 2.3.4-Tri-O-acetyl-α-D-glucopyranosylchlorid u. 35 g Hg(II)-Acetat in Eisessig; $[\alpha]_D^{29}$ +10° (c = 6; Chlf.); 26,5 g (Ausbeute). — *Tetra-O-acetyl-β-D-galaktopyranose*, $C_{14}H_{20}O_{10}$, F. 140—140,5° (Chlf.-Ae.). Aus 6 g 1.6-Anhydro-2.3.4-tri-O-acetyl-β-D-galaktopyranose u. $TiCl_4$ in A.-Chlf. wird zunächst das entsprechende *Pyranosylchlorid* als Sirup erhalten, daraus wie oben das Acetat; $[\alpha]_D^{30}$ +36° (c = 1,9; A.), +37,4° (c = 3,2; Chlf.); 1 g. (J. Amer. chem. Soc. **77.** 3160—61. 5/6. 1955. Columbus, O., State Univ., Dep. of Chem.) G. REMBARZ. 3400

F. Smith und **J. W. van Cleve**, *Notiz über die Synthese von Glykosiden.* Behandlung von 2.3.4.6-Tetra-O-acetyl-α-D-glucosylbromid mit Mg-Methylat in absol. Methanol führt zu *Methyl-2.3.4.6-tetra-O-acetyl-β-D-glucosid* [F. 104—105° (CH_3OH), $[\alpha]_D^{27}$ —22,2° (c = 2,7; A.)], das durch katalyt. Entacetylierung mit Na-Methylat in *Methyl-β-D-glucosidpyranosid* [F. 115—116° (CH_3OH-Ae.), $[\alpha]_D^{27}$ —30,3° (c = 2; W.)] übergeführt werden kann. Analog läßt sich *Methyl-β-lactosid* [F. 205°, $[\alpha]_D^{25}$ +1° (c = 5; W.)] darstellen. — Aus 18 g D-Mannose erhält man nach 4std. Kochen mit 3%ig. methanol. HCl u. Äthylendichlorid 9,7 g *Methyl-α-D-mannopyranosid*, F. 191—192° (80%ig. A.). Analog läßt sich *Methyl-β-L-arabopyranosid* [F. 166—168° (absol. A.), $[\alpha]_D^{10}$ +235° (c = 1,7; W.)] aus L-Arabinose darstellen. (J. Amer chem. Soc. **77.** 3159—60. 5/6. 1955. St. Paul, Minn., Univ., Inst. of Agric., Dep. of Biochem.) G. REMBARZ. 3400

C. P. Barry und **John Honeyman**, *N-substituierte Glykosylamine.* 4. Mitt. *N-Aryl-D-fructosylamine.* (3. vgl. ELLIS u. HONEYMAN, C. **1953.** 9491.) D-Fructose läßt sich mit Anilin bzw. p-Toluidin nicht unter den üblicherweise angewandten Bedingungen kondensieren. *N-Phenyl-D-fructosylamin* (**I**) bzw. *N-p-Tolyl-D-fructosylamin* (**II**) bilden sich nur beim Arbeiten in wasserfreiem A. in Ggw. des Aminhydrochlorids. Da die günstige Ausbeute durch 7 Min. langes Kochen erreicht wird, scheint es sich um eine Gleichgewichts-Rk. zu handeln. Bei der Hydrolyse von I- bzw. II-Tetraacetat u. I- bzw. II-Tetrabenzoat werden *β-D-Fructose-1.3.4.5-tetraacetat* (III) bzw. *D-Fructose-1.3.4.5-tetrabenzoat* (IV) erhalten. Bei der Rk. von Anilin mit Fructosylchlorid-1.3.4.5-tetraacetat (III) bzw. (IV) erhalten. Bei der Rk. von Anilin mit Fructosylchlorid-1.3.4.5-tetraacetat entsteht das gleiche Tetraacetat wie beim Acetylieren von I, so daß I u. II als Pyranoseverbb. aufzufassen sind.

Versuche: *N-Phenyl-D-fructosylamin* (I), $C_{12}H_{17}O_5N$, F. 150° (A.), aus Anilin u. Fructose in wasserfreiem A. in Ggw. von Anilin·HCl durch 7 Min. langes Erhitzen am Rückfluß unter Ausschluß von W. u. Stehen über Nacht bei 0°; Kristalle; $[\alpha]_D^{17-19}$ $-209,3° \rightarrow -203,8°$ (c = 0,2; A.), $[\alpha]_D^{19}$ $-209,4 \rightarrow -164,1°$ (c = 1,0 in Pyridin), $[\alpha]_D$ $-220,6° \rightarrow -202,5°$ (c = 0,6 in 90%ig. A.), $[\alpha]_D^{19}$ $-206,8° \rightarrow -175,6°$ (c = 0,2; CJ_3OH); 70% (Ausbeute); Verlängerung des Erhitzens vermindert die Ausbeute. — *N-p-Tolyl-D-fructosylamin* (II), $C_{13}H_{19}O_5N$, F. 138° (Zers.; A.), aus Fructose u. p-Toluidin in A. mit p-Toluidin·HCl wie vorst.; Nadeln; $[\alpha]_D^{19}$ $-207,7° \rightarrow -176,9°$ (c =0,3; A.), $[\alpha]_D^{18}$ $-200,4° \rightarrow -167,3°$ (c = 1,3; Pyridin); 47%. — I-*1.3.4.5-tetraacetat*, $C_{20}H_{25}O_9N$, F. 151° (A.), aus I in Pyridin u. Essigsäureanhydrid bei 0°; $[\alpha]_D$ $-149,6°$ (c = 1,1; Chlf.); 60%, ferner aus D-Fructosylchlorid-1.3.4.5-tetraacetat mit Anilin in trockenem Bzl. (0° über Nacht), nach Abfiltrieren von Anilin·HCl Eindampfen u. Zugabe von A.; Kristalle; 10%. — *β-D-Fructose-1.3.4.5-tetraacetat* (III), F. u. Misch-F. 132°, durch 6std. Hydrolyse der vorst. Verb. in Aceton mit 0,5% HCOOH in N-Atmosphäre; $[\alpha]_D$ $-91,5°$ (c = 0,5; Chlf.); 60%. — I-*1.3.4.5-tetrabenzoat*, $C_{40}H_{33}O_9N$, F. 100—102° (A.), durch Benzoylieren von I mit Benzoylchlorid u. Pyridin bei 0°; Nadeln, $[\alpha]_D^{20}$ $-132,0°$ (c = 0,5; Chlf.) 90%. — *D-Fructose-1.3.4.5-tetrabenzoat* (IV), F. u. Misch-F. 175—177° (A.), durch 6std. Hydrolyse vorst. Verb. in Aceton mit konz. HCl u. W.; Prismen; $[\alpha]_D^{19}$ $-169,6° \rightarrow -165,2°$ (c = 0,67; Chlf.); 90%. — II-*1.3.4.5-tetraacetat*, $C_{21}H_{27}O_9N$, F. 129° (A. oder PAe.), $[\alpha]_D$ $-141,0°$ (c = 1,5; Chlf.); 50%. — Daraus III durch Hydrolyse wie oben. — II-*1.3.4.5-tetrabenzoat*, $C_{41}H_{35}O_9N$, F. 167,5° (PAe. u. CH_2Cl_2), $[\alpha]_D^{20}$ $-131,4°$ (c = 1,1; Chlf.); 30%. Daraus IV durch Hydrolyse. (J. chem. Soc. [London] **1952**. 4147 bis 4150. Nov. London, Univ., King's Coll.) H. ROSSOW. 3400

J. G. Douglas und **John Honeyman**, *N-Substituierte Glykosylamine. 5. Mitt. Acetate und Benzoate.* (4. vgl. vorst. Ref.) *N-Aryldosylamine* (NA) wurden durch Kondensation der Zucker mit Aminen hergestellt; *N-p-Nitrophenyl-D-ribosylamin* wird erstmalig gewonnen, *N-p-Nitrophenyl-D-xylosylamin* wurde nicht, wie von WEYGANG u. Mitarbeitern (C. **1952**. 3328) berichtet, in zwei isomeren Formen, sondern nur in einer, u. zwar der Pyranoseform, erhalten. Nach Acetylierung bzw. Benzoylierung der NA wurden durch Hydrolyse mit verd. wss. HCOOH die bereits bekannten krist. *2.3.4.6-Tetraacetyl-* bzw. *-benzoylaldohexosen* bzw. 2.3.4-Triacetyl- bzw. -benzoylpentosen gewonnen, so daß die Pyranoseform der NA erwiesen ist. Auch wenn die Acetyl- bzw. Benzoyl-NA keine exakten FF. zeigten, waren die Hydrolysenprodd. einheitlich, so daß die Existanz von Pyranoseanomeren angenommen wird. — Die Nitrierung von 2.3.4.6-Tetraacetyl-N-p-tolyl-β-D-glucosylamin (I) führt zu *2.3.4.6-Tetraacetyl-N-[2-nitro-p-tolyl]-β-D-glucosylamin*, das durch weitere Nitrierung ein *Dinitroderiv.* ergibt, dessen Struktur diskutiert wird; die Hydrolyse dieser beiden Nitroverbb. führt zu *2-Nitro-p-toluidin* bzw. *2.6-Dinitro-p-toluidin*. Die Nitrierung von I in Chlf. ergibt *2.3.4.6-Tetraacetyl-D-glucosyl-N-[2.6-dinitro-p-tolyl]-nitramin.* — 1-Desoxy-1-[p-tolylamino]-D-fructose (II) wurde in ein *Monoisopropylidenderiv.* verwandelt, das ein *Oxim* u. ein *Glucosazon* bildet.

Versuche: *N-Phenyl-* u. *N-p-Tolylaldosylamine*, aus den Zuckern u. dem Amin in A. durch 2std. Kochen, oder aus dem Amin in A. u. einer Lsg. des Zuckers in 0,001n-H_2SO_4 u. 24std. Stehen, oder aus Zucker, Amin u. W. durch Erhitzen auf dem Dampfbad (nach Lsg. noch 5 Min.) u. Zugabe von Alkohol. — *N-p-Nitrophenyl-D-xylosylamin*, F. 191°, aus D-Xylose, p-Nitranilin, W., CH_3OH u. Eisessig durch 10 Min. langes Erhitzen; $[\alpha]_D^{20}$ $+289°$ (c = 0,5; Pyridin). Beim Arbeiten in A. an Stelle von CH_3OH F. 193°, $[\alpha]_D^{20}$ $+294°$ (c = 0,5; Pyridin). — *N-p-Nitrophenyl-D-ribosylamin*, $C_{11}H_{14}O_6N_2$, F. 178°, $[\alpha]_D^{20}$ $+349°$ (c = 0,4; Pyridin); 70% (Ausbeute). — Die Tetraacetate wurden aus dem Aldosylamin in Essigsäureanhydrid u. Pyridin durch Stehen über Nacht bei 0° erhalten. *2.3.4.6-Tetraacetyl-N-phenyl-D-mannosylamin* (III), $C_{20}H_{25}O_9N$, F. 127°, $[\alpha]_D^{16}$ $-103,1°$ (c = 0,5; Chlf.). — *2.3.4.6-Tetraacetyl-N-p-tolyl-D-mannosylamin* (IV), $C_{21}H_{27}O_9N$, F. 118—140°, $[\alpha]_D$ $-12,4°$ (c = 1; Chlf.); 79%. — *2.3.4.6-Tetraacetyl-N-p-tolyl-D-galaktosylamin* (V), $C_{21}H_{27}O_9N$, F. u. Misch-F. 120—121°, $[\alpha]_D^{19}$ 23,7° (c = 1; Chlf.). — *2.3.4.6-Tetraacetyl-N-p-nitrophenyl-D-glucosylamin* (VI), F. 179° (A./PAe.), $[\alpha]_D^{20}$ $-97,8°$ (c = 1; Chlf.), $-120°$ (c = 1; Pyridin). — *2.3.4.6-Tetraacetyl-N-p-nitrophenyl-D-mannosylamin* (VII), F. 186°, $[\alpha]_D^{20}$ $-153°$ (c = 1; Chlf.), $-229°$ (c = 1; Pyridin); 96%. — *2.3.4.6-Tetraacetyl-N-p-nitrophenyl-D-galaktosylamin* (VIII), Schmelzbeginn bei 90°, Schmelzbereiche von 3 verschied. Präpp. unterschiedlich. — *2.3.4-Triacetyl-N-p-nitrophenyl-D-xylosylamin* (**IX**), $C_{17}H_{20}O_9N_2$, F. 209—211°, $[\alpha]_D^{17}$ —11,5° (c = 1; Chlf.); 86%. Die Hydrolyse vorst. Acetylarylaldosylamine erfolgte durch Kochen mit 0,5%ig. HCOOH in Aceton (bei den p-Tosylaldosaminen unter N_2), Eindampfen, Extraktion mit $CHCl_3$ u. Kristallisation aus Ae. oder Alkohol. Hierdurch wurden folgende *2.3.4.6-Tetraacetate* erhalten: *D-Mannose-*, F. 90—94°, aus **III** (Hydrolysendauer 5 Std.) 48%, aus **IV** (5 Std.) 51%, aus **VII** (4 Std.) 56%. — *D-Galaktose-*, F. 124 bis 125°, aus **V** (5 Std.) 50%, aus **VIII** (2 Std.) 47%. — *D-Glucose-*, F. 123—126°, aus **VI** (2 Std.) 55%. — *2.3.4-Triacetyl-D-xylose*, F. 132—135°, aus **IX** (8 Std.) 40%. — *2.3.4.6-Tetraacetyl-N-[2-nitro-p-tolyl]-D-glucosylamin*, F. u. Misch-F. 180—182° (CH_3OH), aus 10 g **I** u. rauchender HNO_3 in Essigsäureanhydrid durch 1std. Stehen bei 0°; nach 1 Std. bei Raumtemp. in Eiswasser gießen u. den Chloroformextrakt eindampfen; $[\alpha]_D^{18}$ —65,6° (c = 1; Chlf.); 2,5 g (beim Arbeiten bei —70° doppelte Ausbeute). — *2.3.4.6-Tetraacetylnitro-N-[2-nitro-p-tolyl]-D-glucosylamin*, $C_{21}H_{25}O_{13}N_3$, F. 157—159°, (CH_3OH), aus 5 g vorst. Verb. in Eisessig u. rauchender HNO_3 in Essigsäureanhydrid bei 0°; den Nd. durch 5 Min. langes Erwärmen auf dem Dampfbad lösen, mit Chlf. verd., in Eiswasser gießen u. die Chloroformphase eindampfen; $[\alpha]_D^{17}$ —51,6° (c = 1; Chlf.); 5,1 g. Bei der Hydrolyse der beiden vorst. Verbb. mit 0,5% HCOOH in Aceton (3 Std.) wird *2-Nitro-p-toluidin* bzw. *2.6-Dinitro-p-toluidin* erhalten. — *2.3.4.6-Tetraacetyl-D-glucosyl-N-[2.6-dinitro-p-tolyl]-nitramin*, $C_{21}H_{24}O_{14}N_4$, F. 170—171° (CH_3OH), aus 5 g **I** in Chlf. u. HNO_3 (Kühlung) durch 3std. Rühren bei Raumtemp.; $[\alpha]_D^{20}$ —58,4° (c = 1;Chlf.); 90%, oder aus Acetobromglucose u. 2.6-Dinitro-p-tolylnitramin durch 7tägiges Stehen bei Raumtemperatur. — *N-Arylaldosylaminbenzoate*, aus einer Suspension des Aldosylamins in Pyridin u. Benzoylchlorid bei 0° u. Zers. des Benzoylchloridüberschusses nach 20 Min. bis 1 Std. mit Eiswasser. — *2.3.4.6-Tetrabenzoyl-N-p-nitrophenyl-D-glucosylamin*, $C_{40}H_{32}O_{11}N_2$, F. 205—207°, $[\alpha]_D^{20}$ —33,3° (c = 1; Chlf.), —4,3° (c = 0,7; Pyridin); 76%; *α-Verb.*, F. 246—248° (A./Aceton), durch Lösen des Rohprod. in Aceton/Bzl. u. Einengen bis zum Beginn der Kristallisation; $[\alpha]_D^{18}$ +166,4° (c = 0,7; Pyridin), oder durch Lösen der β-Verb. in 0,1n methanol. HCl u. Aceton u. Fällen mit W. nach 20 Minuten. — *2.3.4.6-Tetrabenzoyl-N-p-nitrophenyl-D-mannosylamin* (**X**), F. 120° (A./Aceton), $[\alpha]_D^{16}$ —124° (c = 0,9; Chlf.); 92%. — *2.3.4-Tribenzoyl-N-p-tolyl-D-ribosylamin*, $C_{33}H_{29}O_7N$, F. 183—184° (wss. Aceton), $[\alpha]_D^{17}$ +28,5° (c = 1; Chlf.); 64%. — *2.3.4-Tribenzoyl-N-p-nitrophenyl-D-arabinosylamin*, $C_{32}H_{26}O_9N_2$, F. 113—116°, $[\alpha]_D^{20}$ +117° (c = 0,9; Chlf.); 43%. — *2.3.4-Tribenzoyl-N-p-nitrophenyl-D-xylosylamin*, F. 152—156°, $[\alpha]_D^{19}$ +100° (c = 1; Chlf.); 80%. — *Tetrabenzoyl-N-p-tolyl-D-galaktosylamin*, $C_{41}H_{35}O_9N$, F. 190°, $[\alpha]_D$ +101,2° (c = 1; Chlf.). — Die Hydrolyse der Benzoyl-N-arylamine erfolgt durch 5std. Erhitzen mit konz. HCl in wss. Aceton. — *2.3.4.6-Tetrabenzoate- D-Mannose-*, F. 181°, aus 2.3.4.6-Tetrabenzoyl-N-phenyl-D-mannosylamin; aus **X** 75%. — *D-Glucose-*, F. 117—120°; 80%. — *2.3.4-Tribenzoate*: *D-Xylose-*, F. 180 bis 182°; 67%. — *D-Arabinose-*, F. 161—163°; 63%. — *D-Ribose-*, F. 130—132°; 86%. — *1-Desoxy-O-isopropyliden-1-p-tolylamino-D-fructose* (**XI**), $C_{16}H_{23}O_5N$, F. 120—124° (A./PAe.), aus **II** in Aceton u. konz. H_2SO_4 unter heftigem Schütteln; $[\alpha]_D^{19}$ —89,3° (c = 1; A.); 80%. *Oxim*, $C_{16}H_{24}O_5N_2$, F. 132—134°, durch 1std. Kochen von **XI** mit Hydroxylamin; $[\alpha]_D^{21}$ —26,6° (c = 1; A.). *O-Isopropyliden-D-phenylglucosazon*, $C_{21}H_{26}O_4N_4$, F. 186,5—188,5° (Bzl.), aus **XI** in CH_3OH durch 4std. Kochen mit Phenylhydrazin u. wss. Essigsäure; $[\alpha]_D^{19}$ +6° (c = 0,4; A.). Die Perjodatoxydation von **XI** u. von p-Toluidin ergibt einen Verbrauch von 2,80 Mol/Mol (48 Std.) bzw. 2,55 Mol/Mol (24 Std.). (J. chem. Soc. [London] **1955**. 3674—81. Nov.) H. ROSSOW. 3400

M. L. Wolfrom und **J. N. Schumacher**, *Die Einwirkung von Alkali auf D-Fructose.* Als Modellvers. für die Abbauprozesse in der Melasse von Rohrzuckerfabriken wird die Einw. von Alkali auf D-Fructose (**I**) in Ggw. von trans-Aconitsäure untersucht. Aus der Reaktions-Fl. lassen sich durch verschied. chromatograph. Verff. *D-Glucuronsäure* (**II**), ein Gemisch von *DL-* u. *D-Sorbose*, das sich zu einem Gemisch von *DL-* u. *D-Sorbit* u. *DL-* u. *D-Idit* red. läßt, sowie *DL-* u. *D-Allose* u. eine *DL-ribo-Hexose*, wahrscheinlich *DL-Psicose*, isolieren. Eine komplexe Zone der Chromatogramme läßt sich zu einem Gemisch von *Dulcit* (*Galaktit*) u. *Allit* hydrieren. Die Bildungsweise von **II** ist unklar, die anderen Verbb. entstehen wahrscheinlich durch Spaltung von **I** in *Triosen* u. Rekombination.

V e r s u c h e (FF. korr.): *D-Glucuronsäure* (**II**), *Monohydrat des Na-Salzes*, F. 150° (Zers.; wss. A.), aus **I** in W. mit trans-Aconitsäure u. KOH bei p_H 8 (24 Std. bei 100°), Entfernung von Ionen mit Amberlite IR-120 u. Duolite A-4 u. von überschüssiger **I** durch Vergärung, Absorption des erhaltenen Sirups aus CH_3OH an Florex XXX (Fullererde)–Celite (5:1) u. Entw. mit 90%ig. wss. A.; aus der obersten Zone des Chro-

matogramms; $[\alpha]_D^{24}$ +21,5° (c = 1,42; W.). — *Gemisch von* DL- *u.* D-*Sorbose*, $C_6H_{12}O_6$, F. 158,5—159,5°, aus dem Durchlauf des Chromatogramms von **II**; $[\alpha]_D^{25}$ +12,4° (c = 2,9; W.). Gibt nach Red. mit H_2 in W. über RANEY-Ni bei 80° u. 19 at (3 Std.) einen Sirup, aus dem *DL-Sorbit*, F. 132—134°, aus wss. CH_3OH Nadeln (*Hexaacetat*, F. 113 bis 114°) auskrist.; aus dem restlichen Sirup nach Acetylierung u. fraktionierter Kristallisation *D-Idithexaacetat*, F. 117—119° (Bzl.–PAe.), u. *D-Sorbithexaacetat*, F. 93—96°. — *LD-Idithexaacetat*, F. 162—163° (Bzl.–PAe.), durch Vermischen gleicher Teile der aus keto-L- bzw. keto-D-Sorbose durch Hydrierung in A. in Ggw. von RANEY-Ni bei 7 lbs./sq.in. u. anschließende Acetylierung erhaltenen *L-* (F. 118—119°) bzw. *D-Formen*. — *Gemisch von Allit u. Dulcit* (*Galaktit*), F. 130—140° (wss. A.), aus der mittleren (Haupt-) Zone des Chromatogramms von **II** durch Hydrierung in wss. CH_3OH über RANEY-Ni bei 20 lbs./sq.in. (21 Std. bei Zimmertemp.). Gibt durch Acetylierung u. Kristallisation aus A. *Dulcithexaacetat*, F. 140—150°, aus A.–PAe. Prismen, u. *Allithexaacetat*, F. 56 bis 57° (A.–PAe.). — *DL-* (u. *D*?)-*Allose*, F. 180°, aus der mittleren Zone des Chromatogramms von **II** durch Papierchromatographie mit n-Butanol–A.–W. (4:1,1:1,9); $[\alpha]_D^{25}$ +4,3° (c = 2,24; W.); daneben eine *DL-ribo-Hexose*, wahrscheinlich *DL-Psicose* [*Phenylosazon*, F. 177—181° (Zers.; A.)] sowie eine nichtidentifizierte *Ketose* u. zwei *Uronsäuren*. — Alle Verbb. werden durch ihre Röntgenpulverdiagramme charakterisiert. (J. Amer. chem. Soc. **77**. 3318—23. 20/6. 1955. Columbus, O., Univ., Dep. of Chem.)
W. KOCHMANN. 3400

J. K. N. Jones, *Die Synthese von Zuckern aus kleineren Bruchstücken*. 8. Mitt. *Die Synthese von* D-*Idoheptulose aus* D-*Xylose*. (7. vgl. C. **1956**. 8904.) Zur Synth. von *D-Idoheptulose* wird D-Xylose mit Nitromethan u. das entstandene *Desoxynitrohexit* mit HCHO kondensiert. Nach Überführen der Aldosezucker mit Br_2 in Aldonsäuren u. deren Entfernung wird das Ketosengemisch durch eine Cellulosekolonne fraktioniert u. neben *D-Sorbose D-Idoheptulose* isoliert.

Versuche: Ein Gemisch aus 20 g D-Xylose, CH_3NO_2 u. CH_3ONa in CH_3OH wird 12 Std. geschüttelt, der mit Ae. gefällte gelbe Nd. in W. gelöst u. Paraformaldehyd zugegeben; Eingießen der Lsg. in H_2SO_4 nach 10 Min., Neutralisieren, Einengen u. Oxydation mit Br_2 (48 Std.), 1std. Erhitzen der Lsg. auf 100°, Entfernen von HBr u. Aldonsäuren über Amberlite IR-4B, der Na-Ionen u. der letzten Säurespuren über Amberlite IR-120 bzw. IR-4B, Einengen der neutralen Lsg. zu einem Sirup u. Fraktionieren durch eine Hydrocellulosekolonne mit durch Butanol halbgesätt. W. als beweglicher Phase, Eindampfen der Fraktionen u. Chromatographieren (Äthylacetat/Essigsäure/W. 9:2:2, oder Butanol/Pyridin/W. 10:3:3, oder Butanol/A./W. 40:11:19). Aus der 2. Fraktion *D-Idoheptulosan*, F. u. Misch-F. 174° (CH_3OH); $[\alpha]_D$ −42° (c = 2,1; W.); R_F wie Arabinose; 2,7 g. Aus der 3. Fraktion *D-Sorbose*, F. u. Misch-F. 164°; 2,7 g. (J. chem. Soc. [London] **1954**. 3643—44. Okt. Kingston, Ont., Can., Queen's Univ.)
H. ROSSOW. 3400

P. A. J. Gorin, L. Hough und **J. K. N. Jones**, *Die Synthese von Zuckern aus einfacheren Substanzen*. 9. Mitt. *Die enzymatische Synthese von 5.6-Didesoxy-D-threo-hexulose*. (8. vgl. vorst. Ref.) *5.6-Didesoxy-D-threo-hexulose* (**I**) wird aus Fructose-1.6-di-Na-phosphat u. Propionaldehyd unter Einw. von Erbsenenzym gewonnen u. als *Phenylhydrazon* identifiziert. Die spezif. Wrkg. von Erbsenenzym, die Bldg. von Ketosen mit D-threo-Konfiguration zu katalysieren, wird damit bestätigt; der Reaktionsmechanismus wird diskutiert.

Versuche: Das Di-Na-Salz von D-Fructose-1.6-diphosphat in W. wird mit Propionaldehyd u. Erbsenenzym bei 200° u. p_H 6 24 Std. stehengelassen, die Lsg. mit Essigsäure auf p_H 5 eingestellt, 1 Std. auf 90° erhitzt u. das Protein abzentrifugiert, die Fl. eingedampft, der Rückstand mit Aceton extrahiert u. chromatographiert (Lösungsm. Butanol/A./W. 40:11:19 Vol.; Nachw. von **I** u. *Dioxyaceton* mit p-Anisidin·HCl): *5.6-Didesoxy-D-threo-hexulose* (**IV**), $[\alpha]_D^{20}$ −13° (c = 1,2; CH_3OH); 1 Mol **I** verbraucht 0,35 Mol Na-Hypojodit bei p_H 11,4. *Phenylosazon*, $C_{18}H_{22}O_2N_4$, F. u. Misch-F. 160 bis 171°, $[\alpha]_D^{20}$ +32° (2 Min.) → +8<8° (18 Std.; c = 0,17; C_3H_5N/A. 3:2). (J. chem. Soc. [London] **1955**. 3843—45. Nov. Bristol, Univ.) H. ROSSOW. 3400

M. L. Wolfrom und **Harry B. Wood jr.**, *Zwei 3-epimere Ketononosen*. 15. Mitt. *über die Einwirkung von Diazomethan auf acyclische Zuckerderivate*. (14. vgl. C. **1953**. 2607.) Die Synth. von *D-erythro-L-manno-Nonulose* (*D-arabino-L-tagato-Nonose*) (**VI**) u. *D-erythro-L-gluco-Nonulose* (*D-arabino-L-sorbo-Nonose*) wird beschrieben. Die beiden Nonosen werden durch Saccharomyceten nicht abgebaut.

Versuche: *Hepta-O-acetyl-D-erythro-L-manno-octonylchlorid* (**I**), $C_{22}H_{29}O_{15}Cl$, F. 138—141° (Bzl.–PAe.), aus Hepta-O-acetyl-D-erythro-L-manno-octonsäure [**II**; F. 141

bis 144°, $[\alpha]_D^{23}$ +3° (c = 3,18; Chlf.)] u. $SOCl_2$ in Bzl.; $[\alpha]_D^{20}$ +12,8° (c = 3,7; Chlf.). — *1-Desoxy-1-diazo-keto-D-erythro-L-manno-nonuloseheptacetat* (**III**), $C_{23}H_{30}O_{15}N_2$, F. 156 bis 157° (Bzl.-PAe.), aus 3 g **I** mit CH_2N_2 in absol. Ae.; Reinigung durch Chromatographie aus Bzl. an Magnesol–Celit, Entw. mit Bzl.-A. (100:1) u. Elution mit Aceton; $[\alpha]_D^{27}$ +12,7° (c = 3,0; Chlf.), 1,2 g (Ausbeute). — *Methylhepta-O-acetyl-D-erythro-L-manno-octonat* (**IV**), $C_{23}H_{32}O_{16}$, F. 172—173° (Ae.-PAe.), aus 1 g **II** mit CH_2N_2 in Ae., $[\alpha]_D^{21}$ +10,5° (c = 1,5; Chlf.); 0,8 g. — *keto-D-erythro-L-manno-Nonuloseoktaacetat* (**V**), $C_{25}H_{34}O_{17}$, aus 5,6 g **III** u. Eisessig in Ggw. von Kupferacetat u. Nachacetylierung mit Acetanhydrid/$ZnCl_2$; $[\alpha]_D^{21}$ +16,8° (c = 4,5; Chlf.); 6,1 g (roh). — *D-erythro-L-manno-Nonulose* (*D-arabino-L-tagato-Nonose*) (**VI**), $C_9H_{18}O_9$, aus 3,7 g **V** mit $Ba(OH)_2$ in W.; amorph, $[\alpha]_D^{25}$ —20° (c = 3,7; W.); 0,98 g. — *Hepta-O-acetyl-D-erythro-L-gluco-octonsäure* (**VII**), $C_{22}H_{30}O_{16}$, F. 129—131° (Ae.-Hexan), aus 22 g des Cd-Salzes der freien Säure mit Acetanhydrid; $[\alpha]_D^{20}$ +14,8° (c = 3,9; Chlf.); 26 g. — *1-Desoxy-1-diazo-keto-D-erythro-L-gluco-nonuloseheptaacetat* (**VIII**), $C_{23}H_{30}O_{15}N_2$, F. 74—76°, aus **VII** über das Säurechlorid mit CH_2N_2; gelbe Nadeln aus Bzl.-PAe. $[\alpha]_D^{20}$ —26,5° (c = 3; Chlf.). — *Methylhepta-O-acetyl-D-erythro-L-gluco-octonat*, $C_{23}H_{32}O_{16}$, F. 114—116°, aus 1 g **VII** analog **IV**; $[\alpha]_D^{21}$ +9,9° (c = 3,2; Chlf.); 0,36 g. — *keto-D-erythro-L-gluco-Nonuloseoktaacetat* (**IX**), $C_{25}H_{34}O_{17}$, aus 5,6 g **VIII** analog **V**; $[\alpha]_D^{20}$ +7,5° (c = 6,1; Chlf.); 4,01 g. — *D-erythro-L-gluco-Nonulose* (*D-arabino-L-sorbo-Nonose*), $C_9H_{18}O_9$, aus 4 g **IX** analog **VI**; $[\alpha]_D^{23}$ —47,2° (c = 1,24; W.); 1,2 g. (J. Amer. chem. Soc. **77**. 3096—98. 5/6. 1955. Columbus, O., State Univ., Dep. of Chem.) G. REMBARZ. 3400

Mary Killey, R. J. Dimler und **J. E. Cluskey,** *Darstellung von Panose durch Einwirkung von Dextransucrase aus NRRL B-512 auf ein Saccharose–Maltose-Gemisch.* Die optimalen Bedingungen für die Bldg. von *Panose* (*4-α-Isomaltopyranosyl-D-glucose*), F. 221° (Zers.; wss. CH_3OH), $[\alpha]_D^{25}$ +162° → +154° (c = 0,76; W.), aus Gemischen von Maltose (**I**) u. Saccharose (**II**) unter der Einw. von *Dextransucrase*-Präpp. aus *Leuconostoc mesenteroides NRRL B-512* werden mit Hilfe der statist. Analyse untersucht: Eine Lsg., die 5 Enzymeinheiten/ml u. 20% **I** bei einem Verhältnis **I**:**II** = 10:1 enthält, wird ca. 17 Std. bei 25° u. p_H 5,0 bebrütet; nach kurzem Erhitzen wird überschüssiges **I** u. **II** mit Bäckerhefe vergoren u. die zentrifugierte Lsg. über Norit SC–Celite 501 chromatographiert; 67% Ausbeute, berechnet auf **II**. (J. Amer. chem. Soc. **77**. 3315—18. 20/6. 1955. Peoria, Ill., North Util. Res. Branch, Cereal Crops Sect.)
W. KOCHMANN. 3400

G. N. Bollenback, John W. Long, D. G. Benjamin und **J. A. Lindquist,** *Die Synthese von Aryl-D-glucopyranosiduronsäuren.* Verschied. *Aryl-tri-O-acetyl-β-D-glucopyranosiduronsäuremethylester* wurden durch Rk. von *Tetra-O-acetyl-β-D-glucopyranuronsäuremethylester* (**I**) mit Phenolen in Ggw. saurer Katalysatoren hergestellt. Die Meth. war nicht anwendbar auf o-Chlor- u. o-Nitrophenol sowie Salicylaldehyd; mit Hydrochinon u. Resorcin wurden nur sirupöse Prodd. erhalten. *Phenyltri-O-acetyl-β-D-glucopyranosiduronsäuremethylester* (**II**) wurde außerdem aus Tri-O-acetyl-α-D-glucopyranosylbromiduronsäuremethylester (**III**) mit Phenol in Ggw. von Ag_2CO_3 oder mit K-Phenolat in A. dargestellt; bei der Darst. von **II** aus **I** u. Phenol in Ggw. von p-Toluolsulfonsäure oder $ZnCl_2$, aus *Tetra-O-acetyl-α-D-glucopyranuronsäuremethylester* (**IV**) u. Phenol in Ggw. von $ZnCl_2$ oder aus **III** u. Phenol in Ggw. von Chinolin wurde als Nebenprod. *Phenyltri-O-acetyl-α-D-glucopyranosiduronsäuremethylester* erhalten, der zum Vgl. auch aus Phenyl-α-D-glucopyranosid durch Oxydation, Veresterung u. Acetylierung dargestellt wurde. Die im Vgl. zu den schon früher auf biol. Wege erhaltenen Verbb. (vgl. KAMIL u. Mitarbeiter, C. **1954**. **6044**) bei einigen der erhaltenen Verbb. bedeutend höher liegenden FF. werden auf das Vorliegen polymorpher Formen zurückgeführt. Zur Darst. von **I** u. **IV** wird Glucuronolacton (**V**) mit CH_3OH in Ggw. bas. Katalysatoren (NaOH, $NaOCH_3$, Triäthylamin, Tetraäthylammoniumhydroxyd oder, bes. für kleine Ansätze, Anionenaustauscherharz) verestert u. der erhaltene *Glucuronsäuremethylester* acetyliert. Die basenkatalysierte Veresterung von **V** gelang auch mit Äthylenglykol u. seinem Monomethyläther, wobei sirupöse *Ester* erhalten wurden, die krist. *Acetate* lieferten, dagegen nicht mit A., Benzylalkohol oder Benzylcellosolve (Äthylenglykolmonobenzyläther). Die säurekatalysierte Veresterung von Glucuronsäure verlief unter Lactonisierung.

V e r s u c h e (opt. Drehungen in Chlf.): *Tetra-O-acetyl-β-D-glucopyranuronsäure, Methylester* (**I**), F. 176,5—178° (A.), a) aus 17,6 g **V** mit methanol. $NaOCH_3$ (1 Std. rühren) u. anschließende Acetylierung mit Acetanhydrid–$HClO_4$ <40°; $[\alpha]_D^{23}$ +7,4° (c = 2); 9,6 g (Ausbeute), neben 21,5 g (roh) *Tetra-O-acetyl-α-D-glucopyranuronsäuremethylester* (**IV**), $[\alpha]_D^{23}$ +82° (c = 2); b) aus 400 g **V** mit methanol. NaOH (1 Std. rühren) u. Acetylierung mit Acetanhydrid–Pyridin; 390 g, daneben 242 g **IV**. [*2-Acetoxyäthyl*]-

ester, $C_{18}H_{24}O_{13}$, F. 139—140° (Isopropanol), a) aus V in Äthylenglykol mit $NaOCH_3$ u. Acetylierung; $[\alpha]_D^{25}$ +12,5° (c = 1); 26,3%; b) aus Ag-Glucuronat u. Äthylenjodhydrin (2 Std.) u. Acetylierung; 22%, daneben 19% *Tetra-O-acetyl-α-D-glucopyranuronsäure-[2-acetoxyäthyl]-ester*, $C_{18}H_{24}O_{13}$, F. 82—84,5° (Isopropanol), $[\alpha]_D^{25}$ +101,5° (c = 0,5). *[2-Methoxyäthyl]-ester* (reines β-Isomeres?), $C_{17}H_{24}O_{12}$, F. 89—91°, aus V u. Methylcellosolve (Äthylenglykolmonomethyläther) analog I, b); aus A. oder Isopropanol Nadelbüschel; $[\alpha]_D^{25}$ +55,0° (c = 1); 32%. — *Tri-O-acetyl-α-D-glucopyranosylbromiduronsäuremethylester* (III), F. 106—107° (A.), aus I oder IV mit 30%ig. HBr in Essigsäure (über Nacht im Kühlschrank); $[\alpha]_D^{25}$ +197° (c = 1); 85%. — *Phenyl-β-D-glucopyranosiduronsäure*, F. 163—164° (Erweichen bei 120°; Bzl.-A.), aus II mit 0,5n methanol. $Ba(OCH_3)_2$ (3 Tage im Kühlschrank); $[\alpha]_D^{25}$ —90,0° (c = 1; W.); 75%. *Tri-O-acetylderiv.-Methylester* (II), F. 126,5—127,5°, a) aus III u. Phenol in Bzl. in Ggw. von Ag_2CO_3; $[\alpha]_D^{25}$ —35,5° (c = 1); aus Isopropanol Nadeln; 31%; b) aus III u. K-Phenolat in A. (2 Monate stehen) 75%; c) aus I durch Schmelzen mit Phenol in Ggw. von p-Toluolsulfonsäuremonohydrat (1½ Std. auf dem Dampfbad bei 10—12 mm Hg); 58%; d) aus I u. Phenol in Essigsäure–Acetanhydrid (95:5) in Ggw. von $ZnCl_2$ (15 Min. bei 100° u. 20 Min. bei 120—125° u. 10—12 mm); 32%; e) mit IV wie unter d), aber 1 Std. bei 110—120° u. 10—12 mm; 8,0%; f) aus III u. Phenol mit Chinolin (2 Std. auf dem Dampfbad): 10,5% (in Ggw. von Toluol, 4 Std. bei 100°; 23,3%). — *Phenyltri-O-acetyl-α-D-glucopyranosiduronsäuremethylester*, $C_{19}H_{22}O_{10}$, F. 114—115° (Isopropanol), a) als Nebenprod. bei der Darst. von II nach Meth. c), d) (15%), e) u. f); $[\alpha]_D^{25}$ +157,5° (c = 1); b) aus 10 g II durch Isomerisierung analog der Darst. von II, d); 1,5 g; c) durch Oxydation von Phenyl-α-D-glucosid mit O_2 in W. über Pt-Schwarz in Ggw. von $NaHCO_3$ (p_H 8—9) zu *Phenyl-α-D-glucopyranosiduronsäure* (*Monohydrat*, F. 80—85° [Erweichen bei 75°]; aus feuchtem Äthylacetat Prismen; 18%; *Semihydrat*, $C_{12}H_{14}O_7 \cdot 0,5\ H_2O$. F. 147—149°, aus Äthylacetat Nadeln, $[\alpha]_D^{25}$ +153,6° [c = 1]), anschließende Veresterung mit CH_2N_2 u. Acetylierung; 44%. — Aryltri-O-acetyl-β-D-glucopyranosiduronsäuremethylester ($[\alpha] = [\alpha]_D^{20-26}$, c = 1; Chlf.): *o-Chlorphenyl-*, F. 151—152° (A.), aus III u. o-Chlorphenol in Aceton-W. mit 5n KOH (5 Tage bei 5°); $[\alpha]_D$ —62,8°; 11%. — *p-Chlorphenyl-*, F. 152—154°, mit p-Chlorphenol analog II, c) (39,0%) bzw. d) (28,8%); [α] —32,2°. — *o-Bromphenyl-*, F. 137—140°, mit o-Bromphenol analog II, c) (34,0%); [α] —64,1°. — *p-Bromphenyl-*, F. 162—163,5°, mit p-Bromphenol analog II, c) (47,5%) bzw. d) (28,8%); [α] —29,5°. — *o-Jodphenyl-*, F. 160 bis 162°, mit o-Jodphenol analog II, c) (55,0%); [α] —63,6°. — *o-Tolyl-*, F. 138—140°, mit o-Kresol analog II, c) (48,1%) bzw. d) (32,6%); [α] —40,6°. — *m-Tolyl-*, F. 113 bis 115°, mit m-Kresol analog II, c) (44,2%) bzw. (31,2%); [α] —32,8°. — *p-Tolyl-*, F. 137 bis 138°, mit p-Kresol analog II, c) (52,1%) bzw. d) (27,5%); $[\alpha]_D$ 31,3°. — *o-Oxyphenyl-*, $C_{19}H_{22}O_{11}$, F. 136—137°, mit Brenzcatechin analog II, c) (23,0%); aus A. oder Isopropanol Prismen; [α] —33,4°. — *Naphthyl-(1)-*, $C_{23}H_{24}O_{10}$, F. 126—127° (aus A. Nadeln) bzw. F. 157—159° (A., Isopropanol oder Bzl.-Skelly B), mit α-Naphthol analog II, c); [α] —75,5°. — *Naphthyl-(2)-*, $C_{23}H_{24}O_{10}$, F. 180—190°, mit β-Naphthol analog II, c) (33,0%) bzw. d) (15,0%); aus A. oder Isopropanol Nadeln; [α] —29,4°. Gibt mit 5n methanol. $Ba(OCH_3)_2$ freie *Naphthyl-(2)-β-D-glucopyranosiduronsäure*, F. 151,5 bis 152° (W.), $[\alpha]_D^{24}$ —100° (c = 1; A.); 52,0%. — *[Methylgentisyl]-*, $C_{21}H_{24}O_{13}$, F. 134—136° mit Gentisinsäuremethylester analog II, e) (45,0%) bzw. d) (30,3%); aus Isopropanol Nadelbüschel; [α] —26,3°. Gibt mit 0,5n $Ba(OCH_3)_2$ in CH_3OH *[Methylgentisyl]-β-D-glucopyranosiduronsäuremethylester*, $C_{15}H_{18}O_{10}$, F. 180—181,5° (A.), $[\alpha]_D^{28}$ —83,4° (c = 1,4; CH_3OH); 82%. — *o-Nitrophenyl-*, F. 175—176° (Aceton), aus III u. o-Nitrophenol in Aceton mit 5n KOH (2 Tage stehen); [α] +19,0; 34%. — *Methyl-β-D-glucofuranosidurono-γ-lacton*, F. 138—140°; aus 25 g Glucuronsäure in CH_3OH mit Nalcite HCR (Anionenaustauscherharz; 24 Std. rühren); aus A. Prismen; $[\alpha]_D^{25}$ —55,0° (c = 1; W.); 9,7 g (65% Lactongemisch), daneben *Methyl-α-D-glucofuranosidurono-γ-lacton*, F. 148°, Nadeln, $[\alpha]_D^{25}$ +147,0° (c = 1; W.). Bei Unterbrechung der Rk. nach 16 Std. werden 5% Lactongemisch u. aus den Mutterlaugen durch Acetylierung 5% I erhalten. Die analoge Rk. mit Glucuronsäuremethylester liefert 33% Lactongemisch. (J. Amer. chem. Soc. **77**. 3310—15. 20/6. 1955. Argo, Ill., Corn Prod. Refin. Co., George Moffett Res. Labors.) W. KOCHMANN. 3450

Fathy El Said und **W. H. Linnell**, *Synthetische, den Herzglykosiden verwandte Verbindungen.* 3. Mitt. (2. vgl. C. **1950**. I. 1977.) γ-Acetoxy-β-p-propylphenylcrotonsäureäthylester, dargestellt aus ω-Acetoxy-p-propylacetophenon u. Bromessigester nach REFORMATSKI, wurde mit HBr/Eisessig hydrolysiert u. zu *β-[p-Propylphenyl]-$\Delta^{\alpha,\beta}$-butenolid* cyclisiert. Die Verb. besitzt keine cardioton. Wirkung. Der Vers., über ω-Acetoxy-m-nitro-p-propylacetophenon nach Red. zur Aminoverb. u. Diazotierung zur entsprechenden Oxyverb. zu gelangen, führte nur zu teerigen Produkten.

Versuche: *γ-Acetoxy-β-[p-propylphenyl]-crotonsäureäthylester*, $C_{17}H_{22}O_4$, Kp_3 152—156° (Badtemp.), aus p-Propylacetoxyacetophenon u. Zn in Bzl. mit Bromessigester in Bzl. am Rückfluß u. Zers. mit verd. HCl; 86% (Ausbeute). — *β-[p-Propylphenyl]-$\Delta^{\alpha,\beta}$-butenolid*, $C_{13}H_{14}O_2$, F. 64—65°, durch Kochen von vorst. Rohprod. mit HBr/Eisessig, Eingießen in Eiswasser u. Extrahieren mit Ae.; aus A. Nadeln. — *p-Propyl-m-nitro-ω-acetoxyacetophenon*, $C_{13}H_{15}O_5N$, F. 68—68,5°, gelbliche Prismen aus A., aus p-Propylacetoxyacetophenon in Eisessig mit H_2SO_4/HNO_3. *2.4-Dinitrophenylhydrazon*, $C_{19}H_{19}O_8N_5$, F. 174—175°, dünne, rote Nadeln (A.). — *ω-Acetoxy-m-amino-p-propylacetophenonoxalat*, mikrokrist. Pulver, durch Red. der Nitroverb. mit Zn/Essigsäure. *Hydrochlorid*, $C_{13}H_{17}O_3N \cdot HCl$, mikrokrist. Pulver. (Acta pharmac. int. [Copenhagen] **2.** 413—17. 1953. London, Univ., School of Pharmacy.) K. NEZEL. 3450

G. Fodor, *Die sterische Struktur von Tropanalkaloiden.* Ausgehend von den Unterss. WILLSTÄTTERS s u. anderer Autoren über die Konfiguration der *Troponalkaloide* gibt Vf. eine zusammenfassende Darst. über 17 seiner eigenen veröffentlichten Arbeiten über die Konfigurationsaufklärung der Tropanalkaloide. So gelang es z. B. mit Hilfe der Acylwanderung (vgl. C. **1954.** 10710) die räumliche Stellung der veresterten OH-Gruppe aller natürlichen Tropanalkaloide, die sich von Tropin u. Nortropin ableiten, zu beweisen. Weiterhin wurden die Raumstrukturen des *Cocains*, des *Pseudococains* u. des *Scopolamins* auf verschied. Wegen bewiesen. Zusammenhänge zwischen Raumstrukturen u. Biogenese bzw. der physiol. Wrkg. der Tropanalkaloide werden erörtert. — 95 Literaturangaben. (Vgl. C. **1956.** 2179.) (Acta chim. Acad. Sci. hung. **5.** 379—442. 1955. Szeged, Univ., Inst. of Organ. Chem.) G. TODT. 3500

V. N. Sharma, J. D. Kohli und **B. Mukerji,** *Chemie und Pharmakologie von Rauwolfia.* Es wird ein Überblick über Vork. verschied. Rauwolfiaarten, über die Chemie der Hauptalkaloide von R. serpentina Benth., bes. *Ajmalin, Serpentin, Reserpin, Sarpagin* u. *Rauwolscin* sowie über deren blutdrucksteigernde, sedative u. hypotensive Eigg. u. therapeut. Verwendung gegeben. — 54 Literaturangaben. (J. sci. ind. Res. [New Delhi] **13A.** 261—72. Juni 1954. Lucknow, Centr. Drug Res. Inst.) R. PASEDAG. 3500

Rodolfo A. Nicolaus, *Papierchromatographie der mit H_2O_2 aus natürlichen Melaninen und Tyrosinmelanin erhaltenen Abbauprodukte.* (Vgl. C. **1953.** 4208.) Beim Abbau von Melaninen aus Sepia, Augenaderhaut des Schweins, melanot. Tumor nach HARDING-PASSEY, humanem Melanosarkom, Tier- u. Menschenhaar mit H_2O_2 in alkal. Medium entsteht neben *Pyrroltricarbonsäure-(2.3.5)* (**I**) eine bisher unbekannte Substanz (**II**) mit höherer Wanderungsgeschwindigkeit als **I** in einer in allen Fällen ziemlich gleichbleibenden Konz.; **II** kuppelt mit Diazoniumsalzen. Aus Tyrosinmelanin entsteht **I** in geringerer Menge als aus den natürlichen Melaninen. (Gazz. chim. ital. **85.** 659—64. Mai/Juni 1955. Roma, Univ., Ist. di Chim. organ.) R. K. MÜLLER. 3550

J. Th. G. Overbeek, C. L. J. Vink und **H. Deenstra,** *Kinetik der Bildung von Azobilirubin.* Die Kinetik der Kupplungs-Rk. zwischen Bilirubin (**I**) u. p-Diazobenzolsulfonsäure (**II**) wurde in einem Gemisch aus A. (60 Vol.%), Chlf. (30) u. W. (10), 0,006mol. in HCl, in dem alle Komponenten lösl. sind, spektrophotometr. untersucht.

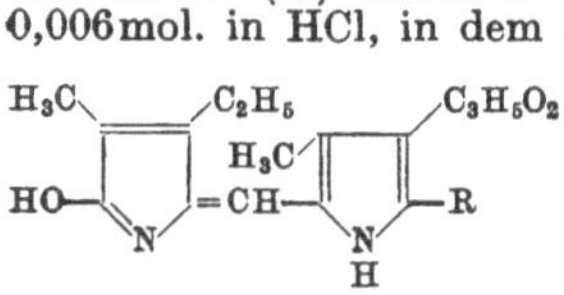

III R = p·$SO_3H \cdot C_6H_4$—N=N—
IV R = CH_2OH
VI R = $C_6H_2Br_3N$=N—

In den beiden Folge-Rkk. **I** + **II** → *Azobilirubin* (**III**, $C_{22}H_{24}O_6N_4S$) + *Oxypyrromethencarbinol* **IV** (bei 20° $k_1 = 8{,}1 \cdot 10^3$ $Mol^{-1} \cdot Liter \cdot min^{-1}$) u. **IV** + **II** → **III** + CH_2O ($k_2 = 1{,}2 \cdot 10^3$) setzt sich ein Mol **I** unter Aufspaltung an der Methylenbrücke mit 2 Mol **II** nahezu quantitativ um. **III** wurde in einer Ausbeute von 76% isoliert u. sein Spektr. gemessen. Die Kupplung von **I** mit 2.4.6-Tribrombenzoldiazoniumsulfat (**V**) verläuft grundsätzlich ähnlich wie die mit **II**, jedoch entstanden neben dem in 78% Ausbeute isolierten *Tribrombenzolazooxypyrromethen* **VI**, $C_{22}H_{21}O_3N_4Br_3$, ca. 3% des Kupplungsprod. aus je 1 Mol **I** u. **V** ($C_{39}H_{37}O_6N_6Br_3$). (Recueil Trav. chim. Pays-Bas **74.** 85—97. Febr. 1955. Utrecht, Univ., van't Hoff-Labor and Clin. of Internal Med.) G. LOHAUS. 3550

M. Wellendorf, *Anthocyane.* Übersicht über die Chemie der *Anthocyane* (**I**), ihre Isolierung in größeren Mengen, ihr Absorptionsspektr., Einfl. innerer u äußerer Faktoren auf die **I**-Bldg., Systematik, Morphologie, Anatomie, Biosynth., Farb-Rkk., quantitative Messung, Papierchromatographie, Farbtöne der Blütenfarben u. Blütenmuster. (Farmac. Tid. **65.** 741—50. 17/12. 757—65. 24/12. 1955.) R. K. MÜLLER. 3550

G. Büchi und **N. C. Yang,** *Durch Licht katalysierte organische Reaktionen.* 2. Mitt. *Die Isomerisierung des β-Jonons.* (1. vgl. C. **1955.** 1713.) In einer Quarzapp. wurde *β*-Jonon (**I**) in alkoh. Lsg. 48—72 Std. mit UV-Licht bestrahlt. Die entstandenen Prodd.

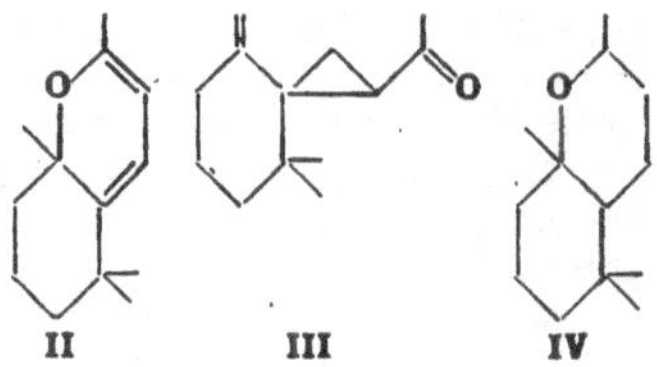

II III IV

wurden durch fraktionierte Dest. getrennt: **I** (12 bis 22% [Ausbeute]), Polymere (30—50%), *Verb.* **II**, $C_{13}H_{20}O$ (Kp.$_1$ 70—71°, n_D^{25} 1,4992; 22—40%) u. *Verb.* **III** (Kp.$_1$ 81—82°, n_D^{25} 1,4860; 2—4%). Bei der Isomerisierung von **II** mit J_2 in Bzl. bei 20° wurde **I** (60%) erhalten. Längere Behandlung von **II** mit Semicarbazidacetat in Methanol führte zum instabilen *cis-β-Jononsemicarbazon* ($C_{14}H_{23}ON_3$ F. 185—186° [im Vakuum]) dessen Dampfdest. in Ggw. von Phthalsäureanhydrid **I** ergab. Die katalyt. Hydrierung von **II** in Ggw. von Pt führte zu *Verb.* **IV**, $C_{13}H_{24}O$ (Kp.$_{0,05}$ 45—48°, n_D^{25} 1,4714), während **III** eine Mischung gesätt. Alkohole ergab. Ozonisierung von **III** ergab CH_2O (12%) u. *2.2-Dimethyladipinsäure* ($C_8H_{14}O_4$, F. 86—87°; 40%). Die säurekatalysierte Isomerisierung von **III** mit 6nH_2SO_4 führte zu *Jonen* ($C_{13}H_{18}$, Kp.$_{0,05}$ 48—50°). — Die Infrarotspektren wurden aufgenommen u. zur Strukturaufklärung herangezogen. (Chem. and Ind. **1955**. 357. 26/3. Mass. Inst. of Technol., Dep. of Chem.) O. WOLF. 3600

J. Meinwald und **C. C. Cornwall**, *Säurekatalysierte Umlagerung von Cinensäure. 2. Mitt. Geronsäure aus 6-Oxy-2.2.6-trimethylcyclohexanon.* (1. vgl. C. **1955**. 10718.) Der für die Umlagerung von Cinensäure zur *Geronsäure* (**I**) angenommene, über das cycl. Zwischenprod. **A** (vgl. l. c.) führende Reaktionsgang wurde durch die Oxydation des aus 6-Chlor-2.2.6-trimethylcyclohexanon (**II**) erhaltenen *6-Oxy-2.2.6-trimethylcyclohexanons* (**III**) mit Peressigsäure als OH^+-Donator zu **I** bestätigt.

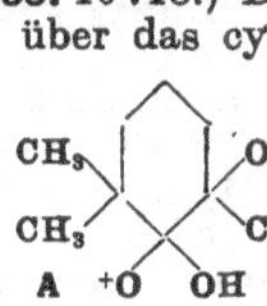

A

Versuche: *6-Chlor-2.2.6-trimethylcyclohexanon* (**II**) aus 2.2.6-Trimethylcyclohexanon mit PCl_5 nach BELL u. Mitarbeitern (C. **1952**. 7967); 75—82% (Ausbeute). — *6-Oxy-2.2.6-trimethylcyclohexanon* (**III**), a) aus **II** durch 5std. Kochen mit CH_3ONa in Methanol, Zers. des Rückstands mit W. u. Extrahieren mit Ae., dessen Rückstand bei 65—77° (9—10 mm) schnell dest. wurde; 45%; (vgl. BHARUCHA u. Mitarbeiter, C. **1955**. 3124); b) aus **II** durch mehrtägiges Stehen über Li-Band in Ae. u. 10std. Durchleiten von Luft durch die gekühlte Lsg.; 25%. *Semicarbazon*, F. 168—173° (roh); 48%; hydrolysierbar zu **III**. HCl-Abspaltung aus **II** mit Pyridin (l. c.) gab eine *Verb.*, Kp.$_9$ 60—65°; 90%; im Infrarotspektr. CO-Absorption bei 5,97 μ, keine typ. Bande bei 11,25—11,40 μ. — *Geronsäure-2.4-dinitrophenylhydrazon*, F. u. Misch-F. 128—132° (A + W.), gelbe Kristalle, Infrarotspektr. ident. mit authent. Muster; aus **III** (2,4 g) durch 5tägiges Stehen bei 5° mit 40%ig. Peressigsäure u. Behandeln des Prod. mit 2.4-Dinitrophenylhydrazin; 2 g. (J. Amer. chem. Soc. **77**. 5991—92. 20/11. 1955. Ithaca, N. Y., Cornell Univ., Baker Labor. of Chem.)

W. SCHULENBURG. 3600

R. Dulou, P. Crabbé und **G. Dupont**, *Über die Darstellung eines Enolesters von Pulegon und Menthon. Struktur von Methylisopulegen und Methylmenthen.* Pulegon gibt mit CH_3MgBr zu 70% einen *KW-stoff* $C_{11}H_{18}$ (**I**) u. zu 28% aus der tautomeren Enolform die GRIGNARD-Verb. des sek. Alkohols, die sich mit Benzoylchlorid zum *Benzoat* (**II**) umsetzen läßt. Vff. fanden für beide Substanzen andere physikal. Daten als GRIGNARD u. SAVARD [1924]. Strukturaufklärung mit Hilfe der Perbenzoesäuretitration, der Ozonisation sowie der UV- u. RAMAN-Spektren ergab für **I** u. **II** die angegebenen Strukturen. Bei der analogen Rk. entstanden aus Menthon nur Spuren des *Enolesters*; Hauptprod. war ein Gemisch der *KW-stoffe* **III** (<10%) u. **IV**.

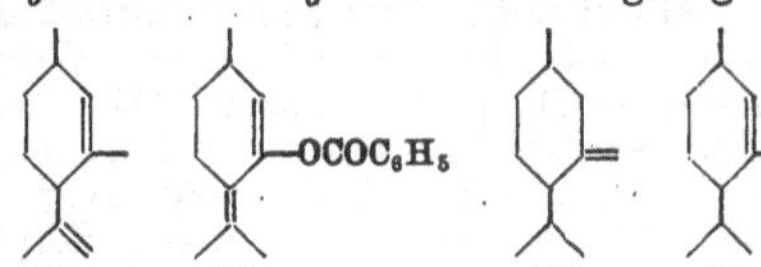

I II III IV

Versuche (z. T. mit **J. Bouffetier**): *d-Pulegonenolbenzoat* (**II**), $C_{17}H_{20}O_2$, F. 54°, $[\alpha]_J^{18}$ +45,6° (c = 10; A.), aus Pulegon (Kp.$_{16}$ 102°, n_D^{20} 1,4860, D^{24}_4 0,950, $[\alpha]_J^{20}$ +25°) mit $^1/_3$ Mol CH_3MgBr u. anschließend Benzoylchlorid; fraktionierte Dest. gibt **II**; daneben eine unbekannte *Substanz* (F. 188°, UV-Spektr.) sowie **I**; Verseifung → *Pulegon* (*Semicarbazon*, F. 190°); Ozonisation → *Aceton* (*2.4-Dinitrophenylhydrazon*, F. 125 bis 126°). — *Methylisopulegen* (**I**), Kp.$_{12}$ 63—65°; aus Pulegon neben **II**; n_D^{17} 1,4728, D^{18}_4 0,837, $[\alpha]_J^{18}$ +121,9° (c = 10; A.); Hydrierung von **I** über RANEY-Ni → *Methylmenthen* (**IV**), $C_{11}H_{20}$, Kp.$_{12}$ 65—67°, n^{15} 1,4625, D^{15}_4 0,820, $[\alpha]_J^{18}$ +40,12° (c = 10; A.); Hydrierung von **I** über Pt → *Methylmenthan* ($C_{11}H_{22}$, Kp.$_{13}$ 67—68°, n_D^{18} 1,4525, D^{18}_4 0,8015, $[\alpha]_J^{18}$ +15,7° (c = 10; A.). Ozonisation von **I** → *Formaldehyd* (*2.4-Dinitrophenylhydrazon*, F. 165—166°; *Dimedonderiv.*, F. 189°). — Umsetzung von 50 g Menthon mit CH_3MgBr u. Benzoylchlorid wie bei **II** ergab 39 g **IV** (+ **III**) u. 6 g *Menthonenolbenzoat*, $C_{17}H_{22}O_2$, F. 142—143°, Kp.$_3$ 150—157°, $[\alpha]_J^{18}$ +23,25° (c = 10; Chlf.); in Ggw. von Na-tert.-Amylat hergestellter Ester hat eine andere Drehung; es handelt sich wahrscheinlich um Isomere; Verseifung → *Menthon.* 9 g *Substanz vom* $Kp._5$ *>200°* wurden nicht identifiziert. (Bull. Soc. chim. France, Mém. [5] **1955.** 1548—51. Nov./Dez. Paris, École Norm. Supérieure, Labor. de Chim.) G. MEINHARDT. 3600

G. A. Stein, M. Sletzinger, H. Arnold, D. Reinhold, W. Gaines und **K. Pfister III,** *Die Reaktion von Camphen mit Cyanwasserstoff.* Bei der Rk. von Camphen (**III**) mit HCN unter stark sauren Bedingungen entsteht an Stelle des erwarteten N-Formylisobornylamins <5° in guter Ausbeute *3-Formamidoisocamphan* (**IV**; $C_{11}H_{19}ON$, F. 173—176°), das zu *3-Aminoisocamphan* (**I**; F. 175—176°; *Hydrochlorid,* $C_{10}H_{20}NCl$) verseift werden kann. Das durch $KMnO_4$-Oxydation von **I** erhaltene *3-Nitroisocamphan* ($C_{10}H_{17}O_2N$, F. 198°) ist auf Grund seines Infrarotspektr. ident. mit dem Prod. der Umsetzung von rac. **III** mit $AgNO_2$ u. läßt sich entweder katalyt. oder mit Na/A. zu **I** reduzieren. Die $LiAlH_4$-Red. von **IV** führt zu *3-Methylaminoisocamphan* (**II**; *Mecamylamin,* $Kp._4$ 72°, n_D^{25} 1,4881; *Hydrochlorid,* $C_{11}H_{22}NCl$, F. 243—246° [Zers.]), das auch aus **III**-Hydrochlorid u. CH_3NH_2 entsteht. Bei der Rk. von **III** mit einfachen Nitrilen werden *N-Acylisobornylamine* erhalten. — **IV** u. bes. **II** zeigen starke ganglienblockierende Wirkung. (J. Amer. chem. Soc. **78.** 1514—15. 5/4. 1956. Rahway, N. J., Merck & Co., Inc., Chem. Div., Res. Labors.) R. PASEDAG. 3600

Torger Bruun, *Triterpenoide in Flechten.* 2. Mitt. *Taraxeren, ein natürlich vorkommendes Triterpen.* (1. vgl. C. **1955.** 10759.) Aus der neutralen Fraktion des Ae.-Extrakts aus 2,9 kg *Cladonia deformis* HOFFM. wurde ein KW-stoffgemisch erhalten, aus dem durch fraktioniertes Lösen in Bzn. oder Chromatographieren der Benzinlsg. mit Al_2O_3 15 mg eines *KW-stoffs* [F. 237—238°, $[\alpha]_D$ +1° (c = 0,81; Chlf.)] isoliert wurden. Durch Vgl. der FF., Röntgen- u. WEISSENBERG-Diagramme mit einem authent. Muster wurde er als *Taraxeren* u. damit als 6. in Flechten festgestelltes Triterpen identifiziert. (Acta chem. scand. **8.** 1291—92. 1954. Trondheim, Norges Tekn. Högsk., Inst. for Organ. Kjemi.) W. SCHULENBURG. 3600

Koji Nakanishi, Hiroshi Kakisawa und **Yoshimasa Hirata,** *Struktur von Pristimerin und Celastrol.* Vff. stellen durch Vgl. der FF., UV- u. Infrarotspektren fest, daß *Pristimerin* (**I**) mit *Celastrolmonomethyläther* ident. ist. **I,** $C_{30}H_{40}O_4$, F. 219—220° (gelbe Nadeln), besitzt eine Methoxyl- u 3 C-Methylgruppen u. ein o-chinoides Syst.; durch reduktive Acetylierung wurde das entsprechende *Diacetat* $C_{34}H_{46}O_6$, F. 252°, $[\alpha]_D^{22}$ +54,3° (Chlf.), gewonnen. Zn-Staubdest. von **I** lieferte eine stark fluorescierende, vermutlich *pentacycl. Substanz* $C_{26}H_{22}$, F. 299—300° (Zers.). Katalyt. Hydrierung von **I** oder Red. mit $NaBH_4$ führte zu *Pristimerol* (**II**), $C_{30}H_{42}O_4$, F. 241°; *Bis-p-nitrobenzoat,* $C_{44}H_{48}O_{10}N_2$, F. 213°. Der durch Umsetzung von **II** mit Dimethylsulfat gewonnene *Dimethyläther,* $C_{32}H_{46}O_4$, F. 215°, hat das gleiche UV-Spektr. wie 1.2.3.4-Tetrahydro-5.6.7-trimethoxynaphthalin. Da **I** die entsprechende chinoide Struktur besitzt, aber nicht mit o-Phenylendiamin reagiert, schließen Vff. auf eine ster. gehinderte o-Chinongruppe. (J. Amer. chem. Soc. **77.** 3169—71. 5/6. 1955. Chikusa, Nagoya, Univ., Chem. Inst.) G. SCHORRE. 3900

Albert Aebi, *Beitrag zur Konstitution der Inhaltstoffe von Farnwurzeln.* Die Strukturformeln **A** für *Flavaspidsäure* (**I**) u. **C** für *Aspidin* (**II**) werden UV-spektroskop. bewiesen. **I** kann aus Butyrylfilicinsäure (**III**), Formaldehyd u. Butyrylmethylphloroglucin synthetisiert werden (vgl. RIEDL, C. **1954.** 6248). Die CH-Best. ermöglichte keine Unterscheidung zwischen **A** u. **B**. Vf. zeigt aber mittels der Meth. der Addition der UV-Spektren isolierter chromophorer Gruppen, daß **I** die Struktur **A** zukommt. Durch Addition der Spektren von **III** u. von *Aspidinol* (**IV**) wird nämlich eine Kurve erhalten, die dem Spektr. von **I** sehr ähnlich ist. Das wäre bei der Struktur **B**, in der beide Kerne in Konjugation

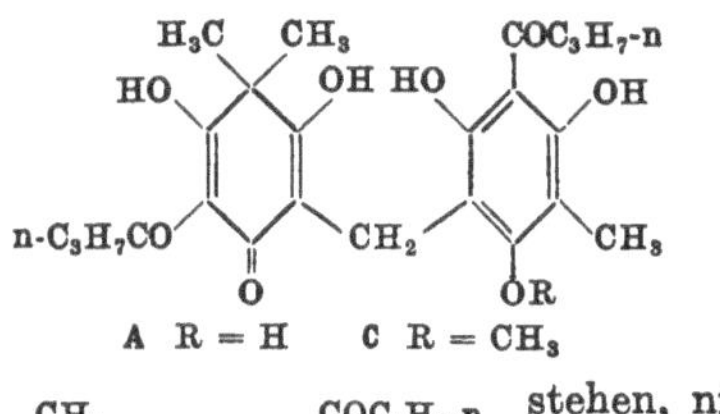

A R = H C R = CH₃

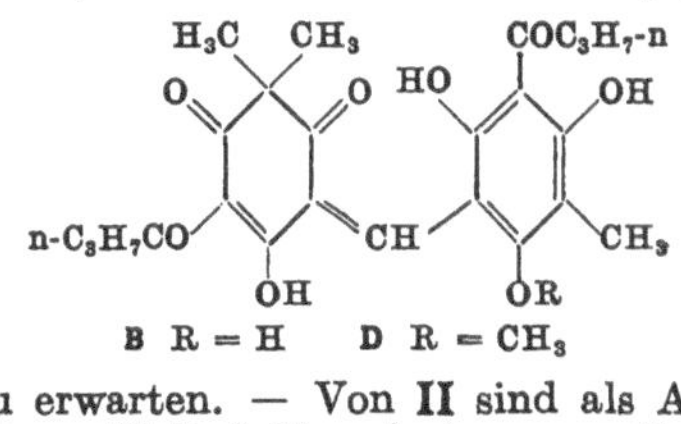

B R = H D R = CH₃

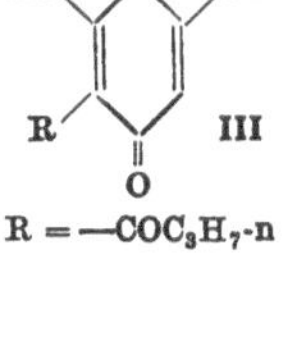

III

R = —COC₃H₇-n

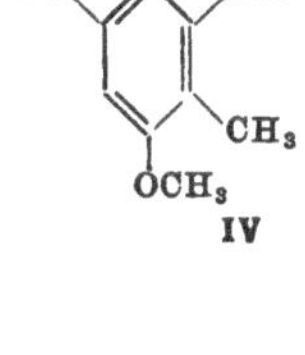

IV

stehen, nicht zu erwarten. — Von **II** sind als Abbauprodd. *Filicinsäure, Methylphloroglucinmonomethyläther* u. *n-Buttersäure* bekannt, die Struktur ist der von **I** sicher sehr ähnlich u. wird der Formel **C** entsprechen. In Analogie zu **I** wäre auch hier eine Struktur **D** in Betracht zu ziehen, indessen spricht die Analyse für **C**. Subtraktion der Spektren **II** u. **III** ergibt eine Kurve, die ebenfalls dem Spektr. von **IV** sehr ähnlich ist u. die

Struktur **C** beweist. Die für die ungesätt. Strukturen **B** u. **D** berechneten längerweillgen Maxima sollten bei 320—350 mμ liegen, die entsprechenden Maxima von **I** u. **II** liegen aber bei 290 mμ. — Aus dem Abbau von **II** zu *2-Methylphloroglucin-1-methyläther* wird geschlossen, daß sich die Methoxylgruppe in o-Stellung zur Kondensationsstelle befindet. Dafür spricht auch die Isolierung von **IV** aus der gleichen Pflanze. Die UV-Spektren folgenden Verbb. (in Cyclohexan) werden mitgeteilt: **I, II, III, IV**, *Benzalaceton, p-Oxybenzalaceton, Cinnamalaceton.* (Helv. chim. Acta **39.** 153—58. 1/2. 1956. Zürich, ETH, Pharmazeut. Inst., u. Bern, Dr. A. Wander AG., Forschungsinst.) K. ZOPFF. 3950

Tarakeswar Chakravarty und **Asima Chatterjee,** *Über die Konstitution von Swietenin: Der nichtbittere Bestandteil in den Samen von Swietenia macrophylla, King.* Nachdem bei einer früheren Unters. in S. macrophylla neben Swietenolid als weiterer Inhaltsstoff *Swietenin* (I) festgestellt worden war (SIRCAR u. CHAKRAVARTY, C. **1952.** 5276), wurde die Konstitutionsermittlung von I in Angriff genommen. Bisher war die Summenformel $C_{18}H_{24}O_5$ u. das Vorliegen einer Methoxylgruppe bekannt. Die in A. aufgenommene UV-Absorptionskurve zeigt Maxima bei 2880 u. 2360—2410 Å, wie es für die freie CO-Gruppe u. deren Stellung in Konjugation kennzeichnend ist; die intensive Absorption im Gebiet von 2180—2200 Å ist eine Eig. von α,β-ungesätt. Lactonen. Das scharfe Infrarotabsorptionsband bei 5,8 μ ist einem α,β-ungesätt. δ-Lactonring zuzuordnen, ein anderes bei 6,1 μ weist auf einer Äthylenbindung hin, die infolge de Konjugation zur CO-Gruppe des Lactonrings nicht hydrierbar ist. Weitere Absorptionsmaxima bei 2,95 u. 8,6 μ gehören zu einer tert. OH-Gruppe. Das Acetylierungsprod. zeigt die erwartete Absorption bei 8,1 μ, war indessen nicht krist. zu erhalten. Ein Maximum bei 7,21 μ stammt von 2 C-Methylgruppen, die zudem beim Abbau nach KUHN-ROTH erfaßbar sind. Ein Band bei 14,3 μ zeigt die cis-Orientierung an der Doppelbindung an. Die chem. Reaktionsfähigkeit der Verb. stimmt mit den opt. Daten überein. Außer den bereits genannten Umsetzungen war leichte Bldg. eines *Dibromids*, Färbung mit Tetranitromethan, sowie Umsetzung zu einem *2.4-Dinitrophenylhydrazon* u. einem *Pyryliumsalz* festzustellen. Die Hydrolyse mit Alkali ergab *Swieteninsäure*, eine nicht enolisierbare Oxycarbonsäure. Weitere Behandlung dieser Verb. mit HCl lieferte *Isoswietenin*, wobei erneute Lactonisierung unter Beteiligung der tert. OH-Gruppe anzunehmen ist. Bei der Umsetzung von I mit CH_2N_2 tritt Rk. ein, ein krist. Prod. war nicht zu erhalten. Die Abspaltung der Methoxylgruppe mit HJ erfolgt infolge ster. Hinderung nur langsam u. unvollständig.

V e r s u c h e : *Swietenin* (I), $C_{18}H_{24}O_5$, Reinigung durch Chromatographie an Al_2O_3 mit Chlf. als Elutionsmittel; F. 260° (Zers.); $[\alpha]_D^{30}$ +133,5° (4,15%; Chlf.). — *Swieteninsäure*, $C_{18}H_{26}O_6$, F. 210° (Zers.), durch Hydrolyse von I mit n/10 NaOH + A. auf dem Wasserbad. — *Isoswietenin*, $C_{18}H_{24}O_5$, F. 262° (Zers., Essigester), durch 10 Min. Erhitzen der Säure mit verd. HCl. — *Swietenindibromid*, $C_{18}H_{24}O_5Br_2$, F. 170°. — Titration der Doppelbindung von I mit Bromid–Bromat, jodometrisch. — *Swietenin-2.4-dinitrophenylhydrazon*, $C_{24}H_{28}O_8N_4$, F. 182° (Zers.), aus A. orangefarben, mikrokristallin. — *Pyryliumsalz* von I, F. über 320°, aus I mit Salicylaldehyd in Chlf. + Methanol beim Einleiten von HCl bei 0°; Isolierung durch Eingießen des Reaktionsprod. in HCl-haltigen A., dunkelrot. — Acetylierung von I in üblicher Weise mit Acetanhydrid + Na-Acetat, Reaktionsprod. auch nach Chromatographie nicht kristallisierend. (J. Indian chem. Soc. **32.** 179—86. März 1955. Calcutta, Univ. Coll. of Sci. and Technol., u. Krishnanagar Coll., Dep. of Chem.) K. ZOPFF. 3950

W. M. Hearon und **W. S. MacGregor,** *Die natürlich vorkommenden Lignane.* Übersicht über Vork., Isolierungsmethoden, Strukturbeweise u. die Chemie der natürlich vorkommenden, opt.-akt. *Lignane*, die als dimere, formal aus n-Propylbenzolderivv. aufgebaute Verbb. charakterisiert werden. Substanzen wie Dehydrodiisoeugenol, Syringaresinol u. Dehydroconiferylalkohol, die chem. oder enzymat. in opt.-inakt. Form hergestellt werden, sind nicht besprochen. Die behandelten Lignane werden entsprechend der verschied. Verknüpfung ihrer Propylketten in 5-Gruppen eingeteilt: a) 1.4-Diarylbutanderivv.; b) 2.3-Dibenzylbutyrolactonderivv.; c) Tetrahydrofuranderivv.; d) Tetrahydrofuranderivv.; e) 4-Aryltetrahydronaphthalinderivate. Die stereochem. Beziehungen untereinander u. die prakt. Anwendungsmöglichkeiten der Lignane werden zusammenfassend diskutiert. — 314 Literaturhinweise. (Chem. Reviews **55.** 957—1068. Okt. 1955. Portland, Ore., Univ., Dep. of Chem.) E. FRANCK. 3950

Bengt O. Lindgren, *Die sulfonierbaren Gruppen des Lignins.* Der Sulfurierungsprozeß des Lignins (I) u. die sich daraus ergebenden Rückschlüsse auf die Ligninstruktur werden zusammenfassend dargestellt. Danach besteht I aus Bausteinen, die je 4—6 Phenylpropanmonomere enthalten. Die Bldg. der Lignineinheiten untereinander oder mit Kohlenhydraten erfolgt durch Benzylätherbindungen. Die große Ähnlichkeit, die bei der

Sulfonierung von β-Guajacyläther des Veratrylglycerins bzw. von B'-Gruppen des Lignin auftritt, läßt vermuten, daß ein großer Teil der Ligninmonomeren aus Phenylglycerinabkömmlingen besteht. — 81 Literaturhinweise. (Svensk Papperstidn. **55.** 78—89. 15/2. 1952. Stockholm, Sweden, Dep. of Wood Chem. and Cellulose Technol., Roy. Inst. of Technol.) S. Hüttig. 3950

D. Makromolekulare Chemie.

P. Hatfield, *Umwandlungstemperatur von Polymethylmethacrylat bei Ultraschallfrequenzen.* Von *Polymethylmethacrylat* (I) wurde zwischen t = 20 u. 90° die Ultraschallgeschwindigkeit v im Frequenzbereich f = 350—750 kHz gemessen. Der (v, t)-Verlauf besteht aus 2 geradlinigen Ästen verschied. Neigung, die sich bei 68° (Umwandlungstemp.) schneiden; dieser Wert ist unabhängig von f. Abweichende Ergebnisse in der Literatur werden teils auf die Verwendung verschieden reiner I-Proben, teils auf die Meßmeth. (Verwendung zu hoher Ultraschallenergie) zurückgeführt. Die Ultraschallabsorption nimmt mit steigendem f stark zu. (Nature [London] **174.** 1186—87. 25/12. 1954. Pontypool, Brit. Nylon Spinners Ltd., Res. Dep.) O. Fuchs. 4010

Arnim Henglein, *Die Reaktion des α.α-Diphenyl-β-pikrylhydrazyls mit langkettigen freien Radikalen, die beim Ultraschallabbau von Polymethacrylsäuremethylester gebildet werden.* Fraktionen des *Polymethacrylsäuremethylesters* (I) wurden in benzol. Lsg. bei Raumtemp. durch die Einw. von Ultraschallwellen abgebaut; experimentelle Einzelheiten wurden vom Vf. bereits früher mitgeteilt (vgl. C. **1955.** 8401; vgl. auch C. **1955.** 10930). Variiert wurden: der Polymerisationsgrad P von **I** (210—29000), die Konz. c von **I**, die Beschalldauer t u. die Art des in der Lsg. enthaltenen Gases (Luft, N_2, Ar). Die beim Abbau entstehenden **I**-Radikale reagieren mit gleichzeitig vorhandenem *α.α-Diphenyl-β-pikrylhydrazyl* (**II**). Der Verbrauch an **II** läßt sich spektroskop. (starke Absorption des freien **II** bei 5200 Å) leicht verfolgen. Bei Ausschluß von O_2 werden pro gespaltener Bindung im **I** zwei Moll. **II** verbraucht, wobei allerdings nur etwa die Hälfte des verbrauchten **II** in die **I**-Bruchstücke eingebaut wird. Die Reaktionsprodd. des **II** lassen sich mit PbO_2 unter Bldg. eines schwach violett gefärbten Polymeren, das mit Hydrochinon leicht reduzierbar ist, oxydieren. Vf. nimmt an, daß es sich hierbei um ein bes. stabiles langkettiges Radikal, bestehend aus einem Bruchstück von **I** u. aus **II**, handelt. Daneben sind folgende Rkk. möglich: $P_n\cdot + \cdot X \rightarrow P_nX$ ($P_n\cdot$ = radikal. Bruchstück von **I**, $\cdot X$ = **II**); $P_n\cdot + C_6H_6 \rightarrow P_n + C_6H_5\cdot$ u. $C_6H_5\cdot + \cdot X \rightarrow C_6H_5X$. Eine Entscheidung konnte noch nicht getroffen werden. Erfolgt der **I**-Abbau in Ggw. von O_2, so wird im Laufe einer Reaktionskette mehr **II** verbraucht, als der Zahl der gebildeten **I**-Radikale entspricht. Auf Grund spektroskop. Unterss. wird angenommen, daß sich gemäß $P_n\cdot + O_2 \rightarrow P_n{-}O{-}O\cdot$ Peroxydradikale bilden, die mit dem Bzl. oder mit **II** weiter reagieren. Aus den Verss. bei verschied. P, c u. t folgt für die Depolymerisationsgschwindigkeit dx/dt (d. h. die Zahl der pro Sek. gespaltenen Bindungen im **I**): $dx/dt = k(P - P_e)$ in verd. Lsgg. u. $dx/dt = k \cdot \log (P/P_e)$ in konz. Lsgg. (P_e = Grenzpolymerisationsgerad, unterhalb dessen kein Abbau mehr erfolgt; er ergibt sich zu ca. 200). Der Einfl. von P u. c auf das Abbaugesetz wird diskutiert (Einfl. der Viscosität der Lsg. u. Abnahme der Reaktionsordnung bei steigendem c). — Bei der Beschallung einer benzol. Lsg. von **II** (in Abwesenheit von **I**) findet ein nur sehr geringer Verbrauch an **II** statt, während er in Chlf. als Lösungsm. 10—100 mal größer ist. (Makromolekulare Chem. **15.** 188—210. April 1955. Köln, Univ., Inst. für physikal. Chem. u. Kolloid-Chem.) O. Fuchs. 4010

F. X. Cunningham, R. C. Taylor und **L. B. Lockhart jr.,** *Einfluß von teilfluorierten Diestern auf Elastomere.* Vff. untersuchten die Quellung (Volumenänderung) von 10 verschied. Kautschuktypen in *Glutarsäure-bis-[1H.1H.5H-oktafluoramylester]* (**I**; $Kp._{0,5}$ 134,5°, $D.^{20}_{4}$ 1,5980, n_D^{20} 1,3560) u. *Glutarsäuredi-n-amylester* (**II**; $Kp._1$ 130—131°, n_D^{20} 1,4363) bei 20 u. 70°, **I** auch bei 150°. Im Gegensatz zu dem Quellungseffekt von **II** bewirkt **I** ein Herauslösen des Weichmachers, wie aus der geringen Oberflächenspannung u. der starken Netzfähigkeit der Fluorverb. zu erwarten ist. Bei 150° werden alle untersuchten Kautschuktypen mit Ausnahme von Silicon SE-76 in 10 Tagen spröde. (Ind. Engng. Chem. **48.** 465—66. März 1956. Washington, D. C., Naval Res. Labor.) E. Forche. 4030

J. Schurz, *Die Darstellung der Strukturviscosität von verdünnten Lösungen.* (*Eine Erweiterung der Viscositäts-Konzentrations-Beziehung.*) Während die Strukturviscosität von Hochpolymerlsgg. auf den Exponenten α der Mark-Houwinkschen Viscositätsgleichung $[\eta] = K \cdot M^{\alpha}$ prakt. ohne Einfl. ist, wirkt sie sich sehr stark bei der Hugginsschen Gleichung $\eta_{red} = [\eta] + k[\eta]^2 c$ aus. Ausgehend von dem Ansatz $\eta_{red,\,G} = \eta_{red,\,0} - (aG + bc)G$, wo G = mittlerer Strömungsgradient, a u. b = Konstanten, die sich auf die Einzelteilchen bzw. auf Wechselwirkungseffekte beziehen, leitet Vf. folgende erweiterte Hugginssche Gleichung ab: η_{red}, $G = [\eta]_0(1 - a'G^2) + k[\eta]_0^2 c(1 - b'G)$, wo $a' = a/[\eta]_0$ u. $b' = b/[\eta]_0^2$, Index 0 bezogen auf G = 0. Die Anwendung dieser Gleichung auf η-Messungen des Vf. (vgl. C. **1954.** 10018 sowie die früheren dort genannten Arbeiten des Vf.) an den Lsgg. von *Cellulosenitrat* in Aceton bei verschied. G-Werten ergibt folgende [η]-Werte für die in ( ) genannten G-Werte: 23,6 (0), 22,8 (200), 21,6 (1000), 20,0 (G nicht bestimmt). Aus den Unterschieden sollte es möglich sein, den Beitrag der Einzelteilchen u. der Wechselwrkg. auf die Strukturviscosität getrennt zu erfassen. (Mh. Chem. **86.** 454—60. 1955. Graz, Univ., Inst. für theoret. u. physikal. Chem.) O. Fuchs. 4050

Paul Abadie, Robert Chabronnière, André Gidel, Pierre Girard und **André Guilbot,** *Die dielektrischen Absorptionsspektren der Cellulose, der Stärke und ihrer Zuckerbestandteile.* Vff. messen die dielektr. Absorptionsschwingungsspektren von *Baumwollcellulose* (**I**), *Weizenstärke* (**II**) u. *β-Maltose* (**III**) (0,5% ig. wss. Lsgg., 20°). Es zeigt sich, daß die in Stellung 3, 5 u. 6 der pyranosid. *Glucose* (**IV**)-Ringe des **I**- u. **II**-Mol. befindlichen freien alkoh. OH-Gruppen die für die Absorption verantwortlichen Dipole darstellen. Werden diese Gruppen, z. B. durch Benzoylierung, blockiert, so tritt keine Absorption mehr auf. Diese wird auch bei krist. Zuckern (**III**-*Hydrat, Cellobiose,* **IV**), bei denen die OH-Gruppen untereinander gebunden (lactonisiert) sind, nicht beobachtet u. erscheint erst wieder, wenn der Zucker (z. B. **III**) durch Schmelzen u. anschließende plötzliche Abkühlung in die amorphe Form übergeführt wird, wobei freie OH-Gruppen entstehen. Die erhaltenen Absorptionskurven zeigen, daß **II** pro Volumen-Einheit eine 2,2 mal höhere Konz. an freien OH-Gruppen besitzt, als **I**. Daraus geht hervor, daß **II** nur ca. 30% kristalline Bereiche enthält, während im **I**-Mol. ca. 66—67% vorhanden sind. (C. R. hebd. Séances Acad. Sci. **240.** 1772—74. 2/5. 1955.) P. Fahrnlaender. 4050

G. O. Aspinall, E. L. Hirst und **W. McArthur,** *Die Konstitution einer modifizierten Stärke aus gemälzter Gerste.* Vff. isolieren aus gemälzter Gerste durch 3 std. Extraktion mit sd. wss. A. u. anschließende Behandlung mit Butanol u. Toluol *Stärke A* (**Ia**) mit einem Geh. von 26% *Amylose* (**II**) bzw. durch Extraktion von Rohstärke (**I**) mit Chloralhydrat *Stärke B* (**Ib**) mit 27,8% **II**. **Ia** u. **Ib** liefern bei der Fraktionierung mit 20% ig. wss., butanolgesätt. Pyridin *Amylopektin A* (**IIIa**) mit 3,9% **II** u. *Amylopektin B* (**IIIb**) mit 0,5% **II**. Die Methylierung von **IIIb** (Dimethylsulfat/NaOH-Gemisch unter N_2 bei Zimmertemp.) führt zu einem *Prod.* mit einem Geh. von 43,0% OCH_3, das bei der Fraktionierung mit sd. Chlf.–Leichtbenzin (Kp. 60—80°) in eine *Substanz* {$[\alpha]_D^{15}$ +200° (c = 0,5; Chlf.); 43,2% OCH_3; η_{sp}/c = 2,21 (c = 0,4; m-Kresol); 20,7 g Ausbeute; Mol.-Gew. 320000} übergeht, die bei saurer Hydrolyse (1% CH_3OH enthaltende HCl [5 Std.] u. 0,5n HCl [5 Std.]) 5,7% *2.3.4.6-Tetra-O-methyl-D-glucose* (**IV**), 87,4% *2.3.6-Tri-O-methyl-D-glucose* (**V**) u. 4,3% *2.3-Di-O-methyl-D-glucose* (**VI**) neben 2,6% eines zu 53% aus *2.6-* (**VII**) u. 41% *3.6-Di-O-methyl-D-glucose* (**VIII**) bestehenden *Gemisches* ($C_8H_{16}O_6$, $[\alpha]_D^{18}$ +74° → +58° [c = 0,5; W.] bzw. +60° → −10° [8 Std. konstant; c = 0,5; CH_3OH-haltige HCl]; 29,0% OCH_3) liefert. Die gebildete **IV**-Menge u. die bei der Perjodatoxydation von **IIIb** erhaltene HCOOH-Ausbeute zeigen eine nichtreduzierende Endgruppe auf 18 ± 1 *Glucose* (**IX**)-Reste an. Der **VI**-Geh. des **IIIb**-Hydrolysates weist darauf hin, daß die **IX**-Ketten in 6-Stellung miteinander verbunden sind. Außerdem geht aus der durch Hydrolyse des perjodatoxydierten Polysaccharids entstandenen **IX** hervor, daß 0,63% der **IX**-Reste von **III** nicht angegriffen werden. Demnach sind in letzterem mindestens 88% 1.6-Bindungen anzunehmen. Der Abbau von **III** mit Kartoffel-β-Amylase (**X**) (0,2 mol. Acetatpuffer; 37°; 48 Std., p_H 4,6) liefert 44—47% *Maltose* (**XI**). Da **X** nur die Außenketten von **III** angreift u. die Enzymwrkg. bei 1—2 **IX**-Einheiten der im Innern des Mol. gelegenen Ketten aufhört, beträgt die durchschnittliche Kettenlänge des zugehörigen *Grenzdextrins* (**XII**; $[\alpha]_D^{18}$ +149° [c = 0,5; n-NaOH]) 8—9 **IX**-Reste, auf die eine nichtreduzierende Endgruppe entfällt. Die Methylierung von **IIb** (äther. Lsg. von CH_2N_2 bei 0° 34 Wochen, u. Dimethylsulfat–NaOH unter N_2 bei Zimmertemp.) liefert ein *Prod.* {$[\alpha]_D^{17}$ +206° (c = 1,0; Chlf.); η_{sp}/c = 0,82 (c = 0,4; m-Kresol); 44,8% OCH_3}, das durch Hydrolyse in 0,32% **IV**, 98% **V** u. 1,6% eines Gemisches aus 7,5% **VI**, 79% **VII** u. **VIII** gespalten wird. Die **IV**-Menge entspricht einer nichtreduzierenden Endgrupppe auf 310 ± 20 **IX**-Reste. Daraus geht hervor, daß die Malz-**II** aus einer linearen Kette von ca. 330 **IX**-Einheiten besteht. Zum Vgl. enthält unveränderte Gersten-**I** ($[\alpha]_D^{18}$ +154°, [c = 1,0; n-NaOH]) 22,6% **II** u. ihre **III**-Fraktion besitzt eine Kettenlänge von durchschnittlich 26 **IX**-Resten. Die Hydrolyse mit **X** führt zu einer Ausbeute von 59% **XI**; daraus ergibt sich für das zugehörige **XII** ($[\alpha]_D^{18}$ +153°; [c = 0,5; n-NaOH]) eine Kettenlänge von 9—10 **IX**-Resten. Aus den Ergebnissen geht hervor, daß die Außenketten des **III**-Mol. während der Mälzung der Gerste unter Beibehaltung der verzweigten Struktur angegriffen werden. Die **II**-Fraktion wird dagegen nur unwesentlich abgebaut.

Versuche: *Stärke A* (**Ia**), $[\alpha]_D^{18}$ +154° (c = 0,9; n-NaOH) u. +178° (c = 0,7; 30%ig. $HClO_4$). — *Stärke B* (**Ib**), $[\alpha]_D^{16}$ +159° (c = 1,1; n-NaOH) u. +182° (c = 0,78; 30%ig. $HClO_4$). — *Amylopektin A* (**IIIa**), $[\alpha]_D^{18}$ +147° (c = 0,5; n-NaOH) u. +166° (c = 0,5; 30%ig. $HClO_4$); 0,05% N; 5,4 g Ausbeute. — *Amylose A* (**IIa**), $[\alpha]_D^{18}$ +148° (c = 0,5; n-NaOH) u. +198° (c = 0,7; 30%ig. $HClO_4$); 0,02% N; Jodbindungsvermögen 18,3%; 1,1 g. — *Amylopektin B* (**IIIb**), $[\alpha]_D^{16}$ +149° (c = 1,1; n-NaOH) u. +170° (c = 0,72; 30%ig. $HClO_4$); Blauwert 0,085. — *Amylose B* (**IIb**), $[\alpha]_D^{16}$ +200° (c = 0,5; W.); $[\alpha]_D^{15}$ +143° (c = 0,5; n-NaOH) u. +205° (c = 0,5; 30%ig. $HClO_4$); Blauwert 1,25; Jodbindungsvermögen 19,2%. — *2.3.4.6-Tetra-O-methyl-D-glucose* (**IV**), $C_{10}H_{20}O_6$, F. 86 bis 88°, $[\alpha]_D^{18}$ +98° → +83° (c = 0,4; W.); OCH_3 52,0%. — *2.3.4.6-Tetra-O-methyl-N-phenyl-D-glucosylamin*, $C_{16}H_{25}O_5N$, F. 136—138°; OCH_3 39,4%. — *2.3.6-Tri-O-methyl-D-glucose* (**V**), $C_9H_{18}O_6$, F. 115—117°, $[\alpha]_D^{18}$ +90° → +66° (c = 1,0; W.) u. +67° → —34° (10 Std. konstant, c = 1,0; 2% CH_3OH-haltige HCl); OCH_3 41,5%. — *2.3-Di-O-methyl-D-glucose* (**VI**), $C_8H_{16}O_6$, $[\alpha]_D^{18}$ +106° → +68° (c = 0,4; W.); OCH_3 29,7%. — *2.3-Di-O-methyl-D-gluconsäurephenylhydrazid*, $C_{14}H_{22}O_6N_2$, F. 160—162°; OCH_3 19,2%. (J. chem. Soc. [London] **1955**. 3075—81. Sept. Edinburgh, Univ., Dep. of Chem.)

P. Fahrnlaender. 4050

I. C. MacWilliam, *Chemie der Hopfenbestandteile*. 5. Mitt. *Hopfenpektin*. (4. vgl. C. **1954**. 2406.) Das aus Hopfenstroh erhaltene *Pektin* (**I**) wurde hydrolysiert u. ergab 62% *d-Galakturonsäure*, 25% *d-Galaktose* u. 22% *l-Arabinose*. Der Methoxylgeh. des Ausgangsprod. betrug 1,7%. **I** ist wahrscheinlich ein Gemisch aus den 3 Polysacchariden der genannten Komponenten. Die quantitative Isolierung der einzelnen Polysaccharide gelang noch nicht. Der Hauptbestandteil ist die aus Galakturonsäureeinheiten zusammengesetzte *Pektinsäure*, die die Gelierwrkg. u. Viscosität von **I** bedingt. Die Methoden zur quantitativen Best. von **I** wie die Messung der CO_2-Menge beim Kochen mit 12%ig. HCl oder die Fällung als Ca-Salz sind ungenau. Darum wurde der Geh. an **I** folgendermaßen bestimmt: Zerlegung von **I** mit einem hochakt. Enzymkomplex u. qualitative u. quantitative Unters. der Zucker mit Hilfe der Papierchromatographie. Der Hopfen wurde nach einer vorläufigen Extraktion mit kaltem wss. Aceton mit sd. W. u. dann mit verd. Ammoniumoxalatlsg. extrahiert. Der Geh. an **I** betrug bei den einzelnen Hopfensorten zwischen 1—2%.

Versuche (Verdampfungen bei 50° im Vakuum. Chromatographie mit Essigester/Pyridin/W. (2 : 1 : 2) als oberste Phase u. Zugabe von Ribose als Vergleichssubstanz): Der für die Unterss. benutzte Hopfen wurde mit S geröstet, in A. eingeweicht, mit A. u. Ae. erhitzt, bis die Extrakte farblos waren u. an der Luft getrocknet. Nach der Extraktion von 50 g Hopfenstroh mit 2 Liter W. bei 17° wurden ca. 50 mg **I** gewonnen. Erschöpfende Extraktion des Strohs mit W. bei 50° entfernte nicht alle Nebenbestandteile, lieferte dagegen eine unreine **I**-Fraktion. Nach mehreren Vorverss. wurde das Hopfenstroh zur Entfernung der Nebenbestandteile in Portionen zu 100 g mit 2 Liter 50%ig. wss. Aceton extrahiert, dann mit W. (3mal 1,5 Liter) 1 Std. auf 100° erhitzt u. anschließend mit 3mal 1,5 Liter 0,5%ig. Ammoniumoxalat gekocht. Die auf $^1/_4$ eingedampften Lsgg. wurden mit dem 4fachen Vol. HCl-haltigem A. versetzt, der in W. gelöste Ammoniumoxalat-Nd. gegenüber dest. W. dialysiert u. nochmals mit A. gefällt; lederfarbene bis dunkelbraune, in W. leicht lösl. Prodd., deren Geh. an **I** je nach Sorte bei den mit W. extrahierten Fraktionen zwischen 27,4 u. 61,4% u. bei den mit Ammoniumoxalat extrahierten Fraktionen zwischen 44,7 u. 78,2% liegt. Hydrolyse von 0,1 g des **I**-Prod. durch 30 Min. langes Schütteln mit 10 cm^3 0,1n NaOH, Neutralisation mit HCl u. Zufügen von 20 mg eines **I**-abbauenden Enzymkomplexes. 2tägiges Stehen der Lsg. mit Toluol, Abzentrifugieren des braunen Nd., Einengen der Lsg. auf 0,5 cm^3 u. Chromatographieren. In allen Hopfensorten wurden *Galakturonsäure*, *Galaktose* u. *Arabinose* gefunden, in einigen auch Spuren von *Glucose*, *Xylose* u. *Rhamnose*. Bei den mit W. extrahierten Fraktionen beträgt der Geh. an *Pektinsäure* 23—51%, an *Galaktan* 1,5—4% u. an *Araban* 2,2—6,1%; bei den mit Ammoniumoxalat extrahierten Fraktionen entsprechend 51 bis 73%, 2,1—3,1% u. 1,7—2,5%. In der nach der Enzymhydrolyse abzentrifugierten, braunen Substanz (0,115 g) befanden sich *Tannin* (mit $FeCl_3$ blaugrün), *Aminosäuren* (mit Ninhydrin purpurrot) u. bei den mit W. extrahierten Fraktionen 10—15% unlösl. Material u. 3—11% bei den mit Ammoniumoxalat extrahierten Fraktionen. Durch 5malige Umkristallisation aus W. konnte der N-Geh. der **I**-Prodd. auf 0,5—0,9% erniedrigt werden, durch Reinigung über das Ca-Salz auf ca. 0,2%. Sie waren in W. leicht lösl. u. nicht viscos. Der Geh. an **I** betrug 90—95%. (J. Inst. Brewing **59** ([N. S.] **50**). 480—85. Nov./Dez. 1953. Nutfield, Surrey, Brewing Ind. Res. Found.) E. Franck. 4050

—, *Aminosäuren, Proteine und andere chemische Erzeugnisse aus Algen*. Übersicht über Vork., Zus., Analyse verschied. Algen, Gewinnung von Aminosäuren, Derivv. der *Alginsäure* wie Ester, Acetate, Sulfonate; Glykolester u. Propylenglykolester („Kelcoloid") sind gute Emulgiermittel, z. B. für Speiseeis u. andere Nahrungsmittel. —30 Literaturstellen. (Ion [Madrid] **14.** 71—77. Febr. 1954.) J. Altpeter. 4050

Fritz Micheel, *Synthetische Kohlenhydrat-Eiweißverbindungen.* Vf. unterscheidet bei natürlichen Kohlenhydrat–Eiweiß-Verbb. (I) je nach Bindung ihrer Komponenten drei Typen u. gibt für zwei davon Darstellungsmethoden an. Zur Bindung der Komponenten durch Kovalenzen in biol. möglicher Art werden freie Aminogruppen von Proteinen umgesetzt mit a) Aziden von carboxylhaltigen Mono- oder Polysacchariden, b) 1-Cyanamidderivv. von Monosacchariden, c) Isothioharnstoffalkyläthern von Monosacchariden. Nach a) entstehen peptidartige Verbb., nach b) u. c) Monosaccharidguanylproteine (II) ident. Struktur. Die Zus. von **II** wurde mit der Orcinmeth. im Spektralphotometer bestimmt. Nur lysinhaltige Proteine reagieren, jedoch mit weniger als 50% ihrer ε-Aminogruppen; die übrigen sind wahrscheinlich salzartig oder durch H-Brücken gebunden. Die I geben mit Ölsäurechlorid bei p_H 9 *Kohlenhydrat–Oleylproteine* (z. B. aus Arabicylgelatine u. -serumalbumin), die in hoch-%ig. A. lösl. sind u.den Oleylrest kovalent an das Protein gebunden enthalten. Die I mit salzartiger Bindung wurden aus Proteinen u. Kohlenhydratschwefelsäureestern gewonnen, z. B. D-Glucose-6-schwefelsäure (**III**) u. Xylanschwefelsäure (**IV**). Proteinsalze von **III** sind in wss. Lsg. hydrolyt. gespalten, ihre Zus. wurde mittels Gleichgewichtsdialyse bestimmt. **IV** bildet dagegen Salze konstanter Zus. durch zusätzliche Wrkg. übermol. Kräfte (Koazervate). Die Zus. entspricht der Äquivalenz der sauren Gruppen des Kohlenhydrats u. der bas. Aminosäuren des Proteins. Daraus werden für Proteine Äquivalentgewichte berechnet, die mit den nach anderen Methoden erhaltenen übereinstimmen. (J. Polymer Sci. **12.** 577—81. Jan. 1954. Münster/Westf., Univ.) M. Rothe. 4070

J. Schormüller und **J. Krempien,** *Über den Einfluß der Glucose auf den Threonin-, Serin- und Stickstoffgehalt des Caseins beim Erhitzen.* Nach einleitender Erwähnung bisher bekannter Tatsachen über zwischen Proteinen bzw. Aminsoäuren u. reduzierenden Zuckern stattfindende Rkk. (Maillard-Rkk.) wird über Verss. mit *Casein* (**I**) u. *Glucose* (**II**) berichtet. Trockenes Erhitzen von **I** allein ergibt nur bei Tempp. über 170—180° etwas über den natürlichen Wasserverlust hinausgehende Substanzverluste von 7—8%. Wird dagegen **I** zusammen mit **II** (1 : 1) erhitzt, so treten schon über 120° starke Verluste auf, die bei 200° über 30% erreichen. Unterss. von **I** nach dem Erhitzen ergaben, daß der N-Geh. unbeeinflußt blieb, während der *Serin* (**III**)- u. *Threonin* (**IV**)-Geh. mit über 170° zunehmender Temp. abnimmt u. bei 200° ca. 20% der Ausgangswerte erreicht. In Ggw. von **II** dagegen traten bereits ab 120° zunehmende Verluste an N, **III** u. **IV** auf. Unter N_2 sind die Erhitzungsverluste sowohl bei reinem **I** als auch bei **I**–**II**-Gemischen deutlich geringer, während Erhitzen im Fettmedium keine größeren Unterschiede gegenüber denjenigen in Luft mit sich bringt. Im Gegensatz zu diesen Ergebnissen treten bei 2—4std. Erhitzen von reinem **I** u. **I**–**II**-Gemischen in W. nur sehr geringe, bei 1—2monatiger Lagerung bei 37° keine Verluste an N, **III** u. **IV** auf. Unterss. der UV-Absorptionsspektren der Reaktionsgemisches ergaben, daß mit zunehmenden Erhitzungsschäden Verflachung der Maxima u. Minima sowie insgesamt Abnahme der Lichtdurchlässigkeit auftreten. Die Bldg. neuer Reaktionsprodd. konnte hierbei ausgeschlossen werden. (Z. Lebensmittel-Unters. und -Forsch. **98.** 1—18. Jan. 1954. Berlin-Charlottenburg, Techn. Univ., Inst. für Lebensmittelchem. u. Lebensmitteltechnol.) F. Krusen. 4070

Walter L. Hughes und **F. Marott Sinex,** *Chemie der Proteine, Peptide und Aminosäuren.* Übersichtsref. (bis Dez. 1953). *Oxytocin, Vasopressin,* Verwendung von *Tetraäthylpyrophosphit* u. *Thioestern* bei der Peptidsynth., Synth. cycl. Peptide (**I**), weitere **I**-Synthesen, enzymat. **I**-Synthesen, Entfernung schützender Gruppen bei der **I**-Synth., Aminosäuren (**II**)-Zus. von *Insulin* (**IV**) u. *Serumalbumin,* analyt. Methoden, chem. Abwandlung von Proteinen (**III**), Analyse modifizierter **III**, unter Beteiligung endständiger **II** hergestellte chem. Derivv., stufenweiser **I**-Abbau. — Sedimentationsanalyse, weitere physikal.-chem. Methoden, **III**-Fällung, chromatograph. Trennungen. — Gewebe-**I**, Urin-**I**, *adrenocorticotropes Hormon* (*ACTH*), Peptidantibiotica, natürliche *Poly-D-glutaminsäure,* der hyperglykäm. Faktor von **IV**, Thymus-**I**, *Hämoglobin, Kollagen,* Blutgerinnung. — *δ-Aminolävulinsäure, Monoaminocarbonsäuren, Aminodicarbonsäuren, bas.* **II**, *S*-haltige **II**, **II**-Synth., **II**-Derivv. von Kohlenhydraten, **II**-Bestimmungsmethoden. — 325 Literaturangaben. (Annu. Rev. Biochem. **23.** 177—214. 1954. Baltimore, Md., Johns Hopkins Univ., McCollum-Pratt Inst.; Long Island, N. Y., Brookhaven Nat. Labor., Med. Dep.) K. Maier. 4070

Charles Tanford, Sigurd A. Swanson und **William S. Shore,** *Wasserstoffionengleichgewichte von Rinderserumalbumin.* Vff. bestimmten die Wasserstoffionentitrationskurven von entionisiertem *Rinderserumalbumin* (RSA) bei 4 Ionenstärken u. 2 Temperaturen. Die Kurven wurden mittels Gleichungen analysiert, die den elektrostat. Effekt der polaren Gruppen als einen empir. Faktor behandeln (Debye-Hückel-Theorie). Dieser Faktor erweist sich als p_H-unabhängig zwischen p_H 4,3 u. 10,5. Die Zahl der verschied. ionisierenden Gruppen wurde nach von Tanford (J. Amer. chem. Soc. **76.** [1954.] 3331 u. C. **1955.** 1758) schon früher benutzten Methoden ermittelt. Pro Mol RSA (65000) vorhandene titrierbare ionisierende Gruppen u. deren ermittelte wahre pK-Werte (in Klammern): 1 α-Carboxylgruppe (3,75, angenommen), 99 Seitencarboxylgruppen (3,95), 16 Imidazolgruppen (6,9), 1 α-Aminogruppe (7,75, angenommen), 57 ε-Aminogruppen (9,8), 19 phenol. Gruppen (10,35), 22 Guanidylgruppen (12). Die für Carboxyl-, Amino- u. Phenolgruppen gefundenen pK-Werte sind abnorm. Dies deutet an, daß diese Gruppen in irgendeiner Weise an der inneren Bindung beteiligt sind. Dabei ist das Carboxylion gegenüber der nichtionisierten COOH-Gruppe, die neutrale NH_2-Gruppe gegenüber dem NH_3^+-Ion u. die nichtionisierte phenol. Gruppe gegenüber dem Phenolation begünstigt. Die Wärmen u. Entropien für die Ionisation (berechnet aus den Temperaturabhängigkeiten der Titrationskurven) sind unvereinbar mit Carboxylat–Phenol–Wasserstoff-Bindungen, die früher angenommen wurden (Laskowski u. Scheraga, C. **1955.** 8879). Die innermol. Bindungen werden diskutiert. Die Ergebnisse der Messungen werden mit denen von menschlichem Serumalbumin verglichen. Es ergeben sich nur geringfügige Unterschiede. (J. Amer. chem. Soc. **77.** 6414—21. 20/12. 1955. Iowa, Io., State Univ. of Iowa, Dep. of Chem.) K. Heyns. 4070

Charles Tanford, John G. Buzzell, David G. Rands und **Sigurd A. Swanson,** *Die reversible Ausdehnung von Rinderserumalbumin in sauren Lösungen. Rinderserumalbumin* (RSA) existiert in einer kompakten Form zwischen p_H 4,3 u. 10,5. Unter p_H 4,3 u. über p_H 10,5 dehnt es sich aus. Für den sauren Bereich wird dies durch Viscositätsmessungen von RSA-Stammlsgg. bei verschied. p_H-Werten gezeigt. Vff. schreiben dies dem Übergang der kompakten Form in eine ausdehnbare Form zu, da das Netz von Bindungen, das die polaren Gruppen der Seitenketten des Proteins mit einschließt, in der Nähe von p_H 4,3 u. 10,5 verändert wird. Betrachtungen über die freie Energie des Syst. werden angestellt u. die Struktur der kompakten u. ausdehnbaren Form diskutiert. Eine weitere mol. Umwandlung wurde nach längerem Stehen einer 1%ig. RSA-Lsg. beim p_H 2,0 festgestellt, nicht jedoch mit 0,35%ig. RSA-Lösung. Diese tut sich in einer geringen Erhöhung des Mol.-Gew. kund, die Vff. durch Streulichtmessungen feststellten. Es wird gezeigt, daß sowohl der Übergang der kompakten Form von RSA in die ausdehnbare als auch die langsame mol. Umwandlung reversibel sind. (J. Amer. chem. Soc. **77.** 6421—28. 20/12. 1955. Iowa, Io., State Univ. of Iowa, Dep. of Chem.) K. Heyns. 4070

F. H. C. Crick, *Die Fourier-Transformation einer zusammengerollten Spule.* Ausgehend von den Annahmen von Pauling u. Corey (vgl. C. **1956.** 7553) sowie des Vf. (vgl. C. **1953.** 8623), daß die Struktur des α-Keratins auf einer zusammengerollten Spule basiert, berechnete Vf. die Fourier-Transformationen einer kontinuierlichen u. einer diskontinuierlichen zusammengerollten Spule („coiled coil"). Die erste ist ein unendlich dünner „Draht" von Elektronendichte, der zweite eine Folge von streuenden Punkten (Atomen), welche in unregelmäßigen Zwischenräumen auf einer zusammengerollten Spule angeordnet sind. (Acta crystallogr. [Copenhagen] **6.** 685—89. 10/9. 1953. Cambridge, Cavendish Labor., Med. Res. Council Unit for Study of Mol. Structure of Biol. Syst.) C. Gottfried. 4070

F. H. C. Crick, *Die Packung von α-Schrauben: Einfach zusammengerollte Spulen.* (Vgl. vorst. Ref.) Vf. zeigt zuerst, daß bei Packungen von α-Schrauben des gleichen Drehungssinns wahrscheinlich Abweichungen von der Parallelität um ca. 20° auftreten. Für sehr lange Ketten führt das zu einer zusammengerollten Spule. Es werden hierauf die beiden einfachsten Modelle, der zweiadrige („two-strand rope") u. der dreiadrige Strick, beschrieben. Beide Modelle würden ein diffuses α-Diagramm liefern. Mögliche Beispiele dieser Modelle — Tropomyosin, α-Keratin, kugelförmige Proteine — werden kurz diskutiert. (Acta crystallogr. [Copenhagen] **6.** 689—97. 10/9. 1953.) C. Gottfried. 4070

Robert B. Corey, Jerry Donohue, Kenneth N. Trueblood und **Kenneth Palmer,** *Eine Röntgenuntersuchung von lufttrockenen Lysozymchloridkristallen.* 2. Mitt. *Berichtigung.* (1. vgl. C. **1953.** 5475.) Vff. bringen einige Berichtigungen zu der l. c. mitgeteilten Untersuchung. (Acta crystallogr. [Copenhagen] **8.** 518. 10/8. 1955. Pasadena, Calif., Inst. of Technol., Gates and Crellin Labor.; Los Angeles, Calif., Univ. of California and Univ. of Southern California; Albany, Calif. Western Utilization Res. Branch.) C. Gottfried. 4070

R. J. Barriault und **L. F. Gronholz,** *Bildung von Sphärolitstruktur in Polyhexamethylenadipamid (66 Nylon).* 1. Mitt. *Struktur und optische Eigenschaften von Sphärolithen bei Zimmertemperatur.* Vff. untersuchten zuerst mit dem Polarisationsmikroskop ca.

10—20 μ dicke Schnitte von *66 Nylon*, das von ca. 20° oberhalb seines F. auf verschied. Tempp. abgeschreckt worden war. In allen Fällen wurde Sphärolitbldg. beobachtet; jeder Sphärolit zeigt unter gekreuzten Nicols ein schwarzes Kreuz, dessen Arme entlang den polaren Achsen liegen. Die Größe der auftretenden Sphärolite hängt von ihrer Anzahl pro Volumeneinheit ab. Bei der Mehrzahl der Schnitte tritt an dem Außenrand ein helles Band auf, das von JENCKEL, TEEGE u. HINRICHS (vgl. C. **1954.** 6507) „transkristallines" Gebiet genannt wurde. Dieses transkristalline Gebiet tritt nicht auf, wenn die Substanz sehr schnell abgeschreckt wird. Um festzustellen, ob die Doppelbrechung in der radialen oder tangentialen Richtung der Sphärolite positiv ist, wurden die Schnitte mit dem Blättchen von Rot 1. Ordnung untersucht. Hierbei wurde gefunden, daß die Doppelbrechung selbst in dem Sphäroliten radial positiv ist, d. h. der größere Brechungsindex liegt mit seiner Schwingungsrichtung parallel zu dem Radius des Sphäroliten. In den transkristallinen Gebieten ist die Doppelbrechung stets positiv in der Richtung senkrecht zur Oberfläche. Die Doppelbrechung selbst ist in dem Sphäroliten u. den transkristallinen Gebieten ohne Rücksicht auf die Abschreckbedingungen von der Größenordnung von 0,01. Aus den opt. Ergebnissen kann geschlossen werden, daß die Ketten der polymeren Verb. in dem Sphärolit radial angeordnet sind. Über die Lage der von anderer Seite angenommenen H-Bindungen kann auf Grund der opt. Ergebnisse noch nichts ausgesagt werden. Aus Röntgenaufnahmen transkristalliner Gebiete kann gefolgert werden, daß die Polymerenketten parallel zur Oberfläche u. H-Bindungen parallel zur Oberflächennormalen angeordnet sind. Hieraus wieder kann geschlossen werden, daß in den Sphäroliten die Polymerenketten in der tangentialen Ebene liegen u. die H-Bindungen parallel zu den Radien verlaufen. Betreffs der Bldg. der transkristallinen Gebiete kann man annehmen, daß Kernbldg. sehr viel leichter an einer Grenzfläche zwischen dem Polymeren u. anderen Substanzen, wie z. B. W. oder Luft, eintritt. Die Kernbildungsgeschwindigkeit sollte ein Maximum bei einer gewissen Temp. unterhalb des F. erreichen, u. ein großer Temperaturgradient nahe der Oberfläche der geschmolzenen polymeren Verb. könnte viele Kerne an der Oberfläche erzeugen, die als eine feste Lage gegen das heiße Innere zu wachsen. Ferner konnte aus Röntgenstrahlenschmelzpunktsunterss. gefolgert werden, daß der wahre thermodynam. F. von 66 Nylon höher liegen muß als die n. angenommene Schmelztemperatur. (J. Polymer Sci. **18.** 393—403. Nov. 1955. Wilmington, Del., E. I. du Pont de Nemours & Co., Carothers Res. Labor., Exp. Stat.)

C. GOTTFRIED. 4090

Alexander Rich und **J. D. Watson,** *Physikalische Untersuchungen an Ribonucleinsäure.* Es wird zuerst über Pulveraufnahmen an *Ribonucleinsäuren* (I) verschied. Ausgangsstoffe berichtet, u. zwar von Tabakmosaikvirus, Mosaikvirus der gelben Rübe, Kalbsleber u. Kalbsthymus. Alle Diagramme sind ident., woraus man schließen kann, daß die zugrunde liegende dreidimensionale Konfiguration allen I gemeinsam ist, trotz der verschied. Verhältnisse Purin–Pyrimidin. Es wird ausdrücklich darauf hingewiesen, daß die Diagramme vollkommen verschieden sind von denen der Desoxyribonucleinsäure. Erhöht man die relative Feuchtigkeit der I auf über 90%, dann tritt eine Umwandlung ein. Während die äußeren Interferenzringe sich nicht gegenüber der „trocknen" I ändern, ändern die inneren Ringe sowohl ihre Lage wie ihre Intensität. Aus der größeren Schärfe der Interferenzen kann man auf eine höhere Fernordnung schließen. Nach der von WILKINS, GOSLING u. SEEDS (vgl. C. **1952.** 2185) u. von FRANKLIN u. GOSLING (vgl. C. **1956.** 8928 u. 8929.) bei der Desoxyribonucleinsäure angewandten Meth. wurden von I Fäden gezogen, die bis zu 1 cm lang waren u. Durchmesser bis herab zu 5 μ hatten. Die Fasern sind doppelbrechend, u. manche zeigen unter dem Polarisationsmikroskop vollkommene Auslöschung. Die Doppelbrechung ist negativ u. hat gewöhnlich die Größe 0,12, in selteneren Fällen bis 0,04. Die Änderungen in den Pulverdiagrammen der I bei verschied. relativen Feuchtigkeiten stehen wahrscheinlich im Zusammenhang mit den makroskop. Eigg. der Fasern. Bei Erhöhung der relativen Feuchtigkeit der trockenen Faser von 35 auf 95% nimmt die Länge um ca. 25% u. der Durchmesser um 20% zu, jedoch ohne daß sich die Doppelbrechung ändert. Bei relativen Feuchtigkeiten von nahe 100% verlieren die Fasern ihre Doppelbrechung u. ihre Form u. bilden dann amorphe Massen. Erhöht man die Ziehgeschwindigkeit bei der Herst. der Fasern, dann erhält man oft Fasern, die z. T. an einem Punkt einen kleineren Querschnitt besitzen. Diese Einschnürung ist positiv doppelbrechend im Gegensatz zu dem Rest der Faser; zwischen beiden Gebieten ist die Doppelbrechung Null. Die Höhe der positiven Doppelbrechung ist variabel u. wurde bis +0,02 gemessen. Röntgenaufnahmen der I-Fasern zeigten Faserstruktur. Die Tatsache, daß I zu Fäden gezogen werden kann, die orientierte Faserdiagramme liefern, spricht für ein langes asymm. Molekül. (Nature [London] **173.** 995—96. 22/5. 1954. Pasadena, Calif., Inst. of Technol., Gates and Crellin Labor. of Chem. and Kerckhoff Labor. of Biol.)

C. GOTTFRIED. 4090

S. G. Laland und **W. G. Overend,** *Die Isolierung von 2-Desoxy-D-ribose aus Desoxypentosenucleinsäuren.* Es wird eine Meth. zur Isolierung von *2-Desoxy-D-ribose* (I) u. *Thymidin* (II) aus enzymat. Digestaten von *Desoxyribonucleinsäure* (III) beschrieben: a) **III**, z. B. aus Dorschsperma, wird bei p_H 7 mit Desoxyribonuclease, dann bei p_H 9 mit Darmphosphatase gespalten, das konz. Hydrolysat (*Nucleosid*-Gemisch; **IV**) durch eine aus Amberlite IR–120 (H-Form) + IR–4 B (mit Na_2CO_3 vorbehandelt) bestehende Ionenaustauschersäule gegeben, fraktioniert eluiert, das Konzentrat der **I**-haltigen Fraktionen kalt mit Aceton gefällt (Nd. von **II**, 0,2 g [Aceton], F. 183—185°), der Filtrateindampfrückstand in W. gelöst, eingeengt u. zur Kristallisation gebracht (**I**). b) **IV** wird zwecks Spaltung der Glykosidbindung 30 Min. mit Amberlite IR–120 (H-Form) geschüttelt, die vereinigten Filtrate u. Wasch-Fll. 30 Min. mit IR–4 B (OH-Form) behandelt u. anschließend **I** u. **II** wie bei a) isoliert (aus gereinigter Heringssperma-**III**, **I** u. **II** in ähnlicher Ausbeute). Die freien Purinbasen, sowie *Cytosindesoxyribosid* u. anorgan. Verunreinigungen bleiben bei der Eluierung am Austauscherharz adsorbiert. (Acta chem. scand. **8.** 192—98. 1954. Oslo, Univ., Inst. for Ernoeringsforskning; Birmingham, Univ., Chem. Dep.) K. MAIER. 4090

Charles Tanford, Jack D. Hauenstein und **David G. Rands,** *Ionisation der phenolischen Hydroxylgruppen in Proteinen.* 2. Mitt. *Ribonuclease.* (1. vgl. C. **1953.** **1498.**) Die 6 phenol. OH-Gruppen der *Ribonuclease* (I) gehören 2 Typen an. 3 ionisieren spontan u. reversibel zwischen p_H 9 u. 11,5, die restlichen langsam u. irreversibel bei $p_H > 11,5$. Bei 25° u. der Ionenstärke 0,15 haben die ersten 3 OH-Gruppen einen Grenz-pK-Wert von 9,9, eine Grenzstandardionisierungswärme von 7 kcal/Mol u. eine Grenzstandardionisierungsentropie von — 22 cal/Grad·Mol. Die Ionisation der ersten 3 OH von I gehorcht der Gleichung $p_H - \log x/(1 - x) = pK_{int} - 0{,}868\, Zw$ (x Ionisationsgrad beim jeweiligen p_H, Z die Ladung beim jeweiligen p_H, pK_{int} die Grenzdissoziationskonstante, w ein empir. elektrostat. Wechselwirkungsfaktor, wobei 2 kTwZ die zur Abtrennung eines Protons von der Oberfläche des Proteinions der Ladung Z erforderliche Arbeit ist. Unter Grenz („intrinsic")-dissoziationskonstanten werden die Werte der Dissoziationskonstanten in Abwesenheit elektrostat. Effekte verstanden (pK_{int} = scheinbare pK beim p_H, wo $Z = 0$). Die obigen Zahlenwerte sind für die Ionisierung phenol. OH n. u. zeigen damit, daß die reversibel ionisierenden OH-Gruppen an der Oberfläche des I-Mol. liegen. Die irreversibel ionisierenden Gruppen sind vermutlich in nichtpolaren Teilen des Mol. eingebaut u. nehmen möglicherweise an einer „hydrophoben" Bindung teil, die der Aufrechterhaltung der nativen Struktur von I dient. (J. Amer. chem. Soc. **77.** 6409—13. 20/12. 1955. Iowa City, Io., State Univ. of Iowa, Dep. of Chem.) K. MAIER. 4090

E. Biologische Chemie. Physiologie. Medizin.

E_1. Allgemeine Biologie und Biochemie.

Adolf Butenandt, *Neuartige Probleme und Ergebnisse der biologischen Chemie.* Vortrag. Problem der Urzeugung aus der Sicht der heutigen biochem. Kenntnis (Viren als Modelle für Vorstufen des Lebens, Vermehrung der Viren), Wesen der Steuerungsmechanismen für den Ablauf der chem. Bewegung lebender Systeme (hormonale Regulation der Insektenmetamorphose, Isolierung des Prothorakalhormons). (Naturwissenschaften **42.** 141—49. 2. März-H. 1955. Tübingen, Max-Planck-Inst. für Biochem.) K. MAIER. 4100

Addison Gulick, *Phosphor als Faktor beim Ursprung des Lebens.* Es scheint, daß niedrige Sauerstoff–Phosphor-Verbb., wie Phosphite oder noch besser Hypophosphite, die zum Beginn des Lebens nötige Phosphorquelle bildeten wegen ihrer besseren Löslichkeit gegenüber den volloxydierten Phosphorsäuren. (Amer. Scientist **43.** 479—89. Juli 1955.) H. AMAN. 4100

Harold Tarver, *Der radioaktive Schwefel und seine Anwendungen in der Biologie.* Übersicht. Behandelt werden: Herst., Nachw. u. Einbau von ^{35}S in Verbb., die zu Stoffwechselunterss. dienen können, sowie Unterss. der Biosynth. von Penicillin u. Vitaminen mittels ^{35}S. (Advances biol. med. Physics **2.** 281—311. 1951. Berkeley, Calif., Univ. of California, Med. School, Div. of Biochem.) W. REUSSE. 4100

Hideo Yoshikawa, *Genetische Chemie der Resistenz.* Übersicht über die Beobachtungen u. Hypothesen bzgl. *Resistenz*-Erscheinungen gegen Insekticide (wie DDT, Quaranfil, Hexachlorcyclohexan) u. ähnliche Stoffe (Demissin, Solanin) sowie gegen Antibiotica. — 23 Literaturangaben. (Kagaku [Science] **22.** 139—43. März 1952. Osaka. [Orig.: japan.]) L. SCHULER. 4130

Shirley St. George, Meyer Friedman und **Sanford O. Byers,** *Massentrennung von reticuloendothelialen und Parenchymzellen der Rattenleber.* Vff. beschreiben eine Meth.

zur Trennung von Zellen des reticuloendothelialen Syst. u. des Parenchyms der Leber von Ratten zur Unters. einzelner Zellen, welche die physikal. u. chem. Struktur der Zellen nicht beeinträchtigt. (Science [Washington] **120.** 463—64. 17/9. 1954. San Francisco, Calif., Mount Zion Hosp., Harald Brunn Inst.) G. WELTZIEN. 4150

J. Fautrez, E. Pisi und **G. Cavalli,** *Desoxyribonucleinsäuregehalt des Kernes und Kernvolumen.* Die strittige Frage einer Beziehung zwischen *Desoxyribonucleinsäure* (I)-Geh. u. dem Zellkernvol. wurde mit Hilfe der histophotometr. Meth. von LISON (Acta Anat. **10.** [1950.] 333) an Leberzellen der weißen Ratte erneut untersucht. Das Vol. der Kerne der 3 Klassen 2n, 4n, 8n, deren mittlerer I-Geh. nach der geometr. Progression 2:4:8 zunimmt, stieg in der gleichen Progression an. In den einzelnen Klassen war für die einzelnen Kerne die Beziehung zwischen I-Geh. u. Kernvol. nicht so ausgeprägt. (Nature [London] **176.** 311—12. 13/8. 1955. Ghent, Univ., Labor. of Human Anat. and Belgian Centre of Normal and Pathol. Growth.) K. MAIER. 4150

J. A. V. Butler, *Wirkungen ultravioletten Lichtes auf Nucleinsäure und Nucleoproteine sowie andere biologische Systeme.* (Vortrag.) Es wird die Art der chem. Effekte besprochen, die bei Absorption von UV-Strahlung durch die in lebenden Zellen vorhandenen Substanzen, bes. *Desoxyribonucleinsäure* (I), eintreten. Sie beruhen auf direkter Absorption u. auf direkter (oder photodynam. aktivierter) Wrkg. auf den vorhandenen O_2. Im letzten Fall ähneln die Folgen sehr stark den durch Röntgenstrahlen bedingten. Die direkte Absorption der UV-Strahlung äußert sich möglicherweise in einer Zerreißung der Chromosomen infolge Trennung der zwischen den I-Ketten u. *Histon* bestehenden Bindungen. (Experientia [Basel] **11.** 289—93. 15/8. 1955. London, Royal Cancer Hosp., Chester Beatty Res. Inst., Inst. of Cancer Res.) K. MAIER. 4150

E. Kellenberger, *Die durch Röntgenstrahlen ausgelösten Umwandlungen der Nucleoide von Escherichia coli.* Röntgenstrahlen (0,9 Å, 33 kV, Al-Filter) lösen bei den Nucleoiden (Kernapp.) lebender *E. coli*-Zellen 3 Arten von Veränderungen aus. Schwache Dosen (800—2500 r), wobei 90—100% der Zellen überleben, bewirken bei den meisten Zellen eine reversible Polychromosomie u. eine Zellverlängerung. Mittlere Dosen ($2—4 \cdot 10^4$ r; Überlebensquote 1—10%) erzeugen eine vesikuläre Form der Nucleoide u. große ($10^5—10^6$ r; <1%) Zellverlängerung, Kernfragmentierung, zentrale Konzentrierung der Bruchstücke, Bldg. polarer Vakuolen. Möglichwerweise steht die Fragmentation der Nucleoide in direktem Zusammenhang mit der Induktion lysogener Zellen. (Experientia [Basel] **11.** 305—07. 15/8. 1955. Genève, Univ., Ist. de Physique, Dép. de Biophysique.) K. MAIER. 4150

Julius Marmur und **Donald J. Fluke,** *Wirkungsgleichheit ionisierender Strahlung auf verschiedene Umwandlungsfaktoren bei Pneumococcus.* Präpp. der transformierend wirkenden Pneumokokken-*Desoxyribonucleinsäure* (*DNS*) wurden mit 2 MeV-Elektronen beschossen u. auf ihre Umwandlungsaktivität im Hinblick auf 3 Resistenzeigg. (Resistenz gegen Penicillin, Streptomycin u. Sulfanilamid) u. der Stoffwechseleig., Mannit abzubauen, die dem zur Unters. gelangenden Stamm charakterisierten, untersucht. Die Bestrahlungsergebnisse zeigen keinen unterschiedlichen Effekt in bezug auf diese 4 Faktoren, jedoch lassen sich zwei Komponenten mit unterschiedlicher Strahlenempfindlichkeit unterscheiden. Ein Polymerisationsprod. mit einem Mol.-Gew. unter 1000000 (40%) u. eines über 2000000 sind bes. strahlungsempfindlich, ebenso wie scheinbar auch gekoppelte Umwandlungsfaktoren. (Arch. Biochem. Biophysics **57.** 506—14. Aug. 1955. New York, Rockefeller Inst. for Med. Res., Labor. of Pathol. and Microbiol.) H. HRUSCHKA 4150

Carlos O. Miller, Folke Skoog, Malcolm H. von Saltza und **F. M. Strong,** *Kinetin, ein Zellteilungsfaktor aus Desoxyribonucleinsäure.* Aus *Desoxyribonucleinsäure* (I) wurde durch Extraktions- u. chromatograph. Verff. ein auf die pflanzliche Zellteilung hochakt. wirkender Stoff gewonnen, für den Vff. den Namen *Kinetin* (II) vorschlagen. II entspricht etwa der Formel $C_{10}H_9N_5O$, ist in kaltem W., A. u. Methanol schwer, in verd. wss. HCl oder NaOH leicht lösl. u. kann aus wss. Lsgg. mit Ae. extrahiert werden. Autoklavieren der wss. Lsgg. von II verursachte bei p_H 0,5 oder 12 keine Aktivitätsverluste. In Ggw. von *Indolessigsäure* (III) zeigte II noch in sehr starken Verdünnungen physiol. Wirkung. Tabak „wound" callus-Gewebe, kultiviert auf WHITEs Agar Medium in Ggw. von III zeigte bei Abwesenheit von II eine Zellvergrößerung u. begrenzte Gewichtszunahme in Abhängigkeit von der zugesetzten Menge III, Zellteilung u. fortgesetztes Wachstum traten jedoch erst nach Zusatz von II auf. Die Ergebnisse der cytolog. u. Gewichtsbestimmungen sowie der UV- u. infraroten Spektren von II werden mitgeteilt. (J. Amer. chem. Soc. **77.** 1392. 5/3. 1955. Madison, Wis., Univ., Dep. of Botany, Dep. of Biochem.) L. LEICHTER. 4150

Valy Menkin, *Wirkung einiger Steroide und von Corticotropin* (*ACTH*) *auf die Zellaktivität.* An Hand der gleich nach der Befruchtung eintretenden Zellteilung bei Eiern vom Seeigel (Arbacia puntulata) wird die Wrkg. verschied. Stoffe auf die Zelltätigkeit untersucht. *Cortisonacetat* (2,5 mg [in 10 cm³ Seewasser]) inhibiert bzw. unterdrückt die n. Zellteilung der befruchteten Eier die Spermien werden ebenfalls inaktiviert. Dieselbe Wrkg. haben *Verb. F* (*17-Oxycorticosteron;* 5 mg) u. *Desoxycorticosteronacetat* bzw. *-glucosid.* 2—6 mg *ACTH* (*Corticotropin*) haben dieselbe direkte Wrkg. (ungleichmäßige, atyp. oder gar keine Teilung). Dagegen hatten *Testosteronpropionat* u. *Somatotropin* (je 2,5 mg) keinen Einfl. auf die n. Teilung. — Diskussion im Hinblick auf die entzündungshemmenden Eigg. von Nebennierenhormonen u. ACTH. (Proc. Soc. exp. Biol. Med. **82.** 189—94. Febr. 1953. Philadelphia, Pa., Temple Univ., School of Med., Agnes Barr Chase Found. for Cancer Res.; Woods Hole, Mass., Marine Biol. Labor.) H.-J. KOCH/Berlin. 4150

J. L. Sirlin und **C. H. Waddington,** *Aufnahme von $^{14}C_{(2)}$-Glycin durch die Kerne von frühen Embryonen.* Verss. an frühen Embryonen von Amphibien zeigten, daß die Nuclei $^{14}C_{(2)}$*-Glycin* stärker aufnehmen als das Cytoplasma. (Nature [London] **174.** 309. 14/8. 1954.) G. WELTZIEN. 4150

A. Goebel und **H. Puchtler,** *Untersuchungen zur Methodik der Darstellung der Succinodehydrase im histologischen Schnitt.* Vff. vergleichen die verschied. Methoden zum histochem. Nachw. der *Succinodehydrase.* Unters. an Gewebsblöcken ist wenig geeignet; gut ist der Nachw. im unfixierten Gefrierschnitt. — Es wird eine vereinfachende Modifikation der Meth. von RUTENBURG, WOLMAN u. SELIGMAN (C. **1953.** 8886) vorgeschlagen, mit der bei p_H 7,6 (Phosphatpuffer + 0,2% KCN) gut reproduzierbare Werte erhalten werden. (Virchow's Arch. pathol. Anatom. Physiol. klin. Med. **326.** 312—31. 1955. Köln-Lindenthal, Lindenburg, Univ., Pathol. Inst.) A. HESSE. 4150

George Gomori, *Die quantitative Auswertung histochemischer Enzymreaktionen.* Es werden hochakt. Enzymlsgg. hergestellt u. die Aktivität bestimmt. Verdünnungen werden mit Gelatine oder Gummi arabicum bereitet, deren Farbdichte nach Ausführung der histochem. Rk. mit der der Gewebe verglichen, wodurch eine Schätzung mit einem Fehler von ± 50% ermöglicht wird. Einige mit dieser Meth. gemachten Beobachtungen werden mitgeteilt. (Exp. Cell Res. **1.** 33—36. Jan. 1950. Chicago, Ill., Univ. of Chicago, Dep. of Med.) P. LOCH. 4150

G. Siebert, *Biochemische Untersuchungen an Krebszellen.* Es werden 3 Hauptprobleme der experimentellen Krebsforschung kurz erörtert: Die Abhängigkeit der Zellteilung vom Stoffwechsel hinsichtlich Bldg. von energiereichen Verbb. u. Vorstufen der Biosynthesen; die Folgen der veränderten O_2-Versorgung u. Oxydationssysteme für den Stoffwechsel der Krebszelle; die Veränderungen der einzelnen Zellorgane der Krebszelle. (Strahlentherapie **98.** 207—19. Okt. 1955. Mainz, Johannes-Gutenberg-Univ., Physiol.-chem. Inst.) K. MAIER. 4160

William S. Fones und **Julius White,** *Die Umwandlung von l-Valin in Glykogen und CO_2 bei Ratten, die p-Dimethylaminoazobenzol erhalten hatten.* Ratten, die mindestens 5 Monate lang mit *p-Dimethylaminoazobenzol* (**I**) gefüttert worden waren, erhielten mit Hilfe einer Schlundsonde eine wss. Lsg. von ^{13}C-*l*-Valin (**II**). Die Ausscheidung von ^{13}C in Form von CO_2 ist wie bei n. (ohne **I**) u. bei mit **I** gefütterten, aber tumorlosen Tieren. Tumortiere scheiden dagegen weniger ^{13}C aus, vor allem nach einer gewissen Versuchszeit. Tiere mit **I**, unabhängig vom Auftreten eines Tumors, sind nicht in der Lage, **II** im gleichen Maße in Glykogen umzuwandeln wie n. Ratten, was durch den geringeren Geh. des Glykogens an ^{13}C in mit **I** behandelten Tieren deutlich wird. (J. nat. Cancer Inst. **12.** 423—26. Okt. 1951. Bethesda, Md., National Cancer Inst.) R. REISS. 4160

Ng. Ph. Buu-Hoï, *Die chemische Carcinogenese.* Vf. deutet die chem. Krebsentstehung durch eine feste topochem. Anlagerung der carcinogenen Substanz an ein Schlüsselprotein oder einen Schlüsselproteinkomplex. Das cancerogene Mol. übt dann auf Grund der physikal. u. chem. Eigg. (hohe π-Elektronendichte, Enolisierungen u. Racemisierungen durch VAN DER WAALSsche Kräfte) auf das Eiweißsubstrat eine Abbauwrkg. aus u. macht die Zelle zur Bindung n. Wachstumsregulatoren unfähig. — 28 Literaturangaben. (Strahlentherapie **98.** 197—206. Okt. 1955. Paris, Univ., Radiuminst., Chirurg. Abt.) K. MAIER. 4160

K. Pompe, *Einfluß von Isonicotinsäurehydrazid auf die Lupuscarcinomentstehung.* Bei Behandlung von 150 Lupuskranken mit *Isonicotinsäurehydrazid* (*Nitrazid,* **I**), Totaldosis maximal 30 g, wurden in 4,6% der Fälle nach durchschnittlich 25 g **I** Wucherungen in den heilenden Lupusherden festgestellt, die histolog. als Carcinome nachzuweisen waren. Bei 1270 nicht mit **I** behandelten Lupuspatienten wurden nur in 0,5% der Fälle Carcinome beobachtet. (Dermatol. Wschr. **133.** 105—08. 1956. Brünn, Masarykuniv., Dermatol. Klin.) H. DOSSMANN. 4160

E_2. Enzymologie. Gärung.

Manuel F. Morales und **David E. Goldman,** *Notiz über die Differentialgleichung der Reaktionskinetik einfacher Enzymsysteme.* Nach dem klass. Modell der Enzymwrkg.: Enzym + Substrat $\underset{k-1}{\overset{k_1}{\rightleftarrows}}$ Komplex; Komplex $\xrightarrow{k_2}$ Enzym + Endprod., wird eine Differentialgleichung aufgestellt u. abgeleitet, die Aufschluß gibt über die Größe der Reaktionsgeschwindigkeitskonstanten u. Konz.-Zeit-Verlauf für die einzelnen Komponenten. (J. Amer. chem. Soc. **77.** 6069—70. 20/11. 1955. Bethesda, Md., U. S. Naval Med. Res. Inst.) WOLFGANG SIMON. 4200

Alvin Nason und **I. R. Lehman,** *Tocopherol als Aktivator der Cytochrom c-Reduktase.* Mit Hilfe gereinigter Partikel- oder lösl. gemachter Rattenskelettmuskelpräpp. wurde gezeigt, daß *Tocopherol* (**I**) spezif. als Aktivator bei der enzymat. Red. des *Cytochroms c* (**II**) durch red. Diphosphopyridinnucleotid (DPNH) wirken kann. Auch die **II**-Red. durch Succinat in Ggw. eines gleichen Partikelpräp. benötigt **I.** Zur Darst. der Enzympräpp. wurde frischer Muskel in Phosphatpuffer, p_H 7,5, homogenisiert, der dialysierte Überstand (2000 g) bei 140000 g zentrifugiert u. das Sediment in Puffer suspendiert. Zusatz von D-α-**I** oder *D-α-Tocopheroxyd* (**IV**) als A.-Albumin- oder A.-γ-Globulin-Suspension rief eine 6fache Steigerung der DPNH-Oxydationsgeschwindigkeit hervor. Der **I**-Effekt konnte durch **II**-Zusatz verdoppelt werden. Aus der Stimulierung der **II**-*Reduktase* (**III**), nicht aber der **II**-*Oxydase* durch **I**, ergibt sich für letzteres ein zwischen DPNH u. **II** liegender Wirkort. Mehrfache Extraktion der Partikelenzymfraktion mit Isooctan (Abtrennung des „I-Kofaktors") bewirkte eine ca. 75%ig. Abnahme der **III**-Aktivität (vollständige Reaktivierung durch D-α-**I**). Behandlung des Partikelsystems mit wss. Digitoninlsg. u. Zentrifugieren bei 140000 g gab eine DPN-**III**-Lsg., deren Aktivität durch einfache Isooctanextraktion auf 10% gesenkt wurde (vollständige Reaktivierung durch D-α-**I**). Die Wiederherst. der Aktivität isooctanextrahierter DPN-**III** gelang mit allen untersuchten Tocopherolen u. **IV** in gleicher Weise. Der Succinat-, Acetat- u. Polyäthylenglykolsuccinatester, D-α-Tocopherylphosphat, Di-Na-Salz 2.2.5.7.8-Pentamethyl-6-oxychroman, Vitamin D_2, Liposäure, Menadion, Cystin, Ölsäure u. Cholesterin zeigten keine oder geringe Wrkg., die Antioxydantien Nordihydroguajaretsäure, Santoflex B, Propylparasept, Dibutyl-p-kresol, Diphenyl-p-phenylendiamin u. Santochin waren völlig inaktiv. Vollständige Reaktivierung war auch ohne **I**, durch Zugabe des bei der Vakuumdest. des Isooctanextraktes aus erhitzten Enzym verbleibenden **I**- u. **IV**-freien Rückstandes möglich. Möglicherweise liegt ein durch **I** spezif. ersetzbarer Lipidfaktor vor. Die Hemmung löslichgemachter nichtextrahierter **III** durch *Antimycin A* (**V**) deutet auf einen zwischen DPN u. **II** wirksamen Faktor hin. Bei 40—70%ig. Inhibition durch **V** bewirkte D-α-**I** eine teilweise Enthemmung. Im **III**-Syst. besteht zwischen **V** u. **I** eine konkurrierende Hemmung. Mit 2.6-Dichlorindophenol als Elektronenacceptor an Stelle von **II**-Zusatz erfolgte durch **V** keine Hemmung. Für die stufenweise Red. von **II** durch DPNH im Rattenmuskelenzymsyst. ist Vitamin E, vielleicht in konjugierter Form, als Aktivator oder Cofaktor anscheinend nach folgendem Schema wirksam:

? ↙ **V** ↘ ?
DPNH → Flavin (?) → [I] ———→ **II**. Mit Hilfe der Isooctanextraktion wurde auch in
↘ 2.6-Dichlorindophenol

Rattenleber, Hefe, Neurospora, Sojablättern, Hamsterskelettmuskel u. Rinderherzfraktionen eine Aktivierung der DPN-**III** nachgewiesen. (Science [Washington] **122.** 19—22. 1/7. 1955. Baltimore, Md., Johns Hopkins Univ., McCollum-Pratt Inst.) K. MAIER. 4210

Esau A. Hosein, Evva Stachiewicz, Wesley Bourne und **Orville F. Denstedt,** *Der Einfluß von Stickoxydul auf die Stoffwechseltätigkeit von Hirngewebe.* Der O_2-Verbrauch von Schnitten der Cortex des Rattengehirns wird durch ein Gemisch von 80% *Stickoxydul* (**I**) u. 20% *Sauerstoff* gehemmt, wobei Substratzusatz verstärkend wirkt. Bei Homogenaten ist diese Hemmwrkg. auch bei Substratzusatz nicht zu beobachten. Unter anaeroben Bedingungen ist die Wrkg. von **I** auf den Stoffwechsel von Schnitten u. Homogenaten nur gering, die anaerobe Glykolyse ist durch **I** signifikant gehemmt. Im wasserstofftransportierenden Syst. sind *Cytochrom b* u. die *Flavoproteine* gegen **I** empfindlich. (Anesthesiology **16.** 708—15. Sept. 1955. Montreal, Can., McGill Univ., Dep. of Biochem. and Anaesthesia.) WOLFGANG ALBRECHT. 4210

Kazuo Okunuki und **Ichiro Sekuzu** *Untersuchungen über das Oxydasesystem von Escherichia coli unter besonderer Berücksichtigung der Hemmung des Bernsteinsäureoxydasesystems.* Das Atmungssyst. von *E. coli* hat eine atyp. Cytochromsyst. (*Cytochrom* a_1, a_2, b_1), während tier. Gewebe u. Hefe einen typ. besitzen (*Cytochrom a, b, c*). *E. coli*-

Bernsteinsäuredehydrogenase (**I**) gleicht **I** tier. Gewebe. Sie wird durch *Cyanid* (**II**) irreversibel gehemmt, nicht aber in Ggw. von *Succinat* (**IV**). *Ameisensäure* wird durch kurze **II**-Einw., auch in Ggw. von *Formiat*, rasch inaktiviert. *E. coli-Milchsäuredehydrogenase* (**III**) sowie **III** u. *A.-Dehydrogenase* aus Hefe werden durch diese Behandlung nicht gehemmt. Das Bernsteinsäureoxydase (**V**)-Syst. von *E. coli* unterscheidet sich vom typ. Syst. durch die starke Affinität zu CO. Die CO-Hemmung wird durch Zusatz von Methylenblau teilweise aufgehoben. *E. coli* kann Hydrochinon, Brenzcatechin u. p-Phenylendiamin nicht oxydieren, die *Cytochrom c* reduzieren können. 8-Oxychinolin hemmt die **IV**-Oxydation durch lebende Zellen, nicht jedoch die durch autolysierte Zellen, so daß die Hemmung nicht auf **V** selbst wirken dürfte. Chinon hemmt stark, Azid prakt. nicht. Der Mechanismus des atyp. Cytochromsyst. bei der Zellatmung wird diskutiert. (J. Biochemistry [Tokyo] **42.** 397—409. Juli 1955. Osaka, Univ., Fac. of Sci., Dep. of Biol. [Orig.: engl.]) K. MAIER. 4210

O. Braun-Falco und **B. Rathjens,** *Über die Bernsteinsäuredehydrogenase-Aktivität der Haut bei Psoriasis.* Wie in früheren Arbeiten (vgl. C. **1955.** 5095) wurde die *Bernsteinsäuredehydrogenase* (**I**) an der Bldg. von blauem Formazan aus Bernsteinsäure + Tetrazolblau nachgewiesen. Bei Einlegen von Hautstückchen aus Psoriasiseffloreseenzen wurde die **I** gegenüber der Norm deutlich erhöht gefunden. Die etwa dem Grad der epidermalen Zellproliferation entsprechende Intensität scheint nicht für Psoriasis spezif. zu sein. (Arch. Dermatologie Syphilis **199.** 146—51. 1955. Mainz, Univ., Hautklin.) A. HESSE. 4210

O. Braun-Falco und **B. Rathjens,** *Histochemische Untersuchungen über Lokalisation und Größe der Bernsteinsäuredehydrogenase-Aktivität bei Morbus Paget, Basaliom und spinocellulärem Carcinom.* (Vgl. vorst. Ref.) Bei den untersuchten Krankheiten findet sich die größte Aktivität der *Bernsteinsäuredehydrogenase* (**I**) in den Gebieten der größten Zellproliferation. Bei Morbus Paget u. bei Tumorzellen von Basaliomen finden sich starke **I**-Aktivitäten, während die Rk. bei spinozell. Carcinomen geringer ist u. hauptsächlich die Zellen der Tumorrandzone eine gesteigerte **I**-Aktivität erkennen ließen. Da die **I** ein wesentliches Glied des Citronensäurecyclus darstellt, gibt die Histotopochemie der **I** gleichzeitig auch einen Hinweis auf die Größe der biol. Oxydation, d. h. die Größe der Atmung in den einzelnen Gewebsbezirken. (Arch. Dermatologie Syphilis **199.** 152—59. 1955.) A. HESSE. 4210

James L. Hilton und **Frederick G. Smith,** *Die Wirkung organischer Quecksilberverbindungen auf die enzymatische Oxydation von Äpfelsäure.* Es wird eine Meth. zur Extraktion u. colorimetr. Best. von *Äpfelsäuredehydrogenase* (**I**) aus *Myrothecium verrucaria*-Mycel angegeben u. mit dieser die Wrkg. organ. Hg-Verbb. (**V**) auf das Äpfelsäure (**II**) oxydierende Syst. untersucht. Hierbei wird die **II**-Oxydation durch *Diphosphopyridinnucleotid* (**III**) u. *Diaphorase* (**IV**) mit einen Indophenolfarbstoff (*Na-2.6-Dichlorphenol-3-chlorindophenol*) gekoppelt. Der **III**-Bedarf u. das p_H-Optimum lagen sehr hoch, wobei ersterer durch den p_H erheblich beeinflußt wurde. Die Hg-Verbb., *Äthylquecksilberchlorid, Phenylquecksilberchlorid, p-Chlormercuribenzoesäure,* sowie $HgCl_2$ hemmten **I** u. **IV** stark, wobei die Wrkg. mit der Zeit zunahm. Die Hg-Hemmung wurde durch **III** antagonist., z. T. kompetitiv, beeinflußt. Bei nichthemmenden Konzz. stimulierten die organ. **V** die Farbstoffred. zeitweise, die anscheinend auf **IV**-Wrkg. beruhte. Die Pilz-**I** enthielt offensichtlich *SH*-Gruppen. Wahrscheinlich erfolgt Hemmung des Dehydrogenasesyst. bei der Atmungshemmung u. der fungiciden Wrkg. durch organ. **V**. (Iowa State Coll. J. Sci. **30.** 13—20. 15/8. 1955. Ames, Iowa State Coll., Dep. of Bot. and Plant Pathol., Agric. Exp. Stat.) K. MAIER. 4210

S. Ramachandran und **P. S. Sarma,** *Die Bedeutung von Inosit für die Aktivität der α-Amylase.* (Vgl. C. **1956.** 6445.) Wenn bei Kaninchen u. Larven der Reismotte (Cocyra cephalonica St.) mittels *γ-Hexachlorcyclohexan* (**I**) ein Mangel an *Inosit* (**II**) erzeugt wurde, wurde eine Abnahme der *α-Amylase* (**III**) gefunden, die durch Zusatz von **II** aufgehoben wurde. — **I** hemmt die Synth. u. Sekretion von **III** in Schnitten von Taubenpankreas. Da steigende Konzz. von **I** eine ansteigende Hemmung bewirken u. da diese Hemmung durch **II** aufgehoben wird, wird angenommen, daß die Hemmung eher kompetitiv ist, als daß eine Giftwrkg. von **I** vorliegt. — Diese Hemmung der **III**-Synth. wird auch durch *Biotin* aufgehoben; diese Wrkg. scheint aber nicht dem Biotin selbst zuzukommen, sondern auf einer Stimulierung der Synth. von **II** in den Pankreasschnitten zu beruhen. (Indian J. med. Res. **42.** 201—09. April 1954. Madras, Univ., Biochem. Labor.) A. HESSE. 4210

Tokukichi Nojima, Makoto Ishimoto, Makoto Sasaki und **Go Matsumura,** *Biochemische Untersuchungen über Hyaluronsäure und Hyaluronidase.* 3. Mitt. *Aktivierung der Hauthyaluronidase durch die Wirkung der Blutkörperchen.* (2. vgl. C. **1953.** 3898.) Durch viscosimetr. Verss. an autolysierter frischer unter asept. Bedingungen gewonnener

Kaninchenhaut wurde gefunden, daß die Aktivität der *Hyaluronidase* bei der Autolyse durch Zugabe von Gesamtblut bemerkenswert erhöht wird. Der wirksame Anteil sind dabei die Blutkörperchen, da Blutserum ohne Wrkg. blieb. Es scheint große Ähnlichkeit zwischen der hier beobachteten Enzymaktivierung u. der der Hyaluronidase im Falle entzündlicher Vorgänge zu bestehen. (J. Biochemistry [Tokyo] **39.** 77—79. März 1952. Tokyo, Univ. [Orig.: engl.]) L. SCHULER. 4210

Bertil Högberg, *Die Anwendung von Ionenaustauscher-Harz bei der Reinigung von Hyaluronidase.* Die zwischen 30- u. 70%ig. Ammoniumsulfatsättigung des 0,1 mol. Essigsäureextraktes von Stiertestes liegende Fraktion wurde nach Dialyse mit ½ Vol. Chlf. bei p_H 6 durch ¼std. Schütteln von höher mol. Eiweiß befreit. Die *Hyaluronidase* (I)-Aktivität wurde aus ca. 5%ig. Lsg. vollständig an Amberlite XE 64 adsorbiert. Auswaschen von Verunreinigungen mit W. u. 0,1 mol. NH_4OH-Extrakt von ca. 100fach gereinigter elektrophoret. einheitlicher I mit KCl–HCl-Puffer, p_H 1,5. Aktivatoren oder Inhibitoren wurden in den Nebenfraktionen nicht gefunden. (Acta chem. scand. **8.** 1098. 1954. Hälsingborg, AB Leo, Forschungsabt.) H. GIBIAN. 4210

K. S. Dodgson, B. Spencer und **K. Williams,** *Die Hydrolyse von substituierten Phenylsulfaten durch die Arylsulfatase von Alcaligenes metalcaligenes.* Bei Einw. der *Arylsulfatase* (I) aus *Alcaligenes metalcaligenes* auf *p-Nitrophenylsulfat, p-Acetylphenylsulfat* u. *2-Oxy-5-nitrophenylsulfat* ergab die Unters. der p_H-Abhängigkeit, daß im akt. Bezirk des Enzyms sowohl negativ als auch positiv geladene Gruppen vorhanden sind. Die Wrkg. zwischen Enzym u. Substrat kann durch die elektrostat. Anziehung zwischen diesen Gruppen u. den entgegengesetzt geladenen Zentren des Substratmol. erklärt werden. — Aus der Best. der MICHAELIS-Konstanten für eine Anzahl von substituierten Phenylsulfaten ergab sich, daß die Affinität für I u. maximale Geschwindigkeit durch zunehmende elektrophile Natur der substituierenden Gruppe stetig erhöht werden. Mit nucleophiler Natur des Substituenten (OH; NH_2) wird die Hydrolyse nur wenig vermindert. Offenbar liegt in der Verminderung der Elektronen in der Estersulfatseitenkette eine Voraussetzung für die Wrkg. der I. — Möglicherweise sind ähnliche Verhältnisse bei der Wrkg. von *Aspergillus oryzae* auf *o-Aminoarylsulfate* (vgl. BOYLAND u. Mitarbeiter, C. **1956.** 2208) anzunehmen. (Biochem. J. **62.** 5P. Jan. 1956. Cardiff, Univ. of Wales, Univ. Coll., Dep. of Biochem.) A. HESSE. 4210

John M. Reiner, *Die Induktion von Gluconokinase bei Escherichia coli.* Vf. suspendiert Escherichia coli-Zellen unter Belüftung (30 Min.) in 0,1 mol. Phosphatpuffer (p_H 7,0; 37°), versetzt mit *K-Gluconat* (I) u. bestimmt die Wirksamkeit der gebildeten *Gluconokinase* (II) durch Red. von *2.3.5-Triphenyltetrazoliumchlorid* (III; 0,1%ig. Lsgg.), dessen Farbänderung (nach Vgl. der Farbstoffred. durch Versetzen von III-Standardlsgg. mit $Na_2S_2O_4$) auf photoelektr. Wege gemessen wird. Es zeigt sich, daß die II-Bldg. von der I-Konz., der Zahl der Bakterienzellen u. ihrer physiol. Kondition abhängt. Innerhalb von 15 Min. steigt die II-Synth. (bzw. Red. von III) linear mit der Zahl der Mikroben an. Bei 0,005 mol. I werden maximale II-Mengen gebildet, die sich bei Ggw. von vergärbaren Kohlenhydraten (*Glucose*) oder deren im Stoffwechsel auftretenden Abbauprodd. [*Lactat, Acetat* u. *Brenztraubensäure* (IV)] noch erhöhen. IV wirkt als H-Acceptor u. stimuliert die II-Bldg. am stärksten. Auch N-haltige Stoffe erhöhen die II-Produktion, während sie durch *2.4-Dinitrophenol* ($1-6\cdot10^{-4}$ mol.) stark unterdrückt wird. Die Best. der Gehh. an I, *Pentose* (V), *anorgan.* (VIa) u. *hydrolysierbarem Phosphat* (VIb) in einem 40 µmol/Liter I enthaltenden Substrat zeigt, daß während der II-Bldg. die VIa-Fraktion abnimmt, während V u. VIb ansteigen. Die Ergebnisse weisen darauf hin, daß I nach einer Phosphorylierung zu 6-*Phosphogluconsäure* rasch über V-*Phosphat*, abgebaut wird. (J. Bacteriol. **70.** 224—32. Aug. 1955. New York, N. Y., Columbia Univ., Coll. of Phys. and Surg., Dep. of Biochem and Inst. of Cancer Res.)
P. FAHRNLAENDER. 4210

Shigeru Akamatsu und **Otohiko Nishibori,** *Transferasewirkung der Phosphodiesterase.* Entsprechend der von AXELROD (vgl. C. **1949.** I. 311) gefundenen Transferaseaktivität einiger „*saurer Phosphatasen*" wurde ein ähnliches Verh. für *Phosphodiesterasen* aus dem Gift der HABU-Schlange, aus den Nieren von Schwein, Ratte u. Kaninchen u. den Lebern von Rind u. Ratte nachgewiesen. Als Ausgangssubstrat diente Äthyl-p-nitrophenylphosphat, als Acceptor Äthylenglykol oder Glycerin. Das freigesetzte p-Nitrophenol wurde direkt bestimmt u. eine einfache Hydrolyse durch Best. von anorgan. Phosphat nach Hydrolyse mit einer Phosphomonoesterase ausgeschlossen. (Enzymologia [Den Haag] **16.** 273—76. 15/3. 1954. Chiba, Japan, Univ., School of Med., Dep. of Biochem.)
H. J. SCHWEIGER. 4210

Irving Lieberman, *Die Beteiligung von Guanosintriphosphat bei der Synthese von Adenylosuccinat aus Inosin-5'-phosphat.* Im Anschluß an die enzymat. Aminierung eines

Pyrimidinnucleotids (C. **1956.** 5867) wurde diejenige eines Purinnucleotids untersucht. Unter Verwendung eines 40fach angereicherten Extraktes aus *Escherichia coli B* wurde die Synth. von *Adenylobernsteinsäure*(**I**) aus *Inosin-5'-phosphat* (**II**), *L-Asparaginsäure* (**III**) u. *Guanosintriphosphat* (**IV**) nachgewiesen, u. isolierte **I** durch einen *E. coli B*-Extrakt unter Bldg. von *Adenosin-5'-phosphat* (**V**) gespalten. **IV** war nicht durch **V**, *Guanosin-5'-phosphat*, **VI** u. die *Di-* u. *Triphosphate* von *Adenosin*, *Cytidin*, *Uridin* u. *Inosin* ersetzbar, *L*-**III** nicht durch *L-Asparagin*, *D*-**III**, *L-Glutamat* u. *L-Glutamin*. *L*-**III** mit ^{14}C-markierten COOH-Gruppen wurde ohne Verdünnung in **I** eingebaut, ebenso $^{14}C_{(8)}$-markiertes **II**. Incubation von **I** mit n-H_2SO_4 (15 Min., ca. 100°) lieferte kein anorgan. Phosphat, die mit 5'-Nucleotidase 1 Mol. (J. Amer. chem. Soc. **78.** 251. 5/1. 1956. St. Louis, Mo., Washington Univ., School of Med., Dep. of Microbiol.) K. MAIER. 4210

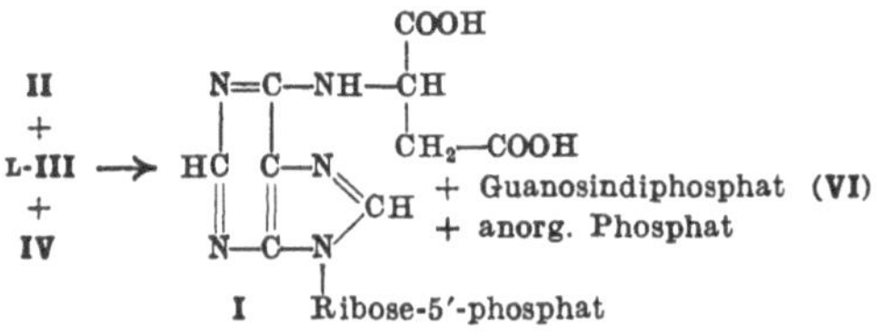

Kenneth C. Robbins, Eugene L. Barnett und **Norman H. Grant** (unter techn. Mitarbeit von **Phyllis Reinfranck**), *Partielle Reinigung von Uricase aus Schweineleber.* Zur Herst. eines hochgereinigten *Uricase* (**I**)-Präp. wird zerkleinerte Schweineleber von unerwünschten Begleitstoffen durch 3stufige Extraktion mit Phosphatpuffer (p_H 7,7), 1 mol. NaCl u. 0,05 mol. Boratpuffer (p_H 8,7) befreit. Aus dem Rückstand wird **I** bei p_H 10,2 (0,27 mol. Na_2CO_3 + 0,10 mol. Glycin) gelöst u. in der Kälte durch Zugabe von 95%ig. A., so daß die Lsg. 40% A. enthält, gefällt. Dabei soll die Ionenstärke 0,26, das p_H 7,3 u. die Proteinkonz. 1,7 mg/ml betragen. Durch nochmalige Anwendung von A.–W.-Gemischen läßt sich eine 300fache Reinigung erreichen. — Ohne Aktivitätsverlust lassen sich **I**-Lsgg. bei p_H 10 monatelang lagern, dialysieren u. lyophylisieren. Die Löslichkeit bei p_H 7,4 ist von der Ionenstärke zugesetzter Salze abhängig u. steigt mit der Wertigkeit des Anions. Günstige Verhältnisse liegen beim Citrat-Ion vor. Cystein aktiviert, abhängig von seiner Konz. das **I**-Enzym. — Die Aktivitätsbestimmungen wurden mit Li-Ureat in der WARBURG-App. durchgeführt. (J. biol. Chemistry **216.** 27—35. Sept. 1955. Chicago, Ill., Armour Labor., Biochem. Res. Dep., Protein Section.) H. TÄNZLER. 4210

Jui H. Wang und **Donald A. Tarr,** *Über den Mechanismus der Ureasewirkung.* Von den in der Literatur erörterten Möglichkeiten für den Mechanismus der *Urease*-Wrkg. stimmt lediglich der *Carbaminsäure* (**I**)-Mechanismus (Hydrolyse von Harnstoff zu **I**; darauf direkte Zers. der **I** zu CO_2 + NH_3, ohne daß dazwischen Carbonsäure auftritt) mit den experimentellen Ergebnissen der Vff. überein. (J. Amer. chem. Soc. **77.** 6205—06. 5/12. 1955. New Haven, Conn., Yale Univ., Dep. of Chem.) A. HESSE. 4210

M. Shilo und **D. E. Hughes,** *Die Citrullinsythese in Leberpartikeln und -extrakten.* Extrakte zerkleinerter Partikel von Rattenleberhomogenisaten bilden aus *Ornithin* (**IV**), CO_2, NH_3 u. Adenosintriphosphat (**I**) *Citrullin* (**II**) wenn der erforderliche Zusatz von *Carbamoylglutamat* oder *Acetylglutamat* (**III**) durch *Glutamat* (**V**) ersetzt wird. In Ggw. von **III** ist die Aktivität bis 5fach größer als diejenige intakter Partikel. Erhöhung der **I**-Konz. von 0,004 auf 0,012 mol. bewirkt weitere Aktivitätssteigerung. 60 Min. Alterung der Partikel bei 0° oder Behandlung mit einem nichtion. Netzmittel (0,2% *Gemex G*) erhöhen ebenfalls die Synthesegeschwindigkeit, wobei jedoch die Enzyme in den Partikeln verbleiben. Möglicherweise ist in diesen normalerweise **I** nicht frei zugänglich. Die Geschwindigkeit der Synth. von **II** aus **IV** u. Carbamoylphosphat ist in den Partikeln ca. 10fach größer als bei der **II**-Bldg. aus NH_3 u. CO_2. Partikel aus Biotin (**VI**)-Mangelleber erfahren durch Alterung bei 0° leichter eine Veränderung als diejenigen aus normalen. Organ. Alterung verringert die Synthesegeschwindigkeit in Ggw. von **V** u. vergrößert sie mit **III**, d. h. der dem **VI**-Mangel zugeschriebene Effekt ist auch auf diese Art hervorrufbar. Die **II**-Synth. durch *Streptococcus faecalis*-Extrakte wird durch **VI** nicht beeinflußt. (Biochem. J. **62.** 22 P. März 1956. Oxford, Univ., Dep. of Biochem., Med. Res. Council Unit for Res. in Cell Metabolism.) K. MAIER. 4210

Ray D. Owen und **Clement L. Markert,** *Einfluß der Antisera auf die Tyrosinase in Extrakten von Glomerella.* Glomerella cingulata, eine Ascomycete, enthält eine *Tyrosinase* (**I**) u. bildet ein Melaninpigment (vgl. SUSSMAN u. MARKERT, C. **1954.** 10029). Durch Injektion von Extrakten aus Glomerella wird in Kaninchen ein Antiserum gebildet, das die **I**-Wrkg. der Extrakte rasch hemmt u. die **I** langsam ausfällt. Es besteht eine kompetitive Beziehung, vermutlich eine sogenannte „kinet. Kompetition", zwischen mindestens einer Fraktion der Antikörper u. dem Substrat in bezug auf den die Substrat bindenden Bezirke der **I**-Oberfläche. Genaue kinet. Analyse des Syst. ist zur Zeit noch nicht möglich. — Der Einfl. der Antisera auf **I** kann zur serolog. Differenzierung von verschied. Glomerella-**I** dienen. (J. Immunology **74.** 257—69. April 1955. Pasadena, Calif., California Inst. of Technol., Kerckhoff Labor. of Biol.; Ann Arbor, Mich., Univ. of Michigan, Dep. of Zool.) A. HESSE. 4210

José Luis Reissig, *Pyridoxalphosphat als ein Cofaktor für die Serin- und Threonindesaminase von Neurospora.* Zellfreie Extrakte von *Neurospora crassa* in Phosphatpuffer p_H 7,8 wurden bei 40° mit *dl*-Serin (**I**) bzw. *l*-Threonin (**II**) bebrütet. Die NH_3-Bldg. aus **II** wurde durch die von WOOD u. GUNSALUS (J. biol. Chemistry **181.** [1949.] 171) empfohlenen Faktoren: Phosphat + reduzierende Agentien, Adenosin-5-phosphat u. Glutathion, Zn^{2+}, Mg^{2+} u. Biotin oder Hefeextrakt nicht stimuliert. Dagegen bewirkte Ca-Pyridoxalphosphat in 40 Verss., unter verschied. Bedingungen, eine 1,3—14fache Aktivierung der **II**-Desaminase u. eine 1,4—4,4fache Aktivierung der **I**-Desaminase. Pyridoxalhydrochlorid u. $CaCl_2$ waren inaktiv. (Arch. Biochem. Biophysics **36.** 234—35. März 1952. Pasadena, Calif., Inst. of Technol., Kerckhoff Labor. of Biol.) J. NECKEL. 4210

Katashi Ichihara, Hiromu Kanagawa und **Makio Uchida,** *Untersuchungen über Asparaginsäuredesaminase. Asparaginsäuredesaminase* (**I**) („*Aspartase*"), das die reversible Rk. *Asparaginsäure* ⇌ *Fumarsäure* (**II**) + NH_3, katalysierende Enzym, wurde aus *E. coli* in 27,6fach angereichertem Zustand in lösl. Form abgetrennt. Die Reinigung erfolgte durch $(NH_4)_2SO_4$-Fraktionierung des Überstandes des Phosphatpufferextraktes (0,1n, p_H 8,0), Dialyse, Behandlung der wirksamsten Fraktion mit 4% Ca-Phosphatgel (1 Std., p_H 6,0, 4°) u. Elution des Nd. mit mol. Phosphatpuffer (p_H 7,5). Die **I**-Aktivität wird durch $HgCl_2$ u. $AgNO_3$ völlig, durch α.α'-Dipyridyl, Monojodessigsäure, NaN_3, KCN u. Oxin zu 42, 44, 20, 20 bzw. 10% gehemmt, während NH_2OH, $H_2NCONHNH_2$, Na_3AsO_3 u. NaF unwirksam sind. Das **I**-Eluat liegt in teilweise oder völlig inaktivierter Form vor u. erlangt durch Co^{II}-Ion + Folsäure in bestimmter Konz. 52—82% der ursprünglichen Aktivität zurück. $CoCl_2$ + SH-Glutathion waren etwas schwächer wirksam. Andere zweiwert. Metallionen reaktivierten weit weniger. Als Reaktionsprod. konnte papierchromatograph. **II** nachgewiesen werden, *Oxalessigsäure*, über die **I** möglicherweise entstehen könnte, nicht. (J. Biochemistry [Tokyo] **42.** 439—47. Juli 1955. Osaka, Univ., Med. School, Biochem. Dep. [Orig.: engl.]) K. MAIER. 4210

B. Bheemeswar, *Untersuchungen über durch Extrakte des Seidenspinners, Bombyx mori L., katalysierte Transaminase- und Decarboxylasereaktionen.* Bei Transaminierungs-Rkk. zwischen *Asparaginat* (**I**) u. *α-Ketoglutarat* (**II**), die durch Extrakte aus der Drüse u. dem Darm des Seidenspinners katalysiert wurden, war im Reaktionsgemisch papierchromatograph. eine von **I** u. *Glutamat* verschiedene ninhydrinpositive Verbb., *α-Alanin* (**III**), abtrennbar (wassergesätt. Phenol). **III** entsteht durch β-Decarboxylierung, katalysiert durch eine *β-Decarboxylase* (**IV**). Geeignete Substrate für die *Transaminase* (**V**)-Rk. sind, neben **I, III,** *Phenylalanin* u. *Asparagin* (**VI**). Bei **VI** ist die **V**-Aktivität um ca. 65% verringert, während die **IV**-Wrkg. infolge der β-Carbonamidgruppierung völlig blockiert ist. Mit **I** als alleinigem Substrat erfolgt keine merkliche Decarboxylierung, während Zusatz von **II**-Spuren (p_H 7,0) die Aktivität auf 400% steigert. Dialyse des Rohextraktes (dest. W., 0°) inaktiviert irreversibel die **IV**-Aktivität ohne Beeinflussung derjenigen von **V**. Carbonylreagentien, wie N_2H_4, NH_2OH, Semicarbazid, hemmen **IV** u. **V** in gleichem Maße, Pyridoxalphosphat reaktiviert die **IV**-Wirksamkeit dialysierter Enzymextrakte nicht. Das **III**-bildende Enzymsyst. ist im Hinblick auf die Biosynth. des Seidenfibroins, das ca. 20% des Seidengewichtes an **III** enthält, wichtig. (Nature [London] **176.** 555—56. 17/9. 1955. Bangalore, Indian Inst. of Sci.) K. MAIER. 4210

P. W. Afanassjew und **W. W. Mossolow,** *Über die gemeinsame Wirkung von Fermenten.* Durch theoret. Überlegungen auf Grund der Vortellungen von AFANASSJEW (vgl. C. **1948.** E. 1451; **1949.** E. 567), wonach als katalyt. wirksamer Komplex die Verb. aus 2 Moll. Ferment u. 1 Mol. Substrat auftritt, wird gezeigt, daß bei gleichzeitiger Einw. von 2 Fermenten, die denselben Prozeß katalysieren, der katalyt. Effekt wesentlich schwächer sein kann als die Summe der Effekte, welche die einzelnen Fermente ausüben. Dies wurde durch Unters. der Wrkg. von *Trypsin* u. *Chymotrypsin* auf ein Eiweißsubstrat nachgewiesen. (Доклады Академии Наук СССР [Ber. Akad. Wiss. UdSSR] **100.** 507—10. 21/1. 1955. Bach-Inst. für Biochem. der Akad. der Wiss. der UdSSR.) A. JACOB. 4210

Karl Klinge, *Das extracelluläre bakteriolytische Fermentsystem der Streptomyceten.* Es werden 2 Fermentsysteme zu Grunde gelegt: das proteolyt. u. das streptokokkenlyt. Prinzip. Erstes ist in der Lage, gramnegative tote Bakterien aufzulösen, letztes dagegen spezif. für einige Bakteriengattungen wie Escherichia coli u. andere. Für die zweckmäßigste Kulturmeth. hält Vf. die Belüftungkulturen, da hierbei das bakteriolyt. Prinzip schnell nachweisbar ist. Die Trennung des streptokokkenlyt. vom proteolyt. Prinzip mittels chem. Fraktionierung war bisher nur MCCARTY (J. exp. Medicine **96.** [1952.] 555) annähernd gelungen. Infolge der unzureichenden Trennung verwendet Vf. einen konz., dialysierten Kulturüberstand, der nach folgender Meth. hergestellt wurde: Kulturen bei 6000 U/Min. zentrifugiert, Überstand bei 20° mit $(NH_4)_2SO_4$ voll gesätt. u. bei +4° für 18 Std. eingestellt. 30 Min. bei 13000 U/Min. zentrifugieren, Präcipitat in dest. W. lösen, $(NH_4)_2SO_4$-Ausfällung, 48 Std. gegen entchlortes laufendes W. u. 6mal gegen die 10fache Menge dest. W. rotierend dialysiert. Präcipitat durch 30 Min. zentrifugieren bei 14500 U/Min. entfernt. Überstand in Vakuum bei 4° aufbewahrt u. als „Actinomycetin" bei Verss. verwendet. 5,0 ml dieses Fermentes werden mit 1,0 ml der in $^1/_{15}$mol. Pufferlsg. suspendierten Bakterien versetzt, so daß die Salzkonz. im Reaktionsgemisch $^1/_{90}$mol. beträgt. Maximale Auflösung im alkal. Bereich. Kinetik substratabhängig u. im geprüften p_H-Bereich für jede Bakterienspecies gleichsinnig spezifisch. Genaue Klärung der Spezifität ist erst möglich, wenn eine Meth. zur Fermentreindarst. vorhanden ist. (Arch. Hyg. Bakteriol. **139.** 565—79. Dez. 1955. Erlangen, Univ., Hygien.-bakteriol. Inst.)

H. DÖLLE. 4210

Wilhelm Franke, Günter Taschen und **Helmut Frehse,** *Zur Dehydrierung der Fettsäuren.* 2. Mitt. *Orientierende Versuche über die Dehydrierbarkeit höherer gesättigter, ungesättigter sowie Brom- und Oxyfettsäuren durch tierische und pflanzliche Enzyme.* (1. vgl. Liebigs Ann. Chem. **561.** [1948.] 98.) Nachdem bei gewissen Samenextrakten (Gramineen, Soja, Lein, Sonnenblume) bei Verwendung von BINDSCHEDLERS *Grün* (**I**) u. *2.6-Dichlorphenolindophenol* (**II**), nicht aber von *Methylenblau* (**III**), bei ungesätt. höheren Fettsäuren (**IV**) bes. starke Donatoreffekte beobachtet worden sind, wurde untersucht, ob ähnliche Effekte mit den gleichen Farbstoffacceptoren auch beim Leberenzym auftreten. Ungesätt. **IV**, wie *Ölsäure* (**V**), *Linolsäure* (**VI**), *Linolensäure,* werden durch *Leberenzym* (Ratte) (**VII**) intensiv dehydriert, wenn statt **III I** oder **II** als Acceptoren dienen. Das Wirkungsoptimum von **VII** lag bei **V**, das des pflanzlichen Enzyms bei **VI**. **VII** u. *Kürbissamenenzym* dehydrieren. *9.10-* u. *2.3-Dibromstearinsäure,* ebenso **V** u. *Δ^2-Octadecensäure,* mit vergleichbarer Geschwindigkeit, d. h. es kommt in diesen Enzymen gleichzeitig 2.3- u. 9.10-Dehydrierung vor. Von den isomeren *9.10-Dibrom-* u. *Dioxystearinsäuren* wird stets die niedrigschm. Oleoform rascher angegriffen. Ein ähnlicher ster. Effekt ist bei **V** u. *Elaidinsäure* (**VIII**). Die 3fach ungesätt. *Stearolsäure* steht im Verh. **V** näher als **VIII**. (Hoppe-Seyler's Z. physiol. Chem. **303.** 58—69 1956. Köln, Univ, Inst. f. Gärungswiss. u. Enzymchem.) K. MAIER. 4210

A. B. Roy, *Die Steroidsulfatase von Patella vulgata.* Die in den Eingeweiden der Meeresschnecke *Patella vulgata* enthaltene *Steroidsulfatase* (**I**) wurde durch Extraktion eines Acetontrockenpulvers mit 0,1 mol. KCl, fraktionierte Fällung zwischen 30 u. 50% $(NH_2)_2SO_4$-Sättigung u. mit 33—50% Aceton bei —9° u. p_H 6,5 (0,05 mol Acetatpuffer) 10fach angereichert. Die Best. erfolgt durch Messung der Hydrolyse von *Na-Dehydroepiandrosteronsulfat* (**II**), wobei 1 *S.-E.* als die **I**-Menge definiert wird, die 1 γ **II**/Std. unter Standardbedingungen spaltet. Die **II**-Best. erfolgt nach einer Abwandlung der von VLITOS angegebenen Meth. (Contrib. Boyce Thompson Inst. **17.** [1953.] 127) zur Best. von Na-Dichlorphenoxyäthylsulfat, bei der von der Chloroformlöslichkeit der Komplexe aus Methylenblau u. Schwefelsäureestern Gebrauch gemacht wird. *Patella*-**I** zeigt ein flaches p_H-Optimum bei 4.5 (Acetatpuffer) u. eine optimale Substratkonz. von ca. 0,3 Millimol. **II**. *Epiandrosteronsulfat* wurde mit 25% der bei **II** gefundenen Geschwindigkeit, Androsteronsulfat prakt. überhaupt nicht hydrolysiert. 0,5 mol. *Glucose,* 0,005 mol. SO_4^{2-}, 0,005 mol. $H_2PO_4^-$, 0,005 mol. F^-, 0,005 mol. H_3BO_3 u. 0,05 mol. Cl^- hemmten **I** zu 15, 65, 98, 90, 83 u. 30%. Die **I**-Präpp. enthielten *Phenolsulfatase* (**III**)- u. *Glucosesulfatase* (**IV**)-Aktivität. **I** u. **III** waren durch Elektrophorese in Veronalpuffer (p_H 7,4) gut trennbar. **IV** folgt **I** weitgehend bei der Reinigung, unterscheidet sich jedoch von letzterer durch das Verh. gegenüber den genannten Inhibitoren (95, 35, 73, 79, 65,0% Hemmung von **IV** aus *Charonia Lampas,* J. Fac. Science, Tokyo **3.** [1936.] 150.) (Biochim. biophysica Acta [Amsterdam] **15.** 300—01. Okt. 1954. Edinburgh, Univ., Dep. of Biochem.)

K. MAIER. 4210

A. B. Roy, *Die Steroidsulfatase von Patella vulgata.* (Vgl. vorst. Ref.) Aus Acetontrockenpulver der Eingeweide der gemeinen Napfschnecke, *P. vulgata,* wurde durch Fällung eines mittels 0,1nKCl hergestellten Extraktes mit $(NH_4)_2SO_4$ (30—70% Sättigung) bei 0° u. der dialysierten wss. Lsg. des Nd. bei p_H 6,5 u. —9° mit Aceton (33—50%) ein sehr akt. *Steroidsulfatase* (**I**)-Konzentrat, das außerdem erhebliche Mengen *Arylsulfatase* (**II**) enthielt, gewonnen. **I** hydrolysiert *Dehydroepiandrosteronsulfat* (optimale Substratkonz. 0,2 millimol., p_H-Optimum 4,5, Acetatpuffer) u. wird durch Cl^--, SO_4^{2-}- u. $H_2PO_4^-$-Ionen gehemmt. **I** ist sehr spezif. u. hydrolysiert nur die *3β*-Sulfate der *5α-* u. *Δ^5*-Steroide, während die übrigen isomeren 3-Sulfate nicht angegriffen werden („*3β-Steroidsulfatase*"). *Cortison-21-sulfat* wird durch das **I**-Präp. ebenfalls hydrolysiert, doch ist hierfür anscheinend ein anderes Enzym (*Glykosulfatase*?) verantwortlich. I unterscheidet sich elektrophoret. von **II**, die wahrscheinlich aus 2 Komponenten besteht. Die I-Verwendung zur Hydrolyse von Harnsteroidsulfaten wird durch die hohe Spezifität eingeschränkt. I ist dagegen für die Strukturbest. isolierter Steroidsulfate geeignet. (Biochem. J. **62.** 41—50. Jan. 1956. Edinburgh, Univ., Dep. of Biochem.) K. MAIER. 4210

L. Robert, *Bestimmung der Serumprocainesterase durch Differenzspektrophotometrie.* Es wird eine Meth. zur Best. der Serum-*Procainesterase* durch Differenzspektroskopie vorgeschlagen. Sie beruht auf Abnahme der Absorption bei 295 mμ im Verlauf der Procainhydrolyse. (Experientia [Basel] **11.** 316—17. 15/8 1955. Paris, Univ., Fac. de Méd., Service de chim.) K. MAIER. 4210

Ekkehard Krüger-Thiemer, *Chemismus der Isoniazidspaltung durch Hämin. Isoniazid* (I) u. *Hämin* (II) reagieren in alkal. Milieu innerhalb weniger Std. bei Raumtemp. unter typ. Veränderungen des Absorptionsspektr. des Gemisches, während *Protoporphyrin* u. *Hämatoporphyrin* unter gleichen Bedingungen das Spektr. nicht verändern. Nach vollständigem Ablauf der Rk. mittels einer modifizierten BrCN-Meth. wies REIF Bldg. von *Isonicotinsäure* (III) nach. Bei der Rk. zwischen I u. II entstanden weder NH_3 noch Stickoxyde. Sie ist eine katalyt. Oxydation, wobei Bldg. von **III**, N_2 u. W. erfolgt. Ein bei 325 mμ auftretendes Absorptionsmaximum spricht für die Annahme, daß ein Teil gebildeter **III** auf noch

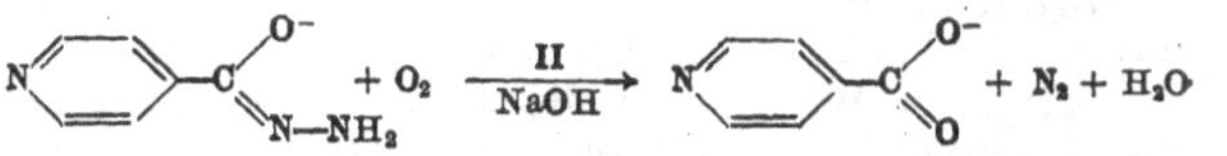

unverändertem I unter Bldg. von *N.N'-Bis-isonicotinoylhydrazin* (**IV**) reagiert. Bei längerer Einw. von **II** auf **I** (>12 Tage, 37°) verschwindet das **IV** zugeschriebene Maximum vollständig. Die katalyt. Oxydation erfolgt demnach auch bei Säurehydraziden mit substituierter N'-Stellung. Dies wurde durch Verss. mit reinem **IV** u. mit *N.N'-Bis-nicotinoylhydrazin* sowie *N-Isonicotinoyl-N'-isopropylhydrazin* (*Marsilid*) bestätigt. (Naturwissenschaften **42.** 47—48. 2. Jan.-H. 1955. Borstel, Tuberkulose-Forschungsinst.)
K. MAIER. 4210

Bert N. La Du, Leo Gaudette, Natalie Trousof und **Bernard B. Brodie,** *Enzymatische Desalkylierung von Aminopyrin (Pyramidon) und anderen Alkylaminen. Aminopyrin (Pyramidon;* I) sowie seine Äthyl- u. Butylhomologen werden durch Homogenate aus Lebern von Kaninchen, Ratte u. Meerschweinchen unter Bldg. von *4-Aminoantipyrin* desalkyliert. Dabei werden die CH_3-Gruppen von I sowie von *Monomethyl-4-aminoantipyrin* (II) in HCHO übergeführt, während die Äthylgruppe des *Monoäthyl-4-aminoantipyrins* CH_3CHO liefert. Zu der Rk. werden O_2 sowie red. Triphosphopyridinnucleotid benötigt; das desalkylierende Syst. findet sich in den Mitochondrien. — Die Desalkylierung von I u. II wird durch *Diäthylaminoäthyldiphenylpropylacetat* („*SKF 525 A*"), dessen die biol. Umwandlung gewisser Drogen blockierende Wrkg. von COOPER, AXELROD u. BRODIE (C. **1955.** 11243) beschrieben wurde, gehemmt. Offenbar ist in den Mitochondrien ein Enzymsyst. vorhanden, das eine stufenweise Desalkylierung von I über II bewirkt. (J. biol. Chemistry **214.** 741—52. Juni 1955. Bethesda, Md., Nat. Heart Inst., Nat. Inst. of Health, Labor. of Chem. Pharmacol., und New York, N. Y., Goldwater Memorial Hosp., Res. Div.) A. HESSE. 4210

L. H. Stickland, *Endogene Atmung und Glykogenreserven in der Hefe.* Vf. ermittelt als endogenen Respirationskoeffizienten der Bäckerhefe den Wert 0,85. Während der Atmung wird kein *Polysaccharid* (I) verbraucht. Bei Einw. von *Dinitrophenol* (II) unter aeroben Bedingungen bleibt die Atmung unverändert, die Gärung ist dagegen erhöht u. die Menge des verbrauchten I entspricht der Summe aus O_2-Verbrauch u. CO_2-Bldg., wenn man gespeichertes I als Substrat für Gärung u. Atmung ansieht. Daraus geht hervor, daß I aerob oder anaerob nicht verfügbar ist u. II den Kohlenhydratabbau fördert. (Biochem. J. **62.** 3 P. Jan. 1956. Leeds, School of Med., Experim. Patholog. and Cancer Res.)
P. FAHRNLAENDER. 4270

E_3. Mikrobiologie. Bakteriologie. Immunologie.

Samuel J. de Courcy jr. und **Francis E. Reinhart,** *Die Wirkungen gewisser substituierter Pyridine auf das Wachstum von Lactobacillus casei.* Auf ihre Hemmwrkg. gegenüber L. casei wurden untersucht: *5-Nitro-2-pyridinthiol* (I), *S-[5-Nitropyridyl-(2)]-thiuroniumchlorid* (II), *5-Nitro-2-[phenylsulfonyl]-pyridin* (III), *5-Nitro-2.3'-sulfonyldipyridin* (IV), *5-Amino-2.3'-sulfonyldipyridin, o-[5-Nitro-2-pyridylsulfonyl]-benzoesäure, o-[5-Nitropyridyl-(2)-mercapto]-benzoesäure, 6-[p-Nitrophenylmercapto]-nicotinsäure, N-[Pyridyl-(3)]-pyridinsulfonamid, 1-[Pyridyl-(3)-sulfonyl]-piperidin, 4-[Pyridyl-(3)-sulfonyl]morpholin.* Im vitaminfreien Grundmedium bzw. auch bei Zusatz von Thymin oder Adeninsulfat wurde das Wachstum von L. casei von keiner der Verbb. beeinflußt. Bei Zusatz

von Folsäure oder Adeninsulfat + Folsäure oder Adeninsulfat + Thymin zeigten **I, II, III, IV** die größte Hemmwirkung. (J. Franklin Inst. **260.** 143—45. Aug. 1955.)
H. DOSSMANN. 4310

Marvin P. Bryant und **R. N. Doetsch,** *Notwendige Faktoren zum Wachstum von Bacteroides succinogenes in der flüchtigen Säurefraktion der Rumenflüssigkeit.* (Ausführliche Arbeit s. folgendes Ref.) (Science [Washington] **120.** 944—45. 3/12. 1954. Beltsville, Md., Dairy Husbandry Res. Branch, USDA, Univ. of Maryland, Dep. of Bacteriol.)
F. LINGENS. 4310

M. P. Bryant und **R. N. Doetsch,** *Notwendige Faktoren zum Wachstum von Bacteroides succinogenes in der flüchtigen Säurefraktion der Rumenflüssigkeit.* (Vgl. vorst. Ref.) Zum Wachstum von Bacteroides succinogenes sind 2 Fettsäurekomponenten notwendig. Eine Komponente ist eine verzweigte, flüchtige, gesätt. Fettsäure; geeignet ist Isobuttersäure, Isovaleriansäure oder DL-α-Methyl-n-buttersäure. Als 2. Komponente dient eine geradkettige, gesätt. Fettsäure mit C_5 bis C_8. Mit Stearinsäure oder Palmitinsäure wurde nur geringes Wachstum, wahrscheinlich wegen ihrer geringen Löslichkeit, erzielt; Laurinsäure kann wohl auf Grund ihrer bakteriostat. Wrkg. nicht als 2. Komponente dienen. Zum guten Wachstum sind z. B. 1,5 μmol. Isovaleriansäure u. 3,0 μmol. n-Valeriansäure notwendig. (J. Dairy Sci. **38.** 340—50. April 1955. Beltsville, Md., Dairy Husbandry Res. Branch, USDA Univ. of Maryland, Dep. of Bacteriol.) F. LINGENS. 4310

Jerome J. Helprin und **Michael X. Sullivan,** *Die Bildung von Acetylmethylcarbinol durch Aerobacter aus verschiedenen Kohlenstoffquellen in einem synthetischen Medium.* Verss. mit einer Reihe Aerobacterkulturen (Ae. aerogenes u. Ae. cloacae) auf einem anorgan. Grundmedium ($NaNH_4HPO_4 \cdot 4\ H_2O$; KH_2PO_4; $MgSO_4 \cdot 7\ H_2O$) mit bestimmten organ. Zusätzen als C-Quelle über die Bldg. von Acetylmethylcarbinol, das nach der Meth. von BARRIT mittels einer Farb-Rk. mit α-Naphthol in A. u. KOH nachgewiesen wurde. Positive Rk. ergaben in allen Fällen L-Arabinose, L-Xylose, Glucose, D-Glucosamin·HCl, D-Fructose, D-Mannose, Mannit, D-Sorbit, L-Rhamnose, Saccharose, Cellobiose, Maltose; negative Rk. ergaben DL-Alanin u. Inosit. Glycerin war nur bei Ae. aerogenes-Kulturen positiv, bei den anderen negativ. D(—)-Erythrose, Adonit, Glykogen, Melezitose, D-Gluco-D-guloheptose, D-Glucoheptulose, Na-Acetat, Acetaldehyd, Ascorbinsäure u. Brenztraubensäure ergaben in allen Fällen als einzige C-Quelle überhaupt kein nennenswertes Wachstum. Lactose ergab bei Ae. aerogenes positive Rk., bei Ae. cloacae kein Wachstum. (J. Bacteriol. **67.** 90—93. Jan. 1954. Washington, D. C., Georgetown Univ., Dep. of Chem.) GERDA SCHULZE. 4320

E. R. Brygoo und **J. Courdurier,** *Verhalten von Madagaskar-Stämmen von Pasteurella pestis gegenüber Rhamnose.* Die Unters. von 105 Stämmen von *Pasteurella pestis* aus Madagaskar gegenüber *Rhamnose* (**I**) zeigte, daß unter den angewandten Versuchsbedingungen nur 2 dieser Stämme (= 1,9%) in der Lage waren, **I** zu verwerten. Für diese unerwarteten Befunde wird eine starke Milieuabhängigkeit dieser Stämme verantwortlich gemacht, da die bekannten Arten des Pestbacillus allg. **I**-positiv sind. (Ann. Inst. Pasteur **89.** 688—92. Dez. 1955. Madagaskar, Inst. Pasteur.) H. BASFELD. 4320

George H. Warren und **Jane Gray,** *Untersuchungen der Eigenschaften eines von Pseudomonas aeruginosa gebildeten Polysaccharidbestandteils.* Vff. bestimmen den *Polysaccharid* (**I**)-Geh. in mit 0,5% NaCl u. 1% *Glucose* versetzten Agarkulturen (p_H 7,6) von Pseudomonas aeruginosa. Optimale **I**-Mengen werden bei 37° innerhalb 24—48 Std. gebildet. Incubation mit *Hyaluronidase* (**II**) (aus Stiertestes. bis 0,04 mg/ml) bei p_H 6,0 (0,1 ml. Acetatpuffer, 37°, 1 Std.) führt zu einem **I**-Abbau, der auf colorimetr. Wege durch Abnahme der Trübung des Substrats verfolgt werden kann. Es wird festgestellt, daß die **I**-Spaltung innerhalb von 30 Min. nach **II**-Einw. am schnellsten vor sich geht u. dann einem konstanten Grenzwert zustrebt. Die **I**-Bildungskurve zeigt den gleichen Verlauf. Auch die Sedimentation der Zellen wird durch **II** erhöht. Durch Hitze (100°, 30 Min.) inaktivierte **II** läßt noch einen merklichen **I**-Abbau erkennen. Die Mikroorganismen selbst werden durch **II** in ihrer Lebensfähigkeit nicht beeinflußt. Die Zellen zeigen aber eine morpholog. Veränderung, indem die dieselben umhüllende viscose intercelluläre Substanz von **II** angegriffen wird, wodurch sich die Zellaggregate in Einzelzellen auflösen. (J. Bacteriol. **70.** 152—57. Aug. 1955. Philadelphia, Pa., Wyeth Inst. of Appl. Biochem.)
P. FAHRNLAENDER. 4320

Paul Godin, *Der biochemische Zusammenhang zwischen den von Penicillium brevicompactum gebildeten Phenolcarbonsäurederivaten. P. brevi-compactum* bildet 11 verschied. Phenolderivv., *Mycophenolsäure* (**I**), die Phenolcarbonsäuren *3.5-Dioxy-2-carboxybenzylmethylketon,* $C_{10}H_{10}O_5$, *3.5-Dioxy-2-carboxyphenylacetylcarbinol,* $C_{10}H_{10}O_6$, *3.5-Dioxy-2-carboxybenzoylmethylketonhydrat,* $C_{10}H_{10}O_7$, u. *3.5-Dioxyphthalsäure,* $C_8H_6O_6$, sowie die in der Konst. unbekannten, noch nicht beschriebenen Substanzen *VI—XI*. *VI*: Säure-

u. Ketoncharakter; R_F (Whatman Nr. 4) (1) 0,65 (5 Voll. W.–4 Voll. n-Butanol–1 Vol. Eisessig), (2) 0,13 (5 Voll. Chlf.–3 Voll. Eisessig, wassergesätt.); PAULI-Reagens (**A**) nach BOLLING u. Mitarb. (Federat. Proc. **8.** [1949.] 185) orange-lachsfarben, p-Nitranilin-Reagens (**B**) nach BRAY u. Mitarb. (C. **1951.** I. 891) violett, $FeCl_3$-Rk. violett; *VII*: schwach sauer; R_F (1) 0,74, (2) 0,22; **A** intensiv gelb, **B** intensiv gelb, $FeCl_3$-Rk. (—); *VIII*: sauer; R_F (2) 0,75; **A** gelb-lachsfarben, **B** gelb-lachsfarben, $FeCl_3$-Rk. hellviolett; *IX*: R_F (2) 0,95; **A** hellgelb, **B** kanariengelb, $FeCl_3$-Rk. hellviolett; *X*: Ketoncharakter; R_F (1) 0,17, (2) 0,37; $FeCl_3$-Rk. violettrosa; *XI*: R_F (1) 0,415, (2) 0,80; $FeCl_3$-Rk. hellviolett. *X* u. *XI* kommen stets zusammen mit I vor u. sind I-Umwandlungsprodukte. Die übrigen Phenolderivv. entstehen durch gegenseitige, teilweise reversible Umwandlungen. *VI* u. *VII* sind anscheinend Zwischenstufen zwischen $C_{10}H_{10}O_7$ u. $C_8H_6O_6$; *VIII* u. *IX* entstehen durch $C_{10}H_{10}O_5$-Reduktion. (Antonie van Leeuwenhoek **21.** 215—24. 1955. Malmédy, Belgique, Labor. de la Sté Steinbach & Cie.) K. MAIER. 4320

Pietro Benigno, Pierantonio Visentini und **Valeria Franceschini,** *Stoffwechseluntersuchungen über die Bakteriostase durch Cystein bei E. coli.* Während der durch *Cystein* (**I**) bei E. coli hervorgerufenen Wachstumshemmung sammelt sich in der Kultur *Brenztraubensäure* (**II**) an, die nach Beendigung der Bakteriostase rasch verarbeitet wird. Im Gegensatz zu Kontrollen fehlen dagegen andere Ketosäuren; werden diese den mit **I** behandelten Kulturen zugesetzt, so tritt kein Wachstumsstillstand ein. Es wird angenommen, daß **I** die Verwertung von **II** hemmt. Sowohl unter aeroben als auch unter anaeroben Bedingungen kann die bakteriostat. Wrkg. von **I** durch Zusätze von **II** beeinträchtigt werden. (Ricerca sci. **25.** 828—46. April 1955. Padova, Centro di studio per la chemioterapia.) P. G. SCHEURLEN. 4330

P. Mantegazza und **R. Tommasini,** *Über die Aktivität der Thiosemicarbazone einiger Benzaldehydderivate gegen Mycobacillus tuberculosis in vitro.* Die Vff. prüften einige Derivv. des Benzaldehydthiosemicarbazons in vitro in flüss. Medium auf ihre Wrkg. gegen Tuberkelbacillen. Nur das *o-Oxybenzaldehydthiosemicarbazon* war stärker wirksam als das *p-Acetylaminobenzaldehydthiosemicarbazon* (*TbI/698*). Allg. verringerte sich die Wrkg. der Verbb. mit freier OH- oder NH_2-Gruppe durch Blockierung dieser Gruppe durch Verätherung mit Oxyessigsäure usw. sehr stark. Im Hinblick auf eine mögliche prakt. Anwendung halten Vff. das *p-Butylmercaptobenzaldehydthiosemicarbazon* u. die Glykolsäureäther des *o-* u. *p-Oxybenzaldehydthiosemicarbazons* für interessant. (Farmaco [Pavia] **6.** 255—58. März/April 1951. Milano, Univ., Ist. di Farmacol.) H. IPPEN. 4330

P. Mantegazza und **R. Tommasini,** *Über eine ausgedehnte antibakterielle Aktivität einiger Benzaldehydthiosemicarbazone gegen andere Bakterien als Tuberkulosebakterien in vitro.* (Vgl. auch vorst. Ref.) Vff. untersuchten einige Derivv. des Benzaldehydthiosemicarbazons auf ihre antibakterielle Aktivität in vitro. Dabei zeigte sich, daß alle geprüften Verbb. eine erhebliche Wrkg. auf verschied. z. T. auch gramnegative Erreger zeigten. Die Wrkg. auf gramnegative Erreger hoffen Vff. durch Strukturveränderungen noch verstärken zu können. Die allg. stärkste Hemmwrkg. zeigte das *o-Oxybenzaldehydthiosemicarbazon,* u. zwar gilt dies für Shigella dysenteriae, Klebsiella pneumoniae, Brucella abortus, Staphylococcus albus u. aureus, Streptococcus haemolyticus, anhaemolyticus u. viridans, Enterococcus, Diplococcus pneumoniae u. Corynebacterium diphtheriae. Nur bei Escherichia coli u. Pseudomonas aeruginosa war das *p-Amidomercaptobenzaldehydthiosemicarbazon* stärker wirksam. Die wirksamen Minimalkonzz. dieser beiden Verbb. zur vollständigen Wachstumshemmung bewegen sich zwischen 5 u. 75 γ/ml. Auf Salmonella typhi zeigte keine der geprüften Verbb. einen Einfluß. (Farmaco [Pavia] **6.** 264—68. März/April 1951.) H. IPPEN. 4330

G. Cavallini, F. Ravenna, P. Mantegazza und **R. Tommasini,** *Stark antibakteriell wirkende Thiosemicarbazon-Chemotherapeutica.* (Vgl. auch vorst. Ref.) In Fortsetzung früherer Unterss., bei denen die stark antibakterielle Wrkg. einiger Thiosemicarbazone (**I**) nachgewiesen werden konnte, prüften die Vff. die Wrkg. einiger **I** auf verschied. Erreger. Am wirksamsten erwies sich unter den geprüften Verbb. das Salicylaldehydthiosemicarbazon (**II**), während dessen Glykolsäureäther (**III**) zwar schwächer wirksam war, jedoch dem gleichzeitig geprüften 2-Sulfanilamidothiazol noch weit überlegen war. Das Wachstum von Clostridium welchii wurde durch **II** noch bei Konzz. von 1,5 γ/ml völlig gehemmt, während **III** hier wirkungslos war. Ganz ähnlich liegen die Verhältnisse bei Cl. tetani, jedoch liegt hier die Minimalkonz. an **II** bei 3 γ/ml. Zur Feststellung des Wirkungsmechanismus der **I** prüften die Vff. die Aktivität des **II** u. des p-Oxybenzaldehydthiosemicarbazons (**IV**) auf Staphylococcus aureus in Ggw. verschied. physiol. wichtiger Verbindungen. Dabei zeigte sich, daß Uracil, Thymin, Xanthin, Guanin, Ribonucleinsäure, Cystin u. Cystein die antibakterielle Wrkg. des **IV** steigern, p-Aminobenzoesäure (**V**) Norvalin (**VI**), Tryptophan u. Histidin keinen Einfl. haben, während Arginin (**VII**), Methionin (**VIII**) u. Serum seine Wirksamkeit herabsetzen. Dagegen wird die Wrkg. des

II durch alle genannten Substanzen herabgesetzt, bes. stark durch **V, VI, VII** u. **VIII**, während Serum die invitro-Wirksamkeit des **II** sogar prakt. völlig aufhebt. (Farmaco [Pavia] **6.** 826—34. Nov.—Dez. 1951. Milano, Maggioni & Co., SpA., Labor. ricerche, Univ., Ist. di Farmacol.) H. IPPEN. 4330

Koji Miura, Yusaku Haseda, Masao Ikeda und **Sachiko Yasuda,** *Chemische und chemotherapeutische Untersuchungen über Furanderivate.* 14. Mitt. *Über die antibakterielle Wirksamkeit von 5-Nitrofurylacrylaminoäthanol. β-[5-Nitrofuryl-(2)]-acrylsäure-β'-oxyäthylamid*(**I**), F. 151—152°, gelbliche Nadeln, mit bitterem Geschmack (ohne Reizung), lösl. in W., sd. 1:20, 50° 1:120, 30° 1:1500, 15° 1:1700 (Furacin **II**: 1:5000), hemmt Shigella dysenteriae u. Eberthella typhi 1:256000 (**II**:1:120000). **I** dringt in Agar 50 mal stärker ein als **II**. Mittlere DL (oral) für 20 g Maus 20 mg (**II**: 5 mg). Außerdem wurden folgende Verbb. untersucht: *β-[5-Nitrofuryl-(2)]-acrylsäure*, F. 230—231°, deren *Methylester*, F. 146—147°, *Amid* („*Z-Furan*" **III**), F. 225° (223° zers.), *Hydrazid*, F. 214—217°, *Diäthylamid*, F. 90°, *Isoamylamid*, F. 107—109°, *Anilid*, F. 191—192°, *Benzylamid*, F. 175 bis 176°, *Dibenzylamid*, F. 164°, *p-Amidosulfonylanilid*, F. 270° (250°), *p-Amidosulfonylbenzylamid*, F. 197°, *Carboxymethylamid*, F. 200—208°, *β-[5-Nitrofuryl-(2)]-acryloyl-tris-[β'-oxyäthyl]-ammoniumchlorid*, F. 174° u. *5-Nitrofurfurylsemicarbazid*. **III** war am stärksten wirksam, bakteriostat. gegen Shigella Eberthella u. Staphylokokken 1:512000, baktericid 1:256000. (Folia pharmacol. Japon. **48.** 294—99. 20/12. 1952. Kanazawa Univ. [Orig.: japan., Auszug: engl.]) L. SCHULER. 4330

G. B. Mackaness und **N. Smith,** *Die Wirkung von Isoniazid* (*Isonicotinsäurehydrazid auf intracelluläre Tuberkelbacillen.* Isolierte lebende Kaninchenphagocyten wurden als Medium für die Fortpflanzung intracellulärer Säugetiertuberkelbacillen benutzt; *Isoniazid* (**I**), *Streptomycin, Terramycin, Neomycin B, Viomycin, PAS, Nisin* u. *Penicillin* wurden auf ihre Hemmwrkg. gegenüber diesen Parasiten getestet; während alle Präpp., außer **I**, eine starke Reduzierung ihrer bekannten bakteriostat. Wrkg. aufwiesen, war die Hemmwrkg. von **I** gegenüber intracellulären u. im DUBOS-DAVIS-Medium gezüchteten Bacillen gleich, sie betrug 0,05 bzw. 0,03 γ/ml. (Amer. Rev. Tubercul. **66.** 125—33. Aug. 1952. Oxford, England, Sir William Dunn School of Pathol.) H. DOSSMANN. 4330

J. Viallier und **R. M. Cayré,** *Die Wirkung des p-Aminosalicylats von Isonicotinsäurehydrazid auf Mycobakterien.* 1. Mitt. *Die bakteriostatische Wirkung in vitro.* (Vgl. C. **1955.** 150.) Es wurde auf YOUMANS-Nährmedium (37°) die Wrkg. einer Kombination („*Pasiniazide*", **I**) von *p-Aminosalicylsäure* (**II**) u. *Isonicotinsäurehydrazid* (**III**) auf Stämme pathogener u. nichtpathogener, **II**- bzw. **III**-empfindlicher oder -resistenter Mycobakterien untersucht (Ablesung nach 15, 30, 45 u. 60 Tagen). Auf **III**-resistente u. **II**-empfindliche Stämme *M. tuberculosis* var. *hominis* übte **I** eine bakteriostat. Wrkg. in einem Bereich aus, wo **III** in vitro unwirksam ist. Bei gleichzeitig **II**- u. **III**-resistenten Stämmen zeigt sich die Wrkg. gleichfalls, aber je nach Stamm ungleichmäßiger, in Konzz., die in vivo erreichbar sind. 3 Stämme *M. tuberculosis* var. *avium*, 4 Stämme apathogener Mycobakterien u. 12 Sammlungsstämme erwiesen sich gegenüber äquivalenten Konzz. **I, II** u. **III** im geprüften Konzentrationsbereich als resistent. (Ann. Inst. Pasteur **90.** 114—17. Jan. 1956. Lyon, Inst. Pasteur.) K. MAIER. 4330

J. R. Christensen und **L. J. Tolmach,** *Über die Frühstadien der Infektion von Escherichia coli B mit Bakteriophagen T 1.* Bakteriophage *T 1* heftet sich reversibel an gereinigte *E. coli B*-Zellmembranen, an 40 Min. auf 50° erhitzte Zellen u. an Zellen in Ggw. von 0,01 mol. NaN_3. Bei der irreversiblen Bindung von *T 1* an *E. coli B*-Zellen ist zwischen dieser u. der zur Trennung von *T 1-Desoxyribonucleinsäure* (**I**) u. T 1-Eiweißkomponenten (**II**) führenden Rk. kein zeitlicher Abstand feststellbar. Die *T 1*-Eiweißfülle kann nach der reversiblen Verknüpfung von Bakterium u. *T 1* durch p_H-Einstellung auf 4,6—5,0 oder Erhöhung der Na^+-Konz. auf 0,1 mol. eluiert werden, während dies jedoch nach irreversibler Bindung nicht möglich ist. Es findet keine oder nur geringe Übertragung von δ des infizierenden Phagen auf die hieraus resultierende Phagengeneration statt. Bei der Bindung von *T 2* an gereinigte Membranen tritt ebenfalls Spaltung in **I** u. **II** ein, analog wie dies bei der Verknüpfung mit Ganzzellen, mit durch T 2-Lyse erhaltenen Membranen u. der Bindung an negativ geladene Ionenaustauschharze der Fall ist. Die gereinigten Zellmembranen verhalten sich hinsichtlich der *T 1*- u. *T 2*-Bindung wie Kationenaustauscher. Vff. diskutieren für den Ablauf der bei der irreversiblen Bindung des *T 1*-Virus an die Wirtszelle sich abspielenden Vorgänge eine hypothet. Reaktionsfolge. (Arch. Biochem. Biophysics **57.** 195—207. Juli 1955. Denver, Colo., Univ. of Colorado, Med. Center, Florence R. Sabin Labors., Dep. of Biophysics.) K. MAIER. 4331

J. Horváth, J. Szolnoki und **L. Felföldy,** *Versuche zur Feststellung der Beziehungen zwischen den antibiotischen Eigenschaften von Streptomycesarten und Böden, in denen sie vorkommen.* Aus 19 verschied. Gegenden Ungarns wurden Bodenproben auf ihre ver-

schiedensten Eigg. im Zusammenhang mit ihrem Geh. an antibiot. wirksamen Streptomycesstämmen geprüft. Unterss. über Boden-p_H, Teilchengrößen, Salzkonzz., N-, organ. C-, Humus-, CO_3-, Ca-, Na-, K-, P-Geh. u. a. ließen keinen Zusammenhang mit dem Vork. antagonist. Streptomyces erkennen. Ebenso gibt die Best. der Vegetation auf den einzelnen Böden keine Aufschlüsse. Die Böden mit Streptomycesgeh. kommen aus Lagen, die keinen dauernden Kontakt mit W. haben, weder durch bewegliches Bodenwasser, noch durch einen hohen Kiesanteil. Außerdem scheint die Entw. von Streptomycesböden Zeit zu brauchen, da alle antibioticumhaltigen 20—25 Jahre alt waren. (Acta biol. Acad. Sci. hung. **4.** 453—70. 1953. Tihany, Hungarian Acad. of Sciences, Biol. Inst.)
I. WEINMANN. 4340

James C. Kakavas, *Antibakterielle Wirkung von Antibioticis, Sulfanilamid und Furacin (5-Nitro-2-furaldehydsemicarbazon) gegen Mikrokokken und Streptokokken bei Mastitis.* Bei Anwendung von chemotherapeut. Stoffen zur Behandlung der Rindermastitis wurde keine Resistenzentw. bei Mikrokokken- u. Streptokokkenstämmen beobachtet. Durch Unters. des sek. Zonenwachstums bei Mischbakterienkulturen konnten folgende Wirkungsreihen aufgestellt werden: gegen Mikrokokken *Furacin* (**I**) > *Penicillin* (**II**) > *Oxytetracyclin* (**III**) > *Chlortetracyclin* (**IV**) > *Sulfanilamid* (**V**); gegen Streptokokken **I** oder **II** > **III** > **IV** > **V**. (Antibiotics Annu. **1954/55.** 323—28. Newark, Del., Univ. of Delaware, Dep. of Biol. Sciences.) H. GOEBEL. 4340

H. Knothe, *Untersuchungen über das Verhalten von Staphylokokken und gramnegativen Darmbakterien gegenüber Tetracyclinen.* In vitro-Empfindlichkeitsprüfungen an Stämmen von Koagulase-posisiven Staphylokokken, E. coli, Proteus vulgaris u. Ps. aeruginosa gegen *Chlortetracyclin, Tetracyclin* u. *Oxytetracyclin* zeigten Unterschiede sowohl der Stämme untereinander als auch unter den 3 Tetracyclinen, was für den Behandlungserfolg bedeutsam sein kann. (Therapiewoche **5.** 561—64. Sept. 1955. Kiel, Univ., Hygien. Inst.) V. SACHS. 4340

S. A. Popenenkowa, *Der Gehalt an Nucleinsäuren in Colibakterien und seine Veränderung unter dem Einfluß von Grisemin.* In Bouillonkulturen von Colibakterien nimmt der Geh. an *Nucleinsäuren* (**I**) mit zunehmender Vermehrung ab u. steigt wieder an, wenn die Teilungsgeschwindigkeit nachläßt. Durch subbakteriostat. Dosen (50 u. bes. 250 ε/ml) von *Grisemin* (**II**) wird der Teilungsprozeß des B. coli verlangsamt; der **I**-Geh. nimmt während der ersten 2 Std. der Kultivierung ab. Mit Beginn der Phase der intensiven Vermehrung jedoch hemmt **II** den **I**-Abfall unter Abänderung des Mengenverhältnisses zwischen Ribo- u. Desoxyribonucleinsäure, das nach Ablauf der ersten 12 Std. ca. 3:1 beträgt. (Журнал Микробиологии, Эпидемиологии и Иммунобиологии [J. Mikrobiol., Epidemiol., Immunobiol.] **1955.** Nr. 12. 67—73. Dez. Gamaleja-Inst. für Epidemiol. u. Mikrobiol. der Akad. der Med. Wiss. der UdSSR.) E. RENTZ. 4340

Sir Howard Walter Florey, *Antibiotische Erzeugnisse eines vielseitigen Pilzes.* Von einem Cephalosporium werden wenigstens 7 antibiot. wirksame Stoffe gebildet, 4 davon wurden kristallisiert erhalten. Ein Teil der Stoffe ist in organ. Lösungsmitteln lösl.: *Cephalosporin P* mit der Hauptkomponente P_1 (**I**), daneben P_2, P_3, P_4 u. P_5. **I** enthält nur C, H u. O; es wird Steroidstruktur vermutet; antibiot. Wrkg. vor allem gegen Staphylokokken. Unlösl. in organ. Lösungsmitteln ist *Cephalosporin N* (**II**), es wird durch Säure oder *Penicillinase* (**III**) zerstört. **II** ist ident. mit *Synnematin B*; als neue Bezeichnung wird *Penicillin N* oder *Aminocarboxybutylpenicillin* vorgeschlagen. **II** ist bes. wirksam gegen Salmonella typhi. Als Begleitsubstanz von **II** wird *Cephalosporin C* mit wahrscheinlich penicillinähnlicher Struktur gefunden. Es wird aber nicht durch **III** oder Säure zerstört. Es ist wirksam gegen gramnegative u. -positive Organismen, aber schwächer im Vgl. zu anderen Antibioticis. (Ann. intern. Med. **43.** 480—90. Sept. 1955. Oxford.)
F. LINGENS. 4340

Lewis Debes und **Henry M. Burlage,** *Untersuchungen über antibakterielle Aktivität bei Pythium debaryanum Hesse.* Aus dem Mycel von Pythium debaryanum HESSE wurden nach n. bzw. Gefriertrocknung mit Ae., Chlf. bzw. W. Extrakte gewonnen, die mit negativem Ergebnis auf ihre antibiot. Wirksamkeit gegen 10 Testbakterien (darunter verschied. Stämme von Salmonella, Shigella, Neisseria, Escherichia, Proteus, Pseudomonas, Staphylococcus u. Bacillus subtilis) geprüft wurden. — Verss., mit diesen Extrakten an tumorbeimpften Hühnereiern zeigten, daß einige der Präpp. das Wachstum von Embryonen u. Tumoren steigerten. Einige andere bewirkten geringfügige Hemmung (maximal 45%) von Tumoren. (Amer. J. Pharmacy Sci. support. publ. Health **125.** 151—56. Mai 1953. Texas, Univ., Coll. of Pharmacy.) H. DÖLLE. 4340

S. Masoni und **G. P. Papinutto,** *Ein weiterer Beitrag zur Interferenz von Candida albicans und der antibakteriellen Wirkung einiger Antibiotica; Untersuchungen in vitro.* (Nuovi Ann. Igiene Microbiol. **6.** 265—69. Juli/Aug. 1955. Modena, Univ., Hygieneinst.)
E. VEVERA. 4340

Kiyoshi Konno, *Der Stoffwechsel von Nicotinsäure bei säurefesten Bacillen. Eine neue Methode zur Differenzierung von Humantuberkelbacillen von anderen säurefesten Bacillen (Rinder-, Geflügel- und nichtpathogene, säurefeste Bacillen) durch Nicotinsäurebestimmung im Kulturfiltrat.* Unters. an 33 Stämmen. Ausführlichere Arbeit u. Unters. an 47 Stämmen. — Vgl. Kiyoshi Konno, Sci. Rep. Res. Inst. Tohoku Univ., Ser. C. **5.** [1954.] 295. (Proc. Japan Acad. **29.** 289—92. Juni 1953. Sendai, Tohoku Univ., Res. Inst. for Tuberculosis and Leprosy [Orig. engl.]) F. LINGENS. 4350

M. La Placa und **R. Venturi,** *Das Verhalten von beim Menschen heimischen Corynebakterien gegenüber einem Redoxindicator (3'-Chlorindophenol).* Auf Grund der Tatsache, daß ein Redoxindicator wie 3'-Chlorindophenol zur Best. von Bakterien dienen kann, versuchen Vff., dieses für die Diagnostik auszuwerten. (Nuovi Ann. Igiene Microbiol. **6.** 311—14. Juli/Aug. 1955. Bologna, Univ., Mikrobiol. Inst.) E. VEVERA. 4350

P. G. H. Gell, *Immunochemische Untersuchungen von Proteinen durch eine Geldiffusionsmethode.* Die Technik entspricht der von GRABAR u. WILLIAMS (Bull. Soc. chim. biol. **33.** [1954.] 758) beschriebenen: Antigen u. Antikörper diffundieren gegeneinander in 0,5%ig. Agar in PETRI-Schalen, wobei sich Serien von Linien bilden, von denen jede einem Antikörper–Antigensyst. in „optimalen Proportionen" entspricht. Das Gel wird dann getrocknet, abgedeckt u. als Diapositiv verwendet. Mit dieser Meth. läßt sich das Fehlen n. Bestandteile (z. B. des γ-Globulins bei der kongenitalen α–γ-Globulinämie), die Komplexizität einer Proteinfraktion (z. B. des β-Globulins im menschlichen Serum), die Proportionsänderungen bei der Fraktionierung von Proteingemischen, die Ggw. begleitender Antigene bei scheinbar reinen Proteinpräpp. u. die fortschreitenden Veränderungen der Eigg. eines bestimmten Proteins (z. B. bei der Denaturierung) nachweisen. Es ist hierbei möglich, nebeneinander verschied. Antigenpräpp. zu vergleichen u. die Ggw. ident. Komponenten festzustellen, welche miteinander verschmelzende Fällungslinien ergeben. (Biochem. J. **59.** VIII. Jan. 1955. Birmingham, Univ., Dep. of exp. Pathol.) K. NEHRING. 4370

Nilola Nikolić, *Die Erscheinungen des neurotropen Antagonismus zwischen Vitamin B_1 und Tetanustoxin.* Meerschweinchen erhielten an aufeinanderfolgenden Tagen Tetanustoxin (insgesamt 2—4 DLM.) u. Vitamin B_1 (insgesamt 12,5—100 mg) teils ortsgetrennt, teils als Mischspritze. Erkrankungen blieben aus oder verliefen abgeschwächt u. verkürzt. Eine Immunität trat nicht ein. Die Möglichkeiten der prakt. Anwendung dieses offensichtlichen Antagonismus auf verschied. diagnost. u. therapeut. Gebieten werden kurz erörtert. (Zbl. Bakteriol., Parasitenkunde, Infektionskrankh. Hyg., I. Abt., Orig. **160.** 599—605. März 1954. Zagreb, Inst. für med. Forsch.) E. FISCHOEDER. 4370

R. Jeener, *Die Rolle der Nucleinsäuren bei der Vermehrung der Viren.* Übersicht über bekannte Versuchsergebnisse über den Mechanismus der Virusvermehrung unter bes. Berücksichtigung der Rolle der *Ribonucleinsäure* (I) mit der theoret. Schlußfolgerung, daß **I** der vegetabil. Viren hierbei eine Rolle analog derjenigen der *Desoxyribonucleinsäure* der Bakteriophagen spielt. (Rev. Fermentat. Ind. aliment. **10.** 122—24. Juni 1955. Brüssel, Univ.) H. BASFELD. 4374

Ralph W. G. Wyckoff, *Die Feinstruktur gesunder und viruskranker Zellen.* Zur Unters. der im Elektronenmikroskop sichtbaren Einzelheiten des Protoplasmas toter Zellen u. der jeweils vorliegenden Feinstruktur lebender Zellen schlägt Vf. die Unters. von Gelatine (I) vor, die bei gleicher Vorbereitung wie die Zellen die gleiche schwammige Struktur wie das Protoplasma zeigt. I-Gele können auf verschied. Wegen hergestellt werden u. lassen bei elektronenmikroskop. Unters. nach Meinung des Vf. wichtige Schlüsse auf analoge Protoplasmastrukturen zu. Weitere wichtige Hinweise können aus den Änderungen der Protoplasmastrukturen viruskranker Zellen gewonnen werden. Diese Protoplasmaveränderungen hängen von der Art des Virus ab u. können in Protoplasmaentleerung, -zerfall oder im Ersatz der n. Struktur durch Substanzen ohne Viruscharakter bestehen. Weiterhin gibt Vf. eine Übersicht über meist eigene Arbeiten in dieser Richtung. — 10 Literaturangaben. (Discuss. Faraday Soc. Nr. **11.** 230—35. **1951.** Bethesda, Md., Federal Security Agency, Publ. Health Serv., Nat. Inst. of Health, Nat. Inst. of Arthritis and Metabolic Diseases.) H. IPPEN. 4374

Bernhard Schmidt und **Gerhard Brand,** *Probleme der Virusdesinfektion und der Prüfung von Desinfektionsmitteln auf Virucidie.* Auf ihre Wrkg. gegenüber dem Influenzavirusstamm FM_1 (USA 1947) wurden getestet: *p-Chlor-m-kresol*, *Baktolan* (*1-Methyl-6-chlor-3-oxybenzol* gelöst in Alkali) u. *Korsoform* (*Formaldehyd* gelöst in Seifen). — Alle 3 Desinfektionsmittel erwiesen sich als wirksam. (Zbl. Bakteriol., Parasitenkunde, Infektionskrankh. Hyg., I. Abt., Orig. **164.** 514—23. Dez. 1955. Berlin, Freie Univ., Inst. für Hygiene u. Med. Mikrobiologie.) H. DOSSMANN. 4374

H. Leyon, *Einige physikochemische Eigenschaften des spontanen Mäuseencephalomyelitis-Virus, Stamm FA.* Das spontane Mäuseencephalomyelitis-Virus FA erscheint nach Anreicherung aus Mäusehirn u. Reinigung in Form sphär. Teilchen mit einem Durchmesser von 28 ± 1 bis 2 mμ in trocknem Zustand. Ungetrocknet beträgt der Sedimentationskoeff. 160—165 S. Die Isolierung erfolgte durch Methoden, die für Proteine gebräuchlich sind. Bei 260 mμ zeigte es ein Adsorptionsmaximum. Da dies für Purin- u. Pyrimidinderivv. charakterist. ist, enthält das Virus Nucleoproteide oder besteht ganz daraus. Noch bestehende erhebliche Differenzen in den Ergebnissen der elektronenopt. Unterss., Sedimentationsmessungen u. den Ultrafiltrationsbestimmungen werden vom Vf. auf die Unzulänglichkeiten der Methoden u. die noch nicht genügende Reinheit des Untersuchungsmaterials zurückgeführt. (Discuss. Faraday Soc. Nr. **11.** 217—21. **1951.** Uppsala, Inst. of Biochem.) H. Ippen. 4374

Yuichi Miyamoto, *Wirkung von ultraviolettem Licht auf pathogene und antigene Eigenschaften des Tabakmosaikvirus.* Gereinigte *Tabakmosaikvirus*-Suspension wurde mit 260 mμ bestrahlt u. die Inaktivierung mit dem Infektiositätstest u. serolog. bestimmt. Die Inaktivierungsdosis (37%) beträgt $2{,}5 \cdot 10^3$ μ Watt (0,2% Viruskonz.) bzw. $1{,}5 \cdot 10^3$ μ Watt (0,02% Viruskonz.). Bei $13 \cdot 10^5$ μ Watt wurde die serolog. Aktivität zerstört, jedoch die Präcipitin-Rk. im Vgl. zur Kontrolle verstärkt. (Virus, J. Virol. [Kyoto] **4.** 256—63. 1954. Hokkaida, Japan, Univ., Bot. Inst. [Orig.: japan.; Auszug: engl.) G. Gerber. 4374

L. Holzapfel und **W. Engel,** *Über die Abhängigkeit der Wachstumsgeschwindigkeit von Aspergillus niger in Kieselsäurenährlösungen bei O_2-Belüftung.* 27. Mitt. *über organische Kieselsäureverbindungen.* (25. vgl. Z. Elektrochem., Ber. Bunsenges. physik. Chem. **57.** [1953.] 738.) In Fortsetzung früherer Unterss. von Holzapfel (l. c.) über die bei der Wachstumsgeschwindigkeit von Aspergillus niger in SiO_2-Nährlsgg. bei O_2-Belüftung bei Abwesenheit von Phosphat beobachtete Induktionsperiode stellten Vff. weitere Unterss. zur Feststellung der Ursache der Induktionsperiode an. Zu diesem Zweck wurde Quarz mit W. geschüttelt, das Quarzwasser dekantiert, mit der Nährlsg. (Glucose, $MgSO_4$, Harnstoff, K-Citrat) gemischt, sterilisiert, mit Aspergillus niger geimpft u. mit Luft bzw. O_2 belüftet. Bei der obigen Nährlsg. wurde die früher beobachtete Induktionsperiode von 5—6 Tagen festgestellt. Wurde bei der Herst. der Quarzwasserlsg. ein Zusatz von 1% Glucose zugegeben, dann trat keine Verkürzung der Induktionsperiode, nach 6 Tagen jedoch erhöhtes Wachstum ein. Erhöhung der Temp. von 30 auf 40° verzögerte das Wachstum. Galaktose verhielt sich wie Glucose. Wurde Glycerin als einzige Kohlenhydratquelle benutzt, dann konnte ein Wachstum nicht beobachtet werden. Wurde der Quarz in Glucoselsg. geschüttelt u. während des Schütteln O_2 durchgeleitet, dann trat nach Zusatz der Nährlsg. Herabsetzung der Induktionsperiode auf etwa 12 Std. ein. Wurde wie oben statt mit O_2 mit CO_2 belüftet, dann trat Wachstum erst nach 20 Tagen langsam ein. Glucose, ohne Quarz mit O_2 geschüttelt, ergab mit der gewöhnlichen Nährlsg. gemischt u. geimpft keine Verminderung der Induktionsperiode. Die wachstumsfördernde Komponente ist demnach eine Kohlenhydrat–SiO_2-Verb., deren Funktion an die Ggw. von O_2 gebunden ist. (Naturwissenschaften **41.** 191—92. April 1954. Berlin-Dahlem, Zweigstelle des Max-Planck-Inst. für Silikatforschung.) C. Gottfried. 4380

J. A. D. Zeevaart, *Aminosäuren als Kohlenstoffquelle für Fusarium oxysporum in den Holzgefäßen von Lupinepflanzen.* Im Blutungssaft (aus dem Xylem) von *Lupinus luteus* konnte kein Zucker, dagegen papierchromatograph. in allen Fällen *Asparaginsäure* (I) nachgewiesen werden. Der I-Geh. wurde zu ca. 0,02% bestimmt. Die Konz. im Saft von mit *Fusarium oxysporum* inoculierten Pflanzen war viel niedriger als bei nichtinoculierten. Es wird angenommen, daß der Pilz von I als C-Quelle in den Xylemgefäßen lebt. Diese Annahme wird durch die Beobachtung bestätigt, daß der Pilz in vitro in einer Lsg. aus anorgan. Salzen u. einer Aminosäure als einziger C-Verb. leben kann. (Tijdschr. Plantenziekten **61.** 76—78. 1955. Wageningen, Landbouwhogeschool, Labor. voor Phytopathologie.) H. Patzsch. 4380

I. Andersson-Kottö, G. Ehrensvärd, G. Högström, L. Reio und **E. Saluste,** *Aminosäurebildung und Verwertung bei Neurospora.* Es wurden Unterss. angestellt, um den Unterschied in der Aminosäurebldg. u. Verwertung bei einem wilden Typ u. einer lysinlosen Mutante von Neurospora crassa zu prüfen. Die Verss. wurden auf einem $^{13}CH_3{}^{14}COONa$ enthaltenden Nährboden durchgeführt. Bei einem Vgl. in der Aufnahme des ^{13}C u. ^{14}C vom Acetat in Aminosäuren zeigte sich bei beiden Typen kein besonderer Unterschied. Der Isotopengeh. im Atmungs-CO_2 u. im gewaschenen Mycel zeigte bei beiden Stämmen keinen Unterschied. Lysinkonzz. von über 100 hatten eine hemmende Wirkung. (J. biol. Chemistry **210.** 455—63. Sept. 1954. Stockholm, Univ., Dep. of Physiol. Chem.) H. Hennersdorf. 4380

A. Morczek und **D. Mücke**, *Der O_2-Verbrauch des röntgenbestrahlten Mycels von Allescheria boydii 1699 im biotinhaltigen Medium.* Die Unters. des O_2-Verbrauchs des *Biotin* (**I**) benötigenden Fadenpilzes *Allescheria boydii 1699* in **I**-freiem u. **I**-haltigem Suspensionsmedium in der WARBURG-App. nach Röntgenbestrahlung ergab bei Strahlendosen von 100—500 kr eine Abnahme des O_2 auf ca. 45% des Wertes beim unbestrahlten Mycel („Restatmung"). Etwa $^1/_3$ der gesamten Atmungshemmung liegt zwischen 100 u. 200 kr. Die prozentuale Abnahme des O_2-Verbrauches wird mit steigender Strahlendosis geringer u. über 400 kr prakt. nicht mehr verändert. Ggw. von **I** blieb auf den relativen O_2-Verbrauch des bestrahlten Mycels ohne Einfluß. Bei Denaturierung mit Schwermetallsalzen (Ag_2SO_4, $HgCl_2$) in Konzz. von 10^{-3}mol. u. Hitze (100°) verblieb keine „Restatmung" des Mycels. Die nach dem Bestrahlen beobachtete „Restatmung" wird auf die Redoxpotentiale der bei Bestrahlung des Pilzeiweißes gebildeten Reaktionsgruppen zurückgeführt. (Strahlentherapie **98.** 277—83. Okt. 1955. Leipzig, Univ., Röntgeninst. u. Physiol.-chem. Inst.) K. MAIER. 4380

B. Connor Johnson, E. S. Holdsworth, J. E. Ford, J. W. G. Porter und **S. K. Kon**, *Vitamin B_{12} und Methylsynthese in Ochromonas malhamensis.* In Stoffwechselunterss. an dem Protozoon Ochromonas malhamensis stellten Vff. fest, daß in einem Medium aus NH_4Cl, Glucose, Tween 80, Thiamin, Biotin u. Mineralien *Methionin* (**I**) in Ggw. von *Vitamin B_{12}* (**II**) zu einer deutlichen Wachstumssteigerung führt, während *Homocystein* (**IV**) u. *-cystin* (**V**) ohne Einfl. waren. Dagegen war ein **I**-Ersatz durch **IV** u. **V** möglich, wenn außer **II** *Glycin* (**III**) oder Serin im Medium enthalten waren. Die hiervon abweichenden Ergebnisse von MILLER u. Mitarbeiter (Federat. Proc. **14.** [1955.] 256) erklären sich möglicherweise durch deren wesentlich unter 5 Tagen liegender Bebrütungszeit der Kulturen. Der Übergang von **III** in CH_3 wurde durch den Nachw. radioakt. **I** nach Zusatz von [α-^{14}C]-**III** bewiesen. Autoradiographie u. Papierchromatographie zeigten, daß **III** nur wenig für Atmung u. Wachstum benutzt wird, daß die meisten Aminosäuren vielmehr aus Glucose u. NH_4Cl synthetisiert wurden. Während Formiat die Kulturen schädigte, konnten Cholin u. **IV**, mit oder ohne **II**, **I** nicht ersetzen. Daraus ergibt sich, daß die Umwandlung von **IV** in **I** direkt u. nicht nach CH_3-Synth. an anderem Ort (z. B. Betain oder Cholin) u. anschließender Transmethylierung erfolgt. (Biochem. J. **60.** XXXIX. Aug. 1955. Reading, Univ., Nat. Inst. for Res. in Dairying.) H. IPPEN. 4380

E₄. Pflanzenchemie. Pflanzenphysiologie. Pflanzenpathologie.

László Tóth und **Lajos Felföldy**, *Bestimmung des osmotischen Wertes an Pflanzenzellen mit der neuen plasmometrischen Methode.* Die neue Meth. ist auch in jenen Fällen brauchbar, wo die klass. Meth. wegen unregelmäßig ausgebildeter Menisken versagt, da der Plasmolysengrad der Quotient der von den Konturen des Protoplasmas u. von der Zelle eingeschlossenen Fläche ist. Quellungsverss. in verschied. Lsgg. gaben befriedigende Ergebnisse. (Ann. Inst. biol. (Tihany) hung. Acad. Sci. **23.** 199—207. 1955.) J. PLANK. 4400

László Tóth, *Permeabilitätsmessungen mittels planimetrischer Plasmometrie.* Mit der neuen planimetr. Meth. des Vf. beschränkt sich die Best. des Plasmolysengrades auf Messen der durch die Plasmakonturen bzw. Umriß der Zelle begrenzten Flächen. Die Meth. wurde auf ihre Brauchbarkeit zur Permeabilitätsmessung an Blatt-, Stengel- u. Wurzelstockzellen der Mercurialis perennis sowie Stengelepidermiszellen der Portulaca oleracea erprobt. Die Meth. liefert dieselben Werte wie die HÖFLERsche Plasmometrie. (Ann. Inst. biol. (Tihany) hung. Acad. Sci. **23.** 193—98. 1955.) J. PLANK. 4400

C. P. Swanson, *Der Einfluß qualitativ unterschiedlich ionisierender Strahlung auf die Entstehung von Farbabweichungen in Luft und im Stickstoffmilieu.* Bei der Bestrahlung von Tradescantia paludosa mit Röntgenstrahlen (50, 100 u. 250 kV, gefiltert u. ungefiltert) u. mit γ-Strahlen (^{60}Co) in Luft u. in N_2 zeigen sich in Luft Zusammenhänge zwischen Strahlenenergie u. Häufigkeit der Farbschwundzunahme bzw. der Abnahme des orthochromat. Schwundes ohne Abhängigkeit von der Wellenlänge, während im N-Milieu gegensetzliche Verhältnisse herrschen. Die Ergebnisse werden auf die unterschiedliche Ionisierung des Milieus zurückgeführt. (Genetics **40.** 193—203. März 1955. Baltimore, Md., Univ., Dep. of Biol., u. Oak Ridge, Tenn., Nat. Labor., Biol. Div.) V. SACHS. 4404

T. B. Darkanbajew und **T. N. Kosstjukowa**, *Die fermentative Hydrolyse der Stärke verschiedener Weizensorten.* Die Spaltbarkeit der Stärke von weichem u. hartem Weizen durch *Amylase* ist bei hartem Weizen bes. groß; glasiger Weizen nimmt eine mittlere Stellung ein. Im Widerspruch zu Literaturangaben, die eine Verminderung der Spaltbarkeit bei einigen Getreidearten mit zunehmender Reife behaupten, wurde bei Weizen

ein entgegengesetztes Verh. beobachtet. Sie erhöht sich bis zur Vollreife. Dies steht in Übereinstimmung mit anatom. Beobachtungen, die eine verschied. Art der Stärkeablagerung im Weizenkorn während der Reife festgestellt haben. (Известия Академии Наук Казахской ССР, Серия Биологическая [Nachr. Akad. Wiss. KasachSSR, Ser. Biol.] **1955**. Nr. 10. 94—99. Inst. für Botanik der Akad. der Wiss. der KasachSSR.)
A. JACOB. 4420

K. Mansford und **R. Raper**, *Der Gehalt von Aminosäuren in Pflanzen*. Vff. bestimmten den Geh. an 22 freien (in 75%ig. A. lösl.) u. gebundenen (im in 75%ig. A. unlösl. Teil nach Hydrolyse) Aminosäuren des Zellsaftes von Beta vulgaris, Malus sylvestris, Fumaria hygrometrica, Pinus sylvestris, Mucor mucedo u. Equisetum arvense im Hinblick auf taxonom. Beziehungen. (Nature [London] **174**. 314—15. 14/8. 1954. Sunderland, England, Techn. Coll.; Newcastle-upon-Tyne, King's Coll.)
G. WELTZIEN. 4420

Jean Ribéreau-Gayon und **Pascal Ribéreau-Gayon**, *Die Trennung der Anthocyane der Weintraube*. Vff. trennen die aus den gepreßten u. gewaschenen Häutchen mit 0,1 n HCl erhaltenen *Anthocyane* durch zweidimensionale Papierchromatographie an Arches 302. Zur Entw. der 1. Dimension wird die beim Schütteln von 400 cm³ Butanol-(1) mit 100 cm³ Essigsäure u. 500 cm³ W. erhaltene untere, für die 2. Dimension die obere Schicht benutzt. Die durch Hydrolyse der Anthocyane mit HCl erhaltenen *Aglucone* werden nach Extraktion mit Amylalkohol durch Chromatographie aus Amylalkohol sowie aus Essigsäure–HCl–W. (30 : 3 : 10) getrennt, u. es werden aus verschied. Trauben *Malvidol, Petunidol, Delphinidol, Cyanidol* u. *Poenidol* erhalten u. durch ihre R_F-Werte im zweidimensionalen Papierchromatogramm aus Butanol–Essigsäure bzw. Isoamylalkohol–Essigsäure–W. (8 : 3 : 10) identifiziert. (C. R. hebd. Séances Acad. Sci. **238**. 2114—16. 24/5. 1954.)
E. HANSCHKE. 4420

René Paris, *Die Konstitution des Floribundosids; die Identität dieses Heterosids mit Salipurposid. Floribundosid* (I), der gelbe Farbstoff der Blüten von *Acacia floribunda* Wild liefert bei saurer Hydrolyse neben *Glucose* ein *Trioxyflavanon*, das mit dem aus *Citrus decumana* L. erhaltenen *Naringenin* ident. ist. Der Vgl. von I mit Salipurposid (FF., Farb-Rkk. u. Spektren) beweist die Identität dieser Verbindungen. — *Floribundosid* (I), F. 224—226°, aus A. lange Nadeln; $[\alpha]_D$ —96° (A.); $FeCl_3$-Rk. hellgelb. — *Naringenin*, $C_{15}H_{12}O_5$, F. 248°, aus I u. 3%ig. H_2SO_4 auf dem Wasserbad (4 Std.) neben *Glucose*; Nadeln; Lsg. im Alkali gelb, $FeCl_3$-Rk. in A. dunkelviolett, gibt mit Mg u. HCl eine violettrote Färbung, mit Hg-Acetat eine blaue Fluorescenz; λ_{max} (A.) 290 u. 325 mμ. *Triacetylverb.*, F. 124—126°. (C. R. hebd. Séances Acad. Sci. **238**. 2112—14. 24/5. 1954.)
E. HANSCHKE. 4420

Marie-Louise du Mérac, *Systematik und Biochemie der Amaryllidaceen. Der Alkaloidgehalt von Pancratium maritimum L.* Aus den trockenen Zwiebeln von *Pancratium maritimum L.* isoliert Vf. durch Extraktion mit Äthylacetat das für Amaryllidaceen charakterist. *Lycorin*, F. ~275° (Zers.), aus verd. A. orthorhomb., stark lichtbrechende Prismen, aus dem HCl-Salz mit Alkali baumförmige Kristalle oder kleine Rhomben; 2,9% (Ausbeute). Gibt mit FROEDE-Reagens eine grüne, nach Blau übergehende, mit konz. H_2SO_4, HNO_3, $KMnO_4$ in H_2SO_4 oder ERDMANNs Reagens eine gelbe, nach Zusatz von Bromwasser blau fluorescierende Färbung u. wird aus saurer Lsg. mit BERTRANDs, MEYERs u. DRAGENDORFs Reagentien gefällt. *Hydrochlorid*, F. 218—219°, Büschel glänzender Nadeln; $[\alpha]_D$ +13°. *Pikrat*, F. 220—221°, gelbe Platten. (C. R. hebd. Séances Acad. Sci. **239**. 300—02. 19/7. 1954.)
E. HANSCHKE. 4420

Maurice-Marie Janot und **Jean Le Men**, *Die Alkaloide des großen Singrüns (Vinca major L.). Die Anwesenheit von Reserpinin oder 11δ-Methoxyyohimbin.* Vff. isolieren aus den getrockneten Blättern u. Zweigen von *Vinca major L.* durch Extraktion mit A.–Essigsäure–W., Abdest. des A. u. Zugeben von NH_4OH ein Basengemisch (0,035% Ausbeute), aus dem durch Chromatographie an Al_2O_3 u. Sublimation 75% *Reserpinin* u. 25% eines nicht identifizierten Alkaloids abgetrennt werden. — *Reserpinin (11δ-Methoxyyohimbin)*, $C_{22}H_{26}O_4N_2$, F. 242°; Prismen; $[\alpha]_D$ —109 ± 4° (c = 0,5; Pyridin). — *Alkaloid F. 316°*, Nadeln, lösl. in Na_2CO_3; λ_{max} (log ε): 240 mμ (4,31), 310 mμ (3,73); $FeCl_3$-Rk. orange. (C. R. hebd. Séances Acad. Sci. **238**. 2550—52. 28/6. 1954.)
E. HANSCHKE. 4420

Maurice-Marie Janot und **Jean Le Men**, *Über Vincamajoridin, ein zweites kristallisiertes Alkaloid des großen Singrüns (Vinca major L., Apocynaceae).* (Vgl. auch vorst. Ref.) Das neben Reserpinin in *Vinca major L.* gefundene Alkaloid vom F. 316°, *Vincamajoridin* (I), wird untersucht u. daneben noch ein drittes *Alkaloid* vom F. 270—271° gefunden. I besitzt eine OCH_3- u. eine NCH_3-Gruppe, drei phenol. OH-Gruppen, je eine Ester- u. Ätherbindung sowie einen 1.2.4-trisubstituierten Benzolring, während die für die Gruppierung —C—O—CO—C=CH—O—C— charakterist. Banden fehlen. Das UV-Spektr.

ist dem des Eserins sehr ähnlich u. weist ebenso wie das Infrarotspektr. auf ein 5-Oxy-N-methylindolderiv. hin. — *Vincamajoridin* (I), $C_{22}H_{26}O_4N_2$, F. 316°, F. 252° (Zers.; korr.; im Vakuum zugeschmolzene Capillare), sublimiert bei 250°/0,01 Torr; aus Ae. Nadeln; die Lsg. in Methanol neigt zur Gelbldg. u. liefert Nadeln mit $^1/_2$ Mol Kristallmethanol; konz. HNO_3 gibt eine gelborange, $FeCl_3$ in CH_3COOH eine gelborange, bei Zusatz von konz. H_2SO_4 nach Dunkelorange übergehende Färbung. (C. R. hebd. Séances Acad. Sci. **240.** 909—11. 21/2. 1955.) E. HANSCHKE. 4420

Jean Lavorel, *Photohemmung der Chloroplastenkatalase und die Hill-Reaktion bei verschiedenen Pflanzen.* Die Geschwindigkeit der HILL-Rk. wird mittels der zeitlichen Änderung des Redoxpotentials einer Verteilung von Chloroplasten in $^1/_{1000}$ mol. Ferricyanidlsg. ermittelt. Dabei ist die eine Hälfte der mit 2 Platinelektroden versehenen Anordnung im Licht, die andere im Dunkeln. Die Photohemmung ist scheinbar proportional der Geschwindigkeit der HILL-Rk. u. weniger deutlich umgekehrt proportional der *Katalase*-Aktivität. Mit zunehmender Lichtintensität streben Photohemmung u. HILL-Rk. dem Werte 0 zu. (C. R. hebd. Séances Acad. Sci. **240.** 244—46. 10/1. 1955.) H. GUDE. 4460

E. Libbert, *Die Bedeutung wurzeleigener Hemmstoffe für das Wurzelwachstum. Pisum*-Wurzeln wurden *Auxin* (I)-arm gemacht (Decapitation u. Entknospung der Sprosse) oder mit I angereichert (Aufbringen 0,2%ig. Indolylessigsäure-Paste auf den decapitierten Sproß), nach 6 Tagen bzw. 30 Std. die Wurzeln mit Ae. extrahiert, aus dem Extrakt alle sauren Substanzen (alles I!) abgetrennt u. verworfen u. der gebildete neutral reagierende *Hemmstoff* (II) im kurzzeitigen Keimungstest mit *Lepidium* (II wirkt keimungshemmend) bzw. im Kressewurzeltest geprüft. Die I-reichen Wurzeln enthalten hiernach mehr neutralen II als die I-armen. II wirkt wurzelwachstumshemmend. Vf. stellt folgende Hypothese zur Diskussion: Das Wurzelwachstum wird direkt durch einen mit Ae. extrahierbaren Hemmstoff reguliert, den I doppelt beeinflußt. Niedrige I-Konzz. wirken als II-Antagonisten (fördernd), höhere bewirken die II-Bldg. aus seiner, in der Wurzel gebildeten Vorstufe (Hemmung). (Naturwissenschaften **42.** 158—59. 2. März-H. 1955. Berlin, Humboldt-Univ., Landwirtschaftl.-Gärtner. Fak., Inst. für Bot.) K. MAIER. 4485

August E. Kehr, *Tumorinduzierung bei Nicotiana-Species durch Cocosnußmilch und Hefeextrakt.* Oberflächensterilisierte Samen von *N. glauca, N. alata* u. *N. glauca-langsdorffii* wurden auf dem von HILDEBRANDT u. Mitarbeitern (Amer. J. Bot. **33.** [1946.] 591) angegebenen Nährboden, mit u. ohne Zusatz von Cocosnußmilch (I), Malzextrakt (II) oder Hefeextrakt (III), gezogen. Bei *N. glauca* u. *N. alata* trat, ohne oder mit II-Zusatz, an den Keimlingen keine Tumorbldg. auf, während in Ggw. von I oder III, ohne oder mit II kombiniert, mehr oder weniger regelmäßig Tumoren entstanden. Für die Auslösung der Tumorbldg. war die Ggw. eines Wuchsfaktors, wie Naphthylessigsäure, nicht entscheidend. *N. glauca* u. *N. alata* bilden normalerweise keine Tumoren, während bei der amphidiploiden Form *N. glauca-langsdorffii* unter natürlichen Bedingungen Spontantumoren auftreten. Auch bei letzterer verkürzte I jedoch die Dauer bis zum Auftreten der Tumoren u. deren Größe, d. h. den verwendeten Pflanzenextrakten kommt nicht nur tumorinduzierende Wrkg., sondern auch stimulierende auf das Tumorwachstum zu. Die Tumoren können in Gewebekulturmedien in Ggw. eines Wuchsfaktors erhalten werden. (Science [Washington] **121.** 869—70. 17/6. 1955. Ames, Io., Iowa State Coll., Dep. of Horticulture.) K. MAIER. 4490

E₅. Tierchemie. Tierphysiologie. Tierpathologie.

J. Govaerts, *Isotopenaustausch und Gegenwart von Tricalciumphosphat im Knochen.* Zur Unters. des Austausches von P u. Ca zwischen pulverisierten Knochen u. wss. Na_2PO_4-Lsg. u. $CaCl_2$-Lsg. wurden ^{32}P u. ^{45}Ca benutzt. Die Unterss. bestätigen nicht die Annahme anderer Vff., daß in den Knochen *Hydroxylapatit* als Hauptkomponente vorhanden sei, der Phosphat in solcher Menge adsorbiert, daß ein Ca/P-Verhältnis von 1,94 entsteht. (Nature [London] **174.** 831—32. 30/10. 1954. Liège, Univ., Inst. of Nucl. Studies.) G. WELTZIEN. 4510

Didier Bertrand, *Vanadium und Molybdän in den Prochordaten.* In Amphioxus wurden 2,4 mg V u. 8,5 mg Mo pro kg Trockensubstanz festgestellt. Der hohe Geh. gab Anlaß zu weiteren Unterss., über deren Ergebnisse berichtet wird. In anderen Prochordaten wurden gefunden: V bis 982, ausnahmsweise 6520 mg/kg, Mo bis 72, ausnahmsweise 740 mg/kg Trockensubstanz. Es zeigt sich, daß alle Prochordaten im Hinblick auf diesen Metallgeh. eine Gruppe in der zoolog. Klassifikation bilden. (C. R. hebd. Séances Acad. Sci. **240.** 2356—57. 13/6. 1955.) REINHARD HÜTTENRAUCH. 4510

Jacqueline Clément, *Veränderungen im Gehalt an Phosphorestern in Begleitung der Phosphatide in Rattenleber und -serum unter dem Einfluß von verschiedenen unausgegliche-*

nen Diäten. Der Gesamtlipoidextrakt der n. Rattenleber enthält neben den Phosphatiden keine Phosphorester, nicht dagegen der von Tieren mit unausgeglichener Diät. Bei Anreicherung der Kost mit *Cholesterin* (I; 5%) kann der P der Ester $^1/_4$ des Phosphatid-P erreichen. Zugabe eines Cancerogens zur I-reichen Kost vermindert den Anteil der Ester. Eine Kost ohne *Cholin* (II) beeinflußt den Geh. an Estern ungleichmäßig (6—16% des Phosphatid-P); die Geschwulst von Tieren, hervorgerufen durch II-Mangel u. Buttergelb, ist immer reich an Estern. Selbst bei Ratten mit Leberkrebs, reich an P-Estern, bleibt das Serum frei von diesen wie bei der n. Ratte. (Arch. Sci. physiol. **9.** 51—61. 1955. Paris, Labor. des Physiol. et Biochim. cell. de l'Inst. de Rech. sur le Cancer du C.N.R.S. et de l'Univ.) H. AMAN. 4510

R. Consden und **R. Bird,** *Das Kohlenhydrat aus Bindegewebe.* Aus menschlichem subcutanem Bindegewebe (Abdomen) wurden mit 0,2n KOH bei 0° 14 Tage lang *Kohlenhydrat* (I) u. *Eiweiß* extrahiert u. aus der Lsg. 3 Fraktionen, die 6% des Anfangsgewichts ausmachten, erhalten. Ihr I-Geh. betrug 10—20%. Die milde saure Hydrolyse lieferte hauptsächlich *Hexosamin, Galaktose* (II) u. *Mannose* (weniger als II), neben kleinen Mengen anderer Zucker. *Uronsäuren* fehlten. Saure Polysaccharide wurden durch Elektrophorese u. Toluidinblaufärbung nachgewiesen. Es waren mindestens 2 metachromat. Verbb. mittlerer bis hoher Beweglichkeit zur Anode sowie eine weitere niedrigere Beweglichkeit vorhanden, von denen sich keine mit Chondroitinsulfat als ident. erwies. Die beiden schnellen Komponenten wurden auch in Polysaccharid aus Subcutangewebe ausgewachsener Kaninchen nachgewiesen. Die in Bindegewebe vorkommenden Polysaccharide gehören nach diesen Befunden einem „*Keratosulfat*"-ähnlichen Typ an. (Nature [London] **173.** 996—97. 22/5. 1954. Taplow, Maidenhead, Berks., Canadian Red Cross Hosp., Spec. Unit for Juvenile Rheumatism.) K. MAIER. 4520

P. Raynaud, *Gesamtstickstoff im Rindermagen.* Die Konz. des Gesamt-N (bezogen auf Trockengewicht) nimmt vom Rumen zum Duodenum fortschreitend zu. Nichtsdestoweniger beobachtete man eine Abnahme im Antrum des 4. Magens, bezogen auf Frischgewicht. Diese Resultate werden mit der Einschaltung einer Stoffwechselaktivität von Bakterien im Magen u. mit einer selektiven Resorption von tern. Verbb. in vorhergehenden Abschnitten erklärt. Gesamt-N-Konz., bezogen auf Frischgewicht, ist im Grunde abhängig von den Schwankungen im Wassergeh. (herrührend von Resorption u. Sekretion) u. im Falle des Duodenums von dem N-Beitrag des Verdauungssaftes. (Arch. Sci. physiol. **9.** 35—50. 1955. Toulouse, Labor. de Physiol. gén. de la Fac. des Sci.) H. AMAN. 4520

S. P. Pathak und **L. M. Dey,** *Die Fettsäurezusammensetzung von indischem Schildkrötenfett.* Aus dem von den Phospholipoiden befreiten Körperfett einer ind. Schildkröte (Erthmochelies imbricata) werden die Gesamtfettsäuren gewonnen u. nach den üblichen Verff. (Bleisalz–Äthanol-Meth.; Lithiumsalz–Aceton-Meth.) in 3 Fraktionen zerlegt; letztere werden in Form ihrer Methylester im Hochvakuum (0,1 mm Hg) fraktioniert. Charakterisierung der einzelnen Fraktionen nach Ausbeute, JZ. sowie VZ. u. rechner. Auswertung nach dem Verf. von HILDITCH (The chemical Constitution of natural Fats. 2. Aufl., Chapman & Hall, London 1947). Die Zus. ist wie folgt: Decan- (0,0%), Laurin- (0,1), Myristin- (10,2), Palmitin- (15,0), Stearin- (7,2), Arachin- (1,1), Behensäure (0,1); ungesätt. Fettsäuren C_{14} (—2 H) (1,3%), C_{16} (—2 H) (12,9), C_{18} (—2,4 H) (23,9), C_{20} (—4,3 H) (20,7), C_{22} (—5,4 H) (4,6), C_{24} (—10,0 H?) (2,9). Von anderen Amphibienfetten unterscheidet sich das Schildkrötenfett in der Fettsäurezus. (Verhältnis der gesätt. zu den ungesätt. Fettsäuren) erheblich. Wie andere Seetieröle ist es reich an ungesätt. Fettsäuren, unterscheidet sich davon aber durch erniedrigten Geh. an ungesätt. C_{18}-Säuren u. erhöhten Geh. an ungesätt. C_{20}-, C_{22}- u. C_{24}-Säuren; theoret. Betrachtungen über die Ursachen für diese Abweichung. (Biochem. J. **62.** 448—51. März 1956. Benares, Hindu Univ., India, Dep. of Ind. Chem.) K. TÄUFEL. 4520

George W. Burnett, *Die Wirkung von Fluoriden auf die organischen und anorganischen Bestandteile von intaktem Dentin.* Im Hinblick auf die Verringerung der Löslichkeit von Schmelz u. Dentin in decalcifizierenden Säuren durch Fluoride u. damit auf die cariesprophylakt. Wrkg. von F wurde der Einfl. von 5 Fluoriden (*NaF*, CaF_2, PbF_2, K_2PO_3F u. $CaPO_3F \cdot 2\,H_2O$) auf die Löslichkeit von Dentin in 6 organ. Säuren (Milch-, Essig-, Butter-, Citronen-, Bernstein- u. Ameisensäure) sowie in 2 anorgan. Säuren (Salz- u. Salpetersäure) geprüft. NaF verringerte die Löslichkeit der anorgan. Komponenten in allen Säuren konstant, PbF_2 hatte in einigen Säuren eine ähnliche Wirkung. CaF_2 verringerte die Löslichkeit der anorgan. Bestandteile am wenigsten. Dazwischen lag die Wrkg. der beiden anderen Substanzen. Die organ. Komponente war allg. leichter lösl. in mit F behandeltem Dentin als in unbehandeltem Dentin, das den organ. Säuren ausgesetzt war. Wurde die Decalcifikation mit den anorgan. Säuren durchgeführt, dann war die organ. Komponente in dem mit F behandelten Dentin dagegen weniger löslich. (J. Dental Res. **34.** 489—502. Aug. 1955. Washington, D. C., Walter Reed Army Med. Center, Army Med. Serv. Graduate School, Dep. of Dental Res.) G. KLESSE. 4520

George W. Burnett, *Die Wirkung von Eiweißkoagulantien auf die anorganischen und organischen Bestandteile von menschlichem Dentin.* Je nach der zur Decalcifizierung verwendeten Säure (vgl. vorst. Ref.) sind die anorgan. Bestandteile des Dentins verschieden gut lösl. u. die organ. Matrix verschieden leicht angreifbar, jedoch haben die geprüften *Eiweißkoagulantien* (I) $AgNO_3$, $ZnCl_2$ u. $K_4Fe(CN)_6$ weder auf die Löslichkeit der anorgan. noch auf die Angreifbarkeit der organ. Bestandteile irgendeinen Einfluß. In einigen Fällen wurde nach der Decalcifizierung u. Behandlung mit **I** mehr angreifbares *Tyrosin* u. *Histidin* gefunden als nach Behandlung mit dest. W. nach der Decalcifizierung. — Die Bedeutung dieser Befunde für die Angreifbarkeit von Dentin durch *proteolyt. Enzyme* (u. damit für den Cariesprozeß) wird diskutiert. (J. Dental Res. **34.** 503—12. Aug. 1955. Washington, D. C., Walter Reed Army Med. Center, Army Med. Serv. Graduate School, Dep. of Dental Res.) G. KLESSE. 4520

Ward Pigman, William L. Hawkins, J. Watson, R. Powell und **Carolyn Gaston,** *Die Wirkung der Konzentration an D-Glucose auf die Angreifbarkeit der Zahnsubstanzen in der künstlichen Mundhöhle.* Nach Unterss. in einer Vorr., in der die Bedingungen, wie sie in der Mundhöhle herrschen, nachgeahmt werden (vgl. J. Dental Res. **31.** [1952.] 627), wird das Dentin (von gesunden extrahierten Zähnen) bei einer Konz. von 0,5% *D-Glucose* (**I**) decalcifiziert. Vorher decalcifiziertes Dentin wird in kurzer Zeit bereits bei Konzz. von 0,25% **I** u. darunter zunächst erweicht, bis es schließlich völlig zerstört ist. Die Zerstörung von Dentin, Schmelz u. Zement von gesunden Zähnen geht bei einer Konz. von 0,25% **I** in einigen Monaten vor sich. In allen untersuchten **I**-Konzz. waren *Streptokokken* vorhanden, ihre Zahl erreichte jedoch bei 0,25% **I** ihr Maximum. *Lactobacillen* benötigten als Existenzminimum eine **I**-Konz. von über 0,25%. Die Unterss. bestätigen die Befunde anderer Autoren (vgl. BURNETT u. SCHERP, C. **1953.** 4889), wonach intakte Zahnsubstanzen gegenüber dem Angriff von Speichelbakterien fast resistent sind, wenn nicht vorher eine Decalcifizierung stattgefunden hat, u. daß decalcifiziertes Dentin, also die organ. Matrix, dann von den Mikroorganismen angegriffen werden kann u. zerstört wird. Außerdem wurden (vorläufige) Unterss. angestellt über das Verh. der Mikroorganismen in Ggw. von 0,01% *Na-Thioglykolat* (**II**), d. h. unter anaeroben Bedingungen, bei verschied. Mengen **I**, die annähernd die gleichen Resultate ergaben wie die Verss. ohne **II**. (J. Dental Res. **34.** 537—45. Aug. 1955. Birmingham, Ala., Univ. of Alabama, Dental School u. Med. Coll., Dep. of Biochem. u. Dep. of Bacteriol.) G. KLESSE. 4552

B. Lilienthal, *Eine Untersuchung der Puffersysteme des Speichels.* Es wird die Bedeutung der im menschlichen Speichel vorkommenden Puffer, *Bicarbonat* (**I**), *Phosphat* (**II**), *Protein, Mucin* u. *Bakterien* für die Neutralisation der Säure in der Mundhöhle untersucht. Sowohl „aktivierter" Speichel (nach 5 Min. langem Kauen von Paraffin) als auch „Ruhe"-Speichel verdanken ihr Pufferungsvermögen der Ggw. von **I** u., in geringerem Maße, auch von **II**. Die übrigen untersuchten Substanzen sind ohne Bedeutung. Obwohl die Speichelmikroorganismen als Puffer wirken, spielen sie keine wesentliche Rolle bei der Säureneutralisierung. (J. Dental Res. **34.** 516—30. Aug. 1955. Sydney, Australia, United Dental Hosp., Inst. of Dental Res.) G. KLESSE. 4555

J. W. L. Beament, *Die Wachssekretion der Schabe.* Vf. untersucht die Fettschicht, die die Cuticula der Schabe Periplaneta americana wasserdicht abschließt. Sie besteht zu gleichen Teilen aus einem harten Wachs (**I**) (F. 56°, lösl. in $CHCl_3$, Bzn. u. ähnlichen Lösungsmitteln) u. einem weichen Fett (**II**), das bei Zimmertemp. fl. ist. **II** verwandelt sich an der Luft in **I**. Es besteht vermutlich aus Paraffin- u. Alkoholbruchstücken von der Kettenlänge C_8—C_{12}. Das Mol.-Gew. (mit Mikro-Gefrierpunkt-Meth. bestimmt) liegt bei **I** zwischen 300—600, bei **II** zwischen 120 u. 170. **I** ist nur mischbar mit Octan, Decan, Octyl- u. Decylalkohol in jedem Verhältnis; es bildet mit diesen synthet. Fette. Deren Oberflächenverh. ähnelt dem natürlicher Fette u. wird beschrieben. Vf. schildert eine App., die zur Messung des H_2O-Transportes durch Insektenmembranen bei verschied. Dampfdrucken dient. **II** red. stark, der Lipoidanteil ist vollständig gesätt., es enthält aber geringe Mengen von Substanzen, die Schellack ähneln. Es wird vermutet, daß diese die „Zementschichten" der Cuticula bilden. (J. exp. Biology **32.** 514—35. Sept. 1955. Univ. of Cambridge, Dep. of Zool., Unit of Insect Physiol., Agricult. Res. Council.) H. TÄNZLER. 4555

J. M. de Gandarias, A. Soloaga und **J. M. Recio,** *Experimentelle Untersuchungen über die anabolische Wirkung des Testosterons im Eiweißstoffwechsel.* Männliche u. weibliche Ratten erhielten im Lauf einer Woche 1,5—7,5 mg *Testosteronpropionat* (**I**). Bei den männlichen Tieren wurde eine Gewichtszunahme von 1,74 g/mg **I**, bei den weiblichen

Tieren eine solche von 1,1 g/mg I beobachtet. Die Zunahme des Serumeiweißgeh. betrug bei den beiden Gruppen 0,246 g%/mg I bzw. 0,14 g%/mg I. In der Muskulatur nahm der Eiweißgeh. um 2,486 g/mg I, bzw. 1,27 g/mg I zu, in der Leber um 0,443 bzw. 1,5 g/mg I u. in der Milz um 1,04 bzw. 1,9 g/mg I. (Rev. clín. españ. **58.** 211—17. 31/8. 1955. Valladolid, Inst. de Fisiol.) P. G. SCHEURLEN. 4559

Charles Huggins und **Elwood V. Jensen,** *Hemmung des östron-induzierten Uteruswachstums durch phenolische Östrogene mit Oxygruppen in 6- oder 16-Stellung: sogenannte hemmende Östrogene.* Best. des Uterusgewichtes u. seines N-Geh. sowie histolog. Unters. des Scheidenepithels von hypophysektomierten Ratten am 45. Tag, die vom 38.—45. Lebenstag 0,2 ml einer frisch bereiteten alkoh. Sesamöllsg. von verschied. Östronabkömmlingen täglich subcutan injziert bekommen hatten, zeigten, daß 2 kleine Gruppen der *Östran*-Reihe — Vff. nennen sie „impeded estrogens" (hemmende Östrogene) —, gleichzeitig mit *Östron* verabreicht, von einer bestimmten Schwellendosierung an das östronbedingte Uteruswachstum signifikant hemmen, während das testosteronbedingte Uteruswachstum nicht beeinflußt wird. Es handelt sich um *3-Oxyöstratrienderivv.* mit einer Ketogruppe an $C_{(6)}$ oder mit einer Hydroxylgruppe an $C_{(16)}$. (J. exp. Medicine **102.** 335—46. 1/9. 1955. Chicago, Ill., Univ., Ben May Labor. for Cancer Res.) V. SACHS. 4559

Daniel G. Morton und **Gilbert Gordan,** *Beobachtungen über die Rolle der Geschlechtshormone bei der Entwicklung des Wachstums der Beckenknochen.* Die Beckenknochen von 13 männlichen u. 5 weiblichen Personen, welche das Fehlen sek. Geschlechtsmerkmale aufwiesen wegen Krankheit oder Mangel des Hypophysenvorderlappens oder wegen Fehlens oder Funktionsmangel der Geschlechtsdrüsen wurden röntgenolog. untersucht. In allen Fällen wurden einige für das einzelne Geschlecht eigene Merkmale beobachtet, wenn auch nicht wenig Anzeichen unvollständiger Entw. u. Charakteristiken des gegenteiligen Geschlechtes ebenfalls vorhanden waren. Daraus folgt der Schluß, daß die Geschlechtshormone nicht die prim. Determinatoren der Geschlechtsmerkmale der Beckenknochen sind, obwohl vermutet wurde, daß sie die Reifung des Beckens in der eigenen Richtung begünstigen, u., in der Tat, die Möglichkeit, daß die Schwankungen in der Form erwachsener Becken zuweilen abhängig sind von einer hormonalen Basis, kann nicht von der Hand gewiesen werden. (Amer. J. Obstetr. Gynecol. **64.** 292—300. Aug. 1952. San Francisco, Calif., Univ. of California, Dep. of Obst. and Gynecol., Dep. of Med.) H. AMAN. 4559

W. Sokolowskyj, *Die Grundlagen der Wirkung des Follikelhormons und seine Bedeutung für die Bekämpfung der ovariell bedingten Unfruchtbarkeit der landwirtschaftlichen Nutztiere.* Vf. erklärt an Hand von 119 Literaturangaben, daß der Behandlungsvers. ovariell bedingter Sterilitätsursachen vornehmlich beim Rind mit synthet. Follikelhormon keinen Erfolg haben kann, sondern eher kontraindiziert ist. (Tierärztl. Umschau **6.** 1—10. Jan. 1951. Schlingen/Allgäu.) G. RUHNKE. 4559

Roy E. Albert, Warren W. Smith und **Ludwig W. Eichna,** *Hämodynamische Änderungen im Zuge der durch Corticotropin (ACTH) und Cortison bei Nichtherzkranken hervorgerufenen Flüssigkeitsretention im Vergleich mit solchen von Herzinsuffizienten. ACTH* u. *Cortison* (**I**) gehören zu den wasserretinierenden Substanzen, deren Effekt etwa gleich groß ist. An 20 nicht herzkranken Patienten wurden Bilanzverss. mit diesen Stoffen durchgeführt. Es ließ sich zeigen, daß hämodynam. Änderungen fehlten, wenn wenig Fl. retiniert wurde. Bei stärkerer Retention stiegen der Blutdruck, der Druck im rechten Ventrikel u. im rechten Vorhof an. Das Schlagvol. oder die arteriovenöse O_2-Differenz blieb dabei unverändert. Entwickelte sich ein reguläres Ödem, so entstand das Bild der Herzinsuffizienz mit Dilatation des Herzens, wobei sich adäquate Druckerhöhungen im rechten Herzen u. des Systemblutdruckes sowie ein Anstieg des Blutvol. (Evans-Blue-Meth.) feststellen ließen, wie sie bei Herzinsuffizienten gefunden werden. Im Gegensatz dazu blieben aber das Herzzeitvol. u. die O_2-Differenz auch hier unbeeinflußt. Auffallend war, daß 2 durch Ruhe u. Hg-Diuretica kompensierte Herzkranke den I-Effekt nicht zeigten. Die Verss. tragen dazu bei, die periphere nichtcardiale Kreislaufkongestion vom echten cardialen Insuffizienzbild zu unterscheiden. (Circulation [New York] **12.** 1047—56. Dez. 1955. New York, N. Y., Univ., Coll. of Med., Dep. of Med., Bellevue Hosp.) H. JORDAN. 4560

F. C. Dohan, J. C. Touchstone und **E. M. Richardson** (unter Mitarbeit von **Helen Bulaschenko, Irmgard Landolt** und **Walter Applin**), *Die Wirkung von ACTH und pathologischer Nebennierenrindenüberfunktion auf die α-Ketosteroidausscheidung im Urin.* Vff. identifizierten im Urin von Versuchspersonen, die entweder an CUSHING-Syndrom oder Nebennierenrindenkrebs litten oder ACTH (10—20 mg intravenös in 8 Std.) erhalten hatten, papierchromatograph., mittels Infrarotspektrophotometrie oder spektrophotometr. in H_2SO_4 7 bisher noch nicht beschriebene *Pregnane* unter gleichzeitiger Best.

der Gesamt-α-Ketosteroide, der Corticoide u. der neutralen 17-Ketosteroide, woran sie eine rein spekulative Diskussion über die Herkunft dieser Stoffe u. den α-Ketosteroid-Stoffwechsel überhaupt anknüpfen. (J. clin. Invest. **34.** 485—99. März 1955. Philadelphia, Pa., Univ. of Pennsylvania, Endocrine Sect. of William Pepper Labor. of Clin. Med. and Dep. of Med., School of Med.) V. SACHS. 4560

Colette Aujard, Édith Csanyi und **Éliane Le Breton,** *Über die Wehen-auslösende Wirkung der Urine. Beitrag zur Untersuchung der Ausscheidungsform des posthypophysären Hormons.* Im Urin verschied. Säugetiere existiert eine nicht dialysierbare Substanz mit einer Wehenwrkg. auf den Uterus der Ratte u. des Meerschweinchens. Es ist möglich, daß die Substanz ein n. Ausscheidungsprod. des posthypophysären Proteins ist nach der Freisetzung des Antidiuretins. Eine erklärende Hypothese wird vorgeschlagen. (Arch. Sci. physiol. **9.** 71—82. 1955. Paris, Inst. de Rech. sur Cancer du C. N. R. S. et de l'Univ., Dep. de Physiol. et Biochimie cell.) H. AMAN. 4560

Filippo Romeo, *Experimentelle Untersuchungen über den Einfluß von ACTH auf die beiden Nephronanteile Glomerulum und Tubulus.* Beim Menschen u. im Experiment am Hund beobachtete Vf. nach 8 Tage dauernder Behandlung mit täglich 1—1,5 mg *ACTH*/kg eine Erhöhung der Harnstoffclearance sowie der Diurese, speziell der tubulären Diurese. Die Glomerulumfiltratmenge blieb unbeeinflußt. (Minerva nefrol. [Torino] **2.** 69—75. Juli/Sept. 1955. Suppl. zu: Minerva med. [Torino]. Messina, Univ., Ist. di Patol. Spec. Med.) P. G. SCHEURLEN. 4560

C. Zanussi, D. Mazzei, P. Taschini und **B. Tossi,** *ACTH und Anaphylaxie beim Meerschweinchen.* Meerschweinchen wurden gegen Eieralbumin u. gegen Pferdeserum sensibilisiert. Wurde später ein Aerosol der Antigene verabreicht, so trat in 81% ein Asthmaanfall auf, der nur in 29% beobachtet wurde, wenn zuvor 3 Tage lang *ACTH* injiziert worden war. Wurde an Stelle des Aerosols das Antigen intraperitoneal verabreicht, so trat bei n. u. bei den mit ACTH vorbehandelten Tieren gleicherweise ein Schock auf. ACTH bewirkte auch keine Änderung der bronchospast. Rk., die nach Inhalation von Histamin oder Acetylcholin auftrat. In vitro konnte nachgewiesen werden, daß auch nach Vorbehandlung mit ACTH u., obwohl die bronchospast. Rk. durch ACTH gehemmt wurde, im Gewebe noch eine Desensibilisierung stattfinden kann. (Minerva med. [Torino] **46 II.** 599—604. 15/9. 1955. Milano, Univ., Ist. Patol. Spec. Med.) P. G. SCHEURLEN. 4560

Charles A. Barraclough und **Charles H. Sawyer,** *Hemmung der Hypophysen-Gonadotropin-Ausschüttung in der Ratte durch Morphin.* Die Injektion von *Morphin* vor 2 Uhr nachmittags am Tage des Proöstrus bewirkte bei weiblichen SPRAGUE-DAWLEY-Ratten in 13 von 16 Fällen ein Ausbleiben der Ovulation. Wurde die Behandlung bis 4 Uhr nachmittags verschoben, so konnte bei allen untersuchten Ratten eine Ovulation beobachtet werden. Tägliche Verabreichung der Droge vor 2 Uhr nachmittags blockierte den Mechanismus bis zu 25 Tagen, wonach wieder n. Ovulation stattfand. Vermutlich ist die nach Morphingabe beobachtete Sterilität die Folge einer Blockierung der Hypophysen-Gonadotropin-Ausschüttung. Die Ergebnisse zeigen weiter, daß die Blockierung auf irgendeine Komponente des neurogenen Zeitfaktors wirkt, der normalerweise einen Reiz auf die Hypophyse ausübt, u. bestätigen die Annahme eines 24-Stunden-Rhythmus im Mechanismus. (Endocrinology **57.** 329—37. Sept. 1955. Los Angeles, Univ. of California, School of Med., Dep. of Anatomy; Long Beach, Calif., Veterans Administr. Hospital.) A. EBEN. 4560

Charles H. Sawyer, B. Vaughn Critchlow und **Charles A. Barraclough,** *Mechanismus der Blockierung der Hypophysenaktivität in der Ratte durch Morphin, Atropin und Barbiturate.* Dosierungen von *Nembutal, Morphin* oder *Atropin,* die die neurogene Stimulierung der Hypophysen-Gonadotropin-Ausschüttung blockieren, rufen bei der elektr. Aufzeichnung der Aktivität sowohl im Hirnstamm als auch in der cerebralen Rinde langsame Wellen hoher Amplitude hervor. Die Reizschwelle des EEG in Rinde u. Hirnstamm wird erhöht. Dosierungen dieser drei Drogen, die ursprünglich zu schwach waren, um elektr. Änderungen zu verursachen, oder deren Verlangsamungseffekte F vor dem Zeitpunkt der neurogenen Stimulierung aufhörten, blockierten den ovulator. Mechanismus nicht. Vff. vermuten auf Grund ihrer Ergebnisse, daß die Blockierung der Hypophysenaktivität durch diese Verbb. zu ihrem gezeigten gemeinsamen Einfl. auf das Zentralnervensyst. in Beziehung steht. Die antiadrenerg. Verb. *SKF-501* (*N-[9-Fluorenyl]-N-äthyl-β-chloräthylamin*) blockiert die Hypophysenaktivität, ruft aber keine elektr. Änderungen hervor. Hier besteht der Wirkungsmechanismus vielleicht in einer adrenerg. Blockierung der Adenohypophyse. (Endocrinology **57.** 345—54. Sept. 1955. Los Angeles, Univ. of California, School of Med., Dep. of Anatomy; Long Beach, Calif., Veterans Administr. Hospital.) A. EBEN. 4560

C. M. Wilhelmy, D. E. Gunderson, Darnika Shuput und **H. H. McCarthy,** *Eine Untersuchung gewisser antagonistischer Wirkungen des Wachstumshormons der Hypophyse und des Cortisons.* Beim Hund wirken 1 mg *Wachstumshormon* (*STH*)/kg/Tag u. 2,5 g *Cortison* (I)/kg/Tag antagonist.; diese Mengen werden als Standarddosen bezeichnet. Die Standard-STH-Dosis bewirkt eine Erhöhung des systol. Blutdrucks u. des Pulses, die durch die Standard-I-Dosis, welche allein wirkungslos ist, aufgehoben wird. Die Standard-STH-Dosis erniedrigt den Capillarwiderstand, der durch die Standard-I-Dosis erhöht wird. STH hat keine direkte Wrkg. auf den Spiegel der zirkulierenden Eosinophilen, bewirkt jedoch dessen Erhöhung, wenn die Eosinophilenzahl durch I erniedrigt wird. Dies zeigt, daß der Eosinophilenspiegel beim n. Tier durch endogenes I nicht erniedrigt wird. Während des letzten Stadiums einer ausgedehnten Fastenperiode findet eine Abnahme der Eosinophilen u. eine Zunahme des Capillarwiderstandes statt. Diese Wirkungen scheinen auf endogenes I zurückzuführen zu sein, da beide durch genügende STH-Dosen aufgehoben werden. (J. Lab. clin. Med. **45.** 516—25. April 1955. Omaha, Nev., Creighton Univ. School, Dep. of Physiology and Pharmacology and Surgery.) K. F. MÜLLER. 4560

J. Ieuan Harris, Choh Hao Li, Peter G. Condliffe und **Ning G. Pon,** *Die Wirkung von Carboxypeptidase auf das Hypophysenwachstumshormon.* Es wird die enzymat. Abspaltung u. analyt. Best. der C- u. N-Endgruppen an Proteinen, insbes. am Hypophysenwachstumshormon (*Somatotropin*; I) beschrieben. In qualitativen Vorverss. zeigt sich überraschenderweise, daß zwar in beträchtlicher Menge *Phenylalanin*, daneben kleinere Beträge von Leucin, Serin u. Alanin durch Carboxypeptidase abgespalten werden, ohne daß jedoch die biol. Aktivität des sehr reinen I beeinträchtigt wird. Eine genauere quantitative Durcharbeitung, bei der die freien Aminosäuren als Dinitrophenylderivv. papierchromatograph. getrennt u. bei 360 μm photometriert werden, ergibt, daß auf 1 Mol I rund 2 Mol Phenylalanin, 0,5 Mol Alanin, 0,35 Mol Leucin, 0,25 Mol Serin u. kleinere Beträge von Threonin, Valin, Lysin u. Tyrosin abgespalten werden, wenn man das Mol.-Gew. von I = 45000 bestimmt. Durch die Autolyse der Peptidase entsteht ein geringer „Untergrund" (Blindwert) verschied. Aminosäuren im Höchstbetrage von je 0,02 Mol; auch kann ein Teil der abgespaltenen Aminosäuren Begleitproteinen des Hormons entstammen, so z. B. Threonin, Valin, Lysin u. Tyrosin, deren Auftreten in dieser C-Endgruppenfraktion fragwürdig erscheint. Dagegen sind Phenylalanin u. Alanin als C-endständige Aminosäuren von I zu bewerten. — Der nach Abspaltung der C-Endgruppen verbleibende Rest von I kann dazu benutzt werden, um in einem Mikroverfahren auch die N-ständigen Endgruppen zu ermitteln. Vff. spalten zu diesem Zweck das aus der C-Endgruppenbest. verfügbare Dinitrophenylprotein nochmals mit wss. HCl u. bestimmen chromatograph. u. photometr. unter den Spaltprodukten Dinitrophenyl-phenylalanin u. -alanin. Diese Aminosäuren entsprechen also den gesuchten N-Endgruppen, die gefundenen Mengen von je rund 1 Mol pro 1 Mol I stimmen mit den Befunden von LI u. ASH (J. biol. Chemistry **203.** [1953.] 419) überein; sie stützen die Auffassung, daß I aus 2 offenen Peptidketten mit Phenylalanin u. Alanin als N-ständigen Endgruppen besteht. Andererseits zeigen die Abbauverss. mit Carboxypolypeptidase, daß mit hoher Wahrscheinlichkeit 2 Mol Phenylalanin als die beiden zu erwartenden C-endständigen Aminosäuren in Betracht kommen. Die weiterhin gefundenen Mengen an Aminosäuren, bes. Alanin, können auch einem schrittweisen Weiterlaufen des Abbaues entstammen. Die Möglichkeit, daß enzymat. nur eine der beiden offenen Peptidketten mit der Bausteinfolge Phe-Phe- (Phe- = Phenylalanin) abgebaut wird, die andere aber beständig ist, wie überhaupt der Aufbau der Ketten, kann nach Ansicht der Vff. aus den vorliegenden Verss. nicht beurteilt werden. Die Tatsache, daß trotz der Absprengung der C-endständigen Reste die biol. Aktivität voll erhalten bleibt, stellt I neben Insulin, Lysozym u. Tabakmosaikvirus, bei denen Endgruppen wie Alanin, Leucin u. Threonin ebenfalls ohne Aktivitätsverlust abgesprengt werden können.

Versuche: I, nach dem Verf. von LI u. Mitarbeitern hergestellt (J. biol. Chemistry **159.** [1945.] 353 u. C. **1956.** 1637), Mol.-Gew. = 45000, Einheitlichkeit durch Elektrophorese, Adsorptionschromatographie u. Endgruppenbest. nachgewiesen, biol. voll akt. (Tibia-Test u. Gewichtskurve an hypophysenlosen Ratten). *Carboxypeptidase:* Armour, 6mal umkristallisiert. — *Vorverss.:* Hormon u. Enzym (50:1 bis 200:1) werden bei 25° u. p_H 8—8,5 während 12—24 Std. umgesetzt, Medium: Bicarbonatlsg. mit 0,1 NaOH eingestellt. Abbruch der Verss. durch Zusatz von Trichloressigsäure bis zu 5 Gew.-%, wodurch das Protein I ausfällt. Die wss. Lsg. wird durch Leiten über eine Säure von Amberlite IR-4B entsäuert, u. die gebildeten Aminosäuren im zweidimensionalen Papierchromatogramm festgestellt, wobei Phenylalanin die Hauptmenge darstellt neben kleineren Mengen Alanin, Serin, Leucin, Threonin u. a. m. — *C-Endgruppenbestimmung:* 10 mg I werden bei p_H 8,0—8,5 u. 25° während 8 Std. mit Carboxypeptidase (entspricht

25 γ Enzym-N, Präp. durch Vorbehandlung mit Diisopropylfluorphosphat bei p_H 8 während 15 Min. von Spuren Trypsin u. Chymotrypsin befreit) behandelt, dann mit 0,1 n HCl auf p_H 4 gebracht u. die freien Aminosäuren an Amberlite IR-120 adsorbiert u. abgetrennt. Qualitative Auswertung durch zweidimensionale Papierchromatographie (Butanol–Eisessig-Wasser 4:1:5, dann Phenol-m-Kresol 1:1, gesätt. mit Boratpuffer p_H 9,3). Das Hauptprod. der Spaltung ist wieder Phenylalanin, daneben kleinere Mengen von Alanin, Leucin, Serin u. Spuren Threonin u. Lysin. Quantitative Auswertung nach LEVY u. CHUNG (Analytic. Chem. **25.** [1953.] 396) durch Überführen der Aminosäuren in ihre Dinitrophenylderivv. u. photometr. Bestimmung. Wird ein bereits einmal enzymat. abgebautes I nochmals auf die gleiche Weise behandelt, so finden sich unter den Spaltprodd. je ca. 0,5 Mol Alanin, Leucin u. Serin, nebst Spuren von Threonin, Lysin, Valin u. Tyrosin, aber kein Phenylalanin, das offenbar mit 2 Mol Spaltprod. in der 1. Stufe völlig abgebaut ist. Die neue Aminosäurefraktion entsteht durch schrittweisen weiteren Abbau der Ketten. — *N-Endgruppenbestimmung:* Das gekuppelte Protein aus 9,2 mg I wird im Hydrolysenröhrchen 16 Std. im Vakuum mit 6n HCl auf 105° erhitzt, das Hydrolysat ausgeäthert u. der gewaschene Ae.-Extrakt im Vakuum eingedampft. Es hinterbleiben die gekuppelten Aminosäuren, welche den N-Endgruppen entsprechen. Sie werden chromatograph. untersucht u. wie oben bei 360 mμ bestimmt. Es handelt sich um Phenylalanin u. Alanin sowie um Spuren (Verunreinigungen, Blindwerte) von Serin, Asparagin, Leucin. Die beiden Hauptkomponenten liegen in Mengen von 1,06 bzw. 0,9 Mol pro 1 Mol I vor. (J. biol. Chemistry **209.** 133—43. Juli 1954. Berkeley, Calif., Univ. of California, Hormone Res. Labor.) H. DANNENBAUM. 4560

Knud Flagstad, *Das Hypophysen–Nebennieren-System.* Überblick: Entw. der Kenntnisse; Funktion des Hypophysenvorderlappens; „Hypophysen–Nebennieren-Achse"; ACTH; Nebennieren; ihre Morphologie; klin. u. biol. Wrkg. von ACTH; Kohlenhydratstoffwechsel; Hormone der Nebennierenrinde; biol. Wirkungsgebiet der Corticoide; Glucocorticoide; sexualhormonähnliche Corticoide; Adaptationssyndrom. (Farmac. Tid. **65.** 485—90. 20/8. 501—06. 27/8. 514—19. 3/9. 525—32. 10/9. 537—41. 17/9. 1955.) R. K. MÜLLER. 4561

O. Eränkö, *Verteilung von Adrenalin und Noradrenalin im Nebennierenmark.* Es wird gezeigt, daß einige Zellen des Nebennierenmarks viel *Adrenalin* (I) u. wenig *Noradrenalin* (II) enthalten, während andere Zellen hauptsächlich oder ausschließlich II enthalten, was durch Fluorescenzmikroskopie formalinfixierter Schnitte nachgewiesen werden kann. Der Befund, daß II, im Gegensatz zu I, mit Formalin eine stark fluorescierende, schlecht wasserlösl. Verbb. bildet, beweist, daß Formalinfixierung eine Art histochem. Meth. zum selektiven Nachw. von II im Nebennierenmark darstellt. (Nature London] **175.** 88—89. 8/1. 1955. Helsinki, Inst. of Occupational Health, Työterveyslaitos.) K. F. MÜLLER. 4561

G. C. Taneja, *Adrenalin-bedingte Schweißdrüsentätigkeit beim Tier.* Durch adrenerg. Blockade mittels Dibenamin (I) wurde bei einem Kalb die durch Heißluft hervorgerufene Schweißdrüsensekretion verhindert. Gleichzeitig stiegen die Rectaltemp. u. die Pulsfrequenz an. Durch subcutane *Adrenalin*-Injektion gelang es nach einiger Zeit die Schweißdrüsensekretion ebenso wie Darmtemp. u. Pulsfrequenz zu normalisieren. *Noradrenalin, Atropin* u. *Acetylcholin,* die beim Menschen die Schweißsekretion ebenfalls anregen, blieben auf die tier. Schweißdrüsen ohne Wirkung. (Nature [London] **177.** 482. 10/3. 1956. Brisbane, Univ. of Queensland, Dep. of Physiol.) H. GOHR. 4561

W. Schuler und **R. Meier,** *Katalysierende Wirkung von Cortison und anderen Nebennierenrindensteroiden auf die Autoxydation von Linolsäure in vitro.* Autoxydation der *Linolsäure* (I) in der WARBURG-App. bei 37° in Phosphatpuffer bei p_H 6,95; Metallionen (Cu, Fe) werden in Form der Chloride bzw. Sulfate verwendet; ferner Prüfung von Cytochrom c; die Ergebnisse stehen im Einklang mit den Angaben des Schrifttums. Eingehende Verss. werden in analoger Weise mit einigen Corticoiden angestellt, die in P. P.-Tween 20-Lsg. zusammen mit I emulgiert eingesetzt werden. Die tabellar. u. graph. mitgeteilten Befunde lehren, daß *Cortison* die Autoxydation von I in vitro stark katalysiert; bei *Hydrocortison, Fluorhydrocortison* u. *11-Dehydrocortison* ist der positive Effekt nur halb so stark, bei *17-Oxy-11-desoxycorticosteron* gerade noch nachweisbar; alle sonst untersuchten Corticoide einschließlich aller mit Essigsäure veresterten Vertreter sind unwirksam. Bei der „Cortisonkatalyse", die sich im zeitlichen Verlauf von der durch *Cytochrom c* katalysierten Rk. unterscheidet, werden je Mol. I 3 Atome Sauerstoff verbraucht. Bei geringer Spontanoxydation wird die durch Cortison in geringer Menge katalysierte Oxydation durch Spuren von Cu über die Summe der durch entsprechende Mengen von *Cu(II)*-Ion oder Cortison allein erreichbare Beschleunigung erhöht; andere Metalle zeigen diesen Effekt nicht. *Komplexon* hemmt die durch Cortison wie die durch Cu beschleunigte Oxydation vollständig; sie wird durch weiteren Zusatz von Cu wieder in Gang gebracht; andere Metallionen wirken nicht bzw. kaum reaktivierend. Es wird angenommen, daß ein Cortison–Cu(II)-Komplex für die beschriebene Rk. verantwortlich ist. (Hoppe-Seyler's Z. physiol. Chem. **302.** 236—52. 1955. Basel, Ciba Akt.-Ges., wissenschaftl. Labor.) K. TÄUFEL. 4561

E. Cossandi und **A. Cioffari,** *Einfluß des Δ^5-Androsten-3(β).17(β)-dioldipropionats auf die Ausscheidung von 17-Ketosteroiden beim Kinde und beim normalen Erwachsenen.* Bei Anwendung des *Δ^5-Androsten-3(β).17(β)-dioldipropionats* (I; *Bisexovis*; VISTER, Casatenovo Brianza, Como) in 6 aufeinanderfolgenden Tagen ist bei Kindern eine erhebliche Zunahme der Ausscheidung von *17-Ketosteroiden* (II; im Mittel von 0,583 auf 0,873 mg/Tag am 6. Tag der Anwendung) festzustellen, die aber durch die bei Erwachsenen festzustellende Ausscheidungsvermehrung (im Mittel von 9,080 auf 9,660 mg/Tag am 6. Tag bei Frauen u. von 11,870 auf 13,510 mg/Tag am 6. Tag bei Männern) noch übertroffen wird. Bei Männern ist die vermehrte Ausscheidung der II nach I-Anwendung also noch wesentlich ausgeprägter als bei Frauen. Drei Tage nach Absetzen des I war die Harnausscheidung der II wieder normal. Vom I wurden beim Erwachsenen 25 mg/Tag, beim Kind 0,5 mg/kg Körpergewicht u. Tag intramuskulär gegeben. (Farmaco [Pavia] **6.** 58—62. Jan./Febr. 1951. Pavia, Univ., Clinica Pediatrica e Clinica Medica.) H. IPPEN. 4561

Carl A. Gemzell, Gunnar Birke, John Hellström, Curt Franksson und **Lars O. Plantin,** *Untersuchungen über den Steroidstoffwechsel bei Prostatakrebs vor und nach Nebennierenentfernung.* Vff. bestimmten bei 4 kastrierten Patienten mit fortgeschrittenem Vorsteherdrüsenkrebs, die am Tage vor der Nebennierenentfernung 200 mg *Cortisonacetat* (I) u. 5 mg *Desoxycorticosteronacetat* intramuskulär sowie vom Operationstage an 50 mg I oral erhalten hatten, die *17-Oxycorticosteroide* (II) im Blut nach NELSON & SAMUELS u. die Gesamtmenge der neutralen *17-Ketosteroide* (III) in der Urintagesmenge. Die Best. wurde durch fraktionierte Unters. der Tagesausscheidungskurve der **III** ergänzt. Dabei zeigte sich, daß eine tägliche Dosis von 50 mg **I** in der Lage ist, den **II**-Spiegel im Blut in n. Werten zu halten, während er bei Absetzen des **I** im Verlauf von 40—60 Std. auf 0 absinkt. Eine Einzelgabe von 100 mg **I** hält den Blutspiegel für 12—20 Std. auf n. Höhe. 2—5% des zugeführten **I** werden vorwiegend als *11-Keto-* u. als *11-Oxyätiocholanolon* im Urin ausgeschieden; außerdem wurde *Δ^9-Ätiocholenolon* identifiziert, das wahrscheinlich während der Hydrolyse aus 11-Oxyätiocholanolon entstanden ist. Vff. schließen aus diesen Ergebnissen, daß die **III** im Urin Adrenalektomierter aus dem zugeführten **I** entstehen. (Acta endocrinol. [Copenhagen] **12.** 1—7. Jan. 1953. Stockholm, Karolinska sjukhuset, and Konung Gustaf V's forskningsinst., Dep. of Surgery.) V. SACHS. 4561

P. V. Petersen und **H. Weidmann,** *Untersuchung der Wirkung verschiedener neuer synthetischer Verbindungen auf die Nebennierenascorbinsäure.* Die Prüfung einer Anzahl mit *Salicylsäure, Oxycinchophen* u. *Phenylbutazon* verwandter Verbb. auf die Fähigkeit, bei Ratten eine Verringerung der Nebennierenrinde-*Ascorbinsäure* (I) hervorrufen zu können, ergab, daß die Wrkg. dieser Verbb. eine bestimmte charakterist. Konst. voraussetzt u. als ein spezif. Effekt, der völlig von einer unspezif. Stress-Rk. verschieden ist, angesehen werden muß. Untersuchte Verbb.: *Salicylsäure,* Dosis 200, 100 mg/kg, Abnahme der Nebennierenrinde-I 42,15%; *Acetylsalicylsäure,* 200—44; *γ-Resorcylsäure,* 200—28; *1.3-Dioxynaphthalincarbonsäure-(2),* 200, 100, 50 → 62, 30, 3; *2.7-Dioxynaphthalincarbonsäure-(1),* 200—12; *2.3-Dioxyterephthalsäure,* 200—9; *2.5-Dioxybenzoesäure-p-acetaminophenylester,* 200—0; *p-Aminosalicylsäure,* 200—0; *o-Acetoxyphenacylessigsäureester,* 200, 100—56,25; *o-Oxypropriophenon,* 200—14; *2'-Acetoxy-p-oxypropiophenon,* 200—6; *2.6-Diacetoxyphenacylacetat,* 200—18; *3-Oxocumaran,* 200, 100—52, 10; *4-Oxy-3-oxocumaran,* 200—31; *3-Oxocumaran-2-carbonsäureäthylester,* 200—4; *3-Oxy-2-phenylchinolincarbonsäure-(4),* 200, 100—36,5; *3-Oxy-2-p-oxyphenylchinolindicarbonsäure-(4.8),* 200—27; *3-Oxy-p-methoxyphenylchinolindicarbonsäure-(4.8),* 200, 100—43,18; *3-Oxy-o-methoxyphenylchinolindicarbonsäure-(4.8),* 200, 100—36,0; *Phenylbutazon, 3.5-Dioxo-1.2-diphenyl-4-n-butylpyrazolidin,* 200—23; *2.4-Dioxo-5-phenyl-3-n-butyltetrahydrofuran,* 200—17; *2.4-Dioxo-1.3-diphenylpyrrolidin,* 200—34; *2.4-Dioxo-1.3-diphenyl-5-äthylpyrrolidin,* 200—7; *2.4-Dioxo-3-phenyl-1-methylpyrrolidin,* 200, 100—38,8; *2.4-Dioxo-3-phenyl-1-n-butylpyrrolidin,* 200—2; *2.4-Dioxo-3-phenyl-1-benzylpyrrolidin,* 200—2; *2.4-Dioxo-3-phenyl-1-methyl-3-äthylpyrrolidin,* 200—26; *2.4-Dioxo-3-dimethylamino-3-phenyl-1-methylpyrrolidin,* 200—0; *2.4-Dioxo-3-nitroso-3-phenyl-1-methylpyrrolidin,* 200—1. (Acta pharmacol. toxicol. [Köbenhavn] **11.** 103—10. 1955. Copenhagen, H. Lundbeck and Comp., A/S, Res. Labors.) K. MAIER. 4561

F. Wichtermann, *Adrenalintherapie.* Es wird über die erfolgreiche Behandlung einiger Formen des Rheumatismus durch intracutane Injektion von *Adrenalin* berichtet

u. der Wirkungsmechanismus diskutiert. (Therapiewoche **5**. 442—44. Juni 1955. Liebefeld-Bern.) A. TREBST. 4561

Alfonso Zampetti, *Synergismus zwischen Schilddrüsenhormon und Deciduaextrakt auf die Milchbildung.* Vf. beobachtete bei 30 Frauen mit Hypogalaktie eine die Milchbldg. günstig beeinflussende Wrkg. eines Präp. (*Moloco-T*, Casa HAUSMANN), in welchem neben Schilddrüsenhormon Ca- u. P-Salze u. ein Deciduaextrakt enthalten waren. (Gazz. med. ital. **114**. 213—15. Okt. 1955. Pavia, Univ., Clin. Ostestr.-Ginecol.) P. G. SCHEURLEN. 4562

F. Brown und **H. Jackson,** *Eine einfache Methode zur Bestimmung der radioaktiven Plasmabestandteile nach Behandlung mit radioaktivem Jod.* Unter Anwendung einer Meth., die es erlaubt, durch fraktionierte Fällung mit Methanol u. Silberphosphat kleine Serumproben schnell u. zuverlässig quantitativ zu untersuchen, bestimmten Vff. bei 3 mit ^{131}J behandelten, an Schilddrüsenerkrankungen (metastasierender Schilddrüsenkrebs, Hyperthyreose) leidenden Patienten in bestimmten Abständen nach der Behandlung im Serum u. bei mit ^{131}J behandelten Ratten in gleicher Weise im Serum u. im Schilddrüsenextrakt die prozentualen, radioakt. Anteile der verschied. Fraktionen (Thyroxin, Thyreoprotein, Eiweiß u. Jod) an der Gesamtradioaktivität. Die in Tabellen u. Verlaufskurven dargestellten Ergebnisse zeigen Unterschiede in der prozentualen Verteilung der Radioaktivität in den verschied. Serumfraktionen, lassen dadurch Rückschlüsse auf den Grad der Zerstörung der thyroxinbildenden u. jodspeichernden Schilddrüsen bzw. Tumorgewebe zu, geben Einblick in den Schilddrüsenstoffwechsel u. erlauben dadurch auch eine Beurteilung der Wirksamkeit der Radiojodbehandlung. — Die gleichzeitig mit jeder Messung einer Serumprobe durchgeführte, eindimensionale, aufsteigende Papierchromatographie unter Verwendung von Butanol/2nEssigsäure (1:1) bzw. Butanol/Dioxan/2nNH_3 (4:1:5) als Lösungsm. mit anschließender Radioautographie bestätigte die Ergebnisse u. erlaubte eine weitere Differenzierung der Plasmabestandteile. — Worauf die unterschiedliche Verteilung der radioakt. Anteile der einzelnen Fraktionen an der Gesamtaktivität bei Menschen u. Ratten u. ihre verschied. schnelle, zerstörende Wrkg. auf das Schilddrüsen- bzw. Schilddrüsentumorgewebe zurückzuführen ist, läßt sich nach diesen ersten, einleitenden Unterss. noch nicht entscheiden. (Biochem. J. **56**. 399—405. März 1954. Withington, Manchester, Christie Hosp. and Holt Radium Inst.) V. SACHS. 4562

William L. Money, Virginia Lucas und **Rulon W. Rawson,** *Der Umsatz von Radiojod (^{131}J) durch die Larve von Rana pipiens.* Bei Tieren, die sich in W. mit ^{131}J befanden, wurden vor der Metamorphose ca. 10% des ^{131}J gespeichert. Dieser Vorgang wurde durch vorausgehende Behandlung mit *Thiouracil* (I) nicht merklich beeinflußt. Nach Injektion von ^{131}J wurden ca. 20% der Gabe im Organismus gespeichert, bei Tieren mit vorausgegangener I-Behandlung ca. 40%. Die maximale ^{131}J-Speicherung im Gebiet der Schilddrüse betrug 10—20% des verfügbaren ^{131}J. Mit zunehmender Länge der Tiere stieg das ^{131}J-Aufnahmevermögen aus dem Wasser. Bei metamorphosierenden Tieren war der ^{131}J-Umsatz nicht verschieden von dem n. Tiere. Bei Behandlung mit einem die Schilddrüse anregenden Hormonpräp. wurde meist ^{131}J aus der Schilddrüse ausgeschieden, wenn das ^{131}J nicht kurz nach Injektion dieses Präp. gegeben wurde. (J. exp. Zoology **128**. 411—21. April 1955. New York, N. Y., Memorial Center, Sloan-Kettering Inst. for Cancer Res.) J. SCHWAIBOLD. 4562

N. O. Harris und **R. L. Hayes,** *Tracer-Untersuchung der Wirkung von einmaliger und chronischer Zufuhr von Natriumfluorid auf den Jodstoffwechsel der Rattenschilddrüse.* Im Hinblick auf den Widerspruch, der bzgl. der Wrkg. einer allg. Fluorierung auf die Schilddrüse laut wurde, untersuchten Vff. in Verss. mit ^{131}J den Schilddrüsenstoffwechsel bei Ratten nach einmaliger intraperitonealer Injektion von 0,33 ml einer 1,25% ig. *NaF*-Lsg. bzw. nach 35 Tage langer Gabe von fluoriertem Trinkwasser (10—100 p.p.m.). Weder die einmalige noch die chron. Zufuhr von F beeinflußt die Aufnahme von J durch die Schilddrüse. Auch die Konz. der verwendeten F-Lsg. war ohne Einfl. auf den Transport u. die Verteilung von ^{131}J im Blutplasma. (J. Dental Res. **34**. 470—77. Aug. 1955. Randolph Field, Tex., Randolph Air Force Base, School of Aviatic Med., Dental Sci. Div.; Oak Ridge, Tenn., Oak Ridge Inst. of Nuclear Studies, Med. Div.) G. KLESSE. 4562

Gilbert-Dreyfus, Marcel Zara, Hubert Chimènes und **Paule Gali,** *Muskelstörungen bei Hypothyreosen Erwachsener im Verlauf der Behandlung von Hyperthyreosen mit radioaktivem Jod.* Vff. berichten mit ausführlicher Kasuistik über 5 Fälle von Schilddrüsenüberfunktion, bei denen während der Behandlung mit ^{131}J in üblichen Dosen eine Schilddrüsenunterfunktion mit Muskelstörungen auftrat, die jedoch nach kleinen Gaben von Schilddrüsenextrakt (100 mg/Tag) völlig u. rückfallfrei ausheilte. Sie betonen, daß die beschriebenen Störungen, die bei sorgfältiger Beobachtung weit häufiger fest-

zustellen sind, als allg. angenommen wird, wegen der leichten therapeut. Beeinflußbarkeit keine Gegenindikation für die Radiojodbehandlung der Schilddrüsenüberfunktion darstellen. (Ann. d'Endocrinol. **15.** 153—57. 1954. Paris, Hôp. de la Pitié.)
V. SACHS. 4562

J. Durlach, R. Levillain und **P. Bouvet,** *Die Wirkung von Propylthiouracil auf die Meerschweinchenleber. Betrachtungen zur Frage der Leberstörungen bei Schilddrüsenunterfunktion.* Vff. berichten über tierexperimentelle Verss. mit etwa gleichaltrigen, gleichgewichtigen u. gleichernährten Meerschweinchen, von denen bei guter Verträglichkeit einem Teil *Propylthiouracil* (PTU) (560—710 mg über 27—36 Tage) zugeführt wurde. Auf Grund der autopt. u. histolog. Befunde der behandelten Tiere — Zunahme des Leber- u. Schilddrüsengewichts, Verminderung des Glykogens mit Häufung in den Läppchenzentren der Leber, Verminderung des Inselapp. der Bauchspeicheldrüse u. typ. Hypertrophie der Schilddrüse — halten Vff. einen tox. Einfl. des PTU auf die Leber für unwahrscheinlich, sondern erklären die Befunde durch vermehrte Aktivität des Nebennierenmarkes u. der Hypophyse mit erhöhter Adrenalinausschwemmung als Gegenwrkg. auf das antithyreot. Medikament. (Ann. d'Endocrinol. **15.** 158—63. 1954.)
V. SACHS. 4562

Edgar A. Haunz, *Klinische Bewertung von Lente-Insulin bei 109 Diabetikern.* Vf. berichtet über die Verwendung von *Lente-Insulin* (I) bei 109 Diabetikern. I kann Einheit um Einheit Isophan-Insulin ersetzen, wobei anfangs sogar etwas weniger I gebraucht wird. Entgegen früheren Berichten können I u. krist. Zink-Insulin gemischt werden. (J. Amer. med. Assoc. **159.** 1611—18. 24/12. 1955. Grand Forks, N. D., Grand Forks Clinic, Dep. of Intern. Med.; Univ. of North Dakota, School of Med.) K. BÖHM. 4564

Richard L. Potter und **Sondra Schlesinger,** *Das Vorkommen von Desoxypyrimidinnucleotiden im säurelöslichen Extrakt aus Thymus.* In $HClO_4$-Extrakten aus frischem Kälberthymus konnten *Mono-, Di-* u. *Triphosphatderivv.* des Thymidins u. *Desoxycytidins* nachgewiesen werden. Der neutralisierte Extrakt wurde an Dowex-1 der Gradientenelution mit dem HCOOH-Syst. unterworfen. Die einzelnen Fraktionen wurden sauer oder enzymat. gespalten u. die Hydrolyseprodd. durch Papier- bzw. Ionenaustauschchromatographie getrennt. *Desoxypurinnucleotide* waren nicht nachweisbar. (J. Amer. chem. Soc. **77.** 6714—15. 20/12. 1955. Ann Arbor, Univ. of Michigan, Biol. Effects of Irradiation Labor., Atomic Energy Commission.) K. MAIER. 4566

Helen Tredway Graham, Oliver H. Lowry, Nancy Wahl und **Martha K. Priebat,** *Zusammenhänge zwischen Gewebemastzellen und Histamin in den Geweben.* Zählung der unterschiedlich dichtgelagerten Mastzellen bei gleichzeitiger Best. des *Histamingeh.* in Haut- u. Lungengewebestückchen von Hunden ließen lineare Proportionalität zwischen beiden erkennen, die auch in Gewebestückchen von Hundeleber, -herz, -muskel u. -niere sowie von Rindleberparenchym u. -kapsel gefunden werden konnte. (J. exp. Medicine **102.** 307—18. 1/9. 1955. St. Louis, Wash., Univ., School of Med., Dep. of Pharmacol.)
V. SACHS. 4569

P. Nordqvist, *Die Wirkung des Histamins auf die Procainblockierung an Froschnerven.* (Vgl. C. **1951.** I. 3230.) Vf. untersuchte an Froschnerven die Wrkg. von *Histamindihydrochlorid* (I) auf die leitungsunterbrechende Wrkg. von *Procainhydrochlorid* (II). An frischen entscheideten Froschnerven kann die Wrkg. von 0,05—0,1% II zeitlich durch Zugabe von 0,05—0,5% I bei gleichbleibendem p_H von 7,3 während des ganzen Vers. aufgehoben werden. I in Konz. von 0,1—0,25% kann die durch 0,05—0,1% II zur Entw. kommende Leitungsunterbrechung verhindern. Die aufhebende Wrkg. von I auf die Leitungsunterbrechung kann sowohl an sensor. als auch an motor. Nervenfasern gezeigt werden. (Acta pharmacol. toxicol. [København] **8.** 183—94. 1952. Upsala, Univ., Dep. of Pharmacol.) K. BÖHM. 4569

E. N. Luyendijk, *Serotonin und geistige Anomalitäten.* Übersicht über Vork., chem. u. pharmakol. Eigg. von *Serotonin.* (Chem. pharmac. Techniek **10.** 109—10. 15/11. 1954.)
W. WESLY. 4569

Stefan Goldschmidt, Hans Burkert, Christian Gloxhuber, Hans Gramss, Reinhilde Gramss und **Conrad Anders,** *Über die Wirkung von Honig- und Zuckerlösungen auf den Blutzuckerspiegel von Kaninchen bei intravenöser Dauerinfusion.* Dauertropfinfusionen mit *Honig* (I)-Lsgg. geringer Konz., 4 mg/kg/Min., bewirkten beim narkotisierten Kaninchen Blutzuckersenkung, die auf den *Acetylcholin* (II)-Geh. von I zurückzuführen ist; nach Entfernung von II aus I fehlt der Effekt, dagegen ruft II allein Senkung des Blutzuckers hervor. Bei Infusion hoher I-Konzz. wird die II-Wrkg. übertönt u. Steigerung des Blutzuckers hervorgerufen. Ein analoges Verh. wie I zeigten *Fructose* (III) u. *Invertzucker* nicht. Diskussion des beobachteten *Glucose*-Anstiegs bei III-Belastung. (Hoppe-Seyler's Z. physiol. Chem. **300.** 201—10. 20/6. 1955. München, TH, Organ.-Chem. Inst.)
H. DOSSMANN. 4574

E. Klenk und **W. Stoffel**, *Über neuraminsäurehaltige Glykoproteide des Blutserums.* Aus *Fetuin*, einem Glykoproteid, das im Blutserum von neugeborenen Kälbern u. Kälberfoeten vorkommt, u. das ca. 6% *Neuraminsäure* (I) enthält, isolierten Vff. I in Form der krist. Methoxylverb.; Ausbeute aus 6 g Fetuin 67 mg umkrist. Methoxy-I. Die Identität dieser Verb. mit der Methoxy-I aus Rindersubmaxillarismucin konnte sowohl durch die spezif. Drehung $[\alpha]_D^{20}$ $-56,5^0$ als auch durch das Verh. bei der Papierchromatographie gesichert werden. (Hoppe-Seyler's Z. physiol. Chem. **302.** 286—88. 1955. Köln, Univ., Physiol.-Chem. Inst.) E. SCHWERDTFEGER. 4574

M. Keller und **H. M. Heinisch**, *Über die Serumproteinverhältnisse in der toxischen Schwangerschaft.* Am Ende einer Schwangerschaft nimmt der Albumin (I)-Spiegel ab. Es erfolgt eine Zunahme des α-, β- u. γ-Globulins (II). Bei der Spättoxikose zeigt sich eine Verminderung von I u. ein beträchtliches Anwachsen der verschied. II-Komponenten, z. T. nicht nur einer Fraktion, sondern meist ein Ansteigen von zwei bis drei, in seltenen Fällen sogar aller 4 Fraktionen. Zwischen den einzelnen Toxikosegruppen treten nach den Ergebnissen der Vff. keine wesentlichen Unterschiede auf. Bei Gesamteiweißbestimmungen finden sich dagegen je nach dem Grad der Toxikose mehr oder weniger starke Eiweißverminderungen. (Schweiz. med. Wschr. **85.** 812—13. 20/8. 1955. Basel, Univ., Frauenklinik.) WOLFGANG ARNOLD. 4574

W. H. Hauss und **E. Böhle**, *Über die Fettfraktionen im Blut bei Kreislaufkranken, insbesondere bei Herzinfarktpatienten.* Unter Berücksichtigung der n. alters- u. geschlechtsgebundenen Verteilung sowie der durch andere Faktoren (Nahrung, Krankheitsdauer usw.) wurden bei Infarktpatienten signifikante Änderungen des Fettspektr. festgestellt. Es kommt zu einer Erhöhung der „C-Fraktion" (Fettfraktion hinter dem Ende der γ-Globulinfraktion bis zum Startpunkt), der „B-Fraktion" (α_2- bis γ-Globulin), der Gesamtlipide, Neutralfette u. der Phosphatide, während die „A-Fraktion" (Albumin bis α_1-Globulin) absinkt. Die Schwankungen im Rahmen des akuten Syndroms müssen bei der Bewertung Berücksichtigung finden. Die Cholesterinfraktionen waren nicht signifikant verändert. Die „Angiopathia hyperlipaemica" wird als spezielles Krankheitsgeschehen herausgestellt u. vorgeschlagen, diätet. mit fetteinschränkenden Maßnahmen bzw. Heparin anzugehen. (Dtsch. Arch. klin. Med. **202.** 579—98. 1955. Frankfurt/M., Univ., I. Med. Klinik.) H. JORDAN. 4574

G. Schettler, F. Dietrich und **M. Eggstein**, *Lipid- und Lipoproteinspektrum bei Coronarkranken jugendlichen und mittleren Alters.* Bei jugendlichen Coronarkranken wurden die Lipid- u. Lipoproteinspektren untersucht [Elektrophorese im Stärkemedium mit chem. Best. von *Cholesterin* (I), *Phospholipiden* (II) u. (erstmalig!) auch der *totalveresterten Fettsäuren* (III) neben den zugehörigen Proteinklassen] gegenüber Normalen in gleichen Altersklassen. Es fand sich eine Erhöhung des Gesamt-I in 70%, während II vermindert oder n. waren. I/II $>$ 1 (60—70% der Fälle), III u. daraus errechnete Neutralfette waren vermehrt. Die β-Lipoproteine waren absolut u. relativ vermehrt, die α_1-Lipoproteine entsprechend vermindert. Die atherogenen S_f-Klassen (präpar. Ultrazentrifuge) waren vermehrt. Die Chylomikronen u. die III nach probator. Fettmahlzeiten zeigten pathol. Verhalten. Mit diesen „Breitspektren"-Unterss. ist eine differentialdiagnost. Stütze für die Atherosklerose gegeben. (Verh. dtsch. Ges. Kreislaufforsch. **21.** 124—30. 1955. Marburg/Lahn, Univ., Med. Klinik.) H. JORDAN. 4574

J. Gibert-Queraltó, I. Balaguer-Vintró, L. Grau-Codina und **M. Torner-Soler**, *Das Lipoidogramm und der klinisch-elektrocardiographische Verlauf der Coronaratheromatose und deren Beeinflussung durch Heparin.* Unter *Heparin* (I)-Einwrkg. kommt es bei Kranken mit Coronarinsuffizienz u. altem Myocardinfarkt zu einer deutlichen Besserung des Lipoidogramms, bes. der β-Lipoproteine, wobei bes. die Patienten, die die 60-Jahrgrenze noch nicht überschritten hatten (vorwiegend Pykniker (P) u. Athletiker), den günstigen I-Effekt erweisen. Von den älteren Kranken zeigten die P einen noch guten Erfolg mit I-Behandlung. Es waren nur wenig Frauen in der Untersuchungsreihe. Das EKG ließ sich zur Beurteilung der I-Wrkg. nicht genügend sicher verwerten. So günstig I auf die Coronaratheromatose wirkt, so gegenteilig kann sein Erfolg bei arteriosklerot. Gehirnischämie sein. (Verh. dtsch. Ges. Kreislaufforsch. **21.** 149—56. 1955. Barcelona, Univ., Cardio-Angiol. Inst.) H. JORDAN. 4574

Robert S. Gordon jr., *Beziehungen zwischen Oleat und den Lipoproteinen des menschlichen Serums.* Als Beitrag zur Frage, warum lipäm. Blutproben nach Heparininjektion sich in vitro schneller klären als n., beobachtete Vf., daß α- u. *β-Lipoproteine* nach *Na-Oleat* Zugabe durch Bindung von Oleationen eine größere anod. Wanderungsgeschwindigkeit besitzen. Diese Fettsäure-Lipoprotein-Beziehung scheint für den elektrophoret. Wechsel nach Heparininjektion bei lipäm. Tieren u. Menschen insofern bedeutsam zu sein, als eine derartige Injektion den bekannten „Klärungsfaktor" aktiviert, der durch Hydrolyse der Triglyceride freie Fettsäuren zu bilden vermag. (J. clin. Invest. **34.**

477—84. März 1955. Bethesda, Md., Publ. Health Serv., Dep. of Health, Educat. and Welfare, Nat. Heart Inst., Nat. Inst. of Health, Labor. of Metabolism.) V. SACHS. 4574

F. H. Schulz, *Fibrinogen und Fibrinolyse beim Myocardinfarkt.* Der bei 52 Infarktkranken in den ersten 10 Tagen post inf. bestimmte *Fibrinogen* (I)-Wert war mit 692 mg% Fibrin um ca. 50% gegen die Norm erhöht. Das Depot-I wird dabei oft bis zur Hälfte in die Blutbahn entleert. Der Vorgang ist — wie auch bei der Pneumonie — offenbar reflektor. bedingt u. dürfte zur Infarktabgrenzung zweckmäßig sein. Ergänzend wird dazu berichtet, daß auch die Fibrinolysewerte in den ersten 10 Tagen post inf. ihren Höchstwert erreichen, der offenbar gegen die erneute Thrombosierung gerichtet ist. (Verh. dtsch. Ges. Kreislaufforsch. **21.** 134—38. 1955. Leipzig, Univ., Med. Klinik.) H. JORDAN. 4574

L. Pescador, J. Outeiriño und **B. Martin de Prados,** *Cholesterin-, Heparin- und Proteinspektrumzahlen im Plasma beim Myocardinfarkt.* Bei Kranken mit Coronargefäßatheromatose wurde der normalerweise zwischen 350 u. 430 liegende *Cholesterin–Heparin-*Quotient (C/H) deutlich erhöht gefunden. Der *β-Globulin–Heparin-*Quotient (n. 1,66) u. der *γ-Globulin–Heparin-*Quotient (n. 1,33) ergeben wechselnde Werte, waren aber bei Infarktbetroffenen ganz bedeutend erhöht (desgleichen auch C/H). Ein solcher „Alarmzustand des Proteinspektr." kann für eine Infarktvoraussage Bedeutung erlangen. (Verh. dtsch. Ges. Kreislaufforsch. **21.** 131—34. 1955. Madrid, Poliklin. „Virgen de Araceli", Abt. für Cardiologie.) H. JORDAN. 4574

Franco Roberti, *Der chemische Bau des Heparins.* Kurze Übersicht über die Literatur bis 1949. — 8 Literaturangaben. (Farmaco [Pavia] **6.** 372—75. Mai/Juni 1951.) H. IPPEN. 4574

Lauder Brunton, Louis Lowenstein und **Lorne Shapiro,** *Ein Vergleich einiger neuer Antikoagulantien.* Gebräuchliche Koagulantien sind *Cyclocumarol* (I), *Marcumar* (II; *3-[1'-Phenylpropyl]-oxycumarin*) u. *Warfarin* (III). In der Wrkg. befriedigte am meisten I. Intravenös wirkten II u. III befriedigend, ihre orale Therapie ist dagegen schwierig. Bei zugleich notwendiger intravenöser Gabe von *Vitamin K* ist eine solche von 2,0 mg angebracht. Weitere Ausführungen befassen sich mit der Durchführbarkeit des Prothrombintests. (A. M. A. Arch. Surgery **72.** 153—59. Jan. 1956. Montreal, Can.) EBERHARD MÜLLER. 4574

W. R. Kuhn, *Über die Stabilisierung des Blutes.* 1. Mitt. *Vom Einfluß der Elektrolyte. Zugleich ein Beitrag zur Theorie der Blutgerinnung.* In Ergänzung der Gerinnungstheorie von SCHMIDT wird festgestellt, daß außer der Anwesenheit von Ca das n. Ionengleichgewicht im Blut zur Gerinnung notwendig ist. Das Auftreten unerwünschter Nebenerscheinungen bei Bluttransfusionen mit Na-Citrat als Stabilisator wird in erster Linie auf chem. Unreinheiten u. nicht einwandfreie Herst. der Lsg. zurückgeführt. (Tierärztl. Umschau **6.** 169—71. Mai 1951. Stadthagen.) G. RUHNKE. 4574

B. N. Halpern und **M. Briot,** *Durch Dextraninjektion bei der Ratte hervorgerufene Hyperhistaminämie.* Männlichen Albinoratten intravenös injiziertes *Dextran* (180 mg/100 g) erhöhte den Histamingeh. des Plasmas von im Mittel 35 auf 1440 μg/Liter (Maximum nach 15 Min.). Wenn dagegen durch eine vorangegangene Dextraninjektion die Histaminreserven des Gewebes erschöpft waren, blieb der Histaminanstieg im Plasma nach der wiederholten Injektion aus. 5 Min. nach der Injektion wurde bei den im Schock befindlichen Tieren im Plasma neben Histamin die sogenannte „slow reacting substance" gefunden. (C. R. Séances Soc. Biol. Filiales **148.** 1046—49. Juni 1954. Hôpital Broussais, Clin. méd. pro pédeutique, Labor. de Méd. exp.) W. WILLENBERG. 4576

Werner Schrade, Eberhard Böhle und **Günter Becker,** *Über die Ausscheidung von Lipoproteiden im Urin bei den sogenannten Albuminurien.* Durch die papierchromatograph. Unters. von 34 eiweißhaltigen dialysierten u. gegen Kollidon eingeengten Harnen konnten Vff. nachweisen, daß die Proteine des Harns stets Lipide enthalten. Die *Harnlipoproteide* (I) zeigen ähnliche Unterschiede in ihrer Wanderungsgeschwindigkeit wie die *Blutlipoproteide* (II). Eine Abhängigkeit der elektrophoret. Verteilung der I von der Art der Nierenerkrankung konnte nicht festgestellt werden. Der Lipidgeh. beträgt im Durchschnitt 1,63 mg/100 mg Protein. Aus dem geringeren Lipidgeh. von I gegenüber II schließen Vff., daß in den Nieren der größte Teil der Lipide von II abgekoppelt wird. (Dtsch. Arch. klin. Med. **202.** 415—36. 1955. Frankfurt/M., Univ., Med. Klin.) E. SCHWERDTFEGER. 4577

Hermann Frank, Konrad Löhr und **Heinrich Petersen,** *Über die Histidinurie.* Der Histidinnachw. erfolgte durch die PAULY-Rk. nach papierchromatograph. Abtrennung, die quantitative Auswertung durch Direktphotometrie der Chromatographiestreifen. Es konnte nachgewiesen werden, daß eine stärkere Hyperhistidinurie ausschließlich u. regelmäßig in der Schwangerschaft beobachtet wird, die häufig mit einer Belastungsglykosurie gekoppelt ist. Die möglichen Ursachen dieser Hyperhistidinurie werden diskutiert. (Dtsch. Arch. klin. Med. **202.** 502—09. 1955. Kiel, Univ., Med. Klin.) E. SCHWERDTFEGER. 4577

Elisabeth Ambellan, *Die Wirkung von Adeninmononucleotiden auf die Bildung des Neuralrohrs beim Froschembryo. Rana pipiens*-Blastulae wurden in verschied. Stadien mit Lsgg. von *Adenosintriphosphat* (**I**), *Adenosindiphosphat* u. *Adenosin-3-monophosphat* behandelt (p_H 5,6, 12—24 Std., 0,0005—0,008 mol., optimal 0,002). Die Folge war eine vorzeitige Schließung (ca. 4 Std. früher) des Neuralrohrs gegenüber den Kontrollen. In einem Vers. mit *R. sylvatica* u. **I** wurden ident. Ergebnisse erzielt. Die Wirkungen der Behandlung zeigten sich 2—3 Tage nach Überführung der Embryonen in n. Medium. *Cytidylsäure, Uridylsäure* u. *Guanylsäure* (p_H 5,6, 0,004 mol., 35 Std.) beschleunigten ebenfalls die Neuralrohrbildung. *Adenin, Adenosin, anorgan. Phosphat* u. *Pyrophosphat* hatten unter gleichen Versuchsbedingungen auf die Neurulation keinen Einfluß. Da die angeführten Mononucleotide einen n. morphogenet. Vorgang fördern, werden sie vermutlich bei den n. biochem. Prozessen, die hierbei ablaufen, verwertet. Die wirksamen Verbb. dienen möglicherweise zur Synth. von Nucleinsäuren u. neuen Proteinen. Die erforderlichen Enzyme sind im Embryo normalerweise vorhanden oder induzierbar. (Proc. nat. Acad. Sci. USA **41.** 428—32. Juli 1955. New York, Columbia Univ., Zool. Dep.) K. MAIER. 4583

E. L. Hove und **John F. Herndon,** *Kaliummangel beim Kaninchen als eine Ursache für Muskeldystrophie.* Für maximales Wachstum waren 0,6% K in der Nahrung notwendig, bei 0,3% u. weniger entwickelten sich schwere patholog. Erscheinungen mit Kreatinurie, die beschrieben werden. (J. Nutrit. **55.** 363—74. 10/3. 1955. Auburn, Alabama Polytechnic Inst., Dep. of Animal Husbandry and Nutrit.) J. SCHWAIBOLD. 4584

H. M. Edwards jr., Donald Chin, L. C. Norris und **G. F. Heuser,** *Unterscheidung eines nichtidentifizierten Kükenwachstumsfaktors in der Leber.* Küken benötigen zu n. Wachstum zwei in der Leber vorhandene Faktoren, die bisher nicht beschrieben wurden. Beide Faktoren findet man im 70%ig. A.-Extrakt, der aus dem konz. wasserlösl. Anteil erhalten wird. Gegenstromverteilung zeigte, daß ein Faktor organ. Natur ist, der andere wahrscheinlich anorganischer. Ein dritter Wachstumsfaktor wurde in „Fishsolubles" gefunden. (J. Nutrit. **57.** 329—43. 10/11. 1955. Ithaka, N. Y., Cornell Univ., Agric. Exp. Stat. and School of Nutrit.) REINHARD HÜTTENRAUCH. 4584

C. A. Lassiter, T. W. Denton und **J. W. Rust,** *Die Bestimmung eines nicht identifizierten Wachstumsfaktors und Terramycin bei jungen Milchviehkälbern.* Weder krist. *Terramycin* (**I**), der nichtidentifizierte Wachstumsfaktor (Gemisch von Prodd. aus der **I**- u. Streptomycinfermentation) noch eine Kombination beider hat eine signifikante Wrkg. auf die tägliche Gewichtszunahme, das Knochenwachstum, den Futterverzehr oder die Futterausnutzung. Unter den Versuchsbedingungen scheinen die Kälber den nichtidentifizierten Wachstumsfaktor nicht zu benötigen. (J. Animal Sci. **14.** 769—74. Aug. 1955. Lexington, Univ. of Kentucky, Dairy Sect.) H. PATZSCH. 4584

R. G. Eggert, L. A. Maynard, B. E. Sheffy und **H. H. Williams,** *Histidin — ein essentieller Nährstoff für wachsende Ferkel.* Bei einem halbsynthet. Futter ohne *Histidin* (**I**) war das Wachstum junger Ferkel schlecht. Bei **I**-Zugabe hatten die Tiere größeren Appetit u. nahmen unmittelbar im Wachstum zu. Für das n. Wachstum junger Ferkel scheint **I** erforderlich zu sein. (J. Animal Sci. **14.** 556—61. Mai 1955. Cornell Univ.) H. PATZSCH. 4584

Arcadio C. Gonzaga und **Rufino N. Nanadiego,** *Untersuchungen über einige Wirkungen von Thyroprotein auf wachsende Küken.* 0,02% *Thyroprotein* (**I**; mit 0,3% *Thyroxin*) im Mastfutter stimuliert nur schwach das Wachstum der Federn. Das Körperwachstum wurde während der ersten 5 Wochen nicht sehr beeinflußt. Hatten sich die Küken von der Darrekrankheit (DK) erholt, dann betrug die durchschnittliche wöchentliche Zunahme während der 9. bis zur 19. Woche mehr als 100 g. Das Abdominalfett nahm von der 18. Woche an zu. 0,02% **I** im Futter verbesserte die Fleischqualität u. stimulierte die Frühreife, schien aber keinen Schutz vor der DK zu gewähren. (Indian veterin. J. **32.** 207—18. Nov. 1955. Quezon City, Univ. of the Philippines, Coll. of Vet. Med.; Manila, Bur. of Animal Ind.) H. PATZSCH. 4584

D. Strauch, *Über die Mitwirkung des Mineralstoffmangels beim Auftreten von Vaginitiden und Sterilität beim Rind.* (Vgl. C. **1955.** 140.) Bei Weiterführung der Unterss. wurde in süddeutschen Betrieben mit niedrigen P-Werten in Boden u. Heu durch Beifütterung von kohlensaurem u. phosphorsaurem Kalk eine bessere Wrkg. erzielt als durch Spurenelemente. (Mh. Tierheilkunde **7.** Nr. 11. Rindertuberkulose **4.** 253—64. 1955. Gießen, Hochschule, Veterinärhyg. u. Tierseuchen-Inst.) J. SCHWAIBOLD. 4585

Abraham E. Nizel und **Robert S. Harris,** *Wirkung der Asche von Nahrungsmitteln auf Zahnschäden beim Hamster.* Die Bedeutung der mineral. Bestandteile von Nahrungsmitteln für die Verhütung von Caries wird unter dem Gesichtspunkt ihres natürlichen Vork. in den einzelnen Nahrungsmitteln durch Verfütterung von veraschten Futtermitteln an Hamster untersucht. Meth.: Diät A, bestehend aus Maiskörnern, Vollmilchpulver, Alfalfamehl u. Kochsalz wird verascht u. diese Asche in einer anderen Versuchsreihe (Diät B) zusätzlich zu der Diät A gegeben. Mit beiden Diäten werden Muttertiere vor dem Wurf u. die Jungtiere nach Abschluß der Säugeperiode 20 Wochen gefüttert; als Trinkwasser wurde dest. W. gegeben. Es wird eine deutliche Verringerung der Anzahl der Cariesschäden bei den mit der aschehaltigen Diät B gefütterten Tieren beobachtet (0,01 gegenüber 0,18%), so daß den mineral. Bestandteilen der natürlichen Futtermittel eine cariostat. Wrkg. zukommt. Ob diese Wrkg. jedoch lokal oder über den Stoffwechsel ausgeübt wird, ist noch unbekannt. (J. Dental Res. **34.** 513—15. Aug. 1955. Boston, Tufts Dental School, u. Cambridge, Mass., Massachusetts Inst. of Technol., Dep. of Food Technol.) G. KLESSE. 4585

F. L. Losee und **J. L. Nemes,** *Auftreten von Caries — ähnlich der von Menschen — bei mit erhitztem Magermilchpulver gefütterten Ratten des Osborne-Mendel-Stammes.* Bei Ratten des OSBORNE-MENDEL-Stammes, die mit der Diät Nr. 636 nach MCCLURE u. FOLK (35% Magermilchpulver, 45% Maisstärke, 18% Cerelose, 2% Leberpulver u. Vitamin A, D, E) gefüttert worden waren, traten Tiefencaries u. Oberflächenläsionen in 97% der Fälle auf. Die Läsionen waren sehr ähnlich denen, wie sie bei menschlichen Zähnen gefunden werden. (Proc. Soc. exp. Biol. Med. **87.** 429—31. Nov. 1954. Bethesda, Md., Nat. Naval Med. Center, Naval Med. Res. Inst., u. Univ. of Maryland, Dep. of Bacteriol.) G. KLESSE. 4585

D. M. Hegsted, Martha F. Trulson, Hilda S. White, Philip L. White, Eduardo Vinas, Enrique Alvistur, Cesar Diaz, Juan Vasquez, Angelica Loo, Amalia Roca, Carlos Collazos Ch. und **Alejyndro Ruiz,** *Lysin- und Methioninergänzung bei ausschließlich pflanzlichen Nahrungszubereitungen für erwachsene Menschen.* Die Ergänzung einer ausschließlich pflanzlichen Nahrungszubereitung, die mit 25 g Protein/Tag ergänzt war (48% der Proteine stammten aus Weizenprodd. u. 52% aus anderem Getreide), mit *Lysin* (**I**) verbesserte die N-Retention nach einer Fastenperiode. *Methionin* (**II**)- + **I**-Ergänzung schien die Retention noch mehr zu verbessern. Die Ergebnisse machen es wahrscheinlich, daß die Proteine von Früchten u. Vegetabilien, die gewöhnlich nicht als wichtig bei der Proteinversorgung betrachtet werden, eine wichtige Ergänzung der Getreideproteine sind. — Diskussion. 24 Literaturangaben. (J. Nutrit. **56.** 555—76. 10/8. 1955. Boston, Mass., Harvard School of PH, Dep. of Nutrit; Lima, Peru, Div. of Health, Welfare and Housing, Inst. of Inter-American Affairs, Foreign Operations Admin.; Lima, Min. de Salud Públ. y Asistencia Social, Dep. de Nutrición, Lima, Hosp. Obrero, Escuela de Dietistas.) H. PATZSCH. 4585

A. E. Harper und **D. A. Benton,** *Über den Einfluß gewisser Ernährungsfaktoren auf die lipotrope Aktivität des Methionins.* Bei Fütterungsverss. wurde an jungen Ratten eine fettige Infiltration der Leber beobachtet, wenn in der Diät, die ein genügendes Wachstum garantierte, *Cholin* durch *Methionin* ersetzt wurde. Die Ausbreitung der fettigen Infiltration war größer, wenn die Diät an Stelle eines Geh. von 18% Casein einen Geh. von 9% Casein + 12% Gelatine erhielt. Die größere fettige Infiltration bei den Ratten mit Gelatinediät wird dem geringen Geh. von *Threonin* u. dem hohen Geh. an *Arginin* u. *Glycin* der Gelatine zugeschrieben. Wenn die Ratten mit der genannten Diät, die Methionin an Stelle von Cholin enthielt, länger als 4 Wochen gefüttert wurden, so wurde keine anomale Fettinfiltration in der Leber beobachtet. Dies spricht dafür, daß die Fähigkeit der Ratten, Cholin zu synthetisieren, mit dem Alter ansteigt, u. daß die Wrkg. der Gelatine nur während der ersten Wachstumsperiode obengenannte Wrkg. hat. Die Bedeutung dieser Resultate für die Beurteilung des lipotropen Effekts des Methionins wird besprochen. (Biochem. J. **62.** 440—48. März 1956. Madison, Wis., Univ. of Wisconsin, Dep. of Biochem.) H. GOHR. 4585

Andreas Hock, Gerhard Huber und **Alice v. Pilar-Dietrich,** *Chemische Veränderungen des Lebergewebes infolge alimentärer Schädigung und ihre Beeinflussung durch Leberextrakte.* Bei Ratten verursachte eine über 60 Tage verfütterte leberschädigende, fettreiche, wenig lipotrope Substanzen enthaltende Kost (16% entfettetes *Casein*, 51% tocopherolfreies *Schweinefett*, 30% *Maisstärke*, 3% *Salzgemisch* u. Vitamine des *B-Komplexes, A* u. *D*) eine Leberverfettung von 60,8% u. erniedrigte den Desoxyribonucleinsäure (**I**)- bei unverändertem Ribonucleinsäure (**II**)-Gehalt. Die Verfettung wurde durch Zulage eines gemeinsamen Autolysats von Hefe u. Leber bzw. eines daraus hergestellten W.-A.-Extraktes völlig verhütet, weitere Methanolunterfraktionen waren unwirksam.

Dieser lipotrope Effekt fehlte bei einem Hefeautolysat, **II** zeigte nur schwache Wirkung. Die lipotrope Wrkg. des Autolysats ist nicht durch *Folsäure*, *Vitamin* B_{12}, *Cholin*, *Methionin* oder *Cystin* bedingt. — Der **I**-Geh. der Leber wurde durch die angeführten Zulagen nicht beeinflußt, dagegen der **II**-Geh. z. T. erhöht. (Hoppe-Seyler's Z. physiol. Chem. **304.** 11—20. 29/3. 1956. Waldhof, Zellstoffabrik, Forschungslabor.)
WOLFGANG ALBRECHT. 4585

Hermann Fink und **Elisabeth Herold,** *Über die biologische Eiweißqualität von einzelligen Algen.* Bei einem Versuchsfutter, bestehend aus 23,36% Pulver aus der einzelligen Grünalge Scenedesmus obliquus; 1,52% Brauereihefe; 2,19% Lebertran; 4,46% Salzgemisch nach MCCOLLUM u. 68,47% reiner Weizenstärke wurden 92% des verdaulichen Eiweißes durch das Algenprotein geliefert. Bei diesem Futter liegt die Wachstumskurve von Albinoratten im Vgl. zu Tieren, die entsprechend mit frischem Magermilchpulver oder Eiklar gefüttert wurden, eher günstiger u. kein Tier ging ein, während von den Trockenmagermilchtieren fast alle innerhalb der Versuchsdauer von 120 Tagen an Lebernekrose verendeten. Auf die Bedeutung dieser Befunde für Ernährung u. Therapie von Eiweißmangelkrankheiten wird hingewiesen. (Naturwissenschaften **42.** 516. 2. Sept.-H. 1955. Köln, Univ., Inst. für Gärungswiss. u. Enzymchem.; Bonn, Univ., Landwirtsch. Fak.)
E. SCHWERDTFEGER. 4585

Hermann Fink und **Elisabeth Herold,** *Über die Eiweißqualität von einzelligen Algen und von jungem Grünblatt höherer Pflanzen.* Es werden Grünblätter höherer Pflanzen in einem Futter, bei dem sie 92% des verdaulichen Proteins liefern, an wachsenden Ratten verglichen. Während sich ein Handels-Luzernemehl weniger wertvoll als Algeneiweiß zeigte, hatte frisch geernteter Spinat ebenfalls eine Eiweißwertigkeit des verdaulichen Proteins, die dem Eiklar- oder Milchprotein gleichkam, u. ähnliche leberschützende Eigg. wie das Algenprotein. Auf die Bedeutung dieser Beobachtungen für die menschliche Ernährung wird hingewiesen. (Naturwissenschaften **42.** 516—17. 2. Sept.-H. 1955.)
E. SCHWERDTFEGER. 4585

T. W. Perry, W. M. Beeson, F. N. Andrews und **Martin Stob,** *Die Wirkung oraler Anwendung von Hormonen auf Wachstumsrate und Ablagerung im Körper von Maststieren.* Tägliche orale Anwendung von 10 mg *Diäthylstilböstrol* (**I**) oder *Hexöstrol* (**II**) in einem Mastfutter erhöhte bei 2 Jahre alten Stieren signifikant die Gewichtszunahme (50 bzw. 52 lb je Stier gegenüber Kontrollen). Bei 10 mg *Dienöstrol* (**III**) war die Wrkg. gegenüber **I** u. **II** geringer (39 lb). Die mit Östrogenen behandelten Stiere erforderten 9—12% weniger Futter. Becken- u. Brustdrüsenveränderungen wurden durch **I**, **II** oder **III**-Diacetat hervorgerufen. Das Fleisch von mit Hormonen gefütterten Stieren enthielt keine Hormonrückstände. — 10 Literaturangaben. (J. Animal Sci. **14.** 329—35. Mai 1955. Purdue Univ., Agric. Exp. Stat.)
H. PATZSCH. 4585

H.-K. Gräfe, *Nährstoffnormen in der Gemeinschaftsverpflegung unter besonderer Berücksichtigung des calorischen Bedarfs.* Im Rahmen der Werkessenverpflegung werden als optimale Norm, unabhängig vom persönlichen Bedarf des einzelnen Essenteilnehmers, ca. 900 kcal (Kochwertcalorien) zugrunde gelegt. Der Vollwertigkeit der Kost ist besondere Aufmerksamkeit zu widmen. Vorschläge mit vollständigen Calorien-, Hauptnährstoff-, Mineralsalz- u. Vitaminberechnungen werden gemacht. — Diskussion. 22 Literaturangaben. (Dtsch. Gesundheitswes. **10.** 1692—1705. 9/12. 1955. Potsdam-Rehbrücke, Inst. für Ernährungsforsch., Abt. Ernährungswirtschaft u. -soziol.)
H. PATZSCH. 4585

E. M. Kesler und **C. B. Knodt,** *Vitamin-B-Untersuchungen bei Kälbern.* 1. Mitt. *Die Relation zwischen Alter des Kalbes und den im Verdauungstrakt gefundenen Werten an Thiamin, Riboflavin und Nicotinsäure.* Vff. bestimmen den Geh. an *Thiamin* (**I**), *Riboflavin* (**II**) u. *Nicotinsäure* (**III**) in Rumen, Omasus, Abomasus, Dünndarm u. Dickdarm von 2—14 Wochen alten Kälbern. In allen Fällen enthält der Verdauungstrakt höhere Vitaminkonzz. als der Vitaminaufnahme entspricht. Von den untersuchten Organen wurde im Dünndarm der höchste Geh. an **II** u. **III** gefunden, während Rumen u. Omasus die höchste **I**-Konz. aufwies. Eine Beziehung zwischen Alter u. Vitamingeh. des Verdauungstraktes konnte nicht festgestellt werden. (J. Dairy Sci. **34.** 145—48. Febr. 1951. State College, Pa., Pennsylvania Agric. Exp. Stat.)
R. REISS. 4587

S. W. Terrill, C. B. Ammerman, D. E. Walker, R. M. Edwards, H. W. Norton und **D. E. Becker,** *Untersuchungen mit Riboflavin bei Ferkeln.* 0,05, 0,85 u. 1,45 mg *Riboflavin* (**I**)/lb. Futter hatten keine signifikante Wrkg. auf Endgewicht u. Futterverzehr von Ferkeln. 0,4 mg **I** mit u. ohne 10 mg *Chlortetracyclin* (**II**) u. mit u. ohne 15 mcg *Vitamin* B_{12} (**III**)/lb Futter waren deutlich suboptimal. **II** verursachte in der ersten Hälfte der Versuchsperiode Gewichtszunahmen. **II**- u. **III**-Zugabe hatte keinen signifikanten Einfl. auf die **I**-Versorgung von Ferkeln. Der **I**-Bedarf wachsender Ferkel liegt zwischen

0,4 u. 0,65 mg/lb Futter, wenn die mittlere Umgebungstemp. 53° F beträgt. (J. Animal Sci. **14.** 593—603. Mai 1955. Illinois Agric. Exp. Stat.) H. PATZSCH. 4587

Joseph Seronde jr., Lois M. Zucker und **Theodore F. Zucker,** *Der Einfluß der Dauer des Pantothenatentzuges auf die natürliche Resistenz von Ratten gegenüber Corynebacterium.* 2 durch ihre Größe unterschiedene Rattenstämme 9B u. 13C erhielten vitaminhaltiges Futter ohne *Pantothenat* (I). Nach 10, 20, 30 u. 40 Versuchstagen erfolgte Infektion mit Corynebacterium 197. Es ergab sich zunehmender Resistenzverlust gegenüber dem Erreger in Abhängigkeit von der Zeit. Verabreichung gleicher Mengen Impfmaterial an 13C u. den größerem Stamm 14C nach 30 Tagen I-Entzug bewirkte keinen Unterschied bei Verwendung unverdünnter Nährbrühe bzw. von NaCl-Suspensionen 1:5. Zwischen der Empfindlichkeit der Tiere u. ihrer Größe bestand keine Proportionalität. (J. infect. Diseases **97.** 35—38. Juli/Aug. 1955. New York, N. Y., Columbia Univ., Coll. of Phys. and Surg., Dep. of Pathol.) H. DOSSMANN. 4587

A. Baserga und **G. Marinone,** *Über eine wenig bekannte Veränderung der Darmzotten des Meerschweinchens bei der Vergiftung mit 4-Aminopteroylglutaminsäure.* Bei der parenteralen Verabreichung von 0,5—2,5 mg 4-Aminopteroylglutaminsäure (I; Aminopterin)/kg Körpergewicht über längerer Zeit an Meerschweinchen beobachteten Vff. bereits nach 5 Tagen eine starke Ablagerung eines gelblichen Pigmentes in den subepithelialen Zellen der Dünndarmzotten. Das Pigment zeigte eine starke Berlinerblau-Rk., war also Fe-haltig. Diese Veränderung verstärkte sich im Laufe der I-Verabreichung, wobei die Fe-speichernden Zellen z. T. durch die Darmwand durchbrachen, z. T. in die regionären Lymphbahnen gelangten. Die Milz, Leber u. andere Organe bleiben von dieser Fe-Speicherung immer frei. Hämorrhagien der Darmwand wurden nie beobachtet. Vff. diskutieren den möglichen Entstehungsmechanismus dieses Phänomens, das gegebenenfalls Schlüsse auf den Wirkungsmechanismus der Folsäure zulassen könnte. (Farmaco [Pavia] **6.** 196—99. März/April 1951. Pavia, Univ., Ist. di Clin. med. e Terapia med.) H. IPPEN. 4587

Henry E. Wilson und **William R. Pitney** (unter techn. Mitarbeit von **Eleanore Labaw** und **Martha Long**), *Vitamin-B_{12}-Konzentration im Serum normaler und ernährungsgestörter Affen.* (J. Lab. clin. Med. **45.** 590—98. April 1955. Chicago, Ill. — C. **1956.** 483.) R. LAFFERENZ. 4587

J. E. Ford, E. S. Holdsworth und **S. K. Kon,** *Die Biosynthese Vitamin-B_{12}-ähnlicher Verbindungen.* (Vgl. C. **1955.** 2471.) Der „*Vitamin-B_{12}* (I)-Bedarf der *Escherichia coli*-Mutante *113-3* beruht wahrscheinlich auf einer Störung der Synth. des *Faktors B* (II), der bei mehreren B_{12}-Vitaminen den Nichtnucleotidteil des Mol. bildet. In Ggw. von **II** u. bei Zugabe des geeigneten Nucleotids der betreffenden Nucleotidbase kann die Mutante z. B. *Cyanocobalamin* (**III**), *Faktor A* (**IV**) oder *Pseudovitamin B_{12}* (**V**) aufbauen. Eine Anzahl in der Konst. dem *Adenin* oder *5.6-Dimethylbenzimidazol* nahestehender Verbb. wurden in Ggw. von **II** hinsichtlich ihrer Wrkg. auf die I-Synth. untersucht u. hierbei verschied. neue, „unnatürliche" I-Analoge erhalten, wovon einige bei *Ochromonas malhamensis*, das zunächst als **III**-spezif. angesehen worden war, Wirksamkeit zeigten. Auch einige andere Mikroorganismen, z. B. Wildstämme von *E. coli* u. *Aerobacter aerogenes*, synthetisieren bei Zusatz geeigneter Komponenten zum Kulturmedium neue I-Analoge. Die in Ggw. von **II** (4 γ) u. Testverbb. (5 mg) gebildeten I-Faktoren wurden in den Zellextrakten durch die mit 2 Lösungsmittelsystemen erhaltenen R_F-Werte[a) sek.-Butanol–Eisessig–W.–5%ig. KCN, 100:1:50:0,25, b) sek.-Butanol–wss. NH_3, d 0,88, –W.–5%ig. KCN, 100:1:50:0,25; WHATMAN Nr. 4] charakterisiert. Biosynth. mit **II**: gebildetes I: *Faktor C* (**IV**), R_F 0,02 u. 0,04, relative Wirksamkeit der Zellextrakte bei *E. coli* bzw. *Ochromonas* (als γ-**III**) 0,16 u. 0,04; **II** + *5.6-Dimethylbenzimidazol*: **III**, 0,25 u. 0,30, 0,97 u. 1,05; **II** + **III**-*Nucleotid*: **III**, 0,25 u. 0,30, 0,97 u. 1,05; **II** + *5-Methylbenzimidazol*: neuer Faktor, 0,19 u. 0,28, 0,76 u. 0,76; **II** + *Benzimidazol*: neuer Faktor, 0,17 u. 0,24, 0,31 u. 0,35; **II** + *3.4-Dimethyl-6-D-ribitylaminobenzol*: **VI**, 0,02 u. 0,04, 0,13 u. 0,03; **II** + *1-Amino-3.4-dimethyl-6-D-ribitylaminobenzol*: **III** + **VI**, 0,25 u. 0,02, 0,50 u. 0,04; 0,50 u. 0,36; **II** + *Riboflavin*: **III** + **VI**, 0,25 u. 0,02, 0,30 u. 0,04; 0,30 u. 0,18; **II** + *5.6-Dichlorbenzimidazol*: neuer Faktor, 0,35 u. 0,41, 0,27 u. 0,46; **II** + *4.5-Dichlor-1.2-diaminobenzol*: neuer Faktor, 0,35 u. 0,41, 0,30 u. 0,50; **II** + *4-Chlor-1.2-benztriazol*: neuer Faktor, 0,26 u. 0,40, 0,19 u. 0,10; **II** + *5-Aminobenzimidazol*: neuer Faktor, fehlt u. 0,14, 0,22 u. 0,05; **II** + *5-Nitrobenzimidazol*, neuer Faktor, fehlt u. 0,29, 0,34 u. 0,23; **II** + *Benzthiazol*: **VI** u. neuer Faktor, 0,02 u. 0,15, 0,04 u. 0,24, 0,23 u. 0,15; **II** + *Adenin*: **V**, 0,11 u. 0,085, 0,85 u. 0,07; **II** + *Adenosin*: **VI** u. Spuren **V**, 0,02 u. 0,11, 0,04 + 0,085, 0,20 u. 0,04; **II** + *Adenosin-2'-phosphat*: **VI**, 0,02 u. 0,04, 0,20 u. 0,04, 0,20 u. 0,04; **II** + *Adenosin-3'-phosphat*: **VI**, 0,02 u. 0,04, 0,16 u. 0,04; **II** + *Adenosin-5'-phosphat*: **VI**, 0,02 u. 0,04; 0,25 u. 0,05; **II** + *Adenosintriphosphat*: **VI**, 0,02 u. 0,04,

0,20 u. 0,04; **II** + *2-Methyladenin*: **IV**, 0,13 u. 0,12, 0,28 u. 0,007; **II** + **IV**-*Nucleotid*: **IV** u. **III**-Spuren, 0,13 u. 0,25, 0,12 u. 0,30, 0,50 u. 0,10; **II** + *8-Azaadenin*: **VI** u. **IV** (?), 0,02 u. 0,13, 0,04 u. 0,12, 0,14 u. 0,03; **II** + *2.6-Diaminopurin*- neue(r) Faktor(en), 0,04 u. (0,06), 0,04 u. (0,07), 0,12 u. 0,004; **II** + *2.8-Dichloradenin*: neuer Faktor, 0,22 u. 0,26, 0,17 u. 0,13; **II** + *2-Methylthioadenin*: neuer Faktor, 0,26 u. 0,17, 0,25 u. 0,03. Die aus Benzimidazol gebildete **I**-ähnliche Verb. wurde in reiner Form isoliert. (Biochem. J. **59.** 86—93. Jan. 1955. Reading, Univ., Nat. Inst. for Res. in Dairying.) K. MAIER. 4587

G. Baldassi und **B. Lollis**, *Vergleichende Untersuchungen über die hämatopoetische Wirkung von Vitamin B_{12} in Leberextrakt.* Die Vff. behandelten Gruppen von Kaninchen, die durch Aderlaß oder Pb-Verabreichung anäm. gemacht worden waren, mit Vitamin-B_{12} (**I**)-Lsg., Leberextrakt (**II**) u. einer Lsg. von **I** in **II** (**III**). Dabei erwiesen sich, vor allem auf längere Sicht, **III** am wirksamsten u. **II** am schwächsten. In einer weiteren Versuchsreihe wurde die Wrkg. der drei Präparationen auf Knochenmarkexplantate geprüft. Auch hierbei war **III** in Verdünnungen zwischen 1 : 5000 u. 1 : 1500000 am wirksamsten u. **II** am schwächsten. Bei einer Verdünnung von 1 : 100000 war allerdings **I** dem **III** überlegen. (Sperimentale, Sez. chim. biol. **2.** 35—43. 15/5. 1951. Trieste, Ospedali Riuniti, Ist. di Biochim.) H. IPPEN. 4587

François Patte, *Über die Umwandlung von Cyanocobalamin in Oxycobalamin während der Papierchromatographie.* Vf. untersuchte das Verh. von reinen Lsgg. von Cyanocobalamin (Vitamin B_{12}; **I**) u. Oxycobalamin (Vitamin B_{12a}; **II**) bei der Papierchromatographie unter verschied. Bedingungen. Die Chromatographie wurde mit WHATMAN Nr. 1-Papier durchgeführt, das bei einem Teil der Verss. vorher mit einer 0,66 mol. Lsg. von KH_2PO_4 getränkt u. getrocknet wurde. Die Entw. erfolgte mit wassergesätt. Butanol, das beim unbehandelten Papier außerdem 5% CH_3COOH enthielt. Die Lokalisation der Flecken erfolgte mit einem **I**-bedürftigen Escherichia coli-Stamm. In einer HCN-haltigen Atmosphäre erfolgte fast vollständige Umwandlung des **II** in **I**, andererseits geht das **I** im Licht auch in einer HCN-Atmosphäre zum großen Teil in **II** über. Dabei ist es gleichgültig, ob die Belichtung nach Aufbringen des **I** oder erst während der Entw. erfolgt. Die Vorbehandlung des Papiers zeigte keinen Einfl. auf diese Umwandlung. Auf Grund dieser Befunde hält der Vf. die papierchromatograph. Best. von **I** u. **II** nebeneinander nur in völliger Dunkelheit für einigermaßen genau durchführbar. (Ann. pharmac. franç. **9.** 747—54. Dez. 1951. Paris, Fac. de Pharm., Labor. de Pharm. galénique; Romainville, Inst. de Rech. „Roussel-Sofrapen".) H. IPPEN. 4587

R. Radhakrishnamurty und **P. S. Sarma**, *Papierchromatographische Trennung der Vitamine der B-Gruppe.* Ein Gemisch der Vitamine *Aneurinhydrochlorid*, *Lactoflavin*, *Cholinchlorid*, *Inosit*, *Nicotinsäure*, *Nicotinamid*, *Vitamin B_{12}*, *Calciumpantothenat*, *Biotin*, *Pyridoxinhydrochlorid* u. *p-Aminobenzoesäure* wurde mit Hilfe der aufsteigenden Papierchromatographie analysiert (Entwickler: die nichtwss. Phase eines Gemisches von n-Butanyl–Methylalkohol–Bzl.–W. 2 : 1 : 1 : 1). Innerhalb von 4½ Std. wanderte die Lösungsmittelfront 18 cm; es wurde gute Trennung erzielt. Die einzelnen Vitamine wurden durch spezif. chem. Rkk. ermittelt. In einer Tabelle sind die mittleren R_F-Werte (von über 50 Unterss.), die unterste Konzentrationsgsenze, bei der die Analyse möglich ist u. die der Identifizierung dienenden Chemikalien angegeben. (Current Sci. **22.** 209—10. Juli 1953. Madras, Univ., Botan. Labor.) W. SPITALER. 4587

Shuntaro Ogawa, *Fluorescenzreaktion von Vitamin C.* 1. Mitt. *Über deren Spezifität und Empfindlichkeit.* Oxydierte *Ascorbinsäure* (**I**; *Dehydroascorbinsäure*)-Lsg. mit o-Phenylendiamin kondensiert gibt im UV-Licht deutlich blaue Fluorescenz noch bei 1 γ **I** im cm^3. 83 organ. u. 10 anorgan. Substanzen zeigten sich reaktionslos. Der Einfl. von Reduktinsäure, Glucoredukton, Glutathion, Cystein u. 2.3-Diketo-1-gulonsäure, die Redoxtitrationen stören oder Dinitrophenylhydrazone bilden, kann leicht ausgeschaltet werden. Der Test ist dem mit Pyrrol (TIPSON) überlegen. — 20 Literaturangaben. (Bull. nat. hyg. Lab. Tokyo **70.** 77—81. Juni 1952. [Orig.: japan.]) L. SCHULER. 4587

Karl-Heinz Niesar, *Eine biochemische Wirkung des Vitamins A.* In Organen *Vitamin-A* (**I**)-avitaminot. Ratten, ausgenommen Milz u. Leber, wurde gegenüber den Kontrollen ein Abfall des *Desoxyribonucleinsäure* (**II**)- u. *Ribonucleinsäure* (**III**)-Geh. beobachtet. Zur Feststellung, ob es sich hierbei um einen prim. oder sek. Prozeß im **I**-Mangelzustand handelte, wurden n. Tieren 1000 I.E. **I**-Palmitat in wss. Emulsion subcutan injiziert, worauf in allen Organen ein **II**- u. bes. ein **III**-Anstieg eintrat. (Naturwissenschaften **42.** 392—93. 1. Juli-H. 1955. München, Univ., Inst. für Physiol. u. Ernährung der Tiere, Labor. für Vitaminforsch. u. -prüfung.) K. MAIER. 4587

Jean Blaizot und **Albert Serfaty**, *Atmungsintensität des isolierten Rattenzwerchfells; Einfluß von A-Avitaminose.* A-Avitaminose verursacht eine Steigerung der Atmungsintensität des isolierten Zwerchfells. Die Vff. besprechen den Anteil, der im Grundumsatz der Mangeltiere den quergestreiften Muskeln zukommen kann u. vergleichen ihre Resultate mit den Hypothesen anderer Untersucher. (Arch. Sci. physiol. **9.** 1—9. 1955. Toulouse, Labor. de Physiol. gén. de la Fac. des Sci.) H. AMAN. 4587

Ján Benca, *Die Vitamin-D_2-Therapie der Hauttuberkulose.* Die Therapie der *Hauttuberkulose* mit *Vitamin D_2* (I) nach CHARPY an 75 Patienten läßt folgendes erkennen: Die therapeut. Ergebnisse mit I sind jenen nach den bisherigen Methoden überlegen. Die Behandlung ist billiger u. auch ambulant durchführbar. Alle Fälle von *Haut-* u. *Schleimhaut-Tb,* mit Ausnahme von M. *Bazi,* sind zu beeinflussen; von den untersuchten Fällen verliefen 86,7% befriedigend, 20% davon gelten als klin. geheilt, nach 10 Monate Behandlung 50%. Bei 20% der Behandlungen stellte sich vorübergehende Intoleranz oder Intoxikation ein. Bei der Behandlung treten in den ersten Wochen vorübergehend Aktivierung der patholog. Herde, Erhöhung der Blutsenkung, der Leukocytenzahl, des Ca-Spiegels im Serum u. Verstärkung der MANTOUX-Rk. ein. — Bei vorsichtiger Dosierung, Verabreichung von Ca u. Ausschluß der Heliotherapie ist die I-Behandlung bei gleichzeitigem positivem Lungenbefund möglich. (Bratislavské Lekárske Listy **31.** 593—602. 1951. Košice, Slov. Univ., Kožn. klin.) E. ROTTER. 4587

Herbert Luckner, *Experimentelles E-Avitaminose-Modell von Myopathien?* Verss., die Stellung von *Vitamin E* (I) in der Genese der Dystrophia musculorum progressiva u. verwandter Zustände zu markieren (Albinoratten mit I-Mangel). Die experimentelle chron. I-Avitaminose kann in vieler Hinsicht als ein Modell der ERBschen Dystrophien gelten, ohne allerdings für die Erforschung der Ursachen dieser Erkrankungen u. der Bedeutung des Vitamins E hierfür u. damit für ihre Behandlungen etwas zu leisten. (Dtsch. Z. Nervenheilkunde **173.** 525—35. 1955. Hamburg, Univ., Physiol. Inst.) H. AMAN. 4587

A. N. Clements, *Der Ursprung der Flugenergie bei Moskitos.* Vf. läßt Moskitos (Culex pipiens Art berbericus Roubaud) in beschriebener App. bis zur Erschöpfung fliegen u. bestimmt die zurückgelegte Wegstrecke als Maß für die verfügbare Energie. Diese wird einmal von den larvalen Fettkörperzellen geliefert, es wird allerdings nur deren Glykogen u. nicht Fett verbraucht. Diese Reserven reichten für Flugzeiten von 48—72 Std., bei Strecken von 5339 m; es entspricht einer Reserve von 0,12 mg Glucose. Zum anderen wird sie durch aufgenommenes Blut geliefert, dieses dient gleichzeitig zur Eiausbildung. (J. exp. Biology **32.** 547—51. Sept. 1955. Univ. of Cambridge, Dep. of Zool.) H. TÄNZLER. 4595

Hans Burström, *Mineralstoffwechsel.* (Vgl. auch C. **1956.** 7276 u. **1953.** 2945.) Übersicht. Mechanismus der Ionenaufnahme (I); die physikal. Komponente von I, „*AFS*" (apparenter freier Raum); metabol. Speicherung im Zellsaft; Ionenabgabe; I der Gefäße, Blutung; Bedeutung u. Funktion der Elemente; ökol. Probleme; Methodisches. — 134 Literaturangaben. (Fortschr. Bot. **16.** 269—91. 1954. Lund, Schweden, Univ., Bot. Labor.) K. MAIER. 4596

Marcus Dauwalder, *Untersuchungen über den Calciumstoffwechsel mit radioaktivem Calcium bei der Milchziege.* Zusammenfassende Darst. bisher vorliegender Ergebnisse. In eigenen Verss. erhielt eine lactierende Ziege in 2 Perioden $^{45}CaCl_2$-Lsg. per os. Am Tage der Eingabe war der mittlere Harnwert an ^{45}Ca das Doppelte, der Milchwert das Drei—Vierfache des Blutserumwertes, am nächsten Tage das Drei- bzw. Fünffache. Nach intravenöser Eingabe von ^{45}Ca-Lactobionat war der Serumwert zunächst sehr hoch, die Urin- u. Milchwerte waren am ersten Tag niedriger, am zweiten gleich hoch wie nach Ca-Zufuhr per os. Patholog. Befunde infolge radioakt. Einfll. wurden nicht beobachtet. Neben dem Skelett war das Eutergewebe stark ^{45}Ca-haltig (Ca-Depot). Ein Callusgebiet zeigte deutliche ^{45}Ca-Anreicherung. Meerschweinchen wurden mit der Milch dieser Ziege gefüttert, wobei die Knochen eines Jungen dieser Tiere sofort nach der Geburt starke ^{45}Ca-Wirksamkeit zeigten (Überführung von ^{45}Ca aus dem Skelett des Muttertieres zum Embryo). Die Knochen aller mit dieser Milch gefütterten Tiere waren stark radioakt., die der jungen Tiere stärker als die der ausgewachsenen (Austauschgleichgewicht des neu zugeführten Ca mit dem reversibel im Skelett gebundenen). (Z. Tierzücht. Züchtungsbiol. **65.** 359—80. Okt. 1955. Bern, Univ., Inst. für Tierzucht u. Hyg. u. Radium-Inst.) J. SCHWAIBOLD. 4596

L. R. Arrington und **G. K. Davis,** *Stoffwechsel von ^{32}Phosphor und ^{99}Molybdän bei Ratten mit calciumreichen Diäten.* Im Hinblick auf früher beobachtete Wechselbeziehungen zwischen P u. Mo wurde das Bestehen solcher Beziehungen zwischen Ca einerseits u. P u. Mo andererseits untersucht. Es wurde gefunden, daß bei hoher Ca-Zufuhr eine deutliche P-Retention eintritt (verminderte Ausscheidung im Harn u. erhöhte Einlagerung in den Geweben). Der Mo-Stoffwechsel wurde dagegen durch Erhöhung der Ca-Zufuhr nicht beeinflußt. Mo wird rasch durch die Nieren ausgeschieden (50% der Gabe per os in 12 Std.). (J. Nutrit. **55.** 185—92. 10/2. 1955. Gainesville, Fla., Florida Agric. Exp. Stat.) J. SCHWAIBOLD. 4596

Göran C. H. Bauer, Arvid Carlsson und **Bertil Lindquist,** *Messung der Knochensalzbildung bei Säuglingen mittels* ^{32}P. (Vgl. Kungl. fysiogr. Sällsk. Lund Förh. **25.** [1955.] 1.) Vff. beschreiben eine neue Meth., um mittels ^{32}P die Neubldg. von Knochensalzen bei Säuglingen zu bestimmen (Injektion einer physiol. Salzlsg. mit bekanntem Geh. an $H_3{}^{32}PO_4$ u. Na_2HPO_4, Unters. einer kleinen Knochenprobe auf ^{32}P, P u. Ca, Beschreibung der Berechnung). Im proximalen Teil des Tibiaschaftes n. Säuglinge wurde der %-Satz der durch Anlagerung hinzugekommenen Knochensalze auf ca. 0,05% je Std. bestimmt, also ca. 5mal soviel wie die Nettozunahme. (Acta paediatrica [Uppsala] **44.** 477—86. Sept. 1955. Lund, Univ., Dep. of Pharmacol., Ped. Clinic, u. Orthoped. Clinic.)
J. Schwaibold. 4596

Avard M. Mitchell und **André Cournand,** *Das Schicksal der in den menschlichen Lungen kreisenden Milchsäure.* Best. der *Milchsäure* nach der modifizierten Meth. von Barker-Summerson bei 17 Herzgesunden in Ruhe, bei leichter u. stärkster Belastung ergab gleiche Spiegel im Blut des rechten Herzens u. der Armarterie, wonach eine intrapulmonale Oxydation der Milchsäure, die zu Fehlern bei der Berechnung der Herzleistung aus O_2-Aufnahme u. arterio-venöser O_2-Differenz führen würde, nicht anzunehmen ist. (J. clin. Invest. **34.** 471—76. März 1955. New York, N. Y., Columbia Univ., Bellevue Hosp., First Med. and Chest. Serv., Coll. of Phys. and Surg. and the Cardio-Pulm. Labor., Dep. of Med.) V. Sachs. 4596

L. H. Adcock und **C. H. Gray,** *Der Stoffwechsel von Sorbit.* Vff. geben n. u. diabet. Versuchspersonen eine mit ^{14}C (30 μC) indizierte orale Dosis von *Sorbit* (**I**; 35 g) u. stellen fest, daß mindestens 70%, wahrscheinlich aber 90% der Radioaktivität im exhalierten CO_2 erscheinen, während nur 10% des ^{14}C mit dem Urin u. den Faeces ausgeschieden werden. Die Verss. geben zwar keinen Aufschluß über den Mechanismus des I-Stoffwechsels, zeigen aber, daß I im Organismus vollständig zu CO_2 abgebaut wird u. als guter Calorienlieferant anzusehen ist. (Nature [London] **177.** 329—30. 18/2. 1956. London, King's Coll. Hosp., Med. School, Dep. of Chem. Pathol.)
P. Fahrnlaender. 4596

W. Maurer, *Messungen der täglichen Neubildungsrate von Albuminen, Globulinen und Fibrinogen beim Menschen und bei Tieren nach Gabe von* ^{35}S*-Methionin.* Die Abbau- u. Neuaufbaurate von Albuminen (A), Globulinen (G) u. Fibrinogen (F) wurde bei Mensch, Ratte u. Kaninchen mit der Meth. radioakt. Markierung zu ermitteln versucht. Verwendet wurde ^{35}S*-Methionin* (**I**) bzw. ^{35}S-markiertes *Hefeeiweiß* (Biosynth. von *Torula utilis* u. trägerfreiem, anorgan. ^{35}S*-Sulfat*), wobei 1 mg I mit ca. 10 mC ^{35}C markiert war (Halbwertszeit ca. 3 Monate). Der Abbau der A ist exponentiell, der der G nicht, da ein Umbau von markierten A in G zustande kommt. F wird ebenfalls exponentiell abgebaut. Die mittleren Halbwertszeiten für den Menschen waren: für A: 60, für G 10, für F 6,7 Tage; für die Tiere ergaben sich Abweichungen. Als neues Verf. wird eine Errechnung der „momentanen Umsatzrate" von Serumeiweiß u. Fibrinogen angegeben, bei dem das Integral u. die spezif. Aktivität des gebundenen I zur Ermittlung der mittleren Lebensdauer einer Plasmaeiweißfraktion herangezogen wird. Für den Menschen ergibt sich eine mittlere Lebensdauer des freien I von $\sim$ 30 Min. (Freisetzung von 13 g I pro Tag = 500 g Eiweiß); im Mittel werden 68 mg I pro Tag in F eingebaut (= 33% des im intravasalen F gebundenen I). Beim Tier entsprechende Abwandlungen. Im n. Tierorganismus liegt ein „Umbau" von A zu G vor (Verfütterung von ^{35}S*-Thioaminosäuren*), wobei etwa die Hälfte des beim Abbau der A anfallenden I unmittelbar zur Bldg. der G verwendet wird. Ferner ist es mit Hilfe einer kontinuierlichen Elektrophorese (Grassmann u. Hannig) möglich, aus ^{35}S*-Serum* seine ^{35}S-γ- u. ^{35}S-β-G zu isolieren, deren Stoffwechselschicksal z. Z. weiter geprüft wird. (Verh. dtsch. Ges. Kreislaufforsch. **21.** 107—23. 1955. Köln, Univ., Med. Klinik.) H. Jordan. 4596

K. Holemans und **A. Lambrechts** (unter techn. Mitarbeit von **H. Martin**), *Stickstoffstoffwechsel und Fettresorption bei Unterernährung und bei Kwashiorkor.* Bei 44 afrikan. Kindern, die längere Zeit eine Nahrung mit Proteinmangel erhielten u. an Unterernährung oder Kwashiorkor litten, wurde bei N-Gleichgewichtsunterss. ein positives N-Gleichgewicht erhalten, das sich proportional zur Proteineinnahme (ca. 50%) verhielt. Unter den Versuchsbedingungen lag das Minimum der N-Versorgung bei ca. 150 mg/kg Körpergewicht/Tag. Die gesamte fäkale N-Ausscheidung betrug durchschnittlich 21% der Einnahme. Die N-Retention war ebensogut bei vegetabil. wie tier. Proteinen. Die Fettresorption (80%) war niedriger als bei n. Kindern (95%). — 39 Literaturangaben. (J. of Nutrit. **56.** 477—94. 10/8. 1955. Liège, Univ., Pediatric Dep., Feshi, Belg. Congo, Nutrit Labor. of Fonds Reine Elisabeth d'assistance Méd. aux Indigènes.)
H. Patzsch. 4596

E. Appuhn, *Serumlipoide und -proteine sowie Kohlenhydrathaushalt bei sogenannter idiopathischer Lipoidose.* Im Verlaufe der Beobachtung (15 Monate) einer idiopath. Lipoidose bei einem 46jährigen ♂ wurden einige Besonderheiten erkannt: Fehlen der Xanthombldg. der Haut, ein „burning feet"-Syndrom (als Leitsymptom der Erkrankung), keine Beteiligung des Gesamtnervensyst., keine therapeut. Beeinflussung, erhebliche Cholesterin- u. Gesamtfetterhöhung, Hypoglykämie u. Insulinüberempfindlichkeit, erhebliche Veränderungen in den Glyko- u. Lipoproteinfraktionen des Serums, patholog. Verschiebungen im Bereich der Serum-Na- u. -K-Ionen. Vermutlich liegt eine komplexe, nicht auf den Lipoidhaushalt beschränkte Stoffwechselstörung vor, die jedoch an Hand eines Falles nicht geklärt werden kann. (Klin. Wschr. **33.** 884—87. 1/10. 1955. Hamburg-Eppendorf, Univ., II. Med. u. Poliklinik.) H. PATZSCH. 4596

Irmgard Ziegler-Günder, Helmut Simon und **Adolf Wacker,** *Über den Stoffwechsel von $^{14}C_{(2)}$-Guanin und $^{14}C_{(8)}$-Hypoxanthin bei Amphibien.* 1 mg getrocknete Bauchhaut von Rana temporaria enthält ca. 5 γ *Guanin* (I) u. 3 γ *Hypoxanthin* (II) in freier Form, Rückenhaut etwa die Hälfte dieser Mengen. Werden an R. temp. oder Xenopus laevis $^{14}C_{(2)}$-I oder $^{14}C_{(8)}$-II injiziert, so lassen sich in Rückenhautextrakten radioakt. I u. II nachweisen, jedoch kein akt. *Adenin.* Die spezif. u. absol. Aktivitäten der *Purine* in Bauchhautextrakten sind 4—10 mal geringer als die der Rückenhaut. Die aus Rückenhaut erwachsener Tiere isolierten *Pterine* zeigten keine Radioaktivität, stehen also mit dem *Purin*-Stoffwechsel in keinem direkten Zusammenhang. (Z. Naturforsch. **11b.** 82—85. Febr. 1956. Tübingen, Max-Planck-Inst. für Biol.; Univ., Chem. Inst.) F. KRUSEN. 4596

Hans H. Weber, *Die beiden Fundamentalmechanismen der Bewegung der Lebewesen.* Übersicht über die physiol.-chem. Vorgänge bei der Muskelkontraktion. (Dtsch. Z. Nervenheilkunde **173.** 392—403. 1955. Heidelberg, Inst. für Physiol. im Max-Planck-Inst. für Med. Forsch.) H. AMAN. 4597

C. Martius, *Die Energie liefernden Vorgänge im Muskel.* Das Bindeglied zwischen energieliefernden u. energieverbrauchenden Prozessen ist die *Adenosinstriphosphorsäure* (*ATP*) (I). Gleichung a) I ⇌ *Adenosindiphosphat* (*ADP*) (II) + Phosphat (P) + 900 cal. Daneben findet sich bes. im Muskel als Energielieferant das *Kreatinphosphat* (*Phosphagen*) (III). Gleichung b) III ⇌ *Kreatin* (IV) + Phosphat + 14000 cal III lädt II wieder auf nach Gleichung c) III + II ⇌ I + IV. Der zur Energiegewinnung dienende Abbauprozeß der Nährstoffe besteht a) aus der anaerob verlaufenden Glykolyse (5%), b) aus der aerob verlaufenden Atmungskettenphosphorylierung (95%). Die Reaktionsfolge b) ist noch so gut wie unbekannt. Bei ihr läßt sich die Atmung vollständig von der Phosphorylierung trennen. Diese „Entkopplung" ist möglich durch mechan. Schädigung der Zellen oder durch *Dinitrophenol* oder durch *Thyroxin.* — Mögliche Rolle des *Phyllochinons* (*Vitamin K;* V) bei einem zweiten Atmungsweg. V ist nicht nur das „antihämorrhag. Vitamin", auch Vitamin E scheint bei der zweiten Stufe der Atmungskettenphosphorylierung beteiligt zu sein. Ein vermutliches Schema der Atmungskette wird aufgezeigt. (Dtsch. Z. Nervenheilkunde **173.** 387—91. 1955. Würzburg, Univ., Physiol.-Chem. Inst.) H. AMAN. 4597

P. Johnson und **H. R. Landolt,** *Myosin, Actin und ihre Beziehungen zueinander.* Vff. untersuchten Myosin (I), Actin (II) u. Actomyosin (III) aus Skelettmuskeln von Kaninchen mit Sedimentations- u. Lichtbrechungsmessungen. Bei Salzkonzz. über 0,3 mol. KCl erwies sich I als monodispers, während es bei niedrigeren Konzz. beträchtlich assoziiert zu sein scheint. II lag weder in der G- noch in der F-Form monodispers vor. Bei der Umwandlung der G- in die F-Form des II zeigten Lichtstreuungsmessungen ein starkes Anwachsen der Mol.-Größe u. -Asymmetrie. Das III enthielt stets auch I u. II, so daß die Vff. eine reversible Dissoziation gemäß I + II ⇌ III annehmen, wobei das Gleichgewicht in 0,6 mol. KCl nach rechts verschoben ist, während in 2 mol. KCl vollständige Dissoziation eintritt. I–II-Gemische in annähernd richtigem Verhältnis (die Vff. halten die ältere Annahme, daß I u. II in beliebigem Verhältnis zu III kombinierbar sind, für widerlegt, obgleich bisher eine Mol.-Gew.-Best. des II unmöglich war) waren natürlichen III-Lsgg. sehr ähnlich, für eine genaue Best. des I–II-Verhältnisses im III war das zur Verfügung stehende II-*Präp.* nicht rein genug. Durch Adenosintriphosphat (IV) wurde sowohl natürliches III, als auch das I–II-Gemisch verändert. Die Vff. nehmen dabei eine Spaltung des III an. Für eine 1% Protein enthaltende Lsg. war ca. 0,005 mol. IV erforderlich. (Discuss. Faraday Soc. **1951.** Nr. 11. 179—94. Cambridge, Univ., Dep. of Colloid Sci.) H. IPPEN. 4597

A. Szent-Györgyi, *Kontraktile Muskeleiweiße.* (Vgl. auch vorst. Ref.) Ausführliche Übersicht u. Diskussion der bisherigen Forschungsergebnisse bes. des Vf. über Actin, Myosin, Actomyosin (I) u. die Bedeutung der Adenosintriphosphorsäure für die I-Spaltung. — 70 Literaturangaben. (Discuss. Faraday Soc. Nr. **11.** 199—217. **1951.** Woos Hole, Mass., Marine Biol. Labor., Inst. for Muscle Res.) H. IPPEN. 4597

Günther Weitzel, Eckhart Buddecke, Anna-Maria Fretzdorff, Franz-Josef Strecker und **Ursula Roester,** *Zink im Augenhintergrund des Seehundes.* Das Tapetum lucidum cellulosum von Seehunden enthält große Mengen *Zn* (bis 140000 γ/g Trockensubstanz), mit dem Lebensalter ansteigend, in einem *Zn-Cysteinathydrat* gleich dem der Caniden, im Gegensatz zu dem der Katzen. Das Verhältnis *Zn* : *S* beträgt 1 : 1. Die Komplexverb. stellt 60% der Trockensubstanz des Tapetums dar, während die restlichen 40% aus den eigentlichen Zellsubstanzen bestehen. *Cystin*-Anteile sind bei den Robben nicht vorhanden. Die übrigen Augengewebe enthalten *Zn* nicht in vermehrtem Maß (unter 250 γ/g Trockensubstanz). (Hoppe-Seyler's Z. physiol. Chem. **304.** 1—10. 29/3. 1956. Göttingen, Max-Planck-Ges., Med. Forsch.-Anst., Biochem. Abt.; Gießen, Justus-Liebig-Hochschule, Physiol.-Chem. Inst.) D. ZEMKE. 4598

W. Laves, *Über das Plasma-Nucleotidphänomen des Blutes bei Hypoxämie.* 1. Mitt. Im frischen Blutserum Verstorbener wurde in Trichloressigsäureextrakten ein hoher Nucleotid–Phosphat-Geh. festgestellt, nicht dagegen im Blutplasma gesunder Personen. Dieses „Blutplasma–Nucleotid-Phänomen" zeigte sich auch bei an Kaninchen experimentell erzeugten Hypoxämien sowie im Blut von Kreislaufkranken u. in Fällen von Poliomyelitis. Es beruht auf einer Störung des Phosphathaushaltes im Sinne eines ATP-Phosphorylierungsdefizits. (Münchener med. Wschr. **98.** 1—4. 6/1. 1956. München, Univ., Inst. für gerichtl. u. Versicherungsmed.) H. AMAN. 4599

E_6. Pharmakologie. Therapie. Toxikologie. Hygiene.

G. G. Demirtschogljan, *Die biologische Wirkung radioaktiver Strahlen.* Allg. Ausführungen. (Естествознание в Школе [Naturwiss. Schule] **1956.** Nr. 1. 11—14. Jan./Febr.) OTTO MAIER. 4601

W. Gahlen und **G. Stüttgen,** *Die Atmung der Epidermis nach Einwirkung ionisierender Strahlen.* Die Fermentsysteme der *Atmung* (**I**) u. der *anaeroben Glykolyse* sind in der Epidermiszelle empfindlicher gegen ionisierende Strahlen als etwa in der Leberzelle. Beide Fermentsysteme werden erst nach einer Latenzzeit gehemmt. Durch Alteration der Zellstruktur (Homogenisierung) oder durch Alterung wird die Strahlenempfindlichkeit der **I** erhöht, u. zwar bei den Epidermiszellen leichter als bei den Leberzellen. Bei beiden Fermentsystemen ist zur Hemmung eine Dosis erforderlich, die ein Mehrfaches der HED (Erythemdosis) beträgt. (Strahlentherapie **97.** 259—65. Juni 1955. Düsseldorf, Med. Akad., Hautklinik.) A. HESSE. 4601

Marguerite Lourau und **Odette Lartigue,** *Die hepatische Glykogenese bei Tieren nach totaler Röntgenbestrahlung.* Durch Verss. an Meerschweinchen konnten Vff. zeigen, daß nach totaler, subletaler Röntgenbestrahlung die Umwandlung von *Glykogen* (**I**) vermindert wird. Eine Unters. der Leber u. der Intestinalorgane auf ihren Geh. an **I** ergab, daß durch die Bestrahlung nicht die Fähigkeit der hepat. Zellen zur Bldg. von **I** verringert wird, sondern daß offenbar die zugeführte Glucose in eine andere Substanz übergeführt wird, die zur Bldg. von **I** nicht geeignet ist. (C. R. hebd. Séances Acad. Sci. **232.** 1144—46. 12/3. 1951.) W. REUSSE. 4601

William B. Looney, *Klinische Spätschäden nach innerlicher Verabreichung von radioaktivem Material.* Innerlich verabreichtes *Ra* wird zum größten Teil aus dem Körper eliminiert. Der Rest findet sich im Skelettsyst. verstreut in kleinen Bezirken hoher Ra-Konzz. u. ist noch viele Jahre später röntgenolog. (rö) nachzuweisen. Noch 10 bis 30 Jahre nach der Applikation kann es zur Bldg. von Knochennekrosen u. bösartigen Geschwülsten kommen. Demgegenüber verbleibt verabreichtes *Th* (*Thorotrast*) fast vollständig im Organismus. Es kann rö bes. in Leber, Milz u. Knochenmark gefunden werden. Neoplasmen u. Leukämien wurden nur selten beobachtet. (Ann. intern. Med. **42.** 378—87. Febr. 1955. Bethesda, Md.) D. NEUBERT. 4601

Z. M. Bacq und **A. Herve,** *Der Schutz von Mäusen gegenüber letalen Röntgendosen durch Cyanide, Azide und Malononitrile.* Im Rahmen zahlreicher gleichwertiger Unterss. haben Vff. die Wrkg. verschied. tox. Stoffe gegenüber Röntgenstrahlwirkungen geprüft. Die Versuchstiere (Mäuse) wurden totalbestrahlt (250 kV, 18 mA, Filter: 0,25 mm Cu, FHA 50 cm, Feldgröße 10×10 cm, mittlere Dosisleistung 100 r/Min.). Als Gesamtdosis wurden 700 r gegeben, eine Dosis, bei der der Tod mit Sicherheit zwischen dem 4. u. 10. Tag nach Bestrahlung eintritt. Die Tiere erhielten unmittelbar vor der Bestrahlung peritoneale Injektionen von 0,1 mg *NaCN*, 75% (Überlebende), 0,5 mg *NaSCN*, 0%, 0,1 mg *NaOCN*, 0%, 0,1 mg NaN_3, 40%, 0,12 mg *Malononitril*, 85%, 1 mg *Glutathion*, 20%, 2 mg *Glutathion*, 50%, 0,1 mg *NaCN* + 1 mg *Glutathion*, 90%, 5 mg Na_2SO_3, 0%. Sie blieb außerdem bei 0% mit 0,5 mg *Mapharsen*, mit 0,2 mg *NaF* sowie mit wiederholten Gaben von 10 mg *α-Tocopherol*. Der additive Effekt des *Glutathions* (vgl. oben) tritt bei höherer Dosis weniger in Erscheinung. Sämtliche Agentien waren wirkungslos, wenn sie nach der Bestrahlung angewandt wurden. Vff. sehen die Wrkg. in einem beschleunigten Abbau der infolge der Bestrahlung gebildeten O-reichen Radikale. (Brit. J. Radiol. **24.** 617—21. Nov. 1951. Liège, Univ., Labor. de Pathol. gén. et de Radiothér. Centre nat. de Rech. sur la Croissance norm. et pathol.) W. REUSSE. 4601

G. Höhne, H. A. Künkel und **H. Maass,** *Die Beeinflußbarkeit der Strahlensensibilität der Glutaminsäuredehydrase in vitro. Glutaminsäuredehydrase* (I) ist in reiner Form (BOEHRINGER U. SÖHNE) gegen Röntgenbestrahlung (200 kV) empfindlich, die Empfindlichkeit steigt mit steigender Verdünnung stark an. Durch wss. Leberextrakte wird I gegen die Röntgenbestrahlung geschützt, die Schutzwrkg. ist noch in einer Konz. von 10^{-4} deutlich ausgeprägt. Auch proteinfreier Leberextrakt u. die acetonfällbaren Lebereiweiße verhindern in Konz. von $0{,}5 \cdot 10^{-3}$ bzw. 10^{-3} die strahleninduzierte Enzymhemmung. (Naturwissenschaften **42.** 488. 1. Sept.-H. 1955. Hamburg-Eppendorf, Univ.-Frauenklinik.) WOLFGANG ALBRECHT. 4601

J. Becker und **H. Kirchberg,** *Hat Periston N bei Anwendung energiereicher Strahlen eine Schutzwirkung?* Es wird über Rattenverss. berichtet, in denen der Einfl. von *Periston* auf die Ausscheidung nicht harnpflichtiger Stoffe untersucht wurde. Bei Anwendung des niedermol. *Periston N* (I) war die Überlebensrate colchicinvergifteter Tiere etwas, allerdings nicht signifikant, größer u. Speicherungserscheinungen nicht beobachtbar. In vitro erfolgt keine Bindung von Colchicin an I. Die von BURGER mitgeteilten Ergebnisse über eine signifikante Strahlenschutzwrkg. von I konnten in einer größeren Versuchsreihe nicht reproduziert werden. (Strahlentherapie **98.** 343—47. Okt. 1955. Heidelberg, Univ., Czerny-Krankenhaus für Strahlenbehandlung.) K. MAIER. 4601

Karl Peters, *Zur Frage des Strahlenschutzes durch Periston N.* Verss. an bestrahlten Wurzelspitzenzellen von *Vicia faba* unter Zusatz von *Kollidon* (*Periston N;* I) zeigten, daß eine I-Schutzwrkg. an der pflanzlichen Zelle nur dann eintritt, wenn ein kolloidosmot. Gefälle hergestellt wird. Vgll. oder Analogieschlüsse zu tierexperimentellen Verss. sind nicht zulässig. Die Versuchsergebnisse beruhen auf der cytolog. Auswertung von Mitosehäufigkeit, Strahlenschäden an Chromosomen u. dem Auftreten von Nebenkernen. (Strahlentherapie **98.** 351—52. Okt. 1955. Tübingen, Univ.-Frauenklinik.) K. MAIER. 4601

Julius G. Frey, *Strahlenschutz der Haut durch Soventol-Gelee.* Mit dem Antihistaminpräp. *Soventol-Gelee* (KNOLL A. G., Ludwigshafen), einem *N-Phenyl-N-benzyl-4-amino-1-methylpiperidin* als milchsaures Salz 2%ig in neutraler Geleegrundlage, ließ sich eine Erhöhung der Hauttoleranz gegenüber den unerwünschten Einfll. der Röntgenbestrahlung erzielen. (Therap. d. Gegenwart **94.** 255—57. Juli 1955. Berlin, Städt. Krankenhaus Moabit.) H. DOSSMANN. 4601

J. Seiler, *Zur Behandlung des Röntgenkaters mit einem neuen Antihistaminicum.* Bericht über gute Erfahrungen an 85 Fällen bei der Behandlung des Röntgenkaters mit *Systral* (ASTA-WERKE A. G., Brackwede/Westf.) = *β-Dimethylaminoäthyl-[p-chlor-α-methylbenzhydryl]-ätherhydrochlorid.* (Therap. d. Gegenwart **94.** 418—19. Nov. 1955. Bamberg, Städt. Krankenhaus.) H. DOSSMANN. 4601

Heinz Dählmann, *Radioaktive Isotope in der pharmakologischen Forschung.* Zusammenfassender Bericht über pharmakol. Tracerunterss. für Diagnose u. Therapie u. die dabei angewandten Meßmethoden. (Apotheker-Ztg. **3.** 223—25. Dez. 1951. Oldenburg.) W. REUSSE. 4601

Jack G. Bishop, Alfred W. Richardson und **Joseph C. Muhler,** *Die Wirkung von verschiedenen Fluoriden auf den Gefäßtonus und die Änderung der Geschwindigkeit des Blutstromes.* Intravasculär (an Hunde) gegebenes *F* wirkt als Vasodilatator, u. diese Wrkg. hält länger an als die anderer Vasodilatatoren. Durch 0,15 mg F wird die Geschwindigkeit des Blutflusses gesteigert, bei 5 mg F nimmt der Blutdruck ab. Die Aktivität der F-Lsgg. ist abhängig von den Kationen: die größte Wrkg. hat SnF_2, es folgen (in absteigender Reihe) *KF*, Na_2PO_3F u. *NaF*. Aus Unterss. der Respiration u. der Muskeltemp. wird auf eine Erniedrigung des Zellstoffwechsels des Körpers durch die angewandten höheren F-Konzz. geschlossen. — Diskussion der Beziehung dieser Befunde zu der Stimulation des Speichelflusses durch *F*. (J. Dental Res. **34.** 478—88. Aug. 1955. Bloomington, Ind., Dep. of Physiol., u. Dep. of Chem., Indiana Univ.) G. KLESSE. 4606

G. Zbinden und **A. Studer,** *Beurteilung der unspezifisch-toxischen Wirkungen von Arzneimitteln aus dem Knochenmark der Ratte.* Bei Überdosierung prinzipiell aller Medikamente, einschließlich der gut verträglichen, finden sich am Knochenmark der Ratte unspezif. Veränderungen, die nicht als Folgen chron. Toxizität gewertet werden dürfen u. nicht auf eine knochenmarkschädigende Wrkg. bei therapeut. Anwendung am Menschen schließen lassen. Dagegen sind die beschriebenen Markveränderungen Ausdruck für die allg. Verträglichkeit von Arzneimitteln. Ausdehnung u. Schweregrad der Markumbldg. werden am Beispiel von *Isonicotinsäurehydrazid*, *N^1-Isonicotinoyl-N^1-isopropyl-*

hydrazin (*Ro 1-7641*), *N*[1]*-(2-Methylisonicotinoyl)-N*[2]*-acetylglycylhydrazin* (*Ro 1-7850*), *N*[1]*-2-Methylisonicotinoyl-N*[2]*-α-furyt-(2')-äthylidenhydrazin* (*Ro 1-7829*), *N*[1]*-Isonicotinoyl-N*[2]*-dl-acetylmethionylhydrazin* (*Ro 1-7531*), *N*[1]*-Isonicotinoyl-N*[2]*-acetylglycylhydrazin* (*Ro* 1-7721) gezeigt. (Naunyn-Schmiedebergs Arch. exp. Pathol. Pharmakol. **226.** 180—96. 1955. Basel/Schweiz, Med. Labor. der F. Hoffmann-La Roche & Co., A. G.)
G. RENTSCH. 4607

Peter Flesch und **Sheldon B. Goldstone,** *Enthaarende Wirkung von Polymerisationsprodukten des Chloroprens.* Nach einer einmaligen Applikation von 0,1—1 cm^3 eines Gemisches von Polymeren des *Chloroprens* (I) auf die Haut von Kaninchen, Mäusen u. Meerschweinchen kommt es innerhalb von 10 Tagen zu vollständigem, lokalem Haarverlust mit Verschwinden von Follikeln u. Talgdrüsen u. excessiver Epidermisverdickung. Rückbldg. all dieser Veränderungen innerhalb 6 Wochen. Bei Verss. in vitro führten die Polymere des I zu einer Inaktivierung der freien SH-Gruppen des Glutathions, der menschlichen Epidermis u. von Mäuseleberhomogenaten. Mit der gleichen Menge Enthaarungsmittel ließ sich auch die *Bernsteinsäuredehydrogenase* inaktivieren. Auch histochem. war eine Zerstörung der epidermalen SH-Gruppen festzustellen. Dadurch besteht ein wesentlicher Unterschied zur Wrkg. des bekannten Enthaarungsmittels Thallium. Die Fraktionen der I-Isomeren eröffnen neue Möglichkeiten in der Behandlung von Pilzinfektionen der Kopfhaut u. zum Studium von Haarwuchs u. epidermaler Carcinogenese. (Science [Washington] **113.** 126—27. 2/2. 1951. Philadelphia, Pa., Univ. of Pennsylvania, School of Med., Dep. of Dermatol.)
F. RUPPERT. 4607

G. W. Korting und **G. Brehm,** *Studien über den Brenztraubensäuregehalt der Cantharidenblasenflüssigkeit.* Die Konz. an *Brenztraubensäure* (I) ist in der Cantharidenblasen-Fl. (im Mittel 2,79 mg% ± 0,672) gegenüber der I im Vollblut (0,76 mg%) bedeutend erhöht. Diese Erhöhung liegt weit außerhalb der Zufallsgrenzen. Die I-Konz. in den Cantharidenblasen kann durch *Hyaluronidase* (subcutan) oder *Cocarboxylase* (subcutan oder intravenös) nicht geändert werden. — Offenbar ist in den Cantharidenblasen infolge einer durch das Cantharidin bewirkten Lähmung der Fermente die Weiterverarbeitung der I gehemmt. (Arch. Dermatologie Syphilis **199.** 160—67. 1955. Tübingen, Univ., Hautklinik.)
A. HESSE. 4607

Murray Saffran und **Orville F. Denstedt,** *Die Wirkung von intravenös injiziertem Citrat auf den Calciumionengehalt des Serums beim Kaninchen.* Zwei Injektionen (5 Min. Abstand) von je 1 ml einer 15%ig. Lsg. von *Na-Citrat* (I) in die Ohrvene eines Kaninchens ergaben keine Zeichen von Toxizität. 7 Min. nach der 2. Injektion war der Geh. des Serums an Gesamt-Ca u. an ionisiertem Anteil gegenüber der Norm unverändert; der Geh. an Citronensäure war mehr als verdoppelt. Die tox. Dosis lag bei 2 ml einer 15%ig. Lsg. von I (nach 5 Min. waren die Convulsionen vorüber), die letale bei 1,4 ml einer 30%ig. (Hypocalcämie). Der erhöhte I-Geh. des Serums nach Injektion von I geht innerhalb von 90—120 Min. auf n. Werte zurück. Bei mehrfachen, kurz aufeinanderfolgenden Injektionen von I in nichttox. Dosen zeigte es sich, daß der Organismus relativ viel I aufnehmen u. kompensieren kann, ohne daß tox. Effekte beobachtbar sind. (Canad. J. med. Sci. **29.** 245—54. Okt. 1951. Montreal, Quebec, McGill Univ., Dep. of Biochem.)
R. REISS. 4607

I. R. Innes und **H. W. Kosterlitz,** *Der Einfluß von Ephedrin, Amylocain und Cocain auf die Reaktion der akut und chronisch enervierten Nickhaut gegenüber Adrenalin, Noradrenalin und 3.4-Dioxynorephedrin.* Es wurden Vgll. durchgeführt zwischen akuter u. chron. Dezentralisierung (A), akuter u. chron. Enervation (B) u. chron. Dezentralisierung u. chron. Enervation (C). Chron. Dezentralisierung erhöht die Wrkg. von *Adrenalin* (I) u. *Noradrenalin* (II), während chron. Enervation die Wrkg. von II mehr steigert als die von I. Im Falle A beeinflußt *Ephedrin* (III) nicht merklich die Wrkg. von I, II u. *3.4-Dioxynorephedrin* (IV) (*Cobefrin, Corbasil*) auf die chron. dezentralisierte Nickhaut. Die Rkk. auf die akut dezentralisierte oder enervierte Nickhaut wurden gesteigert durch zunehmende Dosen von III. Die Rkk. gegenüber II von akut u. chron. dezentralisierten Membranen waren schwächer als die gegen I. *Cocain* (V) steigerte die Rk. gegen II u. verstärkte auch die Rk. gegen IV. Im Falle B waren die Rkk. auf III seitens der akut enervierten Membran ähnlich denen im Falle A gegen III beobachteten. Auch gegenüber V zeigte sich kein deutlicher Unterschied zwischen den Rkk. der akut u. chron. enervierten Membranen. Im Falle C hatte III nur eine kleine oder gar keine Einw. auf die chron. dezentralisierten oder enervierten Membranen. Gegenüber V waren die Rkk. der chron. dezentralisierten u. enervierten Membranen zumeist identisch. *Amylocain* erzeugt ähnliche Effekte wie die von III. (J. Physiology **118.** 28 P—29 P. 28/10. 1952. Aberdeen, Univ., Physiol. Dep.)
H. AMAN. 4607

Heather J. Shelley, *Acetylcholin und die Ciliarbewegung in den Kiemenplatten von Mytilus edulis, der gemeinen Muschel.* Von *Acetylcholin* (I), *Eserin* (II), *Atropin* (III),

D-Tubocurarin (**IV**) u. *Adrenalin* (**V**) wurde der Einfl. auf den Partikeltransport durch die Cilien untersucht. **I** u. **II** beschleunigen in niedrigen Konzz. (10^{-5}) u. verlangsamen ihn bei höherer Konz. (10^{-4}). **III** hat wenig Einfl., **IV** einen gewissen hemmenden u. **V** einen beschleunigenden. Die Wrkg. von Gewebeextrakten in saurer Salzlsg. war gleich der von **I**, variierend von 1,4—13,0 μg/g frischen Gewebes, wobei die höheren Werte erhalten wurden, wenn 10^{-4} von **II** in der Extraktionslsg. anwesend war. Frisches Gewebe hydrolysiert **I** u. *Acetyl-β-methylcholin*, nicht aber *Benzoylcholin*, was die Anwesenheit eines einer „echten" Cholinesterase oder Acetylcholinesterase gleichenden Enzyms anzeigt. Die Aktivität wurde von 10^{-6} von **II** in den meisten Verss. völlig gehemmt, jedoch nicht von 10^{-8} *M–Nu 683*, einem spezif. Inhibitor der Pseudocholinesterase. Der Mechanismus der Synth. von **I** im Mytilus scheint verschieden zu sein von dem im Rattenhirn. Indessen enthalten die Kiemenplatten einen wirksamen Inhibitor des Brustdrüsensystems. Er scheint auf eine der Acetylierung von *Coenzym A* vorangehende Stufe einzuwirken. Die Ergebnisse lassen vermuten, daß die Ciliaraktivität der Kiemenplatten von M. edulis eng verbunden ist mit dem Acetylcholinstoffwechsel. (J. Physiology **118.** 30P—31P. 28/10. 1952. Oxford, Univ., Dep. of Pharmacol.) H. AMAN. 4607

Takanobu Itai, Hiroshi Igeta, Shōgo Kuwahara und **Tokuzo Yanagimachi**, *Synthesen verschiedener N-Alkylpyridiniumhydroxyde und ihre Wirkungen auf die Maus.* Um zu prüfen, ob *N-Alkylpyridiniumhydroxyde* mit den giftigen Substanzen (**I**) in Austern u. Venerupis verwandt sind, wurden N-Methylpyridiniumjodid u. die von *N-[n-Butyl]-*, *N-Octyl-*, *N-Lauryl-*, *N-Cetyl-* u. *N-Allylpyridiniumbromide* hergestellt. Die DL_{50} waren zwischen 0,6 u. 4,9 mg (pro Maus). Sie zeigten im Gegensatz zu den **I** keine besondere Organaffinität. F. der *Pt-Bromide* der Alkyl(R)-pyridiniumbromide für R = *Octyl*: 230°, *Lauryl*: 209—210°, *Allyl*: 169°. (Bull. nat. hyg. Lab. Tokyo **70.** 57—58. Juni 1952. [Orig.: japan.]) L. SCHULER. 4607

C. H. Holten und **Else Sonne**, *Die Wirkung einer Anzahl Benactyzinderivate und anderer Verbindungen auf das durch Stress hervorgerufene Verhalten der Ratte.* Eine Reihe von Verbb. wurde auf die Fähigkeit, das durch Stresswrkg. hervorgerufene Verh. von Ratten normalisieren zu können, geprüft. Verschied. *Benzilsäureester* der Zus. **I** zeigten diese Wirkung. Bei n = 2 müssen R' u. R'' CH_3, C_2H_5 oder Isopropyl, bei n = 3 C_2H_5 sein. Ersatz von α-OH durch Cl erhöht die Wirksamkeit, Veresterung, Verätherung oder Ersatz durch H verringern oder heben sie auf.

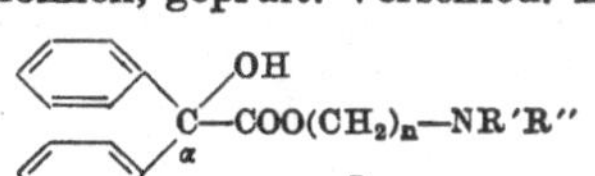
I

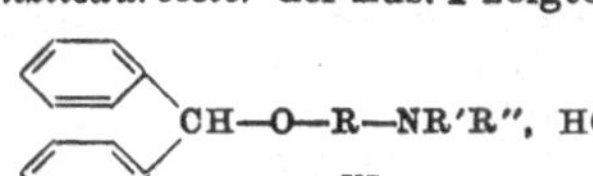
VI

Als sehr wirksam erwies sich *Scopolamin*, während *Atropin* (**III**), *Morphin* (**IV**) u. *Reserpin* (**V**) nur geringe Wirksamkeit besaßen. Alle wirksamen Verbb. sind anticholinergisch. Untersuchte Verbb. (als Hydrochloride): *Benactyzin* (**VII**) = *Benzilsäurediäthylaminoäthylester*, Aktivität 1 (Bezugssubstanz); *Benzilsäureäthylaminoäthylester*, 1/20; *Benzilsäuredimethylaminoäthylester*, 1/1; *Benzilsäurediisopropylaminoäthylester*, 1/1; *Benzilsäure-N-morpholinoäthylester*, 0; *Benzilsäure-N-piperidinoäthylester*, 1/5; *Benzilsäure-[α-methyl-β-diäthylaminoäthyl]-ester*, 1/1; *Benzilsäure-γ-diisopropylaminopropylester*, 0; *Benzilsäuredipropylaminopropylester*, 0; *Benzilsäure-γ-diäthylaminopropylester*, 1/1; *α-Chlordiphenylessigsäurediäthylaminoäthylester*, 1/1—3/1; *α-Butoxydiphenylessigsäurediäthylaminoäthylester*, 0; *α-Allyloxydiphenylessigsäurediäthylaminoäthylester*, 0; *α-Furfuryloxydiphenylessigsäurediäthylaminoäthylester*, 1/50; *α-[4-Oxybutyloxy]-diphenylessigsäurediäthylaminoäthylester*, 0; *α-Benzoyloxydiphenylessigsäurediäthylaminoäthylester*, 1/25; *α-Oxydi-[p-methoxyphenyl]-essigsäurediäthylaminoäthylester*, 1/50; *Diphenylessigsäuredimethylaminoäthylester*, 0; *Diphenylessigsäurediäthylaminoäthylester* (**VIII**, *Trasentin*), 1/10; *α-Cyclohexyl-α-phenylessigsäurediäthylaminoäthylester* (*Trasentin-6 H*), 1/20; *Phenobarbital*, 0; *5-Äthyl-5-[3'-methylbutyl]-barbitursäure*, 0; A., 0; **III**-*Sulfat*, 1/10—1/20; **II**-*Bromid*, 20/1; **IV**-*Chlorid*, 1/25; *Methadonchlorid*, 1/25; *Pethidinchlorid*, 1/15; *Chlorpromazin*, 0; **V**, 1/5—1/10. Diphenhydraminderivv. des Typs **VI** waren unwirksam, ebenso von **VII**, **VIII** u. **VI** sich ableitende quaternäre Verbindungen. (Acta pharmacol. toxicol. **11.** 148—55. 1955. Copenhagen, Medicinalco, Ltd., Biol. Labors.) K. MAIER. 4607

F. Roberti, *Untersuchungen über die Toxizität der Hyodesoxycholsäure und der Dehydrohyodesoxycholsäure.* Vf. untersucht die Toxizität der zu 1,1% in der Schweinegalle vorkommenden *Hyodesoxycholsäure* (*3.6-Dioxycholansäure*; **I**) u. der bei der Oxydation der **I** entstehenden *Dehydrohyodesoxycholsäure* (*3.6-Diketocholansäure*; **II**) im Vgl. mit der *Dehydrocholsäure* (**III**). Für die weiße Maus ergeben sich folgende DL_{50} in mg/kg Körpergewicht: 166,3 **I**, 118,1 **II** gegen 835,8 **III** für die intravenöse Anwendung. Zur Feststellung der für eine etwaige therapeut. Anwendung wichtigen chron. Toxizität verabreichte der Vf. an weiße Mäuse ein Drittel der DL_{50} in 20 Tagen täglich subcutan u. konnte dabei keine patholog. Erscheinungen beobachten. (Farmaco [Pavia] **6.** 346—49. Mai/Juni 1951. Casatenovo Brianza, Como, Labor. „Vister".) H. IPPEN. 4607

Harutoshi Fujishita, *Untersuchungen über die Ausscheidung von Santonin bei Kaninchen.* 3. Mitt. *Über die Menge und Dauer der Ausscheidung von freiem Santonin im Harn von Kaninchen nach verschiedenartigen Verfahren der Verabreichung.* (2. vgl. Folia pharmacol. japon. **48.** [1952,] Nr. 4.) 100 mg *Santonin* (I) äquivalente Dosen wurden 1) als 10%ig. Na-Santoninatlsg. subcutan, 2) als 2% bzw. 3% I-Propylenglykol intramuskulär injiziert u. 3) oral verabreicht. Die I-Ausscheidung im Harn begann bei 1) 5—15, bei 2) 15—50 u. bei 3) 10—15 Min. nach der Verabreichung. Die Ausscheidungsdauer war bei 1) 16, bei 2) 24 bzw. 59, bei 3) 21 Stunden. Im Harn wiedergewonnenes I entsprach bei 1) 57,4%, bei 2) 15,8 bzw. 6,4% u. bei 3) 19,9% des gegebenen I. — 3 Diagramme. (Folia pharmacol. japon. **48.** 288—93. 20/12. 1952. Nagasaki Univ. [Orig.: japan., Auszug: engl.]) L. SCHULER. 4607

T. Dalsgaard-Nielsen, *Über vasodilatatorische Kopfschmerzen.* Eine Unterscheidung von vasodilatator. u. nichtvasodilatator. Kopfschmerzen kann durch den percutanen Nitroglycerintest erfolgen, bei dem 2%ig. Nitroglycerinsalbe in Stirn- u. Schläferegion eingerieben wird; der bei Patienten mit vasodilatator. Kopfschmerzen innerhalb 15 Min. eintretende Kopfschmerz kann durch Entfernen der Salbe u. mit einem Ergotaminpräp. wieder aufgehoben werden. (Farmac. Tid. **65.** 773—80. 31/12. 1955.) R. K. MÜLLER. 4607

R. B. Arora, *Die Anti-Veratrinwirkung von Cinchonaalkaloiden, Cupreinen und synthetischen Malariamitteln.* Unterss. mit Cinchonaalkaloiden, Cupreinen u. synthet. Malariapräpp. am präparierten Musculus sartorius des Frosches Rana tigrina auf den *Veratrin* (I)-Reflex, hervorgerufen durch Eintauchen der Muskeln in eine *Veratridin* (II)-Konz. von 1 : $10 \cdot 10^6$. Untersucht wurden: *Camoquine* (**III**), *Avochlor* (**IV**), *Mepacrine* (**V**), *Atebrin* (**VI**), *Pamaquine, Paludrin* (**VII**), *Cuprein* (**VIII**), *Chinin* (**IX**), *Daraprim* (**X**), *Cinchonin* (**XI**), *Cinchonidin* (**XII**), *Chinolin* (**XIII**), *Piperidin, Chinidin, Deoxycinchonin, Deoxycinchonidin, Dihydrochinidin, Dihydrocuprein.* Die Konzz., bei denen die Präpp. den I-Reflex durch **II** aufheben, werden angegeben, er ist mit **XI, XII, V, VI** 3mal, mit **III** u. **IV** 10mal größer als mit **IX**; **VIII, XIII, VII, X** zeigen den Effekt nur bei erheblich höheren Konzentrationen. Zwischen der opt. Drehung u. der Aufhebung des **I**-Effekts besteht kein Zusammenhang; eine direkte Proportionalität mit der Wirksamkeit bei Malaria besteht nicht. — Diskussion des Chemismus. (Indian J. med. Res. **43.** 311—20. April 1955. Jaipur, S. M. S. Med. Coll., Dep. of Pharmacol.) H. DOSSMANN. 4610

Sadataka Tazaka und **Taneo Nitta,** *Erfolgreiche Behandlung eines Falles von bakterieller Endocarditis mit p-Aminomethylenphenylmethylsulfon.* Ein schwer zu diagnostizierender Fall von bakterieller Endocarditis, frei von Gehirnerscheinungen, wurde durch Blutplattenkultur der Erreger erkannt u. mit 40 Millionen E. *Penicillin* u. insgesamt 66 g „*Methylsulfon*" (*p-Aminomethylenphenylmethylsulfon*) zur Heilung gebracht. (J. Antibiotics [Tokyo] **4.** Suppl. B 71—73. Juli 1951. Chiba Univ., Tazaka Clin. for Internal Diseases. [Orig.: japan.]) L. SCHULER. 4610

Dina Vecellio del Monego, *Die Acetylierung von Sulfonamiden während Schwangerschaft und Wochenbett.* An 36 Gravide u. Wöchnerinnen wurde an 3 aufeinanderfolgenden Tagen täglich 3mal 1 g *Aristamid* (I) verabreicht. Der dadurch erzielte Serum-I-Spiegel war im Durchschnitt bei Graviden wesentlich höher als bei Wöchnerinnen. Der I-Geh. der Wöchnerinnenmilch war deutlich höher als der Serum-I-Spiegel u. sank auch wesentlich langsamer als dieser nach Ende der Medikation ab. Das mit der Milch den Säuglingen zugeführte I betrug nur ca. $^1/_5$ der üblichen therapeut. Dosis von 0,2 g/kg. Weder bei den Müttern noch bei den Säuglingen wurden bei dieser I-Dosierung unangenehme Begleiterscheinungen beobachtet. (Med. Klin. **50.** 1566—69. 16/9. 1955. Frankfurt/M., Univ., Frauenklinik.) F. KRUSEN. 4610

Roger S. Mitchell, *Tödliche, toxische Encephalitis während der Therapie einer Lungentuberkulose mit Iproniazid.* Für den Tod eines tuberkulosekranken Patienten an einer hämorrhag. Encephalitis wird die therapeut. Gabe von *Iproniazid* (I; 4—5 mg/kg 6 Monate lang) verantwortlich gemacht. Es wird die Möglichkeit eines *Nicotinamid*-Mangels, hervorgerufen durch I-Gabe, u. damit eine Veränderung des im Kohlenhydratstoffwechsel wichtigen *Diphosphopyridinnucleotids* (*DPN*) erwogen. (Ann. intern. Med. **42.** 417—24. Febr. 1955. Trudeau, N. Y., Tr. Sanat. and of Trudeau-Saranac Inst.) D. NEUBERT. 4610

D. T. Bennett und **A. E. W. Miles,** *Beobachtungen über die Durchlässigkeit von menschlichem decalcifiertem Zahngewebe für Penicillin.* Da *Penicillin* (I) in steigendem Maße zur Wurzelkanaltherapie verwendet wird, war es von Interesse, ob I die Wurzelwand (Dentin u. Zement) ganz oder nur teilweise zu durchdringen vermag. Zur Nachprüfung der Durchlässigkeit wurden die Wurzeln von extrahierten menschlichen cariesfreien Zähnen verschied. Alters jeweils mit *Na-Benzylpenicillin*-Lsg. (50 I.E./ml) gefüllt. Bei der bakteriolog. Nachprüfung nach 96 Std. wurde kein I auf der Oberfläche der Wurzeln entdeckt. Auch in Kavitäten der Krone eingebrachtes I konnte den Schmelz nicht durchdringen. Wurde jedoch ein Teil des Zementes abgetragen, so zeigte sich bei Verss. auf Agarplatten im Umkreis dieser Stelle eine bakterienfreie Zone, so daß also I durch das freigelegte Dentin hindurchdiffundiert war. Daraus ist zu folgern, daß therapeut. angewandtes I bei intakter Wurzelwand das Periodontium nur im Bereich des Foramen apicale erreicht. (J. Dental Res. **34.** 553—62. Aug. 1955. London, London Hosp. Med. Coll., Dep. of Dental Pathol.) G. KLESSE. 4611

Heinrich Teller und **Waltraut Fürste,** *Experimentelle und therapeutische Untersuchungen zur Omnacillin- und Omnamycinwirkung.* (Vgl. C. **1955.** 8908.) Feststellung der Wrkg. von *Omnacillin* (I) u. *Omnamycin* (II) auf das RES-Syst. u. Angabe therapeut. Erfolge mit I u. II bei Lues u. pyoderm. Infektionen. Die nach Cantharidenblasentest mit I u. II festgestellte Funktionssteigerung des akt. Mesenchyms wird, da mit *Novocain-Pencillin* nicht nachweisbar, auf die *Omnadin*-Komponente zurückgeführt. (Ärztl. Forsch. **9.** I/155—58. 10/3. 1955. Berlin-Britz, Städt. Krankenhaus.) H. DOSSMANN. 4611

Hans Ulrich Schneider, *Konzentrationen antibiotischer Stoffe im Prostatagewebe.* Bericht über Unterss. an Operationsmaterial, meist Adenomen, von 26 Fällen auf *Antibiotica* (I)-Konzz. in der Prostata nach dem „slide-cell"-Test. Die präoperative I-Behandlung erfolgte mit *Streptomycinsulfat* (II), *Mycipen* [$4 \cdot 10^5$ E. *Procainpenicillin* (III), 10^5 E. *Penicillin*- (IV)-*Na* oder -*K*, je $2{,}5 \cdot 10^5\ \gamma$ II u. *Dihydro*-II pro Ampulle] bzw. *Doublemycin* (HEYL & CO., Berlin-Steglitz u. Hildesheim), *Supracillin* ($4 \cdot 10^5$ E. III, 10^5 E. IV-K, $5 \cdot 10^5$ E. *Dihydro*-II pro Ampulle), *Tetracyclin* (*Achromycin*), *Oxytetracyclin* (*Terramycin*), *Chloromycetin* (*Leukomycin*, BAYER), *Erythromycin* (*Erycin*, SCHERING). Die Wrkg. gegebenenfalls zusätzlich verabreichter *Sulfonamide* wurde mit *p-Aminobenzoesäure* ausgeschaltet. Die Konzz. der untersuchten I im Gewebe u. Sekret der Prostata entsprechen den Konzz. im Serum. Bei Nichtvorhandensein resistenter Erreger ist mit I ein wirksamer Operationsschutz zu erzielen. Das herausoperierte Organ war in $^2/_3$ der Fälle keimfrei. (Zbl. Bakteriol., Parasitenkunde, Infektionskrankh. Hyg., I. Abt., Orig. **164.** 471—80. Dez. 1955. Berlin, Robert-Koch-Inst.) H. DOSSMANN. 4611

Harry M. Robinson jr., *Die Behandlung von Lymphogranuloma venereum, von Granuloma inguinale, des Ulcus molle und der Gonorrhoe.* Ausführliche Übersicht über eigene u. fremde Erfahrungen mit der antibiot. Behandlung der Geschlechtskrankheiten außer der Syphilis mit Penicillin (I), Aureomycin (II), Chloramphenicol (III), Terramycin, Streptomycin u. Dihydrostreptomycin. Allg. wird auf die Gefahr hingewiesen, mit der antibiot. Behandlung eine latente Syphilis zu verdecken. Als Mittel der Wahl bezeichnet Vf. I bei der Gonorrhoe u. II sowie III beim Granuloma inguinale, während beim Ulcus molle Antibiotica nur angewendet werden sollten, wenn Sulfonamide versagen. Beim Lymphogranuloma venereum kommen alle genannten Antibiotica außer I in Frage. (A. M. A. Arch. Dermatol. Syphilol. **64.** 284—93. Sept. 1951.) H. IPPEN. 4611

L. Mosonyi, L. Pollák, J. Juhász und **R. Zulik,** *Über Streptomycinhyperlipämie.* (Vgl. C. **1952.** 1367.) Bei einer großen Patientenzahl entsteht nach Zufuhr therapeut. *Streptomycin*-Gaben quantitative Zunahme des Neutralfettes. Diese Hyperlipämie wird durch Stimulierung des neuroendokrinen Gewebes hervorgerufen. (Wiener Z. inn. Med. Grenzgebiete **33.** 384—92. Sept. 1952.) G. KERSTEIN. 4611

A. Ravina und **M. Pestel,** *Rovamycin — ein neues französisches Antibioticum.* Kasuist. Bericht über ein neues aus Streptomyces ambofaciens isoliertes, der Erythromycin–Carbomycin-Gruppe zugehöriges, als Sulfat leicht in W. lösl. kaum giftiges [DL_{50} (Maus): 3 mg/20 g intravenös], in vitro u. in vivo breit antibakteriell (Staphylokokken, Streptokokken, Diplokokken, NEISSERsche Bacillen u. gewisse gramnegative Erreger) wirksames gut verträgliches Antibioticum, *Rovamycin,* das in einer Dosierung von 3—5 g/Tag oral gute Erfolge bei bakterieller Infektion zeigt, aber auch bei Staphylomykosen, Streptomykosen, Rickettiosen, Gonokokken-, Treponema- u. Viruskrankheiten indiziert ist. (Therapiewoche **5.** 638—41. Sept. 1955. Paris.) V. SACHS. 4611

Y. Chabbert (unter techn. Mitarbeit von **J. Hervé**), *In vitro-Versuche mit Spiramycin. Aktivität, Resistenz, Antibiogramm, humorale Konzentrationen.* Eigg. des *Spiramycins* (I): Das antibiot. Spektr. steht dem von Penicillin nahe u. bes. dem der Gruppe der Erythromycine. Die bakteriostat. Aktivität gegenüber den meisten empfindlichen Stämmen ist geringer als die von *Erythromycin* (II), mit Ausnahme der gegen Enterokokken. Die baktericide Aktivität ist ziemlich erhöht gegen Streptokokken u. einige Stämme der Staphylokokken. Die Konz., welche eine erhöhte baktericide Wrkg. besitzt (weniger als

0,01% Überleben), liegt häufig in der Nähe des bakteriostat. Spiegels. In bestimmten Fällen zeigt **I** im Bereich der humoralen Konzz. eine Wrkg. ähnlich der von **II**. Resistenz wird in vitro leicht erworben; sie erreicht in 2 Stufen das 50fache des Primärstammes. Eine gekreuzte Resistenz mit den Antibioticis der anderen Gruppen, wie mit **II** u. *Carbomycin*, gibt es mit **I** nicht. Die Konzz. im Blut Erwachsener sind bei fortlaufender Behandlung mit täglich 3 g bei 7 Kranken um die Mittelwerte von 1,6 u. 2,8 $\mu g/cm^3$ gelegen. (Ann. Inst. Pasteur **89.** 434—46. Okt. 1955. Inst. Pasteur, Labor. de l'Hôp.) H. AMAN. 4611

J. -R. Grislain, *Die Zwischenfälle antibiotischer Therapie bei Kindern (ausgenommen Sulfonamide).* Übersicht über die bei Kindern beobachteten Nebenwirkungen der verschied. Antibiotica, Besprechung der Ursachen sowie der Möglichkeiten ihrer Vermeidung u. Behandlung. (Nourrisson **43.** 128—37. Mai/Juni 1955. Nantes.) H. DOSSMANN. 4611

S. Markees, *Die Bewertung der Cocarboxylase als Therapeuticum.* Besprechung der guten therapeut. Wrkg. des veresterten *Aneurins* (*Aneurinpyrophosphat* = *Cocarboxylase*) durch oxydative Decarboxylierung der *Brenztraubensäure* (**I**) bei allen durch **I**-Anstieg u. Phosphorylierungsstörung gek. Erkrankungen (Diabetes, Toxikosen, postoperative u. postnarkot. Störungen, Herz–Kreislauf-Insuffizienz, Polysklerose, Myasthenie u. SJÖGREN-Syndrom). (Therapiewoche **5.** 564—70. Sept. 1955. Basel, Hoffmann-La Roche u. Co., Akt.-Ges., Med. Labor.) V. SACHS. 4614

Elmar von Haxthausen, *Über Aminopyridin und seine Derivate.* Die pharmakol. Eigg. der 3 isomeren Aminopyridine sowie des *4-Methyl-2-aminopyridins* sind vorwiegend sympathicomimet. Art u. bestehen in peripherer Vasoconstriction, positiv inotroper Herzwrkg. mit Anregung der Atmung, Spasmolyse der Bronchial- u. Darmmuskulatur u. zentral sedierender Komponente. Die Toxizität nimmt vom *2-Aminopyridin* über *3-Aminopyridin* zum *4-Aminopyridin* zu. (Naunyn-Schmiedebergs Arch. exp. Pathol. Pharmakol. **226.** 163—71. 1955. Ludwigshafen/Rh., Chem. Fabrik Dr. F. Raschig GmbH., Pharmakol. Labor.) G. RENTSCH. 4620

R. A. Frowein, H. Hirsch, D. Kayser und **W. Krenkel,** *Sauerstoffverbrauch, Durchblutung und Vulnerabilität des Warmblütergehirns unter Megaphen (Chlorpromazin). N-[3-Dimethylamino-n-propyl]-3-chlorphenothiazin* (**I**) ergab in Dosen von 2—10 mg/kg an chloralosenarkotisierten Hunden keine Änderung der Durchblutung u. des O_2-Verbrauches des Gehirns (Stickoxydulmeth.). Der Systemblutdruck wird aber gesenkt; unterhalb einer krit. Grenze erniedrigen sich jedoch die gemessenen Werte druckpassiv. Nach perakuter totaler Ischämie (Anastomosenabklemmung nach eigener Meth.) vermag **I** die Erholungsfähigkeit zu ändern. **I** löst also in den genannten Dosen keine histotox. Hypoxydose aus. (Naunyn-Schmiedebergs Arch. exp. Pathol. Pharmakol. **226.** 62—68. 1955. Köln, Univ., Inst. für normale u. pathol. Physiol.) H. JORDAN. 4620

Louis A. Wikler, *Die Anwendung von Chlorpromazin zur Verhinderung des Erbrechens bei Kindern.* Mit *Chlorpromazin* (*Thorazine*, SMITH, KLINE & FRENCH LABORS., Philadelphia, Pa.) in Form von Sirup oder Suppositorien konnte bei 46 von 48 Kindern das Auftreten von Übelkeit u. Erbrechen bei verschied. Infektionen schnell verhindert werden. (Arch. Pediatrics **72.** 197—99. Juni 1955. Abington, Pa.) H. DOSSMANN. 4620

Oscar Zárate und **Héctor D. Quinteros,** *Die Anwendung von Chlorprophenpyridaminmaleat bei pollenallergischen Erkrankungen als spezifische Behandlung.* Vff. sahen bei Anwendung von *Chlorotrimeton* (*Chlorprophenpyridaminmaleat*) eine günstige Wrkg. gegenüber allerg. Rkk. auf Pollen von Lolium perenne (Rhinitis, Conjunctivitis, Asthma). Bei über 50% von 106 Patienten war das Resultat gut. Bei ca. 25% traten Schläfrigkeit u. bei einzelnen Patienten allg. Schwäche als Nebenerscheinungen auf. (Prensa méd. argent. **42.** 1445—46. 20/5. 1955. Cuidad Eva Perón, Hospital San Juan de Dios.) P. G. SCHEURLEN. 4625

Werner Schulemann und **Hans Friebel,** *Chemische und pharmakologische Untersuchungen über einen neuen Antihistaminkörper.* Ausgehend von der Beobachtung, daß Verbb., die, wie das Histamin selbst, einen Imidazolring enthalten, als Antihistaminica verwandt werden können, untersuchten Vff. Derivv. des Benzimidazols hinsichtlich ihrer antiallerg. Eigenschaften. Als besonders wirksam erwies sich *1-[p-Chlorbenzyl]-2-[pyrrolidyl-(1)-methyl]-benzimidazol* (**I**; *Allercur*; SCHERING). Die Toxizität von **I** ist gegenüber anderen Antiallergicis mit einer DL_{50} bei 400 mg/kg gering. Diese geringe Toxizität erlaubt eine wesentlich höhere Dosierung als bei anderen Antihistaminicis, die in ihrer Wrkg. bei n. Dosen nicht stärker sind als die von **I**. (Dtsch. med. Wschr. **78.** 540. 549. 10/4. 1953. Bonn, Univ., Pharmakol. Inst.) P. G. SCHEURLEN. 4625

Hans Jahrmärker, *Über die klinische Prüfung eines neuen synthetischen Antihistaminkörpers.* (Vgl. vorst. Ref.) „*Allercur*"-SCHERING (**I**) wurde bei 85 Patienten mit Pollenallergie hinsichtlich seiner antiallerg. Wrkg. untersucht. Dosierung täglich 60 bis

100 mg. I steht in seiner Wirkungsstärke bei dieser Dosierung zwischen *Avil* u. *Pyribenzamin*, zeigt aber nur ganz geringe Nebenerscheinungen, die erst manifest werden, wenn bis 300 mg täglich dosiert wird. (Dtsch. med. Wschr. **78.** 549—51. 10/4. 1953. Marburg, Univ., Med. Poliklinik.) P. G. SCHEURLEN. 4625

John J. Lepore, *Ketocholansäuren als Hilfsmittel bei der Behandlung von Alllergien, die durch hohen Fettgehalt der Nahrung hervorgerufen wurden.* Es wird über 3 Allergiefälle nach Fettverzehr berichtet. Günstige klin. Ergebnisse wurden bei der Behandlung mit einer fettarmen Nahrung u. *Triketol* (*Ketocholansäure*)-Therapie erzielt. Die Beseitigung der allerg. Kondition war trotz Rückkehr zur fetthaltigen Nahrung auch ohne Medikation eine dauernde. Der schlechte Fettstoffwechsel war von vorübergehender Art. — 15 Literaturangaben. (Amer. J. Digest. Diseases **22.** 318—19. Nov. 1955. Marlboro, Mass.) H. PATZSCH. 4625

H. Muth, *Zur potenzierten Narkose. Klinische Untersuchungen unter besonderer Berücksichtigung der Nebenwirkungen.* Bericht über den Verlauf von 610 Operationen unter potenzierter Narkose mit *Phenothiazinderivv.* (I), davon 73 Fälle mit potenzierter *Curare*-Narkose, u. der durch I bedingten postoperativen Erscheinungen sowie Besprechung des Einfl. von I auf den Verbrauch der Narkotica u. postoperativen Analgetica. (Zbl. Gynäkol. **77.** 1529—40. 1955. Dortmund, Städt. Frauenklinik Dudenstift.) H. DOSSMANN. 4627

Masataka Egami, *Das Verhalten afferenter Impulse des Mesenteriums gegen Procain, Dibucain usw.* Der in vivo isolierte Mesenterialnerv der Urethankatze zeigt in n. Zustand 3 voneinander verschied. Impulse, die mit bipolaren, am Nerv angelegten Elektroden im angeschlossenen Oscilloskop sichtbar werden: Typ 1, synchron zum Arterienpuls; Typ 2, arterienunabhängig, kontinuierlich; Typ 3, mechan. Stimulation zugeordnet. *Procain,* 5—10 mg/kg Katze, intravenös verabreicht, hemmt stärker als *Dibucain* den gefäßabhängigen Impuls I; $CaCl_2$, 20—40 mg/kg Katze, intravenös, zeigt gleichen Effekt. *Atropin,* 1—2 mg/kg Katze, intravenös, u. *Morphin,* 5—10 mg/kg Katze sind wirkunglos. (Jap. J. Pharmacol. **4.** 155—59. März 1955. Fukuoka, Univ., Dep. of Pharmacol. [Orig.: engl.]) H. WALTER. 4627

G. van Ackeren, *Erfahrungen mit dem neuen Analgeticum Citarin* (*Bayer*). Bericht über Erfahrungen an 170 Patienten mit dem Analgeticum *Citarin* (I; FARBENFABRIKEN BAYER) = *3-Oxy-N-methylmorphinanhydrobromid.* I besitzt eine Wirkungsdauer von 6—8 Std. u. ist dem *Morphin* überlegen. (Therap. d. Gegenwart **94.** 419—20. Nov. 1955. Trier, Herz-Jesu-Krankenhaus.) H. DOSSMANN. 4627

Walther Harcken jr., *Erfahrungen mit dem Ultrakurznarkoticum Baytinal unter Berücksichtigung seiner Anwendung in der Praxis.* Nach Erfahrungen des Vf. an 100 gynäkolog. Fällen erfüllt *Baytinal* (BAYER), das *Na-Salz der 5.5-Allyl-[2'-methylpropyl]-thiobarbitursäure* alle Bedingungen, die an ein Ultrakurznarkoticum zu stellen sind. (Therap. d. Gegenwart **94.** 401—03. Nov. 1955. Bremerhaven, Städt. Krankenanstalten.) H. DOSSMANN. 4627

Knut Naess, *Starkwirkende Analgetica.* Übersicht über Chemie, analget. Wrkg., Wirkungsdauer, Toleranzerhöhung u. Nebenwirkungen einiger neuer Analgetica. Besprochen werden: Morphin, Cliradon, Dolantin, Metopon, Dromoran (u. Lävodromoran), Dilaudid, Amidon, A 29 Lundbeck, Alphaprodin, Atropin, Dolitron; vgl. der Strukturbilder. — 37 Literaturzitate. (Nord. Med. **54.** 1681—86. 10/11. 1955. Oslo, Univ., farmakol. inst.) R. K. MÜLLER. 4627

G. Cavallini, W. Ferrari und **P. Mantegazza,** *Über einige synthetische Substanzen mit Curarewirkung.* Zwei neue synthet. Verbb., *4.4'-Bis-[diäthylaminoäthoxy]-α.β-diäthylstilben-bis-methojodid* (I) (*542 Mg*) u. *4.4'-Bis-[diäthylaminoäthoxy]-α.β-diäthyl-α.β-diphenyläthan-bis-methojodid* (II) (*547 Mg*), erzeugten bei verschied. Versuchstieren eine Muskellähmung. I scheint etwas wirksamer als II zu sein, beide sind aber sehr viel wirksamer als das entsprechende Diphenylderivat. Die lähmende Wrkg. tritt bei der Ratte schon bei 40—50 γ/kg Körpergewicht intravenös ein. Sie beruht auf einer Blockierung der neuromuskulären Reizübertragung. Frösche überlebten eine Dosis, die zehnmal größer war als die zur Erzielung einer langdauernden Muskelerschlaffung nötige. Vorherige oder gleichzeitige Gabe von Prostigmin bei der Anwendung von I oder II verstärkt die muskelerschlaffende Wrkg., während vorher angewendetes Kongorot die Wrkg. herabsetzt oder aufhebt. Auch in stark lähmenden Dosen verändert I den Blutdruck des Hundes im Wachzustand nicht. Bei Injektion von I oder II in die Cysterna magna des Kaninchens wird eine Krampfbereitschaft ausgelöst, wie sie auch bei gleichartiger Applikation von Tubocurarin ausgelöst wird. In hohen Dosen bewirken I u. II einen Oxytocineffekt am isolierten Entenuterus. Schon in sehr niedrigen Konzz. hemmen I u. II sowohl die wahre als auch die Serumcholinesterase. (Farmaco [Pavia] **6.** 63—73. Jan./Febr. 1951. Milano, Univ., Ist. di Farmacol.) H. IPPEN. 4628

F. Dordoni, *Einige theoretische und praktische Betrachtungen zur medizinischen Verwendung der curareartigen Stoffe.* Vf. gibt auf Grund von 39 Literaturangaben eine Übersicht über die Pharmakologie der curareartigen Stoffe (**I**), vor allem über die Testmethoden u. geht dann ausführlich auf die Dosierungsschwierigkeiten der **I** ein. Bes. wird auf das Fehlen einer allg. Grenze zwischen therapeut. u. tox. Dosis u. die damit verbundenen Gefahren bei der **I**-Anwendung hingewiesen, so daß **I** streng individuell dosiert werden müssen. (Farmaco [Pavia] **6.** 517—24. Juli/Aug. 1951. Roma, Univ., Ist. di Farmacol.) H. IPPEN. 4628

Robert D. Kiess und **F. Bruce Fralick,** *Vorläufiger Bericht über eine neue cycloplegische und mydriatische Verbindung. α-Cyclohexyl-α-thienyl-(2)-α-oxyessigsäure-β'-diäthylaminoäthylesterhydrogennitrat* (**I**) kann bei Patienten mit Atropin- u. Homatropinallergie als cyclopleg. u. mydriat. Mittel angewendet werden. 1, 2 oder 3 Tropfen einer 1,5%ig. Lsg. zeigen nach 1 Std. stärkste Wrkg. auf die Refraktion. In der Behandlung von akuter Iritis zeigt **I** keine besondere Wirkung. (Amer. J. Ophthalmol. [3] **34.** 1593—95. Nov. 1951. Ann Arbor, Mich., Univ., Hosp.) F. KRUSEN. 4628

Austin E. Doyle und **Harold Black,** *Die Reaktion auf pressorische Substanzen bei der Hypertension.* Klin. schwere Hypertensionsfälle zeigten unter Standardbedingungen einen etwas stärkeren Blutdruckanstieg als Normotensive nach Gaben von *Angiotonin* u. *S-Methylisothioharnstoff.* Nach einer Ganglienblockade mit *Hexamethonium* (**I**) wird dieser Effekt deutlich verstärkt, desgleichen erweist sich *Noradrenalin* gleichsinnig wirksam. Essentielle, renale u. posttoxäm. Hypertonien reagieren grundsätzlich gleichartig. Eine Drucksenkung mit *Veriloid* führt zu ähnlichen Effekten wie die **I**-Blockade. Diese abnorme Sensibilität der Hypertension gegen die pressor. Stimulierung ist also offenbar für die Pathogenese der Hypertension von Bedeutung. (Circulation [New York] **12.** 974—80. Dez. 1955. Dunedin, New Zealand, Univ. Otago, Med. School, Dep. of Med.) H. JORDAN. 4630

D. Halmágyi, B. Felkai, J. Iványi, T. Zsótér und **S. Szücs,** *Zur Physiologie des Lungenödems nach Verabreichung von α-Naphthylthioharnstoff (ANTU) beim Hund.* An 12 Hunden ließ sich zeigen, daß *α-Naphthylthioharnstoff* (*ANTU*, **I**; 7—13 mg/kg intravenös in 1% Propylenglykollsg.) eine Senkung des peripheren arteriellen Druckes verursacht, derzufolge die arteriovenöse O_2-Differenz ansteigt. Es tritt Blutverdünnung ein (Hb.-Abfall). Der Druck im kleinen Kreislauf bleibt unverändert. Nach 5—6 Std. tritt Lungenödem (LÖ) ein, das aber reflektor. (lange Rückenlage der Tiere!) zustande kommt. Hebt man die Drucksenkung durch laufende Transfusion auf, so vermindert sich das Glomerulusfiltrat sowie die Ausscheidung von Na u. K. Der extracelluläre (= Rhodan-) Raum vergrößert sich um ca. 50%. Permeabilitätsstörungen sind als Ursache des LÖ unwahrscheinlich, da der Eiweißgeh. der LÖ-Fl. niedrig war. Für das **I**-LÖ spielen also noch andere außer hämodynam. u. permeabilitätsstörenden Faktoren pathogenet. eine Rolle. (Verh. dtsch. Ges. Kreislaufforsch. **21.** 398—404. 1955. Szeged, Ungarn, Univ., I. Med. Klinik.) H. JORDAN. 4630

Erich Doll, *Zur Resorption der Glykoside zweiter Ordnung. Miroten* (CHEM. WERKE MINDEN/Westf.) enthält ein Gemisch verschied. Herzglykoside 2. Ordnung: Adonis 25%, Convallaria, Oleander u. Scilla zu je 12,5%. An Hand elektrocardiograph. Kriterien wird seine orale Wirksamkeit — eine Frage der Resorption — bei 15 myocardgeschädigten Hypertonikern herausgestellt. Welchem der einzelnen Stoffe die feststellbare Herzwrkg. zukommt, kann nicht entschieden werden. (Dtsch. med. Wschr. **81.** 72—73. 13/1. 1956. Freiburg/Br., Univ., Med. Klinik.) H. JORDAN. 4630

G. Chemnitius, *Klinische Erfahrungen mit Adigal. Adigal* (reines *Lanatosid A*; BEIERSDORF), das in seiner Wirkungsbreite zwischen Lanatosid C u. Digitoxin steht, eignet sich vorzüglich zur Herztherapie, wird schnell ausgeschieden u. zeigt in therapeut. Dosen keine tox. Kumulation. (Münchener med. Wschr. **97.** 1393—94. 21/10. 1955. Wolfenbüttel, Städt. Krankenanstalten, Innere Abt.) H. JORDAN. 4630

Gerhard Voigt, *Klinische Beobachtungen über die Lanatosid-A-Wirkung auf die tachycarde Flimmerarrhythmie.* Das Reinglykosid *Lanatosid A* (*Adigal*; BEIERSDORF) ließ bei schweren Fällen von Flimmerarrhythmie keinen ausreichenden negativ-chronotropen Effekt erkennen. Der behauptete digitoxinartige Wirkungsmechanismus wird verneint (4 ausgewählte Fälle). 2 Therapieversager konnten durch Digitoxin bzw. Strophanthin zu vollem Behandlungserfolg gebracht werden. (Münchener med. Wschr. **97.** 1394—97. 21/10. 1955. Göttingen-Weende, Evang. Krankenhaus, Innere Abt.) H. JORDAN. 4630

Fritz-Albert Kuske, *Zur Behandlung der arteriellen Hypertonie mit Rauwolfia-alkaloiden und Hydrazinophthalazin.* Verss. mit dem Kombinationspräp. aus krist. Rauwolfia-Reinalkaloid *Serpasil* mit *Nepresol,* einem *Hydrazinophthalazin,* jetzt als

Adelphan (CIBA AKT.-GES., Wehr/Baden) im Handel, ergaben nur bedingte Erfolge bei Hypertonie. (Therap. d. Gegenwart **94.** 410—13. Nov. 1955. Berlin-Tegel-Süd, Städt. Krankenhaus.) H. DOSSMANN. 4630

John A. Olson, *Eine neue Behandlungsart von funktionellen gastrointestinalen Krankheiten.* Über die symptomat. Behandlung von 120 Patienten mit verschied. Beschwerden des Gastrointestinaltraktes wird berichtet. Sie erhielten *Coactyn* (KINNEY & CO., INC., Columbus, Ind.), eine neue, auf einen bestimmten p_H-Wert eingestellte Lsg. von phosphoryliertem Kohlenhydrat mit Homatropinmethylbromid u. Phenobarbital. (Amer. J. Digest. Diseases **22.** 319—21. Nov. 1955. Cranford, N. J.) H. PATZSCH. 4645

John Tomenius, *Äthyloxyäthylcellulose (Etulose) als Therapeuticum gegen funktionelle Darmbeschwerden.* Das Präp. Etulose (I) ist in saurem Magensaft gut lösl., während bei der in gleicher Weise angewendeten Carbomethoxycellulose die Gefahr der Phytobezoarbldg. infolge Unlöslichkeit im Magensaft besteht. Vergleichende Unterss. über das Quellvermögen nach BONE u. RISING zeigten, daß I ein gleichgroßes Quellvermögen in dest. W. wie in künstlichem Magensaft hat, in künstlichem Darmsaft ist es etwas größer. Das Quellvermögen in W. u. künstlichem Darmsaft ist geringer als bei Methylcellulose (II) u. Traganth (III), größer als bei Semen Psylii. Die Volumenzunahme ist bei III in W. am größten, geringer bei I u. II in künstlichem Magensaft, am kleinsten bei III in künstlichem Darmsaft, während das Festhaltevermögen für Flüssigkeit bei I größer ist als bei den anderen Präparaten. I ist gut geeignet zur Behandlung gewöhnlicher Stuhlverstopfung u. der Hyperirritabilität des Colon ascendens, transversum u. descendens. Das Komplikationsrisiko ist geringer als bei den übrigen Quellmitteln. Kontraindikationen: Durchgangshinderung im Gastrointestinalkanal, verengende Prozesse in der Cardia- oder Pylorusgegend. Die klin. Erprobung von I an 85 Fällen verlief mit guten Ergebnissen. (Svensk farmac. Tidskr. **59.** 665—72. 10/10. 1955. Stockholm, St. Görans Klin. Med. Po.) K. PAWELZIK. 4645

H. Kresbach, *Zur Frage der Juckreizbekämpfung mit Magnesium.* Erprobung von 20%ig. *Mg-Glutaminat* (RIESWERKE, Steiermark) bei 53 Fällen mit juckenden Dermatosen ergab nur z. T. günstige Beeinflussung (Juckreizlinderung). (Dermatol. Wschr. **133.** 137—41. 1956. Graz, Univ., Dermatol. Klinik.) H. DOSSMANN. 4661

Hermann Königsbauer, *Experimenteller Beitrag zur Behandlung der Torulose mit D 25 (2.2'-Dioxy-5.5'-dichlordiphenylsulfid).* Mit Torula histolytica infizierte Ratten wurden mit *D 25 (2.2'-Dioxy-5.5'-dichlordiphenylsulfid)* (I) behandelt, u. zwar wurden 10% I in einer 70%ig. *Solketal (2-Dimethyl-4-oxymethyl-1.3-dioxolan)*-Lsg. injiziert. Nur bei gleichzeitig mit der Infektion beginnender I-Behandlung war ein I-Einfl. auf die Mykose nachweisbar. (Zbl. Bakteriol., Parasitenkunde, Infektionskrankh. Hyg., I. Abt., Orig. **164.** 466—71. Dez. 1955. Knittelfeld, Steiermark, Privatlabor. für Mikrobiol.) H. DOSSMANN. 4661

G. D. Kersley, L. Mandel und **M. R. Jeffrey,** *Gold, Natrium und die Leberfunktion bei rheumatischer Arthritis.* Bei rheumat. Arthritis wird durch salzarme Kost u. Zusatz von NH_4Cl die Wrkg. von Injektionen mit *Au*-Verbb. nicht gesteigert. Keine Störung der Leberfunktion durch *Au*, auch nicht bei den 20% der Fälle, bei denen während *Au*-Therapie eine Dermatitis auftrat. (Ann. rheumatic. Diseases **12.** 29—31. März 1953. Bath, Royal Nat. Hosp. for Rheumatic Diseases.) H. DOSSMANN. 4670

L. J. Barford, *Proseptasine bei der Behandlung rheumatischer Arthritis.* 49 Fälle mit rheumat. Arthritis wurden bis zu 4 Jahren mit *Proseptasine = Benzylsulfanilamid* (I) behandelt. I-Dosierung 0,5 (0,25) g 3 (2)mal täglich bei zusätzlicher *Vitamin-B*-Verabreichung. Die Erfolgsziffer betrug 65%, Nebenwirkungen durch I in weniger als 10% der Fälle. Keine ungünstige Beeinflussung des Blutbildes durch die lange I-Behandlung. (Ann. rheumatic Diseases **12.** 35—37. März 1953. London-Redhill, East Surrey Hosp.) H. DOSSMANN. 4670

Ss. A. Opotschinski, *Die Behandlung von Rheumatismus mit großen Gaben von Natriumsalicylat in Kombination mit Nicotinsäure.* Bei der akuten rheumat. Polyarthritis (68 meist jugendliche Patienten) verabreicht Vf. neben großen Dosen von *Na-Salicylat* (I; 10—15 g, meist 12 g täglich, 3—5 Tage lang) kleine Dosen von *Nicotinsäure* (II; 0,05 bis 0,1 g 2—3mal täglich bzw. 1mal täglich 1 ml der 1%ig. Lsg. subcutan), wodurch die nach I auftretenden dyspept. Erscheinungen völlig verhindert werden. Gegen die tox. Störungen nach Verabreichung von Sulfanilamidpräpp. ist II weniger wirksam. (Клиническая Медицина [Klin. Med.] **33** (**36**). Nr. 12. 80. Dez. 1955.) E. RENTZ. 4670

E. Rottini und **F. M. Guardabassi,** *Klinische und funktionelle Reaktion auf die Anwendung von Diacetylbrenzcatechin-3-carbonsäure allein oder in Verbindung mit Cortison und ACTH bei akuten und chronischen Gelenkerkrankungen. Brenzcatechin-3-carbonsäure* (I; *Movilene U. C. B.*) führt, wie *Cortison* (II) oder *ACTH* (III) zu einer Abnahme der Bluteosinophilen. Diese Abnahme kann durch zusätzliche Gaben von **II** oder **III** nicht verstärkt werden. Akute rheumat. Gelenkerkrankungen sprechen wesentlich besser auf **I** an als chron., bei welchen Kombination mit **II** oder **III** zu empfehlen ist. Dieses verschied. Verh. gegenüber **I** drückt sich auch in unterschiedlichem Verh. der Blutkörperchensenkung u. der Temp. aus, die von **I** lediglich bei akuten Erkrankungen normalisiert werden. Nebenerscheinungen von seiten des Magen–Darm-Traktes treten nach **I** auf, sind aber nur gering. (Clinica terap. **9.** 154—65. Aug. 1955. Perugia, Univ., Ist. di Clin. Med.) P. G. SCHEURLEN. 4670

E. G. Kidd, K. C. Boyce und **R. H. Freyberg,** *Klinische Untersuchungen mit Phenylbutazon (Butazolidin) und Butapyrin (Irgapyrin) bei rheumatischer Arthritis, rheumatischer Spondylitis und Gicht.* Bericht über Erfahrungen mit *Butazolidin* (**I**) u. *Irgapyrin* (**II**) an 80 bzw. 24 Fällen mit rheumat. Arthritis u. Spondylitis sowie Gicht bei **I** (**II**)-Dosierung 400—800 (500—1000) mg/Tag in 200 (250) mg-Tabletten. Besseres Ansprechen von Gicht u. rheumat. Spondylitis als von Arthritis; Nebenwirkungen von **I** (**II**) in 26,7 (68) % der Fälle bedingten z. T. parenterale Verabreichung. In vitro-Unterss. u. Besprechung des Einfl. von **I** auf die Harnsäure. Hinweis auf **I**-Antagonismus von *Benemid.* (Ann. rheumatic. Diseases **12.** 20—24. März 1953. New York, N. Y., Hosp. for Surg. u. Cornell Univ., Med. Coll.) H. DOSSMANN. 4670

G. Achari, B. Mukopadhaya und **P. Sengupta,** *Behandlung von rheumatischer Arthritis mit Irgapyrin, Analyse von 20 Fällen.* (Ann. rheumatic Diseases **12.** 32—34. März 1953. Patna, India, Prince of Wales Med. Coll. u. Hosp.) H. DOSSMANN. 4670

Miloslav Talaš, *Die Wirkung von Protocatechusäure auf experimentelle Arthritis und gegen Hyaluronidase.* Durch intraperitoneale Gaben von *Protocatechusäure* (**I**) an 100 Ratten wird die heilende Wrkg. auf Arthritis u. die durch Hyaluronidase hervorgerufenen Gelenkschwellungen untersucht. **I** wirkt bes. gut in großen Konzz. u. ist im allg. wirksamer als Na-Salicylat. (Scripta med. Fac. med. Univ. Masarykianae et Palackyanae **27.** 138—44. 1954. Olmütz, Palacky-Univ., pharmakol. ustav lekarske fak.) O. POLLAK V. EMHOFEN. 4670

Wallace Graham und **James B. Roberts,** *Intravenös gegebenes Colchicin bei der Behandlung gichtiger Arthritis. Colchicin* (**I**) wurde an 33 Fälle mit gichtiger Arthritis intravenös in Dosen von 3 mg verabreicht u. bewirkte schnelle Schmerzlinderung, bei 24 Fällen gutes, bei 6 befriedigendes Ansprechen innerhalb 1—6 Std., 3 Versager. Verglichen mit oraler **I**-Verabreichung traten nur gelegentlich tox. Erscheinungen seitens des Magens u. Darms auf. Bei *ACTH*-Therapie lassen sich Rückfälle durch Absetzen mit gleichzeitiger oraler **I**-Verabreichung vermeiden. (Ann. rheumatic Diseases **12.** 16—19. März 1953. Veterans' Hosp. u. Toronto General Hosp.) H. DOSSMANN. 4670

Dallongeville, *Ein Fall einer allergischen Reaktion auf Thiosinamin.* Vf. berichtet über die Behandlung einer DUPUYTREN-Kontraktur beider Hände durch Elektrophorese mit *Thiosinamin,* bei der es nach ca. 10 Behandlungen zu Haut-Rkk. (Blasen) kam, die als Allergie gedeutet werden. (J. Radiol. Électrol. Arch. Électr. méd. **34.** 723. 1953. Nantes.) W. REUSSE. 4670

L. Barraquer-Bordas und **J. Ponces-Vergé,** *Die Behandlung der Myasthenia gravis mit Pyridostigmin (Mestinon).* (Vgl. C. **1954.** 11483.) Vff. berichten über die Anwendung von *Mestinon* (**I**; *Dimethylcarbaminsäureester* des *1-Methyl-3-oxypyridiniumbromids*) bei 7 Fällen von Myasthenia gravis. **I** wirkt etwa so stark wie Prostigmin, entwickelt aber weniger ungünstige Nebenerscheinungen. (Rev. clín. españ. **58.** 236—43. 31/8. 1955. Barcelona, Hosp. de la Santa Cruz.) P. G. SCHEURLEN. 4670

H. Werr, *Klinische Untersuchungen über die Beeinflussung der Frakturheilung durch Osspulvit.* Bei 219 Patienten mit Frakturen konnten mit *Osspulvit* (MADAUS, Köln), einer Kombination von Knochenmehl mit natürlichen Ergänzungsstoffen, sichtbare Erfolge erzielt werden. (Therap. d. Gegenwart **94.** 251—55. Juli 1955. Nürnberg, Städt. Krankenanstalten.) H. DOSSMANN. 4670

Hiroshi Kunugi, *Versuche über die spermicide Wirkung von Konzeptionsverhütungsmitteln.* 4. Mitt. *Untersuchungen über Oxychinolinsulfat als Hauptbestandteile von Konzeptionsverhütungsmitteln.* (3. vgl. Bull. nat. hyg. Lab. **69.** [1951.] 56.) Die spermicide Kraft von *Oxychinolinsulfat* ist bei den jetzt benutzten Konzz. zu niedrig u. wird durch die Pufferwrkg. menschlichen Samens weiter erniedrigt. (Bull. nat. hyg. Lab. Tokyo **70.** 99—101. Juni 1952. [Orig.: japan.]) L. SCHULER. 4670

Hiroshi Kunugi, *Versuche über die spermicide Wirkung von Konzeptionsverhütungsmitteln.* 5. Mitt. *Änderung der Abtötungszeit mit dem Alter der Präparate.* (4. vgl. vorst. Ref.) Eine Reihe von Grundstoffen, wie Stärke, Borsäure, Gelatine usw., u. Wirkstoffen, wie *Mercetat* u. *Oxychinolinsulfat,* wurden bzgl. ihrer gegenseitigen Beeinflussung u.

Veränderlichkeit der Wrkg. mit ihrer Alterung geprüft. (Bull. nat. hyg. Lab. Tokyo **70.** 103—09. Juni 1952. [Orig.: japan.]) L. SCHULER. 4670

T. Bodó, *Über „alimentäre" Nitrat-Methämoglobinämien im frühen Säuglingsalter.* Es wird über 7 Fälle „alimentärer" Methämoglobinämien bei Säuglingen berichtet, die auf hohen Nitratgeh. des Trinkwassers bei gleichzeitiger Anwesenheit nitratspaltender Bakterien in den oberen Darmabschnitten zurückgeführt werden. In vitro wurde das Nitratreduktionsvermögen verschied. Colistämme geprüft. Sie vermögen ca. 25—80% des Nitrats in Nitrit überzuführen. Die Methämoglobinbldg. erfolgt dann durch die entstandenen Nitrite. (Mschr. Kinderheilkunde **103.** 8—11. Jan. 1955. Pécs, Ungarn, Univ., Kinderklinik.) W. SCHELER. 4675

John F. Wade jr. und **John F. Burnum,** *Behandlung von akuter und chronischer Bleivergiftung mit Dinatriumcalciumversenat.* Vff. behandelten 19 Patienten mit akuter u. chron. Bleivergiftung erfolgreich mit einem *Versenat.* Zur Vermeidung einer Hypocalcämie wurde eine partiell mit *Ca* beladene Verb. benutzt: *Ca-Na_2-Versenat* (**I**; *Ca-Na_2-Äthylendiamintetraacetat*; *CaEDTA*). Dieses Chelat wurde aus dem nichtionisierten aliphat. *Tetra-Na-Salz* der *Äthylendiamintetraessigsäure* hergestellt. Wegen der größeren Affinität des **I** zu Pb wird das Ca im Chelatring durch Pb ersetzt. Es resultiert ein *Pb-Na_2*-Versenat, das als undissoziiertes Chelat durch die Nieren ausgeschieden wird. Die tägliche Pb-Urinausscheidung der behandelten Patienten konnte unter der **I**-Medikation gegenüber den Ausgangswerten verzehnfacht werden. (Ann. intern. Med. **42.** 251—59. Febr. 1955. Birmingham, Ala., Med. Coll. of Alabama and Veter. Administr. Hosp.) D. NEUBERT. 4675

Voegtlin, Métais, Simler und **Hauswald,** *Ein Fall von Bleikolik, der eine Vergiftung als Berufskrankheit anzeigte.* Es wird ein Fall von *Blei*-Vergiftung beschrieben u. auf die Wichtigkeit einer regelmäßigen Kontrolle des Blutbildes bei Bleiarbeitern hingewiesen. — Bei dem beschriebenen Fall zeigte sich die Giftwrkg. vor allem in: 1. erhöhter Ausscheidung der Koproporphyrine, die mindestens teilweise das Ergebnis einer Abweichung bei der Synth. der prosthet. Gruppe des Hämoglobins war; 2. Polychromatophilie u. Auftreten punktierter roter Blutzellen (**I**), die eine Anomalie des Nucleinsäurestoffwechsels im Zellprotoplasma anzeigen. — Der Geh. der **I** an Ribonucleinsäure war um ca. $^1/_6$ erhöht. (Arch. Maladies profess. Méd. Travail Sécurité soc. **16.** 81—83. 1955. Strasbourg.) TH. MARSSON. 4675

T. C. Yu und **C. K. Chen,** *Der Einfluß von 2.3-Dimercaptopropanol (BAL) auf die Toxizität und Ausscheidung von Kobalt.* Durch Injektion von *2.3-Dimercaptopropanol (BAL)* konnte die Toxizität des *Kobalts* durch Erhöhung der Ausscheidungsgeschwindigkeit zurückgedrängt werden. (Acta physiol. sinica **19.** 89—93. 1953. Chekiang, Med. Coll., Dep. of Pharmacol. [Orig.: chines.; Auszug: engl.]) L. WALLIS. 4675

Gunnar Angervall und **Carl-Erik Persson,** *Kohlenstofftetrachloridvergiftung. Therapeutische und diagnostische Gesichtspunkte im Anschluß an 3 Fälle.* In Fällen von *CCl_4*-Vergiftung durch Verschlucken oder Einatmen wird Magenspülung, Zufuhr von Aminosolglykose (intravenös, Maximum 1 Liter in 3—4 Std.) mit Dauerkontrolle der Diurese, Cholin, Methionin, Inosit, gegebenenfalls Aminosol per os, Ca^{2+} u. gegebenenfalls hyperton. Glucoselsg. intravenös, fettarme, kohlenhydrat- u. eiweißreiche Kost empfohlen. Bei Behandlung nach mehr als 12 Std. Maßnahmen wie bei akutem Leberschaden bzw. tox. Nierenschaden. (Nord. Med. **53.** 157—60. 27/1. 1955. Göteborg, Sahlsgrenska sjukh., Med. klin. I.) R. K. MÜLLER. 4675

W. H. Southcott, *Verdacht auf Tetrachloräthylenvergiftung bei Schafen.* Nach Behandlungen mit *Tetrachloräthylen* (4—5 ml pro Dosis) wurden bei Schafen spontane Todesfälle beobachtet. Das pathol.-anat. Bild glich dem nach Tetrachlorkohlenstoffvergiftungen. Die Todesfälle traten meist im Winter oder frühen Frühjahr auf. (Austral. veterin. J. **27.** 130—31. Juni 1951. Armidale, N. S. W.) R. RUHNKE. 4675

Philip J. McEnerney, *Zufällige Vergiftung von Jungrindern durch Benzolhexachlorid.* Todesfälle von einigen Jungrindern, die Futter aus einem Gefäß erhielten, das Reste von *Benzolhexachlorid* enthielt, werden berichtet. (Cornell Veterinarian **41.** 292—95. Juli 1951. Ithaka, New York.) G. RUHNKE. 4675

R. Camba, *Über einen Fall tödlicher Vergiftung durch Isonicotinsäurehydrazid.* Die Einnahme von 20 Kompretten „*Nicotibina Lepetit*", die 2 g *Isonicotinsäurehydrazid* enthalten, durch einen Lungenkranken führte in 3 Std. zum Tode. Vf. beschreibt die Symptome u. den anatom. Befund. Die tödliche Dosis war in diesem Falle viel geringer als die für die im Labor. gehaltenen Tiere. (Boll. Soc. ital. Biol. sperim. **29.** 385—86. März 1953. Cagliari, Univ. Inst. f. gerichtl. Versicherungsmed.) E. DEHN. 4675

L. Ja. Skljarewski, *Lebensmittelvergiftung durch Aconitum.* Bericht über Vergiftungserscheinungen bei 4 Personen nach dem versehentlichen Genuß von Aconitum.

Die chem. Analyse der Lebensmittelreste sowie der biol. Vers. an weißen Ratten ergaben die Ggw. von *Aconitin*. Nach Auspumpen des Magens verschwanden die Vergiftungssymptome erst nach 5 Tagen. (Вопросы Питанния [Fragen d. Ernähr.] **14.** Nr. 6. 42—43. Nov./Dez. 1955. Büro für gerichtsmed. Begutachtung beim Gesundheitsmin. der KasachSSR.) O. LEBTAG. 4675

Peter Cooper, *Vergiftungen durch Doldengewächse.* Besprochen werden Oenanthe crocata (I), Oe. phellandrium, Cicuta virosa (II), Conium maculatum, Heracleum-Arten u. Ammi majus. 3 Todesfälle durch I u. 1 Todesfall durch II bei 4 Vergiftungen werden erwähnt. (Pharmac. J. **169** ([4] **115**). 18. 5/7. 1952. Bristol, Southmead Hospital.) PH. FRESENIUS. 4675

Kenneth W. Smith, *Lungenveränderungen bei Asbestarbeitern.* Beschreibung der klin. Symptome u. des Röntgenbildes bei Asbestose an Hand von mehreren tausend untersuchten Asbest-Arbeitern. Röntgenol. nachweisbare Lungenveränderungen konnten nur bei Arbeitern, die länger als 20 Jahre in den entsprechenden Betrieben tätig waren, gefunden werden. Die Krankheitshäufigkeit von Asbest-Arbeitern war nicht höher als die in anderen Arbeitsgruppen. Asbestose disponiert nicht für Lungentuberkulose. (A. M. A. Arch. ind. Health. **12.** 198—203. Aug. 1955. New York.) A. ZELLER. 4681

G. W. H. Schepers und **T. M. Durkan,** *Die Wirkung von inhaliertem Talkumbergwerksstaub auf die menschliche Lunge.* Das in Nothern New York State gewonnene u. verarbeitete Talkum (I) besteht aus einem Gemisch von I, Tremolit (II), Anthophyllit (III) u. Quarz (IV). In der Asche von 8 Lungen von Arbeitern, die in dieser Industrie beschäftigt waren, konnten I, II, III u. IV nachgewiesen werden. Als pathogenes Agens für die typ. Talkumlunge (Bronchitis, Bronchiolitis obliterans) wird II angesehen, die Bedeutung von I u. III ist noch nicht vollkommen geklärt. IV verändert die histol. Bilder in typ. Weise. (A. M. A. Arch. ind. Health. **12.** 182—97. Aug. 1955. Saranac Lake, Saranac Labor.) H. ZELLER. 4681

G. W. H. Schepers und **T. M. Durkan,** *Die Wirkungen von inhaliertem Gipsstaub auf die menschliche Lunge.* Beschreibung der histopathol. Lungenveränderungen bei 4 Gipsarbeitern. Es fanden sich nur geringe, nichtspezif. Veränderungen von Parenchym, Pleura, Bronchien u. Gefäßen. (A. M. A. Arch. ind. Health. **12.** 209—17. Aug. 1955. Saranac Lake, N. Y., Saranac Labor.) H. ZELLER. 4681

A. S. Ramaswamy und **R. Rama Rao,** *Experimentelle Pneumokoniose bei Meerschweinchen durch Berylliumstaub.* 12 Meerschweinchen erhielten insgesamt 1,5—2 g *Be*-Staub/Tier intratracheal als Suspension in physiol. NaCl-Lsg. über mehrere Tage verteilt. Die zu verschied. Zeiten (spätestens nach 150 Tagen) getöteten Tiere wiesen in den Lungen das Bild einer Pneumokoniose auf, die später zu einem atroph. Emphysem führte. Eine Fibrose oder die Bldg. von Silicoseknötchen konnte nicht beobachtet werden. In Leber u. Nieren wie in der Nebennierenrinde ließen sich histol. Schädigungen im Sinne einer vakuolären bzw. schaumigen Degeneration oder leichten Verfettung feststellen. (Proc. Indian Acad. Sci., Sect. B **37.** 158—65. April 1953.) H. ZELLER. 4681

Harriet L. Hardy, *Arbeitsunfähigkeit bei Personen, die bestimmten Berylliumverbindungen ausgesetzt waren.* Übersichtsreferat. (A. M. A. Arch. ind. Health. **12.** 174 bis 181. Aug. 1955. Boston.) H. ZELLER. 4681

J. G. W. Hannon, *Lungenveränderungen im Kohlenbergbau.* In Abhängigkeit von Produktionsmethoden, Staubkontrolle, Geologie u. Arbeitsplatz können sich bei den Kohlenbergwerksarbeitern Silicose, Anthrasilicose u. Anthracose mit den entsprechenden klin. Symptomen (Emphysem, Cor pulmonale) entwickeln. (A. M. A. Arch. ind. Health **12.** 204—08. Aug. 1955. Washington, Pa.) H. ZELLER. 4681

N. M. Demidenko, *Über den Einfluß gewerblicher Staube verschiedener Zusammensetzung auf den Organismus.* Staube, die sich aus 50% SiO_2 (I) u. 50% Steinkohle oder Fe_2O_3 zusammensetzen, zeigen in Verss. mit Ratten eine geringere pathogene Wrkg. als die gleichen I-Mengen ohne diese Beimengungen. Beimengungen von Fluorit hingegen schwächen nicht die Wrkg. von SiO_2, verstärken sie aber auch nicht. Die Wrkg. ist hier ausgeprägter als in Ggw. von Steinkohle oder Fe_2O_3. Der Einfl. von Kreide auf die pathogenen Eigg. von I bleibt noch unklar. (Гигиена и Санитария [Hyg. u. Sanitätswes.] **1954.** Nr. 11. 26—29. Nov. Moskau, Med. Inst., Lehrstuhl für Arbeitshyg.) E. KOCH. 4681

V. Ristić und **A. Volkanocska,** *Allergische Erscheinungen, hervorgerufen durch Opium und seine Alkaloide.* Arbeiter, die in Fabriken mit der Herst. von Alkaloiden des Opiums, hauptsächlich Morphium, Codein u. Papaverin, beschäftigt sind, bekommen oft allergische Erscheinungen. Nesselsucht u. z. T. Bronchialasthma. Es wurden 22 Personen untersucht. 6 zeigten auf Papaverin allergische Erscheinungen, 22 auf Opium.

In drei Fällen trat Bronchialasthma auf. Unterss. an Apothekern, die nur fallweise mit diesen Alkaloiden beschäftigt sind, zeigen diese Erscheinungen nicht. Vff. schließen daraus, daß nur eine Dauerbeschäftigung schädigend wirkt. (Boll. chim. farmac. **94.** 3—5. Jan. 1955. Beograd, Pharmakolog. Inst.; Shopje, Pathophysiol. Inst.) A. MERKA. 4681

F. Pharmazie. Desinfektion.

Johs. Krutzsch, *Ergänzung zu der Arbeit „Einiges über die Definition der Dichte und des spezifischen Gewichtes".* (Vgl. C. **1956.** 8159.) Hinweis bzgl. der Notwendigkeit der Reduzierung der bei der Dichtebest. gemessenen Gewichts auf den luftleeren Raum. (Dtsch. Apotheker-Ztg. **96.** 231. 15/3. 1956). M. NEGWER. 4750

Erik Sandell, *Pillenherstellung nach der Tropfmethode.* (Vgl. C. **1956.** 191.) Beschreibung einer relativ einfachen Vorr. (Abb.), mit der sich (bei 4 Tropfmöglichkeiten) etwa 25000 Pillen je Std. herstellen lassen, wobei die erwärmte Pillenmasse (Grundmasse bestehend aus hydriertem pflanzlichen Öl) über einen Trichter direkt in die Gerinnungs-Fl. (z. B. 65%ig. A.) tropft. (Pharmac. J. **175** ([4] **121**). 55 u. 54. 16/7. 1955. Stockholm, Royal Pharmaceutical Inst.) W. SPITALER. 4766

Richard Neu und **Paul Hagedorn,** *Zum gegenwärtigen Stand der Crataegus-Forschung.* Übersicht an Hand eigener u. fremder Arbeiten über die im *Weißdorn* vorhandenen Inhaltsstoffe. — 35 Literaturangaben. (Dtsch. Apotheker-Ztg. **96.** 19—20. 12/1. 1956. Karlsruhe, Dr. Willmar Schwabe G.m.b.H.) M. NEGWER. 4782

Ursula Fiedler, Gerhard Hildebrand und **Richard Neu,** *Weitere Inhaltsstoffe des Weißdorns: Der Nachweis von Cholin und Acetylcholin.* Ausgehend von der Beobachtung, daß wss. bzw. alkohol. Extrakte aus Blättern, Blüten u. Früchten von Crataegus in pharmakol. Verss. cholinartige Wrkgg. entfalten, gelang es Vff., Cholin u. Acetylcholin aus Crataegus zu isolieren. (Arzneimittel-Forsch. **3.** 436—37. Aug. 1953. Karlsruhe, Fa. Schwabe G.m.b.H.) R. REISS. 4782

H. Friedrich, *Untersuchungen über den Gerbstoff von Bergenia-Arten und seine Beziehungen zum Arbutin.* (2. vgl. C. **1955.** 2227). Im Verlauf von Unterss. über die pflanzenphysiol. Beziehungen zwischen Gerbstoffen u. einfacheren phenol. Grundkörpern wie Arbutin (**I**) wurden an den für pharmakol. Zwecke schon mehrfach vorgeschlagenen Blättern von *Bergenia crassifolia* exakte Methoden zur Best. dieser beiden Verbb. in Pflanzenmaterial ausgearbeitet. Nach gesonderter Best. des Wassergeh. gelang die quantitative Analyse des als *Gallotannin* vorliegenden Gerbstoffs u. des **I** in einer Menge von 2,5 g Blattsubstanz, die nach Inaktivierung der Fermente u. Zerkleinern mit Seesand nacheinander mit heißem W. u. 50%ig. Aceton extrahiert worden war. In dem auf 50 cm^3 gebrachten Extrakt ließ sich der Gerbstoff über die mit Phosphorwolframsäure nach FOLIN in sodaalkal. Medium entstehende u. mit dem Filter S 72 auswertbare Blaufärbung bestimmen; ein nach Vorbehandlung mit schwach chromiertem Hautpulver gefundener Blindwert diente zur Eliminierung der bei der colorimetr. Messung miterfaßten Gallussäure. In einem anderen Anteil der Extraktlsg. wurde der Gerbstoff mit Bleiessig zur Ausfällung gebracht, das Filtrat zur Entfernung von freiem Hydrochinon mit Ae. ausgeschüttelt u. zuletzt **I** nach Hydrolyse mit 15%ig. H_2SO_4 durch Titration mit Jodlsg. in bicarbonatalkal. Lsg. bestimmt. Die Fehlergrenze liegt für den Gerbstoff bei + 5%, für **I** bei + 2%. Bei den vorliegenden Unterss. ergaben sich Werte von 68% für den Wassergeh., von 16% in Trockensubstanz für den Gerbstoff u. von 50 mg **I** in 2,5 g Blattsubstanz. (Pharmazie **9.** 138—55. Febr. 1954. Gatersleben, Inst. für Kulturpflanzenforsch. der DAW.) K. ZOPFF. 4782

F. W. Iwanow, *Der Rutingehalt in polyploider Hirse und einigen Ampferarten.* Es wurde festgestellt, daß Kraut u. Blüten von polyploider Hirse mehr *Rutin* (**I**) enthalten als Kraut u. Blüten der diploiden Hirse. Am höchsten ist der **I**-Geh. 23—32 Tage nach der Aussaat. Durch längere Aufbewahrung der bei 100—105° getrockneten Pflanze nimmt der **I**-Geh. fast nicht ab. Von den Sauerampfersorten enthalten bes. Rumex confertus u. Rumex obtusifolius viel **I** (2,50 bzw. 2,75% in der Blüte). (Аптечное Дело [Apothekenwesen] **4.** Nr. 2. 21—26. März/April 1955. Moskau, Pharm. Inst. des Minister. für Gesundheitsschutz der UdSSR, Lehrstuhl für Pharmakogn.) E. STEINBERG. 4782

A. Ch. Rachimowa, *Pharmakologisch-chemische Untersuchung einiger Anthraglykoside enthaltenden Pflanzen aus der Flora von Aserbaidschan.* Auf ihre Eignung als Abführmittel werden die Blätter von verschied. Cassia-Arten, die Rinde von Frangula u. Rhamnus u. die Wurzel von Rumex crispus untersucht. Ihre Wrkg. steht der von offizinellen, Anthraglykoside (**I**) enthaltenden Pflanzen nicht nach. Einige enthalten mehr **I** als die gleichen Pflanzen aus anderen Gebieten der UdSSR. Besonderes Interesse bieten die Blätter von Rhamnus alaternus var. angustifolia Hert.. Ihr Geh. an I erreicht 4,1%. Sowohl I wie Alkaloide sind in Gleditschia triacanthos am reichlichsten während der Fruchtreife vorhanden. (Доклады Академии Наук Азербайджанской ССР [Ber. Akad. Wiss. AserbaidschanSSR] **11.** 295—303. 1955.) F. DU MANS. 4782

F. Gialdi und **R. Ponci,** *Ölsäureäthylester als Lösungsmittel bei der Herstellung von Injektionsflüssigkeiten.* Angabe allg. physikal. Eig. des *Ölsäureäthylesters,* der als Ersatz für pflanzliche Öle empfohlen wird. Vorteile: niedrige Viscosität (5,15 cP/30°), physiol. Unbedenklichkeit u. gute Verträglichkeit, ausgezeichnetes Lösungsvermögen, chem. einheitlich (keine Gefahr des Ausfallens von Palmitin- u. Stearinsäureverbb.). Beschreibung von Prüfverff., bes. jodometr. Peroxydbestimmung. — 14 Literaturangaben. (Farmac. chilena **28.** 69—73. Febr. 1954.) M. REIHER. 4786

C. A. Johnson und **J. A. Thomas,** *Emulgierende Eigenschaften der Macrogolmonostearate.* Die emulgierenden Eigg. der Polyoxyäthylen (Macrogol)-Stearate (I) erlauben die Herst. sehr stabiler Öl-in-W.-Emulsionen. Dabei eignet sich Polyäthylen-600-monostearat bes. zur Herst. von Emulsionen mit hohem Ölgehalt. I sind völlig ungiftig. Es wird eine Vorschrift zur Herst. einer Creme mit ionenfreier emulgierender Salbengrundlage mitgeteilt, die sich mit zahlreichen Arzneimitteln mischen läßt (ausgenommen Phenol oder Resorcein in Konz. über 0,5% u. Acid. tannic.). Die Lagerfähigkeit betrug mindestens 12 Monate. (Pharmac. J. **175** ([4] **121**). 51—54. 16/7. 1955. Pharmaceut. Soc. of Great Britain, Labor. of the Scientific Publications Dep.) W. SPITALER. 4786

R. M. E. Richards und **T. D. Whittet,** *Die Sorbitderivate in der Pharmazie.* Die vielseitige Verwendbarkeit der *Spans* (I) (teilweise mit Fettsäuren verestertes Sorbitan) u. *Tweens* (II) (Polyoxyäthylenderivv. von I) wird erörtert. Die emulgierenden Eigg. von I u. II wurden untersucht u. Anleitungen zur Herst von Emulsionen verschied. Eigg. mitgeteilt. In Abänderung des „Hammersmith cocktails" wird eine Vorschrift für eine hochcalorige oral zu verabreichende Fettemulsion zur Behandlung Urämiekranker angegeben. (Pharmac. J. **175** ([4] **121**). 141—44. 20/8. 1955. London, Univ Coll. Hosp., Pharmaceutical Dep.) W. SPITALER. 4786

Károly Nikolics, *Neuzeitliche Probleme der Rezeptur.* Vf. führt die Maßnahmen an, nach denen in Ungarn die Arzneien verdünnt werden dürfen sowie die Herstellungsmeth. der einzelnen Verdünnungsmittel. Neu ist die Darst. einer 3%ig. H_2O_2-Lsg., sie wird aus dem titrierten konz. Präp. mit 0,02%ig. Phenacetinlsg. hergestellt. Phenacetin wirkt konservierend. (Gyógyszerész **9.** 228—31. 1/12. 1954.) H. LANGENBECK. 4790

Viktor Ligeti, *Auswahl aus den Arbeiten des galenischen Laboratoriums.* Vf. beschreibt die in den galen. Laboratorien der Budapester Apotheken modifizierte Herstellungsmeth. des Sirupus hyperphosphoricus u. der Solutio jodi spirituosa. (Gyógyszerész **9.** 234—36. 1/12. 1954.) H. LANGENBECK. 4790

István Tanay, *Herstellung und Rezepturanwendung von „Elixirium thymi compositum concentratum".* Aus 322 g Saccharose u. 131 g W. wird unter Erwärmen der Sirup gewonnen. 45 g einer 33,3%ig. NaBr-Lsg. wird zugegeben. Man kühlt auf 50° ab, gibt 78 g Orangenschalentinktur, 3 g konservierende Lsg., 300 g Thymustinktur hinzu u. verdünnt mit W. auf 950 g. Das Präparat soll eine D. von 1,183 haben. (Gyógyszerész **9.** 236—38. 1/12. 1954.) H. LANGENBECK. 4790

Arne Klem, *Neuere Salbengrundlagen.* Als Vorteil der Emulsionsgrundlagen für klin. Gebrauch wird ihre kühlende u. juckreizstillende Wrkg., ihre leichte Resorbierbarkeit u. Abwaschbarkeit hervorgehoben. Hinsichtlich der Heilwrkg. sind die bisherigen Unterss. widersprechend. (Nord. Med. **53.** 137—40. 27/1. 1955. Oslo.) R. K. MÜLLER. 4792

R. Heinze, *Plastanwendungen in der Medizin.* Überblick über Eigg. (bes. auch Gewebefreundlichkeit) u. Verwendung (für Prothesen; Nahtmaterial, künstliche Blutgefäße usw.) folgender Plaste: Galalith, Celluloid, Polymethacrylate (*Piorthal*), Polyamide, Polyäthylen u. Polyvinylchlorid. (Plaste u. Kautschuk. **2.** 175—78. Aug. 1955.) F. SCHIPKE. 4796

Peter Cooper, *Bemerkungen über β-Äthyl-β-methylglutarsäureimid (NP 13).* Es werden pharmakol. u. klin. Indikationen für die Verwendung von NP 13 gegeben. Zum Nachw. der Verb. werden einige Rkk. dargelegt. (Pharmac. J. **174** ([4] **120**). 457. 4/6. 1955.) E. BOYE. 4806

Bernard Jones, *Die intravenöse Anwendung von P. A. S. in der Schweiz.* Es wird über die Verwendung von *p-Aminosalicylsäure* (I) in wss. Lsg. bei intravenösen Injektionen ausführlich berichtet. Meist wird I in Verbindung mit Streptomycin oder Isonicotinsäurehydrazid verwendet. (Pharmac. J. **174** ([4] **120**). 456. 4/6. 1955. Warwick Hospital.) E. BOYE. 4806

S. Collett, *Die Arzneimittel der Chinolinreihe.* Übersicht über Chemie u. Herst. der pharmazeut. wichtigeren *Chinolinverbb.* in der Unterteilung: Oxyderivv., quaternäre Basen, Chinolincarbonsäuren u. Aminochinolinderivate. (Manufact. Chemist **25.** 436—41. Okt. 1954.) W. Schulenburg. 4806

Olof Alm, *Äthyloxyäthylcellulose (Etulose) als Laxiermittel. Versuche in vitro über das Quell- und Flüssigkeitsretentionsvermögen.* Im Anschluß an die Verwendung anderer Cellulosederivv. für Laxierzwecke wird in vitro das Quellvermögen u. (durch 48std. Dialyseverss.) das Wasserretentionsvermögen von Äthyloxyäthylcellulose untersucht. Da die erhaltenen Werte mit denen anderer Stoffe, die als Laxiermittel verwendet werden, übereinstimmen, wird die Eignung des Präp. als Kolloidlaxans angenommen, die inzwischen auch durch klin. Verss. (vgl. Tomenius, C. **1956.** 9247), bestätigt wurde. (Svensk farmac. Tidskr. **59.** 641—53. 30/9. 1955. Stockholm, Apotekens kontrollabor.) R. K. Müller. 4806

K. A. Bogdański und **H. Bogdaśka,** *Über die Stabilität der l-Dehydroascorbinsäure in wässerigen Lösungen.* Der Einfl. von Temp. p_H u. Konz. auf die Stabilität von *l-Dehydroascorbinsäure* (I) wurde bestimmt. Die Stabilität nimmt mit steigender Temp. u. steigendem p_H ab. Die Konz. ist ohne Einfl. auf diese Verhältnisse. Die entsprechenden Kurven stellen im logarithm. geteilten Koordinatensystem Gerade dar. Anwesenheit von Proteinen, Pflanzenextrakten oder Milch beeinflußt die Stabilität von I nicht. (Bull. Acad. polon. Sci., Cl. II. **3.** 41—44. 1955. Skierniewice Inst. polonique, Dep. technologique.) Heinrich Hermann. 4808

J. A. Wood und **L. Wait Rising,** *Der Einfluß von Emulgiermitteln auf die antiseptische Wirksamkeit gewisser dermatologischer Präparate.* 5 Reihen von Öl-in-W.- u. 4 Reihen von W.-in-Öl-Emulsionen, die antisept. Stoffe enthalten, wurden auf ihre Wrkg. gegenüber den antisept. Beimischungen untersucht. 135 Emulsionen wurden geprüft. Aus den Versuchstabellen ist ersichtlich, daß das emulgierende Agens eine wichtige Rolle bei der Erhöhung oder Verminderung der Desinfektionswrkg. spielt. Es gibt keinen Emulgator, der für alle Desinfektionsmittel geeignet ist. (J. Amer. pharmac. Assoc., sci. Edit. **42.** 481—82. Aug. 1953. Univ. of Saskatchewan u. Univ. of Washington). E. Boye. 4832

W. Grüger, *In memoriam „Carl Ludwig Schleich“.* Es wird zur Verhütung von Hautschädigungen u. zur Gewährleistung der Handasepsis die Desinfektion mit Marmorstaubseife „Schleich“ u. ihre Darst. beschrieben. (Zbl. Chirurg. **81.** 211—14. 1956. Könnern/Saale, Krankenhaus.) E. Boye. 4832

G. Feils, *Ein Beitrag zur Bekämpfung der Ektoparasiten verschiedener Haustiere mit Fumette.* Vf. untersuchte die Wirksamkeit von *Fumette* (Bayer; *Methansulfofluorid;* I). I wird mit einem Schwelsatz vergast u. dient in dieser Form der Desinfektion von Ställen u. Wirtstieren mit Ektoparasiten. Die Giftigkeit gegen die Wirtstiere ist gering, die Parasiten werden innerhalb 48 Std. abgetötet. Da I nicht ovocid wirkt, ist mehrmalige Anwendung erforderlich. (Tierärztl. Umschau **9.** 209—13. Juni 1954. Koblenz, Landes-Veterinäruntersuchungsamt.) L. Berger. 4832

David P. Carew und **Maynard W. Quimby,** *Eine mikroskopische Untersuchung des Blattes, des Stengels und der Wurzel von Pachyrrhizus erosus (L.) Urban.* (J. Amer. pharmac. Assoc., sci. Edit. **44.** 431—34. Juli 1955. Boston, Mass. Coll. of Pharmacy.) F. Neuwald. 4880

John A. Biles, *Die optisch-kristallographischen Eigenschaften einiger N. F. X-Substanzen.* Die opt.-kristallograph. Werte für 13 N. F. X-Substanzen u. eine U. S. P. XV Substanz werden gegeben. Die Werte können an kleinen Materialmengen bestimmt werden u. erlauben eine schnelle u. spezif. Meth. der Identifizierung. (J. Amer. pharmac. Assoc., sci. Edit. **44.** 74—76. Febr. 1955. Los Angeles, Univ. of Southern California, School of Pharmacy.) F. Groh. 4880

Thomas J. Haley und **George L. Keenan,** *Mikrotoxikologie.* 11. Mitt. *Erkennung und Unterscheidung von 7 neuen synthetischen Antispasmodicis.* (10. vgl. C. **1955.** 2252.) Für die Hydrochloride von *Trasentin 6 H, Bentyl* (1-Cyclohexylhexahydrobenzoesäure-β-diäthylaminoäthylester), *D-2* (2.2-Diphenyl-4-dimethylaminomethyl-1.3-dioxolan; I), *Win-1550* (5-Diäthylamino-2.2-di-phenylpentannitril), *Win-2299* (Cyclopentylthienyl-(2)-oxyessigsäure-β-diäthylaminoäthylester), *Win-2760* (Phenylthienyl-(2)-essigsäure-1'-methylpiperidyl-(3')-methylester) u. für I-Methobromid werden Farb- u. Fällungs-Rkk. mit üblichen Alkaloidreagentien sowie die opt.-kristallograph. Eigg. angegeben. (J. Amer. pharmac. Assoc., sci. Edit. **44.** 54—56. Jan. 1955. Los Angeles, Univ. of Calif., Div. of Ind. Med.) Ph. Fresenius. 4880

Max M. Marsh und **Wayne W. Hilty,** *Pharmazeutica und natürliche Drogen.* Übersicht über die Fortschritte analyt. Methoden zur Unters. von Pharmazeutica u. natürlichen

Drogen seit 1952, bes. Best. von Alkaloiden, Antibiotica, Glykosiden, Hormonen, Eiweißstoffen, Kohlenhydraten, Vitaminen, Metallionen u. a. Wirkstoffen. — 419 Literaturangaben. (Analytic. Chem. **27.** 636—53. April 1955. (Part II.) Indianapolis, Ind., Eli Lilly & Co.) PH. FRESENIUS. 4880

Jaroslav Zýka, *Polarometrische Titration organischer Basen.* 3. Mitt. *Titration mit Pikrin-, Pikrolon-, Styphnin-, Flaviansäure und alizarinsaurem Natrium.* (2. vgl. SOUČKOVÁ u. ZÝKA, C. **1956.** 8434.) Die Alkaloide *Strychninnitrat* (**I**), *Chininhydrochlorid* (**II**), *Cinchonin* (**III**), *Papaverinhydrochlorid* (**IV**) u. *Narcotinhydrochlorid* (**V**) werden mit 0,1 mol. Lsg. von *Pikrin-* (**VI**), *Pikrolon-* (**VII**), *Styphnin-* (**VIII**), *Flaviansäure* (**IX**) u. *alizarinsulfonsaurem Na* (**X**) gefällt u. die entstandenen Salze polarometr. bestimmt. Vf. stellt fest, daß **I, III, IV** durch **VI**; **I, II, IV, V** durch **X**; **II, III** durch **IX** polarometr. gut bestimmbar sind. **VII** u. **VIII** eignen sich für diese Best. nicht. Gearbeitet wurde mit dem HEYROVSKÝ-Polarographen. Als Kathode diente eine Hg-Tropf-, als Anode eine Hg_2Cl_2-Elektrode. (Českoslov. Farmac. **4.** 301—05. Juli 1955. Praha, Univ., Katedr. analyt. chem.) E. VEVERA. 4880

H. Bräuniger und **G. Borgwardt,** *Trennung von Alkaloiden durch Gegenstromverteilung.* Trennung von Alkaloidgemischen durch Gegenstromverteilung in einer 25- oder 40stuf. App. von je 15 bzw. 50 ml Fassungsvermögen unter Benutzung des Phasenpaares Chloroform (**I**)/Pufferlsg. u. anschließende quantitative Best. durch Titration mit 0,01n $HClO_4$ in Dioxan gegen Methylrot als Indicator. Die Identifizierung der einzelnen Substanzen erfolgte nach der Gegenstromverteilung papierchromatograph. oder mit Hilfe der FF. der Goldchloride, Pikrate, Pikrolonate sowie der Nitranilate. Im einzelnen wurden folgende Trennungen durchgeführt: Kodein- (**II**) u. Atropin (**III**)-base (**I**/Pufferlsg. p_H 7,3 u. 6,9; 25 Stufen); Scopolamin (**IV**) u. **III** (**I**/Pufferlsg. p_H 7,3; 40 Stufen); **III** aus einem **I**-Auszug von Extr. Belladonnae (**I**/Pufferlsg. p_H 7,3; 40 Stufen); **IV** aus einem Bilsenkrautextrakt (**I**/Pufferlsg. p_H 5,8; 40 Stufen); Strychnin (**V**) u. Brucin (**I**/Pufferlsg. p_H 4,6; 120 Stufen [Kreislaufmeth.]); **II** von Papaverin, Thebain, Narcotin (**I**/Pufferlsg. p_H 5,5; 40 Stufen); Cevadin u. Veratridin aus einem Veratrinpräp. des Handels (**I**/Pufferlsg. p_H 4,5; 40 Stufen); Abtrennung von Cinchonin (**VI**) von Chinin (**VII**) u. Chinidin (**I**/Pufferlsg. p_H 5,5; 80 Stufen); **VI** aus Extr. Chinae (**I**/Pufferlsg. p_H 5,5; 120 Stufen); **VII** u. **V** (**I**/Pufferlsg. p_H 4,7; 40 Stufen); Äthylmorphin-HCl u. **III**-Sulfat (**I**/Pufferlsg. p_H 6,9; 40 Stufen); Cocainhydrochlorid u. **III**-Sulfat (**I**/Pufferlsg. p_H 7,0; 40 Stufen) u Pilocarpinhydrochlorid u. **III**-Sulfat (**I**/Pufferlsg. p_H 7,0 40 Stufen). (Pharmazie **10.** 591—96. Okt. 1955. Rostock.) R. REISS. 4880

Farbenfabriken Bayer Akt.-Ges., Leverkusen (Erfinder: **Heinrich Nassenstein,** Opladen), *Verhinderung des Siedeverzuges* beim Sieden von in kleinen Behältern, wie Ampullen, befindlichen zähfl. Stoffen, dad. gek., daß der Stoff vor Herst. der Siedebedingungen nur teilweise durch örtliche Überhitzung zu kurzzeitigem Sieden gebracht wird. — Wird das Verf. z. B. bei dem Na-Salz der N-Methylcyclohexanylmethylbarbitursäure angewandt, so erhält man in den Ampullen ein lockeres, schnell lösl. Schaumgerüst. — Auch bei einer Zuckerlsg. u. bei einer wss. Lsg. von Kallikrein mit Polyvinylpyrrolidon als Stabilisierungsmittel wurde Siedeverzug verhindert. (**D. B. P. 899 338** Kl. 12a vom 21/11. 1951, ausg. 10/12. 1953. Anmeldung bekanntgemacht 12/3. 1953.) A. HEINSEN. 4767

Eaton Laboratories, Inc. (Erfinder: **William Clark Ward** und **Matthew Charles Dodd**), Norwich, N. Y., V. St. A., *Antiseptische Salbe* mit 5-Nitrofuranverbb. (**I**), die einen C-haltigen Substituenten tragen, dad. gek., daß **I** in Polyäthylenglykolen oder ihren Derivv. z. B. Äthern mit teilweise mit Fettsäuren veresterten Polyoxyhexiten — als Salbengrundlagen — gelöst werden, wobei Glykol oder Glycerinester zugesetzt werden können. Es werden Verbb. der allg. Formel **I** verwendet, worin R entweder Wasserstoff oder einen Alkylrest oder einen substituierten Alkylrest, z. B. einen Oxyalkyl-, Acyloxylakyl-, Carboxyalkyl- oder einen substituierten Carboxyalkenylrest, z. B. einen Carbalkoxyalkenylrest, einen Carbonylrest, z. B. einen Acylrest oder einen in einen Carbonylrest überführbaren Rest, wie einen Oximidoalkyl-, Semicarbazonoalkyl- oder Hydrazonoalkylrest oder einen substituierten Hydrazonoalkylrest, in dem der Substituent mit dem Stickstoffatom der freien Aminogruppe durch ein Kohlenstoffatom verknüpft ist, bes. einen substituierten Hydrazonoalkylrest der Formel **II**, in der R′ Wasserstoff oder einen Alkylrest oder einen substituierten Alkylrest, z. B. einen Oxyalkylrest, X ein zweiwertiges Atom, z. B. O oder S, oder eine zweiwertige Gruppe, z. B. die Iminogruppe, u. Y eine Aminogruppe oder substituierte Aminogruppe, z. B. eine Alkylamino- Carbamido-, Guanidogruppe oder dgl.

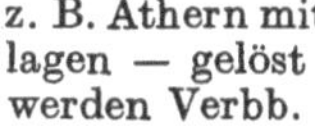

I

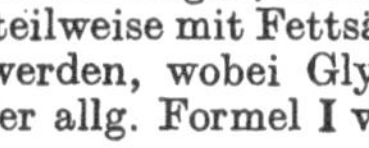

II

einen Alkylrest, z. B. Aminoalkyl,- Carbamyl- oder einen substituierten Carbamylrest, darstellen, oder einen Rest, der sich von der Hydratform des Carbonylrestes ableitet, z. B. einen α.α-Di-(acyloxy)-alkyl-, einen Carbalkoxy- (substituiert, z. B. Halogencarbalkoxy), oder einen Carbamylrest (substituiert, z. B. Dialkylcarbamyl) bedeutet. (**D. B. P. 937 194** Kl. 30h vom 30/3. 1951, ausg. 29/12. 1955. Anmeldung bekanntgemacht 7/7. 1955. A. Prior. 16/7. 1945.) K. HEINZE. 4793

Troponwerke Dinklage & Co., Köln, *1-(Oxyphenyl)-2-aralkylaminobutanone-(1)* der Formel $HO\cdot C_6H_4\cdot CO\cdot CH(C_2H_5)\cdot NH\cdot R\cdot C_6H_5$ (**V**), in der R den 2-wertigen Rest eines Alkans mit 2—5 C-Atomen in gerader oder verzweigter u. dann bes. durch Methylgruppen substituierter Kette bedeutet u. in der die Oxygruppe im Benzolkern die m- oder p-Stellung, bes. die m-Stellung einnimmt, dad. gek., daß man Verbb. der Formel (m- oder p)-R_1O $-C_6H_4-CO-CH(C_2H_5)-NH-R-C_6H_5$ (**VI**), in denen R_1 einen Carbonsäure-, Sulfonsäure- oder Phenylmethylrest bedeutet, in Verbb. der Formel **V** überführt, indem man aus Verbb. der Formel **VI**, in denen die phenol. Oxygruppe durch den Benzylrest veräthert ist, diesen durch Erhitzen mit Mineralsäuren, bes. durch katalyt. Hydrierung ihrer Salze mit Pd-Katalysatoren oder RANEY-Ni u. gegebenenfalls Abbrechen der Hydrierung nach Aufnahme von 1 Mol H_2 abspaltet, oder indem man aus Verbb. der Formel **VI**, in denen die phenol. Oxygruppe durch den Rest einer Sulfonsäure substituiert ist, diesen durch Verseifen mit Säuren oder Alkalien abspaltet. Man kann hierbei auch von Verbb. ausgehen, die durch Rk. von α-Halogenacyloxybutyrophenonen der Formel $R_1O-C_6H_4$ $-CO-CH(Halogen)-C_2H_5$ (R_1 wie oben) mit Aralkylaminen der Formel $H_2N-R-C_6H_5$ erhalten werden. Die Verbb. wirken *bronchodilatorisch*. — *1-(m-Benzyloxyphenyl)-2-(α-methyl-γ-phenylpropylamino)-butanon-(1)*, beim Erhitzen von m-Benzyloxy-α-brombutyrophenon mit 1-Phenyl-3-aminobutan. Existiert in 2 Diastereoisomeren: *Hydrochlorid*, F. 202—204° (**I**), u. *Hydrochlorid*, F. 160—162° (**II**). — *1-(m-Oxyphenyl)-2-(α-methyl-γ-phenylpropylamino)-butanon-(1)*, durch Red. von **I** mit H_2 u. Pd. *Hydrochlorid*, F. 156—157°. Analog liefert **II** das stereoisomere *Hydrochlorid*, F. 75° (Lösungsmittelverb.). — Analog liefert *1-(p-Benzyloxy)-α-brombutyrophenon* (F. 60—61°) → *1-(p-Benzyloxyphenyl)-2-(γ-phenylpropylamino)-butanon-(1)-hydrochlorid* (F. 208—209°) → *1-(p-Oxyphenyl)-2-(γ-phenylpropylamino)-butanon-(1)* (F. 153°). — Auf gleiche Weise wurden erhalten: *1-(p-Benzyloxyphenyl)-2-(δ-phenylbutylamino)-butanon-(1)-hydrochlorid* (F. 192 bis 193°) → *1-(p-Oxyphenyl)-2-(δ-phenylbutylamino)-butanon-(1)* (F. 151°). — *1-(p-Benzyloxyphenyl)-2-(α-methyl-β-phenyläthylamino)-butanon-(1)-hydrochlorid* wurde in 2 Diastereoisomeren erhalten: F. 230—231° (**III**) u. F. 219—220° (**IV**). Bei der katalyt. Hydrierung liefert **III** *1-(p-Oxyphenyl)-2-(α-methyl-β-phenyläthylamino)-butanon-(1)-hydrochlorid* vom F. 186° u. **IV** liefert analog die Form vom F. 167—177°. — *1-(p-Benzyloxyphenyl)-2-(α-methyl-α-phenylmethylamino)-butanon-(1)-hydrochlorid* (F. 239—240°) → *1-(p-Oxyphenyl)-2-(α-methyl-α-phenylmethylamino)-butanon-(1)* (F. 181—192°). — *1-(p-Benzyloxyphenyl)-2-(α.α-dimethyl-α-phenylmethylamino)-butanon-(1)-hydrochlorid* (F. 225—226°) → *1-(p-Oxyphenyl)-2-(α.α-dimethyl-α-phenylmethylamino)-butanon-(1)* (F. 129—131°). (**D.B.P. 927 690** Kl. 12q vom 25/7. 1951, ausg. 16/5. 1955. Anmeldung bekanntgemacht 28/10. 1954.) G. LANGER. 4807

J. R. Geigy Akt.-Ges., Basel, Schweiz, *N-(2.3-Epoxypropyl)-o.o'-ditolylamin*. Beim Kochen von 2.2'-Dimethyldiphenylamin mit Epichlorhydrin, $NaNH_2$ u. Toluol, $Kp._{0,2}$ 145—149°; *Hydrochlorid*, F. 185°. — *Therapeuticum* u. Zwischenprod. für Therapeutica. (**Schwz. P. 305 887** vom 25/1. 1952, ausg. 16/5. 1955.) G. LANGER. 4807

J. R. Geigy Akt.-Ges., Basel, Schweiz, *1.10-Bis-[β-(dimethylbenzylammonium)-äthoxy]-decandibromid*, aus 1.10-Bis-[β-(methylbenzylamino)-äthoxy]-decan u. Methylbromid, F. 138°. — *Therapeuticum* u. Zwischenprod. für Therapeutica. (**Schwz. P. 305 971** vom 21/4. 1952, ausg. 16/5. 1955. **Zusatz zu Schwz. P. 290 449; C. 1954. 6543.**) G. LANGER. 4807

J. R. Geigy Akt.-Ges., Basel, Schweiz, *1.10-Bis-[β-(dimethylbenzylammonium)-äthoxy]-decandibromid*. Aus 1.10-Bis-(β-bromäthoxy)-decan u. Benzyldimethyamin. F. 138°. — *Therapeuticum* u. Zwischenprod. für Therapeutica. (**Schwz. P. 305 972** vom 21/4. 1952, ausg. 16/5. 1955. **Zusatz zu Schwz. P. 291 680; C. 1955. 11 745.**) G. LANGER. 4807

Sterling Drug, Inc., New York, übert. von: **Raymond O. Clinton**, Rensselaer, und **Stanley C. Laskowski**, Menands, N. Y., V. St. A., *Herstellung von tert. Aminoalkylestern von 4-Amino-2-alkoxybenzoesäuren* aus 4-Nitro-2-oxybenzoesäure durch Veresterung u. Verätherung mit Benzolsulfonsäurealkylestern, Rk. des 4-Nitro-2-alkoxybenzoesäurealkylesters (**I**) mit einem tert.-Aminoalkohol (**II**) oder Verseifung von **I** u. Umsetzung der freien Säure mit **II** oder Überführung der Säure in das Säurechlorid u. Umsetzung desselben mit **II**. Dann wird die Nitrogruppe mit chem. Mitteln oder katalyt. zur Aminogruppe reduziert. — Es werden die folgenden *4-Nitro-2-alkoxybenzoesäureester* hergestellt: *2-Äthoxyäthylester* F. 53,9—54,4° (alle FF. sind korr.); *2-n-Propoxymethylester* F. 42,3 bis 43,9°; *2-n-Butoxyäthylester*, F. 38,7—40,6°. Durch Verseifung werden daraus folgende *4-Nitro-2-alkoxybenzoesäuren* hergestellt: *Äthoxy-*, F. 147,3—148,2°; *n-Propoxy-*, F. 148,5—149,4°; *n-Butoxy-*, F. 120,9—122,8°; *Isobutoxy-*, F. 158,6—159,6°; *n-Hexoxy-*, F. 86,3—87°. Daraus werden folgende *bas. Ester* von *4-Nitro-2-alkoxybenzoesäuren* als *Hydrochloride* hergestellt: *2-Äthoxy-3'-(1''-piperidyl)-propylester* F. 147—147,3°; *2-Äthoxy-2'-dimethylaminoäthylester*, F. 140,5—141,2°; *2-Äthoxy-2'-diäthylaminoäthylester*, F. 131—132°; *2-n-Propoxy-2'-dimethylaminoäthylester*, F. 158,7—159,5°; *2-n-Propoxy-2'-diäthylaminoäthylester*, F. 131—132°; *2-n-Propoxy-3'-(1''-piperidyl)-propylester*, F. 147,3—148,6°; *2-n-Butoxy-2'-dimethylaminoäthylester* F. 108,8—110,7°; *2-n-Butoxy-2'-diäthylaminoäthylester*, F. 108—110,4°; *2-n-Butoxy-3'-(1''-piperidyl)-propylester*, F. 138,8—139,6°; *2-n-Butoxy-3'-diäthylaminopropylester*, F. 123—124,2°; *2-Äthoxy-3'-diäthylaminopropylester*, F. 128,3—129,3°; *2-n-Propoxy-3'-diäthylaminopropylester* F. 101,4 bis 102°; *2-Isobutoxy-2'-diäthylaminoäthylester*, F. 156—158°; *2-Isobutoxy-3'-(1''-piperidyl)-propylester*, F. 163,3—165°; *2-n-Hexoxy-2'-diäthylaminoäthylester*, F. 77,5—78,5°; *2-n-Hexoxy-3'-(1''-piperidyl)-propylester*, F. 123,9—135,2°. Daraus werden die folgenden *bas. Ester* von *4-Amino-2-alkoxybenzoesäuren* hergestellt: als *freie Base*: *2-Äthoxy-2'-dimethylaminoäthylester*, F. 76,2—77,1°; als *Phosphat*: *2-Äthoxy-2'-diäthylaminoäthylester*, F. 151,8—152,8°; *2-n-Butoxy-3'-(1''-piperidyl)-propylester*, F. 80—83°; als *Dihydrochloride*: *2-Äthoxy-3'-(1''-piperidyl)-propylester*, F. 171,6—176,6°; *2-n-Propoxy-2'-dimethylaminoäthylester*, F. 157—160°; *2-n-Propoxy-2'-diäthylaminoäthylester*, F. 132,8 bis 136,8°; *2-n-Propoxy-3'-(1''-piperidyl)-propylester*, F. 169,4—172°; *2-n-Butoxy-2'-dimethylaminoäthylester*, F. 156,8—159°; *2-n-Butoxy-3'-diäthylaminopropylester*, F. 148,3—150,9°; *2-Äthoxy-3'-diäthylaminopropylester*, 154,9—155,3°; *2-n-Propoxy-3'-diäthylaminopropylester*, F. 152,5—154,5°; als *Monohydrochloride*: *2-n-Butoxy-2'-diäthylaminoäthylester*, F. 125,4—126,4°; *2-Isobutoxy-2'-diäthylaminoäthylester*, F. 128,6—129,6°; *2-Isobutoxy-3'-(1''-piperidyl)-propylester*, F. 178,7—179,8°; *2-n-Hexoxy-2'-diäthylaminoäthylester*, F. 130,5—133,5°; *2-n-Hexoxy-3'-(1''-piperidyl)-propylester*, F. 133,2°. — Die 4-Aminoverbb. haben *lokalanästhet.* Eigenschaften. (**A. P. 2 689 248** vom 17/6. 1950, ausg. 14/9. 1954.) E. CARL. 4807

Upjohn Co., Kalamazoo, Mich., V. St. A., *5-Benzyloxy-β.2-dinitrostyrole* der Formel I (R = H, Alkyl; X u. Y = Phenyl, Alkoxyphenyl, Halogenphenyl, Alkylphenyl; Y = auch H; Alkyl enthält 1—8 C-Atome) erhält man durch Dehydratisierung von 5-Benzyloxy-2-nitro-α-[1-(1-nitroalkyl)]-benzylalkoholen der Formel **II**, bes. in Ggw. eines Alkylcarbonsäureanhydrids bei ca. 80—150°. **II** wird erhalten durch Kondensation von 5 Benzyloxy-2-nitrobenzaldehyd mit 1-Nitroalkan in Ggw. von Alkalien. — Aus 5-Benzyloxy-2-nitrobenzaldehyd u. Nitromethan in A. unter Kühlung u. anschließendem Ansäuern → 5-Benzyloxy-2-nitro-α-nitromethylbenzylalkohol, aus A.-W. F. 97—98°, daraus mit wasserfreiem Na-Acetat in Essigsäureanhydrid auf dem Dampfbad → *5-Benzyloxy-β.2-dinitrostyrol*, $C_{15}H_{12}O_5N_2$, aus A. F. 147—148°. — 5-Benzyloxy-2-nitro-α-[1-(1-nitroäthyl)]-benzylalkohol → *5-Benzyloxy-β.2-dinitro-β-methylstyrol*. — *5-Benzyloxy-β.2-dinitro-β-äthyl-*; *5-Benzyloxy-β.2-dinitro-β-propyl-*; *5-Benzyloxy-β.2-dinitro-β-butyl-*; *5-Benzyloxy-β.2-dinitro-β-amyl-*; *5-Benzyloxy-β.2-dinitro-β-hexyl-*; *5-Benzyloxy-β.2-dinitro-β-heptyl-*; *5-Benzyloxy-β.2-dinitro-β-octylstyrol*. — 5-Benzhydryloxy-2-nitro-α-[1-(1-nitropropyl)]-benzylalkohol + Oxalsäure → *5-Benzhydryloxy-β.2-dinitro-β-äthylstyrol*. — *5-Benzhydryloxy-β.2-dinitro-β-propyl-*; *5-Benzhydryloxy-β.2-dinitro-β-hexylstyrol*. — *5-(p.p'-Dimethoxybenzhydryloxy)-β.2-dinitro-*; *5-(p-Äthoxybenzyloxy)-β.2-dinitro-*; *5-(p-Äthoxybenzyloxy)-β.2-dinitro-β-methyl-*; *5-(p.p'-Dipropoxybenzhydryloxy)-β.2-dinitro-β-propyl-*; *5-Benzhydryloxy-β.2-dinitro-*; *5-(p.p'-Dimethylbenzhydryloxy)-β.2-dinitro-*; *5-(m.m'-Diäthylbenzhydryloxy)-β.2-dinitro-β-äthyl-*; *5-(p-Propylbenzyloxy)-β.2-dinitro-*; *5-(p-Methylbenzyloxy)-β.2-dinitro-β-methyl-*; *5-(p.p'-Dichlorbenzhydryloxy)-β.2-dinitro-*; *5-(p.p'-Dibrombenzhydryloxy)-β.2-dinitro-β-amyl-*; *5-(p-Chlorbenzyloxy)-β.2-dinitro-*; *5-(p-Jodbenzyloxy)-β.2-dinitro-β-propylstyrol*. — Zwischenprodd. zur Herst. von *5-Oxytryptamin* (= Serotonin) als *blutgefäßverengende Mittel*. (**E. P. 720 584** vom 10/2. 1953, ausg. 22/12. 1954. A. Prior. 23/2. 1952.) G. KRAUSS. 4807

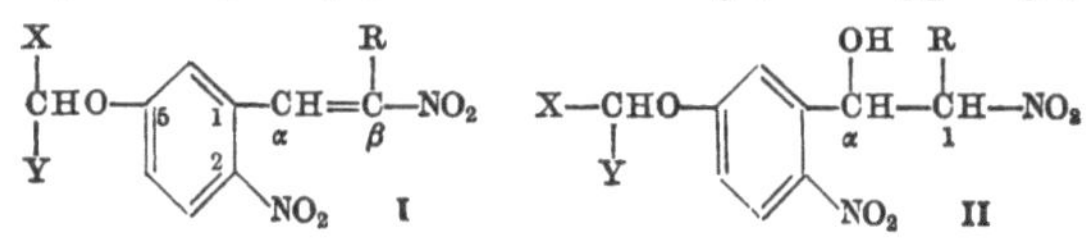

G. D. Searle & Co., Chicago, übert. von: **John W. Cusic**, Skokie, Ill., V. St. A., *N-Dialkylaminoalkyl-N-diarylalkylaroylamide* der Formel (Ar)(Ar')Alk—N(CO·X)—Alk'—N(R)(R'), worin X, Ar u. Ar' aromat. Reste mit 6—12 C-Atomen, Alk u. Alk' niedere Alkylenreste u. R u. R' niedere Alkylreste oder den Rest eines Heteroringes bedeuten, wirken *diuret.* u. ihre quaternären Ammoniumsalze wirken als *Ganglienblocker.* — *N-(2-Diäthylaminoäthyl)-N-benzhydrylamin* (I), man kocht Benzhydrylbromid mit N.N-Diäthyläthylendiamin in Bzl., $Kp._1$ 143—145°; *Hydrochlorid*, F. 237—238°. — *N-(2-Diäthylaminoäthyl)-N-benzhydrylbenzamid*, man kocht I mit Benzoylchlorid in Bzl., $Kp._1$ 224 bis 226°, F. 87—88°; *Hydrochlorid*, F. 187—188°; *Brommethylat*, F. 187—188°. — *N-(2-Diäthylaminoäthyl)-1.2-diphenyläthylamin*, aus Desoxybenzoin N.N-Diäthyläthylendiamin, H_2 u. RANEY-Ni in A. im Autoklaven, $Kp._{0,2}$ 138—141° → *N-(2-Diäthylaminoäthyl)-N-(1.2-diphenyläthyl)-benzamid*, $Kp._2$ 224—226°. — Analog: *N-(2-Diäthylaminoäthyl)-α-benzylphenäthylamin*, $Kp._{0,2}$ 146—148°, → *N-(2-Diäthylaminoäthyl)-N-(α-benzylphenäthyl)-benzamid*, $Kp._2$ 222—226°; *Hydrochlorid*, F. 177—178°. — *N-(2-Dimethylaminoäthyl)-α.γ-diphenylbutylamin*, $Kp._{0,2}$ 134—136°, → *N-(2-Dimethylaminoäthyl)-N-(α.γ-diphenylbutyl)-benzamidhydrochlorid*, F. 154—156°. — *N-(4-Dimethylaminobutyl)-N-(di-p-tolylmethyl)-p-toluylamid*, $Kp._{2-3}$ 231—239°. — *N-(2-Dimethylaminoäthyl)-N-[α-naphthyl-(1)-benzyl]-p-anisoylamid*, gelbliches Öl. — *N-(2-Isopropylmethylaminoäthyl)-α-benzyl-β-(o-tolyl)-äthylamin*, $Kp._{0,1-0,15}$ 144—149°, → *N-(2-Isopropylmethylaminoäthyl)-N-(α-benzyl-β-o-tolyläthyl)-o-chlorbenzoylamid*, $Kp._{0,6-0,9}$ 231—239°. — *N-(2-Diäthylaminoäthyl)-α-(2.4-xylyl)-phenäthylamin*, $Kp._{2-3}$ 232—238°, → *N-(2-Diäthylaminoäthyl)-N-(α-2.4-xylylphenäthyl)-o-jodbenzoylamid*, gelbliches Öl. — *N-(2-Diäthylaminoäthyl)-N-(1.2-diphenyläthyl)-pyridin-3-carbonsäureamidhydrochlorid*, F. 182—184°. — *N-(2-Diäthylaminoäthyl)-N-benzhydrylcyclohexancarbonsäureamid*, $Kp._1$ 204—206°, F. 102—103°. — *N-(2-Diäthylaminoäthyl)-N-benzhydrylbenzoesäureamid*, $Kp._1$ 223—227°, F. 86—88°. (**A. P. 2 698 327** vom 28/2. 1952, ausg. 28/12. 1954.) G. LANGER. 4807

Bristol Laboratories, Inc., New York, N. Y., V. St. A., *2-(p-Chlor-o-benzylphenoxymethyl)-imidazolin*, $Kp._2$ 207—213°, erhält man durch Rk. von p-Chlor-o-benzylphenoxyessigsäureäthylester mit Äthylendiamin. — *Antihistaminkörper.* (**Schwz. P. 310 172** vom 14/11. 1950, ausg. 1/12. 1955. A. Priorr. 17/11. 1949 u. 30/8. 1950. **Zusatz zu Schwz. P. 308 147; C. 1956. 5363.**) A. BRÖSAMLE. 4807

Sandoz Akt.-Ges., Basel, Schweiz, *Herstellung von 1-Methyl-4-benzoylaminopiperidin* durch Rk. von 1-Methyl-4-aminopiperidin mit C_6H_5COCl, F. 164—165°. — *Heilmittel* in der *Herztherapie* u. *Anästhesiologie.* (**Schwz. P. 311 413** vom 20/1. 1953, ausg. 31/1. 1956.) K. FABEL. 4807

G. D. Searle & Co., übert. von: **Viktor Papesch, Morton Grove** und **Elmer F. Schroeder,** Chicago, Ill., V. St. A., *Cyanacylalkenylharnstoffe. N-Cyanacetyl-N'-allylharnstoff*, $CH_2=CH-CH_2-NH-CO-NH-CO-CH_2-CN$, F. 142—144°, erhält man durch Erhitzen von Monoallylharnstoff mit Cyanessigsäure in Essigsäureanhydrid. Die Verb. läßt sich durch Einw. von wss. NaOH-Lsg. bei ca. 60° cyclisieren zu: *1-Allyl-6-amino-1.2.3.4-tetrahydro-2.4-pyrimidindion*, F. 270—272°. — *N-Allyl-N-cyanacetyl-N'-äthylharnstoff*, F. 84—86°. — *N-Cyanacetyl-N-äthyl-N'-allylharnstoff.* — *N-Cyanacetyl-N-allyl-N'-isobutylharnstoff.* — *N-Allyl-N-cyanacetyl-N'-hexylharnstoff.* — *N-Allyl-N-cyanacetyl-N'-phenylharnstoff*; cyclisiert zu: *1-Phenyl-3-allyl-6-amino-1.2.3.4-tetrahydro-2.4-pyrimidindion.* — *N-Benzyl-N-cyanacetyl-N'-allylharnstoff.* — *N-Cyanacetyl-N'-methallylharnstoff*, F. 143—145°, → *1-Methallyl-6-amino-1.2.3.4-tetrahydro-2.4-pyrimidindion*, F. 266—268°. — *N-Cyanacetyl-N-äthyl-N'-methallylharnstoff* → *1-Methallyl-3-äthyl-6-amino-1.2.3.4-tetrahydro-2.4-pyrimidindion.* — *N-(α-Cyanpropionyl)-N-isobutyl-N'-allylharnstoff.* — *Therapeutica.* (**A. P. 2 729 669** vom 31/10. 1951, ausg. 3/1. 1956.) A. BRÖSAMLE. 4807

Russel P. Dunmire, Orange Village, O., V. St. A., *Vitaminpräparate* durch Lösen oder Suspendieren wasserfreier Konzentrate von Vitamin A, D, E, Carotin, Lactoflavin in hochgehärtetem Öl, z. B. Fischöl, bei ca. 150° u. Homogenisieren des Prod. in einer Kolloidmühle. Alle Arbeitsgänge werden in Abwesenheit von O_2 unter inerten Gasen durchgeführt. Das erstarrte Prod. ist haltbar. — Vorrichtung. (**A. P. 2 709 149** vom 26/1. 1950, ausg. 24/5. 1955.) K. HEINZE. 4809

Josef Schütz, Kattenes/Mosel, *Vitamin- und hormonhaltige Lösungen aus Bienenkittharz* durch Extrahieren mit heißem Aceton, Trocknen u. fraktionierte Wasserdampfdestillation. (**D. B. P. 936 593** Kl. 30h vom 7/9. 1950, ausg. 15/12. 1955. Anmeldung bekanntgemacht 29/1. 1953.) K. HEINZE. 4809

Upjohn Co. (Erfinder: **Barney John Magerlein, Robert Harold Levin** und **A. Vern McIntosh**), Kalamazoo, Mich., V. St. A., *Cyclische 3-Monoketale von 4-Halogensteroid-3.20-dionen* erhält man durch selektive saure Hydrolyse eines entsprechenden 3.20-Diketals, in dem das Halogen ein Atomgew. von 35—80 hat. — Man läßt z. B. 4-Chlorpregnan-11β.17α-diol-3.20-dion-3.20-äthylenglykoldiketal, F. 222—224°, in Aceton mit verd. H_2SO_4 bei n. Temp. 2 Std. stehen. Nach Einengen der Lsg., Extraktion mit Äthylendichlorid u. Chromatographie über „Florisil“ erhält man *4-Chlorpregnan-11β.17α-diol-3.20-dion-3-äthylenglykolketal*, F. 194—196°; $[\alpha]_D^{23}$ +82°. — Analog: *4-Brompregnan-11β.17α-diol-3.20-dion-3-äthylenglykolketal*. — *4-Chlorpregnan-17α-ol-3.11.20-trion-3-äthylenglykolketal*, F. 194—203°; $[\alpha]_D^{25}$+83°; daraus durch Bromierung in 21-Stellung u. Ersatz des Br durch die Acetatgruppe → *4-Chlorpregnan-17α.21-diol-3.11.20-trion-21-acetat-3-äthylenglykolketal*, F. 228—232°. — Zwischenprodd. für die Herst. von *Steroidhormonen*. (**D. B. P. 937 227** Kl. 12o vom 9/8. 1953, ausg. 29/12. 1955. Anmeldung bekanntgemacht 14/7. 1955. A. Prior. 16/8. 1952.) U. SIEVERS. 4809

N. V. Organon, Oss, Holland (Erfinder: **Tadeus Reichstein,** Basel, Schweiz), *In 11-Stellung durch eine sauerstoffhaltige Gruppe substituierte Pregnane* erhält man durch Rk. eines Pregnan-3β.11α.21-triol-20-on-triacylats mit HCN, Abspaltung von W. aus dem erhaltenen Cyanhydrin, Verseifung der Cyanverb., Veresterung der 21ständigen OH-Gruppe, Hydroxylierung z. B. mit OsO_4, reduzierende Spaltung des erhaltenen Prod., Einführung einer 4(5)-ständigen Doppelbindung, Verseifung u. gegebenenfalls erneute Veresterung. — Pregnan-3β.11α.21-triol-20-on-3.11.21-triacetat in absol. A. + Eisessig + KCN → *20-Cyan-17(20)-pregnen-3β.11α.21-triol-3.11.21-triacetat* (**I**), F. 150—156°, $[\alpha]_D^{18}$ 15,8 ± 2°; λ_{max} 223 bzw. 282 mμ (log ε = 4,07 bzw. 1,29). — **I** + methanol. KOH → *20-Cyan-17(20)-pregnen-3β.11α.21-triol* (**II**), neben teilweise verseiftem *11-Monoacetat*. — **II** + Acetanhydrid + Pyridin → *20-Cyan-17(20)-pregnen-3β.11α.21-triol-21-acetat*; daraus durch Rk. mit OsO_4 in Bzl., Pyridin u. anschließende Behandlung mit Na_2SO_3 → *Pregnan-3β.11α.17α.21-tetraol-20-on-21-acetat* (**III**), farbloses Harz, $[\alpha]_D^{18}$ +32,8 ± 1°. — **III** + CrO_3/Eisessig → *Pregnan-17.21-diol-3.11.20-trion-21-acetat*, F. 220—228°. — *Pregnan-3β.11α.17α.21-tetraol-20-on-11.21-diacetat*, F. 222—225°; *Pregnan-11α.17.21-triol-3.20-dion-11.21-diacetat* (**IV**), F. 222—226°; $[\alpha]_D^{18}$ +34,8° ± 2°. — **IV** + Br/Eisessig → *krist. bromhaltige Verb.* vom F. 223—230°; daraus durch Rk. mit Semicarbazid u. dann Brenztraubensäure → *4-Pregnen-11α.17.21-triol-3.20-dion-11.21-diacetat* (*11-Epi-17-oxycorticosterondiacetat*), F. 201—206°; $[\alpha]_D^{17}$ +99,7° ± 3°; λ_{max} 240 mμ (log ε = 4,19). — *Zwischenprodd.* für die Herst. von Steroidhormonen. (**D. B. P. 934 768** Kl. 12o vom 14/5. 1953, ausg. 3/11. 1955. Anmeldung bekanntgemacht 12/5. 1955. Holl. Prior. 15/5. 1952.) U. SIEVERS. 4809

Merck & Co., Inc., Rahway, N. J., übert. von: **Arthur J. Basso,** Colonia, N. J., und **Robert C. O'Neill,** New York, N. Y., V. St. A., *Komplexverbindungen aus Harnstoffen* (**I**) mit Pyrimidinen (**II**), Amiden (**III**), 2-Oxypyridinen (**IV**) oder 3-Amino-1.2.4-triazinen (**V**) werden hergestellt durch Rk. der festen **I** mit einer Lsg. von **II, III, IV** oder **V** in Dioxan, Ae., einem Alkohol oder KW-stoff, wie Bzl. oder Toluol. **I** sind N.N'-Diphenylharnstoffe bzw. N.N'-Diphenylthioharnstoffe, die in den Benzolkernen Nitro-, Cyan-, Carboxy-, Carboalkoxy-, Acetyl-, Methylsulfonyl-, Sulfo- oder Carbamidogruppen aufweisen, z. B. 4.4'-Dinitro-, 2-Methyl-4.4'-dinitro-, 4-Nitro-4'-cyano- oder 4-Nitro-4'-acetocarbanilid. Als **II** sind genannt: 2-Oxy-4.6-dimethyl-, 2-Oxy-, 2-Mercapto-4.6-dimethyl-, 2-Oxy-4-methyl-, 2-Oxy-4.6-diäthylpyrimidin; als **III**: Formamid, Dimethylformamid, Dimethylacetamid, Dimethylbenzamid; als **IV**: 2-Oxy-4-methyl-, 2-Oxy-4-äthyl-, 2-Oxy-3-methylpyridin; als **V**: 3-Amino-, 3-Amino-5.6-dimethyl-, 3-Amino-5-methyl- u. 3-Amino-6-methyl-1.2.4-triazin. — Beispiel: Komplexverb. aus 4.4'-Dinitrocarbanilid u. 2-Oxypyridin. — Die Verbb. sind wirksam gegen „Coccidiosis“ (Geflügelinfektionskrankheit). (**A. PP. 2 731 382** vom 29/12. 1954, **2 731 383** vom 11/2. 1955, **2 731 384** vom 28/2. 1955 u. **2 731 385** vom 10/3. 1955, alle ausg. 17/1. 1956.) A. BRÖSAMLE. 4815

SOLCO Gesellschaft für chemische Laboratorien Akt.-Ges. (Erfinder: **Rolf Becher**), Basel, Schweiz, *Löslichmachen von Tyrothricin* durch Zusatz von β-Phenoxyäthyldimethyldodecylammoniumbromid. Als Träger-Fl. können W., A., Polyäthylenglykol, Vaselinöl, Vaseline, Lanolin, fette Öle oder entsprechende Emulsionen verwendet werden. — Haltbares *Desinfektionsmittel*. (**D. B. P. 936 819** Kl. 30h vom 28/10. 1952, ausg. 26/1. 1956. Anmeldung bekanntgemacht 30/6. 1955. Schwz. Prior. 11/10. 1952.) K. HEINZE. 4833

Anne Marie Mastantuono geb. **Gallian,** Bouches-du-Rhône, Frankreich, *Antiparasitäres Kopfwaschmittel*. Es besteht aus 800 (g) einer wss. Lsg. von 2 CH_2O u. 10 Alkali-Ricinoleat u. 200 einer Lsg. von 100 Panamarinde (Quillaya Saponaria) in 1 Liter Wasser. (**F. P. 1 082 210** vom 8/8. 1953, ausg. 28/12. 1954.) G. WELTZIEN. 4833

P. Lebeau et collab., Traité de pharmacie chimique. 4ª édit. en 5 vol. Paris: Masson et Cie. (4978 S.) fr. 32000.—.

E. W. Martin and **E. F. Cook,** eds., Remington's practice of pharmacy, 11th edn. London: Interscience Publs. 1956. (1707 S. m. Abb.) 135 s.

Mannfried Pahlow, Chemische Lehrversuche für Apothekerpraktikanten. Stuttgart: Deutscher Apotheker-Verl. 1956. (118 S.) 8°. DM 15,20.

G. Analyse. Laboratorium.

F. E. Brown, T. C. Loomis, R. C. Peabody und **J. D. Woods,** *Der Entwurf, die Konstruktion und einige Anwendungen einer automatisch registrierenden Waage.* Beschreibung der Waage. Als Anwendungsbeispiele sind angegeben: Verdampfung von W. mit u. ohne Ölfilm bei 80°, Absorption von O_2 aus der Luft durch alkal. Pyrogallollsg. bei 25°, Zers. von $KClO_3$ mit 1% MnO_2 bei 368° u. Zers. von $KClO_4$ bei 600°. (Proc. Iowa Acad. Sci. **59.** 159—69. 1952. Ames, Io., State College, Dep. of Chem.) C. GOTTFRIED. 5022

F. Burriel Martí und **C. Barcia Goyanes,** *Thermogravimetrische Analyse.* 1. Mitt. *Ein neues Thermowaage-Modell.* Die Anordnung besteht aus einer Mikrowaage CEDAC Modell A-9 (Empfindlichkeit $^2/_{100}$ mg), deren eine Schale durch einen Pt-Draht ersetzt ist, an dem ein kleiner Tiegel hängt (am besten 5—10 cm³, Quarz oder Pt zwecks Gewichtskonstanz) — das Ganze durch einen Metallkasten mit zirkulierendem W. therm. isoliert; darunter ist ein elektr. Ofen angebracht (erreicht in 1 Std. 1200°), in den der Tiegel u. ein Thermoelement eingeführt werden. SUNVIC-Regler für den Heizstrom, Temperaturregistrierung von 5 zu 5°. Die Waage ist einfach zu handhaben u. hat sich für Unterss. von therm. Zers. u. Entwässerung bewährt. Dauer einer Best. 2—3 Std., für gravimetr. Best. 1 Stunde. (An. Real Soc. españ. Física Quím., Ser. B **47.** 73—75. Jan. 1951. Labor. de Quím. Analít. de la Fac. de Cie. de la Univ. de Madrid y del C. S. de I. C.) G. v. DECHEND. 5022

Alfred Dobrowsky, *Über einen neuen, gegen das Überspritzen gesicherten Destillierkolben und Betrachtungen über den Siedeverzug.* Es wird ein Destillierkolben mit einem oben seitlich angebrachten Fangarm versehen, der bewirkt, daß durch Stoßen hochgespritzte Tropfen nicht in das Destillat kommen, sondern in den Kolben zurücklaufen. Siedeverzug u. Blasenbldg. wird eingeschränkt. Die Dest. muß selten wiederholt werden; sie geht schneller vonstatten u. muß nicht beaufsichtigt werden. (Mitt. chem. Forsch.-Inst. Wirtsch. Österreichs **8.** 126—27. Okt. 1954. Wien.) H. MIETHING. 5038

Joseph E. Varner und **William A. Bulen,** *Ein automatischer Sammler für Fraktionen konstanten Volumens.* Beschreibung des Sammlers. (J. chem. Educat. **29.** 625—26. Dez. 1952. Columbus, O., State Univ.) C. GOTTFRIED. 5038

J. A. Christiansen und **C. E. Jensen,** *Ein umgekehrtes Mikroosmometer und dessen Verwendung zur Bestimmung des Molekulargewichts einiger Kaliumhyaluronatproben.* Vff. beschreiben ein Mikroosmometer mit ca. 0,5 cm³ Fassungsvermögen. Eine semipermeable Kappe verschließt das obere Ende einer Capillare, die vollkommen in die umgebende Fl. eintaucht. Die Anordnung u. die Durchführung osmot. Messungen (Beispiel: K-Salze von Hyaluronsäuren) werden angegeben u. erläutert. (Acta chem. scand. **7.** 1247—54. 1953. Kopenhagen, Univ., Physikal.-chem. Inst.) R. SCHÄFF. 5044

Franz Xaver Wortmann, *Eine Methode zur Beobachtung und Messung von Wasserströmungen mit Tellur.* Die bekannte Sichtbarmachung wss. Strömungen durch teilweise Färbung erfordert zur Einspritzung der Farblsg. die Anbringung von Röhrchen, deren Größe oft das Strömungsfeld stört. Weniger störend sind Drähte oder Perlen aus Te, aus deren mit dem W. in Berührung stehender Oberfläche schwarze „Farbe" abgegeben werden kann, indem man das Te als Kathode u. die wss. Strömung als Elektrolyt unter Benutzung von Fe oder Ag als Anode nimmt. Ein Stromstoß von ca. 1 A u. wenigen Millisek. Dauer bildet Te^{2-}-Ionen, die in Ggw. von O_2 ihre Ladung an diesen abgeben u. koll. als schwarze Wolke weitergetragen werden. — Die Te-Drähte werden z. B. hergestellt durch Einschmelzen dickerer Drähte in Glasrohr, Ausziehen bei Rotglut auf 0,1—1 mm Durchmesser des Te u. Abätzen des Glases mittels HF. Oder man schm. Te-Perlen auf einen Haltedraht auf oder bedampft Stahldraht im Vakuum mit einer ca. 0,02 mm dicken Te-Schicht. Durch streckenweise Lackierung begrenzt man die Austrittsflächen. Nach Unters. der elektrochem. Vorgänge wird auch der photograph. Teil des Verf. beschrieben u. seine Anwendung zur Unters. dreidimensionaler Grenzschichten in einem Krümmer. (Z. angew. Physik **5.** 201—06. Juni 1953. Stuttgart, TH, Inst. für Gasströmungen.) H. PAULI. 5048

H. Schumann, *Ein neues Polarisationsmikroskop mit spezieller Eignung zur Drehkonoskopie.* (Mikroskopie [Wien] **10.** 1—5. Juli 1955. Dresden, TH, Inst. für Mineral. u. Geol.) C. GOTTFRIED. 5056

D. Hull und **R. D. Garwood,** *Ein Tieftemperatur-Mikroskoptisch für Metallproben.* Beschreibung der Vorrichtung. (J. sci. Instruments **32.** 232—33. Juni 1955. Univ. Coll. of South Wales and Monmouthshire, Metallurgy Dep.) C. GOTTFRIED. 5056

R. J. Munson, *Erzeugung kleiner Löcher in Glas.* Zur Anbringung kleiner Löcher in einem Mikroskopdeckblättchen empfiehlt Vf., dieses Blättchen zwischen zwei Röhrchen festzuklemmen, durch welche Elektroden aus Pt oder Au führen. Glas u. Elektrodensyst. werden in einem kleinen elektr. Ofen untergebracht, der auf ca. 300° angeheizt ist. Durch kurzes Anlegen einer Hochfrequenzentladung erhält man in dem Glas nahezu kreisrunde Löcher mit Durchmessern zwischen 10 u. 20 μ. (J. sci. Instruments **26.** 236—37. Febr. 1955. Harwell, Atom. Energy Res. Establ., Med. Res. Council, Radiobiol. Res. Unit.) C. GOTTFRIED. 5056

William C. Shaw, D. E. Hudson und **G. C. Danielson,** *Vorbereitung von mikroskopischen Kristallen für elektrische Messungen.* Vff. beschreiben eine Mikromanipulationstechnik zur Vorbereitung mkr. kleiner Kristalle, bes. *B*-Kristalle, für Leitfähigkeitsmessungen u. zur Best. des HALL-Konstanten. (Rev. sci. Instruments **26.** 237—38. Febr. 1955. Ames, Io., State Coll., Inst. for Atomic Res. and Dep. of Physics.) C. GOTTFRIED. 5056

Wilhelm Nultsch, *Ein neues Celloidin-Einbettungsverfahren unter Verwendung von Tetrahydrofuran als Intermedium.* In Fortsetzung früherer Unterss. des Vf. (vgl. Wiss. Z. Univ. Halle, Math.-Nat. **4** [1954.] 161), bei denen Tetrahydrofuran als Zwischenmedium für die Einbettung in Paraffin vorgeschlagen worden war, wird mitgeteilt, daß sich Tetrahydrofuran auch als Zwischenschicht für die Celloidin-Einbettung sehr gut eignet. Die Methodik wird genau beschrieben. (Mikroskopie [Wien] **10.** 25—29. Juli 1955. Halle, Univ., Botan. Anstalten.) C. GOTTFRIED. 5056

Helmut Wachter, *Eine einfache Vorrichtung zur Markierung mikroskopischer Präparate.* Beschreibung der Vorr., mit der um die zu markierenden Stellen ein Farbring von Stempelfarbe aufgedruckt wird. (Mikroskopie [Wien] **10.** 36—37. Juli 1955. Innsbruck, Univ., Pharmakognost. Inst.) C. GOTTFRIED. 5056

Karl Stötzer, *Über die Messung der Ätztiefe von Klischees.* Es werden einige spezielle Einrichtungen für das übliche Auflichtmikroskop beschrieben, die eine mkr. Messung der Ätztiefe von Buchdruckklischees ermöglichen. (Mikroskopie [Wien] **10.** 41—50. Juli 1955. Wien, Graph. Lehr- u. Versuchs-Anstalt.) C. GOTTFRIED. 5056

B. W. Mott, *Metallurgische Aussichten der Mikroskopie.* Zusammenfassender Überblick über die in den letzten Jahren erzielten Fortschritte bei der mkr. Unters. von Metallen. (Research **8.** 307—13. Aug. 1955. Harwell, Atomic Energy Res. Establishment.) C. GOTTFRIED. 5056

S. S. Penner, *Bestimmung der absoluten f-Werte aus relativen Intensitätsmessungen für Spektrallinien mit Doppler-Kontur.* Vf. beschreibt ein experimentelles Verf. zur Best. absol. f-Werte aus relativen Intensitätsmessungen von Spektrallinien mit DOPPLER-Kontur u. für opt. Dichten, die genügend groß sind, um eine nichtlineare Abhängigkeit der Intensität von der opt. Dichte sicherzustellen. Es handelt sich bei dieser Meth. um eine Verallgemeinerung eines vom Vf. (vgl. C. **1953.** 4980) vorgeschlagenen Zweiwegvers. für Emissionsunterss. an Flammen. (J. opt. Soc. America **43.** 218—19. März 1953. Pasadena, Calif., Inst. of Technol., Guggenheim Jet Propuls. Center.) C. GOTTFRIED. 5063

M. Ageno, G. Cortellessa und **R. Querzoli,** *Scintillationsspektrometer für Gammastrahlen.* Beschreibung des Spektrometers. Als Scintillationskristall wurde NaJ benutzt. Der App. eignet sich bes. für langdauernde Präzisionsmessungen. (Rend. Ist. super. Sanità **18.** 344—66. 1955. Roma, Ist. Super. di Sanità, Labor. di fisica.) C. GOTTFRIED. 5063

M. Ageno, G. Cortellessa und **R. Querzoli,** *Scintillationsspektrometer für koinzidierende Erscheinungen.* (Vgl. vorst. Ref.) Vff. beschreiben ein Spektrometer mit 2 durch Tl aktivierten NaJ-Kristallen für koinzidierende Erscheinungen, in dem jeder Zweig mit einem Differential-Amplituden-Diskriminator versehen ist. (Rend. Ist. super. Sanità **18.** 367—75. 1955.) C. GOTTFRIED. 5063

D. N. Campbell, C. G. Fellows, S. B. Spracklen und **C. F. Hwang,** *Ein registrierendes Differentialrefraktometer.* Es wird ein Refraktometer beschrieben, das zur kontinuierlichen Betriebskontrolle von Fll. geeignet ist. Die Emission der Lichtquelle wird durch einen rotierenden Spalt in Impulse zerlegt. Das opt. Syst. besteht aus einem Zylinder u. einer darin angeordneten prismat. Zelle. Beide sind mit der zu untersuchenden Fl. gefüllt. Der Zylinder wirkt als Linse. Durch diese Anordnung wird die Temperaturabhängigkeit des Brechungsindex eliminiert. Die Lichtimpulse fallen auf eine Photozelle, werden verstärkt u. bewirken eine Verschiebung der Zelle zu maximaler Helligkeit. Die Verschiebung wird registriert. Die Schaltung des Verstärkers ist angegeben. Die Empfindlichkeit beträgt $3 \cdot 10^{-6}$ Brechungsindexeinheiten. (Ind. Engng. Chem. **46.** 1409—12. Juli 1954. S. Charleston, Carbide and Carbon Chemicals Co., Instrument Division.) P. MÜNCHOW. 5063

Erik Ingelstam, *Prinzip und Anwendungen eines Phasenkontrastrefraktometers mit hoher Genauigkeit für Gase und Flüssigkeiten.* (Vgl. C. **1954.** 151 u. früher.) Kurze Beschreibung des Refraktometers. Als Anwendungsbeispiel sind Messungen an O_2, als Anwendungsmöglichkeiten die Unters. von Gasgemischen, z. B. He-Geh. der Luft sowie Unters. von Fll. angegeben. (Instruments and Measurements Conf. Stockholm, Trans. **1952.** 35 bis 39. Stockholm, Royal Inst. of Technol.) C. GOTTFRIED. 5063

R. Weiner und **L. Koller,** *Ein einfaches Gerät für Leitfähigkeitstitrationen.* Vff. beschreiben ein einfaches u. leicht selbst zu fertigendes Leitfähigkeitsmeßgerät. Es arbeitet nach dem Prinzip der WHEATSTONEschen Brücke, hat eine Elektronenstrahlröhre als Nullinstrument u. einen Röhrensummer als Stromquelle (800 Hz; 1,2—3,7 V). Durch Verwendung einer hochohmigen Brücke (3 kΩ) wird die Stromdichte an den Elektroden auf einem relativ niedrigen Wert gehalten. Das Gerät eignet sich bes. für Leitfähigkeitstitrationen u. arbeitet mit einer Genauigkeit von $\pm$0,5%. (Z. analyt. Chem. **136.** 241—46. 1952. Innsbruck, Univ. und biol. Labor. der Synthesa K.G.) H. RÖPKE. 5066

R. Huber und **K. Cruse,** *Die RC-Titration. Ein neues Verfahren zur elektrodenlosen Leitfähigkeitsmessung.* Vff. beschreiben eine neue Meth. zur elektrodenlosen Best. von Leitfähigkeiten, die es gegenüber den bisherigen Anordnungen (CRUSE u. HUBER, C. **1956.** 807 u. C. **1955.** 1571) gestattet, Leitfähigkeiten über einen prakt. unbegrenzten Bereich zu messen. Hierbei werden die gleichen in der Hochfrequenztitration üblichen elektrodenlosen Meßzellen, die einen Zweig einer WIEN-Brücke in einem RC-Generator liegen, verwendet. Die Schaltung eines einfachen RC-Generators wird angegeben. In diesem stellt sich nun eine der Leitfähigkeit der Lsg. proportionale Frequenz ein, die zur Anzeige benutzt wird. Vff. erörtern im einzelnen an Hand der in der WIEN-Brückenschaltung verwendeten Ersatzbilder von elektrodenlosen Meßzellen die theoret. Zusammenhänge zwischen Ohmschem Widerstand, Kapazität, Frequenz u. Kopplungsfaktor u. diskutieren ferner die für den Gerätebau u. für die prakt. Messung wesentlichen Gesichtspunkte. (Angew. Chem. **68.** 178—81. 7/3. 1956. Clausthal, Bergakad., Phys.-chem. Inst.) H. SURAWSKI. 5066

J. T. Stock, *Entwicklungen in den „Dead-Stop-Endpunkt"-Titrationsverfahren.* Übersicht über Grundzüge, Entw., Geräte u. Anwendung der „Dead-Stop"-Endpunkttitration. (Metallurgia [Manchester] **46.** 209—12. Okt. 1952. London, Norwood Techn. Coll., Chem. Dep.) W. WESLY. 5066

V. Čupr, *Elektrochemographische Messungen.* Zur Registrierung elektrochem. Vorgänge wird ein App. entwickelt (Elchemograph), der gestattet, auf photograph. Wege ununterbrochene Aufzeichnungen festzuhalten. Dazu wird ein Unterbrecher verwendet, der mit Hilfe einer weiteren Einrichtung die polarisierende Intensität u. das Potential der Elektrode bei ihrer Polarisation, wie auch das Potential unmittelbar nach der Unterbrechung der Polarisation aufzeichnet. — Die photograph. Aufzeichnungen (Elchemogramme) stellen die zeitliche Veränderung des Potentials u. der Stromintensität dar. Die abgelesene Intensität ist ein Durchschnittswert, der vom zeitlichen Verhältnis von Einschaltung u. Unterbrechung des Stromes abhängt. — Die Anwendbarkeit des beschriebenen App. wird an Beispielen (Passivität von Cr u. Sn in saurem Medium u. Phosphatierung des Fe) nachgewiesen. (Spisy vydávané Přírodovědeckou fak. Masarykovy univ. [Publ. Fac. Sci. Univ. Masaryk] **349.** 177—216. 1953. Brünn [Brno], Masarykova univ., Ústav theor. a fysikál. chem.) E. ROTTER. 5066

F. Burriel Martí, F. Lucena Conde und **S. Arribas Jimeno,** *Die Quecksilber(I)-Salze als neue Reduktionsmittel für Bestimmungen im alkalischen Medium.* 2. Mitt. *Bestimmung der Chrom(III)-Salze, der Arsenite, des Wasserstoffsuperoxyds und Hydrazins.* (1. vgl. C. **1956.** 8998.) Inhaltlich ident. mit der C. **1955.** 10821 referierten Arbeit. (An. Real Soc. españ. Física Quím., Ser. B **50.** 303—10. März 1954.) W. METZENER. 5066

Alvin Frisque und **Villiers W. Meloche,** *Kleinster Fehler bei der Titration von Mischungen zweier schwacher Säuren.* Wird die Mischung zweier schwacher Säuren potentiometr. titriert, so ergeben sich Knickpunkte in der p_H-Kurve, sofern die p_K-Werte weit auseinanderliegen. Vff. entwickeln eine Berechnungsmeth., die gestattet, auch die Best. bei Säuren mit nahe beieinanderliegenden p_K-Werten vorzunehmen u. den p_H-Wert zu bestimmen, in dessen Bereich der geringste Fehler auftritt. Als Beispiel wird die Titration *Benzoesäure/m-Nitrobenzoesäure* beschrieben. (Analytic. Chem. **26.** 468—71. März 1954. Madison, Wis., Univ.) H.-G. MOSLÉ. 5066

James O. Hibbits und **Donald Zucker,** *Bestimmung von an Uran und Uranoxyden adsorbierter Feuchtigkeit.* Nach Unterss. der Vff. liegt die von U u. U-Oxyden adsorbierte Feuchtigkeit bei ca. 0,02%. Oxyde, die aus Uranylsulfat gewonnen waren, zeigten einen höheren H_2O-Geh. von 0,1%. Zur Best. der Feuchtigkeit wurde die Probe im Quarzrohr im bes. getrockneten N_2-Strom erhitzt u. das frei gewordene H_2O in einer bes. beschriebenen Titrierzelle mit KARL-FISCHER-Reagens titriert. Auf die Endpunktserkennung der Titration wurde die „dead-stop"-Technik von FOULK u. BAWDEN (J. Amer. chem. Soc. **48.** [1926.] 2045) angewandt. (Analytic. Chem. **26.** 1093—95. Juni 1954. Oak Ridge, Tenn. Carbide and Carbon Chemicals Co.) S. LANZ. 5074

a) Elemente und anorganische Verbindungen.

Balwant Singh, Apar Singh und **Sukhdev Raj Kapur,** *Oxydation mit Chloramin-B. Volumetrische Bestimmung von Metallen nach der Oxinmethode. Al, Cu, Zn, Cd, Ni, Co, U* u. *Mg* werden als Oxinate gefällt. Diese werden in HCl aufgelöst u. durch Zusatz von KBr u. einer abgemessenen Menge *Chloramin-B* das Oxin in 5.7-Dibrom-8-oxychinolin übergeführt. Der Überschuß an Br_2 wird nach Zusatz von KJ mit $Na_2S_2O_3$ zurücktitriert. (Res. Bull. East Panjab Univ. **1953.** Nr. 41. 205—10. Dez. Hoshiarpur, Panjab Univ. College, Chem. Dep.) Ph. Fresenius. 5100

R. Suárez-Acosta, *Die Alkaliazide bei der Aufgabe der analytischen Trennung von Nitraten und Nitriten.* (Vgl. C. **1952.** 2893.) Die Geschwindigkeit der Zerstörung der HNO_2 durch HN_3 wird untersucht in Abhängigkeit von den Konzz. der HN_3 u. der Säure. Die Vorzüge dieser Rk. beruhen auf ihrer großen Geschwindigkeit schon bei gewöhnlicher Temperatur. Der Einfl. der Konz. der HN_3 ist deutlich, der der Säure entscheidend, so daß für Lsgg. von 10 ml 3,7%ig. $NaNO_3$-Lsg. + 10 ml $NaNO_2$-Lsg. (1,3—7,7%ig.) ein Zusatz von 10—15 ml 5%ig. NaN_3-Lsg. (optimales Gewichtsverhältnis $NaN_3/NaNO_2$ = 3,9) u. nach Neutralisierung ein weiterer von 15 ml 0,5 n H_2SO_4, dann auf 100 ml zu verdünnen, empfohlen wird. Eine Erhöhung der NaN_3-Konz. ist ungünstig, da der Überschuß durch Kochen oder ein schwaches Oxydationsmittel zerstört werden muß. Ein höherer Säuregrad wirkt schädlich, weil er die Oxydation der HNO_2 zu HNO_3 begünstigt u. bei der Best. der NO_3^- (Reduktion mit Devardascher Legierung, Titration des NH_3) zu hohe Werte verursacht, wenn das Gewichtsverhältnis $NaNO_2/NaNO_3$ den Wert 0,35 überschreitet. Auch dies Verf. zur Zerstörung der Nitrite ist ebenso ungeeignet wie andere (l. c.), wenn danach noch Nitrate bestimmt werden sollen. (Inform. Quím. analít. **8.** 115—18. Juli/Aug. 1954. Madrid, Fac. de Cie. und CSIC, Labors. Quím. analít.) W. Metzener. G 243

John Ungar, *Mercurometrische Bestimmung von Chloriden.* Zur Best. von Cl^- in W. oder verd. HCl nach einem früher beschriebenen Verf. (C. **1955.** 1573) bereitete Vf. die die $Hg(NO_3)_2$-Lsg. in 1 n HNO_3 u. verwendete davon 100 ml + 5 ml Diphenylcarbazonindicator (0,1 g/100 ml A.) (Chem. and Ind. **1954.** 787. 3/7. London, Polytechn., Dep. of Chem.) H. Pluskal. G 247

Hrvoje Iverković und **Smiljko Ašperger,** *Konduktometrische Bestimmung von Kohlendioxyd.* Bei bisher bekannten konduktometr. Verff. zur CO_2-Best. in $Ba(OH)_2$ oder NaOH muß die Anfangskonz. der Lauge bekannt sein. Vff. haben ein Verf. entwickelt, das konduktometr. CO_2-Best. ermöglicht, ohne die Anfangskonz. des Adsorbens [$Ba(OH)_2$] zu kennen. Die Abhängigkeit des Widerstandes der Barytlsg. von der Menge des absorbierten CO_2 wird durch die gleichseitige Hyperbel $(C-a) \cdot W = k$ beschrieben, wobei W Widerstand der Lsg., a absorbierte Menge CO_2 in g-Val u. k u. C Konstanten sind. k ist eine für die jeweilige Elektrode spezif., nur von der Temp. abhängige Konstante. C bezeichnet die Menge CO_2, die der für die Eichmeßkurve benutzten $Ba(OH)_2$-Menge äquivalent ist. k u. C werden durch Eichmeßwerte empir. ermittelt. Da $k = f(T)$ ist, gilt die aufgestellte Kurve nur für diese Temperatur. Um den Einfl. der Temp. auf k festzustellen, wurden Messungen über größere Bereiche ausgeführt, die zeigten, daß der Widerstand der Lsg. zwischen 15 u. 37° linear von der Temp. abhängt. Verss. führten zur Aufstellung einer Formel für die Auswertung konduktometr. CO_2-Bestimmungen zwischen 15 u. 37°. Die Gefahr der $BaCO_3$-Abscheidung an den Elektroden wird dadurch beseitigt, daß CO_2 im N_2-Strom durch eine Sinterplatte in sehr kleinen Bläschen in das Absorptionsgefäß gedrückt wird. Bei Benutzung von 500 ml-Absorptions-Fl. sind 0,08—980 mg CO_2, d. h. 0,04—500 ml CO_2 bestimmbar. — Beleganalysen. (Bull. int. Acad. yougosl. Sci. Beaux-Arts, Cl. Sci. math., physiques techn. [N. S.] **1952.** Nr. 5. 45—54. Zagreb, Univ., Fac. of Pharm., Inst. of inorg. and analyt. Chem.) W. Kupfer. G 260

George H. Morrison und **James F. Cosgrove,** *Aktivierungsanalyse von Spurenverunreinigungen in Silicium mittels Scintillationsspektrometrie.* Es wurde eine Meth. zur quantitativen Best. vieler Spurenverunreinigungen in einer einzigen Analyse entwickelt. Sie wurde erfolgreich zur Best. von Spurenelementen in *Si* u. *Al* angewendet u. kann auch auf andere Materialien übertragen werden. Bei dreitägiger Bestrahlung mit therm. Neutronen in einem Kernreaktor (Strahlungsfluß $3,4 \cdot 10^{12}$ Neutronen/cm$^2 \cdot$ sec) erfahren viele Spurenelemente eine n-γ-Rk. unter Bldg. der entsprechenden radioakt. Isotope, die auf Grund der Energie der resultierenden Strahlung (β,γ) u. der Halbwertszeiten identifiziert werden. Infolge der Energiedifferenzen der erzeugten γ-Photonen ist die γ-Scintillationsspektrometrie zur Messung dieser Strahlung anwendbar. Elemente, die Radioisotope mit Halbwertszeiten >2 Std. u. <200 Tage bilden, können unter diesen Bedingungen leicht bestimmt werden. — Vgl. C. **1956.** 8173. (Analytic. Chem. **27.** 810—13. Mai 1955. Bayside, N.Y., Sylvania Electric Products, Inc., Chem. Labor.) D. Ertel. G 261

A. Blanzat und **M. Barbe,** *Mikrochemische Methode zur Bestimmung der freien Kieselsäure im Bergwerksstaub.* Es wird eine Meth. zur Best. des *Quarzes* in sehr kleinen Staubmengen (10 mg) angegeben, deren Vorzug in der Anwendung einer Eichkurve besteht, die für eine mittlere Teilchengröße gilt u. die dadurch den Fehler infolge Löslichkeit der SiO_2 je nach der Teilchengröße vermindert. Die bisher vorgeschlagenen Methoden werden kurz besprochen sowie die, die nach entsprechenden Abänderungen gewählt wurde. (Arch. Maladies profess. Méd. Travail Sécurité soc. **14.** 349—53. 1953. Verneuil, Oise, Centre d'Études et de Recherches des Charbonnages de France.) H. BENISCHKE. G 261

Walter Nielsch und **Gerhard Böltz,** *Eine neue photometrische Antimonbestimmung mit Bromwasserstoffsäure.* $SbBr_5$ reagiert mit konz. HBr unter Bldg. einer gelbgefärbten Komplexverb., die zur photometr. Sb-Best. herangezogen wurde. Vff. bestimmten die Extinktion in 48% ig. HBr-Lsg. mit dem ELKO II-Photometer von ZEISS unter Verwendung des Hg-Brenners in Verbindung mit dem (UV)-Kondensor II u. Filter S 38 E bei ca. 366 mμ. Schon relativ kleine Mengen HCl, H_3PO_4 u. H_2SO_4 stören. Die Färbung bleibt tagelang konstant. Das LAMBERT-BEERsche Gesetz ist zwischen 2,0 u. 500 μg Sb/ml streng erfüllt, wenn die HBr-Konz. 28% nicht unterschreitet. — Vgl. C. **1956.** 814. 8714. (Mikrochim. Acta [Wien] **1954.** 313—19. Laucherthal, Versuchsanst. der Fürstlich Hohenzollernschen Hüttenverw.) H. PLUSKAL. G 266

G. Brunisholz, M. Genton und **E. Plattner,** *Über die komplexometrische Titration von Calcium in Gegenwart von Magnesium und Phosphat.* In Ggw. von Mg u. PO_4^{3-} kann die sehr schnelle Ca-Titration nach SCHWARZENBACH (Chimia [Zürich] **2.** 56. [1948.]) mit Komplexon III (**I**; Äthylendiamintetraessigsäure) nicht durchgeführt werden. Vff. eliminieren die durch Mg hervorgerufene Störung durch Rücktitration. Die Entfernung der Phosphate erfolgt durch Neutralisation der zu analysierenden Lsg. mit NH_3 (Methylgelb; Umschlag rosa → gelborange) u. Filtrieren durch eine Anionenaustauschkolonne (Amberlite IR-4b, Chloridform). Zur Best. von Ca in Abwesenheit von Mg titriert man mit **I** unter Verwendung eines Mischindicators [aus 500 g Eriochromschwarz T (**II**) u. 125 g Methylgelb in 100 cm³ Diäthanolamin (**III**); Lsgg. von **II** in **III** sind haltbar] bis zum Umschlag nach Grau. Die Resultate zeigen selbst bei großen PO_4^{3-}-Gehh. gute Übereinstimmung. Zur Best. von Ca in Ggw. von Mg fügt man zu der zu analysierenden Lsg. **I** im Überschuß hinzu, macht mit 2nNaOH alkal. u. gibt einige Tropfen Murexid zu. Die Lsg. soll deutlich blauviolett gefärbt sein. Man titriert den Überschuß an **I** mit 0,05 mol. $Ca(NO_3)_2$-[oder $CaCl_2$]-Lsg. zurück. Der Äquivalenzpunkt ist erreicht, wenn die Lsg. nach Rotviolett umschlägt (Vergleichslsg. aus NaOH + gleicher Indicatormenge; Tageslicht). Bei größeren Mengen von Mg (> 30 mg) entsteht bei der Rücktitration mit $Ca(NO_3)_2$ ein Nd. von $Mg(OH)_2$. Dann überführt man die Probe in einen Meßkolben, gibt **I** u. NaOH hinzu, wobei das nicht komplexgebundene Mg als $Mg(OH)_2$ ausfällt, füllt auf, filtriert u. titriert dann einen aliquoten Teil zurück. Der durchschnittliche Fehler liegt bei +0,15% u. steigt mit größerem Mg-Geh. auf +0,29% an. Best. von Ca im Phosphorit: 2 g der bei 105° getrockneten Probe werden in 20 cm³ HCl (1,19) gelöst, eingedampft u. bei 110° getrocknet. Man nimmt mit 2 cm³ konz. HCl + 20 cm³ H_2O auf, füllt auf 250 cm³ auf u. filtriert. Zur Entfernung des Fe werden 20 cm³ des Filtrates auf 100 cm³ verd., 1 Tropfen Methylgelb (1‰ alkoh. Lsg.) hinzugefügt u. mit $2nNH_3$ neutralisiert (Umschlag rosa → gelborange). Fe u. Al fallen als unlösl. Phosphate aus. Nach Zusammenballung des Nd. gibt man die Lsg., ohne zu filtrieren, durch die Kolonne, wäscht mit 200 cm³ dest. H_2O aus u. kann in den vereinigten Lsgg. Ca mit **I** u. Murexid titrieren. Die Übereinstimmung der Ergebnisse ist durchaus befriedigend. (Helv. chim. Acta **36.** 782—88. 15/6. 1953. Lausanne, Univ., Labor. de Chim. minérale et analyt.) S. LANZ. G 283

L. L. Anderson und **B. C. Aschenbrenner,** *Spektrographische Bestimmung von CaO und MgO in Kalkstein und Dolomit.* Die Best. erfolgt mit Hilfe der Lösungsspektralanalyse. 0,1 g wird in 8 ml n HCl bei 60° 45 Min. behandelt u. mit n HCl auf 10 ml aufgefüllt. 1 ml dieser Lsg. wird auf 10 ml verd. u. davon 0,02 ml auf einer Cu-Elektrode eingetrocknet. Aufgenommen wird durch Anregung im Bogen mit einem rotierenden Spalt mit 50% Durchlässigkeit. Belichtungszeit 30 Sek. ohne Vorfunken. Gegenelektrode: Elektrolytkupfer. Es werden 3 Aufnahmen zwischen 2460 Å u. 3780 Å ausgewertet. Kapazität 0,002 μF., Induktion Null. Ausgewertet werden die Linien Ca 3179,3 Å für den ganzen Bereich u. Mg 2802,7 Å für 0,5—5% MgO u. 2798,0 Å für 5—25% MgO. Der Fehler für CaO beträgt 5,29% u. für MgO 5,31% vom Mittelwert. (Bull. Amer. Assoc. Petroleum Geologists **38.** 1803—08. Aug. 1954. Dallas, Tex.) F. ENSSLIN. G 283

László Zombory, Adrienne Vigh und **Tihamér Pintér,** *Über die Schnellbestimmung des SO_4-Gehaltes in Aluminatlaugen.* (Kohászati Lapok **8** (**86**). Nr. 6. Aluminium **5.** 121 bis 129. Juni 1953. — C. **1955.** 7508.) J. PLANK. G 294

Villiers W. Meloche, John B. Ramsay, David J. Mack und **T. V. Philip,** *Flammenphotometrische Untersuchung von Indium in Aluminiumbronze-Legierungen.* Es wurde die Linie 4511 Å zum Nachw. benutzt u. die Störungen durch Cu, Zn u. Al untersucht. Nur Zn hatte keinen Einfluß. Angaben zur Herst. der Standardlsgg. u. zur Probenvorbereitung folgen. Die Nachweisgrenze beträgt $2{,}10^{-2}$% In bei Anregung im Knallgasbrenner. (Analytic. Chem. **26.** 1387—88. Aug. 1954. Madison, Wis., University of Wisconsin, Dep. of Chem. and Dep. of Metallurgy.) P. Münchow. G 296

Velmer A. Fassel und **Robert H. Heidel,** *Fluorescenz-spektrometrische Bestimmung von Terbium.* Die sonst gebräuchliche analyt. Best. der Seltenen Erdelemente (SE) durch spektrophotometr. Absorptionsmessung in wss. Lsg. ist für Tb nicht anwendbar, da Tb keine brauchbare Absorptionsbande besitzt, dagegen kann die Fluorescenz von Tb, wenn es als Hauptbestandteil einer Mischung von SE vorliegt, für eine quantitative Best. nutzbar gemacht werden. Das mit UV-Licht angeregte Fluorescenzspektr. von Tb hat 7 charakterist. Banden, deren intensivste bei 545 mμ auftritt. Die Intensität dieser Bande ist ein brauchbares Maß für die Tb-Konz. u. unterliegt kaum Störungen, da andere SE bei dieser Wellenlänge weder Fluorescenzlicht emittieren, noch absorbieren. Der günstigste Konzentrationsbereich beträgt 0,05—2 mg Tb/10 ml 0,5 n salzsaurer Lösung. Die Genauigkeit der Meth. beträgt je nach Tb-Konz. 1,8—2,5%. Falls Tb als Spurenelement vorkommt, ist die kleinste noch nachweisbare Menge 0,005%, doch wird die Meth. unter diesen Bedingungen sehr störanfällig. (Analytic. Chem. **26.** 1134—37. Juli 1954. Ames, Io., Iowa State Coll., Inst. for Atom. Res. and Dep. of Chem.) H. Schöttler. G 311

John C. Ingles, *Chemische Bestimmung von Thorium in Erzen.* Verschiedene Verff. zur Best. von Th in Erzen u. zur Trennung von Seltenen Erden werden beschrieben: colorimetr. Nachw. von Th mit 1-(o-Arsonophenylazo)-2-oxynaphthalin-3.6-disulfonsäure, Aufschluß der Erze mit HF (48%), Trennung von Ce mit Methyloxalat als Fällungsmittel, Trennung von Zr mit Mandelsäure, Trennung von den Seltenen Erden, Mesityloxyd als Extraktionsmittel. — Eine genaue Arbeitsvorschrift wird angegeben. (Canad. Chem. Process Ind. **35.** 397—406. Mai 1951. Ottawa, Dep. of Mines and Techn. Surveys, Radioactivity Div.) O. Werner. G 324

B. Emile Jaboulay, *Bestimmung von Chrom und Vanadium in Schnellschneidstählen.* Cr u. V können 1. nach der H_2SO_4/MnO_4^-- u. 2. nach der $H_3PO_4/HClO_4$-Meth. nebeneinander bestimmt werden. 1. 0,5 g Probe werden in 5 ml H_2SO_4 + 25 ml W. erhitzt. Nach dem Lösen werden 1 ml HNO_3 u. 10—15 Tropfen 3%ig. $KMnO_4$-Lsg. zur Oxydation des Cr(III) zugegeben, bis ein Nd. bestehenbleibt. Dann 5—10 Min. Kochen u. gegebenenfalls 2—3 Tropfen $KMnO_4$-Lsg. hinzugeben, 100 ml W. zufügen, aufkochen u. filtrieren. 10 ml H_3PO_4 (D. 1,72 verd. 3 : 7) zugeben u. $Cr_2O_7^{2-}$ mit $FeSO_4$ u. n/10 $KMnO_4$ titrieren. Nach Abkühlung 2 Tropfen n/10 $KMnO_4$ u. 2 Tropfen einer 0,4%ig. Lsg. von *diphenylsulfonsaurem Ba* zufügen u. mit n/10 oder n/20 $FeSO_4$-Lsg. titrieren. 2. 0,5 g der Probe werden mit 40 ml einer Lsg. von 500 ml $HClO_4$ (D. 1,60) + 170 ml H_3PO_4 (D. 1,72) + 30 ml HNO_3 (36° Bé) + 300 ml W. versetzt u. bis zur Bldg. von Dämpfen erhitzt. Nach Abkühlung werden 150 ml HCl (1 : 1000) zugefügt 2—3 Min. gekocht u. zu der abgekühlten Lsg. wird $FeSO_4$-Lsg. zugefügt, um Cr(VI) u. V(V) zu red. u. zurücktitriert. V-Best. ähnlich wie unter 1. (Chim. analytique [4] **37.** 97—99. März 1955.) H.-G. Moslé. G 330

Frederick N. Ward und **Albert P. Marranzino,** *Ein schnelles quantitatives chemisches Verfahren zur Analyse von Niob.* Zur colorimetr. Best. von *Nb* wurde in einer Lsg., die 4 mol. an HCl u. 0,5 mol. an Weinsäure war, durch SCN^- der gelbgefärbte Komplex mit Nb^{3+} erzeugt, mit Ae. extrahiert u. im Beckman-Spektrophotometer bei 385 mμ mittels Vergleichskurven ausgewertet. Um den störenden Einfl. von V auszuscheiden, wurde der Rhodanidkomplex vor der Red. mit Ae. extrahiert u. Fe^{3+} durch $SnCl_2$ reduziert. Durch Zusatz von Aceton zum Ätherextrakt wird die Farbe stabilisiert. Es konnten 20 μg Nb neben 1000 μg Fe, Ti oder U, 500 μg V oder 100 μg Pb u. Mo bestimmt werden. (Science [Washington] **119.** 655. 7/5. 1954. Denver, Col., Denver Federal Center, U. S. Geol. Surv.) H. Pluskal. G 331

A. Kohn, *Eine radioaktive Methode zur Dosierung von Tantal in den Ferronioblegierungen und in den Niobmineralien.* (Vgl. C. **1956.** 2269.) Zur Best. des Ta-Geh. in Ferronioblegierungen u. in Nb-Mineralien wird eine radioakt. Meth. angegeben; die darin besteht, daß man die Proben gleichzeitig mit Vergleichsproben von bekanntem Ta-Geh. im Reaktorbeschuß mit langsamen Neutronen aussetzt u. nach einer Wartezeit von einer Woche die γ-Aktivität bestimmt. Proben mit Ta-Geh. zwischen 2 u. 15% konnten so analysiert werden; der mittlere Fehler in der Konzentrationsbest. beträgt nach eingehender Fehlerdiskussion ca. 5%. (Chim. et Ind. **71.** 69—77. Jan. 1954. Inst. de Recherches de la Sidérurgie.) H. C. WOLF. G 332

Jane Hastings, T. A. McClarity und **E. J. Broderick,** *Direkte photometrische Bestimmung von Eisen, Titan und Kupfer in Tantal und Tantaloxyd.* Vff. bestimmen Fe im Ta durch Photometrierung des Fe^{2+}-o-Phenanthrolinkomplexes in tartrathaltigem Medium nach Red. des Fe^{3+} mit $NH_2OH \cdot HCl$. Cu wurde ebenfalls aus tartrathaltiger Lsg. mit Na-Diäthyldithiocarbamat bestimmt. Zur Best. von Ti wurde Ta-Metall durch durch Erhitzen an der Luft in das Oxyd übergeführt, dieses mit $KHSO_4$ aufgeschlossen u. mit gesätt. NH_4-Oxalatlsg. aufgenommen. Anschließend wurde Ti mit H_2O_2 in verd. H_2SO_4 bestimmt. Nb stört bei der niedrigen H_2SO_4-Konz. nicht. Die erhaltenen Resultate für alle drei Bestimmungen sind gut. (Analytic. Chem. **26.** 379—81. Febr. 1954. Pittsfield, General Electric Co., Materials and Processes Labor., Transformer Div.) K. G. HACKSTEIN. G 332

Luther Ikenberry, J. Leo Martin und **W. J. Boyer,** *Photometrische Bestimmung von Niob, Wolfram und Tantal in rostfreien Stählen.* Das Verf. verwendet die gefärbten Komplexe von Nb u. W mit *Hydrochinon* (I) in konz. H_2SO_4 sowie von Ta mit *Pyrogallol* (II) in saurer NH_4-Oxalatlösung. Wie Messungen mit dem BECKMAN-DU-Spektralphotometer ergeben haben, überdecken sich die Absorptionskurven von Nb u. W, doch liegen die Maxima noch genügend weit auseinander, um mit den Filtern 460 u. 525 mμ additiv gemessen zu werden. Da Ti ebenfalls mit I einen gefärbten Komplex mit einem Absorptionsmaximum bei ca. 500 mμ bildet, muß dieses vorher vollständig entfernt werden. Dasselbe gilt für die Ta-Best. mit II bei Ggw. von Ti. Das Absorptionsmaximum von Ta liegt bei ca. 430 mμ. — Arbeitsvorschrift: 2 g Substanz werden in 25 cm³ HCl + HNO_3 (1 : 1) gelöst. Danach Zugabe von 20 cm³ $HClO_4$ u. Abrauchen bis zur Entw. weißer Dämpfe. Nach Abkühlen Zugabe von 125 cm³ W., 50 cm³ gesätt. H_2SO_3, 5 cm³ HCl u. etwas Filterschleim. Danach Lsg. 5 Min. bis zur vollständigen Hydrolyse von Nb, Ta, W. kochen, 30 Min. bei 65° stehenlassen. Nd. abfiltrieren u. veraschen. Das Oxydgemisch mit 1 cm³ $HClO_4$ u. 10 cm³ H_2SO_4 (1 : 1) u. 1 cm³ 48%ig. HF behandeln, veraschen, Oxydgemisch mit 5 g $NaHSO_4$ bis zur klaren Schmelze aufschließen, nochmals nach Zusatz von 2 Tropfen H_2SO_4 schm. u. mit 8%ig. NH_4-Oxalat-Lsg. auf 100 cm³ Marke auffüllen: Lsg. A: Für die Ta-Best. werden zu 50 cm³ der Lsg. A 10 cm³ H_3PO_4 (1 : 3) u. 20 cm³ frisch bereitete II-Lsg. (50 g auf 100 cm³ W.) zugegeben u. mit der Oxalatlsg. auf 100 cm³ aufgefüllt. Zur maximalen Farbentw. 10 Min. bei 30° halten. Absorptionsmessung mit KROMATROL-Photometer, Filter 2 (430 mμ). Für die Best. von W u. Nb werden 5 cm³ der Lsg. A nach Zugabe von 10 cm³ H_2SO_4, 1 cm³ H_3PO_4 (1 : 3) u. 10 cm³ HNO_3 bis zur Entw. weißer Dämpfe erhitzt. Dauer ca. 5 Minuten. Nach Zugabe von 1 Tropfen $SnCl_2$-Lsg. [30 g $SnCl_2$ in 100 cm³ HCl (1 : 4)] schnell durchmischen u. 50 cm³ I-Lsg. zugeben (6 g I in 100 cm³ konz. H_2SO_4). Dann Lsg. mit I-Lsg. auf 100 cm³ auffüllen u. 30 Min. zur vollständigen Farbentw. bei 30° halten. Absorptionsmessung im KROMATROL-Photometer mit den Filtern 3 (460 mμ) u. 5 (525 mμ). Reproduzierbarkeit der Werte beträgt 0,03% für Nb u. W, 0,02% für Ta. Die Übereinstimmung der nach diesem Verf. erhaltenen Werte mit den nach anderen Verff. erhaltenen Werten ist gut. (Analytic. Chem. **25.** 1340—44. Sept. 1953. Middeltown, O., Armco Steel Corp., Res. Labor.; Baltimore, Md., Armco Steel Corp., Rustless Div.) O. WERNER. G 354

Hidehiro Gotô und **Yachiyo Kakita,** *Photometrische Bestimmung von Zinn im Eisen und Stahl.* 1. Mitt. *Studien zur Farbreaktion von Zinnsalzen mit Kakothelin.* Es wurde die Farb-Rk. von Sn^{2+} u. Kakothelin (I) unter Bedingungen untersucht, die dem Analysengang von Stahl u. Fe entsprechen. Die Sn^{4+}-Lsg. wurde mit Al-Folie red., wobei mindestens 0,08 g Al zur Rk. mit 0,15 mg Sn in 3n HCl erforderlich ist. Die benötigte Menge I für 20 cm³ Gesamtvol. war mindestens 0,3 cm³ einer 0,2%ig. I-Lösung. Die Messung wird in 2,4—4,5n HCl nach einer Wartezeit von 5 Min. vorgenommen. Es wurde nachgewiesen, daß auf die Rk. folgende Ionen keinen Einfl. hatten: Al^{3+}, As^{3+}, Be^{2+}, Ca^{2+}, Cd^{2+}, Co^{2+}, Mg^{2+}, Mn^{2+}, Ni^{2+}, Zn^{2+}, wogegen Fe^{3+}, Sb^{3+}, Cr^{3+}, Cu, Ag, Hg, W, Mo, V u. Ti störten. (Sci. Rep. Res. Inst. Tôhoku Univ., Ser. A **5.** 554—60. Dez. 1953. Res. Inst. for Iron, Steel and other Metals.) K.-H. KÜSSNER. G 354

Kuang Lu Cheng, *Bestimmung von Silber mit 1.2.3-Benzotriazol.* In Ggw. von *Di-Na-Äthylendiamintetraacetat* (I) kann Ag mit 1.2.3-Benzotriazol (II) als $AgC_6H_4N_3$ (III) gefällt u. gravimetr. u. volumetr. bestimmt werden. III ist unlösl. in den meisten organ. Lösungsmitteln u. in Essigsäure, sehr leicht lösl. in konz. HNO_3, H_2SO_4, HCl, in Cyanid- u. Thiosulfatlösungen. Meth.: Zu einer Lsg. mit 10—100 mg Ag werden 1—10 g I gegeben. Die Lsg. wird neutralisiert, auf 60—90° erwärmt u. langsam mit einer II-Lsg. gefällt (2,5 g II in 30 ml konz. NH_4OH auf 100 ml mit W. aufgefüllt). 15 Min. wird bei

60^0 digeriert u. der Nd. nach dem Abkühlen durch einen Glasfiltertiegel abfiltriert, ausgewaschen, 1—2 Std. bei 110^0 getrocknet u. gewogen. Umrechnungsfaktor 0,4774. *Cu*, *Fe(III)*, *Ni*, *Tl*, *Cd*, *Zn*, *Co*, *Pb*, *Hg(II)* stören unter diesen Bedingungen nicht, *Fe(II)* red. in Ggw. von **I** zu metall. Ag. *Sn*, *Sb*, *Ti* u. *Be* müssen komplex mit Weinsäure in Lsg. gehalten werden. Cl^-, Br^-, F^-, SO_4^{2-}, NO_3^-, PO_4^{3-}, Acetat stören nicht, wohl aber CN^-, $S_2O_3^-$ u. J^-. — Volumetr. Meth.: Der Nd. wird in 1 : 1 HNO_3 gelöst, auf 50 ml mit W. aufgefüllt u. mit NH_4OH neutralisiert. Der dann entstehende Nd. wird in 0,05n KCN-Lsg. gelöst u. das überschüssige CN^- mit $AgNO_3$-Lsg. (KJ als Indicator) zurücktitriert. (Analytic. Chem. **26**. 1038—40. Juni 1954. Storrs, Conn., Univ. of Connecticut, Dep. of Chem.) H.-G. MOSLÉ. G 359

Edward A. Parker, *Die Untersuchung von Gold- und Goldlegierungslösungen.* Die gebräuchlichen Verff. zur Best. von Au (Feuerprobe, gewichtsanalyt., maßanalyt., colorimetr. Verff.), Cu, Ni u. Ag werden beschrieben. (Metal Finishing **51**. Nr. 9. 56—60. 64. Sept. 1953. Providence, R. I., Technic, Inc.) W. WESLY. G 360

Károly Nagy, *Bestimmung des Montmorillonitgehaltes und der kristallchemischen Formel einiger ungarischer Bentonite.* Der zur therm. Differentialanalyse gebaute App. wurde auf Grund der Umwandlungstempp. von β- in α-Quarz u. genormten amerikan. Tonmineralien geeicht, dann die Kurven von künstlichen Mischungen von Montmorillonit-*Illit* u. Montmorillonit-*Kaolinit* aufgenommen. Die endothermen Spitzen bei 550, 600 u. 700^0 der drei Bestandteile wurden ausgemessen. Mit dieser Analysenmeth. wurden ungar. Bentonite aus Istenmezeje, Bánd, Komlóska u. Mád untersucht. Ergänzend zu röntgenograph. u. mkr. Analysen ergab sich, daß die vier genannten Bentonite 83, 77, 67 bzw. 50% Montmorillonit, 12, 10, 10 u. 32% Illit, 5, 8, 18, 8% Quarz, die Bentonite von Bánd u. Mád 5, 10% Kaolinit u. der von Komlóska 5% Feldspat enthalten. Die kristallchem. Formel des Bentonits von Istenmezeje, nach der Meth. von FOSTER ist $(Si_{7,16}Al_{0,84})$ $O_{20}(OH)_4(Al_{2,56}Mg_{0,97}Fe_{0,33})x_{1,12}$, die des von Bánd $(Si_{7,62}Al_{0,83})O_{20}(OH)_4(Al_{3,22}Mg_{0,54}$ $Fe_{0,20})x_{0,64}$. Nach der Einteilung von SEDLETZKI gehören beide in die Gruppe „Montmorillonit-4". (Földtani Közlöny **84**. 3—15. Jan./Juni 1954.) J. PLANK. 5292

Massimo Fenoglio und **Germano Rigault,** *Spektrographische Untersuchungen an Scheelit von Traversella.* Spektroskop. wurde Scheelit von Traversella untersucht. Zum Nachw. der Hauptelemente wurde direkt das gepulverte Mineral benutzt, zum Nachw. von Nb u. Ta sowie der Seltenen Erden wurden diese chem. angereichert. Bei der Unters. des Kristallpulvers wurde mit Sicherheit das Nichtvork. von Al, Cr, Mn, Fe, Sn u. Bi festgestellt; vorhanden sind Mo u. Mg, in Spuren Sr u. in kleinsten Spuren Cu. Nb ist in geringer Menge, Ta in Spuren anwesend. Folgende Seltenen Erden wurden gefunden: Y, La, Ca, Pr, Nd, Sm, Eu, Gd, Dy u. Yb, in geringsten Spuren Ho. Bestimmt nicht vorhanden sind Tb, Tu, Cp, Sc u. Th. (Atti Accad. naz. Lincei, Rend., Cl. Sci. fisiche, mat. natur. [8] **18**. 260—65. März 1955. Torino, Univ., Ist. di Mineral. e Petrogr. e Centro di Studio per la Petrogr. del C.N.R.) C. GOTTFRIED. 5292

b) Organische Verbindungen.

Gerald Kainz und **Ferdinand Schöller,** *Nachweis des Stickstoffes in organischen und anorganischen Verbindungen nach dem Prinzip von Lassaigne.* Vff. verbesserten die LASSAIGNEsche Probe zum quantitativen Nachw. von N in organ. Substanzen. Etwa 50 μg Substanz (mit mindestens 1% N) werden in einem geschlossenen Glasröhrchen mit einem auf 600—700^0 erhitzten u. erst dann mit der Substanz in Berührung gebrachten Stückchen K aufgeschlossen. Der Nachw. des gebildeten CN^- wurde nach Austreiben von HCN durch CH_3COOH an Filtrierpapier als *Benzidinblau* nach FEIGL vorgenommen. Gebildetes H_2 mußte vorher abgesaugt werden. Negativ verläuft der Nachw. nur bei den Stoffen, die schon bei Zimmertemp. oder schwach erhöhter Temp. quantitativ N_2 abspalten, wie aliphat. Azoverbindungen. Zum N-Nachw. in anorg. Verbb. wurde Glucose (Bldg. von K-Carbid) zugesetzt. (Mikrochim. Acta [Wien] **1954**. 327—36. Wien, Univ., Chem. Labor.) H. PLUSKAL. 5352

R. A. Boissonnas und **C. H. Haselbach,** *Colorimetrische Reihenbestimmung von Proteinstickstoff im Mikromaßstab.* Zur Best. des durch KJELDAHL-Aufschluß von Proteinen entstehenden NH_3 wird eine neue colorimetr. Mikrometh. beschrieben, welche die aus Ninhydrin (**I**) + Hydrindantin (**II**) + NH_3 entstehende Blaufärbung auswertet. Die Genauigkeit der Meth., die N-Mengen zwischen 0,5 u. 15 γ zu bestimmen gestattet, ist ±2% für 5 γ N (optimale Menge). Zur Durchführung von Reihenverss. (150 Bestimmungen je Tag u. Person) wird eine Spezialanordnung (Abb.) beschrieben. — Ausführung: Die 0,5—15 γ N enthaltende Probe (ca. 1 ml; organ. Lösungsm. ist vorher zu entfernen) wird gleichzeitig mit 2 Blindproben u. zwei 5 γ N enthaltenden Vergleichsproben mit 0,3 ml Aufschlußgemisch (200 ml H_2SO_4 + 200 ml wss. 0,2%ig. $HgCl_2$-Lsg.) versetzt u. durch Erhitzen konzentriert. Nach ca. 20 Min. wird 0,1 ml 30%ig. H_2O_2 hinzugesetzt, 2 Std. erhitzt, nach Abkühlen 5 ml Neutralisationslsg. (117,5 g $LiOH \cdot H_2O$ + 570 g Li-Acetat·2 H_2O werden in 3 Liter W. gelöst; die filtrierte Lsg. wird mit 1 Liter Äthylenglykolmonomethyläther **(III)** versetzt u. mit W. zu 5 Liter aufgefüllt) u. 1 ml I-II-Lsg. (20 g **I** werden in 500 ml **III** gelöst u. mit Lsg. von 0,3 BH_4Na in 500 ml W. versetzt) hinzugefügt u. 30 Min. auf dem Wasserbad erwärmt. Die Extinktion der abgekühlten Lsg. wird innerhalb 1 Std. gegen den Blindvers. unter Verwendung des Filters 54 gemessen. Bei zu hohen N-Gehh. ($>8\gamma$) wird mit A.-W. (1 : 1) auf ein geeignetes Vol. eingestellt. (Helv. chim. Acta **36**. 576—81. 30/4. 1953. Genève, Univ., Labor. de Chemie organ.) K. F. MÜLLER. 5352

W. Schöniger, *Die mikroanalytische Bestimmung von Schwefel und Chlor oder Brom mittels Magnesiumaufschlußes.* 1. Mitt. Es wird ein Mikroverf. zur Best. des S- u. Halogengeh. in organ. Substanzen mittels des Mg-Aufschlusses mit nur einer Einwaage beschrieben. — Aufschluß: 3—5 mg Substanz werden im Aufschlußröhrchen mit Mg-Pulver (gegebenenfalls unter Zusatz von etwas MgO zur Reaktionsverzögerung bei heftig reagierenden Substanzen) gut durchgemischt. Dann erhitzt man unter ständigem Drehen das Röhrchen am Ende der Mg-Schicht auf Rotglut u. glüht langsam gegen die Substanz hin durch. Der Aufschluß ist nach 4—5 Min. beendet. — *Best. von S:* Das Aufschlußröhrchen wird angesprengt u. in das Zersetzungskölbchen einer Destillationsapp. gebracht; dann leitet man zum Vertreiben der Luft ca. 10 Min. N_2 oder CO_2 hindurch, unterbricht den Gasstrom u. läßt verd. H_2SO_4 (1 : 3) in das Kölbchen eintreten, bis nach Aufhören der H_2-Entw. alle Teile des Aufschlußröhrchens bedeckt sind, stellt wieder den Gasstrom an u. erhitzt zum Sieden, bis die Dest. nach 15 Min. beendet ist. Die Absorptionsvorlage wird mit 10 ml gepufferter Cd-Acetatlsg. gefüllt. Das gefällte CdS wird quantitativ mit möglichst wenig W. in ein Titrierkölbchen mit einer KJO_3–KJ-Lsg. (ca. 8 + 2 ml) übergespült, mit 20 ml verd. HCl angesäuert u. das nichtred. J_2 in üblicher Weise mit 0,02n $Na_2S_2O_3$-Lsg. titriert. — *Best. von Halogen:* In das Zersetzungskölbchen, das die Halogene enthält, gibt man 10 Tropfen Fe(III)-Ammoniumsulfatlsg., läßt aus einer Mikrobürette 0,01n $AgNO_3$-Lsg. zufließen, kocht kurz auf, filtriert heiß u. titriert das überschüssige $AgNO_3$ mit 0,01n NH_4SCN-Lsg. zurück. (Mikrochim. Acta [Wien] **1954**. 74—80. Graz, Univ., Med.-chem. Inst. u. Pregl-Labor.) H. M. SCHLEGEL. 5352

A. J. Feuell und **J. H. Skellon,** *Die Bestimmung von Carbonylverbindungen mit Semicarbazid und Hydroxylamin. Mit besonderer Berücksichtigung von Fettsäure-Oxydationsprodukten.* Vff. beschreiben eine volumetr. Meth. zur Best. von Carbonylverbb. mit Semicarbazid. Etwa 0,2 g Probe wird gelöst, mit 10 cm^3 des Reagenses (3 g Semicarbazid u. 3 g Na-Acetat in 100 ml W.) versetzt, vom Nd. abfiltriert, das Filtrat mit 5n HCl u. KCN versetzt u. das überschüssige Semicarbazid mit 0,05n KJO_3-Lsg. titriert. Eine Blindprobe ist notwendig. Bei der Best. von Ketooxystearinsäuren dauert die Fällung länger, so daß man sie über Nacht stehenlassen muß. Da die Meth. bei Oxydationsprodd. von Fettsäuren nicht anwendbar war, wurde hier Hydroxylamin als Reagens verwendet. Da die Oxydationsprodd. meist braun oder gelb gefärbt sind, mußte eine bes. Vergleichslsg. mit Bromphenolblau gewählt werden. Das Hydroxylaminreagens besteht aus 20 g $NH_2OH \cdot HCl$ in 100 cm^3 W., 900 cm^3 95%ig. A. u. 25 cm^3 0,2%ig. alkoh. Lsg. von Bromphenolblau. Die Vergleichslsg. enthält 5 g NH_4- oder Na-Acetat statt Hydroxylamin. Die Farbgleichheit wird mit 2n Säure eingestellt. Zur Best. wird die Probe (0,002 bis 0,004 gMol Carbonylverb.) in 25 cm^3 W. oder A. gelöst, u. 20 cm^3 werden mit 60 cm^3 des Reagenses vereinigt. Die restlichen 5 cm^3 werden mit 15 cm^3 der Vergleichslsg. angesetzt. Mit 0,2n Alkali wird dann auf Farbgleichheit titriert. (Analyst **78**. 135—40. März 1953. London u. Acton, Acton Techn. Coll.) W. KNÖPKE. G 650

V. D. Johnston, *Aldehydbestimmung durch Oximierung.* Es wird eine Modifikation der Aldehydbest. durch Oximierung beschrieben, welche die Acetalbldg. durch Verwendung von tert. Butylalkohol als Lösungsm. vermeidet u. durch die der Endpunkt der Titration potentiometr. ermittelt wird. — Ausführung: 40 ml Reagens (45 g $NH_2OH \cdot HCl$ in 130 ml W. werden mit 5 ml 0,5%ig. Bromphenolblaulsg. u. 850 ml tert. Butylalkohol versetzt; die Lsg. wird mit n/2 NaOH auf p_H 3,0—3,5 eingestellt) werden in einem 125 ml-Schliffkolben mit der eingewogenen Probe (ca. 0,75 Mol.-Gew./ %Aldehyd·Anzahl der CO-Gruppen) ca. 30 Min. bei 20—25° stehengelassen. Die Lsg. wird mit n/2 NaOH zunächst fast bis zum Endpunkt titriert; die Titration wird dann potentiometr. bis p_H 3,0—3,5 zu Ende geführt. Die Meth. ist anwendbar auf: *aliphat. Aldehyde, Anis-, Zimt-, Cyclamenaldehyd* (*α-Methyl-p-isopropylhydrozimtaldehyd*), *Furfurol, Heliotropin, Oxycitronellal, Phenylacet-, Phenylpropylaldehyd, Vanillin.* In Ggw.

von HCl unbeständige Aldehyde (z. B. *Citronellal*) sind durch diese Meth. nicht bestimmbar. (Drug cosmet. Ind. **75.** 179. 265—66. Aug. 1954. Givaudan Corp., Analyt. Labor.) K.-F. MÜLLER. G 660

Jean Roche, Wolfgang Félix, Yvonne Robin und **Nguyen van Thoai,** *Papierchromatographie von monosubstituierten Guanidinderivaten.* Für die Trennung von *Methylguanidin, Arcain, Agmatin, Glykocyamin, Arginin* u. *Octopin* verwendeten Vff. sowohl unbehandeltes als auch mit 0,06—0,2n Lsg. von Na_2CO_3 oder K_2CO_3 durchfeuchtetes u. getrocknetes Papier. Als mobile Phase dienten Gemische von n-Butanol–W.–Essigsäure (83 bis 63 : 7 : 0—15). Die Trennung war auf den behandelten Papieren im allg. besser, bes. bei den höheren Essigsäurekonzz. der mobilen Phase. Es werden Diagramme u. eine Tabelle der R_f-Werte unter den verschied. Bedingungen gebracht. (C. R. hebd. Séances Acad. Sci. **233.** 1688—89. 19/12. 1951.) K. NEHRING. G 880

H. Guinot und **Bellier,** *Beitrag zum Studium der Schnellbestimmung von Gemischen aus Methylaminen und Ammoniak.* Vff. beschreiben eine Schnellmeth. zur Trennung der 3 Methylamine u. NH_3, die zwar nicht so genau wie andere Analysenmethoden (Genauigkeit unter 5% des Relativwertes), dafür aber in jedem Betriebslabor. durchführbar ist. Mono- (**I**), Dimethylamin (**II**) u. NH_3 reagieren mit Formaldehyd zu 1.3.5-Trimethyltrimethylentriamin bzw. Bis-(dimethylamin)-methan bzw. Urotropin, während Trimethylamin (**III**) unverändert bleibt. Die beiden ersten Reaktionsprodd. unterscheiden sich durch ihren Kp. (166 bzw. 85°), während Urotropin fest ist, so daß dadurch **II** von den anderen Verbb. abgetrennt werden kann. Auch **III** kann nach erfolgter Rk. mit Formaldehyd durch einfache Dest. aus dem Gemisch unter Einhaltung bestimmter Versuchsbedingungen mittels eines Gasstromes (N_2 oder Luft) quantitativ herausdest. werden (Destillationsdauer maximal 25—30 Min.); **I** wird in einer anderen Probe als Benzaldehydmethylimid bestimmt [durch Hinzufügen von $C_6H_5 \cdot CHO$ (**IV**) zur alkal. Lsg.] u. durch darauffolgende Dest. im Gasstrom von NH_3, **II** u. **III**, die nicht mit **IV** reagieren, getrennt. Die Meth. hat neben ihrer Schnelligkeit (Analysendauer ca. 3 Std.) noch den Vorteil einer voneinander unabhängigen Best. von **I**—**III** u. NH_3. (Bull. Soc. chim. France, Mém. [5] **1954.** 727—32. Juni. Labor. Péchiney.) E. JÄGER. G 900

Jacob Kleinberg, Melvin Tecotzky und **L. F. Audrieth,** *Über das Absorptionsspektrum von wässerigen Monochloraminlösungen.* Die Zers. von wss. NH_2Cl-Lsg. wurde untersucht. Die Herst. von NH_2Cl-Lsgg. ist angegeben. Die Konzentrationsbest. erfolgte jodometrisch. Der p_H-Wert ist auf die Lage des Absorptionsmaximums bei 2430 Å u. die mol. Extinktion ohne Einfluß. Innerhalb einiger Std. ist nur eine geringe Zers. festzustellen. Bei p_H 11 sind im Zeitraum von 150 Std. Anfangskonzz. im Bereich von $64{,}5 \cdot 10^{-5}$ bis $310{,}5 \cdot 10^{-5}$ mol. untersucht worden. Die Abhängigkeit der Absorption von der Zeit ist dargestellt. Es zeigt sich nach 6 Tagen eine ca. 30%ig. Zersetzung. N_2H_4, NH_2OH, $NaNO_3$ u. $NaNO_2$ zeigen als mögliche Zersetzungsprodd., einzeln gemessen, keine Absorption bei 2430 Å. Die Konz. u. die Absorption jeder Lsg. liegt zu jedem Zeitpunkt auf der gleichen Geraden durch den 0-Punkt. Die Erfüllung des BEERschen Gesetzes u. die Möglichkeit der jodometr. Best. nur des NH_2Cl auch in teilweise zers. Lsgg. ist damit gegeben. (Analytic. Chem. **26.** 1388—89. Aug. 1954. Urbana, Ill., Univ. of Illinois, Dep. of Chem. and Chem. Engng.) P. MÜNCHOW. G 900

F. J. Bandelin und **R. E. Pankratz,** *Colorimetrische Bestimmung von p-Acetophenetidid.* Die Best. von *p-Acetophenetidid* (**I**) erfolgt durch 8std. Hydrolyse mit 10%ig. H_2SO_4, Diazotierung des entstehenden p-Phenetidins u. anschließende Kupplung mit β-Naphthol in alkal. Lösung. Die Lsgg. des entstehenden orangeroten Farbstoffs in Aceton (Absorptionsmaximum 470 mμ), gehorchen dem BEERschen Gesetz. Die Rk. ist sehr empfindlich, es können bis 25γ bestimmt werden, bei geringerer Verdünnung noch darunter. Der maximale Fehler beträgt 0,52%. Verbb., die die Best. stören, wie Sulfonamide, p-Aminophenol u. Acetanilid, müssen vorher durch Extraktion entfernt werden. Aspirin, Coffein, Codein u. Antihistaminverbb. stören nicht. (Analytic. Chem. **28.** 218—21. Febr. 1956. Decatur, Ill., Eaton u. Co., Central Labor. of Flint.) M.-L. KLAAR. G 1270

Daniel R. Norton, Mary A. Plunkett und **Francis A. Richards,** *Spektrophotometrische Bestimmung von Harnsäure und einige Kontrollbestimmungen ihrer Löslichkeit.* Die vorliegende Meth. wurde ausgearbeitet, um eine schnelle u. genaue analyt. Best. von Harnsäure (**I**) in Frisch-, Brack- u. Seewasser zu bekommen. Zur photometr. Messung dient der blaue Farbkomplex, der beim Versetzen von **I**-Lsg. mit $H_3(P, As)W_{12}O_{40}$ entsteht. Die Farblsg. hat ein Absorptionsmaximum bei 890 mμ. Die Absorption ist vom p_H-Wert, der Reaktionszeit, der Konz. der Reagentien u. der Temp. abhängig. Geringe Abweichungen vom BEERschen Gesetz werden festgestellt. Oberhalb p_H 8,1 wird Niederschlagsbldg. beobachtet. Zur Pufferung des Syst. u. zur gleichzeitigen Komplexbindung von störenden Erdalkali-Ionen wird *Di-Na-Äthylendiamintetraacetat* (*Versen*) zugesetzt.

Die zeitliche Stabilität der Reagens- u. Standardlsgg. sowie die bakterielle Zers. von I-Lsgg. werden untersucht. Ferner werden Messungen der Löslichkeit von I vorgenommen u. die Ergebnisse mit Literaturangaben verglichen. (Analytic. Chem. **26.** 454—57. März 1954. Woods Hole, Mass., Woods Hole Oceanograph. Inst.)
H. SCHÖTTLER. G 3272

R. S. Alm, *„Gradient"-Elutionsanalyse.* 2. Mitt. *Oligosaccharide.* (1. vgl. C. **1956.** 7614.) Vff. beschreiben eine quantitative Meth. zur Analyse von *Oligosaccharidgemischen* mittels Chromatographie. Als Eluierungsmittel diente ein A.-W.-Gemisch mit kontinuierlich steigender Konz. von A. in Wasser. Die Saccharide wurden vorher auf Kohle adsorbiert, die mit einer 1%ig. Lsg. von *Stearinsäure* in 96%ig. A. vorbehandelt war. In den Verss. kamen 5 verschied. *α-Schardinger-dextrine* zur Anwendung. Das Hydrolysat enthielt ein Gemisch von *Mono-* bis *Hexasacchariden* u. unverändertes *Dextrin.* (Figuren s. Original.) (Acta chem. scand. **6.** 1186—93. 1952. Uppsala, Schweden, Univ., Ind. of Biochem.) D. AMELUNG. G 3400

Ronould Johanson, *Anthron bei der Bestimmung von Hexosezuckern mit besonderer Berücksichtigung der Störung durch Pentosen.* Die Unters. der Abhängigkeit der colorimetr. Best. von *Hexosen* (I) durch die Anthronmeth. von der H_2SO_4-Konz. u. der Ggw. störender *Pentosen* (II) ergab, daß eine Erhöhung des Verhältnisses **II/I** u./oder der H_2SO_4-Konz. des Reagenses eine Verschiebung des Absorptionsmaximums von 625 nach 680 mμ zur Folge hat. Durch Anwendung weniger konz. H_2SO_4 (z. B. 81%ig.) u. einer besonderen Technik des Zusammengebens der Reagentien kann die Störung durch **II** stark herabgesetzt werden; das Absorptionsmaximum bei 625 mμ bleibt dann unverändert. — Ausführung: Die Rk. wird in 30 ml-ERLENMEYER-Kölbchen ausgeführt, die mit 3 ± 0,003 ml Testlsg. (mit z. B. 30 γ I) beschickt werden. Die Kölbchen sind auf Drehscheiben (Abb.) angebracht; Drehgeschwindigkeit 400 U/Minute. An der Wand des rotierenden Kölbchens läßt man durch eine Pipette 9,00 ± 0,05 ml Reagens (100 mg Anthron in 100 ml 81 Vol.-%ig. H_2SO_4) schnell herabfließen, so daß sich eine eigene Schicht bildet. Dann mischt man den Kolbeninhalt durch kräftiges Schütteln u. erwärmt 7 Min. auf 90° auf dem Wasserbad. Nach dem Abkühlen auf Raumtemp. u. 30 Min. Stehenlassen wird die Absorption photoelektr. bei 625 mμ gemessen. Die Auswertung erfolgt durch eine Eichkurve. (Analytic. Chem. **26.** 1331—33. Aug. 1954. Canberra, Commonwealth Sci. and Ind. Res. Organization.) K. F. MÜLLER. G 3400

Elizabeth F. Tuller und **Nils R. Keiding,** *Bestimmung der an Protein gebundenen Kohlenhydrate mit Anthron. Einfluß des Tryptophans.* Es wird gezeigt, daß bei der Anthron-Rk. auf *Kohlenhydrate* die Höhe der bei 530 mμ erscheinenden Bande vom Tryptophangeh. der Probe abhängt, wobei gleichzeitig die Bande bei 630 mμ niederer wird. Ersetzt man Tryptophan (I) durch Desoxycorticosteronacetat, Glucosamin, Cu^{2+}, Fe^{2+}, Fe^{3+}, Ascorbinsäure, Phenylalanin oder Pentosen, erscheint bei 530 mμ keine Bande. Das Racemat von I reagiert wie die *l*-Form. Tyrosin zeigt einen schwachen Effekt. Mit Hilfe eines Nomogramms sind Analysen von an Eiweiß gebundenen Kohlenhydraten möglich. (Analytic. Chem. **26.** 875—78. 19/5. 1954. Boston, Mass., New England Deaconess Hosp., George F. Baker Clinic, Res. Labor.) V. BRAUN. G 3400

D. H. Northcote, *Elektrophorese einiger neutraler Polysaccharide.* Vf. bestimmt auf elektrophoret. Wege die Beweglichkeiten von *Hefe* (I)- u. *Rattenleberglykogen* (II), *Hefe* (**III**)- u. *Steinnußmannan* (**IV**), *Amylose* (**V**), *Amylopektin* (**VI**), *Stärke* von „waxy maize" (**VII**), *Kartoffel* (**VIII**)-, *Weizen* (**IX**)- u. *Reisstärke* (**X**). Zur Unters. gelangen jeweils 1%ig. Lsgg. dieser Polysaccharide in 0,05 mol. *Borat-* (a), 0,1 mol. *Glycin-NaOH-* (b) bzw. 0,1 mol. *Veronal*-Puffer (c) vom p_H 9,2. Die Elektrophorese wird bei a-Vers. mit einem Spannungsabfall von 5,0 V/cm u. einem Strom von 5,2 mA, bei b mit 6,3 V/cm u. 1,3 mA u. bei c mit 4,2 V/cm u. 5,1 mA bei 0° durchgeführt. Es wird festgestellt, daß sämtliche Polysaccharide zur Anode wandern u. im a-Puffer **VIII, IX** u. **X** sowie **I** 2 Beweglichkeitsgrenzen, **II, III, IV, V, VI** u. **VII** dagegen nur eine besitzen. Von den Stärkekomponenten ist **VI** die beweglichere. Ferner sind **III** u. **IV** bei weitem beweglicher als die übrigen Polysaccharide. Es wird gezeigt, daß der a-Puffer zur elektrophoret. Analyse der Polysaccharide notwendig ist u. auch bei solchen wirksam ist, die nur benachbarte trans-OH-Gruppen enthalten. Daraus läßt sich auf eine Verb. des Borats mit diesem Polysaccharidtypus schließen. Aus den Ergebnissen ist außerdem ersichtlich, daß nur **II, III** u. **IV** keine mol. Eigentümlichkeiten zeigen, während die übrigen Polysaccharide komplexer Natur sind. (Biochem. J. **58.** 353—58. Nov. 1954. Cambridge, Univ., Dep. of Chem.)
P. FAHRNLAENDER. G 4050

R. J. Dimler, H. A. Davis, G. J. Gill und **C. E. Rist,** *Analytische totale Säurehydrolyse von Dextranen.* Eine eingehende Unters. der optimalen Bedingungen der *Dextran* (**I**)-Hydrolyse führte zu folgender Bestimmungsmeth. für **I**: Eine ca. 0,1 g **I**

entsprechende Probe wird in einem 25 × 200 mm-Borsilicatröhrchen mit W. auf 10,0 ml gebracht. Dann vermischt man mit 10 ml 8n H_2SO_4 u. taucht das verschlossene Röhrchen 10—15 cm in ein sd. Wasserbad ein. Nach 75 Min. Erhitzen wird auf 20° abgekühlt u. der Inhalt in 75 ml n-NaOH von $< 10^0$ gegeben. Die Lsg. wird mit n-NaOH gegen Phenolphthalein titriert u. mit W. zu 200 ml ergänzt. In 5 ml dieser Lsg. wird die Reduktionsfähigkeit, ausgedrückt als Glucose (**II**)-Menge, nach Somogyi (J. biol. Chemistry **160.** [1945.] 61) bestimmt. Die Meth. wurde auf verschied. **I**, die sich in ihrem Geh. an 1.6′-Bindungen u. ihren physikal. Eigg. unterscheiden, angewandt; unter Berücksichtigung des empir. festgestellten Verlustes von 4% **II** ergaben sich Werte von $100 \pm 0,7\%$ der Theorie. — Auf Fructosepolymere sind die obigen Hydrolysebedingungen nicht anwendbar. (Analytic. Chem. **26.** 1142—46. Juli 1954. Peoria, Ill., Agricult. Res. Serv., Northern Utilization Res. Branch.) K. F. Müller. G 4050

c) Bestandteile von Pflanzen und Tieren.

W. Oelschläger, *Bestimmung von Jod in schwer aufschließbaren (getrockneten) biologischen Substanzen.* Nach krit. Diskussion der bekannten Aufschlußverff. bei der Mikro-*J*-Best. in biol. Substanzen beschreibt Vf. eine Meth., die sich bes. zur Unters. fester biol. Substanzen eignet u. die auf dem unter Beachtung bestimmter Vorsichtsmaßnahmen durchgeführten Chromschwefelsäureaufschluß in Ggw. von Ce(IV)-Sulfat u. Red. der Jodsäure mit Arsenit unter gleichzeitigem Übertreiben des J_2 mit Wasserdampf u. CO_2 in alkal. Vorlagen, in denen es titrimetr. oder colorimetr. bestimmt werden kann, beruht. — Aufschluß: Man versetzt z. B. 5—10 g *Heu* mit ca. 0,5 g $Ca(SO_4)_2 \cdot 4\,H_2O$ u. reguliert die Rk. durch Zutropfen von 80 ml CrO_3-Lsg. (250 g CrO_3 auf 150 ml W.) u. Umschütteln. Darauf tropft man erst 30 ml 2n H_2SO_4 u. dann 250 ml konz. H_2SO_4 im Laufe von $1^1/_2$—2 Std. zu. Ein Überschuß an CrO_3 muß als Bodensatz u. roter Schaum bestehenbleiben. Man erwärmt 4—6 Std. unter Umschütteln auf einem lebhaft sd. Wasserbad, kocht die bräunlichgrüne Fl. 20—30 Min. unter Rückfluß u. die dunkelblaugrüne Fl. schließlich bis zur Bldg. dicker SO_3-Nebel. Dest.: Man versetzt die mit 100 ml W. verd. Lsg. tropfenweise mit ca. 70 ml Reduktionslsg. (50 g As_2O_3 gelöst in 500 ml sd. 16%ig. K_2CO_3-Lsg.) u. dest. gleichzeitig ca. 150—200 ml mit Wasserdampf im Wasserstrahlvakuum in 2 mit 1 bzw. 0,3 ml 16%ig. K_2CO_3-Lsg. u. 20 bzw. 10 ml W. beschickte Vorlagen über, dampft die Destiallate zur Trockne ein, teigt mit 2 Tropfen W. an, dekantiert 3mal mit je 10—15 ml 96%ig. A. u. dampft die vereinigten alkoh. Auszüge zur Trockne ein. Zur Titration löst man diesen Rückstand mit 5 ml W., versetzt mit 1 Tropfen Methylorangelsg., neutralisiert mit 0,5n H_2SO_4 + 2 Tropfen Überschuß, fügt 5 Tropfen Br_2-Wasser zu, kocht auf 1—1,5 ml ein, kühlt, versetzt mit einigen Kriställchen KJ u. 2 ml Stärkelsg. u. titriert sofort mit frischer 0,002n $Na_2S_2O_3$-Lösung. Zur colorimetr. Best. löst man den Rückstand mit W. auf 25 ml, pipettiert 10 ml zu 0,8 ml As_2O_3-Lsg. (3,71 g As_2O_3 gelöst in KOH, verd. mit 200 ml W., neutralisiert mit 70%ig. H_2SO_4 + 54 ml Überschuß u. mit W. auf 500 ml aufgefüllt), versetzt bei Zimmertemp. mit 1,0 ml einer Lsg. von 12,0 g $Ce(SO_4)_2 \cdot 4\,H_2O$ in 500 ml 3,5n H_2SO_4 u. mißt nach 12 Min. in der 1 cm-Küvette bei 420 mμ. Für jede Ableseperiode sind eine neue Eichkurve u. konstante Bedingungen wichtig. Fehler maximal 10%. (Z. analyt. Chem. **146.** 11—17. 1955. Stuttgart-Hohenheim, Landw. Hochsch., Inst. für Tierernährungslehre.) K. Prchal. 5664

Kuang Lu Cheng und **Roger H. Bray,** *Zwei spezifische Methoden zur Kupferbestimmung in Boden- und Pflanzenmaterial.* 1. Meth.: Durch Vorbehandlung mit Versenat (Di-Na-Salz der Äthylendiamintetraessigsäure) u. Citrat werden außer Cu (u. Bi, das in dem genannten Material aber nicht vorkommt) alle Metalle komplex gebunden, so daß jetzt eine Best. von Cu mit Na-Diäthyldithiocarbamat (**I**) möglich ist, die sonst mit vielen Schwermetallen interferieren würde. Beleganalysen. 25—50 ml der zu untersuchenden Fl. (höchstens 50 γ Cu) werden im Schütteltrichter mit 10,0 ml Versenatlsg. (20 g NH_4-Citrat, 5 g Versenat ad 100 ml W.) u. 1—2 ml konz. NH_3-Lsg. vermischt, p_H der Lsg. 7—10. Dazu 1 ml 1%ig. wss. **I**-Lsg. u. 10,0 ml CCl_4, 2 Min. heftig schütteln. CCl_4-Schicht nach Absetzen direkt in Photometerzelle, mit 5,0 ml CCl_4 nachschütteln u. vereinte Extrakte bei 500 mμ u. 1 cm Schichtdicke photometrieren. Die Eichkurve, nach genau dem gleichen Verf. hergestellt, ist von 0—50 γ Cu geradlinig. 2. Meth.: Cu(I)-Ionen reagieren mit Bichinolin (2.2′-Bichinolyl; **II**) unter Bldg. eines purpurfarbenen Komplexes. Die Rk. ist spezif., andere Kationen geben keine gefärbten Komplexe, hingegen interferieren einige Anionen (angeführt), die jedoch für die obige Fragestellung nicht wichtig sind. Die Lsg. (höchstens 60 γ Cu) wird zur Red. mit einigen mg Hydroxylaminhydrochlorid versetzt, mit Na-Acetat auf p_H 4—5 gebracht u. mit 10,0 ml **II**-Lsg. (0,2 g **II** wird heiß in 1 Liter Isoamylalkohol gelöst) 1 Min. heftig geschüttelt. Die Amylalkoholschicht wird nach Klärung der 540 mμ photometriert, eine Eichkurve unter gleichen Bedingungen

hergestellt. Mit einer 1%ig. Versenatlsg. (p_H 4) läßt sich aus Bodenproben ebensoviel Cu extrahieren wie mit 0,1n HCl, bemerkenswert hinsichtlich der Bindefestigkeit der Schwermetalle. Der Versenatextrakt wird zweckmäßig mit I analysiert, da Versenat die II-Meth. stört. (Analytic. Chem. **25.** 655—59. April 1953. Urbana, Ill., Univ.)
H. BOSER. 5664

d) Medizinische und toxikologische Analyse.

D. Hofmann-Credner, *Zur Methodik der quantitativen Bestimmung respiratorisch aufgenommenen elementaren Jods.* Beschreibung einer einfachen App., die es gestattet, Einblick in die aerogenen Resorptionsverhältnisse von elementarem J_2 zu gewinnen. Es wird dabei eine radioakt.-markierte alkoh. $^{131}J_2$-Lsg. verwendet. (Wiener Z. inn. Med. Grenzgebiete **34.** 463—65. Dez. 1953. Wien, Univ., Med. Klinik, u. Bad Hall, Paracelsus-Inst., Interne Abt.) H. BENISCHKE. 5725

John B. Hursh, *Messung von Radon in Atemluft durch Adsorption an Aktivkohle.* Die Sammlung des Rn erfolgt mit einer Gasmaske, die zunächst am Ein- u. dann am Ausatemventil ein A-Kohlefilter trägt. Die A-Kohle muß Zn-frei sein. Zugleich wird die Menge der ausgeatmeten Luft gemessen. Die Kohle wird im Vakuum bei 350° verbrannt, die Gase gesammelt, mit N_2 verd. u. in einer 2 Liter-Ionisationskammer gemessen. Verss. mit einer künstlichen Lunge zeigen, daß 85—100% des Rn erfaßt werden. Der Leerwert der Kohle beträgt $3 \cdot 10^{-14}$ Curie Ra/g. (Nucleonics **12.** Nr. 1. 62—65. Jan. 1954. Rochester, N. Y., Univ. of Rochester, A.E.P.) G. HERRMANN. 5725

H. Weil-Malherbe und **A. D. Bone,** *Die chemische Bestimmung von adrenalinähnlichen Substanzen im Blut.* Eine Plasmapuffermischung vom p_H 8,4 wird an Al_2O_3 chromatographiert u. mit 0,2n Essigsäure eluiert. Durch 20 Min. Erhitzen dieser Lsg. mit *Äthylendiamin* (I) u. *Äthylendiamindihydrochlorid* (End-p_H 10,4) bei 50° entsteht aus dem durch Autoxydation adrenalinähnlicher Substanzen in alkal. Lsg. gebildeten *Adrenochrom* mit I ein stabiles Kondensationsprod., das fluorimetr. bestimmt wird. Die Fluorescenz der Lsgg. bleibt 24 Std. konstant. 1 μg *Adrenalin*/Liter kann nach dieser Meth. mit einer Fehlergrenze von 5% erfaßt werden. Das Kondensationsprod. aus *Noradrenalin* fluoresciert $^1/_5$ so stark wie das aus *Adrenalin.* Andere physiol. Phenole geben nach dieser Meth. prakt. keine zusätzliche Fluorescenz. (Biochem. J. **51.** 311—18. Juni 1952. Wickford, Essex, Rumwell Hospital, Res. Dep.) H. R. SCHÜTTE. 5727

Benjamin Prescott, Gladys Kauffmann und **Walter D. James,** *Colorimetrische Schnellmethode zur Bestimmung von Isonicotinsäurehydrazid im Blutplasma.* Zur colorimetr. Best. von *Isonicotinsäurehydrazid* (*Isoniazid*; I) im Blutplasma wird I mit *Glutakonaldehyd,* erhalten durch alkal. Hydrolyse von *4-Pyridylpyridiniumdichlorid,* kondensiert u. die Gelbfärbung, die dem LAMBERT-BEERschen Gesetz gehorcht, bei 425 mμ elektrophotometr. gemessen. Nach oraler Verabreichung von 5 u. 50 mg I an Mäuse u. Meerschweinchen erreicht der Blutplasmaspiegel innerhalb 30—120 Min. ein Maximum, das innerhalb 18 Std. auf niedrige Werte absinkt. — Ausführung: 2 cm³ I-Lsg., die 3% wss. Trichloressigsäurelsg. enthalten, mit 0,5 cm³ 1%ig. wss. 4-Pyridylpyridiniumdichlorid, dann mit 0,7 cm³ 2n NaOH u. 0,5 cm³ 2n HCl versetzen, dann innerhalb 1 Std. gegen W. als Leerwert messen (Eichlsg.: 10 γ I/cm³). Die Meth. gibt reproduzierbare Werte (2 γ/cm³ < 3,2% bei Doppelbest.). Da verschied. aromat. Amine (*Sulfonamide, p-Aminosalicylsäure*) bei der Best. stören können, u. n. Plasma geringe Mengen anderer Chromogene enthalten kann, ist eine Kontrollbest. vor der I-Zuführung erforderlich. (Proc. Soc. exp. Biol. Med. **84.** 704—06. Dez. 1953. Bethesda, Md., U. S. Dep. of Health, Educat. and Welfare, Publ. Health Service, Nat. Inst. of Health, Nat. Microbiol. Inst.)
K. MAIER. 5727

E. Dannenberg, *Automatische Analyse. Photometrische Albuminbestimmung.* Albuminbest. (in Serum, Urin u. Sekreten) nach $CuSO_4$-Fällung u. photometr. Messung der durch Biuret verursachten Farbintensität. (Clín. y Lab. **58** (**39**). 279—81. Okt. 1954.)
P. G. SCHEURLEN. 5732

Sidney Weiss, Ethel I. Anderson, Peng Tung Hsu und **Jakob A. Stekol,** *Eine Modifikation der Floyd-Lavine-Methode zur Isolierung von Methionin bei Traceruntersuchungen.* Die Meth. von FLOYD u. LAVINE (C. **1955.** 2690) zur Isolierung von *Methionin* (I) aus Proteinhydrolysaten als *Methioninmethylsulfoniumbromid* wurde für die Anwendung zur I-Isolierung aus Tierkörperproteinen modifiziert. Die homogenisierten u. mit A. u. Ae. extrahierten *Tiere* oder *Organe* werden mit 10%ig. NaCl-Lsg. u. danach mit 6%ig. Trichloressigsäure extrahiert. Der Rückstand bildet das Ausgangsmaterial für die Untersuchungen. Nach 6std. Hydrolyse mit 6n HCl wird die überschüssige HCl im Vakuum weitgehend vertrieben u. der in W. gelöste Rückstand mit Kohle entfärbt. Nach Phosphorwolframsäurefällung wird mit 1 mol. Tetraäthylammoniumbromid (II)-Lsg. (0,2 ml/g

Protein) die überschüssige Phosphorwolframsäure entfernt. Das eingeengte Filtrat wird mit Methanol u. H_2SO_4 behandelt, eingeengt u. ½ Std. am Rückfluß gekocht. Nach Phosphorwolframsäurefällung des verd. Reaktionsgemisches wird die ausgewaschene Fällung gewogen, 3mal mit 90%ig. wss. Aceton behandelt u. wieder gewogen. Für jedes Gramm gelöstes Phosphorwolframat wird den vereinigten Acetonextrakten 1 ml 1mol. **II** zugefügt, filtriert u. auf p_H 5 gebracht. Das eingeengte Filtrat wird 3mal mit Methanol versetzt u. wieder im Vakuum eingeengt. Das gelbe Öl krist. im Kühlschrank. Aus Methanol oder Methanol-A. umkristallisieren. Ausbeute 14—17 mg/g Protein; F. 136—138°. Die Meth. eignet sich für I-Stoffwechselunterss. mit markiertem **I**. (J. biol. Chemistry **214**. 239—44. Mai 1955. Philadelphia, Pa., Lankenau Hosp., Res. Inst. and Inst. for Cancer Res.) K. NEHRING. 5756

Irving Sunshine und **Robert Nenad**, *Eine Modifikation der Winnickschen Methode zur Schnellbestimmung von Äthylalkohol in biologischen Flüssigkeiten.* Als Vorteile gegenüber der Originalmeth. von WINNICK (Ind. Engng. Chem., analyt. Edit. **14**. [1942.] 523) sind angegeben: Verkürzung der Reaktionszeit auf 20 Min. (ein Einzeltest dauert nur 25 Min.) u. Erweiterung des Proportionalitätsbereiches (0—0,55% A.). Dies wird erreicht durch Erhöhung der Reaktionstemp. auf 90° u. photoelektr. Auswertung. 3,0 ml Chromschwefelsäure (4,262 g $K_2Cr_2O_7$ in 100 ml W. lösen, dazu 500 ml konz. H_2SO_4, ad 1000 ml W.) werden in den Innenraum einer CONWAY-Zelle pipettiert, 1,0 ml 20%ig. wss. Na_2CO_3-Lsg. u. 0,5 ml der zu untersuchenden Fl. in den Außenraum; 20 Min. auf 90° halten. Der Inhalt des Innenraumes wird dann in einen 25 ml-Meßkolben übergeführt u. die opt. D. bei 450 mμ bestimmt. Die Eichkurve (Verdünnungsreihe von reinem A.) ist proportional von 0—0,60%; Wiedergewinnungsverss. ergaben zugesetzte Menge ±0,02%. (Analytic. Chem. **25**. **653**—55. April 1953. Cleveland, O., Univ., Inst. of Pathol., and Univ. Hospital.) H. BOSER. 5762

Anno Dittmer, Papierelektrophorese. Grundlagen, Methodik, klinische Betrachtungen. Jena: G. Fischer. 1956. (VIII + 114 S. m. 34 Abb.) 8°. DM 8,50.

Walter Fuchs, Entwicklung neuer Regel- und Kontroll-Apparate zur coulometrischen Analyse. Chem.-techn. Inst. d. Rhein.-Westf. TH, Aachen. Als Ms. gedr. Köln u. Opladen: Westdt. Verl. 1955. (62 S. m. Darst.) 4° = Forschungsberichte d. Wirtschafts- u. Verkehrsministeriums Nordrhein-Westfalen. Nr. 220. DM 15,50.

W. West, ed. Chemical applications of spectroscopy. (Technique of organic chemistry, V. 9.) New York: Interscience. 1956. (812 S. m. Abb.) 8°. $ 15.00.

H. Angewandte Chemie.

I. Allgemeine chemische Technologie.

S. Goldstein, *Über die Mathematik der Austauschprozesse in festen Säulen.* 1. Mitt. *Mathematische Lösungen und asymptotische Expansionen.* Vom rein mathemat. Gesichtspunkt aus werden Austauschprozesse, wie Wärmeaustausch, Ionenaustausch, Adsorption, diskutiert, welche auftreten, wenn eine Fl. durch die Poren oder Hohlräume entlang einer Säule fließt, welche feste Stoffe enthält. (Proc. Roy. Soc. [London], Ser. A **219**. 151—71. 25/8. 1953. Haifa, Israel, Inst. of Technology.) C. GOTTFRIED. 5814

S. Goldstein, *Über die Mathematik der Austauschprozesse in festen Säulen.* 2. Mitt. *Die Gleichgewichtstheorie als Grenzfall der kinetischen Theorie.* (1. vgl. vorst. Ref.) Vf. zeigt, daß die l. c. für gewisse Anfangsbedingungen auf der Grundlage der Gleichgewichtstheorie aufgestellten Gleichungen die korrekten Grenzwerte der entsprechenden Lösungen auf der Grundlage der kinet. Theorie sind. (Proc. Roy. Soc. [London], Ser. A **219**. 171—85. 25/8. 1953. Haifa, Israel, Inst. of Technology.) C. GOTTFRIED. 5814

G. M. Turner und **R. W. Moulton**, *Größenverteilung von Tropfen aus Sprühdüsen.* Benzoesäure (**I**) u. β-Naphthol (**II**) werden bei verschied. Tempp. u. Drücken in fl. Zustand durch 2 verschied. gebaute Hohlraumsprühdüsen variabler Düsenöffnung gedrückt u. die beim Herabrieseln festwerdenden Tropfen mkr. auf ihren Durchmesser untersucht. Nach einer auf dem logarithm. Wahrscheinlichkeitsprinzip beruhenden empir. Meth. wird eine Funktion entwickelt, die den Ergebnissen besser gerecht wird, als die bisher in der Literatur beschriebenen. Die graph. Darst. der Verteilung u. Häufigkeit der Teilchengröße ergibt Kurvenbilder ähnlich der MAXWELLschen mol. Gesamtgeschwindigkeitsverteilung. Die mittlere Teilchengröße x' hängt von der Düsengröße (D), Oberflächenspannung (ν), Viscosität (μ) u. Sprühgeschwindigkeit (v) ab u. ist etwa proportional $D^{1,5}$, $v^{-0,4}$, $\nu^{0,6}$ u. $\mu^{0,2}$, die Dichte scheint keinen Einfl. zu haben. Die Abweichung der Größenverteilung von x' nimmt mit wachsendem D zu. — Für **I** u. **II** wurden zwischen 130 u. 180° die Dichte, ν u. μ ermittelt (vgl. Original). (Chem. Engng. Progr. **49**. 185—90. April 1953. Seattle, Wash., Univ.) H. LEHWALD. 5820

J. Henry Rushton, *Mischen.* (Vgl. C. **1954.** 2243.) Literaturübersicht 1953 über die Anwendung verschied. Prinzipien der Fließmechanik auf kontinuierlich geführte Mischprozesse u. die Zusammenhänge zwischen Turbulenz u. Vermischungsgeschwindigkeit. — 48 Zitate. (Ind. Engng. Chem. **46.** 133—37. Jan. 1954. Chicago, Ill., Inst. of Technol.) GERHARD GÜNTHER. 5822

Gerd Krüger, *Ionenaustauscher — ein Überblick.* (Chemiker-Ztg. **79.** 768—72. 20/11. 804—09. 6/12. 1955. Heidelberg, Max-Plank-Inst. für Medizin. Forschung, Inst. für Chemie.) P. ECKERT. 5826

E. L. Streatfield, *Filtration.* Literaturübersicht aus dem Jahre 1953. Theorien, App., Filterhilfen, Filtermedien u. Anwendungsgebiete. — 84 Zitate. (Chem. Process Engng. **35.** 143—46. Mai 1954.) GERHARD GÜNTHER. 5830

C. Kerby Stoddard und **W. E. Mooz,** *Beobachtungen bei der Planung und dem Betrieb von Hochvakuumsystemen.* Die bei der Entw. von bei 800—1000° arbeitenden Zr- u. Ti-Hochvakuumdestillationsanlagen erworbenen Erfahrungen mit Großanlagen mit stat. Vakuum werden erörtert. Im einzelnen werden beschrieben: Verwendung von mechan. u. Diffusionspumpen, Diffusions-Fll., Pumpenölreinigung, Suchen u. Beheben undichter Stellen, Vakuumventile, Kühlfallen u. das Schweißen von Vakuumgeräten. (Chem. Engng. Progr. **49.** 197—202. April 1953. South Amboy, N. J., Nat. Lead Co.) H. LEHWALD. 5842

M. Andritzky, *Neuzeitliche Rauchgasentstaubung durch Zyklone.* (Vgl. C. **1954.** 4228 u. 7020.) Für 6 Zyklontypen: Modell 35, Wirbelabscheider, Doppelabscheider, Wirbelsieb, Multiaerodyn u. Zellenentstauber sind schemat. Skizzen u. Kennzahlen für Entstaubungsgrad nach Korngrößen, Kapazität, Zugverlust, Raumbedarf u. Blechstärken angegeben. (Zucker **5.** 551—53. 15/12. 1952. Gummersbach.) H. ECKHARD. 5850

Gerhard Bambach, *Das Verhalten von Mineralöl-F12-Gemischen in Kältemaschinen.* Vf. berichtet über thermodynam. Eigg. von Kältemaschinenölen, F 12 u. deren Mischungen. Es wurden Dampfdrucke, gegenseitige Löslichkeiten, spezif. Voll. u. Mischungswärmen gemessen sowie Sättigungsdrucke u. Partialdrucke errechnet. Ferner wurden Viscositäten bis zu den Kpp. gemessen. Die verwendeten Meßgeräte u. die Meßtechnik werden beschrieben. Die Ergebnisse werden in bezug auf die Verwendung der Mischungen in Kältemaschinen ausgewertet. U. a. hat sich gezeigt, daß F 12 auf paraffinbas. Pale Oil als kristallisationsbeeinflussender Stockpunktserniedriger wirkt. (Abh. dtsch. kältetechn. Ver. **1955.** Nr. 9. 1—104. Karlsruhe, TH, Kältetechn. Inst.) GERHARD GÜNTHER. 5858

J. R. Fawcett, *Die Druckmessung in der chemischen Industrie.* Beschreibung von Druckmeßinstrumenten für die chem. Industrie mit speziellen Konstruktionsmerkmalen für die Verwendung im Spezialfall, bes. Schutz des Instruments vor hohen Tempp. u. aggressiven Chemikalien. (Manufact. Chemist **25.** 53—56. Febr. 1954.) GERHARD GÜNTHER. 5886

III. Elektrotechnik.

J. Millet, *Halbleitende Kristallkomplexe mit hohen Temperaturkoeffizienten. Einige Anwendungen.* Die Leitfähigkeit eines Einkristalles wird mit der von Kristallanhäufungen (-komplexen) (**I**) verglichen. Man unterscheidet **I** mit großem Temperaturkoeff. u. hoher innerer Leitfähigkeit u. **I** mit großem Spannungskoeff., in denen die Beschaffenheit der Grenzschichten von Bedeutung ist. Die Wrkg. der **I** mit großem Temperaturkoeff. wird durch die Kurven: Widerstand–Temp., Spannung–Stromstärke u. die Abkühlungs- u. Erhitzungskurven, die der **I** mit großem Spannungskoeff. durch die Kurve: Spannung–Intensität gekennzeichnet. Ihre Anwendung beruht auf ihrer Eignung zu Temperaturmessungen, der Möglichkeit, einen negativen dynam. Widerstand zu erhalten u. ihrer Unempfindlichkeit gegen Erwärmung. Die zahlreichen Anwendungen der **I** mit großem Temperatur- u. der **I** mit großem Spannungskoeff. in der Elektrotechnik werden im einzelnen beschrieben. (Métaux **29.** 292—302. Juli/Aug. 1954. Soc. „Le Carbone Lorraine", Labor. Centr. de Rech.) W. WESLY. 5952

István Páyer, *Die Wirkung von Natriumsulfat und Magnesiumsulfat auf die Eigenschaften des Bleiakkumulators.* Die Klemmspannung von Bleisammlern, in welchen die H_2SO_4 mit Na_2SO_4 oder $MgSO_4$ ersetzt wurde, sinkt in kurzer Zeit auf einen geringeren Wert, doch ist diese Entladungszeit auch nur dem geringen Säuregeh. der Platten zuzuschreiben. Säurefreie akt. Platten in den genannten Elektrolyten werden sofort entladen. Ein Zusatz zur H_2SO_4 von 10—15% Na_2SO_4 oder $MgSO_4$ ist schädlich, 5%ig. Zusatz, bes. von $MgSO_4$, ist auf Lebensdauer, Selbstentladung u. inneren Widerstand der Sammler ohne Einfl., die Spannung u. Kapazität wird um ein weniges höher. (Magyar Kémiai Folyóirat [Ung. Z. Chem.] **61.** 346—51. Nov. 1955. Veszprém, Techn. Univ.) J. PLANK. 5970

T. M. Dauphinee, *Eine Apparatur zum Vergleich von Thermoelementen.* Es wird eine halbautomat. App. zum schnellen Vgl. der Empfindlichkeit mehrerer Thermoelemente gleicher Art für das Temperaturgebiet 0—1100° beschrieben. Das Verf. gestattet durch Best. von Thermokraftdifferenzen den Vgl. z. B. von Pt–Pt, 10% Rh-Elementen mit einer Genauigkeit von $\pm 0{,}03°$ bei Erhitzungsgeschwindigkeiten Δv von 15°/Min. u. $\pm 0{,}15°$ bei $\Delta v = 100°$/Min. Auch Thermoelemente verschied. Beschaffenheit können durch Aufnahme der Gesamtthermokraft miteinander verglichen werden. (Canad. J. Physics **33.** 275—85. Juni 1955.) J. RUDOLPH. 5970

J. Fred Hazel und **George L. Schnable,** *Kolloid- und Oberflächenerscheinungen bei der Herstellung von Kathodenstrahlbildschirmen.* Vff. versuchten auf experimentellem Wege die Tatsache zu klären, daß die bei der Herst. von Kathodenstrahlbildschirmen notwendige Adhäsion des phosphorescierenden Pulvers am Glasinneren bei alleiniger Anwesenheit von Kaliumsilicat nur sehr langsam fortschreitet, wogegen sie in Ggw. eines Gemisches von Kaliumsilicat u. Bariumacetat sehr rasch erfolgt. Da die Abnahme des ζ-Potentials von Glas u. phosphorescierendem Pulver, die ursprünglich als die Ursache der Adhäsionsförderung angesehen wurde, sowohl bei der Zugabe von Kaliumsilicat allein, wie auch bei der Zugabe eines Gemisches von Kaliumsilicat u. Bariumacetat annähernd die gleiche ist, glauben Vff., der bei Strömungspotentialmessungen festgestellten koll. Silicagelbldg. an der Oberfläche von gemahlenen Glas- u. phosphorescierenden Substanzteilchen die beschleunigte Adhäsion zuschreiben zu können. Der Einfl. des Bariumsalzes liegt in der Begünstigung der Polymerisation des Silicates, die wegen der Adsorption des Silicates an feste Oberflächen in der Nähe der festen Substanzteilchen bevorzugt zustande kommt. (J. physic. Chem. **58.** 812—16. Okt. 1954. Philadelphia, Pa., Univ., Dep. of Chem.) D. FORST. 5974

General Aniline & Film Corp., New York, N. Y., übert. von: **George O. Altmann,** Elizabeth, N. J., V. St. A., *Massekern.* Die bes. aus Carbonyl-Fe bestehenden, einen Durchmesser von 3—20 μ aufweisenden Magnetpulverteilchen erhalten einen Überzug aus 0,1—1 (Gew.-%) Zucker u. 0,05—0,5 wasserlösl. Alkalisilicat. Nach dem Trocknen (bes. bei 150—200° in nichtoxydierender Atmosphäre) wird die M. mit einem mit W. mischbaren flüchtigen organ. Lösungsm. (I; z. B. Aceton) u. 0,05—0,3 H_3PO_4 versetzt. Zur anschließenden Verflüchtigung des I dient bes. ein Infrarotstrahler. (**E. P. 680 306** vom 23/5. 1950, ausg. 1/10. 1952. A. Prior. 1/6. 1949. **A. P. 2 597 276** vom 1/6. 1949, ausg. 20/5. 1952.) H. KESSEL. 5959

Robert Bosch G. m. b. H., Stuttgart, *Massekern.* Fäden oder Stränge eines Gemisches aus ferromagnet. Pulver u. isolierendem Bindemittel werden, bes. mit einer Schicht aus plast. verformbarem Isolierstoff (z. B. Paraffin oder einer Aufbereitung von Glaspulver in Öl oder Fett) umhüllt, in einem starken magnet. Orientierungsfeld ohne Zug durch Düsen gepreßt u. dann gebrannt. (**D. R. P. 753 802** Kl. 21g vom 18/8. 1933, ausg. 26/5. 1953.) H. KESSEL. 5959

Steatite Research Corp., Keasbey, N. J., V. St. A., *Ferromagnetisches keramisches Material mit rechteckförmiger Hysteresisschleife* aus 3—10 (Gew.-%) MgO, 15—71 MnO, 25—75 Fe_2O_3 u. 0—8 eines Oxydes der schweren Metalle V, Cr, Co, Ni, Cu, Zn, Zr, Ga, Ge, Nb, Mo, Ru, Rh, Pd, Ag, Cd, In, Sn, Hf, Ta, W, Re, Os, Ir, Pt, Au, Hg, Tl u. Pb; die Gemische werden fein gemahlen geformt u. bei ca. 2400° F gesintert. Die Menge des schweren Metalloxyds soll stets geringer sein als die des MgO, u. das Prod. soll weniger als 50 Mol-% Fe_2O_3 enthalten. Die Körper aus dem Material sind bes. für *magnet. Gedächtnissysteme* geeignet. Auf Grund der Rechteckform ihrer Hysteresisschleife haben die Körper eine Ansprechzeit von nur wenigen Mikrosekunden. (**E. P. 735 375** vom 5/2. 1953, ausg. 17/8. 1955. A. Prior. 7/2. 1952.) F. REINHART. 5959

AP Parts Corp., übert. von: **John Clifford Miller,** Toledo, O., V. St. A., *Kathodenstrahlröhre.* Zur Herst. metall. leitender Oberflächenschichten dient eine Suspension von koll. Graphit, Triäthylcellulose u. einem Pigmentfarbstoff in CH_2Cl_2 u. Isopropylalkohol. (**A. P. 2 702 250** vom 16/2. 1951, ausg. 15/2. 1955.) H. KESSEL. 5975

N. V. Philips' Gloeilampenfabrieken, Eindhoven, Holland, *Elektronenröhre mit scheibenförmiger Kathode.* Die scheibenförmige Kathode ist auf einem Zylinder befestigt, der aus einem gegossenen Metallstück besteht, z. B. aus Cu, das an einem Teil seiner Wandung perforiert ist. Die Kathodenscheibe ist mit einem isolierenden Lot, z. B. Emaille, auf der Unterlage befestigt. Auf diese Weise kann die Unterlage sehr dünn sein u. eine unerwünschte Wärmeausstrahlung aus ihr weitgehend vermieden werden. (**Dän. P. 75 088** vom 23/8. 1948, ausg. 8/12. 1952. Holl. Prior. 26/8. 1947.) K. H. KÄHLER. 5975

Siemens & Halske Akt.-Ges., Berlin und München (Erfinder: **Heinrich Hinderer,** Berlin, und **Gijsbert Jacob Ekkers,** Zürich), *Heizkörper für eine indirekt geheizte Glüh-*

kathode. Der wendelförmige Heizdraht umgibt einen Stützkörper, der aus einem mit Isoliermaterial überzogenen Draht besteht. Zu seiner Herst. wird feinverteiltes Isoliermaterial, bes. ein Metalloxyd, z. B. Al_2O_3, mit einem Bindemittel aufgebracht u. aufgesintert. (**D. B. P. 936 406** Kl. 21g vom 7/1. 1943, ausg. 15/12. 1955. Anmeldung bekanntgemacht 24/12. 1952.) H. Kessel. 5975

Sylvania Electric Products, Inc., Salem, Mass., V. St. A., *Elektroluminescierendes Material* besteht aus ZnS, aktiviert mit Cu u. ca. 0,01% oder weniger Pb, bezogen auf das ZnS-Gew., oder aktiviert mit 0,0001—0,03 (Grammatom) Mn u. 0,0001—0,005 Cu pro Mol ZnS. (**E. PP. 731 364** u. **731 365** vom 9/6. 1952, ausg. 8/6. 1955. A. Prior. 8/6. 1951.) H. Kessel. 5975

General Electric Co. Ltd., London, übert. von: **James Alexander Davidson** und **Raymond W. Dudding,** Wembley, England, *Herstellung von Leuchtschichten in Leuchtröhren.* Zur Vermeidung des Anhaftens des Nitrocellulosefilms an den Seitenwänden der Leuchtröhre beim Abgießen der wss. Lsg., auf der er schwimmt, werden die Seitenwände mit einem wasserabstoßenden Überzug versehen, z. B. mit einer Schicht Vaseline oder Sebacinsäure-di-2-äthylhexylester. (**E. P. 684 677** vom 30/6. 1949, ausg. 24/12. 1952.) A. Kalix. 5975

Thorn Electrical Industries Ltd., London, England (Erfinder: **Peter Whitten Ranby**), *Leuchtschirm für Kathodenstrahlröhren und Gasentladungsleuchtröhren* enthält Polyborate von Ca, Sr, Ba u. Cd, aktiviert mit Mn u. Pb, Mn u. Bi, oder Mn, Pb u. Bi. Zur Herst. dient ein Gemisch von Ausgangsmaterialien, in dem das mol. Verhältnis zwischen den Metalloxyden (ohne die Aktivatoren) u. B_2O_3 zwischen 1:2 u. 1:7 liegt. Der mol. Anteil der Aktivatoren, bezogen auf die Metalloxyde, beträgt 0,001—0,1 für Mn, 0,005—0,4 für Pb u. 0,005—0,7 für Bi. (**E. P. 734 940** vom 24/7. 1952, ausg. 10/8. 1955.) H. Kessel. 5975

Walter Roos, Basel, Schweiz, *Röntgenleuchtschirm.* Eine Suspension von nachleuchtenden Leuchtstoffen in einer Lsg. von filmbildenden Kunststoffen, z. B. Polyvinylchlorid + Methylmethacrylat in Cyclohexan, wird durch Gießen, Spritzen oder andere Verff. zu einer Folie verarbeitet u. diese gegebenenfalls noch mit einer wasch- u. desinfizierbaren Schutzschicht versehen. (**Schwz. P. 305 742** vom 21/12. 1951, ausg. 16/5. 1955.) A. Kalix. 5975

IV. Wasser. Abwasser.

A. I. Bokina, *Materialien zur physiologischen Begründung der hygienischen Normen für Sulfate im Trinkwasser.* Auf Grund von Trinkwasserverss. an Menschen u. Hunden hält Vf. eine hygien. Norm von ca. 500 mg/Liter SO_4-Ion für richtig. (Гигиена и Санитария [Hyg. u. Sanitätswes.] **21.** Nr. 2. 7—14. Febr. 1956.) Otto Maier. 6014

Ss. M. Dratschew und **A. I. Itzkowa,** *Hygienische Bewertung der Eigenschaften von Wasser, das mit verschiedenen Arten von Ioniten behandelt wurde.* Meeres- u. Leitungswasser wurde nach der Behandlung mit verschied. Anioniten u. Kationiten chem., organolept. u. in der Wrkg. auf Ratten u. auf das Froschherz untersucht. Das mit KU-1, SBS u. EDE-10 (keine näheren Angaben über die Zus. der Ionite) entsalzene W. enthält keine Stoffe, die auf den Organismus von Warmblütlern schädlich wirken; sie können für die Entsalzung von Trinkwasser verwendet werden. (Гигиена и Санитария [Hyg. u. Sanitätswes.] **21.** Nr. 2. 15—19. Febr. 1956.) Otto Maier. 6020

Pieter C. Lindenbergh, *Erhöhung der Filterkapazität durch Belüftung.* Die Enteisenung von W. nach dem Rieselsyst. mit anschließender Filterung führte nicht zum gewünschten Ergebnis. Vf. beschreibt einen Belüftungsapp., in dem — ähnlich wie beim *Accelator* (Lurgi) — der ausgeflockte Eisenschlamm als wirksame Substanz mit Verwendung findet. (J. Amer. Water Works Assoc. **47.** 142—44. Febr. 1955. Leyden, Niederlande, Water Works.) H.-E. Klotter. 6024

F. H. Waring, *Arbeitsweise zur Beseitigung des Schlammes von Kalkenthärtungsanlagen.* Vf. beschreibt eine Kalkschlammbeseitigungsanlage in Galion, Ohio. Der Kalkschlamm wurde zunächst in die Kanalisation abgeführt, beeinträchtigte aber sehr stark den Wirkungsgrad der Belebtschlammanlage. Daraufhin kam ein Vakuumfilter zur Anwendung. Die 4 ft lange Trommel hat einen Durchmesser von 8 ft u. eine Filterfläche von 100 sq.ft. Die Filterleistung beträgt in einer Std. 8 lb./sq.ft, bei einem Vakuum von 6—7 in. Hg. Der Filterkuchen enthält ca. 70% Feuchtigkeit. Eine weitere Austrocknung wird durch Ausbreitung auf Trockenbeeten erreicht. Je nach Wetterlage ist dies in ca. 1—2 Wochen beendet. Sodann kann der Filterkuchen zur Auffüllung von Gelände abgefahren werden. (J. Amer. Water Works Assoc. **47.** 82—84. Febr. 1955. Columbus, O., State Dep. of Health.) H.-E. Klotter. 6024

W. H. Blackburn, T. G. Tomlinson und **T. H. Summers,** *Die Behandlung von Gaswerksabwasser in Mischung mit häuslichem Abwasser in Tropfkörpern.* Vff. behandelten das Problem von 2 Seiten: 1. durch Trennung des Gaswassers in seine verschiedenen Bestandteile (Fraktionen) u. Best. des Einfl. der einzelnen Komponenten auf den biol. Abbauprozeß. Das abgesetzte häusliche Abwasser wurde mit 2% der einzelnen Fraktionen versetzt u. über eingearbeitete Tropfkörper geleitet. Durch Phenol, Kresol u. höhere Phenole sowie durch Brenzcatechin, Resorcin u. Homologe wird der BSB bedeutend erhöht. Bei Fraktion F, die Carbol- u. Huminsäuren enthielt, war die Erhöhung noch größer. Die Fraktion G, enthaltend Rhodanid, Thiosulfat, NH_3 u. Chloride, zeigte den ungünstigsten Einfl. auf den Kläreffekt, außerdem störte diese Fraktion die Nitrifikation. Im 2. Versuchsgang wurde der Einfl. von Gaswasser in unveränderter Beschaffenheit auf die biol. Reinigung untersucht. Bereits die Zugabe von 0,5% Gaswasser zum abgesetzten häuslichen Abwasser verursachte eine bedeutende Verschlechterung der chem. Beschaffenheit des Abwasserabflusses sowie eine Zunahme der Farbintensität. (J. Proc. Inst. Sewage Purificat. **1952.** 368—91. Leeds, England, Water Pollution Res. Labor.) H.-E. KLOTTER. 6040

Blackburn, Tomlinson und **Summers,** *Die Behandlung von Gaswasser in Mischung mit häuslichem Abwasser in Tropfkörpern.* Zu der vorst. referierten Arbeit bemerken Vff. auf Anfragen nach der Möglichkeit der Wiedergewinnung u. Nutzbarmachung von Stoffen des Gaswassers, daß Bzl. nur einwertige Phenole extrahiert, das Auswaschen mit Butylacetat zwar auch die zweiwertigen Phenole erfaßt, aber nicht die Kosten deckt. Elektrostat. Abscheidung des Teers aus dem heißen Gas ergab ein Abwasser, das leichter vom Tropfkörper verarbeitet wurde. (J. Proc. Inst. Sewage Purificat. **1953.** Teil 1, 25.) H. MÜHLMEISTER. 6040

Paul W. Eichenlaub und **James Cox,** *Die Beseitigung der galvanischen Abwässer der ONEIDA Ltd.* 5. Mitt. *Wirkungsweise der Anlage.* (4. vgl. C. **1955.** 3458) Vff. beschreiben den Kläreffekt der Anlage an Hand von Analysendaten. Chemikalienverbrauch u. Kontrolleinrichtungen werden eingehend beschrieben. (Sewage ind. Wastes **26.** 1130—35. Sept. 1954.) H.-E. KLOTTER. 6040

T. Stones, *Untersuchungen über die Säure-Flockung in Salford.* Eine Säurebehandlung des Abwassers ist eine Funktion des p_H-Wertes, sie ist unabhängig von der verwendeten Säure. Eine Ansäuerung des W. ist charakterisiert durch ein anfängliches Sinken des Kläreffektes hinsichtlich des Absetzungsvorganges. Es ist deswegen wesentlich, ausreichend zu säuern, um eine wirksame Koagulation zu sichern. Da erst unterhalb p_H 5 Flockung eintritt, muß ein solches Abwasser erst neutralisiert werden, wenn es noch biol. weiterbehandelt werden soll. Die beste Fällung wurde in Salford bei p_H 3,0 erzielt. Durch die Säuerung trat keine Schlammzers. ein. (J. Proc. Inst. Sewage Purificat. **1952.** 361—66.) H.-E. KLOTTER. 6042

Henkel & Cie. G. m. b. H. (Erfinder: **Helmut von Freyhold**), Düsseldorf, *Entkieselung von Wässern* durch Zusatz der Lsgg. von Alkalisilicaten u. von Salzen 2- oder 3wertiger Metalle, bes. des Fe, Al oder Mg, u. Abtrennen der ausgefallenen Niederschläge. Es werden Lsgg. von kieselsäurereichen Alkalisilicaten mit einem Mol-Verhältnis SiO_2:Alkalioxyd von mindestens 3,8:1, vorzugsweise bis zu 4,4:1, verwendet. (**D. B. P. 925 700** Kl. 85b vom 20/7. 1952, ausg. 28/3. 1955. Anmeldung bekanntgemacht 26/8. 1954.) E. REICHELT. 6025

Stora Kopparbergs Bergslags Aktiebolag, Falun, Schweden (Erfinder: **J. D. Mac Mahon**), *Chloren von Wasser.* Die an sich bekannte Behandlung mit Cl_2 wird in Ggw. von NH_3 durchgeführt, woran sich eine Behandlung mit ClO_2 in Form von Chlorit anschließt. Das Verhältnis von NH_3 zu Cl_2 soll zwischen 1:2 u. 1:10 liegen, der Zusatz von ClO_2 ca. 0,1—10 g/m³ betragen. Durch die ClO_2-Behandlung im Anschluß an das Chloraminverf. wird der sonst störende Chloramingeruch oder -geschmack beseitigt. (**Schwed. P. 142 633** vom 27/9. 1948, ausg. 20/10. 1953.) K. H. KÄHLER. 6025

Permutit Co., New York, N. Y., übert. von: **Martin E. Gilwood,** Hollis, N. Y., V. St. A., *Entlüftung von Wasser.* Das W. wird in nach unten sich kon. ausbreitendem Strom abwärts versprüht u. dabei mit Dampf in solchem Überschuß in Berührung gebracht, daß das W. auf Dampftemp. gebracht wird u. die gelösten Gase entfernt werden. Der überschüssige Dampf wird vom Wasserstrom abgetrennt, wobei der größte Teil kondensiert wird, indem man ihn in eine Vielzahl von gleichförmigen, <1 in. weiten Strömen aufteilt u. diese, den Wasserstrom umgebend, im Gegenstrom zu diesem führt u. die nichtkondensierten Gase zusammen mit dem nichtkondensierten Überschußdampf abbläst. — Zeichnungen. (**A. P. 2 671 524** vom 14/7. 1951, ausg. 9/3. 1954.) E. REICHELT. 6027

Nils Claes Hugo Fischerstrom, Stocksund, und **Stellan Gullstrom,** Bromma, Schweden *Belüftung von Abwasser.* Das Abwasser wird durch einen Behälter geführt, der durch eine Längswand in 2 gleiche Räume unterteilt ist, die jedoch ober- u. unterhalb dieser miteinander verbunden sind. Das an einer Seite eintretende Abwasser durchströmt in Längsrichtung den Behälter, in dem es durch eine Reihe horizontal unter dem Wasserpiegel in einem der obengenannten Räume angeordneter Belüftungsrohre belüftet wird, dadurch nach oben bewegt u. über die Längswand in den danebenliegenden Raum fällt u. unten wieder in den ersten Raum gelangt. — Zeichnung. (**E. P. 715 952** vom 4/6. 1951, ausg. 22/9. 1954.) E. Reichelt. 6041

Klöckner-Humboldt-Deutz Akt.-Ges., Köln-Deutz, Deutschland, *Behandlung von Phenol enthaltenden Abwässern.* Das Abwasser wird in einen Behälter, dessen unterer Teil als Gasgenerator ausgebildet ist u. in dessen oberem Teil das erzeugte Gas durch Luftzufuhr verbrannt wird, eingespritzt, wobei es verdampft u. auf eine Temp. erhitzt wird, die höher ist als die zur Zers. des Phenols u. seiner Derivv. erforderliche. — Vorrichtung. (**E. P. 717 484** vom 22/12. 1952, ausg. 27/10. 1954. D. Prior. 17/1. 1952.) E. Reichelt. 6043

V. Anorganische Industrie.

G. Ja. Leiserowitsch und **E. Ja. Sserebrennikowa**, *Die Verbrennung von Schwefelkies im Wirbelschichtverfahren.* Das Wirbelschichtverf. ermöglicht die Verarbeitung S-ärmerer Rohstoffe, die kontinuierliche Abführung von Feststoffen ohne besondere Hilfsmaßnahmen, höhere Gasgeschwindigkeiten, die rationelle Verwendung von O_2, die billige Gewinnung von fl. SO_2 u. die Vereinfachung der Ofenkonstruktion. Einige Ausführungsformen werden in schemat. Abb. dargestellt. (Бумажная Промышленность [Papier-Ind.] **30.** Nr. 12. 9—13. Dez. 1955. Wiss. Forschungsinst. für Buntmetalle.) R. K. Müller. H 253

B. C. Hafford, *Molekular entwässerte Natriumphosphate.* Vff. geben einen Überblick über die bekannten Natriumphosphate, ihre Herst., die Geschichte ihrer Anwendung u. die heutige Produktion von $Na_5P_3O_{10}$, $Na_4P_2O_7$ u. *Natriumphosphatglas.* Sie gehen bes. auf die Anwendung für Reinigungsmittel ein: $Na_5P_3O_{10}$ findet vor allem bei synthet. Reinigungsmitteln mit starker Reinigungskraft Verwendung. $Na_4P_2O_7$ wird zu Seife u. industriellen Reinigungsmitteln zugesetzt, Phosphatgläser werden vor allem für die maschinelle Geschirreinigung angewandt. — Die Wrkg. der Phosphate beruht auf den Eigg., die Reinigungskraft der organ. oberflächenakt. Substanzen zu steigern, mit Erdalkalien lösl. Komplexe zu bilden u. Ndd. zu dispergieren oder zu peptisieren. Auf den beschränkten Wert der verschied. Testmethoden, bes. zur Charakterisierung des Kalkbindevermögens, wird eingegangen. — Vff. weisen auf den Nachteil der Korrosion verschied. metall. Werkstoffe u. die Möglichkeit zu deren Behebung hin; sie gehen auf die Fragen der Hydrolysenbeständigkeit u. der Hygroskopizität der verschied. Phosphate u. die besonderen Eigg. der 2 Modifikationen von $Na_5P_3O_{10}$ (verschied. Tendenz zur Hydratisierung) u. von $Na_5P_3O_{10} \cdot 6H_2O$ (nicht ohne Zers. zu entwässern) ein, die eine besondere Technik des Versprühens $Na_5P_3O_{10}$-haltiger Waschmittel bedingen. (Ind. Engng. Chem. **46.** 1938—42. Sept. 1954.) W. Dewald. H 264

N. K. Ssarakus, *Verbesserung der Arbeit eines Betriebes zur Herstellung eines Koagulationsmittels aus Nephelin.* Bei der Zers. von Nephelin mit H_2SO_4 (I) zur Gewinnung eines $Al_2(SO_4)_3$ enthaltenden Koagulationsmittels beträgt die günstigste I-Konz. 73%. Zweckmäßig werden 7% Gewichtsüberschuß an I verwendet. Nach 4 Tagen Lagerung wird eine leichte Nachreifung des Prod. mit Erhöhung der Konz. an lösl. Al_2O_3 von 10,91 auf 11,70% festgestellt. (Химическая Промышленность [Chem. Ind.] **1955.** Nr. 6. 41—43. Sept.) R. K. Müller. 6148

Chemical Foundation, Inc., New York, übert. von: **Ralph Miller**, Pleasantville, N. Y., V. St. A., *Herstellen von Chlor und Ammoniak.* NH_4Cl wird mit MnO im Mol-Verhältnis 2:1 zur Rk. gebracht, wobei NH_3 u. $MnCl_2$ entstehen. $MnCl_2$ wird mit MnO_2 u. HNO_3, die in einem Mol-Verhältnis von ca. 1:4 stehen sollen, bei Tempp. umgesetzt, die zur Bldg. von Cl_2 u. $Mn(NO_3)_2$ genügen; letzteres wird zu HNO_3, MnO_2 u. MnO aufgearbeitet u. die erhaltenen Verbb. werden wieder in den Prozeß zurückgeführt. (**A. P. 2 714 550** vom 10/12. 1951, ausg. 2/8. 1955.) K. Demmler. H 243

Badische Anilin- & Soda-Fabrik Akt.-Ges., Ludwigshafen/Rh., *Absorbieren von Chlorwasserstoff aus Gasen* in einem mit Füllkörpern versehenen Turm, der von oben mit wss. Absorptions-Fl. beschickt u. von unten nach oben von den Gasen durchströmt wird, wobei ein Wärmeaustauscher für die ablaufende Salzsäure unmittelbar unterhalb des Bodens des Absorptionsturms u. ein Kühler für die Kondensation des mit den Gasen abgeführten Wasserdampfes u. anderer kondensierbarer Anteile der Gase unmittelbar oberhalb des Absorptionsturmes unter Vermeidung von Zwischenleitungen angeordnet sind. — Vorrichtung. (**E. P. 740 252** vom 30/1. 1953, ausg. 9/11. 1955. D. Prior. 6/2. 1952.) K. Demmler. H 247

Badische Anilin- & Soda-Fabrik Akt.-Ges., Ludwigshafen/Rh., *Herstellung von wasserfreiem Natriumsulfid nach dem Wirbelschichtverfahren* aus Na_2SO_4. Die Wandteile des Ofens, die mit der Wirbelschicht in Berührung kommen, werden auf einer Temp. gehalten, die nicht über der Temp. der Wirbelschicht liegt, bes. indem sie nicht oder nur geringfügig therm. isoliert werden. Hierdurch werden Anbackungen auf der Wandung verhindert. Das Na_2SO_4 wird vor der Zuführung in den Ofen bes. auf eine Temp. > der Reaktionstemp. erhitzt. (**E. P. 738 702** vom 7/7. 1953, ausg. 19/10. 1955. D. Prior. 10/7. 1952.) A. ZÜRN. H 253

Diamond Alkali Co. (Erfinder: **Tom Smith Perrin**), Cleveland, O., V. St. A., *Herstellung von festem Chromsäureanhydrid* durch Abscheiden des CrO_3 aus einer konz. Lsg. von Alkalidichromat mit konz. H_2SO_4. Dann reinigt man die abgetrennte Rohkristallmasse durch Zugabe von festem Alkalidichromat im Überschuß, so daß dieses mit der in der Rohmasse noch vorhandenen H_2SO_4 reagieren kann, u. erhitzt das Gemisch bis zum Schmelzpunkt. Nach dem Absitzenlassen trennt man die gebildeten Schichten. (**E. P. 739 760** vom 28/1. 1954, ausg. 2/11. 1955. A. Prior. 20/3. 1953.) H. NEBELSIEK. H 335

Wargöns Aktiebolaget, Vargön, Schweden (Erfinder: **K. H. S. Löfquist**), *Überführung des Mangangehaltes von Erzen in Mangansulfat.* Man röstet die Erze oder Schlakken unter Zusatz von Fe-Sulfiden bei Tempp. oberhalb des Zersetzungspunktes der Sulfide, z. B. bei 700—800°. Als Fe-Sulfide eignen sich z. B. FeS, Kupferkies u. Fe-haltiges ZnS. (**Schwed. P. 136 497** vom 15/9. 1947, ausg. 15/7. 1952.) K. H. KÄHLER. H 350

VI. Silicatchemie. Baustoffe.

Mihály Gurmai, *Herstellung undurchsichtiger Glasplatten zur Wandtäfelung.* Beschreibung der Eigg. opaker Glasplatten zur Wandtäfelung u. Verss. zu deren Herst. aus inländ. Rohstoffen. Zur Herst. schwarzer Glasplatten wird außer den üblichen Rohstoffen Phonolith verwendet. Rotes, grünes, blaues, gelbes u. violettes Glas erfordert geringe Mengen ausländ. Stoffe. (Épitöanyag [Baumaterial] **7.** 387—91. Okt. 1955.) J. PLANK. 6170

György Korányi, *Untersuchungen über die Läuterung des Glases.* Aus chem. reinen Stoffen wurden Silicatgläser zwischen 1325 u. 1425° erschmolzen, die Schmelzen bis 500° rasch, dann langsam abgekühlt u. in den aus der Mitte entnommenen Stücken die eingeschlossenen Gasblasen mittels Mikroskop gezählt u. ihr Durchmesser bestimmt. Es wurde festgestellt, daß Gasblasen unterhalb 1 μ nicht vorkommen u. solche größer als 270 μ sehr selten sind. Die Blasen sind, von sehr seltenen Ausnahmen abgesehen, kugelförmig, ein Zusammenfließen von Blasen konnte nie beobachtet werden. Unabhängig von der Temp. nimmt während der Läuterung die relative Menge der kleinen Blasen zu, die der größeren ab. Das Fortschreiten der Läuterung charakterisiert die %-Verteilung der Größe der Gasblasen. Nach kürzerer Läuterungszeit kann die Verteilung nach Durchmesser der Gasblasen in der Schmelze in eine GAUSSsche u. POISSONsche Verteilung aufgelöst werden. Nach längerer Läuterung entspricht die Verteilung der Durchmesser der Gasblasen einer GAUSSschen, mit der Beschränkung, daß die Wahrscheinlichkeit der kleinsten Blasen gleich 0 ist. Aus der mathemat. statist. Berechnung der Verteilung wird angenommen, daß die Läuterung aus 3 voneinander nicht scharf trennbaren Phasen besteht. Die Anwendung von As_2O_3 u. KNO_3 ist für die Läuterung vorteilhafter als eines der beiden allein u. ist in einer bestimmten Temperaturspanne optimal. (Épitöanyag [Baumaterial] **7.** 182—89. Mai. 210—22. Juni 1955.) J. PLANK. 6174

Korani Derd, *Neue Untersuchungen auf dem Gebiet der Läuterung von Glas.* Glasblasen in der Glasmasse vereinigen sich nur bei größerem Durchmesser u. nur beim Auftrieb in Fll. mit geringen Oberflächenspannungen. Bei einer Oberflächenspannung der Silicatschmelze von 180—300 Dyn/cm ist es möglich, daß auch die großen Gasblasen sich nicht vereinigen. Die Kinetik der Blasenvereinigung in Fll. mit geringer Oberflächenspannung u. ihre Deformation wird dadurch bestätigt, daß in eingefrorener Silicatschmelze niemals Blasen festgestellt werden. Hieraus muß geschlossen werden, daß die Theorie von JEBSEN-MARWEDEL über die Vereinigung von Gasblasen in der geläuterten Silicatschmelze unannehmbar ist. Diese kann nicht als Begründung der Beschleunigung des Auftriebes kleiner Blasen angesehen werden. (Стекло и Керамика [Glas u. Keram.] **12.** Nr. 11. 7—10. Nov. 1955.) OTTO MAIER. 6176

Oszkár Knapp und **Gábor Katona**, *Bestimmung der Abkühlungsbedingungen von Gläsern auf rechnerischem Wege.* Zur Berechnung der Zeitdauer der Anwärmung des Warmhaltens, Kühlen u. Erkalten von Glas sind in der Literatur verschied. Formeln angegeben, welche aber stark streuende Zeiten ergeben u. daher nur als Annäherungswerte betrachtet werden können. Die tatsächlichen Werte müssen aus mit Spannungsmessungen verbundenen Verss. ermittelt werden. (Építöanyag [Baumaterial] **7.** 397—400. Okt. 1955.) J. PLANK. 6180

M. A. Besborodow, *Untersuchung der Löslichkeit von Schwefelsäureanhydrid im Glas.* Auf Grund von Unterss. über die Natur der „sek. Blasen" in verschied. Glassorten wurde S im Glas stets als SO_3 festgestellt. Da die Rk. $2SO_2 + O_2 \rightleftarrows 2SO_3$ aber schwerlich ohne Ggw. eines Katalysators zustandekommen kann, vermutet Vf., daß die erwärmte Oberschicht des Glases auf das in den Gasblasen vorhandene Gemisch wie ein Katalysator wirkt. Die Annahme, daß der im Glas vorkommende S durch ein im Gleichgewicht befindliches Gemisch von SO_2 u. SO_3 dargestellt wird, läßt sich erst nach Vervollkommnung der analyt.-chem. Methoden genau prüfen. (Известия Академии Наук Белорусской ССР [Nachr. Akad. Wiss. BelorussSSR] **1955.** Nr. 3. 63—75. Mai/Juni.) A. v. KOTZEBUE. 6200

M. A. Besborodow, *Kolloide Farbstoffe und die Mikroporosität von Glas.* Beim Schmelzen von Quarzglas in Ggw. von metall. Cu bei 1800—1900° in Graphittiegeln wurde das Auftreten einer Rotfärbung beobachtet, die aber nicht homogen durch das Glas verlief, sondern von farblosen Stellen unterbrochen wurde. Im Spektrogramm wurde sowohl für die gefärbten als auch für die farblosen Stellen Cu nachgewiesen. In den farblosen Stellen liegt das Cu wahrscheinlich unter der Größenordnung von Kolloiden vor, während die gefärbten Stellen koll. Cu (100—200 Å) enthalten. Kristallchem. u. viscosimetr. Unterss. machen es wahrscheinlich, daß im Quarzglas „Hohlräume" >200 Å vorliegen. Die Erstarrungstemp. von Quarzglas liegt bei 1140°, die Kristallisationstemp. von Cu bei 1084°; danach kann sich fl. Cu über den bereits erstarrenden, hochviscosen Quarzkörper gleichmäßig verteilen u. in den Hohlräumen zu koll. Größe heranwachsen. Darin sieht Vf. eine Bestätigung für das Vorliegen von submkr. Hohlräumen im Glas, die zu „Kanälen" zusammenwachsen. Eine „Mikroporosität" liegt außer im Quarzglas auch in mehrkomponentigen u. in solchen Gläsern vor, die kein SiO_2 enthalten. (Доклады Академии Наук СССР [Ber. Akad. Wiss. UdSSR] [N. S.] **95.** 349—51. 11/3. 1954. Minsk, Bjeloruss. polytechn. Stalin-Inst.) H. RAUBACH. 6204

György Sasvári und **Gusztáv Serly,** *Einige Gesichtspunkte zur Theorie des Brennens keramischer Erzeugnisse mit zugemischtem Brennstoff.* Das Brennen von mit Brennstoff vermischten keram. Erzeugnissen führte in vielen Fällen zu Ausschuß infolge von ungleichem Weiterlaufen des Feuers im Ringofen. Vff. versuchten auf theoret. Wege die Bedingungen des richtigen Ausbrennens festzulegen. Die Größe der Brennstoffkörper ist zwischen bestimmten Grenzen bedeutungslos, die Verbrennung hängt von der Ofentemp., der O_2-Konz. der Rauchgase u. der Diffusionsgeschwindigkeit des O_2 ins Innere der Ziegel ab. Die Ableitungen geben Formeln u. in Tabellen gesammelte Werte für den prakt. Gebrauch. (Építöanyag [Baumaterial] **7.** 161—72. Mai 1955.) J. PLANK. 6206

A. Zwetsch, *Über die Vorgänge in keramischen Massen beim Anwärmen.* Beim Anwärmen einer keram. M. sind verschiedenartig Kräfte wirksam; solche, die sie zusammenhalten (Bindungskräfte) u. solche, die dem entgegenwirken (Gegenkräfte). Gegenkräfte treten auf als Folge der verschied. Ausdehnungskoeffizienten der Minerale in den keram. Massen. Zusätzlich machen sich die Umwandlungserscheinungen, bes. von Quarz u. Kaolinit, bemerkbar. Auch die Dampfentw. bei der Entwässerung ist zu beachten, für ihre Beurteilung sind thermogravimetr. Messungen wertvoll. Biegefestigkeits- u. Plastizitätsmessungen bei verschied. Temp. an techn. keram. Massen geben Hinweise auf die Bindungskräfte. Bis 400° ändern sich die Bindungskräfte reversibel, darüber treten Kräfte auf, die mit dem Zerfall der Tonminerale zusammenhängen oder mit gegenseitigen Rkk. der Mineralkörner. — Beispiele aus der Praxis. (Ber. dtsch. keram. Ges. e. V. **32.** 317—23. Nov. 1955. Mettlach/Saar, Fa. Villeroy u. Boch, Keram. Versuchsanstalt.) H. WONDRATSCHEK. 6216

E. Deeg, *Ein dynamisches Modell zur Demonstration einiger charakteristischer Eigenschaften des Systems Ton–Wasser.* Erläuterung der wesentlichen Eigg. des Syst. Ton–Wasser. Ein Ton wird aufgefaßt als ein Konglomerat blättchenförmiger Teilchen, die irgendeine unregelmäßig verteilte Oberflächenladung besitzen. Die Wassermoll. sind Teilchen, denen ein Dipolmoment zugeschrieben wird u. die einige Größenordnungen kleiner sind. In dem Modell werden die elektrostat. Kräfte durch magnet. ersetzt: Die „Tonteilchen" bestehen aus unregelmäßigen Ferroxdurplättchen, das „W." aus magnet. Eisenpulver. Therm. Bewegung wird durch Einw. eines inhomogenen Wechselfeldes erzeugt. Die Viscosität, Anlagerung von Ionen u. koll. Teilchen, plast. u. elast. Verh., Ausbldg. von Texturen u. der Schlickergießprozeß lassen sich so anschaulich vorführen. (Ber. dtsch. keram. Ges. e. V. **32.** 323—29. Nov. 1955. Würzburg, MPI Silikatforschung.) H. WONDRATSCHEK. 6216

Luigi Santarelli, *Zement und Zementerzeugnisse im modernen Hausbau.* Vf. gibt einen zusammenfassenden Überblick über die Anwendung von Zement in seinen verschied. Formen beim Hausbau vom Beginn der ersten Zementverarbeitung bis in die Jetztzeit, wobei bes. auf die auf Grund wissenschaftlicher Arbeiten neu erschlossenen Verwendungsmöglichkeiten u. die wechselseitigen Beziehungen zur Praxis u. ihre Erfordernisse eingegangen wird. (Chim. e Ind. [Milano] **37.** 446—54. 16/5. 1955.)
W. ANIKA. 6222

G. Batta, *Einige Bemerkungen über den chemischen Widerstand von Stoffen.* (Vgl. C. **1954.** 2022.) Vf. berichtet über die die Korrosion stark hemmenden (Form-, Acet- u. Propionaldehyd bei Fe in HCl) u. beschleunigenden Stoffe (Formaldehyd bei Zn in HCl; Gebrauch zur Ätzung von Metallen), deren Verwendung aber stets eine genaue Kenntnis ihrer Wrkg. voraussetzt. Die Zers. eines Stoffes durch Ausdehnung (Treiben) bei Einw. von verschied. Lsgg. (3,5 u. 20 g $MgSO_4$/Liter W.; Meerwasser allein u. mit 20 g $MgSO_4$/Liter) wird am Portlandzementmörtel aufgezeigt u. analoge Verss. an anderen Zementproben (mit der Nadel von LE CHATELIER) werden beschrieben (Leitungswasser; 3% ig. NaCl-Lsg.). Die an Silicasteinen durch Wärme bewirkten vielfachen Änderungen des Aggregatzustandes u. der D. (Zunahme u. Abnahme der Voll.) durch die häufigen Umwandlungen des SiO_2 (stabiler u. instabiler Quarz, Tridymit u. Cristobalit mit den verschied. Modifikationen) werden näher dargelegt u. die Möglichkeiten hemmender u. beschleunigender Zusätze sowie der zers. Einfl. von Gas-Rkk. ($2CO = CO_2 + C$) beim Brennen von pyrithaltigen feuerfesten Tonen diskutiert. Die Rk. kann zur Pulverisierung führen, aber durch gutes Brennen verhindert werden (Umbldg. des Pyrits über Fe-Oxyd in Fe-Silicat). Der schädliche Einfl. korrodierender Agentien (Gase u. Fll.) auf plast. Stoffe wird kurz erörtert u. über einige Unfälle berichtet, die durch chem. Rkk. (plötzliche) verursacht wurden. (Silicates ind. **16.** 302—06. Nov. 1951. Liège, Univ.)
H. WINGCHEN. 6222

Gyula Gyarmati, *Kalk ersetzende Bindemittel.* Um Bindemittel mit Festigkeitswerten zwischen dem Kalk- u. Zementmörtel zu erhalten, wurden Verss. mit Mischungen von vulkan. Tuffen, Anhydrit, Hochofenschlacke, Lösche aus Kesseln u. Klinkerbrennöfen mit W. u. Anregungsstoffen ausgeführt. Die Festigkeit von Gemäuer u. Mörtel wurden nach 7, 28 u. 90 Tagen bestimmt. Die ökonom. Verwendbarkeit der Mischungen wird diskutiert, bes. die des Anhydrits, zu dessen Anregung Na_2SO_4, $Ca(OH)_2$, NaOH, Portlandzement u. Hochofenschlacke benutzt wurde. Der größte Nachteil des Anhydrits ist die Löslichkeit des beim Binden gebildeten Gipses, weshalb die Verwendung nur an trockenen Stellen möglich ist. (Épitöanyag [Baumaterial] **7.** 391—96. Okt. 1955.)
J. PLANK. 6226

T. Ritchie, *Untersuchungen der Auswitterung, die an keramischen Dochten durch Mauerwerkmörtel hervorgerufen wurde.* Keram. Dochte wurden teilweise in Zylinder von Mauerwerkmörteln verschied. Zus. eingebettet u. die erhärteten Mörtel abwechselnd angefeuchtet u. getrocknet, was verschiedenartige Beträge von Ausblühungen (I) auf den Dochten verursachte. Portlandzement in Mörteln trug wesentlich zu I bei. Das alkal. Material der Zementsubstanz der Mörtel schien eine wichtige Quelle der I zu sein. (J. Amer. ceram. Soc. **38.** 362—66. 1/10. 1955. Ottawa, Ontario, Can., Div. of Building Res., Nat. Res. Council.)
R. WALCKER. 6226

Renato Turriziani und **Giovanni Schippa,** *Mörtel aus Puzzolan, Kalk und Gips.* 1. Mitt. Der Einfl. von Gips (I) auf das Abbinden u. Aushärten eines Puzzolan–Kalk-Mörtels wurde untersucht. Die I-Zusätze betrugen 0, 2,5, 5, 7,5 u. 10% bei einem CaO-Geh., bezogen auf Puzzolan von 15 bzw. 25%. Die Abbindungsgeschwindigkeit der Gemische ergab eine deutliche Beschleunigung des Prozesses bei 5% I-Zusatz, während sich 2,5% nur geringfügig auswirken. Ein 5% ig. I-Zusatz liefert auch ein Maximum an mechan. Festigkeit des Mörtels, vor allem nach längeren Zeiten (3 Monate bis 2 Jahre), während sie bei höheren I-Gehh. für kurze Erhärtungszeiten (7—28 Tage) günstiger liegt. Dieses Ergebnis ist unabhängig vom CaO-Geh., wenngleich der Mörtel mit 25% CaO größere mechan. Festigkeit aufweist. Wie die röntgenograph. Analyse zeigte, liegt in dem Mörtel nur I neben *Estringit* (II) vor. Über einer gesätt. Lsg. von I u. CaO stehend, nimmt das Puzzolan–CaO-Material zuerst viel I unter II-Bldg. auf. Je stärker dann das Aluminiumoxydhydrat in Rk. tritt, wird I unter Bldg. einer festen Lsg. frei. Röntgendiagramme für I, II u. einer festen Lsg., die das Verhältnis $CaSO_4:Al_2O_3 = 0{,}65$ besitzt, werden angegeben. (Ricerca sci. **24.** 1895—1903. Sept. 1954.)
H. NÖTH. 6226

H. V. Hueber und **Angela A. Milne,** *Ausdehnung und Verschlechterung von keramischen Körpern.* Vff. stellten fest, daß sich frische *Ziegelsteine* (I) u. *Dachziegel* (II) in feuchter Atmosphäre irreversibel ausdehnen. Beim Eintauchen in W. dehnen sich I linear 0,04—0,18%, **II** 0,08—0,57% aus. Der Grad der Ausdehnung, der für die betreffenden Stoffe charakterist. ist, hängt offenbar nicht von der Brenntemp., sondern von der Zus. des Rohmaterials ab. **II** verlieren ihre anfängliche Güte vorherrschend an geschützten Stellen, da sie dort längere Zeit feucht bleiben können. Die in frischen **II** vorhandenen geringen Mengen an Na (0,32—0,52) sind in den angegriffenen Teilen durch Ca ersetzt. Ein ca. 30 Jahre alter Dachziegel enthielt einen kristallinen Ca-Zeolith. Auf Grund der in der Literatur vorkommenden Beobachtungen schließen Vff., daß die Ausdehnung der keram. Körper nach Brennen oberhalb 950° auf die Bldg. von Zeolithen, hauptsächlich von Permutiten, zurückzuführen ist. Seine guten Eigg. verliert der keram. Körper in extremen Fällen als Folge der Ausdehnung oder durch die Einw. von Frost oder Salzen, die den bereits geschwächten Körper angreifen. (Nature [London] **176**. 509. 10/9. 1955. Victoria, Commonwealth Sci. and Ind. Res. Org., Div. of Building Res.) C. GOTTFRIED. 6228

Zoltán Adonyi, György Balázs und **József Kilián,** *Chemische Umsetzungen in durch Dampf gehärteten zement- oder kalkgebundenen Baumaterialien.* Zusammenfassung der Arbeiten verschied. Forscher. (Építöanyag [Baumaterial] **7**. 374—84. Okt. 1955.) J. PLANK. 6228

János Albert, *Grundprinzipien der Herstellung von keramischen Wärmeisolierstoffen.* Die Wärmeisolierfähigkeit keram. Erzeugnisse ist von der Porosität, der chem. Zus., vom Feuchtigkeitsgeh., aber auch von der Temp. abhängig. Auf Grund ihrer chem. u. mineralog. Zus. sowie der Anwendungsgebiete werden 3 Arten unterschieden: aus Kieselgur mit fettem Ton oder Bentonit hergestellte Ziegel u. Formsteine, die gewöhnlichen aus Ton erzeugten porösen Bauelemente u. die leichten sehr porösen feuerfesten Ziegel, wie leichte Schamott-, Sillimanit-, Mullit- u. Silicaziegel. Es werden die Herst., Eigg. u. Anwendungsgebiete beschrieben. (Építöanyag [Baumaterial] **7**. 365—73. Okt. 1955.) J. PLANK. 6228

Oliver Bowles, *Die Asbestindustrie.* Eine umfassende Übersicht über die mit dem Asbest zusammenhängenden Fragen: Arten, physikal. Eigg., Geschichte, Anwendungsmöglichkeiten, Vorkk. (bes. vom Standpunkt der Wichtigkeit für die USA), Produktion u. Verbrauch, Weltreserven, Handel, Prospektierung, Abbaumethoden u. Wirtschaftlichkeit, Verarbeitungsverff., Klassifizierung, Preise, Ersatzstoffe, Vergütungsmöglichkeiten u. Synthesen. Die Probleme werden vor allem vom Standpunkt der Wirtschaft aus betrachtet. (U. S. Dep. Interior, Bur. Mines, Bull. **1955**. Nr. 552. 1—122.) H. SCHOLZE. 6234

M. G. Badollet und **W. C. Streib,** *Hitzebehandlung von Chrysotil-Asbest-Fasern.* (Vgl. C. **1954**. **7493**.) Um weiche, seifige, schleimige Chrysotil-Asbestfasern in Fasern umzuwandeln, die Eigg. besitzen, die sie wettbewerbsfähig mit natürlichen halbharten bis zu harten machen, wurde ein Hitzebehandlungsprozeß entwickelt. Der Prozeß, wurde in einer Versuchsanlage mit dem Satz von 2 t/Std. für mehrere Jahre ausgeführt. Der Prozeß erlaubt das Erzeugnis zu kontrollieren u. jede gewünschte Textur für Fasern der Klasse 3—7 zu erzeugen. Durch die Hitzebehandlung werden die physikal. Eigg. der Fasern durch Entfernung kleiner Mengen von mol. W. u. teilweiser Umwandlung von Magnetit in nichtmagnet. Fe_2O_3 verändert. Die Verbesserungen in der Filtrierbarkeit, Zunahme des Vol., vermehrte Absorption, vergrößerte Oberfläche u. bessere elektr. Eigg. — wie Volumenwiderstandsfähigkeit — sind alle eine direkte Funktion der Temp. u. Erhitzungsdauer. (South African Mining Engng. J. **66** I. 295—97. 23/4. 1955.) R. WALCKER. 6234

J. P. Williams und **T. A. Schwenkler,** *Polarographische Analyse von Antimon in Glas.* Sb, das gewöhnlich als Läuterungsmittel in einer Konz. von 0,2—2,0% Sn_2O_3 zur Glasschmelze zugefügt wird, kann in vielen Glastypen leicht polarograph. bestimmt werden. Da Störelemente selten in Glasschmelzen vorkommen, sind chem. Trennungen nicht notwendig. Die mittlere Differenz von chem. u. polarograph. Analyse betrug für 21 Gläser, die Soda, Kalk, Borsilicat, Blei u. Ba enthielten, nur 0,02%. Das Glas wird durch eine Flußsäure–Oxalsäure-Mischung vor der polarograph. Best. zersetzt. (J. Amer. ceram. Soc. **38**. 367—69. 1/10. 1955. Corning, N. Y., Corning Glass Works, Res. and Developm. Div.) R. WALCKER. 6242

Helmut Kirsch, *Die differntialthermoanalytische Untersuchung von Tonschiefern.* Die Differentialthermoanalyse ist geeignet, schnell einen halbquantitativen Überblick über den Mineralbestand der Tonschiefer zu geben. Sie ist eine wichtige Ergänzung zur opt. Unters. u. zur petrochem. Analyse. (Tonind.-Ztg. keram. Rdsch. **79**. 365—68. Dez. 1955. Berlin, Humboldt-Univ., Mineralog.-Petrograph. Inst.) R. WALCKER. 6248

VII. Agrikulturchemie. Schädlingsbekämpfung.

János Sarkadi und **Ferenc Horváth,** *Betriebsmäßige Versuche mit verschiedenen Behandlungsmethoden des Stallmistes.* Es wurden bei betriebsmäßigen Bedingungen Vergleichsverss. bei verschied. Aufstapelung von Dünger angestellt, um die Verluste zu ermitteln. Es wurde zu Beginn u. nach Abschluß der nach verschied. Methoden aufgestapelten Rotten der Feuchtigkeits- u. Aschegeh., die organ. Substanz, N, P u. K bestimmt. Bei dem Heißmistverf. zeigte sich ein geringer Verlust an organ. Substanz, bei dem Kaltmistverf. ein solcher an N. Ausschlaggebend für das Behandeln des Stallmistes ist dessen Zus., die Witterung beim Aufstapeln u. die Bodenbeschaffung des zu düngenden Feldes. Guter Erfolg kann bei üblicher Streu erzielt werden, wenn täglich 2—4 dz/m² des frischen Stallmistes gelegt wird u. der Düngerhaufen genügend hoch aufgestapelt wird. (Agrokémia és Talajtan [Agrochem. u. Bodenkunde] **4.** 147—64. Juni 1955. Budapest, Agrochem. Forschungs inst., Abt. für organ. Düngung.) J. PLANK. 6294

A. A. Tarassowa, *Verbesserung der Düngeeigenschaften von Torf.* 75% Torf u. 25% Mist wurden im Winter kompostiert. Je eher kompostiert wurde, desto höher war der Nitratgeh. im Kompost. Bei Herdkompostierung verlaufen die biol. Vorgänge im Torf langsamer als bei Schichtlagerung. Bei Zusatz von 20 kg Phosphoritmehl je 1 t Kompost werden die biol. Prozesse merklich beschleunigt. Es ist vorteilhafter, Wintermist für die Kompostierung zu verwenden als den Mist mit Torf zu mischen. Es werden Zahlenangaben über Mehrerträge verschied. Kulturen bei Anwendung des Torf–Mist-Kompostes gebracht. (Наука и Передовой Опыт в Сельском Хозяйстве [Wiss. fortschr. Erfahr. Landwirtsch.] **1956.** Nr. 1. 17—19. Jan.) OTTO MAIER. 6294

Ferenc Máté, *Angaben zur Genetik der Wiesenböden jenseits der Theiß.* Diese Wiesenböden bilden einen selbständigen Bodentyp, welcher sich von Anschwemmungsböden u. an anderen Orten des Landes vorkommenden, unter anderen Bedingungen gebildeten Wiesenböden streng unterscheidet; es ist ein Wiesenboden von Tschernosem-Art. In der Umgebung von Karcag bildeten sich die Solonetze bei Wiesenverhältnissen, der Solonetzbldg. ging kein Solontschak-Stadium voraus. (Agrokémia és Talajtan **4.** 135—46. Juni 1955. Budapest, Agrochem. Forschungsinst.) J. PLANK. 6300

E. F. Bolton und **L. R. Webber,** *Wirkung von Fruchtfolgesystemen auf die Zusammenballung eines Brookston-Lehmbodens in drei Tiefen.* Die Zusammenballung dient als Maß für die physikal. Struktur des Bodens. Die erwünschte Struktur gewährleistet bessere Luft–W.-Beziehungen u. höhere Erträge. Zur Unters. wird die in W. aufgeschlämmte Probe über einem Siebsatz bewegt. Nach dem Trocknen werden die Bestandteile auf den einzelnen Sieben durch Wägung bestimmt. Da bei verschied. Flächen die Erträge sehr zurückgegangen waren, wurden folgende Systeme geprüft: 50jährige Rasenfläche (*Bluegrass*), 30jähriger Anbau von Mais, 5jähriger Cyclus Mais, Mais, Hafer, *Alfalfa-brome, Alfalfa-brome.* Es wurde außer der Verdichtung in den Tiefen von 0—10, 10—20 u. 20—30 cm auch die organ. Substanz bestimmt (Zusammenstellung in Tabellen). Die Ergebnisse zeigen, daß in der Tiefe von 0—10 cm die höchsten Werte bei der Rasenfläche (*Bluegrass*) lagen, während der dauernde Anbau von Mais am schlechtesten abschnitt. (Sci. Agric. **32.** 555—58. Okt. 1952. Guelph, Ont., Soils Dep., Ontario Agric. Coll.) W. KNÖPKE. 6302

—, *Die Böden des unteren Bhavani-Project-Gebietes und die Mittel zur Verbesserung ihrer Fruchtbarkeit.* Der Haupttyp ist ein flacher, laterit. u. poröser roter Boden, daneben treten Stellen mit einem tieferen roten Boden auf. Beide haben eine niedrige Wasserhaltungskapazität, ihre Fruchtbarkeit ist gering, es besteht Mangel an allen wesentlichen Pflanzennährstoffen. Gare u. Fruchtbarkeit können verbessert werden durch Anbau geeigneter Leguminosen als Gründüngungspflanzen (unter Anwendung von Phosphat) u. Unterpflügen derselben. (Madras agric. J. **42.** 473—81. Nov. 1955. Coimbatore, Agric. Res. Inst., Chem. Sect.) A. JACOB. 6304

J. C. F. M. Haans, *Die Bodenbeschaffenheit des Haarlemer Meerpolders.* Übersicht über Lage, Geschichte, Parzellierung, Bodeneigg. u. -nutzung des Haarlemer Meerpolders. — 31 Schrifttumshinweise. (Versl. landbouwkund. Onderz. **1954.** Nr. 60. 71 bis 154. Wageningen, Landbouwhogeschool.) W. WESLY. 6304

Robert R. Lindahl und **Herbert A. Lunt,** *Die Wirkung einer Umkehr des Bodenprofils auf das Wachstum der Bäume und die Bodeneigenschaften.* Um die Nährstoffaufnahme u. die Wurzelentw. von Bäumen zu untersuchen, wurden diese in Stahlzylindern mit feinem, sandigem Lehm von Charlton in folgenden Varianten gezogen: ABC-Profil, CBA-Profil, CBA-Profil mit Durchlüftung des untergebrachten A-Horinzontes u. nur A-Horizont. Das Wachstum der Pappeln war auf den umgekehrten Profilen doppelt u. auf dem nur aus A bestehenden Profil 4mal so groß als im n. Profil. Weißtanne zeigte diese Unterschiede nur in geringerem Maße. Die Durchlüftung des untergebrachten A-Horizontes war ohne Wirkung. Das bessere Wachstum auf den umgekehrten Profilen wird einer besseren Nährstoffversorgung zugeschrieben, weil in dem untergebrachten A-Horizont die Feuchtigkeit größer u. der Wettbewerb des Unkrautes geringer ist. Da die Wurzeln der Bäume tief gehen, ist es nicht erwünscht, den fruchtbarsten Teil des Bodenprofils an der Oberfläche zu haben. (J. Forestry **52.** 96—103. Febr. 1954.) A. JACOB. 6304

G. Demortier und **G. Droeven,** *Versuch zur Verbesserung der physikalischen Eigenschaften feuchter Böden durch Drainage in Beziehung zum Ertrag der Kulturen.* Bericht über orientierende Unterss. der für die Hauptverss. vorgesehenen 1 u. 2 Jahre lang drainierten u. undrainierten Versuchswiesen in Belgien auf gleichartige Bodenstruktur (Teilchengröße u. -verteilung, Porosität) u. Ertragshöhe. Die bei der kurzen Beobachtungszeit (2 Jahre) noch nicht eindeutigen Ergebnisse lassen jedoch schon eine Verbesserung der physikal. Eigg. des Bodens u. des Ertrags durch die Drainage erkennen. (Bull. Inst. agronom. Stat. Rech-Gembloux **20.** 48—56. 1952.) W. SCHULENBURG. 6304

M. M. Herquet, *Aglusol, ein Mittel zur physikalischen Bodenverbesserung. Aglusol* (Polyacrylat der UNION CHIMIQUE BELGE) wird sowohl in fl. als auch in fester Form als Mittel zur Bodenverbesserung empfohlen. (Ing. Chimiste [Bruxelles] **35.** 183—86. Dez. 1953. Drogenbosch, Labor. Central.) A. JACOB. 6304

Herbert A. Lunt, *Die Verwendung von Schlamm als Bodenverbesserer.* Vf. stellte fest, daß Abwässerschlamm eine Verbesserung des Bodens in bezug auf die Kapazität der Wasseraufnahme u. des Kationenaustausches, des N-Geh. u. der Bodenaggregation bewirkt. Diese Faktoren kommen bes. in Sandböden zur Geltung. Frischer Schlamm hatte eine Verzögerung der Keimung verschied. Gemüsearten zur Folge; dieser Mangel konnte aber durch 6monatige Lagerung behoben werden. Höherer Geh. an B, Cu u. Zn hatte in sauren Böden tox. Wirkungen auf Rüben u. Spinat zur Folge; durch Gaben von Kalk konnte aber dieser Nachteil behoben werden. (Water Sewage Works **100.** 295—301. Aug. 1953. New Haven, Conn., Connecticut Agric. Exp. Stat.) W. KNÖPKE. 6304

Ss. I. Wolfkowitsch und **N. N. Melnikow,** *Die Chemie im Kampf um die Ernte.* Übersicht über die chem. Zus. u. die ertragsteigernde Wrkg. der modernen Düngemittel. (Природа [Natur] **45.** Nr. 2. 23—37. Febr. 1956.) OTTO MAIER. 6304

K. Strzemienski, *Versuche über Phosphoraufnahme mit radioaktivem Phosphor.* In Topfverss. wurde radioakt. P zu einem Boden mit P-Mangel gegeben. In die Töpfe wurde Raygras gesät, um die Aufnahme von P zu untersuchen. Die Ergebnisse zeigten nur geringe Anzeichen eines Isotopenaustausches. Im allg. ließ sich eine starke Abhängigkeit des P-Geh. der Pflanzen von der hinzugegebenen Düngermenge erkennen. (New Zealand J. Sci. Technol., Sect. A **34.** 496—506. April 1953. Wellington, Soil Bur., Dep. of and Ind. Res.) W. KNÖPKE. 6304

Alfred T. Perkins, R. Dean Dragsdorf, E. R. Lippincott, Jack Selby und **W. G. Fateley,** *Produkte der Zersetzung der Tonmineralien in Beziehung zur Phosphatfestlegung.* Eine Reihe von 8 Al-Silicaten wurde bis zu einer Dauer von 21 Wochen fein vermahlen. Man strebte dabei an, Prodd. zu erhalten, die denen ähnlich sind, die bei natürlicher Verwitterung gebildet werden. Unterss. der chem. Zus., der chem. Eigg., des Infrarotspektr., des Röntgenspektr. u. mit dem Elektronenmikroskop ergaben, daß trotz großer Unterschiede der angewandten Mineralien das Mahlen ähnliche Prodd. erzeugte, von denen eines ein Al–Si-Gel ist oder ihm ähnelt. Daß die Zers. der Mineralien ein Prod. liefert, welches mit Phosphat unter Bldg. eines Nd. reagiert, zeigt, daß die Zers. der Tonmineralien des Bodens zu einem großen Teil für die P-Festlegung in Böden verantwortlich ist. Die Ausfällung von P durch Al ist jedoch nicht als der einzige Faktor anzusehen, der bei der P-Festlegung durch Böden beteiligt ist, da auch gewisse Formen von Fe, organ. Substanz, Ca u. Mg sowie andere Faktoren beteiligt sein können. (Soil Sci. **80.** 109—20. Aug. 1955. Kansas Agric. Exp. [Stat.) A. JACOB. 6304

D. L. Grunes, H. J. Haas und **S. H. Shih,** *Wirkung von längere Zeit dauernder Bewirtschaftung (ohne Bewässerung) auf den aufnehmbaren Phosphor von feinsandigem Lehm von Cheyenne.* Der aufnehmbare P der Oberflächenschicht des feinsandigen Lehms von Cheyenne, der 38 Jahre lang verschied. Anbausystemen unterworfen war, wurde nach verschied. Methoden untersucht. Die Ergebnisse wurden mit entsprechenden Analysen von jungfräulichen Böden des gleichen Bodentyps verglichen. Der Geh. an aufnehmbarem P u. der P-Zustand der jungfräulichen Böden waren etwa denen der ungedüngten Fruchtfolgen gleich. Der Geh. an organ. C u. N hatte sich durch 38jährige Bebauung stark vermindert. Organ. P wie organ. Substanz waren in jungfräulichen Böden höher als in denen der ungedüngten Fruchtfolgen. Der organ. P nahm ab, wenn organ. C u. der Gesamt-N abnahmen. Die Böden gedüngter Fruchtfolgen hatten einen wesentlich höheren Geh.

an aufnehmbarem P, als die ungedüngten. Stallmist erhöhte den Geh. an aufnehmbarem P, nicht aber an organ. P. Aufnehmbarer P u. organ. P waren in den ständig mit einer Frucht bebauten Böden höher als bei nichtgedüngten Fruchtfolgen. Der aufnehmbare P stand nicht in Beziehung zum organ. P. Bei Monokulturen vermehrte Brache den Geh. an aufnehmbarem P im Boden; bei Fruchtfolgen war die Wrkg. nicht so ausgesprochen. Die verschied. Methoden zur Best. des aufnehmbaren P (gesamte Aufnahme durch die Pflanzen, Wrkg. der P-Düngung, $NaHCO_3$-lösl. P, K_2CO_3-lösl. P u. wasserlösl. P) erwiesen sich alle als brauchbar, um die P-Fruchtbarkeit des feinsandigen Lehms von Cheyenne zu charakterisieren. (Soil Sci. **80.** 127—38. Aug. 1955.) A. JACOB. 6304

A. Wahhab und **Fazal Uddin,** *Einfluß des Lichtes auf die Wechselwirkung von Ammonium- und Nitritionen.* Der durch eine Rk. zwischen NH_4- u. NO_2-Ionen verursachte Verlust von N wurde in Ggw. u. Abwesenheit von Sonnenlicht untersucht. Es ergab sich, daß das Licht einen starken Einfl. auf diesen Verlust ausübt. Erhöhte Konz. von NH_4-Ionen vermehrte den N-Verlust bis zu einem bestimmten Maximum. Der Boden hatte keinen katalyt. Einfl. während der Photonitrifikation. Es ergab sich, daß ein erhöhter Verlust an N in Ggw. von Boden auf der dadurch bewirkten Veränderung des p_H-Wertes des Mediums beruhte. Die N-Verluste nahmen mit höherem p_H-Wert des Mediums zu. (Soil Sci. **80.** 121—25. Aug. 1955. Lyallpur, Pakistan, Punjab Agric. Exp. Stat.) A. JACOB. 6304

Robert B. Harding, *Organische Substanz und Gesamtstickstoff in Böden von Orangenpflanzungen Südkaliforniens und in benachbarten jungfräulichen Böden.* Der Geh. an organ. Substanz u. Gesamt-N in Böden von 69 Orangenpflanzungen des südlichen Kaliforniens u. in 14 benachbarten jungfräulichen Böden wurde verglichen. Zwischen Pflanzungen mit hohem Ertrag u. großen Früchten u. Pflanzungen mit niedrigem Ertrag u. kleinen Früchten bestanden keine ausgeprochenen Unterschiede im Geh. an organ. Substanz oder Gesamt-N. Deutliche Unterschiede bestanden jedoch im Vgl. zu jungfräulichen Böden; bei den Orangenböden waren diese Gehh. vor allem in den obersten 6 Zoll des Bodens höher. Zwischen dem Boden einer 30 Jahre lang nichtbearbeiteten u. nichtgedüngten Orangenpflanzung u. den Böden von 3 bearbeiteten u. gedüngten Gärten zeigten sich Unterschiede insofern, als der nicht gedüngte wesentlich weniger organ. Substanz u. Gesamt-N aufwies. (Soil Sci. **79.** 277—82. April 1955. Riverside, Calif., Univ. of California, Citrus Exp. Stat.) A. JACOB. 6304

J. A. Beare, *Organische Substanz und Stickstoff.* Zusatz von N-armer organ. Substanz vermindert die Aufnehmbarkeit von N. Organ. N wird für die Pflanze erst aufnehmbar nach seiner Zers. durch Mikroorganismen. (J. Dep. Agric. South Australia **58.** 221—23. 233. Jan. 1955.) A. JACOB. 6304

Walter Reuther und **Paul F. Smith,** *Wirkung der Methode der zeitlichen Anwendung von Stickstoffdüngern auf den Ertrag und die Qualität von Orangen.* Vff. untersuchten den Einfl. der Anwendungsform von Stickstoffdüngern bei Orangen durch Freilandverss., in denen eine konstante Düngerzus. entweder auf einmal, bzw. zu verschied. Zeiten in mehreren Gaben ausgebracht wurde. Ein Einfl. auf den Ertrag u. die Qualität der Früchte konnte dabei nicht beobachtet werden. (Citrus Ind. **36.** Nr. 3. 5—7. 12—13. 19. 22. März 1955.) W. KNÖPKE. 6304

Winston W. Jones, T. W. Embleton und **George E. Goodall,** *Gelbe Spitzen bei Citrus.* Durch Blattdüngung mit Harnstofflsgg. mit einem Geh. von $>$ 0,25% Biuret wurde Chlorose der Blattspitzen von Citruspflanzen hervorgerufen. (Calif. Agric. **9.** Nr. 12. 4. Dez. 1955.) F. RANG. 6304

P. N. Koschelkow und **S. M. Ossipowa,** *Einfluß der Düngung auf die organischen Stoffe von Rasenpodsolböden.* Eine Düngung mit 9 (t/ha), 18 u. 22,5 $CaCO_3$ hatte nach 26—29 Jahren keinen merklichen Einfl. auf den Humus- u. N-Geh. im Boden. Mist steigert den Humus- u. N-Geh. sowie die Gesamtmenge ihrer beweglichen Formen. Die Wrkg. einer Mist- u. Kalkdüngung auf die organ. Stoffe im Boden unterscheidet sich nach 19 Jahren von einer Mistdüngung ohne Kalk fast nicht. Mineraldüngung hat gegenüber Mistdüngung einen relativ geringen Einfluß. Dagegen ist die bewegliche N- u. teils auch die bewegliche Humusmenge bei Mineraldüngung höher als bei Mistdüngung. Die Anwendung von Mist mit hohen Dosen an Mineraldüngung zeigte die größte Steigerung von Humus, N u. ihrer beweglichen Formen. Eine systemat. Düngung mit Nitrat- u. NH_4-Düngemitteln zeigte in 20 Jahren keinen wesentlichen Einfl. auf die organ. Stoffe sowie den Geh. an hydrolysierbarem N. Nur mit $(NH_4)_2SO_4$ wurde eine Erhöhung des Geh. an Gesamt-N beobachtet. (Почвоведение [Bodenkunde] **1956.** Nr. 1. 63—69. Jan.) OTTO MAIER. 6304

B. G. Coombe und **H. R. M. Allan,** *Ernährung von Weingärten auf tiefen, weißen Sandböden.* Frühzeitig auftretende Ertragsminderung von Weinstöcken auf tiefen, weißen Sandböden sind auf Nährstoffmangelerscheinungen zurückzuführen. Bei Düngungsverss. zu Trifolium subterraneum L. als Deckfrucht bewirkte Verabreichung von N, P, K, Ca, S, Mg, Zn, B u. Mn enthaltendem Mischdünger gute Erträge. Bei K-Mangel gedieh der Klee sehr mangelhaft. (J. Dep. Agric. South Australia **58.** 455—70. Juni 1955.) F. Rang. 6304

A. Wallace, R. T. Mueller, O. R. Lunt, R. T. Ashcroft und **L. M. Shannon,** *Vergleich von 5 chelatbildenden Stoffen in Böden, in Nährlösungen und bezüglich der Wirkung auf die Pflanzen.* 5 Fe-Chelate wurden in Laboratoriums- u. Gefäßverss. geprüft, darunter 2 neue, EDTA 138 u. CDTA, die hinsichtlich der Bekämpfung von Chlorose durch Bodendüngung aussichtsreich erscheinen. Sie haben eine größere Stabilität in alkal. u. kalkhaltigen Böden u. in alkal. Lsgg. als die übrigen Chelatbildner. Sie werden (wenigstens eines von ihnen) von der Tonfraktion des Bodens nicht merklich festgelegt u. ihre Toxizität ist geringer als die der anderen. Ihre Fähigkeit, aus dem Boden Fe u. Mn auszuziehen, wurde bestimmt. Das mit ihnen der Pflanze zugeführte Fe war für die Lebensprozesse der Pflanze verwertbar. Es wird ein Verf. angegeben, um Fe in Ggw. dieser Chelatbildner unter entsprechender Einstellung von p_H u. Hitze mittels Orthophenanthrolin zu bestimmen. (Soil Sci. **80.** 101—08. Aug. 1955. Los Angeles, Calif., Univ. of California.) A. Jacob. 6304

Herman J. Reitz und **Neil F. Shimp,** *Kupferoxyd zur Bodenverbesserung für Citrus-Früchte.* Vff. prüften die Ausnutzbarkeit von wenig wasserlösl. Kupferoxyd als Düngemittel bei Citrusgewächsen im Vgl. zu dem meist verwendeten $CuSO_4$. Bei Gaben im Bereich von 10 p.p.m. konnten keine Unterschiede in der Entw. der Pflanzen festgestellt werden, auch die tox. Konz. lag im gleichen Bereich. (Citrus Ind. **36.** Nr. 3. 14—19. März 1955. Lake Alfred, Fla., Florida Citrus Exp. Stat.) W. Knöpke. 6304

James A. Naftel, *Gegenwärtige Stellung von Bor in Düngemitteln.* Überblick über die Anwendung von B-haltigen Düngemitteln. (Agric. Chemicals **10.** Nr. 4. 41. 121. April 1955. Auburn, Ala., Pacific Coast Borax Co.) W. Knöpke. 6304

Wilhelm Gärtel, *Schäden an Reben durch Überdüngung mit Borax.* Nach Überschreitung der Höchstmenge von 200 kg *Borax* je ha sind beträchtliche Schäden an Reben festgestellt worden. Zur Beseitigung von B-Mangel wird daher Verabreichung B-haltiger Düngerkombinationen empfohlen. Die Behebung bereits entstandener B-Schäden kann durch Gaben von 75—100 kg N/ha (unabhängig von der bisherigen Düngung) erfolgen. (Dtsch. Weinbau **10.** 557—59. 5/10. 1955. Bernkastel-Knes/Mosel, Biol. Bundesanst. für Land- u. Forstwirtsch., Inst. für Weinbau.) F. Rang. 6304

R. Monk, *Bewegung hoher Boraxgaben im Boden.* Ein feinsandiger Lehmboden wurde mit steigenden Boraxmengen (300 — 600 — 1200 lbs./1 acre) versetzt u. von Zeit zu Zeit die Tiefe der Boraxeindringung in den Boden bestimmt. Hierbei zeigte sich, daß die B-Wanderung im Boden nicht direkt abhängig ist von der Höhe der Boraxgabe. Nach einer gewissen Absättigung beobachtet man eine Abwanderung von B zur Seite. (New Zealand J. Sci. Technol., Sect. A **35.** 22—32. Juni 1953. Nelson, Neuseeland, Cawthron Inst.) C. Grimme. 6304

Je. N. Mischusstin und **A. N. Naumowa,** *Die Ausscheidung toxischer Stoffe durch Luzerne und ihre Wirkung auf die Baumwollpflanze und die Bodenmikroflora.* Das Wurzelsyst. der Luzerne sondert ein *Saponin* (**I**) ab, dessen Konz. bei Anbau über 4 u. mehr Jahre auf gleichem Feld so bedeutend werden kann, daß Baumwollpflanzen in ihrem Wachstum gehemmt werden. Der Luzerneanbau in der Fruchtfolge Baumwolle—Luzerne soll deshalb 2—3 Jahre nicht überschreiten. **I** wirkt selektiv auf die Mikroflora des Bodens u. setzt das Wachstum des Gommoseerregers Bact. malvacearum herab. Die Selbstreinigung des Bodens von B. malvacearum auf Kleeschlägen scheint teilweise von der Anhäufung des **I** abhängig zu sein. (Известия Академии Наук СССР, Серия Биологическая [Nachr. Akad. Wiss. UdSSR, biol. Ser.] **1955.** Nr. 6. 3—9. Nov./Dez. Inst. für Mikrobiol. der Akad. der Wiss. der UdSSR.) Reinhard Hüttenrauch. 6304

E. B. Kidson und **D. J. Stanton,** *„Cloud" oder Gefäßbräune an Tomaten.* 1. Mitt. *Bedingungen, die das Auftreten von „Cloud" begünstigen.* Die Gefäßbräune an Gewächshaustomaten macht sich durch nekrot. Erscheinungen an den reifen Früchten bemerkbar. Diese Krankheit wird als physiol. Störung betrachtet. Die Unters. ergab, daß eine Begünstigung ihres Auftretens durch Bodensterilisation, starkes Wässern, unverd. organ. Dünger, Glucose, starken Laubfall u. extrem große Blattmasse hervorgerufen wird. Zur Verhinderung werden leichtes Wässern, starke Gaben von Kali während des Winters u. häufige Anwendung von N-Düngern, Kali oder $CaCl_2$ während der gesamten Vegetationszeit empfohlen. (New Zealand J. Sci. Technol., Sect. A **34.** 521—30. April 1953. Nelson, Cawthron Inst.) W. Knöpke. 6312

E. B. Kidson und **D. J. Stanton,** *„Cloud" oder Gefäßbräune bei Tomaten.* 2. Mitt. *Einige chemische Kennzeichen der Pflanze und des Bodens in Beziehung zur Empfänglich-*

keit für „Cloud". (1. vgl. vorst. Ref.) Bei der chem. Unters. von n. u. befallenen Früchten konnte festgestellt werden, daß die Trockensubstanz bei den kranken Früchten geringer war. Der Mineralstoffgeh. ließ dagegen keine Unterschiede erkennen. Vff. erklären dies mit einer erhöhten Wasseraufnahme, die durch starke Gaben von K- u. N-Dünger noch erhöht wird, sowie durch eine Reduzierung der Photosynthese. (New Zealand J. Sci. Technol., Sect. A **35.** 1—14. Juni 1953.) W. KNÖPKE. 6312

Lajos Csiba, *Einfluß von an Stelle von Kupfer enthaltenden Mitteln verwendeten organischen Pflanzenschutzmitteln auf Tomatenpflanzen und -konserven.* Folgende Pflanzenschutzmittel (in 1% ig. Lsg. angewendet) verursachten bei Tomatenpflanzen im Freiland keine merkbare Schädigung: *Dimethyldithiocarbonat*, *Phenylthiocyanat*, *Tetramethylthiuramdisulfid* u. *Fuklasin.* Allerdings verdorrten im Laborvers. bei längerer Berieselung die Blätter der Tomaten, so daß eine leichte Vergiftung der Pflanzen durch diese Mittel zu erfolgen scheint. Aus den Früchten derartig behandelter Pflanzen hergestellte Konserven waren in ihrer Qualität nicht beeinträchtigt. (Élelmezési Ipar [Verpflegungs-Ind.] **6.** 92—96. März 1952.) H. LANGENBECK. 6312

E. H. Zeck, *Pulvinaria maskelli.* Der Schädling kann durch Besprühen der befallenen Pflanzen mit *Weißöl*-Emulsion (Verdünnung 1:40) bekämpft werden. (Agric. Gaz. New South Wales **65.** 583—85. Nov. 1954.) F. RANG. 6312

R. R. Wangerin, *CDAA bekämpft Unkrautgräser in Kulturpflanzen aus der Familie der Gräser.* Vf. gibt einen Überblick über die Anwendung von *CDAA* (α-Chlor-N.N-diallylacetamid), das zur Bekämpfung von Gräsern in Getreide, Sojabohnen, Flachs, Zuckerrüben, Baumwolle, Erdnüssen usw. dient. Das Herbicid wird in einer Aufwandmenge von 3—12 lbs./acre vor dem Auflaufen der Saat ausgebracht. Bemerkenswert ist, daß die resistenten Pflanzen, wie Getreide u. Sojabohnen, die Substanz zwar resorbieren, aber zu ungiftigen Prodd. (Glyoxylsäure u. Glykolsäure) abbauen. In zahlreichen Großverss. in Canada wurden gute Erfolge erzielt. (Farm Chemicals **118.** Nr. 12. 47—49. Dez. 1955.) W. KNÖPKE. 6312

A. M. Nikiforow, *Chemische Verfahren der Schädlingsbekämpfung bei Kulturpflanzen.* Übersicht über die wichtigsten chem. Mittel der Schädlingsbekämpfung. (Естествознание и Школа [Naturwiss. Schule] **1956.** Nr. 1. 23—26. Jan./Febr.) OTTO MAIER. 6312

H. L. Haller, *Baumwollinsekticide.* Überblick über die Entw. der Anwendung von Insekticiden an Baumwolle. (Agric. Chemicals **10.** Nr. 4. 44—46, 125. April 1955. Washington, D. C., Crops Res. Agric. Res. Serv. U. S. D. A.) W. KNÖPKE. 6312

C. J. Shepherd, *Vergiftung von Tabak durch ein Dichlorpropen–Dichlorpropan Bodenbedampfungsmittel.* Zur Bekämpfung von *Heterodera marioni* in Rhodesien werden Äthylendibromid oder Dichlorpropen–Dichlorpropan-Mischungen verdampft. Es zeigte sich, daß bei 5% der Tabakernte ein störender Geruch auftrat. Zur Unters. dieser Frage wurden grüne Tabakblätter mit Ae. extrahiert u. der Extrakt abfiltriert. Die Rückstände wurden dann durch Waschen mit A. chromatograph. an Al_2O_3 gebunden. Bei der spektrophotometr. Unters. ergab sich, daß der vergiftete Tabak einen Stoff enthielt, der im tiefen Ultraviolett absorbiert wurde. Dieser war im unbehandelten Tabak nicht enthalten. Durch verschied. physikal. u. chem. Methoden konnten die beiden Stoffe 2.2-Dichlorpropan u. 1.2.3-Trichlorpropan identifiziert werden. Die Konz. belief sich auf annähernd 9 Teile in einer Million. Durch Papierchromatographie von behandelten u. unbehandelten Blättern u. spektrophotometr. Unters. wurden ebenfalls Unterschiede festgestellt. Nach diesen Ergebnissen ist es sicher, daß einige Komponenten des Dämpfungsmittels von der Pflanze aufgenommen wurden. (Nature [London] **170.** 1073—74. 20/12. 1952. Salisbury, South Rhodesia, Tobacco Pest Contr. Res. Chem.) W. KNÖPKE. 6312

David D. Bonnet, Edward S. C. Mau und **Bertram Gross,** *Käfigversuche mit Warfarin bei der Hawaii-Ratte, Rattus hawaiiensis Stone und der Hausmaus, Mus musculus L., in Hawaii.* Bei Verfütterung von mit *Warfarin* (0,025 Gew.-%) vergiftetem Hafer gingen Hawaii-Ratten etwas rascher zugrunde (meist nach ca. 8 Tagen) als Hausmäuse (meist nach ca. 9 Tagen). (Publ. Health Rep. **66.** 1734—37. 28/12. 1951.) C. GRIMME. 6312

Bertram Gross, Robert H. Baker und **David D. Bonnet,** *Verwendung von mit Warfarin behandeltem Hafer als Maßnahme zur Schädlingsbekämpfung in Hawaii.* Bericht über Erfolge bei der Rattenbekämpfung. (Publ. Health Rep. **66.** 1727—33. 28/12. 1951.) C. GRIMME. 6312

Knowles Associates, New York, N. Y., übert. von: **Chester L. Knowles,** New Rochelle, N. Y., und **Roman Chelminski,** Wilton, Conn., V. St. A., *Behandlung von Rohphosphaten.* Feingemahlene Rohphosphate, H_2SO_4 u. eine in einem vorhergehenden

Arbeitsgang des Verf. erhaltene u. rückgeführte Suspension von feinen $CaSO_4$-Impfkristallen werden in Reaktionsbehältern unter Rühren bei ca. 70—80° zur Rk. gebracht. Die Aufschlußmasse wird dann einer 1. Trennungszone zugeführt, in welcher eine feine $CaSO_4$-Teilchen enthaltende Suspension u. ein feste, kurzkrist. Bestandteile enthaltender Schlamm gewonnen wird, der darauf in eine 2. Trennungszone gelangt u. dort in konz. H_3PO_4 u. einen $CaSO_4$-Kuchen getrennt wird. Die Suspension der 1. Trennungszone geht in den Reaktionsbehälter zurück, während die noch geringe Mengen $CaSO_4$ enthaltende konz. H_3PO_4 ohne weitere Konz. durch Eindampfen auf *Triplesuperphosphat* verarbeitet wird. (**A. P. 2 710 247** vom 29/12. 1950, ausg. 7/6. 1955.) H. KARST. 6283

Badische Anilin- & Soda-Fabrik Akt.-Ges. (Erfinder: **Hans Fikentscher**), Ludwigshafen/Rh., *Herstellung von Salzen der Polyacrylsäure*, ihrer Homologen u. Analogen in fester Form, dad. gek., daß die monomeren Säuren mit Alkali- oder Ammoniumcarbonaten oder -bicarbonaten oder mit Carbaminaten gemischt werden, die Polymerisation anschließend durch Zusatz von Beschleunigern durchgeführt wird, u. zwar in wasserfreiem Medium oder in Ggw. von nur so viel W., daß sich das Endprod. noch leicht zerkleinern läßt. Die Wassermenge soll höchstens 50% der ungesätt. Säure betragen. — Mengenbeispiele. — *Bodenverbesserungsmittel.* (**D. B. P. 932 700** Kl. 39c vom 25/6. 1953, ausg. 8/9. 1955. Anmeldung bekanntgemacht 17/3. 1955.) H. SCHINDLER. 6303

Dow Chemical Co., übert. von: **Robert P. Ruh**, Midland, Mich., V. St. A., *Herstellung von 1.1.3-Trichlor-2.3.3-trifluorpropen* (I). Man gibt allmählich eine wss. NaOH-Lsg. zu unter Rückfluß befindlichem 1.1.2.3-Tetrachlor-2.3.3-trifluorpropan, bis 10 bis 50% Überschuß über die theoret. für die Dehydrochlorierung erforderliche Menge zugesetzt sind. Das Gemisch wird unter Rückfluß weiter bis zur Vervollständigung der Rk. erhitzt u. I durch Fraktionierung gewonnen; $Kp._{742}$ 86,0—86,5°, n_D^{25} 1,4012; $D.^{25}$ 1,5852. — *Insekticid.* (**A. P. 2 673 173** vom 26/5. 1950, ausg. 23/5. 1954.) J. MÜHLEISEN. 6313

Serena Thomas, geb. **Bacci**, Frankreich, *Antiparasitäre Mittel* zur Verwendung in Landwirtschaft u. Gartenbau. Als solche werden wss. Lsgg. von koll. Ag oder schwachlösl. Ag-Salzen geringer Konz. gegebenenfalls in Verb. mit Stabilisatoren, wie Montmorillonit, Bentonit, Carboxymethylcellulose, Na-Alginat, Stärke, Na-Humat, vorgeschlagen. (**F. P. 1 049 756** vom 23/1. 1952, ausg. 31/12. 1953.) W. WITTHOLZ. 6313

VIII. Metallurgie. Metallographie. Metallverarbeitung.

Maurice Cook, *Metallurgischer Fortschritt und die chemische Industrie.* Überblick über die neueren Fortschritte in der Metallurgie von *Stahl, Gußeisen, Al* u. *Ti* sowie in der Herst. von Metallen mit Überzügen u. der Ausführung metallurg. Verschweißungen, u. zwar mit besonderer Berücksichtigung der Erfordernisse der chem. Industrie. (Chem. and Ind. **1955.** 366—76. 2/4.) C. GOTTFRIED. 6350

E. Spire, *Die schädlichen Wirkungen und die Verwendbarkeit von Gasen in der Hüttenindustrie.* Die Theorie über die Absorption von Gasen in Metallen u. die schädliche Wrkg. von H u. N wird erörtert. Zur Beseitigung von gelöstem H aus geschmolzenem Metall eignet sich die Inertgasspülung. Eine hierzu dienende Vorr. wird beschrieben. — 27 Literaturzitate. Diskussion. (Trans. Amer. Foundrymen's Assoc. **59.** 201—09. 1951. Montreal, Can., Canadian Liquid Air Co., Ltd.) W. WESLY. 6350

W. Geuthner, *Das Schmelzen von Leichtmetallegierungen. Die die Ofenwahl bestimmenden Faktoren.* Krit Übersicht über die Wahl der zum Schmelzen von Leichtmetalllegierungen verfügbaren Öfen, wobei dem standfesten Flammofen der Vorzug gegeben wird. (Metal Treatment Drop Forging **18.** 226—29. Mai 1951. Grevenbroich.) W. WESLY. 6370

Friedrich C. L. Eisenmenger, *Vertikal-Glühöfen für Metallbänder.* Beschreibung von Vertikal-Banddurchlauföfen nach dem Syst. *Drever/Ofag.* (Z. Metallkunde **46.** 264—68. April 1955. Düsseldorf.) H. HOCHSTEIN. 6370

S. A. Limpach und **R. J. Reed**, *Die Leistung von Gußblock-Glühöfen.* Wirkungsweise u. Leistung von 3 Glühöfen. (Steel Processing **39.** 392—98. Aug. 1953. Warren, O., Copperweld Steel Co.; Cleveland, O., North Amer. Mfg. Co.) W. WESLY. 6372

J. D. May, *Anwendung einiger Geräte zur Überwachung der Erzeugung von Eisen und Stahl.* Übersicht über die Meß- u. Prüfgeräte zur Überwachung des Betriebes von Hochöfen, SIEMENS-MARTIN-Öfen u. Gasgeneratoren. (Ingenieur ['s-Gravenhage] **67.** 131—39. 28/10. 1955. London, George Kent Ltd.) W. WESLY. 6372

W. S. Walker, *Einige die Leistungsfähigkeit eines Kaltmetall—Siemens-Martin-Ofen-Betriebes beeinflussende Faktoren.* Die die Leistungsfähigkeit eines SIEMENS-MARTIN-Ofens bestimmenden Arbeitsvorgänge (Beschicken, Schmelzen, Frischen, Abstechen,

Putzen) u. die diese beeinflussenden Faktoren werden besprochen. (Iron Steel Inst., spec. Rep. **1953.** 17—23. Jan. Brierley Hills, Staffs., Round Oak Steel Works, Ltd.) W. WESLY. 6372

E. Iwanciw, *Der Einfluß des Druckes auf den Vorgang der Reduktion von Metalloxyden durch Kohlenstoff.* Die Red. von festen Metalloxyden vollzieht sich mit C nicht direkt; vielmehr findet eine indirekte Red. statt, bei der sich gleichzeitig die beiden Rkk. $MO + CO = M + CO_2$; $CO_2 + C = 2CO$ abspielen (M = Metall). Diagramme zeigen den Einfl. des Gasdruckes $p_{CO} + p_{CO_2}$ auf den Grad der Red. von *NiO* u. *Eisenerzen* innerhalb eines bestimmten Zeitabschnittes. (Bull. Acad. polon. Sci., Cl. IV **1.** 60—64. 1953. [Orig.: engl.]) W. WESLY. 6380

Félix Trombe und **Marc Foex,** *Über ein neues Verfahren zur Behandlung von Metallen mit Hilfe der Sonnenenergie.* Sehr schnell rotierender Sonnenofen, in dem zunächst durch Schmelzen eines Oxyds oder eines Oxydgemisches ein feuerfester Überzug hergestellt wird, in dem nach Abkühlung leicht Metalle geschmolzen werden können. Nach Ausgießen des Metalls kann das feuerfeste Futter erneut verwendet werden. (C. R. hebd. Séances Acad. Sci. **240.** 196—98. 10/1. 1955.) C. GOTTFRIED. 6380

Miklós Király, *Das Verfahren der endothermen Schmelze.* Gekürzte Wiedergabe der C. **1956.** 1717 referierten Arbeit. (Magyar Technika **7.** 39—42. Jan./Febr. 1952.) J. PLANK. 6380

R. R. Domanowski, *NE-Schwermetall-Schleuderguß. Ein Beitrag zur Entwicklung und Förderung des Schleudergußverfahrens.* Die Schleudergußverff., auch das Schleuderverbundgußverf., werden beschrieben, die entsprechenden Einrichtungen u. Formbaustoffe besprochen u. die Schleudergußwerkstoffe erörtert. (Metall **9.** 291—97. April 1955. Gelsenkirchen.) F. VIER. 6382

W. H. Glaisher, *Barren und Barrenformen.* Beschreibung der Herst. von Barren u. der sich dabei abspielenden Vorgänge (Erstarrung, Gas- u. andere Einschlüsse). (Metal Treatment Drop Forging **20.** 521—24. Nov. 1953.) W. WESLY. 6382

H. W. Kirkby, *Herstellung von Schaufeln für Gasturbinen, Eigenschaften, Schmieden, Wärmebehandlung und Prüfung.* Übersicht. (Metal Treatment Drop Forging **19.** 61—66. Febr. 1952. Sheffield, Brown-Firth Res. Labor.) W. WESLY. 6388

B. F. Brown, *Überwachung der subkritischen Graphitbildung.* Übersicht an Hand der Literatur über die zur Zers. von Fe_3C zu Graphit bei subkrit. Tempp. führenden Bedingungen. (Iron Age **166.** Nr. 9. 64—68. 31/8. 1950. Cambridge, Mass., Mass. Inst. of Technol.) W. WESLY. 6390

G. Grenier, *Der Schwefel in den metallurgischen Verfahren.* Überblick über den Einfl. des S auf Herst. u. Eigg. von Fe. Ausführliche Behandlung der Entschwefelung der Schmelzen. (Rev. techn. luxembourg. **44.** 65—81. April/Juni 1952.) M. BLUTH. 6390

Fred D. De Vaney, *Magnetisierende Röstung armer Erze.* Beschreibung des Verfahrens. Das Gleichgewichtsdiagramm Fe-C-O ergibt die Tempp., bei denen unter bestimmten Gehh. an CO_2 u. CO nur Fe_3O_4 eine stabile Verb. darstellt, während Fe_2O_3 red. u. FeO u. Fe oxydiert werden. In der oberen Kammer des Schachtofens werden die Erze durch die aufsteigenden Gase, die von einer angebauten Brennkammer geliefert werden, bei ca. 820° zu Fe_3O_4 reduziert. Die heißen red. Erze werden im unteren Teil des Ofens gekühlt u. mit Tempp. von 70—120° ausgetragen. Geröstete u. gemahlene Taconite ergaben Konz. mit 63,25(%) Fe bei 90,63% Fe-Ausbringen, die Abfälle enthielten 5,08 Fe. (Mining Engng. **4.** 1219—23. Dez. 1952. Hibbing, Minn., Pickands Mather & Co.) W. HAUG. 6390

R. W. Heine, *Grundlagen der Oxydations-Reduktions-Reaktionen zur Überwachung der Zusammensetzung von Gußeisenschmelzen.* Die von der Temp. abhängigen Oxydations-Red.-Rkk., die in Gußeisenschmelzen zwischen Fe, Luft u. dem SiO_2-Schmelztiegel stattfinden, werden im einzelnen erörtert. Aus den zahlreichen Rkk. folgt, daß in n. Gußeisen die chem. Rkk. mit SiO_2, C u. MnO in der Richtung der grundsätzlichen Oxydations-Red.-Gleichgewichte verlaufen, sobald das Gußeisen während des Schmelzvorgangs Erwärmungs- oder Abkühlungsgebiete durchläuft. — Diskussion. (Trans. Amer. Foundrymen's Assoc. **59.** 121—38. 1951. Madison, Wis., Univ., Dep. of Mining and Metallurgy.) W. WESLY. 6402

C. E. Herington, *Die mechanischen Eigenschaften von Gußeisen können durch Wärmebehandlung verbessert werden.* Die Beziehung zwischen den mechan. Eigg. von Meehanite-Gußeisen u. der Temp. zeigen den günstigen Einfl. der Wärmebehandlung auf die mechan. Eigenschaften. (Materials and Methods **32.** Nr. 6. 50—53. Dez. 1950. Meehanite Metal Corp.) W. WESLY. 6402

Tony Boissaux, *Übersicht über die Herstellung von Gußeisen mit sphärolithischem Graphit.* Beschreibung der Verff., Zus., Behandlung u. Verwendung des gewonnenen sphärolith. Gußeisens. — 34 Literaturangaben. (Rev. techn. luxembourg. **44.** 82—88. April/Juni 1952.) M. BLUTH. 6404

Luiz Antonio de Araujo, *Herstellung von nodularem Eisen mit Calcium.* Unters. der Möglichkeiten zur Erzeugung einer körnigen Struktur des Graphits im Gußeisen durch Ca. Der Zusatz von Ca in Form von Legierung mit Cu oder Si zeigt keine Veränderung des Schliffbildes in der gewünschten Richtung. Die erforderliche Menge an Legierung ist wesentlich größer, als das Eisen zu lösen vermag. Zusatz von 0,65 Gew.-% an reinem Ca zur Schmelze zeigt im Schliffbild einige unvollständige Graphitkörner, die physikal. Eigg. sind jedoch schon merklich verbessert. (Tabellen.) Wichtig scheint hierbei die Aufrechterhaltung der Temp. oder sogar ein Überhitzen des Eisens, was im Induktionsofen erreicht wird. — 25 Literaturangaben. (Quart. Colorado School Mines **48.** 47—66. Jan. 1953. Dep. of Metallurgical Engineering, Colorado School of Mines.) H. MENKE. 6404

J. C. Danko und **J. F. Libsch,** *Die sekundäre Graphitisierung von abgeschrecktem und angelassenem Gußeisen mit Kugelgraphitausbildung.* Der Vorgang der sek. Graphitisierung von abgeschreckten u. angelassenen Gefügen eines Gußeisens mit Kugelgraphitausbldg. wurde metallograph. untersucht. Die sek. Graphitisierung verläuft unter Zers. von Martensit zu Ferrit sowie von einigen Si-reichen Carbiden, die sich schnell zers. oder zu feinen Graphitkugeln graphitisieren. Eine Zunahme im Si-Geh. im Gußeisen mit Kugelgraphit ergibt größere Mengen von Sekundärgraphit, während carbidbildende Elemente den Geh. an feinen Graphitkugeln zu verringern scheinen. — 18 Schrifttumsangaben. Diskussion. (Trans. Amer. Soc. Metals **47.** 853—68. 1955.) H. HOCHSTEIN. 6404

B. T. Koshewnikow, *Hochwiderstandsfähiges Gußeisen als Austauschstoff für Stahl bei der Herstellung einiger Gußteile von Torfmaschinen.* Verbesserung von Gußeisen (STsch 12—18 u. STsch 15—23) durch Zusatz von 0,3% Mg u. 1,2% Ferrosilicium. Die Reißfestigkeit des so modifizierten Gußeisens (ohne Wärmebehandlung) mit kugelförmigem Graphit konnte um das 3—4fache gesteigert werden (bis zu 67,4 kg/mm²). Die BRINELL-Härte nimmt nur unwesentlich zu (bis zu 217 gegenüber 180—189), das Material kann auf der Drehbank bearbeitet werden. Bes. stark nimmt der S-Geh. ab (von 0,06 auf 0,025%). Durch Normalisieren oder Härten u. Anlassen konnte eine Erhöhung der Reißfestigkeit bis zu 79,9 kg/mm² erreicht werden. Durch Härtung mit Hochfrequenzstrom wurde eine BRINELL-Härte von 555 erreicht. Dieses verbesserte Gußeisen besitzt gute Antifriktionseigenschaften. (Торфяная Промышленность [Torf-Ind.] **32.** Nr. 8. 21—23. 1955.) H. HUBER-EMDEN. 6404

W. A. Smith, *Die Erzeugung von stickstoff- und phosphorarmem Thomasstahl.* Die Entw. der THOMAS-Stahlerzeugung seit *1934* u. die Konstruktion sowie der Betrieb von 25—45 t-Konvertern werden erörtert. Trotz des hohen Si- u. S-Geh. im Roheisen ist eine Steigerung der Erzeugung durch Verbesserung der metallurg. Arbeitsbedingungen erreicht worden. Mitgeteilt wird die Zus. von Roheisen u. Stahl, bes. hinsichtlich ihrer P- u. N-Gehalte. Auch werden Angaben über die Schlackenzuss. gemacht. Die Herst. eines Sonderstahles mit niedrigem P- u. N-Geh. wird geschildert. — Schrifttumsangaben. (Iron Coal Trades Rev. **166.** 1229—34. 29/5. 1293—97. 5/6. 1953.) H. HOCHSTEIN. 6408

J. L. Harrison, *Die Verwendung von Sauerstoff bei der Herstellung von Stahl.* Überblick mit Schrifttumsangaben. (Iron Coal Trades Rev. **168.** 747—51. 26/3. 1954.) F. VIER. 6408

W. E. Ward, *Das Duplex–Stahlerzeugungs-Verfahren.* Das Verf., eine Kombination von BESSEMER-Konvertern mit SIEMENS-MARTIN-Öfen, ermöglicht eine leichte Anpassung der Stahlerzeugung an die erwünschte Walzwerksbelastung, ohne daß erhebliche Neuinvestierungen erforderlich sind. Die Vor- u. Nachteile des Verf. hinsichtlich Stahlqualität, Transportbedarf u. Energieverbrauch werden erörtert. (Iron Steel Inst., spec. Rep. **1955.** 1 u. 31—33. Okt. Consett Iron Co. Ltd.) H. ECKHARD. 6408

S. L. Gertsman, *Lunkeritabdeckmassen für Stahlguß.* Verss. über die Auskleidung offener Steiger mit mehreren, nicht näher bezeichneten Lunkeritabdeckmassen u. deren Einfl. auf die Wärmekennwerte des Steigermetalls, die geringst möglichen Steigerabmessungen, über die im Steiger auftretenden Lunker u. die zur Erstarrung am Steigerkopf nötige Zeit. (Canad. Metals **13.** Nr. 1. 30—33. 46. Jan. 1950. Ottawa, Can., Phys. Metall. Res. Laborr., Div. of Min. Dressing and Metall., Bur. of Mines.) W. WESLY. 6408

P. Ja. Ssorokin, *Über die Überhitzung von Bessemerstahl im Kleinkonverter.* Theoret. Überlegungen u. Berechnungen des Wärmehaushaltes im Kleinkonverter mit Seitenwind im Vgl. zum n. Konverter mit Bodenwind führen zu der Feststellung, daß die erheblich höhere Badtemp. im ersteren in der Hauptsache auf dem stärkeren Abbrand

der schlackenbildenden Elemente u. des Fe im Bad zurückzuführen ist. Die vielfach vertretene Ansicht, daß die Stahlüberhitzung im Kleinkonverter auf Kosten einer vollständigeren Verbrennung des C zu CO_2 vor sich geht, wird als unbegründet abgelehnt. (Литейное Производство [Giessereiwesen] **1955.** Nr. 8. 23–25. Aug.)
V. EHMCKE. 6408

Je. N. Drushenina, *Wachsen des Austenitkornes von Stahl 45 beim Hochfrequenzerhitzen.* Die Unters. zeigte den starken Einfl. der Temp. u. der Geschwindigkeit des Erhitzens im Bereich der Umwandlungsphase auf die Korngröße. Für jede Geschwindigkeit der Erhitzung ergibt sich eine optimale Temperaturzone, in der eine feinkörnige Struktur erreicht wird. Es wurden das Temperaturintervall 700–1300° u. die Geschwindigkeiten 30, 50, 100, 150 u. 200°/Sek. an einem Austenitstahl Nr. 7–6 untersucht. Die Frequenz des Generators betrug 300000 Hz. (Вестник Машиностроения [Nachr. Maschinenbau] **34.** Nr. 11. 59–60. Nov. 1954.) A. KUNZE. 6408

J. A. Reynolds und **A. Preece,** *Untersuchungen über Metall und Form von Stahlguß.* 1. Mitt. *Verlauf der Erstarrung.* Verss. über die das Schrumpfen von Stahlguß beeinflussenden Faktoren zeigen: Die von CHVORINOV (Giesserei **27.** [1940.] 177. 201. 222) geäußerte Annahme, daß die Erstarrungszeit dem Verhältnis Vol.: Oberfläche proportional ist, wird bestätigt. Aber auch wenn eine gerichtete Erstarrung gewährleistet ist, werden die Eigg. des Gußstückes durch Mikroporosität beeinflußt, die ihrerseits von der Kristallstruktur des Gußstückes abhängt. Diese Struktur läßt sich allein aus dem Ergebnis der therm. Analyse nicht voraussagen; vielmehr spielen Größe des Gußstückes, Bau u. Standort des Gußkopfes sowie Gießtemp. eine Rolle. Deren Einfll. werden im einzelnen dargestellt. (Foundry Trade J. **99.** 31–38. 14/7. 1955. Newcastle-upon-Tyne, Univ. of Durham, King's Coll.) W. WESLY. 6408

John F. Wallace, John H. Savage und **Howard F. Taylor,** *Der Einfluß von Masse und Seigerung auf die mechanischen Eigenschaften von Gußstahl.* Die Prüfung der mechan. Eigg. von verschied. schwach legierten Stählen an Proben, die der Außenseite u. der Mitte von zylindr., massiven Gußstücken entnommen werden, zeigt: mit Zunahme der M. verändert sich die Zugfestigkeit etwas, die Dehnung beträchtlich u. die Stoßfestigkeit in geringem Maße. Proben, die aus innen hohlen Zylindern stammen, weisen diese Einfll. gar nicht oder nur in vermindertem Maße auf. Das unterschiedliche Verh. kommt daher, weil in der Mitte der massiven Proben geseigerte, interdendrit. Flächen u. Einschlußagglomerate (beide zeichnen sich durch Sprödigkeit aus) vorherrschen, wogegen an der Außenseite die Seigerungen schwächer u. die Einschlüsse gleichmäßiger verteilt sind. — 25 Literaturzitate. Diskussion. (Trans. Amer. Foundrymen's Soc. **59.** 223–43. 1951. Watertown Arsenal, u. Massachussets Inst. of Technol.)
W. WESLY. 6408

Franz Michael Ress, *Zur Frühgeschichte der Zementstahlherstellung.* (Stahl u. Eisen **75.** 978–80. 28/7. 1955.) H. HOCHSTEIN. 6408

A. N. Rosanow, *Zementation in geschmolzenem Gußeisen.* Es wurden Stahl 10, Stahl 12ChN 3A u. geschmolzenes Gußeisen mit 3,5% C u. 2% Si verwendet. Die Stahlprobe war zylindr. mit 15 mm Durchmesser u. 100 mm Länge. Bei 1300° u. verschieden lange Zeit (einige Sek. bis 3 Min.) wurde die Probe in das fl. Gußeisen gebracht u. dann langsam abgekühlt. Eine Mikrostrukturaufnahme der zementierten Zone des Stahls wurde hergestellt. Die Zunahme der Zementationsschichtdicke mit der Zeit des Verweilens in der Schmelze wurde festgestellt u. die Härte im Abstand von der Oberfläche ermittelt. (Вестник Машиностроения [Nachr. Maschinenbau] **34.** Nr. 11. 60–61. Nov. 1954.) A. KUNZE. 6408

Winifred A. Bell und **A. H. Sully,** *Einige Einflüsse von Wasserstoff auf die Verzögerung des Bruches von hochfestem Stahl.* Das Auftreten des Bruches bei verlängerter Anwendung einer Spannung bei Raumtemp. an einem Stahl mit 0,9% C, in den H durch elektrolyt. Beizen eingeführt worden war, wird untersucht. Auch nach einer Lagerung u. Anlaßbehandlungen, welche eine mehr oder weniger vollständige Erholung der n. mechan. Eigg. hervorrufen, ist die Neigung zu einem Bruch mit kurzen Verzögerungszeiten größer als für Proben, die gebeizt worden sind. Der Einfl. von H_2 auf die verzögerten Bruchmerkmale nimmt mit der Härte des Stahles zu. Die Ergebnisse werden auf Grund der Rißtheorie von Sprödbruch von GRIFFITH erörtert. — 11 Schrifttumsangaben. (J. Iron Steel Inst. **178.** 15–18. Sept. 1954. Fulmer Res. Inst.)
H. HOCHSTEIN. 6408

—, *Einfluß der Temperatur und der Gießgeschwindigkeit auf das Blockgefüge.* In einem 5 t-Hochfrequenzofen wird ein niedrig gekohlter *Stahl* mit 3% Ni u. 1% Cr erschmolzen, der in zwei Hälften mit einer Temperaturdifferenz von 40° unter sich abgegossen wird. Darauf werden aus jeder Hälfte zwei 1 t-Blöcke hergestellt, wobei mit verschied. Geschwindigkeiten gegossen wird. Eine Prüfung der Blockoberflächen ergab das Vorliegen von Querrissen an dem am schnellsten u. bei der höheren Temp. gegossenen Block, während der am langsamsten u. bei der niederen Temp. abgegossene Stahl eine schlackenreiche Oberfläche aufwies. Längsschnitte der Blöcke zeigten nur geringe Unterschiede in den Gefügen. Die Länge der Stengelkristalle in den heißer gegossenen ist etwas größer als in den kälter abgegossenen. Das durch eine Ammoniumpersulfatätzung ermittelte Gefüge wird nicht für das ursprüngliche Gußgefüge gehalten, sondern als das Ergebnis einer peritekt. Umwandlung des untersuchten Stahles angesehen. (J. Iron Steel Inst. **179.** 120—23. Febr. 1955.) H. HOCHSTEIN. 6410

Joe Gin-Young Chow und **D. W. Kaufmann,** *Ersatz von austenitischem Stahl durch einen verbesserten ferritischen Stahl.* Ein ferrit. Stahl mit ca. 13% Cr zeigt bei Betriebstempp. von 1000° F im Vgl. zu einem austenit. nichtrostenden Stahl günstige Festigkeitseigenschaften. Bei erhöhten Tempp. u. auch bei Raumtemp. besitzt der ferrit. Cr-Stahl selbst nach langer Betriebsdauer eine hohe Formbarkeit. Außerdem besitzt dieser Stahl bei Tempp. von 1000°, 1100° u. 1200° F eine hohe Kerbschlagzähigkeit selbst bei scharfen Kerben. (Iron Age **170.** Nr. 19. 166—69. 6/11. 1952. Harrison, N. J. bzw. Pittsburgh, Crucible Steel Co. of America.) H. HOCHSTEIN. 6410

H. M. Banta, R. H. Frazier und **C. H. Lorig,** *Einige metallurgische Gesichtspunkte über die Beschaffenheit von Schiffsstahl.* Verss. über die Einfll. der chem. Zus. u. der Desoxydation auf die Umwandlungstemp. von Schiffsstahl zeigen, daß die Umwandlungstemp. mit zunehmenden Gehh. an *C*, *P* u. *V* ansteigt. — Aussprache. (Welding J. **30.** Welding Res. Council Engng. Foundat. 79s—90s. 104s. Febr. 1951. Columbus, O., Battelle Memorial Inst.) W. WESLY. 6410

H. W. Kirkby, *Die Herstellung und die Eigenschaften von Radscheiben für Flugzeuggasturbinen.* Übersicht über die an die Stähle für Gasturbinen gestellten Anforderungen, deren Wahl u. Eigg. u. die Herst. u. Prüfung von Turbinenradscheiben. (Metal Treatment Drop Forging **19.** 3—11. Jan. 1952. Brown-Firth Res. Labors.) W. WESLY. 6410

Warren S. Eberly, *Legierungen für Temperaturkompensation.* Der Temperatureinfl. auf Meßgeräte mit Permanentmagneten kann durch magnet. Nebenschluß (Skizze) kompensiert werden. Die Anwendung der hierzu benutzten Ni–Fe-Legierungen mit 28,5—33% Ni wird an Beispielen gezeigt. (Machine Design **26.** 152—56. Mai 1954. Reading, Pa., Carpenter Steel Co.) H. ECKHARD. 6418

—, *Die Legierungen mit hohem Nickel- und Molybdängehalt.* Überblick über schon länger bekannte *Cr/Ni/Mo*-Legierungen der Zus. 0/60/30, 20/50/8 u. 15/60/18, ihre mechan. Eigg. u. Korrosionsfestigkeit gegenüber HCl u. H_2SO_4. Für die 3 Gruppen werden Anlaßtempp. der Wärmebehandlung, Schweiß- u. Schmiedeverff. sowie Drehgeschwindigkeit, Vorschub u. Schnittiefe beim Abdrehen angegeben. (Rev. du Nickel **20.** 90—97. Okt./Dez. 1954.) P. WOLF. 6434

A. Jogarao und **Y. D. Prasada Rao,** *Gewinnung von Elektrolytmangan aus minderwertigen einheimischen Erzen.* Vff. berichten über eine in halbtechn. Maßstab durchgeführte elektrolyt. Mn-Gewinnung aus 30%ig. Erzen nach den in der amerikan. Literatur angegebenen Vorschriften. Sie erhielten unter Anwendung von Stahlkathoden, Pb–Ag-Anoden u. Diaphragmen bei einer Stromausbeute von 58% eine Ausbeute von 20% Mn. Sie nehmen an, daß diese Ausbeute sich bis auf 25% steigern läßt. (J. sci. ind. Res. [New Delhi] **13 B.** 383—84. Mai 1954. Karaikudi, Centr. Electro-Chem. Res. Inst.) H. PLUSKAL. 6436

H. T. Greenaway, *Die elektrolytische Herstellung und Reinigung von hochwertigem Chrom.* Die Erzeugung von elektrolyt. Cr mit 0,01—0,02 Gew.-% (0,03—0,06 At.-%) O u. 0,002 Gew.-% (0,007 At.-%) N als wesentlichsten Verunreinigungen wird beschrieben zusammen mit einer H_2-Red. zur Verringerung dieser Werte auf chem. nicht mehr nachweisbare Werte, d. h. auf 0,005 Gew.-% (0,015 At.-%) O u. 0,001 Gew.-% (0,003 At.-%) N. Die Unters. der Veränderlichen, welche den elektrolyt. Nd. von Cr aus CrO_3-Bädern beeinflussen, ergibt eine günstigste Badtemp. von 83° u. ein CrO_3/SO_4-Verhältnis von wesentlich unter 10. Eine Hochfrequenzerhitzung wird bei der H_2-Reduktionsbehandlung angewendet. — Schrifttumsangaben. (J. Inst. Metals **83.** 121—25. Dez. 1954. Melbourne, Australien, Aeronautic. Res. Labor.) H. HOCHSTEIN. 6440

Don Wackerle, *Schwere Metalle.* Mechan. Eigg., Bearbeitbarkeit u. Anwendung von „*Mallory-1000-Metal*", einer Legierung von 90(%) W, 6 Ni u. 4 Cu, D. 16,9 g·cm³. Abb. von Formstücken, die als Schwungmassen, Gegengewichte u. zum Strahlungsschutz verwendet werden. (Machine Design **26.** 143—47. Mai 1954. Indianapolis, Ind., P. R. Mallory & Co.) H. ECKHARD. 6440

J. Hérenguel und **F. Santini,** *Die Korngröße von gewalzten und gehärteten Aluminiumlegierungen.* Unterss. über den Einfl. der Erhitzung im Salzbad oder Flammofen auf Al (99,5%) u. Al–Mg–Si-Legierungen zeigen die Notwendigkeit, die Entw. der Glühöfen für Al-Legierungen fortzusetzen u. eine Norm für die Herst. von Al-Blech aufzustellen. (Metal Treatment Drop Forging **19.** 15—19. 26. Jan. 1952. Le Havre, Soc. Tréfileries et Laminoirs du Havre, Centre des Rech.) W. WESLY. 6446

Otto Dahl und **Klaus Detert,** *Über die Aushärtung von Aluminium–Magnesium-Legierungen.* Eine Unters. der mechan. u. physikal. Eigg. abgeschreckter Al-Legierungen mit 6, 8 u. 10% Mg beim Anlassen ergab, daß bei Tempp. zwischen 100 u. 250° Warmaushärtung vorliegt. Es verstreichen lange Incubationszeiten, ehe der Ausscheidungsprozeß einsetzt. Bei Raumtemp. treten keine Ausscheidungen auf. Die Änderung des elektr. Widerstandes u. der Thermokraft weist darauf hin, daß sich im übersätt. Al–Mg-Mischkristall bei niedrigen Alterungstempp. Vorgänge abspielen, die bei anderen Al-Legierungen Kaltaushärtung zur Folge haben, bei den Al–Mg-Legierungen jedoch keine Härtung herbeiführen. Ein mathemat. Ansatz zur Beschreibung der Ausscheidungsvorgänge läßt erkennen, daß die beim Anlassen erzielte Verfestigung eine Folge der Keimbldg. ist. Die niedrige Geschwindigkeit der Ausscheidung beim Anlassen u. der Eigenschaftsänderungen beim Lagern weisen darauf hin, daß die Keimbildungshäufigkeit im übersätt. Al–Mg-Mischkristall verhältnismäßig klein ist. — 15 Schrifttumsangaben. (Z. Metallkunde **46.** 94—99. Febr. 1955. Berlin-Charlottenburg, Techn. Univ.) H. HOCHSTEIN. 6446

H. H. Hausner und **H. B. Michaelson,** *Pulvermetallurgische Verarbeitung von Zirkonium und Beryllium.* Zr-Schwamm oder Zr-Kristalle sind duktil, dagegen ist Zr-Hydrid, das bei 235—800° in H-Atmosphäre entsteht, brüchig u. läßt sich leicht mechan. zu Pulver verarbeiten. Zr-Pulver wird dann durch Glühen im Hochvakuum bei 800° u. darüber erhalten. Bei niedrigen Tempp. kann seine volle D. erreicht werden. Die Härte wird durch die Korngröße, den O_2-Geh. u. die D. beeinflußt. Die besten Eigg. werden mit Verdichtungsdrucken von 40—50 lbs./sq. in. (6600—7750 kg/cm²) erhalten, wenn die Teile aus Zr-Hydrid bei 1150—1260° im Graphittiegel gesintert sind. — Be-Pulver wird durch Mahlen von aus vakuumgegossenen Knüppeln hergestellten Drehspänen in Walzenmühlen hergestellt. Die volle D. kann nur bei sehr hohen Drucken u. bei Tempp. dicht unter dem F. erreicht werden. Vakuumsintern führt zu höheren Dichten als Sintern in Ar. Bei vakuumgesintertem Be sind die festen Verunreinigungen, meistens BeO, ausschließlich in den Korngrenzen angeordnet, bei Ar-gesinterten Proben kommen die Verunreinigungen auch in den Körnern vor. Ar-gesintertes Be ist brüchig, dagegen kann vakuumgesintertes Be bis zu 10% Dickenabnahme ausgewalzt werden, ohne daß Kantenrisse auftreten. Während des Kaltwalzens tritt Zwillingsbldg. in einem Umfang auf, der dem Walzgrad entspricht. In der Praxis wird meistens gleichzeitig verdichtet u. gesintert. Die Teile haben manchmal eine höhere D. als die theoret. infolge der Verunreinigung durch das schwerere BeO. (Iron Age **174.** Nr. 25. 123—26. 16/12. 1954. Bayside, N. Y., Sylvania Electric Products, Inc.) F. VIER. 6474

W. J. Doelker, *Verarbeitung auf hohe Dichte führt zur Erweiterung des Anwendungsgebietes von Pulvermetallen.* Mit Hilfe eines neuen, von der NATIONAL CASH REGISTER CO. in Dayton entwickelten Verf. ist es möglich, elektrolyt. hergestelltes Fe-Pulver zu Teilen von solcher D. zu verarbeiten, daß sie Teile aus warmbehandelten Legierungsstählen ersetzen können. Zahnräder mit einer Zugfestigkeit von 55000—60000 lbs./sq.in. (3850—4200 kg/cm²) u. einer Dehnung von 8—10% können mit einer Toleranz von 0,0001 ir. (0,00025 cm) hergestellt werden. Doppelt gepreßte Teile zeigten eine Druckfestigkeit von 540000 lbs./sq.in. (37800 kg/cm²). Sie entsprechen einem *AISI 52100*-Stahl, der üblicherweise in Kugel- u. Walzenlagern Verwendung findet. (Iron Age **174.** Nr. 14. 91—93. 30/9. 1954. Dayton, Pow-Met Industries, Inc.) F. VIER. 6474

M. Nguyen Thien-Chi, *Einige Anwendungsmöglichkeiten der Pulvermetallurgie auf dem Gebiete der Luftfahrt.* Die in den letzten Jahren stark entwickelte Pulvermetallurgie gestattet die Herst. homogener Pulver, die aus einem Metall (Cu, Ni, Fe), einer Mischung mehrerer Metalle (Ni–Cu, Fe–Ni, Fe–Ni–Co, Fe–Cu, W–Ag, Mo–Ag), einer Metall–Nichtmetall-Mischung (Cu–C, Ag–C, Ag–CdO, Cr–Al_2O_3, Cr–MgO) oder einer Legierung (Bronze, Stahl) bestehen. Gewinnung, Eigg. u. Verwendung solcher Pulver (W, Mo, Ta, Ti, metallkeram. Verbb.) zur Herst. von Flugzeugzubehörteilen u. -meßgeräten werden im einzelnen beschrieben. (Métaux **29.** 269—91. Juli/Aug. 1954. Comp. Gén. de Télégraphie sans Fil; Comp. Ind. des Métaux Electronique.) W. WESLY. 6474

John W. Graham, *Titancarbid.* Eigg. von Titansintercarbid mit Ni als Binder („*Kentanium*"). Vgl. mit W-carbiden ähnlicher Herst. u. mit hochfeuerfesten Co–Cr–Ni-Legierungen. Diagramme über Bruchfestigkeit u. Oxydationsbeständigkeit einiger

„*Kentanium*"-Typen. — Beispiele für techn. Verwendung. (Machine Design **26.** 159—62. Mai 1954. Latrobe, Pa., Kennametal Inc.) H. ECKHARD. 6476

R. Kieffer und **F. Kölbl**, *Über die Entwicklung und Eigenschaften warm- und zunderfester Hartlegierungen auf Titancarbidbasis mit Nickel–Kobalt–Chrom-Bindern.* Übersicht über die bisherigen Verss., bes. über Arbeiten der Vff. über WZ-Legierungen, warm- u. zunderfeste Legierungen auf TiC-Basis. Durch das Tränken von Legierungen auf TiC- bzw. TiC–Mischkristall-Basis mit Ni–Cr-, Co–Cr- u. Ni–Co–Cr-Bindern erhält man Werkstoffe mit überlegener Zunderfestigkeit. Diese besitzen fernerhin ausgezeichnete u. ausreichende Warmhärte, so daß sie bei Tempp. über 1000° u. auch heftigen Temperaturwechseln eingesetzt werden können. (Planseeber. Pulvermetallurgie **1.** 17—35. Okt. 1952. Reutte, Tirol, Metallwerk Plansee.) H.-J. HEINRICHS. 6476

G. H. Gardner, *Prüffehler.* Fehlerquellen liegen bei der Probe, der Prüfmeth. u. dem Prüfenden selbst. Vergleichende Unterss. gleicher Proben bei 6 verschieden großen u. verschieden eingerichteten engl. Gießereien ergaben erhebliche Unterschiede bei der chem. u. bei der mechan. Prüfung. Vereinheitlichung der Prüfmethoden erscheint erforderlich. (Foundry Trade J. **99.** 123—26. 4/8. 1955.) F. MODERSOHN. 6480

Levi Tarr, *Erfahrungen bei der Prüfung von Hauptnahtschweißen von sieben großen Kugelbehältern mit dem Ultraschallreflektoskop.* (ASTM Bull. **1954.** Nr. 196. 54—60. Febr. Phillips Petroleum Co., Engng. Dep., Test Div.) W. WESLY. 6480

Paul Grodzinski, *Gerichtete Härte an kaltumgeformten Körpern, insbesondere Blechen.* (Industrie-Anz. **77.** Nr. 21. 283—87. 15/3. 1955. London. — C. **1954.** 7967 u. 8436.) H.-J. HEINRICHS. 6480

P. Grodzinski, *Kleinlasthärte, ihre elastischen, plastischen und Bruchanteile.* Die Mikrohärteprüfung bei sehr kleinen Belastungen erstreckt sich aus dem Bereich der plast. Formänderung in den der elast.-plast. u. sogar der rein elastischen. Aus der Unters. der plast. Härte ergibt sich, daß der elast. Anteil der Härte in dem Gesetz, nach dem mit abnehmender Last die plast. Härte ansteigt, keine Berücksichtigung gefunden hat, so daß es nicht als allg. Gesetz der Härte angesprochen werden kann. Es wird ein neues Gesetz postuliert, das einen besseren Vgl. zwischen Werkstoffen verschied. Härte zuläßt. Es wird über Beobachtungen der elast. Härte berichtet u. auf ein vom Vf. entwickeltes Tiefenmeßgerät hingewiesen, bei dem die Eindringtiefe mittels eines Eindringdiamanten in Abhängigkeit von der Belastung gemessen wird. Beim nachfolgenden Messen ohne Belastung kann der Anteil der elast Härte bestimmt werden Auf die Bedeutung der Beobachtung der Bruchhärte wird hingewiesen. — 25 Schrifttumsstellen (Metall **9.** 554—60. Juni 1955. London.) F. VIER. 6480

R. Schinn, *Prüfung schwerer Schmiedestücke für die Läufer von Turbinen und Stromerzeugern durch Hohlbohrproben.* (Vgl. C. **1952.** 7405 u. 7727.) Die Prüfung erstreckt sich auf C-Seigerungen, das Auftreten von Flocken sowie auf Durchvergütung. — Schrifttumsangaben. (Z. Ver. dtsch. Ing. **94.** 837—42. 1/9. 1952. Mülheim/Ruhr.) H. HOCHSTEIN. 6480

Cord Petersen, *Die Vorgänge im zügig und wechselnd beanspruchten Metallgefüge.* 4. Mitt. *Innere Kerbwirkung und Oberflächenempfindlichkeit bei Biegewechselbeanspruchung.* (3. vgl. C. **1954.** 4020.) Es werden die Theorie der Ersatzkerbe erörtert u. quantitative Unterlagen für eine gemeinsame Wechselfestigkeitstheorie von *Stahl* u. seine innerlich gekerbten Abarten (*Stahlguß*, *Temperguß* u. *Grauguß*) aufgestellt. Es wird gezeigt, daß die Oberflächenempfindlichkeit bei Wechselbeanspruchung u. die innere Kerbwrkg. gleichartige Erscheinungen sind. Bei zerspanend bearbeiteten Oberflächen muß die dabei entstandene Kaltverfestigung durch ein Zusatzglied in der Berechnungsformel berücksichtigt werden. (Z. Metallkunde **43.** 429—33. Dez. 1952. Darmstadt.) H. HOCHSTEIN. 6480

Karl Gutfreund, *Bestimmung der Dauerwechselfestigkeit von Werkstoffen und Werkstücken.* Grundlagen u. Vorr. zur Ermittlung der Zug–Druck-Wechselfestigkeit metall. Werkstoffe. (Industrie-Anz. **72.** 202—05. 7/3. 1950.) H. HOCHSTEIN. 6480

Adrienne F. Scotchbrook, Bruce G. Johnston und **Robert D. Stout**, *Die Streuung der Übergangsprüfkurven.* Bei der Ausführung des langsamen Kerbbiege- (LEHIGH-) Tests ist zur Aufzeichnung der Übergangstemp. die Kenntnis des Versuchstemperaturgebietes, eine ausreichende Zahl von Verss. bei verschied. Tempp. u. die Wiederholbarkeit der Messungen erforderlich. Streuungen der Übergangswerte können durch Werkstoffunterschiede, Meßfehler u. Probeabweichungen entstehen. Prozentuale Kontraktions- u. Spaltmessungen unterliegen größeren Abweichungen als Energiemessungen. (Weld. J. **30.** Welding Res. Council Engng. Foundat. 266s—71s. Mai 1951. Lehigh Univ., Fritz Engng. Labor.) W. WESLY. 6480

K. Sachs und **J. D. Bunton,** *Zerstörungsfreie Gefügeuntersuchung von unlegierten Kohlenstoffstählen.* Die leicht überpolierten fertigen Teile werden in der von MARSHALL angegebenen Lsg. (2,5 g Oxalsäure, 1,3 g H_2O_2, 0,01 g H_2SO_4 in 100 cm^3 W.) 5—30 Min. lang geätzt. Im Feingefüge kann die Güte der Erzeugnisse direkt kontrolliert werden, z. B. Randentkohlung, Vergütungsgefüge, Härtung. (Metallurgia [Manchester] **52.** 205—09. Okt. 1955.) K. STEIN. 6482

Robert L. Stedfeld, *Formbarkeit und bleibende Verformung.* Erörterung des Begriffes der Formbarkeit (ductility) u. deren Bedeutung für die Konstruktion von Maschinenteilen. Als die Formbarkeit beeinflussende Faktoren werden u. a. behandelt: Die Wärmebehandlung, Kaltverformung, Querschnittsgröße u. -form. Als erster Anhaltspunkt kann der Begriff der Formbarkeit (ductility) als angenähertes Maß der Kaltverarbeitbarkeit u. des Widerstandes gegen Verformung verwendet werden. — Schrifttumsangaben. (Machine Design **26.** Nr. 3. 175—83. März 1954.) H. HOCHSTEIN. 6490

E. Gregory, *Metallurgie des Gesenkschmiedens.* Übersicht. — Aussprache. (Metal Treatment Drop Forging **19.** 67—74. Febr. 1952. Edgar Allen and Co. Ltd.) W. WESLY. 6490

G. Ss. Andrejew, *Die Auswahl von kühlend-schmierenden Flüssigkeiten für die Feinbearbeitung tiefer Bohrungen in Austenitstahl.* Es wurde die vergleichbare Tragfähigkeit kühlend schmierender Fll. bei Reibung von Stahl 4 Ch14N14W2M gegen Stahl R18 ermittelt. Die Zunahme des Verschleißes bei zylindr. Proben unter Einw. der Belastung war am geringsten bei Verwendung von *Sulfofresol* + 20% CCl_4. Die Belastung konnte bei gleicher Abnutzung mehr als 10mal so groß sein als bei den übrigen untersuchten Schmiermitteln: *Emulsion* 1:10, Sulfofresol, *Kerosin* + 40% *Terpentin* + 20% *Oleinsäure, Maschinenöl* u. Terpentinöl. (Вестник Машиностроения [Nachr. Maschinenbau] **34.** Nr. 11. 39—42. Nov. 1954.) A. KUNZE. 6490

F. W. Uhlmann, *Molybdändisulfid in der Schmiertechnik.* Es wird über das Aufbringen von MoS_2-Filmen auf Werkstücke nach dem Schwingschleifen berichtet, wobei an Stelle des Schwingsteins aus Schleifkorn ein Stein aus MoS_2 in das Schwingschleifgerät eingesetzt wird. In ähnlicher Weise können auch MoS_2-Filme nach dem Honprinzip aufgebracht werden. Gute Ergebnisse sind auch durch Aufdampfen von MoS_2 im Hochvakuum erzielt worden. MoS_2-Schmierstoffe auf Silicongrundlage sind bes. für hohe Tempp. bis ca. 400° geeignet. Nur reinstes MoS_2 mit gleichmäßiger Feinkorngröße bietet Gewähr für einwandfreies Arbeiten. (Metall **9.** 88—90. Febr. 1955. Berlin-Zehlendorf.) F. VIER. 6490

E. W. Pleines, *Über neuzeitliche Metallklebverbindungen und ihre Festigkeit.* Erörtert wird die Bedeutung der Klebverbindungen bei hochfesten Leichtmetallkonstruktionen. Die Anforderungen an die Klebmittel sowie die Grundsätze der Klebtechnik werden besprochen u. die Festigkeit von geklebten Leichtmetallverbindungen angegeben, wobei das Verh. ganzer Bauteile unter stat. u. Dauerlast mit Beispielen aus der Praxis behandelt wird. (Z. Metallkunde **46.** 160—72. März 1955.) H. HOCHSTEIN. 6490

E. Rubo, *Höhere Sicherheit und vereinfachte Fertigung durch kombinierte Metallklebverbindungen.* Metallklebverbindungen werden zum Schutz gegen Schälkräfte mit einem kombinierten Klebestoß versehen, z. B. durch Niete verstärkt. Die kombinierte Klebeverbindung erreicht nicht die hohen Dauerfestigkeitswerte der reinen Klebeverbindung. Die Verwendung der kombinierten Verbindung ist vorteilhaft wegen der Überbrückung des labilen Zustandes während der Aushärtung. (Metall **9.** 387—90. Mai 1955. Hannover, TH.) F. VIER. 6490

—, *Isothermische Wärmebehandlung mit besonderer Berücksichtigung der Arbeitsweise in Amerika.* Theoret. Grundlagen u. Zeit–Temp.-Umwandlungskurven, Einrichtung der Öfen u. Salzbäder. An Beispielen werden die Arbeitsweise sowie die Vor- u. Nachteile beim Glühen u. Härten zur Erzeugung eines Bainit- u. Martensitgefüges erläutert. — Abb., Diagramme. (Metallurgia [Manchester] **49.** 27—33. Jan. 1954.) K. STEIN. 6492

H. W. Grönegress, *Leuchtgasbrenner.* Grundlagen u. der heutigen Anwendungsgebiete für das Brennhärten von Stahlteilen. (Industrie-Anz. **72.** 51—52. 17/1. 64—65. 20/1. 1950, Gevelsberg.) H. HOCHSTEIN. 6492

R. Quigna, *Einige metallurgische Gesichtspunkte der Oberflächenhärtung mit dem Lötrohr.* Wenn man den JOMINY-Abstand in Abhängigkeit von der Härtungstiefe aufträgt, erhält man Kurven, die für die Erwärmungsbedingungen kennzeichnend sind u. aus denen keine Härtbarkeitsmerkmale hervorgehen. Sie sind unabhängig von der Stahlart. Der Wärmefluß beim Erhitzen u. Abkühlen u. die Umwandlung von Perlit in Austenit werden beschrieben. Die beim raschen Erwärmen auftretenden Vorgänge haben wenig gemein mit den im Verlauf der klass. Wärmebehandlung erfolgenden Vorgängen. (Soudure Techn. connexes **4.** 206—14. Sept./Okt. 1950.) W. WESLY. 6492

Robert D. Stout, *Das Vorwärmen und Nachglühen von Stählen für den Druckbehälterbau.* Die günstigsten Tempp. für das Vorwärmen u. Nachglühen beim Schweißen von Druckbehältern aus den genormten amerikan. Druckbehälterstählen sind zusammengestellt u. es werden Hinweise auf die Wrkg. des Vor- u. Nachglühens in physikal. u. metallurg. Hinsicht gegeben. — Schrifttumsangaben. (Welding J. **32 F.** Welding Res. Council Engng. Foundat. 14s—22s. Jan. 1953. Bethlehem, Pa., Lehigh Univ.) H. HOCHSTEIN. 6492

A. E. Flanigan und **T. Micleu,** *Beziehungen zwischen Vorwärmung, Sprödbrüchigkeit und Mikrorissigkeit von Schweißgut aus weichem Stahl.* Erörtert werden die Möglichkeiten zur Vermeidung von Mikrorissen durch Verlangsamung der Abkühlung bei gering erhöhter Temp. (190—100°) an Stelle einer Vorwärmung. Es werden Unterss. an 19 mm dicken Aufschweißbiegeproben aus Stahl mit 0,19(%) C, 0,07 Si, 0,33 Mn, 0,015 P u. 0,03 S mit 75 u. 225 mm langer Raupe aus einer umhüllten Celluloseelektrode (*E 6010*) nach Unterbrechung der Luftabkühlung bei verschied. Tempp. zwischen 190 u. 65° auf Mikrorisse sowie Unterss. über den Einfl. einer Vorwärmung auf verschied. Tempp. bis 150° ausgeführt u. hierbei wird der Einfl. der Raupenlänge ermittelt.. (Welding J. **32.** Welding Res. Counil Engng. Foundat. 99s—106s. Febr. 1953. Univ. of California bzw. Downey, Calif., North American Aircraft Co.) H. HOCHSTEIN. 6506

Clarence E. Jackson und **Arthur E. Shrubsall,** *Die Regelung des Einbrandes und des Schmelzverhältnisses in der Schweißtechnik.* (Welding J. **32.** 172s—78s. April 1953. Niagara Falls, N. Y., Union Carbide and Carbon Res. Labor.) H. HOCHSTEIN. 6506

H. O. Willrich, *Das E. S. S.-Schweißverfahren.* Übersicht über Grundzüge, Ausführung u. Anwendung des von SIEMENS-SCHUCKERT entwickelten Einlege-Schnellschweiß- (E.S.S.-) Verfahrens, einer Verb. des ELIN-HAFERGUT- u. des *Union melt*-Verfahrens. (Welding Metal Fabricat. **19.** 383—85. Okt. 435—37. 441. Nov. 1951.) W. WESLY. 6506

A. J. Hipperson und **P. M. Teanby,** *Punktschweißung von schmiedeeisernen, mit Metallüberzügen versehenen Blechen.* Verss. über die Punktschweißung von schmiedeeisernen Blechen, die (galvan. erzeugte) Überzüge von Cd, Zn oder Zn-Phosphat (I) aufweisen, zeigen: In allen Fällen ergaben sich gute Schweißen; die an Blechen mit I-Überzügen erzeugten Schweißen sind nicht ganz einwandfrei. Ausreichende Wasserkühlung vorausgesetzt, bleiben Elektroden u. Werkstück nicht oder nur in geringem Maße aneinander haften. Mit Cr-Cu-Elektroden lassen sich über 500 Schweißen ausführen. (Welding Res. **5.** 275r—78r. Dez. 1951. Brit. Welding Res. Assoc., Liaison and Develop. Dep.) W. WESLY. 6506

E. W. Hopper, *Das Schweißen und seine Einwirkung auf die Korrosionsfestigkeit von rostfreiem Stahl.* Beschreibung von interkristallinen Korrosionen oder Korrosionen durch Carbidausscheidung an den Korngrenzen von geschweißten, rostfreien Stählen u. von Maßnahmen zu ihrer Bekämpfung (Glühen, Anwendung von mit Nb stabilisierten Schweißelektroden, Schutzgasschweißung, Wasserkühlung der Schweißen). (Welding J. **30.** 503—07. Juni 1951. Pittsburgh, Pa., Crucible Steel Co. of America.) W. WESLY. 6506

R. Bushell, *Die Widerstandsschweißung legierter Stähle.* Übersicht. (Welding Metal Fabricat. **19.** 424—26. Nov. 1951. Sciaky Electric Welding Machines Ltd.) W. WESLY. 6506

Charles Guinard, *Die Widerstandsschweißung der Leichtmetalle.* Nach genauer Formulierung der Aufgabenstellung des Punktschweißens beschreibt Vf. zunächst die Vorbereitung der Oberflächen durch Entfetten u. mechan. u. chem. Reinigen sowie die zu verwendenden Elektroden nach Form u. Zus. u. ihre Vorbereitung zum Schweißvorgang. Systemat. Einteilung der Schweißmaschinen nach ortsfesten u. beweglichen Typen sowie nach der elektr. Schaltung, ein- oder dreiphasig oder indirekt mit Energiespeicherung durch Kondensator oder Selbstinduktion, Abb. u. Schaltschemen. Ratschläge für die Typenwahl. Beschreibung der zweckmäßigen Auswahl von Probestücken, der Auswertung von Vorverss. für Punktschweißungen u. der Andruck- u. Stromregulierung sowie Ratschläge für die Maschinenunterhaltung, Montierung des Schweißgutes, Maßnahmen bei Fehlschweißungen sowie für das Doppelpunkt-, Rollen- u. Stumpfschweißen. (Rev. de l'Aluminium **29.** 417—22. Nov. 1952. **30.** 35—40. Jan. 67—74. Febr. 1953.) H. ECKHARD. 6506

L. H. Orton und **J. C. Needham,** *Wechselstrom-Argonarc-Verfahren zum Schweißen von Aluminium.* Übersicht. (Welding Res. **5.** 252r—74r. Dez. 1951. Brit. Electrical & Allied Ind. Res. Assoc.) W. WESLY. 6506

Charles T. Gayley, Joseph R. Girini und **Walter H. Wooding,** *Die halbautomatische Lichtbogenschweißung von Aluminiumlegierungen mit Schutzgas.* Die Zugfestigkeitswerte einer Anzahl von Schweißverbindungen der Al-Legierungen *43S*, *54S* u. *56S* werden mitgeteilt. Es wird nachgewiesen, daß die Schweißhitze auf die untersuchte aushärtbare Legierung einen viel schädlicheren Einfl. ausübt als auf die untersuchten kaltverformten u. stabilisierten Legierungen, u. zwar bes. in bezug auf die Proportionalitätsgrenze, Streckgrenze u. Bruchfestigkeit. — Diskussionsbeiträge von H. UDIN. (Welding J. **32.** Weldin Res. Council Engng. Foundat. 179s—90s. April. 385s—86s. Aug. 1953. Philadelphia, Pa., Ind. Test. Labor.) H. HOCHSTEIN. 6506

Francis H. Stevenson, *Abschmelzschweißung von handelsüblich reinem Titan.* Unter Verwendung der n. Schutzgas-Lichtbogenschweißausrüstung können mit handelsüblich reinem Ti gute Auftragschweißungen ausgeführt werden. Jedoch muß die Schweiße bei der Abkühlung bis ca. 400° F sorgfältig geschützt werden. Als Schutzgas eignet sich bei mechan. Ausführung He u. bei Handbetrieb Ar. Durch eine Spannungsentfernungsbehandlung der Schweißverbindung wird kein Vorteil erzielt. (Welding J. **33.** Welding Res. Council Engng. Foundat. 147s—53s. März 1954. Azusa, Calif., Aerojet-General Corp.) H. HOCHSTEIN. 6506

J. C. Barrett und **J. R. Lane jr.,** *Der Einfluß von atmosphärischen Verunreinigungen auf die Lichtbogenschweißungen von Titan.* Untersucht wird der Einfl. von O_2, N_2, H_2 u. Wasserdampf auf die physikal. Eigg. von unter Schutzgas (He) durch einen W-Lichtbogen geschweißtem Ti. Die Unterss. ergaben, daß in reinem He hergestellte Schweißverbindungen die gleiche Zugfestigkeit wie der nichtverschweißte Grundwerkstoff besitzen. Die Veringerung der Schlagfestigkeit ist nicht größer als eine solche beim Übergang von einem geschmiedeten zu einem Gußgefüge erwartet werden kann. N_2, O_2 u. trockene Luft beeinflussen bei Gehh. von 0,25% im He die Eigg. von geschweißtem Ti, bes. die Schlagfestigkeit nachteilig, während jedoch kleine Gehh. an H_2 u. Feuchtigkeit in der Schweißatmosphäre einen nur geringen Einfl. auf die Eigg. von geschweißtem Ti ausüben. (Welding J. **33.** Welding Res. Council Engng. Foundat. 121s—28s. März 1954. College Park, Md., Fed. Bur. of Mines.) H. HOCHSTEIN. 6506

Howard S. Avery, *Einige Kennwerte von zusammengesetzten Wolframcarbidschweißen.* Auftragschweißverss. zeigen, daß Schweißen, die aus Schweißstäben unter Einschluß von WC-Körnern hergestellt worden sind, einem Flußstahlrohr eine hohe Festigkeit gegen Abnutzung durch Reibung verleihen. Die Grundmasse zeigt Kennwerte, die zwischen denen der Gefüge von W-Stahl u. Gußeisen liegen. — Aussprache. (Welding J. **30.** 144—62. Febr. 1951. Mahwah, N. J., American Brake Shoe Co.) W. WESLY. 6506

G. Urbain, *Die Messung des Wolframverbrauches bei der Schutzgasschweißung.* Mit Hilfe einer radioakt. ^{187}W-Elektrode lassen sich die auf dem zu schweißenden Blech niedergeschlagenen, im Schweißmetall enthaltenden u. mit dem abziehenden Rauch verlorengehenden W-Mengen bestimmen. Die dazu dienende Vorr. wird im einzelnen beschrieben. Der W-Verbrauch beim Schutzgasschweißen von rostfreiem Stahl (Al u. Al-Legierungen) beträgt ca. 50 (25) μg je cm. (Welding J. **30.** Welding Res. Council Engng. 260s—64s. Mai 1951. Paris, Société l'Air liquide.) W. WESLY. 6506

H. F. Tremlett, *Elektroden mit basischen Überzügen und ihre Kennwerte.* Übersicht über Eigg., Anwendung, Vor- u. Nachteile. — Diskussion. (Welding Metal Fabricat. **19.** 224—28. Juni; 259—64. Juli; 386. Okt. 1951. The United Steel Comp., Ltd., Res. and Developm. Dep.) W. WESLY. 6506

A. Fichte, *Erfahrungen bei der Anwendung der UP-Schweißung im Schiffbau.* Die mit der UP-Schweißung im Schiffbau erzielten Erfahrungen zeigen, daß die Einsparungen mit der Blechdicke zunehmen. (Schweißtechnik [Berlin] **6.** 65—67. März 1956. Rostock.) W. WESLY. 6506

W. Schatz, *Einsatzmöglichkeiten der UP-Schweißung im Behälterbau unter Anwendung des Hohlkabelgerätes Typ UPM.* Beschreibung der Bauart, Wirkungsweise u. Anwendung eines Hohlkabelgerätes zum UP-Schweißen von Kesseln u. Behältern unter Verwendung von verschied. Elektrodenarten. (Schweißtechnik [Berlin] **6.** 81—84. März 1956. Halle/Saale, Zentralinst. für Schweißtechnik der DDR.) W. WESLY. 6506

R. S. Babcock, *Pulverspülung zur Metallentfernung.* Verf. u. Geräte zur Beseitigung von überschüssigen oder schädlichen (metall.) Stoffen von der Oberfläche von Gußstücken, dad. gek., daß pulverförmige Stoffe mit dem Schweißbrenner aufgebracht werden. (Welding J. **30.** 1092—97. Dez. 1951. The Linde Air Products Co., Div. of Union Carbide and Carbon Corp., Cutting and Scarfing Developm.) W. WESLY. 6510

H. H. Finkelnburg, *Der heutige Stand der mechanischen Oberflächenbehandlung.* Stofftrennende Feinbearbeitungsverff., bes. das Honen u. Läppen. Eingehend wird behandelt das Druckstrahlläppen („Liquid Honing"). Von den Verff. mit räumlicher Verlagerung der Kristalle werden das Gewindewalzen u. das Glattwalzen erwähnt. — Schrifttumsangaben. (Metall **9.** 466—71. Juni 1955.) F. VIER. 6510

H. H. Hausner und **H. B. Michaelson,** *Galvanische Überzüge auf Sinterkörpern.* Wegen ihrer porigen Oberfläche lassen sich Sinterkörper nur nach Verschließen der Poren durch Harze, Metallfüller u. Silicone einwandfrei galvan. mit Metall überziehen. Mit einem Dampfstrahl können auch Schleifmittel mit einer entsprechenden Korngröße in die Poren eingebracht werden. Rückstände von Salzen der Beiz- oder Plattier-Lsg. können zu Fehlern führen. Messing-Sinterteile können durch Polieren eine porenfreie Oberfläche erhalten. (Iron Age **174.** Nr. 14. 88—90. 30/9. 1954. Bayside, N. Y., Sylvania Electric Products, Inc.) F. VIER. 6514

J. Elze, *Materialprüfung in der Galvanotechnik. Prüfung von elektrochemisch erzeugten Überzügen.* Überblick über die Meth. zur Best. der Dicke, Rauhigkeit u. des Glanzes, der Porigkeit, Härte, inneren mechan. Spannungen, des Fremdstoffgeh. u. der elektr. Eigg. der kathod. aufgebrachten Metallüberzüge u. der Grobporigkeit, Schichtdicke u. Porosität der anod. aufgebrachten Oxydschichten auf *Al* u. Al-Knetlegierungen. — 14 Schrifttumsangaben. (Metall **9.** 458—65. Juni 1955. Berlin-Dahlem, Bundesanstalt für mechan. u. chem. Materialprüfung.) F. VIER. 6514

Samuel Wein, *Bemerkungen über das galvanische Überziehen von metallisierten Oberflächen.* Überblick über die Verff. zum Galvanisieren von mit einer leitenden Metallschicht überzogenen Nichtleitern, wie von Ag-Spiegeln auf Glas u. graphitierten Wachsmatrizen. (Products Finishing **19.** Nr. 5. 24—26. 28. 32. 34. 36. Febr. 1955.) F. MARKHOFF. 6514

Philip Rosenblatt, *Die Vakuummetallilsierung. Merkmale und Anwendung von Metalldampfüb erzügen.* Beschreibung der Arbeitsweisen zur Vakuummetallisierung. (Machine Design **23.** 141—44. 80. 82. Okt. 1951. Philadelphia, Pa., F. J. Stokes Machine Co.) W. WESLY. 6516

D. A. Watson, *Spritzmetalle.* Zusammenstellung der wichtigsten mechan. Eigg. gespritzter Metallschichten mit zahlreichen Anwendungsbeispielen als Schutzschichten gegen Korrosion u. Abnutzung auch bei starker mechan. Belastung. (Machine Design **26.** 166—70. Mai 1954. Long Island City, N. Y., Metallizing Engng. Co. Inc.) H. ECKHARD. 6516

Josef Wingerath und **Friedrich Wilhelm Griese,** *Die Bedeutung der Metallspritztechnik für die Erhaltungsarbeit im Hüttenwerk.* Es wird ein Überblick über die wichtigsten Anwendungsgebiete bei Instandsetzungsarbeiten im Hüttenwerk gegeben u. die Anforderungen an die Spritzschicht bei verschied. Konstruktionsformen u. -bedingungen erörtert. Ferner werden die Vor- u. Nachteile sowie die Grenzen der Verfahrenstechnik besprochen. — Schrifttumsangaben. (Stahl u. Eisen. **75.** 1189—97. 8/9. 1955. Düsseldorf.) H. HOCHSTEIN. 6516

—, *Neues Verfahren zum Überziehen von vielen Metallen mit Wolframcarbid.* Das von der Linde Air Products Co. als Flame-Plating bezeichnete Verf. ermöglicht dünne Überzugsschichten, die aus 92 (%) WC u. 8 Co bestehen, auf Stahl, Gußeisen, Al, Cu, Messing, Bronze, Ti u. Mg aufzubringen. Bei dem Verf. treten nur Tempp. von unter 200° auf. Die Bindung zwischen Überzug u. Grundlage ist rein mechanisch. (J. Metals **4.** 1036—37. Okt. 1952.) F. MARKHOFF. 6516

G. N. Dubinin, *Diffusionschromierung von Stahl in einem Chromoxydmedium.* Es wird ein Vgl. angestellt zwischen chromierten Stählen mit Beimischungen in der Standardzus. 50 (%) FeCr, 45 Al_2O_3, 5 NH_4Cl u. Stählen mit 80 Cr_2O_3, 6 C, 4 NH_4Cl, 10 Al_2O_3, mit 80 Cr_2O_3, 6 C, 4 NH_4Cl, 4 $BaCO_3$, 6 Al_2O_3, mit 60 Cr_2O_3, 30 Al_2O_3, 5 NH_4Cl, 5 C, mit 45 FeCr, 45 Cr_2O_3, 4 NH_4Cl, 6 Al_2O_3 u. mit 45 FeCr, 45 Cr_2O_3, 2 NH_4Cl, 8 Al_2O_3. Die metallograph. Eigg. werden an Hand von Mikrostrukturaufnahmen erörtert. Aus den Ergebnissen schließt Vf., daß ein 15—12std. Verweilen zur Erzielung von dicken Überzügen nicht zweckmäßig ist. Bei 1100° sollen 6—8 Std. nicht überschritten werden. (Вестник Машиностроения [Nachr. Maschinenbau] **34.** Nr. 11. 56—58. Nov. 1954.) A. KUNZE. 6518

R. Haarmann, *Metallisches Zink als Korrosionsschutz.* Verff. zum Aufbringen von Zn-Schichten u. der kathod. Korrosionsschutz durch Zn werden besprochen. — 14 Schrifttumstellen. (Metall **9.** 646—48. Aug. 1955. Geisweid.) F. VIER. 6522

J. G. Nijkamp, *Weißblech als Rohstoff für die Blech verarbeitende Industrie.* Übersicht über Begriff, Herst., Ausführung u. Eigg. von verzinntem (Weiß-)Blech. (Metalen **10.** 313—17. 15/8. 1955. Deventer, Labor. Thomassen en Drijver.) W. WESLY. 6524

O. A. Carson, *Aluminiumreiche Zink-Spritzgußlegierungen.* (Canad. Mining J. **74.** Nr. 7. 70—73. Juli 1953. Queen's Univ. — C. **1955.** 3239; C. **1956.** 5120.) W. WESLY. 6426

Peter Zylstra, *Neue Oxydüberzüge auf Magnesium.* Behandelt werden die Verff. *HAE*, *Dow 17* u. *CR-22* zur anod. Erzeugung von Oxydschichten auf Mg u. die Eigg. der mit diesen erzeugten Schichten. (Products Finishing **19.** Nr. 12. 30—32. 34. 36. 38. Sept. 1955. Brooks & Perkins, Inc.) F. MARKHOFF. 6530

D. Altenpohl, *Korrosionsschutz des Aluminiums durch natürliche oder verstärkte Oxydschichten: Neuere Untersuchungen.* Überblick über die verschied. Oxydschichten. Der Zusammenhang zwischen Oxydschicht u. Potentialverh. zeigt, daß die theoret. Grundlagen u. die empir. Befunde in Übereinstimmung stehen. Die Luftoxydhaut, bestehend aus einer kompakten Grundschicht (barrier-layer) u. einer darüberliegenden porigen Schicht, wächst bei Bewitterung nach 1—2 Jahren bis zu 0,1 μ. Oberhalb 75° entsteht bei Einw. von W. oder Dampf eine Böhmitschicht von mehreren μ Dicke. Bei Fehlern in der *MBV-* oder *Eloxalschicht* wird das Grundmetall schneller angegriffen als bei Vorhandensein einer Luftoxydhaut oder Böhmitschicht. Durch Verstärken der „barrier-layer" unter dem Eloxalfilm kann der Korrosionsschutz erheblich verbessert werden, z. B. durch Behandeln mit einem Elektrolyten, mit geringem Lösevermögen für Al_2O_3, z. B. $B(OH)_3$. — 33 Schrifttumstellen. (Metall **9.** 164—71. März 1955. Singen.) F. VIER. 6530

Gh. Petrescu, *Bemerkungen über Korrosionen unterirdischer Leiter und Kabel.* Erörterung der Korrosionsursachen, der Schutzmaßnahmen, der Schwierigkeiten in der Ausarbeitung von Normen für Rumänien. (Bul. Standardizare **2.** 158—61. April 1950.) R. K. MÜLLER. 6538

Nicholas Shoumatoff und **H. O. Teeple,** *Vergleichende Analyse von Korrosionsmessungen an Kochern.* Zusammenfassender Bericht über Korrosionverss. an nach dem alkal. Verf. arbeitenden Kochern. Verschied. C-Stahlsorten ergaben deutliche Unterschiede in ihrem Korrosionswiderstand, während der Einfl. der Koch- u. Betriebsbedingungen sich geringer als erwartet erwies. (Tappi **37.** 166—71. April 1954. New York., N. Y., West Virginia Pulp and Paper Co.) L. G. SCHEURING. 6538

Mortimer Schussler, *Metallmaterialien für die Handhabung wässeriger Flußsäure.* Kaltgewalztes u. geglühtes *Monelmetall,* eine 70:30 *Cu–Ni-Legierung, Illium R, Handelsblei* u. *Feinstsilber* wurden Korrosionsverss. mit 5% ig. u. 48% ig. HF unterworfen. Völlig eingetauchtes Monel u. Cu–Ni-Legierung zeigten geringe Kossorion u. sind unter bestimmten Bedingungen, wie Abwesenheit von O_2, verwendbar. (Ind. Engng. Chem. **47.** 133—39. Jan. 1955., Oak Ridge, Tenn., Carbide and Chem. Co.) H. ECKHARD. 6538

Purdue Research Foundation, übert. von: **Karl Lark-Horovitz** und **Randall M. Waley,** Lafayette, Ind., V. St. A., *Halbleiter* bestehen aus *Ge* mit einer Reinheit von mindestens 99%, das in einer inerten Atmosphäre mit 0,5 at-% *Ti* verschmolzen ist. Der Widerstand der Leiter beträgt mindestens 1 Ω/cm. Spannungskurven. — Vgl. auch Schwed. P. 132 454; C. **1953.** 1068. (**A. P. 2 691 577** vom 13/7. 1945, ausg. 12/10. 1954.) C. GÖTZE. 6449

Morgan Crucible Co. Ltd., London (Erfinder: **Frank Andrew Lytton** und **Joseph Alfred Cashmore**), England, *Metall-keramische Körper.* Ein poriger Al_2O_3-Körper wird mit der Lsg. eines Cu- oder V-Salzes getränkt u. nach dem Trocknen auf ca. 400—600° erhitzt. Es bildet sich unter Zers. der Metallverb. ein Überzug des Metalloxyds, z. B. des CuO oder V_2O_5, auf den inneren Oberflächen der miteinander in Verb. stehenden Poren. Darauf wird der Körper mit reinem Ag infiltriert, indem Ag-Pulver auf dem Körper in einer inerten oder oxydierenden Atmosphäre über den F. des Ag erhitzt wird. Durch den Oxydüberzug wird die Benetzung der Porenoberfläche durch das Ag erleichtert. (**E. P. 729 342** vom 23/10. 1952, ausg. 4/5. 1955.) F. REINHART. 6475

Mathieson Chemical Corp., V. St. A., *Flußmittel zum Schweißen von Metallen, besonders Aluminium* besteht aus einem *Reaktionsprod.* eines *Aldehyds* oder eines *Ketons* mit einem *Hydrazin* u. einem *Halogenwasserstoff.* Z. B. läßt man in einem offenem Behälter 2,05 (kg) Hydrazinmonochlorid mit 1,74 Aceton reagieren u. filtriert nach Abkühlen die farblosen Kristalle ab, die im Vakuum bei 80° getrocknet werden. Es können auch substituierte Hydrazine, wie *Dimethylhydrazin, Phenylhydrazin, Oxyäthylhydrazin,* verwendet werden. — Vgl. auch F. PP. 1 069 779, 1 070 307, 1 070 308; C. **1955.** 6614 u. A. P. 2 640 793; C. **1955.** 1835. (**F. P. 1 076 932** vom 30/12. 1952, ausg. 3/11. 1954. A. Priorr. 31/12. 1951 u. 4/2. 1952.) F. VIER. 6507

Shawinigan Chemical Ltd., Montreal, übert. von: **Terry S. Gamble,** Shawinigan Falls, Quebec, Can., *Elektrolytisches Polieren von nichtrostendem Eisen und Stahl.* Als Elektrolyt wird eine Lsg. von H_2SO_4, H_3PO_4 oder Mischungen beider verwendet, dem *Huminsäure* oder ein Alkalisalz dieser Säure zugesetzt wird. (**A. P. 2 692 853** vom 3/11. 1951, ausg. 26/10. 1954.) F. MARKHOFF. 6515

Süddeutsche Laboratorien G. m. b. H., Mosbach, Baden, *Herstellung von metallischen Spiegel- oder Schutzschichten durch Aufdampfen.* Das zu verdampfende Material wird durch Elektronenstrahlen erhitzt. — Vorrichtung. (**E. P. 738 592** vom 5/11. 1952, ausg. 19/10. 1955. D. Prior. 5/11. 1951.) F. VIER. 6517

Enthone, Inc., New Haven, übert. von: **Raymond W. Goral** und **Robert Goral**, Stratford, Conn., V. St. A., *Elektrolytisches Abziehen von Überzügen aus Chrom, Nickel, Kupfer von Oberflächen aus Zink oder Zinklegierungen.* Die Gegenstände werden anod. in einer Lsg. behandelt, die im wesentlichen aus 10—30 (Gew.-%) H_3PO_4, 30—55 H_2SO_4, 0,1 u. mehr CrO_3 u. Rest *W.* besteht. Die Zn-Oberfläche wird hierbei nicht angegriffen. (**A. P. 2 706 171** vom 9/3. 1953, ausg. 12/4. 1955.) F. MARKHOFF. 6517

DEHYDAG Deutsche Hydrierwerke G. m. b. H. (Erfinder: **Wennemar Strauss, Alfred Kirstahler** und **Wolf-Dieter Willmund**), Düsseldorf, *Herstellung glänzender galvanischer Metallüberzüge.* Den Bädern werden vor oder während der Glavanisierung neben Glanzmitteln *carboxylgruppenfreie tert. Aminoverbb.* der allgemeinen Formel $G-R-N\langle^{R_1}_{R_2}$ zugesetzt, in welcher G ein zur Bldg. von Anionen befähigtes Atom oder eine Atomgruppe, R einen zweiwertigen acycl. oder cycl. u. R_1, R_2 acycl. oder cycl. KW-stoffreste bedeuten, wobei diese KW-stoffreste auch Heteroatome oder -atomgruppen oder Substituenten besitzen u. die KW-stoffreste R_1, R_2 auch gemeinsam mit dem N-Atom ein heterocycl. Ringsystem bilden können. Eine solche Verb. ist z. B. *2-Diäthylaminoäthylchlorid-1.* Die Zusätze bewirken auch in unreinen Lsgg. glänzende Niederschläge. (**D. B. P. 934 508** Kl. 48a vom 23/4. 1954, ausg. 27/10. 1955. Anmeldung bekanntgemacht 5/5. 1955.) F. MARKHOFF. 6517

E. I. du Pont de Nemours & Co., Wilmington, Del., übert. von: **Christian J. Werlund**, Niagara Falls, N. Y., V. St. A., *Elektrolytische Erzeugung von glänzenden Kupferüberzügen mittels Umkehrstrom.* Als Elektrolyt wird eine *cyankal. Cu-Lsg.* verwendet, die frei von Thiocyanaten u. Selenocyaniden ist, der jedoch *Selenate* u. *Selenite* (0,005—0,5 g Se/Liter) sowie 0,025—50 g/Liter eines *Alkalisalzes der Methylen-bis-α-Naphthalinsulfosäure* zugesetzt sind. Die kathod. Behandlung soll zwischen 15 u. 150 Sek. betragen u. bzgl. Dauer u. Stromdichte die anod. Behandlung um mindestens 10% übertreffen. Die Bewegung des Elektrolyten soll derart sein, daß sich auf der Kathodenoberfläche eine Geschwindigkeit von 10—1000 ft./min. einstellt. (**A. P. 2 701 234** vom 11/7. 1951, ausg. 1/2. 1955.) F. MARKHOFF. 6517

Helen Marie Lundin, West New York, N. J., und **Birgit Waller**, Uppsala, Schweden, übert. von: **Harald Lundin**, North Bergen, N. J., *Eisengegenstände mit Aluminiumüberzügen*, dad. gek., daß die feste Bindung zwischen Al u. Fe durch eine intermetall. Zwischenschicht bewirkt wird, die zusammengesetzt ist aus 35—65 (%) *Fe*, 35—65 *Al* u. 0,2—2,5 *Zr* oder *Ti*, wobei das Verhältnis zwischen Zr oder Ti zu Al in der Zwischenschicht mindestens 2 mal so groß sein soll wie das in der Al-Schicht. Die Zwischenschicht entsteht beim Tauchen der Gegenstände in schmelzfl. Al-Bäder bei Verwendung eines Flußmittels aus einem Fluorid-Salz von Zr oder Ti. Das Al-Bad kann bis zu 3,5 Si enthalten. Durch den Zusatz von Si wird die Bldg. der brüchigen $FeAl_3$-Verb. verhindert. Bleche mit einer Zwischenschicht nach der Erfindung können kalt gewalzt werden, ohne daß die Al-Schicht abplatzt. (**A. P. 2 708 304** vom 27/6. 1952, ausg. 17/5. 1955., **F. P. 1 080 870** vom 8/6. 1953, ausg. 14/12. 1954. A. Prior. 27/6. 1952.) F. VIER. 6517

American Chemical Paint Co., V. St. A. (Erfinder: **George F. Otto** und **Harry L. Faigen**), *Mittel zur Erleichterung des Kaltziehens von Metallen* besteht aus 1—3(%) H_3PO_4 oder H_3PO_3, 5—30 einer Fettsäure mit mindestens 12 C-Atomen, wie *Stearin-* oder *Laurinsäure*, oder deren *Glyceriden*, 20—30 eines Lösungsm., wie *Methylisobutylcarbinol*, u. mindestens 50 *Benzin.* Die Gegenstände werden nach dem Eintauchen in die Lsg. kurze Zeit, ca. 10 Min., erhitzt u. dann über Nacht bei Zimmertemp. liegengelassen. Es bildet sich dann eine dünne ölhaltige Phosphatschicht. (**F. P. 1 075 889** vom 15/4. 1953, ausg. 20/10. 1954. A. Prior. 27/5. 1952.) F. MARKHOFF. 6533

A. P. Mamet, Korrosion und Korrosionsschutz in Dampferzeugungsanlagen. Berlin: Verl. Technik. 1955. (359 S. m. 87 Abb.) 8°. DM 25,60.

IX. Organische Industrie.

—, *Untersuchungen über Aceton als Lösungsmittel für Acetylen.* Reines *Aceton* (I), für das bei 15° eine Löslichkeit von 39 mg *Acetylen* (**II**)/g I bei einem **II**-Partialdruck von 760 mm Hg gefunden wurde, stellt hinsichtlich Betriebssicherheit u. Wirtschaftlichkeit ein sehr gutes Lösungsm. für **II** dar. Beeinträchtigt wird seine Anwendbarkeit durch den großen Einfl. von W. auf seine Lösungsfähigkeit. Schon Gehh. an W. u. I-Kondensationsprodd. von 5—10% setzen dieselbe um ca. 20% herab. (Forschungsber. d. Wirtschafts- u. Verkehrsministeriums Nordrhein-Westfalen Nr. **14.** 1—57. 1952.) M. WINIKER. H 530

Saburō Komori und **Yoshihiro Shigeno,** *Über die Herstellung von ungesättigten höheren Alkoholen durch Hydrierung von Metallseifen.* Bei der Hydrierung von Pb-, Sn-, Zn-, Cd-, Al-, Fe- u. Th-Seifen im Autoklaven bei 300° ohne Katalysator wurden die den verwendeten Fettsäuren entsprechenden gesätt. u. ungesätt. höheren Alkohole erhalten. Dagegen bereitete die Hydrierung von Mg-, Hg- u. Be-Seifen Schwierigkeiten. Bzgl. Ausbeute, Rk.- u. Arbeitsbedingungen sowie Wirtschaftlichkeit erwiesen sich die Pb-Seifen bes. für diesen Zweck als geeignet. Sie ergaben bei einem Anfangsdruck von 80—100 at bei 320—330° 10 Min. hydriert eine Ausbeute an höheren ungesätt. Alkoholen mit einer Doppelbindung von 85—91%. Bei der Hydrierung von Pb-Seife im Gemisch mit Sn-Seife, SnO_2 oder Sn wurde das Metall in Form eines niedrigschmelzenden Lotes wiedergewonnen. Für japan. Verhältnisse dürfte eine Gewinnung der ungesätt. Alkohole aus Reiskleie- u. Walratölfettsäuren bes. in Frage kommen. (Technol. Rep. Osaka Univ. **3.** Nr. 55/73. 171—82. März 1953., Osaka, Univ., Dep. of Chem. Technol. [Orig.: engl.])
T. OPPERMANN. H 560

G. Carrière, *γ.γ'-Imino-bis-propylamin,* $NH[(CH_2)_3NH_2]_2$. Übersicht über Darst., physikal. u. chem. Eigg. des *Bis-[γ-aminopropyl]-amins.* (Chem. pharmac. Techniek **10.** 381—82. 1/8. 1955.) W. WESLY. H 910

M. A. Phillips, *Eine neue Methode für die Herstellung von synthetischem Guajacol.* Beschreibung der Herst. aus diazotiertem o-Anisidin unter Vermeidung einer Kühlung. Abb. der App. für kalte u. warme Diazotierung. (Chem. Age **74.** 631—32. 17/3. 1956.)
G. TREWENDT. H 1060

E. I. du Pont de Nemours & Co., Wilmington, Del., übert. von: **Merlin M. Brubaker,** Chadds Ford, Pa., V. St. A., *Carbonylierung von Olefinen* in Ggw. von Halogen, Halogenalkanen, Ketoalkanen, Äthern, Thiolen u. Estern von aliphat. Carbonsäuren erfolgt in Ggw. einer freie Radikale bildenden Verb. bei 25—250° u. 20—12000 at. Man erhitzt z. B. ein Gemisch aus 19,8 (Teilen) CH_3OH, 39,8 CCl_4, 34 C_2H_4 (**I**) u. 0,1 Di-tert.-butylperoxyd 3½ Std. unter 2800—3000 at CO-Druck auf 130° u. erhält 6,6 *4.4.4-Trichlorbuttersäure* (**II**)-*Methylester* (**III**), $C_5H_7O_2Cl_3$, Kp.$_8$ 78°; n_D^{25} 1,4648; D.$^{25}_4$ 1,3645. **III** + H_2SO_4 → *Bernsteinsäure*; **III** + HCl → **II**, F. 51—52° u. *6.6.6-Trichlorhexancarbonsäuremethylester,* $C_7H_{11}O_2Cl_3$, Kp.$_5$ 105—107,5°; n 1,4040. *8.8.8-Trichloroctansäuremethylester,* $C_9H_{15}O_2Cl_3$, Kp.$_{0,5}$ 77—84°; n 1,4665. **I** + C_2H_5SH + CO → *β-Äthylmercaptopropionaldehyd,* Kp.$_{13}$ 70—71°; n_D^{25} 1,4755; *2.4-Dinitrophenylhydrazon,* $C_{11}H_{14}O_4N_4S$, F. 106—107° (Cyclohexan–Bzl.). *Thiolpropionsäureäthylester,* $C_5H_{10}OS$, Kp.$_1$ 136—137°; n_D^{25} 1,4568. **I** + CH_3·SH + CO → *Äthylmethylsulfid,* Kp. 66—68; n_D^{25} 1,4361 u. *β-Methylmercaptopropionaldehyd,* Kp.$_{14}$ 65—69°; n_D^{25} 1,4813; *Dinitrophenylhydrazon,* F. 120—121°. C_2H_5SH + Propylen + CO → *β-Äthylmercaptoisobutyraldehyd,* Kp.$_{10}$ 72—75°; n_D^{25} 1,468; D.$^{25}_4$ 0,73; *Dinitrophenylhydrazon,* $C_{12}H_{16}O_4N_4S$, F. 78—79,5° (A.). 1-Hexanthiol + 1-Hexen + CO → mit Dihexyl verunreinigte Fraktion (Kp.$_{13}$ 146—163°) von *α-Butyl-β-hexylmercaptopropionaldehyd; Dinitrophenylhydrazon,* $C_{19}H_{30}O_4N_4S$, F. 69—70,5° (CH_3·OH). Adipinsäuredimethylester + CH_3OH + CO + **I** → carnaubawachsartiges Prod., F. 96—116. Solche Prodd. vom Mol.-Gew. 500—6000 erhält man auch unter Einsatz von Propionsäure- u. Isobuttersäuremethylester. CH_3—CO—C_2H_5 + **I** + CO bei 1000° lbs./sq.in → *3-Methyl-2.4-octandion,* $C_9H_{16}O_2$, Kp.$_2$ 78—82°; mit 2.4-Dinitrophenylhydrazin → substit. Pyrazol $C_{15}H_{18}O_4N_4$. F. 163—164°. *3-Methyl-2-heptanon,* $C_8H_{16}O$, Kp.$_{10}$ 69—71°. *3-Methyl-2.4-decandion,* $C_{11}H_{20}O_2$, Kp.$_{17}$ 103°. Bei 200—300 lbs./sq.in, erhält man *3-Methyl-2.4-hexandion,* $C_7H_{12}O_2$, Kp.$_{16}$ 88—88,5°; mit Phenylhydrazin → Pyrazol $C_{13}H_{16}N_2$, F. 125—126°. *3-Methyl-2-hexanon,* $C_7H_{14}O$, Kp.$_{17}$ 55°. Methylisopropylketon + CO + **I** → *3.3-Dimethyl-2.4-octandion,* $C_{10}H_{18}O_2$, Kp.$_8$ 90—91°; *Bis-dinitrophenylhydrazon,* $C_{22}H_{26}O_8N_8$, F. 245—246°. Dioxolan + **I** + CO → *2-Ketooctanaläthylenglykolacetal,* $C_{10}H_{18}O_3$, Kp.$_5$ 85—86°; n_D^{25} 1,4304, u. die *2-Ketodecanalverb.* $C_{12}H_{22}O_3$, Kp.$_{0,4}$ 81—82; n_D^{25} 1,4416. (**A. P. 2 680 763** vom 4/6. 1949, ausg. 8/6. 1954.)
O. MÜLLER-MEININGEN. H 460

Columbia-Southern Chemical Corp., Allegheny County, Pa., übert. von: **Henry C. Stevens,** Akron, O., V. St. A., *Stabilisierung von halogenierten, aliphatischen Kohlenwasserstoffen* mit bis zu 3 C-Atomen, bes. von Perchloräthylen, erfolgt durch Zusatz von 0,005—0,01% oder mehr N-Methylmorpholin. (**A. P. 2 721 883** vom 25/2. 1953, ausg. 25/10. 1955.) J. MÜHLEISEN. H 500

Stop-Fire, Inc., übert. von: **Zbigniew I. Lobos,** Brooklyn, N. Y., V. St. A., *Chlorbrommethane* erhält man durch Rk. einer Mischung von CH_2Cl_2 u. Br_2 mit Al bei 26—30°, wobei Al langsam dem Gemisch, das in einem Überschuß vorhanden ist, zugesetzt wird. Nach Abtreiben von $AlCl_3$ wird das Prod. fraktioniert. (**A. P. 2 694 094** vom 25/10. 1950, ausg. 9/11. 1954.) J. MÜHLEISEN. H 510

Friedrich Uhde G. m. b. H., Dortmund (Erfinder: **Richard Gerlach**, Obernburg/M.), *Rektifikation von Gemischen schwankender Zusammensetzung*, dad. gek., daß von den aus der Rektifiziersäule (I) erhaltenen beiden Prodd. solche Mengen dem zu zerlegenden Rohgemisch (II) zugeführt werden, daß ihre Summe stets gleichbleibt, ihr Verhältnis zueinander jedoch entsprechend der Änderung der Zus. des II so geändert wird, daß das in die I eintretende gesamte Gemisch eine gleichbleibende Zus. hat. — Beispiel mit *Iso-* u. *n-Butan*. (**D. B. P. 903 448** Kl. 12a vom 19/9. 1943, ausg. 8/2. 1954. Anmeldung bekanntgemacht 21/8. 1952.) A. HEINSEN. H 510

Dow Chemical Co., Midland, Mich., übert. von: **John H. Brown jr.**, Freeport, und **Winston E. Larson**, Lake Jackson, Tex., V. St. A., *Chloräthylene*, bes. *Vinyl-* oder *Vinylidenchlorid*, erhält man durch Erhitzen von Monomethylpolychlormethan auf 100—600°, bes. 200—400°, in der Dampfphase in Ggw. von $FeCl_3$, bes. bei einer Katalysatorberührungszeit von ca. 0,2—20 Sekunden. Man kann auch das Ausgangsmaterial in Mischung mit 0,1—5 Mol.-% Cl_2 über metall. Fe (Stahldraht, -wolle) leiten. — Aus Methylchloroform (= 1.1.1-Trichloräthan) u. Cl_2 bei 167—196° u. 12 Sek. Berührungszeit in Ggw. von Fe → *Vinylidenchlorid;* Ausbeute: 98,5%. — Äthylidenchlorid (= 1.1-Dichloräthan) → *Vinylchlorid.* (**A. P. 2 676 997** vom 15/9. 1948, ausg. 27/4. 1954.) G. KRAUSS. H 520

N. V. de Bataafsche Petroleum Mij., Den Haag, Holland, *Halogenhydrine* erhält man bei der Einw. einer unterhalogenigen Säure auf fl., vornehmlich in W. unlösl., olefin. Bindungen enthaltende Verbb. die ein oder mehrere Halogenatome aufweisen, in einem wss. Medium, wobei man die organ. Phase in feinverteilter Dispersion hält. Die Teilchengröße soll unter 100 μ liegen. Reaktionstemp. 10—90° bei verschied. Drucken. Man hält den p_H-Wert vorteilhaft zwischen 2,5 u. 6. Die unterhalogenige Säure kann auch in situ gebildet werden. Allylchlorid u. HClO → *1.2-Dichlor-3-oxypropan* u. *1.3-Dichlor-2-oxypropan.* (**E. P. 720 415** vom 23/5. 1952, ausg. 22/12. 1954. A. Prior. 25/5. 1951.) G. KÖNIG. H 550

Badische Anilin- & Soda-Fabrik Akt.-Ges. (Erfinder: **Wilhelm Münster, Otto Roser** und **Ludwig Ziegler**), Ludwigshafen/Rh., *Herstellung von Alkylenoxyden durch Verseifen* von wss. Alkylenchlorhydrinlsgg. mit alkal. Mitteln in der Wärme bei indirektem Wärmeaustausch der aus dem Verseifer austretenden Ablauge mit der zu verseifenden Alkylenchlorhydrinlsg., dad. gek., daß der Wärmeaustauscher von Zeit zu Zeit so umgeschaltet wird, daß die heiße Ablauge durch die Leitungen fließt, durch die bisher die Alkylenchlorhydrinlsg. strömte u. umgekehrt diese durch die Leitungen für die heiße Ablauge geschickt wird. (**D. B. P. 937 947** 12o vom 1/8. 1952, ausg. 19/1. 1956. Anmeldung bekanntgemacht 28/7. 1955.) G. KÖNIG. H 570

Olin Mathieson Chemical Corp., übert. von: **John A. Ruth**, Alton, Ill., V. St. A., *Kontinuierliche Nitrierung von Glycerin*, dad. gek., daß Glycerin u. Nitriersäure gleichzeitig auf eine erwärmte rotierende Scheibe aufgegeben werden, wobei sich die Reaktionspartner vermischen u. das reagierende Gemisch sofort abgeschleudert wird; das an der Gefäßwandung herabfließende Gemisch reagiert ohne zusätzliche Kühlung zu Ende u. fließt kontinuierlich der Trennschleuder zu. (**A. P. 2 717 903** vom 26/5. 1950, ausg. 13/9. 1955.) A. GRADL. H 590

Columbia-Southern Chemical Corp., übert. von: **Alphonse Pechukas**, Pittsfield, Mass., V. St. A., *Sulfitester* erhält man durch Behandeln von Glycidäthern der Formel $ROCH_2-\underset{\diagdown O \diagup}{CH-CH_2}$ mit $SOCl_2$ bei ca. 0—20°, wobei eine Mischung aus folgenden Isomeren entsteht: $ROCH_2CH(Cl)CH_2OSOCH_2CH(Cl)CH_2OR$; $ROCH_2CH(CH_2Cl)OSOCH \cdot (CH_2Cl)CH_2OR$ u. $ROCH_2CH(CH_2Cl)OSOCH_2CH(Cl)CH_2OR$ (R = gesätt. oder ungesätt. Alkyl, Aryl, Cycloalkyl u. deren Halogenderivv. mit höchstens ca. 6 C-Atomen). — Aus Glycidallyläther (hergestellt aus 1-Allyloxy-2-oxy-3-chlorpropan nach J. Organ. Chem. **13**. [1947]. 831) + $SOCl_2$ bei 4—6° → Mischung aus *Bis-(2-chlor-3-allyloxypropyl)-sulfit*; *Bis-(1-chlormethyl-2-allyloxyäthyl)-sulfit* u. *2-Chlor-3-allyloxypropyl-1'-chlormethyl-2'-allyloxyäthylsulfit*, n_D^{20} 1,4809; $D._{20}^{20}$ 1,208. An Stelle der Allylgruppe kann auch Crotyl, Methallyl oder Vinyl stehen. — Mischung aus *Bis-(2-chlor-3-äthoxypropyl)-sulfit*, *Bis-(1-chlormethyl-2-äthoxyäthyl)-sulfit* u. *2-Chlor-3-äthoxypropyl-1'-chlormethyl-2'-äthoxyäthylsulfit.* — Ferner sind noch herstellbar die *Sulfitester* von: *2-Chlorphenylglycidäther*, *2.4-Dichlorphenylglycidäther* u. *2.4.5-Trichlorphenylglycidäther*. Die Verbb. sind beim Erhitzen stabil. — Insekticide, *Lösungsmittel*, Weichmacher für synthet. Harze u. plast. Massen. Vgl. A. P. 2 576 138. C. **1954**. 9403. (**A. P. 2 684 380** vom 20/11. 1951, ausg. 20/7. 1954.) G. KRAUSS. H 600

Dow Chemical Co., übert. von: **Ludo K. Frevel** und **John William Hedelund**, Midland, Mich., V. St. A., *Acetale* erhält man aus aliphat. Aldehyden mit 1—7 C-Atomen im

Mol. u. prim. oder sek., einwertigen, gesätt. Alkoholen mit 1—6 C-Atomen in der Gasphase bei 350—600° u. einer Verweilzeit von 0,1—10 Sek., in Abwesenheit von Katalysatoren, wobei mindestens einer der Reaktionsteilnehmer im Mol. 1 C-Atom besitzen soll. Die Ausgangsstoffe werden vorteilhaft in wasserfreiem oder fast wasserfreiem Zustand sowie in stöchiometr. Verhältnis angewendet. Inerte Gase, wie N_2, He, sowie verschied. Drucke, können verwendet werden. CH_3OH u. 36%ig. CH_2O ergeben, bei 350° etwa 6 Sek. behandelt, *Methylal* u. geringe Mengen *Methylformiat*. Mit Acetaldehyd erhält man *Dimethylacetal*, mit Propionaldehyd → *Dimethylacetal des Propionaldehyds* u. mit Heptaldehyd erhält man *1.1-Dimethoxyheptan*, Kp.$_{25}$ 83—83,5°, D.$^{25}_{25}$ 0,844. — 1,8 (Mol) n-Hexylalkohol u. 0,63 CH_2O werden in W. gelöst u. bei 460° in 1,4 Sek. zu *1.1-Dihexoxymethan* umgesetzt. Kp.$_{25}$ 147,5°, D.$^{25}_{25}$ 0,8360, n_D^{25} 1,4215. Verwendung als Lösungsm. zur Herst. von Duftstoffen. (**A. P. 2 691 684** vom 1/3. 1950, ausg. 12/10. 1954.) G. KÖNIG. H 660

Celanese Corp. of America, New York, N. Y., übert. von: **Alexander F. MacLean** und **Eldred T. Smith,** Corpus Christi, Tex., V. St. A., *Reinigung von Aldehyden*, bes. *Acetaldehyd*, die mit Alkylenoxyden verunreinigt sind, dad. gek., daß diese mit säurehaltigem W. (p_H 1—3) dest. werden. Das Verf. wird bes. kontinuierlich durchgeführt, wobei der reine Aldehyd über eine Kolonne abdest., in die unten der Rohaldehyd eingeführt wird, während die ca. 50—70° heiße verd. Säure im mittleren Bereich eingespritzt u. im Kreislauf geführt wird. — 1 Zeichnung. (**A. P. 2 707 165** vom 24/6. 1952, ausg. 6/4. 1955. **E. P. 732 830** vom 22/6. 1953, ausg. 29/6. 1955. A. Prior. 24/6. 1952.) O. SCHÖN. H 670

University of Minnesota, Minneapolis, übert. von: **Walter O. Lundberg,** Austin, Minn., V. St. A., *Peroxyde von ungesättigten Fettsäuren, deren Seifen und Estern* erhält man durch Oxydation der entsprechenden Fettsäuren u. deren Derivv. mit O_2-haltigen Gasen bei 0—110° bis die Peroxydzahl 50—3000 Milliäquivalente/kg (bestimmt nach WHEELER, KING, ROSCHEN u. IRWIN, Oil and Soap **10.** [1933.] 105) beträgt u. weder Aldehyde, Ketone, noch Säuren gebildet werden. Die Aufarbeitung erfolgt durch Ausfällen der Peroxyde mit einem nichtpolaren Lösungsm. (Gasolin, ,,Skellysolve F'') oder durch Verteilung in einem polaren (Alkohole) u. nichtpolaren Lösungsmittel. — Maisölfettsäuren werden in Tetrabromstearinsäure übergeführt, aus der durch Dehydrobromierung u. anschließender Veresterung Linolsäuremethylester entsteht. Dieser wird bei 3—6° mit Luft oxydiert bis die Peroxydzahl 2500 beträgt. Durch Zusatz von ,,Skellysolve F'' u. absol. Methanol erhält man nach dem Abkühlen auf —50° u. anschließendem Verdampfen des Methanols in 85%ig. Ausbeute *Linolsäuremethylesterperoxyd*. — *Ölsäuremethylesterperoxyd*. — *Sojabohnenölfettsäuremethylesterperoxyd*. — *Leinölfettsäuremethylesterperoxyd*. — Die Peroxydierung kann auch in Ggw. von Metallen, Licht, Chlorophyll u. Licht als Katalysator erfolgen. — *Zwischenprodd.* für die *Kunststoff-* u. *Kautschukindustrie*. (**A. P. 2 636 890** vom 23/7. 1948, ausg. 28/4. 1953.) G. KRAUSS. H 810

Standard Oil Development Co., Elizabeth, N. J., V. St. A., *Oxydation von Cycloalkanen* (**I**) mit mindestens 5-Ring-C-Atomen, bes. von Cyclohexan zu *Adipinsäure*, erfolgt mit einem O_2-haltigen Gas bei 100—200° u. unter einem Druck der ausreicht, um **I** fl. zu halten. Das Reaktionsgemisch trennt sich in eine obere KW-stoffreiche Phase u. eine untere Schicht, aus der man durch Abdest. von W. u. KW-stoff Oxyverbb. erhält, die man bei 100—170° weiteroxydiert. — Vorr., Zeichnung. (**E. P. 738 808** vom 10/8. 1953, ausg. 19/10. 1955. A. Prior. 10/9. 1952.) O. MÜLLER-MEININGEN. H 820

Stamicarbon N. V., Heerlen, Holland, *Harnstoff*. Die bekannte Herst. aus CO_2 u. NH_3 unter Druck bei erhöhter Temp. wird in einem Röhrensyst. durchgeführt, das in einem mit sd. Fl. (W., Toluol, Pyridin, Amylalkohol) etwa zur Hälfte gefüllten, geschlossenen Behälter untergebracht ist. CO_2 u. NH_3 werden in getrennten, im Dampfraum verlaufenden Röhren zugeführt u. vorgewärmt; die Röhren münden in eine Mischkammer (**I**), von der ein weiteres Röhrensyst. ausgeht, in welchem die exotherm. verlaufende, ihre Bildungswärme an die (als Wärmeüberträgerin wirkende) Fl. abgebende Carbamat-Rk. stattfindet. Dieser Teil des Röhrensyst., wie auch **I** u. der eine Teil des folgenden Röhrensyst., in welchem die Harnstoffbldg. vor sich geht, liegen unterhalb des Flüssigkeitsspiegels. — Zeichnung. (**Belg. P. 522 822** vom 16/9. 1953, ausg. 9/12. 1955.) A. BRÖSAMLE. H 880

Rudolf Wendlandt, Langelsheim/Harz, *Herstellung von Blausäure* aus flüchtigen Stickstoff- u. Kohlenstoffverbb., bei der die Rk. der Gasgemische (Verhältnis N : C = 1 : 2) in oder an Reaktionskammern oder -rohren aus katalyt. wirkenden Metallen bei Tempp. $>$ 800° erfolgt. (**E. P. 737 995** vom 29/10. 1951, ausg. 5/10. 1955. D. Prior. 1/6. 1949.) H. NEBELSIEK. H 890

E. I. du Pont de Nemours & Co., Wilmington, Del., V. St. A., *Katalytische Hydrierung von Nitrilen zu Aminen* geschieht mit H_2, der 10—200 (Volumenteile) CO je 1000000 H_2

enthält. — *Adipinsäuredinitril* → *Hexamethylendiamin.* (**E. P. 728 599** vom 28/5. 1952, ausg. 20/4. 1955. A. Priorr. 28/7. 1951 u. 12/3. 1952.) G. LANGER. H 910

Eastman Kodak Co., übert. von: **Joseph B. Dickey,** Kingsport, Tenn., und **Robert A. Corbitt,** Rochester, N. Y., V. St. A., *Herstellung von Alkylolaminderivaten,* die als Zwischenprodd. zur Herst. von Antimalariamitteln vom Atebrintyp, von Farbstoffen u. als Hilfsmittel für Textilien, bes. auf Celluloseesterbasis, dienen. Man erhitzt z. B. 143 g N-Acetyltetrahydrofurfurylamin (I), 260 g $(CH_3CO)_2O$ u. 10 g $ZnCl_2$ (III) im Schüttelautoklaven 6 Std. auf 205° u. erhält *N-Acetyl-1-aminopentandiol* (II)-*Diacetat-(2.5)*, Kp.$_2$ 205 bis 208°. $CH_3COO-(CH_2)_3-CH(OOCCH_3)-CH_2-NH(OCCH_3)$, Hydrolyse mit HCl → *1-Amino-pentandiol-(2.5)*, Kp.$_4$ 145—150°. II-*Dipropionat-(2.5)*, Kp.$_{1,5}$ 220—225°. I + CH_3COCl III → *1-Chlor-4-acetoxy-5-N-acetylaminopentan,* Kp.$_{1,5}$ 210—215°. N-Acetyl-N-äthyltetrahydrofurfurylamin + CH_3COBr → *1-Brom-4-acetoxy-5-N-acetyl-N-äthylpentan,* $Br-(CH_2)_3-CH(OOCCH_3)-CH_2-NC_2H_5(OCCH_3)$, Kp.$_{1,5}$ 215—220°. In ähnlicher Weise: *1-Chlor-4-acetoxy-7-dimethylaminoheptan.* (**A. P. 2 685 599** vom 15/5. 1951, ausg. 3/8. 1954.) O. MÜLLER-MEININGEN. H 920

Dow Chemical Co., Midland, Mich., V. St. A. (Erfinder: **Frederick Charles Bersworth**), *Oxyderivate von carboxylierten Alkylenpolyaminen* der Formel **I**, worin A eine 2-Oxyäthyl-, 3-Oxypropyl- oder 2-Oxypropylgruppe, D eine Carboxymethyl- oder 2-Carboxypropylgruppe, Alkylen = Äthylen, 1.2-Propylen oder Trimethylen bedeuten u. n für Null oder eine ganze Zahl steht, sind

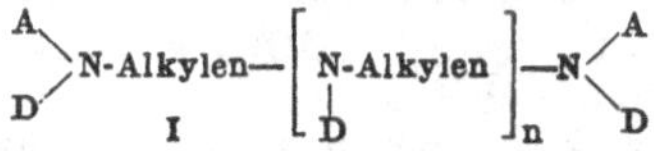

chelatbildend. — Man setzt Diäthanol- oder Dipropanol-N.N'-äthylendiamin in alkal. Medium bei Tempp. bis zum Kp. mit CH_2O u. einem Alkalicyanid in solcher Menge um, daß die unsubstituierten H-Atome des Alkanolpolyamins carboxymethyliert werden. — *Diäthanoläthylendiamindiessigsäure*; *Dipropanoläthylendiamindiessigsäure.* (**E. P. 727 483** vom 13/3. 1952, ausg. 6/4. 1955.) G. LANGER. H 950

Metallgesellschaft Akt.-Ges., Frankfurt/M., *Polykondensierte Phosphorsäureester* der Formel I erhält man bei der Rk. unter Rückfluß von H_3PO_4-Derivv., die mindestens 2 veresterbare Substituenten enthalten, z. B. $POCl_3$, PCl_3, mit einem oder mehreren mehrwertigen, bes. 2wertigen Alkoholen von mehr als 6 C-Atomen im Mol in solchen Mengen, daß auf 1 (Mol) eines Salzes der Phosphorsäure 2 OH-Gruppen des mehrwertigen Alkohols gelangen. In I stehen Y für den Rest eines mehrwertigen aliphat. oder araliphat. Alkohols mit mehr als 6 C-Atomen, Z für OH-Gruppen oder einen organ. Rest u. X für Grad der Kondensation. Die Rk. kann in Ggw. von Verdünnungsmitteln (Bzl., Chlf., Dipropyläther) durchgeführt werden. Den Kondensationsgrad kann man nach Belieben unterbrechen, z. B. durch Hydrolyse mit Wasser. Die Verbb. sind capillaraktiv. Man kann auch Verbb. mit lipophilen u. hydrophilen Komponenten herstellen, indem man hydrophile Gruppen enthaltende Polyester mit lipophilen Verbb. umsetzt. Verwendung zur Textilbehandlung, als Grundstoff für Salben u. Cremes. In I noch verätherbare oder veresterbare Gruppen können, z. B. mit Äthylenoxyd oder Chloressigsäure, umgesetzt werden. (**E. PP. 706 410** vom 13/11. 1950, ausg. 31/3. 1954. D. Prior. 20/1. 1950, u. **710 194** [Zusatzpatent] vom 18/12. 1951, ausg. 9/6. 1954. D. Prior. 30/12. 1950.)

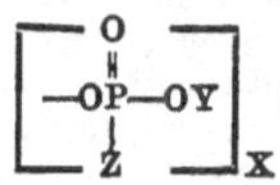

I

G. KÖNIG. H 980

Metal & Thermit Corp., New York, N. Y., V. St. A., *Alkylzinnchloride* erhält man durch Rk. äquimol. Mengen von Tetraalkyl-Sn u. $SnCl_4$ ohne Wärmezufuhr, bes. bei einer Reaktionstemp. von 0—20°. Nach Beendigung der Rk. wird das Tri- u. das Monochlorid abgetrennt. — 1 (Mol) $SnCl_4$ wird mit 1 $(C_4H_9)_4Sn$ bei n. Temp. umgesetzt. Man erhält bei der Dest. im Vakuum 0,85 $C_4H_9SnCl_3$, 0,08 $(C_4H_9)_2SnCl_2$ u. 0,80 $(C_4H_9)_3SnCl$. (**E. P. 739 883** vom 7/5. 1954, ausg. 2/11. 1955. A. Prior. 10/6. 1953.) J. MÜHLEISEN. H 980

Montrose Chemical Corp., übert. von: **Jacob Rosin,** Maplewood, N. J., V. St. A., *Isolierung von p-Dichlorbenzol* (I) aus einem Reaktionsgemisch, das dessen Isomere u. höher chlorierte Benzole enthält, erfolgt durch Abkühlen des Gemisches auf < 25°, Abfiltrieren des abgeschiedenen I, das mit Mutterlauge verunreinigt ist, u. Waschen mit W., das ein Netzmittel enthält. Die Waschlauge wird filtriert u. der Filterkuchen, der aus I besteht, mit W. gewaschen. (**A. P. 2 701 817** vom 30/8. 1952, ausg. 8/2. 1955.) J. MÜHLEISEN. H 1010

Pechiney Comp. de Produits Chimiques & Électrométallurgiques, Frankreich, *Herstellung von Pentachlorphenol,* dad. gek., daß man Hexachlorbenzol u. wss. NaOH in

stöchiometr. Mengen in einem Autoklaven 4—5 Std. auf 180—240° erhitzt. Nach dem Abkühlen krist. *Na-Pentachlorphenolat* aus, wird abgetrennt u. durch Ansäuern mit HCl *Pentachlorphenol* in Freiheit gesetzt. (**F. P. 1 049 023** vom 5/1. 1952, ausg. 28/12. 1953.)
S. Meier. H 1060

Henkel & Cie. G. m. b. H., Düsseldorf, *Aromatische Polycarbonsäuren* erhält man durch Kondensation von Bzl. oder dessen Homologen mit Äthylenchlorid in Ggw. eines Friedel-Crafts-Katalysators u. anschließende Oxydation des Kondensationsproduktes. — Bzl. + Äthylenchlorid + $AlCl_3$ bei 65—85° → Polykondensationsprod. (CH_2—CH_2- u. C_6H_6-gruppenhaltig); daraus durch Oxydation mit 55%ig. H_2SO_4 + Vanadinsäure → bes. aus *Iso-* u. *Terephthalsäure bestehende benzoldicarbonsäurehaltige Oxydationsprodukte*. An Stelle von HNO_3 kann die Oxydation auch mit O_2 in Ggw. von Co- u. Cu-Nitrat durchgeführt werden. (**E. P. 733 322** vom 15/5. 1953, ausg. 6/7. 1955. D. Prior. 16/5. 1952.)
U. Sievers. H 1200

Imperial Chemical Industries Ltd., London, England, *Gemischte Ester der Terephthalsäure* erhält man bei der Rk. von Äthylenoxyd mit Monoalkylestern der Terephthalsäure in Ggw. oder Abwesenheit von Lösungs- oder Verdünnungsmitteln bei verschied. Drucken u. Tempp. bis 100°, gegebenenfalls unter Zusatz von Katalysatoren (H_2SO_4, Alkali-, Erdalkalihydroxyde u. Salze). — 100 (Teile) Monomethylterephthalat, 21,86 NaOH u. 250 W. werden bei 90—95° mit 32,5 Äthylenoxyd behandelt. Man filtriert heiß u. erhält einen kristallin. Körper von *Methyl-β-oxyäthylterephthalat*, F. 81°. Mit der Äthylverb. erhält man *Äthyl-β-oxyäthylterephthalat*. Werden Ester der Formel $HO(CH_2)_2$· OOC—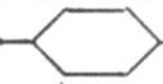—COOR, wobei R eine Alkylgruppe mit weniger als 5 C-Atomen, gegebenenfalls unter vermindertem Druck, längere Zeit erhitzt, so erhält man Polymerisate, die sich zu Fäden ziehen lassen. Die Polymerisation wird durch Zugabe von Glykol, Dithioglykol, Äthylenglykoldiacetat oder Katalysatoren (Zn-Acetat) beschleunigt. — 7 (Teile) Methyloxyäthylterephtalat mit 1 Äthylenglykol u. 0,002 Zn-Acetat werden auf 197° 1 Std. erhitzt. Methanol entweicht u. man erhitzt im Dampfbad $^1/_4$ Std. auf 220°, um Methanolreste zu entfernen. Anschließend wird die Temp. auf 275° erhöht u. der Druck 30 Min. unterhalb 0,5 mm Hg eingestellt. Beim Erkalten erhält man ein weißes, krist. Polymerisat. (**Ung. P. 142 576** vom 22/12. 1953, ausg. 15/3. 1955. E. Prior. 22/12. 1952.)
G. König. H 1220

Shell Refining & Marketing Co. Ltd., London, übert. von: **John Campbell Moseley, William Edyvean** und **James Hartley**, England, *Herstellung aromatischer Oxycarbonsäuren* (I) nach Kolbe, bes. ausgehend von Alkylphenolen mit 14—18 C-Atomen im Alkylrest. Man löst oder dispergiert die Alkaliphenolate in einem neutralen oder bas. organ. Lösungsm. (KW-stoffe, Ketone, Äther, Amine, heterocycl. Verbb.) u. behandelt mit CO_2 in Abwesenheit von W. u. in Ggw. von hinzugefügtem neutralem oxyarylcarbonsaurem Alkalisalz (**II**), das z. B. in gleicher Weise hergestellt worden ist u. bes. in einer Menge von 50% in der Mischung vorliegt. Diese Mischung kann z. B. gewonnen werden, indem man **I** oder neutrales **II** zu dem Phenol zusetzt, mit Alkalimetall, -hydroxyd oder -alkoholat umsetzt u. W. bzw. A. entfernt. Von dieser Alkaliverb. setzt man bes. 90—200% derjenigen Menge zu, die theoret. erforderlich ist, um mit **I** oder **II** zu reagieren. Reaktionstemp. für die Carboxylierung, die z. B. in Xylol bei Überdruck erfolgt, ist bes. 120—180°. Zahlreiche weitere Modifikationen des Verf. sowie die Herst. von **I** aus dem bei der Rk. entstandenen **II** sind beschrieben. (**E. P. 738 359** vom 23/10. 1953, ausg. 12/10. 1955.)
K. Fabel. H 1250

Imperial Chemical Industries Ltd., London, England (Erfinder: **David Gwyn Jones** und **George Robert Fulton**), *Aromatische Diamine* der Formel **I**, worin R = H oder Alkyl, R′ Alkyl u. R″ sek.-Alkyl bedeuten, dienen als *Antioxydantien*. — Sie entstehen durch alkylierende Red. von **II** mit einem Keton. — *N.N-Dimethyl-p-phenylendiamin* (**III**). Man red. N.N-Dimethyl-p-nitrosoanilin mit H_2 u. Pt; F. 42—43°; Kp.$_{13}$ 128—129°. — *N.N-Dimethyl-N′-sek.-butyl-p-phenylendiamin*. Aus **III**, Methyläthylketon, H_2 u. Pt, Kp.$_{0,5}$ 108°. (**E. P. 727 247** vom 10/3. 1952, ausg. 30/3. 1955.)
G. Langer. H 1310

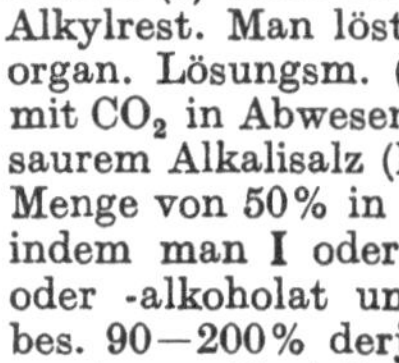

American Cyanamid Co., New York, N. Y., übert. von: **Richard W. Young**, Stamford, Conn., und **Anthony J. Barbaro**, New York, N. Y., V. St. A., *Substituierte Amide* entstehen durch Rk. eines Dihalogenphosphits der Formel R—O—PX_2, worin R einen KW-stoffrest mit höchstens 6 C-Atomen u. X Halogen bedeuten, mit einer Verb., die eine zur Amidbldg. fähige Carboxylgruppe besitzt, u. einer Verb., die eine acylierbare Aminogruppe besitzt. — *Carbobenzoxyglycylanilid.* Man setzt Carbobenzoxyglycin mit Dichloräthylphosphit in Bzl. in Ggw. von Triäthylamin um, trennt vom ausgeschiedenen Triäthylaminhydrochlorid ab, versetzt das Filtrat mit Anilin, kocht u. arbeitet auf. —

Analog: *Carbobenzoxyglycyl-DL-phenylalaninäthylester.* — *Carbobenzoxyglycyl-L-tyrosinäthylester.* — *Phthalylglycyl-L-leucinäthylester.* — *Carbobenzoxy-L-leucylglycylglycinäthylester.* — *Carbobenzoxyglycyl-DL-phenylalanylglycinäthylester.* — *Carbobenzoxy-DL-phenylalanylglycinäthylester.* — *Carbobenzoxy-L-leucin.* (**A. P. 2 708 667** vom 9/8. 1951, ausg. 17/5. 1955.) G. Langer. H 1350

Edward Michael Evans, Tonbridge, und **John Edward Seager Whitney,** Penarth, England, *α.β-Alkenylphenole* erhält man durch Cracken von Alkylphenolen mit 3 bis 28 C-Atomen im Alkylrest, wobei die beiden dem Kern benachbarten C-Atome wenigstens je 1 H tragen, in der Dampfphase bei 400—800° in Ggw. eines Dehydrierungskatalysators, z. B. für Äthylbenzol in An- oder Abwesenheit eines gasförmigen Verdünnungsmittels, wie Dampf, H_2, Benzoldampf, N_2, CO_2 bei n. oder erhöhtem Druck. An Stelle des Katalysators kann man zur Wärmeübertragung auch ein festes Material benützen, wobei vorteilhaft in Ggw. von Wasserdampf gearbeitet wird, da darin der abgeschiedene C als Wassergas entfernt wird. Das Ausgangsphenol kann auch veräthert sein. — Cardanol (erhalten durch Vakuumdest. von roher Cashewnußschalen-Fl.) wird mit überhitztem Wasserdampf bei 360° verdampft, die Dämpfe werden über auf 580° erhitztes aktiviertes Al_2O_3 geleitet u. anschließend kondensiert. Durch Dest. u. Waschen mit NaOH u. nochmalige Dest. erhält man *m-Vinylphenol* (I), $Kp._{15}$ 110—115°; n_D^{15} 1,576, das in Abwesenheit eines Katalysators bei n. Temp. polymerisiert u. durch Zusatz von Metol stabilisiert werden kann. Als Nebenprodd. entstehen: Phenol, m-Kresol, m-Äthylphenol. — Cardanylmethyläther → *m-Methoxystyrol,* $Kp._{2,8}$ 60—75° u. I. — n-Hexylphenol → *p-Vinylphenol,* $Kp._{20}$ 145—152°, neben KW-stoffen, $Kp._{20}$ 60—145°. — Zwischenprodukte. (**A. P. 2 698 868** vom 24/6. 1950, ausg. 4/1. 1955.) G. Krauss. H 1460

E. I. du Pont de Nemours & Co., Wilmington, Del., übert. von: **Viktor Weinmayr,** Pitman, N. J., V. St. A., *Substituierte Aminodiphenylamine* der Formel I, worin X Alkoxy- oder Alkylreste mit 1—4 C-Atomen u. Am Amino, Monoalkylamino mit 1—4 C-Atomen, Dialkylamino, worin jede Alkylgruppe 1—4 C-Atome enthält, Phenylamino oder p-Alkylphenylamino bedeuten, entstehen beim Hydrieren eines Gemisches aus $X \cdot C_6H_4 \cdot Y$, worin Y NO_2 oder NHOH bedeutet, u. $X' \cdot C_6H_4 \cdot Am$, worin X' H oder Alkoxyreste bedeutet, in Ggw. von Pd oder Pt bei einem p_H von höchstens 4. — *4-Amino-4'-methoxydiphenylamin.* Man red. p-Nitroanisol in Ggw. von Anilinhydrobromid in Methanol mit H_2 u. Pd unter Druck bei 80°, F. 99°. — Analog: *4-n-Butylamino-4'-methoxydiphenylamin,* F. 69—70°. — *N-Phenyl-N'-(p-methoxyphenyl)-phenylendiamin,* F. 126°. — *4-Diäthylamino-4'-methoxydiphenylamin,* F. 77°. — *4-Amino-4'-äthoxydiphenylamin,* $Kp._{3-4}$ 210—220°; F. 99°. — *4-Amino-4'-methyldiphenylamin,* $Kp._4$ 170—190°. — *N-Phenyl-N'-(p-methylphenyl)-phenylendiamin,* F. 146°. (**A. P. 2 714 614** vom 20/4. 1951, ausg. 2/8. 1955.) G. Langer. H 2510

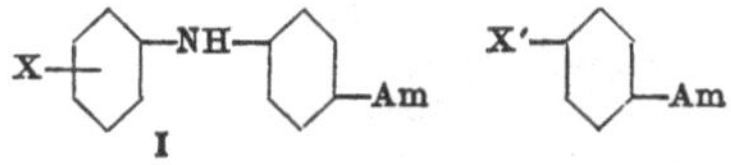

I

Cumberland Corp., Lexington, Ky., übert. von: **Eduard Farber,** Washington, D. C., V. St. A., *Herstellung von Furfurol und Holzkohle.* Man erhitzt eine Mischung aus 1—10 (Teilen) Sägemehl (I) u. 10 größeren Holzstücken (II) langsam auf 200—260°, so daß sich aus I organ. Säuren bilden, welche die Umwandlung der in II enthaltenen Pentosane zu Furfurol katalysieren. Letztere wird abgetrennt u. der Rest des Holzes in Kohle umgewandelt. (**A. P. 2 725 346** vom 30/7. 1954, ausg. 29/11. 1955.) K. Fabel. H 3061

Food, Chemical & Research Laboratories, Inc., übert. von: **Daniel Luzon Morris,** Seattle, Wash., V. St. A., *Gewinnung von Tryptophan* (I) *aus Eiweißhydrolysaten,* z. B. von Sojabohnenmehl oder Casein, dad. gek., daß man das p_H des Hydrolysats auf oberhalb 10 einstellt, mit einem stark bas. Anionenaustauscher behandelt, der zuvor mit einer überschüssige Hydroxylionen enthaltenden Lsg. behandelt wurde, wobei I absorbiert wird u. prakt. alle anderen Aminosäuren in Lsg. bleiben, daß man dann I eluiert u. auskristallisiert. (**A. P. 2 700 672** vom 24/4. 1950, ausg. 25/1. 1955.) G. Langer. H 3081

Soc. An. des Manufactures des Glaces & Produits Chimiques de Saint-Gobain, Chauny & Cirey, Paris, Frankreich, *Oxazolidone-(2)* der allg. Formel I, in der R u. R_1 = H oder einen substituierten oder nichtsubstituierten KW-stoffrest bedeuten, werden erhalten, wenn man ein Alkalibicarbonat mit dem Alkalisalz eines schwefelsauren Esters eines substituierten oder nichtsubstituierten Äthanolamins bei erhöhter Temp. (40—70°) umsetzt. — *Oxazolidon* (R u. R_1 = H), F. 92°. — *N-Methyloxazolidon* (R = H; $R_1 = CH_3$). — *N-Oxyäthyloxazolidon* (R = H; $R_1 = -CH_2-CH_2OH$), $Kp._{0,5}$ 170°. — *N-Phenyloxazolidon* (R = H; $R_1 = C_6H_5$), F. 123°. (**E. P. 720 586** vom 25/2. 1953, ausg. 22/12. 1954. F. Prior. 25/2. 1952.) R. Link. H 3133

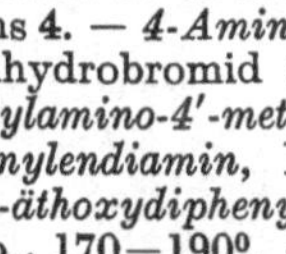

I

Glidden Co., Cleveland, O., übert. von: **Percy L. Julian**, Maywood, und **Edwin W. Meyer**, Chicago, Ill., V. St. A., *Ungesättigte Steroide* der Formel R—CH=CH_2 (R = gesätt. oder ungesätt. Cyclopentanopolyhydrophenanthrenrest) erhält man durch Abbau von quaternären Ammoniumhalogeniden der Formel R—$CH(CH_3)$—$N(CH_3)_3$—X (X = Cl, Br, J) durch Behandeln mit Ag_2O oder Alkalien u. Erhitzen der gebildeten quaternären Ammoniumhydroxyde in An- oder Abwesenheit von Alkalien unter Abspaltung von W. u. Trimethylamin. — Aus 3,59 (g) 3-Acetoxy-20-amino-5-pregnen, 3,57 90%ig. HCOOH u. 35%ig. wss. CH_2O nach 4std. Erhitzen → 3-Acetoxy-20-dimethylamino-5-pregnen, F. 184,5—187,5°; daraus in trockenem Bzl. mit CH_3J → 3-Acetoxy-5-ternorcholenyltrimethylammoniumjodid, F. 260—270° (Zers.); daraus mit feuchtem AgO in Methanol, Filtrieren, Einengen u. Erhitzen auf 210°/1 mm → *3-Oxy-5.20-pregnandien*, aus PAe., F. 134°, nach Abgabe des Lösungsm. bei 113—116°. Als Nebenprod. entsteht 3-Oxy-20-dimethylamino-5-pregnen. — 3α.12α-Diacetoxybisnorcholansäure + $SOCl_2$ in trockenem Bzl.-Ae. → Säurechlorid; daraus mit NaN_3 bei 0—5° in Aceton → Azid + 80%ig. wss. Essigsäure bei 50—60° → 3α.12α-Diacetoxyternorcholanylamin (N-Acetylderiv., F. 220—221°) + HCOOH + CH_2O → 3α.12α-Diacetoxyternorcholanyldimethylamin, F. 134—137°, + CH_3J → 3α.12α-Diacetoxyternorcholanyldimethylammoniumjodid + KOH in Äthylenglykol → *3α.12α-Diacetoxy-20-pregnen*, aus Methanol nadelartige Prismen, F. 184—185°; daraus mit CrO_3 in Essigsäure → 3α.12α-Dioxyätiocholansäure. — Zwischenprodukte. (**A. P. 2 670 359** vom 23/8. 1947, ausg. 23/2. 1954.) G. Krauss. H 3700

X. Färberei. Organische Farbstoffe.

—, *Neue Farbstoffe, Musterkarten und Textilhilfsmittel.* Prodd. der Sandoz A. G., Basel: *Lanasyngelb GLN* ist ein einheitlicher Metallkomplexfarbstoff u. färbt Wolle, Seide u. synthet. Polyamidfasern in reinen neutralen gelben Farbtönen. Das Prod. eignet sich auch für den Vigoureuxdruck. — *Lanasynrot BL* weist die gleichen Merkmale auf. Es färbt in blaustichigen roten Tönen u. ist als Nuancierelement von Beige- u. Grautönen zu verwenden. — *Solarbrillantrot RA* besitzt sehr gutes Ziehvermögen u. eignet sich bes. zum Färben von Baumwolle u. Fasern aus regenerierter Cellulose. Der Farbstoff ergibt ein reines gelbstichiges Rot, ist in W. leicht lösl. u. weist sehr gute Hartwasserbeständigkeit auf. Verwendbar für die Apparatefärberei u. zum Foulardieren (Zirk. Nr. 1283). — *Artisilscharlach GFL ultradispers* eignet sich mit seinen sehr guten Rauchgas- u. Sublimierechtheiten, sowie sehr guter Licht- u. Naßechtheit zum Färben von Acetatreyon in brillanten gelbstichigen Scharlachtönen. Bes. verwendbar für Dekorationsartikel. Das Prod. färbt auch synthet. Polyamidfasern sowie Polyester- u. Polyacrylnitrilfasern (Zirk. Nr. 1221). — *Lanasynrot 2GL* färbt als Metallkomplexfarbstoff Wolle, Seide u. synthet. Polyamidfasern in reinen gelbstichigen Rottönen. Das Prod. eignet sich für den Vigoureuxdruck u. weist sehr gute Licht- u. Walkechtheiten auf (Musterk. Nr. 1220 u. 1223). — Prodd. der Farbenfabriken Bayer AG., Leverkusen: *Resolinfarbstoffe (Bayer)* sind Dispersionsfarbstoffe zum Färben von Polyesterfasern wie Dacron, Terylen u. Diolen. Sehr gute Lichtechtheiten. — *Telonechtschwarz NE (Bayer)* weist sehr gutes Aufziehvermögen auf u. eignet sich darum bes. zum Färben von Polyamidfasermaterial, wie Perlon, Nylon u. a. Sehr gute Licht- u. Naßechtheiten. — *Indanthrenfarbstoffe „Ultrafein"*. Im Rundschreiben Le 454 werden zwei neue Farbstoffe für die Foulard- sowie Apparatefärberei bekanntgegeben. *Indanthrenbraun FFE Plv. ultrafein* u. *Indanthrenoliv 3G dopp. Teig ultrafein.* — *Diamantchrombrillantrot BL (Bayer)* zeichnet sich durch sehr gutes Egalisiervermögen u. Echtheitseigg. aus. Färbt lose Wolle, Kammzug, Wirk- u. Strickgarn, wasch- u. walkecht in lebhaften Rot-Komponenten. — *Supraminrot GW (Bayer)* färbt Kammzug, Strick- u. Wirkgarne sowie Stückware mit sehr guten Licht- u. Naßechtheiten sowie gutem Egalisiervermögen. Das Prod. eignet sich bes. für die Hutfärberei. — *Siriuslichtscharlach GL (Bayer)* liefert gelbstichige Scharlachfärbungen auf Mischgeweben aus Baumwolle u. Viscosereyon. Sehr gute Lichtechtheiten. Das Prod. kann auch für Ätzböden verwendet werden, da die Färbungen neutral u. alkal. gut ätzbar sind. — Prod. der Durand & Huguenin A.G., Basel: *Panduranblau B* eignet sich für den Druck auf Baumwolle u. wird mit Chromacetat durch ein kurzes Dämpfen fixiert. Der Farbstoff weist sehr gute Echtheiten auf. Panduranblau B kann mit anderen Chromfarbstoffen in jedem Verhältnis gemischt werden. Das Prod. liefert im Druck reine Blau- u. lebhafte Grüntöne von sehr guter Licht- u. Waschechtheit. Prodd. der J. R. Geigy AG., Basel: Eine *Karte Nr. 1222* bespricht *Farbstoffe für Polyamidfasern*, ihre Färbevorschriften u. Echtheiten usw. — *Musterkarte über Setacylfarbstoffe* auf Polyesterfasern (Nr. 0994) beschreibt die zum Färben geeigneten Dispersionsfarbstoffe, ihre Anwendung u. Echtheiten. — *Tinonchlorschwarz 3 BA fein Pulver für Färberei* von Baumwolle, Kunstseide,

Zellwolle auf Stück, Strang u. Spulen. Das Prod. ist ein Küpenfarbstoff mit schwach blaustichigem Ton, guten Echtheiten u. geeignet für Allwetter-, Buntblech-, Dekorations- u. Waschartikeln. — *Tinonchlorgelb GR1 fein Pulver für Färberei* u. *Pulver resp. Teig „M"-dispers* ist ein Warmfärber mit rotstichigem Gelbton. Für die Apparate- u. Pigmentfärberei, für Buntbleich-, Wasch- u. Innendekorationsartikel. Sehr gutes Egalisiervermögen u. gute Allgemeinechtheiten. (SVF Fachorgan Textilveredlung **11**. 93—95. Febr. 1956.) P. ECKERT. 7018

L. L. Walmsley, *Neue Entwicklungen zum Färben von Wirkwaren.* Die Arbeitsweise der BURLINGTON-Maschine zum Färben u. Ausrüsten großflächiger Trikotwaren. Testverss. über die Gebrauchseigg. von Wirkwaren aus Nylon/Acetatfaser für Bettzeug. (Amer. Dyestuff Reporter **44**. P 490—93. 18/7. 1955. Marcus Hook, Pa., Amer. Viscose Corp.) I. SCHOENMANN. 7020

—, *Weißätzdruck.* Prakt. Hinweise über die beim Ätzdruck (Weißätze) zu beachtenden Faktoren, wie Verdickungsmittel, Netzmittel, Tiefe der Ätzgravour, Oberfläche der Druckwalzen, Effekt der Abquetschwalzen, der Dämpfprozeß u. das Waschen, um einen einwandfreien Ausfall der Ware zu gewährleisten. (Textile J. Australia **30**. 1244—47. 20/12. 1955.) H. G. FRÖHLICH. 7022

Joseph A. Casnocha, *Basische Farbstoffe und ihre Anwendung in der Lederfärberei.* Ausführliche Darst. über die Herst. u. die Eigg. der kation. Farbstoffe unter der besonderen Berücksichtigung ihrer Verwendung zum Färben von Leder. (Leather Manufacturer **72**. Nr. 3. 21—31. März 1955. Sandoz Chem. Works, Inc.) H. G. FRÖHLICH. 7024

Sandoz Akt.-Ges. (Erfinder: **Hermann Egli**), Basel, Schweiz, *Färben von Gebilden aus Polyacrylnitrilen* oder aus Mischpolymerisaten aus Acrylnitril u. anderen ungesätt. Verbb. mit wasserlösl. organ. Farbstoffen nach der Cupro-Ionen-Meth., dad. gek., daß man im Färbebad oder im Circulationsweg der Färbeflotte metall. Cu in Form von Folien, Schnitzeln, Drähten, Geflechten oder dgl. anbringt u. die Färbung in Ggw. einer wasserlösl. Cupri-Verb. vornimmt. Man kann auch in einem verkupferten oder in einem ganz oder teilweise aus Cu bestehenden Gefäß färben u. der Färbeflotte ein mildes Reduktionsmittel von der Art der Zucker zusetzen. (**D. B. P. 936 263** Kl. 8m vom 31/3. 1954, ausg. 7/12. 1955. Anmeldung bekanntgemacht 16/6. 1955. Schwz. Priorr. 4/12. 1953, 5/2. u. 25/3. 1954.) H. v. SCHILLER. 7021

Badische Anilin- & Soda-Fabrik Akt.-Ges. (Erfinder: **Julius Eisele**, Ludwigshafen/Rh., und **Wilhelm Federkiel**, Frankenthal/Pfalz), *Färben von Gebilden aus Vinylpolymerisaten* allein oder bei Vorliegen von textilen Gebilden auch im Gemisch mit anderem Fasermaterial, ausgenommen Polyamiden oder Polyurethanen, dad. gek., daß man die Gebilde mit wss. Lsgg. oder Dispersionen komplexer Metallverbb. von Oxynitrosoverbb. (I), die frei von Sulfonsäuregruppen sind u. die komplexbildenden Gruppen an benachbarten C-Atomen enthalten, behandelt. I sind z. B. 1-Nitroso-2-oxynaphthalin, 1.3-Dinitroso-2.4-dioxobenzol, 1-Phenyl-3-methyl-4-nitrosopyrazolon-(5), 9-Nitroso-10-oxyphenanthren, Nitrosoacetessiganilid u. Nitrosoacetylaceton. (**D. B. P. 936 503** Kl. 8m vom 26/2. 1953, ausg. 15/12. 1955. Anmeldung bekanntgemacht 23/6. 1955.) H. v. SCHILLER. 7021

Farbenfabriken Bayer Akt.-Ges. (Erfinder: **Edgar Enders** und **Hans-Frank Piepenbrink †**), Leverkusen, *Herstellung von Monoazofarbstoffen,* dad. gek., daß aromatische Amine der allg. Formel **Ia** (R = Benzolkern, der mindestens in o-Stellung zum O-Brückenatom einen Cyclohexylrest trägt u. gegebenenfalls weitersubstituiert sein kann; X = H-Atom oder ein einfacher Substituent) diazotiert u. mit in der Aminogruppe durch Arylreste substituierten 1-Amino-8-oxynaphthalin-mono- oder -disulfonsäuren gekuppelt werden. — 2-Amino-2'-cyclohexyl-1.1'-diphenyläther (I) → 1-Benzoylamino-8-oxynaphthalin-3.6-disulfonsäure; Wolle (**B**) blaustichigrot. — **I** → 1-(2'.5'-Dimethyl-4'-chlorbenzolsulfonylamino)-8-oxynaphthalin-3.6-disulfonsäure; **B** blaustichigrot. — 2-Amino-5-chlor-2'-cyclohexyl-1.1'-diphenyläther → 1-(2'.5'-Dichlorbenzoylamino)-8-oxynaphthalin-4.6-disulfonsäure; **B** rot. — 2-Amino-2'.4'-dicyclohexyl-1.1'-diphenyläther → 1-Benzoylamino-8-oxynaphthalin-3.6-disulfonsäure, **B** blaustichigrot. (**D. B. P. 915 380** Kl. 22a vom 1/8. 1952, ausg. 22/7. 1954. Anmeldung bekanntgemacht 17/12. 1953.) U. SIEVERS. 7053

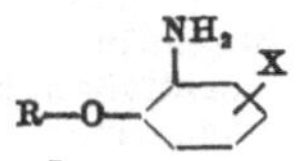

Ia

Ciba Akt.-Ges., Basel, Schweiz, *Azopigment.* Die Verb. **I**, F. 209—210, wird in Toluol unter Erhitzung mit Rückflußkühlung mit 4.4'-Diaminodiphenyl im Mol-Verhältnis 2 : 1 kondensiert. Rote Kristalle, F. > 350°, wenig lösl. in organ. Lösungsmitteln; sie färben Kunststoffe, bes. Polyvinylchlorid, gelbstichigrot. (**Schwz. P. 297 020** vom 2/3. 1951, ausg. 17/5. 1954.) A. KALIX. 7055

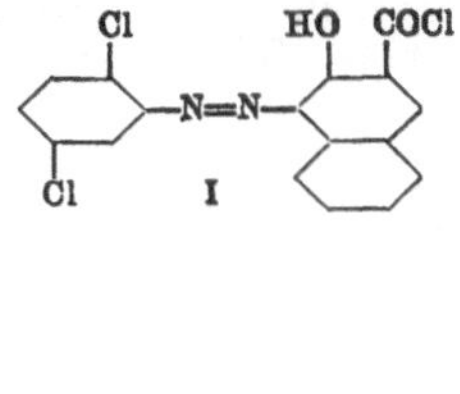

I

Sandoz Akt.-Ges., Basel, Schweiz, *Metallisierbare Dis- bzw. Trisazofarbstoffe* erhält man durch Kondensation zweier Aminomonoazofarbstoffe bzw. eines Aminomonoazofarbstoffes mit einem Aminodisazofarbstoff mit Fumarsäure- oder Maleinsäuredichlorid in Ggw. säurebindender Mittel. — Die Farbstoffe 4'-(4''-Amino)-benzoylamino-3-carboxy-4-oxy-2'-methyl-5'-methoxy-1.1'-azobenzol-5-sulfonsäure u. 1-(4'-Amino)-benzoylamino-2-oxy-3-carboxybenzol-5-sulfonsäure (**VII**) → 1-Amino-3-methylbenzol (**I**) werden mit Fumarsäuredichlorid (**II**) in Ggw. von K_2CO_3 kondensiert. Baumwolle (**A**) u. regenerierte Cellulose (**G**) gelb. — 1 bzw. 3 (Mol) 1-(4'-Amino-3'-methyl)-benzoylamino-3-carboxy-4-oxybenzol-5-sulfonsäure → **I** u. 1 4-Amino-3'-carboxy-4'-oxy-1.1'-azobenzol-5'-sulfonsäure werden mit einer Mischung aus **II** u. Maleinsäuredichlorid kondensiert. **A** u. **G** gelb. — 4-Amino-2-methyl-3'-carboxy-4'-oxy-1.1'-azobenzol-5'-sulfonsäure u. 4-Amino-4'-oxy-1.1'-azobenzol-3'-carbonsäure (**IV**) werden mit **II** kondensiert. **A** u. **G** gelb. — 4'-(4''-Amino)-benzoylamino-2'-chlor-3-carboxy-4-oxy-1.1'-azobenzol-5-sulfonsäure (**V**) u. 4-Amino-2-chlor-4'-oxy-1.1'-azobenzol-3'-carbonsäure (**VI**) werden mit **II** kondensiert. **A** u. **G** gelb. — **V** u. **IV** werden mit **II** kondensiert. **A** u. **G** gelb. **VI** u. 4-Amino-2-chlor-3'-carboxy-4'-oxy-1.1'-azobenzol-5'-sulfonsäure werden mit **II** kondensiert. **A** u. **G** gelb. — **VII** → **I** u. 4-Amino-1.1'-azobenzol-3.4'-disulfonsäure → **I** werden mit **II** kondensiert. **A** u. **G** gelborange. — 1-Oxybenzol-2-carbonsäure ← 1-Amino-4-(4'-amino)-benzoylaminobenzol → 2-(4'-Amino)-benzoylamino-5-oxynaphthalin-7-sulfonsäure u. **IV** werden mit **II** kondensiert. **A** u. **G** gelbstichigrot. — 4-Amino-2-acetylamino-3'-carboxy-4'-oxy-1.1'-azobenzol-5'-sulfonsäure u. 4'-(4''-Amino)-benzoylamino-3-carboxy-4-oxy-1.1'-azobenzol-2'-sulfonsäure (**VIII**) → **I** werden mit **II** kondensiert. **A** u. **G** gelb. — 4-Amino-3'-carboxy-4'-oxy-1.1'-azobenzol-2-sulfonsäure → **I** u. 4-Amino-2-acetylamino-3'-carboxy-4'-oxy-1.1'-azobenzol-5'-sulfonsäure werden mit **II** kondensiert; **A** u. **G** gelbstichigorange. (**Schwz. PP. 306 862, 306 863, 306 864, 306 865, 306 866, 306 867, 306 868, 306 869, 306 870, 306 871** u. **306 872** vom 25/4. 1952, ausg. 1/7. 1955. **Zusätze zu Schwz. P. 287 561; C. 1955. 3258.**) U. Sievers. 7055

Imperial Chemical Industries Ltd. (Erfinder: **Harold France**), London, England, *Farbstoffe der Tetraazaporphinreihe*, grüne, blaue oder violette Pigmente von guter Farbkraft u. Echtheitseigg. erhält man durch Erhitzen eines alkylsubstituierten Fumarsäuredinitrils (**I**) oder eines Gemisches von **I** mit einem von **I** verschied. alkylsubstituiertem **I**, einem gegebenenfalls substituierten Maleinsäuredinitril, einem Δ^1-Tetrahydrophthalonitril (**Ia**) oder Phthalonitril mit einem Mg-Alkoholat oder mit der Verb., die durch Zers. eines Grignard-Reagens mit einem Alkohol erhalten worden ist. Die erhaltenen Farbstoffe der allg. Formel **II** (R_1 = Alkyl, R_2 = H oder Alkyl, R_3, R_4, R_5, R_6, R_7 u. R_8 = H oder KW-stoffreste oder paarweise $R_3 + R_4$, $R_5 + R_6$ u. $R_7 + R_8$ einmal oder mehrmals Bestandteile alicycl. aromat. oder chinoider Ringe) sind auch verwendbar als Zwischenprodd. zur Herst. anderer Tetraazaporphine, weil sie zu den entsprechenden metallfreien Pigmenten umgewandelt oder durch Metallaustausch in andere Metalle, wie Cu u. Ni, enthaltende Pigmente übergeführt werden können. — 120 (Gewichtsteile) Mg löst man in 3000 wasserfreiem Methanol, versetzt mit 5000 n-Amylalkohol (**III**), dest. unter Rühren, bis die Dampfphase 134—135° erreicht, fügt 212 Dimethylfumarsäuredinitril (**IIIa**) zum Destillationsrückstand, kocht unter Rühren 2 Std. am Rückflußkühler, dest. den überschüssigen **III** unter vermindertem Druck ab, gibt den gepulverten dunkelblauen Rückstand langsam unter 2° in 10000 50%ig. Essigsäure (**IV**), rührt weitere 15 Min. unter 2°, filtriert, wäscht mit 50%ig. **IV** bei 0° u. dann mit heißem Wasser. Nach dem Reinigen des Rohprod. durch Extraktion mit 1—2% A. enthaltendem sd. Bzl. erhält man Mg-Octamethyltetraazaporphin (**IVa**) in Form bronzeglänzender, dunkelblaustichigpurpurroter Mikrokristalle. **III** kann man auch durch n-Propylalkohol, Isoamylalkohol oder Äthylenglykol ersetzen. In ähnlicher Weise kann man Farbstoffe erhalten, wenn **IIIa** allein ersetzt durch: ein Gemisch von 160 **IIIa** u. 52 Dimethylmaleinsäuredinitril, ident. mit **IVa**; ein Gemisch von 106 **IIIa** u. 128 Phthalonitril, leuchtendmarineblaues Pulver; ein Gemisch von 106 **IIIa** u. **Ia**, blaues Pigment. Durch Erhitzen von **IVa** mit Cu-Acetat in sd. Pyridin kann Mg durch Cu ersetzt werden, bronzeglänzendes dunkelblaustichigpurpurrotes mikrokristallines Pulver. (**E. P. 721 763** vom 6/2. 1952, ausg. 12/1. 1955.) O. Roick. 7073

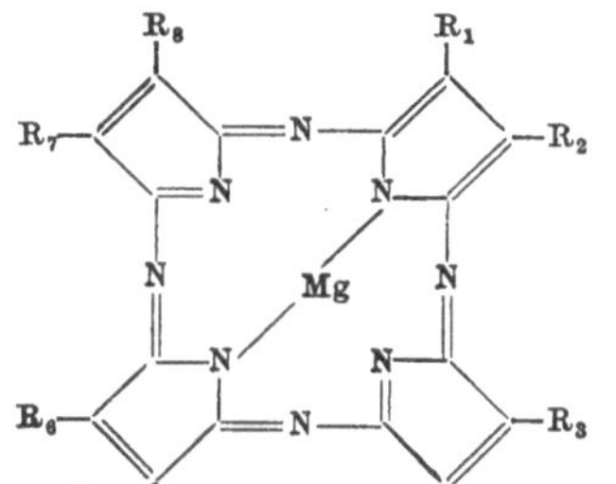

II

XIa. Farben. Anstriche. Lacke. Naturharze.

Francis Scofield, *Die Farbe transparenter Flüssigkeiten zum Oberflächenschutz.* Für Klarlacke u. Öle gibt es verschied. Vergleichsskalen, bei denen die Farbe als einfache Zahl angegeben wird. Schwierig ist diese Art der Farbmessung, wenn der Farbton der Substanz zu sehr verschieden von dem der Skala ist. Auch ein Umrechnen von einer der zahlreichen Systeme in das andere ist nicht einfach. Es ist daher wichtig, daß hier auf psychophysikal. Basis eine Vereinfachung oder ein universelles Syst. geschaffen wird. (ASTM Bull. Nr. **202.** 68—69. Dez. 1954. Nat. Paint, Varnish and Lacquer Assoc.) H. BECKER. 7090

Kraemer, *Zinkstaub als Korrosionsschutz.* Hinweise über die Verwendung von Zn-Staub in Anstrichen. (Metall **9.** 673—74. Aug. 1955.) F. VIER. 7092

G. E. Bessey und **K. A. Lammiman,** *Leerraumvolumen und Ölabsorption.* Ein App. u. eine Meth. werden beschrieben, um schnell das Verhältnis der Hohlräume in einem unter bekanntem Druck zusammengepreßten Pulver zu bestimmen, wobei die absol. D. des Materials bekannt ist. Es wird gezeigt, daß der für Kreide in dieser Art bestimmte Hohlraum der „wahren" Ölabsorption — wie früher von den Autoren definiert — gleichwertig ist. Durch eine Reihe von Verss. wird nachgewiesen, daß sich diese Versuchstechnik auch auf andere Pigmente anwenden läßt. Die Ölabsorptionswerte sind von drei Faktoren abhängig: 1. vom Überzug durch das Medium in mol. Dicke, 2. von der zum Ausfüllen der Hohlräume im Innern der Pulverteilchen benötigten Menge u. 3. von der zum Ausfüllen der Hohlräume zwischen den Pulverteilchen erforderlichen Menge des Mediums. (J. Oil Colour Chemists' Assoc. **38.** 694—708. Nov. 1955. Welwyn, Herts., Hall, Res. Council of Brit. Whiting Federat.) E. PREU. 7096

E. E. Halls, *Reaktionsprimer für die Vorbehandlung von Metallen.* Reaktionsprimer, die Phosphorsäure, Zn-Tetroxychromat u. Bindemittel (Polyvinylbutyral) enthalten, lassen sich auch auf rostfreiem Stahl, Cr, Sn u. Leichtmetallen anwenden. Die Phosphorsäure begünstigt die Gelierung u. Verfilmung des Harzes u. reagiert in Ggw. von etwas W. mit dem Grundmetall, wobei dieses angeätzt wird. Neben Zweikomponentenprimern gibt es auch Primer, die nur mit einem Inhibitor versetzt sind, welcher die Gelierung des Harzes verzögert u. bei Auftrag des Primers verdunstet. Verarbeitung des Reaktionsprimers auf reinem Metalluntergrund durch Spritzauftrag in Filmdicken von 0,5 bis 1,0 mils. (Ind. Chemist **28.** 441—45. Okt. 1952.) B. SCHEIFELE. 7106

M. D. Phelps, *Harzgebundene chemisch einwirkende „Wash primer" für Metalloberflächen.* „Wash primer" sind H_3PO_4-haltige Anstriche auf Basis Polyvinylbutyral. Nach Art der Pigmentierung werden verschied. Typen unterschieden: 1. Ein 2-Komponentenlack mit Zn-Tetroxychromat ist nach Zugabe der H_3PO_4 nur 8 Std. haltbar. Er ist universell für Eisen-, Al- u. Zn-Oberflächen verwendbar; 2. Primer mit Pb-Chromat sind länger haltbar u. haben sich bes. als Schiffsbodengrundierung für Süß- u. Salzwasser bewährt; 3. Cr-Phosphat kann als festes Pigment zugegeben werden oder als Komplex direkt in der Harzlsg. aus H_3PO_4 u. CrO_3 hergestellt werden. Die Anwendung ist universell, u. die Haltbarkeit beträgt mehrere Monate. Eine weitere Pigmentierung ist möglich. Auf den Primern haften fast alle Anstrichsysteme außer Acrylaten u. einigen Nitrolacken. (Finish **11.** Nr. 5. 67—68. 84—85. Mai 1954. Oakmont, Pa., Thompson & Comp., Speciality Coatings Inc.) H. BECKER. 7106

H. W. Talen, *Über die Konsistenz von Bleimennige-Standölfarben.* 4. Mitt. *Einfluß von Lösungsmittelgemischen auf den Konsistenzverlauf.* 5. Mitt. *Einfluß der Änderung des Verhältnisses der Mengen von Bleimennige und Standöl auf den Konsistenzverlauf.* (3. vgl. C. **1952.** 7263.) Prüfung des Einfl. von Lösergemischen auf die Konsistenz. Relativ geringe Mengen polarer Löser, wie Butanol, Methanol, üben einen stabilisierenden Einfl. aus. Ferner wurde der Einfl. des Pigment–Bindemittel-Verhältnisses untersucht, indem 80 u. 82% Bleimennige (bezogen auf den nichtflüchtigen Anteil der Anstrichfarbe) angewendet wurde. Mit 80% Mennige nimmt bei Verdünnung mit Lackbenzin die Konsistenz langsamer zu als mit 82%. Maxima u. Minima in der Konsistenz–Zeit-Kurve sind mit 80% weniger extrem als mit 82% Bleimennige. (Verfkroniek **25.** 48—53. Febr. 1952.) B. SCHEIFELE. 7106

S. Werthan, *Straßenmarkierungsfarben mit Reflexperlen.* Werden die Glasperlen zu weit von der Farbe benetzt u. sind sie zu tief eingesunken, so geht die Reflexion stark zurück; sind sie zu wenig benetzt, so werden sie bald durch äußere Einww. aus dem Anstrich gebrochen. Vf. beschreibt eine App. zur Herst. von Prüfanstrichen, an denen dann mkr. der Benetzungsgrad der Glasperlen bestimmt u. nach einer Vergleichskala numer. angegeben werden kann. (ASTM Bull. Nr. **202.** 59—60. Dez. 1954. Palmerton, Pa., New Jersey Zinc Co.) H. BECKER. 7106

G. W. Ssuchow, *Der physikalisch-chemische Mechanismus des Harzflusses.* 1. Mitt. Von Vf. wird vermittelst einer einfachen Anordnung die Geschwindigkeit der bei Verwundung eines Stammes austretenden Harzmengen gemessen. Die gewonnenen Geschwindigkeitskurven lassen sich ausdrücken durch: $V = V_m(1 - e^{-kt})$. V = Vol. der z. Z. t austretenden Harzmenge, V_m = Gesamtvol. der ausgetretenen Harzmenge, k = Konstante. Wie gefunden wurde, zeigen V_m u. k starke Streuungen, wofür die Verschiedenheit des anatom. Baues der Harzgänge verantwortlich gemacht wird. (Гидролизная и Лесохимическая Промышленность [Hydrolysen- u. holzchem. Ind.] **8.** Nr. 6. 12—13. 1955. Zentr. Wiss. Holzchem. Forschungsinst.) M. ULMANN. 7140

A. Lenz, *Über p_H-Messung an Pigmenten.* Anschließend an grundsätzliche Ausführungen zur p_H-Messung an Pigmenten wird folgende Arbeitsvorschrift gegeben: In einem trockenen Becherglas wird 1 (Gewichtsteil) Pigment in 10 W. aufgeschlämmt. In dieser Suspension wird mittels hochohmiger Glaselektrode nebst Hilfselektrode der p_H-Wert bei 20° ermittelt. Die Messung, während der zur Vermeidung des Absetzens von Pigment gerührt werden muß, ist bei Erreichung eines konstanten Endwerts (erfahrungsgemäß innerhalb von 60 Min.) beendet. Bei Temperaturkonstanz (± 0,5°) beträgt die Fehlergrenze ±0,2 p_H-Einheiten. (Farbe u. Lack **61.** 371—73. Aug. 1955. Köln.) M. WINIKER. 7152

Květa Burešová, *Über die Messung der Härte von Keilfilmen von Anstrichstoffen.* Auf einer horizontalen Glasplatte wurden mittels eines an beiden Enden mit verschied. Anzahl von Lagen eines Klebbandes versehenen Reagensglases keilförmige Filme erzeugt u. nach dem Eintrocknen deren Härte nach dem Verf. von PERSOZ u. CLEMEN u. der Bleistiftritzmeth. gemessen. Der Einfl. der Filmdicke auf die Härte wurde graph. festgelegt. Nur Lackfilme gleicher Dicke sind vergleichbar. Bei Vergleichsbestimmungen müssen gleiche relative Luftfeuchtigkeit u. Temp. eingehalten werden. (Chem. Průmysl **4** (**29**). 423—27. Nov. 1954. Výzk. úst. nátěr. hmot.) K. STEINER. 7158

XIb. Plaste (Kunstharze. Plastische Massen).

D. I. Lawson und **F. E. T. Kingman,** *Brandgefahr bei Kunststoffen.* Die Brandgefahr von Kunststoffen ist während der Verarbeitung größer als bei der späteren Anwendung. Die mit der Brennbarkeit von Kunststoffen zusammenhängenden Probleme werden erörtert. (Rubber Age [London] **36.** 648—49. Nov. 1955. Boreham Wood, Herts., Fire Res. Stat.) R. SCHÄFF. 7170

Jean Lesavre, *Empirische Untersuchung der Erscheinung des langsamen Biegens, im besonderen von Lucoflex.* Unters. zum besseren Verständnis des langsamen Biegens von Kunststoffen, bes. von Lucoflex (Polyvinylchlorid ohne Weichmacher). Eine Formel für die Biegefestigkeit von beidseitig aufliegenden Stäben wird entwickelt. (Ind. Plast. mod. **7.** Nr. 10. 41—44. Dez. 1955. Chauny et Cirey, Soc. St. Gobain, Centre de Rech. Croix-de-Berny.) R. SCHÄFF. 7170

Z. K. Jelínek, *Blockpolymerisation bei niedrigen Temperaturen.* Vf. beschreibt die Blockpolymerisation (B) von *Methylmethacrylat* durch *p-Toluolsulfinsäure* (**I**) u. beobachtet auch bei einer **I**-Menge unterhalb $^1/_{500}$ Mol eine Polymerisation, stellt aber oberhalb einen oft unregelmäßigen Ablauf fest. Spuren starker Säuren können die Aktivität der **I** günstig beeinflussen, ebenso steigt bei abnehmender O_2-Konz. die Polymerisationsgeschwindigkeit u. erreicht bei völligem Fehlen von O_2 ein Maximum. Die B durch **I** verläuft in Anwesenheit von *Benzoylperoxyd* beschleunigt. **I** bildet mit Peroxydase ein Redoxsyst., wodurch die zur Start-Rk. notwendigen Radikale gebildet werden. Die Inhibitoren für die B bei niedrigen Tempp. besitzen eine große Bedeutung; sie erlauben eine bessere Beherrschung der Reaktionswärme, weiter ist es vorteilhaft, mit stabilisierten Monomeren zu arbeiten, wodurch die Gefahr einer vorzeitigen spontanen Polymerisation entfällt. (Plaste u. Kautschuk **2.** 222—23. Okt. 1955. Pardubice-Rybitvi, ČSR, Inst. für organ. Synthesen.) F. SCHIPKE. 7172

A. M. Vermorken, *Vinyltoluol, ein neuer Grundstoff für die Farben- und Lackindustrie.* Übersicht. Besprochen werden Eigg. u. Copolymerisation des Vinyltoluols mit trocknenden Ölen u. Glyptalen. Copolymerisation eines Vinyltoluol–Divinylbenzol-Gemisches mit Ölen. — 9 Tabellen. (Chim. Peintures **17.** 237—45. Aug. 1954. Kayser & Mackay, Belg.) K. STEINER. 7172

J. Ames und **S. Gourley,** *Ausblühungen auf Lackfilmen aus Pentaerythrit-Alkydharzen.* Bei der Entstehung der Ausblühungen an feuchter Luft bildet sich zunächst ein weißlicher Beschlag, der sich allmählich verstärkt u. schließlich einzelne, gut ausgebildete Kristalle ergibt. An den Kristallisationspunkten bilden sich Krater im Lackfilm. Die Kristalle bestehen hauptsächlich aus NH_4^+ u. SO_4^{2-}, u. zwar nicht immer im äquivalenten

Verhältnis. Sie liegen nur lose auf dem Lackfilm u. sind schon durch Übersprühen mit W. zu entfernen. Die grundlegende Ursache der Erscheinung konnte noch nicht geklärt werden. Das „Wachsen" der Ausblühungen geschieht durch Kondensation von Wasserdampf aus der Luft, Bldg. von Tröpfchen, in denen durch Absorption von Salzen aus der Luft Kristallisation stattfindet. — 12 mkr. Aufnahmen. (J. Oil Colour Chemists' Assoc. **36.** 8—19. Jan. 1953. Stevenston, Ayrshire, Imp. Chem. Ind. Ltd., Nobel Div., Res. Dep.) G. GRAF. 7176

Robert S. Aries, *Epoxydgießharze in der Elektronentechnik.* Die Methoden zum Einbetten von elektron. Geräten, wie Verstärkern u. a., u. die Anwendung einiger hierfür speziell entwickelter Epoxydgießharztypen werden erörtert. (Mod. Plastics **31.** Nr. 11. 118—21. Juli 1954. Aries Labor., Inc.) R. SCHÄFF. 7176

C. H. Klute und **L. B. McKee,** *Kunststoffprüfung bei hohen und tiefen Temperaturen.* Beschreibung von 2 Prüfkammern zu einer 27000 kg Prüfapp., die es ermöglichen, verschied. Unterss. bei Tempp. von -60 bis $+25^0$ u. von 25—260^0 durchzuführen. (ASTM Bull. Nr. **202.** 50—55. Dez. 1954. Emeryville, Calif., Shell Development Co.) H. BECKER. 7210

W. C. Hunt und **R. P. Bauman,** *Messung der Vergilbung und Verfärbung von bewitterten Kunststoffen.* Vff. beschreiben ein Verf. zur Bewertung der Lichtstabilität von Polyesterharzen u. erörtern die Vorteile dieser Methode. (Mod. Plastics **32.** Nr. 2. 156—58. 244. Okt. 1954. Pittsburgh, Pa., Mellon Inst. Ind. Res.) R. SCHÄFF. 7210

Paul M. Terlizzi und **Arthur E. Lenehan,** *Kunststoffe in Flüssigkeitsraketen.* Inhaltlich ident. mit der C. **1954.** 2923 referierten Arbeit. (Ind. Plast. mod. **5.** Nr. 8. 6—8. Sept./Okt. 1953.) R. SCHÄFF. 7210

General Aniline & Film Corp., New York, N. Y., übert. von: **Samuel A. Glickman** und **Joseph M. Wilkinson,** Easton, Pa., V. St. A., *Herstellung von 3.5-Di-* und *3.5.x-Polyalkoxy-1-alkanoldicarbonsäureestern* u. deren Gemischen. Man erhitzt z. B. 51 (Teile) Sebacinsäure mit 90 3.5-Dimethoxy-1-hexanol in Ggw. von 0,1 p-Toluolsulfonsäure 3 Std. in N_2 auf 120—150^0 unter Abdest. des Reaktionswassers u. erhält 90 (72%) *Bis-3.5-dimethoxyhexyl* (**I**)*-sebacat,* $C_{26}H_{50}O_8$, Kp.$_{0,2}$ 210—215^0; n_D^{25} 1,4499; $D.^{25}_4$ 0,9994. **I**-*Adipat,* $C_{22}H_{42}O_8$, Kp.$_{0,2}$ 195—198^0, n_D^{25} 1,4482; *Bis-3.5-diäthoxyhexyladipat,* Kp.$_{0,45}$ 207—208^0. **I**-*Phthalat,* Kp.$_{0,3}$ 207—210^0. 3.5-Dibutoxyhexanol (Kp.$_{0,3}$ 98—99^0, n_D^{25} 1,4318; $D.^{25}_4$ 0,9069) + Dimethylphthalat $\xrightarrow[120-140^0]{CH_3ONa}$ *Bis-3.5.7-trimethoxyoctyldodecandisäureester* (**II**), Kp.$_{0,1}$ 245^0, n_D^{25} 1,4510. *Bis-3.5.7.9-tetramethoxy* (**III**)*-decyladipat,*

II 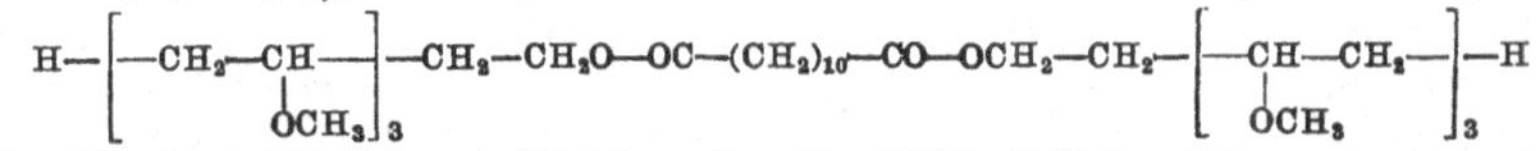

nicht destillierbar. **III**-*Suberat. Weichmacher* für PVC, Celluloseäther u. -ester. (**A. P. 2 686 805** vom 21/5. 1951, ausg. 17/8. 1954.) O. MÜLLER-MEININGEN. 7171

Friedrich Stübbe, Vlotho/Weser, *Einlegesohle,* bestehend aus Polyäthylen, zweckmäßig von einem Mol.-Gew. $\geqq 16000$; sie hat auf der nichtprofilierten Seite einen Kunstharzschaumüberzug als Polster. (**E. P. 738 919** vom 28/8. 1953, ausg. 19/10. 1955. D. Priorr. 9/9. 1952 u. 2/5. 1953.) H. MÖLLERING. 7173

Badische Anilin- & Soda-Fabrik Akt.-Ges. (Erfinder: **Curt Schuster** und **Robert Gehm**), Ludwigshafen/Rh., *Polymerisate von Vinylverbindungen* mit quaternären Ammoniumgruppen im Mol., dad. gek., daß man Verbb. polymerisiert, die mehrere Vinylgruppen u. mehrere quaternäre Ammoniumgruppen im Mol. enthalten, wobei letztere ein cycl. gebundenes N besitzen u. die Vinylgruppen unmittelbar an Heterocyclen gebunden sind, die diese quaternären Ammoniumgruppen enthalten. Die Ausgangsstoffe können noch mit anderen polymerisierbaren Verbb. mischpolymerisiert werden. Nach einem Beispiel wird zunächst aus N-Vinylimidazol (**I**) u. Bis-(chlormethyl)-dimethylbenzol die bis-quaternäre Ammoniumverb. gebildet, die dann mit **I** in Ggw. von H_2O_2 polymerisiert wird. In W. stark quellende Gallerte, geeignet für Textilveredlung. — Mengenbeispiele. (**D. B. P. 932 699** Kl. 39c vom 3/9. 1952, ausg. 8/9. 1955. Anmeldung bekanntgemacht 17/3. 1955.) H. SCHINDLER. 7173

Union Carbide & Carbon Corp., New York, N. Y., V. St. A., *Wärmestabilisieren von Vinylharzen* aus Polyvinylchlorid oder aus Mischpolymerisaten, die bes. Vinylester oder andere Vinylmonomere u. $< 10\%$ Vinylchlorid enthalten, erfolgt durch Zusatz üblicher Stabilisatoren, wie Dibutylzinnlaurat oder Bleisalze, neben Weichmachern u. Pigmenten u. zur Verstärkung der Wrkg. durch weiteren Zusatz von 0,5—10% Orthoameisensäure- oder Orthokieselsäureäthylester. — Mengenbeispiele, Tabellen. (**E. P. 740 203** vom 29/1. 1954, ausg. 9/11. 1955. A. Prior. 24/2. 1953.) H. SCHINDLER. 7173

United States Rubber Co., New York, V. St. A., *Zähe, starre Formkörper aus Polyvinylchlorid* (I). Man kalandert oder spritzt ein I mit einem Zusatz von 5—30% polymerem Styrol (II) oder seinen Mischpolymerisaten (40% II) mit Isobutylen oder Butadien neben Wachs u. Stabilisierungsmitteln bei 150—193°. (**E. P. 728 695** vom 10/12. 1952, ausg. 27/4. 1955.) G. SALZMANN. 7173

E. I. du Pont de Nemours & Co., Wilmington, Del., V. St. A., *Formkörper aus Polytetrafluoräthylen* (I). Ein koll. I, Polytrifluorchloräthylen oder ein polymeres Methanol–Tetrafluoräthylen-Telomeres mit Sinterungstemp. 300—327° u. feinpulvriger Graphit (bzw. Koksstaub oder Zr), die beide gegebenenfalls in Form einer wss., Alkylsulfonat enthaltenden Dispersion vermischt werden, werden bei 70 at verpreßt u. zum Sintern gebracht. Die Gegenstände, z. B. Rohre, Behälter, Isolierkörper u. dgl., besitzen hohe Reißfestigkeit. (**E. P. 726 506** vom 19/8. 1953, ausg. 16/3. 1955. A. Prior. 25/8. 1952.) G. SALZMANN. 7173

International Telephone & Telegraph Corp., Md., übert. von: **Arthur J. Warner**, Glen Ridge, und **Donald K. Keel**, Cranford, N. J., V. St. A., *Reinigen von hydriertem Polystyrol* durch Lösen eines Gemisches von Polystyrol mit der hydrierten Verb. in einem carbocycl. KW-stoff, wie Bzl., Toluol, Methylcyclohexan oder Dekahydronaphthalin, unter Zusatz von cycl. Äthern, wie Äthylen-, Propylen-, Butylenoxyd oder Dioxan, wodurch die hydrierte Verb. gefällt wird. Letztere soll ein Mol.-Gew. von 10000—150000 haben. — Mengenbeispiel. (**A. P. 2 726 233** vom 8/4. 1953, ausg. 6/12. 1955.) H. SCHINDLER. 7173

Phillips Petroleum Co., Bartlesville, Okla., V. St. A., *Plastische Massen aus Heteropolymeren*, die durch Einleiten von SO_2 u. Butadien, Isopren, Cyclohexadien oder C_2H_2 in W., das ein Emulgiermittel u. einen Beschleuniger (O_2, O_3, $AgNO_3$, $LiNO_3$, Persulfate, Chlorate, Perchlorate, Ascaridol oder ozonisierte Olefine) enthält, erhalten werden; die ungesätt. Komponente kann auch Allylalkohol, Vinylacetat, Allyläthyläther, o-Allylanisol, -phenol, p-Bromallylbenzol, Methylundecylenat oder ihre Mischungen sein. Ein 37,5% Festbestandteile aufweisender Latex wird mit einer Weichmacheremulsion aus 100 (Teilen) eines Sulfonamids [$R_1-SO_2N\langle^{R_2}_{R_3}$; R_1 = aliphat. oder aromat. KW-stoffrest (I), R_2 u. R_3 = H oder I, z. B. o- bzw. p-Toluol-, N-Äthyl-o-toluol-, N.N-Diäthyl-, N-Äthylpentan-, N.N-Diäthylbenzolsulfonamid u. dgl.], 1,9 Ölsäure, 0,15 NH_4OH u. 51,8 W. versetzt. — Filme. (**E. P. 718 455** vom 16/4. 1952, ausg. 17/11. 1954.) G. SALZMANN. 7173

Wingfoot Corp., Akron, O., V. St. A., *Verschäumbarer Ansatz aus einem Alkydharz und einem Poly-, besonders Diisocyanat*, gek. durch den Zusatz eines damit mischbaren Netzmittels, wie 0,1—5, bes. 0,4—1% Dioctyl-Na-sulfosuccinat, Polyoxyäthylensorbitanmonopalmitat, Sorbitantrioleat, Sorbitanmonolaurat, Lecithin, Lanolin, Sorbitanmonostearat oder Polyoxyäthylensorbitlaurat. (**E. P. 729 523** vom 24/3. 1953, ausg. 4/5. 1955. A. Prior. 13/9. 1952.) H. MÖLLERING. 7177

Devoe & Raynolds Co., Inc., Louisville, Ky., übert. von: **Sylvan O. Greenlee**, Racine, Wis., V. St. A., *Härtung von Epoxydharzen* aus Bis-phenolen oder solche enthaltenden Harzgemischen mit anderen Kondensationsprodd., z. B. Amin–Aldehyd-Kondensate, durch Zusatz von BF_3-Komplexen mit Verbb., die wenigstens 1 Aminostickstoff enthalten, der keine direkte Bindung mit einem negativen Rest besitzt. Als solche werden prim., sek. u. tert. aliphat. u. aromat. Amine, z. B. Dimethyl-, Diäthylanilin, Trimethyl-, Tripropylamin u. Pyridin, gelöst in flüchtigen organ. Lösungsmitteln, eingesetzt. — Mengenbeispiele. (**A. P. 2 717 885** vom 20/9. 1949, ausg. 13/9. 1955.) H. SCHINDLER. 7177

General Electric Co., übert. von: **William E. Cass**, Schenectady, N. Y., V. St. A., *Kunstharz.* Ein gesätt. Polyester mit freien Carboxylgruppen (SZ. $>$ 200) wird mit einem Epoxyharz eines Polyäthers aus einem mehrwertigen Alkohol u. Phenol vermischt u. durch zweistufiges Erhitzen kondensiert. — Beispiel: Ein Glykoladipatpolyester (SZ. 252) wird mit zwei verschied. Epoxyharzen aus Phenol, Hydrochinon, Resorcin, Glycerin oder Kondensationsprodd. aus einem Phenol u. Bis-(4'-oxyphenyl)-2.2-propan bei 150° gemischt u. 5 Std. bei 150° gehärtet. Das Harz läßt sich gießen, formen, zum Verbinden von Metallen u. Glaskörpern, zum Imprägnieren von Holz, Papier, Asbest u. Glimmer, ferner als Lack verwenden. Außer den üblichen Zusätzen kann es auch magnet. Pulver enthalten. (**A. P. 2 683 131** vom 31/10. 1951, ausg. 6/7. 1954.) G. SALZMANN. 7177

Universal Oil Products Co., übert. von: **Ralph B. Thompson**, Hinsdale, und **Herman S. Bloch**, Chicago, Ill., V. St. A., *Kunstharze* erhält man durch Rk. von aromat. Polyketonen, die mindestens 2 Acylgruppen am Arylring tragen, mit einem Polyamin bei 50—300° in solchem Mengenverhältnis, daß prakt. die Rk. nur zwischen dem Amin-H u.

dem Acyl-O stattfindet. — Man erhitzt z. B. eine Lsg. von 15 p.p'-Diacetyldiphenyl (I) u. 5,7 g 1.3-Diaminobutan (II) in Bzl. unter Rückfluß u. azeotrop. Dest. von 1,1 W. u. restlichem Bzl. u. erhält 18,5 g Rückstand, der durch Erhitzen auf 180—185° in ein klares bernsteinfarbenes Harz vom E. 180,5° F übergeht. Weitere Beispiele für die Rk. von I mit Diäthylentriamin u. Äthylendiamin, sowie von p-Diacetylbenzol mit II. (**A. P. 2 659 712** vom 9/8. 1950, ausg. 17/11. 1953.) O. MÜLLER-MEININGEN. 7181

Reinhard Ernst Vogel, Deutschland, *Herstellung von Gießharz*. Man erhitzt 1 (Mol) Harnstoff (I) u. 2—2,4 CH_2O 1—9 Std., bes. 3—6 Std., wobei der p_H-Wert zunächst 6,9—8 u. während der Kondensation 6,1—6,85, bes. 6,35—6,8 (gemessen 20 Min. nach Probenahme bei 18°) betragen soll. Der p_H-Wert wird durch Zusatz von Pufferstoffen oder feinverteilten Katalysatoren (Pb, CoO, Cd, CdO, Zn, ZnO, Mn_2O_3 + Fe-Spuren) geregelt, die anfallenden Reaktionsprodd. sind wasserlösl., ihr p_H wird nach Entfernung des Katalysators u. von W. im Vakuum auf $< 5{,}1$, bes. 4,8—4,3, gesenkt. I kann man mit Thioharnstoff, Phenol oder Kresol mischen oder durch Melamin oder Dicyandiamid ersetzen. Statt CH_2O kann man z. T. CH_3CHO, Acrolein oder Glyoxal anwenden. Die Harze kann man mit Acrylharzen mischen. — Man erhitzt 114 (Teile) 37%ig. CH_2O (p_H 7), 37,5 I, 0,36 Cd-Staub u. 1 n-Butanol in 50—60 Min. zum Kochen u. hält so 4 Std., filtriert den Katalysator ab, entfernt W. im Vakuum, setzt 0,25 $(CH_3CO)_2O$ in 2n-Butanol zu u. dest. im Vakuum 2—3 Minuten. Die Harze härten in Formen bei 20—65°. (**F. P. 1 087 778** vom 12/12. 1952, ausg. 28/2. 1955. D. Prior. 13/12. 1951.) M. PANKOW. 7181

Iowa State College Research Foundation, Inc., übert. von: **Orland R. Sweeney** und **Lionel K. Arnold**, Ames, **Justin T. Long**, Auburn, Ala., V. St. A., *Plastische Furfurolmassen* erhält man durch Rk. von Furfurol mit ca. 10% Lignin bzw. Ligninsulfonsäure, die z. T. durch ein substituiertes Furan, z. B. 2-Methylfuran (I), Furfuralaceton, -acetophenon, Furfurylacrolein, -acetat, -alkohol, Furfuralharnstoff oder Furfurin (II; 2.4.5-Trifurylimidazolin) ersetzt sein können. I u. II können auch unmittelbar aus Furfurol durch Red. oder Erhitzen (120°) mit NH_4OH erhalten werden. Statt des Furanderiv. kann auch Diphenylamin, Phenyl-β-naphthylamin oder Phenylthioharnstoff verwendet werden; oder auch Harnstoff, Aceton, Acetaldehyd, Thio- oder Phenylthioharnstoff, die mit Furfurol eine Aldolkondensation eingehen. Als Kondensationsmittel empfehlen sich Benzol-, p-Toluol-, Naphthalin- u. o-Aminophenol-p-sulfonsäure. — Herst. von Knöpfen, Ornamenten, Golfzielen, Spielwaren, Schleifscheiben, chem. widerstandsfähigen Behältern, Pumpen u. Schläuchen. (**A. P. 2 671 061** vom 24/1. 1951, ausg. 2/3. 1954.) G. SALZMANN. 7199

Monsanto Chemical Co., St. Louis, übert. von: **Henry L. Morrill**, Clayton, Mo., V. St. A., *Freifließende, nichtklumpende Masse* aus 15—40 (%) eines wasserlösl. Alkalisalzes der polymeren Acrylsäure bzw. Methacrylsäure, ihren Teilestern u. ihren Mischpolymerisaten mit anderen Monomeren, polymeren sulfonierten KW-stoffen, ungesätt. Aminen oder Amiden, u. 60—85 eines Gemisches von mit H_2SO_4 behandeltem Bentonit u. Attapulgit. — Verwendung zur Verfestigung von Böden. (**A. P. 2 716 094** vom 17/10. 1952, ausg. 23/8. 1955.) G. SALZMANN. 7205

Ciba Akt.-Ges., Basel, Schweiz, *Herstellung eines fleckenbeständigen Formkörpers*, dad. gek., daß man ein hitzehärtbares *Melamin–Benzoguanamin–HCHO-Kondensationsprod.*, in welchem das Mol-Verhältnis von Benzoguanamin zu Melamin 1:3,3 bis 2:1 u. dasjenige von Benzoguanamin + Melamin zu HCHO 1:1,5 bis 1:2,1 beträgt, unter Hitze u. Druck verformt. Neben Farbstoffen u. Pigmenten werden α-Cellulosepülpe, Kunstseide, Walnußschalenmehl, Holzmehl oder dgl. sowie Zn-Stearat als Gleitmittel für die Herst. von Geschirr u. Knöpfen mitverwendet. (**Schwz. P. 308 280** vom 10/1. 1952, ausg. 16/9. 1955.) G. SALZMANN. 7205

XII. Kautschuk. Guttapercha. Balata.

Olivér Dessewffy, Géza Schay und **Péter Szőr**, *Die Beziehung zwischen Spannung und Dehnung bei Kautschukblöcken unter Druckbeanspruchung*. 2. Mitt. (1. vgl. SCHAY u. SZÖR, C. **1956**. 5701.) Vff. untersuchten die Spannungsdeformation ziegel- u. ringförmiger Gummikörper u. stellten fest, daß für ziegelförmige Körper die Gleichung $p = G[(\lambda - 1/\lambda^2) + (\alpha - 1/\alpha)\, d\alpha/d\lambda]$ gilt, wo α die Flächenvergrößerung, λ der Quotient der verminderten u. der ursprünglichen Dicke der Körper ist. Für ringförmige Körper muß bei einer Deformation bis 20% die Gleichung mit $(3 - 2\lambda)$ multipliziert werden. (Magyar tudományos Akad. Kémiai Tudományok Osztályának Közleményei [Ung. Akad. Wiss., Ber. Abt. chem. Wiss.] 6. 253—61. 1955.) J. PLANK. 7220

Béla Nádor, *Elektrische Widerstandsänderung bei der Deformation von mit Graphitüberzug versehenen Gummiplatten*. Auf dünne Rohkautschuk- u. vulkanisierte Gummiplatten wurde eine möglichst gleichmäßige dünne Schicht einer Graphitsuspension in verd. benzol. Kautschuklsg. aufgetragen u. die elektr. Widerstandsänderung von ausgeschnittenen Streifen während des Dehnens gemessen. Bis zu 25%ig. Dehnung steigt der Widerstand quadrat. an, bei weiterer Dehnung in bedeutend größerem Maße. In gedehntem Zustand sinkt der Widerstand asymptotisch. Die Widerstandsabnahme ist der Relaxation der Kautschukmoll. in der Deckschicht zuzuschreiben, doch ist wegen Unkenntnis der zahlenmäßigen Beziehung zwischen Relaxation u. Widerstandsänderung die quantitative Auswertung z. Zt. nicht durchführbar. (Magyar Kémiai Folyóirat [Ung. Z. Chem.] **61.** 353—56. Nov. 1955. Budapest, Bauind. Forschungsinst.) J. PLANK. 7220

W. J. van Essen, *Der molekulare Zustand des Kautschuks in frischem und mit Ammoniak behandeltem Latex.* Der Befund von HESSELS (Rubber Chem. Technol. **20.** [1947.] 409), daß das Kautschuk-Mol.-Gew. in den kleinsten Latexteilchen niedriger ist als in den größeren, wurde krit. untersucht. Dabei wurde festgestellt, daß das Kautschuk-Mol.-Gew. in frischem Latex aus jungen Pflanzenteilen niedriger ist als im Latex aus dem Stamm. Das Kautschuk-Mol.-Gew. in den kleinsten Latexteilchen in frischem Latex ist jedoch das gleiche wie das in den größten Latexteilchen. Die während der Lagerung eintretenden Änderungen des Latex sind bei den kleinsten Teilchen am stärksten, so daß in altem konservierten Latex ein Endzustand erreicht wird, bei dem das Mol.-Gew. in den kleinsten Latexteilchen niedriger ist als in den größten (also in Übereinstimmung mit dem Befund von HESSELS). — Diskussionsbemerkungen. (Arch. Rubbercultuur **30.** 47—64. Okt. 1953. Indones. Rubber Res. Inst.) R. SCHÄFF. 7222

W. J. van Essen und **G. E. van Gils,** *Kontinuierliche Aufbereitung von Kautschuk durch Ausflockung.* Es wurde gefunden, daß CH_2O-konservierter Latex sehr leicht durch Zugabe von Emulgatoren, wie Emulphor 0, Vulkastab L.W. oder Fixanol, ausgeflockt werden kann. Beim Erhitzen bildet sich eine M., die beim Verdünnen eine flockige, sehr stabile u. auswaschbare Aufrahmung bildet. Der Aschegeh. eines solchen Kautschuks ist 0,14%. Verss. zur kontinuierlichen Aufbereitung von Kautschuk nach Art der Papierherst. sind in Arbeit. — Diskussionsbemerkungen. (Arch. Rubbercultuur **30.** 107—08. Okt. 1953. Indones. Rubber Res. Inst.) R. SCHÄFF. 7222

G. E. Proske, *Geschichte des Kunstkautschuks.* Zusammenfassender geschichtlicher Überblick über die Erforschung des Aufbaus von Naturkautschuk u. die Verss., künstlichen Kautschuk herzustellen, die schließlich zum Erfolg führten, aber noch nicht ein dem Naturkautschuk völlig gleichwertiges Polymerisat ergaben. Die Polymerisation von Butadien ohne Vernetzung ist weiterhin ein Problem auf diesem Forschungsgebiet. — 39 Literaturangaben. (Gummi u. Asbest **4.** 25—27. 55—56. 94. 125—26. 1951. Melbourne.) R. SCHÄFF. 7224

John T. Blake, Donald W. Kitchin und **Orison S. Pratt,** *Mikrobiologische Verschlechterung von Gummiisolierung.* Zur Unters. der Einw. von Bodenmikroorganismen auf die Gummiisolierung von Kabeln wurden dünn isolierte Drahtproben eingegraben u. als Kriterium der Haltbarkeit der Widerstand der Isolierung period. gemessen (n. Wert ca. 10^{12} Ω). Gleichzeitig erfolgten Parallelverss. in W. u. sterilisiertem Boden. 2 Arten der Einw. waren feststellbar: Sichtbare Vertiefungen in der Oberfläche u. Entw. unsichtbarer Mikroporen ohne Erosionserscheinungen. Der 1. Typ trat nur bei Naturgummi auf, der 2. bei diesem u. bei synthet. Gummi. *Rohbuna-S*(*GR-S*) bedeckte sich in Boden oder beimpftem W. rasch mit einem Pilzübertrag, während acetonextrahiertes Material kein sichtbares Wachstum zeigte. Gereinigter *GR-S* sowie *Butylgummi* u. *Neoprenpolymerisat* ermöglichten kein sichtbares Wachstum von Mikroorganismen. Die Lokalisierung unsichtbarer Schädigungen erfolgte vorteilhaft durch Elektrodeposition von Cu-Teilchen, wodurch eine erhebliche Zahl von Mikroporen sichtbar gemacht wurden. Es waren nur wenige Pilzgenera nachweisbar: *Spicaria violacea* ABBOTT, *Metarrhizium anisophiae, Fusarium sp., Stemphyliopsis sp.*; Bakterien scheinen erst nach Durchsetzung der Isolierung mit Pilzhyphen ins Innere einzudringen (Ausnahme Naturgummi). *Polyäthylen-*, *Polyvinylchlorid-* u. gewisse *Silicon-*Isolierungen zeigten nach 7 Jahren keinerlei Nachlassen des Isolierungswiderstandes. (Appl. Microbiol. **3.** 35—39. Jan. 1955. Cambridge, Mass., Simplex Wire & Cable Co.) K. MAIER. 7230

Consortium für elektrochemische Industrie G. m. b. H. (Erfinder: **Jürgen Smidt**), München, *Herstellen von polymeren Additionsprodukten,* dad. gek., daß man polymere Stoffe, die durch Homo- oder Mischpolymerisation von negativ substituierten 1.3-Butadienen erhalten sind, in Ggw. von sauren Katalysatoren mit polymeren, Hydroxylgruppen enthaltenden oder solche während der Rk. bildenden Verbb. umsetzt. (**D. B. P. 938 331** Kl. 39c vom 10/4. 1954, ausg. 26/1. 1956. Anmeldung bekanntgemacht 4/8. 1955.) W. OVERBECK. 7225

Geoffrey Sly, Melbourne, Australien, *Gegen Sauerstoff, Ozon und Oxydationsmittel unempfindliche Masse.* Elastomere von hoher Dauerelastizität erhält man aus Kautschuk, Polychlorbutadien, Butadien–Acrylnitril (bzw. Styrol)-Mischpolymerisaten oder Butylkautschuk durch Zumischen von etwa gleichen Teilen chlorsulfoniertem Polyäthylen neben den üblichen Zusätzen, wie Füllstoffen, Stabilisierungs-, Vulkanisierungs- u. Beschleunigungsmitteln. (**Aust. P. 155 085** vom 12/5. 1952, ausg. 18/2. 1954. A. Prior. 10/5. 1951.) G. Salzmann. 7227

Monsanto Chemical Co., City of St. Louis, Mo., V. St. A. (Erfinder: **Marion Wesley Harman**), *Diaminosulfide* der Formel NC—R_1—N(R_3)-S_x-N(R_4)-R_2—CN, worin R_1 u. R_2 Methylen-, Alkylmethylen-, Polymethylen- oder Alkylpolymethylengruppen mit höchstens 4 C-Atomen, R_3 u. R_4 tert.-Alkylgruppen mit mindestens 8 C-Atomen oder substituierte Alkylgruppen mit den Substituenten Cl, CN, Alkoxy, Amino oder N-Cyanalkylaminoalkylgruppen u. x eine ganze Zahl bedeuten, dienen als *Vulkanisatoren.* — *N.N'-Bis-(2-cyanäthyl)-N.N'-bis-(ω-2-cyanäthylamino-n-hexyl)-diamindisulfid.* Man setzt 1.6-Hexamethylendiamin mit Acrylnitril zu *N.N'-Bis-(2-cyanäthyl)-1.6-hexamethylendiamin* um u. behandelt letzteres mit S_2Cl_2 in Benzol. —Analog: *N.N.N'.N'-Tetra-(2-cyanäthyl)-diaminsulfid,* F. 69—74°. — *N.N'-Bis-(2-cyanäthyl)-N.N'-bis-tert.-octyldiamindisulfid.* (**E. P. 740 537** vom 31/1. 1952, ausg. 16/11. 1955. **Zusatz zu E. P. 708 627; C. 1955. 234.**) G. Langer. 7229

Soc. An. des Pneumatiques Dunlop, Seine, Frankreich, übert. von: **Dunlop Rubber Co. Ltd.,** *Kautschukgegenstände aus wässerigen Kautschukdispersionen.* Man mischt in die wss. Dispersionen eine organ. Thioverb. (Thioharnstoffe, Dithiocarbamate) u. ein Oxydationsmittel (H_2O_2, Peroxyde, Persulfate), worauf die Kautschukdispersion in ein Gel übergeht, das vulkanisiert wird. Neben den genannten Thioverbb. können langsamer oxydierbare, wie Mercaptobenzothiazol, zugesetzt werden, die als Vulkanisationsbeschleuniger dienen. — Man gibt 1,5—3 (Gewichtsteile) Zn-Dimethyldithiocarbamat in wss. Dispersion u. 2H_2O_2 zu einer S, ZnO, Zn-Diäthyldithiocarbamat u. 100 Kautschuk enthaltenden Kautschukmilch, schlägt sie mit Ricinusölseife zu Schaum, der sich bei Raumtemp. verfestigt, u. vulkanisiert bei 100°. (**F. P. 1 085 051** vom 20/4. 1953, ausg. 27/1. 1955. E. Priorr. 19/4. 1952 u. 1/4. 1953.) M. Pankow. 7231

XIII. Ätherische Öle. Parfümerie. Kosmetik.

R. W. Moncrieff, *Gewichtsverlust von Riechstoffen.* Am Beispiel des Vanillins, das in 152 g $6\cdot10^{23}$ Moll. enthält, bei $1,58\cdot10^7$ Moll., die für die Geruchsempfindung erforderlich sind, u. einem Verflüchtigungsverlust von $1,6\cdot10^{10}$ Moll. je Min. oder $8,4\cdot10^{15}$ = 0,0021 mg je Jahr, zeigt Vf., daß ein wägbarer Verlust erst in Tausenden von Jahren eintritt. Vorschlag des Begriffs „Geruchseinheit" (olfactory mass) als Minimum der Geruchsanregung, abhängig von Mol.-Gew., Dampfdruck u. einer Konstanten jedes Riechstoffes, in mg Verflüchtigungsverlust je Jahrtausend. (Perfum. essent. Oil Rec. **44.** 346—47. Okt. 1953.) H. Mühlmeister. 7260

James J. Broderick, *Verbesserte Methoden zur Herstellung terpenfreier ätherischer Öle.* (Vgl. C. **1955.** 9462.) Da die Terpene u. Sesquiterpene die Oxydation u. Verharzung äther. Öle beschleunigen, ist man bemüht, diese z. T. an sich unerwünschten Bestandteile zu entfernen. Dies gelingt mittels fraktionierter Dest. im Vakuum, Lösungsmittelextraktion, Gegenstromextraktion oder Chromatographie. Die verschied. Verff. werden beschrieben. (Manufact. Chemist **26.** 112—14. 128. März 1955. Givaudan Flavors Inc.) H. P. Fiedler. 7262

A. I. Chrimljan und **Ss. A. Minassjan,** *Einige Angaben über neue ätherische Öle für die Anwendung in der Lebensmittelindustrie.* Für Bergamottöl, Lavendelöl, Linaloolöl, verschied. Wermut- u. Minzöle, Geraniumöl u. Thymusöl werden Pflanzenrohmaterial, Gewinnung u. Verwendung bei der Herst. von Likören, Konditorwaren u. Erfrischungsgetränken beschrieben. (Известия Академии Наук Армянской ССР, Биологические и Сельскохозяйственные Науки [Nachr. Akad. Wiss. ArmenSSR, biol. landwirtsch. Wiss.] **8.** Nr. 11. 131—35. 1955. Botan. Inst. der Akad. der Wiss. der ArmenSSR u. Inst. für Epidemiol., Mikrobiol. u. Hygiene des Gesundh.-Minister. der ArmenSSR.) Reinhard Hüttenrauch. 7262

Nickola H. Nikolov, *Bulgarisches Rosenöl und seine Beschaffenheit.* Die in 2 Tabellen angegebenen physikochem. Konstanten des Rosenöls schwanken erheblich zwischen den bei der Wasserdampfdest. prim. abgeschiedenen 28—47% u. den durch Kohobieren gewonnenen 52—72% des äther. Öls. Sie werden aber ebenso wie die durch die Dauer der Lagerung vor der Dest. u. die dabei herrschende Temp. u. Luftfeuchtigkeit beeinflußten Eigg. im Fertigprod. ausgeglichen, so daß das heute nur aus der *Rosa damascena Mill.*

in moderner vollkommener App. gewonnene Öl innerhalb verbürgter enger Konstanten (vgl. C. **1954.** 3351) u. mit gleichbleibender Geruchsnote geliefert wird. (Perfum. essent. Oil Rec. **45.** 290—93. Sept. 1954. Bulgarska Rosa State Enterprise.) H. MÜHLMEISTER. 7262

D. Iwanow, Tsch. Iwanow und **B. Stojanowa-Iwanowa,** *Über die Zusammensetzung des Stearoptens im bulgarischen Rosenöl.* 2. Mitt. *Andere gesättigte Kohlenwasserstoffe außer Eikosan.* (1. vgl. C. **1956.** 7951.) Durch wiederholte Dest. u. Bromierung sowie durch Identifizierung mittels der Kpp. konnte nachgewiesen werden, daß das Stearopten des bulgar. Rosenöls zumindest noch *Heneikosan,* $C_{21}H_{44}$, *Nonadecan,* $C_{19}H_{40}$, u. *Heptadecan,* $C_{17}H_{36}$, enthält; das Vorhandensein von *Pentadecan,* $C_{15}H_{32}$, kann als wahrscheinlich namhaft gemacht werden. Außerdem enthält das Stearopten noch ungesätt. KW-stoffe. Ein Teil der unlösl. bleibenden Harze blieb unbromiert. (Доклады Болгарской Академии Наук [C. R. Acad. bulgare Sci.] **7.** Nr. 1. 17—20. Jan./März 1954. Sofia, Univ., u. Inst. für Chem. Technol., Lehrstühle für organ. Chem.) A. v. WILPERT. 7262

J. Gil Montero, *Die Parfümqualität „frisch".* Parfümsorten, die den Eindruck der Frische vermitteln, enthalten Terpene. (Ion [Madrid] **15.** 315—18. Juni 1955.) HEINRICH HERMANN. 7276

F. Schmitt, *Phenyläthylalkohol.* Deutsche Fassung der C. **1955.** 7104 referierten Arbeit. (Parfümerie u. Kosmet. **36.** 376. 378. Aug. 1955.) H. MÜHLMEISTER. 7276

Hans Neumann, *Fermente in der Kosmetik.* Tier. Fermentkonzentrate eignen sich für kosmet. Zwecke nicht. Aus Kulturen von *Aspergillus orizae* auf Kleie gewonnene Konzentrate ergaben unter Zusatz anderer Wirkstoffe eine „Ferment-Gesichtsmaske", die sich klin. zur Straffung u. Durchblutung der Haut bewährte. (Riechstoffe u. Aromen **5.** 279. Sept. 1955.) H. MÜHLMEISTER. 7284

T. Ruemele, *Herstellung von Emulgatoren in situ.* Betrachtungen zur Verwendung von koll. Aluminiumhydroxyden zur Herst. beständiger Emulsionen in der kosmet. Industrie. (Manufact. Chemist **25.** 76. Febr. 1954.) GERHARD GÜNTHER. 7284

Günther Lindemann, *Das Cake-make-up.* Die Anforderungen an feste — gegossene oder gepreßte — Make-up-Präpp. werden besprochen u. 6 Rezepte angegeben. (Parfümerie u. Kosmet. **35.** 174—75. Mai 1954.) H. MÜHLMEISTER. 7284

R. Heilingötter, *Die Quellung und Erweichung von menschlichem Haar.* (Seifen-Oele-Fette-Wachse **80.** 669—71. 8/12. 1954. — C. **1956.** 588.) K. SEIFERT. 7284

B. K. Jain und **J. B. Lal,** *Abweichungen im Alkoholgehalt ätherischer Öle nach Gildemeister und einer neuen Vorschrift.* Die Alkoholbest. durch Acetylierung nach GILDEMEISTER u. nach einer von MATHUR u. LAL angegebenen Meth. werden durch Verss. verglichen, Ergebnisse in 7 Tabellen u. 6 Diagrammen. In Gemischen von 0—100, 10—90 usw. bis 100—0% Menthol u. Menthylacetat (I) bzw. Santalol u. Santalylacetat (II) gibt die Best. nach M. u. L. genaue Werte, während die nach G. bei **I** bis zu 5,96 (%), bei **II** bis zu 4,3 zu niedrige anzeigt. Die Abweichungen liegen auf einer Hyperbel; sie sind bei den entsprechenden äther. Ölen infolge der übrigen Bestandteile geringer, <4. Bei reinem Geraniol u. hydrolysiertem Palmarosaöl sind die Werte nach G. <1, bei sehr esterreichem bis 3 zu niedr., bei Vetiverol u. ind. Vetiveröl <2. Nach beiden Methoden ergeben Benzylalkohol u. o-Kresol einzeln u. in Mischungen prakt. fast dieselben Werte. (Indian Soap J. **20.** 235—44. März 1955. Kanpur, H. B. Technol. Inst.) H. MÜHLMEISTER. 7286

XIV. Zucker. Kohlenhydrate. Stärke.

Werner Steudel, *Sind wir gegen die Vergilbungskrankheit der Rüben immer noch machtlos?* (Vgl. C. **1953.** 8732; **1955.** 9423.) Nach den bisherigen Erfahrungen können beste Erfolge von einer chem. Bekämpfung (mittels *Systox*) der Überträger (Myzodes persicae u. Doralis fabae) der Vergilbungskrankheit erwartet werden. (Mitt. dtsch. Landwirtschafts-Ges. **69.** 264—66. 25/3. 1954. Elsdorf.) M. WINIKER. 7406

Jozef Vašatko, *Die Reinigung von Rübensaft und Verwertung von Zwischenprodukten.* Krit. Besprechung der Theorien über die Klärung u. Saturation des Rübensaftes. Vorzüge des theoret. begründeten progressiven V—K-Saturationsverf., Verwertung des so gewonnenen Kalkschlammes, der „V—K Kreide". (Magyar tudományos Akad. kémiai Tudományok Osztályának Közleményei [Ung. Akad. Wiss., Ber. Abt. chem. Wiss.] **7.** 101—16. 1955.) J. PLANK. 7412

A. Labouchère, *Über die Verhütung von Verkrustungen in den Verdampfungskörpern der Zuckerfabriken.* Nach einer Übersicht über die Ursachen der Verkrustung in Verdampfern werden die Verff. zu ihrer Verhütung besprochen mit besonderer Berücksichtigung der Wasserenthärtung mit Kationenaustauschern. (Ind. saccarif. ital. **46.** 99—105. März/April 1953.) R. K. MÜLLER. 7414

M. von Lillienskiold und **F. Tödt,** *Praktische Wege zur Verhütung der Korrosion eiserner Verdampferrohre in der Rübenzuckerindustrie.* Durch colorimetr. Fe-Bestimmungen u. elektrochem. O-Messungen in den Zuckersäften wurden die Korrosionen beim Verdampfprozeß verfolgt. Dadurch ist die Möglichkeit geschaffen, die verschied. Maßnahmen zur Korrosionsverhütung zu prüfen. Die Bedeutung der durch den Kalkgeh. der Säfte entstehenden Schutzschichtbldg. wird durch den Zufallscharakter derartiger Schutzschichten eingeschränkt. (Zucker **8.** 312—14. 15/7. 1955.) F. TÖDT. 7414

E. Lindemann, *Der Einfluß der Maissorte und des Verarbeitungsprozesses auf die Qualität der Maisstärke.* Unters. der aus 11 verschied. in- u. ausländ. Maissorten gewonnenen *Stärke* (I) ergab bei Anwendung des BRABENDER-Viscographen eine sortenbedingte Abhängigkeit, entsprechend erhaltenen Ergiebigkeitszahlen von 98,6—100%. Die Gelfestigkeiten zeigten keine wesentlichen Unterschiede. Variation der Trocknungstemp. von 22—65° hat keinen Einfl. auf die Viscosität. Quellungsverss. bei 50° u. bei einem SO_2-Geh. zwischen 0,1 u. 0,5% ergaben keine besseren I-Ausbeuten, jedoch wird die Trennung zwischen I u. den Proteinen mit zunehmendem SO_2-Geh. besser, gleichzeitig nimmt die Viscosität jedoch ab. Die Zus. des Betriebwassers hat keinen Einfl. auf die I-Ausbeute; hartes W. bewirkt nur eine Graufärbung der I u. verringert die Verwendungsmöglichkeit der I für Sirupe. (Stärke **6.** 274—77. Nov. 1954. Detmold, Bundesforschungsanst. für Getreideverarbeitung.) M. ULMANN. 7446

H. J. Bastone und **H. B. Elkind,** *Beurteilung der Rohrzuckerqualität: drei Testmethoden.* Es werden 3 Prüfmethoden an gewaschenem u. zentrifugiertem Rohzucker beschrieben: 1. Messung des durch Druckfiltration erhaltenen Filtrationsanteiles; 2. Best. des Feingehaltes durch Aussieben u. 3. Messung der Farbe einer wss. Lsg. mittels Colorimeters. (Int. Sugar J. **57.** 55. Febr. 1955.) G. FRIKELL. 7472

Hans Wegner und **Siegfried Winkler,** *Viskositätsforderungen und Viskositätsmessungen bei Kartoffelstärke.* Vergleichsmessungen der Viscosität von 3 verschied. stark viscosen Kartoffelstärken (I) mit dem HÖPPLER-Viscosimeter, dem Auslaufviscosimeter von STERN u. dem BRABENDER-Viscographen ergaben, daß die Größe der Unterschiede vom Viscosimetertyp abhängt. Mechan. u. chem. Einfll. wirken sich bei hochviscosen I stärker aus. Nach alkal. Verkleisterung u. anschließender Neutralisation sind Fremdionen von geringerem Einfl. auf die Viscosität, so daß empfohlen wird, derartige Kleister, deren Herst. näher beschrieben wird, bei techn. Unterss. zu verwenden. (Stärke **6.** 187—84. Aug. 1954. Berlin, Forschungsinst. für Stärkefabrikation.) M. ULMANN. 7490

Maschinenfabrik Buckau R. Wolf Akt.-Ges. (Erfinder: **Kurt Heinrich**), Grevenbroich, *Brüh- und Diffusionsverfahren für pflanzliche Stoffe,* dad. gek., daß die Menge des Saftflusses zwischen Diffusions- u. Brühgefäß automat. in Abhängigkeit des Konzentrationsgefälles zwischen Schnitzel u. Saft so gesteuert wird, daß ein wirksames Konzentrationsgefälle zwischen Brühsaft u. Auslaugegut vorhanden ist. (**D. B. P. 938 600** Kl. 89c vom 17/3. 1954, ausg. 2/2. 1956. Anmeldung bekanntgemacht 21/7. 1955.) A. GRADL. 7413

Maschinenfabrik Buckau R. Wolf Akt.-Ges. (Erfinder: **Kurt Heinrich**), Grevenbroich, *Diffusionsverfahren für Zuckerrübenschnitzel,* dad. gek., daß die plasmolysierten Schnitzel einem schwankenden Unterdruck ausgesetzt werden u. dabei während des Minimumdruckes vom Maischsaft getrennt u. während des Maximumdruckes gebrüht werden. Der Maischsaft wird dabei im Gegenstrom-Querstrom zu den Schnitzeln geführt. (**D. B. P. 938 599** Kl. 89c vom 17/8. 1952, ausg. 2/2. 1956. Anmeldung bekanntgemacht 21/7. 1955.) A. GRADL. 7413

Ernst Lange, Ochsenfurt/M., *Saturation von Zuckersäften mit Kohlensäure* in einer ausführlich beschriebenen (Zeichnung) Spezialvorr., wobei die Säfte höherer Alkalität mit Saturationsgas geringerer CO_2-Konz. behandelt werden u. umgekehrt. (**D. B. P. 937 880** Kl. 89c vom 3/4. 1954, ausg. 19/1. 1956. Anmeldung bekanntgemacht 21/7. 1955.) A. GRADL. 7413

Abe Warshaw, Santa Maria, Calif., V. St. A., *Reinigung von Flüssigkeiten durch Elektrodialyse und Ionenaustausch,* z. B. von *Melasse.* Aus dieser werden nach Verdünnung mit 50% W. durch Elektrodialyse 60—80% der Salze u. anschließend durch Kationen- u. Anionenaustauscher der Rest der Salze entfernt. Die bei der Elektrolyse gebildeten Säuren u. Laugen werden zur Regenerierung der Austauscher verwendet. (**A. P. 2 688 572** vom 27/9. 1950, ausg. 7/9. 1954.) E. REICHELT. 7419

United States of America, übert. von: **Charles O. Willits,** North Hills, und **William L. Porter,** Philadelphia, Pa., V. St. A., *Ahornsirup.* Frischer Ahornsaft mit 2(%)

Zucker wird im Vakuum bei Tempp. unter 105° F auf 65 Trockensubstanz eingedickt; die weitere Eindickung erfolgt bei atmosphär. Druck bei Tempp. zwischen 220 u. 260° F bis ca. 90 Trockensubstanz. (**A. P. 2 715 581** vom 21/11. 1952, ausg. 16/8. 1955.) A. GRADL. 7447

Clinton Foods, Inc., übert. von: **Walter R. Fetzer** und **Robert M. Hamilton**, Clinton, Io., V. St. A., *Enzymatische Stärkekonvertierung.* Um den schädlichen Einfl. von Schwermetallionen auszuschalten, werden der kalten, wss. Stärkesuspension ca. 3 Teile Monocalciumphosphat pro 1000 Teile Stärke zugesetzt. Die Stärke kann nun für Versandzwecke abgefiltert u. getrocknet werden; das beigemischte Monocalciumphosphat bleibt trotzdem dispers verteilt. (**A. P. 2 720 465** vom 11/2. 1950, ausg. 11/10. 1955.) A. GRADL. 7449

Bush, Beach & Gent Ltd., London (Erfinder: **George Boxter Frost**), England, *Klärung von Stärkekonversionssäften.* Die Säfte werden bei mindestens 80° mit einem oder mehreren der folgenden Verbb. behandelt bis ein p_H-Wert erreicht ist, bei dem die ausfällbaren Stoffe ausflocken: Carbonate, Sesquicarbonate, Bicarbonate u. Hydroxyde der Alkalimetalle sowie Alkali-Phosphate, -Silicate u. -Aluminate. Die ausgefällten Stoffe werden mit Bentonit niedergeschlagen u. filtriert. Das Fällmittel wird in Mengen von 0,1—0,5% (bezogen auf die Saftmenge) u. das Filterhilfsmittel in Mengen von 0,2—1% angewandt. (**E. P. 714 759** vom 6/4. 1951, ausg. 1/9. 1954.) A. GRADL. 7449

XV. Gärungsindustrie.

László Torbágyi-Novák und **Jenö Verhás**, *Die Beziehungen zwischen dem theoretischen Sauerstoffverbrauch bei der Zellenbildung und der verbrauchten Menge Luft im Hinblick auf die Qualität der gewonnenen Hefe.* Bei der Hefebldg. wird weit mehr Luft verbraucht als der Theorie entspricht. Das soll daran liegen, daß die zuströmende Luft große Blasen bildet, die eine quantitative Ausnützung hemmen. (Élelmezési Ipar [Verpflegungs-Ind.] **6.** 6—9. Jan. 1952.) H. LANGENBECK. 7506

Ss. A. Konowalow, *Der Temperatureinfluß auf die Entwicklung von Infektionen bei der alkoholischen Gärung.* Je niedriger die Gärungstemp. ist, um so geringer ist die Entw. der säurebildenden Bakterien. Vf. verfolgte die Intensität der Hefezellenentw., wobei es sich zeigte, daß bei niedrigen Tempp. (18—20°) die Hefevermehrung in den ersten 28—35 Std. verhältnismäßig träge ist, erst nach 40—45 Std. sich wesentlich verbessert u. dann wie bei 25—30° erfolgt. Gärungsbeendigung nach 65—72 Stunden. Niedrige Tempp. beeinträchtigen mehr den Gärungsverlauf als die Vermehrung der Hefezellen. Es ist somit zweckmäßig, die Gärung bei niedrigen Tempp. (20—22°) anzufangen, um die Infektion u. Säurebldg. zurückzudrängen. Nachher wird die Temp. auf 27—29° gesteigert. (Спиртовая Промышленность [Spirituosen-Ind.] **21.** Nr. 2. 20—22. 1955. Allunions Wiss. Forschungsinst. der Spiritusind.) A. ECKE. 7536

Anna M. MacLeod, *Das Verhalten der Kohlenhydrate beim Mälzen.* Von dem mengenmäßigen biol. örtlich bedingten Vork. der verschied. Kohlenhydrate im Gerstenkorn u. im Malzkorn u. deren enzymat. Umwandlung wird eine Skizze entworfen u. über die trennende Wrkg. 4%ig. NaOH u. die hydrolyt. einer n-H_2SO_4 berichtet. Das Kettenglied des Amylopektins besteht in der Gerste aus 24—26 u. im Malz aus 17—18 Glucosemolekülen. Die Raffinose ist im Keim gehäuft, wo sie beim Keimen schneller als Saccharose abgebaut wird. (Brewers' Guild J. **41.** 430—36. Aug. 1955. Edinburgh, Heriot-Watt College.) H. GUDE. 7540

R. S. W. Thorne, *Eine Untersuchung über die Gärungsgeschwindigkeiten einiger unter- und obergäriger Bierhefen in Beziehung zu ihrem Stickstoffgehalt.* (Vgl. C. **1956.** 7103.) Als Gärungsgeschwindigkeit der Hefe Φ ist die Raummenge CO_2 bezeichnet, die 1 g feuchter Hefe (22,22% Trockenmasse) bei 20° in einer Std. entwickelt. Dabei befindet sich die Hefe in einem N-freien Substrat mit p_H 4,4—5,3. Die mittlere Φ, als $\overline{\Phi}$ bezeichnet, ist die Φ während der ersten 80% einer Gärung. Es gilt: $\overline{\Phi} = c(N-N_0)$, wo c der Wirkungsgrad, ein Faktor des Hefestammes, N der N-Geh. der Hefe in % u. N_0 der Gärungsschwellenwert des N-Geh. sind, der für alle Bierhefen 0,71 beträgt. Der Wirkunsgrad c der untergärigen Hefen (Saccharomyces carlsbergensis) beträgt 20,6 bis 27,0, der der obergärigen (S. cerevisiae) 13,6—22,0. Hinsichtlich c ist die Fortpflanzungsfähigkeit ohne Einfl. u. kein Unterschied zwischen Glucose, Fructose, Maltose u. Saccharose. — 8 Figuren, 3 Tabellen u. 12 Literaturhinweise. (Wallerstein Lab. Commun. **17.** 195—212. Sept. 1954. Kopenhagen, Alfred Jorgensen Labor. Fermentologie.) H. GUDE. 7544

P. Weiersmüller, *Beitrag zur Methodik der Schaumbestimmung.* Verschied. Schaummeßmethoden werden diskutiert. Die Meth. nach ROSS u. CLARK mit Einschenken des

Bieres wird für vorteilhaft gehalten u. zur Unters. verwendet. Bier soll vor der Best. mindestens 1 Tag bei 10° aufbewahrt u. nicht länger als 4 Std. bei 20° temperiert werden. Bei 5—6 Parallelbestimmungen erhält man zuverlässige Ergebnisse mit mittlerem Fehler von 0,5—1,5 Einheiten. Form u. Maße der Schaumapp. beeinflussen die Resultate. Mit zunehmender Biermenge zur Best. steigt die Schaumzahl. Bei demselben Bier in verschied. Flaschengrößen ergaben kleinere Flaschen niedrigere Werte. Bei Schaummessung aus derselben Flasche hatte die zweite Probe eine höhere Schaumzahl. Im Verlauf des Schaumzerfalls nehmen die Werte zu; für genaue Messungen ist die Aufstellung einer Kurve nötig. Bei Unterss. in verschied. Laborr. ergab sich eine statist. gesicherte Beziehung zwischen den Zahlen. Bei der Best. n. u. übergeschäumt abgefüllter Biere konnten Unterschiede nicht beobachtet werden. Nach 7 Tagen Aufbewahrung bei 10° stiegen die Schaumzahlen an, ebenso durch Pasteurisation. Verschied. Gase wurden nach Abfüllen eingeblasen; Luft, O_2 u. N_2 erhöhten Schaumhaltbarkeit gegenüber CO_2. Zwischen ITT u. Schaum konnte bestimmte Beziehung nicht festgestellt werden. Seifenlsg. verschlechterte Schaumbeständigkeit ab 2,5 mg/Liter, künstliches Schaummittel verbesserte ab 5 mg/Liter. Zwischen Schaumhaltbarkeit u. -bldg. bzw. -dichte besteht keine statist. gesicherte Korrelation. (Schweiz. Brauerei-Rdsch. **66.** 19—26. Febr. 1955. Zürich, Versuchsstat. Schweiz. Brauereien.) H. G. SCHULTZE-BERNDT. 7550

M. Mayer-Oberplan, *Die Möglichkeit von „Sommergärungen" und ihre Verhütung.* Ratschläge für die weinbauliche Praxis zur Verhütung der während der Sommermonate infolge der Erwärmung des Kellers häufig eintretenden Nachgärung von Weinen mit unvergorenem Zucker. Neben einer Flaschenfüllung dieser Weine vor der Erwärmung des Kellers wird hierzu bes. die Kurzzeiterhitzung im „Phönix-Supra-Plattenapparat" empfohlen. (Dtsch. Weinbau **10.** 237—39. 5/5. 1955. Koblenz-Ehrenbreitstein.) E. KIELHÖFER. 7554

Richard H. Robinson, *Das Whisky-Prüfungs-Laboratorium.* Kurze Beschreibung der für ein Whisky-Labor. in Frage kommenden Untersuchungsmethoden u. der dazu notwendigen Geräte. (Spirits **21.** 22—24. 29. Dez. 1954. Pittsburgh, Pa., Fisher, Scientific Comp.) E. KIELHÖFER. 7596

Kurt Fuß, *Über die Problematik der Ausbeutedifferenz-Methode zur Beurteilung der Malzlösung.* An 12 Malzen wurde Schwankungsbreite u. mittlerer Fehler (MF) der Extraktausbeute festgestellt. MF der Einzelbest. betrug bei Feinschrot ±0,32%, bei Grobschrot ±0,51% u. bei der Ausbeutedifferenz (AD) ±0,56% Extrakt. Die Brauchbarkeitsziffer nach ENDERS u. HARTONG für die AD-Meth. liegt mit 3,5 an der untersten Grenze der Brauchbarkeit; sie besagt, daß die Malze nur in 3 Gruppen eingeteilt werden können. Bei verschied. Stationen wird trotzdem ein Malz in 2 Kategorien der Lsg. eingestuft werden können. (Brauwelt, Ausg. B **95.** 166—67. 18—22. Febr. 1955. München, Wissenschaftl. Stat. für Brauerei.) H. G. SCHULTZE-BERNDT. 7598

Morris Kenigsberg und **Irwin Stone,** *Die Bestimmung von Nickelspuren in Malzgetränken.* Zur Best. von *Ni* in Bier, Würzen u. dgl. wird eine genaue colorimetr. Meth. angegeben, wobei die Probe verascht, die Asche in verd. HCl gelöst, die Lsg. mit Dithizon in CCl_4 ausgeschüttelt (Entfernen von störendem Cu u. Fe) u. in der wss. Phase der gefärbte Ni-Komplex durch Behandlung mit Dimethylglyoxim, Bromwasser u. NH_3 erzeugt wird. Die Färbung ist von 0—0,05 mg-% der Konz. proportional u. wird bei ca. 500 mμ photometr. bestimmt. (Analytic. Chem. **27.** 1339—40. Aug. 1955. New York, N. Y., Wallerstein Labors.) K. MAIER. 7600

XVI. Nahrungs-, Genuß- und Futtermittel.

J. Kuprianoff, *Lebensmitteltechnik.* Übersicht über Haltbarmachung: Kühlen, Gefrieren, Pasteurisieren, Sterilisieren, Eindicken, Trocknen; Verarbeitung von Lebensmitteln: Fleisch, Fisch, Milch(prodd.), Eier, Öle, Fette, Obst, Gemüse, Getreide. — 71 Schrifttumshinweise. (Z. Ver. dtsch. Ing. **98.** 292—95. 1/3. 1956. Karlsruhe.) W. WESLY. 7632

D. Melcher, *Probleme radioaktiver Verseuchung von Lebensmitteln.* 1. Mitt. *Die Ursachen und der Mechanismus der Verseuchung.* Vf. beschreibt kurz Mechanismus von Atombomben u. Piles, direkte u. indirekte radioakt. Verseuchungsmöglichkeiten, radioakt. physikal. u. biol. Maßeinheiten, die in Frage kommenden Strahlungsarten, deren Messung, Meßtechniken für radioakt. verseuchte Luft, Fll. u. feste Körper u. Toleranzdosen. (Mitt. Gebiete Lebensmittelunters. Hyg. [Bern] **46.** 68—75. 1955. Bern.) F. KRUSEN. 7658

L. Acker, *Die Überwachung der Lebensmittel in USA.* Allg. Ausführungen. (Dtsch. Lebensmittel-Rdsch. **51.** 135—39. Mai 1955. Frankfurt/M., Univ., Inst. Lebensmittelchem.) H. GUDE. 7658

G. T. Chamberlain, *Die Zusammensetzung einiger ostafrikanischer Nahrungsmittel an Haupt- und Spurenelementen.* Zusammenstellung des Geh. an K, Ca, Mg, Na, P, Ba, Cr, Co, Cu, Fe, Pb, Mn, Mo, Ni, Ag, Sr, Sn, Ti, V u. Zn verschied. Lebensmittel in Ostafrika. (East African agric. J. Kenya, Tanganyika, Uganda, Zanzibar **21.** 103—07. Okt. 1955. Kikuyu, Kenya, East African Agric. and Forestry Res. Organization.) W. KNÖPKE. 7660

M. Rohrlich und **H. Benischke**, *Fermentaktivität und Haferverarbeitung.* (Vgl. C. **1953.** 9342.) Hohe Inaktivierungstempp. u. ausgedehnte Behandlungszeiten bei optimaler Feuchtigkeit sind geeignete Mittel um unerwünschte Geschmacksveränderungen der Hafererzeugnisse durch Fermentaktivität zu vermeiden. Die Höhe der Inaktivierungstemp. ist begrenzt durch die gleichzeitige Abnahme der Eiweißverdaulichkeit. (Mühle **89.** 709. 6/11.; 730. 20/11.; 741—42. 27/11. 1952.) H. HAEVECKER. 7664

R. M. Finch und **M. C. Harris**, *Chlorung von Wasser zum Waschen und Weichen von Weizen.* Chlor im Wasch- u. Weichwasser verbessert die hygien. Verhältnisse einer Mühle durch frischeren Geruch u. saubere Apparaturen u. verringert die Bakterien usw. im Mehl. 2 Nomogramme zur Berechnung des Wasser- u. Cl-Zusatzes werden angegeben. (Amer. Miller Processor **83.** Nr. 12. 25—26. 28. Dez. 1955. Belleville, N. J., Wallace & Tiernan, Inc.) H. MÜHLMEISTER. 7670

C. G. Harrel, *Mehlveredelung durch Reifung und Bleichmittel.* 2. Mitt. (1. vgl. C. **1953.** 1415.) Vf. erläutert an Hand von Gebäckabbildungen die Wrkg. der natürlichen Reifung niedrig u. hoch ausgemahlener Mehle im Vgl. zur Behandlung mit NCl_3, wobei die tox. Wrkg. der künstlichen Mehlbehandlung mit NCl_3 besprochen wird. (Bakers Digest **26.** 24—27. Juni 1952. Minneapolis, Minn., Pillsbury Mills, Inc.) H. HAEVECKER. 7670

Gerald Reed, *Das ABC der Pilzenzyme.* Die die Enzyme Amylase u. Protease enthaltenden trockenen Auszüge des gelblichgrünen Pilzes Aspergillus oryzae werden mit Mehl oder Maisstärke 1 : 100 verd. zu Präpp. verarbeitet, die zur Herst. von Brot, süßen Hefeteigen u. ungesüßtem Natronkeks in Mengen von 2—6 ounces auf 100 lbs. dienen, indem sie Stärke bzw. Kleber abbauen. Mit Stärke, Pflanzengummi oder Gemischen von $NaHCO_3$ u. schwachen organ. Säuren hergestellte Tabletten u. Gemische mit Weizenmehl werden bei 87°F Lagertemp. monatlich nur um 2% entaktiviert. Die Amylase- u. Proteaseaktivitäten nach Amylase- bzw. Hämoglobineinheiten/g bei Malz u. Pilzenzympräpp. sind tabelliert. (Bakers Digest **29.** Nr. 1. 27—29. Febr. 1955. Philadelphia, Pa., Rohm & Haas Co.) H. GUDE. 7674

Charles A. Glabau, *Wie Bäckereiprodukte auf Tieftemperaturkühlung reagieren.* Beschreibung der Gefrieranlage u. Unters. der Wrkg. von Kälte auf Backprodd., bes. Kuchen verschied. Teigzus., wobei die fetthaltigen Massen sich gegen Kälte empfindlicher verhielten; ferner Einfl. auf verschied. Überzugsmassen, Gele verschied. Stärkearten, Füllmassen. (Bakers Weekly **155.** Nr. 11. 56—59. 15/9.; Nr. 12. 36—39. 22/9.; Nr. 13. 44—46. 29/9.; **156.** Nr. 1. 58—60. 6/10.; Nr. 2. 56—58. 13/10.; Nr. 3. 54—56. 20/10.; Nr. 4. 38—40. 27/10.; Nr. 5. 96—98. 3/11.; Nr. 6. 60—62. 10/11.; Nr. 7. 48—50. 17/11.; Nr. 8. 36—38. 24/11.; Nr. 9. 49—52. 1/12.; Nr. 10. 52—54. 8/12.; Nr. 11. 56—58. 15/12.; Nr. 12. 38—40. 22/12.; Nr. 13. 42—43. 29/12. 1952; **157.** Nr. 1. 40—42. 5/1.; Nr. 2. 57—59. 12/1.; Nr. 3. 47—48. 70. 19/1.; Nr. 4. 43—44. 26/1.; Nr. 5. 41—43. 2/2.; Nr. 6. 46—47. 9/2.; Nr. 7. 54—55. 58. 16/2.; Nr. 8. 60—62. 23/2.; Nr. 9. 36—37. 39. 2/3.; Nr. 10. 43—45. 9/3.; Nr. 12. 49—50. 53. 23/3.; Nr. 13. 53—54. 74. 30/3.; **158.** Nr. 1. 47—48. 6/4.; Nr. 2. 56—60. 13/4.; Nr. 3. 49—51. 20/4. 1953.) H. HAEVECKER. 7674

John A. Johnson und **Byron S. Miller**, *Für die Brotbereitung wichtige Enzymsysteme.* Vff. untersuchten diastat. u. proteolyt. Enzyme aus *Getreide* (**a**), *Pilzen* (**b**) u. *Bakterien* (**c**). Die Thermostabilität der Amylase aus **c** ist höher als der aus **b**. Stärke übt eine Schutzwrkg. auf die Thermostabilität von Amylase aus **c** aus, aber nicht auf die aus **a** u. **b**. Die mit W. aus Brot extrahierbare Dextrinmenge ist bei Anwendung von Amylase aus **c** mehrfach höher als mit gleichen Mengen von Amylase aus **a** u. **b**. Die aus frischem Brot extrahierten Dextrine sind komplexer als die aus Brot mit anderen Enzymen. Während der Lagerung von Brot werden die höheren Dextrine in größerem Ausmaß unlösl. als die weniger komplexen Dextrine. Zur Best. der α-Amylaseaktivität ist die Messung der Dextrinaktivität als direkte Best. der α-Amylasekonz. am geeignetsten, da Best. des Maltosewertes, Gasbildungsvermögens u. Amylograph andere Faktoren einschließen. Die Wrkg. der Amylase während Gärung u. Backprozeß ist durch die Menge der dargebotenen Stärke begrenzt u. hängt wesentlich von der Thermostabilität des Enzyms ab. Die Tätigkeit der proteolyt. Fermente wird am besten nach AYRE-ANDERSON mit Bacto-Hämoglobinsubstrat oder mit dem Farinographen bestimmt. (Wallerstein Lab. Commun. **16.** 105—15. Juni 1953.) H. HAEVECKER. 7674

Robert E. Feeney, *Die Eigenschaften der Eier in Hinblick auf Backwaren und Vorgemische.* In einer Literaturübersicht sind die Zus. des Eigelbs u. -weißes u. die biol. Eigg. der Bestandteile des letzteren tabelliert. Vor dem Gefrieren des Eigelbs wird Glycerin, Zucker oder Salz bis zu 10% zugesetzt, um das Gelieren beim Tauen zu mindern. Vor dem Sprühtrocknen des Volleies säuert man oder entfernt mittels Glucoseoxydase oder Hefe die Glucose, um deren MAILLARD-Rk. mit Cephalin u. unangenehmen Geschmack zu vermeiden. Ein Zusatz von Saccharose (bis zu 30% der Trockenmasse) beugt den Nachteilen des Trocknens, bes. bei Eigelb vor. — 6 Literaturzitate. (Bakers Digest **29.** Nr. 1. 23—26. Febr. 1955. Nebraska, Neb., Lincoln Univ., Dep. Biochem. Nutrit.) H. GUDE. 7674

A. F. Borer, *Gebrauchsfertige Mixe für den Bäcker.* Allgemeine Ausführungen über die Herst. der Krapfen-, Hefegebäck- u. Keksmixe u. deren Vorzüge. (Bakers Digest **29.** Nr. 1. 31—34. 46. Febr. 1955. Springfield, Ill., Pillsburg Mills. Inc.) H. GUDE. 7674

Frank A. Lee und **George L. Slate,** *Chemische Zusammensetzung und Gefrierungseignung von Himbeeren.* Vff. untersuchten eine große Reihe von roten, schwarzen u. gelben Himbeervarietäten im Hinblick auf ihre Eignung zur Gefrierkonservierung u. stellten dabei fest, daß sich die am besten geeigneten Arten im allg. durch einen höheren Geh. an *Ascorbinsäure* (**I**), lösl. Bestandteilen u. freien Säuren sowie durch niedrigeren p_H-Wert auszeichneten. Bes. viel **I** enthielten die roten Arten. — 12 Literaturangaben. (New York State agric. Exp. Stat., Bull. **1954.** Nr. 761. 3—12. Febr. Geneva, N. Y., Cornell Univ., Agric. Exp. Stat.) F. KRUSEN. 7688

Frank A. Lee, George Oberle und **Joanne Whitcombe,** *Chemische Zusammensetzung und Gefrierungseignung von in West-New York angebauten Pfirsichvarietäten.* In Unterss. an einer großen Anzahl Pfirsichvarietäten stellten Vff. fest, daß zwischen Gefrierungseignung einer Varietät u. ihren Gehh. an *Ascorbinsäure, Carotin,* lösl. Bestandteilen u. freien Säuren u. ihrem p_H-Wert keine Beziehung besteht. — 16 Literaturangaben. (New York State agric. Exp. Stat., Bull. **1954.** Nr. 768. 3—13. April. Geneva, N. Y., Cornell Univ., Agric. Exp. Stat.) F. KRUSEN. 7688

G. R. Ammerman, M. L. Fields und **N. W. Desrosier,** *Beeinflussung der Schimmelvermehrung in dosenkonservierten Tomaten durch Qualitätsgrad und Calciumchlorid.* Die Vermehrung von Schimmelpilzen in dosenkonservierten Tomaten wurde durch Zusatz von $CaCl_2$ nicht beeinflußt, war jedoch bei Tomaten durchschnittlicher Qualität größer als bei erstklassigen. (Canner **121.** Nr. 6. 15—16. 8/8. 1955. Lafayette, Ind., Purdue Univ., Agric. Exp. Stat., Dep. of Horticulture.) F. KRUSEN. 7688

K. Kirpal Singh, *Mitteilung über Untersuchungen über Kaltlagerung und Gefrieren von Jack-Früchten.* Die günstigsten Kaltlagerungsbedingungen für Jack-Früchte (Artocarpus integrifolius) sind Tempp. von 52—55° F u. relative Luftfeuchtigkeiten von 85—95%, die Lagerfähigkeit beträgt hierbei annähernd 3,5 Wochen. Die Konservierung von Jack-Fruchtscheiben durch Gefrieren in Zuckersirup bei —20° F u. Lagerung bei 0° F hatte sehr gute Ergebnisse. (India J. Horticulture **11.** Nr. 4. 1. 1954. Sept. Mysore, Central Food Technol. Res. Inst.) F. KRUSEN. 7688

K. W. Gerritsma und **J. C. Frederiks,** *Über die Hydrolyse kondensierter Phosphate während der Bereitung und Lagerung gekochter Wurst.* Es wurde festgestellt, daß während der Bereitung u. Lagerung gekochter Wurst Pyrophosphat u. KURROLsches Salz zu 25—65% zu Orthophosphat hydrolysieren. (Dtsch. Lebensmittel-Rdsch. **51.** 130—32. Mai 1955. Utrecht, Zentralinst. für Ernährungsforsch.) H. GUDE. 7750

Theodor Seeler, *Ist bactericides Eis zum Vereisen frischer Seefische auf den Fischdampfern erwünscht oder überhaupt zulässig?* Vereiste Fische befinden sich in einem Temperaturbereich, der nicht weit von dem ihrer Lebensumwelt entfernt ist, so daß ihre Wirkstoffe wirksam bleiben. Daher vergrößert baktericides Eis nur den Unterschied zwischen äußerem u. innerem Zustand der Fischfänge. Somit ist die Anwendung baktericiden Eises eine lebensmittelrechtlich unzulässige Schönung. (Dtsch. Lebensmittel-Rdsch. **51.** 133—35. Mai 1955.) H. GUDE. 7752

A. Guttmann, *Extrakte und enzymatische Hydrolysate aus Fisch- und Säugetierleber.* Die im Fleischwolf zerkleinerte Leber von Lachs, Schalentieren, Dorsch, Wal, Robbe, Rind u. Schwein wurde mit W., das mit HCl auf p_H 5 gebracht war, bei 80—85° extrahiert bzw. durch Papain bei p_H 5,5 u. 65° u. durch Pankreatin bei p_H 7,5 u. 50° hydrolysiert. Extrakte u. Hydrolysate wurden im Vakuum getrocknet u. auf W., Asche, Mineralstoffe, Gesamt- u. NH_2-N sowie Vitamine untersucht. Danach ist Fischleber ein guter Rohstoff für Lebensmittel u. medizin. Präparate. (J. Fisheries Res. Board Canada **12.** 637—45. Sept. 1955. Halifax, N. S., Atlantic Fisheries Exp. Stat.) H. GUDE. 7752

L. K. Crowe, *Einige störende Aromastoffe in unserer Milch.* (Proc. annu. State Coll. Washington Inst. Dairying **1952.** 37—44. 10/13. 3. Lincoln, Nebr., Univ. — C. **1953.** 3165.) F. KRUSEN. 7756

Keizo Ohta, Toshinao Watarai, Tetsu Oishi, Yukio Ueshiba, Shinichi Hirose, Toru Yoshizawa, Yaeko Akikusa, Michio Sato und **Hideko Okano,** *Zusammensetzung von Finnwalmilch.* Unterss. an 2 Proben Finnwalmilch ergaben: Beide Proben waren von gelblicher bis rötlicher Farbe u. cremiger Beschaffenheit, D. 1,012 (0,994), p_H-Wert 4,6 (6,2), W. 53,4% (55,0), Protein 13,3% (12,3), Fett 33,0% (31,8), Lactose 0,3% (0,2), Mineralstoffe 1,0% (0,9); Gesamt-N 20,82 g/Liter (19,21), Casein-N 8,49 g/Liter (6,60), Nichtcasein-N 12,33 g/Liter (12,61), Nichtprotein-N — (0,56 g/Liter); Albumin 1,1%, Globulin 98,9%, davon α- 33,0, β- 45,4 u. γ-Globulin 20,5%; Kennzahlen des Milchfettes: SZ. 3,7 (2,7), VZ. 329,0 (298,9), JZ. 188,5 (80,0); Ca 0,190% (0,066), P 0,125% (0,40); *Carotin* u. *Carotinoide* 25%, *Thiamin* 0,093 mg%, *Riboflavin* 0,084 mg%, *Vitamin A* u. *Ascorbinsäure* nicht vorhanden. Nach Hydrolyse der Milchproteine wurden folgende Aminosäuren nachgewiesen: *Glycin, Alanin, Valin, Leucin, Isoleucin, Prolin, Phenylalanin, Lysin, Arginin, Histidin, Tryptophan, Asparaginsäure, Glutaminsäure, Serin, Threonin, Tyrosin, Cystin* u. *Methionin.* (Proc. Japan Acad. **29.** 392—98. Juli 1953. Tokyo, Dental and Med. Univ., Dep. of Pediatr. [Orig.: engl.]) F. KRUSEN. 7752

Charles H. Sporle, *Milchsterilisierung durch Heißluft.* Die in Dosen abgefüllte Milch wird auf 158° F vorgewärmt, dann für 15 Min. in eine Heißluftkammer der Temp. 293° F gebracht, wobei die Milch eine Temp. von 254° F erreicht, u. anschließend in einer Kühlkammer innerhalb von 10 Min. auf 86° F abgekühlt. So behandelte Milch besitzt keinen „Kochgeschmack" u. ist längere Zeit ohne Kühlung haltbar. (Food **24.** 232—33. Juli 1955.) F. KRUSEN. 7756

Becholey, Breil, Carvallo, Jaton, Lancelot, Mocquot und **Pien,** *Allgemeine Methoden moderner Herstellungsverfahren für sterilisierte Milch.* Übersicht mit drei schemat. Darstellungen. (Ann. Nutrit. l' Alimentat. **9.** C 11—C 29. 1955.) F. GÜNTHER. 7756

Hugues Gounelle und **Marcel Demarchi,** *Eigenschaften der sterilisierten Milch.* Vortrag. (Ann. Nutrit. l' Alimentat. **9.** C 31—C 42. 1955.) F. GÜNTHER. 7756

F. Trendtel, *Ist Milch als Schutzmittel für gewerbliche Vergiftungen oder als hochwertiges zusätzliches Nahrungsmittel in den Betrieben zu werten?* Vf. erörtert die Frage ob Milch direkt als Schutznahrung bei Vergiftungen gelten kann u. vertritt die Ansicht, daß die Verneinung einer solchen Wrkg. nicht berechtigt ist, da Milch indirekt stets zur Erhaltung oder Wiederherst. der Arbeitsfähigkeit beiträgt. (Milchwissenschaft **8.** 348—50. Okt./Nov. 1953. Hannover.) M. WINIKER. 7756

W. F. Schubert, *Der Nährwert von Milchprodukten.* Allg. Ausführungen. (Queensland agric. J. **81.** 29—32. Juli 1955.) F. KRUSEN. 7756

Mengebier, *Das Gefüge der Butter ist abhängig vom Futter.* Die Schnittfestigkeit von Butterproben aus verschied. Milchwirtschaftsbezirken wurde über das ganze Jahr mit dem Konsistometer nach MOHR u. BAUR (in Grammen) bestimmt u. ihre Abhängigkeit von den jahreszeitlich bedingten Futterverhältnissen sowie ihre Proportionalität zur JZ. festgestellt. (Molkerei-Ztg. **9.** 536—37. 5/5. 1955. Hameln, Milchwirtschaftl. Lehr- u. Unters.-Anstalt.) F. GÜNTHER. 7758

Bruno Wauschkuhn, *Die Bekämpfung des Butterfehlers „futtrig".* Der Butterfehler „futtrig" ist in erster Linie vom Futter abhängig. Eine wichtige Maßnahme zu seiner Bekämpfung stellt die Rahmentgasung dar. (Molkerei-Ztg. **7.** 1117—18. 10/9. 1953. Hameln, Milchwirtschaftl. Lehr- u. Untersuchungsanstalt.) F. GÜNTHER. 7758

L. v. Gavel und **K. J. Demeter,** *Die Gefährdung der Butterqualität durch nicht tägliches Buttern.* Unterss. von Butterproben ergaben, daß bei nicht täglich butternden Betrieben gegenüber den täglich butternden eine erhöhte Infektionsgefahr besteht, die durch Ersatz der Holzbutterfertiger durch solche aus Metall merklich gemindert werden kann. (Dtsch. Molkerei-Ztg. **76.** 422—24. 31/3. 1955. Weihenstephan.) F. GÜNTHER. 7758

W. Ritter, *Probleme der Fabrikation von Käsereibutter.* Vf. erörtert einige Möglichkeiten der nachträglichen Verringerung des katalyt. wirksamen hohen Cu-Geh. in Käsereibutter. Nicht zum Ziel führen Zusätze unlösl. Cu-Verbb. bildender Stoffe, ferner Mn-Salz, proteolyt. Fermente sowie Zusatz von Antioxydantien. Anwendbar wäre das „Waschen", d. h. Verdünnen des Molkenrahmes mit Magermilch. (Milchwissenschaft **8.** 414—19. Dez. 1953. Bern-Liebefeld Schweizer. milchwirtschaftl. u. bakteriol. Anstalt.) F. GÜNTHER. 7758

Iqbal Singh Bhatia, *Einfluß der küchenmäßigen Zubereitung auf den Vitamin-A-Gehalt von Ghee.* Einfache Gerichte wurden mit *Ghee* (**I**) im Überschuß zubereitet, **I** nach dem Kochvorgang abgelassen u. auf Vitamin A-Geh. untersucht, d. h. nach der Meth. von JONES u. HAINES verseift, das Verseifte mit Ae. extrahiert, der Extrakt eingedampft, der Rückstand in Chlf. aufgenommen u. mit $SbCl_3$ titriert. Der Vitaminverlust lag zwi-

schen 20 u. 100%. Er geht der Dauer der Erhitzung proportional. Längere Bratdauer als 15 Min. führt zu totalem Vitaminverlust, vermutlich infolge Oxydation. Bei feuchter Kochbehandlung ist die Einw. von Hitze u. Sauerstoff u. infolgedessen auch der Vitaminverlust geringer. (Bull. centr. Food technol. Res. Inst., Mysore **2.** 72—74. Dez. 1952.
R. BEYTHIEN. 7758

Karl J. Demeter, *Weiteres über die Bakteriologie der Emmentalerkäsebereitung und -reifung.* Die Entw. der Bakteriengruppen (Propionsäurebakterien, Summe der Milchsäurebakterien, Streptobakterien, Thermobakterien, Streptokokken, Mikrokokken u. lange Stäbchen) während der Herst. u. Reifung von Emmentaler Käse wurde mittels geeigneter Plattenverff. u. Methylenblau- bzw. Graufärbung verfolgt u. in einer Kurvenschar graph. dargestellt. Eingehende Diskussion der techn. Bedeutung der Ergebnisse. (Milchwissenschaft **8.** 420—26. Dez. 1953. Weihenstephan Süddtsch. Versuchs- u. Forschungsanstalt für Milchwirtschaft Bakt. Inst.) F. GÜNTHER. 7760

M. E. Schulz, *Vorbeugende Maßnahmen gegen Fremdschimmel; Infektionen in Camembert-Käsereien.* Eine Übersicht über die technolog. Bedingungen zur Förderung eines guten Weißschimmelwachstums u. zur Vermeidung von Fremdinfektionen wird gegeben. Es werden bes. behandelt: Auskeimzahl der Weißschimmelkultur, Stärke der Kultur, optimale Temp., günstigster Wassergeh., Salzen des Käses, Infektionsmöglichkeiten, Schwitzwasserbldg., Staubbekämpfung u. Kontaktinfektionen. (Milchwissen schaft **8.** 426—30. Dez. 1953. Kiel, Bundesversuchs- u. Forschungsanst. für Milchwirtschaft Chem. Inst.) F. GÜNTHER. 7760

T. A. Morris, *Neue Entwicklungen in der Schnellkäsebereitung.* Zur Verkürzung der Herstellungszeit von Cheddarkäse empfiehlt Vf. die Anwendung des sogenannten „stirred curd"-Verf. u. die Verwendung einer Mischkultur aus Streptococcus durans u. Str. cremoris oder Str. lactis als Starter. (Queensland agric. J. **81.** 33—35. Juli 1955.)
F. KRUSEN. 7760

L. Sedlmayr, *Der Parmesan — ein italienischer Käse.* Beschreibung des Käsungsvorganges. (Molkerei-Ztg. **7.** 1151—52. 17/9. 1953. München.) F. GÜNTHER. 7760

I. E. Coop, M. Darling und **C. M. Anderson,** *Chemische Zusammensetzung einiger Weidefutterpflanzen.* Vff. berichten über den Geh. an Protein, Rohfaser, Ca, P u. Cu folgender Futterpflanzen in den verschied. Jahreszeiten: Poa colensoi, Agropyron scabrum, Agrostis tenuis, Carmichaelia monroi, Hypochaeris radicata, Danthonia pilosa, Festuca novae-zaelandiae, Holcus lanatus, Leontodin hispidus, Discaria toumatou, Dicheliachne crinata, Rumex acetosa, Anthoxanthum odoratum, Trifolium dubium u. Trifolium repens. (New Zealand J. Sci. Technol., Sect. A **34.** 507—20. April 1953. Lincoln, Canterburry Agric. Coll.) W. KNÖPKE. 7782

Brynmor Thomas, *Heidekraut als Futter für Bergschafe.* Heidekraut ist infolge seines hohen Geh. an den Spurenelementen *Fe, Mn, Cu* u. *Co* wertvoll als Schutzfutter für Bergschafe. Obwohl nicht bes. reich an verdaulichem Protein u. an Energiespendern, kann es jedoch im Winter oder bei schlechten Wetterbedingungen auch als Hauptfutter verfüttert werden. — 15 Literaturangaben. (Scott. Agric. **35.** 103—06. 1955. Newcastle-upon-Tyne, Univ. of Durham, King's Coll.) F. KRUSEN. 7782

H. Janecke, *Über einige Antioxydantien und deren Nachweis.* Überblick über die Möglichkeiten des Nachweises von Nordihydroguajaretsäure, Butyloxyanisol, Gallussäurestern u. Tocopherolen in Chemikalien. — 15 Literaturhinweise. (Dtsch. Lebensmittel-Rdsch. **51.** 121—24. Mai 1955. Frankfurt/Main, Univers.-Inst. Lebensmittelchem. und Pharmazeut. Inst.) H. GUDE. 7788

J. Lemmerzahl, *Bestimmung der Auswuchsschädigung nach der Dextrinmethode.* 10 g Mehl werden mit 2 g standardisiertem Dextrinium album in 1 Liter Leitungswasser aufgeschüttelt. Nach wenigstens 8 Std. wird noch einmal aufgeschüttelt u. dann innerhalb von 10 Std. filtriert. 20 ml des Filtrats werden mit 0,6 ml n/20 Jodjodkaliumlsg. gefärbt. Vgl. mit einem 30stufigen Farbstandard liefert die „Dextrinwerte". (Müllerei **8.** 579—80. 1/10. 1955.) H. GUDE. 7798

R. Schober, W. Christ, und **D. Enkelmann,** *Vorschläge zur Neufassung der Prüfungsbestimmungen der DLG für Casein.* 1. Mitt. *Säurezahlbestimmung.* Da die herkömmliche SZ. bei der Beurteilung von *Casein* (I) mit zu großen Fehlerquellen behaftet ist, schlagen Vff. eine SZ. i. T. vor. Bei deren Best. wird I in W. angeteigt, zur Auflösung des I mit NaOH versetzt u. Harnstoff zugegeben, um Flockung im isoelektr. Punkt zu vermeiden. Weitere Zugabe von A. als Medium, HCl, Milchsäure u. Phenolphthalein. Der Säureüberschuß wird mit 0,25nNaOH zurücktitriert. Gleichzeitig wird der Nullwert (ohne Caseinzusatz) u. die SZ. berechnet: SZ. = (Verbrauch/Versuch–Verbrauch/Blindwert) · 2,5. An Stelle der absoluten „SZ" soll die „SZ i. T." angegeben werden: SZ. i. T.

= SZ·100/Trockenmasse. Der Variationskoeff. ist 1,27%. (Dtsch. Molkerei-Ztg. **76.** 355—56. 17/3. 1955. Wangen, Allgäu, Staatl. Milchw. Lehr- u. Forschungsanst.) F. GÜNTHER. 7856

K. J. Demeter und **L. v. Gavel,** *Die Anwendung der Kleinplattenmethode bei Serienuntersuchungen von Butterproben.* Aus Butterproben von 60—120 g wird bei 45° (Wasserbad) das Butterserum gewonnen u. mit 2%ig. Wasseragar bzw. mis Pepton-Lactoseagar gemischt. 0,02 ml der Gemische werden auf 1 von 4 Quadraten von je 1 cm² auf einen Objektträger gebracht, in der feuchten Kammer bebrütet, nach LORENZ gefärbt u. mkr. beurteilt. Genaue Beschreibung der Technik. (Dtsch. Molkerei-Ztg. **76.** 589—91. 5/5. 1955. Weihenstephan, Südd. Versuchs- u. Forschungsanst. für Milchwirtschaft, Bakteriol. Inst.) F. GÜNTHER. 7858

J. H. Prentice, *Ein Gerät zur Bestimmung der Streichfähigkeit der Butter.* Die Butter-(I)-Probe wird mit einem Hohlzylinder von 1,15 cm lichter Weite erbohrt. Dann kommt über die Öffnung eine Kappe, die eine zentrale scharfkantige Öffnung von 0,34 cm Weite hat. Zu dieser hinaus wird die I mittels Kolben mit einer Geschwindigkeit von 1,15 cm/Sek. gedrückt. Wird dabei gegen Ende ein Druck von 1 kg auf den Kolben ausgeübt, ist die I ziemlich leicht streichbar. Werden hierzu 4 kg Druck benötigt, so ist die I schwer streichbar. (Lab. Pract. **3.** 186—89. Mai 1954. Shinfield, near Reading, National Institute for Research in Dairying.) H. GUDE. 7858

Delmousée & Cie., Soc. à r. l., Seine, Frankreich, *Kontinuierliche Behandlung von flüssigen Nährmitteln mit Ionenaustauschern.* Man verwendet Filme aus Ionenaustauschern, z. B. in Form von dünnen Rohren, durch welche die zu behandelnde Fl. fließt, während die Rohre außen von einer Regenerier-Fl. umspült werden, so daß die Rohrwandung in dem Maße, wie sie als Austauscher verbraucht wird, gleichzeitig wieder regeneriert wird. (**F. P. 1 093 037** vom 26/11. 1953, ausg. 29/4. 1955.) G. WELTZIEN. 7633

Eugène Kellens, Belgien, *Konservieren von Palmfrüchten.* Man taucht die Früchte in sd. W., welches Alkalisalze (Carbonate, Silicate, Phosphate oder organ. Salze) enthalten kann, (10—15 Sek. bis 1—10 Min. je nach Art); im letzteren Falle taucht man anschließend in eine saure Lsg., trocknet u. schwefelt (Behandlung mit koll. S oder SO_2) die Früchte. (**F. P. 1 082 540** vom 1/9. 1953, ausg. 30/12. 1954.) G. WELTZIEN. 7635

Robert Ammon, Schweiz, *Entwässerung von Früchten, Gemüsen* und ähnlichem. Um bei der Herst. von Frucht-, Gemüse-, Ei-, Milch- oder ähnlichen Pulvern Oxydation u. Verfärbung zu vermeiden, wird in dem Zerstäuber zusammen mit der Heißluft SO_2 oder ein anderes red. Gas eingeleitet. Die SO_2-Behandlung kann auch erst bei der Trocknung teilweise konz. Säfte angewandt werden. (**F. P. 1 092 975** vom 3/8. 1953, ausg. 28/4. 1955.) G. WELTZIEN. 7637

Laboratoires Mayoly-Spindler, Seine-et-Oise, Frankreich, *Extraktion von reinem Protein aus Tieren oder tierischen Organen, besonders Fischen.* Fischmehl wird durch heißes W. (95°) entfettet u. entölt, in Kuchen gepreßt, getrocknet, zerkleinert mit 5%ig. NaOH $^1/_2$ Std. bei 80° behandelt, zur Lsg. erhitzt, das Hydrolysat nach Verdünnen filtriert, mit Säure gefällt, das gereinigte Protein mit 10 g/Liter) CH_2O behandelt u. die Fällung nach Waschen u. Trocknen mit Aceton extrahiert. Man erhält ein feines, graues, geschmack- u. geruchloses Pulver mit ca. 13% N. (**F. P. 1 091 270** vom 9/1. 1954, ausg. 8/4. 1955.) G. WELTZIEN. 7647

Dow Corning Corp., Midland, Mich., übert. von: **Leo Frederick Stebleton,** Chicago, Ill., V. St. A., *Reinigen von Backformen mit Siloxanüberzügen.* Die Backform wird wenigstens 30 Sek mit der Lsg. eines Alkalihydroxyds in einem Glykoläther (I), enthaltend <1% W, behandelt. Der p_H-Wert der Lsg. beträgt $>11,0$. Formel des **I**: $RO(R'O)_nX$, wobei R u. X Alkyl- u. monocycl. Reste, R' einen Alkylenrest (2—3 C-Atome) u. n wenigstens 1 bedeuten. — Beispiel: 1%ig. Lsg. von NaOH in *Tripropylenglykolmonomethyläther.* (**A. P. 2 710 843** vom 14/9. 1949, ausg. 14/6. 1955.) W. KRANZ. 7675

Wessanen's Koninklijke Fabrieken N. V., Wormerveer, Holland, *Entbittern* von gegebenenfalls extrahierten *Getreidekeimen* durch Erhitzen auf 80° u. Auspressen. — Arznei-, Lebens- oder *Futtermittel.* (**Holl. P. 74 541** vom 4/7. 1947, ausg. 15/4. 1954.) K. HEINZE. 7787

XVII. Fette. Seifen. Wasch- u. Reinigungsmittel. Wachse. Bohnermassen usw.

R. P. A. Sims, *Empirische Viscositätsbeziehungen bei erhitzten pflanzlichen Ölen.* Unter Auswertung des Schriftsums werden systemat. Verss. mit Lein-, Saflor- u. Tungöl durchgeführt mit der Zielsetzung, empir. Beziehungen zwischen Gesamtviscosität u. Grad der Polymerisation aufzufinden. Die Öle werden unmittelbar bzw. im polymerisierten Zustand untersucht; ermittelt werden Dichte bei 25° (Tropfenmeth. bzw. calibriertes Pyknometer), Viscosität mittels OSTWALD-FENSKE-Pipette, der Geh. der polymeren Glyceride durch Molekulardest.; bei einigen Proben von Lein- u. Tungöl bzw. der Methylester (Diazomethan) ihrer Gesamtfesttäuren wird die Menge des destillierbaren Anteils vor u. nach der Hydrierung ermittelt; es tritt dadurch keine Änderung ein. Aus den graph. dargestellten Ergebnissen [Beziehung zwischen Dichte bzw. Viscosität u. Polymerisierzeit, zwischen kinet. Viscosität u. Geh. an polymeren Glyceriden bzw. an polymerisierten Acylgruppen (dimer, trimer, polymer)] ist abzuleiten, daß kinemat. u. dynam. Viscosität einander parallel gehen, daß erstere also, die relativ einfach bestimmbar ist, zur Beurteilung des Polymerisationsgrades pflanzlicher Öle herangezogen werden kann. Unabhängig vom benutzten Viscosimetertyp hängt die abgeschätzte Menge an Polymeren vom Anteil des Substrates an flüchtigen Bestandteilen ab. Erhitztes Tungöl hat niedrigeren Geh. an trimeren Acetylgruppen; dieser Geh. ist bei Safloröl höher als bei Leinöl. Aus diesem Befund wird geschlossen, daß die Polymerisierung mehr von der Temp. als vom Geh. an trienen Komponenten abhängt; krit. Betrachtungen zu den experimentellen Befunden. (Ind. Engng. Chem. **47.** 1049—52. Mai 1955. Ottawa, Can., Dep. of Agriculture, Science Service, Div. of Chemistry.) K. TÄUFEL. 7894

O. K. Palladina, *Das Ranzigwerden von Fetten.* Allg. über den chem. u. biol. Verderb der Fette, die Antioxydantien u. die Verwendung u. Verarbeitung der ranzigen Fette. (Природа [Natur] **44.** Nr. 12. 86—88. Dez. 1955. Leningrad, Fettinst.) J. BÖSS. 7896

H. Stüpel, *Die synthetischen Reinigungsmittel. Eine Entwicklung auf dem Gebiet der Reinigungsmittel.* Überblick über die Fortschritte auf dem Gebiet der synthet. Reinigungsmittel, die verschied. Typen u. Anwendungsformen, die Wrkg. auf die Haut, Korrosion, Kalkabscheidung auf Textilien, Schaumbldg., Zukunftsaussichten. — 50 Literaturhinweise. (Olii minerali, Grassi Saponi, Colori Vernici **32.** 165—70. Aug. 1955. Hochdorf, Schweiz, Seifenfabrik.) R. K. MÜLLER. 7912

H. E. Bramston-Cook und **W. E. Elwell,** *Alkylbenzole.* Beschreibung der Herst. von Alkylbenzolen (I), bes. von Polypropylenbenzolen, u. wirtschaftliche Betrachtungen über die Verwendung dieser Prodd. in den USA. Reinigungskraft, Netzfähigkeit, Löslichkeit u. Schaumeigg. der I-Sulfonate hängen bes. von Mol.-Gew. u. Verteilung in der Alkylgruppe ab, während Sulfonierbarkeit, Zusammenbackungseigg., Farbe u. Geruch im wesentlichen von der chem. Konstitution der Alkylgruppen abhängen. (Ind. Engng. Chem. **46.** 1922—24. Sept. 1954. New York, N. Y., Oronite Chemical Co.)
GERHARD GÜNTHER. 7912

Carl Z. Draves und **Opal L. Sherburne,** *Das Bedrucken von verschmutzten Stoffen.* Die Druckpaste besteht aus den folgenden Bestandteilen, angegeben in Teilen: 2,0 Lampenruß; 2,5 gehärtetem Öl; 20 schwerem Mineralöl; 57,1 H_2O; 0,5 Butanol; 14 Solventnaphtha; 1,0 Äthylcellulose; 0,8 Na-Alginat; 1,3 Maisstärke; 0,5 Ölsäure u. 0,3 eines stark bas., lösl., cycl. sek. Amins. Der Druck erfolgt mit einer Walze, die Bänder von 4 inch Breite u. Abstand u. 0,0015 Dicke herstellt. Die Druckpaste ist für Baumwolle, Viscose- u. Acetatzellwolle, Wolle, Seide u. Nylon bei Einhaltung entsprechender Trockentempp. verwendbar. Mit der Verschmutzungspaste bedruckte Baumwolle hat eine prozentuale Reflexion von 20. Die Reinigungswrkg. der verschmutzten Gewebe wird bestimmt. (Amer. Dyestuff Reporter **39.** 771—72. 13/11. 1950.) A. v. KÖNIG. 7912

Carl Z. Draves und **Opal L. Sherburne,** *Die Bestimmung der Reinigungswirkung an durch Bedrucken verschmutztem Gewebe.* Inhaltlich ident. mit der vorst. referierten Arbeit. (Tinctoria [Milano] **48.** 105—07. April 1951.) R. K. MÜLLER. 7912

C. Whalley, *Neue Fortschritte in den Methoden der Öl- und Fettanalyse unter besonderer Berücksichtigung mikroanalytischer Verfahren.* Übersicht. Physikal. Konstanten: Viscosität, Brechungsindex, Dichte, Flammpunkt, Mol.-Gew. (ebullioskop. Methoden; isotherme Dest.); chem. Konstanten: Säurezahl, Mikrobestimmung. — 24 Literaturangaben. (Paint Technol. **19.** 411—14. Dez. 1955. Paint Res. Station.) K. MAIER. 7932

H. A. Wannow, *Zur Methodik der Bestimmung der Oberflächenspannung von Netzmittellösungen.* Für Lsgg. capillarakt. Substanzen erhält man je nach der zur Anwendung kommenden Prüfmeth. unterschiedliche Werte der Oberflächenspannung. Diese Differenzen hängen ursächlich zusammen mit der vom Meßverf. abhängigen Bildungsgeschwindigkeit der Grenzfläche zwischen fl. u. gasförmiger Phase. Vergleichende Messungen der Oberflächenspannung sind also nur dann für eine Auswertung brauchbar, wenn sie nach gleichen Meth. durchgeführt werden. — Literaturhinweise. (Melliand Textilber. **36.** 1041—42. Okt. 1955. Frankfurt/M.-Fechenheim, Cassella Farbwerke Mainkur A. G.)
E. WAGNER. 7942

H. Gröber, *Beitrag zur Untersuchung der Rutschgefahr bei Bohnerwachsen auf Fußbodenbelägen.* Glättemessungen an gebohnerten Flächen wurden bisher durch Best. des sogenannten Rutschwinkels vorgenommen. Die prakt. Verhältnisse werden jedoch einwandfreier durch eine neue Vorr. zur Messung des Reibungskoeff. bei bewegter Reibung gekennzeichnet. Ein Vgl. der nach beiden Methoden erhaltenen Werte zeigt, daß das neue Verf. den Einfl. des Sohlenwerkstoffs u. der Art des Fußbodenbelags besser zum Ausdruck bringt. (Fette, Seifen, Anstrichmittel **56**. 677—80. Sept. 1954. Dortmund, Staatl. Materialprüfungsamt Nordrhein-Westfalen.) K. SEIFERT. 7944

Eastman Kodak Co., Rochester, New York, übert. von: **Alan Bell, M. B. Knowles** und **Clarence E. Tholstrup**, Kingsport, Tenn., V. St. A., *2,2-Dimethyl-5-oxy-6-(1'-propenyl)-cumaran.* Man erhitzt 2.2-Dimethyl-5-oxy-6-(1-allyl)-cumaran (aus dem Allyläther) in wss. KOH unter N_2 auf 110—190°. $Kp._{0,1}$ 110—118°. — *Antioxydationsmittel für Öle u. Fette.* (**A. P. 2 725 391** vom 7/4. 1954, ausg. 29/11. 1955.) K. FABEL. 7879

Metallgesellschaft Akt.-Ges. (Erfinder: **Gerhard Roesner** und **Hellmut Ley**), Frankfurt/M., *Herstellung pulverförmiger Reinigungsmittel* durch Versprühen einer Ansatzlsg., die überwiegend aus Na_3PO_4, Na_2CO_3, Wasserglas u. gegebenenfalls geringen Mengen Seife besteht, dad. gek., daß die Temp. des gesprühten Salzgemisches während oder möglichst bald nach seiner Bldg. durch Kühlung unter 20° herabgesetzt wird. (**D. B. P. 933 583** Kl. 23e vom 2/10. 1948, ausg. 29/9. 1955. Anmeldung bekanntgemacht 3/8. 1950.) C. LÜTTGEN. 7913

Böhme Fettchemie G. m. b. H. (Erfinder: **Ernst Götte** und **Hans Markert**), Düsseldorf, *Kenntlichmachen plastisch verformbarer Wasch- und Reinigungsmittel* in Gestalt von leichtlösl., schüttfähigen Gemischen geformter Gebilde, dad. gek., daß man zu den zu Zahlen, Buchstaben oder Figuren geformten Wasch- u. Reinigungsmitteln färbende Substanzen oder farblose chem. Verbb. zusetzt, die Farb- oder Luminescenz-Rkk. geben bzw. eine andere, nachträgliche Identifizierung der Erzeugnisse gestatten. (**D. B. P. 939 650** Kl. 23f vom 31/10. 1950, ausg. 1/3. 1956. Anmeldung bekanntgemacht 13/8. 1953.) K. DEMMLER. 7913

Fridolin Höpli, Zürich, Schweiz, *Reinigungsmittel*, bestehend aus 2—8 (Teilen) Kalkhydrat, 15—35 NaOH, 0,5—2 NH_3 in wss. Lsg., 0,5—2 Füllmittel u. Wasser. (**Schwz. P. 309 116** vom 27/7. 1955, ausg. 1/11. 1955.) C. LÜTTGEN. 7917

Farbwerke Hoechst Akt.-Ges., vormals Meister Lucius & Brüning, Frankfurt/M. (Erfinder: **Erich Berthold, Hans Hoyer** und **Guido von Rosenberg**, Gersthofen), *Hochwertige Wachse* aus einem Estergemisch von durch Oxydation von Montanwachs mittels Chromsäure erhaltenen Säuren u. Fettsäuren mit einer Kette von 12—22 C-Atomen mit mehrwertigen Alkoholen u. Ca-Seifen der genannten Säuren, dad. gek., daß sie noch Zn-, Mg- oder Al-Seifen dieser Säuren enthalten. Als Fettsäuren sind techn. Fettsäuregemische, wie Cocosfettsäure, Palmkernölfettsäure oder Fettsäuregemische der Paraffinoxydation verwendbar. (**D. B. P. 940 603** Kl. 22 g vom 1/1. 1954, ausg. 22/3. 1956. Anmeldung bekanntgemacht 15/9. 1955.) W. GRÄGER. 7925

XVIIIa. Holz. Cellulose. Zellstoff. Papier. Papierdruck. Celluloid. Linoleum.

A. I. Skrigan, *Über die chemische Zusammensetzung von jahrtausendealtem Kiefernholz.* Vergl. von nichtfossilem und fossilem Kiefernholz (die 1000—150000 Jahre alten Proben stammten aus dichten Torflagern) ergab, daß der C-Geh. von 46,8% (1 jähriges Holz) auf 58,7% (150000 Jahre) ansteigt, während gleichzeitig der H-Geh. von 6,2 auf 5,4% u. die Menge von O + N von 47,0 auf 35,9% abfällt. Der Geh. an *Cellulose*, der in den ersten Wachstumsjahren stark ansteigt, zeigt bei ca. 2000 Jahre altem Holz eine starke Abnahme; gleichzeitig beginnt die Menge an nicht hydrolysierbarem Rückstand u. an *Lignin* (wie auch Nitrolignin) anzusteigen. Auch der Geh. von wasserlösl. u. leicht hydrolysierbaren Polysacchariden u. an reduzierenden Stoffen fällt mit steigendem Alter ständig ab. Nach 150000 Jahren liegen nur noch 1—2% Zucker vor. Für das viscosimetr. bestimmte Mol.-Gew. der Cellulose der untersuchten Hölzer findet Vf. bei jungem Holz Werte von 81000—113500, für reifes Holz 243200 u. für fossiles Holz 64900—81000. Es findet somit bei jahrelangem Verweilen von Holz in Torflagern eine ständige Dehydratation des Holzkomplexes statt. (Доклады Академии Наук СССР [Ber. Akad. Wiss. UdSSR] **100**. 1135—37. 21/2. 1955. Inst. für Chem. der Akad. der Wiss. der WeißrussSSR.) M. ULMANN. 7952

G. G. de Haas und **G. A. Hansen**, *Geruchsverminderung in Kraftzellstoffwerken durch Verbrennung der entstehenden Gase.* Nach Diskussion der bekannten Quellen für das Auftreten von üblen Gerüchen in der Kraftzellstofferzeugung u. Verf. zu deren Beseitigung bzw. Verringerung bestimmen Vff. mittels einer besonderen App. den Geh. an flüchtigen Schwefelverbb. (H_2S, CH_3SH, $(CH_3)_2S$) in den Gasen. Zur Verringerung des Geruches wird vorgeschlagen, die Abgase in einem Turm zu verbrennen. Ferner wird festgestellt, daß der Geh. an den erwähnten flüchtigen Verbb. weder durch eine Erhöhung der Sulfidität der Kochlauge bis auf 22,5%, noch durch die Verwendung von vorhydrolysiertem Holz beeinflußt wird. Dagegen wirkt sich die Erhöhung der Kochdauer nachteilig aus. (Tappi **38.** 732—38. Dez. 1955.) V. JACOPIAN. 7958

S. G. Markowa und **A. W. Krassilowa,** *Verwertung der Abgänge von der Verarbeitung der Methanolfraktion.* Vff. beschreiben die Verarbeitung der Methanolfraktionen von Sulfitspiritusfabriken u. die Verwertung der Nebenprodukte. Bei der Verarbeitung der 80%ig. Methanol (I)-Fraktion werden 65% Handels-**I**, 23% Ester-Aldehydfraktion (**II**), 8,2% **I**-Äthanolfraktion (**III**) u. 2% Ketonfraktion u. Fuselöle erhalten. **II** wird ohne vorherige Dest. zu Acetaldehydharz, **I** u. dem Lösungsm. MAZ verarbeitet. Aus Acetaldehydharz wird durch Auflösen in **III** Möbellack hergestellt. (Гидролизная и Лесохимическая Промышленность [Hydrolysen- u. holzchem. Ind.] **8.** Nr. 3. 24. 1955. Wertluga, Holzchem. Kombinat.) A. ECKE. 7962

Terje Enkvist und **Berit Hougberg,** *Analyse und Reaktion von gereinigtem Sulfatlignin.* Das aus techn. Ablaugen der Sulfatcelluloseherst. gewonnene Sulfatlignin enthält 15,05% OCH_3 u. 3,5% organ. S, jedoch keine CO- u. COOH-Gruppen. Das nach RAST ermittelte rohe Mol.-Gew. lag zwischen 800—1500. Das Verhältnis der phenol. OH-Gruppen zu den OCH_3-Gruppen (OH/OCH_3) variiert zwischen 0,78 bis 0,94. Methylierungen u. Acetylierungen des Lignins deuteten daraufhin, daß nur geringe Unterschiede zwischen dem Geh. an phenol. u. dem Gesamt-OH-Gehalt vorhanden sind. Das Sulfatlignin weist also einen geringeren Geh. an alkoh. Gruppen auf als das native Lignin von BRAUN. Die im einzelnen erhaltenen Ergebnisse werden ausführlich diskutiert. (Paperi ja Puu. **37.** 201—205. 215. 15/5. 1955.) H. G. FRÖHLICH. 7966

O. F. James und **A. B. Wardrop,** *Eine mikroskopische Untersuchung der Strukturänderungen beim Mahlen von Holzfasern.* Zusammenfassung eines Vortrages über die mikroskop. Unters. verschied. Fasern beim Mahlen. (Pulp and Paper **56.** Nr. 12. 206. Nov. 1955.) H. BECKER. 7976

A. A. Yankowski, *Zusammenfassung der Bleichverfahren für Holzschliff.* (Vgl. C. **1955.** 8764.) Tabellar. Übersicht über Wrkg., Temp., p_H-Werte, Nachbehandlung, Aufhellung u. Kosten beim Bleichen mit Peroxyden, Hypochlorit u. Hydrosulfit. (Pulp and Paper. **56.** Nr. 12. 123. Nov. 1955., Neenah, Wis., Kimberly-Clark Corp.) H. BECKER. 7978

Harold C. Brill, *Neue Entwicklungen in der Titanforschung.* In der Papierindustrie eignen sich die organ. Titanate zum Verbinden von Al- u. Kunststoffolien mit Papier. Durch Zusatz von 2—20% Tetraisopropyl- oder Butyltitanat zu Siliconharzen werden deren Härtungsdauer u. -temp. verringert. Triäthanolammoniumtitanat (**I**) bringt in der Kälte Polyvinylalkohol- (**II**) u. Stärkelsgg. zum Gelieren. Durch Zusatz von 0,5% **I** lassen sich leicht 50%ig. Dispersionen von TiO_2 herstellen, die durch Alaun nur schwer ausgeflockt werden. Titanacylate, wie Ti-Lactat, machen Stärke, **II**, Methyl-, Na-Carboxymethylcellulose, Glycerin u. verschied. Glykole in W. unlöslich. (Paper Mill News **78.** Nr. 52. 66. 24/12. 1955. E. I. du Pont de Nemours & Co., Inc.) H. BECKER. 7982

H. Corte und **W. Schoch,** *Papier als Packstoff für hygroskopische Güter. Physikalische und anwendungstechnische Grundlagen.* Papier kann durch Beschichten mit Kunststoffen, durch Wachsen u. Lackieren genügend wasserdampfdicht gemacht werden, so daß es für die Verpackung feuchtigkeitsempfindlicher Waren geeignet ist. Durch Heißversiegelung der Naht kann auch hier eine gute Abdichtung erreicht werden. (Zucker- u. Süßwaren-Wirtsch. **8.** 636—42. 20/6. 1955., Zellstoffabrik Waldhof.) H. BECKER. 7986

Kaja'ani Oy., Kajaani, Finnland (Erfinder: **A. H. Enroth**), *Gewinnung einer konzentrierten Sulfitablauge,* dad. gek., daß bei der Cellulosekochung die am Schluß der Kochung anfallende Lauge durch eine mindestens gleiche Menge Lauge gleicher Konz. verdrängt wird, die beim kontinuierlichen Waschen der gekochten Cellulosemasse mit einer Temp. von 20—70° anfällt. — Abbildung. (**Schwed. P. 142 718** vom 14/2. 1952, ausg. 27/10. 1953.) K. H. KÄHLER. 7963

Nils E. Nilsson, Vaggeryd, Schweden, *Gewinnung von anorganischen Bestandteilen aus Zellstoffablauge.* Die Zellstoffablauge wird durch ein Rohr in einen Verbrennungsraum geführt u. gleichzeitig durch ein in diesem Rohr konzentr. angebrachtes Rohr Luft eingeblasen, so daß die Lauge zerstäubt wird; die suspendierten feinen Teilchen der zerstäubten Lauge werden schwebend verbrannt, die herabsinkenden gröberen Teilchen werden mit zusätzlicher Luft am Boden des Verbrennungsraumes verbrannt. (**Can. P. 493 617** vom 7/6. 1947, ausg. 16/6. 1953. Schwed. Prior. 25/11. 1946, **Schwed. P. 136 211** vom 25/11. 1946, ausg. 15/10. 1952.) M. PANKOW. 7967

Harry Pauling, Stockau, *Oxydieren von Cellulose oder cellulosehaltigen Stoffen mittels Stickstoffdioxyd.* Das zu oxydierende Material wird im zerkleinerten Zustand mit dem gegebenenfalls mit inerten Gasen verd. NO_2 im Wirbelschichtverf. behandelt. Nach der Oxydation wird die erhaltene Carboxycellulose im Wirbelschichtverf. mit inerten Gasen u./oder überhitztem Wasserdampf behandelt. — Vorrichtungen. (**D. B. P. 941 282** Kl. 12o vom 19/4. 1953, ausg. 5/4. 1956. Anmeldung bekanntgemacht 13/10. 1955.) K. FABEL. 7971

National Oil Products Co. bzw. **Nopco Chemical Co.,** V. St. A., *Leimen von Papier.* Der Wachs enthaltenden Aufschwemmung von Papiermasse werden die Haftung des Wachses auf den Fasern erhöhende kationakt. Amide oder deren Derivv. zugesetzt, welche durch Säuren lösbar gemacht sind. Kationaktive Amide der Amine u. Glyoxalidine, welche durch Cyclisation der Amide entstanden sind, sowie deren lösbar gemachten Derivv. haben sich als bes. wirksam erwiesen. — Vgl. auch A. P. 2 487 899; C. **1950.** II. 598. (**F. PP. 931 212** vom 28/3. 1946, ausg. 17/2. 1948. A. Prior. 10/5. 1945 u. **58 556** [Zusatz-Pat.] vom 16/12. 1947, ausg. 27/1. 1954.) R. GLAFEY. 7979

Shell Development Co., Emeryville, übert. von: **Robert D. Sullivan,** Concord, Calif., V. St. A., *Papierleim,* bestehend aus einer wss. Emulsion von Na-Naphthenat u. säurefreien cycl. Mineralölbestandteilen einer Viscosität von 10 cP/99° bis zu einem F. von 93° (Kp. 150°/1 mm Hg) mit 55% gradkettigen KW-stoffen (Asphaltextraktionsrückständen). Die Emulsion kann mit Kolophonium u. Füllstoffen (Kaolin) dem Holländer zugegeben werden (**A. P. 2 705 205** vom 23/8. 1951, ausg. 29/3. 1955.) G. SALZMANN. 7979

Minnesota & Ontario Paper Co., übert. von: **Gilbert Stevens,** Minneapolis, Minn., V. St. A., *Herstellung eines Imprägniermittels für Papier.* Native Mais- oder Tapiokastärke wird mit einem Pigment gemischt u. in W. dispergiert. In kontinuierlichem Verf. erfolgt dann die p_H-Einstellung auf 6,6—8,5 u. Erwärmung auf 135—158° F. Nach Zusatz stärkeverflüssigender Enzyme wird auf 160—195° F erhitzt, die Enzyme bei ca. 210° F inaktiviert u. anschließend gekühlt. Zum Ausgangsstoff können auch Proteine. Ton, $Na_4P_2O_7$ u. vor dem Abkühlen Harnstoff-CH_2O-Harze zugesetzt werden. (**A. P. 2 717 213** vom 10/2. 1951, ausg. 6/9. 1955.) H. SCHINDLER. 7987

Esso Research & Engineering Co., übert. von: **William T. Knox jr.,** Cranford, und **Stephen H. Dole,** Orange, N. J., V. St. A., *Faserförmiges, für Flüssigkeiten undurchlässiges Wachs zum Überziehen von Papier oder Kartons* für Lebensmittel, bestehend aus Schuppenparaffin mit einem Geh. an 1—4 (%) Öl u. 10 mikrokristallinem Wachs (F. 63 bis 82°); ein solches Prod. wird durch wiederholtes Lösen in einem Gemisch von 25 Toluol u. 75 Methyläthylketon, Filtrieren, Dest. u. Kühlen erhalten. — Zeichnung. (**A. P. 2 703 292** vom 20/12. 1951, ausg. 1/3. 1955.) G. SALZMANN. 7987

Pierre de Vinzelles, Marokko, *Undurchlässigmachen von Erzeugnissen auf Cellulosebasis, insbesondere Papieren für die Sackfabrikation.* Das Papier, z. B. in Form eines Zementsackes, erhält einen dünnen Überzug aus Polyesterharzen oder wird mit einer Lsg. derselben getränkt. Durch Beifügen von Katalysatoren oder Beschleunigern ist für schnelle Polymerisation Sorge zu tragen. Wenn das Überzugsmittel durch Aufstäuben aufgebracht wird, so ist die vorzeitige Polymerisation durch Abkühlen der App. zu verhindern. Die Polymerisation erfolgt unter Einw. von Wärme, z. B. durch Bestrahlen mit Infrarotlampen oder in Trockenkammern. Das Imprägniermittel kann auch gleichzeitig zum Zusammenkleben der Papierbahnen Verwendung finden. (**F. P. 1 089 265** vom 11/9. 1953, ausg. 16/3. 1955.) R. GLAFEY. 7987

Ernest Rouanet, Tarn, Frankreich, *Pappenherstellung.* Kardierte Baumwoll-, Jute- usw. -fasern werden mit einem Bindemittel, das durch Polymerisation oder Härtung nachbehandelt wird, wie Kautschukmilch, Chlorkautschuk, plast. Massen, Phenol-, Vinyl-, Alkydharze mit oder ohne Zusatz von Füll- u. Zusatzstoffen, bespritzt, kalandert u. verfestigt. (**F. P. 1 085 691** vom 28/10. 1953, ausg. 4/2. 1955.) M. PANKOW. 7993

Vereinigte Glanzstoff-Fabriken Akt.-Ges. (Erfinder: **Petrus Johannes Krek,** Ede, und **Pieter Hendrik Teunissen,** Arnheim, Holland), Wuppertal-Elberfeld, *Herstellung künstlicher Schwämme aus Viscose,* wobei dieser Bastfasern zur Verstärkung zugesetzt werden, dad. gek., daß Bastfasern, wie gehechelter Flachs oder Hanf, mindestens teilweise durch eine chem. Reinigung von den pektinartigen Begleitsubstanzen durch Erhitzen der Bastfasern mit verd. Alkalien in solchem Ausmaße, daß der Gewichtsverlust der Fasern nach dem Waschen u. Trocknen 20—35% beträgt, befreit u. dann, vorzugsweise im trocknen u. gewolften Zustand, mit der Viscose u. porenbildenden Bestandteilen vermischt werden, worauf dieses Gemisch koaguliert, zers. u. zu gebrauchsfertigen Schwämmen verarbeitet wird. Die Bastfasern werden durch längeres Erhitzen auf 120° mit verd. Alkalien unter Druck u. unter Ausschluß von O_2 gereinigt. (**D. B. P. 935 934** Kl. 39b vom 8/3. 1952, ausg. 1/12. 1955. Anmeldung bekanntgemacht 8/6. 1955. Holl. Prior. 9/3. 1951.) G. SALZMANN. 8001

XVIIIb. Textilfasern.

Hector C. Borghetty und **D. Fornelli**, *Baumwollknitterfesttheorie, -chemie, -verfahren.* Die sich aus dem strukturellen Aufbau der Baumwolle (schemat. u. formelmäßig dargestellt) ergebenden Knittereigg. u. die Wirkungsweise der Knitterfestmittel. Der Bindungsmechanismus u. das Verh. der verschied. Knitterfesttypen: solcher, die durch chem. Bindung (ähnlich wie CH_2O durch Oxymethylenbrücken) zwischen den OH-Gruppen der Kettenmoll. in den amorphen Bereichen fixiert werden, dreidimensionale Polymere, die durch H-Brücken an die OH-Gruppen der Cellulose gebunden werden, u. filmbildende Polymere. Wrkg. der verschied. Katalysatoren (organ. Säuren, Metall-, anorgan. u. organ. NH_4-Salze). Der Einfl. der Gewebeart, der Vorbehandlung der Faser, einschließlich Färben u. Drucken (bes. der Fixierungsmittel) u. des Trocknens, sowie die Wrkg. von Netzmitteln u. Weichmachern auf den Ausrüsteffekt. Ausrüstverff. auch für spezielle, wie erhabene, Plissee- u. Moirémuster. Testmethoden zur Best. der Trage-, Scheuer- u. Cl-Festigkeit. Kombiniertes Ausrüsten mit Farbfixiermitteln oder zum Hydrophobieren nach der Einbadmethode. (Textile Wld. Nr. **105.** Nr. 12. 102—17. Dez. 1955.) I. SCHOENMANN. 8044

H. C. Borghetty, *Verfahren zum Waschen von Wolle.* Zusammenfassende Darst. über das Waschen von Wolle in Form von Rohwolle, Garnen oder Stückware unter Einbeziehung der sauren, neutralen u. alkal. Wäsche, der erforderlichen techn. Ausrüstungen sowie der Möglichkeiten einer gleichzeitigen Gewinnung der anfallenden Nebenprodd., wie z. B. Wollfett. (Amer. Dyestuff Reporter **44.** P 726—P 729. 10/10. 1955.) H. G. FRÖHLICH. 8060

Daniel P. Norman und **W. W. A. Johnson**, *Die Reinigung der Lösungsmittel von fetthaltiger Wolle.* 1. Mitt. *Überblick.* Das Prinzip der Lösungsmittelextraktion von Rohwolle mit schemat. Darst. der Extraktionssysteme; die Auswahl der Lösungsmittel. (Amer. Dyestuff Reporter **44.** 893—900. 911. 19/12. 1955.) I. SCHOENMANN. 8060

R. V. Peryman, *Der Einfluß kochender wässeriger Lösungen auf Wolle.* 2. Mitt. *Ammoniumsalzlösungen mit und ohne Ammoniakgehalt.* (1. vgl. C. **1954.** 10848.) Es wird darauf hingewiesen, daß bei Behandlung von Wolle in kochenden Bädern, die Ammoniumsalze mit u. ohne Ammoniakzugabe enthalten, deren Schädigung in guter Übereinstimmung mit den bei 100°, aber nicht mit den bei Zimmertemp. gemessenen p_H-Werten steht. In diesem Zusammenhang weist Vf. darauf hin, daß verläßliche Angaben über den p_H-Wert der kochenden Ammoniumsalzflotten nur durch Extrapolation der bei 40—80° gemessenen Werte oder aber durch Berechnung unter Verwendung der Dissoziationskonstanten mittels der EECKHOUTschen Formel erhalten werden können. (J. Soc. Dyers Colourists **71.** 165—70. April 1955.) H. G. FRÖHLICH. 8060

E. H. Mercer, *Feinstruktur und Biosynthese des Seidenfibroins.* Wird Seidenfibroin enzymat. abgebaut u. werden die gebildeten fibrillären Abbauprodd. elektronenmkr. untersucht, so können Mikrofibrillen mit einem Durchmesser von ca. 100 Å festgestellt werden, die parallel zur Achse der Faser liegen u. ungefähr so breit sind wie die bei der Röntgenstrahlbeugung entstehenden bzw. zu beobachtenden kristallinen Micellen. Fibroinogen, die lösl. Vorstufe des Faserfibroins, das aus den reifen Spinndrüsen des Seidenwurms extrahiert wird, wird aus verd. Lsgg. in Form feiner Mikrofibrillen spontan ausgeschieden. Dieses Phänomen ähnelt dem der F-Actin-Bldg. aus G-Actin u. der Fibrinbldg. aus Fibrinogen u. ist wahrscheinlich zurückzuführen auf eine asymmetr. Aggregation der Moll. der lösl. Form. (Austral. J. sci. Res., Ser. B **5.** 366—73. Aug. 1952. Melbourne, C. S. I. R. O., Div. of Ind. Chem.) H. P. FIEDLER. 8068

—, *Schwefelwiedergewinnung in der Reyon-Industrie.* Inhaltlich ident. mit der C. **1955.** 2331 referierten Arbeit. (Chem. Age **71.** 533—36. 11/9. 1954.) I. SCHOENMANN. 8074

I. H. Welch, *Die Stabilisierung von Reyongeweben nach dem Avcoset-Prozeß.* Das Grundrezept für das Avcosetverf. u. eine Auswahl möglicher Modifikationen durch Zugabe von Weichmachern, Steif- u. Füllmitteln zur Verbesserung der physikal. Eigg., Veränderung des Griffes der Gewebe, für permanente Glanzeffekte, sowie eine tabellar. Übersicht der Festigkeitseigg. für die jeweilige Rezeptänderung. Ersatz des im Grundrezept verwendeten CH_2O durch das geruchlose Prod. „*Reactant SC*". Herst. u. Anwendung der Avcoset-Klotzlsg., Wirkungsweise u. Vgll. mit durch Harz ausgerüsteten Geweben, sowie eine Anzahl Rezepte für bestimmte Endzwecke. (SVF Fachorgan Textilveredlung **10.** 461—68. Sept. 1955. Marcus Hook, Amer. Viscose Corp. Textile Res. Dep.) I. SCHOENMANN. 8074

R. Aenishänslin, *Schrumpffestausrüstung von Regeneratcellulosen.* Kurze Übersicht der gebräuchlichsten Verff. einschließlich der Schrumpfappretur von Wirkwaren, mit besonderem Hinweis u. Rezepten für die Einlagerung härtbarer Harze in Viscose- u. Zellwollgewebe u. Angabe einiger physikal. Daten. (SVF Fachorgan Textilveredlung **10.** 459 bis 460. Sept. 1955., Basel, Ciba A.G.) I. SCHOENMANN. 8074

H. U. Schmidlin, *Die Stabilisierung von Textilien aus synthetischen Faserstoffen.* Das therm. Verh. der synthet. Faserstoffe u. das Prinzip der Thermofixierung. Fixiermethoden (mit u. ohne Quellmittel, durch Infrarotstrahlung) u. -app. mit schemat. Darst. der Arbeitsweise (Hot-Rollmaschinen, fixieren in fl. Metallen) sowie der Einfl. verschied. Fixierbedingungen (O_2-Geh. der Luft, Längszug, Abkühlung). Verff. zum Fixieren von Strümpfen u. von Wirk-Webwaren aus Polyamidfasern. Einfl. der Fixiertemp., Zeit u. Gewebefeuchtigkeit auf den Restschrumpf von Nylon. Verss. zum Fixieren von Nylon u. Perlon mit Quellmitteln; optimale Fixierbedingungen. Herst. von Kräuselgarnen. Das Thermofixieren von Polyesterfasern u. der Einfl. der Fixiertemp. auf die Färbeeigg., Steifheit, Reißfestigkeit u. Dimensionsstabilität von Terylene; Behandlung von Geweben aus Stapelfasern. Einfl. des Terylengeh. auf das Schrumpfen von Mischgarn mit Wolle. Fixieren von Geweben aus Polyacrylnitrilfasern, aus stark thermoplast. Faserstoffen u. aus Cellulosetriacetat. (SVF Fachorgan Textilveredlung **10.** 486—514. Sept. 1955. Schlieren, Färberei A. G.) I. SCHOENMANN. 8080

R. H. McMickle und **E. T. Kubu,** *Durch Diffusion bestimmte Spannungsrelaxation.* Unter Verwendung der von KUBU früher (vgl. C. **1953.** 6388) beschriebenen Meth. wurde die Wrkg. von wss. Lsgg. von Dimethylformamid (I) auf *Dinitril-A*-Fasern (II; nicht näher gek. Copolymeres mit Methylenmalonitril) untersucht. II wurde zunächst um 10% gedehnt; anschließend wurde die zeitliche Abnahme der Spannung, ausgedrückt durch $\beta = f_t/f_1$ (f_t = Spannung zur Zeit t nach der Dehnung, t in Min.), gemessen. In W. allein fällt β bei 59° nach ca. t = 500 um 15% ab; bei Zusatz von I steigt β zuerst sehr steil an u. fällt ebenso stark bis auf einen Wert von ca. 0,45 ab u. bleibt dann fast konstant. Der β-Verlauf läßt sich darstellen durch $f_t/f_1 = (1-f_\infty/f_1)\exp\cdot(-kt) + f_\infty/f_1$. Die Änderung der daraus berechenbaren Halbwertszeit $t_{1/2}$ mit der I-Konz. c ist durch $t_{1/2} = a\cdot\exp(-bc)$ ausdrückbar. Die Geschwindigkeit des Vorganges hängt ferner von dem Querschnitt von II u. von dem Orientierungsgrad der Makromoll. in II ab. Daraus folgt, daß die Geschwindigkeit der Diffusion der W.-I-Lsg. in II die Geschwindigkeit der Spannungsrelaxation bestimmt. Für den Diffusionskoeff. gilt $D = A\cdot\exp(-E/RT\text{-}Cc)$ mit E = 14 kcal/Mol. A u. C sind Konstanten. Die Verss. wurden zwischen 30 u. 59° ausgeführt. (J. appl. Physics. **26.** 832—38. Juli 1955. Brecksville, O., B. F. Goodrich Res. Center.) O. FUCHS. 8080

Werner Luck, *Diffusionsmessungen in Polyamidfasern.* (Vgl. C. **1956.** 3705.) Experimentelle Anordnung zur Best. der Diffusion in Perlonfasern. Auswertung der im Mikrotomschnitt sichtbar gemachten Eindringtiefen der Färbungen. Best. des Diffusionskoeff. aus den Eindringzonen mit monochromat. Licht (LAMBERTsches Gesetz) sowie Gesetzmäßigkeiten bei Anwendung von polychromat. Licht. Best. der Affinität bzw. des Verteilungskoeff. der Farbstoffe zur Faser aus den Farbstoffeindringkurven. (Melliand Textilber. **36.** 1028—33. Okt. 1955., Ludwigshafen/Rh., Hauptlabor. der BASF.) I. SCHOENMANN. 8080

H. T. McLean, *Elektrostatische Ladungen auf Geweben.* Der Mechanismus der elektr. Aufladung von Geweben aus synthet. Fasern u. die bisher üblichen (Widerstands-) Meßmethoden mit schemat. Darst. Beschreibung u. Darst. einer neuentwickelten App. (Fabric-Potentialmeter), für Potentialmessungen in vollem Kontakt mit der Gewebeprobe. (Amer. Dyestuff Reporter **44.** 485—89. 18/7. 1955. Schenectady, N. Y., Materials and Chem. Process Dep. General Engineering Labor.) I. SCHOENMANN. 8080

Walter K. Stone, Herbert F. Schiefer und **George Fox,** *Zug–Dehnungs-Verhältnisse in Garnen, die einer raschen Stoßbelastung ausgesetzt sind.* 1. Mitt. *Ausrüstung, Testmethoden und typische Ergebnisse.* (J. Res. nat. Bur. Standards **54.** 269—76. Mai 1955. — C. **1956.** 8510.) H. G. FRÖHLICH. 8096

G. G. Taylor, *Bestimmung der fluorescierenden Aufhellungsmittel.* Die ausführlichen Unterss. haben gezeigt, daß, abgesehen von cis-trans-Isomerien der Stilbenverbb., die Konz. der opt. Aufhellungsmittel in wss. Lsgg. genau so bestimmbar ist wie bei Farbstoffen. Allerdings fehlen bisher noch geeignete Photometer. Vf. weist darauf hin, daß sich das SPEKKER-Fluorimeter nach geringfügigen Änderungen zur Konzentrationsbest. von opt. Aufhellungsmitteln eignet. Anwendung u. Begrenzung sind beschrieben. (J. Soc. Dyers Colourists **71.** 697—704. Dez. 1955. Manchester, Clayton Dyestuff Co. Ltd.) H. G. FRÖHLICH. 8098

Hans Pichlmayr, Rottach-Egern, *Modifizierte Kunststoffdispersion für Textilappretur.* Man setzt der wss. Dispersion des Kunststoffes einen in W. unlösl. Weichmacher mit darin gelösten äther. Ölen als Duftstoff zu. Zusätzlich können noch in W.

lösl. natürliche oder künstliche Kolloide eingearbeitet werden. — Einer 50% ig. wss. Polyvinylacetatdispersion setzt man 2(%) *Lavendelöl*, das in 12 Dibutylphthalat gelöst ist, zu. Nach dem Verrühren läßt man 3 Tage stehen, homogenisiert, versetzt mit 0,5 Netzmittel, 5 TiO_2 u. 100 Reisstärke u. verd. mit 2000 Wasser. Mit dem Ansatz appretierte Weißwäsche behält auch nach mehreren Wäschen den Geruch. (**D. B. P. 938 723** Kl. 8k vom 30/9. 1952, ausg. 9/2. 1956. Anmeldung bekanntgemacht 11/8. 1955.)
H. MÖLLERING. 8033

Imperial Chemical Industries Ltd., London, und **Robert Gregor Desson, Albert Ewart Henshall** und **Alfred Frederick Morris,** Manchester, England, *Modifizierung von Cellulosetextilien*, gek. durch die Behandlung mit einem Polycyanat in Ggw. von anorgan. Schwermetallsalzen. Die Behandlung ergibt beim Glanzkalandrieren einen erhöhten Glanz. — Z. B. wird ein Baumwollgewebe mit einer 0,1% ig. wss. CdJ_2-Lsg. vorbehandelt, getrocknet, glanzkalandert u. mit einer 5% ig. Lsg. von Hexamethylendiisocyanat (I) in Toluol nachbehandelt, worauf man das getrocknete Gut 10 Min. bei 150° hält u. anschließend mit einer 0,25% ig. wss. Lsg. eines Alkylphenol–Äthylenoxydkondensates nachbehandelt. — Man kann I auch als Additionsprod. des Na_2SO_3 in der wss. Lsg. des CdJ_2 anwenden. (**E. P. 741 137** vom 1/10. 1952, ausg. 30/11. 1955.)
H. MÖLLERING. 8033

Bleachers' Association Ltd., Manchester, **Alfred Eric Stubbs**, Ashbourne, und **Cyril James Whitelegg,** Dunscar, England, *Wärmebehandlung von Textilfasern, -garnen oder -geweben*, z. B. zum Vergüten ausgerüsteter Ware, erfolgt statt mit Wasserdampf mit gesätt. Dämpfen von organ. Flüssigkeiten, wie Toluol (I), Xylol, chlorierten KW-stoffen usw. — Ein mit einer wss. Lsg. von CH_2O u. $AlCl_3$ ausgerüstetes Viscosekreppgewebe wird im gestreckten Zustand bei 80° getrocknet u. mit Dämpfen eines bei 104° sd. I–Bzn.-Gemisches 3 Min. nachbehandelt. Nach der Seifenwäsche ist das Gewebe schrumpffest. — Ein mit einem Harnstoff–CH_2O-Vorkondensat ausgerüstetes Viscosegewebe, das sonst mit Heißluft von 145° vergütet wird, wird mit Tetrachloräthandämpfen bei 146° nachbehandelt, wodurch es knitterfrei wird. (**E. P. 741 655** vom 28/11. 1951, ausg. 7/12. 1955.)
H. MÖLLERING. 8033

General Aniline & Film Corp., New York, N. Y., übert. von: **William Wilson Williams** und **Harlan Benjamin Freyermuth,** Easton, Pa., V. St. A., *Optische Bleichmittel* der Formel I, worin R einen niedermol. Alkylrest u. X einen Morpholino-, Anisidino- oder Methoxyrest bedeuten, erhält man in üblicher Weise durch Kondensation von 1 (Mol) 4.4'-Diamino-2.2'-stilbendisulfonsäure mit 2 Cyanurchlorid, 2 eines aliphat. Alkohols (A., Methanol, Isopropanol) u. 2 Morpholin oder Anisidin bzw. Methanol. (**A. P. 2 713 046** vom 9/10. 1951, ausg. 12/7. 1955.)

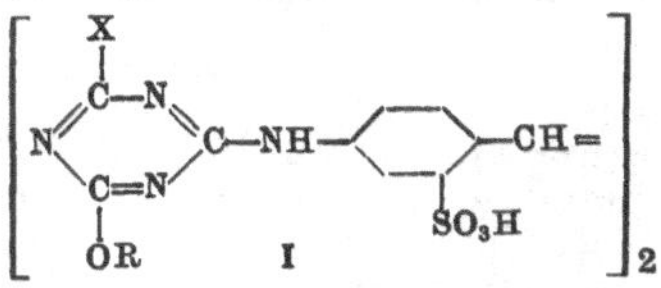
I

A. BRÖSAMLE. 8033

E. I. du Pont de Nemours & Co., Wilmington, Del., übert. von: **Arthur A. Baum** und **Paul A. Sanders,** New Castle County, Del., V. St. A., *Optische Bleichmittel.* Man diazotiert 2-(p-Aminophenyl)-benzothiazol, Dehydrothio-p-toluidin oder Dehydrothio-m-xylidin bzw. ihre Monosulfoderivv., kuppelt die Diazoniumverb. mit einer Naphthoesäure, die in 1- oder 2-Stellung eine NH_2-Gruppe trägt u. in der anderen der beiden Stellungen ein H-Atom aufweist, u. oxydiert die gebildete Azoverb. in bekannter Weise zum *Triazol.* (**A. P. 2 733 247** vom 20/11. 1952, ausg. 31/1. 1956.) A. BRÖSAMLE. 8033

Ilford Ltd. (Erfinder: **John David Kendall** und **Douglas James Fry**), Ilford, England, *Optischer Aufheller für Textilien aus Celluloseestern und Polyamiden*, bestehend aus Verbb. der Formel I, in der R_1 u. R_2 Alkyl u. X den Rest einer starken anorgan. oder organ. Säure bedeuten u. in der beide Benzolringe vorzugsweise mit nichtionogenen, d. h. mit Basen oder Säuren Ionen bildenden Substituenten, in der 5-, 5'-, 6- u. 6'-Stellung substituiert sein können. Geeignet sind blau fluorescierende 3.3'.5.5'.7.7'-Hexamethyl-, 3.3'.5.5'.6.6'-Hexamethyl-, 3.3'.5.5'-Tetramethyl-, 3.3'.5-Trimethyl-5'-sulfamid-, 3.3'.5-Trimethyl-5'-n-amyl-, 3.3'-Dimethyl-5.5'-di-n-amyl-, 3.3'.5-Trimethyl-5'-n-octyl-, 3.3'.5-Trimethyl-5'-chlor-, 3.3'-Diäthyl-5.5'-dimethyl-, 3.3'-Diäthyl-5.5'.6.6'-tetramethyl-, 3.3'-Di-n-propyl-5.5'-dimethyl-, 3.3'-Di-n-butyl-5.5'-dimethyl-, 3.3'.5.5'-Tetramethyl-, 3.3'.5-Trimethyl-5'-methoxy-, 3.3'-Dimethyl-5.5'-dimethoxy-, 3.3'.5-Trimethyl-5'-acetamino- u. 3.3'.5.5'-Tetramethyloxacyanine, die ein Sulfat-, p-Toluolsulfonat-, Benzolsulfonat-, Chlorid-, Bromid- oder Jodidanion tragen u. in einer Menge von 0,1% einer wss. Stärkelsg. zugeführt werden. Herst. von Permanentappreturen in Verbindung mit Harnstoff–CH_2O-Vor-

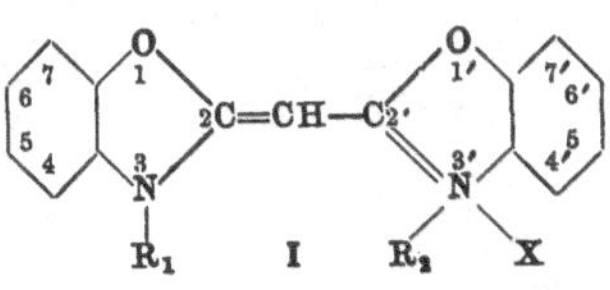
I

kondensaten, Polyvinylacetatemulsionen oder Pyridin bzw. einem anderen quaternären Salz von CH_2O-langkettigen Fettsäureamiden–Kondensations-Produkten. (**E. P. 718 119** vom 7/12. 1951, ausg. 10/11. 1954. **Zusatz zu E. P. 669 896; C. 1953. 3020.**)
G. SALZMANN. 8033

Farbenfabriken Bayer Akt.-Ges., Leverkusen, *Fungicide und baktericide Mittel für Textilien, Pelze und Felle.* Man imprägniert das Gut mit einer Verb. der Formel $(Hal_xR'SO_2NH)_nR$ (R = ein- oder zweiwertiger mehrkerniger KW-stoffrest, R' = aliphat. KW-stoffrest, x = ganze Zahl u. n = 1 oder 2). — Z. B. wird Wolle mit einer wss. 1%ig. Lsg. von *Tetrachlor-(4-phenyl)-anilid der Chlormethansulfonsäure* (**I**) imprägniert; die Ausrüstung ist waschbeständig. — Ferner geeignet ist das *[2-(2'-Chlorphenoxy)-3.5-dichlor]-anilid der* **I**, das durch Rk. des entsprechenden Anilins mit Chlormethansulfochlorid erhalten wird. Ferner: *N.N'-Bis-(chlormethansulfo)-tetrachlorbenzidin.* Triäthanolaminsalze der Verbb. können zu wss. Lsgg. saurer oder neutraler Wollfarbstoffe gegeben werden. (**E. P. 738 758** vom 10/9. 1952, ausg. 19/10. 1955. D. Prior. 10/9. 1951.)
H. MÖLLERING. 8037

Böhme Fettchemie G. m. b. H., Düsseldorf, *Verminderung der Schmutzadsorption an Textilien* erreicht man durch deren Imprägnierung mit in W. lösl. wachsartigen Verbb., bes. Polyalkylenoxydwachsen mit Mol.-Gew. $\geqq$2000 oder deren Verätherungs- oder Veresterungsprodukten. — Nach dem Spülen von Leinenwäsche behandelt man mit einer 0,1%ig. wss. Lsg. des Monostearinsäureesters eines Polyalkylenoxydwachses mit Mol.-Gew. ca. 6000. (**E. P. 738 379** vom 3/3. 1952, ausg. 12/10. 1955. D. Prior 2/3. 1951.)
H. MÖLLERING. 8037

Koppers Co., Inc., Del., übert. von: **Gaetano F. D'Alelio**, Pittsburgh, Pa., V. St. A., *Lösen von Polyacrylnitril.* Als Lösungsm. für Polyacrylnitril oder seine Mischpolymerisate mit Vinyl-, Vinylidenchlorid, Styrol, Dimethylitaconat oder Acrylsäure dient N.N.N'.N'-Tetramethyl- (Kp. 177°) bzw. symm. Dimethyldiäthylharnstoff. Herst. von Fäden, Filmen, Lacken u. Überzügen. — Nach A. P. 2 683 130 werden *Fäden, Filme* u. *Formkörper* aus der Lsg. eines Acrylnitril–Itaconsäure-Mischpolymerisates in Dimethylformamid (von Celluloseacetat in Aceton, von Polyamiden, Polyvinylverbb., Polyacrylsäure, Malein- oder Fumarsäureestern bzw. -halbestern, Alkyden, Polyestern, Pheno- u. Aminoplasten) mit einem Zusatz von 2—30% eines Epoxyalkoxyarylharzes, das durch Rk. eines Phenolharzes mit einem Haloepoxyalkan der Formel $X-(\overset{|}{\underset{|}{C}})_n-\underset{\diagdown O \diagup}{C-C}-$, worin X Halogen, n eine ganze Zahl bis 8 u. die freien Valenzen mit H oder nicht mehr als 7 C-Atome enthaltenden Alkylgruppen besetzt sind, erhalten (**A. PP. 2 683 128** vom 29/9. 1950 u. **2 683 130** vom 27/5. 1950, beide ausg. 6/7. 1954.)
G. SALZMANN. 8081

DEHYDAG Deutsche Hydrierwerke G. m. b. H. (Erfinder: **Alfred Kirstahler**, Düsseldorf, und **Winfried Hentrich**, Riehen, Basel, Schweiz), *Herstellung superpolymerer Kondensationsprodukte* aus *Glykolen* mit mindestens 4 C-Atomen, welche die OH-Gruppen möglichst endständig, jedenfalls an 2 verschied., nichtbenachbarte aliphat. C-Atome gebunden enthalten u. in der C-Folge ein- oder mehrmals durch S, SO oder bes. durch SO_2 unterbrochen sind, u. *Dicarbonsäuren* bzw. ihren funktionellen Derivv. oder *Diisocyanaten*, dad. gek., daß man die Glykole mit solchen Dicarbonsäuren oder deren funktionellen Derivv. oder Diisocyanaten bzw. Diisothiocyanaten, die in der C-Folge ein- oder mehrmals durch die Sulfongruppe unterbrochen sind, bis zur Bldg. superpolymerer Prodd. auf 150—300° erhitzt. — Äquimol. Mengen von 2.2'-Dioxydiäthylsulfon u. Di-n-hexylsulfon-6.6'-diisocyanat werden in Ggw. eines Lösungsm. 1—2 Std. unter Rückfluß sowie nach Abdestillieren des Lösungsm. 2 Std. bei ca. 2 mm auf 220 bis 240° erhitzt, wobei man ein helles, zu *Fäden* verspinnbares Prod. erhält. (**D. B. P. 935 025** Kl. 39c vom 30/5. 1942, ausg. 10/11. 1955. Anmeldung bekanntgemacht 27/1. 1955.)
J. MÜHLEISEN. 8081

Owens-Corning Fiberglas Corp. (Erfinder: **Jack Holmes Waggoner** und **Warren J. Rowley jr.**), Toledo, O., V. St. A., *Imprägnierung von Glasfasergewebe*, das nach Art von Seiden- oder Wollstoffen, z. B. für Vorhänge, leicht u. in Falten fällt. Das Glasgewebe wird, damit das Gleitmittel verbrennt, 3—15 Sek. waagerecht durch einen Heißluftofen bei 650° geführt u. durch Tauchen, Aufsprühen oder Verdampfen mit einem Überzug aus einer wss. Lsg. oder Dispersion von Polystyrol, Polymethylmethacrylat, Gelatine, Casein, gegebenenfalls mit Farbstoff versehenem Butadien–Acrylnitril-Mischpolymerisat, Phenol- oder Melaminharz, Octadecylammoniumchlorid, Vinylmischpolymerisat, Morpholin, Kautschuk, Chloropren, Naturharz oder Dimethylpolysiloxan (Aufdampfen von Dimethyldichlor- oder Methyltrichlorsilan) versehen. Es können auch Öle, Wachse, kationakt. Amine oder Metallkomplexverbb. allein oder mit den hochmol. Stoffen verwendet werden. Im Anschluß an die Imprägnierung lassen sich reliefartige Muster aufprägen. Die trocken imprägnierten Gewebe können auch wieder gerissen werden u. liefern gekräuselte, gut aneinander haftende Fasern. — Zeichnung. — Vgl. Schwed. P. 142480; C. **1956**. 7966. (**E. P. 719 466** vom 10/8. 1951, ausg. 1/12. 1955.) G. SALZMANN. 8083

XIX. Brennstoffe. Erdöl. Mineralöle.

Gottfried Gerlach, *Untersuchungen über die Schrumpfung von Braunkohlenbriketts verschiedener Eigenschaften bei der Schwelung und über die Zusammenhänge zwischen Schrumpfung und Koksfestigkeit.* Untersucht werden: Der Einfl. des Wassergeh. auf das Schrumpfverh., der Einfl. verschied. Kornverteilung, verschied. Körnungen, des Preßdruckes, des Formats (Brikettdicke), des Tones u. Sandes, des Xylitgeh. auf das Schrumpfverh., des Teergeh., weiter Schrumpfverss. mit extrahierter (Bzl. u. Aceton, 1:1) u. entaschter Kohle, Brikettschrumpfung bei veränderter Temperaturführung, allg. Ergebnisse der Schrumpfungsergebnisse u. ihre Besprechung. (Freiberger Forschungsh., Reihe A **1956**. Nr. 43. 1—109.) E. BOYE. 8140

W. Strubell, *Über Säureteere.* Vf. zerlegt einen aus dem Werk Böhlen stammenden Säureteer durch Kochen in eine flockige, wasserhaltige Schicht, die die Phenolsulfosäuren u. die andere, die die Thiosäuren u. deren Na-Salze enthält. Die letztere Schicht wurde fraktioniert destilliert. Die zwischen 67 u. 80° sd. ersten 2 Fraktionen wurden als Benzinkomponenten identifiziert. In der 3. Fraktion (80—90°) wurde neben Dimethylnaphthalin die Ggw. von Methyläthylketon festgestellt. Die Fraktionen 4 (123—133°) u. 5 (96—121°) enthielten beträchtliche Mengen von Pyrrol. Der Rückstand war eine plast., übelriechende M. mit einem Tropfpunkt von 63°. Verkochen dieses Teerpeches mit S u. Blasen des Reaktionsgutes mit Luft oder das Kochen mit $KMnO_4$ ergab eine bei 196° tropfende M., die sich als Straßenbaustoff eignet. (Chem. Techn. **7**. 164—65. März 1955.) K. O. MÜLLER. 8176

P. D. Faurote, C. M. Henderson, C. M. Murphy, J. G. O'Rear und **H. Ravner,** *Teilfluorierte Ester und Äther als temperaturbeständige Flüssigkeiten.* Im Hinblick auf ihre Verwendung als wärmebeständige Schmiermittel untersuchten Vff. die Eigg. der aus den Alkoholen $H-(CF_2)_n-CH_2OH$ u. den Säuren $H-(CF_2)_n-COOH$ abgeleiteten Ester u. Äther im Vgl. mit denjenigen aus den entsprechenden Verbb. mit endständiger CF_3-Gruppe $F-(CF_2)_n-CH_2OH$ u. $F-(CF_2)_n-COOH$ u. den fluorfreien Analogen. Auf Grund von Kp., E., D., Brechungsindex, Viscosität, Mol.-Refr., F-Atom- u. Bindungsrefraktion, Oberflächenspannung, Parachor, Fließpunkt, Entflammbarkeit, Hydrolyse-, Oxydation- u. therm. Beständigkeit kommen sie als Schmiermittel für Motoren, Gasturbinen u. Lager in Betracht. Für Flugzeuggasturbinen wird *3-Methylglutarsäure-bis-[1H.1H.7H-dodekafluorheptylester]* (**II**), als Hochtemperaturschmiermittel für Elektromotoren **II** oder *Tricarballylsäuretris-[1H.1H.5H-oktafluorpentylester]* (**III**) empfohlen.

Versuche: *1H.1H-Pentadekafluoroctanol-(1)*, Kp.$_{20}$ 77°, Kp.$_{200}$ 123,8—124,3°, Kp.$_{760}$ 163,8—164,3°, E. 35—37°, n_D^{20} 1,3062; durch Red. von 518 g Perfluoroctansäurebutylester mit 37,9 g $LiAlH_4$; 595,3 g (Ausbeute). — *1H.1H.3H-Tetrafluorpropanol-(1)*, Kp.$_{760}$ 108,5°, D.$^{20}_4$ 1,4853, n_D^{20} 1,3210. — *1H.1H-Heptafluorbutanol-(1)*, Kp.$_{749}$ 95°, D.$^{20}_4$ 1,600, n_D^{20} 1,2944. — *1H.1H.5H-Oktafluorpentanol-(1)*, Kp.$_{200}$ 103,2—103,8°, Kp.$_{760}$ 141,0—142,0°, D.$^{20}_4$ 1,6647, n_D^{20} 1,3178. — *1H.1H-Undekafluorhexanol-(1)*, Kp.$_{752}$ 129°, D.$^{20}_4$ 1,686, n_D^{20} 1,304. — *1H.1H.7H-Dodekafluorheptanol-(1)* (**I**), Kp.$_{20}$ 82°, Kp.$_{200}$ 131,0—131,5°, Kp.$_{760}$ 171,3—172,3°, E. 25—30°, D.$^{20}_4$ 1,7532, n_D^{20} 1,3178. — *1H.1H.9H-Hexadekafluornonanol-(1)*, Kp.$_{200}$ 157,0—158,0°, E. 65—67°. — *1H.1H.11H-Eikosafluorundecanol-(1)*, Kp.$_{200}$ 180,0—181,0, E. 97°. — *1.2.3-Trimethylpropan*, Kp.$_{0,5}$ 162°, D.$^{20}_4$ 1,114, n_D^{20} 1,4800; durch Red. von 205,5 g Triäthyltricarballylat mit 67 g $LiAlH_4$; 113 g. — *Heptafluorbuttersäure*, Kp.$_{735}$ 120°. — *7H-Dodekafluorheptansäure*, Kp.$_{10}$ 92°, Kp.$_{760}$ 192°, E. 30°. — *Pentadekafluoroctansäure*, Kp.$_{736}$ 189°. — Die nachst. Ester wurden durch direkte Veresterung ohne oder mit p-Toluolsulfonsäure dargestellt. *Heptafluorbuttersäurehexylester*, $C_{10}H_{13}O_2F_7$, Kp.$_{20}$ 74°, D.$^{20}_4$ 1,2315, n_D^{20} 1,3452; 76,4%. — *Heptafluorbuttersäureoctadecylester*, $C_{22}H_{37}O_2F_7$, Kp.$_{0,5}$ 144°, D.$^{20}_4$ 1,0560, n_D^{20} 1,4027; 93,1%. — *Pentadekafluoroctansäurebutylester*, $C_{12}H_9O_2F_{15}$, Kp.$_{20}$ 96°, D.$^{20}_4$ 1,5328, n_D^{20} 1,3246; 93,2%. — *Hexandiol-(1.6)-bis-[heptafluorbutyrat]*, $C_{14}H_{12}\cdot O_4F_{14}$, Kp.$_{10}$ 133°, Kp.$_4$ 111,5°, D.$^{20}_4$ 1,4696, n_D^{20} 1,3413; 95,6%. — *Decandiol-(1.10)-bis-[heptafluorbutyrat]*, $C_{18}H_{20}O_4F_{14}$, Kp.$_{0,2}$ 106°, Kp.$_{0,5}$ 110,2°, D.$^{20}_4$ 1,3594, n_D^{20} 1,3588; 91,0%. — *Hexandiol-(1.6)-bis-[7H-dodekafluorheptanat]*, $C_{20}H_{14}O_4F_{24}$, Kp.$_{0,5}$ 151°, D.$^{20}_4$ 1,6263, n_D^{20} 1,3474; 73,0%. — *Hexandiol-(1.6)-bis-[pentadekafluoroctanat]*, $C_{22}H_{12}\cdot O_4F_{30}$, Kp.$_{0,5}$ 145°, D.$^{20}_4$ 1,6687, n_D^{20} 1,3341; 88,5%. — *1.2.3-Trimethylolpropantris-[heptafluorbutyrat]*, $C_{18}H_{11}O_6F_{21}$, Kp.$_{0,2}$ 120°, D.$^{20}_4$ 1,6137, n_D^{20} 1,3425; 95,6%. —

Essigsäure-1H.1H.11H-eikosafluorundecylester, $C_{13}H_6O_2F_{20}$, Kp.$_{20}$ 134°; 81,6%. — *Buttersäure-1H.1H.9H-hexadekafluornonylester*, $C_{13}H_{10}O_2F_{16}$, Kp.$_{20}$ 130°, D.$^{20}_4$ 1,5780, n_D^{20} 1,3368; 69,6%. — *2-Äthylhexansäure-1H.1H.9H-hexadekafluornonylester*, $C_{17}H_{18}\cdot O_2F_{16}$, Kp.$_{0,5}$ 99°, D.$^{20}_4$ 1,4384, n_D^{20} 1,3555; 94,0%. — *Glutarsäure-bis-[1H.1H.5H-oktafluorpentylester]*, $C_{15}H_{12}O_4F_{16}$, Kp.$_{0,5}$ 134°, D.$^{20}_4$ 1,5980, n_D^{20} 1,3560; 92,1%. — *3-Methylglutarsäure-bis-[1H.1H-heptafluorbutylester]*, $C_{14}H_{12}O_4F_{14}$, Kp.$_{0,5}$ 85°, D.$^{20}_4$ 1,4968, n_D^{20} 0,3448; 82,8%. — *3-Methylglutarsäure-bis-[1H.1H.5H-oktafluorpentylester]*, $C_{16}H_{14}O_4F_{16}$, Kp.$_{0,5}$ 129°, D.$^{20}_4$ 1,5570, n_D^{20} 1,3595; 85,0%. — *3-Methylglutarsäure-bis-[1H.1H.7H-dodekafluorheptylester]* (II), $C_{20}H_{14}O_4F_{24}$, Kp.$_{0,5}$ 147°, D.$^{20}_4$ 1,6484, n_D^{20} 1,3505; 87,2%. — *3-Methylglutarsäure-bis-[1H.1H-undekafluorhexylester]*, $C_{18}H_{12}\cdot O_4F_{22}$, Kp.$_{0,5}$ 115°, D.$^{20}_4$ 1,6101, n_D^{20} 1,3386; 84,2%. — *3-Methylglutarsäure-bis-[1H.1H-pentadekafluoroctylester]*, $C_{22}H_{12}O_4F_{30}$, Kp.$_{0,5}$ 145°, D.$^{20}_4$ 1,6894, n_D^{20} 1,3363; 82,0%. — *3-Methylglutarsäure-bis-[1H.1H.9H-hexadekafluornonylester]*, $C_{24}H_{14}O_4F_{32}$, Kp.$_{0,5}$ 167°, D.$^{20}_4$ 1,714, n_D^{20} 1,3452; 91,1%. — *Adipinsäure-bis-[1H.1H.5H-oktafluorpentylester]*, $C_{16}H_{14}O_4F_{16}$, Kp.$_{0,5}$ 139°, D.$^{20}_4$ 1,5606, n_D^{20} 1,3605; 96,0%. — *Adipinsäure-bis-[1H.-1H.7H-dodekafluorheptylester]*, $C_{20}H_{14}O_4F_{24}$, Kp.$_{0,5}$ 157°, D.$^{20}_4$ 1,6516, n_D^{20} 1,3510; 89,4%. — *Adipinsäure-bis-[1H.1H-pentadekafluoroctylester]*, $C_{22}H_{12}O_4F_{30}$, Kp.$_{0,5}$ 187°, Kp.$_3$ 173°; 84,7%. — *3-tert.-Butyladipinsäure-bis-[1H.1H.9H-hexadekafluornonylester]*, $C_{28}H_{22}O_4F_{32}$, Kp.$_{0,5}$ 187°, D.$^{20}_4$ 1,6238, n_D^{20} 1,3577; 92,8%. — *Sebacinsäure-bis-[1H.1H-heptafluorbutylester]*, $C_{18}H_{20}O_4F_{14}$, 3 Kp.$_{0,5}$ 13°, Kp$_1$ 130°, D $^{20}_4$ 1,3837, n_D^{20} 1,3632; 78,4%. — *Sebacinsäure-bis-[1H.1H.5H-oktafluorpentylester]*, $C_{20}H_{22}O_4F_{16}$, Kp.$_{0,5}$ 156°, D.$^{20}_4$ 1,4385, n_D^{20} 1,3740; 87,6%. — *Pinsäure-bis-[1H.1H.7H-dodekafluorheptylester]*, $C_{23}H_{18}O_4F_{24}$, Kp.$_{0,5}$ 165°, D.$^{20}_4$ 1,6009, n_D^{20} 1,3640; 67,0%. — *Phthalsäure-bis-[1H.1H.5H-oktafluorpentylester]*, $C_{18}H_{10}O_4F_{16}$, Kp.$_{0,5}$ 150°, D.$^{20}_4$ 1,6237, n_D^{20} 1 3990; 78,0%. — *Tricarballylsäure-tris-[1H.1H.5H-oktafluorpentylester]* (III), $C_{21}H_{14}O_6F_{24}$, Kp.$_{0,5}$ 172°, D.$^{20}_4$ 1,6800, n_D^{20} 1,3588; 76,0%. — *1H.1H.7H-Dodekafluorheptylmethyläther*, $C_8H_6OF_{12}$, Kp.$_{203}$, 118,5°, D.$^{20}_4$ 1,6294, n_D^{20} 1,3164; durch 16std. Kochen von 53,14 g **I**, 250cm³ W., 9,19 g NaOH u. 27,93 g p-Toluolsulfonsäuremethylester; 53,7%. — *1.6-Bis-[1H.1H.7H-dodekafluorheptoxy]-hexan*, $C_{20}H_{18}O_2F_{24}$, Kp.$_{0,5}$ 144°, D. $^{20}_4$ 1,5776, n_D^{20} 1,3467; analog aus 464,9 g **I** u. 290 g Hexandiol-(1.6)-bis-[p-toluolsulfonat]; 200 g (39%) neben 78 g *1.20-Bis-[1H.1H.7H-dodekafluorheptoxy]-7.14-dioxaeikosan*, $C_{32}H_{42}O_4F_{24}$, Kp.$_{0,5}$ 198°, D.$^{20}_4$ 1,4464, n_D^{20} 1,470. (Ind. Engng. Chem. **48.** 445—54. März 1956 (Part I). Washington, D. C., Naval Res. Labor.) E. FORCHE. 8220

Gerhard Geiseler und **Werner Junghans**, *Chromatographische Untersuchungen an gesättigten, komplex zusammengesetzten Kohlenwasserstoffgemischen im Schmierölbereich.* Vff. besprechen die chromatograph. Zerlegung höhermol. gesätt. KW-stoffgemische mittels Silicagelsäulen. Dies erfolgt nach zwei Ordnungsprinzipien, einmal nach Molekulargröße, wobei die großen Moll. zuerst aus der Säule heraustreten, u. zum anderen nach Strukturmerkmalen, wonach die cycl. Verbb. stets in den letzten Fraktionen angereichert werden. Vff. zeigen an 3 typ. Beispielen, daß bei Gemischen von sehr kleinem Molekularbereich, aber mit strukturell sehr unterschiedlichen Komponenten die Zerlegung hauptsächlich nach Stoffklassen erfolgt. Bei Ölen mit weitem Molekularbereich u. unterschiedlicher Konst. geht die Trennung nach beiden Prinzipien vonstatten. Bei strukturell sehr einheitlichen Ölen (polymerhomologen Gemischen) mit sehr weitem Molekulargewichtsbereich verläuft die Aufteilung ausschließlich nach der Molekelgröße. Beschreibung der Verss. mit Ergebnissen u. Kurven. (Erdöl u. Kohle **8.** 786—90. Nov. 1955. Leuna, Krs. Merseburg, Leuna-Werke, Organ. Abt.) K. O. MÜLLER. 8220

Geo. E. Mapstone, *Stickstoff in Ölschiefern und Schieferölen.* 12. Mitt. *Die volumetrische Bestimmung von basischem Stickstoff in Schieferölen.* Die Teerbasen aus der Gasolinfraktion werden in aliquoten Mengen in HCl gelöst, durch überschüssiges $Ba(OH)_2$ alkal. gemacht [Thymolphthalein (**I**)], mit standardisierter HCl zuerst bis zum **I**-, dann bis zum Endpunkt von mit Xylolcyanol FF. abgeschirmtem Methylorange (**II**) titriert. Wenn wegen des weiten p_H-Bereiches zwischen beiden Endpunkten eine Blanktitration vorgenommen wird, bekommt man reproduzierbare Resultate, die eng mit denen des modifizierten KJELDAHL übereinstimmen. Da Basen mit höherem Mol.-Gew., wie sie z. B. in leichten Rücklaufölen einer Crackanlage vorkommen, beim Endpunkt durch Ausfallen stören, muß man hier Methyl- oder Äthylalkohol (ca. die Hälfte des Vol.) zugeben (ebenso bei hohen Gehh. an Basen), außerdem muß das Gesamtvol. der Titrierlsg. so klein als möglich gehalten werden. Die Extraktion einer unbekannten Probe (100—250 cm³) geschieht zweckmäßig nacheinander mit 40, 20, 20 u. 10 cm³ n-HCl, die vereinigt u. auf 100 cm³ aufgefüllt werden. Oxydierte Öle müssen vor der Extraktion dest. werden, wobei die färbenden Bestandteile im Rückstand bleiben, dessen Basengeh. vernachlässigt werden kann. — Die Berechnung erfolgt nach 1·4 n (T — B) A/V. D. E., wobei T = cm³ zwischen den Indicatoren benötigte Säure, B = cm³ desgleichen für die Blanktitration, n = Normalität der Säure, A = cm³ des aliquoten Teils, E = Endvol. des Säureextrakts, V = cm³ der Ölprobe, D = Dichte der Ölprobe. — Da Rohöle ihres weiten Siedebereiches wegen vor der Analyse nicht dest. werden können, die Färbung des Extraktes aber auch bei A-Zugabe die Beobachtung des I-Endpunktes stört u. beide Indicatoren überdies den gleichen Endpunkt ergeben, erhält man bei direkter Titration der sauren Lsg. genauere Resultate. Man titriert deshalb aliquote Teile mit carbonatfreiem Alkali, z. B. $Ba(OH)_2$, abwechselnd gegen **I** u. **II**, wobei dann der Geh. an Teerbasen dem Unterschied zwischen beiden Titrationen entspricht. Die Titration des Säureextraktes bis zum ersten bleibenden Nd. erfordert 0,1—0,4 cm³ mehr Alkali als bis zum **II**-Endpunkt; wenn man den Extrakt vor der Titration der Differenz nicht verd., kann der Säureüberschuß (bei aliquoten Teilen von 5—10 cm³) als 0,2 cm³ 0,1n Alkali angenommen werden. Auf diese Weise kann man die beiden Titrationen auch am gleichen aliquoten Teil vornehmen. (J. Proc. Roy. Soc. New South Wales **84**. 30—33. 7/2. 1951. Glen Davis, N. S. W., Nat. Oil Pty. Ltd.) E. FRÜHWALD. 8246

Geo. E. Mapstone, *Stickstoff in Ölschiefern und Schieferölen.* 13. Mitt. *Methode zur annähernden Bestimmung des Pyridin-Stickstoff in Ölschiefer und ähnlichem Material.* (12. vgl. vorst. Ref.) Da bei einem Nachkochen von 1 Std. unter Standard-KJELDAHL-Bedingungen annähernd $^5/_6$ des Pyridin (**I**)-N oxydiert sind u. keine andere N-Verb. stört, kann diese Meth. — abgesehen von einem qualitativen Nachw. von **I** in einer unbekannten Substanz — zu einer annähernd quantitativen Best. dienen. Ähnliche Ergebnisse erhält man bei milderen Reaktionsbedingungen durch Weglassen des Na-Sulfats u. 2std. Nachkochen, doch stören hier andere N-Basen. — Der Geh. an **I**-N in Ölschiefer wurde mit 12% des Gesamt-N berechnet. (J. Proc. Roy. Soc. New South Wales **84**. 34—37. 7/2. 1951.) E. V. FRÜHWALD. 8246

Alyre Blanzat, Marcel Quesson, Jean-Louis Soulé und **Georges Thouzeau,** *Untersuchung der Homogenität von Kohleanalysenproben durch Aktivierung der anorganischen Bestandteile im Reaktor.* Ca. 10 g Kohle werden in 20 oder 200 mg-Stücken im Reaktor aktiviert u. die von den Aschebestandteilen herrührende γ-Aktivität pro mg Kohle gemessen. Schwankungen in der γ-Aktivität zeigen Schwankungen im Ascheanteil an. Die Zerfallskurven der γ-Strahlung verlaufen in verschied. Stücken der gleichen Probe parallel, so daß eine gleichartige Zus. der Asche angenommen werden kann. Die bei der untersuchten Probe mit 4,55% Asche gefundenen Schwankungen im Aschegeh. betragen ±0,11 bzw. ±0,15% (doppelte Standardabweichung) bei 200 bzw. 20 mg-Proben. Damit sind Halbmikromethoden mit 20 mg-Proben zur Unters. von Kohle geeignet. (Bull. Soc. chim. France [5] **1956**. 317—20. Febr. Paris, Centre d'Études et Rech. des Charbonnages de France.) G. HERRMANN. 8246

Badische Anilin- & Soda-Fabrik Akt.-Ges., Ludwigshafen/Rhein (Erfinder: **Mathias Pier,** Heidelberg, und **Willy Oettinger**), *Entschwefelung von Rohölen oder deren Rückständen durch raffinierende Druckhydrierung,* wobei die Ausgangsstoffe zusammen mit H_2 unter erhöhtem Druck (5—300 at) bei 300—500° über großflächige Stoffe u. anschließend ebenfalls bei erhöhter Temp. u. unter erhöhtem Druck über künstlich hergestellte Silicate von Metallen der 8. Gruppe des Period. Syst., die prakt. frei von Al u. Mg sind, leitet. (**D. B. P. 937 840** Kl. 23b vom 9/7. 1953, ausg. 19/1. 1956. Anmeldung bekanntgemacht 21/7. 1955.) P. UNGER. 8195

British Petroleum Co. Ltd., London, und **Frederick William Bertram Porter** und **John Shute Isitt,** Sunbury-on-Thames, England, *Katalytische Entschwefelung von Erdölkohlenwasserstoffen.* Man leitet das V u./oder Na enthaltende Behandlungsgut bei erhöhter Temp. u. unter Druck über Bauxit, wobei ein erheblicher Teil des vorhandenen V u./oder Na durch den Bauxit zurückgehalten wird. Anschließend hydrofiniert man das Behandlungsgut in Ggw. eines Co-Molybdat-Katalysators. (**E. P. 729 303** vom 20/3. 1951, ausg. 4/5. 1955.) P. UNGER. 8195

Standard Oil Development Co., V. St. A. (Erfinder: **Charles E. Jahnig**), *Regenerieren von Hydroformierungskatalysatoren.* Man entfernt den erschöpften Katalysator aus der Wirbelschicht der Reaktionszone, regeneriert ihn in mehreren Zonen nach dem Gegenstromverf. zuerst mit O_2-armem u. dann mit O_2-reichem Gas u. leitet ihn dann wieder der Reaktionszone zu. — Vorrichtung. — Vgl. auch E. P. 716 505; C. **1955**. 11717. (**F. P. 1 048 954** vom 26/11. 1951, ausg. 28/12. 1953. A. Prior. 25/1. 1951.) T. OPPERMANN. 8201

Crepler Corp., Highland Park, übert. von: **Edmond F. Webb,** Franklin Village, und **Andre M. Hansen,** Detroit, Mich., V. St. A., *Filterelement,* bes. für die *Entfernung von Schmutzstoffen und Wasser aus flüssigen Treibstoffen,* bestehend aus verwebten Fäden aus plast. synthet. Harzmaterial (Polyvinylchlorid u./oder -vinylidenchlorid, Vinylchloridacetatmischpolymerisat, Polyäthylen u. Polytetrafluoräthylen), das widerstandsfähig gegen die chem. Verunreinigungen des zu reinigenden Treibstoffes ist. — Abbildungen. (**A P. 2 711 828** vom 30/9. 1949, ausg. 28/6. 1955.) K. DEMMLER. 8205

British Petroleum Co. Ltd., London, und **Leslie Senior Thornes**, Sunbury-on-Thames, England, *Herstellung von Flugmotorenölen* durch Umsetzung des Behandlungsgutes mit Harnstoff in Ggw. eines Alkanols (Methanol) mit 1—3 C-Atomen u. eines Rücklauföles unter solchen Bedingungen, daß sich ein festes Harnstoffaddukt bildet, das man zwecks Abtrennung des Raffinates abschleudert oder abfiltriert. Einen Teil des Raffinates führt man als Rücklauföl zurück, wäscht das abgetrocknete Harnstoffaddukt mit einem Waschöl, bestehend aus einer Erdöldestillatfraktion, u. verschneidet das wiedergewonnene Waschöl mit mindestens einem Teil des restlichen Raffinates, wodurch man ein Flugmotorenöl erhält. — Zeichnung. (**E. P. 736 472** vom 14/9. 1953, ausg. 7/9. 1955.) P. UNGER. 8213

„Shell" Refining & Marketing Co. Ltd., England, *Herstellung von synthetischen Schmierölen.* Man erhitzt ein Gemisch von 2 oder mehreren fl. Estern der allg. Formel $R(COOR')_2$ (R ist ein 2wertiger KW-stoffrest, R' ein KW-stoffrest mit 4 u. mehr C-Atomen) in Ggw. eines Alkalimetalls 1—10 Std. auf 100—200°. Aus dem Reaktionsprod. entfernt man das Alkalimetall mit einer Mineralsäure u. dest. es im Vakuum zur Entfernung von gegebenenfalls entstandenen Alkoholen. — Z. B. versetzt man 85 Teile Di-[3.5.5-trimethylhexyl]-sebacinat u. 15 Di-[2-äthylhexyl]-sebacinat bei n. Temp. mit 1 Na u. erhitzt des Ganze unter Durchleiten von N_2 1½ Std. auf 150°. Das Reaktionsprod. verd. man mit 100 (Volumenteilen) Bzn., trennt die obere organ. Schicht ab, wäscht sie zuerst mit 100 2n HCl, dann mit 10 W. u. trocknet sie mittels wasserfreiem $MgSO_4$. Dann entfernt man das Bzn. durch Dest. bei red. Druck, dest. den Rückstand in Ggw. von CO_2 bei 230°/1 mm u. filtriert ihn nach dem Erkalten. Das gewonnene synthet. Schmieröl besitzt eine Viscosität von 5,56 cSt bei 98,8°, von 25,57 cSt bei 37,7°, einen Flammpunkt bei offenem Tiegel von 238° u. einen F. von —65°. (**F. P. 1 090 862** vom 19/11. 1953, ausg. 5/4. 1955. E. Prior. 19/11. 1952.) T. OPPERMANN. 8221

Badische Anilin- & Soda-Fabrik Akt.-Ges., Ludwigshafen/Rh. (Erfinder: **Hans Engel**, Heidelberg, und **Walter Simon**, Ludwigshafen/Rh.), *Herstellung von Schmierölverbesserungsmitteln* nach D. B. P. 896 349. Die Rk. der mehrere Alkylphenolreste enthaltenden Verbb. mit P_2S_5 wird $>200°$, bes. bei 220—280°, durchgeführt. (**D. B. P. 941 125** Kl. 12q vom 4/11. 1953, ausg. 5/4. 1956. Anmeldung bekanntgemacht 6/10. 1955. **Zusatz zu D. B. P. 896 349; C. 1954. 6142.**) K. FABEL. 8221

Kendall Refining Co., übert. von: **Franklin I. L. Lawrence, Robert K. Smith** und **Michael I. Pohorilla**, Bradford, Pa., V. St. A., *Organische Borverbindungen enthaltende Gemische.* Durch eine paraffin., fl. Petroleumfraktion mit einem Kp. von 350—800° F, die 1—3 Äquivalente Ortho- oder Metaborsäure pro Mol Paraffin-KW-stoff enthält, läßt man bei 305—385° F ein freies, O_2 enthaltendes Gas streichen, wobei pro Std. nicht mehr als 0,6 cu.-ft auf 1 gal. der Fraktion kommen. Dabei bilden sich Verbb. der Formel $RO-B(OX)_2$, wobei R Alkylreste u. X H oder Alkylreste bedeuten. Die so erhaltenen rohen Gemische können direkt oder nach Abdestillieren von niedriger sd. Bestandteilen als *Schmiermittel* -oder *Brennstoffzusätze* verwendet werden. (**A. P. 2 721 180** vom 9/10. 1952, ausg. 18/10. 1955.) J. MÜHLEISEN. 8223

XX. Schieß- und Sprengstoffe. Zündmittel.

Imperial Chemical Industries Ltd., England, *Herstellung von Sicherheitssprengstoffen,* welche aus einem innigen Gemisch von NH_4NO_3, Trinitrotoluol u. NaCl bestehen. — Z. B. vermahlt man 11,9 (Teile) Trinitrotoluol (in Blättchen) mit 53,1 NH_4NO_3, welches auf der Oberfläche mit kleinen Teilchen des NH_4-Salzes von dreifach sulfoniertem p-Rosanilin bedeckt ist, 25 Minuten. Dem erhaltenen Gemisch verleibt man 35 Teile NaCl-Pulver ein, welches insgesamt durch ein Sieb mit Öffnungen von 251 μ hindurchgeht u. wovon 58% durch ein Sieb mit Öffnungen von 124 μ hindurchgehen. (**F. P. 1 092 612** vom 10/11. 1953, ausg. 25/4. 1955. E. Prior. 19/11. 1952.) T. OPPERMANN. 8305

Imperial Chemical Industries Ltd., übert. von: **Alexander Cantlay Hutchinson**, Saltcoats, Schottland, *Gaserzeugende Masse* für *Spreng- u. Treibzwecke*, gek. durch folgende Bestandteile: 89—98,8% Nitroguanidin (I) u./oder Guanidinnitrat, 0,2—10% Molybdänsäure, Ce-Oxyd u./oder V_2O_5, 0,25—1% einer hitzebeständigen Substanz, z. B. Asbestfasern. — Beispiele: 94,7(%) I, 5 Molybdänsäure, 0,3 Asbestfasern. (**A. P. 2 710 793** vom 8/4. 1954, ausg. 14/6. 1955.) A. GRADL. 8305

United States of America, übert. von: **Werner E. Bachmann**, Ann Arbor, Mich., **Edward L. Jenner**, Wilmington, Del., und **Lawrence B. Scott**, Emeryville, Calif., V. St. A.,

Hexogen (Cyclonit) erhält man in hoher Ausbeute, wenn man HNO_3, $(CH_3CO)_2O$ u. $LiNO_3$ in Ggw. eines großen Überschusses von NH_4NO_3 auf Hexamin einwirken läßt. Die Ausbeute beträgt 90%, wenn man ein Mol-Verhältnis der Reaktionsteilnehmer (in obiger Reihenfolge) von 4,25:6,7:2,58:4,14:1 anwendet. (**A. P. 2 731 463** vom 19/3. 1947, ausg. 17/1. 1956.) A. BRÖSAMLE. 8305

Raymond H. Heiskell, Compton, Calif., V. St. A., *Nicht leuchtender Zündsatz* zur Initiierung der Sprengladung eines Geschosses nach vorher bestimmter Zeit; er besteht aus Erdalkali-Peroxyd, Sb_2S_3, Asphalt u. Graphit. Der Zündsatz, der z. B. an einer Flakgranate untergebracht ist, wird beim Abschuß derselben gezündet, ohne daß das Mündungsfeuer sich verstärkt; er bringt die Granate noch während des Fluges zur Detonation, falls nicht vorher der Aufschlagzünder in Tätigkeit getreten ist. — Beispiel: BaO_2 60—70,7(%) (60), Sb_2S_3 21,3—35 (35), Asphalt 1—4 (4), Graphit 1—4 (1). Die M. wird in gekörnter Form verwendet. (**A. P. 2 714 061** vom 29/6. 1948, ausg. 26/7. 1955. A. GRADL. 8309

XXI. Leder. Gerbstoffe.

Guilhermino Ranito, *Treibriemen aus Leder und Kunststoff.* Vf. bespricht Treibriemen, bei denen Leder mit Kunststoffen kombiniert wird. Meist wird eine Mittelschicht aus Kunststoff innen u. außen mit einer Cr-Lederschicht verklebt. Der Vorteil dieser Riemen liegt darin, daß sie für gleiche Kraftübertragung viel schwächer gehalten werden können als reine Lederriemen. Außerdem dehnen sie sich prakt. während des Gebrauchs nicht. Die Möglichkeit der Fabrikation von V-förmigen Riemen aus mehreren Lamellen von Cr-Leder wird besprochen. (Rev. techn. Ind. Cuir **45.** 161—63. 15/8. 1953. Lda, Portugal, Paula de Silva Ranito.) O. ENGEL. 8330

B. Bogaevsky, *Zurichtung von Pelzfellen mit Mehl.* 1. Mitt. Beschreibung der Zurichtung von Pelzfellen mit fermentativ aufgeschlossener Stärke durch eine prakt. Arbeitsvorschrift u. Darst. der Wrkg. verschied. Enzyme auf Stärke u. Proteine. Die Stärkezurichtung umfaßt hauptsächlich 3 Prozesse: 1. Modifikation des Kollagens durch proteolyt. Enzyme, 2. Angriff auf die Epidermisschicht, die mit einer gewissen Lockerung der Haare verbunden ist u. 3. Pickelwrkg. der beim Stärkeabbau gebildeten Säure, bes. Milchsäure. — 3 Abb., 3 Tabellen. (Rev. techn. Ind. Cuir **46.** 97—102. 15/5. 1954. Comp. Franç. Matières Cororantes.) O. ENGEL. 8334

B. Bogaevsky, *Zurichtung von Pelzfellen mit Mehl.* 2. Mitt. (1. vgl. vorst. Ref.) Es wird die Wrkg. der nicht unmittelbar an der Stärkeverzuckerung u. Säurebldg. bei der Mehlbeize beteiligten Mikroorganismen besprochen u. angegeben, wie deren Überwuchern über die n. Fermentation verhindert werden kann. Durch Überführen des Mehls in Kleister oder durch Zugabe von Malz kann die Einstellung des Stärkeabbaus in die gewünschte Richtung erleichtert werden. Anstatt Stärke zu verzuckern, kann man auch direkt von Zuckern oder Melasse ausgehen. Um in diesem Fall die Milchsäurebldg. sicherzustellen, ist es notwendig, dem Ansatz als Proteinlieferant gekeimte Gerste zuzusetzen. Die auf der Pickelwrkg. beruhende Pelzzurichtung mit abgebauter Stärke kann mit einer Cr-Gerbung der Felle kombiniert werden. Die Fettung der Pelzfelle kann gleichzeitig mit der Pickelzurichtung erfolgen. Die Pickelbehandlung kann auch zur Konservierung der Rohfelle angewandt werden. Sie werden hierzu nach dem Pickeln ohne Fettung getrocknet. — 1 Tabelle. (Rev. techn. Ind. Cuir **46.** 129—33. Juni 1954.) O. ENGEL. 8334

R. Lasserre, *Kieselsäuregerbung.* 8. Mitt. *Reaktion von Kieselsäuresolen und Gerbstofflösungen mit Polyvinylpyrrolidon.* (7. vgl. Bull. Assoc. franç. Chimistes Ind. Cuir Doc. sci. techn. Ind. Cuir **16.** 34.) Bei Zugabe von Kieselsäuresolen, Tannin oder pflanzlichen Gerbstofflsgg. zu Polyvinylpyrrolidonlsgg. (Albigen A, **I**) in verschied. Konzz. entstehen Verbb., die nach kürzerem oder längerem Stehen ausfallen. Werden Verbb. von **I** mit Kieselsäure mit Tanninlsg. behandelt, so wird nur wenig Tannin aufgenommen u. die aufgenommene Menge ist ziemlich unabhängig von der Konz. der Lösung. Verbb. von **I** mit pflanzlichen Gerbstoffen vermögen nur wenig Kieselsäure aufzunehmen. Ist der Geh. solcher Verbb. an pflanzlichem Gerbstoff hoch, wird die Bindungsfähigkeit für Kieselsäure ganz aufgehoben. Aus den Verss. wird geschlossen, daß wahrscheinlich eine Bindung zwischen der Ketogruppe des Polymerisats u. einem H-Atom der Kieselsäure eingetreten ist. — 3 Tabellen. (Bull. Assoc. franç. Chimistes Ind. Cuir Doc. sci. techn. Ind. Cuir **16.** 103—08. Juli 1954. Beilage zu: Rev. techn. Ind. Cuir.) O. ENGEL. 8336

George H. von Fuchs, *Wie der Bavon-Prozeß entwickelt wurde.* Der Erfinder des *Bavon-Prozesses* zur Herst. von prakt. wasserabstoßendem Leder ohne Beeinflussung der atmenden Eigg., gibt einen histor. Überblick über seine Erfindung. (Shoe Leather Reporter **279.** Nr. 5. 71—73. 30/7. 1955.) H. G. FRÖHLICH. 8340

Harry R. Wilson, Henry B. Merrill und **William M. Higby,** *Anmerkung über die Einwirkung von Schimmelpilzen auf die Fette vegetabilisch nachgegerbter Chromleder.* Wie die ausgeführten Unterss. gezeigt haben, nimmt der Fettgeh. der untersuchten Lederproben unter dem Einfl. von Pilzkulturen (Aspergillus- u. Penicilliumarten) innerhalb 1jähriger Lagerung bis zu 50% ab. Diese Ergebnisse deuten darauf hin, daß die Pilze wahrscheinlich die Fette aufspalten u. die freigewordenen Fettsäuren durch symbiot. Bakterien abgebaut werden. (J. Amer. Leather Chemists Assoc. **49.** 404—07. Mai 1954. Racine, Wis., B. D. Eisendraht Memorial Labor.) H. G. FRÖHLICH. 8340

W. T. Ssawtschenko, *Ein neues Verfahren zur Bestimmung des Verbrauchs von Gerbstoffextrakten bei der Konservierung von Netzmaterialien.* Zur Bestimmung der zur Konservierung von Fischernetzen (Gerbung durch Cu- u. Cr-Niederschlagung u. anschließende Tränkung mit Anthracenöl oder Steinkohlenteer) erforderlichen Gerbstoffmenge werden je 10 ml der Standardlsg. aus 5 (Gewichtsteilen) Kupfersulfat (**I**) u. 3 Bichromat mit 1, 2, 3 ml usw. 1%ig. Gerbstofflsg. versetzt u. 10 Min. auf 70—80° erwärmt, filtriert u. auf Ggw. von **I** untersucht. Die Gerbstoffzugabe wird so lange fortgesetzt, bis **I** völlig gefällt wird. Nach einer Formel berechnet man die je 1 kg Netzmaterial erforderliche Gerbstoffmenge. (Рыбное Хозяйство [Fischerei-Wirtsch.] **26.** Nr. 10. 25—26. Okt. 1950.) J. v. SCHROEDER. 8364

—, The chemistry of tanning processes. New York: Academic Press. 1956. (413 S. m. Abb.) 8°. $ 9.00.

XXIV. Photographie.

F. G. S. Cackett, *Positive für die Photolithographie durch chemische Umkehrung.* Vf. weist auf die Vorteile hin, Strich- u. Rasterpositive auf direktem Weg durch Umkehrentw. herzustellen. Neben anderen Verff. hat sich bes. die KODAK-Ätz- u. Bleichmeth. bewährt. Filmmaterial vom Typ „Formalith", z. B. Kodalithemulsion, wird nach der Erstbelichtung entwickelt u. mit einem Bleichbad behandelt. Dann wird die *Gelatine* in einer wss. Lsg. von $CuSO_4$ u. H_2O_2 weggeätzt. Schließlich wird der Film einer Zweitbelichtung unterworfen u. das Positivbild entwickelt. (J. photogr. Sci. **3.** 129—33. Juli/Aug. 1955. Brown Knight & Truscott Ltd.) W. GÜNTHER. 8632

Ladislas Mester, *Neuere Fortschritte der Diazotypie.* 1. Mitt. *Moderne empfindliche Diazoverbindungen.* Nach einer geschichtlichen Einführung (Arbeiten von WEST, FEER, GREEN, ANDRESEN, RUFF u. STEIN) gibt Vf. eine ausführliche Darst. der Diazotypieverfahren. Diazopapiere sollen möglichst hoch empfindlich sein, sie sollen eine gewisse Stabilität besitzen; nach der Photolyse der Diazoverb. soll der Kupplungsvorgang möglichst rasch erfolgen. Geeignete Verbb. sind *4-Diazodiphenylamin* (**I**) u. die Diazoverb. der *1-Amino-2-naphthol-4-sulfosäure.* Nach EGGERT u. SCHRÖTER liegt die Quantenausbeute bei der Photolyse von Diazoverbb. bei 0,5. Die spektrale Empfindlichkeit von **I** erreicht bei ca. 410 mμ ein Maximum, dementsprechend verwendet man zum Belichten von Diazopapieren Bogen- oder Hg-Dampflampen. Man hat versucht, die Empfindlichkeit durch Sensibilisatoren, wie Anthrachinon, Anthrachinondisulfosäure, aromat. Ketone, Cumarin, Chinoxalin u. Acridinfarbstoffe zu erhöhen. Ihre Einführung in die Praxis ist jedoch daran gescheitert, daß sie die Stabilität der Diazopapiere ungünstig beeinflussen. Diazoverbb. zers. sich nicht nur durch Einwirken von Licht kurzer Wellenlängen, sondern zerfallen auch in festem Zustand unter dem Einfl. von Feuchtigkeit: $[R{-}\overset{(+)}{N}{\equiv}N]\overset{(-)}{X} + HOH \rightarrow R{-}OH + N_2 + HX$. Die Stabilisierung der Diazoverbb. ist ein besonderes Problem. Manche Verbb. zeichnen sich ohne besondere Maßnahmen durch eine gute Stabilität aus, z. B. das Sulfat von **I** oder das Diazoanhydrid der 1-Amino-2-naphthol-4-sulfosäure. In saurem Gebiet sind Diazoverbb. stabil, man setzt deswegen den Papieren Weinsäure, Citronensäure oder Borsäure zu. Auch durch Komplexsalzbldg. mit Alaun, $ZnCl_2$, $SnCl_4$, $MgCl_2$ oder Borfluorid können Diazoverbb. stabilisiert werden. Besonders gut eignen sich zur Stabilisierung Arylsulfonsäuren, z. B. 1.3.6-Naphthalintrisulfosäure oder *p-Chlorbenzolsulfosäure,* die Diazoverbb. der allg. Formel **II** gibt.

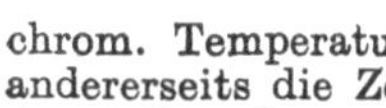

II

Der eigentliche Kupplungsvorgang ist weitgehend p_H-abhängig. Es wird darüber diskutiert, in welcher Form die Diazoverb. kuppelt. Die Kupplung hängt von der Art der Kupplungskomponente ab, sie erfolgt in Ortho- oder Parastellung zum Auxochrom. Temperaturerhöhung begünstigt die Kupplungsgeschwindigkeit, beschleunigt andererseits die Zers. der Diazoverbindung. — Die in den modernen Diazoverff. zur Anwendung kommenden Verbb. lassen sich in acht Klassen einteilen: 1. Diazoanhydride, z. B. das Diazoanhydrid der 1-Amino-2-naphthol-4-sulfosäure bzw. das der o-Kresol-

sulfosäure. 2. Derivv. des p-Diazodialcoylanilins, z. B. p-Diazodioxyäthylanilin, p-Diazoäthyloxäthylanilin, p-Diazophenylmorpholin. 3. Derivv. des p-Diazomonoalcoylanilins, z. B. 4-Diazo-2-methylmonoäthylanilin. 4. 2.5-substituierte p-Diazo-N-acylaniline, z. B. p-Diazo-2.5-diäthoxy-N-benzylanilin. 5. **I** u. seine Derivv., z. B. p-Methoxy-**I**, bekannt unter dem Namen Variaminblausalz B. 6. p-Diazo- u. p.p'-Tetrazodiphenyl u. dessen Derivv., z. B. 4-Diazo-2.5.4-triäthoxydiphenyl. 7. 4-Diazo-2.5-diäthoxyphenyläthylmercaptan. 8. Tetrazoderivv. des Diaminodiphenylcarbamids. (Sci. Ind. photogr. [2] **26.** 161—71. Mai 1955. Budapest, Techn. Univ., Inst. für Organ. Chem.)
W. GÜNTHER. 8646

Mason & Sons Ltd., Colchester, übert. von: **John William Glassett** und **Frank Shirley Sutton,** Birmingham, England, *Direktpositivemulsion.* Als lichtempfindlicher Stoff wird AgCl verwendet u. die daraus hergestellte Schicht wird in der üblichen Weise durch kurze Allgemeinbelichtung verschleiert. Man gibt bei der Herst. auf 100 g $AgNO_3$ einen Zusatz von 0,2—2,0 g eines quaternären Salzes von $\gamma.\gamma'$-Dipyridyl der allg. Formel

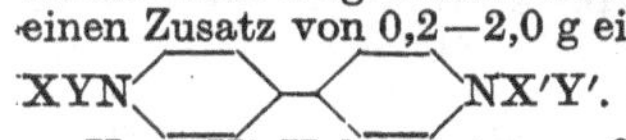

. Hierbei sind X u. X' Aryl-, Alkyl- oder Aralkylgruppen u. Y u. Y' Halogenatome, CH_3SO_4- oder p-Toluolsulfonatgruppen. Bes. geeignet ist *N.N'-Dibenzyl-$\gamma.\gamma'$-dipyridyliumdichlorid* (*„Benzylviologen“*), hergestellt nach J. gen. Physiol. **1933.** 859. (**E. P. 714 290** vom 14/3. 1952, ausg. 25/8. 1954.) A. KALIX. 8611

E. I. du Pont de Nemours & Co., Wilmington, Del., V. St. A., *Mattierung von Halogensilberschichten.* Die fl. Emulsion erhält vor dem Vergießen einen Zusatz einer wss. Dispersion, die 10—60 Gew.-% einer Polyäthylenverb. (**I**) enthält, in der mindestens 65% der Äthylenmoll. durch mindestens 3 F-Atome substituiert sind u. das 4. H-Atom gegebenenfalls durch ein Cl oder F-Atom. Bes. geeignet sind Polymerisationsprodd. von Trifluor-, Chlortrifluor- oder Tetrafluoräthylen mit Äthylen, Propylen, Buten-(1) u. -(2), Vinylfluorid u. 1.1-Difluoräthylen. Die Korngröße der **I** soll 0,05—25,0 μ betragen, bes. 0,05—0,5 μ, ihre Menge 0,5—100 g auf 1 Liter Emulsion je nach dem gewünschten Grad der Mattierung. **I** können auch Hilfsschichten zugesetzt sein, die auf die Emulsion aufgetragen werden. (**E. P. 718 232** vom 9/10. 1952, ausg. 10/11. 1954. A. Prior. 20/10. 1951.) A. KALIX. 8611

Kodak-Pathé, Seine, Frankreich (Erfinder: **Edwin E. Jelley** und **Arthur H. Herz**), *Mehrfarbenphotographie.* Zur Verbesserung des Auflösungsvermögens eines farbenphotograph. Materials mit mehreren übereinanderliegenden licht- u. farbenempfindlichen Schichten wird die blauempfindliche Emulsionsschicht direkt auf dem Träger angeordnet. Den darüberliegenden rot- u. grünempfindlichen Schichten wird ein Stoff zugesetzt, der das Licht d e r Farbe absorbiert, für die die entsprechende Schicht empfindlich ist. Als rot absorbierender Farbstoff kommt z. B. *Preußisch-Blau,* das *Bromid* des *2.3.2'-3'-Tetraphenyl-1.1'-pyrrocolincarbocyanins, Bis-[1.3-diäthyl-2-thiobarbitursäure-(5)]-pentamethinoxonol* oder *4-[(3-Äthylbenzoxazolyliden-(2)-butenyliden]-3-methyl-1-[p-sulfophenyl]-pyrazolon-(5),* in Frage, der auch einer Zwischenschicht zugesetzt sein kann. (**F. P. 1 076 104** vom 21/11. 1950, ausg. 22/10. 1954. A. Prior. 23/11. 1949.)
G. GROTE. 8631

Agfa Akt.-Ges. für Photofabrikation, Deutschland, *Maskenbilder aus Azofarbstoffen zur Farbkorrektur in der Farbenphotographie* werden hergestellt, indem man das mit nichtdiffundierenden Farbkupplern in den Halogensilberemulsionsschichten versehene Material nach der Farbentw., bes. auch nach dem Bleichen u. Fixieren, mit der Lsg. eines gegen die Einw. von Säure stabilisierten Diazoniumsalzes aus einem Anilinderiv. behandelt, welches ausschließlich durch Alkylgruppen u./oder Halogenatomen substituiert ist. Vor der Farbentw. kann gegebenenfalls durch Schwarz-Weiß-Entw. u. anschließende 2. Belichtung ein umgekehrtes Farbbild erzeugt werden. Als Bleich- u. Fixierbad wird eine wss. Lsg. angewandt, die außer einem Lösungsm. für Halogen–Ag als Oxydationsmittel ein komplexeres $Fe^{\cdots}$- oder $Co^{\cdots}$-Salz einer organ. Säure der Zus. $HOOC \cdot R_1 \cdot X \cdot R_2 \cdot COOH$ ($X = CH_2$, O, S, $N \cdot R_3$; R_1, R_2 u. R_3 = gegebenenfalls substituierte KW-stoffreste; R_3 = auch H) oder der Zus. $HOOC \cdot R_1 \cdot (HOOC \cdot R_2 -) \cdot X \cdot R_4 \cdot X \cdot (-R_1 \cdot COOH)R_2 \cdot COOH$ (X = N; R_1, R_2 u. R_4 = gegebenenfalls substituierte 2wertige KW-stoffreste) enthält. In den Beispielen werden zur Herst. der Diazoniumsalze *5-Chlor-2-toluidin* u. *4-Chlor-2-toluidin* angewandt u. zur Bldg. der komplexen $Fe^{\cdots}$- u. $Co^{\cdots}$-Salze die *Na-Salze* der *Äthylendiaminotetraessigsäure, Nitrilotriessigsäure* u. *Hexamethylentetraessigsäure.* (**F. P. 1 080 179** vom 3/6. 1953, ausg. 7/12. 1954. D. Prior. 7/6. 1952.) H. ASMUS. 8631

General Aniline & Film Corp., New York, N. Y., übert von: **Robert C. Gunther,** Easton, Pa., V. St. A., *Farbentwickler.* Verwendet werden 2.4-Diaminoanilinderivv. der

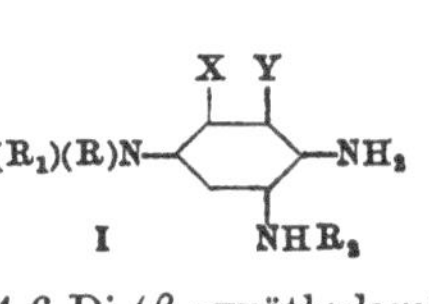

I

allg. Formel **I**. Hierin stehen R für H oder Alkyl; R_1 für R, Carboxyalkyl-, Oxyalkyl-, Aryl-, Carboxyalkylaryl-, Carboxyalkyloxyaryl-, Carboxyäthoxyphenyl-, Oxyalkylaryl- oder Oxyalkoxyaryl; R_2 für durch hydrophile Gruppen substituiertes Alkyl, Oxyalkyl- oder Sulfoalkyl; X u. Y für R, eine SO_3H- oder COOH-Gruppe. Bes. geeignet sind folgende Derivv. der Metanilsäure (**II**): 4.6-Di-(β-oxyäthylamino)-**II**, 4-(β-Oxyäthylamino)-6-methylamino-**II**, 4-(β-Oxyäthylamino)-6-(4'-carboxymethoxyphenylamino)-**II**, 4-(Sulfomethylamino)-6-(methylphenylamino)-**II**, 4-(α-Di-[oxymethyl]-äthylamino)-6-(3'-äthoxyphenylamino)-**II** u. 2-(β-Sulfoäthylamino)-4-phenylaminoanilin. Diese Verbb. geben mit den üblichen Farbkupplern hauptsächlich gelbe Azinfarbstoffe. (**A. P. 2 570 116** vom 28/6. 1949, ausg. 2/10. 1951.) A. KALIX. 8631

E. I. du Pont de Nemours & Co., Wilmington, Del., V. St. A., *Bildtonverbesserung bei der Hochglanz-Heißtrocknung.* Den für die Herst. von Hochglanzbildern bestimmten Emulsionen werden vor ihrem Vergießen 5-Mercaptotetrazole (am H-Atom 1 substituiert) oder 5-Mercaptotetrazol selbst zugesetzt, u. zwar dispergiert in alkoh. Lsg. eines polymeren Aminostickstoff enthaltenden Materials, z. B. Polymethacrylsäuredimethylamino- oder -diäthylaminoäthylester. (**E. P. 722 397** vom 16/12. 1952, ausg. 26/1. 1955. A. Prior. 11/1. 1952.) A. KALIX. 8637

Warner Bros. Pictures, Inc., Burbank, übert. von: **Gerald M. Best**, Beverly Hills, Calif., V. St. A., *Umkopieren von Tonspuren.* Tonnegative in Breitenschrift mit konstanter Schwärzung, auf denen durch häufiges Umrollen gegenüber den Perforationslöchern Beschädigungen entstanden sind, die ein untragbares Grundgeräusch ergeben, werden zunächst auf ein Filmmaterial kopiert, auf dem die störenden Schwärzungswerte ($d = 1{,}5-2{,}9$) in das untere Ende der Schwärzungskurve verschoben werden, wo sie bei Entw. zu $\gamma = 2{,}32$ nur noch einen Umfang von $d = 0{,}05-0{,}5$ haben. Von diesem Zwischenpositiv wird ein Duplikatnegativ hergestellt, auf dem nach Entw. zu $\gamma = 2{,}05$ der Umfang der Störschwärzungen, die nun wieder im oberen Ende der Kurve liegen, nur noch 2,7—2,8 beträgt. Kopien von diesem Negativ geben ein prakt. grundgeräuschfreies Positiv. (**A. P. 2 635 047** vom 27/7. 1949, ausg. 14/4. 1953.) A. KALIX. 8637

General Aniline & Film Corp., New York, übert. von: **William H. von Glahn**, Loudonville, und **Lester N. Stanley**, Delmar, N. Y., V. St. A., *Azokomponenten für die Diazotypie* stellen Polyacetoacetylderivv. von aliphat. aromat. oder heterocycl. Polyaminen dar, die mindestens 2 an NH_2 gebundene Acetoacetylgruppen enthalten. Sie sind in Ein- u. Zweikomponentenschichten verwendbar u. geben mit den üblichen Diazokomponenten dunkelviolette Kupplungsprodukte. Geeignet sind z. B.: 2.4-Diacetoacetaminobenzolsulfonsäure u. -toluol, Bis-acetoacet-o- oder -m-dianisidid, 1.4-Diacetoacetyl-piperazin, N.N'-Diacetoacetyl-4-aminopiperidin, Diacetoacetylmelamin u. -benzidin, 1.4-Diacetoaminonaphthalin. (**A. P. 2 688 543** vom 20/12. 1950, ausg. 7/9. 1954.) A. KALIX. 8647

General Aniline & Film Corp., New York, N. Y., übert. von: **William Henry von Glahn, Lester Nelson Stanley**, Loudonville, und **George T. Parker**, Delmar, N. Y., V. St. A., *Diazotypiematerial.* Als Diazokomponenten für das Naß- u. Halbnaßverf. werden diazotierte Amine der allg. Formel $H_2N-Aryl-N(R)(CH_2CH_2O)_nX$ verwendet, in der R auch eine $(CH_2CH_2O)_nX$-Gruppe sein kann. Hierin ist die Arylgruppe durch SO_3H-, COOH-, Carboxy-, Alkoxy-, Oxyalkyl- oder Alkylgruppen mit nicht mehr als 3 C-Atomen substituiert, R eine Alkyl-, Oxyalkyl-, Alkoxyalkyl-, Aryl-, Aralkyl- oder Acylgruppe u. X = H. Mit den üblichen Azokomponenten geben diese Verbb. fast schwarze Kupplungsprodukte. Bes. geeignet sind: *N.N-Di-(oxyäthyl)-p-diazoanilin, N-Oxydiäthoxyäthyl-N-oxyäthoxyäthyl-p-diazoanilin* u. *N-Methyl-N-oxydiäthoxyäthyl-p-diazoanilin.* (**E. P. 640 041** vom 13/10. 1947, ausg. 12/7. 1950. A. Prior. 12/10. 1946.) A. KALIX. 8647

Herausgeber u. verantwortlich für den Inhalt: Prof. Dr. Maximilian Pflücke, Berlin N 4, Schiffbauerdamm 19, Fernsprecher: 425571. Redaktion: Chefredakteure Dr. Eugen Klever und Prof. Dr. Maximilian Pflücke. Verlag: Akademie-Verlag GmbH, Berlin W 8, Mohrenstraße 39 (Fernsprecher 200386, Postscheckkonto Berlin 35021), u. Verlag Chemie, GmbH, Weinheim/Bergstraße (Fernsprecher 2017 u. 2965, Postscheckkonto Frankfurt/M. 145314 u. Berlin-West 7430). Bestell- u. Verlags-Nr.: 1007/127. Das Chemische Zentralblatt erscheint wöchentlich. Preis des Jahrganges einschl. Autoren-, Patent-, Sach- und Formelregister: DM 680,—; einseitig bedruckte Ausgabe: DM 750,—. Abgabe der Zeitschrift nur mit sämtlichen Registern.
Satz u. Druck: VEB Leipziger Druckhaus, Leipzig, III/18/203. VIII. 56.
Veröffentlicht unter der Lizenznummer 1212 des Amtes für Literatur und Verlagswesen der Deutschen Demokratischen Republik.
Printed in Germany.